全面 ● 专业 ● 实用 ● 经典 ● 艺术 ● 厚重 ● 超值

1 DVD

- 视频文件 60多个综合实战演练和7个大型综合实例，时长250分钟的视频教学文件
- 内容超值 2.5GB的DVD海量放送，帮您快速、独立地学习Word、Excel及PowerPoint软件
- 附赠素材 超值赠送近1000个国外精美PPT模板，帮您快速学会处理办公文件的方法与技巧

经典畅销版

中文版

Office 2010 高效办公综合应用完全自学手册

王成志 王海峰 李少勇 编著

- 技术手册 19章500多页的手册篇幅，全面系统地讲解了Office三大软件的实用技术，给您带来全新非凡的体验
- 操作技巧 3大核心办公软件讲解和300多个技能实例，技术与经验紧密结合，使您的学习变得轻松、简单、快捷
- 专业实用 全面系统地展现Office的核心技术、新增功能和办公应用，帮助您真正体会办公流程的乐趣

兵器工业出版社

北京希望电子出版社
Beijing Hope Electronic Press
www.bhp.com.cn

内 容 简 介

这是一本专门为计划在较短时间内掌握电脑办公的人员编写的教程。本书结合实例，详细、系统地介绍了目前最为流行的电脑办公软件中的Word 2010、Excel 2010和PowerPoint 2010的操作方法，它们是Microsoft公司推出的Office 2010的重要组成部分。

全书共分19章，实例丰富、条理清晰、繁简得当、语言流畅、通俗易懂，是初学者理想的自学指导书。考虑到绝大多数操作人员的实际情况，本书选取的都是比较基础的内容，并在此基础上通过310个不同的实战演练和15个大型案例将基础知识与实际应用进行结合，并进行适当的扩展。因此，本书适合于电脑办公的初学者和已经具有一定基础知识并希望进一步提高的读者，尤其适合高职高专院校、各类计算机职业教育学校作为办公自动化的教材使用，同时也是办公人员、家庭电脑初学者的最佳自学教材。

随书光盘内容包括书中部分实例的素材、效果及多媒体视频教学，同时还赠送大量PPT模板文件。

图书在版编目（CIP）数据

中文版 Office 2010 高效办公综合应用完全自学手册 / 王成志，王海峰，李少勇编著. 一北京：兵器工业出版社，2011.4

ISBN 978-7-80248-568-6

I.①中… II. ①王… ②王… ③李… III. ①办公室－自动化－应用软件，Office 2010－手册 IV. ①TP317.1-62

中国版本图书馆 CIP 数据核字（2011）第 015988 号

出版发行：兵器工业出版社　北京希望电子出版社
邮编社址：100089　北京市海淀区车道沟 10 号
　　　　　100085　北京市海淀区上地 3 街 9 号
　　　　　嘉华大厦 C 座 611
电　　话：（010）82702660（发行）（010）82702675（邮购）
经　　销：各地新华书店　软件连锁店
印　　刷：北京市密东印刷有限公司
版　　次：2011 年 4 月第 1 版第 1 次印刷

封面设计：深度文化
责任编辑：陈红梅　韩宜波
责任校对：小　亚
开　　本：787×1092　1/16
印　　张：33.25（彩插 10 面）
印　　数：1－4000
字　　数：747 千字
定　　价：59.00 元（配 1 张 DVD 光盘）

多媒体光盘说明

将DVD光盘放入光驱中，几秒钟后自动进入光盘主界面，双击Play.exe图标，即可进入多媒体播放主界面进行学习。也可以在桌面上双击“我的电脑”图标，在打开的窗口中右击光盘所在的盘符，在弹出的快捷菜单中选择“打开”命令，即可进入光盘中。

多媒体教学通过17章69段视频对Office办公软件Word、Excel及PowerPoint进行全面系统地讲解，使读者充分掌握工作的流程。

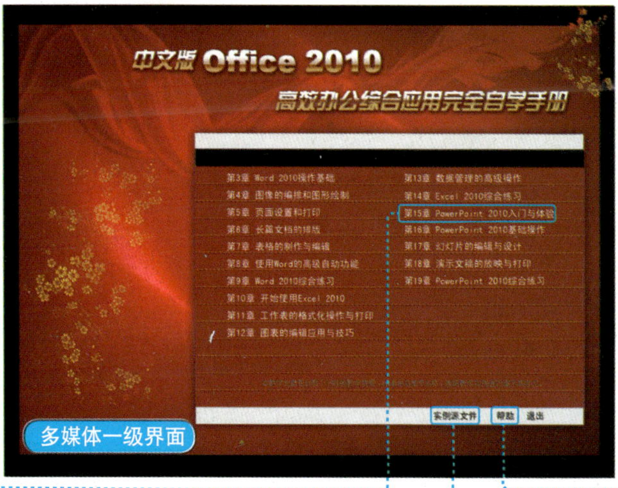

多媒体一级界面

多媒体二级界面

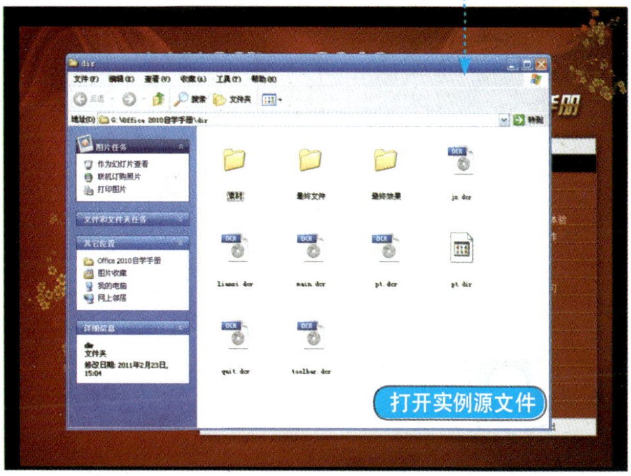

打开实例源文件

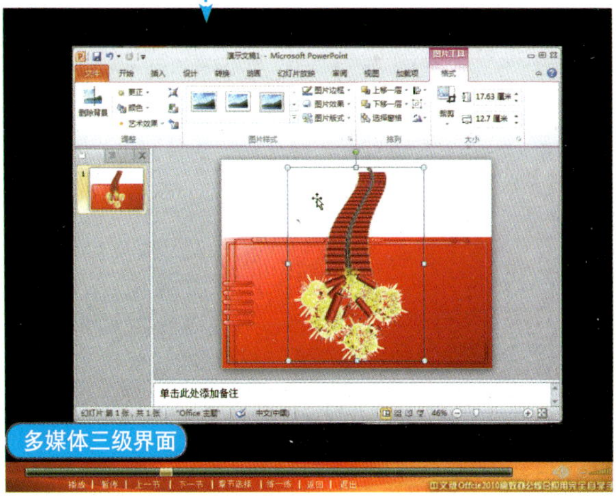

多媒体三级界面

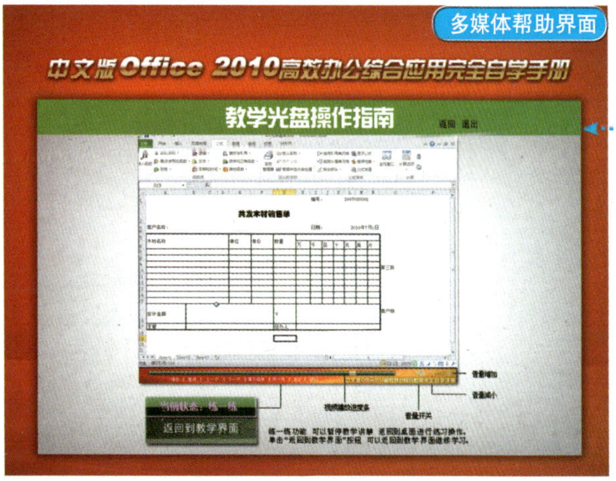

多媒体帮助界面

光盘内容为实例素材、效果、多媒体视频教学以及超值赠送的近1000个国外精美PPT模板文件，帮助读者通过Office软件快速处理办公文件的方法与技巧。

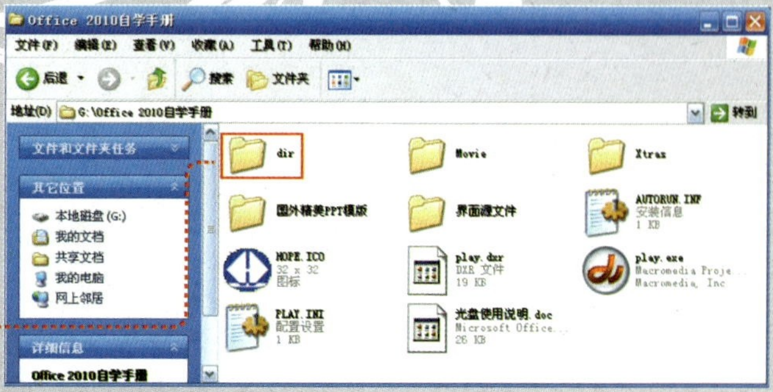

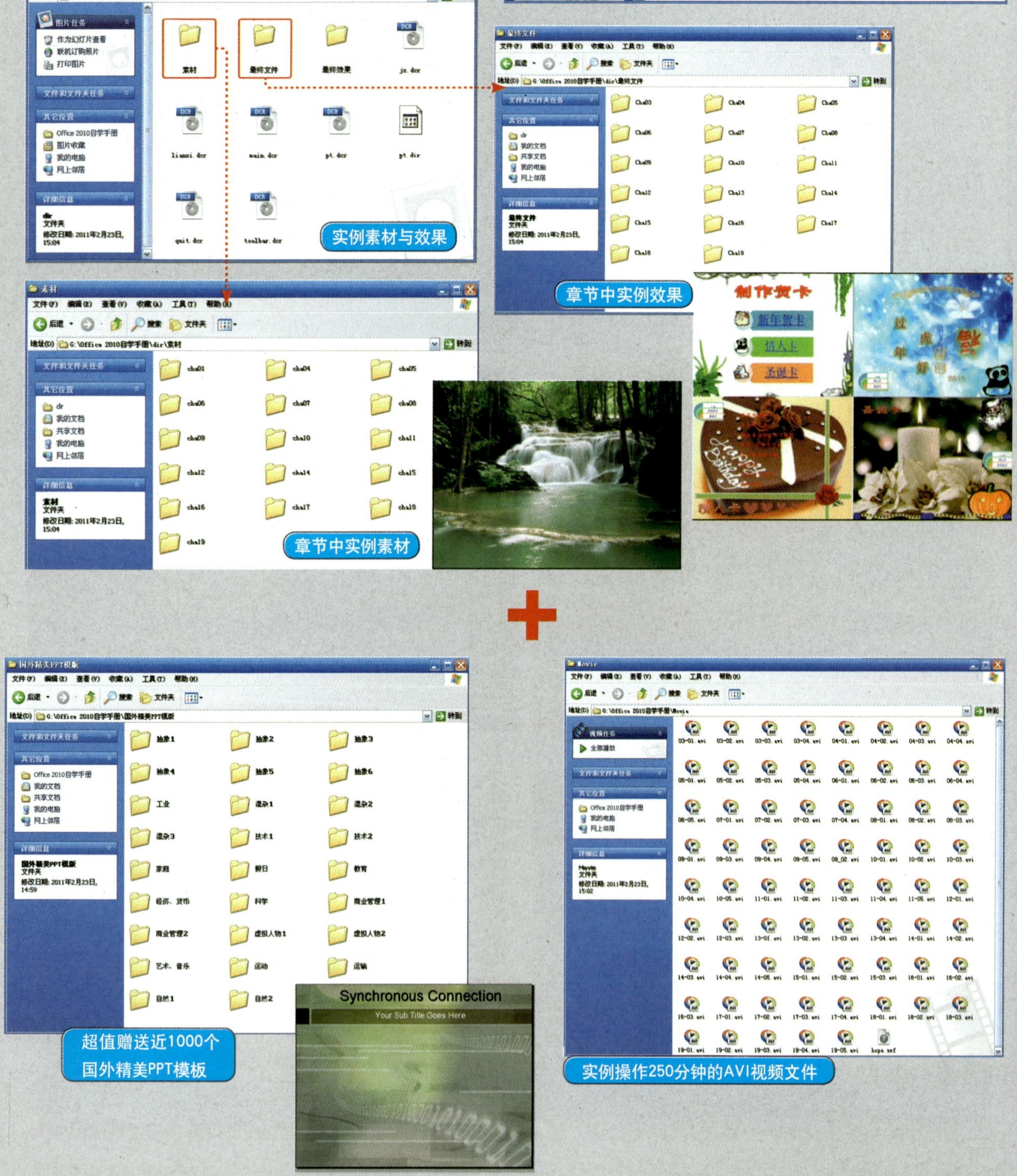

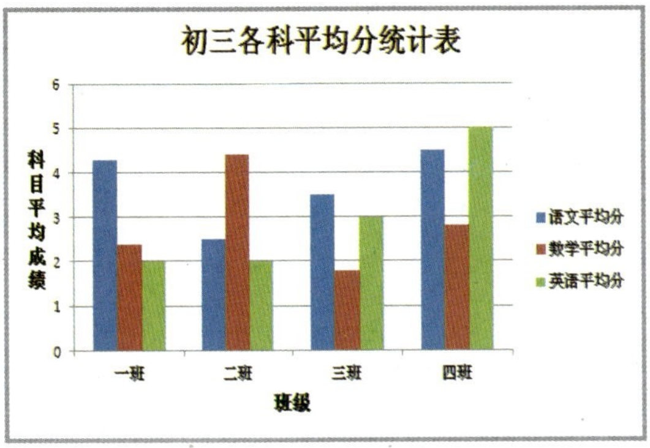

制作立体图表（第3章）

制作空心字（第4章）

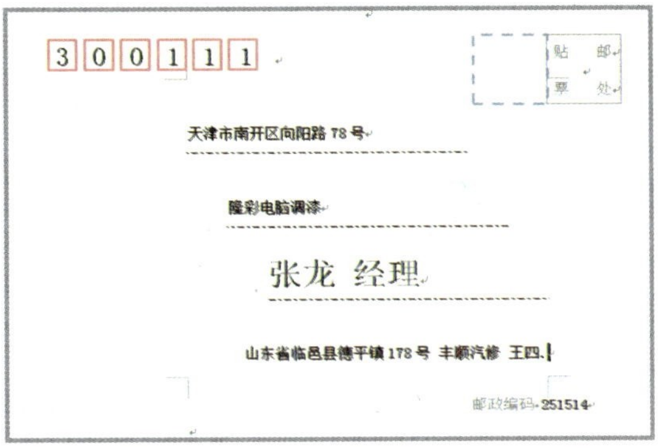

制作邮购管理系统（第3章）

制作自动图文集（第4章）

制作光盘封面（第6章）

制作公益宣传单（第6章）

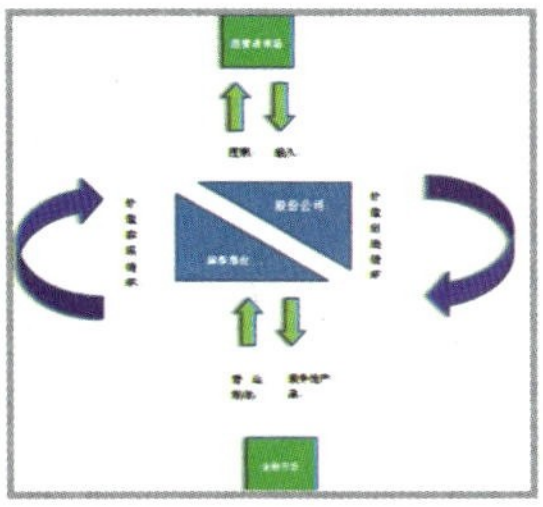
制作流程图（第4章）

制作公司信头纸（第5章）

制作倒影效果（第6章）

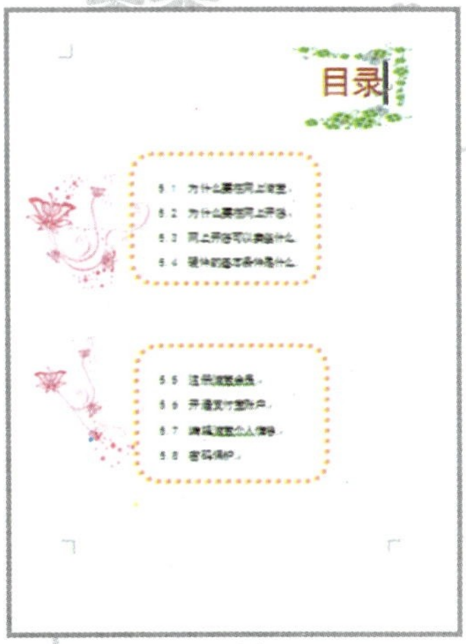

新颖目录（第6章）

制作表格字（第7章）

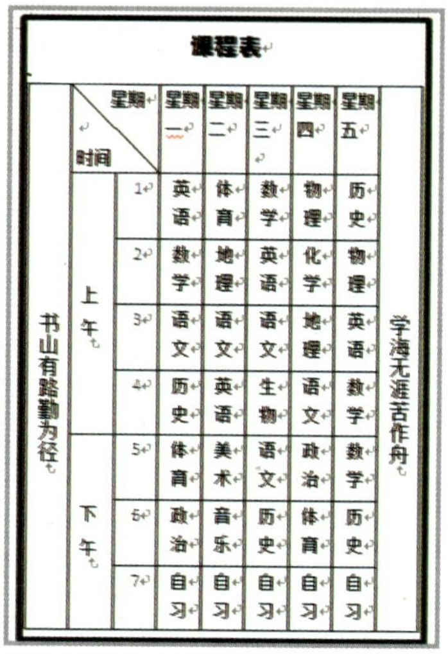

时间		星期一	星期二	星期三	星期四	星期五
上午	1	英语	体育	数学	物理	历史
	2	数学	地理	英语	化学	物理
	3	语文	语文	语文	地理	英语
	4	历史	英语	生物	语文	数学
下午	5	体育	美术	语文	政治	数学
	6	政治	音乐	历史	体育	历史
	7	自习	自习	自习	自习	自习

制作课程表（第7章）

制作课外阅读（第8章）

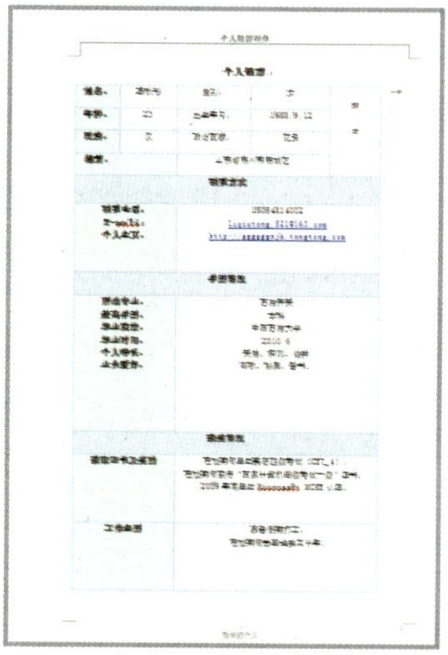

制作个人简历（第9章）

制作请柬（第9章）

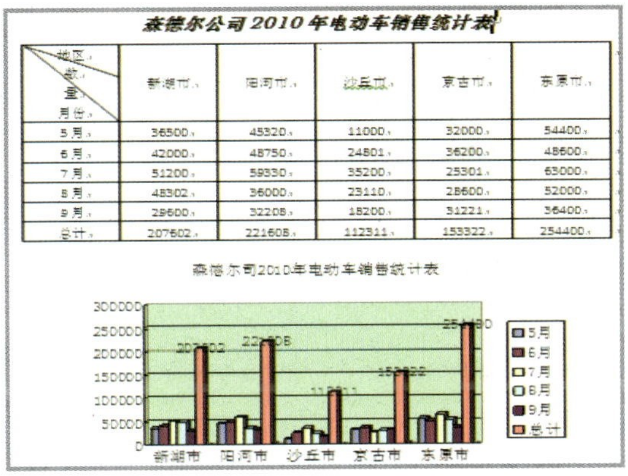

财务图表（第9章）

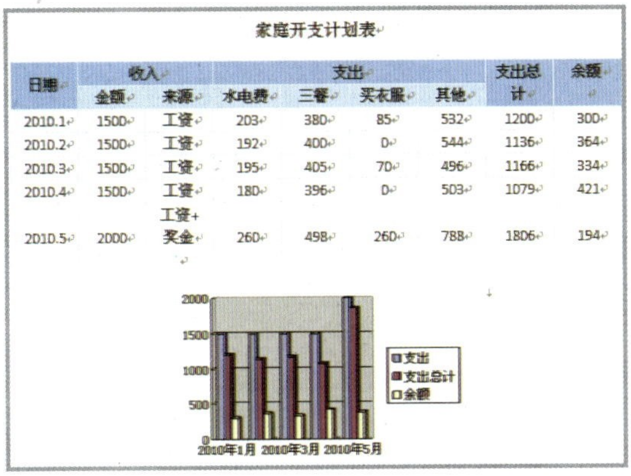

创建家庭日常费用统计图（第9章）

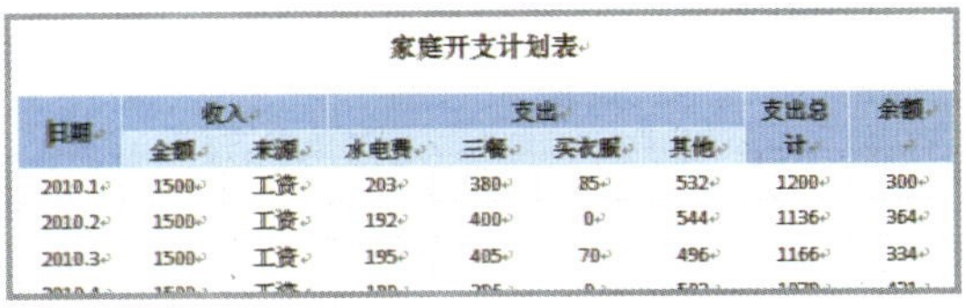

家庭开支计划表（第9章）

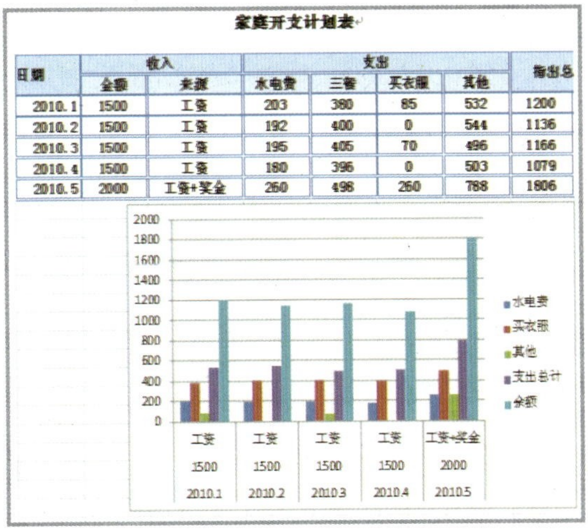

在Excel中创建图表（第9章）

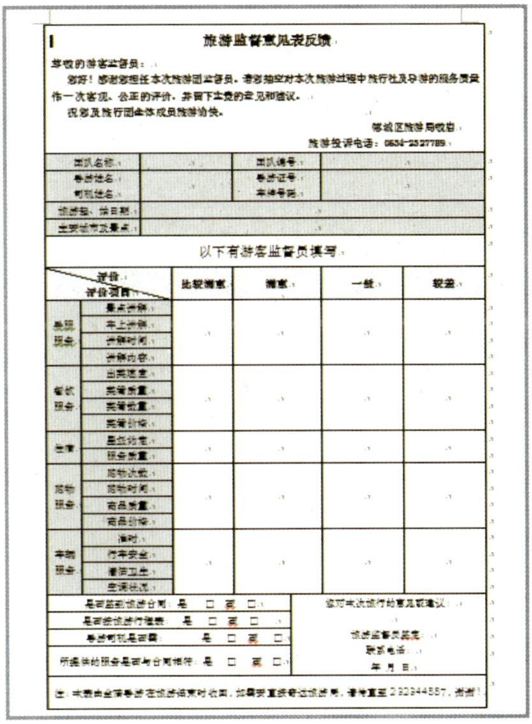

用户反馈表（第9章）

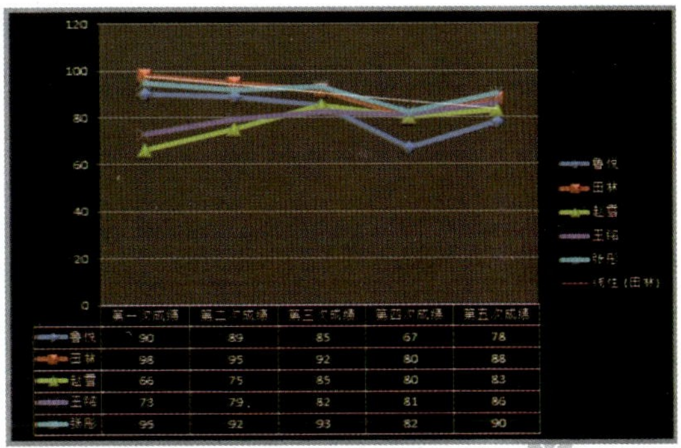
学生成绩误差分析表（第10章）

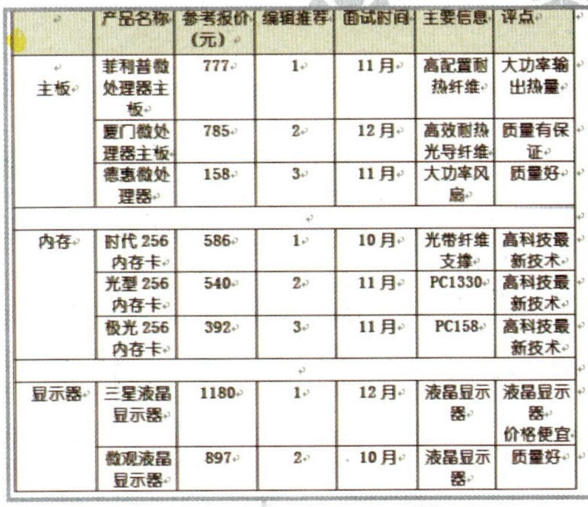
制作硬件排行榜 （第7章）

家庭开支计划表

日期	收入		支出				指出总计余额	
	金额	来源	水电费	三餐	买衣服	其他		
2010.1	1500	工资	203	380	85	532	1200	300
2010.2	1500	工资	192	400	0	544	1136	364
2010.3	1500	工资	195	405	70	496	1166	334
2010.4	1500	工资	180	396	0	503	1079	421
2010.5	2000	工资+奖金	260	498	260	788	1806	194

在Word中插入Excle表格（第9章）

日期	股票名称	股票代码	买入价（元）	数量（股）	买入金额（元）	卖出价（元）	卖出金额（元）	盈亏（元）	卖出日期
2010/3/8	股票1	30281	6.4	1000	6455	8.5	8570.75	2115.75	2010/4/5
2010/3/15	股票2	20185	12.5	800	10082	12	9679	-403	2010/4/18
2010/4/5	股票3	63287	8.3	1200	10041.7	10	12097	2055.3	2010/5/2
2010/4/15	股票4	12840	9	1200	10888	11.5	13910.5	3022.5	2010/5/12
			总计		37466.7		44257.25	6790.55	

日期	股票名称	股票代码	买入价（元）	数量（股）	买入金额（元）	今日价（元）	面值（元）	盈亏（元）
2010/3/8	股票1	30281	6.4	1000	6455	7.6	7664	1209
2010/3/15	股票2	20185	12.5	800	10082	11.2	9034.2	-1047.8
2010/4/5	股票3	63287	8.3	1200	10041.7	9	10888	846.3
2010/4/15	股票4	12840	9	1200	10888	10.5	12701.5	1813.5
			总计		37466.7		40287.7	2821

投资管理（第10章）

姓名	成绩						
刘雪	90	90199	98198	2	韩旭	98	1
韩旭	98	98198	91195	5	董菲	91	2
唐磊	66	66197	90199	1	刘雪	90	3
俞静	73	73196	73196	4	俞静	73	4
董菲	91	91195	66197	3	唐磊	66	5

用Excel函数自动填充（第10章）

损益表

项目	4-6月	7-9月	10-12月	1-3月	总计
销售收入	24000	28000	20000	25000	97000
成本支出					
工作费用	2000	2000	2000	2000	8000
利息费用	1200	1400	1600	1800	6000
房屋费用	800	800	800	800	3200
广告费用	2500	1200	2100	1800	7600
购货支出	6000	4500	4300	5000	19800
合计	12500	9900	10800	11400	44600
损益					
季损益	11500	18100	9200	13600	52400
年度损益	11500	29600	38800	52400	132300

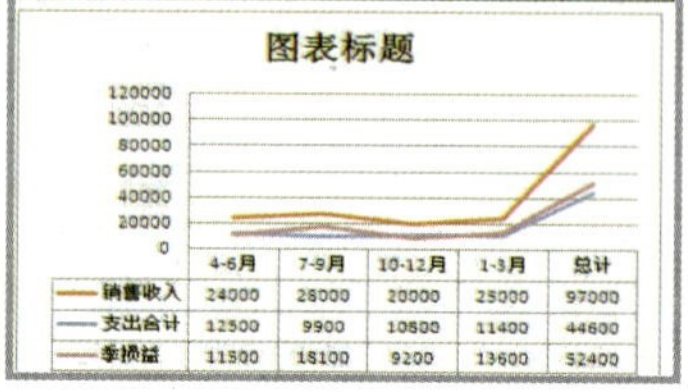

制作损益表（第11章）

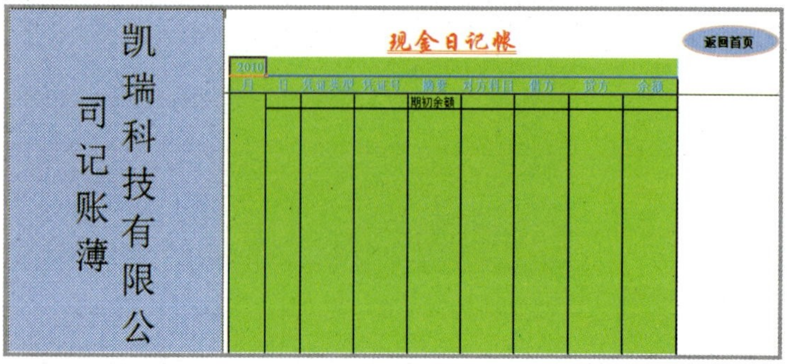

创建日记账（第11章）

近五年国民生产总值

	2005	2006	2007	2008	2009
预测值	180亿	520亿	870亿	3000亿	7000亿
实际值	120亿	570亿	1000亿	2807亿	6890亿

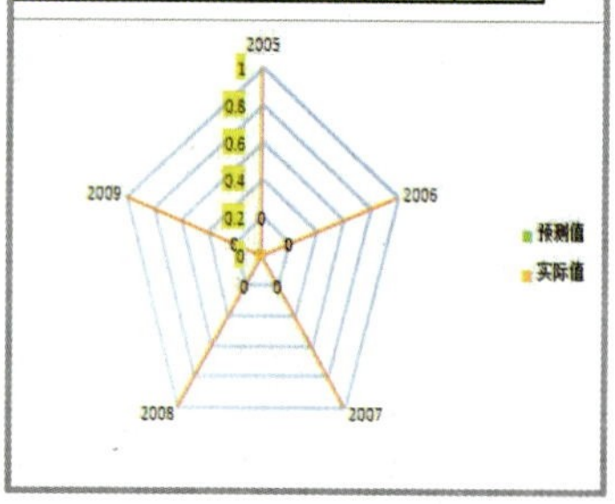

用雷达图预测国民生产总值（第12章）

小麦库存情况明细表

数量单位，千克

2010年		摘要	收入			发出			结存		
月	日		数量	单价	金额	数量	单价	金额	数量	单价	金额
5	1	上月结余							1500	¥ 5.20	¥ 7,800.00
5	3	购入	1000	¥ 5.20	¥ 5,200.00		¥ 5.20		2500	¥ 5.20	¥13,000.00
5	5	支出			¥ -	1500	¥ 5.17	¥ 7,755.00	1000	¥ 5.20	¥ 5,200.00
5	7	购入	1000	¥ 5.40	¥ 5,400.00		¥ 5.17	¥ -	2000	¥ 5.30	¥10,600.00
5	9	购入	800	¥ 5.10	¥ 4,080.00		¥ 5.26	¥ -	2800	¥ 5.24	¥14,680.00
5	11	支出			¥ -	1200	¥ 5.25	¥ 6,300.00	1600	¥ 5.24	¥ 8,388.57

制作材料采购明细账（第11章）

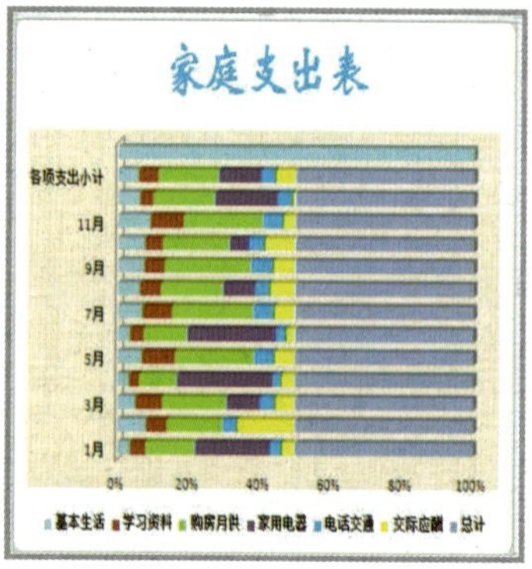

制作家庭支出表（第12章）

动态日历

6

2010年6月

Sunday	Monday	Tuesday	Wednesday	Thursday	Friday	Saturday
		1	2	3	4	5
6	7	8	9	10	11	12
13	14	15	16	17	18	19
20	21	22	23	24	25	26
27	28	29	30			

7

2010年7月

Sunday	Monday	Tuesday	Wednesday	Thursday	Friday	Saturday
				1	2	3
4	5	6	7	8	9	10
11	12	13	14	15	16	17
18	19	20	21	22	23	24
25	26	27	28	29	30	31

制作动态日历表（第11章）

前沿设备台账

设置名称	型号	单价	数量	起用时间	停用时间	生产厂家	购买日期
螺旋泵	t32	20000	4	2000/12/1	2009/12/20	天麟水泵厂	2000/1/20
手动碟闸	D3A41	3000	7	2000/12/1	2009/12/20	四方闸厂	2000/1/20
离心泵	S125	12000	8	2005/12/1	2009/12/20	天麟水泵厂	2004/1/10
格栅机	X150	8000	9	2005/12/1	2009/12/20	炫蠼机械厂	2004/1/10
起动机	C120	17800	1	2006/3/1	2015/11/10	炫蠼机械厂	2006/1/10
叉车	Dx	8800	2	2007/5/1	2015/12/20	炫蠼机械厂	2007/1/1
吊车	D1	10000	1	2008/3/1	2015/10/30	炫蠼机械厂	2007/1/1
流量计	1D-19	6500	15	2009/8/1	2015/12/20	炫蠼机械厂	2010/1/1
止回阀	HT66	3200	8	2009/8/1	2015/12/30	明晖阀门厂	2010/1/1
电动闸	D941X	4800	5	2010/5/1	2016/5/10	四方闸厂	2010/2/10
手动碟闸	D3A41	3000	7	2010/12/25	2020/1/10	四方闸厂	2010/8/10
螺旋泵	t32	20000	2	2010/12/25	2020/1/10	天麟水泵厂	2010/8/10
离心泵	S125	12000	2	2010/12/25	2020/1/10	天麟水泵厂	2010/8/10
格栅机	X150	8000	4	2010/12/25	2020/1/10	炫蠼机械厂	2010/8/10
起吊机	C120	12800	1	2010/12/25	2020/1/10	炫蠼机械厂	2010/8/10

制作固定资产台账（第11章）

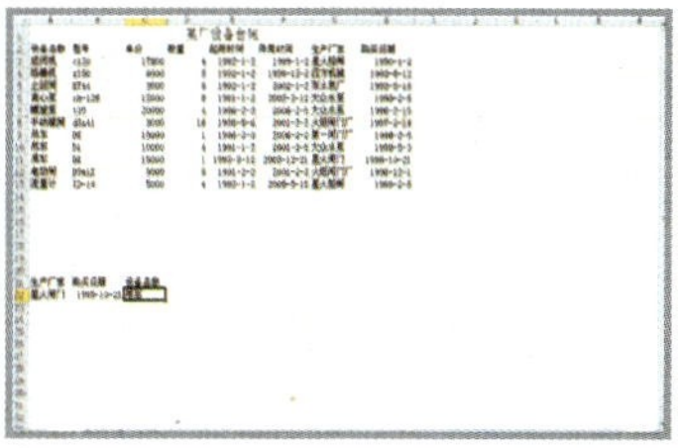

固定资产台账查询（第13章）

1	92
2	-56
7	-24
25	1

规划求解线性方程组（第13章）

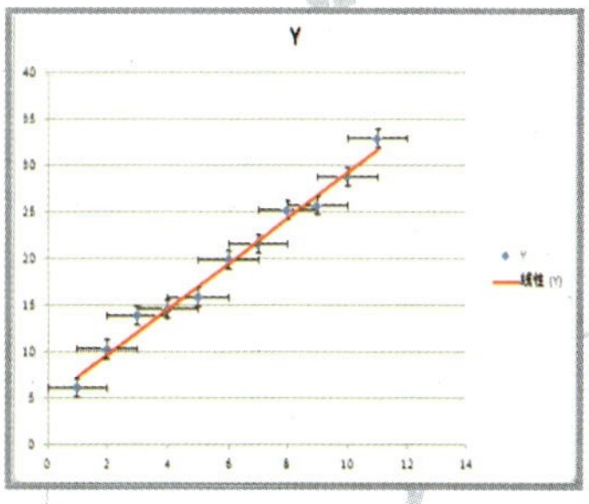

实验数据的处理（第13章）

公司2009年软件销售量情况表

软件类型	一月	二月	三月	四月	五月	六月	七月	八月	九月	十月	十一月	十二月
杀毒软件	70	50	45	55	35	40	60	50	35	45	68	72
系统软件	45	43	50	40	35	45	58	62	48	54	42	30
网络软件	80	85	78	76	68	65	82	70	60	51	45	50
游戏软件	80	70	60	58	49	35	42	58	62	48	55	60

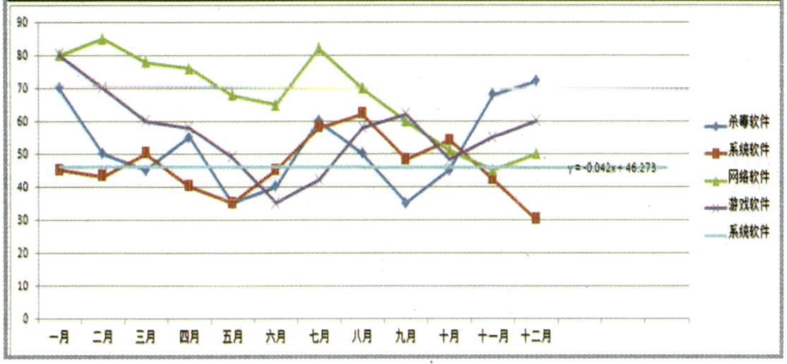

制作销售预测表（第12章）

会议日程表

日期	时间	地点	主题	主讲人
星期一	8：00am-11:00pm	山东理工大学	系统的导入（1）	高祥
	2：00pm-5:pm		系统的导入（2）	高祥
星期二	8：00am-11:00pm	山东青岛科技大学	Office 2010培训	毛丽
	3：00pm-5:00pm		形象设计	乔治
星期三	8：00am-11:00pm	山东分公司	系统的导入（3）	孙小红
	10：30am-11:00pm		系统的导入（4）	朱小食
星期四	8：00am-11:00pm	香格里拉饭店	电子商务业务开发	王雷影
	2:30pm-4:00pm		电子商务业务开发	王雷影
星期五	4：00pm-5:00pm	渡日酒店	新项目开发	李真力
	8：00am-11:00pm		新项目开发	宋晓
星期六	8:00am-9:00am	希尼大酒店	商品供应解决（1）	李真力
	10：00am-11:00pm		商品供应解决（2）	吴其济
星期日	10:00am-11:00pm	雷影商务国际大厦	商品供应解决（3）	吴其济
	3:30pm-4:30pm		人员教育方案	孙小红

制作会议日程表（第14章）

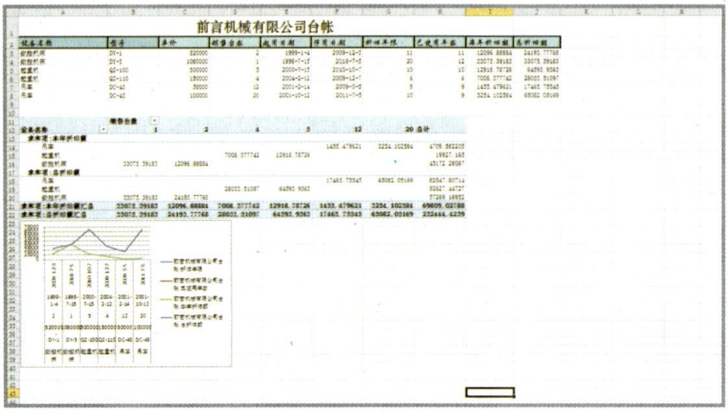

制作固定资产余额递减折旧表（第13章）

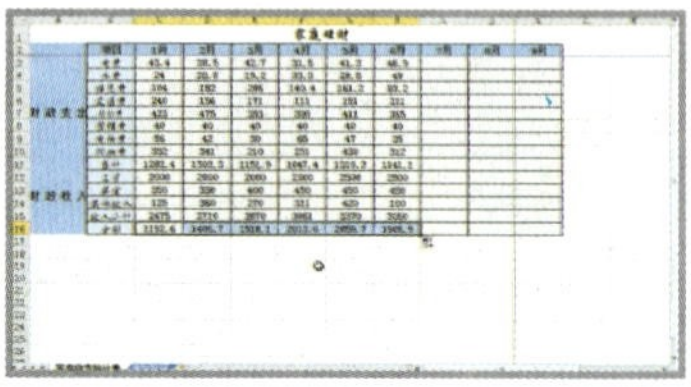

制作家庭收支统计表（第14章）

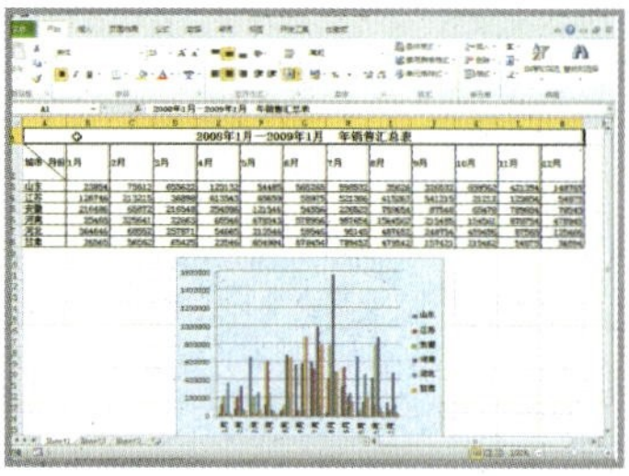

制作销售分析表（第14章）

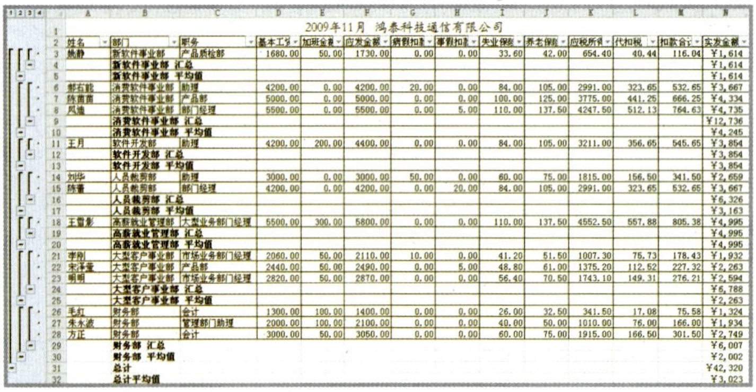

制作工资表（第14章）

制作“环境保护”演示文稿（第15章）

制作“工作简报”幻灯片（第15章）

制作“新年贺卡”演示文稿（第15章）

制作情人节贺卡（第17章）

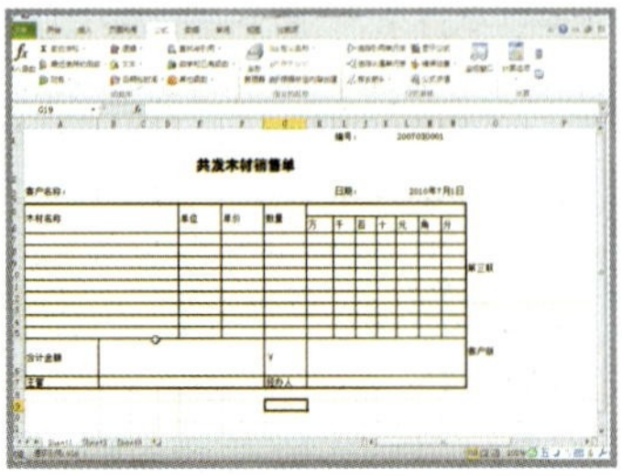

制作销售清单（第14章）

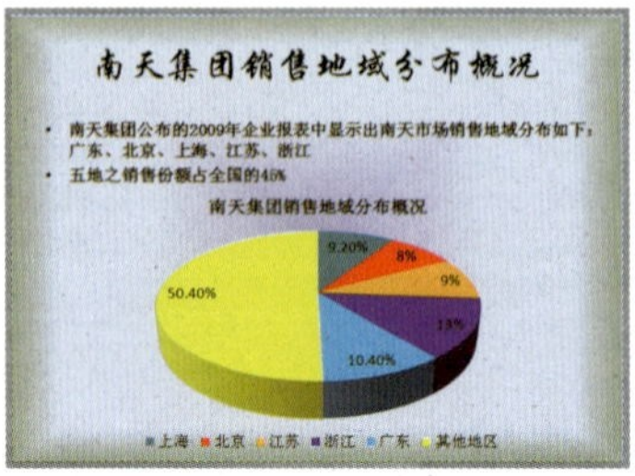

制作“市场销售份额”幻灯片（第16章）

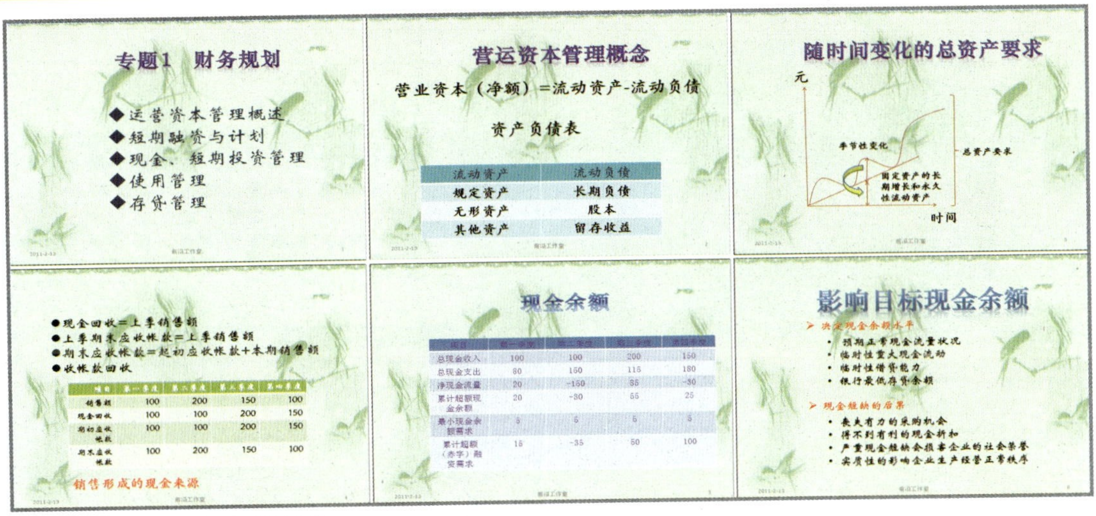

制作“财政管理”幻灯片（第16章）

设置声音（第17章）

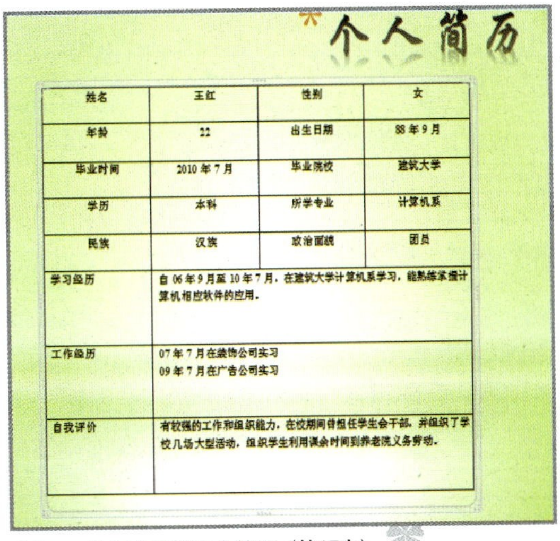

在PowerPoint中制作个人简历（第17章）

制作贺卡（第19章）

设置“建议方案”幻灯片（第18章）

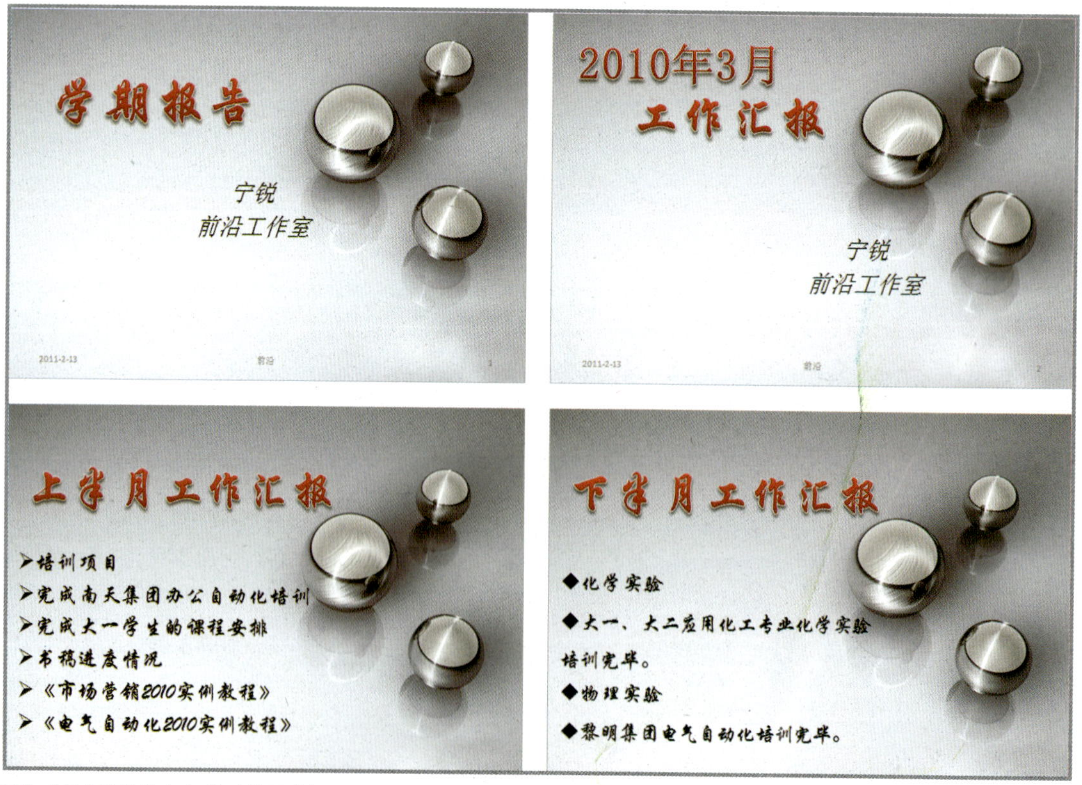

制作“学期报告”幻灯片（第17章）

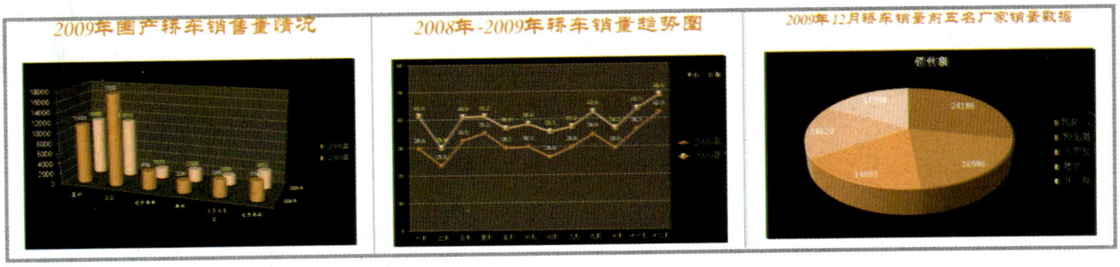

制作统计报告（第19章）

制作工作简报（第19章）

制作家庭相册卡（第19章）

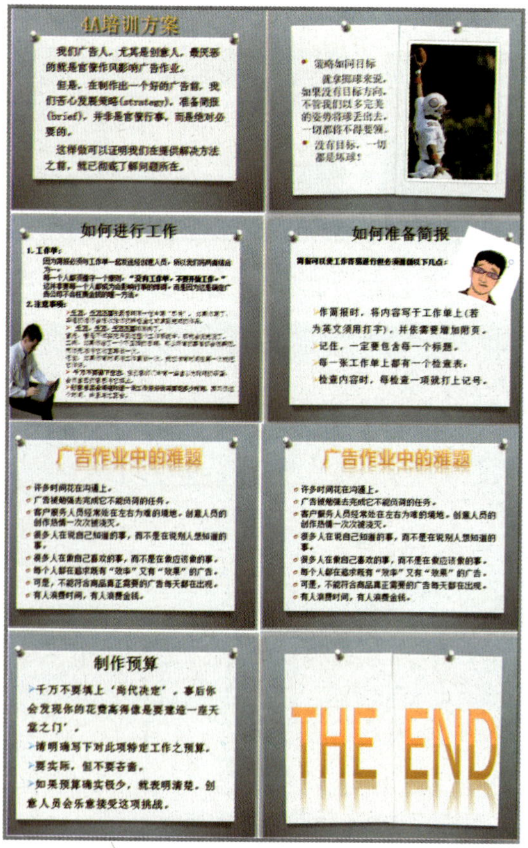

设置“培训”幻灯片（第18章）

制作公司组织结构图（第19章）

项目概况（第18章）

前 言

PREFACE

如今的办公室中充满了各式各样的信息、文件、报表，您如何能在每一个工作时刻都做到掌控自如呢？掌握和熟练使用Microsoft Office是一项必备的基础能力。在最近一两年内，不论是企业还是政府机构，已经将正确使用Microsoft Office当成是一项必备技能，主管部门不再安排特别的培训，而是要求所属员工在工作之余自我学习。因此，面对新一代的Microsoft Office 2010，您也必须在最短的的时间内加以了解和熟悉。

本书从实用角度出发，系统讲述文字处理软件Word 2010、电子表格处理程序Excel 2010以及PowerPoint2010的各种功能，这些软件都是目前使用最多也是最流行的软件，而本书是基于这些软件的最新版本进行讲解的。

本书共分为19章，主要内容分别介绍如下：

第1章将介绍如何管理和使用计算机中的文件，用户可以在学习使用【我的电脑】和【资源管理器】的过程中，同时学习使用回收站和磁盘管理。此外还要求掌握使用搜索功能来查找指定的文件。

第2章主要介绍了Office 2010的特点和新增功能，让用户对Office 2010有一个总体的把握。

第3章将带领读者初步认识Word 2010，了解程序的启动和退出，以及文档的创建、录入、保存、关闭、打印等操作，为后续进一步的学习打下良好的基础。

图形对象在Word文档中富有表现力，能更清晰准确地描绘出文档所要表现的内容，因此向文档中插入图像也是一种很好的表现手法。图形对象主要包括剪贴画、艺术字和文本框，**第4章**将介绍如何插入这些图形对象，并介绍图形对象的格式设置基础操作。Word 2010的绘图功能与早期版本的相比，有较大的改进，其功能更加强大。

第5章主要讲解掌握页面设置和打印的具体内容，包括文档的纸张大小、页眉页脚的设置、文档的分节和分栏等。同时因为页面设置与打印是有因果关系的，所以在页面设置时，也需要掌握打印操作。

第6章主要介绍针对长篇文档的编辑技巧。通过本章学习，可以掌握查看和定位文档 、标尺的使用、设置视图选项、使用样式和模板、生成目录、插入脚注和尾注等。同时这些编辑方法对于短篇文档也同样适用。

第7章将介绍如何在Word文档中对表格进行操作，包括创建表格、编辑表格对象、设置表格格式以及对表格内的数据进行计算和排序。

第8章介绍Word 2010的高级自动功能。通过本章的学习，可以掌握一些自动功能，包括自动更正、创建窗体、项目符号、自动编号、修订和批注等。此外还将介绍Word的精髓和核心技术等，也就是宏和域的使用。

第9章将通过多个实例的讲解，理论结合实际，使读者更加轻松快速的掌握Word的使用方法与技巧。

第10章着重介绍Excel的基本使用。Excel 2010除了在界面上采取了Office 2010系列的一致风格，在功能上也进一步得到了增强，可以处理更多的数据和工作表。

第11章将介绍如何对单元格及数据进行格式化设置，使单元格看起来更加美观、排列整齐、重点突出，从而使最终作品具有吸引力。同时还介绍了工作表的打印设置。

第12章将介绍如何掌握利用工作表中的数据创建出需要的图表，以及对图表进行修改和设置图表中的选项。

第13章介绍如何掌握Excel的高级数据管理，例如对数据排序、筛选、分类汇总、创建数据透视表、数据透视图等。

第14章将通过多个实例对Excel进一步介绍，其中有对单元格的编辑和美化，还介绍了如何使用函数计算数据。

第15章将着重演示PowerPoint 2010软件将要给用户带来的全新体验，介绍其常用操作上的一些特色。

第16章介绍了PowerPoint 2010的基本功能，使读者能够使用多种方法建立一个或一组幻灯片，同时能进行输入文字、编辑文字等基本操作。

第17章将掌握怎样编辑已经创建好的幻灯片。例如应用幻灯片模板、配色方案、动画方案和自定义动画等，这是设计幻灯片的重要内容，能够让幻灯片“动”起来，是设计幻灯片的真正意义。此外，还要掌握在幻灯片中引入多媒体的方法。

第18章主要讲解如何通过采用连续放映幻灯片或自定义幻灯片放映两种方式来实现播放演示文稿。同时也可以通过录制旁白，实现演示文稿的自动播放。最后介绍如何打印演示文稿。

第19章讲通过多个实例讲解如何用最快的方法带领读者进入PowerPoint2010的设计天地。包括如何操作菜单、工具栏、快捷方式，如何输入文字等，它涉及到了一些Windows应用程序的通用技巧，以及PowerPoint的基本操作，比如如何利用PowerPoint工具对演示文稿修饰美化以提高观赏性，如何插入一张新幻灯片，如何放映幻灯片等。

全书实例丰富、条理清晰、繁简得当、语言流畅、通俗易懂。同时考虑到绝大多数操作人员的实际情况，本书选取的都是比较基础的内容，并在此基础上通过300多个不同实例将基础知识与实际应用进行结合，并进行适当的扩展。因此，本书适合于电脑办公的初学者和已具有一定基础知识并希望进一步提高的读者，尤其适合高职高专院校、各类计算机职业教育学校作为办公自动化的教材使用，同时也是办公人员、家庭电脑初学者的最佳自学教材。

衷心感谢在本书出版过程中给予笔者帮助的李磊、韩宜波老师，以及为本书付出辛勤劳动的出版社的老师们。

本书由王成志、王海峰、李少勇主编，多媒体教学光盘由王雄健录制，同时要感谢德州职业技术学院的相世强、张锋、张波、徐伟伟以及胡静为本书提供了很多Office的相关教案及写作意见，其他参与编写的还有刘涛、刘雅茹、于海宝、荣建刚、李雪芳、赵秉龙、王慧、王玉、李乐乐、张云、李娜、任龙飞、弭蓬、陈月娟、陈月霞、刘希林、黄健、黄永生、田冰、徐昊，以及北方电脑学校的温振宁、黄荣芹、刘德生、宋明、刘景君老师等，谢谢你们为书稿前期材料的组织、版式设计、校对、编排，以及大量图片的处理所做的工作。

由于作者的编写水平有限，书中疏漏之处在所难免，欢迎广大读者和有关专家批评指正。

编著者

CONTENTS 目录

第1章 管理和使用计算机中的文件

第2章 Office 2010概述

第3章 Word 2010操作基础

第4章 图片编排和图形绘制

第5章 页面的设置和打印

第6章 长篇文档的排版

第7章 表格的制作与编辑

第8章 使用Word的高级自动功能

第9章 Word 2010综合练习

第10章 使用Excel 2010

第11章 工作表的格式化操作与打印

第12章 图表的编辑应用与技巧

第13章 数据管理的高级操作

第14章 Excel 2010综合练习

第15章 PowerPoint 2010入门与体验

第16章 PowerPoint 2010基础操作

第17章 幻灯片的编辑与设计

第18章 演示文稿的放映与打印

第19章 PowerPoint 2010综合练习

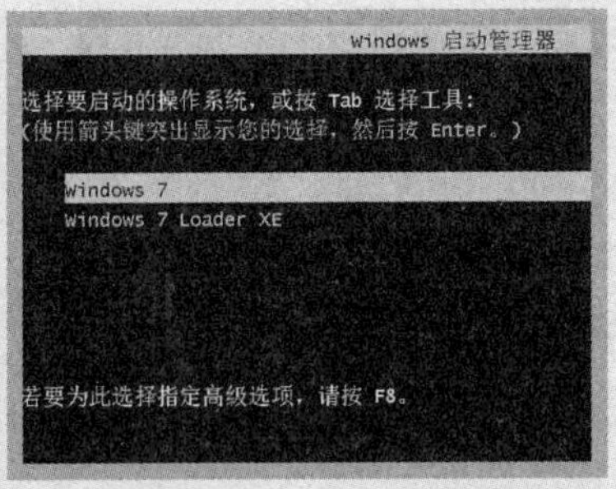

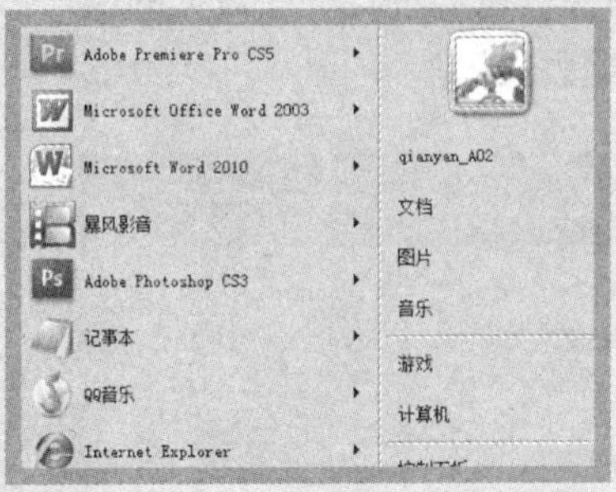

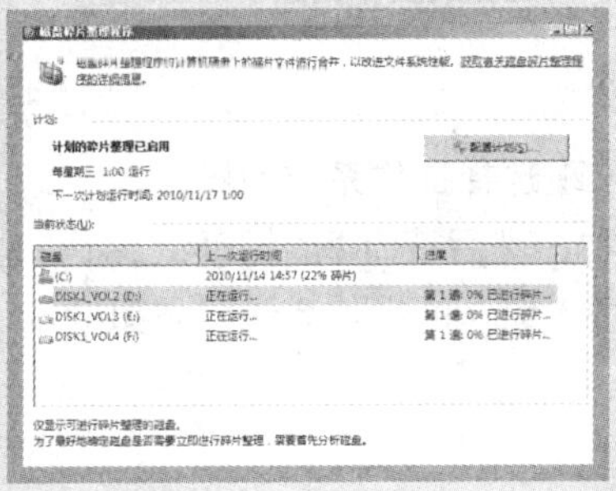

第1章

管理和使用计算机中的文件

现代办公自动化的核心工具是计算机，而Windows操作系统是Microsoft公司为个人计算机开发的一个多任务、多窗口、基于图形用户界面的操作系统。图形化操作系统的特点就是对图标、菜单和对话框的大量使用，用户无需在提示符后面输入具体的命令，而是通过鼠标的点击来向计算机输入指令，这样可以大大提高工作效率，因此得到广泛的应用。因为计算机系统中的大部分数据都是以文件的形式存储在磁盘上的，因此用户有必要知道文件系统是如何管理的。

在Windows系统中一般是用【计算机】和【资源管理器】来管理系统中的资源。用户可以在学习使用【计算机】和【资源管理器】的过程中，同时学习使用回收站和磁盘管理。此外，还要求掌握使用搜索功能来查找指定的文件。

通过本章的学习，可以掌握以下知识点：

- 启动和关闭计算机
- 管理文件和文件夹
- 回收站的使用
- 日常工作中磁盘的管理

1.1 启动和关闭计算机

操作系统是计算机运行的基础，类型有很多种。一般个人计算机中安装的操作系统有Windows XP、Windows 7、Windows Vista、UNIX、Linux以及苹果机上的Mac OS等。

对于大部分的用户来说，Windows XP操作系统是首选。

1.1.1 Windows操作系统简介

Windows 7与Windows XP甚至更老版本的Windows操作系统相比有所不同。Windows 7比Windows XP包含更多功能，同样在Windows Vista的架构上提供了大量改进。其中最明显的三大架构变化有用户账户控制和特权的提升、模块化和磁盘映像、预安装和预启动环境。

1.1.2 启动计算机

与使用任何一种电器一样，计算机也要接通电源后才能工作，但是由于计算机比家用电器要复杂得多，在开机过程中要经过测试和一系列的初始化操作。而关机也要进行一些数据的保存等工作，只有完成了这些工作后才能正常关机，否则可能造成数据丢失。

实战演练001——启动计算机

1 确认计算机与交流电电源连接，打开显示器。

2 按下主机的电源开关（一般会标有Power字母）后，系统首先进行自检，接着检查存储在BIOS芯片上的命令和信息，随后装载驱动程序以控制基本硬件。在屏幕左上方的一系列数字标明了装载过程。若被检测的硬件状态良好，就显示硬件状态的报告，并将系统盘的核心程序文件装入内存。

提示

计算机启动分为冷启动、热启动和复位启动。冷启动也叫加电启动，是从接通主机电源开始对系统的启动。热启动是在不关掉主机电源的情况下，通过软件重新启动计算机，所以热启动也称为“软启动”。复位启动也是在不关掉电源的情况下，一般来说，为避免反复开关主机而影响机器的工作寿命，只是在热启动无效的情况下，才用复位启动。

3 目前一般的计算机都安装有多个操作系统，因此启动后就会出现选择操作系统的界面，如图1-1所示。使用键盘上的上下方向键来选择操作系统的名称，然后按Enter 键确认。如果都不选择，那么在默认的时间内（一般是30秒），就会进入默认的操作系统，如图1-2所示。

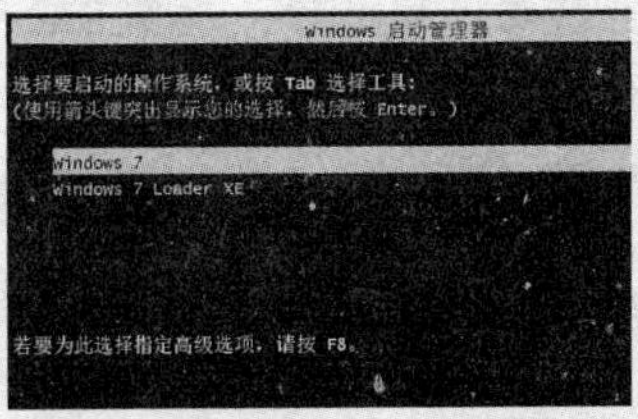

图1-1　选择要进入的操作系统

图1-2　Windows 7 的启动界面

提示

设置默认操作系统的方法是进入Windows 7操作系统后，选择【开始】|【设置】|【控制面板】|【系统】命令，弹出如图1-3所示的【系统属性】对话框，切换到【高级】选项卡，在【启动和故障恢复】区域下单击【设置】按钮，在弹出的对话框中使用默认的设置，如图1-4所示。

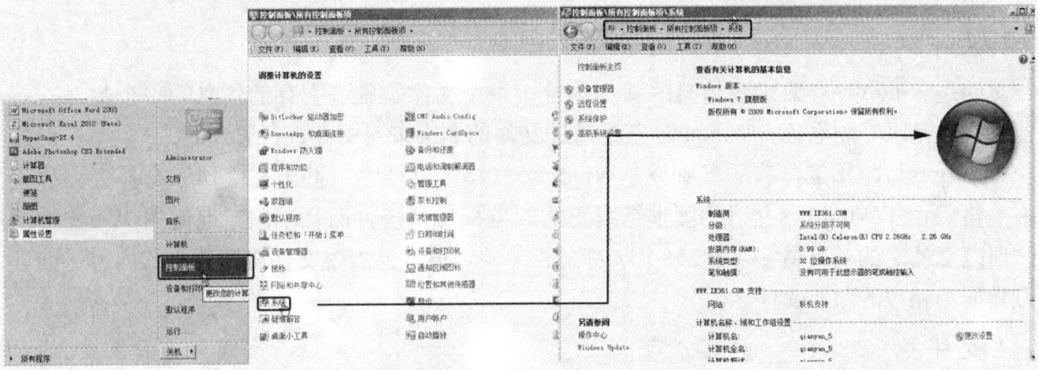

图1-3　运行系统

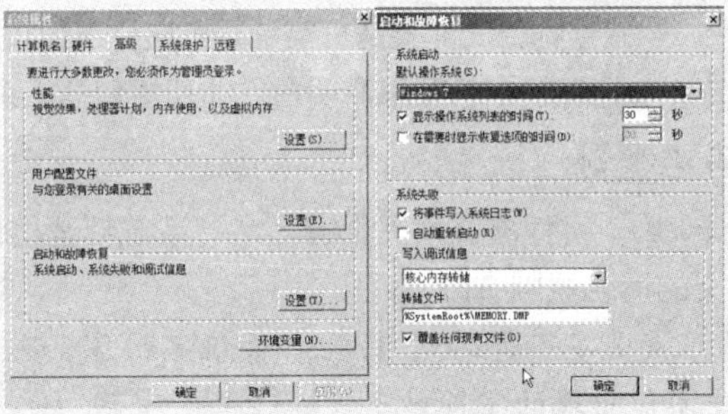

图1-4　设置默认操作系统

1.1.3　关机、待机、重新启动

单击【开始】|【关闭计算机】命令，在弹出的对话框中单击【关闭】按钮即可将计算机关闭，如图1-5所示。

图1-5　关闭计算机

在【关闭计算机】对话框中还有另外两个按钮，它们的作用如下。

- 待机：在电脑空闲时使其处于待机状态，整个计算机将切换到低电量状态下，监视器和硬盘将会关闭。想重新使用计算机时，它将快速退出待机状态，而且桌面恢复到待机前的状态。

- 重新启动：当计算机发生如死机、程序不能启动等故障时，或当安装了新软件时，系统会要求重新启动计算机以重新配置操作系统。

1.2 管理文件和文件夹

在计算机系统中文件是最小的数据组织单位。文件中可以存放文本、图像、数值数据等信息。硬盘则是存储文件的大容量存储设备，可以存储很多的文件。同时为了便于管理文件，还可以把文件组织到目录和子目录中去。目录被认为是文件夹，而子目录则被认为是文件夹中的文件夹（即子文件夹）。

1.2.1 计算机中的文件特性

1. 文件

文件是Windows存取磁盘信息的基本单位，一个文件是磁盘上存储信息的一个集合，每个文件都有自己唯一的名称，Windows 正是通过文件的名字来对文件进行管理的。

Windows与DOS最显著的差别就是Windows支持长文件名，甚至在文件和文件夹名称中允许有空格。由于Windows之后的版本是真正的32位操作系统，而且不固定地使用DOS文件的后缀，所以文件名的长度最多可达256个字符。长文件名很容易表现文件或文件夹的内容，而且还可以转换为相应的DOS文件名。

2. 文件夹

文件夹的概念是在Windows 95 中提出的。它实际上是DOS中目录的概念，在过去的PC机操作系统中，习惯于把它称为目录。树状结构的文件夹是目前计算机操作系统较流行的文件管理模式。由于它的结构层次分明，容易被人们理解，只要用户明白它的基本概念，就可以熟练使用它。

3. 文件和文件夹的命名规则

在Windows 98/2000/XP/7中，文件和文件夹都有名字，系统都是根据它们的名字来存取的。一般情况下，文件和文件夹的命名规则有以下几点：

- 文件和文件夹名称长度最多可达256个字符，1个汉字相当于两个字符。
- 文件、文件夹名中不能出现的字符如反斜线（\）、竖线（|）、小于号（<）、大于号（>）、冒号（：）、引号（“”、‘’）、问号（？）和星号（*）。
- 文件和文件夹名称不区分大小写字母。
- 通常一个文件都有扩展名（通常为3个字符），用来表示文件的类型。文件夹通常没有扩展名。
- 同一个文件夹中的文件或文件夹不能同名。

4. 路径

路径是一个从驱动器开始（或从当前文件夹开始）直至文件所在的文件夹构成的字符串。一个完整的文件说明应具备的格式，如盘符、路径、文件名、扩展名。

例如，C:\Program Files\WinRAR\License.txt就是一个路径，C代表驱动器，Program Files\WinRAR是一个文件夹，License.txt是一个文件或者可执行文件。

1.2.2 文件的类型和图标

用户在识别文件类型时，文件的扩展名是很重要的，通过扩展名可以判断文件类型和格式。

文件名由字母、数字及一些被允许的特殊字符组成。其基本格式为："基本文件名.扩展名"，如"Myfile.doc"中"Myfile"表示文件名，扩展名"doc"表示Word类型文件。

文件类型主要包括以下几种。

- 程序文件：由可执行的代码组成。如果查看程序文件，则只能看到一些无法识别的怪字符。程序文件的扩展名一般为"COM"和"EXE"。双击图标可执行程序。
- 文本文件：通常由字母、文字和数字组成。它的扩展名为"TXT"，有的应用程序中的Readme文件也是文本文件。
- 图像文件：指存放图像信息的文件。其格式较多，如"BMP"、"TIF"、"JPEG"、"PSD"等。
- 多媒体文件：所谓多媒体文件是以数字形式存放的声音和图像文件。有声音文件格式如".WAV"，视频文件格式如".MPEG"。
- 字体文件：Windows的字体放在Fonts文件中。一般类型有"TTF（True Type字体文件）"和"FON（位图字体文件）"。

文件的类型是通过文件的图标或后缀显示出来的，在Windows操作系统中相同类型的文件都有相同的图标和后缀，一般只要看它们的图标就可以区分，因为文件的图标是与应用它的程序类型相关联的。表1-1列出了一些常用的文件扩展名。

表1-1 常用文件扩展名

扩 展 名	文件类型	扩 展 名	文件类型
AVI	影像文件	INF	安装信息文件
BAK	应用程序自动创建的备份文件	INI	系统配置文件
BAT	批处理文件	MID	MID（乐器数字化接口）文件
BMP	位图文件	RTF	多数字处理程序通用文件
COM、EXE	可执行的程序命令文件	SYS	系统文件
DAT	存放程序所需的数据文件	TIF	一种常用图像文件
DTT	动态链接库文件（程序文件）	TTF	True Type字体文件
DOC	Word文档文件	TXT	文本文件
DRV	设备驱动程序文件	XLS	电子表格文件
FON	位图字体文件	WAV	由音频应用程序创建的波形文件
HLP	帮助文件	HTM	万维网（WWW）数据文件

1.2.3 计算机

计算机系统中的大部分数据都是以文件的形式存在磁盘上的，而文件一般又存放在文件夹中，因此很有必要知道文件夹系统是如何管理的。如显示文件夹结构和文件名的详细信息，如何启动应用程序，打开文件，快速查看、查找、复制文件等。

Windows 7使用了全新的桌面和【开始】菜单，可以设置尺寸大小。

实战演练002——设置尺寸大小

1 右击【开始】菜单，在弹出的快捷菜单中单击【属性】命令，弹出【任务栏和「开始」菜单属性】对话框。

2 在弹出的对话框中选择【「开始」菜单】选项卡，单击【自定义】按钮，设置开始菜单的外观和行为，如图1-6所示。

3 设置完成后单击【确定】按钮，即可将菜单转换成功，菜单显示效果如图1-7所示。

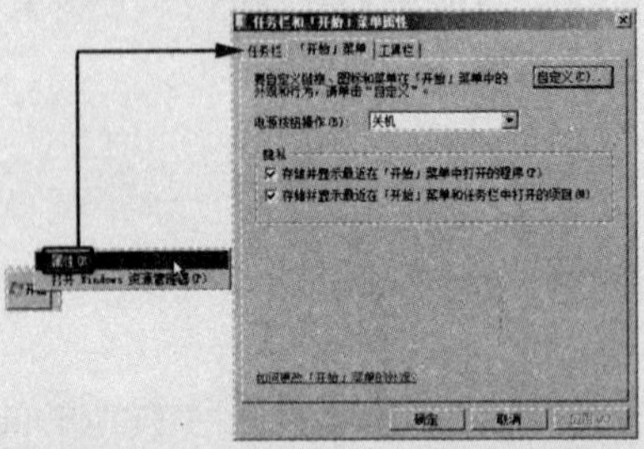

图1-6 【任务栏和「开始」菜单属性】对话框

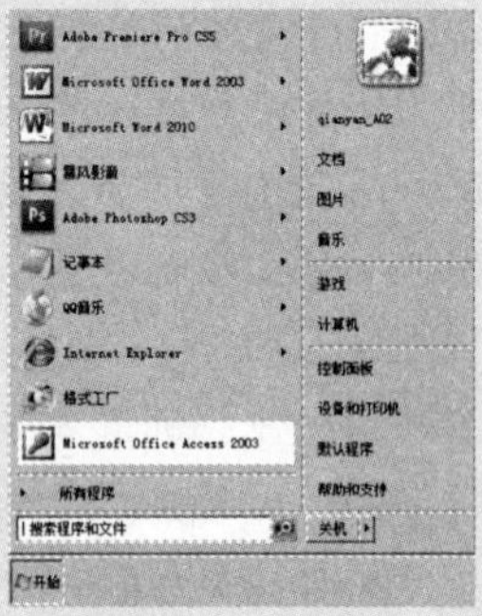

图1-7 【开始】菜单显示效果

实战演练003——了解【我的电脑】

下面的操作都是以【开始】菜单为例进行介绍的。

1 在桌面中双击图标，或者在任务栏上单击按钮，打开【计算机】窗口，如图1-8所示。

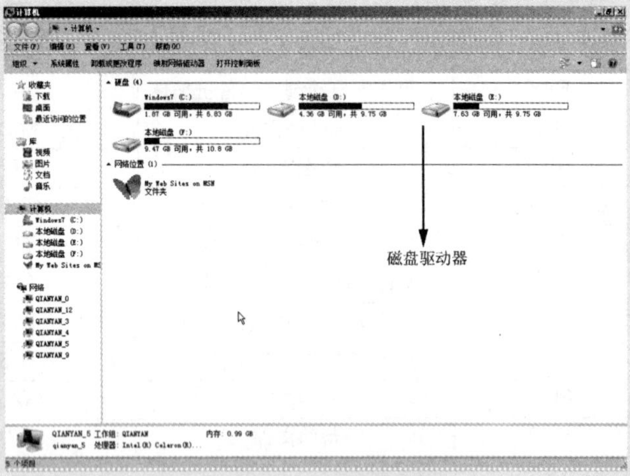

图1-8 打开【计算机】窗口

2 在默认情况下，该窗口显示为左右两部分，左边窗口分为四栏，即收藏夹、库、计算机和网络。

- 收藏夹：对常用界面进行收藏，便于以后迅速进入，如【下载】、【桌面】、【最近访问的位置】等。
- 库：提供了指向【视频】、【图片】、【文档】、【音乐】文件夹的链接。
- 计算机：显示出硬盘名称等。
- 网络：用来访问其他计算机上的资源。

3 在【计算机】窗口中会列出当前计算机的硬盘驱动器、光驱和软件。双击其中一个驱动器图标，就会打开该驱动器窗口。

1.2.4 查看磁盘或文件夹的属性

要了解一个文件夹，除了要知道文件夹里装的是什么东西之外，还要了解名称、大小、修改日期以及打开方式等多种信息，它们都是很重要的文件属性。例如，可以通过修改文件的打开方式来用其他程序打开该文件，通过查看文件的大小来了解计算机硬盘的使用情况。

1. 查看磁盘属性

实战演练004——查看磁盘属性

1 在【计算机】窗口中可以清楚地看到本机的磁盘驱动器的情况。如果C、D、E、F为本机硬盘。那么如果有光驱的话，光驱盘符自动指定为G。

2 用户可以随时查看驱动器的属性。如磁盘的空间大小、可用空间、卷标信息、磁盘工具和磁盘在局域网的共享设置等。

3 在【计算机】窗口中选择一个驱动器，如D盘，在菜单栏中选择【文件】|【属性】命令，弹出【属性】对话框，如图1-9所示。或者在D盘上单击鼠标右键，在弹出的快捷菜单中选择【属性】命令，弹出【属性】对话框，如图1-10所示。

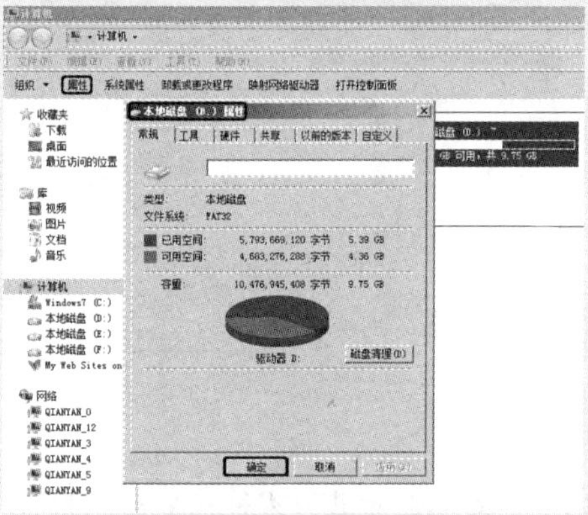

图1-9 查看驱动器的属性

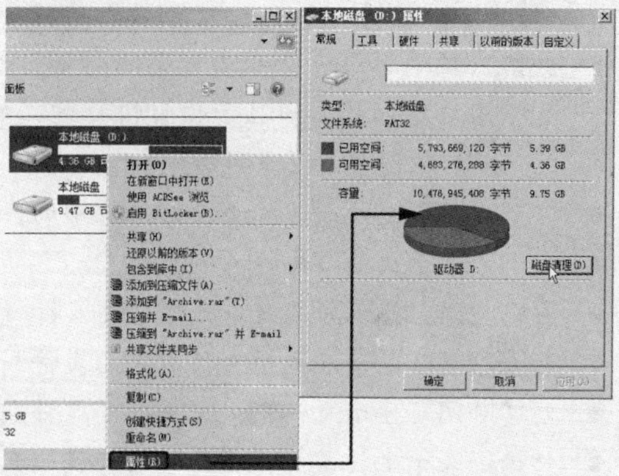

图1-10 查看驱动器的属性

- 在【常规】选项卡中显示了当前驱动器的一般信息，如卷标、磁盘类型、文件系统、已用空间和可用空间。还有一个【磁盘清理】按钮，单击该按钮可以启动磁盘清理程序。
- 在【工具】选项卡中，提供了【差错】、【碎片整理】和【备份】3个工具，如图1-11所示。
- 在【硬件】选项卡中列出了当前计算机存储设备的基本信息（例如硬盘、光驱等），包括制造商的名称和设备类型等。在同一台计算机中每个驱动器属性的【硬件】选项卡的内容是相同的，如图1-12所示。
- 在【共享】选项卡中可以设置该驱动器与网络上的其他用户共享信息，如图1-13所示。

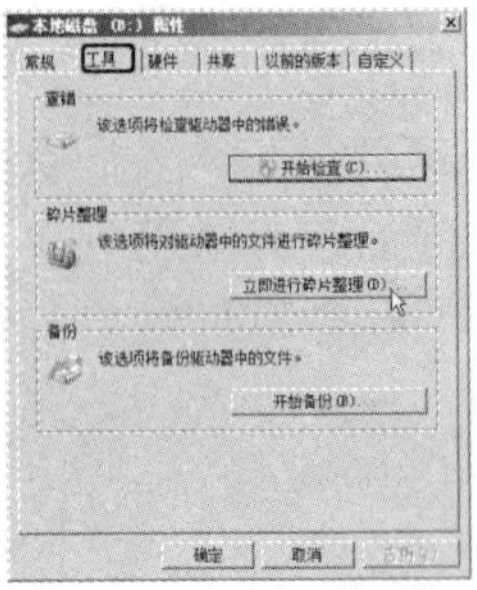

图1-11 【工具】选项卡

图1-12 【硬件】选项卡

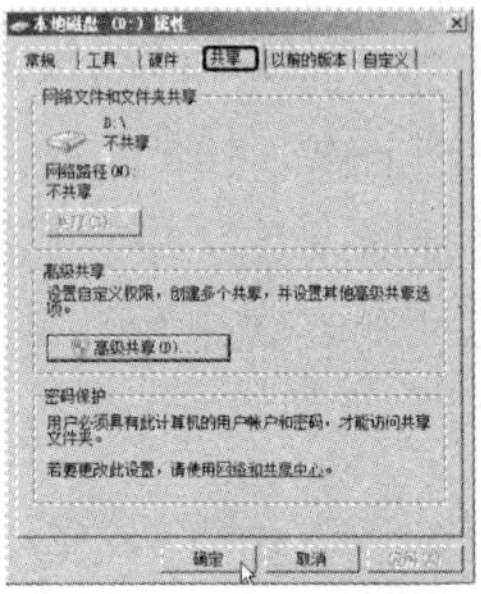

图1-13 【共享】选项卡

2. 查看文件或文件夹的属性

每一个文件和文件夹都有一定的属性信息，并且对于不同的文件类型，【属性】对话框中的信息也不同，如文件夹的类型、文件路径、占用的磁盘空间、修改时间和创建时间等。

选定要查看属性的文件，在菜单栏中选择【文件】|【属性】命令（或右击鼠标，在弹出的快捷菜单中选择【属性】命令），可以打开文件或文件夹的【属性】对话框，如图1-14所示。

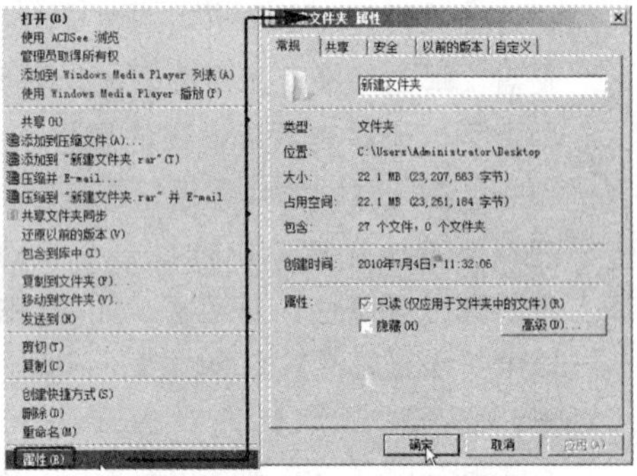

图1-14 查看文件夹的属性

- 类型：显示所选文件或文件夹的类型。如果类型为快捷方式，则显示项目快捷方式的属性，而非原始项目的属性。
- 位置：显示文件或文件夹在计算机中的位置。
- 大小：显示文件或文件夹的大小。
- 占用空间：显示所选文件或文件夹实际使用的磁盘空间，即文件使用的大小。
- 包含：显示包含在这个文件夹中的文件和文件夹数目。
- 创建时间：显示文件或文件夹的创建日期。
- 只读：表示文件或文件夹是否为只读（只读的意思是不能对其内容进行更改或删除）。复选框为灰色则表示有些文件是只读的，而其他文件则不是只读的。
- 隐藏：表示该文件或文件夹是否被隐藏，隐藏后如果不知道其名称就无法查看或使用此文件或文件夹。复选框为灰色则表示有些文件是隐藏文件，而其他文件则不是。
- 存档：指定是否要存档该文件或文件夹。某些程序用此选项来确定哪些文件需做备份。选中这一复选框可打开存档属性。复选框为灰色则表示有些文件设置了存档属性，而其他文件则没有设置存档属性。

1.2.5 资源管理器

浏览计算机资源的另一种方法是利用Windows的【资源管理器】，它是Windows操作系统中用来管理文件、文件夹及各种计算机程序的强大工具。其独特的分层结构可以使用户在同一个窗口中查看计算机的全部内容和资源。

【资源管理器】是Windows一个重要的文件管理工具。与【计算机】一样，【资源管理器】也可以用来浏览文件和文件夹。不过它们各有特点。

使用下述方法可以启动【资源管理器】，来浏览文件和文件夹。

- 右击【开始】按钮，在弹出的快捷菜单中选择【资源管理器】命令，打开【资源管理器】，如图1-15所示。

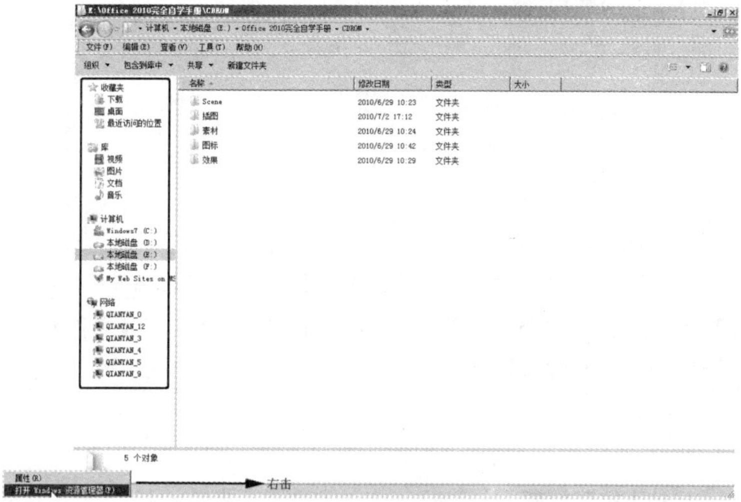

图1-15 在【开始】处打开资源管理器

- 右击【计算机】图标，在弹出的快捷菜单中选择【资源管理器】命令，打开【资源管理器】，如图1-16所示。

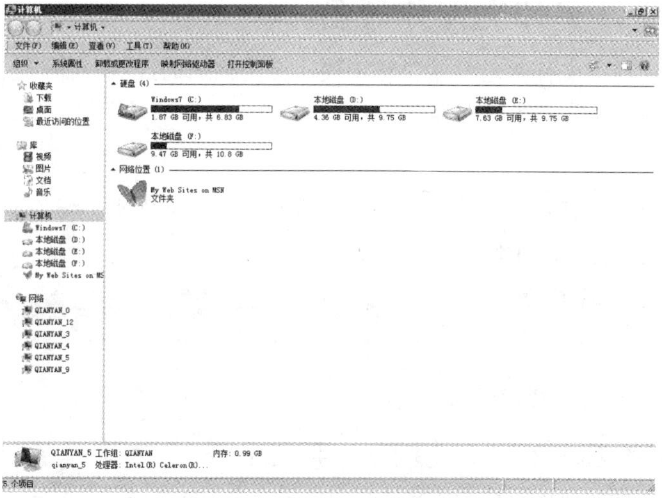

图1-16 右击【计算机】打开资源管理器

- 按住Shift键，双击桌面上【计算机】窗口图标，也可以打开【资源管理器】。

1.2.6 文件的显示方式

用户可以使用【查看】菜单中的命令来控制窗口的显示外观。如图1-17所示，在该子菜单中可以选择窗口的图标排列方式，有【缩略图】、【平铺】、【图标】、【列表】和【详细信息】排列方式。

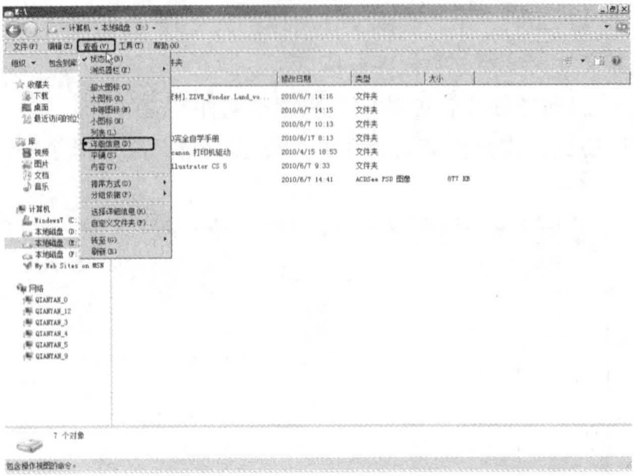

图1-17 使用【查看】控制窗口中显示的内容

【排列图标】子菜单，是按类型来排列的，排列的方式分别有【名称】、【类型】、【大小】、【修改时间】、【按组排列】等。

提示

用于排列图标的下拉菜单在【计算机】中与在某个驱动器或文件夹中显示菜单会有所不同。如果选择【自动排列】命令，则无论把图标放到哪里，都会自动把图标按位置作先后顺序排列。

1.2.7 新建文件夹和文件并命名

文件以及文件所在的文件夹是日常工作中使用最为频繁的选项，如何创建文件及文件夹，并为它们命名是本节中所要讲述的内容。

1. 新建文件夹

用户可以在磁盘中的任何文件夹中任何时候创建一个新文件夹，但不能与当前的文件夹重命。下面将介绍新建文件夹的操作方法。

实战演练005——新建文件夹

1 打开要新建文件夹的驱动器或文件夹。

2 在菜单栏中选择【文件】|【新建】|【文件夹】命令，如图1-18所示。此时就会在该驱动器或文件夹中出现一个新的文件夹，并且该文件夹的名称处于可编辑状态，新建文件夹的名称默认为【新建文件夹】，如果再新建一个文件将以【新建文件夹（2）】命名，再连续新建文件时，再以【新建文件夹（3）】命名，依次类推。

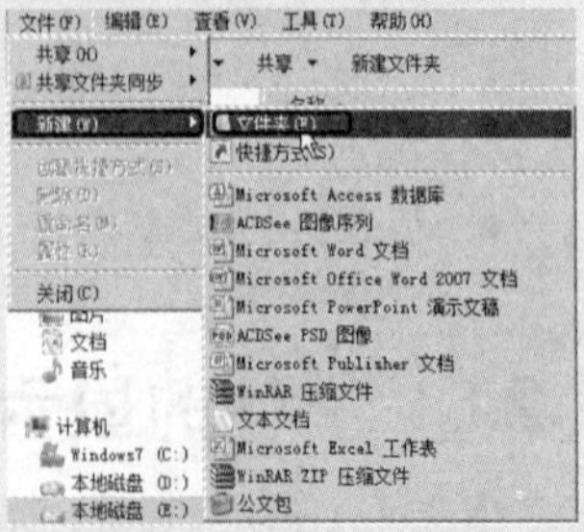

图1-18 新建文件夹

3 新建的文件夹名处于可编辑状态，可以直接输入一个恰当的名字，为新建文件重命名。

在任意一个驱动器中单击鼠标右键，在弹出的快捷菜单中选择【新建】|【文件夹】命令，如图1-19所示。

用这种方法还可以新建系统已安装了的程序文件。

因此，可以在任意一个驱动器（或文件夹）中新建文件或文件夹。类型可以是文件夹、快捷方式、压缩文件、文本、图像文件、声音文件、公文包或者是该系统支持的程序文件。

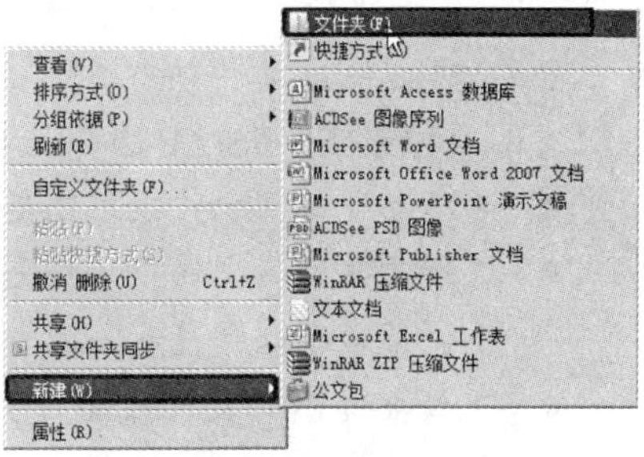

图1-19 新建文件夹

此外，当使用不同的程序时，也可以建立相应的程序文件，如在Office Excel 2007中建立的是以“xlsx”为后缀名的工作簿，而使用Adobe Photoshop可以建立多种图像格式。

2. 重新命名文件或文件夹

新建文件或文件夹后，都是以一个默认的名称作为文件名，其实用户可以在【计算机】、【资源管理器】或任意一个文件夹窗口中，给新建的或已有的文件或文件夹重新命名。

实战演练006——重新命名文件或文件夹

1 在【计算机】或【资源管理器】的任意一个驱动器中，选定要重命名的文件或文件夹。

2 在菜单栏中选择【文件】|【重命名】命令（或单击鼠标右键，在弹出的快捷菜单中选择【重命名】命令），如图1-20所示。此时选定的文件或文件夹图标名字被黑框罩住。

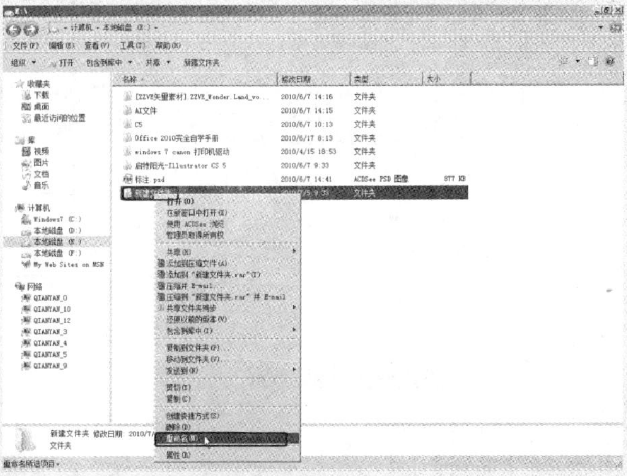
图1-20 将选择的文件夹重命名

3 输入要更换的文件名。要重命名文件时，不能改变已有文件的扩展名，否则当要打开该文件时，系统不能确认要使用哪种程序打开该文件。

4 输入完名称后，按Enter键确认即可。但如果更换的文件与原有的文件名重复，系统则会提示用户无法使用更换的文件名，确定后重新输入即可。

提示

用鼠标分两次单击（不是双击）要重命名的文件或文件夹，或者按F2键，此时选中的文件名显示为可编辑状态，在其中输入名称，按Enter键也可以重命名文件或文件夹。

1.2.8 复制、移动、删除文件或文件夹

1. 复制文件或文件夹

复制文件或文件夹的方法有以下几种：

- 选择要复制的文件或文件夹，按住Ctrl键拖动到目标位置。
- 选择要复制的文件或文件夹，按住鼠标右键并拖动到目标位置，释放鼠标后，在弹出的快捷菜单中选择【复制到当前位置】命令。
- 选择要复制的文件或文件夹，单击工具栏中的按钮，将选择的文件或文件夹进行复制，然后单击工具栏中的按钮，将选择的文件或文件夹进行粘贴。
- 选择要复制的文件或文件夹，按Ctrl+C键进行复制，然后按Ctrl+V键进行粘贴。
- 选择要复制的文件或文件夹，在菜单栏中选择【编辑】|【复制】命令，进行复制，然后在菜单栏中选择【编辑】|【粘贴】命令，进行粘贴。

技巧

文件除了直接复制和发送外，还有一种更为简单的方法，就是在打开的文件夹窗口中选择要进行复制的文件或文件夹，然后在选择的文件或文件夹中按住左键并拖曳到要粘贴的位置（可以是磁盘、文件夹或者是桌面上），释放鼠标，就可以把文件或文件夹复制到指定的位置。

2. 移动文件或文件夹

实战演练007——移动文件或文件夹

移动文件或文件夹与复制文件的方法类似。

1 选定要移动的源文件或文件夹。

2 在菜单栏中选择【编辑】|【剪切】命令，也可以使用快捷键Ctrl+X。

3 选定目标文件夹并打开它，在菜单栏中选择【编辑】|【粘贴】命令，也可以使用快捷键Ctrl+V，将剪切的文件进行粘贴，这样选定的文件或文件夹就被移动到当前文件夹下了。

4 也可以用鼠标直接拖动完成移动操作。方法是先选中要移动的文件，然后按住Shift键将该文件或文件夹拖动到目标位置，释放鼠标，文件就移动到指定的位置，如图1-21所示。

图1-21 移动文件或文件夹

3. 删除文件或文件夹

删除文件或文件夹的方法有以下几种。

- 选择要删除的文件或文件夹，单击工具栏上的✕按钮即可。
- 选择要删除的文件或文件夹，按Delete键即可。
- 选择要删除的文件或文件夹，在菜单栏中选择【文件】|【删除】命令。

- 选择要删除的文件或文件夹，直接拖动到【回收站】中。
- 选择要删除的文件或文件夹，单击鼠标右键，在弹出的快捷菜单中选择【删除】命令。

不论执行哪一种方法，系统都会弹出一个【确认文件删除】对话框，如图1-22所示。如果确实要删除，单击【是】按钮，要取消单击【否】按钮即可。

图1-22 确认文件删除

提示

该删除命令只是将文件或文件夹移入到【回收站】中，并没有从磁盘上清除，如果还需要使用该文件或文件夹，可以从【回收站】中恢复。此外，如果要彻底删除文件或文件夹，则可以先选择要删除的文件或文件夹，按Shift+Delete键即可将选择的文件或文件夹彻底删除。

1.3 【回收站】的使用

1.2.8节在介绍删除时，提到了回收站，那么本节详细介绍【回收站】的使用。回收站专门用来存放用户删除掉的文件或文件夹，这些文件或文件夹需要时可以恢复，一旦用户把回收站清空，删除掉的文件或文件夹就被永久性删除了。

1.3.1 还原文件和清空回收站

实战演练008——从回收站里恢复文件

1 双击桌面上的图标，打开【回收站】窗口。

2 在该窗口中选定要恢复的文件，如选择“chalo”文件夹。

3 在菜单栏中选择【文件】|【还原】命令，如图1-23所示，这样选定的文件夹被放回到原来的位置上。

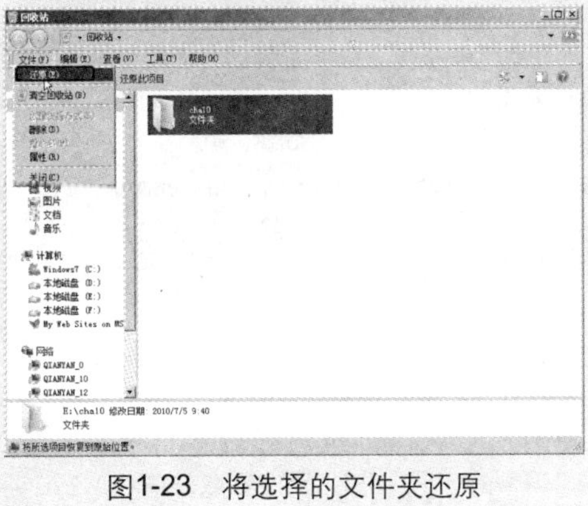

图1-23 将选择的文件夹还原

4 也可以在需要恢复的快捷文件夹上单击鼠标右键，在弹出的快捷菜单中选择【还原】命令，如图1-24所示。

图1-24 使用鼠标还原文件夹

5 如果还原回收站中的所有文件，首先将回收站中的文件选择，在菜单栏中选择【编辑】|【全部选定】命令，或者按Ctrl+A键，将文件或文件夹全部选择，

然后单击鼠标右键，在弹出的快捷菜单中选择【还原】命令，将选择的对象进行还原，如图1-25所示。

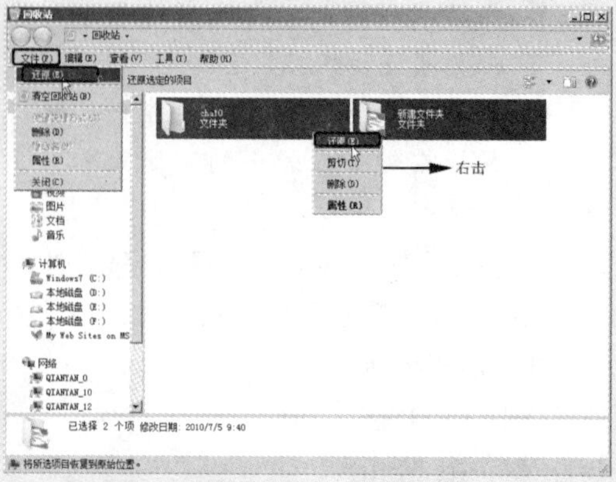

图1-25　将回收站中的所有文件进行还原

实战演练009——清空回收站

1 如果要删除回收站中的所有文件，以便释放磁盘空间，可以在菜单栏中选择【文件】|【清空回收站】命令，在弹出的【确认删除多个项目】对话框中单击【是】按钮，即可将回收站清空，如图1-26所示。

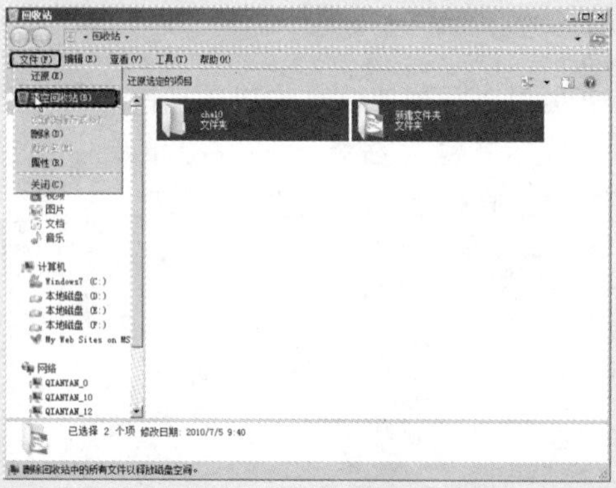

图1-26　清空回收站

2 也可在【回收站】任务栏中选择【清空回收站】命令，在弹出的【确认删除多个项目】对话框中单击【是】按钮，将回收站清空，如图1-27所示。

3 还可以在空白处单击鼠标右键，在弹出的快捷菜单中选择【清空回收站】命令，在弹出的【确认删除多个项目】对话框中单击【是】按钮，将回收站清空，如图1-28所示。

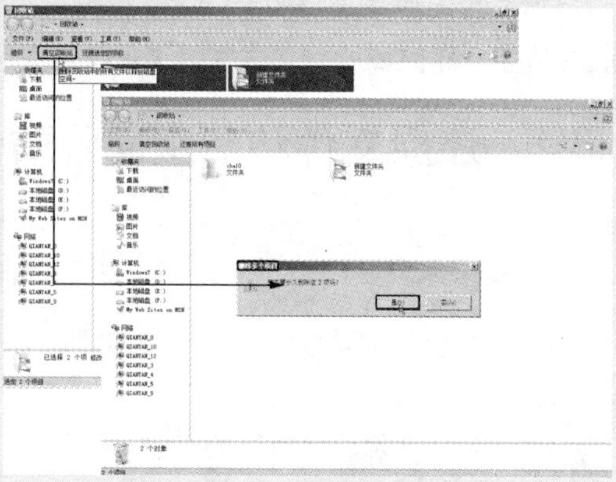

图1-27　清空回收站

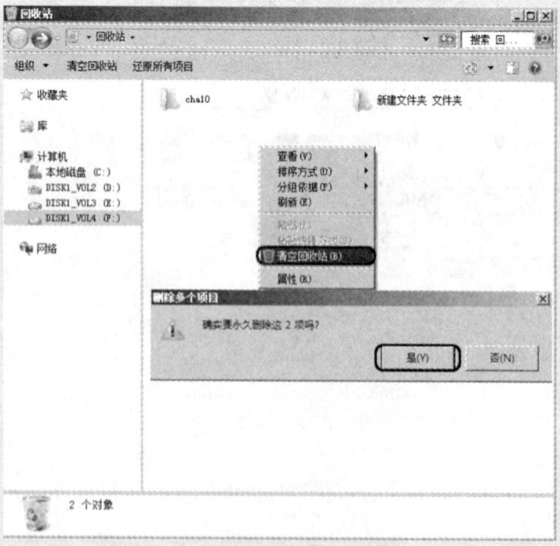

图1-28　清空回收站

1.3.2 设置【回收站】属性

设置【回收站】属性的方法是：用鼠标右击桌面上的【回收站】图标，在弹出的快捷菜单中选择【属性】命令，弹出【回收站属性】对话框，在【常规】选项卡中可以更改数值来改变【回收站】的空间大小，如图1-29所示。

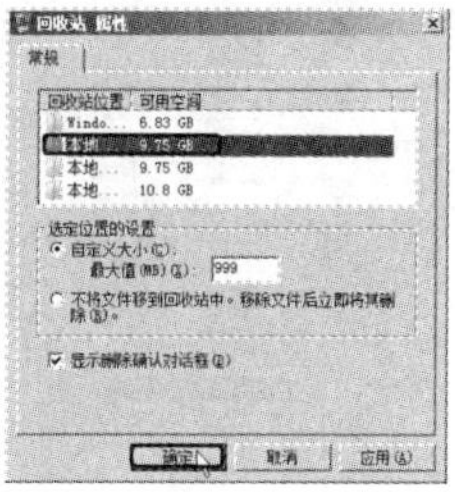

图1-29 【回收站 属性】对话框

- 【常规】选项卡：该选项卡可以对所有有效的硬盘、压缩驱动器和系统上未压缩驱动器应用相同的属性。如果没有足够的空间供回收站使用，可以更改数值缩小回收站容量。
- 【不将文件移到回收站中，移除文件后立即将其删除】复选框：不经过回收站直接把文件彻底删除。
- 【显示删除确认对话框】复选框：Windows 默认的方式是选中，如果不想让Windows提示确认，可以取消勾选该复选框。

提示

考虑到文件的安全性，最好不要勾选【不将文件移到回收站中，移除文件后立即将其删除】复选框和取消选中【显示删除确认对话框】复选框。

1.4 磁盘管理

Windows作为大家最常使用的操作系统，自带了一些磁盘工具，使用这些自带的磁盘工具可以有效地管理自己计算机的硬件和软件配置。

1.4.1 磁盘扫描

在用户的计算机系统中，由于各种原因，诸如非法操作、计算机突然断电等，可能会造成磁盘错误，包括逻辑错误和物理错误。这时就需要使用Windows 7的磁盘检查程序对磁盘错误进行检查修正。

实战演练010——磁盘扫描

1 在【计算机】窗口中右击需要进行磁盘检查的驱动器，在弹出的快捷菜单中选择【属性】命令，打开【属性】对话框，如图1-30所示。

2 在【属性】对话框中选择【工具】选项卡，在【查错】选项组中单击【开始检查】按钮，打开【检查磁盘】对话框，如图1-31所示。

3 在【检查磁盘】对话框中选择相应的选项，这里为了查看出错的原因，最好是不进行选择，然后单击【开始】按钮即可进行磁盘检查，检查完毕后系统会自动弹出对话框，在该对话框中单击【关闭】按钮，如图1-32所示。

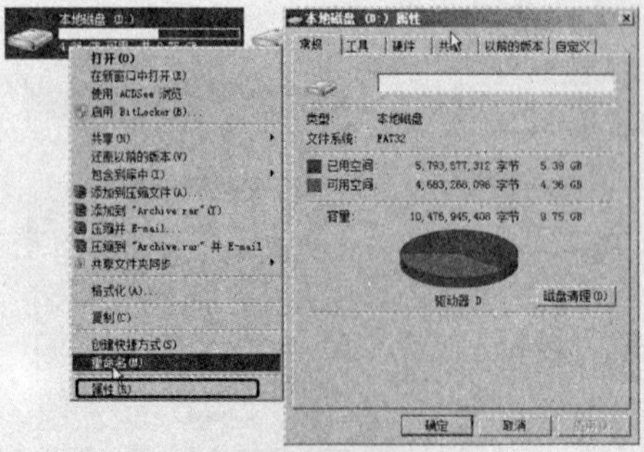

图1-30 【属性】对话框

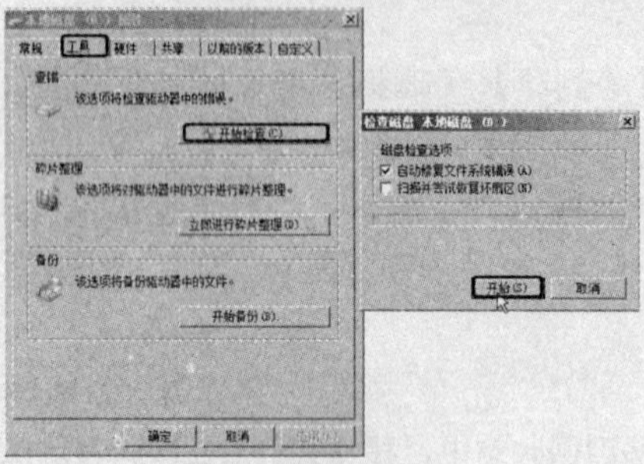

图1-31 选择【开始检查】

图1-32 检查完毕

提示

如果Windows 7被非法关闭，那么在再次启动时，也会启动磁盘检查程序进行检查，如果在扫描过程中检测到磁盘有坏扇区，一般可以使用DOS程序Scandisk来进行修复，也可以使用诺顿磁盘医生（Norton Disk Doctor）修复磁盘坏道。诺顿磁盘医生是一种磁盘诊断程序，可以对磁盘进行检测、修复以及还原，并且具有后台执行的功能，通过执行不同类型的检测，可以诊断出很大范围内的磁盘问题。

1.4.2 整理磁盘碎片

用户在计算机硬盘中删除一些不用的程序或文件，或安装一些新的应用程序，就会使硬盘上产生越来越多的碎片，系统性能就会显著下降。

为了提高系统性能，可以对已使用文件的磁盘碎片进行重新整理，将它们存放在连续的空间里，把没有使用的空间集中到硬盘的尾部，这样就可以加快文件的读取速度。碎片整理有两种方法，其中最简单直接的方法如下。

选择【开始】|【程序】|【附件】|【系统工具】|【磁盘碎片整理程序】命令，即可对磁盘中的碎片进行整理，如图1-33所示。

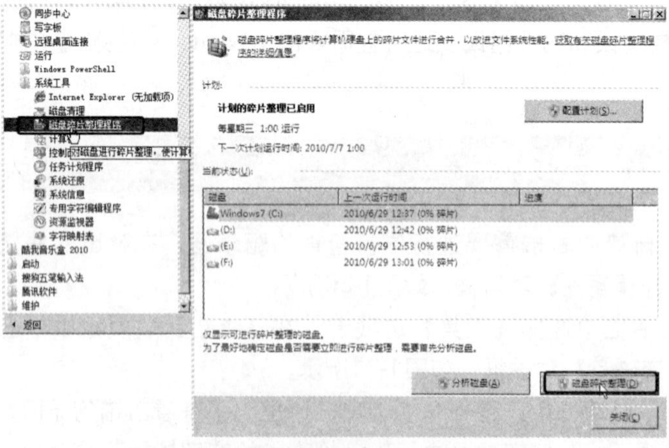

图1-33 在【开始】菜单中整理磁盘碎片

第二种方法的具体操作步骤如下。

实战演练011——整理磁盘碎片

1 在【计算机】窗口中，右击需要进行磁盘检查的驱动器，在弹出的快捷菜单中选择【属性】命令，在弹出的【属性】对话框中选择【工具】选项卡，然后单击【碎片整理】选项组中的【立即进行碎片整理】按钮，如图1-34所示。

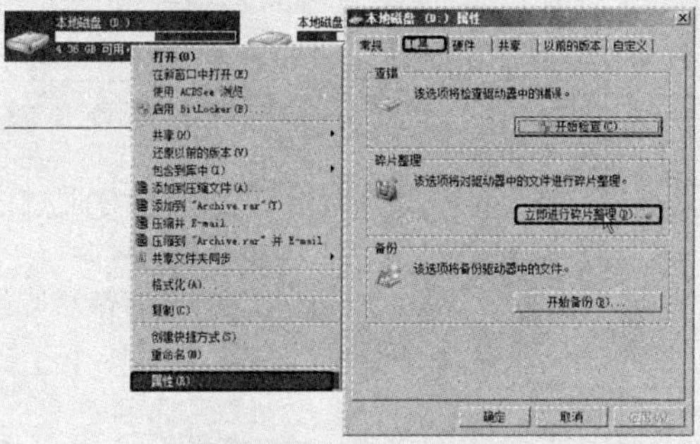

图1-34　选择【属性】命令

2 打开【磁盘碎片整理程序】对话框，在该对话框中选择要进行碎片整理的驱动器，然后单击【分析磁盘】按钮，即可对所选取的驱动器进行分析，如图1-35所示。

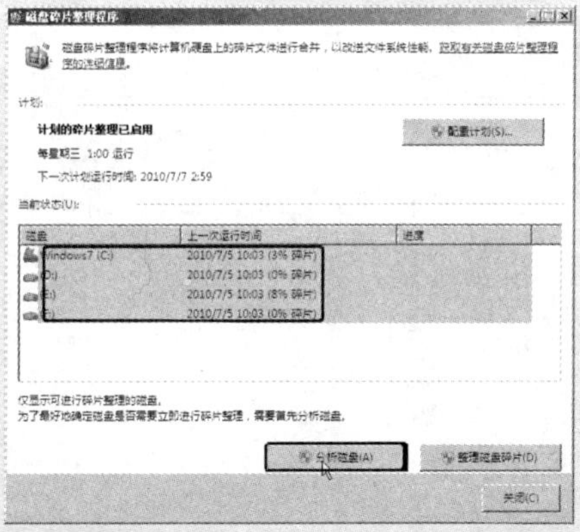

图1-35　【磁盘碎片整理程序】对话框

3 分析完后，系统会自动弹出【磁盘碎片整理程序】对话框，在该对话框中可以看到磁盘碎片的具体情况，如图1-36所示。

4 在【磁盘碎片整理程序】对话框中单击【磁盘碎片整理】按钮，即可开始磁盘碎片整理，如图1-37 所示。

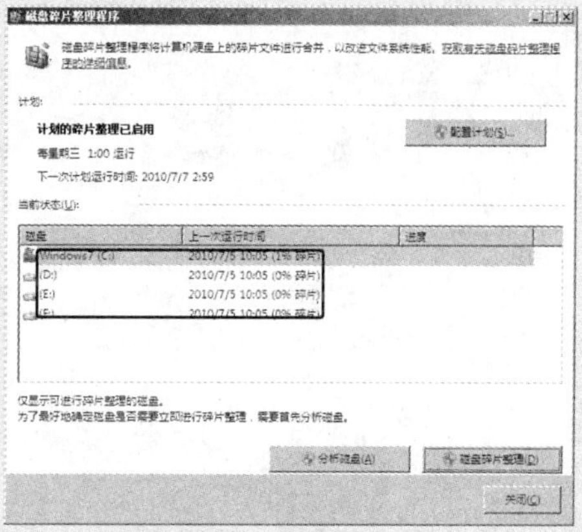

图1-36　磁盘碎片情况

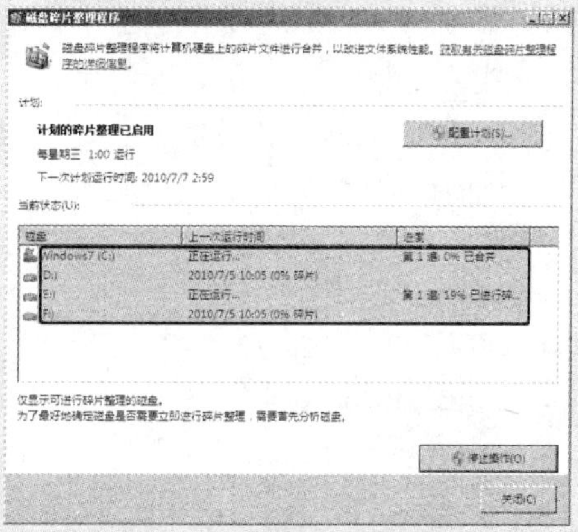

图1-37　磁盘碎片整理

5 当碎片整理完成后可以在【磁盘碎片整理程序】对话框查看详细的碎片整理情况，如图1-38所示。

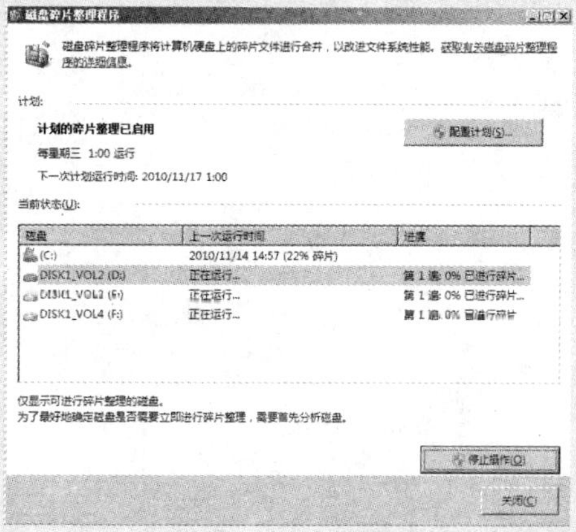

图1-38　查看碎片整理情况

第2章 Office 2010概述

Office 2010是Office系列软件的最新版本，一个新软件必定有它的独到之处，Office 2010具有更加友好的用户界面。Office 2010加强了协同工作的功能，使用它，用户可以轻松、高效地完成工作。本章主要介绍Office 2010的特点和新增功能，让用户对Office 2010有一个总体的认识。

通过本章的学习，可以掌握以下知识点：

- Office 2010简介
- Office 2010的新功能
- Office 2010的安装
- 启动和退出Office 2010

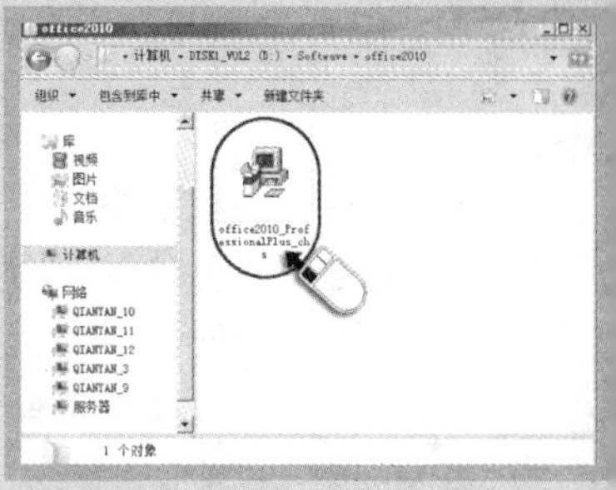

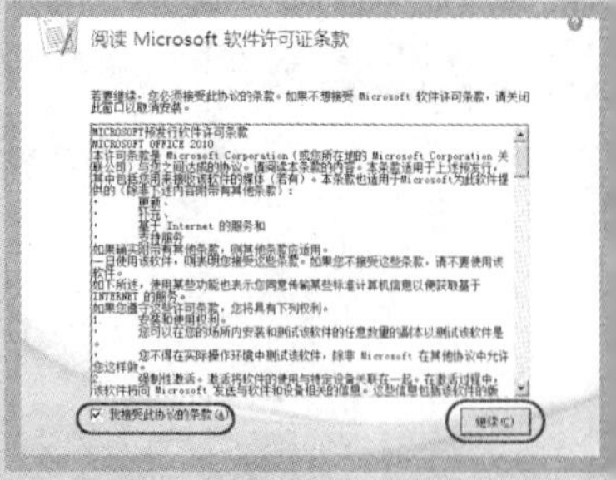

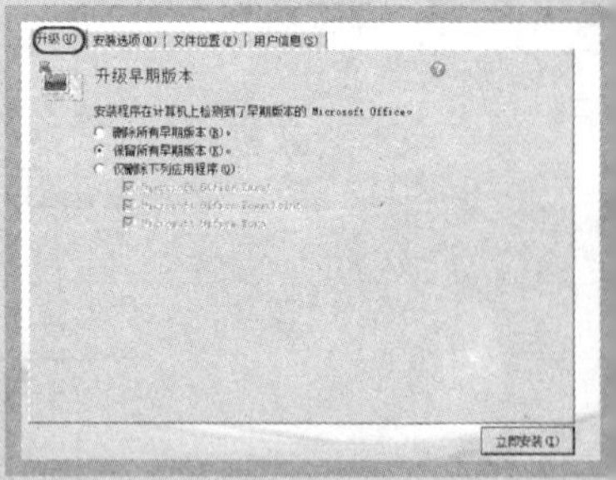

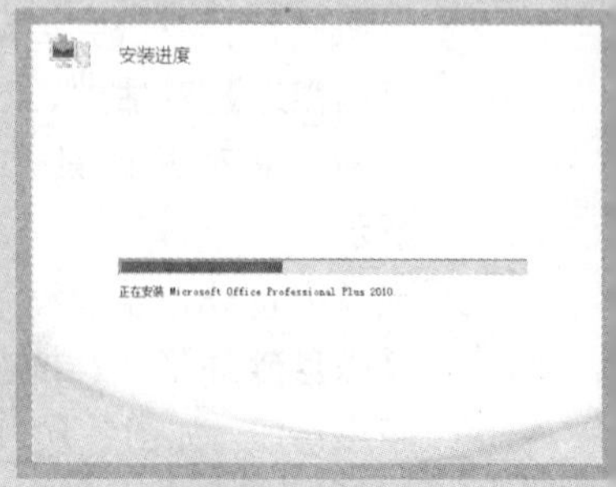

2.1 Office 2010简介

作为微软公司赖以生存和发展的一条重要产品线，Office 2010系统经过了全新的设计和改进，其中包含的众多新特性、新功能和新组件给用户带来全新的使用和开发体验。无论是Office软件的日常使用者，还是企业内部的IT管理人员，或是基于Office平台的开发人员，都对Office 2010给予了足够的关注和重视。Office 2010摒弃了传统的以计算机命令作为功能组织单位的菜单，而将以用户命令为组织单位的功能区取而代之，这使得用户可以根据当前正在操作的文档内容，快速定位到想要执行的操作。这在很大程度上提高了用户编写文档的质量和效率。本章首先向用户展示Office 2010的新特性，使用户对Office 2010有基本的了解，后面再对Office 2010中3个重要的组件Word 2010、Excel 2010和PowerPoint 2010进行详细的介绍。

Office 2010中包含许多应用程序（也称为组件），下面列出所要介绍的应用程序及功能。

- Word：一个功能强大的文字处理程序。利用Word能方便创建和编辑信件、报告、文档、Web页以及电子邮件中的文本与图形，并按照需要进行格式化，将其打印出来或在线邮递。
- Excel：一个功能多样的电子表格程序。Excel有许多方面的应用，其中最基本的用途是将数据按照行和列的形式进行排列，对数据进行管理、统计、计算、分析，并做出预测。
- PowerPoint：一个用于制作演示文稿的应用程序。PowerPoint能帮助用户在屏幕上创建生动的演示文稿，并将其打印出来，清晰明确地传达出用户的思想。

当打开Word 2010、Excel 2010或PowerPoint 2010时，会发现程序窗口已经改变了，原来的菜单和工具栏设计已被替换为一个包含各种按钮和命令的较宽的区域（称为功能区），如图2-1所示。使用这种功能丰富的新设计能实现Office的简化和优化，提高工作效率。

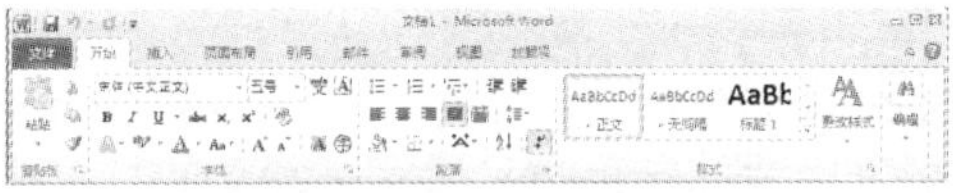

图2-1 Office 2010功能区

2.2 Office 2010的新功能

下面将介绍Office 2010中应用程序各个组件的新功能。

2.2.1 Word 2010

Word 2010提供了一套完整的工具，供用户在新的界面中创建文档并设置格式，从而帮助用户制作具有专业水准的文档。丰富的审阅、批注和比较功能有助于快速收集和管理来自同事的反馈信息。高级的数据集成能确保文档与重要的业务信息源时刻相连。

Word 2010具有以下新特性：

- 创建具有专业水准的文档：所提供的编辑和审阅工具比以前版本能更好地创建精美文档。
- 减少格式设置的时间，把更多精力花在撰写上：面向结果的新界面在用户需要的时候，清晰而条理分明地为用户提供多种工具，如样式、主题、表格格式、列表格式、图形效果等。从格式库中进行选择，不仅节省时间，而且在提交更改之前就能实时而直观地预览到文档中的格式。
- 轻松添加预设元素：单击几下鼠标，即可添加预设格式的元素，而不必像Word的早期版本那样，要通过深层的菜单和对话框来实现。
- 利用极富视觉冲击力的图形更有效地进行沟通：新的图表和绘图功能包含三维形状、透明度、阴影及其他效果，增加了具有设计师水准的SmartArt图形功能。
- 轻松避免拼写错误：拼写检查选项具有全局性，在一个Office组件中的设置也会影响到其他组件的设置，拼写检查包括后期修订语法词典，拼写检查可以查找并标记某些上下文拼写错误。
- 快速比较文档的两个版本：比较并合并文档时，可以查看文档的两个版本，而已删除、插入和移动的文本会清楚地标记在文档的第三个版本中。
- 编写博客文章并将其发送出去。
- 查找和删除文档中的隐藏源数据和个人信息：在与其他用户共享文档之前，可使用文档检查器检查文档，以查找和删除隐藏的源数据、个人信息或可能存储在文档中的内容。
- 可向文档中添加数字签名或签名行。
- 可将Word文档转换为PDF或XPS格式。
- 防止更改文档的最终版本：在与其他用户共享文档的最终版本之前，用户可以使用“标记为最终版本”命令将文档设置为只读，并告知其他用户共享的是文档的最终版本。
- 缩小文件大小并增强损坏恢复能力：新的Word XML文档是经过压缩、分段的文件格式，可大大缩小文件大小，并有助于确保损坏的文件能够轻松恢复。
- 在文档信息面板中管理文档属性：利用文档信息面板，可以在使用Word文档时方便地查看和编辑文档属性。
- Office诊断代替了Office 2003的检测并修复，及Microsoft Office应用程序恢复功能。
- Word 2010有助于在程序异常关闭时避免丢失工作成果。

2.2.2 Excel 2010

在新的面向结果的用户界面中，Excel 2010提供了强大的工具和功能，用户可以使用这些工具和功能轻松分析、共享和管理数据。

Excel 2010具有以下新特性：

- 面向结果的用户界面：利用功能区、选项卡、组快速找到命令及功能，用快速功能库替代对话框，提供了描述性的工具提示或示例预览来帮助用户选择正确的选项。
- 更多的行和列：每个工作表中最多有1048576行，16384列，可以浏览大量数据。在同一个工作簿中可以使用无限多的格式类型；每个单元格的引用数量从8000增长到任意数量，唯一的限制就是可用内存。内存管理也已从Excel 2003中的1GB增加到2GB。
- Office主题和Excel样式：可以通过应用主题和使用特定样式在工作表中快速设置数据格式。

- 丰富的条件格式：可以使用条件格式直观地注释数据以供分析和演示使用。
- 轻松编写公式：可调整的编辑栏能容纳长而复杂的公式，从而防止公式覆盖工作表中的其他数据；函数记忆式键入可以快速写入正确的公式语法；结构化引用可在公式中引用命名区域和表格，通过命名管理器来组织、更新和管理多个命名区域。
- 改进了排序和筛选功能：可以按样式和3个以上（最多为64个）级别来对数据排序。还可以按样式或日期筛选数据，在“自动筛选”下拉列表中显示1000多个项，用户选择要筛选的多个项，以及在数据透视表中筛选数据。
- Excel表的增强功能如下。
    - ◆ 表格标题行：可以打开或关闭表格标题行。如果显示表格标题，则当在长表格中移动时，表格标题会替代工作表标题，从而使表格标题始终与表格中的数据在一起。
    - ◆ 计算列：计算列使用单个公式调整每行。它会自动扩展以包含其他行，从而使公式立即扩展到这些行。只需输入公式，而无须使用“填充”或“复制”命令。
    - ◆ 自动筛选：默认情况下，表中会启用“自动筛选”功能以支持强大的表格数据排序和筛选。
    - ◆ 结构化引用：允许在公式中使用表格列标题名称代替单元格引用（例如A1或RlCl）。
    - ◆ 汇总行：在汇总行中，可以使用自定义公式和文本输入。
    - ◆ 表样式：可以应用表样式，以便对表快速添加专业格式。
- 创新的图表外观：基于应用到工作簿的主题，新的最具流行元素的图表外观包含很多特殊效果，例如三维、透明和柔和阴影，还可以快速应用一种外观精美的格式，然后在图表中进行所需的细节设置，其增强功能如下。
    - ◆ 可视图表元素选取器：可以在新的用户界面中快速更改图表的每一个元素，以便更好地呈现数据。只需单击几下鼠标，即可添加或删除标题、图例、数据标签、趋势线和其他图表元素。
    - ◆ 外观新颖的艺术字。
    - ◆ 清晰的线条和字体。
    - ◆ 比以前更多的颜色。

2.2.3 Outlook 2010

Outlook 2010将帮助用户更好的管理时间和信息、跨越组织边界进行连接以及确保信息处于掌握之中并且更加完全。

Outlook 2010具有以下新特征：

- 快速搜索信息：用户跨越快速搜索关键字或其他条件，在电子邮件、日历、联系人或任务中定位项目，节省宝贵的时间。Outlook 2010提供的Instant Search功能已被完全集成到界面中。因此，用户不必再离开Outlook去寻找所需的信息。
- 简便管理日常待办事物和信息：用户可以通过查看To-Do Bar来检查当天的待办事物，被标记的邮件和任务清晰地呈现在To-Do Bar中。To-Do Bar也将自动导入用户已经存储在Project 2010、Access 2010、OneNote 2010和Windows SharePoint Serbvices中的所有任务。日历中的To-Do Bar将帮助用户合理安排时间，顺利完成预定计划。

- 通过重新设计的用户界面更快、更好地取得工作效果：经过重新设计的Outlook 2010用户界面将使撰写、格式化和操纵信息更加容易、直觉化。现在，用户可以使用Outlook提供的所有功能，高效地查找功能使按照用户的需要进行导航更加容易。
- 人与人之间轻松、有效的互联：新的Outlook 2010日历功能为用户提供了与企业内部或外部的其他人员之间共享日历的捷径。用户可以创建Internet日历并将其发布到Office Online、将日历快照以电子邮件方式发送给他人或向客户发送一个自定义的电子商务卡片。
- 用Exchange Server 2010增强协作性和功能性：Outlook 2010和Exchange Server 2010为用户提供了丰富和完全的Outlook 体验。用户将受益于一种新的时间安排辅助功能，它能将耗时的日历任务自动化，调度和自定义外出时的通信，管理用于维护兼容性的文件夹。Outlook 2010和Exchange Server 2010的结合也将协同工作提升到了一个新的高度，提供多种手段的同时也增强了安全性和易用性。
- 在一个用户界面中管理共享信息和内容：Outlook 2010提供了与存储在Windows SharePoint Serbvices中的信息进行交互的更简便方法。用户可以将Windows SharePoint Serbvices中的日历文档联系人任务和其他内容连接到Outlook 2010，它是最适合管理团队和个人信息的地方。另外，用户将获得所有的编辑功能。因此，在Outlook 2010中对信息所做的任何修改都将同步为服务器上的版本。
- 新的安全标准将有助于防御垃圾邮件和恶意Web站点：Microsoft已经在Outlook 2010中采用了新的安全标准，用于阻止垃圾邮件和恶意Web站点，使用户获得更高的安全性。为了用户不会将个人信息泄露给具有潜在危险的Web站点，Microsoft已经改进了电子邮件过滤技术，并添加了新的功能用于禁用链接以及在电子邮件消息中发现具有威胁性的内容时间向用户发出警报。
- 用多种新方法组织信息：通过Outlook 2010中使用新的颜色分类功能，用户可以轻松地对任何类型的信息进行个性化设置和分类。颜色分类为用户提供了一种简单的可视化途径用以区分不同项目，使组织数据和搜索信息更加容易。
- 在一个用户界面中管理所有通信：用户可在Outlook 2010程序窗口中读取和管理RSS文件和Blog，它是管理这种信息的最佳选择。通过使用内置的订阅主页，用户可以轻松添加RSS订阅。
- 只需一次单击即可访问信息：访问附件通常需要多个操作步骤，没有获取附件内容的简易方法。通过使用Outlook 2010提供的附件预览器，用户只需一次单击操作即可预览附件中的内容，节省了时间和人力。

2.2.4 PowerPoint 2010

利用PowerPoint 2010能制作具有专业外观的演示文稿。PowerPoint 2010提供一组综合功能，用户可以使用它们创建信息并为其设置格式。

PowerPoint 2010具有以下新特性。

- 全新的直观型外观：使用功能区、选项卡和组查找功能和命令；利用实时预览功能，在应用格式选项前查看效果。

- 使用主题和快速样式：PowerPoint提供了新的主题、版式和快速样式。过去，演示文稿格式的设置工作非常耗时，因为用户必须分别为表格、图表和图形选择颜色和样式选项，并要确保它们能相互匹配。主题简化了专业演示文稿的创建过程，用户只需选择所要的主题，PowerPoint便会执行其余的任务，这样就确保了演示文稿中的所有元素能够互补。
- 自定义幻灯片版式：能创建包含任意多个占位符的自定义版式，并可将其保存，以供将来使用。
- 专业水准的SmartArt图形：使用SmartArt图形以简便的方式创建专业水准的图示。
- 新增文字选项：可以使用多种文字格式功能（包括形状内文字环绕、直栏文字或在幻灯片中垂直向下排列的文字，以及段落水平标尺）创建具有专业外观的演示文稿。还可以选择不连续文字。
- 表格和图表增强功能：表格和图表都经过了重新设计，因而更加易于编辑和使用。快速样式库提供创建具有专业外观的表格和图表所需的全部效果和格式选项。
- 校对工具：增强的校对功能，与Word 2010的校对功能相同。
- 演示者视图：如果用户使用了两台显示器，就可以在一台显示器上进行PowerPoint 2010演示文稿，而让观众在第二台显示器上观看该演示文稿。
- 有效的共享信息：通过在幻灯片库中存储单个幻灯片文件，共享和重复使用幻灯片内容。
- PowerPoint XML文件格式：PowerPoint XML是压缩文件格式，因此生成的文件相当小，这样就降低了存储和宽度的要求。
- 可另存为PDF或XPS文件。
- 保护并管理信息，与Word 2010中的功能一样。

2.2.5 SharePoint Designer 2010

SharePoint Designer 2010提供了用户所需要的多种功能强大的工具，用以创建引人注目的SharePoint站点，以及快速构建具有工作流能力的应用程序和应用于SharePoint平台的报表工具，这些特性将完全融入到一个易于管理的IT环境中。

SharePoint Designer 2010具有以下新功能。

- Microsoft下一代Web技术将更加具有生产力：通过使用SharePoint Designer 创建和自定义下一代SharePoint Web站点，用户将在技术支持上获得进一步提升。SharePoint Designer 2010将在Windows SharePoint Services的基础上提供更深层次上的编辑支持，例如ASP.NET2.0、层叠样式表单和Windows Workflow Foundation.。
- 自定义SharePoint站点：用户可以通过SharePoint Designer 2010选择SharePoint页面的格式和内容，它是用于整个SharePoint产品家族的自定义工具。用户可以根据自己的需要对SharePoint进行裁剪，通过最新的ASP. NET技术以及现有的XHTML和层叠样式表单这些Web标准规划品牌需求。
- 跨越整个SharePoint站点轻松执行或取消操作：用户可以通过编辑主页和修改SharePoint层叠样式表单的方法轻松将格式和布局修改应用于整个SharePoint站点。用户可以通过使用SharePoint Designer2010提供的Revert to Site Template Page命令撤销对主页所做的修改。

- 维护和控制站点范围内的定制：站点管理员和IT经理可以精确地控制SharePint Designer 2010如何帮助信息工作者实现IT可管理性和策略兼容性。站点所有者可以为每个在SharePoint站点中定义的角色设置Contributor Settings选项，并控制其特定的行为。
- 创建用于自动化业务流程的工作流：SharePoint Designer Workflow Designer可以将与SharePoint列表和文档库相关联的业务流程自动化。Workflow Designer使SharePoint Designer用户能够建立自定义工作流的条件和行为，并将它们链接到SharePoint数据，而且只需鼠标单击操作就可以对其进行部署，无须安装服务器代码。
- 无须编码，创建交互式Web页面：SharePoint Designer 2010提供了一组功能完善的工具，用于帮助用户将数据集成到SharePoint页面并以Extensible Stylesheet Language Transformation（XSLT）形式在SharePoint站点中进行表示。用户可以通过XSLT数据视图、列表视图、Web部件连接、ASP. NET控件和工作流访问这些工具。
- 整台业务数据：SharePoint Designer为用户提供了用于创建视图和表单的工具，以便处理各种数据源。站点设计人员可以构建SharePoint Web页面，用以表示和编辑来自SharePoint列表和文档库、XML文件、Microsoft SQL Server数据库、Web服务以及企业系统的数据。
- 开发与众多浏览器和Web标准兼容的站点：SharePoint Designer 2010对创建基于XHTML和层叠样式表单即Web标准的Web页面提供了优越的支持特性，而且满足Web Content Accessibility Guidelines（WCAG）和Section 508 of the Rehabilitation Act（29 U. S. C. 794d）的Web封装需求，并针对这些标准内置了兼容性检查器。
- 构建高级ASP. NET页面：SharePoint Designer 2010为创建和编辑ASP. NET页面提供支持这种级别等同于Visual Studio 2005对ASP. NET空间宿主、属性编辑、工具箱以及Code View中的Microsoft InlelliSense技术的支持。
- 管理与保护SharePoint站点：SherePoint Designer中的报表能够通过检查已断链接、无用页面、层叠样式表单的使用状况以及主页的使用状况来帮助用户管理站点。站点的备份与恢复功能可以将站点保存到一个单独的文件中，这将有助于保护数据或将其移动到其他运行Windows SherePoint Services的服务器上。

2.2.6 SharePoint Server 2010

SharePoint Server 2010提供了一套易用的服务器应用程序及套件，用于提升企业效力和改进人、内容、流程和商业应用程序之间的交互方式。

SharePoint Server 2010具有以下新功能。

- 提供简单、熟悉和一致的用户体验：SharePoint Server 2010与熟悉的客户端桌面应用程序、电子邮件和Web浏览器紧密集成，提供一致的用户体验，简化用户与内容、流程和业务数据的交互方式。这种紧密的集成与优异的功能性相结合，将帮助用户自我服务和实现产品推广。
- 简化日常业务活动，提升雇员生产力：用户可以利用杰出的工作流来发起、跟踪和报告日常业务活动，例如文档审批、问题跟踪和签名收集，无须任何编码。与熟悉的客户端应用程序、电子邮件和Web浏览器的紧密集成。通过SharePoint Designer 2010这样的工具可以实现轻松修改和延伸这些工作流。

- 全面掌控内容，满足常规管理需求：企业可以确保敏感商业信息被有效地控制和管理。这些企业可以依照兼容性规则通过为商业信息指定安全设置、存储策略、审核策略和过期行为来减少诉讼风险。SharePoint Server 2010与常用桌面应用程序的紧密集成意味着策略设置将被应用于Microsoft Office System中的客户端应用程序，使雇员更简便地了解和适应常规管理要求。
- 有效管理和重新规划内容，获取更大商业价值：商业用户和内容作者可以创建和提交内容，并将其用于审批和定时部署到企业内部网或Internet站点。新的文档库模板使管理多国语言的内容简单化，它被设计用来维护文档的原始版本和不同翻译版本之间的关系。
- 简化企业跨越异构系统对结构化和非结构化信息的访问：用户可以用SharePoint Server 2010中的连接程序访问通用业务系统（例如SAP软件和Siebel）中的业务数据。用户也可以创建个性化的视图并通过在浏览器中拖放预定义的、可配置的后端连接来与业务系统进行交互。文档资源库将帮助企业在一个位置统一存储和组织商业文档。
- 连接到信息和专家：SharePoint Server 2010 Enterprise Search将业务数据和与文档、人员以及Web页面有关的信息合并在一起来创造相应的搜索结果。复制塌陷、拼写检查和警报这些功能将改进工作成果的实用性，同时帮助用户在搜索结果中轻松查找用户所需要的信息。
- 加速企业之间的共享业务流程：企业可以在浏览器中使用智能的、由电子表单驱动的解决方案从客户、合作伙伴和供应商那里采集重要的业务信息，无需编写任何自定义应用程序。内置的数据有效性规则将帮助企业收集精确的和一致的数据，这些数据可以直接集成到后端系统中，从而减少由手工数据输入导致的冗余和错误。
- 共享业务数据，避免敏感信息的泄漏：企业可以使用SharePoint Server Excel Services来为雇员提供通过Web浏览器对Excel电子表格进行实时的、交互式的访问。企业可以使用Sharepoint Server Excel Services来维护集中管理的、最新版本的电子表格，同时保护可能被嵌入到文档中的所有权信息，如财务模型。
- 集中管理重要的业务信息，为有效决策提供更好的支持：SharePoint Server 2010通过使用集成的BI功能，例如绩效评分板、Web部件、记分卡KPl和业务数据连通性技术，使企业创建生动的、可交互的BI（决策支持系统）门户更加简便，这些门户封装和显示来自不同来源的重要业务信息。Centralized Report Center站点为用户提供一个单独的地方来查找最新的报表、电子表格或KPI。
- 在企业范围内提供一个单独的、集成的平台来管理企业内部网、外部网和Intemet应用程序：SharePoint Server 2010建立在一个开放的、可升级的架构基础之上，支持Web 服务和协同工作标准，包括XML和SOAP。它提供了用于列表和文档的开放型API（Application Program Interface，应用程序接口）和事件处理程序，这将有助于与现有系统进行整合，并为合并新的IT投入提供灵活性。

2.3 Office 2010的安装

在使用Office 2010的各个组件之前，当然先要安装这个产品。下面将介绍如何安装和卸载Office 2010。

2.3.1 安装Office 2010

与Office以前版本相同，Office 2010系列软件的安装过程比较简单，下面将介绍具体的安装步骤。

实战演练012——安装Office 2010

1 打开计算机，启动Windows操作系统。

2 将Office 2010的安装光盘放入光驱中，如果用户的Windows具有自动运行特性，则会自动启动安装程序；如果取消了光驱的自动运行特性，则应双击“计算机”图标，在“计算机”窗口中单击光盘驱动器，双击安装程序以启动安装，如图2-2所示。

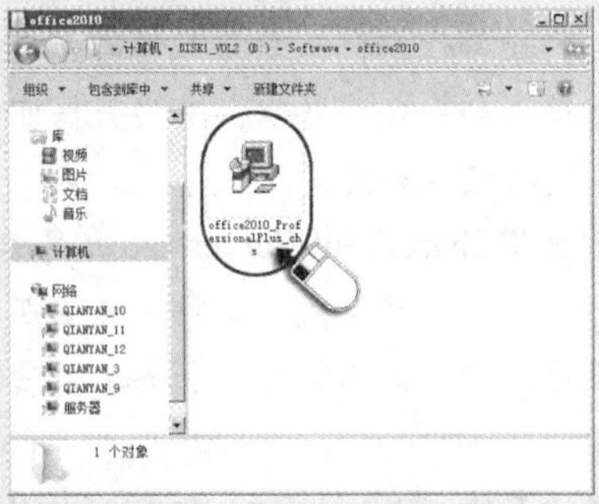

图2-2 准备安装

3 安装程序启动后，将弹出如图2-3所示的对话框，提示正在解压缩文件。

图2-3 解压缩文件进度

4 输入序列号后单击对话框右下角的【继续】按钮，弹出如图2-4所示的对话框，勾选【我接受此协议的条款】复选框。

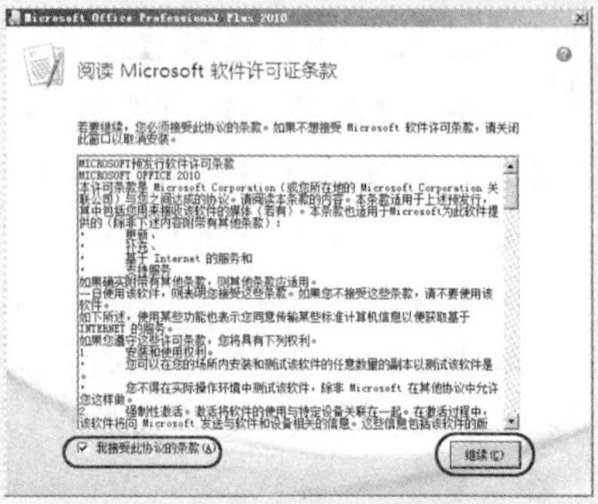

图2-4 接受协议条款

5 接受协议条款后单击对话框右下角的【继续】按钮，弹出如图2-5所示的对话框，选择【升级】或【自定义】安装。如果选择【升级】安装，原有的Office版本将被覆盖；如果选择【自定义】安装既可以将Office 2010安装为一个新的版本，又保留原来版本。这里选择的是【自定义】安装。

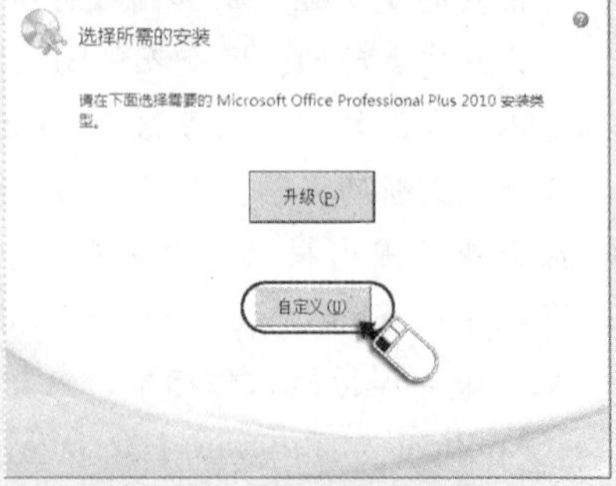

图2-5 选择【自定义】

6 【自定义】对话框中有4个选项卡，在【升级】选项卡中可选择【保留所有早期版本】或【删除系统安装的其他所有或个别组件】。这里选择的是【保留所有早期版本】单选按钮，如图2-6所示。

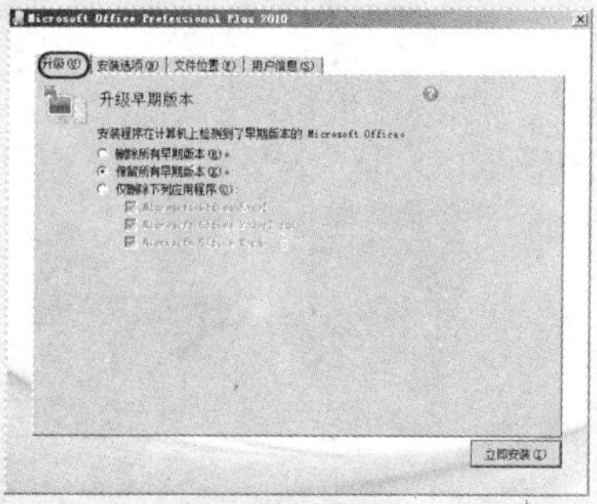

图2-6　设置【升级】选项卡

7 切换到【文件位置】选项卡，可选择文件的安装位置。默认安装在系统所在分区，单击【浏览】按钮可为文件选择安装路径，如图2-7所示。

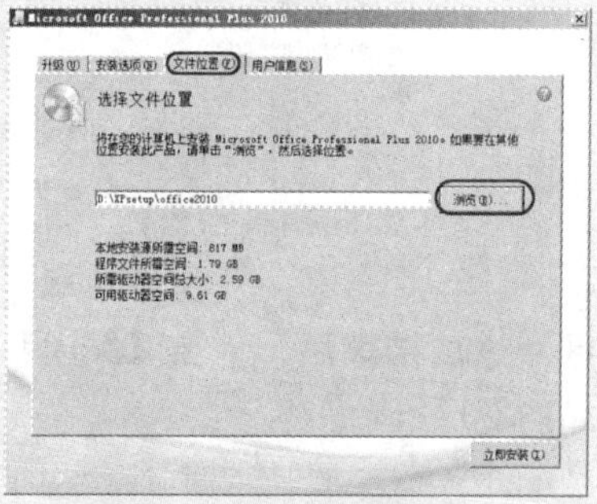

图2-7　为文件选择安装位置

8 再切换到【用户信息】选项卡，然后在全名、缩写、公司/组织中输入相应的内容，设置完成后单击【立即安装】按钮，如图2-8所示。

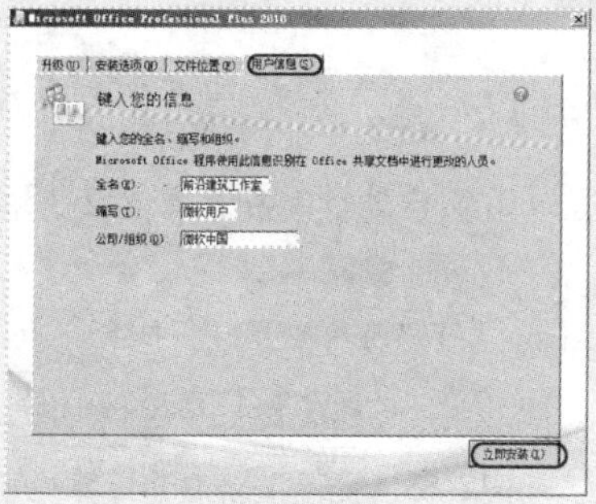

图2-8　设置用户信息

9 在安装文件的过程中，会出现一个进度条表明安装的进度，如图2-9所示。当然，用户需要等待一段时间。

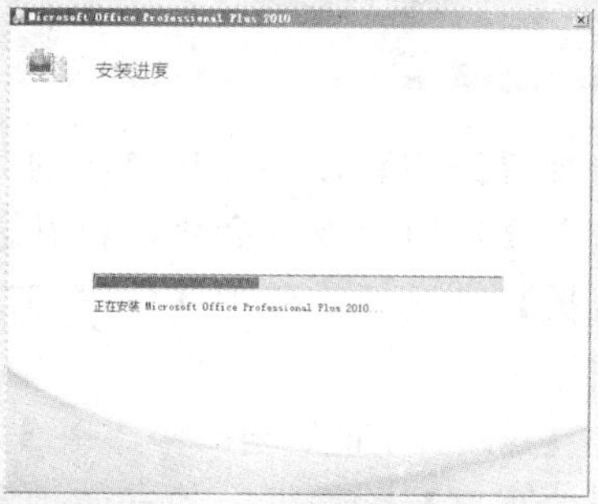

图2-9　正在安装Office 2010

10 在安装文件过程中，会出现一个【安装】对话框，连续单击【忽略】按钮三次，如图2-10所示。

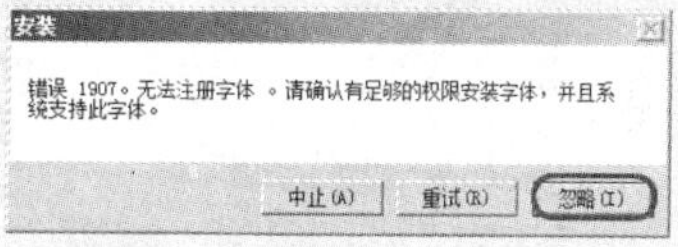

图2-10　安装忽略提示框

11 安装完成后会自动弹出一个提示框，如图2-11所示，单击【关闭】按钮。

图 2-11　Office 2010安装成功

12 单击【关闭】按钮后，安装程序会要求重新启动计算机来完成Office配置，如图2-12所示。根据提示重新启动一次，然后就可以使用Office 2010的各种功能。

图2-12　重启系统提示框

2.3.2 卸载Office 2010

如果以后不需要使用Office 2010的某个组件，可以进行卸载。

实战演练013——卸载Office 2010

1 选择【开始】按钮，在弹出的菜单中选择【控制面板】命令，打开【控制面板】对话框，双击【程序和功能】图标。

2 在【程序和功能】窗口中选择【当前安装的程序】列表框中的安装项，单击【卸载】按钮，如图2-13所示。

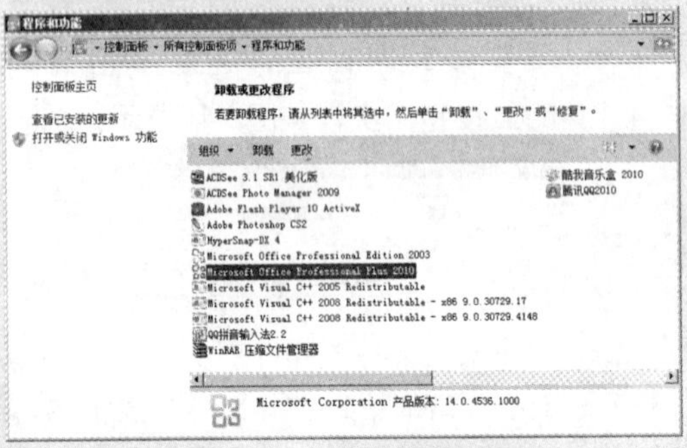

图2-13 【程序和功能】窗口

3 此时会弹出一个当前程序卸载或更改提示话框，然后单击【确定】按钮，如图2-14所示。

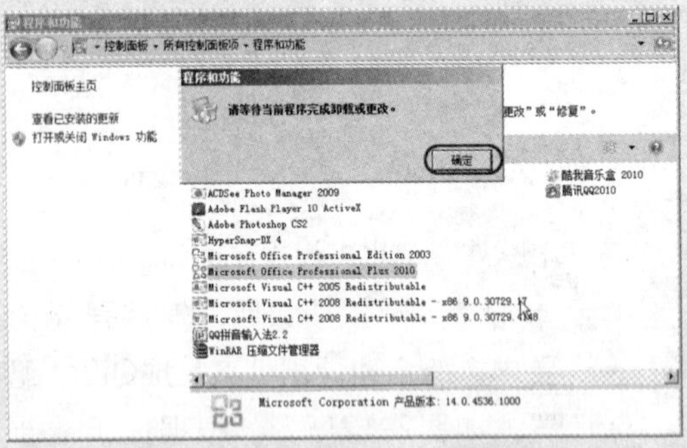

图2-14 当前程序卸载或更改

4 单击【确定】按钮后，会弹出是否确定从计算机上删除Office 2010的提示框，单击【是】按钮，如图2-15所示。

5 此时，会显示Office 2010的一个卸载进度，如图2-16所示。

图2-15 删除不需要的组件

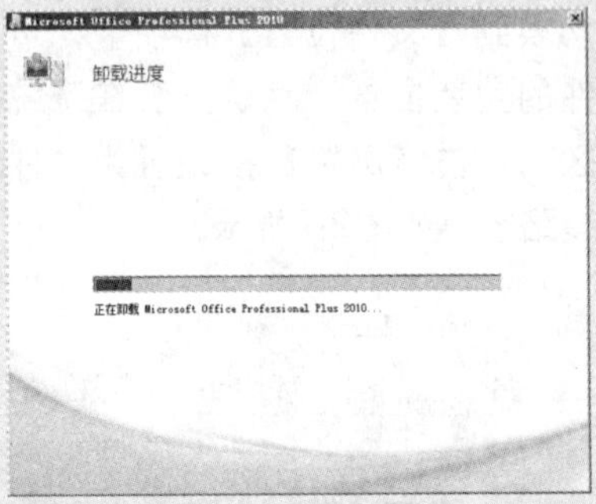

图2-16 卸载进度

6 卸载进度结束后，单击【关闭】按钮，如图2-17所示。

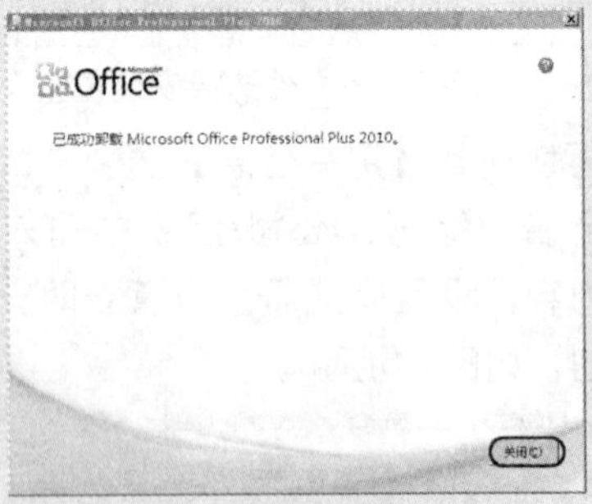

图2-17 卸载结束

7 提示重新启动计算机，如图2-18所示。

图2-18 提示重新启动计算机

2.4 启动和退出Office 2010

启动和退出Office 2010比较简单，操作方法同以前版本的操作方法一致。

2.4.1 启动Office 2010

选择【开始】|【所有程序】|【Microsoft Office】命令，在弹出的子菜单中选择相应的应用软件。也可以双击桌面上的应用程序图标，或者在Windows资源管理器窗口中双击程序文档，则可以打开相应的应用程序，并将该文件同时打开。

Word 2010、Excel 2010和PowerPoint 2010中文档的扩展名在以前版本（97到2003版本）的基础上增加了一个字母X，如原来为“.doc”，现在为“.docx”；Access 2010文件扩展名由原来的“.mdb”变成“.accdb”。

2.4.2 退出Office 2010

退出应用程序可利用以下4种方法。

- 按Alt+F4键。
- 单击标题栏右上角的【关闭】按钮。
- 选择【文件】|【退出】命令。
- 右击快速访问工具栏，在弹出的快捷菜单中单击【关闭】按钮。

如果有未保存的文档，程序会提示用户保存文档，然后再关闭，返回到Windows 7桌面。

第3章

Word 2010操作基础

Word 2010较早期版本在界面组成及其功能上都有了显著的变化，当第一次打开Word 2010时，会惊奇地发现，这种变化不仅仅局限在界面设置上，而且在功能上也有很多的变化。本章主要介绍Word 2010的操作基础。

通过本章的学习，可以掌握以下知识点：

- 认识Word 2010窗口界面环境及按钮操作
- 在Word 2010中新建文档
- 在Word 2010中编辑文本
- 在Word 2010中编排段落
- 查找和替换内容
- 自定义工具栏、菜单和快捷键
- 文件的保存

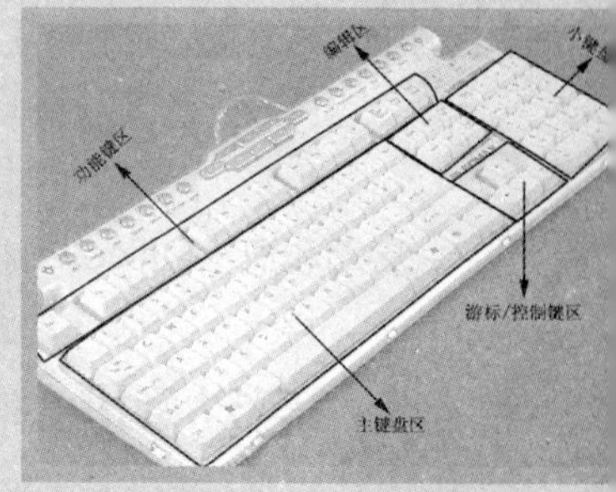

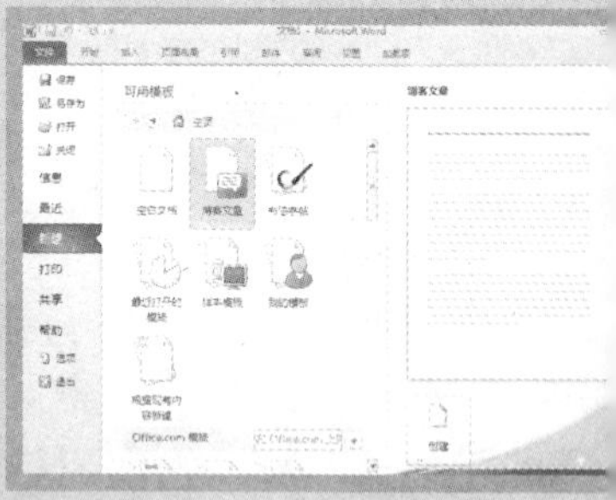

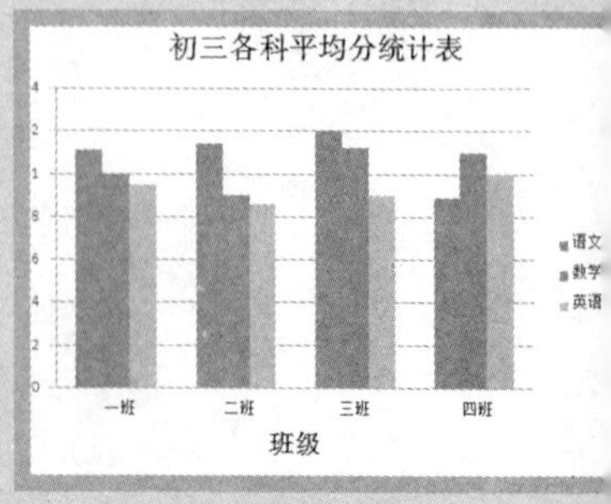

3.1 文档的输入工具——键盘和鼠标

键盘和鼠标是计算机中最常用的输入设备，它们相互配合，可以帮助用户把信息传递给计算机。

键盘如图3-1所示，它是计算机系统中一个重要的输入设备，从计算机发明之初，键盘就占有非常重要的地位。使用计算机工作时，一刻也离不开键盘，如果系统不安装键盘，那么就连加电自检程序都通不过。用户键入命令、输入文字等，更是离不开键盘。

图3-1 键盘

鼠标是键盘配合使用的另外一个重要的输入设备。鼠标是通过数据线将一个小盒子与电脑连接的，外形就像是一个小老鼠，如图3-2所示。鼠标是计算机在Windows系统界面中必不可少的一个图形化的输入设备，使用鼠标，可以极大地简化窗口界面中的操作。

图3-2 鼠标

提示

无线鼠标除了没有与计算机的连接线外，其他与普通鼠标没什么不同，其使用的通信技术主要是红外线或无线电通信，一般需要装上电池。由于没了尾巴，无线鼠标用起来更加灵活舒适，唯一的缺点就是比普通鼠标贵得多。

键盘和鼠标虽然各种外形种类繁多，但各类键盘或各类鼠标间却有着相似的使用方法，它们操作简单、易于学习，是人们在操作计算机的过程中接触最多的两个输入设备，因此需要对它们有更加深入细致地了解。

3.1.1 键盘上的键区

键盘作为计算机最标准的输入设备，开机以后基本的软件调试都需要键盘来完成，在DOS时代键盘几乎可以完成所有的操作，即使现在在Windows一统天下的情况下，键盘也还是不可取代的文字输入设备。早期的计算机键盘一共有83个键，很类似打字机。后来不断增加新的控制键，逐渐发展成了标准的101键PC键盘。后来微软定义了Win95加速键盘，将键盘上的键增加到了104个键。现在市场上能买到的大多是104键盘，当然有些厂商还增加了一些特殊的功能键，比如上网键、关机键等，不过目前也没有形成气候，并且还需要专门的驱动程序才能起作用。键盘上一般有3个指示灯，用来提示键盘目前的状态。有些键盘还增加了一些特别的小灯，比如电源指示灯。同时根据不同按键的作用，键盘设计者将这些按键分别放置在5个区域内，如图3-3所示。

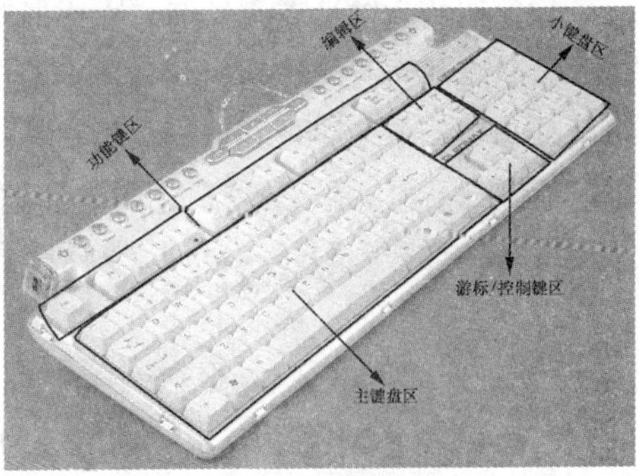

图3-3 键盘分区图

● 主键盘区

该区域位于键盘的左下方，占据了键盘的大部分，包含有26个英文字母，以及常用的标点符号。

● 小键盘区

该区域位于键盘的右侧，单独占据一片键盘区域，类似计算器的键盘，包含有0~9共10个阿拉伯数字和加、减、乘、除等普通运算符号。

● 功能键区

该区域指的是位于键盘最上方标有F1~F12的那一排按钮，在不同的计算机系统和应用程序中，功能键区中的按钮可能发挥着不同的功效。

● 编辑键区

该区域位于标准键区和小键盘键区之间，在键盘中间偏右侧，有控制光标的功能键和打印、翻页等功能键。

● 游标/控制键区

该区位于编辑区的下方，包含上、下、左、右方向键。

3.1.2 鼠标的使用方法

鼠标是人们用来操作计算机最常用的工具。在市面上可以看到各种各样的鼠标，但它们的构造是大同小异的。图3-4所示的鼠标是较常见的一种，它有一个左键、一个右键和一个滚轮。

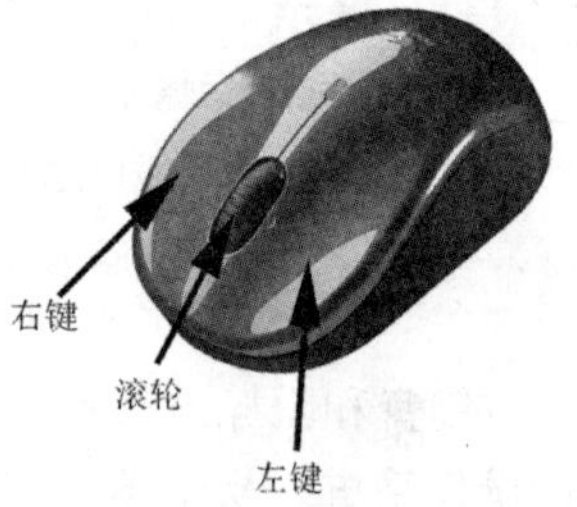

图3-4　鼠标

鼠标最常用的操作有以下几种。

● 移动

握住鼠标在鼠标垫板或桌面上移动时，计算机屏幕上的鼠标指针就随之移动。在通常情况下，鼠标指针的形状是一个小箭头。

● 指向

移动鼠标，让鼠标指针停留在某对象上，如【开始】按钮等。

● 单击

用鼠标指向某对象，再将左键按下、松开。单击通常用于完成选中某选项、命令或图标，例如，将鼠标指针移动至【我的电脑】图标上单击，则可以完成选中此图标并打开【我的电脑】。

● 右击

将鼠标的右键按下、松开。右击通常用于完成一些快捷操作。一般情况下，右击都会打开一个菜单，从中可以快速执行菜单中的命令，因此称为快捷菜单。在不同位置处右击，所打开的快捷菜单是不一样的。

3.2 Word 2010的窗口简介及按钮操作

Microsoft Office Word 2010是最新版本的Word工具软件，与前期版本相比，它的界面效果更加亲切、操作更为简易、功能更为齐全。在学习Word 2010的操作之前，首先应该熟悉它的窗口界面以及程序的启动、退出方法。

3.2.1 Word 2010窗口界面环境

启动Word 2010后，系统会自动建立一个名为“文档1”的空白文档。该窗口界面与普通Windows窗口不同，附加了许多与文档编辑相联系的信息，如标题栏、选项卡、功能区、组、对话框启动器等，如图3-5所示。

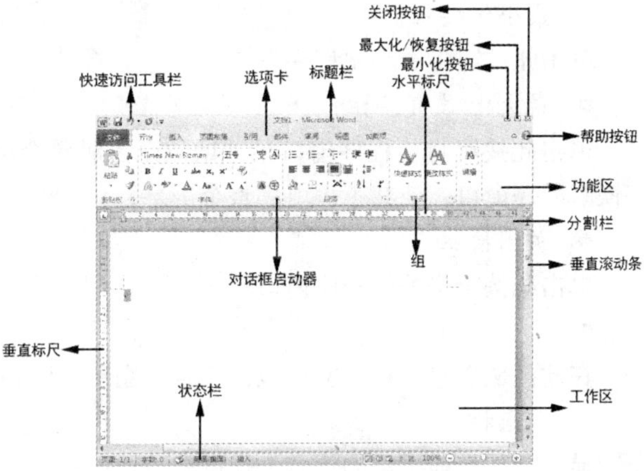

图3-5　Word 2010窗口界面

- 标题栏

标题栏位于窗口的最上面，用来标注文档的标题名称，按Alt+空格键（或使用鼠标在标题栏上右击）将会打开控制菜单，如图3-6所示。使用这个菜单可以移动、最小化、最大化程序窗口和关闭程序等。

- 选项卡

选项卡位于窗口顶部标题栏的下方，将一类活动（功能）组织在一起，选项卡中包含若干个组，如图3-7所示。

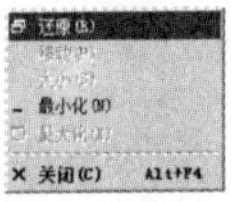

图3-6　控制菜单

图3-7　选项卡

- 功能区

功能区位于选项卡的下面。功能区是帮助用户快速找到完成某一任务所需的命令。命令被组织在组中，组集中在选项卡中。每个选项卡都与一类活动相关。为减少混乱，某些选项卡只在需要时才显示，如图3-8所示。

图3-8　功能区

- 组

将选项卡中完成某一类功能的命令组织在一起，形成组，如图3-9所示。

- 对话框启动器

单击某个对话框启动器，打开相应的对话框。只有部分组包含对话框启动器，如图3-10所示。

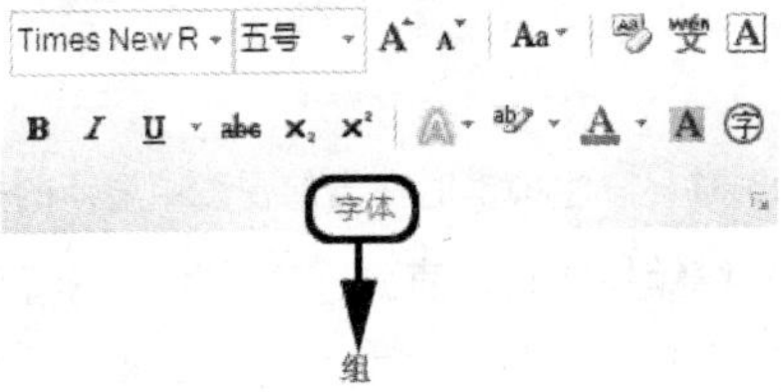

图3-9　组

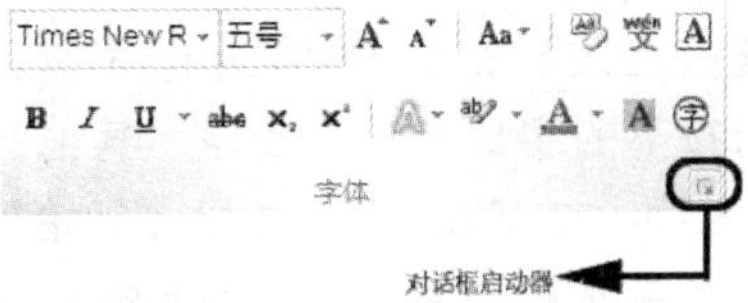

图3-10　对话框启动器

● 快速访问工具栏

快速访问工具栏提供了常用命令和特性的快速访问。

● 最小化按钮

单击此按钮将最小化程序窗口。

● 最大化/恢复按钮

单击此按钮将使程序窗口尺寸增效以占满整个屏幕。如果窗口已经最大化了，单击此按钮将恢复程序窗口，使其不再填满整个屏幕。

● 关闭按钮

单击此按钮将关闭程序窗口。

● 工作区

在此区域创建文档，文档包含文字、图形、图表、表格等。

● 状态栏

显示有关当前活动的信息，提供有关选中命令或操作进程的信息。

● 标尺

在水平和垂直方向上带有刻度的尺子，常用于对齐文档中的文本、图形、表格和其他元素。

● 分割框

拆分多个文档窗口，以查看同一文档的不同部分。

● 滚动条

可以水平或垂直滚动文档。

3.2.2 功能区按钮操作

Word 2010较早期版本的一个最大变化就是使用功能区，代替了早期版本的菜单栏和工具栏。功能区位于选项卡的下方，帮助用户快速找到完成某一任务所需的命令。命令被组织在组中，组集中在选项卡下。每个选项卡都与一种类型的活动相关，每一个选项卡有若干个组。为了减少混乱，某些选项卡只在需要的时候才会显示出来。

有些组含有对话框启动器，以便打开相应的对话框，进行对更多命令的访问。

操作功能区的方法有两种，即使用鼠标和使用键盘。

要使用鼠标操作功能区，方法很简单，只需使用鼠标左键或右键单击即可。

要使用键盘操作功能区，可以通过几个按键访问任意命令。

实战演练014——功能区按钮操作

1 按住Alt键，在当前视图中每个可用功能上方都显示键盘提示。

2 在键盘上按下视图中所提示的字母。根据所按下的字母，进一步显示其他键提示。例如，在Word中，如果【开始】选项卡处于编辑状态，如果按N键，则会切换到【插入】选项卡及选项卡中各个组的提示键，如图3-11所示。

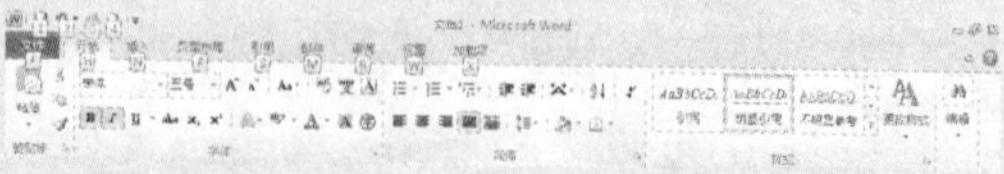

图3-11 按住Alt键时在当前视图中显示的按键提示

3 继续按字母，直到按钮要使用的特定命令或选择所对应的字母为止。在某些情况下，必须先按下包含该命令的组所对应的字母。

3.2.3 选项卡、组和命令

- 选项卡：如图3-12所示的选项卡，在顶部有8个基本选项卡（前7个相当于早期版本中的菜单），每个选项卡代表一个活动区域。
- 组：如图3-12所示的组，每个选项卡都包含若干个组，这些组将和功能按钮显示在一起。
- 命令：如图3-12所示的命令，指按钮或用于输入信息的对话框。

图3-12 显示选项卡、组和命令

选项卡中的任何命令都是设计者根据用户活动慎重选择的。例如，【开始】选项卡包含最常用的所有命令，如【字体】组中用于更改文本字体的命令（【字体】、【字号】、【加粗】、【倾斜】等）。

对组中的按钮，Office的老用户多数都比较熟悉；如果对某个按钮感到陌生，移动鼠标指针向该按钮查看其功能提示，如图3-13所示。

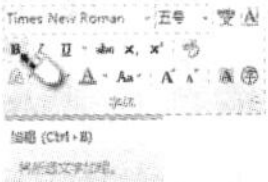

图3-13 显示功能提示

3.2.4 寻找早期版本中的命令

大致看过Office 2010后，用户可能找不到Office早期版本中的特定对话框。这时用户不难发现在某些组的右下角有一个（对话框启动器）按钮。单击该按钮会出现与该组相关的更多选项。这些选项通常以Office早期版本中的对话框形式出现，它们可能出现在用户熟悉的任务窗口中。

例如在Word 2010中，单击【字体】组右下角的按钮，打开【字体】对话框，如图3-14所示。

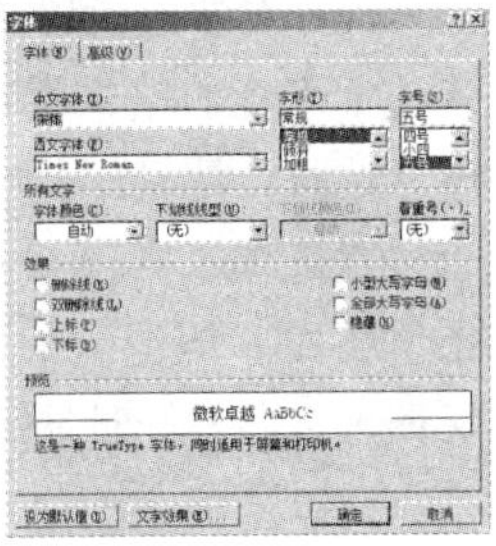

图3-14 【字体】对话框

提示

上面讲到了在Office 2010中寻找早期版本中的命令，用户可能想是否能将Office 2010改变成与早期版本中相同的外观，这是不可能的。但是，不必担心，只要稍微熟悉功能区，用户就会习惯各个选项的位置，这时用户会发现Office 2010更有助于完成任务。

3.2.5 显示其他选项卡

在Office 2010中，有些特定的选项卡只有在需要时才出现，例如，在文档中绘制一个形状时，就会出现【格式】选项卡，就可以对形状进行进一步处理。

实战演练015——显示选项卡

1 在文档中绘制一个形状。

2 这时就会出现【格式】选项卡。

3 在【格式】选项卡下面显示了所有用于处理图形的其他组和命令，例如【形状样式】组，此时就可以使用选项卡上的各个命令对形状进行处理，如图3-15所示。

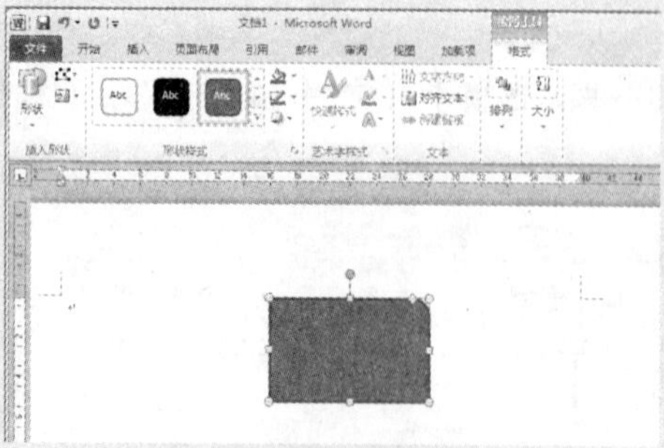

图3-15 显示其他选项卡

4 在形状以外的区域单击鼠标，【绘图工具】选项卡会自动消失，其他组将重新出现。

提示

对于其他活动区域，例如图片、表格、图示和图表，将更加需要显示相应的选项卡。

3.2.6 访问浮动工具栏

有些格式命令使用频率非常高，用户可能希望无论在执行任何操作时都可以访问这些命令。为了满足这个需要，Office 2010特别设计了一个【浮动工具栏】的功能，它会在文本被选定时立即浮现出来供用户使用。在Word 2010的文档编辑中设想存在下面的这种情况。

现在要快速设置一些文本的格式，但是用户正在使用【插入】选项卡。虽然可以选择【开始】选项卡来查看格式选项，但是还有一个更快捷的方法：拖动鼠标选择文本，然后指向所选的文本。这时，浮动工具栏将以淡出形式出现。如果指向浮动工具栏，它的颜色会加深，单击其中一个格式选项，如【倾斜】按钮，即执行了相应操作如图3-16所示。浮动工具栏非常适用于设置字体格式。但是，如果希望始终可以使用其他类型的命令，又该怎么办？此时就需要使用【快速访问工具栏】。

图3-16 显示浮动工具栏

3.2.7 临时隐藏功能

功能区将Office 2010的所有选项巧妙地集中在一起，以便于用户使用。然而，有时用户不需要使用选项，而只是想处理文档并希望拥有更多空间来进行工作，这时可以临时隐藏功能区。下面以Word 2010为例，介绍其具体操作方法。

要临时隐藏功能区，只需单击活动选项卡中的功能区最小化按钮，组会消失，从而显示更多文档内容。

如果需要再次显示功能区，再单击要显示的选项卡中的展开功能区按钮，组就会重新出现。二者对比如图3-17所示。

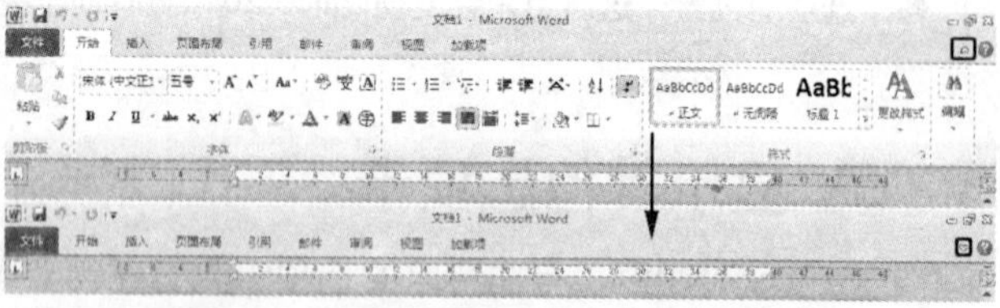

图3-17 隐藏功能区和显示功能区对比

3.3 Word 2010应用文档的建立

除了在每次启动Word 2010应用程序时可以随之打开一个新的空白Word文档外，还有其他的一些方法也可以用来创建新的Word文档。

- 基于空白文档或已有文档建立文档。

- 使用模板创建文档。
- 为文档插入空白页。

注意

当启动Word 2010应用程序时，Word 2010窗口中自动创建一个新空白文档，并且自动命名为“文档1”。此后，如果接着再新建空文档，Word将以“文档2”、“文档3”、“文档4”这样的顺序为新文档命名。

新建文档的方法是，选择【文件】|【新建】命令，打开如图3-18所示的【创建文档】对话框。

图3-18 【新建文档】对话框

3.3.1 基于空白文档或已有文档建立文档

1. 基于空白文档或已有文档创建新文档

实战演练016——创建空白文档

1 单击【文件】|【新建】命令，在【可用模板】面板中选择【空白文档】选项。

2 单击【空白文档】图标，再单击【创建】按钮，即可在窗口中建立一个空白的新文档。默认文档名称为“文档1”。或者直接双击【空白文档】图标，也可以打开一个新的空白文档。

2. 根据现有文档内容创建文档

实战演练017——根据现有文档内容创建文档

1 在【新建文档】对话框的左侧窗口中选择【根据现有的内容新建】选项，则会弹出如图3-19所示的【根据现有文档新建】对话框（请根据实际情况操作）。

2 在该对话框中选择已存在的某个Word文档，则打开该文档后，在此基础上就可以继续编辑文档了。

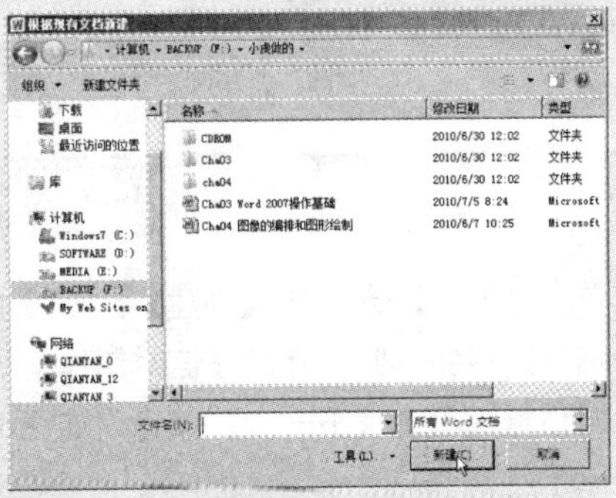

图3-19 选择新建文档所基于的文档

3.3.2 使用模板创建文档

每次启动Word时都会打开Normal.dotm模板，该模板包含了决定文档基本外观的默认样式和自定义设置。启动Word时，显示一个空白新文档，该文档就是基于Word的Normal.dotm模板。

Word 2010带有许多预先定义好的模板，用户可以直接使用它们。这些模板反映了常见的一些文档需求，如传真、发票、贺卡、报表等。

使用模板创建文档的操作步骤如下。

实战演练018——使用模板创建文档

1 单击【文件】按钮，在弹出的下拉菜单中选择【新建】命令。

2 在【新建】命令右侧窗口“可用模版”选项中选择某种模板后单击【创建】按钮，如图3-20所示。

3 然后在新建的文档中输入所需的内容，就可以建立相应的文档了。

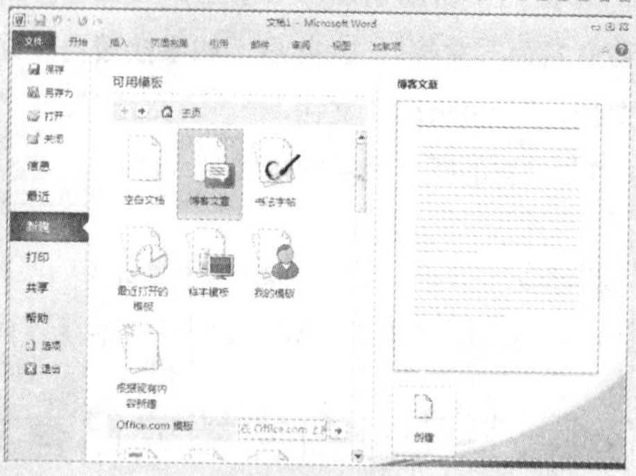

图3-20　显示出Word中可用模板

3.3.3　为文档添加空白页

在Word文档中，当前光标处可以插入一个新的空白页，方法是单击【插入】选项卡|【页】组|【空白页】按钮即可。

3.4　上机练习——制作邮购管理系统

本例介绍邮购管理系统的制作，如图3-21所示。

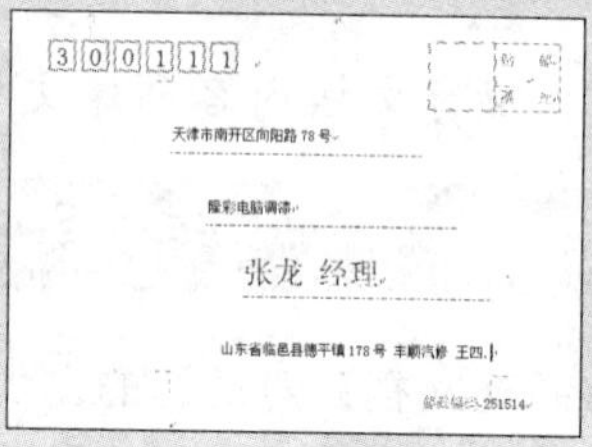

图3-21　邮购管理系统

实战演练019——制作邮购管理系统

最终文件	dir\最终文件\cha03\制作邮购管理系统.docx
视频文件	Movie\03-01.avi

1 单击【邮件】选项卡|【创建】组|【中文信封】按钮，此时弹出【信封制作向导】对话框，单击【下一步】按钮，如图3-22所示。

2 在【信封样式】下拉列表框中选择所需的信封样式，然后单击【下一步】按钮继续，如图3-23所示。

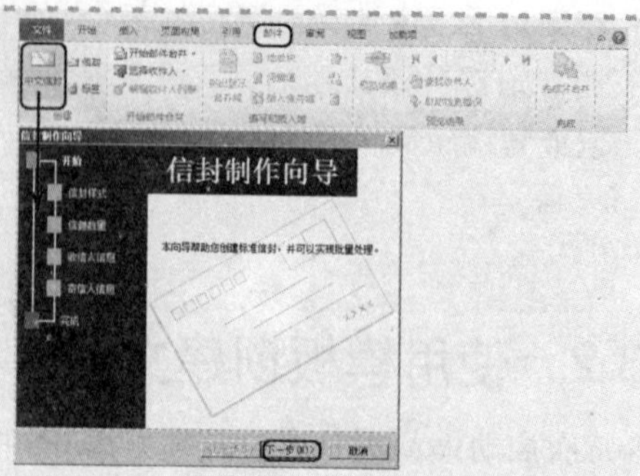

图3-22　信封向导

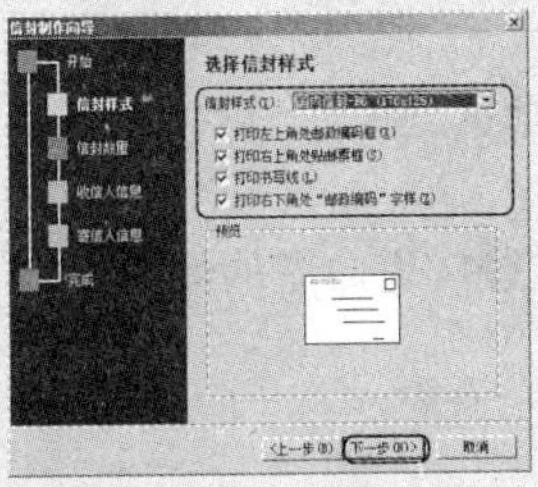

图3-23 选择信封样式

3 在【选择生成信封的方式和数量】面板中选择【键入收信人信息，生成单个信封】单选按钮，然后单击【下一步】按钮继续，如图3-24所示。

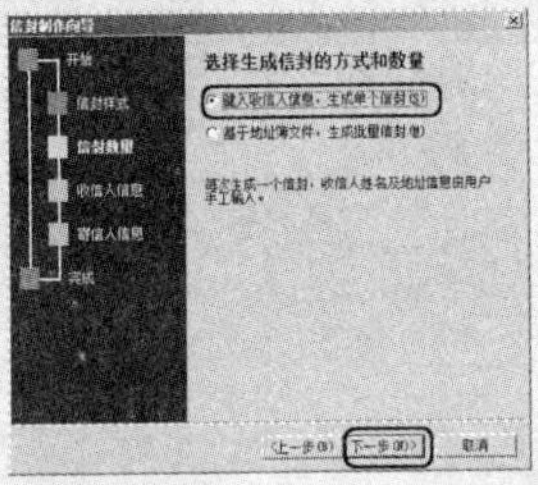

图3-24 选择信封的方式和数量

4 在【输入收信人信息】面板中输入收信人的信息，单击【下一步】按钮继续，如图3-25所示。

5 在【输入寄信人信息】面板中输入寄信人的信息，输入后单击【下一步】按钮继续，如图3-26所示。

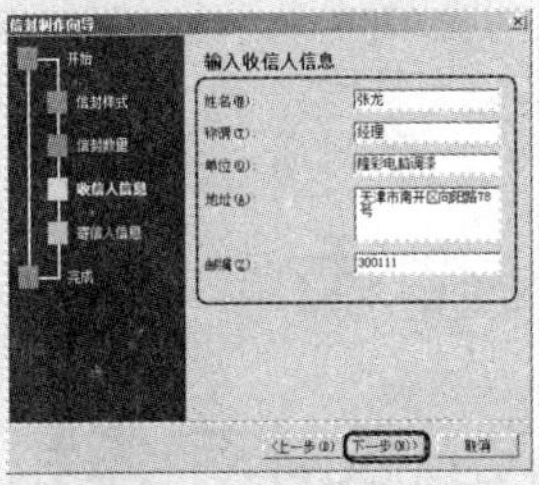

图3-25 收信人信息

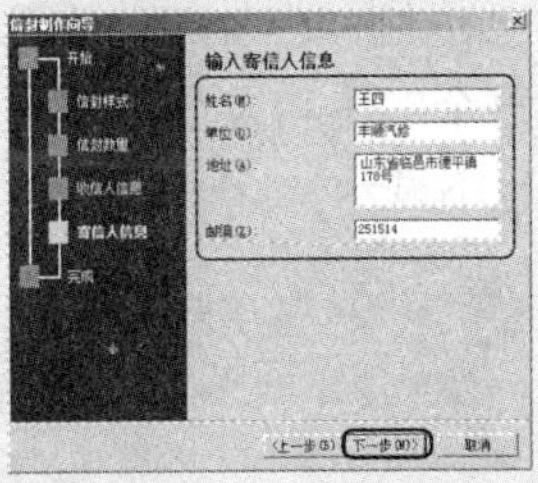

图3-26 输入寄信人信息

6 在【信封制作向导】面板中单击【完成】按钮，如图3-27所示。

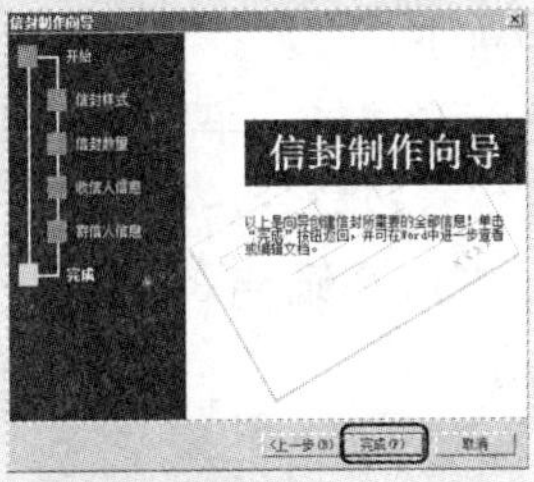

图3-27 完成信封制作

7 至此，邮购管理系统的制作已经完成。将制作完成后的文档进行保存。

3.5 在Word 2010中输入文字并进行编辑

在启动基于Normal模板的新Word 2010文档时，在屏幕上出现一个空白工作区，上面有一条闪动的竖线，这就是插入点，用于标记输入的正文在文档中出现的位置及发生编辑的位置。

输入时，正文在屏幕上出现，插入点向右移动。正文行到达屏幕右边缘时，不用按回车键，Word会自动开始一个新行，称为折行。如果不开始新段落，就不用按回车键。如果输入的行数超过屏幕的大小，Word会自动向上滚动已有的文本，使插入点始终保持可见状态，如图3-28所示。

如果对输入的文本不满意还可以对字体、字号、字体颜色及字符间距等进行编辑。

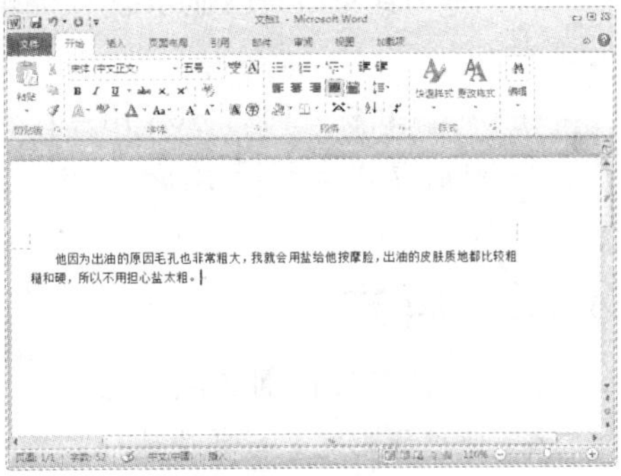

图3-28 折行

3.6 常用命令

在Word 2010中，有些命令会经常用到，下面将介绍这些常用命令的使用。

3.6.1 设置文本字体和字号

如果是已存在的文本，选择要改变的正文（按Ctrl+A键可以选择整个文档）。如果选择的正文仅含有单个字体和大小，字体和字号属性就显示在【字体】组上；如果含有多种字体或大小，则什么也不显示。

实战演练020——设置文本字体和字号

1 如果要改变字体，单击【字体】组中的【字体】命令，在弹出的下拉列表框中选择一种字体，如图3-29所示。

2 如果要改变字号，单击【字体】组中的【字号】命令，在弹出的下拉列表框中选择适当的大小，如图3-30所示。

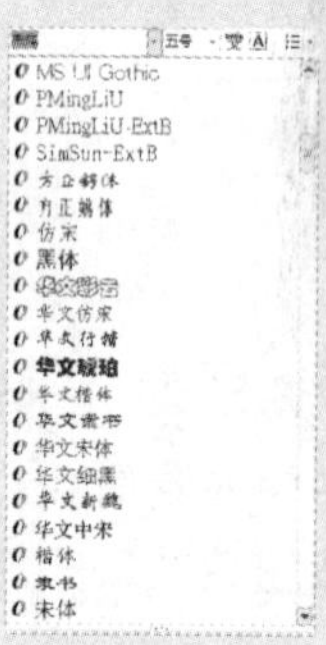

图3-29 【字体】下拉列表框

图3-30 【字号】下拉列表框

3.6.2 段落设置命令

在Word文档中按回车键结束一个段落开始一个新的段落。Word开始一个新的空白行时将光标定位在它的开始位置上。

一般情况下段落标记符在屏幕上是不可见的，只有单击【开始】选项卡|【段落】组|【显示/隐藏编辑标记】按钮时才会显示出来。再次单击该命令按钮将隐藏这些标记符。当想看到段落在文档中什么地方开始和什么地方结束时，【显示/隐藏编辑标记】命令是非常有用的。

在显示编辑标记时，Word用点代表空格，用箭头代表制表位，如图3-31所示。

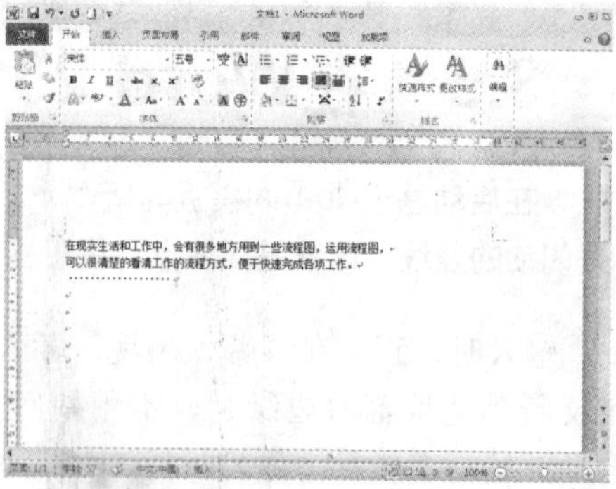

图3-31 显示段落标记符

3.6.3 样式

使用样式有以下3种方法。

- 使用预先定义好的快速样式库中的样式。快速样式库是Word预先定义好的一些样式，可以直接应用到用户所创建的文档中。

- 设有【样式】任务窗口中的样式，将其直接运用到文档中。
- 用户先自行定义颜色，然后再将样式应用于文档中。

在Word 2010中，不但可以在【开始】选项卡的【样式】组中便捷的应用某一种特定样式，还可以选择一组样式，使这些样式共同工作以创建样式一致、整齐美观的文档。

选择适用于文档种类的快速样式集，然后在创建文档时从快速样式库中应用样式。【快速样式库】位于【开始】选项卡的【样式】组中，如图3-32所示。

图3-32 【样式】组中的快速样式库

图3-33 展开的快速样式库

单击【其他】按钮可展开快速样式库，如图3-33所示。

在【开始】选项卡的【样式】组中，单击【样式】对话框启动器，会出现【样式】任务窗口。按Ctrl+Shift+S键，可以打开【应用样式】任务窗口，在【样式名】下拉列表框中选择所需的样式，从而应用样式。

3.6.4 格式刷

可以使用【开始】选项卡上的【格式刷】来应用文本格式和一些基本图形格式，如边框和填充。

实战演练021——格式刷

1 选择要复制的格式的文本或图形。

提示

如果要复制文本格式，请选择段落的一部分。如果要复制文本和段落格式，请选择整个段落，包括段落标记。

2 在【开始】选项卡上的【剪贴板】组中，单击【格式刷】按钮。

提示

如果想更改文档中的多个选定内容的格式，请双击【格式刷】按钮。选择要设置格式的文本或图形。要停止设置格式，请按Esc键。

对于图形来说，“格式刷”最适合处理图形对象（如自选图形）。但是，可以从图片中复制格式（如图片的边框）。

3 鼠标指针变为画笔图标。

注意

“格式刷”不能复制艺术字（艺术字是使用现成效果创建的文本对象，并可以对其应用其他格式效果）文本的字体和字号。

3.7 视图操作

Word 2010有许多种视图操作，以满足用户不同情况下的编辑需要。

3.7.1 视图方式

Word 2010提供几种方式显示自己的文档，称为显示图，这些视图使某些编辑更加容易。Word 2010包括以下几种视图方式。

- 【页面视图】：适用于处理格式化和页面布局。
- 【阅读版式视图】：方便阅读。
- 【Wed版式视图】：适合用于在屏幕上查看和处理文档。
- 【大纲视图】：用于处理大纲。
- 【草稿】：适用于一般的编辑。

另外，Word根据不同任务的需要，还可以用其他方式来显示视图，如方便观看打印效果的【打印预览视图】、方便长文档编辑的【文档结构图】和【缩略图】、提供最快编辑和屏幕显示的草稿字体模式（该模式运用于普通视图和大纲视图，在屏幕上只显示一种通用字体。尤其适用于注重文档内容而非外表的情况下）等。

注意

使用的视图对文档的内容或文档打印的样式没有影响，它们只影响文档在屏幕上的显示方式。

切换视图的方法有以下两种。

- 使用屏幕右下角的视图模式切换按钮，如图3-34所示。
- 在【视图】选项卡|【文档视图】组中选择视图模式，如图3-35所示。

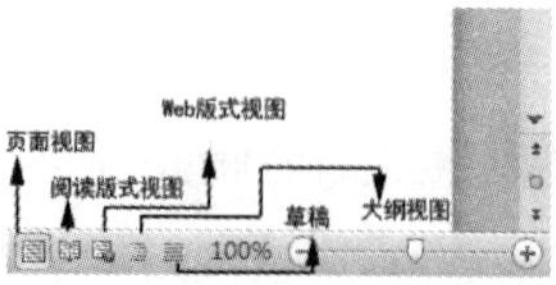

图3-34　视图模式切换按钮

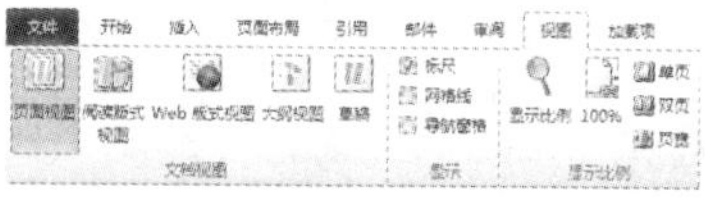

图3-35　在“文档视图”组中选择视图模式

3.7.2 显示段落标记

如果感觉一些段落标记占用空间，可以先将其隐藏。

1. 显示或隐藏格式标记

如果要隐藏格式标记，单击【开始】选项卡|【段落】组|【显示/隐藏编辑标记】按钮；如果要显示格式标记可以再次单击该按钮。

提示

显示/隐藏段落标记按钮不会隐藏所有的格式标记。例如，如果选择始终显示特定的标记，隐藏格式标记时不会隐藏这些格式标记。

2. 关闭特定的格式标记

关闭特定的格式标记的操作步骤如下。

实战演练022——关闭特定的格式标记

1 单击【文件】|【选项】命令，打开【Word选项】对话框。

2 在弹出的对话框中选择【显示】选项。

3 在【始终在屏幕上显示这些格式标记】下方，取消勾选不希望在文档中始终显示任何格式标记的复选框，如图3-36所示。

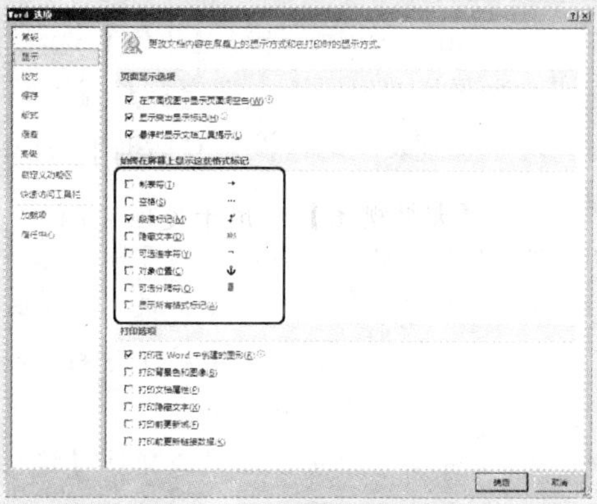

图3-36　设置【显示】选项

3.7.3　显示文档比例

在编辑文档时可以使用显示比例功能，使屏幕的绘制页变大或缩小。屏幕最大可以放到500%，最小可以缩小到10%。

对屏幕缩放的方法有以下两种。

- 直接拖动状态栏中的【显示比例】滑块，在拖动的过程中，屏幕跟随缩放。
- 在【视图】选项卡|【显示比例】组中选择其中的命令。

使用第二种方法缩放屏幕的操作步骤如下。

实战演练023——缩放屏幕

1 单击【显示比例】按钮，打开【显示比例】对话框，如图3-37所示。

2 在弹出的对话框中可以直接选择缩放比例（或在“百分比”数值框中输入百分比数值），单击【确定】按钮。同时，还可选择显示的页数以适应页面宽度。

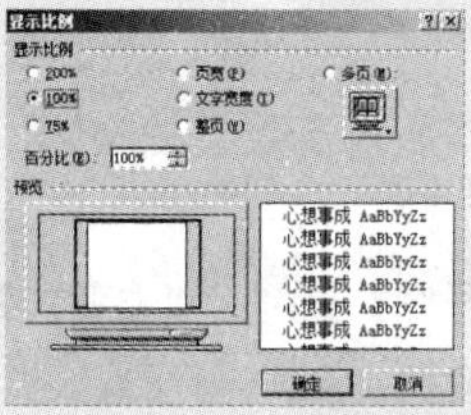

图3-37　【显示比例】对话框

3.8　文字操作

在文档的编辑中，Word 2010还有几个辅助的功能可以帮助用户更好地完成工作。

3.8.1　拼写和语法检查

审核文档是Word的实用功能之一。在一个长文档中，通过文档审核可以快速检查一遍文档中的错误，虽然这项检查不能完全代替手动逐行审查。

拼写和语法是文档编辑中经常会发生错误的地方。如果文档中发生了这一类错误，Word会以绿色或红色波浪线将其标示出来，虽然所标示的内容很可能没有错误，毕竟Word的拼写和语法检查功能有限。

在Word 2010中，选择【审阅】选项卡，然后单击【拼写和语法】按钮，如果检查出错误，则会打开【拼写和语法】对话框，如图3-38所示。对于检查发现的错误，对话框中会以绿色或红色标记出来，用户有以下几种处理选择。

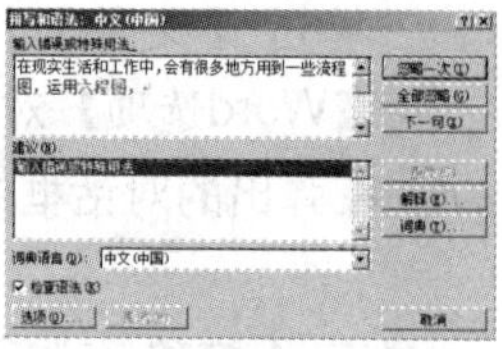

图3-38 【拼写和语法】对话框

- 如果经过判断所标记的并非错误，可单击【忽略一次】按钮。
- 如果要全部忽略此类错误，可单击【全部忽略】按钮。
- 如果要将“错误”单词保存到词典，可单击【添加到词典】按钮，这样下次检查时，此错误就会自动被忽略。
- 如果要手动更正错误或通过【建议】列表框中的词更正了错误之后，还要单击【更改】按钮才有效。
- 如果将同一错误全部更改，则可以单击【全部更改】按钮。
- 【自动更正】按钮用于自动更正为Word认为正确的内容，不建议使用。

提示

启动拼写和语法检查，也可以按F7键，这与Word 2003版本是一样的。

3.8.2 为中文添加拼音

Word中有为中文添加拼音的功能，具体操作步骤如下。

实战演练024——为中文添加拼音

1 选择要添加拼音效果的文本。

2 单击【开始】选项卡|【字体】组|【拼音指南】按钮。

3 在【拼音指南】对话框中，【基准文字】栏显示文档中选择的正文，【拼音文字】栏显示输入相应的拼音，如图3-39所示。

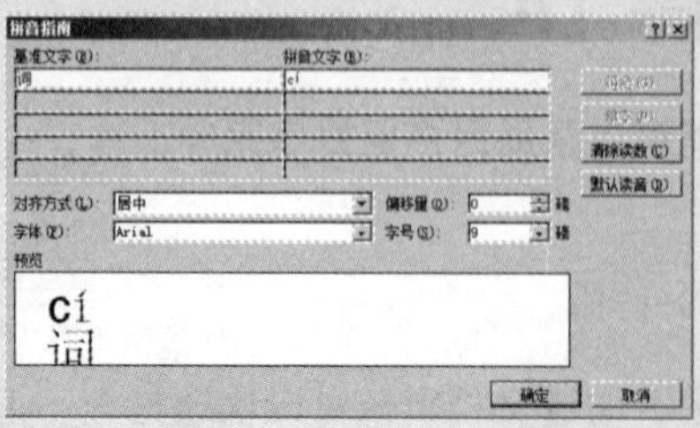

图3-39 【拼音指南】对话框

4 在【对齐方式】、【字体】、【偏移量】和【字号】下拉列表框中调整拼音字母的对齐方式、字体、字号等。

5 设置完成后单击【确定】按钮，完成为文本添加拼音的操作。完成后的效果如图3-40所示。

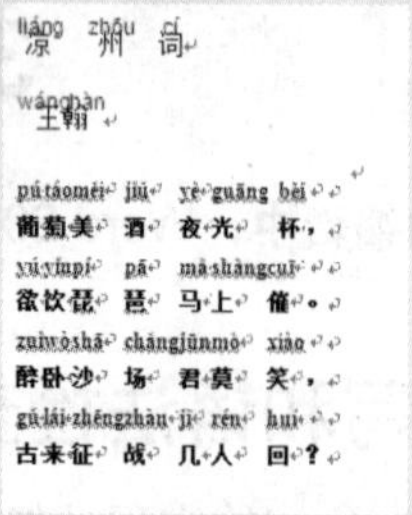

图3-40 添加拼音后的效果

3.9 段落编排

一般情况下，在输入文档的过程中，如果按Enter键表示换行并且开始一个新的段落，这时新段落的格式就会自动设置为上一段落中的字符和段落格式。如果在文档中按Shift+Enter键，则表示文字将换行但不换段，若该段落设置了段前、段后距，换行后的文字将不会受影响。如果在文档中按Ctrl+Enter键，则表示文字将换行、换段并开始新的一页。

3.9.1 段落的对齐方式

段落指的是以按Enter键作为结束的一段文本内容。因此段落可以包括文字、图片、各种特殊字符等。一般情况下，文本行距取决于各行中文字的字体和字号。如果某行包含大于周围其他文字的字符，如图形或公式等，Word就会增加该行的行距。

如果删除了段落标记，则标记后面的一段将与前一段合并，并采用该段的间距。

格式化段落主要使用【段落】组和【段落】对话框。

1. 段落水平对齐

段落水平对齐一般为【文本左对齐】、【文本右对齐】、【居中对齐】、【两端对齐】和【分散对齐】。

- 【两端对齐】：单击【段落】组中的按钮，或按快捷键Ctrl+J。
- 【居中对齐】：单击【段落】组中的按钮，或按快捷键Ctrl+E。
- 【文本右对齐】：单击【段落】组中的按钮，或按快捷键Ctrl+R。
- 【分散对齐】：单击【段落】组中的按钮，或按快捷键Ctrl+Shfit+J。

2. 段落垂直对齐方式

在文档中，段落垂直对齐方式可分为5种，但经常使用的并有实际效果的只有3种，分别为【底端对齐】、【居中对齐】和【顶端对齐】。

单击【开始】选项卡|【段落】组|【段落】对话框启动器，在弹出的【段落】对话框中选择【中文版式】选项卡，在此可以设置段落的垂直对齐方式，如图3-41所示。

文本对齐方式只有在两种不同字号大小的段落中才有效果，特别是在图片与文字之间，效果就特别明显。图3-42所示分别为【底端对齐】、【居中对齐】和【顶端对齐】3种方式的文本对齐效果。

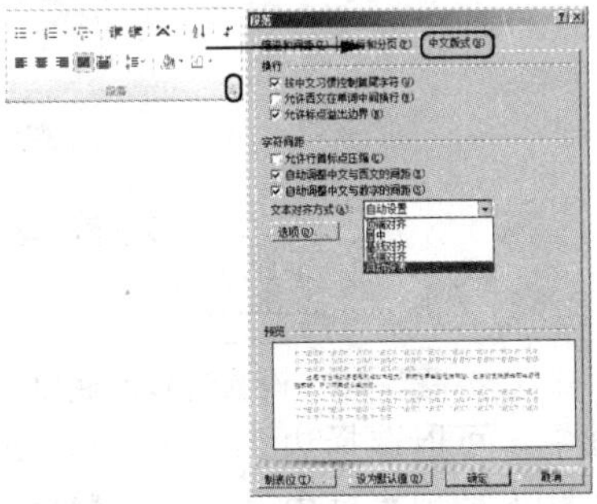

图3-41 段落的垂直对齐方式

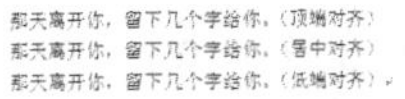

图3-42 3种对方方式的效果

3.9.2 设置段落缩进、行距、段前和段后间距

设置段落缩进、行距、段前和段后间距等，都可以在【段落】对话框中进行，如图3-43所示。

1. 设置段落缩进

段落缩进有4种形式，即【首行缩进】、【悬挂缩进】、【左缩进】和【右缩进】。如要在段落中使用缩进功能，可选择【开始】选项卡|【段落】组|【段落】对话框启动器，弹出【段落】对话框，然后切换到【缩进和间距】选项卡。【段落】组如图3-44所示。

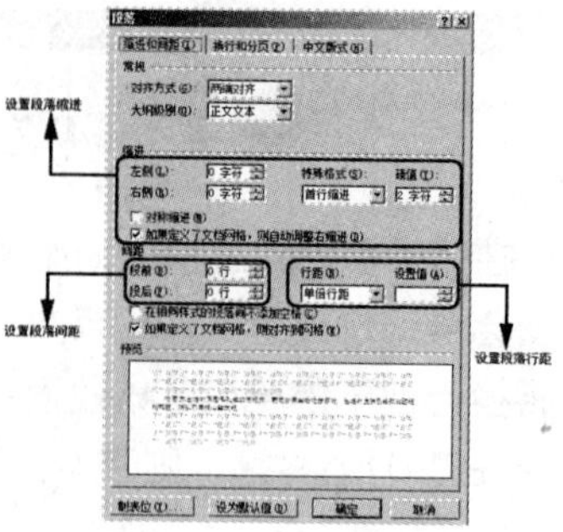

图3-43　设置段落

图3-44　【段落】组

2. 设置段落行距

段落行距是指从一行文字的底部到另一行文字底部的间距。Word将调整行距以容纳该行中最大的字体和最高的图形。行距决定段落中各行文本间的垂直距离。其默认值是单倍行距，意味着间距可容纳所在行的最大字符并附少许额外间距。

3. 设置段落间距

段落间距决定段落的前后距离大小。当按Enter键重新开始一段时，光标会跨过段间距到下一段的起始位置。可以为每一段更改段落间距设置。

3.9.3　设置段落边框与底纹

利用边框、底纹和图形填充功能可以增加段落的特定效果，以美化文档页面。

实战演练025——设置段落边框与底纹

1 选定要添加边框和底纹的段落，然后单击【开始】选项卡【段落】组中的按钮，在弹出的下拉菜单中选择【边框和底纹】命令，打开【边框和底纹】对话框。

2 切换到【边框】选项卡，在【设置】区域中有5个选项，可以用来设置边框四周的样式，可以根据需要选择，如图3-45所示。

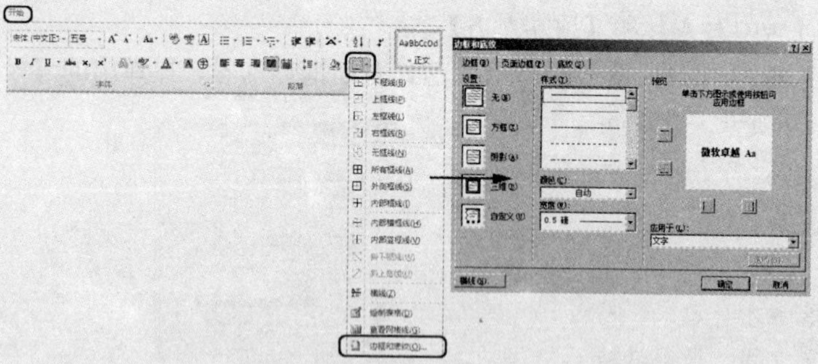

图3-45　设置边框和底纹

3 在【样式】下拉列表框中，可以选择边框线的线型；在【颜色】下拉列表框中可以选择边框的的颜色；在【宽度】下拉列表框中可以选择边框线的宽度。

4 切换到【底纹】选项卡，在【填充】选项组的颜色表中可以选择自己喜欢的颜色来填充。在【图案】选项组中可以选择图案的【样式】和【颜色】选项，也可忽略不选。

5 在【应用于】下拉列表框中，选择要应用的边框的范围。

6 单击【确定】按钮。

3.10 上机练习——制作合作协议书

本例介绍合作协议书的制作，如图3-46所示。

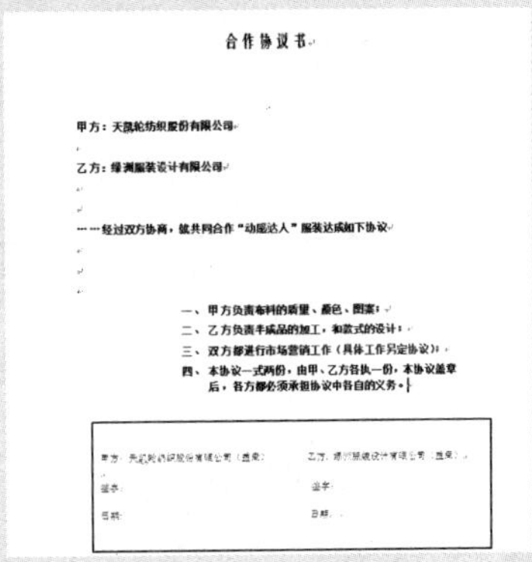
合作协议书

甲方：天凯轮纺织股份有限公司

乙方：绿洲服装设计有限公司

经过双方协商，就共同合作“动感达人”服装达成如下协议

一、甲方负责布料的质量、颜色、图案；
二、乙方负责半成品的加工，和款式的设计；
三、双方都进行市场营销工作（具体工作另定协议）；
四、本协议一式两份，由甲、乙方各执一份，本协议盖章后，各方都必须承担协议中各自的义务。

甲方：天凯轮纺织股份有限公司（盖章）	乙方：绿洲服装设计有限公司（盖章）
签字：	签字：
日期：	日期：

图3-46　合作协议书

实战演练026——制作合作协议书

最终文件	dir\最终文件\cha03\制作合作协议书.docx
视频文件	Movie\03-02.avi

1 首先运行Word 2010，然后选择【页面布局】|【页面设置】|【页边距】|【普通】，设置普通文档。

2 输入协议书的标题和内容，如图3-47所示。

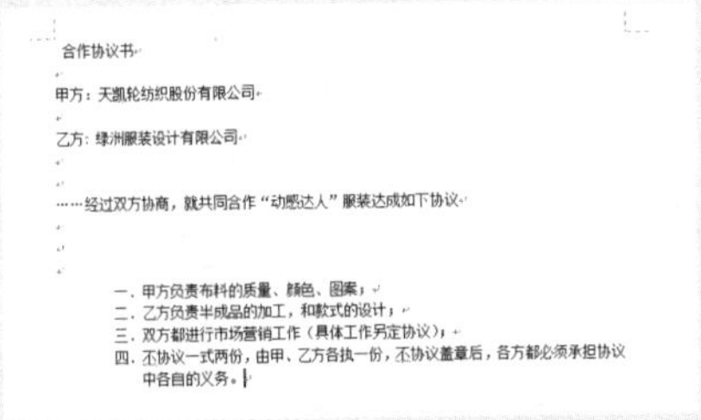
合作协议书

甲方：天凯轮纺织股份有限公司

乙方：绿洲服装设计有限公司

经过双方协商，就共同合作“动感达人”服装达成如下协议

一、甲方负责布料的质量、颜色、图案；
二、乙方负责半成品的加工，和款式的设计；
三、双方都进行市场营销工作（具体工作另定协议）；
四、不协议一式两份，由甲、乙方各执一份，不协议盖章后，各方都必须承担协议中各自的义务。

图3-47　输入标题和内容

3 选中标题“合作协议书”，选择【开始】选项卡，在【字体】组中设置【字体】为“方正姚体”，【字号】为“小二”，单击B【加粗】按钮；在【段落】组中单击【居中对齐】按钮。然后单击【段落】组中的按钮，在弹出的【段落】对话框中，将【缩进和间距】选项卡的【间距】选项组中的【段前】和【段后】均设置为3行，【行距】设置为“最小值”，【设置值】为16磅，单击【确定】按钮，如图3-48所示。

注意

选中标题“合作协议书”，用鼠标右键单击，在弹出的快捷菜单中选择【段落】命令，也会弹出【段落】对话框，同样可以设置【间距】。

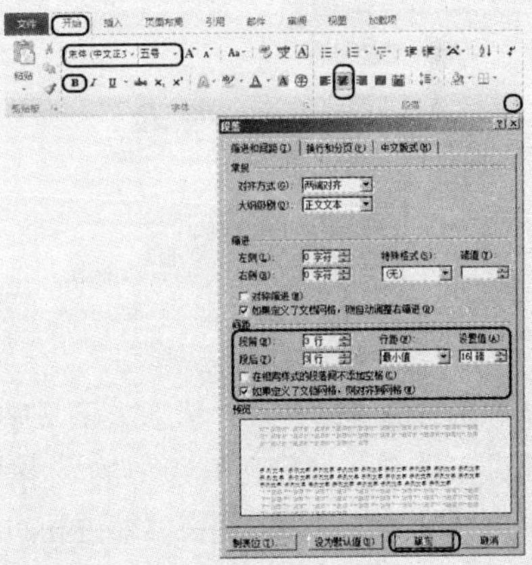

图3-48　设置段落格式和文字大小、格式

4 选中协议的内容，选中【开始】选项卡，单击【段落】组中的按钮，在弹出的下拉菜单中选择【行距】命令，弹出【段落】对话框，将【缩进和间距】选项卡的【间距】选项组中的【段前】

和【段后】值均设置为6磅，【行距】为“最小值”，【设置值】为16磅，如图3-49所示。

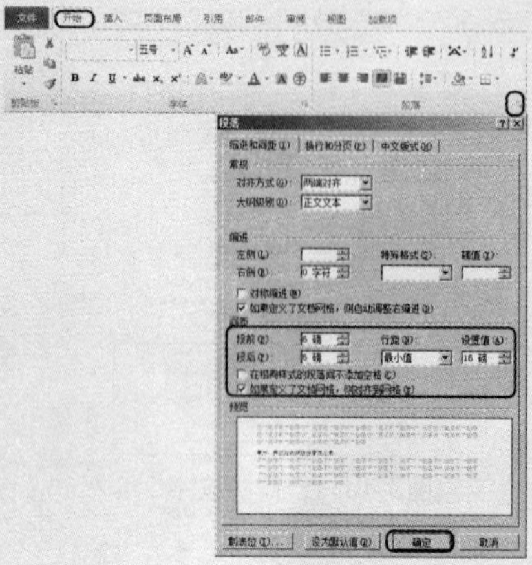

图3-49　设置段落格式

5 在【开始】选项卡的【字体】组中设置【字体】为“黑体”，【字号】为“小四”，单击 B （加粗）按钮；在【段落】组中单击 （两端对齐）按钮，如图3-50所示。

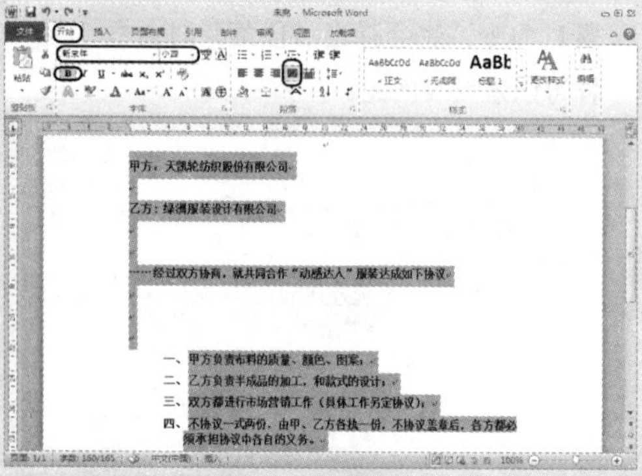

图3-50　设置文字格式

6 选中协议的具体条款，然后选择【开始】选项卡，单击【段落】组中的 按钮，弹出【段落】对话框，在【缩进和间距】选项卡的【缩进】选项组中将【左侧】和【右侧】分别设置为4字符和0字符，将【特殊格式】设置为“悬挂缩进”，【磅值】设置为1厘米，如图3-51所示。

7 单击【插入】选项卡｜【插图】组｜【形状】按钮，在弹出的下拉列表框中选中 按钮（如图3-52所示），按住鼠标左键拖曳，在文档中画出一个矩形框，为其添加描边。

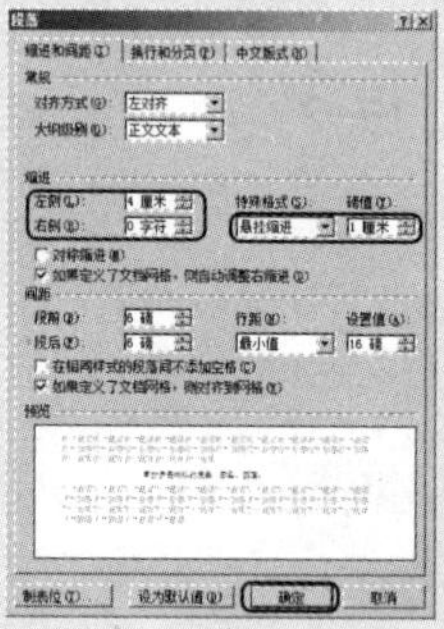

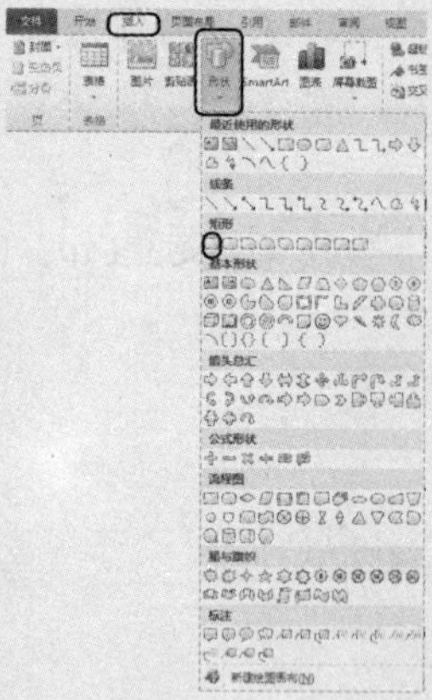

图3-51　设置段落格式　　图3-52　插入矩形框

8 单击鼠标右键，在弹出的快捷菜单中选择【添加文字】命令，如图3-53所示。矩形变成可以插入文本的矩形框，在矩形框中输入文字“甲方单位名称”、“乙方单位名称”、“日期”及“签名”等内容。

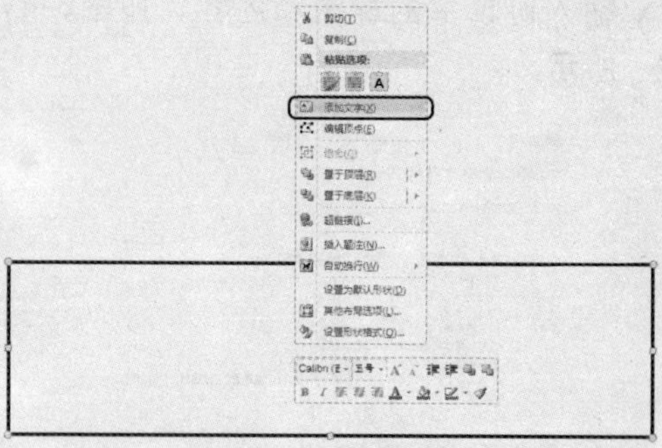

图3-53　添加文字

提示

选中矩形，选择【绘图工具】的【格式】选项卡，在【插入形状】组中单击【编辑文本】按钮 ，矩形变成可以插入文本的矩形框，在矩形框中输入文字。

9 至此，合作协议书的制作已完成。将制作完成后的文档进行保存。

3.11 设置制表位

制表位是指在水平标尺上的位置，指定文字缩进的距离或一栏文字开始之处。Word中默认的制表位是两个字符。使用制表符能够向左、向右或居中对齐文本与小数字符对齐。也可在制表符前自动插入特定字符，如句号、下划线等。

3.11.1 设置制表位对齐方式

下面介绍标尺中设置制表位对齐方式的方法。

实战演练027——设置制表位对齐方式

1 选定要在其中设置制表位的段落，该段落可以先选定制表符，再输入文本。也可是已输入的文本，然后再设置制表位。

2 单击水平标尺最左边的制表符（单击它可以切换各种制表符）处，直到出现所需制表符类型。各种制表符类型有左、右、居中、小数点和竖线对齐方式制表位。如图3-54所示，如选择小数点对齐的制表符，在水平标尺上单击要插入制表位的位置，如图3-55所示。

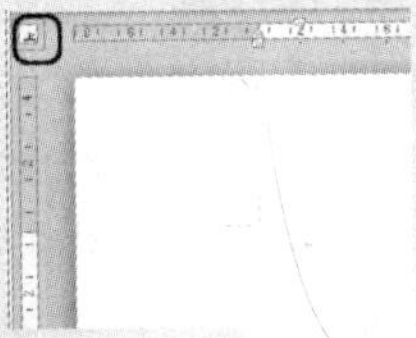
图3-54 小数点对齐制表符

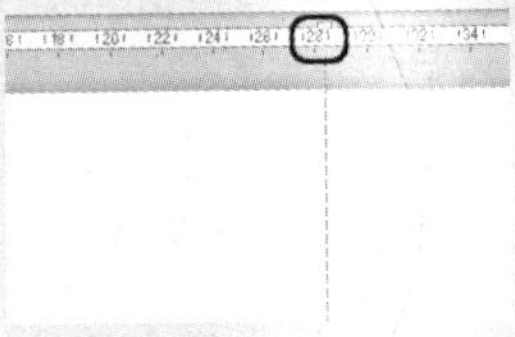
图3-55 在水平标尺中的显示

3 在文档中输入需要设置小数点对齐的数据（该数据要有小数点，否则变为以最后面的字符对齐）。然后，把光标移动到数值的最前面，按Tab键，这时该数值就会按照已设置的制表位置以小数点为准对齐。

4 按Enter键，再输入一个数据，在每个数据前都按Tab键设置制表位，最后就会按照所设置制表位对齐文字。此时，如果想移动制表位的位置，可以选中使用该制表位的文本，然后拖动制表位，就可以在文档的标尺范围内移动，如图3-56所示。

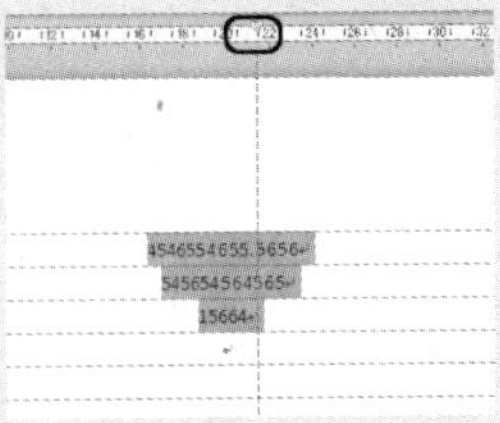
图3-56 制表符

3.11.2 设置制表位的前导符

制表位前导字符是在使用制表位定位时正文左侧空白处显示的字符，通常使用句点或连字符为制表位前导符。

实战演练028——改变制表位停驻点前导字符

1 选择标尺上的制表位停驻点符号并双击，Word显示如图3-57所示的【制表位】对话框。

2 在【前导符】栏下，选择适当的前导符。

3 单击【确定】按钮。

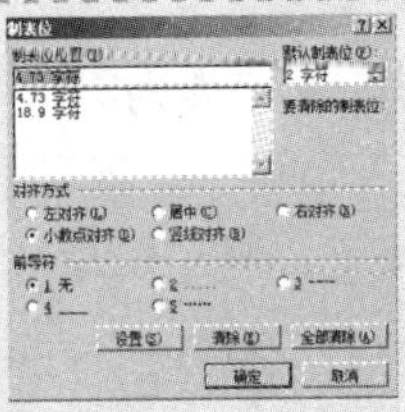
图3-57 设置制表位的前导符

3.12 上机练习——制作立体图表

本例介绍立体图表的制作，如图3-58所示。

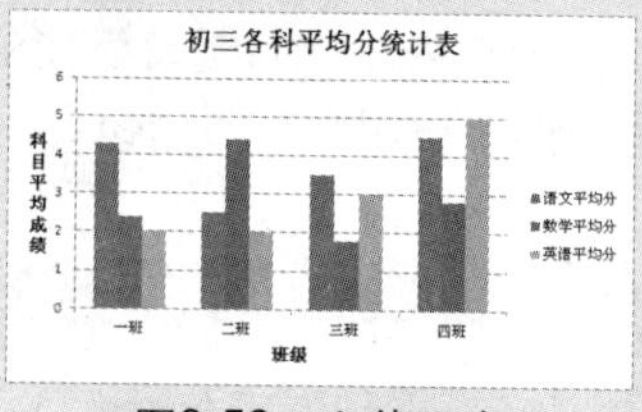

图3-58 立体图表

实战演练029——制作立体图表

最终文件	dir\最终文件\cha03\制作立体图表.docx
视频文件	Movie\03-03.avi

1 首先运行Word 2010，然后选择【页面布局】|【页面设置】|【页边距】|【普通】，设置普通文档。

2 选择【插入】选项卡，单击【插图】组中的按钮，并在弹出的【插入图表】对话框中选择【柱形图】|【簇状柱形图】，如图3-59所示，在文档中插入图表和图标数据区域。

图3-59 插入图表

3 选择Excel窗口中的【开始】选项卡，在【字体】组中将【字体】设置为“宋体”，将【字号】设置为11，选中表格中的数据将“类别1”、“类别2”、“类别3”、“类别4”分别改为“一班”、“二班”、“三班”、“四班”，将“系列1”、“系列2”、“系列3”分别改为“语文平均分”、“数学平均分”、“英语平均分”，并修改字体，如图3-60所示。

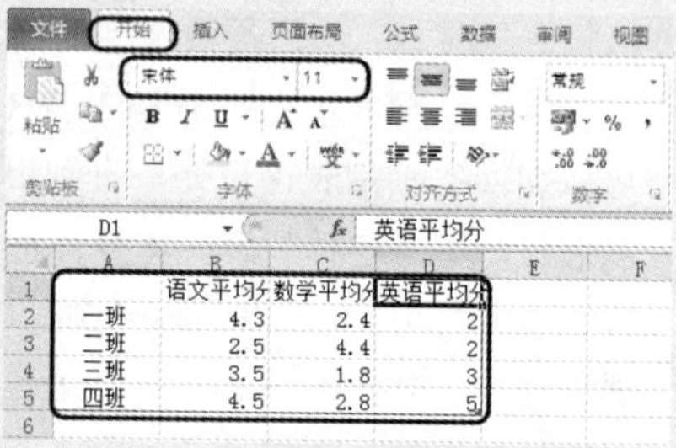

图3-60 修改数据

4 关闭Excel窗口，返回Word窗口，然后选择【图表工具】的【布局】选项卡，在【标签】组中单击【坐标轴标题】|【主要横坐标轴标题】|【坐标轴下方标题】，然后单击【主要纵坐标轴标题】|【竖排标题】。接着将横坐标轴标题改为“班级”，将纵坐标轴标题改为“科目平均成绩”，如图3-61所示。

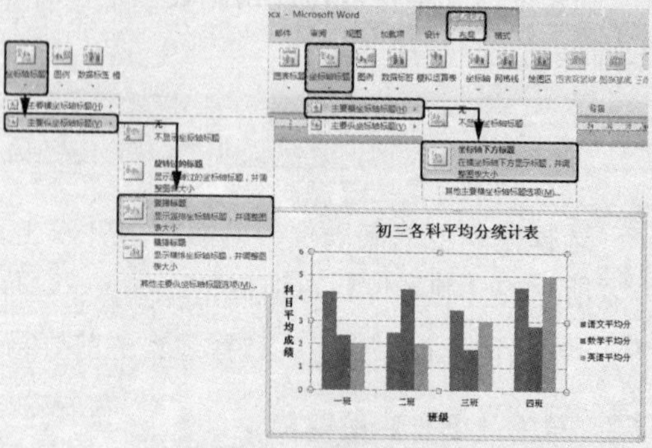

图3-61 插入坐标轴

5 单击【图表标题】|【图表上方】，在标题上输入“初三各科平均分统计表”，如图3-62所示。

6 至此，制作立体图表已经完成。将制作完成后的文档进行保存。

注意

使用快捷键Ctrl+S可以直接对文档进行保存。

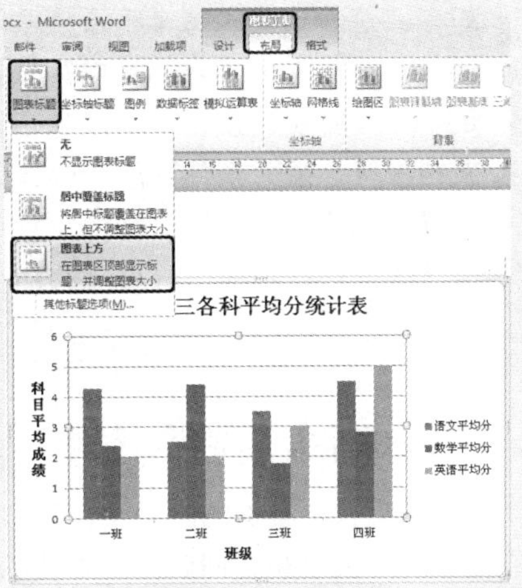

图3-62　插入图表标题

3.13　查找和替换内容

使用Word的查找、替换功能可以查找和替换文字、格式、段落标记、分页符和其他项目。可以使用通配符和代码来扩展搜索。可以搜索、替换或删除字符格式。如查找指定的单词或词组并更改字体颜色，或查找指定的格式（如加粗）并删除或更改它。

3.13.1　查找和替换

Word的查找功能可以快速搜索指定单词或词组。也可以使用通配符查找文档的内容，但不能查找或替换浮动对象、艺术字、水印和图形对象。

实战演练030——在文档中查找并替换文字内容

1 单击【开始】选项卡|【编辑】组中的替换按钮，或按Ctrl+H键，打开【查找和替换】对话框，如图3-63所示。在【查找内容】栏内输入要搜索的文字，如“工具箱”，输入的文字最多为255个字符，或者127个汉字。

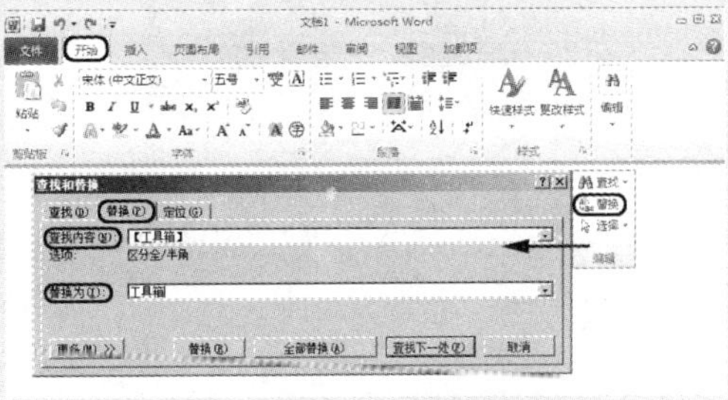

图3-63　【查找和替换】对话框

2 在【替换为】栏内输入替换文字，如“工具箱”。替换时可用下面两种不同的方法。

- 在【替换】对话框中，反复按【查找下一处】按钮，然后单击【替换】按钮来一个一个将文档的内容进行正确替换。
- 在【替换】对话框中，直接按【全部替换】按钮，不用每个都确认就直接替换文档中符合搜索条件的所有内容。

3 如果要查看选择的每个符合搜索条件的词句，不要单击【全部替换】按钮，而是单击【替换】按钮；如果想自动替换文档中符合搜索条件的所有词句，可单击【全部替换】按钮。替换完成后，单击【取消】按钮退出【查找和替换】对话框。

注意

要小心使用【全部替换】功能，因为一旦错误使用可能会引起严重的后果。为了节省时间，可以对长单词和短语使用缩写。以后，再使用【替换】命令将它们改成最终的形式。

3.13.2 高级查找和替换

在进行查找、替换的过程中，可以根据需要设置查找的方向及范围。例如用户逐个查找下一个内容时，如果想要回到刚才查找的位置时，就可以通过改变查找的方向来实现。用户可以打开查找的高级对话框设置查找的范围与方向。

1. 查找和替换有格式的文本

Word所提供的查找和替换功能，不仅可以替换普通的文字，而且还可以替换带有格式的文档。灵活地使用格式的替换功能，还可以快速地修改或删除文档中具有相同文字内容或者具有相同格式的文档内容。

实战演练031——使用【格式】查找和替换

1 在【查找和替换】对话框中单击【更多】按钮，然后输入需要查找的内容。

2 单击【格式】按钮，在弹出的下拉菜单中选择需要查找的文字格式，例如【字体】、【段落】、【制表位】、【样式】等，如图3-64所示。

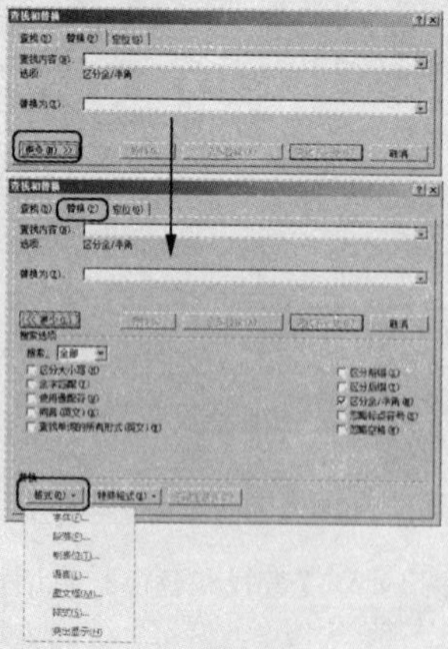

图3-64　选择需查找的文本格式

3 将光标定位在【替换为】文本框中，并输入需要替换的文字。同样，单击【格式】按钮，在弹出的下拉菜单中选择所需要的文字。

提示

如果在【查找内容】文本框中输入文字内容，那么查找的是具有格式的文字内容。如果不在【查找内容】文本框中输入任何文字内容，Word将查找全部具有所设格式的文本。当使用了【格式】查找和替换时，在【查找内容】和【替换为】文本框下，就会分别显示所选格式的说明。

4 单击【查找下一处】或【替换】按钮，如果找到相应的文本内容，该文本就会以黑色显示，此时单击【替换】按钮，可以一个一个将文本中的内容进行正确的替换。如果确认查找到的内容全部符合搜索条件，则可以直接单击【全部替换】按钮。

2. 查找和替换特殊字符

在Word文档中，我们经常要使用一些特殊的标点符号（如双点线、连字符等）和一些特殊的操作（如人工分行、人工分栏、人工分页等）。无论是插入特殊的标点符号还是进行其他特殊的操作，都会在文档相应的位置留下标记，这个标记被称为特殊字符。由于这些特殊的标点符号以及进行的特殊操作也是校对的一项内容，因此，特殊字符的查找和替换功能也经常会用到。

实战演练032——使用特殊字符查找

1 打开【查找和替换】的高级对话框，在文档中选择查找和替换的文档范围与方向。

2 将光标定位在【查找内容】文本框中，然后单击【特殊字符】按钮，弹出【特殊字符】下拉菜单，如图3-65所示。

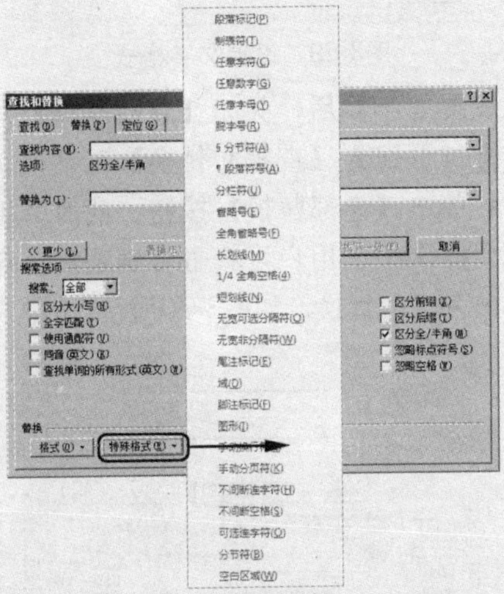

图3-65 【特殊字符】下拉菜单

3 在该下拉菜单中选择所需的特殊字符选项，也可以直接在【查找内容】文本框中输入特殊字符的标记符号。

提示

有些符号代码只能在选中或取消选中【使用通配符】复选框时才可使用。另外，在查找图形时，Word只查找嵌入图形，而不能查找浮动图形。

4 如果要替换为特殊字符，可以将光标定位在【替换为】文本框内，然后单击【特殊字符】按钮，在弹出的下拉菜单中选择需要的特殊字符。也可以直接在【替换为】文本框中输入特殊字符的标记符号。

5 单击【全部替换】按钮。完成替换后，单击【关闭】按钮。

提示

有时我们需要查找具有特定结构的文本串（如词、词组或句子），在这些文本串中，某个固定位置上的词是完全相同的，而另一些位置上的词是不相同的，则可以使用通配查找功能。

3.14 上机练习——实现文字替换

本例介绍如何实现文字替换，如图3-66所示。

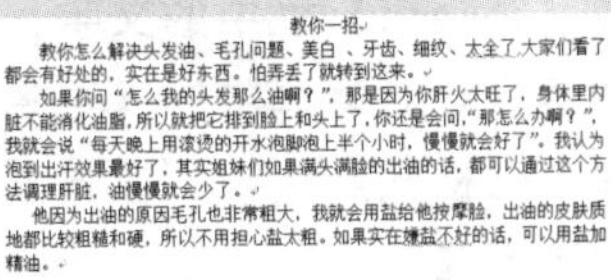

教你一招

教你怎么解决头发油、毛孔问题、美白 、牙齿、细纹、太全了,大家们看了都会有好处的，实在是好东西。怕弄丢了就转到这来。

如果你问“怎么我的头发那么油啊？”，那是因为你肝火太旺了，身体里内脏不能消化油脂，所以就把它排到脸上和头上了，你还是会问，“那怎么办啊？”，我就会说“每天晚上用滚烫的开水泡脚泡上半个小时，慢慢就会好了”。我认为泡到出汗效果最好了，其实姐妹们如果满头满脸的出油的话，都可以通过这个方法调理肝脏，油慢慢就会少了。

他因为出油的原因毛孔也非常粗大，我就会用盐给他按摩脸，出油的皮肤质地都比较粗糙和硬，所以不用担心盐太粗。如果实在嫌盐不好的话，可以用盐加精油。

图3-66 文字替换

实战演练033——实现文字替换

最终文件	dir\最终文件\cha03\实现文字替换.docx
视频文件	Movie\03-04.avi

1 首先运行Word 2010，单击【文件】|【新建】命令，创建一个空白文档。然后单击【页面布局】|【页边距】|【普通】，设置普通文档。

2 在文档中选择需要替换的文字，如图3-67所示。

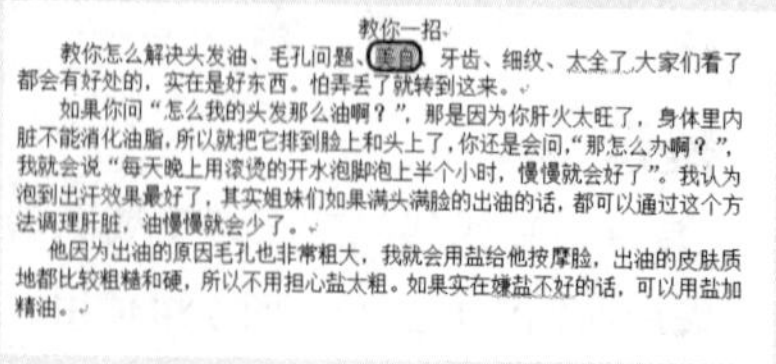

图3-67 设置替换的文字

3 选择【开始】选项卡，在【编辑】组中单击【替换】按钮，在弹出的【查找和替换】对话框的【查找内容】选项栏中可以看到步骤2中选择的文本，用户需要在【替换为】文本框中输入替换后的文本，如“美白”，如图3-68所示。

注意

使用快捷键Ctrl+H也可以打开【查找和替换】对话框。

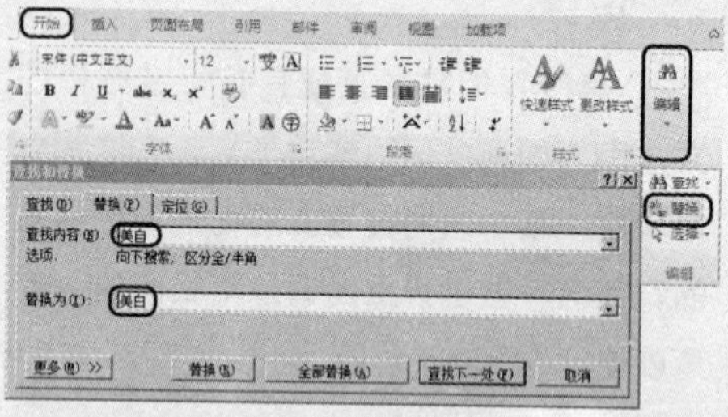

图3-68 替换文字

4 用户也可详细指定【查找】或【替换】文字的格式，具体方法是，选中【查找内容】或【替换为】栏中的文字，单击【查找和替换】对话框中的【更多】按钮，再单击【格式】按钮，在弹出的下拉菜单中选择【字体】命令，此时弹出【查找字体】对话框，在该对话框中的【中文字体】、【字形】和【字号】栏下分别设置需要的值（用户也可根据需要设置其他栏中的值），然后单击【确定】按钮，如图3-69所示。

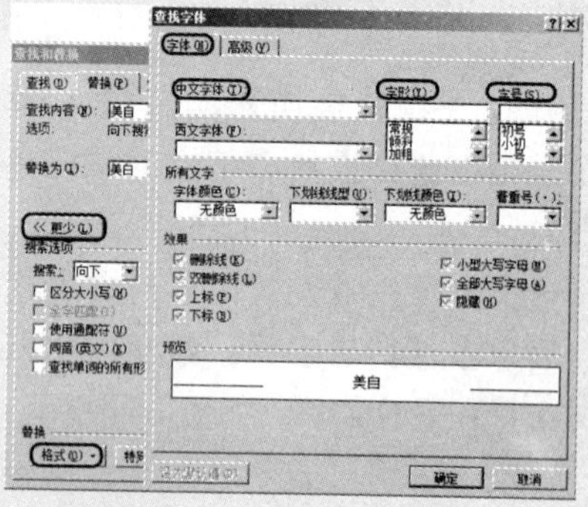

图3-69 设置文字格式

5 设置好字体后，关闭【查找字体】对话框，返回到【查找和替换】对话框，然后单击【全部替换】按钮，此时弹出一个提示框，用户可单击【确定】按钮，结束文字替换，如图3-70所示。

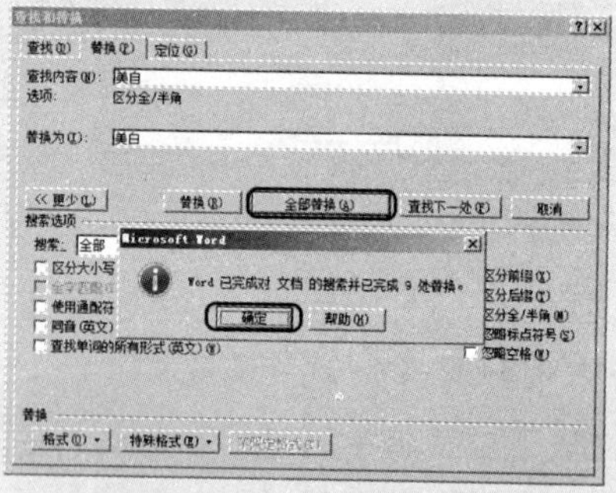

图3-70 替换文字成功

注意

要小心使用【全部替换】按钮，因为一旦错误使用可能会引起严重后果，为了节省时间，可以对长单词和短语使用缩写。

6 至此，文字替换已完成。将制作完成后的文档进行保存。

3.15 自定义快捷键

Word只为最常用的命令设置了快捷键。下面就来介绍如何自定义快捷键。

Word 中文版的快捷键不仅可代表一个命令和宏指令，还可代表格式、自动文本、自动文集、字体和符号等，如果进行合理定义，可以大大提高工作效率。

如果用户经常使用某个命令，就可以为其定义快捷键，熟练使用快捷键是提高操作速度的捷径。Word中的快捷键是可以自定义的，例如为没有快捷键的命令指定快捷键，或删除不需要的快捷键。如果不喜欢所做的更改，还可以随时返回默认的快捷键设置。

自定义快捷键的操作方法如下。

实战演练034——自定义快捷键

1 单击【文件】|【选项】，打开【Word 选项】对话框。

2 在该对话框的左侧选择【自定义功能区】，然后单击【自定义】按钮，打开如图3-71所示的【自定义键盘】对话框。

3 在该对话框的【类别】列表框中选择【插入选项卡】选项，然后在【命令】列表框中选择【Intert Picture】选项，再在【请按新快捷键】文本框中指定快捷键，最后单击【指定】按钮。

4 新的快捷键指定完成。

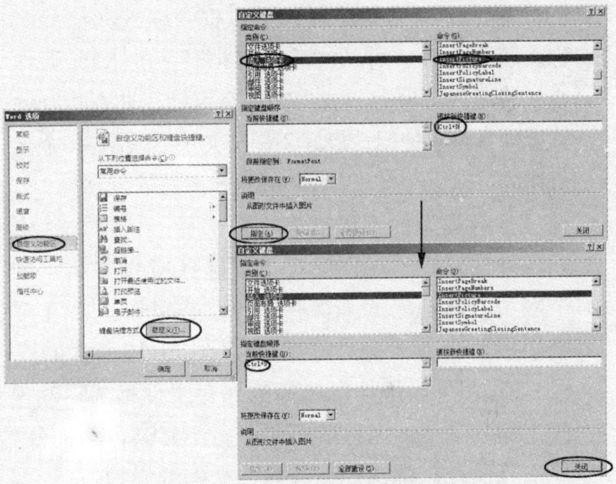

图3-71 【自定义键盘】对话框

3.16 文件的保存

保存功能在Word操作中占有很重要的地位，如果不能保存所修改的文档，那么自己辛辛苦苦所做的工作必然会付之东流。常用保存文档的方式有两种，分别为手动保存和自动保存。下面就对这两种保存方法进行简要介绍。

提示

在进行文档操作时，应该注意每隔一段时间就对文档保存一次，这样可以有效地避免因停电、死机等意外事故而使自己的劳动果实不翼而飞。

3.16.1 手动保存文档

实战演练035——手动保存文档

1 单击【文件】|【另存为】或【保存】按钮，或按Ctrl+S键，打开【另存为】对话框，如图3-72所示。

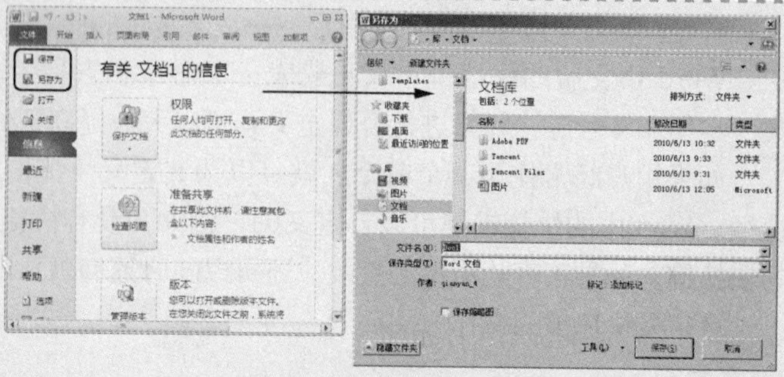

图3-72 【另存为】对话框

2 在该对话框的【保存位置】下拉列表框中选择一个保存文件的位置，如图3-73所示。当然，也可以直接从【另存为】对话框左侧的区域中选择保存位置，它可直接指向要保存的位置上，大大提高了工作效率。

3 在该对话框的【文件名】文本框中输入文档的名称。若不输入，则Word会以文档开头的第1句话作为文件名进行保存。如果文档有可能在非Windows的操作系统下使用，最好还是将文件名限制在8个字母以内，以保存与非Windows操作系统的兼容性。

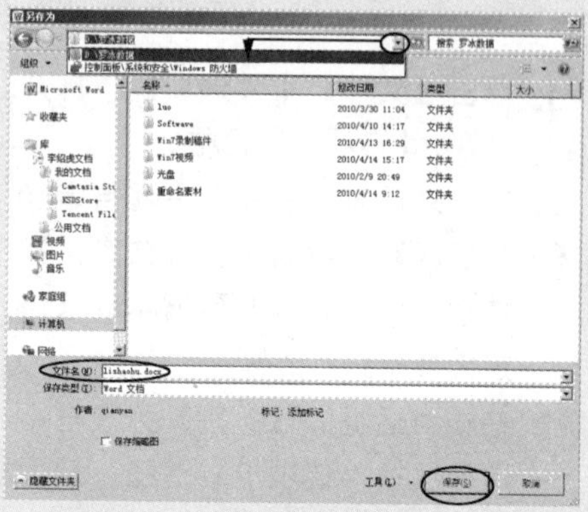

图3-73 【保存位置】列表框

4 在【保存类型】下拉列表框中选择以何种文件格式保存当前文件。例如，可以选择XML文档、单个网页或其他格式来保存文档，也可以选择【文档模板】选项，将文档存为Word 2010格式的模板。Word可以根据所选择的保存文件格式自动设置扩展名，所以在【文件名】文本框中只需输入文档的名称就可以了，不必亲自为文件名添加文件扩展名。

5 单击【保存】按钮，完成保存文档的操作。

注意

如果在第一次保存文档后，再次对这个文档做了修改并保存，则再次保存时Word将不再弹出对话框，而是自动用新文档覆盖掉上次保存的文档。如既想保存修改后的文档，又不想覆盖修改前的内容，可以把修改后的文档用另一个名字保存起来，不对原来文档进行任何的修改，把它当作原文档的一个副本。

3.16.2 自动保存文档

除了使用手动保存对文档进行保存的操作外，Word还提供了很重要的自动保存功能，即每隔一段时间Word 2010会自动对文档进行保存一次。这项功能可以有效地避免因停电、死机等意外事故而前功尽弃。自动保存功能的保存时间间隔是可以根据自己的需要以“分钟”为单位随意设定的，其操作步骤如下。

实战演练036——自动保存文档

1 选择【文件】|【另存为】命令，打开【另存为】对话框。

2 在【另存为】对话框右下方单击【工具】按钮，打开下拉菜单，如图3-74所示。

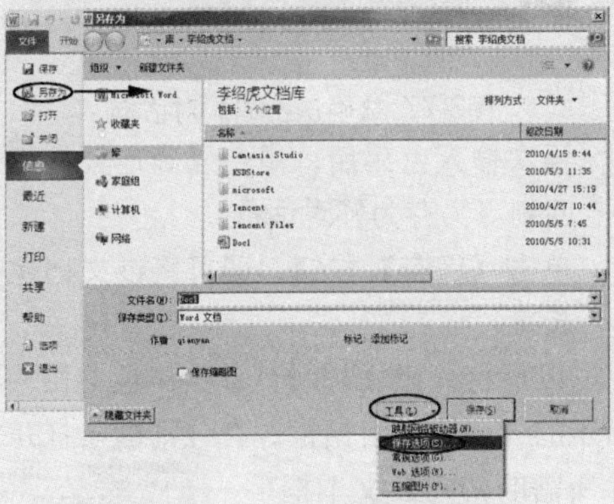

图3-74 【工具】下拉菜单

3 在该下拉菜单中选择【保存选项】命令，弹出【Word选项】对话框，如图3-75所示。

图3-75 【Word选项】对话框

4 在该对话框的左侧选择【保存】，在右侧勾选【保存自动恢复信息时间间隔】复选框，在其后面的微调框中键入一个以分钟为单位的时间间隔。例如在该微调框中输入10，即表示设定系统每隔10分钟就自动保存一次文档。

5 设定完成后，单击【确定】按钮，保存设置关闭对话框。

注意

虽然设置了自动保存后可以免去许多由于忘记保存文件而带来的失误，但是还是建议用户应该养成使用快捷键Ctrl+S进行手动保存文档的习惯，那么如果在新的一台没有设置自动保存功能的计算机上进行文档的操作，就有可能忘记存盘而带来遗憾。保存文件永远是文件操作中的头等大事，每个人都应该使用各种方法最大限度地减少丢失数据的可能性。

3.17 设置密码

如果希望自己创建的文档不被其他人查阅，可以为文档添加一个密码，以后只有输入正确的密码才能打开该文档。

实战演练037——为文档添加密码

1 单击【文件】|【另存为】按钮，打开【另存为】对话框。

2 在【另存为】对话框的下方单击【工具】按钮，在弹出的下拉菜单中选择

【常规选项】命令，弹出如图3-76所示的对话框。

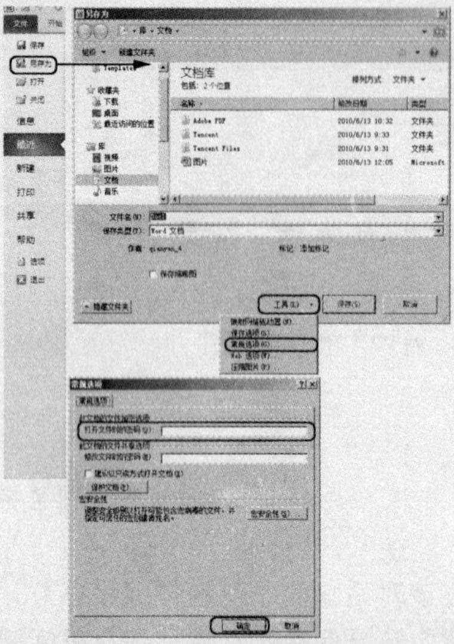

图3-76 打开相关对话框

3 在【打开文件时的密码】文本框中输入密码，每输入一个字符就用一个星号代替。密码可以包含字母、数字、空格和符号的任意组合，最多可以输入15个字符。

4 单击【确定】按钮，出现如图3-77所示的【确认密码】对话框。

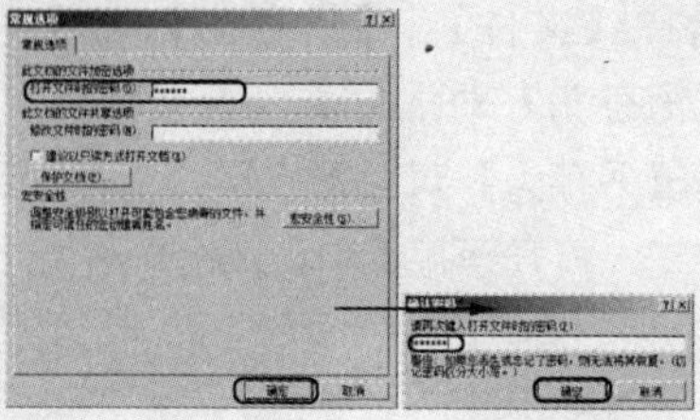

图3-77 【确认密码】对话框

5 再次输入密码后，单击【确定】按钮返回到【另存为】对话框。

6 单击【保存】按钮，即可将该文档保存起来。

以后打开该文档时，就会出现如图3-78所示的【密码】对话框。在【请键入打开文件所需的密码】文本框中输入正确的密码，然后单击【确定】按钮才能打开该文档。

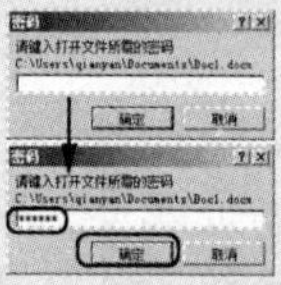

图3-78 密码对话框

3.18 关闭文档

当在文档中完成了所做的工作后，就可以将已经保存过的文档直接关闭了。关闭文档与关闭应用程序窗口一样有许多方法，其中常用的有以下5种。

- 单击Word应用程序标题栏右上角的【关闭】按钮。
- 单击当前文件菜单右上角的【关闭】按钮。
- 在标题栏上右击鼠标，会出现如图3-79所示的快捷菜单。
- 单击【文件】|【退出】按钮，如图3-80所示。
- 按Ctrl+F4键。

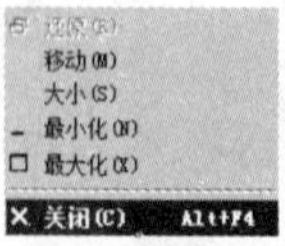

图3-79 快捷菜单

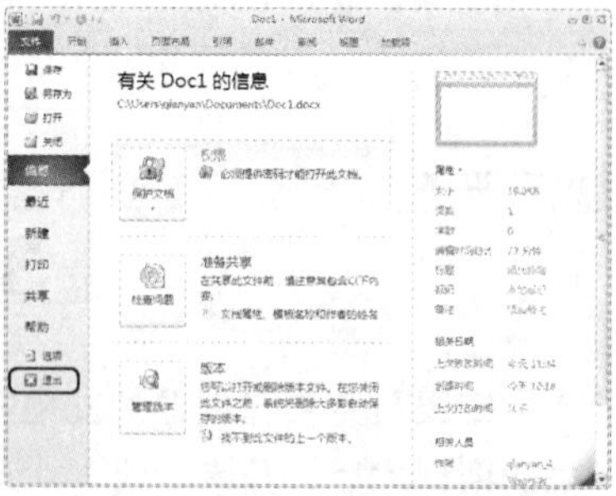

图3-80 单击【退出】按钮

虽然在使用Word的过程中屏幕右上角有两个【关闭】按钮，但它们的作用是有所区别的。如果只打开一个文档时，单击最上面标题栏上的【关闭】按钮，可关闭Word程序；如果单击下面的【关闭】按钮，则关闭当前文档。如果打开了多个文档，则单击这两个按钮中的任何一个都只能关闭当前被激活文档。

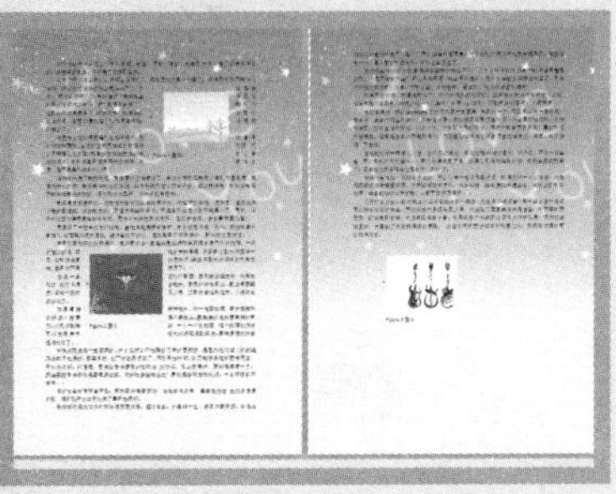

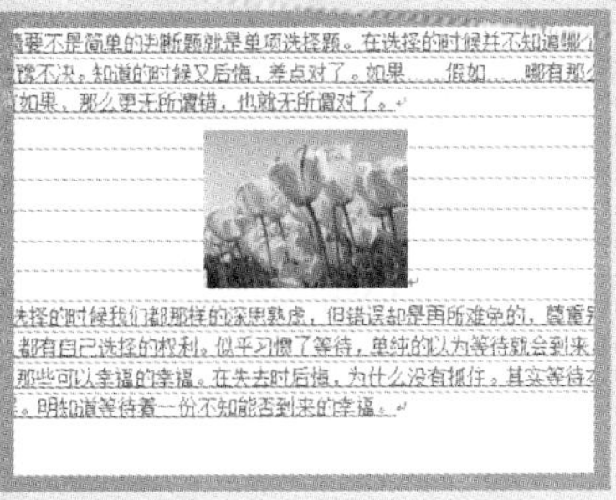

第4章

图片编排和图形绘制

图形对象在Word文档中富有表现力，能更清晰、准确地描绘出文档所要表现的内容，因此向文档中插入图像也是对Word文档的一种很好的表现手法。图形对象主要包括剪贴画、艺术字和文本框，本章将介绍如何插入这些图形对象，并介绍图形对象的格式设置基础操作。Word 2010的绘图功能与早期版本相比，有较大的改进，其功能更加强大。

通过本章的学习，可以掌握以下知识点：

- 插入剪贴画或图像
- 图文混排
- 使用文本框
- 插入艺术字
- 公式编辑器
- 绘制自选图形
- 编辑自选图形

4.1 插入剪贴画或图像

计算机图片分为位图和矢量图两类，位图不可以直接编辑，只能调整其亮度、对比度、灰度等特性；而矢量图则可以通过【绘图】工具来进行编辑操作。Word中的剪贴画属于矢量图，而在文档中插入其他各种类型的图片文件都属于位图。

提示

Word图文混排功能非常强大，兼容性也很强，它可以插入多种格式的文件对象，使文档更加生动活泼，大大增强了文档的可读性。

Word不仅是一个编辑文本的工具，同时它也是一个可以插入图片和绘制图形的工具。

4.1.1 插入剪贴画

剪贴画是一种特殊类型的图片，通常由小而简单的图像组成，使用它可以给文档添加外观可视性。Word带有许多剪贴画，用户可以在文档中随意使用。

插入剪贴画的操作方法如下。

实战演练038——插入剪贴画

1 单击【插入】选项卡|【插图】组|【剪贴画】按钮，打开【剪贴画】任务窗口，如图4-1所示。

2 在打开的窗口中选择要插入的剪贴画的类型，如“玫瑰”，此时该窗口就会显示关于“玫瑰”的剪贴画，如图4-2所示。

3 单击需要的剪贴画，就会弹出一个下拉菜单，选择【复制】命令，再切换到文档中右击，在弹出的快捷菜单中选择【粘贴】命令，即可将该剪贴画插入到文档中。

图4-1 打开剪辑管理器

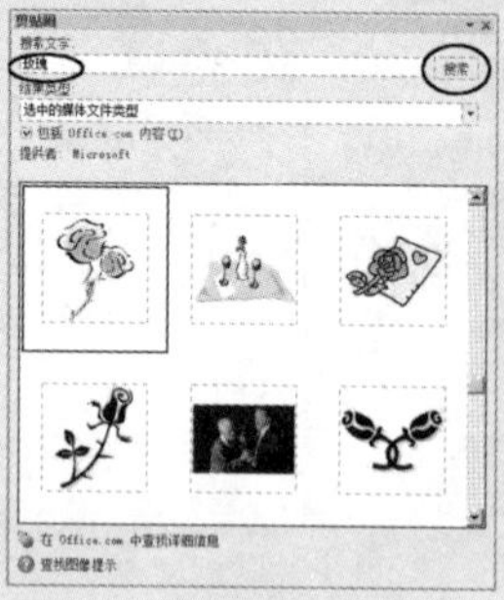

图4-2 在剪辑管理器选择插入图

4.1.2 插入图片

Word可以利用由多种应用程序（如Windows画图程序、Photoshop、AutoCAD等）建立的图形文件。另外，Word安装时已经加载了一个小的图片库，在文档中可以直接使用这些图片。

实战演练039——插入图片

1 将光标移到要插入图像的位置，单击【插入】选项卡|【插图】组|【图片】按钮，打开【插入图片】对话框，如图4-3所示。

2 在列表框中选定要打开的文件，单击【视图】按钮后面的小三角按钮，在弹出的下拉菜单中选择【预览】命令，可以从预览中选择图片文件。

3 单击【插入】按钮后面的小三角按钮，在弹出的下拉菜单中可以选择插入、链接到文件，或是插入和链接。一般直接单击【插入】按钮，即可把图片插到文档中。

图4-3 【插入图片】对话框

4.2 上机练习——制作自动图文集

本例介绍自动图文集的制作，如图4-4所示。

图4-4 自动图文集

实战演练040——制作自动图文集

最终文件	dir\最终文件\cha04\制作自动图文集.docx
视频文件	Movie\04-01.avi

1 选择【插入】选项卡，在【文本】组中单击【文档部件】按钮，在弹出的下拉菜单中选择【构建基块管理器】命令，如图4-5所示。

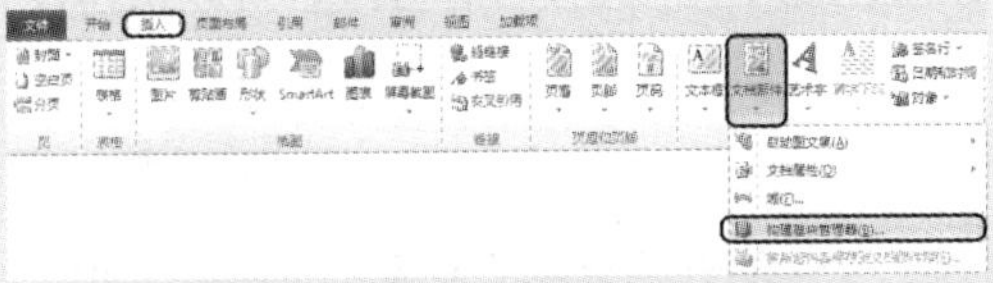

图4-5 单击【文档部件】按钮

2 在弹出的【构建基块管理器】对话框中，选择【构建基块】列表框中的【日历3】，选择后单击【编辑属性】按钮，在弹出的【修改构建基块】对话框中，将【名称】、【说明】、【类别】和【选项】设置为自己所需要和常用的类型，然后单击【确定】按钮，在弹出的对话框中单击【是】按钮，系统返回【构建基块管理器】对话框中，然后单击【插入】按钮，如图4-6所示。将基块插入到文档中。

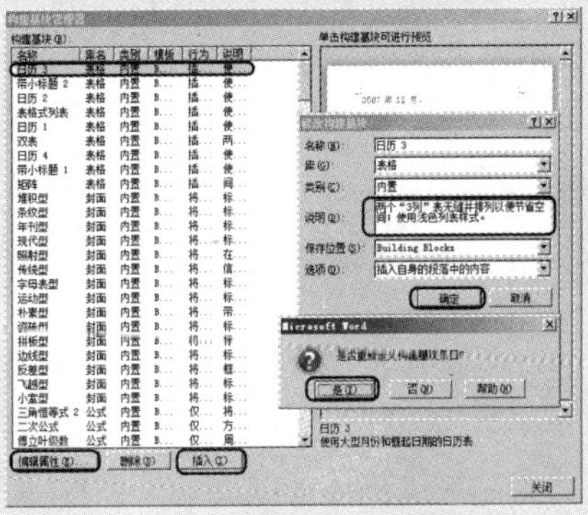

图4-6 选择构建基块

3 至此，自动图文集的制作已完成。将制作完成后的文档进行保存。

4.3 设置图片格式

在文档中插入图片后，接着就可以对图片的格式进行必要的设置和排版。

设置图片格式的方法主要有以下两种。

- 单击选中的图片，并选择【格式】选项卡，打开功能区，用户可以对图片的格式进行具体设置，其功能区如图4-7所示。

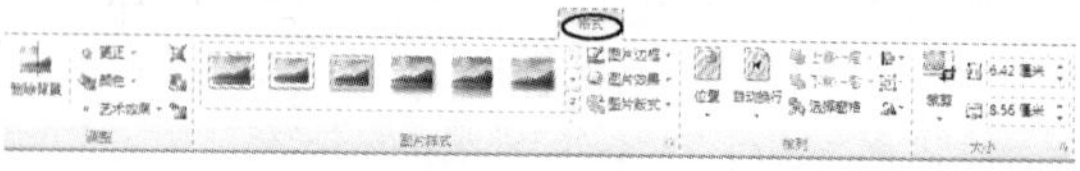

图4-7 功能区中的各个按钮

- 单击功能区中【大小】组右下角的按钮，打开【布局】对话框，可以设定图片的大小、旋转、缩放比例等，再单击【图片样式】组右下角的按钮，打开【设置图片格式】对话框，可以设置图片的亮度和对比度。如图4-8所示是设置图片属性的【大小】和【图片更正】两个选项卡。

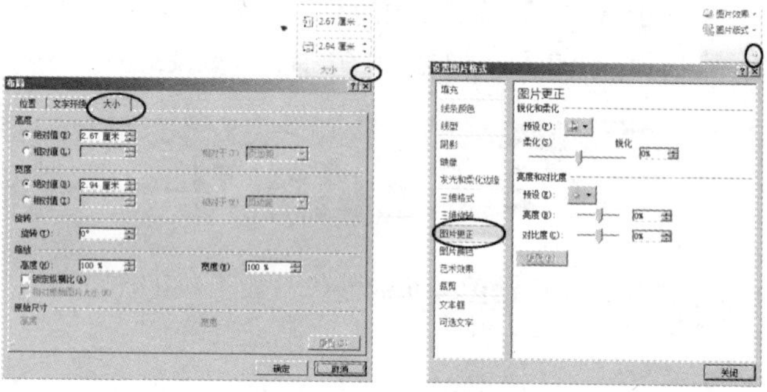

图4-8 【大小】和【图片】选项卡

4.4 图文混排

设置图片版式也就是设置图文与文字的混排形式。

4.4.1 设置图片在文档中混排

设置图片在文档中混排的方法有两种。其中一种方法是在功能区中单击【图片工具】|【格式】选项卡|【排列】组|【位置】按钮，然后在弹出的下拉菜单中选择一种方式，可以快速设置图文混排方式。

下面介绍另一种设置图片在文档中混排的方法。

实战演练041——设置图片在文档中混排

1 在功能区中单击【图片工具】|【格式】选项卡|【排列】组中的按钮，在弹出的下拉菜单中选择一种图文混排方式，在这里为图文添加的是【紧密型环绕】效果。

2 再在功能区中单击【图片工具】|【格式】选项卡|【排列】组中的按钮，在弹出的下拉菜单中选择【其他布局选项】命令，在弹出的【布局】对话框中选择【位置】选项卡，在此可以对图片的水平及垂直位置进行编辑，如图4-9所示。

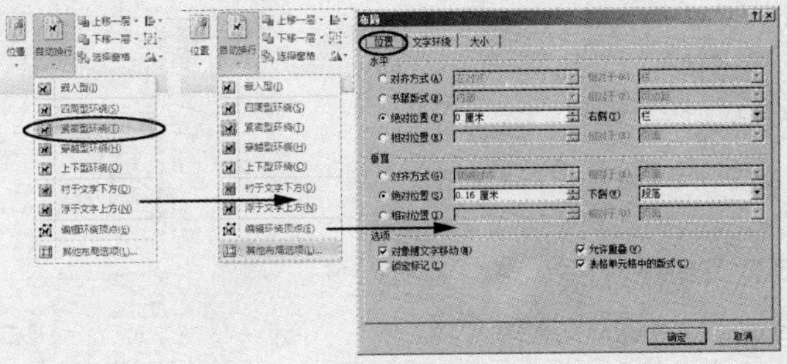

图4-9 【布局】对话框

设置图片在文档中有5种混排形式。对于“嵌入型”的图片，可以像移动文字内容一样，使用【复制】的方法来移动。对于“四周型”、“紧密型”和“浮于文字上方型”的图片，可以直接用鼠标拖动图片，从而调整图片的位置。但当插入的图片是位图时，“四周型”与“紧密型”的效果是相同的。对于“衬于文字下方型”的图片，可以单击属性栏中的【选择】按钮，然后拖动图片来调整位置。最后再单击属性栏中的【选择】按钮退出选择状态。

4.4.2 编辑图片环绕顶点

如果是Word剪贴画中的图片，因为它们是矢量图，所以当设置其环绕方式为【紧密型】时，图片的顶点就会与文字环绕。但是，如果插入文档中的图片是位图，则只有用编辑图片环绕顶点的方法，才可以让图片在文本中任意环绕。

实战演练042——编辑图片环绕顶点

1 选择要编辑的图片。

2 单击【图片工具】|【格式】选项卡|【排列】组中的按钮，在弹出的下拉菜单中选择【编辑环绕顶点】命令。

3 此时图片的边框变成红色的实线框，把鼠标指针移到边框线上，指针会变成✥形状，按住鼠标左键并拖曳，即可改变图片顶点的形状。

4 根据需要改变图片环绕顶点，图片顶点改变后，文字就会根据顶点的改变而改变环绕的方式。如果图片是不规则的图形，可以任意编辑其环绕顶点，以使文字可以根据图片的实际形状来环绕。最后编辑环绕顶点完成后的效果如图4-10所示。

图4-10 编辑图片环绕顶点后的效果

4.4.3 给图片添加边框

添加边框的图片有两种情况：一种是嵌入型图片；一种是文字环绕型图片。

1. 给嵌入型图片添加边框

实战演练043——给嵌入型的图片添加边框

1 选中要添加边框的图片。单击【图片工具】|【格式】选项卡|【图片样式】组中的 图片边框 按钮。

2 在弹出的下拉菜单中将【标准颜色】设置为“红色”，然后再设置图片边框的【粗细】及【虚线】，如图4-11所示。

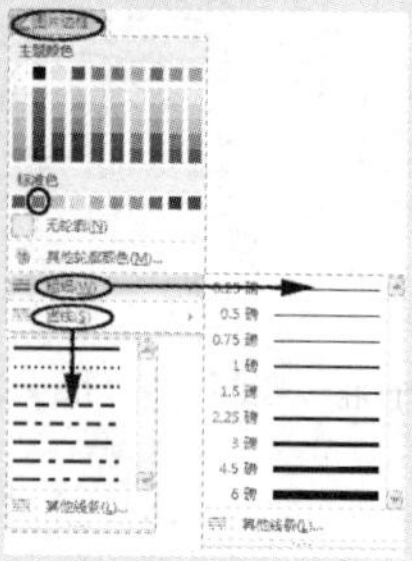

图4-11 给嵌入型图片添加边框

2. 给环绕型图片添加边框

实战演练044——给环绕型图片添加边框

1 选中要添加边框的图片。单击【图片工具】|【格式】选项卡|【图片样式】组右下角的 按钮，打开【设置图片格式】对话框，如图4-12所示。

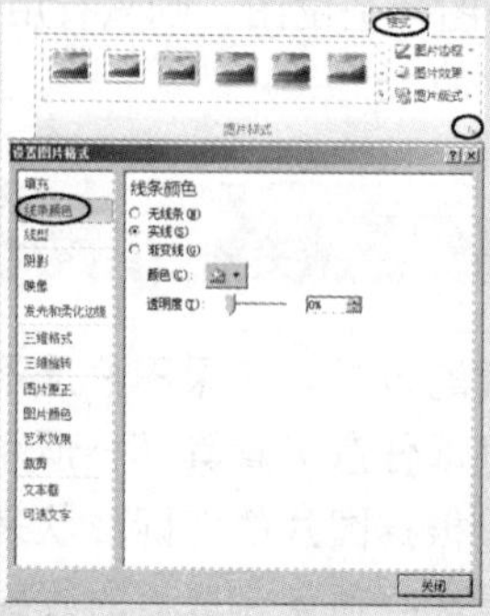

图4-12 添加环绕型图片边框

2 在对话框左侧列表框中选择【线条颜色】选项，在【线条颜色】选项组中可以设置线条的类型、颜色及透明度。

3 单击【关闭】按钮即可给环绕型的图片添加边框。

提示

在Word 2010中，不仅可以为图片设置不同线型的外框，还可以使用【设置图形的线条颜色和线型】和【设置图形的阴影和三维效果】设置图片的颜色和阴影效果。

4.5 上机练习——制作图文混排

本例介绍图文混排的制作，如图4-13所示。

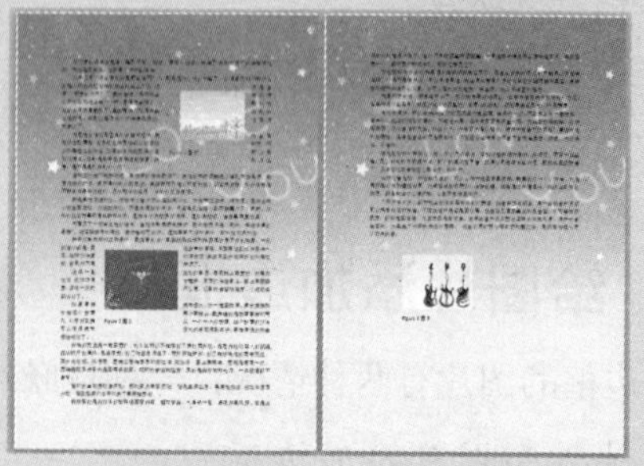

图 4-13 图文混排效果

实战演练045——制作图文混排

最终文件	dir\最终文件\cha04\制作图文混排.docx
视频文件	Movie\04-02.avi

1 首先运行Word 2010，单击【文件】|【新建】，创建一个空白文档。然后单击【页面布局】|【页边距】|【普通】，设置普通文档。

2 在新文档中输入文字和插入图片，文档在图文混排前，是无序的状态，如图4-14所示。

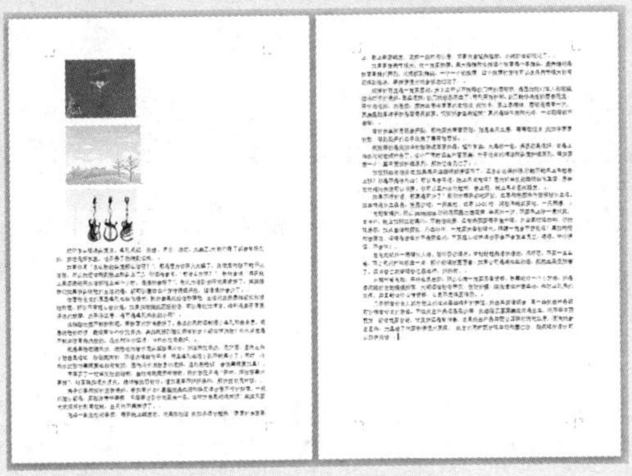

图4-14　无序的文档

3 选择【页面布局】选项卡，单击【页面背景】组中的【页面颜色】按钮，在弹出的下拉菜单中选择【填充效果】命令，在弹出的【填充效果】对话框中单击【图片】选项卡，单击【选择图片】按钮，选择设置文档背景图片，如图4-15所示。

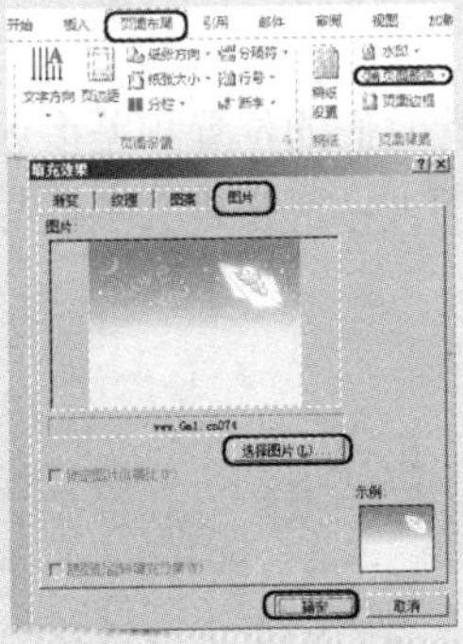

图4-15　设置文档背景图片

4 选择【插入】选项卡，在【文本】组中单击【文本框】按钮，在弹出的下拉列表框中单击【绘制文本框】按钮，如图4-16所示，在文档中需要混排的图片旁边插入文本框。

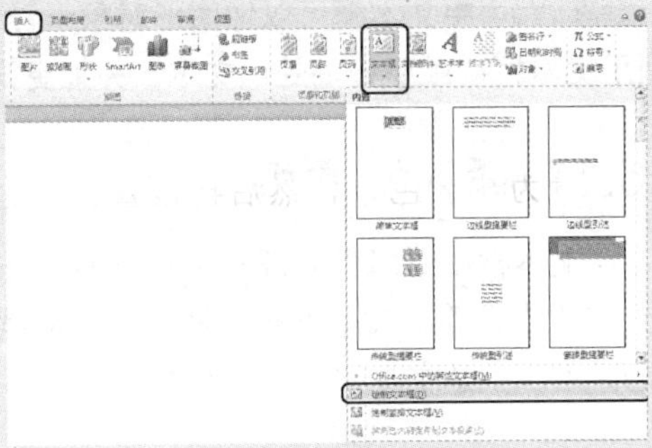

图4-16　插入文本框

5 插入文本框后，单击【绘图工具】中的【格式】选项卡，在【形状样式】组中单击【形状填充】按钮，在弹出的面板中单击【标准色】栏下的【无填充颜色】，然后在【形状样式】组中单击【形状轮廓】按钮，在弹出的面板中单击【标准色】栏下的【无轮廓】。

6 将所需图片拖入文本框，然后用鼠标右键单击图片，在弹出的快捷菜单中选择【插入题注】命令，在弹出的【题注】对话框中单击【确定】按钮，如图4-17所示。然后根据图片大小调整文本框大小。

7 选中拖入文本框中的图片，选择【引用】选项卡，在【题注】组中单击【插入题注】按钮，在弹出的【题注】对话框中单击【确定】按钮。

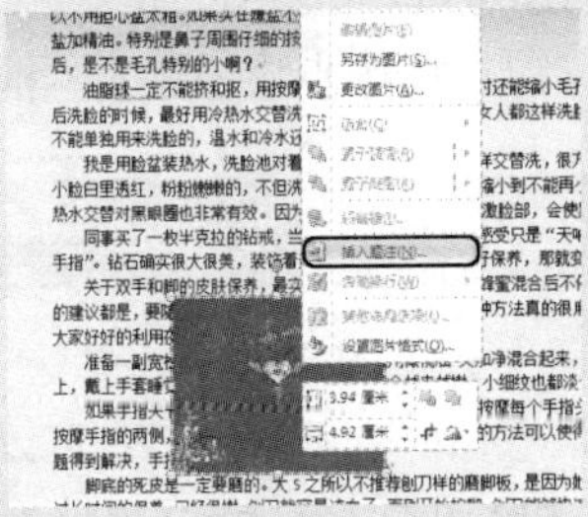

图4-17　插入题注

8 至此，图文混排的制作已完成。将制作完成后的文档进行保存。

4.6 使用文本框

在Word中文本框可以像图形对象一样使用，这就是说，可放置在页面上并调整其大小。利用文本框可以更好地处理文本，并能更好地利用新的图形效果。

4.6.1 插入文本框

在文本框中可以像处理一个新页面一样来处理文字，例如设置文字的方向、格式化文字、设置段落格式等。文本框有两种：一种是横排文本框；一种是竖排文本框。它们没有什么本质上的区别，只是文本方向不同而已。

实战演练046——插入横向文本框

1 单击【插入】选项卡|【文本】组|【文本框】按钮，然后在工作区中绘制文本框，到适当大小后释放鼠标即可。

2 在文本框中输入文本，或者插入图片。

3 对于插入的文本框先选中刚才绘制的文本框，然后单击【绘图工具】中的【格式】选项卡|【形状样式】组右下角的按钮，在弹出的【设置形状格式】对话框中选择【线条颜色】选项，在此进行设置，然后再选择【文本框】选项，在此设置【文本框】的【内部边距】，如图4-18所示。

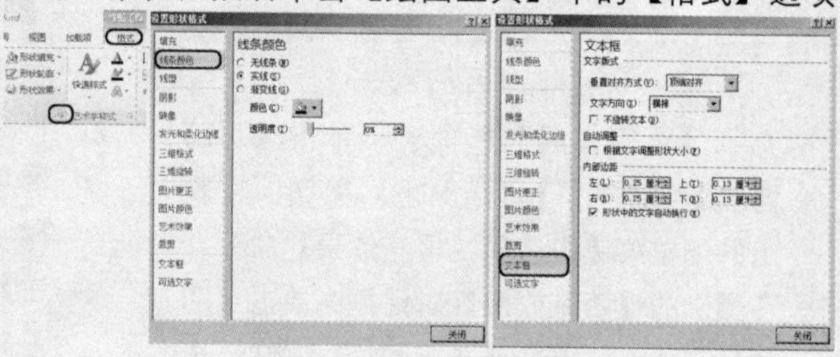

图4-18 设置文本框格式

4.6.2 文本框链接

文本框的链接就是把两个以上的文本框链接在一起，不管它们的位置相差多远。如果文字在上一个文本框中排满，则在链接的下一个文本框中接着排下去，但横排文本框与竖排文本框之间不能创建链接。

可以按以下操作步骤创建文本框的链接。

实战演练047——文本框链接

1 创建两个以上的文本框，并选中其中一个文本框，内容可以空，也可以非空。

2 单击【绘图工具】的【格式】选项卡|【文本】组|【创建链接】按钮。

3 此时鼠标指针变成形状，把鼠标移到文本框上单击即可创建链接。

4 如果要结束文本框的链接，只需按Esc键即可。链接后的两个文本框中，第一个文本框排不下的文字，在第二个文本框中接着排下去。

4.7 插入艺术字

所谓艺术字，就是具有一定艺术效果的字体。Word提供有专门制作艺术字的功能。

此外，用户可创建的艺术字还可以是带阴影、斜体、旋转和延伸的，或符合预定形状的文字，而且还可用【字体】组中的按钮来改变艺术字效果。

4.7.1 插入艺术字

插入艺术字的操作步骤如下。

实战演练048——插入艺术字

1 输入文本并选择文本。

2 单击【插入】选项卡|【文本】组|【艺术字】按钮，打开艺术字库，选择一种艺术字样式，如图4-19所示。

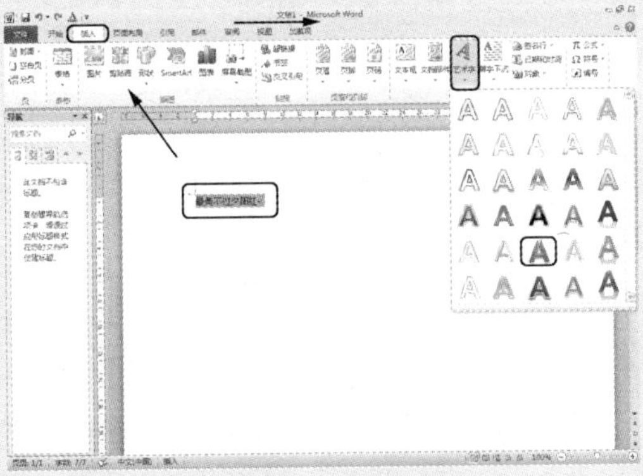

图4-19 插入艺术字

3 单击后的艺术字效果如图4-20所示。

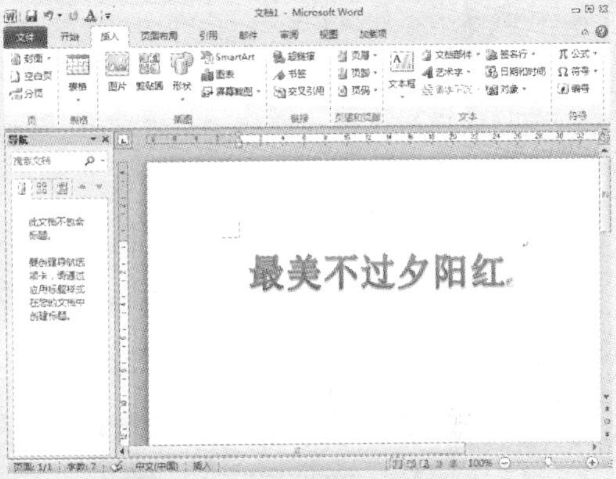

图4-20 艺术字的效果图

4.7.2 设置艺术字

在工作区中单击“艺术字”，在功能区中会自动显示【绘图工具】中的【格式】选项卡，在【格式】选项卡中设置样式、填充颜色、形状、大小等，还可以重新输入艺术字，如图4-21所示。

图4-21 艺术字的【格式】选项卡

1. 设置艺术字形状

设置艺术字形状既可以在【艺术字库】中重新使用样式，还可以使用其他艺术字形状。

- 如果要重新设置艺术字样式，可以直接在【艺术字样式】中重新选择新的艺术字样式。
- 如果要对艺术字进一步变形，可以单击【绘图工具】的【格式】选项卡|【艺术字样

式】组中的「形状效果」按钮，会出现一个艺术字形状下拉菜单，如图4-22所示。可以从中选择各种艺术字的形状。

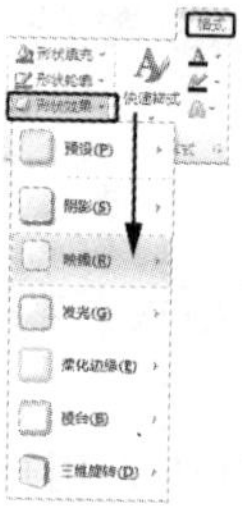

图4-22　设置艺术字形状

2. 艺术字的旋转编辑

对于插入文档中的自选图形，因为其插入文档中是浮动式的，所以可以进行旋转或翻转的操作。对于插入文档中的艺术字，也可以进行旋转或翻转操作。

实战演练049——艺术字的旋转编辑

1 选中要进行旋转或翻转的艺术字。

2 单击【绘图工具】|【格式】选项卡|【大小】组右下角的按钮，弹出【布局】对话框。

3 在该对话框中选择【文字环绕】选项卡，在【环绕方式】选项组中选择【浮于文字上方】选项，如图4-23所示。

4 单击【确定】按钮。

5 这时在该对象旁边就会出现一个控制柄。此时，拖动手柄或者控制点即可任意旋转艺术字。

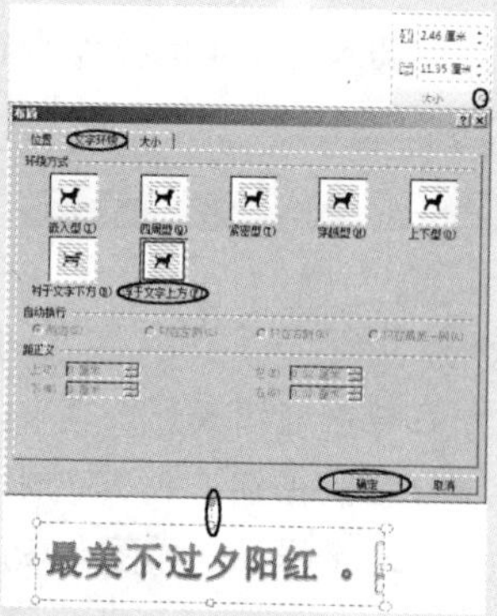

图4-23　选择【浮于文字上方】选项

3. 给艺术字填充颜色

默认情况下，所绘制的艺术字对象以白色进行填充。可以给艺术字对象填充其他颜色，或者用颜色过渡、纹理、图案或图片进行填充，以美化艺术字。

实战演练050——给艺术字填充颜色

1 选定要改变填充颜色的艺术字对象。

2 单击【绘图工具】|【格式】选项卡|【形状样式】组中的「形状填充」按钮，然后选择【纹理】命令，如图4-24所示。

3 在弹出的面板中选择其中的一种纹理效果，单击【确定】按钮即可。

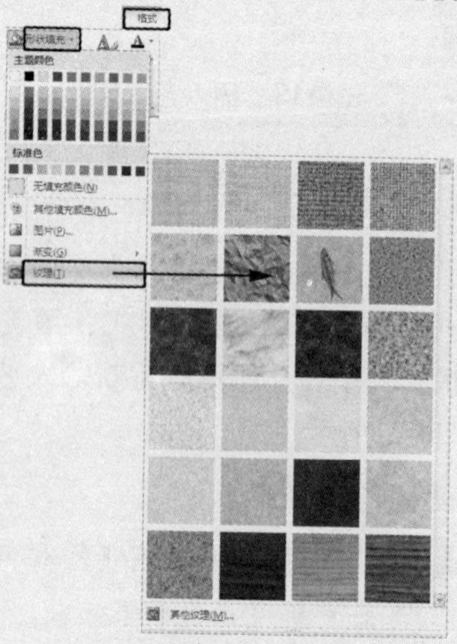

图4-24　【纹理】选项卡

4. 给艺术字添加阴影和三维效果

可以给艺术字对象添加阴影和三维效果，并且可以改变阴影方向和颜色。在改变颜色时只影响阴影部分，而不会影响对象本身的颜色。

实战演练051——给艺术字添加阴影和三维效果

1 选定要添加阴影和三维效果的艺术字对象。

2 单击【绘图工具】|【格式】选项卡|【形状样式】组|【阴影】命令或单击【样式工具】|【格式】选项卡|【形状样式】组|【三维旋转】命令，分别进行阴影选项和三维旋转选项的设置，如图4-25所示。

3 在【阴影】或【三维旋转】面板中，选择一种阴影或三维效果样式即可。

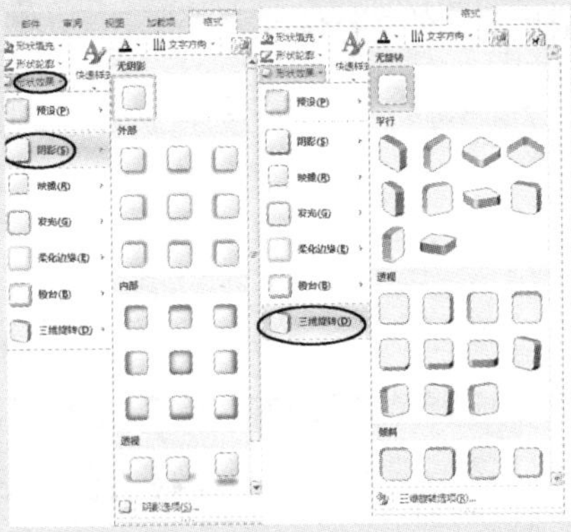

图4-25　设置阴影和三维效果

4.8　上机练习—— 制作空心字

本例介绍空心字的制作如图4-26所示。

图4-26　空心字效果

实战演练052——制作空心字

最终文件	dir\最终文件\cha04\制作空心字.docx
视频文件	Movie\04-03.avi

1 首先打开Word 2010，新建空白文档，修改文本的格式大小和版式，设置版式为A4，上下边距为4.2、左右为3.5。

2 单击【插入】选项卡，在【文本】选项组中单击【艺术字】按钮，在下拉列表框中任选一款艺术字，并在编辑艺术字文字框中输入“Happy birthday”，如图4-27所示。

3 选中要编辑的文字，单击【开始】选项卡，在【字体】选项组中设置字体为“华文彩云”、字号为36号，如图4-28所示。

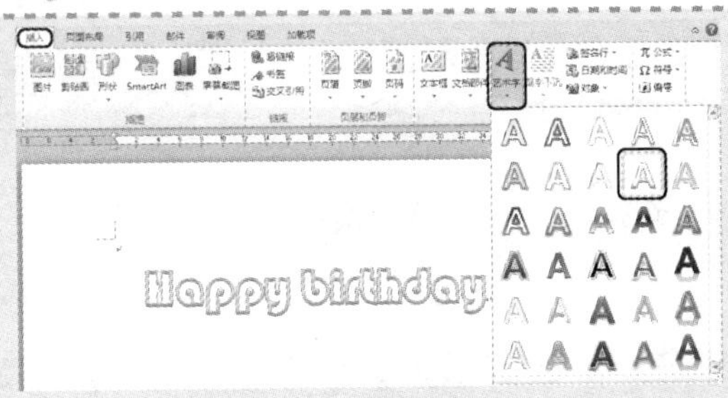

图4-27　编辑艺术字

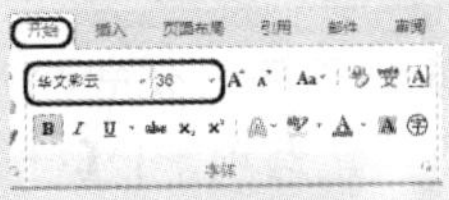

图4-28　设置艺术字字体

4 单击【绘图工具】|【格式】选项卡，在【形状样式】组中单击【形状效果】按钮，在下拉菜单中选择【三维旋转】|【透视】选项，如图4-29所示。

5 至此，空心字的制作已完成。将制作完成后的文件进行保存。

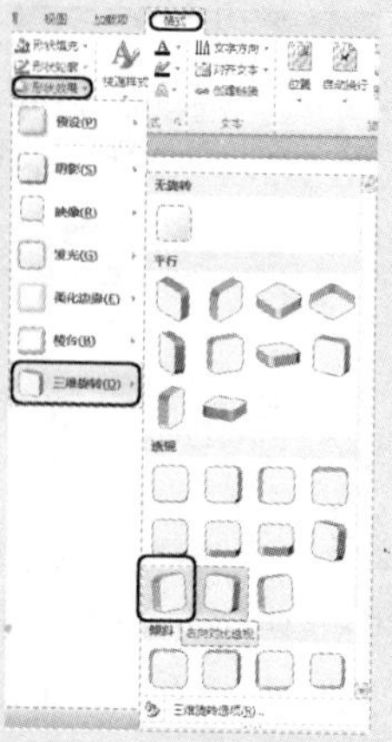

图4-29 设置三维旋转效果

4.9 公式编辑器

如果要在文档中插入专业的数学公式，仅仅是利用上、下标按钮来设定是远远不够的。使用Word中的【公式编辑器】，不但可以输入符号，而且还可以键入数字和变量。

4.9.1 进入公式编辑环境

进入公式编辑环境一般有两种情况：一种是在Word文档中还没有创建公式，需要插入数学公式；另一种是文档中已经存在数学公式，选中对其进行编辑。

1. 插入公式

有一些文档需要在其中输入一些数学公式，要实现这一点，可以使用Word的公式编辑器。Word 2010包括写入的公式，但需使用公式3.0来更改该公式。如果打开一个文档，该文档包含了Word早期版本中写入的公式，则除非将文档转换为Word 2010，否则将无法使用写入和更改公式的内置支持功能。

实战演练053——转换文档

1 选择【文件】|【转换】命令。

2 选择【文件】|【保存】命令。

实战演练054——插入公式

1 把光标移到要插入公式的位置，然后单击【插入】选项卡|【符号】组中的 π 公式 按钮。

2 在弹出的下拉菜单中选择【插入新公式】命令，如图4-30所示。

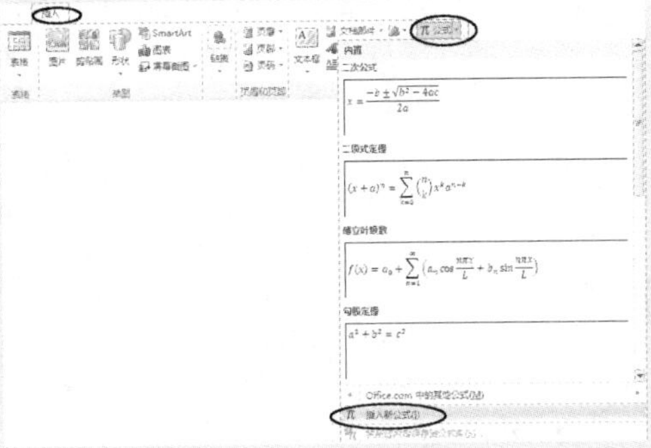

图4-30　选择【插入新公式】

3 文档中显示“在此键入公式”编辑框，同时功能区上出现【公式工具】的【设计】选项卡，其中包含了大量的数学结构和数学符号。

4 单击选择结构和数学符号进行输入。如果结构包含占位符，则在占位符内单击，然后输入所需的数字或符号。公式占位符指公式中的小虚框。

2. 插入常用的或预先设计好的公式

如果用户在此之前已经建立了一些常用的公式，并且将这些公式已经保存到公式库中，则当再单击【插入】选项卡|【工具】组中的【公式】按钮时，在弹出的下拉菜单将会出现这些公式，在此单击选择即可，如图4-31所示。

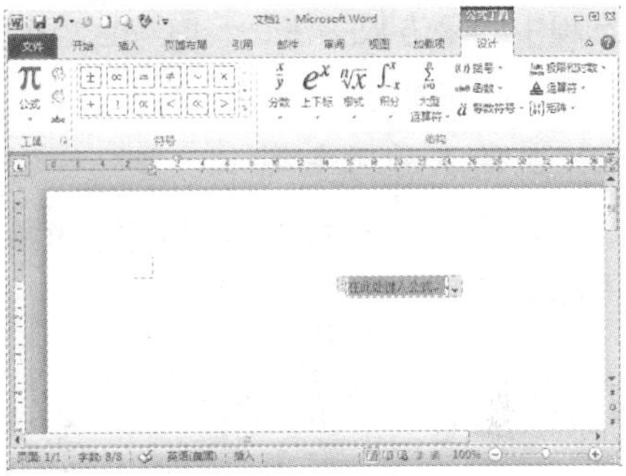

图4-31　插入公式

提示

一定要先将建立好的公式保存到公式库中，这样再单击【公式】按钮时在其下拉菜单中才会显示出新的公式。

3. 退出公式编辑器

在数学公式编辑环境框中，可以单击数学公式编辑框外的任何位置，退出数学公式的编辑环境，返回到当前文档中。

4.9.2　输入公式

通过选择功能区中的结构和符号，并在提供的“公式”编辑框中输入变量和数字来输入公式。在创建公式时，功能区会根据数学排版惯例自动调整字号、间距和格式，也可以在工作时调整格式或重新定义自动样式。

1. 工具栏中的数学公式模板

使用数学公式模板可以方便快速地制作各种形式的数学公式，在功能区中包括【符号】组和【结构】组，其中【结构】组用于插入分式、上下标、根式、积分、大型运算符、括号、函数、导数符号、极限和对数、运算符、矩阵等模板，如图4-32所示。

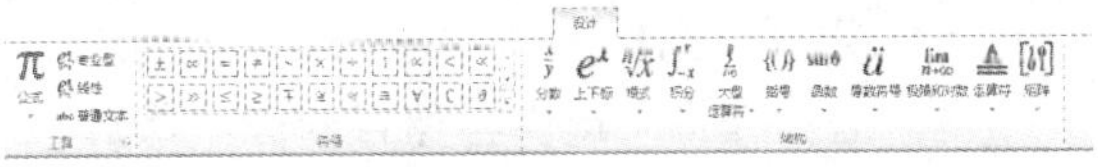

图4-32　数学公式模板

在使用数学公式模板创建数学公式之前，先认识数学公式模板中的占位符。公式模板主要是采用占位符的方法来进行公式各部分的分布。如制作如图4-33（左）所示的一个分数，需要在两个占位符中输入内容；制作如图4-33（右）所示的求和公式，需要在3个占位符中输入内容。如果要在占位符中输入字符，只要将光标定位在所需的占位中，然后进行输入相应内容就可以了。

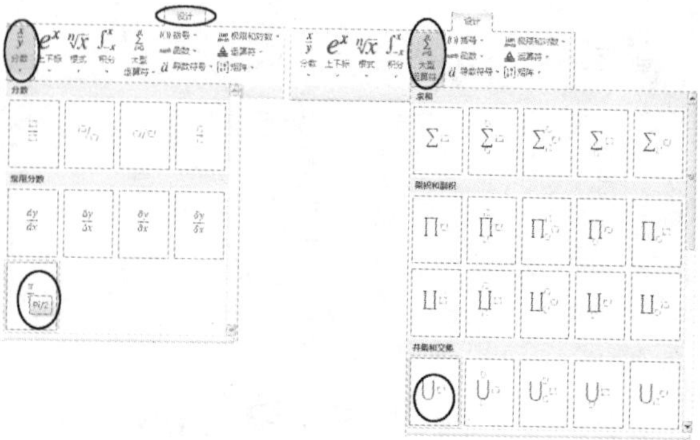

图4-33　公式模板中的占位符

在【结构】组的数学公式模板中，除了包含有虚线框的占位符外，还有一种灰色矩形图标。如在分式和根式模板按钮下拉列表选项中的平方根按钮，其中灰色矩形表示当前光标左侧已有的内容，而虚线框的占位符表示需要输入的内容。

2. 输入普通字符

如果要在数学公式编辑环境中输入普通文字，其操作方法与在Word文档中输入文字的操作方法是基本相同的。

实战演练055——输入普通字符

1 把光标移到要插入公式的位置，然后单击【插入】选项卡|【符号】组中的 π公式 按钮，在弹出的下拉菜单中选择【插入新公式】命令。

2 在功能区中选择符号。

3 按键盘上的字母或符号，输入所需的字符。

4 按Delete键删除光标右侧的字符。

5 按BackSpace键删除光标左侧的字符。

6 输入完成后，单击公式编辑框以外的任何位置，返回文档。

4.9.3　将公式添加到常用公式库中

实战演练056——将公式添加到常用公式库中

1 按照上一节的方法创建公式，并选择要添加的公式。

2 单击【公式工具】|【设计】选项卡|【工具】组|【公式】按钮，会出现下拉列表框，选择【将所选内容保存到公式库】命令，出现【新建构建基块】对话框，如图4-34所示。

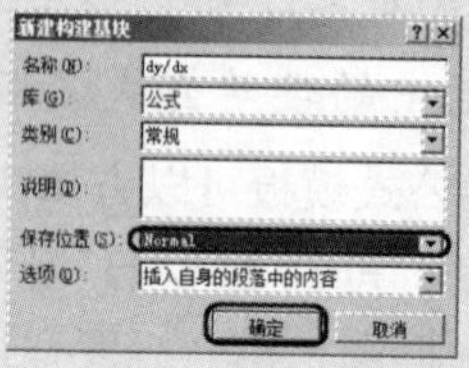

图4-34　【新建构建基块】对话框

3 在【名称】文本框中输入名称，在【库】下拉列表框中选择【公式】选项，在【类别】下拉列表框中选择【常规】选项，在【保存位置】下拉列表框中选择【Normal】选项。

4 单击【确定】按钮。

5 要在公式库中删除该公式，单击【公式工具】|【设计】选项卡|【工具】组中的【公式】按钮，在弹出的下拉列表框中使用鼠标右键单击该公式，在弹出的快捷菜单中选择【整理和删除】命令，出现【构建基块管理器】对话框，如图4-35所示。在其中选择基块名称，单击【删除】按钮。

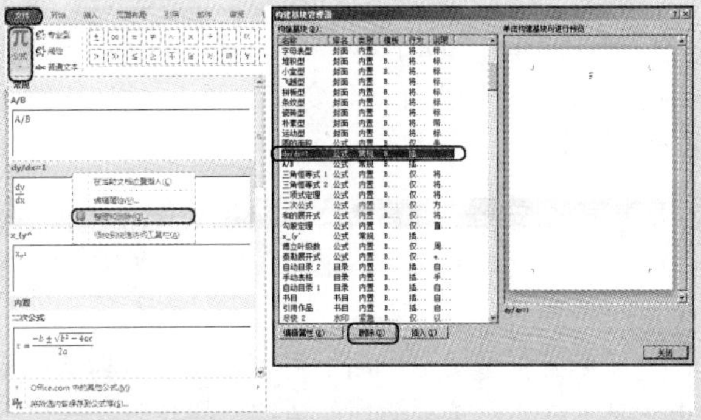

图 4-35　在【构建基块管理器】对话框中删除公式

4.10　绘制自选图形

绘图是指在Word文档中添加一个或一组图形对象，例如一个由线条组成的图形对象。

Word文档支持的基本图形类型包括形状、SmartArt、图表、图片和剪贴画。

其中，形状包括线条、基本形状、箭头总汇、流程图、标注、星和旗帜。另外，Word中还可以创建艺术字。这些图形对象都是Word文档的组成部分，可以使用颜色、图案、边框和其他效果更改并增强这些对象。图4-36所示的是【绘图工具】的【格式】组。

图4-36　【绘图工具】的【格式】组

实战演练057——绘制图形

1 选择【插入】选项卡|【插图】组|【形状】按钮，在弹出的下拉列表框中选择形状。或选择【绘图工具】|【格式】选项卡|【插入形状】组，单击某一形状图标。

2 当鼠标指针变成十形状后，按下鼠标左键拖曳，到达适当位置后释放鼠标，就可以绘制出相应的图形。

如图4-37所示的是图形面板，其中一些基本的绘图技巧如下。

- 按住Alt键移动或拖曳对象，可以精确调整大小或位置。
- 按住Shift键，对象将按垂直或水平方向移动。
- 按住Ctrl键，对象在两个方向上对称放大或缩小。
- 按住Ctrl键和Shift键的同时，可以在垂直或水平方向复制对象。

图4-37　图形面板

- 按住Alt键和Shift键的同时，可以在垂直或水平方向精确调整大小或位置。

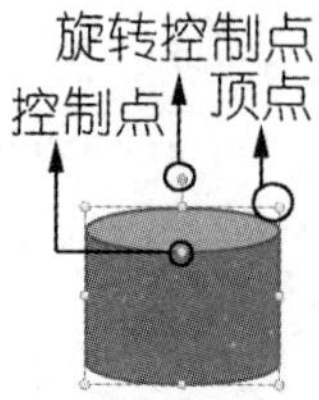

图4-38 图形的顶点和控制点

绘制完成一个图形后，该图形呈选定状态，其四周出现几个小圆形，称为顶点。在图形的内部出现一个黄色的小棱形，称为控制点。当鼠标移动到这个控制点上时，鼠标指针就会变成▷形状，拖曳鼠标可以改变自选图形的形状，如图4-38所示。

4.11 编辑自选图形

绘制好自选图形以后，可以任意改变自选图形的形状，重新调整图形的大小，也可以对其进行旋转、翻转或添加颜色等，并且可以与其他图形组合为更复杂的图形。Word剪贴库中的剪贴画就是利用各种复杂图形组合在一起而形成的。

4.11.1 为图形对象添加文字

在Word中，可以为图形对象添加文字，这些文字附加在对象之上并可以随对象一起移动。如果绘制的是标注图形，在绘制完成后，会自动显示一个文本框让用户输入文字。

实战演练058——为图形对象添加文字

1 右击要添加文字的图形对象。

2 在弹出的快捷菜单中选择【添加文字】命令，如图4-39所示。此时，所选的自选图形就会显示一个输入文字的文本框。

3 在文本框中输入需要的文字，并与在正文中一样，可对字体、字号等进行设置。

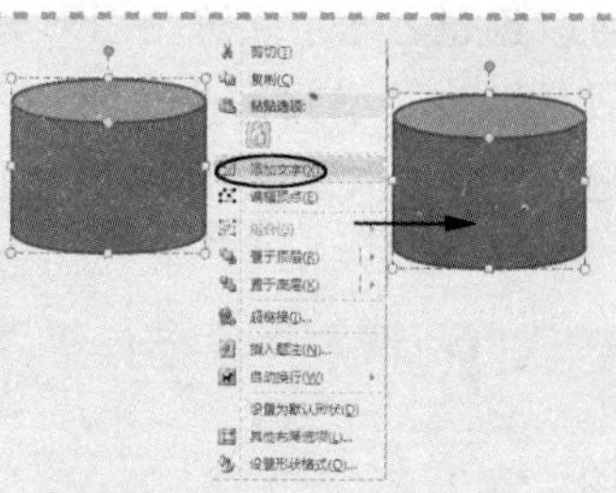

图4-39 给自选图形添加文字

4.11.2 组合图形对象

组合图形对象就是指将绘制的多个图形对象组合在一起，以便把它们作为一个新的整体对象来移动或更改。

实战演练059——组合图形对象

1 单击【开始】选项卡|【编辑】按钮，在弹出的下拉菜单中选择 选择 |【选择对象】命令，然后按住鼠标左键拖曳，将要选定的图形全部框选。此时，被选定的每个图形对象周围都会出现句柄，表明它们是独立的。也可以按住Ctrl+Shift键，用鼠标逐次单击选中要组合的图形对象。

2 右击选定的图形对象，在弹出的快捷菜单中选择【组合】|【组合】命令，如图4-40所示。

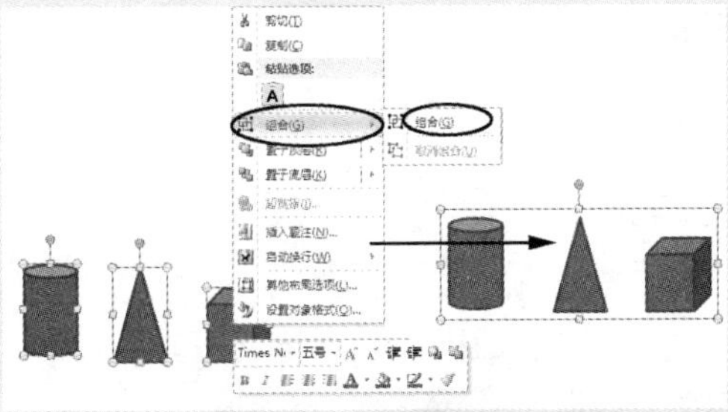

图4-40　组合图形对象

提示

将多个图形对象组合之后，再次选定该图形对象，就会发现它们只有一个句柄了。如果要想取消组合，则需要选择【取消组合】命令。而当取消组合对某个图形修改后，觉得需要将它们重新组合起来，只需单击以前组合过的一个图形对象，然后选择【组合】|【重新组合】命令即可。

4.11.3　对齐和排列图形对象

如果靠使用鼠标来移动图形对象，很难使多个图形对象排列整齐。在【绘图工具】中提供了快速对齐图形对象的命令。

实战演练060——排列和对齐图形

1 单击【插入】选项卡|【插图】组|【形状】按钮，在弹出的下拉列表框中选择形状并单击。当鼠标指针变成十形状后，按下鼠标左键并拖曳，到达适当位置后释放鼠标，就可以绘制出相应的图形。

2 单击【绘制工具】的【格式】选项卡|【排列】组中的按钮，在弹出的下拉菜单中选择【顶端对齐】命令，如图4-41所示。

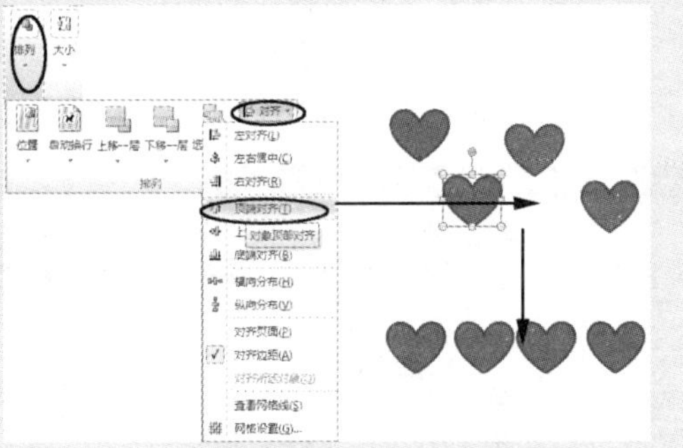

图4-41　菜单与对应效果

4.11.4　叠放图形对象

对于插入到文档中的图形对象可以把它们像纸一样叠放在一起。对象叠放时，可以看到叠放的顺序，即上面的对象遮盖了下面的对象。如果遮盖了叠放中的某个对象，可以按Tab键向前循环或者按Shift+Tab键向后循环直至选定该对象。

在Word中，单击【绘图工具】的【格式】选项卡|【排列】组中的置于顶层或置于底层按钮，来安排图形对象的层叠次序。

实战演练061——叠放图形对象

1 选定要重新安排层叠次序的图形，如果该图形对象被完全遮盖在其他图形的下方，可按Tab键循环选定。

2 单击【绘图工具】的【格式】选项卡|【排列】组中的置于顶层或置于底层按钮。

3 在它们的下拉菜单中分别有【浮于文字上方】、【衬于文字下方】、【置于顶层】、【置于底层】等命令，如选择【置于底层】命令后的效果如图4-42所示。

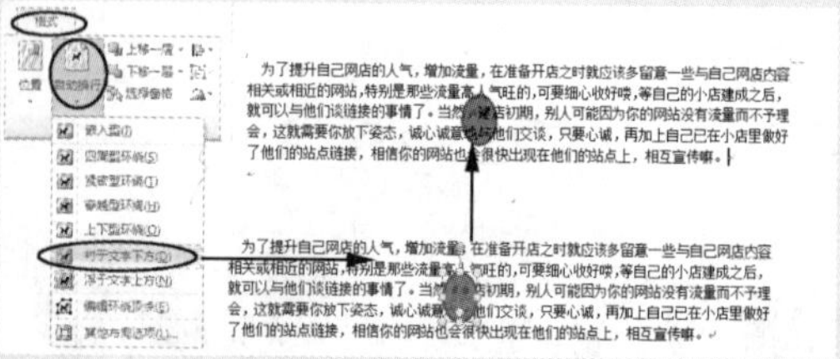

图4-42 叠放图形效果

4.11.5 改变图形的颜色、形状、阴影和三维效果

选定图形后，可按以下方法设置图形的颜色、阴影和三维效果。

- 单击【绘图工具】的【格式】选项卡|【形状样式】组中的形状填充按钮旁的下三角按钮，则弹出一个填充颜色列表，可以从中选择图形的填充色。
- 单击【绘图工具】的【格式】选项卡|【形状样式】组中的形状轮廓按钮旁的下三角按钮，则弹出一个线条颜色列表，可以从中选择图形的线条颜色。
- 单击【绘图工具】的【格式】选项卡|【形状样式】组中的形状效果按钮旁的下三角按钮，则弹出一个形状列表，可以从中选择需要的形状。
- 单击【绘图工具】的【格式】选项卡|【形状效果】组|【阴影】命令，弹出一个阴影列表，可以从中选择各种阴影。
- 单击【绘图工具】的【格式】选项卡|【形状效果】组|【预设】命令，弹出一个三维效果列表，可以从中选择各种三维效果。

4.12 上机练习——制作流程图

本例介绍流程图的制作，如图4-43所示

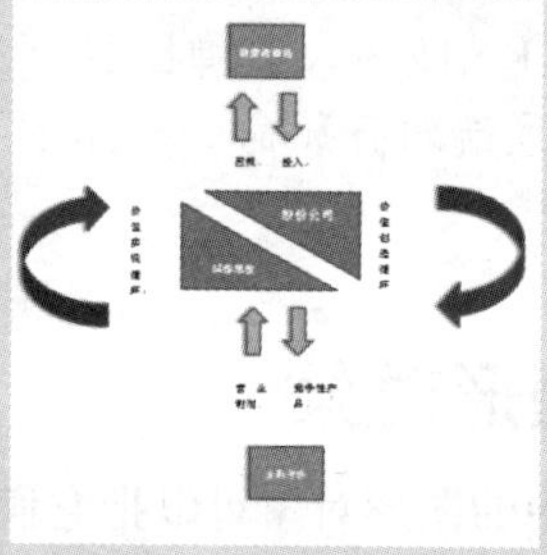

图4-43 流程图效果

实战演练062——制作流程图

最终文件	dir\最终文件\cha04\制作流程图.docx
视频文件	Movie\04-04.avi

1 首先运行Word 2010，单击【文件】|【新建】按钮，创建一个空白文档，然后单击【页面布局】|【页边距】|【普通】，设置普通文档。

2 选择【插入】选项卡，在【插图】选项组中单击【形状】按钮，在下拉列表框的【基本形状】栏中选择【矩形】，按鼠标左键在文档下方画出一个矩形并选中，使用Ctrl+C键将矩形进行复制，再使用Ctrl+V键将复制的矩形粘贴到文档中，如图4-44所示。

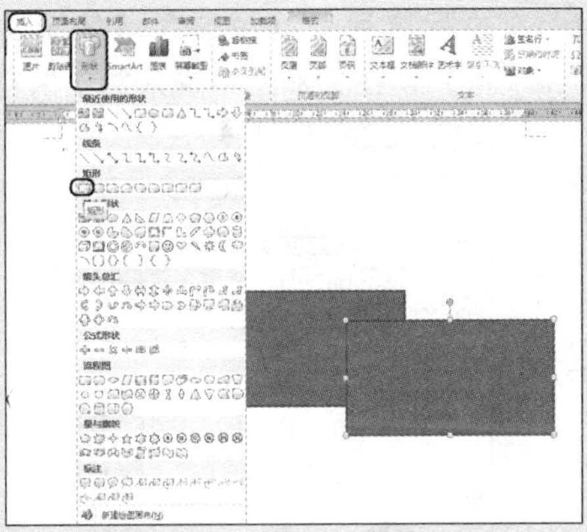

图4-44　插入矩形

注意

选中矩形，使用鼠标右键单击，在弹出的快捷菜单中选择【复制】命令，将矩形进行复制，然后再次使用鼠标右键单击，在弹出的拉快捷菜单中选择【粘贴】命令，将复制的矩形粘贴到文档中。

3 选择【绘图工具】|【格式】选项卡，在【形状样式】组中单击【形状填充】按钮，选择“绿色”，对矩形进行填充，如图4-45所示。

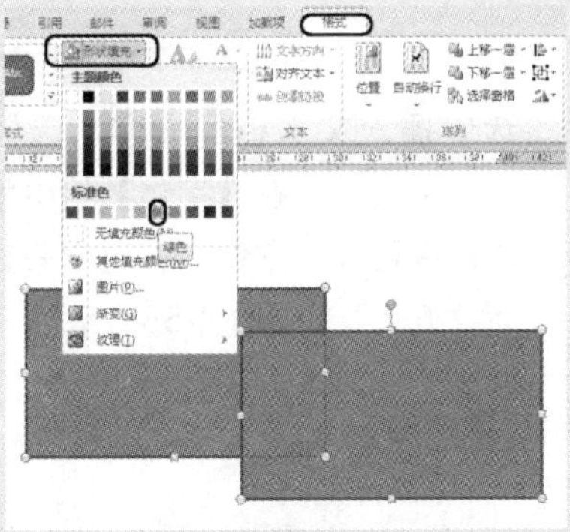

图4-45　填充颜色

4 在两个矩形上分别单击鼠标右键，在弹出的快捷菜单中选择【添加文字】命令，在矩形中输入文字，选中文字后选择【开始】选项卡，在【字体】组中将【字体】设置为“宋体”、【字号】设置为“五号”，如图4-46所示。

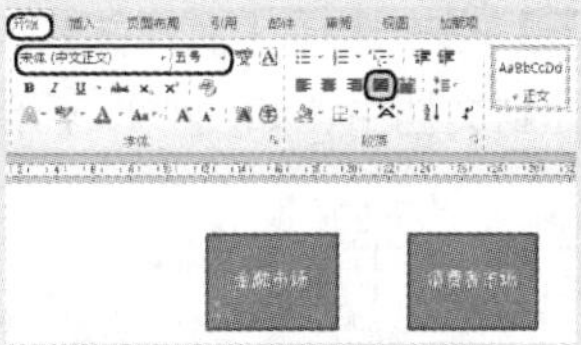

图4-46　设置文字格式

5 选择【插入】选项卡，在【插图】组中单击【形状】按钮，在下拉列表框的【基本形状】栏中选择【直角三角形】，按鼠标左键在文档下方画出一个直角三角形，然后按Ctrl+C键将进行复制，再按Ctrl+V键进行粘贴，如图4-47所示。

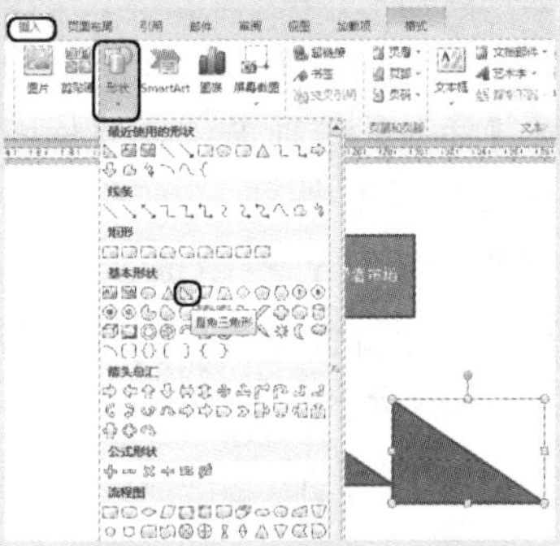

图4-47　插入直角三角形

6 选中一个直角三角形，然后单击【绘图工具】的【格式】选项卡，在【排列】选项组中单击【旋转】按钮，在弹出的下拉菜单中选择【垂直翻转】命令，将其进行垂直翻转，如图4-48所示。

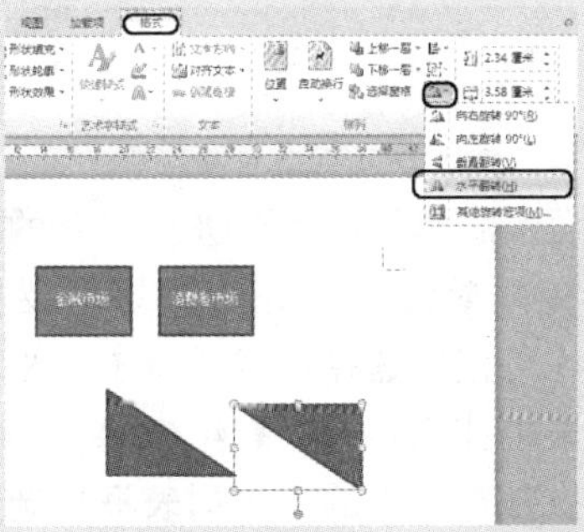

图4-48　将三角形进行垂直和水平旋转

7 选择【插入】选项卡，在【插图】组中单击【形状】按钮，在下拉列表框中的【箭头总汇】栏中选择【上箭头】，将“上箭头”插到文档中，如图4-49所示。

图4-49　插入上箭头

8 选择【插入】选项卡，在【插图】组中单击【形状】按钮，在下拉列表框中的【箭头总汇】栏中选择【右弧形箭头】，将“右弧形箭头”插到文档中，如图4-50所示。

图4-50　插入右弧形箭头

9 将插入的形状按需要进行必要的复制、旋转并最终摆放好，如果需要阴影效果，可以在选择形状后单击【格式】选项卡中【阴影效果】组中的【阴影】按钮，并在弹出的下拉列表框中选择需要的阴影效果，如图4-51所示。

10 选择【插入】选项卡，在【文本】组中单击【文本框】按钮，在弹出的下拉列表框中选择【简单文本框】，在文本框中输入文字内容，如图4-52所示。

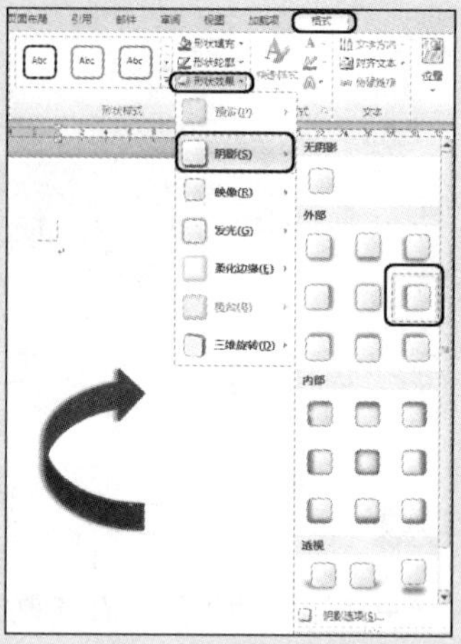

图4-51　设置阴影效果

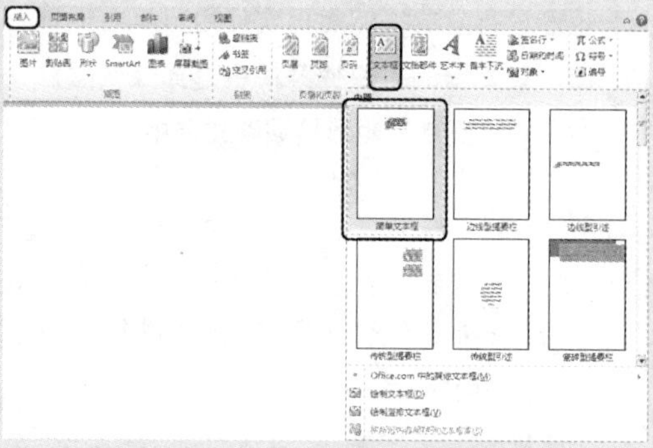

图4-52　绘制简单文本框并输入文字

11 选中插入文本框的文字，选择【开始】选项卡，在【字体】组中将【字体】设置为“宋体”、【字号】设置为“五号”，如图4-53所示。

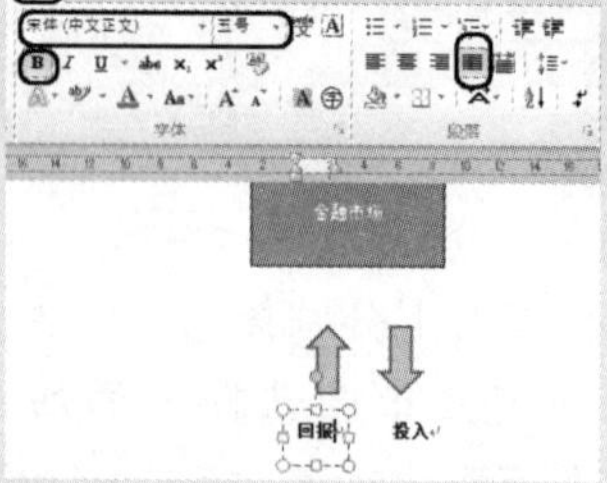

图4-53　设置字体格式

12 至此，流程图的制作已完成。将制作完成后的文档进行保存。

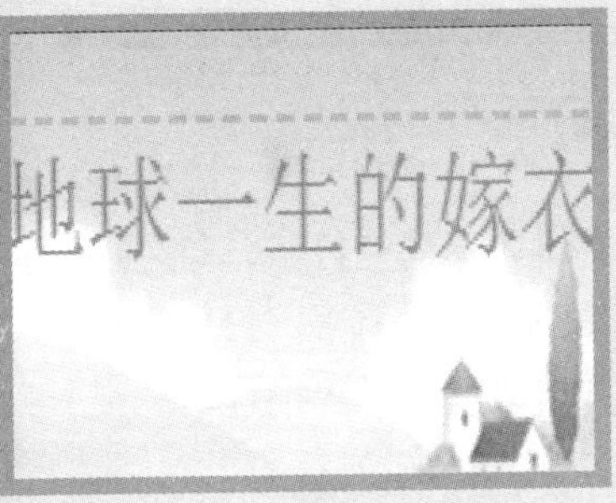

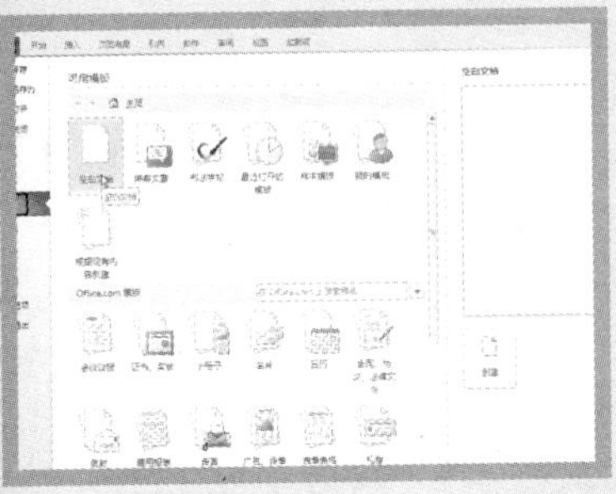

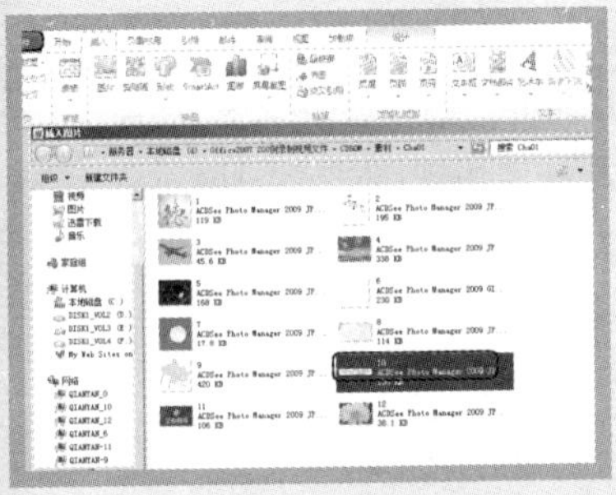

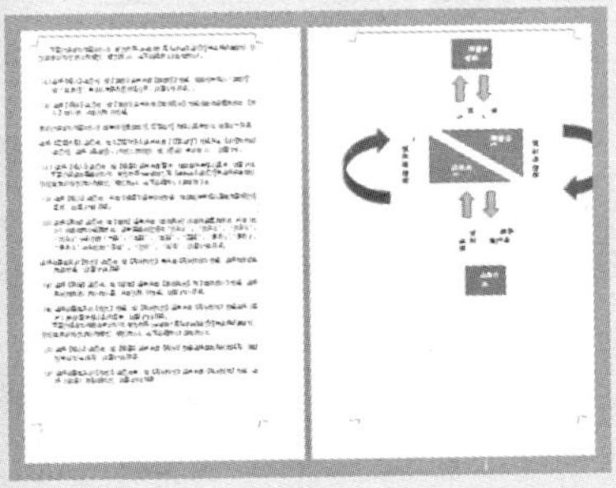

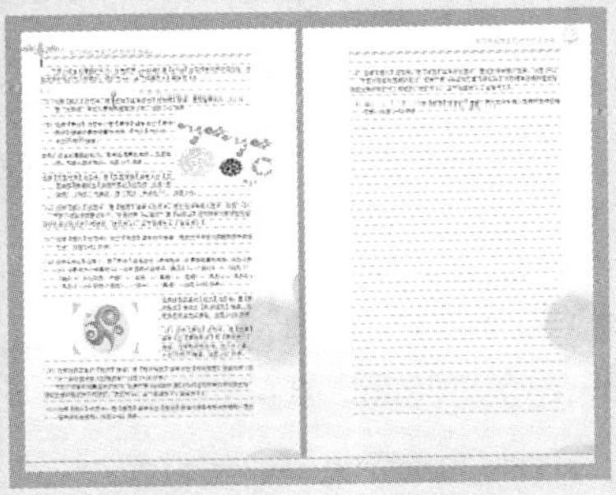

第5章 页面的设置和打印

排版编辑文档的目的一般都是为了打印输出，那么在进行文档的排版之前，首先应该选择纸张大小及方向等。有人习惯于打开Word文档便直接进行输入，到了打印的时候再进行页面设置，其实，这是一个很不好的习惯。由于一旦页面设置有所改动，已经排好的整个版面就有可能被搞乱，因此，输入文档之前一定要先进行页面设置。

在排版的过程中，也可以根据需要对文档的各个部分灵活设置不同的效果，如分栏等。页面设置的合理与否直接关系到文档的打印效果。

设置页面是文档基本的排版操作，是页面格式化的主要任务，它反映的是文档中具有相同内容、格式的设置，所以应当在文档的段落、字符等排版之前进行页面设置。

通过本章的学习，可以掌握页面设置和打印的具体内容，包括文档的纸张大小、页眉页脚的设置、文档的分节、分栏等。同时，因为页面设置与打印是有因果关系的，所以在页面设置时，也需要掌握打印操作。

通过本章的学习，可以掌握以下知识点：

- 设置文档的纸型
- 设置页边距和页面方向
- 指定每页的字数
- 页眉页脚的设置
- 为文档分节
- 页面分栏
- 文档的打印

5.1 文档纸型的设置

在打印文档时，常常需要根据不同的情况使用不同的纸张，并设置不同的打印方向。纸型的选择由文档的大小来决定，不同的纸型有不同的尺寸大小，如A4纸、B5纸等。一篇文档使用纸张和页边距的大小，可以确定文档的版心、每页的字数。因此选择纸张大小在排版中是非常重要的。

5.1.1 纸张的规格

下面先了解一下纸张的规格。文字处理软件的页面主要是根据纸张的规格设置的。例如，书刊幅面的大小称为开本，单页纸幅面的大小称为开张，纸张的不同裁切方式称为开式。

我国的开本尺寸已走向国际标准化，逐步开始使用A系列和B系列开本尺寸。

1. “开数”纸

开数是国内对纸张幅面规格的一种传统表示方法，对于图书、刊物等也称开本。开数是以一张标准全张纸裁剪成多少张小幅面纸来定义的。即以几何级数裁切法，将一张标准全张纸切成16张同样规格的小幅面纸，就叫16开；若切成32张小幅面纸，就叫32开。

目前，我国生产的全张纸有两个规格，一种规格为787mm×1092mm，这个规格又称标准开本；另一种规格为850mm×1168mm，这个规格又称大开本。纸张的几种常用规格如表5-1所示。

表5-1 纸张的几种常用规格 （单位：mm）

开　数	成品尺寸	开　数	成品尺寸
4开	275×518	大32开	140×203
8开	260×380	32开	130×184
大16开	203×260	大64开	101×137
16开	185×260	64开	92×130

2. A、B系列纸

787mm×1092mm和850mm×1168mm这两个规格的纸张延用的是旧标准，我国在1987年制定了《图书杂志开本及幅面尺寸》国家标准，代号为GB788—1978。这个标准规定2000年以前，旧规格标准作为过渡仍可延用，此后，我国的开本尺寸要与国际标准化接轨。开数制的纸张与国际通行标准的几何级数纸张，裁切方法对应关系如图5-1所示。不过要注意，这只是开数制纸张与几何级数纸张的对应裁切关系，并不是相等关系。

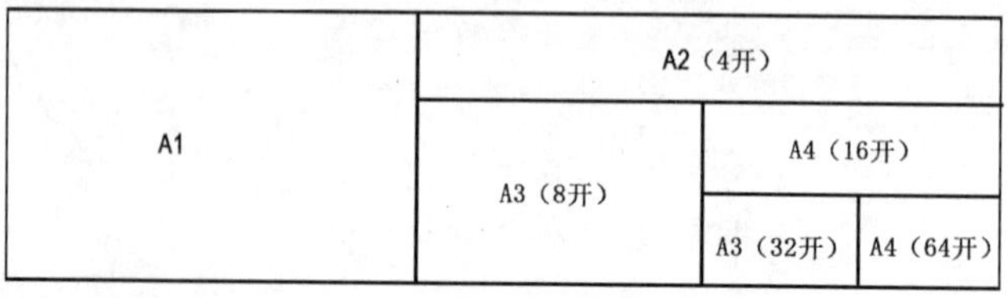

图5-1 开数制与国际通行标准的几何级数纸张裁切方法的对应关系

印刷出版用的国际标准有A、B两个系列。A系列全张纸为880mm×1230mm，B系列全张纸为1000mm×1400mm 。A、B两个系列开本及尺寸如表5-2所示。

表5-2　A、B两个系列开本及尺寸　（单位：mm）

规格代号	成品尺寸	规格代号	成品尺寸
A4	210×297	B5	169×239
A5	148×210	B6	119×165
A6	105×144	B7	82×115

5.1.2　选择纸型

了解了纸型知识后，下面就可以在文档中选择纸型，但选择纸型只是设置版心的第一步，接着还需要设置页边距的大小。一篇文档的版心可以在发排单中注明，比如版心为16开的纸张，每页为39行×38字。因此就要先选择大小为16开的纸张。

实战演练063——选择纸型

1 单击【页面布局】选项卡|【页面设置】组中的（对话框启动器）按钮，打开【页面设置】对话框，切换到【纸张】选项卡，如图5-2所示。

2 在【纸张大小】下拉列表框中，选择16开（18.4厘米×26厘米）的纸型，选择了纸型的同时，可以在【宽度】和【高度】文本框中看到纸张的尺寸大小。

提示

如果要设置特殊纸型，可以在【纸张大小】列表框中选择【自定义大小】选项，然后在【宽度】和【高度】微调框中输入或调整两者的数值。例如，输入28cm表示28厘米，输入7.0in表示7英寸。但所输入的数值应在0.26～55.87之间。

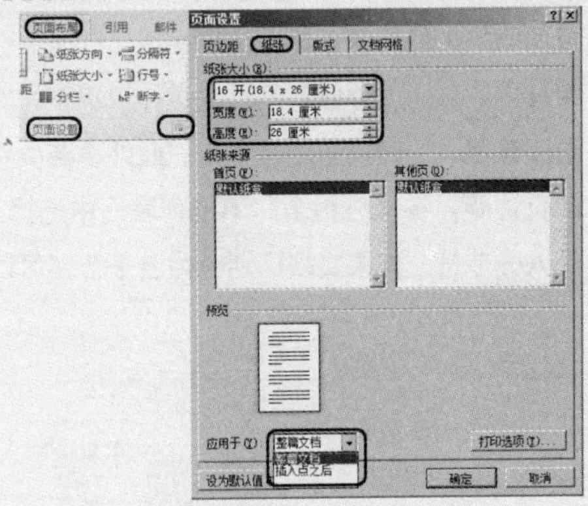

图5-2　选择纸型和方向

3 在【应用于】下拉列表框中，选择相应的选项。如果选择【整篇文档】选项，则对全篇文档都应用所选择的纸张大小。如果选择【插入点之后】选项，则可以在插入点之后应用所选择的纸张大小。

5.2　设置页边距和页面方向

页边距是页面四周的空白区域，也就是正文与页边界的距离，一般可在页边距内部的可打印区域中插入文字及图形等。

整个页面的大小在选择纸张后已经固定了，然后确定正文所占区域的大小。要确定正文区域的大小，可以设置正文到四边页面边界间的区域大小。以前面设置16开的纸张，每页为39行×38字的版心为例。在选择了纸张后，接下来是对页边距和页面方向进行设置。

实战演练064——设置页边距和页面方向

1 在【页面设置】对话框中，切换到【页边距】选项卡。

2 分别在【页边距】区域中的【上】、【下】、【左】、【右】微调框中输入页边距数值，这个数值可以通过计算得出。例如，16开的纸张，每页为39行×38字的版心的上、下、左、右（假设上与下、左与右的页边距相等）页边距如图5-3所示。

3 在【纸张方向】选项组中有两个选项，分别是【纵向】和【横向】，表示纸张的方向。【纵向】和【横向】这两种纸型方向的效果如图5-4所示。

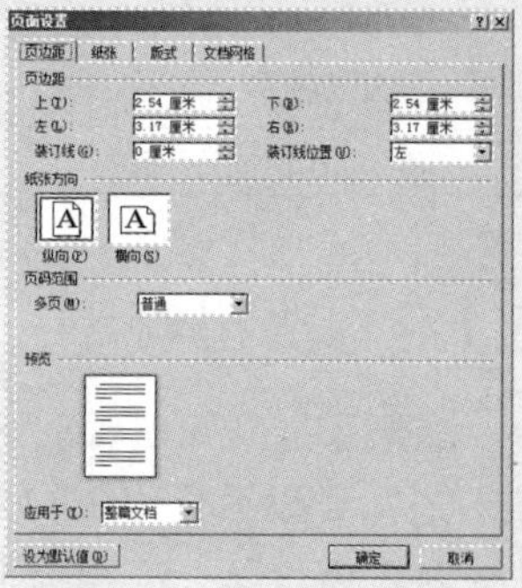

图5-3 设置页边距大小

提示

如果选择【页码范围】右边的下拉列表框中的【对称页边距】选项，表示当双面打印时，正反两面的内外两侧页边距宽度相等，此时原【页边距】选项组下边的【左】、【右】微调框分别变为【内侧】、【外侧】框。在这种情况下，左侧页面的页边距是右侧页面页边距的镜像（即内侧页边距等宽，外侧页边距等宽）。此外，若要更改部分文档的页边距，需先选择文本，然后设置所需的页边距。在【应用于】下拉列表框中选择【所选文字】选项，Word自动在应用设置的文字前后插入分节符。如果文档已划分为若干节，可以单击某节或选定多个节，然后更改页边距。

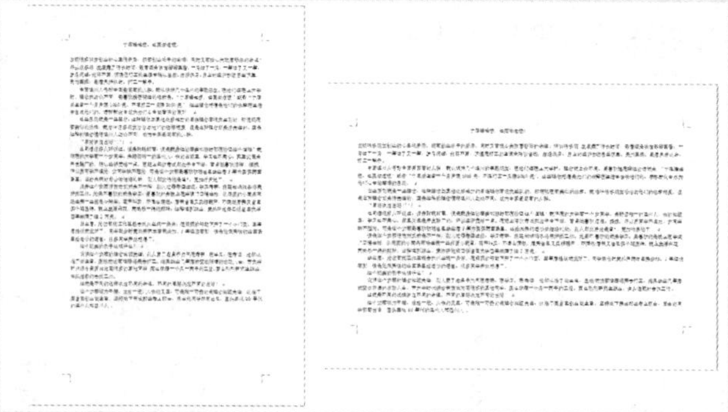

图5-4 【纵向】和【横向】两种纸型方向的效果

5.3 上机练习——制作公司信头纸

本例介绍公司信头纸的制作，如图5-5所示。

图5-5 公司信头纸

实战演练065——制作公司信头纸

最终文件	dir\最终文件\cha05\制作公司信头纸.docx
视频文件	Movie\05-01.avi

1 首先运行Word 2010，单击【文件】按钮并选择【新建】菜单，如图5-6所示。

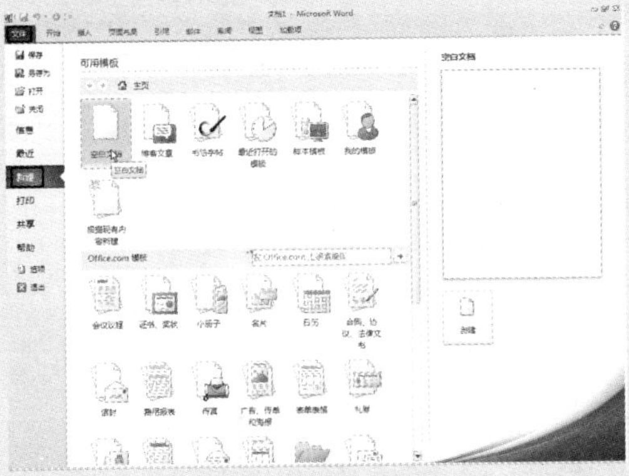

图5-6 【新建】菜单

2 在弹出的【新建文档】面板的【可用模板】中选择【空白文档】，然后单击【创建】按钮，如图5-7所示。

注意

使用Ctrl+N键可以直接新建。

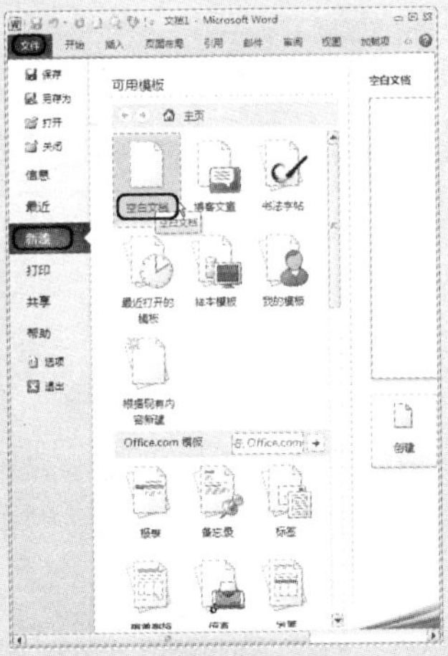

图5-7 创建空白文档

3 选择【页面布局】选项卡，在【页面设置】组中单击【页边距】按钮，并选择【自定义边距】命令，如图5-8所示。在弹出的【页面设置】对话框中，修改【页边距】栏上下边距为4.2，左右边距为3.5，如图5-9所示。接下来单击【纸张】选项卡，并在【纸张大小】下拉列表中选择【A4】，单击【确定】按钮，如图5-10所示。

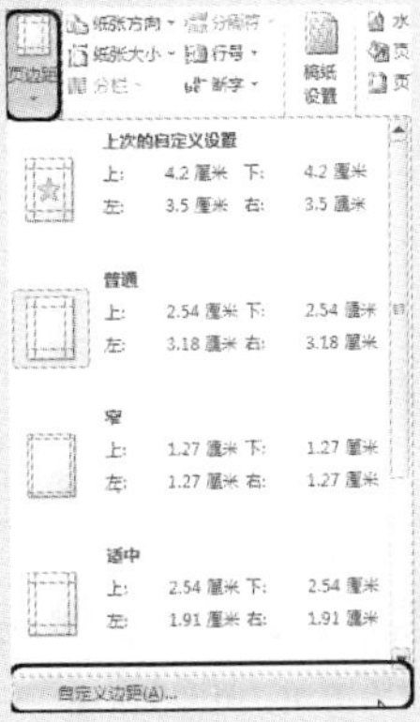

图5-8 选择页面设置

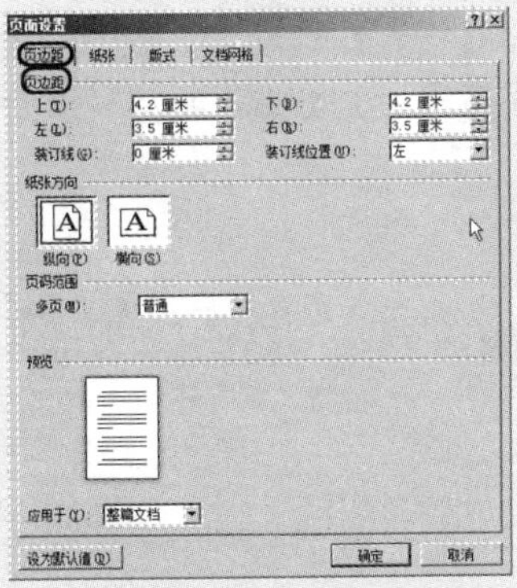

图5-9 设置页边距

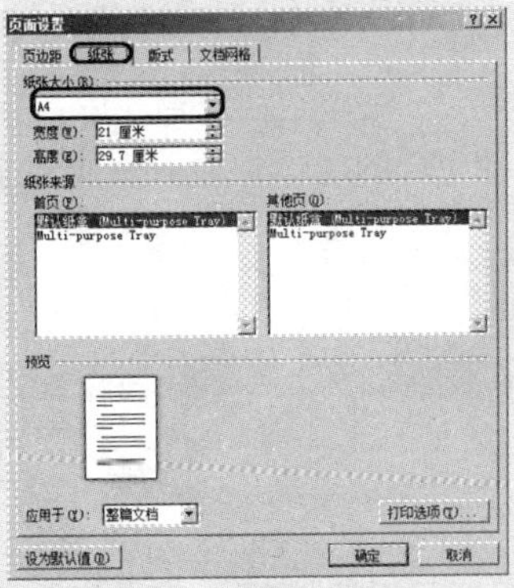

图5-10 设置纸张大小

4 选择【插入】选项卡，在【页眉和页脚】组中单击【页眉】按钮，在下拉列表框中选择第一种页眉，如图5-11所示。

5 输入文字“公司信头纸”，选中所输入文字，并选择【开始】选项卡。在【字体】组中，将【字体】设置为“宋体”，将【字号】设置为“一号”，单击 B （加粗）按钮，将字体加粗，如图5-12所示。

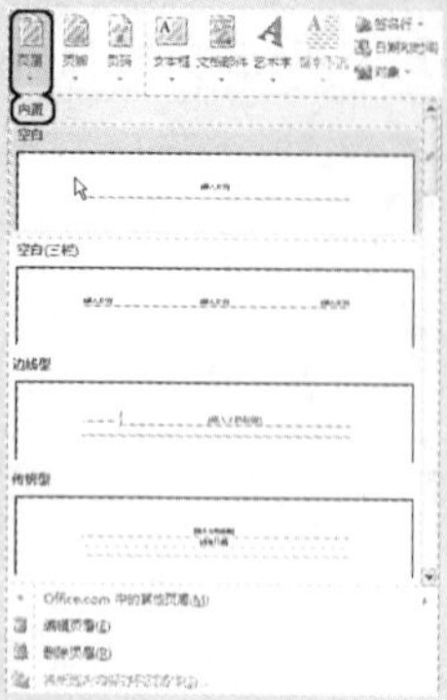

图5-11　插入页眉

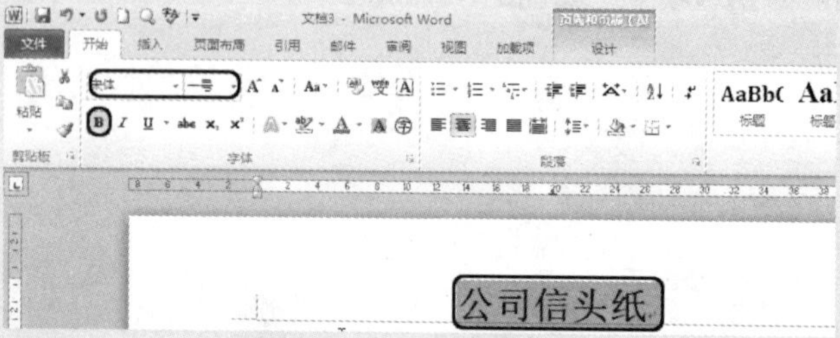

图5-12　输入文字和设置字体

6 选择【插入】选项卡，单击【插图】组中的【图片】按钮，在【插入图片】对话框中选择“素材\Cha05\001.jpg”文件，然后单击【插入和链接】按钮，并将图片移动到页眉上方，调整其大小和位置，如图5-13所示。

7 选择【插入】选项卡，在【页眉和页脚】组中单击【页脚】按钮，在弹出的下拉列表框中选择第一种页脚，如图5-14所示。

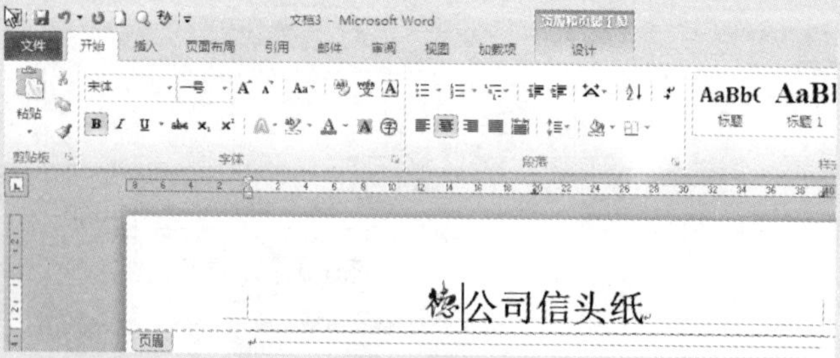

图5-13　插入图片

图5-14　插入页脚

8 按照步骤5的操作，输入页脚文字并设置字体。使用相同方法完成本例其他效果的制作。

5.4　指定每页的字数

其实页面设置的每一个选项卡都是互相关联的，因此设置页面时，选择了页面大小或设置页边距后，只是基本确定了页面的版式，但如果要精确指定文档的每页所占的字数，如制作稿纸信函，不需要具体指定每面的字数是多少。

5.4.1 指定每页字数

在Word文档中，设置页面的行数及每行的字数实际上就是设置文档网格。

实战演练066——使用文档网格

1 在【页面设置】对话框中，切换到【文档网格】选项卡，如图5-15 所示。

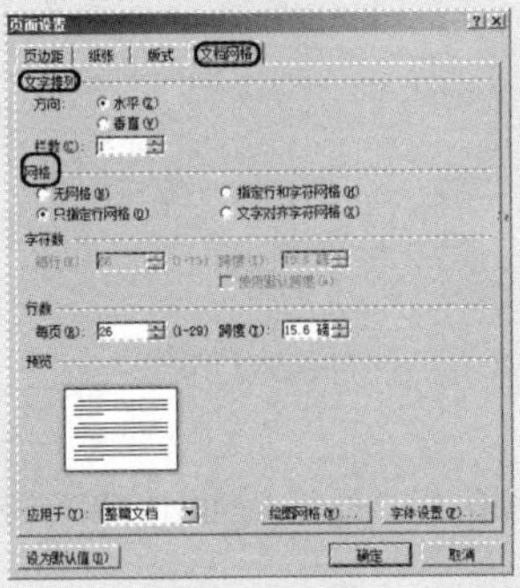

图5-15 【页面设置】对话框

2 用户可以根据编辑文档的类型，选择是否使用绘图网格。编辑普通文档时，勾选【无网格】单选按钮，这样能使文档中所有段落样式文字的实际行间距均与其样式中的规定一致。但在排版时，一般都会指定每页字数，所以应勾选【指定行和字符网格】单选按钮。在编辑图文混排的长文档时，也应该选择该项，否则重新打开文档时，会出现图文不在原处的情况。

3 在【文字排列】选项组的【方向】区域中有两个选项，如果勾选【水平】单选按钮，表示横向排放文档中的文本；如果勾选【垂直】单选按钮，则表示纵向排放文档中的文本。

提示

单击【页面设置】对话框中的【字体设置】按钮，可以设置当前整个文档的正文字体。但一般可以通过样式来设置字体。

5.4.2 显示文档和行号

在上一节曾经介绍过，设置页面的行数及每行的字数实际上就是设置文档网格。那么在设置了具体的字符数后，就可以在文档中查看字符网格。

实战演练067——查看字符网格

1 在【页面设置】对话框的【文档网格】选项卡中，单击【绘图网格】按钮，打开【绘图网格】对话框。

2 在该对话框中勾选【在屏幕上显示网格线】复选框，再勾选【垂直间隔】复选框。然后单击【水平间隔】和【垂直间隔】微调框的上下按钮，或直接输入1字符和1行，如图5-16所示。

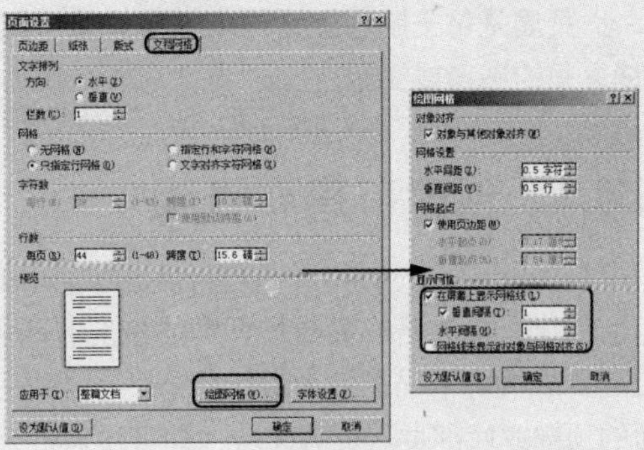

图5-16 【绘图网格】对话框

3 单击【确定】按钮，返回到【页面设置】对话框。

4 为了更直观地看到所设置后文档的字符数，在【版式】选项卡中，单击【行号】按钮，打开【行号】对话框，为文档添加行号，如图5-17所示。

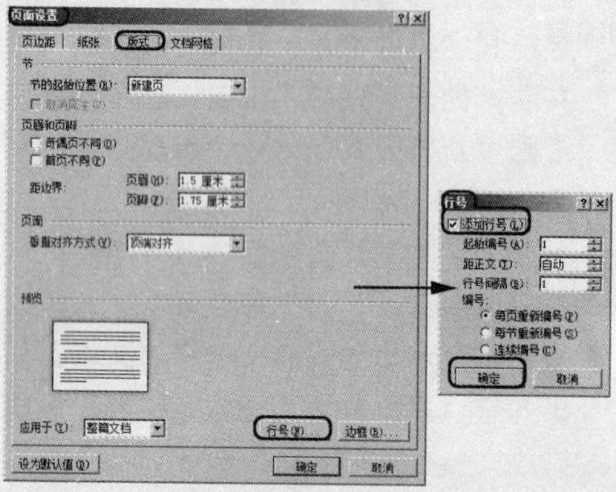

图5-17 添加行号

5 选中【添加行号】复选框，然后在【起始编号】微调框中输入或者选择第1行的编号。如果不输入，则默认为从1开始，并选中【每页重新编号】单选按钮。再在【距正文】微调框中输入行号，即右边缘与文档文本左边缘之间的所需距离，默认距离为【自动】，为0.25英寸。最后在【编号方式】选项组中选择一种编号方式。

6 连续单击【确定】按钮，即可对文档进行编号。显示文档网格和行号后的文档效果如图5-18所示。

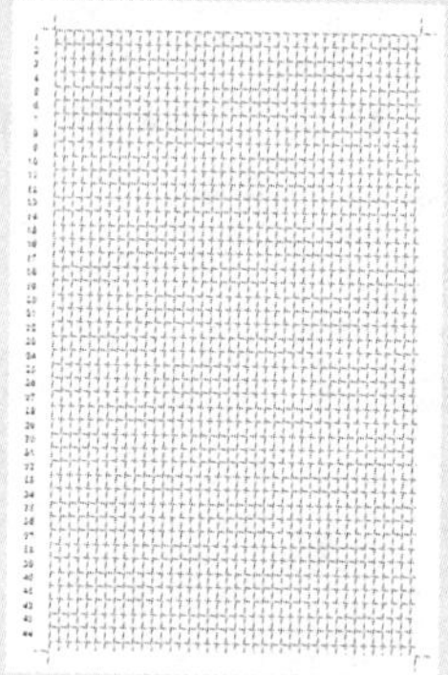

图5-18 显示文档网格和行号

提示

如果要在文档中每页都出现边框效果，除了可以用线型边框外，还可以设置多种艺术页面边框，无论是装饰文档或做信笺都很漂亮。其设置方法是在页面设置的【版式】选项卡中单击【边框】按钮，打开【边框与底纹】对话框进行设置。

5.5 页眉和页脚

页眉是位于版心上边缘与纸张边缘之间的图形或文字，而页脚则是版心下边缘与纸张边缘之间的图形或文字。

5.5.1 创建页眉和页脚

在Word中，页眉和页脚的内容还可以用来生成各种文本，如日期、页码等。

创建一篇文档的页眉和页脚的情况有两种，可以是首次进入页眉页脚编辑区，也可以是在已有页眉页脚情况下进入编辑状态。如果是在已经存在页眉页脚编辑区的情况下，可以双击页面的顶部或底部页眉页脚区域，即可快速进入页眉页脚编辑区。

实战演练068——首次进入页眉页脚编辑区

1 在页面视图情况下，单击【插入】选项卡|【页眉和页脚】组|【页眉】按钮，在弹出的下拉列表框中选择【编辑页眉】命令，进行编辑页眉和页脚区域。进入页眉页脚编辑区后，这时正文部分变成灰色，表示当前不能对正文进行编辑，如图5-19所示。而在编辑正文的状态下，页眉和页脚呈现灰色，表示此时不能编辑页眉和页脚的内容。

2 如果单击【转至页脚】按钮，则可切换到页脚编辑状态，如图5-20所示。

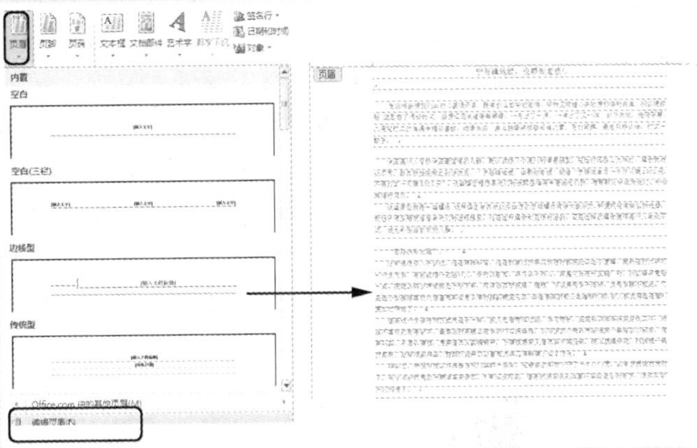

图5-19　页眉编辑状态

图5-20　页脚编辑状态

3 页眉和页脚工具如图5-21所示。

图 5-21　页眉和页脚工具

4 在页眉或页脚中，可以输入文字或插入图片，也可以单击【页眉和页脚工具】的【设计】组中的【图片】和【日期和时间】按钮，插入相应的内容。

5.5.2　插入页码

页码是文档格式的一部分，比如，打印文档时往往需要有页码来区分不同的页，可以将文档分节来设置不同的页码格式。另外，一个文档很长时，可以分为多个文件，这样每个文件的页码设置就很重要。

实战演练069——插入页码

1 在当前文档中，单击【插入】选项卡|【页眉和页脚】组中的【页码】按钮，在弹出的下拉菜单中可以设置页码的位置，有【页面顶端（页眉）】、【页面底端（页脚）】、【页边距】和【当前位置】多种设置。

2 再在下拉菜单中选择【设置页码格式】命令，打开【页码格式】对话框，在【编号格式】下拉列表框中，可以选择插入的页码形式，不但有阿拉伯数字，还有英文字母等形式。

3 选中【包含章节号】复选框，其下面的选项变为可用状态，从中可以设置【章节起始样式】和【使用分隔符】，表示与页码一起显示及打印文档的章节号，如图5-22所示。

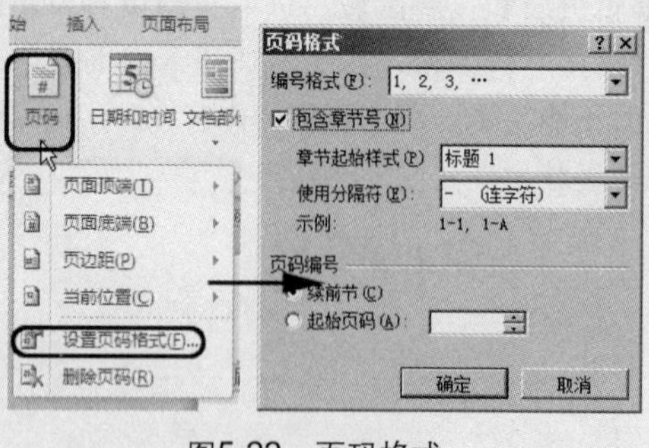

图5-22　页码格式

4 【页码编排】选项组中有两个选项，其中【续前节】选项表示遵循前一节的页码顺序继续编排页码。如果当前文档使用分节符分成两个以上的章节，可以使用续前节选项。如果这篇文档没有分节，或者分节时不按前面的章节续页码的话，就可以在【起始页码】中输入要出现在所选节起始的页码。有些文档的页码可能不想从1开始，可以在【起始页码】框中改变页码，也就是说可以用任何一个数值为文档的开始编号。

5 单击【确定】按钮，即可为文档插入页码。

6 如果要在插入页码前后添加文字，可双击插入的页码，进入【页眉和页脚】编辑状态。然后选择所插入的页码，该页码位于一个无边框线、无填充色的图文框中，可在该图文框中的页码前后添加文字。并且在该编辑状态下可以把页码移动到文档的任何位置。

5.5.3　设置页眉或页脚高度

进入页眉或页脚区域以后，该区域用一个虚线框来表示页眉或页脚的高度。为了易于区分，下面先看看具体页眉页脚区域划分，如图5-23所示。

可以看到，页眉高度=上页边距-页眉文字的高度，页脚高度=下页边距-页脚文字的高度（正常的五号字高度默认为15.6磅，即0.55厘米）。

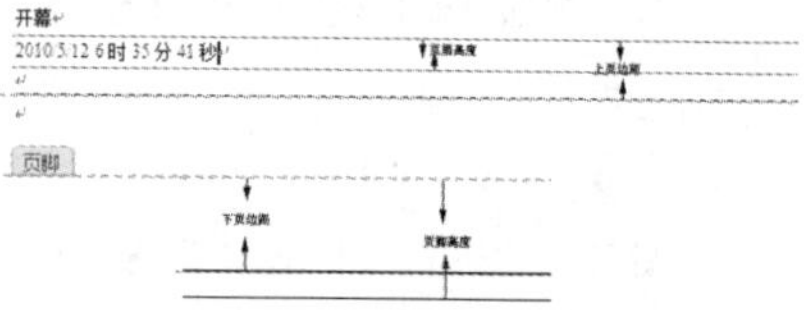

图5-23　页眉页脚区域的划分

实战演练070——设置页眉或页脚高度

1 打开【页面设置】对话框，然后切换到【版式】选项卡。

2 在【距边界】选项组中，可以精确的设置页眉或页脚的高度。因为纸张大小和页面版心大小已经确定，所以只需在【页眉】微调框中输入从纸张上边缘到页眉上边缘之间的距离（如1.5厘米），在【页脚】微调框中输入从纸张下边缘到页脚下边缘之间的距离（如1.75厘米），如图5-24所示。

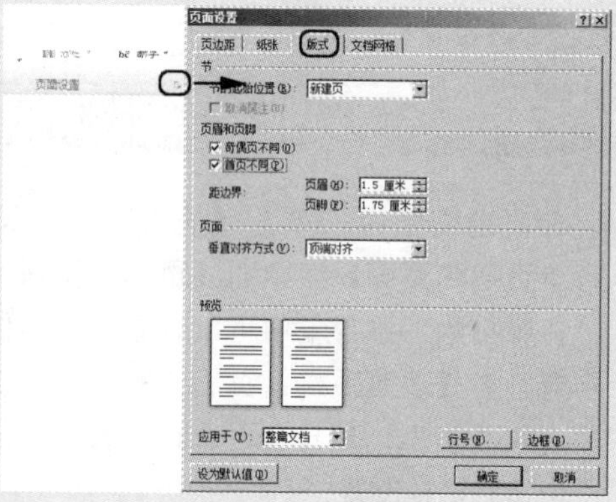

图5-24　设置页眉或页脚高度

提示

页眉和页脚文字行距的高度会随着其字号的改变而改变，因此设置页眉和页脚的高度时，要按照其字号的大小而定。比如一般页眉和页脚的字号为小五号，此时使用的页眉和页脚高度分别为4.2厘米和4.45厘米。而如果页眉和页脚的字号为小二号时，其4.2厘米和4.45厘米的页眉和页脚高度就不适用了，此时就要减小页眉的高度。

5.5.4 在页眉页脚中插入图片

在Word文档的页眉页脚中，可以像在正文中一样插入背景图案和艺术字，并进行编辑。插入的图片就可以在文档的每一页中都出现，并且该图片不遮盖正文。

实战演练071——在页眉页脚中插入图片

1 单击【插入】选项卡|【页眉和页脚】组中的【页眉】按钮，在弹出的下拉列表框中选择【编辑页眉】命令，进入页眉和页脚编辑状态。取消【选项】组中【显示文档文字】复选框的勾选，以隐藏正文。

2 单击【插入】组中的【图片】按钮，打开【插入图片】对话框。

3 选择想插入的图片，单击【确定】按钮，把一幅图片插入到文档中。

4 单击【图片工具】的【格式】选项卡|【排列】中的【自动换行】按钮，在弹出的下拉菜单中选择【浮于文字上方】或【衬于文字下方】命令。

5 勾选【选项】组中的【显示文档文本】复选框，显示正文，此时就可观察到水印图案相对于该文档正文的位置。

6 如要调整图形对象的大小和位置，可以通过拖动文本框的控制点来调整。实际上就像在文中编辑该图片一样，如图5-25所示。

图5-25 在页眉或页脚中设置的图形

提示

一个Word文档可以包括4个层面，即页眉和页脚层、背景层、正文层、前景层。页眉和页脚层为Word文档的最底层，接着是背景层，然后是正文层，最上层是前景层，下一层的内容将被上一层的内容所遮盖。这样，就可以在打印页上创建一种分层效果。

5.5.5 设置页眉和页脚首页、奇偶页的不同效果

许多文档中要求页眉和页脚首页、奇数页、偶数页有不同效果。例如首页作为封面文档，奇数页需要用章名作页眉，偶数页需要用书名作页眉等。

实战演练072——制作页眉和页脚首页、奇数页、偶数页

1 进入页眉和页脚编辑状态，打开【页面设置】对话框，并切换到【版式】选项卡。

2 在【页眉和页脚】选项组中，选中【奇偶页不同】复选框，如图5-26（左）所示就可以为奇数页创建一种页眉和页脚，为偶数页创建另一种页眉和页脚。

3 选中【首页不同】复选框，就可以为节或文档的首页创建与奇数页、偶数页都不相同的页眉或页脚。

4 单击【确定】按钮后，在编辑页眉和页脚时，在不同的页眉页脚中，就会显示为“首页页眉（页脚）”、“奇数页页眉（页脚）”、“偶数页页眉（页脚）”的字样，如图5-26（右）所示。

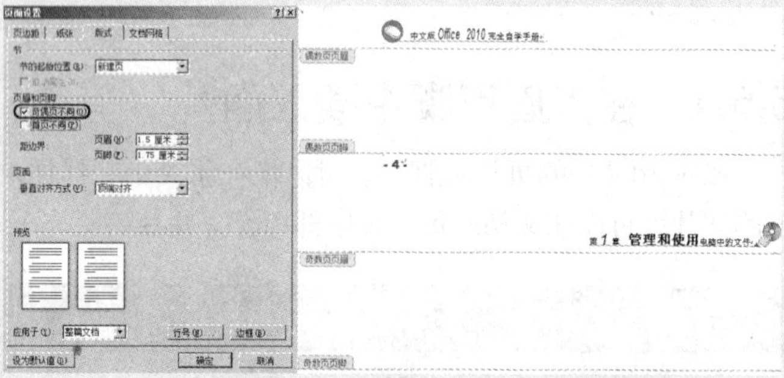

图5-26 设置页眉或页脚首页、奇偶页不同

5.6 上机练习——自动添加全文档页眉

本例介绍自动添加全文档页眉的制作方法，如图5-27所示。

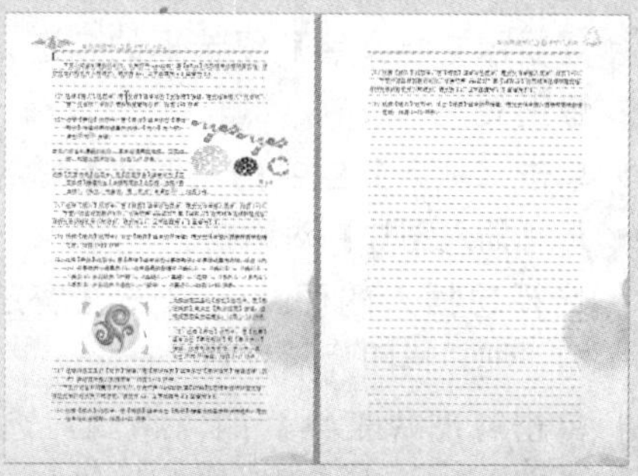

图5-27 自动添加全文档页眉

实战演练073——自动添加全文档页眉

最终文件	dir\最终文件\cha05\自动添加全文档页眉.docx
视频文件	Movie\05-02.avi

1 首先运行Word 2010，单击【文件】按钮并选择【新建】菜单，创建一个空白文档，然后单击【页面布局】|【页边距】|【上次的自定义设置】。

2 选择【页面布局】选项卡，在【页面设置】选项组中单击按钮，弹出【页面设置】对话框，进入【版式】选项卡，选中【页眉和页脚】选项组中的【奇偶页不同】复选框，然后单击【确定】按钮，如图5-28所示。

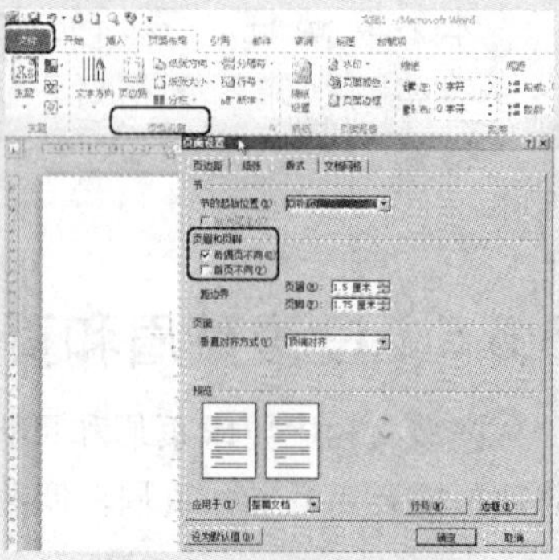

图5-28 设置奇偶页

3 选择【插入】选项卡，在【页眉和页脚】组中单击【页眉】按钮，在其下拉列表框中任意选择一种页眉，如图5-29所示。

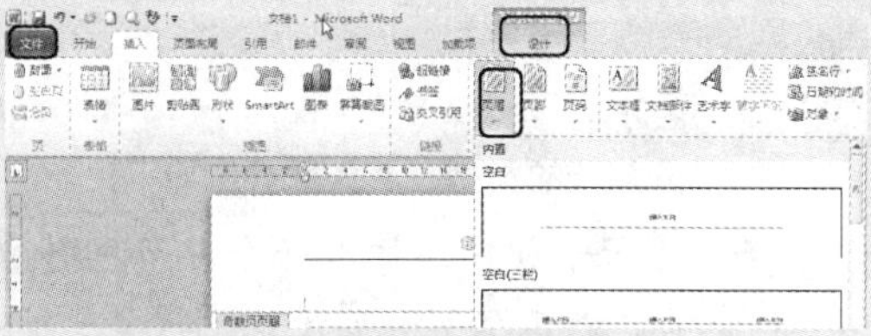

图5-29　插入页眉

4 在页眉中输入文字“公司手册”，选中输入的文字，单击【开始】选项卡，在【字体】组中设置【字体】为“宋体”，【字号】为“小三”，如图5-30所示。

图5-30　设置页眉样式

5 选择【页眉和页脚工具】的【设计】选项卡，在【插入】组中单击【图片】按钮，在弹出的【插入图片】对话框中选择需要插入页眉图片，如图5-31所示。

6 单击【插入】选项卡，在【页】组中单击【空白页】按钮，在文档中添加一个空白页，然后单击【页眉和页脚】组中【页眉】按钮，在其下拉列表框中任意选择一种页眉，如图5-32所示。并依照前述方法设置偶数页的页眉。

图5-31　插入图片

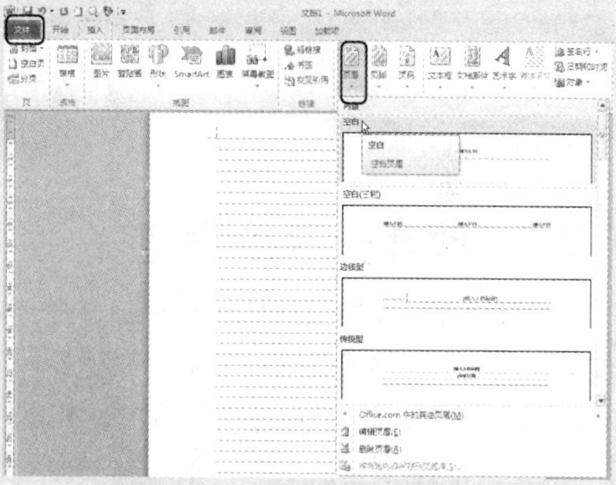

图5-32　制作偶数页眉

7 使用相同方法完成对本例效果的制作。

8 单击【文件】按钮，在弹出的列表框中单击【保存】，将制作的文档进行保存。

5.7　为文档分节

为了便于对文档进行格式化，可以将文档分割成任意数量的节，然后根据需要分别为每节设置不同的格式。而在建立新文档时，Word将整篇文档认为是一个节。

把文档分成若干节后，可以对每个节进行不同的格式设置。例如，要想首页不编页码，页码是从第2页由1开始排页码，应用分节操作就可以实现。

5.7.1 插入分节符

实战演练074——插入分节符

1 在要插入分隔符的地方插入光标。

2 单击【页面布局】选项卡|【页面设置】组中的 分隔符 按钮，在弹出的下拉菜单中选择【下一页】命令，如图5-33所示。

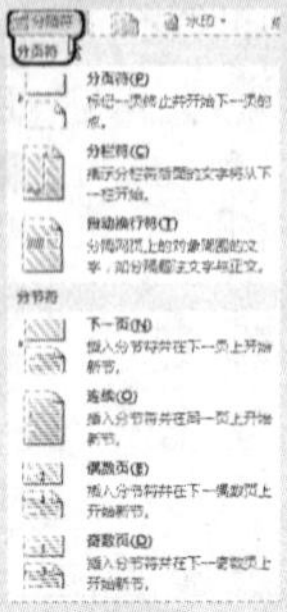

图5-33 分节符下拉菜单

提示

分节符的类型及其作用介绍如下。

- 【下一页】：插入一个分节符并分页，新节从下一页开始。
- 【连续】：插入一个分节符，新节从同一页开始。
- 【奇数页】：插入一个分节符，新节从下一个奇数页开始。
- 【偶数页】：插入一个分节符，新节从下一个偶数页开始。

5.7.2 改变分节符类型

分节符表示在节的结尾插入标记，使用不同的分节符，可以把文档分成不同节。因此，分节符包含该节的格式设置。例如，页边距、页面的方向、页眉和页脚以及页码的顺序。如果在分节后，需要改变文档中分节符类型，其操作步骤如下。

实战演练075——改变分节符类型

1 选择需要修改的节。

2 单击【页面布局】选项卡|【页面设置】中的按钮，打开【页面设置】对话框，并切换到【版式】选项卡，在【节的起始位置】下拉列表框中选择所需的分节符类型，如【新建页】、【新建栏】、【连续本页】、【偶数页】、【奇数页】等，如图5-34所示。

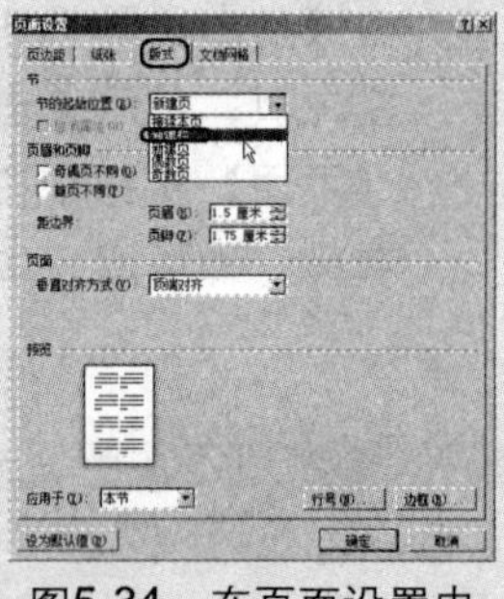

图5-34 在页面设置中更改分节符类型

各分节类型含义如下。

- 【接续本页】：表示不进行分页，紧接前一节排版文本，也就是“连续”的分节符。
- 【新建栏】：表示在下一栏顶端开始打印节中的文本。
- 【新建页】：表示在分节符位置进行分页，并且在下一页顶端开始新节。
- 【偶数页】：表示在下一个偶数页开始新节（常用于在偶数页开始的章节）。
- 【奇数页】：表示在下一个奇数页开始新节（常用于在奇数页开始的章节）。

提示

如果删除一个分节长符，那么也同时删除了该分节符前面文本的分节格式。因此，该文本将变成下一节的一部分，并采用下一节的格式。所以，无论是更改或者是删除分节符，都应该从最后一节开始由后往前进行。

5.7.3 分节后的设置

1. 分节后的页面设置

分节后，可以根据需要，为只应用于该节的页面进行设置。由于在没有分节前，Word自动将整篇文档视为一节，故文档中的节的页面设置与在整篇文档中的页面设置相同。

一篇文档分节后，每当进行页面设置时，默认都是只改变当前节的页面设置。如要使用分节后的页面设置仍然对整个文档起作用，那么只需在【页面设置】对话框的选项卡中选择【应用于】下拉列表框中的【整篇文档】选项即可，如图5-35所示。

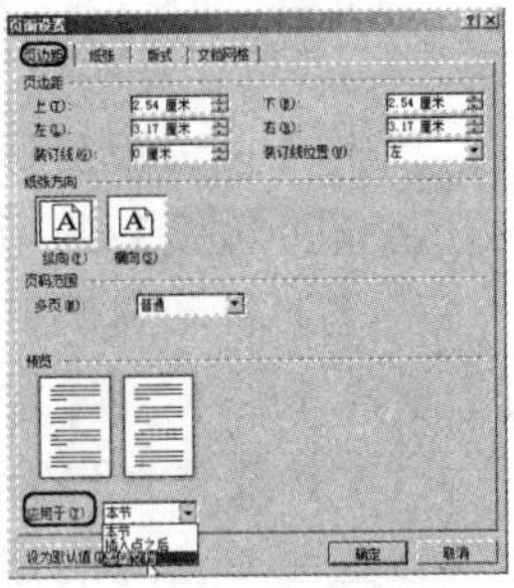

图5-35 分节后的页面设置

2. 分节后页眉和页脚的设置

分节后可以为该节设置新的页眉和页脚，而不影响文档中其他部分的页眉和页脚。用户可以为某节页眉和页脚进行单独或者相同设置。

实战演练076——分节后页眉和页脚的设置

1 把光标移到该节中，单击【插入】选项卡|【页眉和页脚】组中的【页眉】按钮，在弹出的下拉列表框中选择【编辑页眉】命令。

2 在页眉和页脚编辑状态下，单击【页眉和页脚工具】的【设计】选项卡|【导航】组中的【链接到前条页眉】按钮，使页眉或页脚与上一节相同。如果使用分节后，要采用不同的页眉和页脚，可以再次单击【链接到前一条页眉】按钮，恢复为初始状态，如图5-36所示。然后重新设置或输入自己的页眉和页脚文字即可。

图5-36 分节后页眉和页脚

5.8 上机练习——一个文档两种页面设置

本例介绍一个文档两种页面的设置方法，如图5-37所示

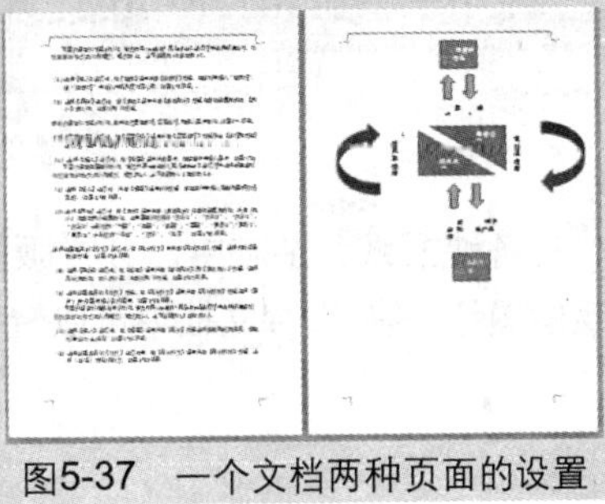

图5-37 一个文档两种页面的设置

实战演练077——页面的设置方法

最终文件	dir\最终文件\cha05\一个文档两种页面设置.docx
视频文件	Movie\05-03.avi

1 首先运行Word 2010，单击【文件】按钮并选择【新建】，创建一个空白文档。

2 选择【页面布局】选项卡，在【页面设置】组中单击 按钮，在弹出的【页面设置】对话框中单击【页边距】标签，将【页边距】选项组中的【上】和【下】设置为4.1厘米，【左】和【右】设置为3.2厘米，设置后单击【确定】按钮，如图5-38所示。

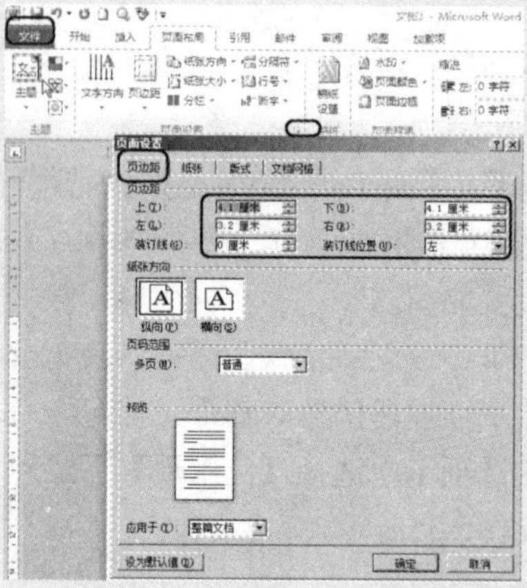

图5-38　设置页面边距

图5-39　插入文字

3 在文档中输入文字，如图5-39所示。

4 将光标放在需要换页的文字或内容前，选择【页面布局】选项卡，在【页面设置】组中单击【插入分页符和分节符】按钮，在弹出的下拉菜单中选择【分页符】栏下的【下一页】，如图5-40所示。

5 用户也可通过单击【页面布局】选项卡，在【页面设置】组中单击【插入分页符和分节符】按钮，在弹出的下拉菜单中选择【分页符】栏下的【分页符】，实现文档分页的目的，如图5-41所示。

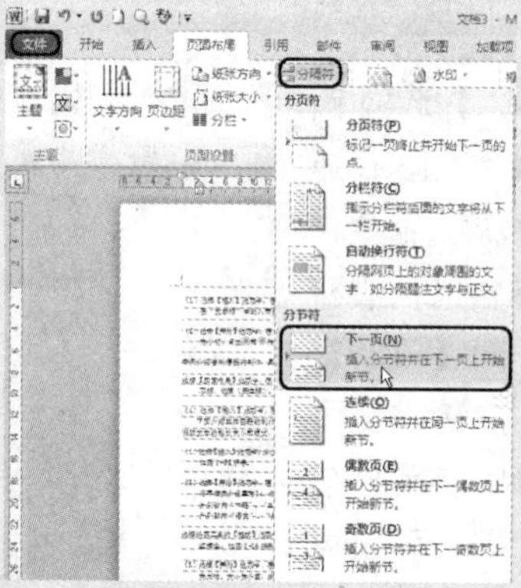

图5-40　插入分节符

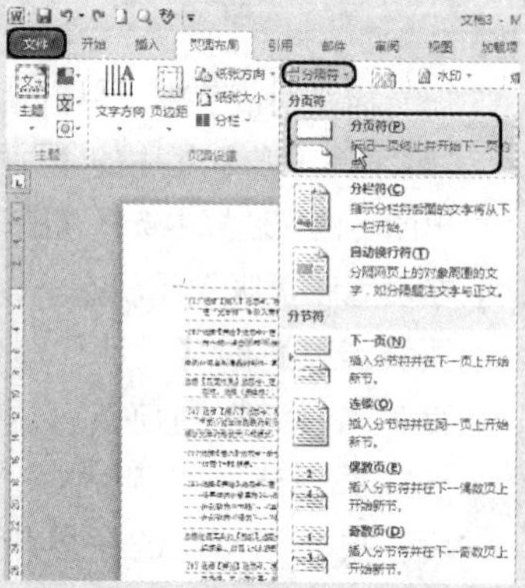

图5-41　插入分页符

6 使用相同方法完成对本例效果的制作。

7 单击【文件】按钮，在弹出的列表框中单击【保存】，将制作的文档进行保存。

5.9　页面分栏

在各种报纸、杂志中，分栏版面随处可见。因此，在排版文档时，也可能需要使用分栏排版的操作。在Word文档中可以轻松实现分栏，而且在不同节中可以有不同的栏数。

5.9.1 创建页面的分栏

实战演练078——创建页面的分栏

1 单击【页面布局】选项卡|【页面设置】组中的【分栏】按钮，在弹出的下拉菜单中选择【更多分栏】命令，打开【分栏】对话框。

2 在【预设】选项组中选择分栏的格式，有【一栏】、【二栏】、【三栏】、【左】和【右】5种分栏格式可以选择，如图5-42所示。

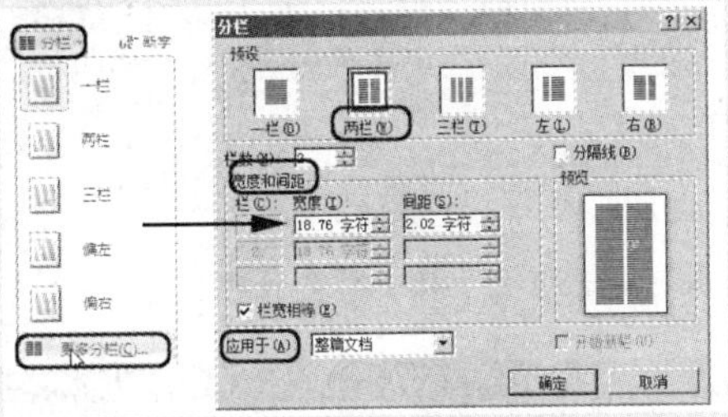

图5-42 【分栏】对话框

3 如果对【预设】选项组中的分栏格式不太满意，可以在【栏数】微调框中输入所要分割的栏数。

4 如果要使各栏等宽，则选中【栏宽相等】复选框，否则取消该复选框的选择，并在【宽度和间距】选项组中设置各栏的宽度和间距。

5 如果要在各栏之间加入分隔线，则选中【分隔线】复选框。

6 在【应用于】下拉列表框中，选择分栏的范围，例如【本节】、【整篇文档】等。

7 完成设置后，单击【确定】按钮。这时在文档的页面视图中，可以看到文档的分栏情况。栏宽相等时，分两栏后效果如图5-43所示。

图5-43 分两栏后的效果

5.9.2 制作跨栏标题

在分栏时，有时候希望文章标题位于所有栏的上面，即是标题本身不分栏，这就需要对文档进行分节处理。

实战演练079——制作跨栏标题

1 选中要制作跨栏标题的段落，例如前面分栏中的标题。

2 单击【页面布局】选项卡|【页面设置】组中的【分栏】按钮，在弹出的下拉菜单中选择【更多分栏】命令，打开【分栏】对话框。

3 在【预设】选项组中选择分栏的格式为【一栏】，即不分栏。

4 单击【确定】按钮，关闭【分栏】对话框，这时在页面视图中就可以看到使用跨栏标题的情况了，效果如图5-44所示。

图5-44 制作跨栏标题

5.9.3 平衡分栏后的段落

细心的用户可能已经发现，在前面的分栏操作中，分栏后的页面各栏长度并不一致，最后一栏可能比较短，这样版面显得不美观。

那么，如何才能使各栏的长度一致呢？其实方法很简单，具体操作步骤如下。

实战演练080——平衡分栏后的段落

1 把光标移到要平衡分栏的文档结尾处。

2 单击【页面设置】组中的 分隔符 按钮。

3 在弹出的下拉菜单中选择【连续】命令。

4 这样即可在栏的最后一个字符后面插入一个连续的分节符，就可以得到等长栏的效果，如图5-45所示。

图5-45　平衡分栏

5.10　上机练习——制作中英文对照

本例介绍中英文对照的制作，如图5-46所示。

图5-46　中英文对照

实战演练081——制作中英文对照

最终文件	dir\最终文件\cha05\制作中英文对照.docx
视频文件	Movie\05-04.avi

1 首先运行Word 2010，单击【文件】按钮并选择【新建】，创建一个空白文档。

2 在文档中输入中英文，如图5-47所示。

3 选中文章，然后选择【页面布局】选项卡，在【页面设置】组中单击【分栏】按钮，在弹出的下拉菜单中选择栏数为“两栏”，将两栏应用到文档中，如图5-48所示。

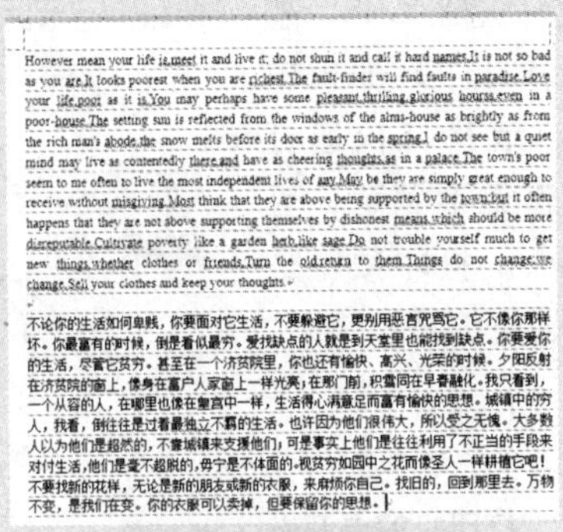

如图5-47　输入中英文

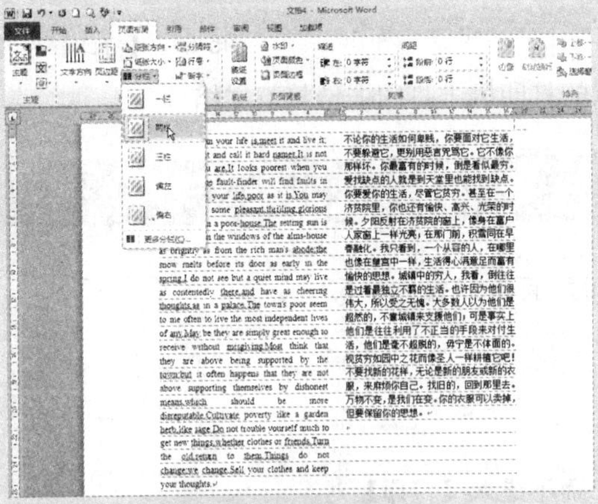

如图5-48　进行分栏

4 继续选中文章。选择【页面布局】选项卡，在【页面设置】组中单击【分栏】按钮，在弹出的下拉菜单中选择【更多分栏】命令，弹出【分栏】对话框，选择【预设】栏下的“两栏”选项，然后勾选【分隔线】复选框，这样就将英文和中文的部分分在了文档的两侧，如图5-49所示。

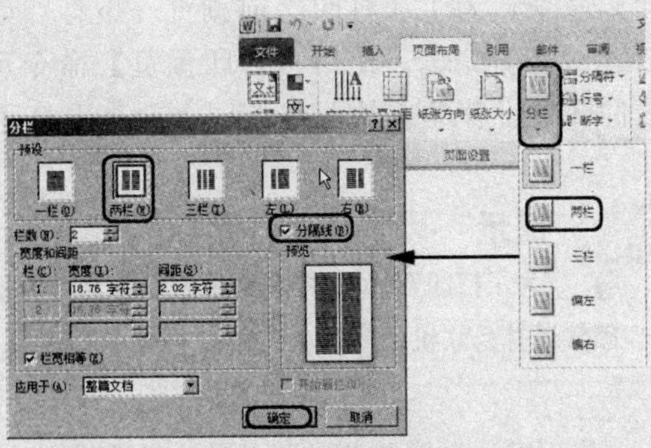

图5-49　设置分隔线

5 选中英文的首字母，然后选择【插入】选项卡，在【文本】组中单击【首字下沉】按钮，在弹出的下拉菜单中选择下沉方式为“下沉”，如图5-50所示。

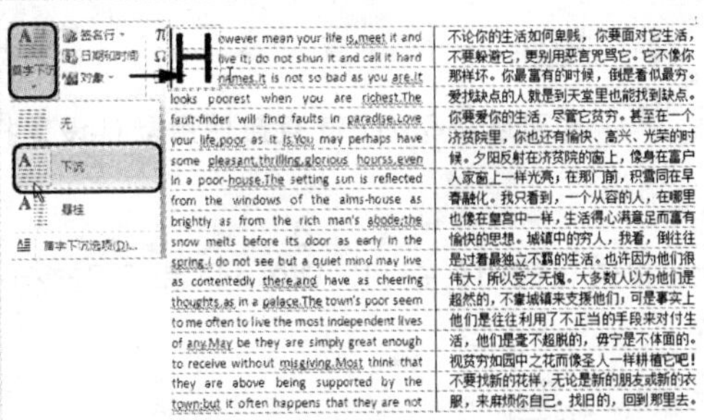

图5-50　设置首字下沉

5.11　打印文档

当将文档创建完成后，常常要将其通过打印机打印输入到纸介质上，为了得到最终的打印效果，通常在打印之前要对页面进行设置，并预览打印效果，这样可以避免不必要的纸张及打印耗材的浪费，如果符合要求就确定打印输出。

5.11.1　使用默认设置打印

如果要打印文档，需要将文档编辑好之后，单击【文件】按钮并选择【打印】，如图5-51所示。

从打开的打印面板中选择一个命令，进行打印。一般情况下，如果要对打印选项进行调整，需使用【打印】命令，在【打印】面板中进行设置；如果使用默认设置，而且为了快速打印，选择【快速打印】命令；为了在打印之前浏览一下打印效果，如果感觉不满意，可以返回重新编辑，使用【打印预览】命令可实现这一点。打印预览是我们非常推荐的方法，在打印之前查看打印效果可以避免浪费。

图5-51 【打印】设置

提示

为了打印Word文档，必须安装并选择要使用的打印机，打印机的电源必须接通并且联机。

使用默认设置是非常简单的，这意味着在默认的打印机上打印一份整篇文档。

实战演练082——打印文档

1 单击【文件】并选择【打印】，弹出【打印】面板，如图5-52所示。

提示

也可以按Ctrl+P键直接使用默认设置打印，而不进入【打印】对话框。

2 单击【打印】按钮，Word开始打印文档。

提示

如果打印机不工作，参考Microsoft窗口和打印机手册得到帮助。如果使用网络打印机，需请示网络管理员。

图5-52 【打印】面板

5.11.2 设置页面

Word的默认为A4（210mm×297mm）、纵向打印，但是也可以修改这些设置。

提示

“纵向”是默认方向，指沿纸的短边平行的方向打印。而“横向”打印则是沿纸的长边平行的方向打印。

1. 改变纸张的尺寸

改变纸张尺寸的操作步骤如下。

实战演练083——改变纸张的尺寸

1 单击【页面布局】选项卡|【页面设置】组中的【纸张大小】按钮，在弹出的下拉列表框中选择一种纸张类型。或单击【页面布局】选项卡|【页面设置】组|【页边距】按钮。

2 在弹出的下拉列表框中选择【自定义边距】，打开【页面设置】对话框。或单击【页面设置】对话框启动器，也可以打开【页面设置】对话框。

3 选择【纸张】选项卡，如图5-53所示。

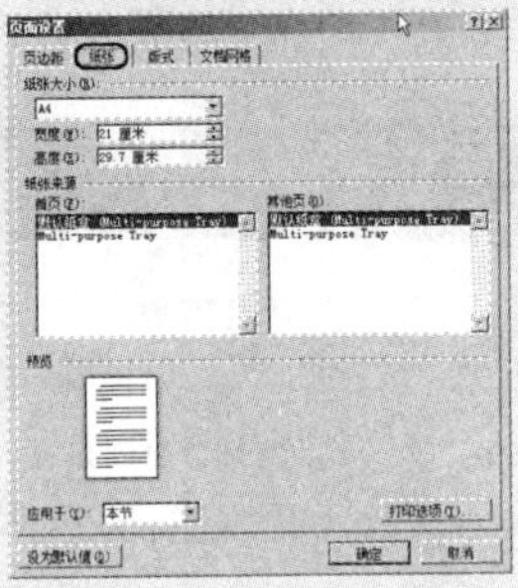

图5-53 【纸张】选项卡

4 在【纸张大小】下拉列表框中选择相应的纸张尺寸。

5 如果从【纸张大小】下拉列表框中选择了【自定义大小】选项，则在【宽度】和【高度】数值框中指定适合的纸张尺寸。

6 单击【确定】按钮，新设置在下次打印时即生效。

提示

如果按一种纸张大小生成了文档，却想使用另外一种纸张大小打印，就可以使用Word的“按纸张大小缩放”功能。在【打印】对话框中，单击【页面设置】按钮，在弹出的对话框中选择【纸张】选项卡，此后进行自行设置即可。

2. 修改页边距和打印方向

实战演练084——修改页边距和打印方向

1 单击【页面布局】选项卡|【页面设置】组中的【页边距】按钮，弹出下拉列表框。

2 在下拉列表框中选择【自定义边距】，弹出【页面设置】对话框。或单击【页面设置】对话框启动器，也可以打开【页面设置】对话框。

3 选择【页边距】选项卡，如图5-54所示。

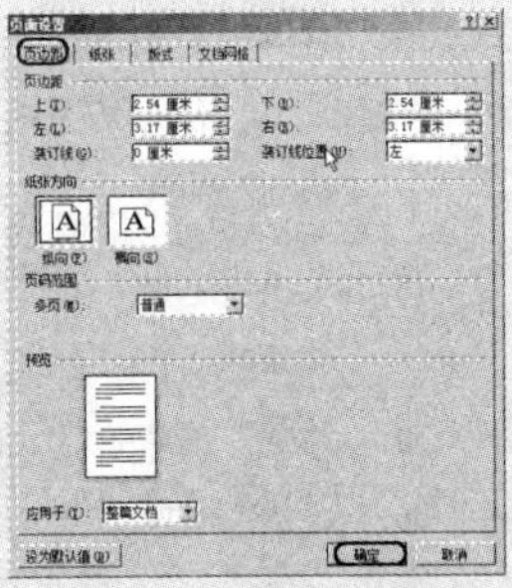

图5-54 【页边距】选项卡

4 在【上】、【下】、【左】、【右】数值框中输入数值。

5 在【应用于】下拉列表框中选择【整篇文档】或【插入点之后】。

6 在【纸张方向】选项组中，单击【纵向】或【横向】图标。

7 单击【确定】按钮，新的设置应用于文档中。

提示

【页边距】选项卡的设置可以在新文档建立时就设置好，也可以在文档建立好之后，再进行设置。

3. 设置文档网格

实战演练085——设置文档网格

1 单击【页面布局】选项卡|【页面设置】组中的【页边距】按钮，弹出下拉列表框。

2 在下拉列表框中选择【自定义边距】，弹出【页面设置】对话框。

3 选择【文档网格】选项卡，在【网格】选项组中选择网格类型，如【只指定行网格】、【指定行和字符网格】等。

4 单击【确定】按钮。

5.11.3 预览打印作业

在打印之前可以在屏幕上查看打印时的输出效果。

实战演练086——预览打印作业

1 选择【页面】|【视图】命令，当前页以打印预览视图显示，如图5-55所示。

2 按PageDown或PageUp键，或使用滚动条查看其他页。

图5-55 预览屏幕

在【文件】|【打印】选项栏中各选项的含义介绍如下。

- 打印：开始打印文档。
- 选项：打开【打印选项】对话框。
- 页面设置组：在打印预览下，用于设置页边距、纸张的大小、纸张的方向。
- 显示比例：单击此按钮，弹出【显示比例】对话框，可设置比例值、文字的宽度及页面数等。
- 单页：调整文档的显示比例，使整个页面适合窗口的大小。
- 双页：调整文档的显示比例，使窗口能显示两个页面。
- 页宽：调整文档的显示比例，使页面宽度与窗口宽度一致。
- 显示标尺：选中此复选框，在打印预览视图中显示标尺。

拖动状态栏中的显示比例滑块，改变页面的显示比例，可在打印预览视图中显示多个页面，这种方法使用起来非常方便。

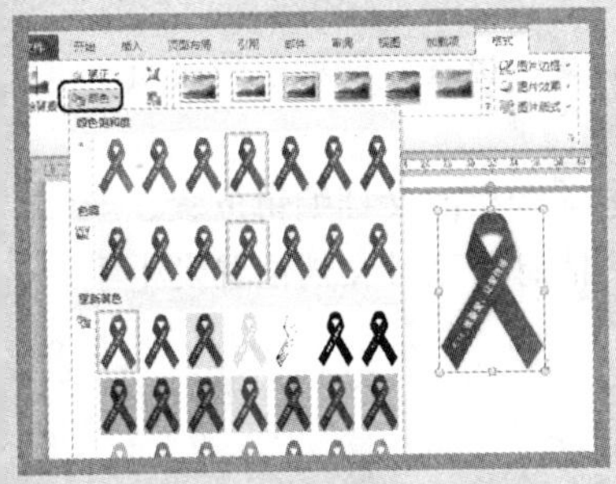

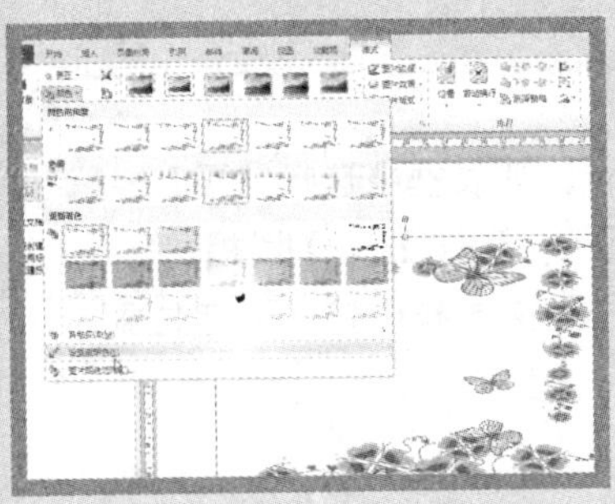

第6章 长篇文档的排版

排版一篇长文档，往往需要花费较长的时间，而大多数操作几乎是重复的，所以学会处理长篇文档的技巧就很有必要。Word 2010提供了一系列编辑长文档的功能，使用这些功能，编辑长文档就会得心应手。

本章针对长篇文档的编辑技巧进行讲解。通过本章学习，可以掌握查看和定位文档、标尺的使用、设置视图选项、使用样式和模板、生成目录、插入脚注和尾注等。同时这些编辑方法对于短篇文档也同样适用。

通过本章的学习，可以掌握以下知识点：

- 查看与定位文档
- 标尺的使用方法
- 样式和模板
- 为文档生成目录
- 脚注和尾注的设置与编辑

6.1 查看与定位文档

对于刚学排版的用户，用鼠标时会犯一些错误。例如，当用鼠标在Word文档中拖动，找到需要的位置，立即开始输入文本时，编辑屏幕却返回到了原来光标所在之处，输入的内容也出现在原来光标所指的位置。因此，就需要先了解定位文档。

在排版过程中灵活使用各种工具，可以使工作量减少。例如使用定位和文档结构图可以快速定位和查看文档的各个结构框架。

6.1.1 使用状态栏查看文档信息

不知用户是否注意到Word窗口下方的状态栏，如图6-1所示。如果熟悉并了解状态栏中各部分的含义和功能，将会为编辑文档带来很大的便利。

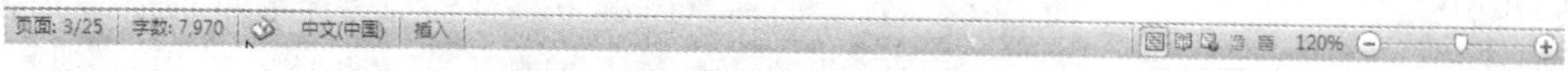

图6-1 在状态栏中查看文档信息

可以把状态栏分为两部分，下面介绍最左边部分，显示有关文档的页面信息。

- 页面3 / 25：即按文档中实际页数显示的页码和总页数。注意，这里显示的页码才是实际页面的序数。
- 字数7,970：即文档的全部字数。

在编辑长篇文档时，这两个信息非常实用，有助于迅速判断目前编辑页面在整个文档中所处的位置。此外，还可以查看光标所在文档中的位置。

6.1.2 使用菜单定位文档

使用Word的文档定位功能，可以快速在长篇文档中定位文档的某一位置。例如定位某页、某节、某行等。

Word不仅提供了静态的定位操作，而且还能够找到编辑过程中前一次的文档编辑位置。当在文档的某个位置进行编辑时，可能会需要查看文档的另一位置的信息，这时文档位置发生了改变，再回到原来的编辑处则需要使用文档移动功能键进行查找。

1. 定位文档

实战演练087——定位文档

1 单击【开始】选项卡中的【编辑】按钮，在弹出的下拉菜单中选择【替换】命令，然后切换到【定位】选项卡（或者按Ctrl+H键，弹出如图6-2所示的【查找和替换】对话框）。

2 在【定位目标】列表框中选择【页】、【节】、【行】、【书签】、【批注】等。

3 在【输入页号】文本框中输入要定位到的页码。

4 单击【定位】按钮，光标定位到指定页。

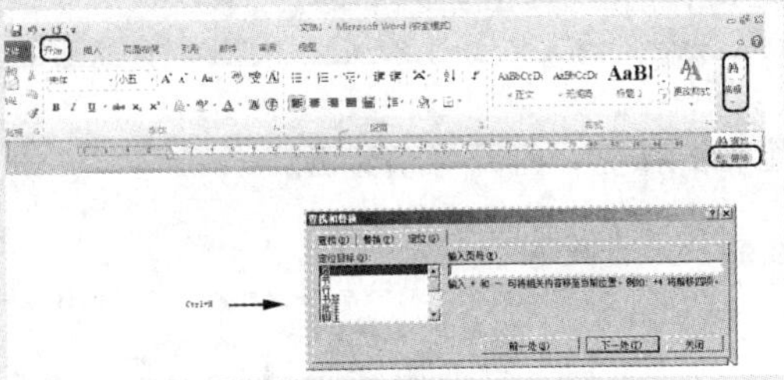

图6-2 【查找和替换】对话框

提示

如果在【定位目标】中选择【其他项目】，【定位】选项卡右侧的输入内容将发生变化；如果选择【节】，则右侧显示【输入节号】文本框，用来输入要定位到的节号。

2. 选择浏览对象

在Word文档的右下角，有一个【选择浏览对象】按钮。单击该按钮，可以打开一个选择浏览对象窗口，如图6-3所示。

图6-3 选择浏览对象

可通过单击所需项目来浏览活动文件，这里可选择目标项目，与【查找和替换】对话框中的【定位目标】列表框中的项目相同，若要继续浏览这类项目，可以单击按钮或按钮。

6.1.3 使用导航窗格

在Word中，【导航窗格】属于【视图】范畴，对应功能按钮位于【视图】选项卡的【显示】组中。

导航窗格显示的是文档结构。所谓“文档结构”，其实就是文档的标题结构。在很多文档中，含有多个层次的标题，例如一级目录标题（常见形式如“第6章”）、二级目录标题（常见形式如“6.1”）、三级目录标题（常见形式如“6.1.1”），此外还有各种级别的小标题（常见的形式如“（1）、①”）。只要对这些标题应用各级“标题”样式，这个标题就能显示在文档结构图中，如图6-4所示。

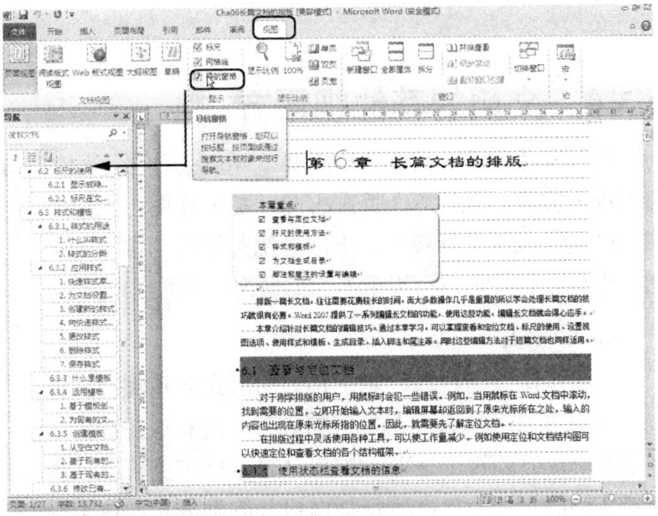

图6-4 导航窗格

新建文档时，打开【导航窗格】，窗口不会有任何内容；甚至在建立了一个文档后，里面还是没有东西。这是因为没有应用标题样式的缘故。要想在导航窗格中显示文档标题，并且层次分明，就必须对文档标题恰当地使用各级标题。标题可基于Word内建样式修改，也可以自己动手新建。

使用导航窗格不但可以方便地了解文档的层次结构，即内置标题样式或大纲级别段落格式

（级别从1～9），还可以快速定位长文档，大大加快阅读的速度。

实战演练088——使用导航窗格

1 单击【视图】选项卡|【显示】组中的【导航窗格】按钮，打开导航窗格。

2 如要指定跳转至一个标题，可以单击导航窗格中相应的标题。并且此标题为突出显示，以指明在文档中的位置，此时Word将标题显示于页面上部。

3 如果想只显示某个级别下的标题，可以在导航窗格里的标题上单击鼠标右键，选择【显示标题级别】，然后选择相应标题命令。例如，选择【显示至标题2】，可显示1～2的标题级别。如果要在导航窗格中查看文档中的各级标题，必须是标题使用了相应的大纲级别。可以在定义样式时，定义段落的大纲级别，如图6-5所示。

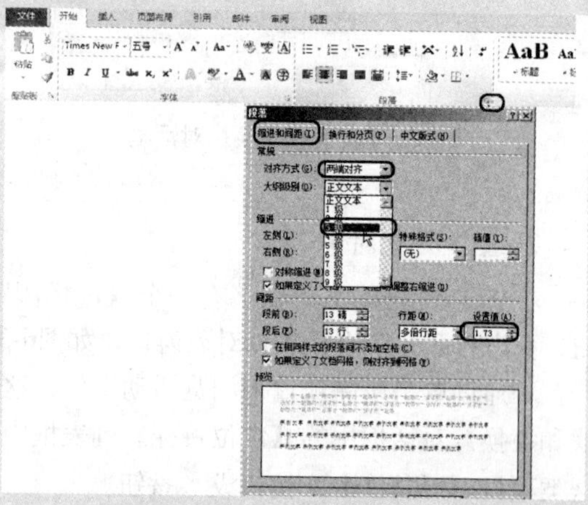

图6-5　使用文档结构图和指定大纲级别

- 如果要折叠某一标题下的低级标题，则单击标题左侧的 图标。
- 如果要显示某一标题下的低级标题（每次一个级别），则单击标题左侧的 图标。

4 关闭导航窗格可以单击 按钮，也可以选中【视图】选项卡|【显示】组中的【导航窗格】复选框。

6.1.4　文档的其他视图方式

为了满足查看文档效果的需要，Word提供了不同的页面视图方式，包括Web版式视图、页面视图、大纲视图、阅读版式视图草稿等。下面介绍几种最为常用的视图。它们各具特色，适用于不同的情况。

1. 页面视图

页面视图以与打印时完全相同的形式显示文档、标题、页眉/页脚及页面布局的所有细节，所有这些都显示在屏幕上。页面视图是Word的默认显示视图。可以在页面视图中进行编辑。在进行页面组合的微调时，这个视图是很有用的。如图6-6所示为页面视图中的样本文档。

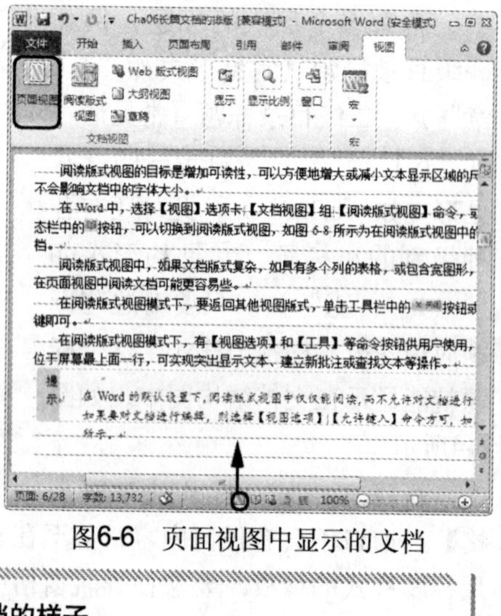

图6-6　页面视图中显示的文档

提示

预览是指在实际打印之前使用页面视图看一下打印文档的样子。

切换到页面视图的方法是：单击【视图】选项卡|【文档视图】组中的【页面视图】按钮，或者选择状态栏中的按钮，或者按Alt+Ctrl+P键，即可转换到页面视图。

2. 阅读版式视图

如果打开文档是为了进行阅读，则选择阅读版式视图将优化阅读体验。

如果打开一个作为电子邮件附件接收的Word文档，Word会自动切换到阅读版式视图。如果不想使用阅读版式视图查看电子邮件附件，单击【文件】|【选项】按钮，在弹出的【Word选项】对话框中取消【在阅读版式视图下打开电子邮件附件】复选框的选择，如图6-7所示。

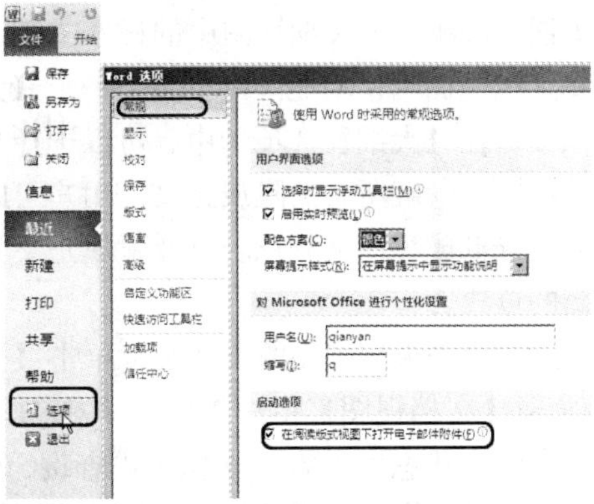

图6-7 【Word选项】对话框

阅读版式视图的目标是增加可读性，可以方便地增大或减小文本显示区域的尺寸，而不会影响文档中的字体大小。

在Word中，单击【视图】选项卡|【文档视图】组中的【阅读版式视图】按钮，或单击状态栏中的按钮，可以切换到阅读版式视图。如图6-8所示为在阅读版式视图中的一个文档。

阅读版式视图中，如果文档版式复杂，如具有多个列的表格，或包含宽图形，则选择在页面视图中阅读文档会更容易些。

在阅读版式视图模式下，要返回其他视图版式，单击工具栏中的 × 关闭 按钮或按Esc键即可。

在阅读版式视图模式下，有【视图选项】、【工具】等命令按钮供用户使用，它们都位于屏幕最上面一行，可实现突出显示文本、建立新批注、查找文本等操作。

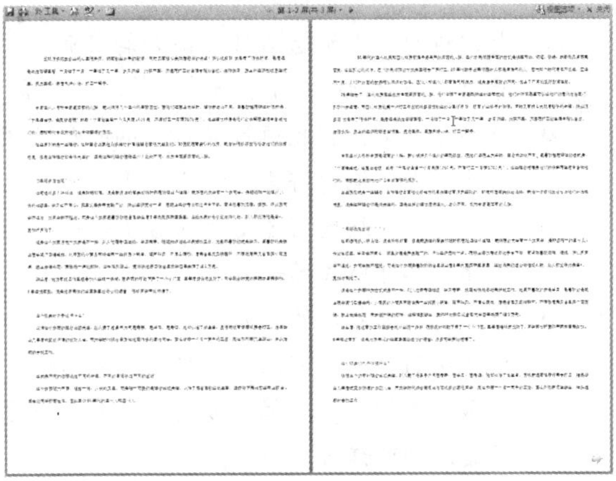

图6-8 在阅读版式视图中显示的文档

3. Web版式视图

Web版式视图最适合于在屏幕上阅读和编辑文档。使用更大的字体，显示更短的正文行，隐藏页眉/页脚和类似的元素，并自动换行以适应窗口，它不是以实际打印的形式显示，所以可读性也就增强了。

在Web版式视图中，可以创建Web页或文档，优化Web页，使其外观与在Web或Internet上发布时的外观一致。

单击【视图】选项卡|【文档视图】组中的【Web版式视图】按钮，或单击状态栏中的按钮，可以切换到Web版式视图。如图6-9所示为在Web版式视图中的一个文档。

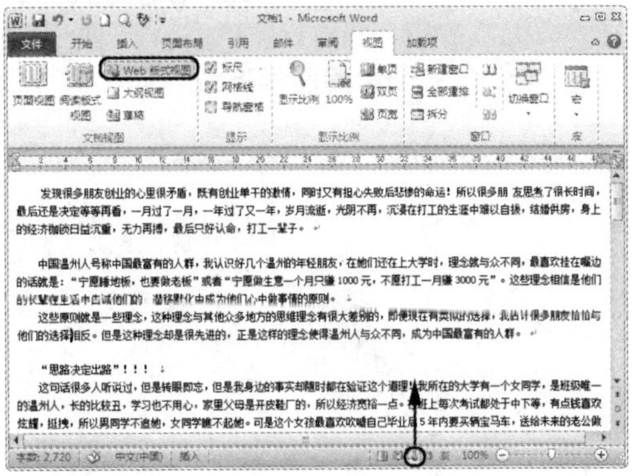

图6-9 在Web版式视图中显示的文档

4. 大纲视图方式

使用大纲视图，创建大纲并检查文档结构。如图6-10所示为大纲视图中的样本文档。当初换到大纲视图时，功能区中会多出一个【大纲】选项卡。在【大纲】选项卡中，可以选择只查看文档标题，隐藏所有的附属正文。用户可以快速提升、降低或移动文档标题（及附属正文）到一个新的位置。

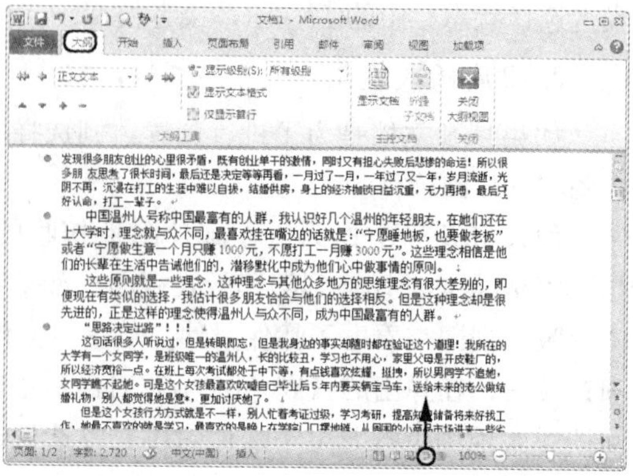

图6-10 大纲版式视图

切换到大纲视图的方法是：单击【视图】选项卡|【文档视图】组中的【大纲视图】按钮，或者单击状态栏中的 按钮，或者按Ctrl+Alt+O键，即可转换到大纲视图。在大纲视图中不显示图片。

在【大纲】选项卡的【大纲工具】组中，包括若干个工具，分别完成如下功能。

- 提升至标题1：将此项目提升为大纲的最高级别。
- 升级：提升此项目的级别。
- 大纲级别：为所选项目选择大纲级别。
- 降级：降低此项目的级别。
- 降级为正文：将此项目降为大纲的最低级别。
- 上移：在大纲内将选定的内容上移。
- 下移：在大纲内将选定的内容下移。
- 展开：展开所选的项目。
- 折叠：折叠所选的项目。
- 显示级别：选择要在大纲中显示的级别，所选级别及所有更高的级别都将可见。
- 显示文本格式：选择此复选框，将大纲显示为格式化文本。如果取消该复选框，则可提高大纲的可读性。
- 仅显示首行：选择此复选框，仅显示每个项的首行。

6.2 上机练习——制作倒影效果

本例介绍倒影的制作方法，如图6-11所示。

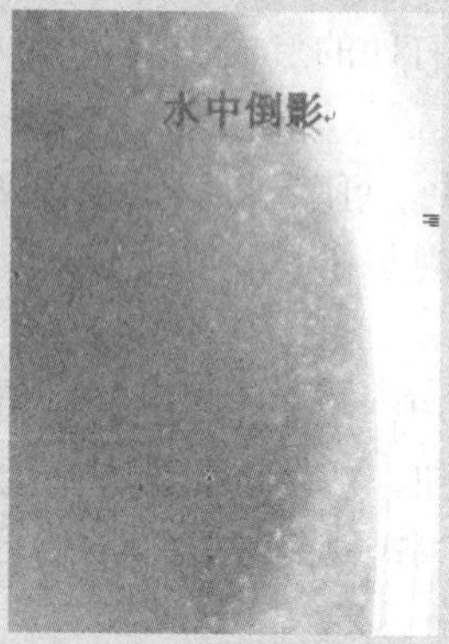

图6-11 倒影效果

实战演练089——制作倒影效果

最终文件	dir\最终文件\cha06\制作倒影效果.docx
视频文件	Movie\06-01.avi

1 首先运行Word 2010，单击【文件】按钮并选择【新建】，创建一个空白文档，然后单击【页面布局】选项卡|【页面设置】组【页边距】|【上次的自定义设置】。

2 输入文字并选择，单击【开始】选项卡，设置字体为“宋体”，字号为“24”，如图6-12所示。

图6-12 输入文字

3 选中文字，选择【插入】选项卡，在【文本】组中单击【艺术字】按钮，在下拉列表框中选择一种倒影的样式，如图6-13所示。

图6-13 插入艺术字体

4 选择【插入】选项卡|【插图】组|【图片】按钮，在打开的【插入图片】对话框中选择图片，单击【插入】按钮。

5 选中图片，选择【格式】选项卡|【排列】|【自动换行】按钮，在弹出的下拉菜单中选择【衬于文字下方】，调整图片和文本的位置。

6.3 标尺的使用

在编辑文档的过程中，经常需要进行对齐。这时候就需要使用Word中的标尺来帮助用户完成这一任务。标尺在进行排版时是非常有用的工具。

6.3.1 显示或隐藏标尺

默认情况下，标尺单位通常以厘米来显示。但用户如果需用其他的单位来显示，则可单击【文件】|【选项】按钮，在弹出的【Word选项】对话框中选择【高级】，在【显示】选项组中的【度量单位】下拉列表框中选择需要的单位，如图6-14所示。

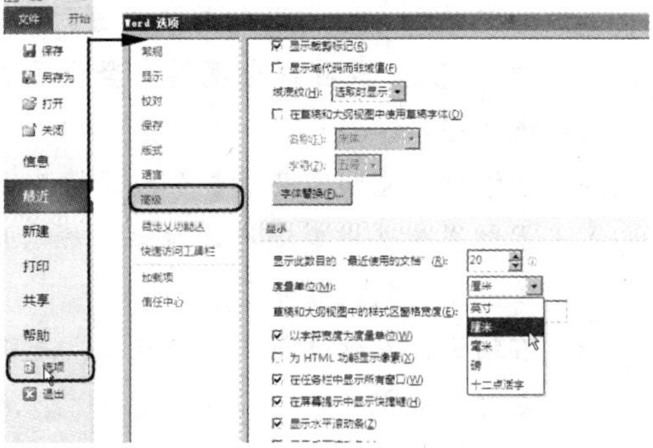

图6-14 设置标尺的度量单位

在默认情况下，Word会在文档中加入标尺，帮助用户进行编辑。也可以在页面视图中，显示或隐藏标尺，方法是选中【视图】选

项卡|【显示】组中的【标尺】复选框。

标尺的显示与视图模式关系如下。

- 在大纲视图和阅读版式视图中没有标尺。
- 在Web版式视图和草稿中只有水平标尺。
- 在页面视图中既有水平标尺，又有垂直标尺。

6.3.2 标尺在文档中的应用

利用文档中的标尺，可以看到文档的大小，双击标尺上的任意位置，还可以打开【页面设置】对话框。而使用标尺上的符号，可以对水平方向的段落进行排版，包括首行缩进、悬挂缩进、左缩进和右缩进4种缩进形式。这些缩进形式可以用不同的工具实现，除了利用标尺上的段落缩进滑标（如图6-15所示）之外，也可以利用Tab键或使用【段落】对话框进行设置。

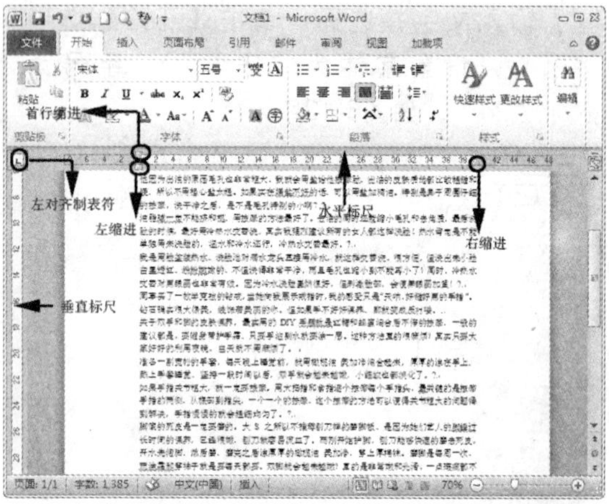

图6-15 标尺上的符号和表示含义

提示

单击【切换制表位】按钮，当此按钮变成和符号，表示此时在标尺上单击已不再是设置制表位的操作，而是进行首行缩进操作。在拖曳标尺上的滑标时，按住Alt键，就可以看到缩进的准确距离。

下面对段落水平方向排版的方法进行详细的介绍。

- 首行缩进：首行缩进是指将段落的第1行从左向右缩进一定的距离，而首行以外的各行都保持不变。要利用鼠标进行首行缩进，首先将光标置于需要缩进的段落中，然后用鼠标左键按住标尺上的首行缩进滑标并拖曳。这时在滑标下面会出现一条点划线，告诉用户将缩进到什么地方，当拖到合适位置时释放鼠标。
- 悬挂缩进：悬挂缩进与首行缩进相反，首行文本不加改变，而除首行以外的文本缩进一定的距离。在进行悬挂缩进时，先在文档中定位光标，然后在标尺上拖曳悬挂缩进滑标，当看到出现的点竖线已在合适的位置时释放鼠标。该段落就排成了悬挂缩进的格式。
- 左缩进：左缩进是对整个段落的左侧缩进一定的距离。同样在段落左缩进之前，先定位光标或先选中要缩进的段落，然后用鼠标在标尺上向右拖动左缩进滑标，到合适的位置上释放鼠标即可。
- 右缩进：右缩进与左缩进相反，是所选段落的右端向左缩进一定的距离。在标尺的右端也有一标记，此为右缩进滑标，用鼠标在标尺上向左拖曳该滑标至适当位置上释放鼠标即可。

6.4 上机练习——制作光盘封面

本例介绍光盘封面的制作，如图6-16所示。

图6-16 光盘封面效果

实战演练090——制作光盘封面

最终文件	dir\最终文件\cha06\制作光盘封面.docx
视频文件	Movie\06-02.avi

1 选择【插入】选项卡，在【插图】组中单击【形状】按钮，在弹出的下拉列表框中选择【基本形状】栏中的“同心圆”，按住Shift键拖曳同心圆将其插入到文档中，如图6-17所示。

2 选择【绘图工具】的【格式】选项卡，在【形状样式】组中单击【形状填充】按钮，在弹出的下拉面板中选择【图片】命令，在弹出的对话框中选中图片，然后将图片插入到同心圆中，如图6-18所示。

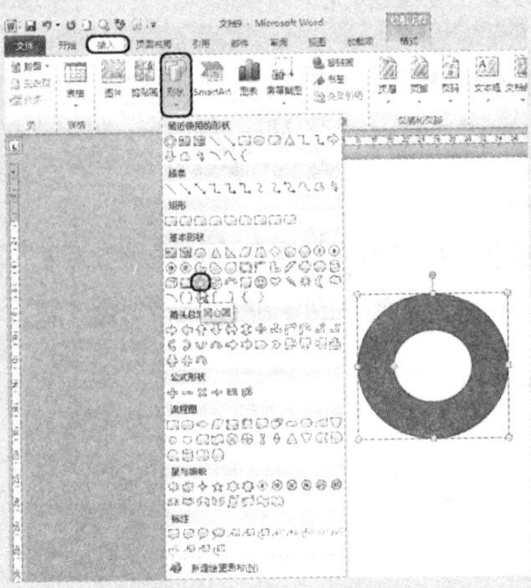

图6-17 插入同心圆

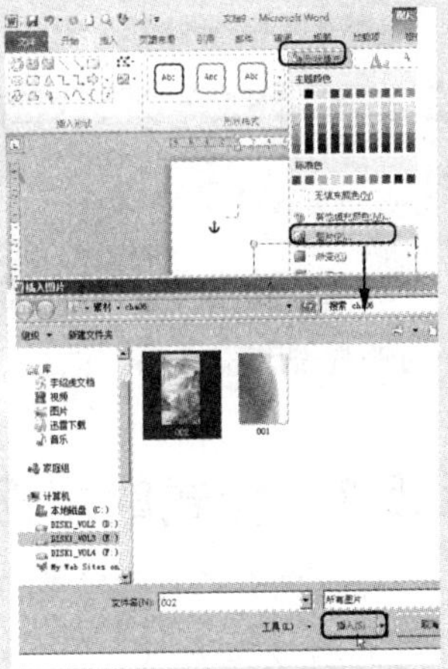

图6-18 插入图片

3 插入图片后的效果如图6-19所示。

4 选择【插入】选项卡，在【文本】组中单击【文本框】按钮，在弹出的下拉列表框中选择“简单文本框”，将其拖放到同心圆上，如图6-20所示。

6-19 插入后效果

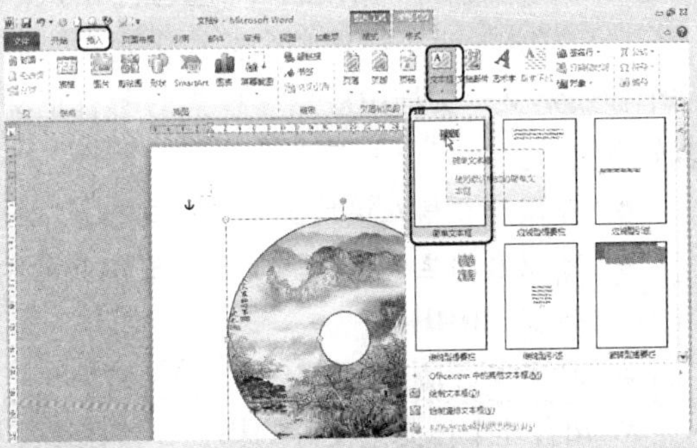

6-20 插入文本框

5 选择【绘图工具】的【格式】选项卡，在【形状样式】组中单击【形状填充】按钮，在弹出的下拉面板中选择【无填充颜色】命令，如图6-21所示。

6 选择【绘图工具】的【格式】选项卡，在【形状样式】组中单击【形状轮廓】按钮，在弹出的下拉面板中选择【无轮廓】命令，如图6-22所示。

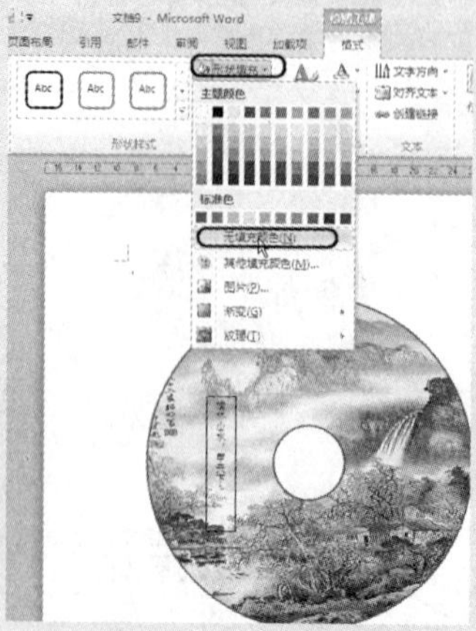

图6-21　设置无颜色填充

图6-22　设置无轮廓

6.5　样式和模板

样式和模板是Word所提供的最好的节省时间的工具，它们的优点之一就是保证所有文档的外观都非常漂亮，而且使用相关文档的外观都是一致的。本节介绍样式和模板的有关操作。

6.5.1　样式的用途

下面将介绍有关样式的基本概念。

1. 什么叫样式

Word的样式提供很强的文档格式化功能和灵活性。样式是一些格式化指令的集合，它有一个名称并保存起来。例如，某一样式可指定四号黑体、首行缩进、单行间距，以及两端对齐。在定义一个样式后，可以很快地把它运用于文档中的任何正文。

运用样式比手工运用各个格式化元素快得多，而且有保证一致性的优点。如果后来修改了一个样式定义，文档中应用该样式的所有正文都自动改变，反映新的样式格式化。使用样式具有如下优点。

- 可以使文档在编排上更美观统一。
- 可以自动生成文档的目录、大纲和结构图，使文档更加井井有条，进行编辑和修改更加快捷。
- 样式是自动生成文档目录的基础。

Word有几个预先定义好的样式，放在快速样式库中，用户也可以建立自己的样式。

注意

样式是命名的一组段落或字符格式化，可以重复使用。

2. 样式的分类

Word有5种类型样式，分别介绍如下。

- 段落样式：段落样式运用于整个段落，可以包括影响段落外观的格式化的各个方面，如对齐、缩进、上（下）间距、制表位、边框等。每个段落有一个样式，默认的段落样式是Normal。
- 字符样式：字符样式可以适用于正文的任意一节，包括运用于单个字符的任何格式化，如字体、字号、下划线、粗体等。换句话说，就是在【字体】组中可以分配的任何格式，没有默认字符样式。
- 链接段落和字符样式：设置段落和字符之间的链接样式。
- 表格样式：使用表格样式，使整个文档的表格外观一致。表格样式包括文本格式化、边框和底纹、单元格内垂直和水平对齐等内容。可以创建表格样式，把它应用于整个表格或表格的一部分，比如标题行或第一列。关于表格样式参见第7章内容。
- 列表样式：一旦修改过一个列表的外观，就可以把它作为一种样式并重复使用。利用列表样式可以选择列表格式，如使用黑体、宋体还是其他字体等，使用数字还是符号，并可以设置缩进和其他格式。像表格一样，可以将不同的样式应用于列表的各个部分，如1级、2级或3级等。

提示

在运用字符样式时，除了已有的格式化外，还可以追加应用字符样式格式化。例如，对一个已经格式化为斜体的句子运用粗体样式，该句子为粗斜体。

6.5.2 应用样式

应用样式的方法有以下3种。

- 使用预先定义好的快速样式库中的样式。快速样式库是Word预先定义好的一些样式，可以直接应用到用户所创建的文档中。
- 使用【样式】任务窗格中的样式，将其直接运用到文档中。
- 用户先自行定义样式，然后再将样式应用于文档中。

Word中为文档设置样式主要使用快速样式库和【样式】任务窗格两个工具。快速样式库列出了经常使用的样式，而【样式】任务窗格则列出了文档中的所有样式。

1. 快速样式库和【样式】任务窗格

在Word 2010中，不但可以在【开始】选项卡|【样式】组中便捷地应用某一种特定样式，还可以选择一组样式，使这些样式共同工作以创建样式一致、整齐美观的文档。例如，一组快速样式可能包含用于多种标题级别、正文文本、引用和标题的样式。

只有选择适用于文档种类的快速样式集，然后在创建文档时从快速样式库中应用样式。【快速样式库】位于【开始】选项卡的【样式】组中，如图6-23所示。

图6-23 【样式】组中的快速样式库

在快速样式库中如果没有看到所需的样式，单击【其他】按钮，展开快速样式库，如图6-24所示。

在【开始】选项卡|【样式】组中，单击【样式】对话框启动器，弹出【样式】任务窗格。按Ctrl+Shift+S键，可以打开【应用样式】任务窗格，在【样式名】下拉列表中选择所需的样式，从而应用样式。

有了上述样式工具，就可以为文档快速应用样式，并创建自己的样式。

图6-24　展开快速样式库

2. 为文档设置样式

在Word中，系统给定预先定义的样式，如标题1、标题2、标题3等。当建立一个文档时，要使用系统预先定义的样式，可用快速样式库来实现。

实战演练091——为文档设置样式

1 将光标定位于使用样式的插入点，如图6-25。

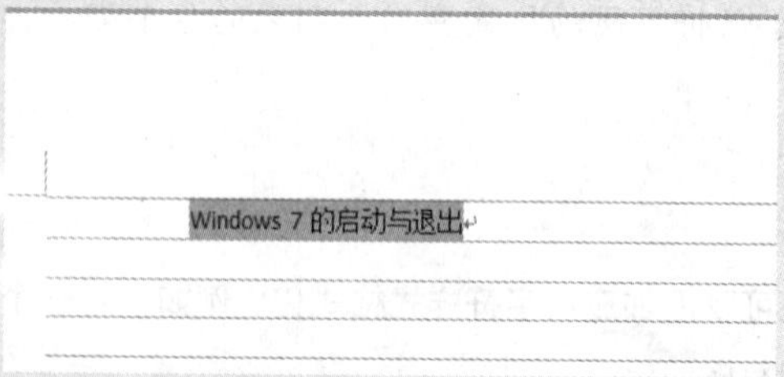

图6-25　定位插入点

2 选择【开始】选项卡|【样式】组，在快速样式库中选择【标题】样式，定义完样式后的效果如图6-26所示。

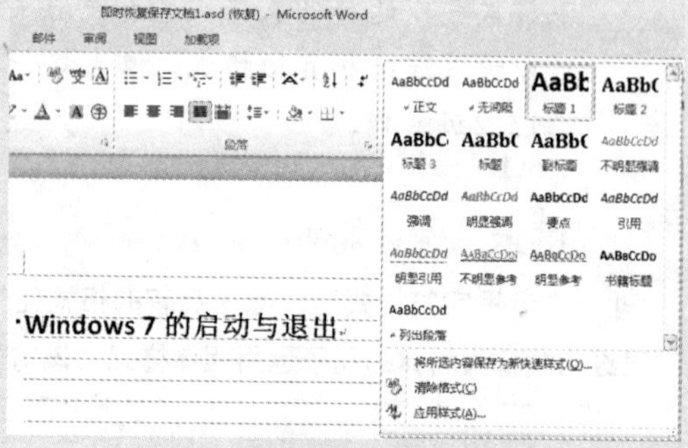

图6-26　选择样式

提示

如果所需要的样式未显示在快速样式库中，可以按Ctrl+Shift+S键，打开【应用样式】任务窗格。在【样式名】下拉列表中仅显示在文档中已使用过的样式，但这里也可以键入为该文档定义的任何样式名称。如果单击【样式】对话框启动器，打开【样式】任务窗格，从中也可以选择所需要的样式。

3. 创建新的样式

快速样式库是为了一起使用某些样式而创建的样式集合。虽然快速样式库可能包含生成文档所需的所有样式，但有时需要添加一个全新的样式。

实战演练092——创建新的样式

1 选择要创建为新样式的文本。例如，如果希望“电脑”这个词在文档中始终以加粗和红色样式来显示。

2 在所选内容上方显示的浮动工具栏上单击 **B** 按钮，并将文字设置为红色，如图6-27所示。

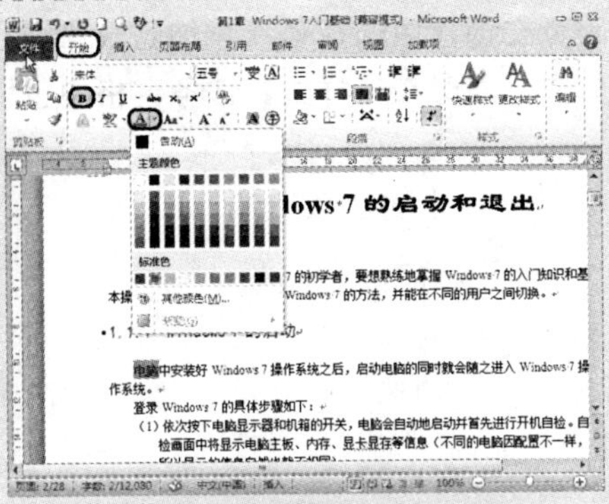

图6-27 设置字体颜色并加粗

3 右键单击所选内容，在快捷菜单中选择【样式】|【将所选内容保存为新快速样式】命令，打开【根据格式设置创建新样式】对话框，在【名称】文本框中为样式提供一个名称，然后单击【确定】按钮，如图6-28所示。

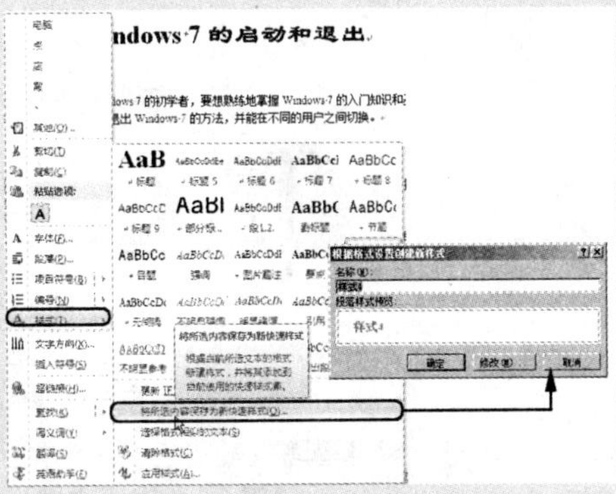

图6-28 【根据格式设置创建新样式】对话框

所创建的文本样式及为它提供的名称显示在快速样式库中，如果希望哪个文本加粗而且显示红色，就可以应用它。

也可以通过在格式化中进行格式化输入来创建新样式。必须使用这个方法来创建字符样式，而对于段落样式是可选的。

可以从头新建一个样式，或者把它基于已存在的样式。如果选择后一种方法，新样式将由基础样式的所有格式，再加上在定义样式时进行的任何增加和修改组成。

实战演练093——从头创建一个新样式

1 选择【开始】选项卡|【样式】组，单击【样式】对话框启动器，弹出【样式】任务窗格，如图6-29所示。

2 在【样式】任务窗格中单击按钮，弹出【根据格式设置创建新样式】对话框，如图6-30所示。

图6-29 【样式】任务窗格

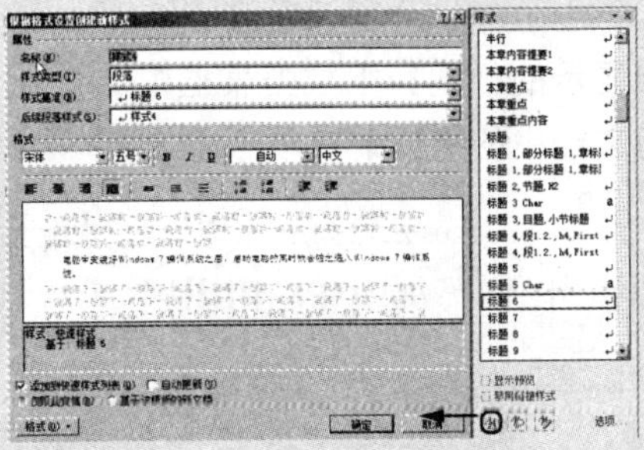

图6-30 【根据格式设置创建新样式】对话框

3 在该对话框中将【属性】、【格式】等根据自己的需要进行设置，如图6-31所示。

4 设置完成后单击【确定】按钮，生成新样式。因为在创建中选择了【添加到快速样式列表】复选框，所以此新样式就添加到快速样式库中，同时在【样式】任务窗格中也增加了新建样式，如图6-32所示。

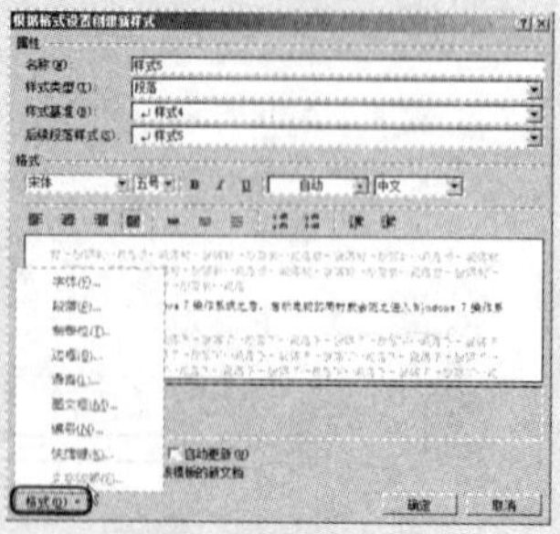

图6-31　设置样式

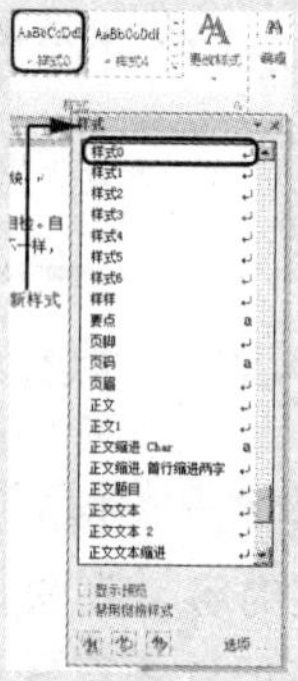

图6-32　添加的新样式

4. 向快速样式库中添加样式和删除样式

在Word中使用快速样式库可以方便地为文档设置样式。当然，对快速样式库的管理也包括向其中添加样式和删除样式。

- 向快速样式库中添加样式

在使用Word时，常常要创建新的样式，并且为了以后使用方便，要将其添加到快速样式库中，或者添加没有在快速样式库中显示但经常使用的样式。

有时，样式会被用户从快速样式库中删除，或者在样式列表中隐藏。这种情况下可以很容易地将样式移至快速样式库中。

实战演练094——将样式移至快速样式库中

1 选择【开始】选项卡|【样式】组，单击【样式】对话框启动器，弹出【样式】任务窗格。

2 单击【选项】按钮，弹出【样式窗格选项】对话框。

3 在【选择要显示的样式】下拉列表框中选择【当前文档中的样式】选项，如图6-33所示。

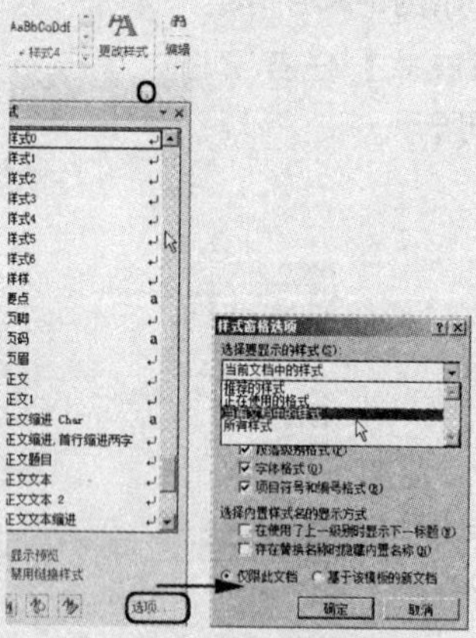

图6-33　选择【当前文档中的样式】选项

- 从快速样式库中删除样式

要在快速样式库中删除样式，可以选择【开始】选项卡|【样式】组，右键单击要从库中删除的样式，在弹出的快捷菜单中选择【从快速样式库中删除】命令，如图6-34所示。删除前后

的对比效果如图6-35所示。

提示

从快速样式库中删除样式不会将该样式从【样式】任务窗格显示的条目中删除。【样式】任务窗格列出了文档中的所有样式。

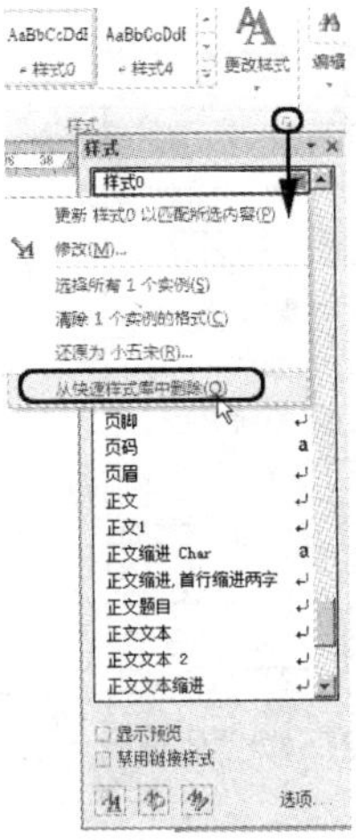

图6-34 选择【从快速样式库中删除】命令

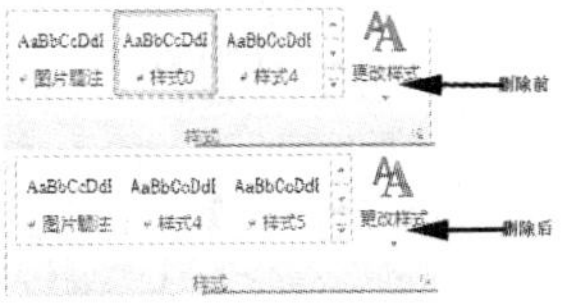

图6-35 删除前后的对比效果

5. 更改样式

在Word中，快速样式库是一些样式的集合，这样样式可以相互搭配创建出吸引人的、具有专业外观的文档。在大多数情况下，不会更改快速样式库中的样式，因为这些样式彼此互为补充，而且要使用另一种快速样式集是非常容易的。但在某些情况下，可能会更改快速样式库中的某个样式的属性。

实战演练095——更改样式

1 选择需要更改样式属性的文本。例如，要更改“标题3”样式的属性，需选择应用了“标题3”样式的文本。

提示

要查看特定样式的属性，单击【样式】对话框启动器，然后让鼠标指针停留在列表中的某个样式上，即可列出样式的属性，如图6-36所示。

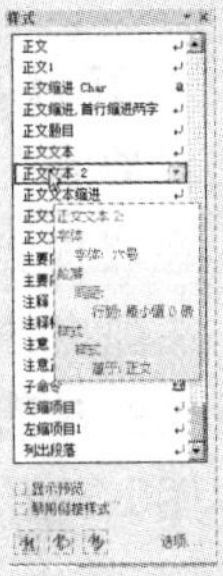

图6-36 选择样式

2 用所需的新属性设置所选文本的格式。选择【开始】选项卡|【样式】组，右键单击“正文文本2”，在弹出的快捷菜单中选择【修改】命令，打开【修改样式】对话框，如图6-37所示。

3 在打开的对话框中对“正文文本2”样式的属性进行修改，将【格式】设置为“黑体”，将【字体大小】设置为“小二”，设置完成后单击【确定】按钮，如图6-38所示。

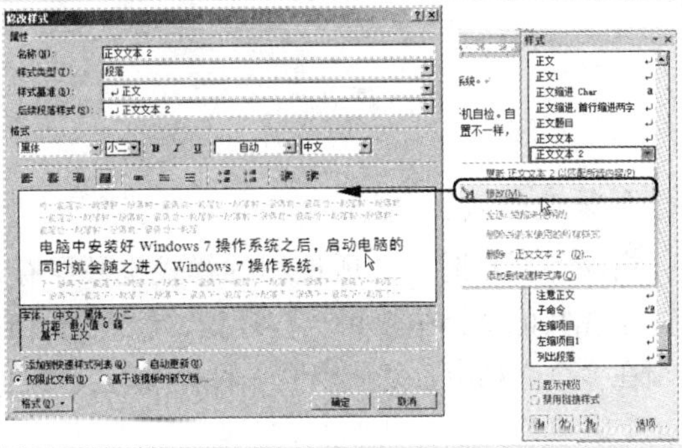

图6-37 选择【修改】命令

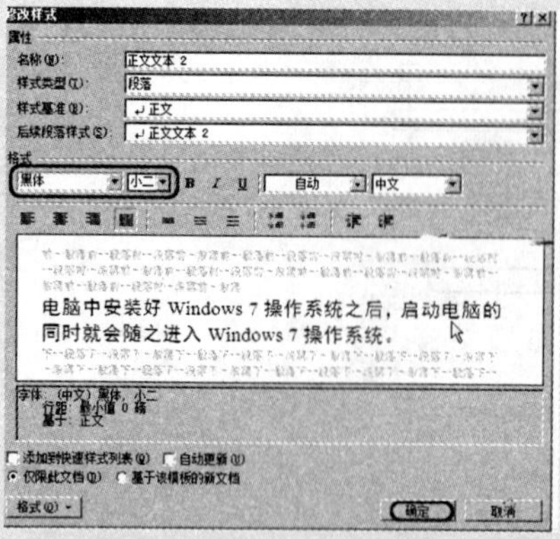

图6-38 设置“正文文本2”样式的属性

提示

【修改样式】对话框与【根据格式设置创建新样式】对话框的选项是一样的。

6. 删除样式

可以从快速样式库和【样式】任务窗格中删除样式。从快速样式库中删除样式，只是不显示在快速样式库中，但它仍然存在于【样式】任务窗格中。从【样式】任务窗格中删除样式才是彻底地删除样式。

实战演练096——删除样式

1 打开【样式】任务窗格，将光标处的位置定义为“要点”。

2 在【样式】任务窗格的“要点”样式上单击鼠标右键，在弹出的快捷菜单中选择【删除“要点”】命令，在弹出的对话框中单击【是】按钮，将选择的样式删除，如图6-39所示。

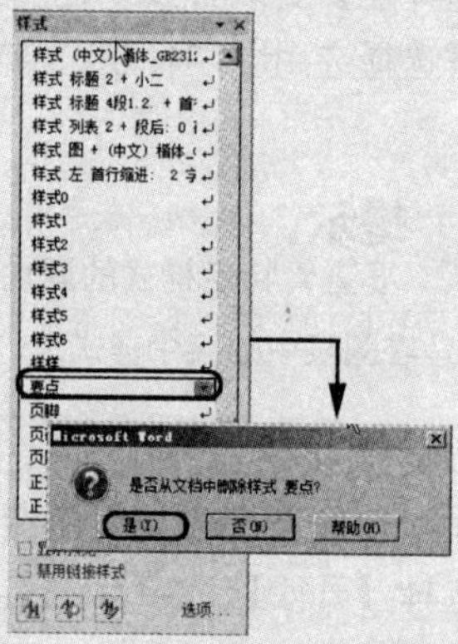

图6-39 删除样式

7. 保存样式

当保存文档时，它所使用的样式也被保存，所以在下一次编辑文档时就能自动使用。不过，想在其他文档中使用这些样式，就必须将它们从第一个文档复制到第二个文档。如果发现必须在多个文档中重复使用同一种样式，就要创建模板了。

6.5.3 什么是模板

模板是一种文档类型，在打开模板时会创建模板本身的副本。在Word 2010中，模板文件的扩展名为“.dotx”或“.dotm”（后一个类型允许在文件中启用宏）。

例如，在Word中常常要编写商务计划，可使用具有预定义页面版式、字体、边距和样式的模板，而不必从零开始创建商务计划的结构。要创建商务计划文档，只需打开一个模板，然后填充特定于个体文档的文本和信息即可。在将文档保存为“.docx”或“.docm”文件时，文档会与文档基于的模板分开保存。

可以在模板中提供部分或必需的文本以供他人使用，还可以提供内容控件（如预定义下拉列表或特殊徽标），在这方面模板与文档极其相似。可以对模板中的某个部分添加保护，或者对模板应用密码以防止对模板的内容进行更改。

如果已连接到Internet，单击【文件】按钮并选择【新建】，然后选择所需的模板类别。也可以创建自己的模板。

6.5.4 运用模板

下面将介绍模板的运用。

1. 基于模板创建文档

实战演练097——使用Word自带模板创建文档

1 单击【文件】按钮并选择【新建】，弹出面板，如图6-40所示。

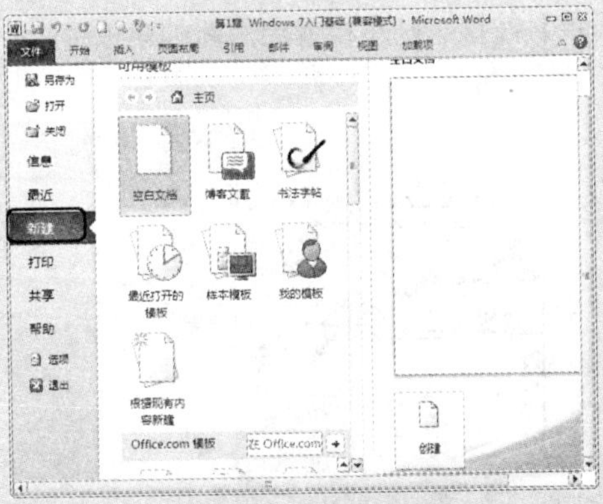

图6-40 【新建】面板

2 在【可用模板】选项框中单击【样本模板】按钮，显示出各种类型的模板。

3 这里选择的是“平衡报告”模板，如图6-41所示。然后单击【创建】按钮，即基于该模板创建文档，如图6-42所示。

4 在此可以输入具体内容。

图6-41 选择“平衡报告”模板

图6-42 基于“平衡报告”模板建立文档

2. 为现有的文档选用模板

实战演练098——为已创建文档选用模板

1 打开要更换模板的文档。

2 单击【文件】按钮并选择【选项】，弹出【Word选项】对话框，在该对话框中选择【加载项】选项，打开【加载项】面板，如图6-43所示。

3 在【管理】下拉列表框中选择【模板】选项，再单击【转到】按钮，弹出【模板和加载项】对话框，如图6-44所示。

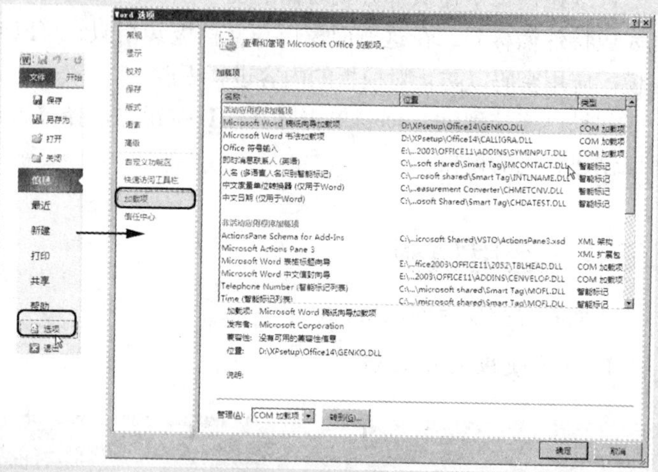

图6-43 【加载项】面板

4 在【文档模板】文本框中要更改模板，单击【选用】按钮，打开【选用模板】对话框。从该对话框中选择模板，单击【打开】按钮，返回【模板和加载项】对话框。选中【自动更新文档样式】复选框，如图6-45所示。单击【确定】按钮，则文档就启用新的模板了。

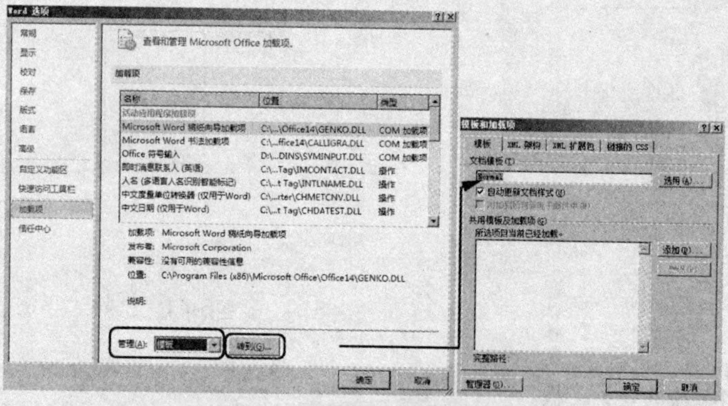

图6-44 【模板和加载项】对话框

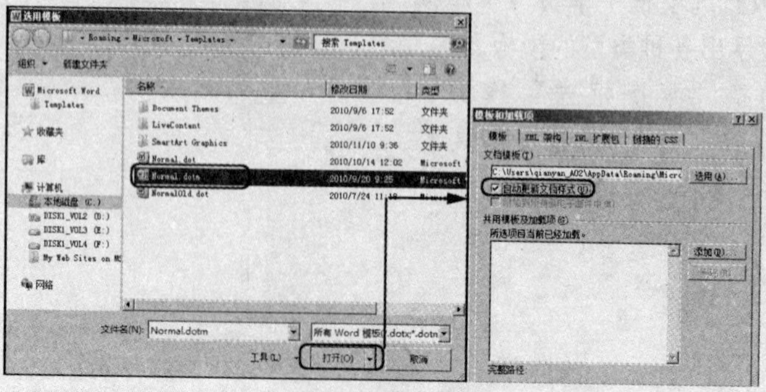

图6-45 选择模板

6.5.5 创建模板

创建模板的方法有3种，下面将分别对它们进行介绍。

1. 从空白文档开始

实战演练099——从空白文档开始创建模板

1 单击【文件】按钮并选择【新建】，弹出面板。

2 选择【空白文档】图标，单击【创建】按钮；或直接双击【空白文档】图标，打开新的空白文档，如图6-46所示。

图6-46 创建空白文档

3 创建的新文档会自动命名，然后根据需要，对边距设置、页面大小、方向、样式及其他格式进行更改。还可以根据要基于该模板创建的新文档中的内容，添加相应的说明文字、内容控件（如日期选取器）和图形等。

4 单击【文件】按钮并选择【另存为】，在【另存为】对话框中，指定新模板的文件名称，在【保存类型】下拉列表框中选择“Word模板”，然后单击【保存】按钮，如图6-47所示。

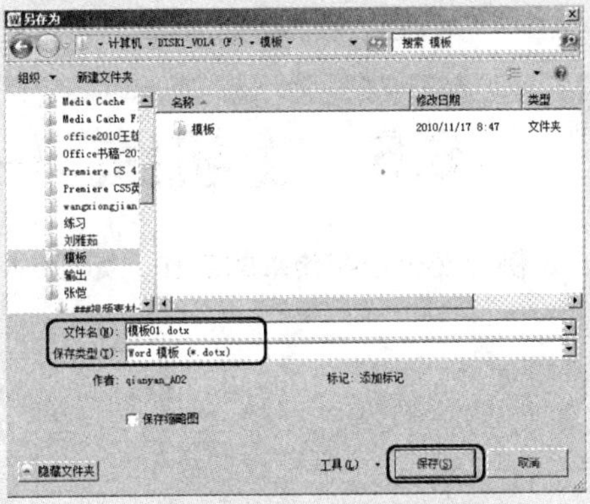

图6-47 保存模板

5 关闭该模板。

2. 基于现有文档创建模板

实战演练100——基于现有文档创建模板

1 单击【文件】按钮并选择【打开】，弹出【打开】对话框，打开所需的文档。

2 单击【文件】按钮并选择【另存为】，在【另存为】对话框中指定新模板的文件名称，并在【保存类型】下拉列表框中选择“Word模板”，然后单击【保存】按钮，将该模板进行存储。

3 关闭该模板。

3. 基于现有模板创建模板

实战演练101——基于现有模板创建模板

1 单击【文件】按钮并选择【新建】，弹出新建文档面板。

2 在【可用模板】选项框中单击【根据现有的内容创建】目标，弹出【根据现有文档创建】对话框。然后选择与创建的模板相类似的模板，单击【新建】按钮，打开文档。

3 单击【文件】按钮并选择【另存为】，在【另存为】对话框中指定新模板的文件名称，并在【保存类型】下拉列表框中选择“Word模板”，然后单击【保存】按钮，将该模板进行存储。

4 关闭该模板。

6.5.6 修改已有模板

假设创建一个新模板，但后来发现要对固定正文稍作修改。可以从磁盘中打开任何已存在的模板文件并修改它，然后再将模板文件保存。在修改一个模板时，所进行的修改在以前基于该模板的文档中并不反映出来，只有新文档受影响。

最后不修改已有模板，而是基于它建立新模板。

6.6 上机练习——制作公益宣传单

本例介绍公益宣传单的制作，如图6-48所示。

图6-48 公益宣传单

实战演练102——制作公益宣传单

最终文件	dir\最终文件\cha06\制作公益宣传单.docx
视频文件	Movie\06-03.avi

1 首先运行Word 2010，单击【文件】按钮并选择【新建】，创建一个空白文档，然后单击【页面布局】选项卡|【页面设置】组【页边距】|【上次的自定义设置】。

2 选择【插入】选项卡，在【插图】组中单击【形状】按钮，在弹出的下拉列表框中选择【基本形状】栏中的【矩形】形状，然后将矩形插入到文档中，如图6-49所示。

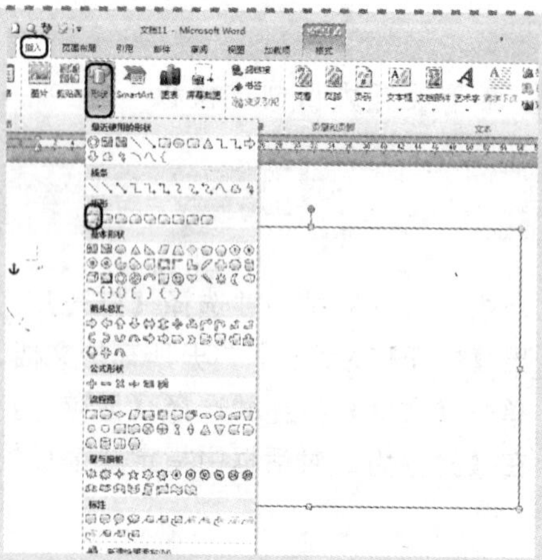

图6-49 插入矩形

3 选择【绘图工具】的【格式】选项卡，在【形状样式】组中单击【形状轮廓】按钮，在弹出的下拉面板中将【粗细】设置为6磅，如图6-50所示。

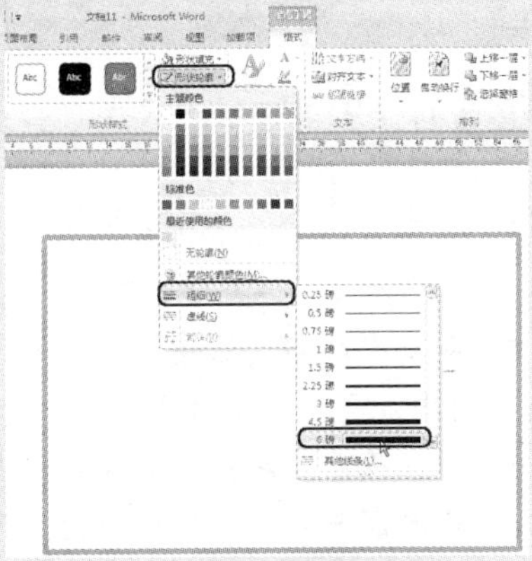

图6-50 设置轮廓的粗细

4 选择【绘图工具】的【格式】选项卡，在【形状样式】组中单击【形状效果】按钮，在弹出的下拉菜单中选择一种【映像】样式，如图6-51所示。

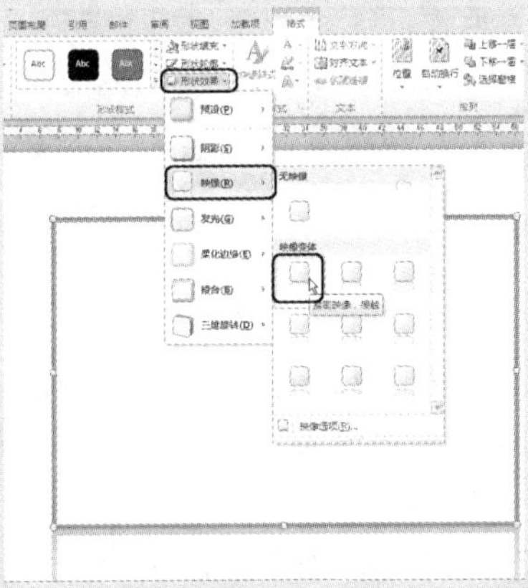

图6-51 设置效果

5 选择【插入】选项卡，在【插图】组中单击【图片】按钮，在弹出的【插入图片】对话框中选择一张图片，将图片插入到文档中，如图6-52所示。

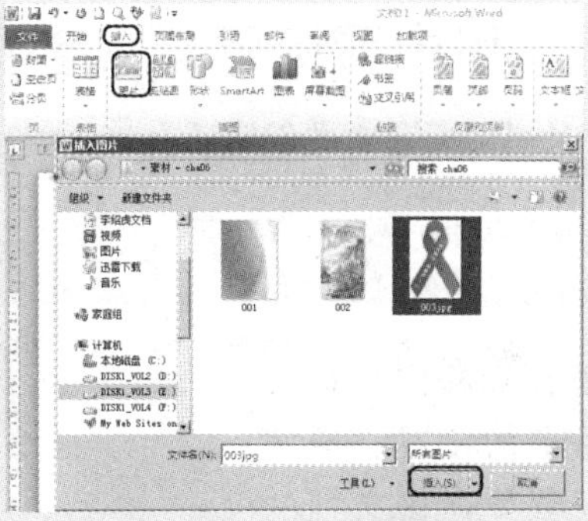

图6-52 插入图片

6 选中图片，然后选择【图片工具】的【格式】选项卡，在【排列】组中单击【自动换行】按钮，在弹出的下拉菜单中选择【浮于文字上方】命令，如图6-53所示。

7 选择【绘图工具】的【格式】选项卡，在【调整】组中单击【颜色】按钮，在弹出的下拉面板中选择【设置透明色】命令，将鼠标移动到图片的白色区域上并单击，将图片的背景设置为透明色，如图6-54所示。

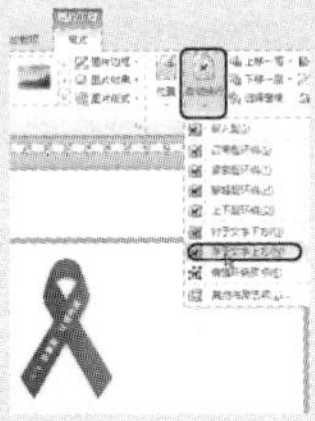

图6-53 设置图片的格式

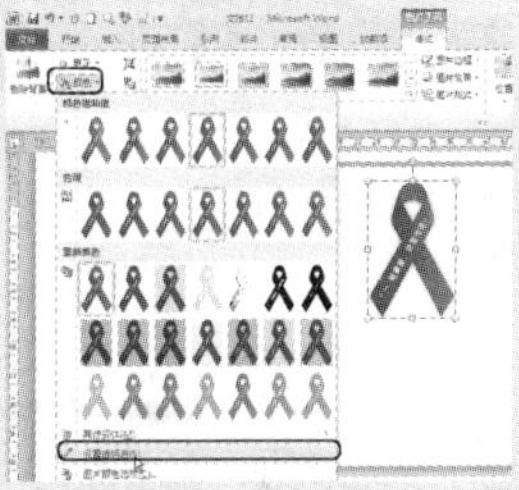

图6-54 设置图片的背景为透明色

8 选择一种艺术字体插入到文档中，如图6-55所示。

9 按照相同方法插入另一张图片并调整到合适位置。

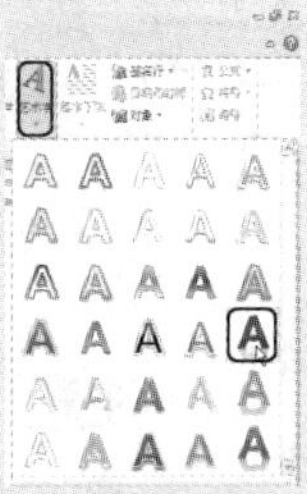

如图6-55 插入艺术字体

6.7 为文档生成目录

一篇文章具有良好的组织结构是非常重要的。如果信息的展示没有一定的逻辑顺序，势必要影响到文章的质量，也给用户带来理解上的麻烦。如果为文章添加一个目录，可以使文章具有条理性。

6.7.1 用内置标题样式创建目录

如果使用标题样式创建了文档，就可以用它来创建目录。

实战演练103——创建目录

1 把光标移到要插入目录的位置。通常是创建在该文档的开头或者结尾。

2 单击【引用】选项卡|【目录】组中的【目录】按钮，弹出【目录】下拉菜单，可以直接选择系统内置的目录样式，如图6-56所示。

图6-56 【目录】下拉菜单

3 或者在【目录】下拉菜单中选择【插入目录】命令，弹出【目录】对话框，切换至【目录】选项卡，如图6-57所示。

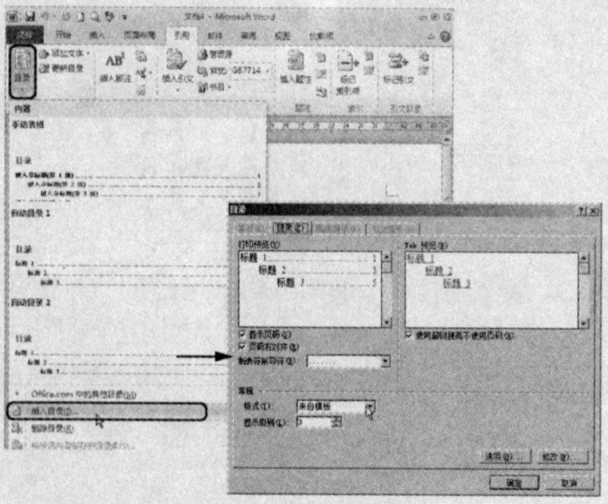

图6-57 【目录】对话框

注意

Word提供了自动生成目录的功能，使目录的制作变得非常简便，既不费力地去手工制作目录、核对页码，也不必担心目录与正文不符。而且在文档发生了改变以后，还可以利用更新目录的功能来适应文档的变化。除了可以创建一般的标题目录外，还可以根据需要创建图表目录以及引文目录等。

在【目录】对话框中各选项含义介绍如下。

- 显示页码：选中该复选框，在目录中显示页码，否则不显示。
- 页码右对齐：选中该复选框，在目录中的页码右对齐。
- 制表符前导符：制表符前导符是目录内容与页码之间的符号，可在该下拉列表框中选择符号形式。
- 使用超链接而不使用页码：选中该复选框，建立目录与正文之间的超链接，当按住Ctrl键并单击目录行时，将链接到正文中该目录的具体内容。
- 格式：目录的格式，Word已经建立了几种内置目录格式，如【来自模板】、【古典】、【优雅】、【流行】等。
- 显示级别：代表目录的级别。如果该值为2，说明要显示2级目录；如果该值为3，则说明要显示3级目录。
- 打印预览：打印的实际样式。
- Web预览：在Web网页中所看到的样子。
- 选项：关于目录的其他选项。多数情况下，不用设置该选项，就已经满足创建目录的需要了。
- 修改：修改目录的内容。如果系统内置的目录与选项能满足要求，可不进行修改。

4 设置完成后单击【确定】按钮，生成目录，如图6-58所示。

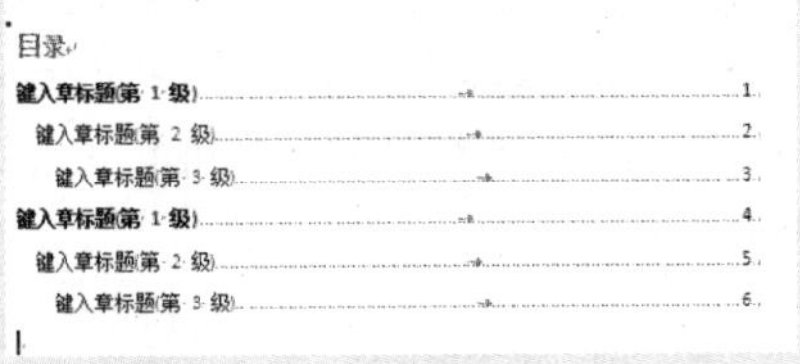

图6-58 创建的目录

提示

如果要改变目录的样式，可以单击【修改】按钮，不过只有选择【来自模板】选项时，【修改】按钮才有效。

6.7.3 删除目录

如果要删除一个目录，单击【引用】选项卡|【目录】组中的【目录】按钮，弹出【目录】下拉菜单，选择【删除目录】命令即可。或选择目录，按Delete键将目录删除。

6.8 上机练习——制作新颖目录

本例介绍新颖目录的制作，如图6-59所示。

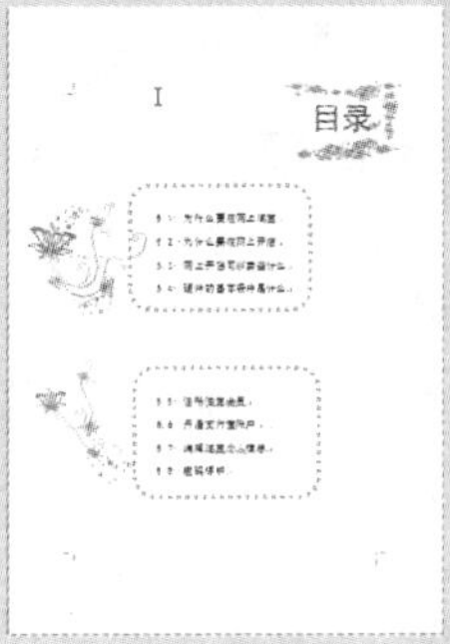

图6-59 新颖目录

实战演练104——制作新颖目录

最终文件	dir\最终文件\cha06\制作新颖目录.docx
视频文件	Movie\06-04.avi

1 首先打开Word 2010，新建一个空白文档，修改版式为A4，上、下边距为4.2，左、右边距为3.5。

2 选择【插入】选项卡，在【插图】组中单击【图片】按钮，在弹出的对话框中选择一张图片，将图片插入到文档中。

3 选择【绘图工具】的【格式】选项卡，单击【调整】组中的【颜色】按钮，在弹出的下拉面板中选择【设置透明色】命令，然后将光标移动到图片上单击图片白色区域，这样图片的背景设置为透明色，如图6-60所示。

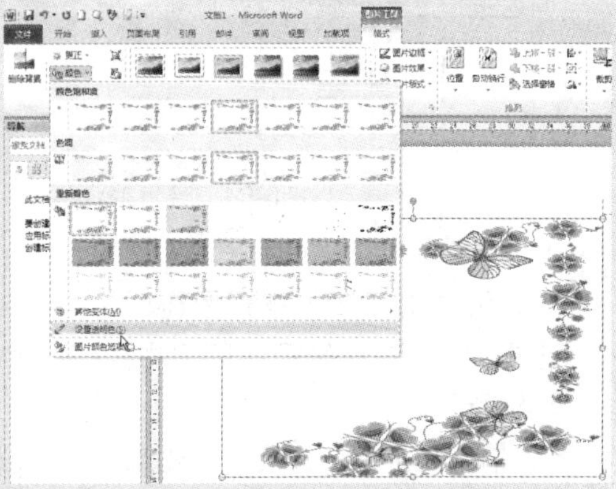

图6-60 设置图片

4 选择【图片工具】的【格式】选项卡，单击【排列】组中的【自动换行】按钮，在弹出的下拉菜单中选择【衬于文字下方】命令，如图6-61所示。

5 选择【插入】选项卡，在【插图】组中单击【形状】按钮，在弹出的下拉列表框中选择【基本形状】栏中的【圆角矩形】形状，然后将圆角矩形插入到文档中，如图6-62所示。

6 选择【绘图工具】的【格式】选项卡，在【形状样式】组中单击【形状轮廓】按钮，在弹出的下拉面板中将【粗细】设置为6磅，如图6-63所示。

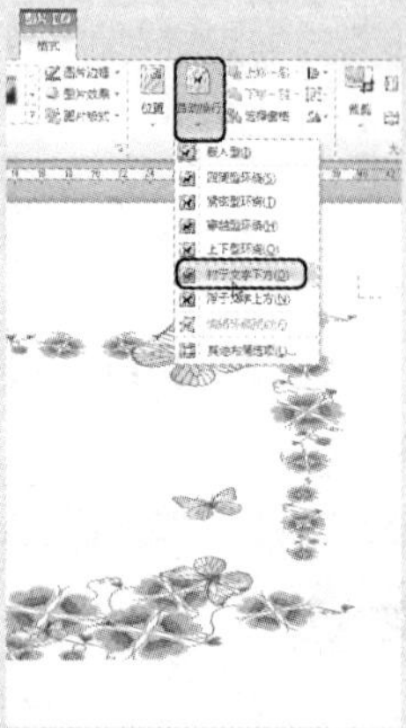
图6-61 设置图片格式

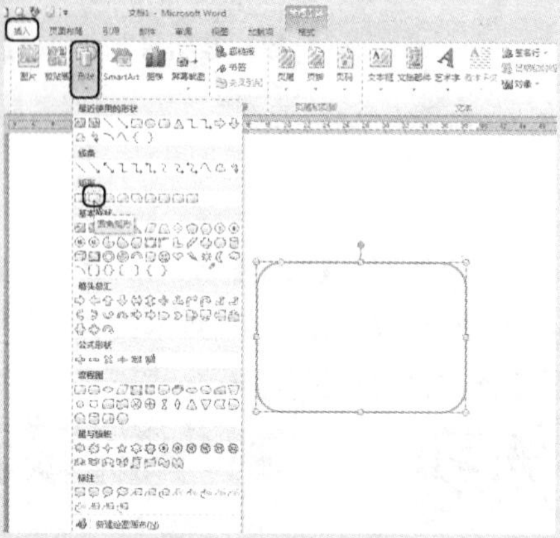
图6-62 插入圆角矩形

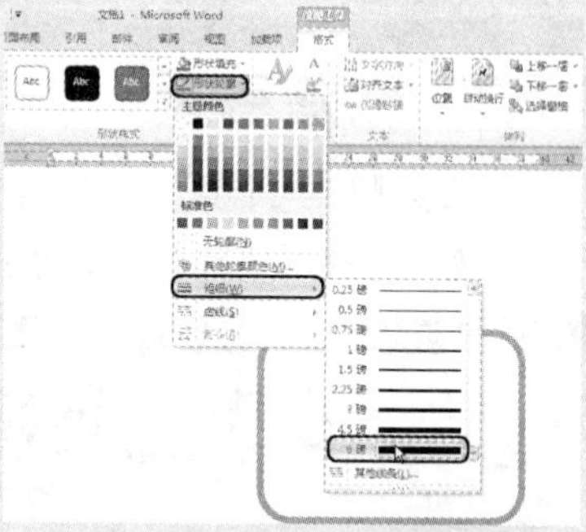
图6-63 设置轮廓的粗细

7 选择【绘图工具】的【格式】选项卡【形状样式】组|【形状轮廓】|【虚线】|【其他线条】命令，在弹出的【设置形状格式】中选择【线端类型】为“圆形”，【联接类型】为“圆形”，如图6-64所示。

8 选择【绘图工具】的【格式】选项卡【形状样式】组|【形状轮廓】|【虚线】中的第二种虚线样式，如图6-65所示。

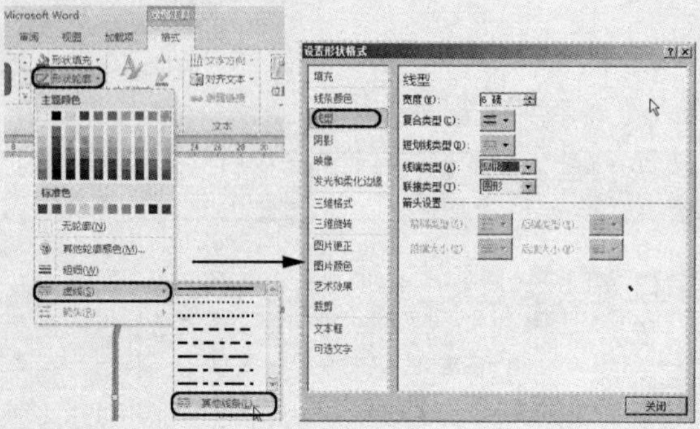
图6-64 设置形状格式

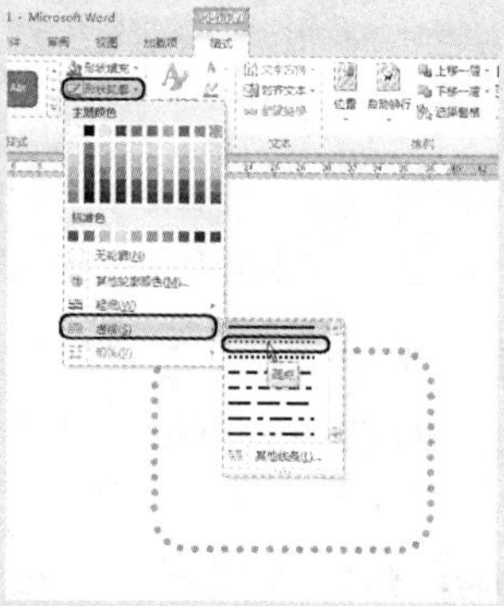
图6-65 选择轮廓形状

9 单击【插入】选项卡|【文本】组中的【文本框】按钮，选择“简单文本框”，如图6-66所示。

10 输入文字，设置填充，轮廓都为无，用同样的方法插入图片，如图6-67所示。

图6-66 插入文本框

图6-67 进行设置

6.9 脚注和尾注

Word为学术论文提供了一个选项——脚注和尾注。可以用脚注对文档内容进行注释说明，用尾注说明引用的文献。脚注和尾注为文档中的文本提供解释、批注及相关的参考资料。

脚注或尾注由两个链接的部分组成，即注释引用标记和相应的注释文本。注释引用标记用于指明脚注或尾注已包含附加信息的数字、字符脚注和尾注引用标记或字符的组合。如图6-68所示是脚注示意图，如图6-69所示是尾注示意图。

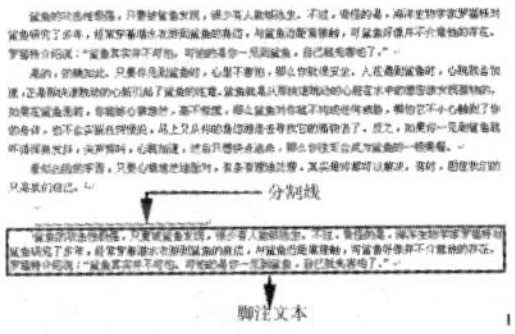

图6-68 脚注示意图

图6-69 尾注示意图

在指定编号方案后，Word会自动对脚注和尾注进行编号。可以在整个文档中使用一种编号方案，也可以在文档的每一节中使用不同的编号方案。

脚注的引用标记可以是一个符号，如“#”，或是顺序编号；而尾注一般都是按顺序编号引用。在添加、删除或移动自动编号的注释时，Word将对脚注和尾注引用标记进行重新编号。

如果要创建书目，可以在【引用】选项卡的【引文和书目】组上找到用于创建和管理原始资料及引文的命令。

如果文档中脚注的编号不正确，可能是因为文档中包含修订。接受修订可以使Word对脚注和尾注重新编号。

6.9.1 插入脚注和尾注

Word能够自动为标记编号或创建自定义的标记，例如，在添加、删除或移动自动编号的注释时，Word将对注释引用标记重新编号。

实战演练105——插入脚注和尾注

1 将光标移到要插入脚注和尾注文字的右侧。

2 选择【引用】选项卡|【脚注】组，单击【脚注】对话框启动器，打开【脚注和尾注】对话框。

提示

要插入后续的脚注，按Ctrl+Alt+F键；要插入后续的尾注，按Ctrl+Alt+D键。在默认情况下，Word将脚注放在每页的结尾处，而将尾注放在文档的结尾处。

3 以插入尾注为例，在【脚注和尾注】对话框中选中【尾注】单选按钮，其他参数使用默认值，单击【插入】按钮后，就会切换到文档的最后面，然后键入注释文本即可，如图6-70所示。

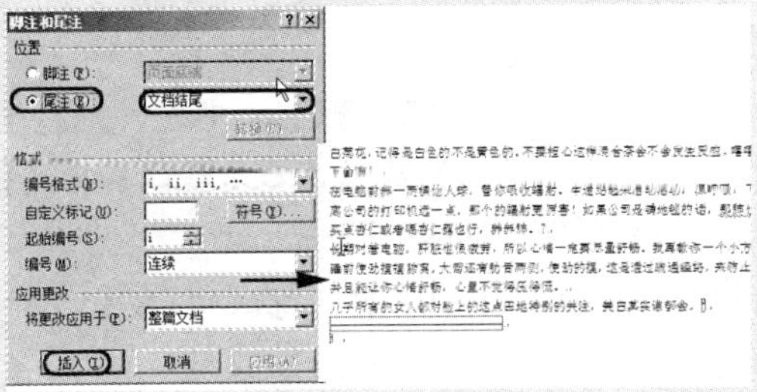

图6-70 插入尾注

4 要更改脚注或尾注的格式，单击【脚注】对话框启动器，打开【脚注和尾注】对话框，然后选择【编号格式】，或使用自定义标记替代传统的编号格式，单击【自定义标记】旁边的【符号】按钮，然后从可用的符号中选择标记即可，如图6-71所示。

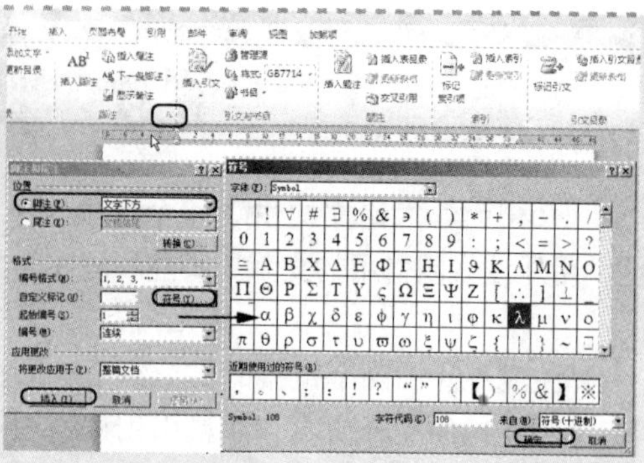

图6-71 更改脚注或尾注的格式

6.9.2 更改脚注或尾注的编号格式

通过学习更改脚注或尾注的编号方式的方法，使用户对文章的设置及运用更加灵活。

实战演练106——更改脚注或尾注编号格式

1 将插入点置于需要更改脚注或尾注格式的节中，如果文档没有分节，将插入点置于文档中的任意位置。

2 选择【引用】选项卡|【脚注】组，单击【脚注】对话框启动器，打开【脚注和尾注】对话框。

3 分别选中【脚注】或【尾注】单选按钮。

4 在【格式】选项组中设置所需的选项。

5 单击【插入】按钮，如图6-72所示。

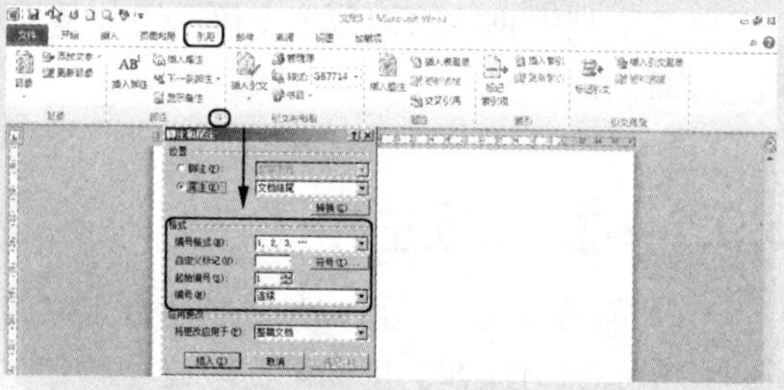

图6-72 设置尾注格式

6.9.3 创建脚注或尾注延续标记

如果脚注或尾注过长使页面无法容纳，可以创建延续标记将脚注或尾注延续到下一页。

实战演练107——创建脚注或尾注延续标记

1 在页面视图中，选择【引用】选项卡|【脚注】组|【显示备注】命令。

2 如果文档同时包含脚注和尾注，则会显示一个信息。选中【查看脚注区】或【查看尾注区】单选按钮，然后单击【确定】按钮，如图6-73所示。

3 键入延续标记所用的文字。

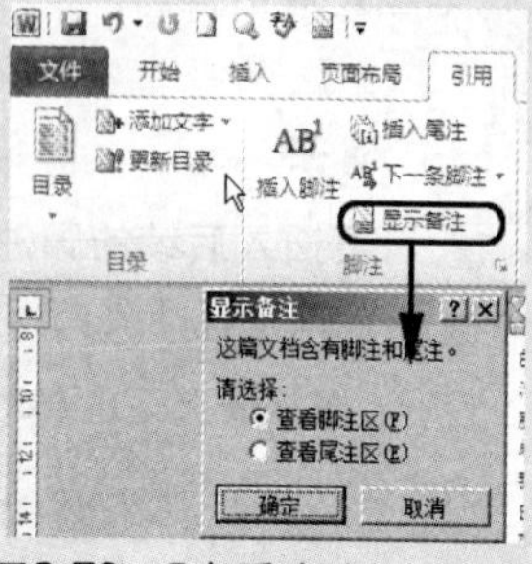

图6-73 【查看脚注】对话框

6.9.4 删除脚注或尾注

删除脚注或尾注时，要删除文档窗口中的注释引用标记，而非注释文本。如果删除了一个自动编号的注释引用标记，Word会自动对脚注或尾注进行重新编号。在文档中选定要删除的脚注或尾注引用标记，然后按Delete键即可。

6.10 上机练习——添加脚注和尾注

本例介绍为文本添加脚注和尾注，如图6-74所示。

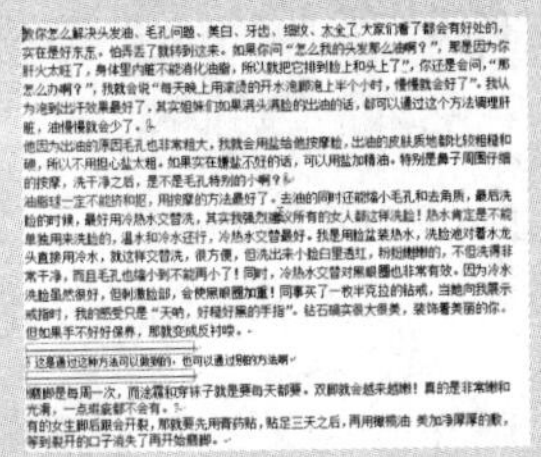

图6-74 添加脚注和尾注

实战演练108——添加脚注和尾注

最终文件	dir\最终文件\cha06\添加脚注和尾注.docx
视频文件	Movie\06-05.avi

1 打开或输入想要添加的文本，如图6-75所示。

图6-75 输入文本

2 将光标移到要插入脚注文字的右侧。

3 在【引用】选项卡|【脚注】组中，单击按钮，打开【脚注和尾注】对话框，选中【脚注】单选按钮，将其更改为“文字下方”，其他参数使用默认值，单击【插入】按钮后，就会切换到文档的最后面，如图6-76所示。

4 利用同样的方法添加尾注，单击【脚注】对话框启动器，打开【脚注和尾注】对话框，单击【自定义标记】旁边的【符号】按钮，然后从可用的符号中选择标记即可，完成后的效果如图6-77所示。

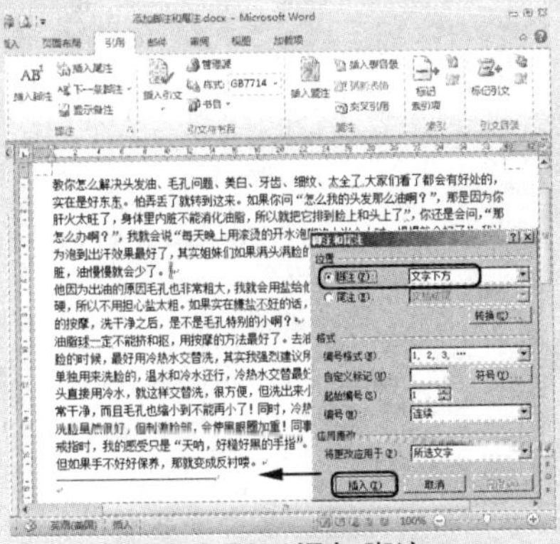

图6-76 添加脚注

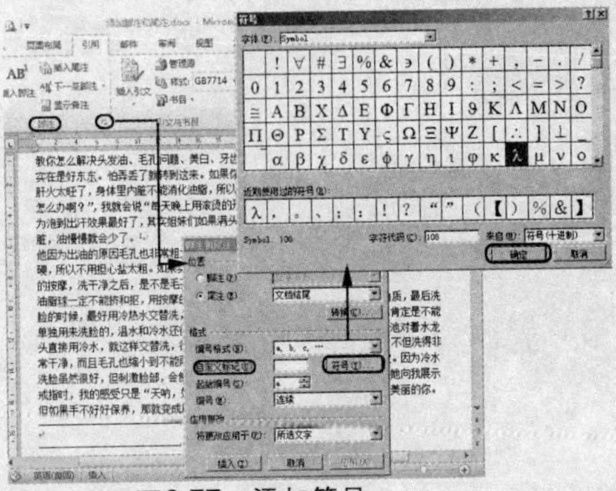

图6-77 添加符号

5 在脚注和尾注处添加注释，保存文档，如图6-78所示。

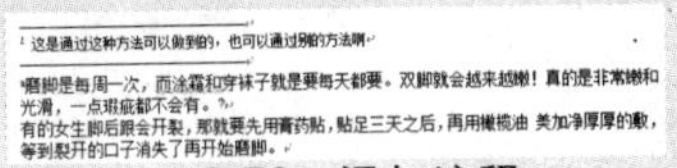

图6-78 添加注释

第7章

表格的制作与编辑

表格的应用在Word中占有重要的地位，经过版本的不断升级，Word 2010中对表格的操作也越来越完善，功能逐步多样化。在处理文档的过程中，有时需要借助表格来更好地表现不同对象之间的关系，使之更具有表现力和说服力。本章将介绍如何在Word文档中对表格进行操作，包括创建表格、编辑表格对象、设置表格格式以及对表格内的数据进行计算和排序。

通过本章的学习，可以掌握以下知识点：

- 创建表格
- 合并和拆分表格、单元格
- 表格的编辑与修改
- 如何对表格中的文本排版
- 表格跨页设置的方法
- 表格在文档中排版
- 设置表格的边框与底纹
- 表格的自动功能

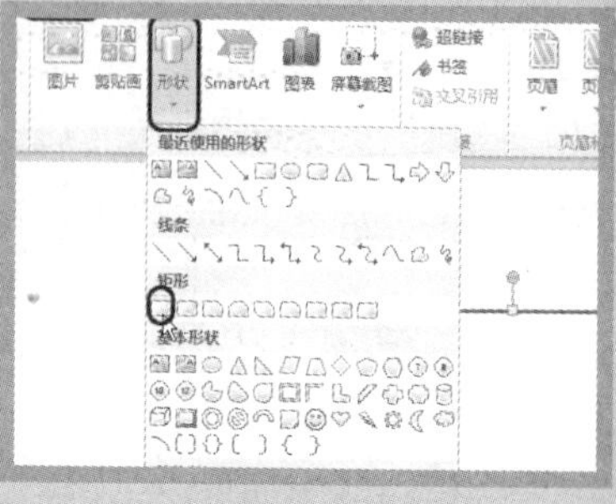

7.1 创建表格

在使用Word文档的过程中，有时需要创建表格，根据不同的需要，会有许多不同的表格创建方法。

7.1.1 在文档中插入表格

在文档中任何一个位置可以插入一个新空表格。

实战演练109——在文档中插入表格

1 将插入点移动到要插入表格的位置。

2 单击【插入】选项卡|【表格】组中的【表格】按钮，弹出下拉面板。

3 在下拉面板中选择插入表格的栅格区域，在栅格区域移动鼠标指针，选择表格的行数和列数，并在面板中同时显示出表格的列行数，例如“5×3表格”，表示在文档中创建5列3行表格，如图7-1所示。

4 单击鼠标左键，则在屏幕上插入表格，同时屏幕的功能区显示【表格工具】。

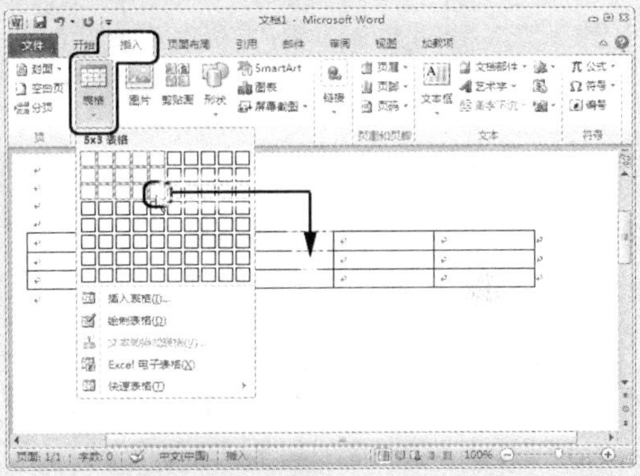
图7-1 在栅格区域移动指针选择表格的行列数

插入表格还有另一种方法。

实战演练110——插入表格

1 将插入点移动到要插入表格的位置。

2 单击【插入】选项卡|【表格】组中的【表格】按钮，弹出下拉面板。

3 在下拉面板中选择【插入表格】命令，弹出【插入表格】对话框，如图7-2所示。

4 在【列数】和【行数】数值框中单击微调按钮改变表格的列数及行数，也可以直接输入列数及行数。

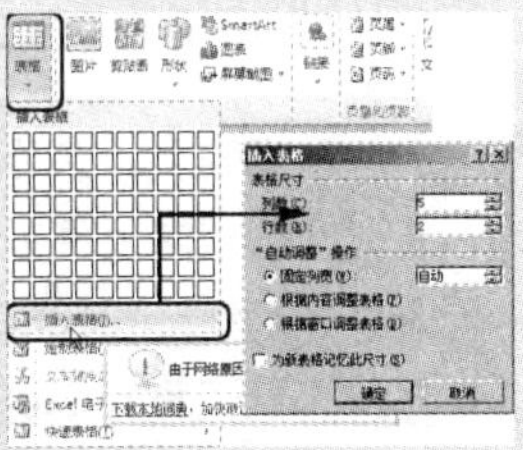
图7-2 【插入表格】对话框

5 单击【确定】按钮。文档的插入点处出现一个按要求设置的空表格，并且插入点定位在第一个单元格中。

7.1.2 绘制表格

当在【表格】下拉面板中选择【绘制表格】命令时，鼠标指针变成了铅笔形状，可用于绘制表格的行与列，就像在普通纸上用铅笔和尺子配合绘制表格一样。表格的大小按照需要绘制，并且可以按照需要为表格添加垂直线和水平线。

【绘制表格】是功能强大的创建非标准表格的命令，可以绘制各行中列数不等的表格及列数和行高不等的表格。当表格绘制完成后，同样在功能区中会出现【表格工具】。

实战演练111——绘制表格

1 在要绘制表格的位置单击鼠标左键。

2 选择【插入】选项卡|【表格】组|【表格】|【绘制表格】命令，指针变为铅笔形状。

3 定义表格的外边界，绘制一个矩形，如图7-3所示。

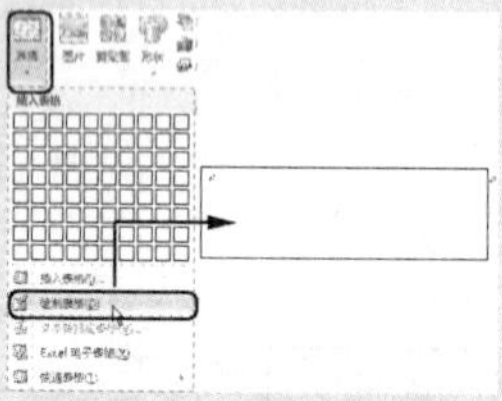

图7-3　手动绘制表格

4 在该矩形内绘制列线和行线。

5 要擦除一条或多条线，在【表格工具】的【设计】选项卡|【绘制边框】组中单击【擦除】按钮。

6 单击要擦除的线条，将线条擦除，如图7-4所示。然后选择【绘制表格】命令，继续绘制表格。

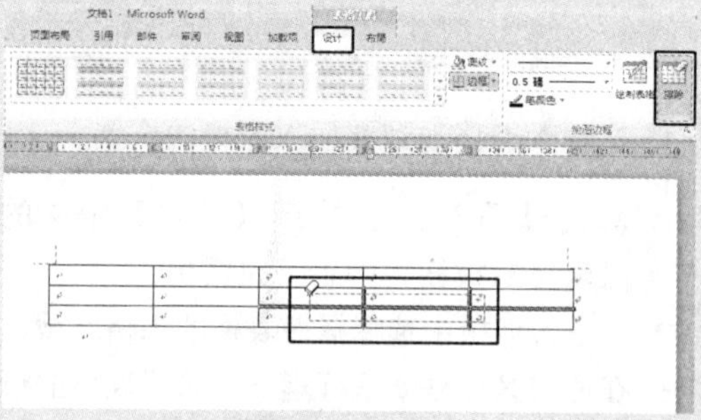

图7-4　擦除线条

7 绘制完表格后，在单元格内单击，然后开始键入文字或插入图形。

7.1.3　将已有的文本转换成表格

Word具有自动进行表格和文本之间转换的功能，用户可以将编排好的表格自动转换成正文，或是将录入的正文自动转换成表格。

将表格转换成文本时，要用分隔符标识文字分隔的位置，或在文本转换成表格时，用分隔符标识新行或新列的起始位置。可以用逗号或制表符作为分隔符。

实战演练112——将文本转换成表格

1 录入表格内容，文字间最好用同一个字符分割，这样转换时就可以将这一字符转换成列分割线。如果没有分隔符，插入分隔符，以标识将文本分成列的位置。使用段落标记，指示要开始新行的位置。

2 选择要转换的正文内容，如图7-5所示。

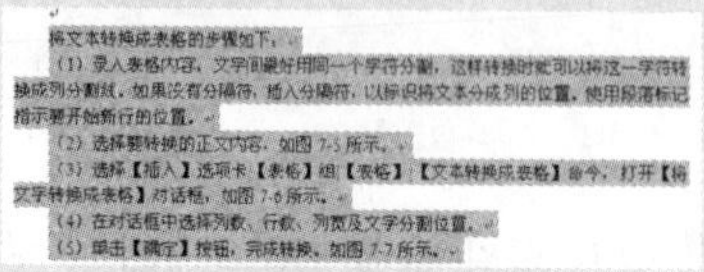

将文本转换成表格的步骤如下：

（1）录入表格内容，文字间最好用同一个字符分割，这样转换时就可以将这一字符转换成列分割线。如果没有分隔符，插入分隔符，以标识将文本分成列的位置。使用段落标记指示要开始新行的位置。

（2）选择要转换的正文内容，如图7-5所示。

（3）选择【插入】选项卡【表格】组【表格】【文本转换成表格】命令，打开【将文字转换成表格】对话框，如图7-6所示。

（4）在对话框中选择列数、行数、列宽及文字分割位置。

（5）单击【确定】按钮，完成转换。如图7-7所示。

图7-5　选定要转换的文本

3 选择【插入】选项卡|【表格】组|【表格】|【文本转换成表格】命令，打开【将文字转换成表格】对话框，如图7-6所示。

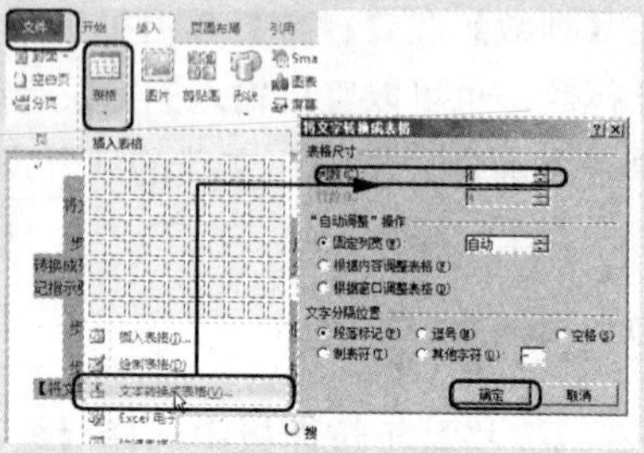

图7-6　【将文字转换成表格】对话框

4 在【将文字转换成表格】对话框中选择列数、行数、列宽及文字分割位置。

5 单击【确定】按钮，完成转换，如图7-7所示。

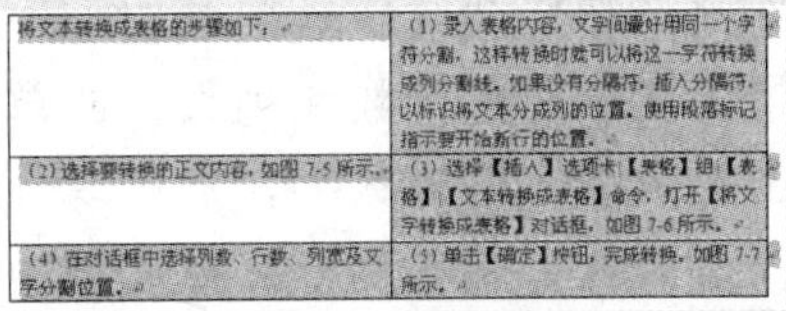

将文本转换成表格的步骤如下：	（1）录入表格内容，文字间最好用同一个字符分割，这样转换时就可以将这一字符转换成列分割线。如果没有分隔符，插入分隔符，以标识将文本分成列的位置。使用段落标记指示要开始新行的位置。
（2）选择要转换的正文内容，如图7-5所示。	（3）选择【插入】选项卡【表格】组【表格】【文本转换成表格】命令，打开【将文字转换成表格】对话框，如图7-6所示。
（4）在对话框中选择列数、行数、列宽及文字分割位置。	（5）单击【确定】按钮，完成转换，如图7-7所示。

图7-7　将已有的文本转换成表格后的效果

7.2　合并和拆分表格、单元格

合并表格就是把两个或多个表格合并为一个表格，而拆分表格则刚好相反，是把一个表格拆分为两个或两个以上的表格。合并和拆分表格、单元格是Word功能灵活的一个体现，下面将介绍其使用的方法。

7.2.1　合并单元格

合并单元格是指将表格中的两个或多个单元格进行合并，形成一个单元格。

实战演练113——合并单元格

1 选择要合并的单元格。

2 选择【表格工具】的【布局】选项卡|【合并】组|【合并单元格】命令，将选择的单元格进行合并，如图7-8所示。

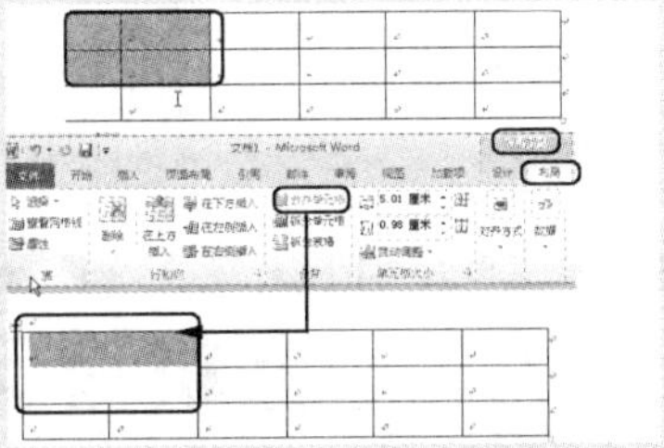

图7-8　合并单元格

7.2.2　拆分单元格

拆分单元格是指将一个单元格拆分成几个单元格，一个单元格最多可拆成31行和63列单元格。其操作步骤如下。

实战演练114——拆分单元格

1 选择单元格，或将插入点放到要拆分的单元格处。

2 选择【表格工具】的【布局】选项卡|【合并】组|【拆分单元格】命令，弹出【拆分单元格】对话框，如图7-9所示。

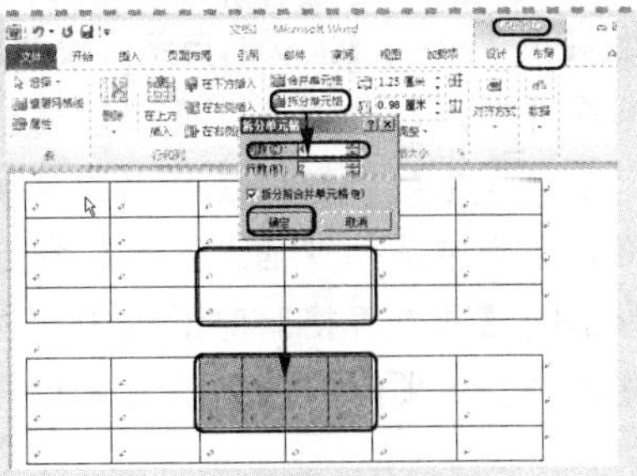

图7-9　拆分单元格

3 在【列数】和【行数】数值框中输入要拆分的行数和列数，或单击上下箭头选择数字，然后取消【拆分前合并单元格】复选框的勾选，最后单击【确定】按钮，即可将选择的单元格进行拆分，如图7-10所示。

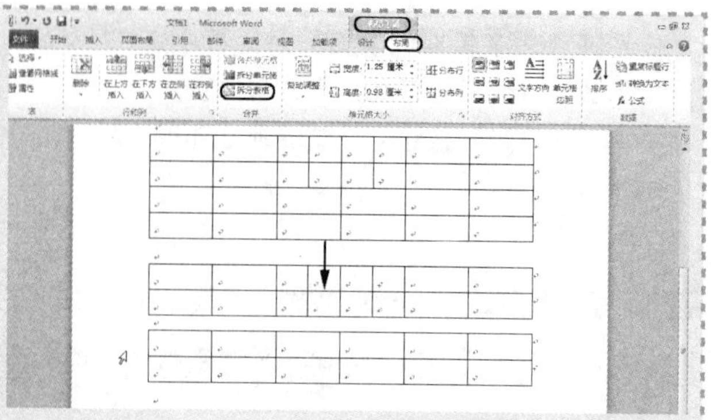

7-10 拆分单元格

提示

如果选择多个单元格，可以在如图7-9所示的【拆分单元格】对话框中勾选【拆分前合并单元格】复选框，就可以得到平均拆分的效果。

拆分表格是指将一个表格拆分成两个表格。要拆分表格，首先将光标放在要拆分的行的任意单元格中，然后选择【表格工具】的【布局】选项卡|【合并】组|【拆分表格】命令，则该表格就以光标所处的行为界拆分成两个表格，如图7-11所示。

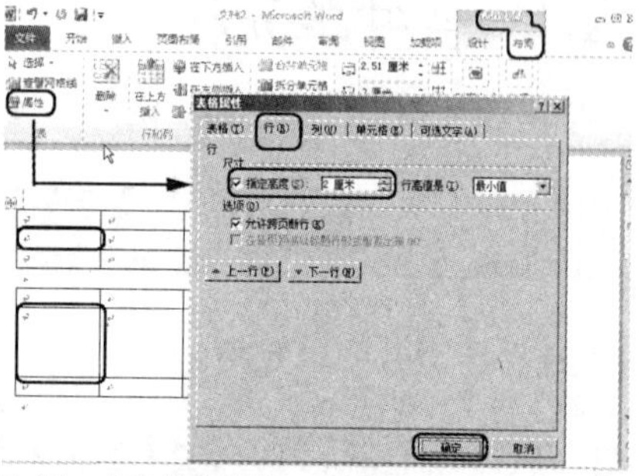

图7-11 【表格属性】对话框的【行】选项卡

7.3 上机练习——制作硬件排行榜

本例介绍制作硬件排行榜。本例的知识点为插入表格、设置边框和底纹等方法。

实战演练115——制作硬件排行榜

最终文件	dir\最终文件\cha07\制作硬件排行榜.docx
视频文件	Movie\07-01.avi

1 首先运行Word 2010，单击【文件】按钮并选择【新建】，创建一个空白文档，然后单击【页面布局】选项卡|【页面设置】组|【页边距】|【上次的自定义设置】。

2 选择【插入】选项卡，在【表格】组中单击【表格】按钮，在弹出的【插入表格】面板中选择【插入表格】命令，在弹出的【插入表格】对话框中，将【表格尺寸】选项组中的列数和行数分别设置为7和12，然后单击【确定】按钮，将表格插入到文档中，如图7-12所示。

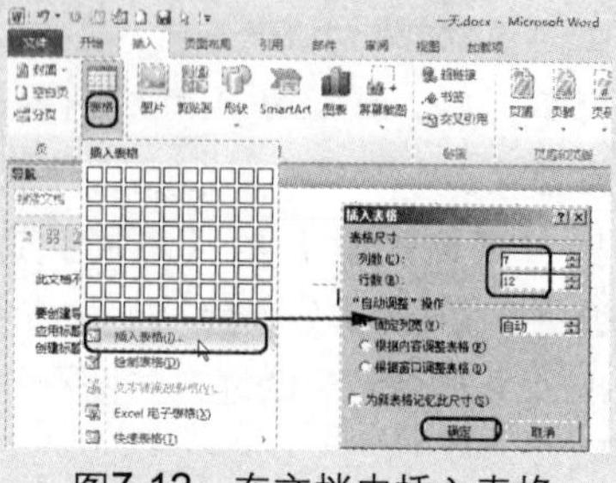

图7-12 在文档中插入表格

3 对插入的表格进行调整，对需要合并的单元格先选中，然后在【表格工具】的【布局】选项卡中单击【合并组】中的【合并单元格】按钮，如图7-13所示。

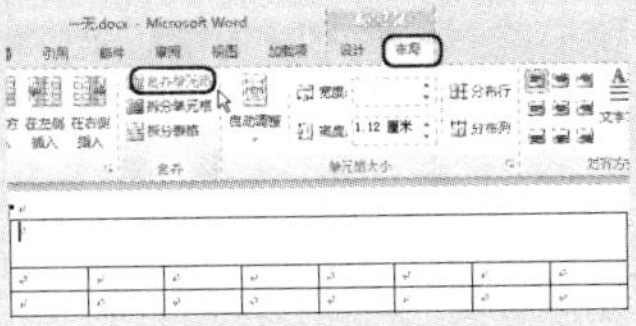

图7-13　合并单元格

4 选择【开始】选项卡，在【字体】组中将字体设为“宋体”，字号设为“小四”，字体颜色设为“黑色”。然后在相应的单元格中输入相应的文字，如图7-14所示。

	产品名称	参考报价（元）	编辑推荐	面试时间	主要信息	评点
主板	菲利普微处理器主板	777	1	11月	高配置耐热纤维	大功率输出热量
	厦门微处理器主板	785	2	12月	高效耐热光导纤维	质量有保证
	德惠微处理器	158	3	11月	大功率风扇	质量好
内存	时代256内存卡	586	1	10月	光带纤维支撑	高科技最新技术
	光型256内存卡	540	2	11月	PC1330	高科技最新技术
	极光256内存卡	392	3	11月	PC158	高科技最新技术
显示器	三星液晶显示器	1180	1	12月	液晶显示器	液晶显示器 价格便宜
	微观液晶显示器	897	2	10月	液晶显示器	质量好

图7-14　第一次设置文档

5 选中文档内容，单击【开始】选项卡，在【字体】组中单击【字体】和【字号】按钮，将字体改为“幼圆”，字号设为“小四”，单击 B 和 ≡ 按钮，将字体加粗和居中对齐（表格—布局—水平居中），设置好表格中内容的样式，如图7-15所示。

	产品名称	参考报价（元）	编辑推荐	面试时间	主要信息	评点
主板	菲利普微处理器主板	777	1	11月	高配置耐热纤维	大功率输出热量
	厦门微处理器主板	785	2	12月	高效耐热光导纤维	质量有保证
	德惠微处理器	158	3	11月	大功率风扇	质量好
内存	时代256内存卡	586	1	10月	光带纤维支撑	高科技最新技术
	光型256内存卡	540	2	11月	PC1330	高科技最新技术
	极光256内存卡	392	3	11月	PC158	高科技最新技术
显示器	三星液晶显示器	1180	1	12月	液晶显示器	液晶显示器 价格便宜
	微观液晶显示器	897	2	10月	液晶显示器	质量好

图 7-15　第二次设置文档

6 选中表头的内容，单击【表格工具】的【设计】选项卡，在【表格样式】组中单击【底纹】按钮，选择底纹颜色为“茶色、深色10%”，如图7-16所示。

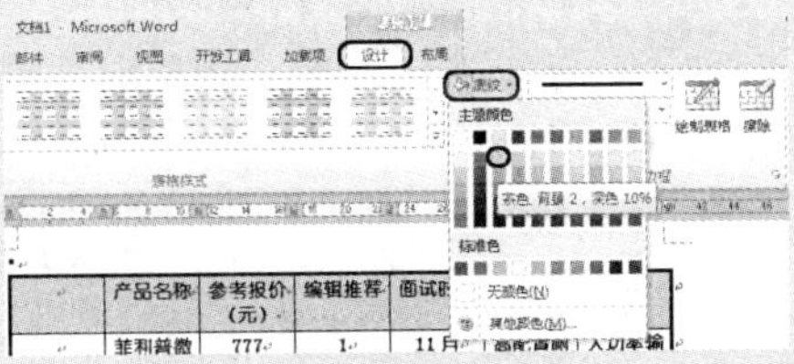

图7-16　设置底纹的颜色

7 选中单元格，单击【设计】选项卡，在【表格样式】组中单击【边框】按钮，在弹出的下拉菜单中选择【边框和底纹】命令，在弹出的【边框和底纹】对话框中选择【虚框】选项，将样式设置为“实线”，颜色设置为黑色，将宽度设置为2.25磅，然后单击【确定】按钮，如图7-17所示。

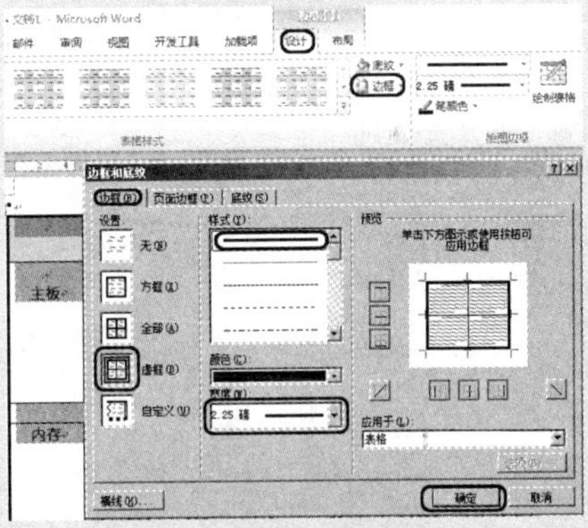

图7-17　设置边框样式

8 单击【文件】按钮，在弹出的列表框中单击【保存】，将制作的文档进行保存。

7.4　表格的编辑与修改

对已制作好的表格，除了可以进行合并和拆分单元格外，还可以对其进行增加、删除行、列单元格。

7.4.1 向表格中添加单元格、行和列

实战演练116——向表格中添加单元格

1 在要插入单元格处的右侧或上方的单元格内单击鼠标左键。

2 选择【表格工具】的【布局】选项卡|【行和列】组，单击【行和列】对话框启动器，弹出【插入单元格】对话框，如图7-18所示。

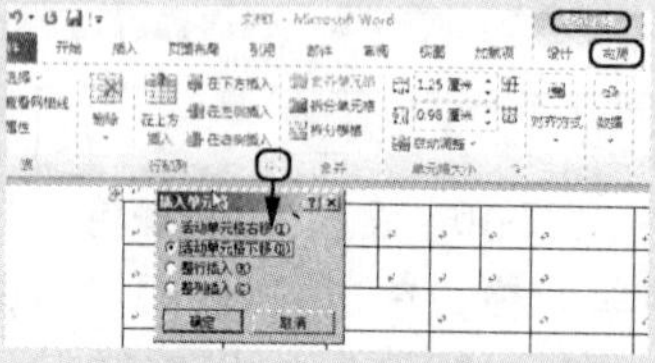

图7-18 插入单元格

3 选择下列选项之一：

- 选择【活动单元格右移】单选按钮，插入单元格，并将该行中所有其他单元格右移。
- 选择【活动单元格下移】单选按钮，插入单元格，并将现有单元格下移一行，表格底部会添加一新行。
- 选择【整行插入】单选按钮，在单击的单元格上方插入一行。
- 选择【整行插入】单选按钮，在单击的单元格左侧插入一列。

用以下操作步骤在上方或下方添加一行。

实战演练117——在单元格上方或下方添加一行

1 在要添加行处的上方或下方单元格内单击鼠标左键。

2 选择【表格工具】的【布局】选项卡|【行和列】组，执行下列操作之一：

- 要在单元格的上方添加一行，单击【行和列】组中的【在上方插入】按钮，如图7-19所示。
- 要在单元格的下方添加一行，单击【行和列】组中的【在下方插入】按钮，如图7-20所示。

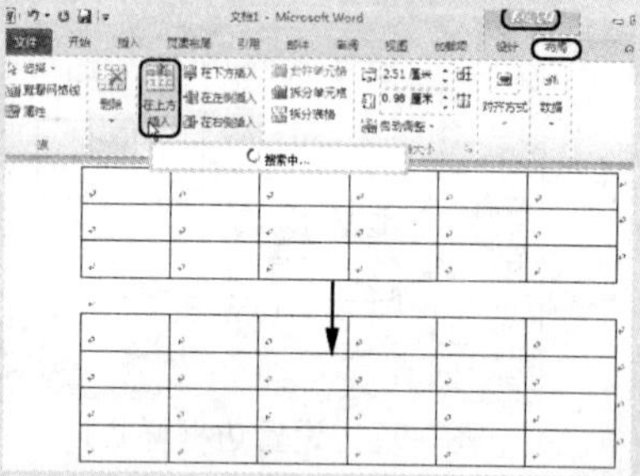

图7-19 在上方插入单元格

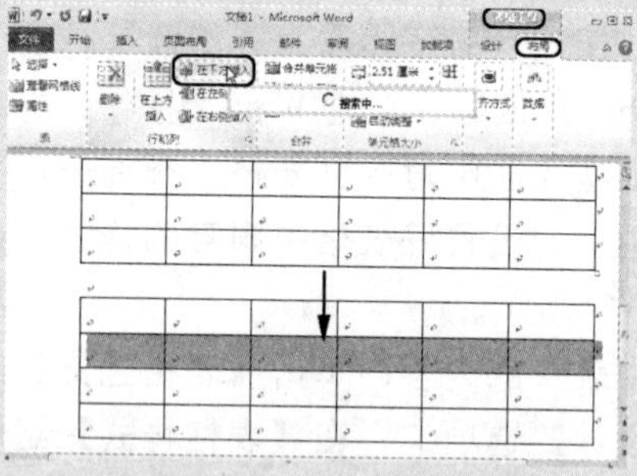

图7-20 在下方插入单元格

实战演练118——在单元格左侧或右侧添加一行

1 在要添加行处的左侧或右侧单元格内单击鼠标左键。

2 选择【表格工具】的【布局】选项卡|【行和列】组，执行下列操作之一：

- 要在单元格左侧添加一列，单击【行和列】组中的【在左侧插入】按钮，如图7-21所示。
- 要在单元格右侧添加一列，单击【行和列】组中的【在右侧插入】按钮，如图7-22所示。

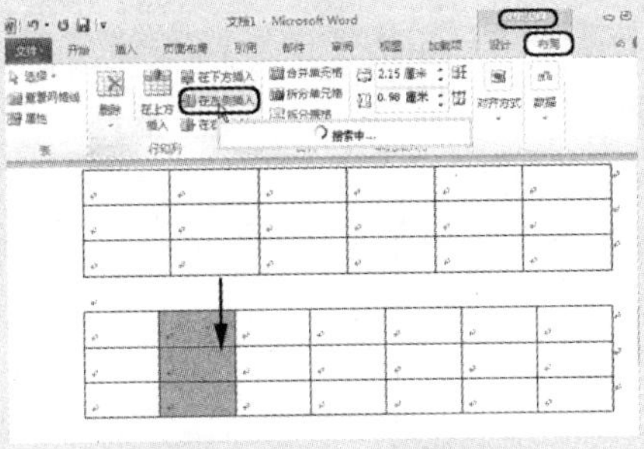

图7-21　在左侧插入单元格

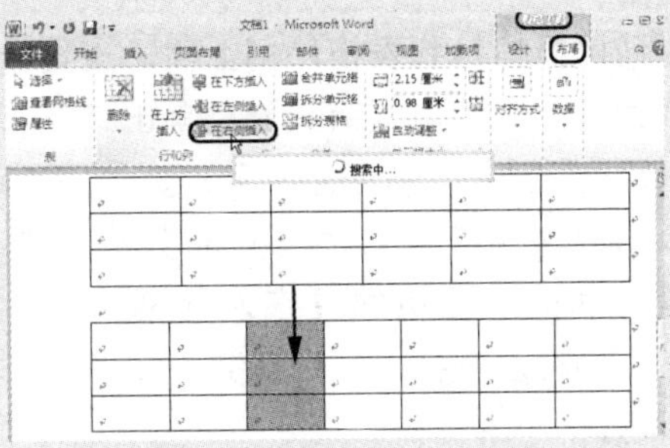

图7-22　在右侧插入单元格

实战演练119——在单元格中添加多行

1 选择要插入行数或列数相等的单元格。例如，要在第1行和第2行之间插入两个新行，选择2、3行中的单元格（任意列）。

2 选择【表格工具】的【布局】选项卡|【行和列】组，执行下列操作之一：

- 要在单元格上方添加多行，单击【行和列】组中的【在上方插入】按钮，如图7-23所示。
- 要在单元格下方添加多行，单击【行和列】组中的【在下方插入】按钮。
- 要在单元格左侧添加多列，单击【行和列】组中的【在左侧插入】按钮。
- 要在单元格右侧添加多列，单击【行和列】组中的【在右侧插入】按钮。

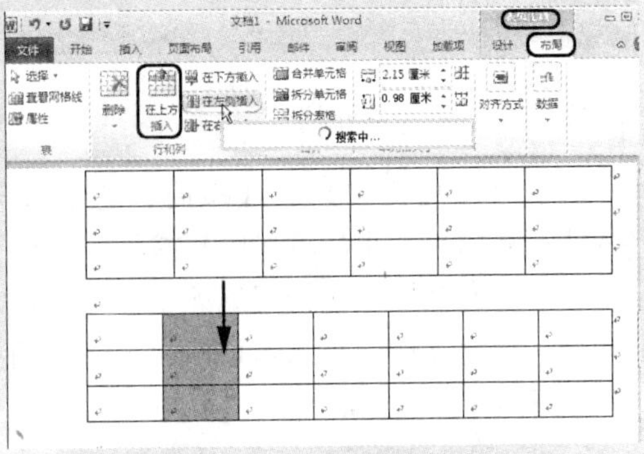

图7-23　在上方添加多行

使用鼠标在表格的底部插入新行，其操作步骤如下。

实战演练120——在表格的底部插入新行

1 将插入点移到表格最后一行的最后一个单元格中。

2 按Tab键，一个新行添加到表格的底部，如图7-24所示。

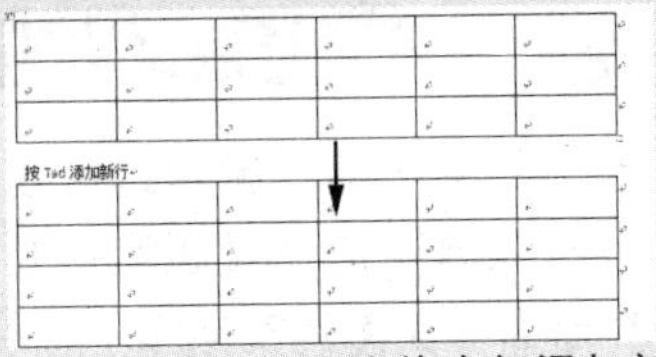

图7-24　用Tab键在表格底部添加新行

或者将插入点移动到表格最后一行右侧边框外，按Enter键，也可以在表格底部添加新行，如图7-25所示。

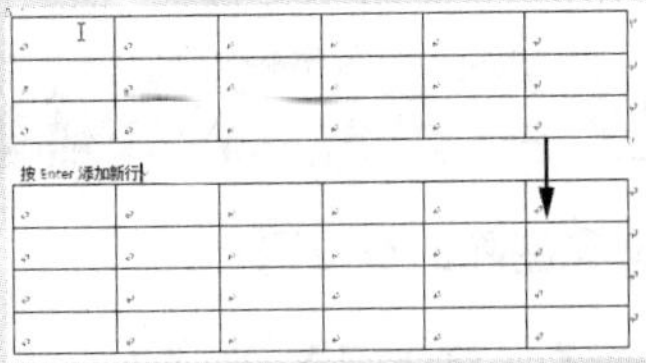

图7-25　用Enter键在表格底部添加新行

实战演练121——在表格左侧插入新列

1 移动鼠标指针到表格外侧上面，当指针变为一个粗的向下箭头时，单击选取它（用此方法可选取任意一列）。

2 单击【表格工具】的【布局】选项卡|【行和列】组中的【在左侧插入】按钮，则在左侧插入一个新列，如图7-26所示。

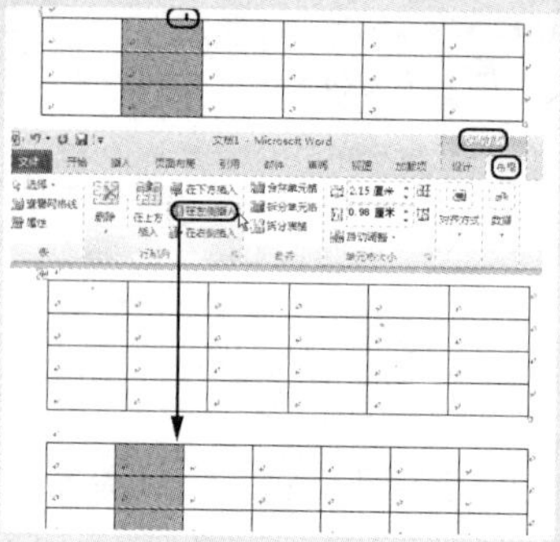

图7-26　表格的左侧插入一个新列

7.4.2　从表格中删除单元格、行和列

在Word表格中，可以删除某个单元格，也可以删除整行和整列。

实战演练122——删除单元格

1 选择要删除的单元格。

2 单击【表格工具】的【布局】选项卡|【行和列】组中的【删除】按钮，在弹出的下拉菜单中选择【删除单元格】命令，弹出【删除单元格】对话框，如图7-27所示。

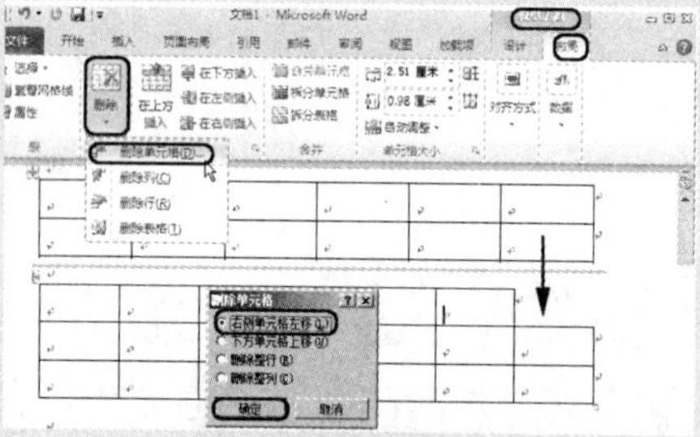

图7-27　删除单元格

3 选择下列选项之一：

- 选择【右侧单元格左移】单选按钮，删除单元格，并将该行中所有其他单元格左移。
- 选择【下方单元格上移】单选按钮，删除单元格，并将该列中剩余的、现有的单元格每个上移一行。该列底部会添加一个新的空白单元格。
- 选择【删除整行】单选按钮，删除包含单击的单元格在内的整行。
- 选择【删除整列】单选按钮，删除包含单击的单元格在内的整列。

4 单击【确定】按钮。

用以下操作步骤删除整行或整列。

实战演练123——删除整行或整列

1 选择要删除的行或列。

2 单击【表格工具】的【布局】选项卡|【行和列】组中的【删除】按钮，在弹出的下拉菜单中选择【删除行】或【删除列】命令，如图7-28所示。

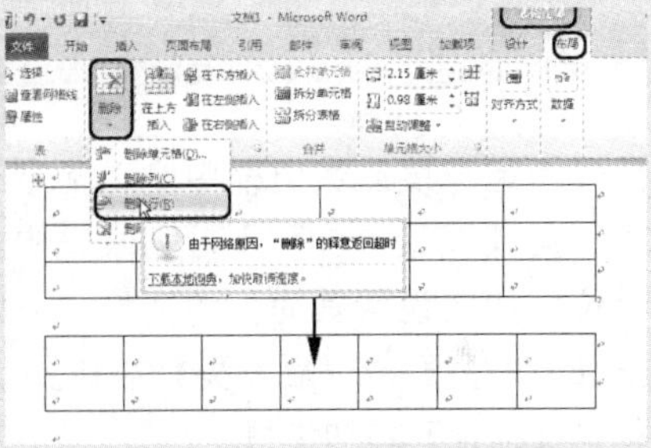

图7-28　删除整行

或者在【删除单元格】对话框中选中【删除整行】或【删除整列】单选按钮。

提示

如果没有选择表格，则不显示【表格工具】，所有的表格命令就不能使用。因此在对表格操作之前，必须先选中表格。

实战演练124——删除整个表格

1 选择表格。

2 单击【表格工具】的【布局】选项卡|【行和列】组中的【删除】按钮，在弹出的下拉菜单中选择【删除表格】命令，或者选择整个表格，然后按Delete键也可以删除整个表格，如图7-29所示。

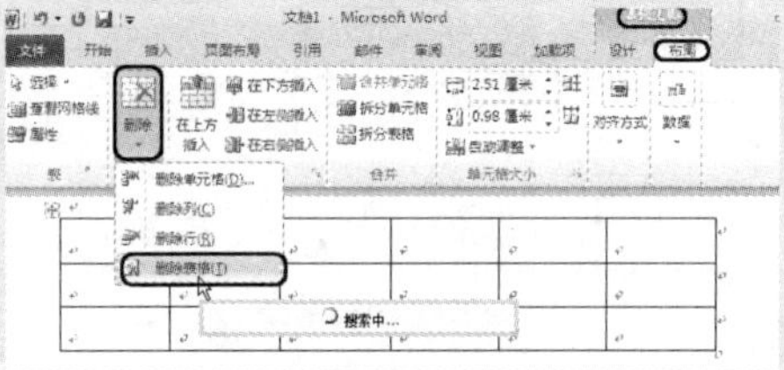

图7-29　删除表格

7.4.3　设置表格列宽度和行高度

在实际操作时，Word把表格的每一个单元格看作一个独立的文档，而表格的每一列可看作是一个分栏。可以根据每一栏的需要，设置栏宽、列间距与行高。

1. 用鼠标改变列宽与行高

用户可以用鼠标拖曳某一列的左、右边框线来改变列宽。

实战演练125——用鼠标改变列宽与行高

1 将鼠标指针移到要调整列宽的表格边框线上，使鼠标指针变成双垂直细线并带有左右双箭头形状。

2 按住鼠标左键，出现一条垂直的虚线表示可改变单元格的大小，如图7-30所示。再按住鼠标左键向左或向右拖曳，即可改变表格列宽。

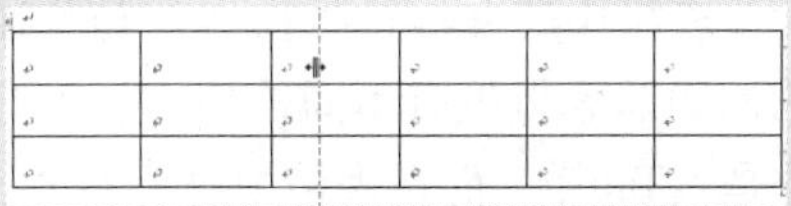

图7-30　用鼠标拖曳框线改变列宽与行高

表格的行高设置方法与列宽基本一致。默认情况下，Word会根据单元格的内容自动调整行高。用户可以根据需要用鼠标拖曳来改变行高。

2. 用【表格属性】对话框设置列宽与行高

如果使用【表格】菜单中的【表格属性】命令，可以精确设置列宽。

实战演练126——精确设置列宽

1 选定需调整宽度的一列或多列，如果只有一列，只需把插入点置于该列中即可。

2 选择【表格工具】的【布局】选项卡|【表】组中的【属性】命令，打开【表格属性】对话框，再选择【列】选项卡，如图7-31所示。

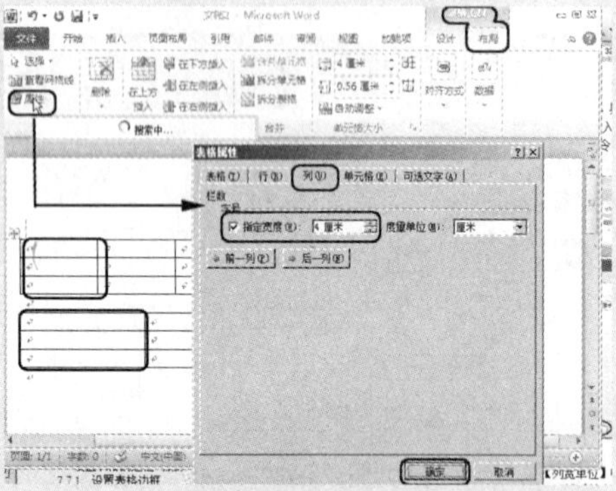

图7-31 【表格属性】对话框的【列】选项卡

3 在【指定宽度】数值框中输入指定的列宽，在【度量单位】下拉列表框中选定单位。如要设置其他列的宽度，可以单击【前一列】或【后一列】按钮。然后单击【确定】按钮完成。

4 同样，切换到【行】选项卡，然后选中【指定高度】复选框，在后面的文本框中输入指定的行高，可以精确设置表格行高，单击【上一行】或【下一行】按钮，继续设置其他行的高度。

提示

还可以选择行或列后，在【表格工具】的【布局】选项卡|【单元格大小】组中，对【高度】和【宽度】进行设置。

7.5 如何在表格中进行文本排版

为了方便阅读，同时也是为了版面的规范和美观，表格中的文本也要进行排版。

表格制作完成之后要在相应的单元格中输入文字，这就涉及到文字在单元格中的排列问题，这一方式处理得好与坏直接影响到表格的美观性。

7.5.1 表格中一般文本的排版

可以将表格中的每一个单元格看作是独立的文档来录入文字，因此在单元格内录入文本和普通文档一样，可以在此单元格中按Enter键另起一段，而光标仍在这一单元格中。

对于表格中的文本排版操作，与普通文档的文本排版格式基本相同，包括字符、段落、制表位的格式等。但也有不同的地方，如在进行制表位的对齐操作时，在普通文档中对齐制表位的操作是按Tab键，而在表格中进行对齐制表位的操作是按Ctrl+Tab键。

当光标置于任意一个单元格的文本段落时，对应的标尺就会出现缩进标尺符号。可以看到，表格中的文档段落也有首行缩进、悬挂缩进等排版方式，既可以用【格式】菜单中的【段落】命令来设置，也可通过拖动缩进标尺符来设置。

7.5.2 设置表格中的文字方向

Word表格的每个单元格，都可以单独设置文字的方向，这大大丰富了表格的表现力。

实战演练127——在表格中设置文字方向

1 选中要设置文字方向的表格或表格中的任一单元格。

2 单击【表格工具】的【布局】选项卡|【对齐方式】组中的【文字方向】按钮，将选择的文本转换方向，如图7-32所示。

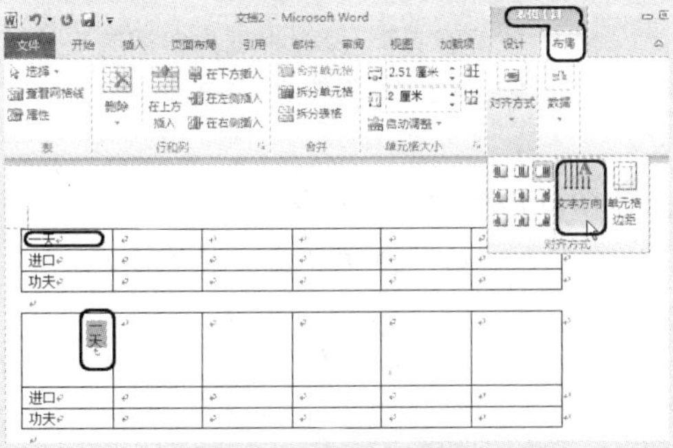

图7-32　设置文字方向

也可以通过鼠标右键来改变文字的方向。选择表格中的文本，单击鼠标右键，在弹出的快捷菜单中选择【文字方向】命令，在弹出的【文字方向-表格单元格】对话框中，选择一种文字方向，可以在【预览】窗口中观看所选方向的式样，然后单击【确定】按钮即可将文字方向改变，如图7-33所示。

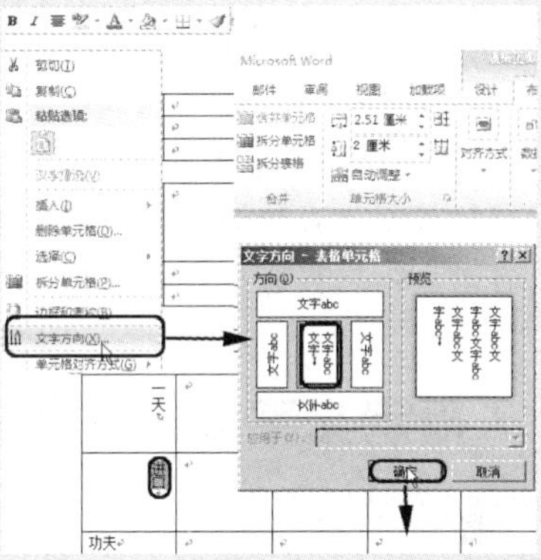

图7-33　右击显示的快捷菜单

7.5.3　单元格中文字的对齐方式

在Word中，单元格中文字垂直居中的处理，与水平居中设置一样。

实战演练128——设置文字垂直居中

1 选中表格中要垂直居中的文本或图片所在单元格。

2 单击【表格工具】的【布局】选项卡|【对齐方式】组中的▣按钮，将选择的文本中部居中，如图7-34所示。

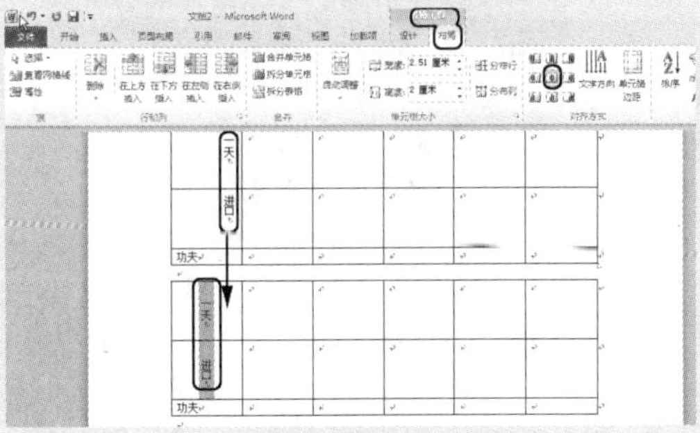

图7-34　设置单元格中文字竖排时垂直

3 单元格的水平对齐方式有左、中、右3个位置，垂直对齐方式有上、中、下3个对齐位置。将水平方向与垂直方向进行组合，就有9种对齐方式。

各种对齐方式效果如图7-35（右）所示。也可右击，在弹出的快捷菜单中选择。

图7-35　各种不同对齐方式

提示

利用制表符可以设置水平方向的对齐方式，但不能设置垂直方向的对齐方式.而在单元格内输入内容，即需要考虑水平的对齐方式，也要考虑垂直的对齐方式。

7.5.4 根据内容或窗口调整表格

在向表格中输入文字的时候，当输入的某行文字比较长时（比如网站的地址等），表格的列宽会自动调整。

默认状态下，这一功能是打开的。如果发现没有这一功能，可以在选定表格的情况下，单击【表格工具】的【布局】选项卡|【单元格大小】组中的【自动调整】按钮，在弹出的下拉菜单中选择【根据内容自动调整表格】命令，如图7-36所示。

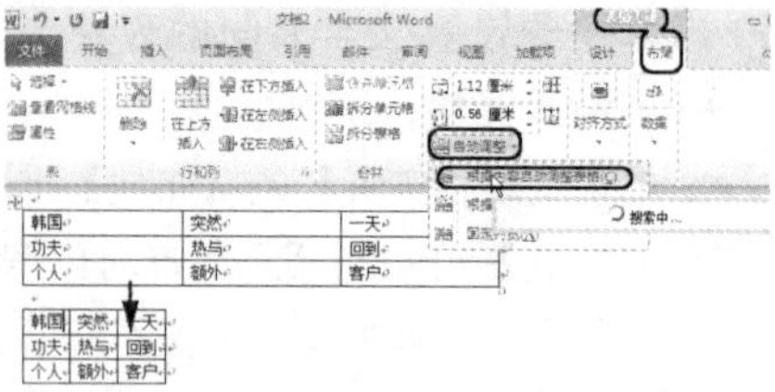

图7-36 设置根据内容调整表格

有了这一功能，无需手动调节，Word就可以自动调节以文字内容为主的表格，使表格的栏宽和行高达到最佳配置。

此外，在该下拉菜单中还有以下两个选项，可以在实际应用中灵活运用。

- 【根据窗口自动调整表格】选项：表示表格的内容会自动适应文档窗口的宽度。
- 【固定列宽】选项：表示可以指定表格的宽度。

7.5.5 指定文字到表格线的距离

在表格中输入文字之后，默认情况下，文字是与表格线有一定距离的，这个距离也可以由用户来指定。并且在指定时，可以指定整个表格，也可以单独指定任意单元格中文字至表格线的距离。指定文字到表格线的距离是很具有实际应用意义的，比如用户在页眉上使用表格，在表格内输入文字并填充颜色。

实战演练129——指定文字到表格线距离

1 将光标置于表格的任意单元格中，选择【表格工具】的【布局】选项卡|【单元格大小】组，单击【单元格大小】对话框启动器，弹出【表格属性】对话框。

2 在【表格】选项卡中单击【选项】按钮，打开【表格选项】对话框。

3 在【默认单元格边距】选项组中，可以设置整张表格中的每一个单元格中文字至表格线的距离，如图7-37所示。

4 如果要单独调整某一个单元格的边框距离，可以在【表格属性】对话框中，切换到【单元格】选项卡，然后再单击【选项】按钮，打开如图7-38所示的对话框。在该对话框中设置的选项仅对选定的单元格起作用。

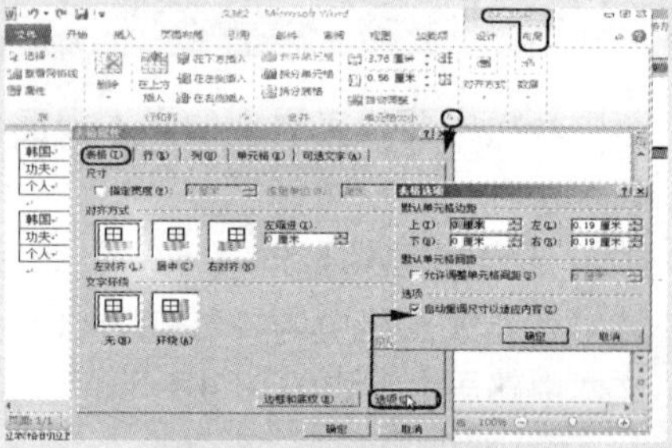

图7-37 【表格选项】对话框

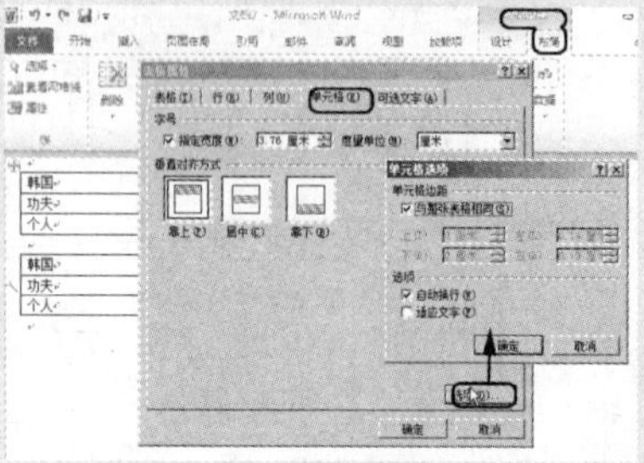

图7-38 【单元格选项】对话框

7.6 上机练习——制作读者反馈表

本例介绍读者反馈表的制作。本例的知识点：艺术字的插入、字型的改变、艺术字版式的设置。

实战演练130——制作读者反馈表

最终文件	dir\最终文件\cha07\制作读者反馈表.docx
视频文件	Movie\07-02.avi

1 首先打开Word 2010，单击【文件】按钮并选择【新建】，创建新的空白文档。修改文本的版式为A4，上下边距为4.2、左右边距为3.5。

2 选择【插入】选项卡，在【表格】组中单击【表格】按钮，在弹出的下拉菜单中选择【插入表格】命令，在弹出的【插入表格】对话框中设置表格的列和行为8和10，将表格插入到文档中，如图7-39所示。

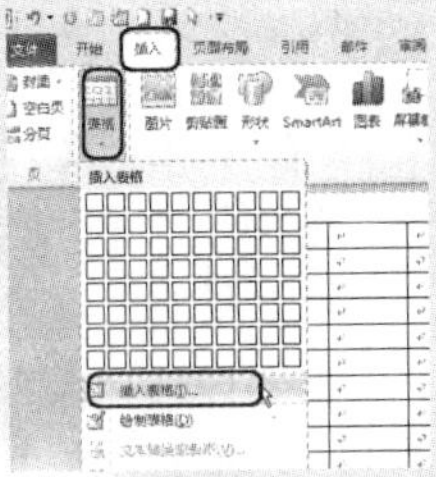

图7-39 插入表格

3 选中表格，选择【绘图工具】的【布局】选项卡，在【合并】组中单击【合并单元格】按钮，将第一行的表格进行合并，如图7-40所示。

4 在表格中输入标题和内容，然后选中标题，单击【开始】选项卡，在【字体】组中将字体设置为“宋体”，字号设置为“三号”，将标题下的内容选中，在【字体】组中将字体设置为“宋体”，字号设置为“小四”，如图7-41所示。

5 选中需要拆分的单元格，然后选择【表格工具】的【布局】选项卡，在【合并】组中单击【拆分单元格】按钮，在弹出的【拆分单元格】对话框中，设置需要拆分的行数和列数，拆分完效果如图7-42所示。

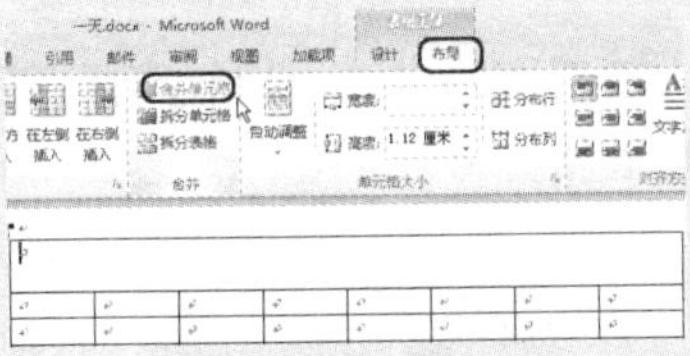

图7-40 合并单元格

图7-41 设置字体格式

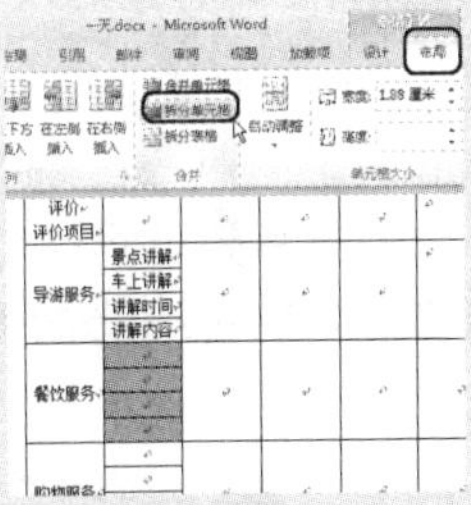

图7-42 拆分单元格

6 选中插入到表格的内容，然后选择【开始】选项卡，在【字体】组中单击【字体形状】和【字体大小】按钮，将字体形状设置为“宋体”，将字号设置为“小四”，然后单击【居中对齐】按钮，将表格的内容设置的更加美观，如图7-43所示。

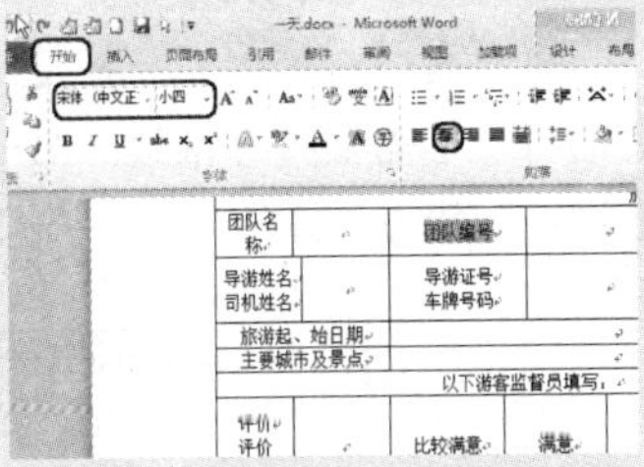

图7-43 设置字体的格式图

7 选择【插入】选项卡，在【符号】组中单击【符号】按钮，在弹出的下拉面板中选择符号为“方框”，将符号插入到需要添加的位置上，如图7-44所示。

8 选中表格，选择【表格工具】的【设计】选项卡，在【表格样式】组中单击【底纹】按钮，在弹出的下拉面板中选择底纹的颜色为灰色，如图7-45所示。

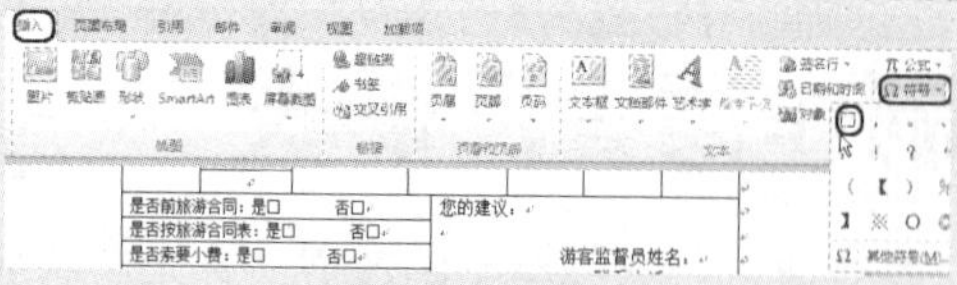

图7-44　插入符号

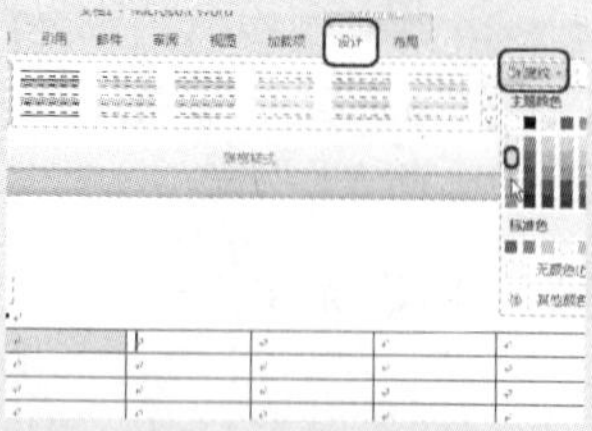

图7-45　设置底纹的颜色

9 选中表格，选择【表格工具】的【设计】选项卡，在【表格样式】组中单击【边框】按钮，在弹出的下拉菜单中选择【边框和底纹】命令，在弹出的对话框中选择【边框】选项卡，在【设置】选项组中选择“全部”、在【样式】选项组中设置为“粗线”，然后单击【确定】按钮，如图7-46所示。单击鼠标右键，在弹出的快捷菜单中设置边框和底纹，如图7-47所示。

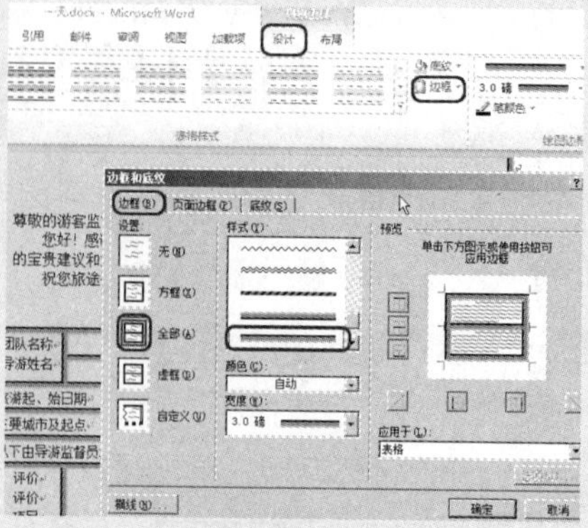

图7-46　设置边框

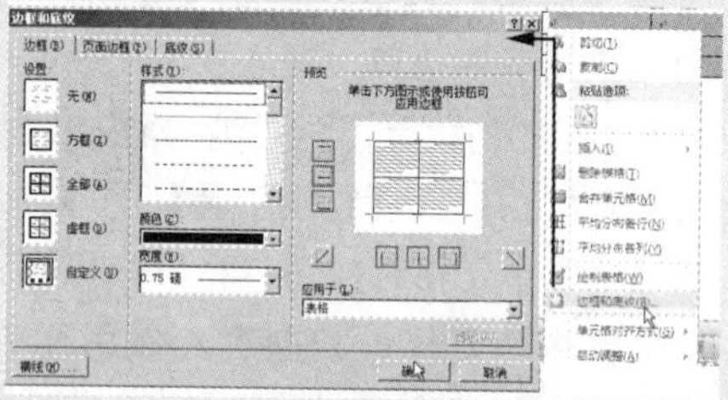

图7-47　【边框和底纹】对话框

10 单击【文件】按钮，在弹出的列表框中单击【保存】，将制作的文档进行保存。

7.7　如何在表格中进行跨页设置

如果表格很长，一页排不下，甚至要排好几页，若选择人工拆页的方法，比较麻烦。而在Word中不但能够将表格自动拆页，还能将表头自动加在各页表格上。

7.7.1　表格的表头跨页出现

表格在一页内排不下，要在下一页接着排称为拆页。

拆页有两种情况，一种是没表头参数时的换页，如图7-48所示。该类表格只需按正常的表格跨页即可，不需要特殊排版。另一种是有表头参数时的换页，如图7-49所示。但重复表头只有在【页面视图】状态下才能看到。并且如果在文档中插入了换页符，则在下一页不会出现重复表头。

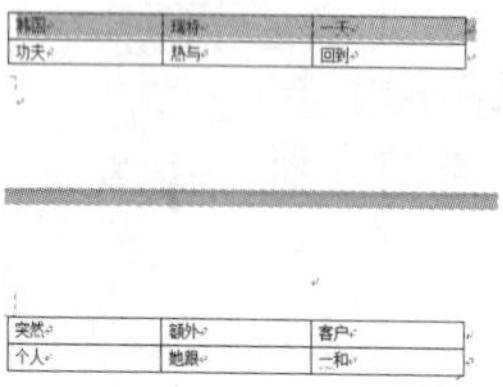

图7-48　换页无表头的表格

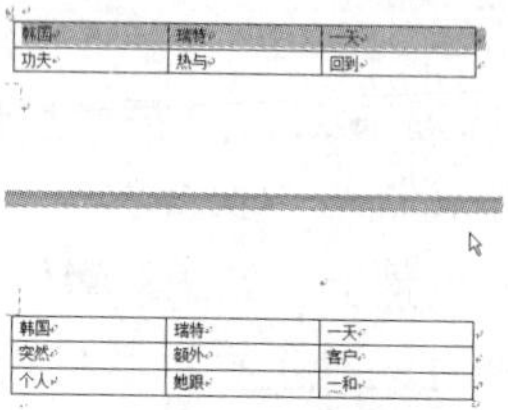

图7-49　换页有表头的表格

将表头显示出来，有两种方法：一是选定要作为表格表头的一行或多行文字，选定内容必须包括表格的第1行，单击【表格工具】的【布局】选项卡|【数据】组中的【重复标题行】按钮，即可将表头显示出来。二是选择【表格工具】的【布局】选项卡|【单元格大小】组，单击【单元格大小】对话框启动器，弹出【表格属性】对话框，切换到【行】选项卡，然后选中【在各页顶端以标题行形式重复出现】复选框，单击【确定】按钮即可将表头显示出来，如图7-50所示。

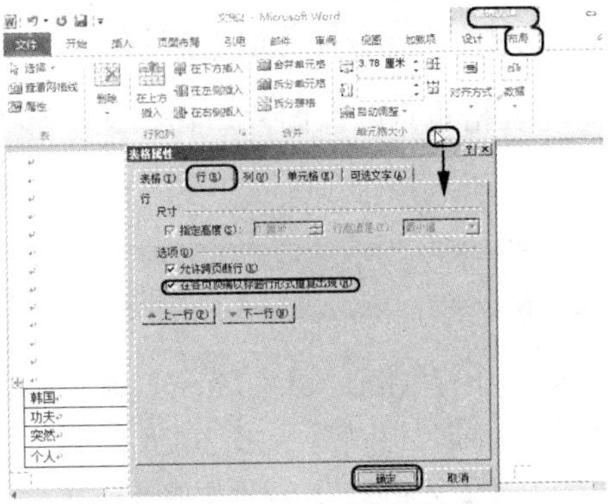

图7-50　将表头显示出来

7.7.2　防止表格跨页断行

通常情况下，Word允许表格行中文字的跨页拆分，这就可能导致表格内容被拆分到不同的页面上，影响了文档的阅读效果。因此可以使用下面的操作防止表格跨页断行。

选定需要处理的表格，然后在图7-51所示的【行】选项卡中，取消选中【允许跨页断行】复选框，最后单击【确定】按钮即可。

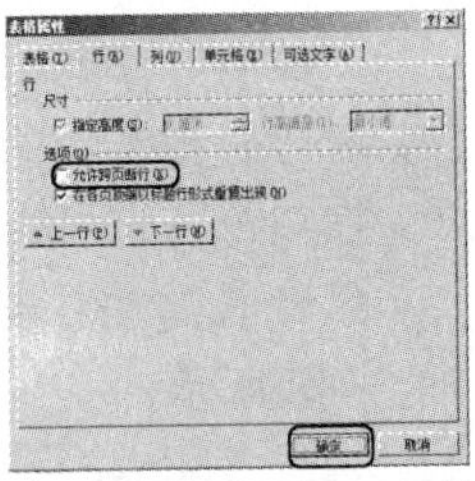

图7-51　取消允许跨页断行

7.8　在文档中排版表格

表格排放的基本规则，就是所有表格在排放时要遵守的规则。这些规则的制定，主要是为了方便阅读，同时也是为了版面的规范和美观。

7.8.1　表格的对齐方式

其实，表格可以像图形一样处理，使用的对齐方式有3种，分别为左对齐、居中和右对齐。要实现表格的对齐，方法有两种：一种是选择要对齐的表格，然后单击【表格工具】的【布局】选项卡|【表】组中的【属性】按钮，弹出【表格属性】对话框，选择【表格】选项卡，在【对齐方式】选项组下，选择一种对齐方式，然后单击【确定】按钮，如图7-52所示。一种是选择要对齐的表格，然后选择【表格工具】的【布局】选项卡|【单元格大小】组，在弹出的【表格属性】对话框中选择【表格】选项卡，在【对齐方式】选项组下，选择一种对齐方式，然后单击【确定】按钮，如图7-53所示。

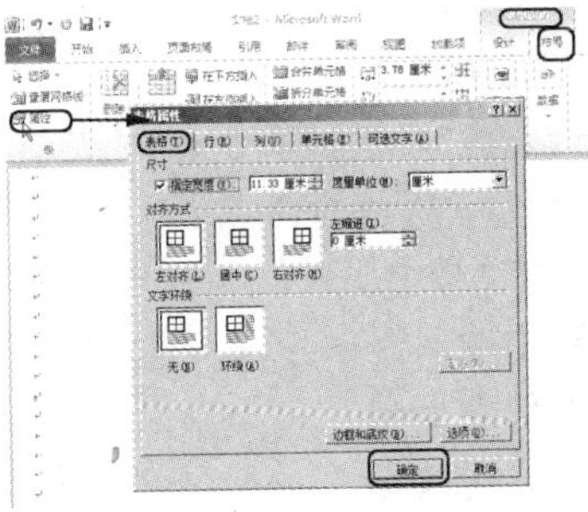

图7-52　选择对齐方式

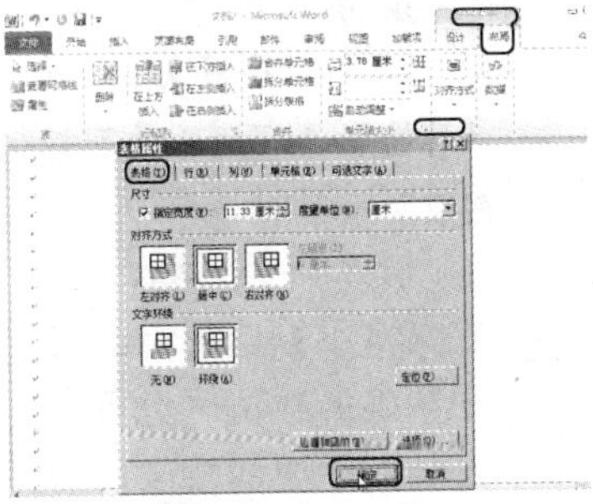

图7-53　选择对齐方式

- 要使整个表格在页面上左对齐，单击【左对齐】。在【左缩进】微调框中可进行调整。
- 要使整个表格居中对齐，单击【居中】。
- 要使整个表格在页面上右对齐，单击【右对齐】。

7.8.2 表格的环绕方式

表格也可以像图片一样让文字环绕，如果将表格拖放到段落的文字当中，文字就会环绕表格。

实战演练131——设置表格环绕方式

1 单击【表格工具】|【布局】选项卡|【表】组中的【属性】按钮，在弹出的【表格属性】对话框中选择【表格】选项卡，在【文字环绕】选项组下选择环绕方式，如图7-54所示。

2 选择完环绕方式后单击【确定】按钮，完成后的效果还可以使用鼠标在文档中任意移动，如图7-55所示。

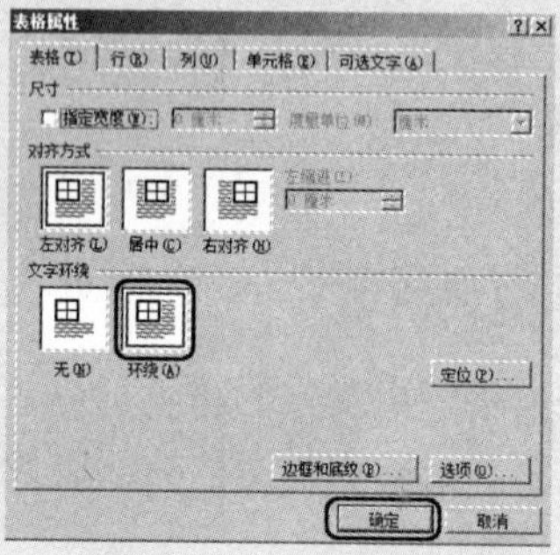

图7-54 选择环绕方式

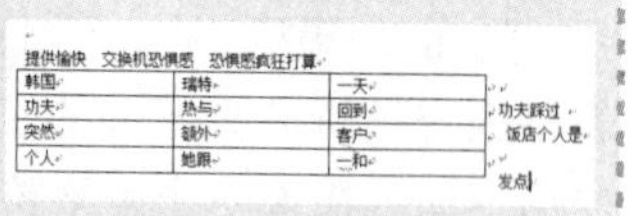

图7-55 文字环绕方式

7.8.3 定位表格的位置

如果要精确设置表格的环绕方式，以及设置表格与文字之间的距离，可以利用【表格属性】对话框，将表格精确地定位到一个指定位置。

实战演练132——定位表格的位置

1 打开【表格属性】对话框中的【表格】选项卡。

2 单击【定位】按钮，弹出【表格定位】对话框，如图7-56所示。

提示

只有选择【文字环绕】选项组中的【环绕】选项后，才可以使用【定位】按钮。

3 在【水平】选项组的【位置】中输入一个精确的数值，也可以直接从列表框中选择所需要的数值。而且还可以在【相对于】下拉列表框中，设置表格相对页面左右边界、页边距以及分栏的距离。

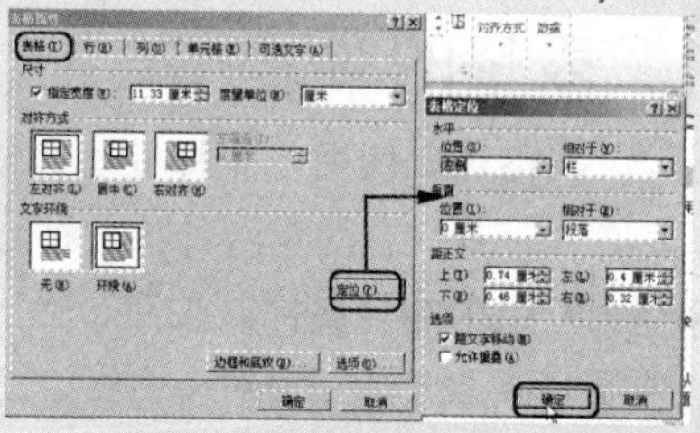

图7-56 打开【表格定位】对话框

4 在【垂直】选项组的【位置】中，可以输入一个精确的数值，也可以直接从下拉列表框中选择所需要的垂直位置距离。同样，在【相对于】下拉列表框中设置表格相对页面上下边界、页边距以及段落的距离。

5 再在【距正文】选项组中，设置表格与周围正文的距离，设置完成后单击【确定】按钮。

7.9 上机练习——制作表格字

本例介绍表格字的制作，效果如图7-57所示。本例的知识点为改变文字方向、合并单元格、边框的位置。

图7-57 表格字效果

实战演练133——制作表格字

最终文件	dir\最终文件\cha07\制作表格字.docx
视频文件	Movie\07-03.avi

1 首先运行Word 2010，单击【文件】按钮并选择【新建】，创建一个空白文档，然后单击【页面布局】选项卡|【页面设置】组|【页边距】|【上次的自定义设置】。

2 选择【页面布局】选项卡，在【页面背景】组中单击【页面颜色】按钮，在弹出的下拉面板中选择【填充效果】命令，在弹出的【填充效果】对话框中选择【图片】选项卡，然后单击【选择图片】按钮，在弹出的对话框中选中一幅图片，然后单击【确定】按钮，如图7-58所示。

图7-58 设置页面的格式

3 选择【插入】选项卡，在【表格】组中单击【表格】按钮，在弹出的下拉面板中选择【插入表格】命令，如图7-59所示。在弹出的【插入表格】对话框中设置【列数】和【行数】分别为5和2，然后单击【确定】按钮将表格插入到文档中。

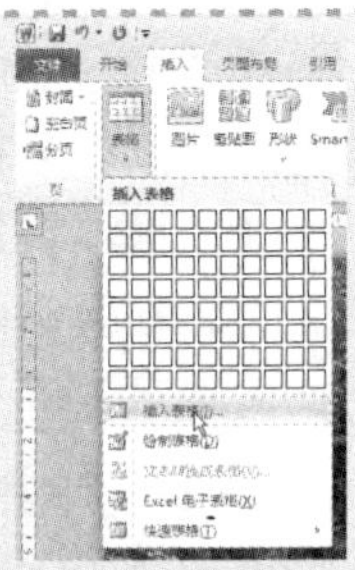

图7-59 插入表格

4 选择【表格工具】的【布局】选项卡，在【合并】组中单击【合并单元格】按钮，将需要合并的单元格进行合并，如图7-60所示。

图7-60 合并单元格

5 选择【表格工具】的【布局】选项卡，在【单元格大小】组中分别将表格行高度设置为12厘米，将【表格列宽度】设置为3厘米，如图7-61所示。

图7-61 设置表格的行高度、列宽度

6 在表格中输入诗文，并选中输入的文字，然后选择【页面布局】选项卡，在【页面设置】组中单击【文字方向】按钮，在弹出的下拉菜单中选择【文字方向选项】命令，在弹出的【文字方向】对话框中，选择文字“竖排方式”，单击【确定】按钮，如图7-62所示。

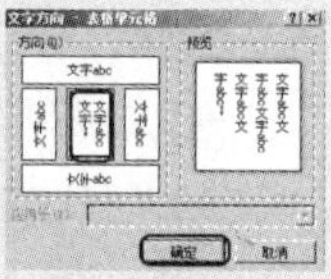

图7-62 设置文字排列格式

7 选择【开始】选项卡，在【字体】组中将【字体】设置为“华文行楷”、将【字号】设置为“小初”，颜色设为自己喜欢的颜色，然后对字体的颜色和位置进行设置，如图7-63所示。

图7-63 设置文字的格式

8 选择【表格工具】的【设计】选项卡，在【表格样式】组中单击【边框】按钮，在弹出的【边框和底纹】对话框中选择【边框】选项卡，单击【设置】选项组中的【全部】，在【样式】选项栏中选择一种粗线，然后单击【确定】按钮，如图7-64所示。

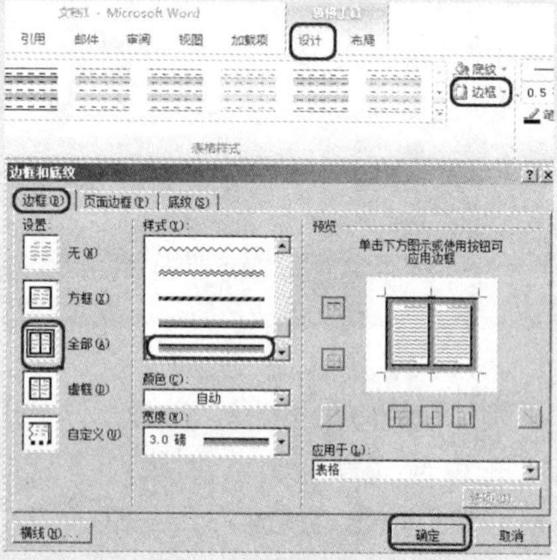

图7-64 设置边框和底纹

9 选择【插入】选项卡，在【插图】选项组中单击【图片】按钮，在弹出的【插入图片】对话框中选择一幅图片，将图片插入到文档中，然后调整图片的大小和位置，使文档看起来更加美观，如图7-65所示。

图7-65 插入图片

10 使用上述方法完成对本例效果的制作。

11 单击【文件】按钮，在弹出的列表框中单击【保存】，将制作的文档进行保存。

7.10 设置表格的边框与底纹

利用边框、底纹和图形填充功能可以增加表格的特定效果，以达到美化表格和页面的作用。为表格或单元格边框的文本添加底纹的方法与设置段落的填充颜色或纹理填充一样。

7.10.1 设置表格边框

有时为了使文本有利于排版，可以将文本用表格的方式建立，然后再将其框隐藏。有的表格可以设置成只有行线，没有列线；有的表格可以设置成只是四周有边框，而中间单元格没有边框，或者边框粗细、颜色不同等。

实战演练134——设置表格边框

1 选定要设置格式的表格。把鼠标指针移到表格的左上角，当表格左上角变成⊞标记时，单击即可选定整个表格。如果需要选定某一个单元格，可以将鼠标移到该单元格左边框外，当鼠标指针变成↗形状时，单击可选择单独一个单元格。

2 在选定的表格上单击鼠标右键，在弹出的快捷菜单中选择【边框和底纹】命令，打开【边框和底纹】对话框。

3 在【边框】选项卡的【设置】选项组中有5个选项，可以用来设置表格四周的边框，分别为【无】、【方框】、【全部】、【网格】和【自定义】选项，可以根据需要选择。

4 在【样式】列表框中可以选择边框的线型；在【颜色】下拉列表框中可以选择表格边框的线条颜色；在【宽度】下拉列表框中可以选择表格线的磅值。

5 单击【预览】选项组中的□或□按钮，可以应用于表格。

6 在【应用于】下拉列表框中设置确定要应用边框类型的范围。

7.10.2 设置表格底纹

实战演练135——设置表格底纹

1 先选定需要设置底纹和填充色的单元格，然后在【边框和底纹】对话框中，切换到【底纹】选项卡，如图7-66所示。

2 在【填充】下边的颜色表中可以选择底纹填充色，如果选择【无填充色】则无底纹颜色。

3 在【图案】选项组中可以选择图案的【样式】和【颜色】选项，在【应用于】下拉列表框中设置要应用边框类型或底纹格式的范围。

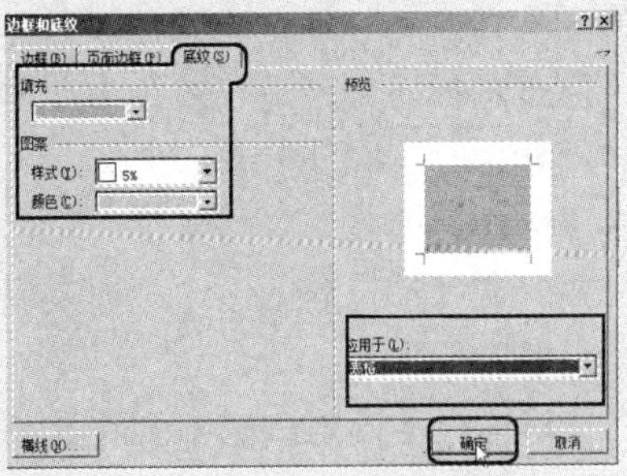

图7-66 【底纹】选项卡

7.11 表格的自动功能

Word是一个智能化的办公软件，它拥有大量的自动化功能。下面介绍其中一些表格的自动化功能。

7.11.1 使用【表格自动套用格式】对话框

默认情况下，【表格自动套用格式】命令不在功能区中，要使用该命令，必须在【Word选项】对话框中将其加载到快速访问工具栏。

实战演练136——调用【表格自动套用格式】命令

1 单击【文件】|【选项】|【Word选项】|【自定义功能区】命令，弹出【自定义功能区】对话框。

2 在【从下列位置选择命令】下拉列表框中选择【所有命令】，在其下方的列表框中选择【表格自动套用格式】命令，单击【添加】按钮，添加到快速访问工具栏。

3 同理，将【表格自动套用格式样式】、【表格更新自动格式】、【表格换行】命令等添加到快速访问工具栏，如图7-67所示。

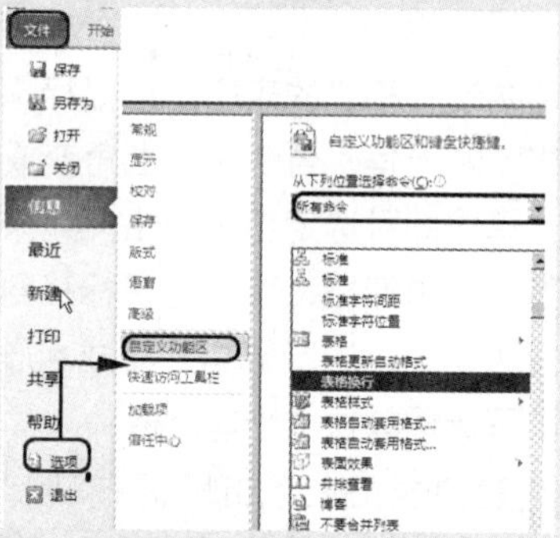

图7-67 将选择的命令添加到快速访问工具栏

4 单击【确定】按钮。

使用【表格自动套用格式】对话框可以使任何表格的格式化工作变得相当容易。

实战演练137——使用【表格自动套用格式】对话框

1 将插入点放在表格中的任意位置。

2 单击快速访问工具栏中的【表格自动套用格式】按钮，出现【表格自动套用格式】对话框，如图7-68所示。

3 在【格式】列表框中列出了可用的表格格式。在【预览】区域中可以查看当前选定格式的外观。

4 在该对话框下端是一些格式化选项，用户可以根据需要进行选择。

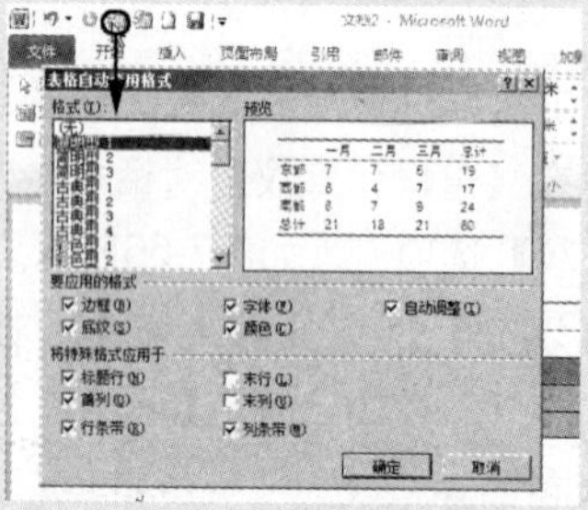

图7-68 【表格自动套用格式】对话框

5 单击【确定】按钮，被选定的格式就会应用到表格上。

7.11.2 绘制斜线表头

在使用表格时，经常需要在表头（第1行的第1个单元格）绘制斜线，这时可以用【表格和边框】工具栏中的绘制表格按钮。但使用Word提供的制作斜线表头功能更简单、更有效率。

实战演练138——绘制斜线表头

1 将光标置于需要绘制表头的单元格中。

2 单击【表格工具】|【设计】选项卡|【绘制表格】按钮，绘制表头如图7-69所示。

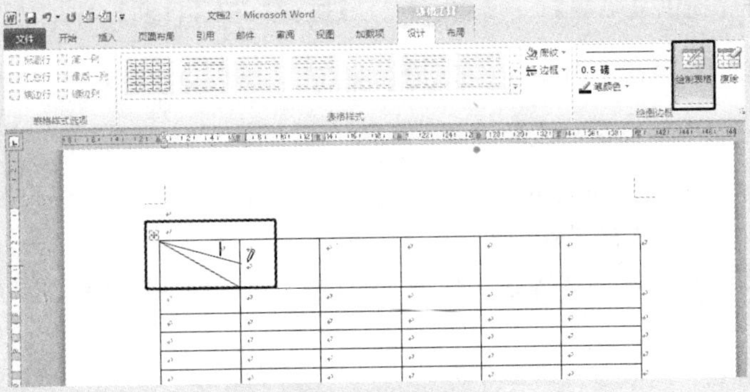

图7-69 绘制表头

3 在【表格样式】下拉列表中，选择表格样式，在【字体大小】下拉列表中选择字号，在【行标题】、【列标题】等文本框中输入相应的文字。

4 单击【确定】按钮。如图7-70所示为插入的斜线表头。

课程表

星期 课程 节	星期一	星期二	星期三	星期四	星期五
1节	语文	美术	外语	历史	地理
2节	外语	外语	科学	美术	数学
3节	数学	音乐	自习	地理	语文
4节	音乐	科学	数学	试验	体育
5节	美术	数学	语文	科学	科学
6节	科学	自习	试验	体育	音乐

图7-70 插入斜线表头后的效果

7.11.3 表格中的数据排序

如果打算排序、计算或进行其他的数据处理，在Excel中完成可能比在Word中完成更好。但是，如果只是做一种简单运算或创建一个按字母顺序排列的名单，那么Word表格就能完成这项工作。

实战演练139——使用排序

1 建立表格，并输入内容。创建的原始表格为图7-71所示的上方表格。

2 选择要排序的单元格。

3 单击【表格工具】|【布局】选项卡|【数据】组中的【排序】按钮，打开【排序】对话框，如图7-72所示。

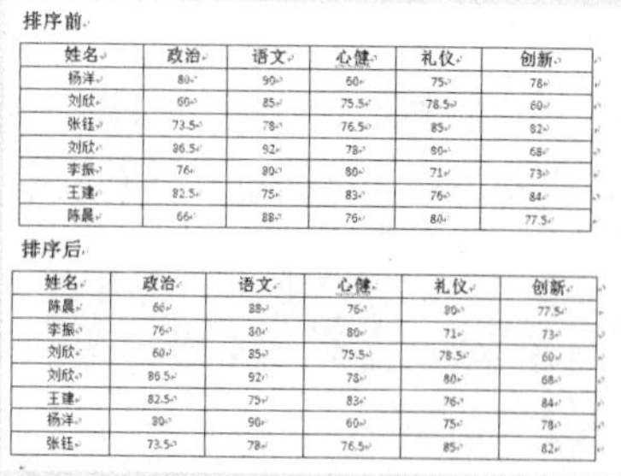

排序前

姓名	政治	语文	心健	礼仪	创新
杨洋	80	90	60	75	78
刘欣	60	85	75.5	78.5	60
张钰	73.5	78	76.5	85	82
刘欣	86.5	92	78	80	68
李振	76	80	80	71	73
王建	82.5	75	83	76	84
陈晨	66	88	76	80	77.5

排序后

姓名	政治	语文	心健	礼仪	创新
陈晨	66	88	76	80	77.5
李振	76	80	80	71	73
刘欣	60	85	75.5	78.5	60
刘欣	86.5	92	78	80	68
王建	82.5	75	83	76	84
杨洋	80	90	60	75	78
张钰	73.5	78	76.5	85	82

图7-71 将表格进行排序

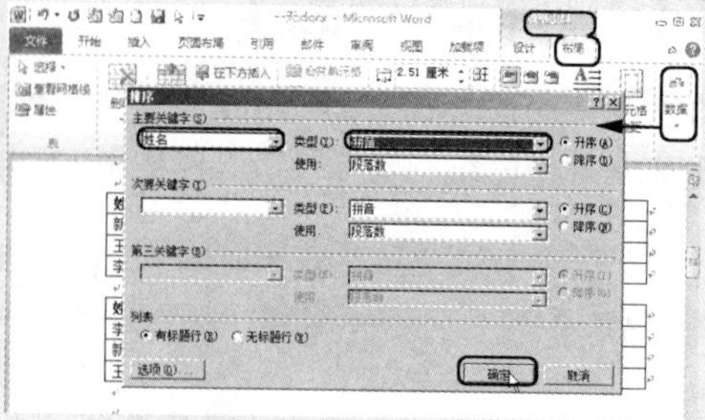

图7-72 【排序】对话框

Word为表格排序提供【笔画】、【数字】、【拼音】和【日期】4种类型。

实战演练140——选用表格排序类型

1 在【主要关键字】下拉列表中，选择要排序的主要列，本例选择“姓名”。

2 选择排序【类型】，本例选择按照“拼音”排序。

3 选择排序方式，本例选择“升序”选项。

4 如有必要，依次选择【次要关键字】、【第三关键字】及相应的排序类型和排序方式。本例中将不作选择。

5 在【列表】栏中，选中【有标题行】单选按钮。

6 单击【确定】按钮。

提示

单击【选项】按钮可以在【排序选项】对话框中进一步设置排序选项。例如，制定排序时所使用的语言及排序时是否区分大小写等。

在Word表格中，可以对单独一列进行排序而不影响左右两边的列。

实战演练141——对单独一列排序

1 首先要选中排序的列。

2 单击【表格工具】|【布局】选项卡|【数据】组中的【排序】按钮，在【排序】对话框中单击【选项】按钮，弹出【排序选项】对话框。

3 在【排序选项】对话框中选中【仅对列顺序】复选框，单击【确定】按钮，返回【排序】对话框。

4 若有必要，选择其他选项。

5 单击【确定】按钮，则仅对所选的列排序。

利用【排序】对话框也可以对不在表格中的文字列表进行排序，只要列表中的每一项都是以段落标记结束的就可以。方法是先选中此列表，单击【表格工具】|【布局】选项卡|【数据】组中的【排序】按钮，在弹出的【排序】对话框中选中【升序】或【降序】单选按钮，并选择按哪种类型进行排序，单击【确定】按钮即可。

7.11.4 在表格中进行计算

利用公式可以对表格单元格内的条目进行计算。这些计算不只局限于有数据的单元格，也可以在表格的其他单元格或此文档的任何数据中进行。

下面以求平均分为例，介绍公式的使用。

实战演练142——介绍求平均分公式的使用

1 将光标定位到需求平均分的单元格中。

2 单击【表格工具】|【布局】选项卡|【数据】组中的【公式】按钮，打开【公式】对话框。

3 此时，在【公式】文本框中可能会显示Word建议使用的公式。

- 如果所选单元格位于数字列底部，Word会建议使用“=St5M（ABOVE）”公式，对该单元格上面的各单元格求和。
- 如果所选单元格位于数字行右边，Word会建议使用“=StJM（LEFT）公式”，对该单元格左边的各单元格求和。

4 因为这里要求的是学生成绩的平均分，所以此时不能用Word建议的公式，应从【公式】文本框中将其删除。再在【粘贴函数】下拉列表框中选择AVERAGE函数。在这里要求的是“学生成绩”的平均分，所以应输入“AVERAGE（LEFT）”，即求行单元格的平均值，如图7-73所示。

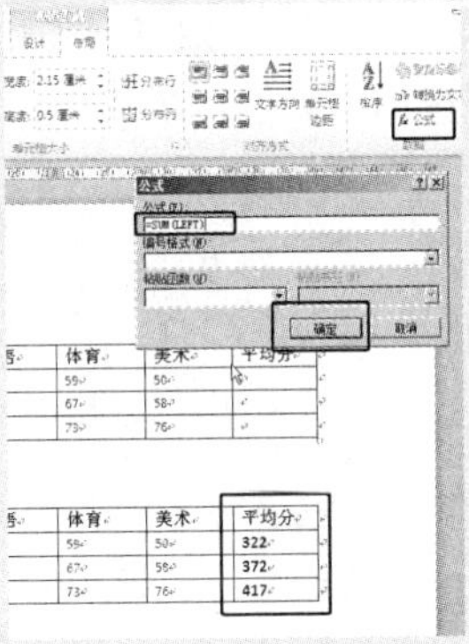

图7-73 定义公式

5 在【编号格式】下拉列表框中，选择计算结果的表示格式，也可以不选择。

6 设置完成后单击【确定】按钮，即可在选定的单元格中得到计算的结果，如图7-74所示。

计算之后

姓名	语文	数学	外语	体育	美术	平均分
李娜	80	73	60	59	50	**322**
新一	98	86	65	67	58	**372**
王娜	90	91	87	73	76	**417**

图7-74 公式计算结果

7.11.5 设置插入表格时自动添加题注

题注是附加在图片、表格上的简单说明文字。使用题注比手工为表格或图片添加说明的最大便利是题注的编号可以自动更新。

实战演练143——自动为表格添加题注

1 单击【引用】选项卡|【题注】组中的【插入题注】按钮，弹出【题注】对话框，如图7-75所示。

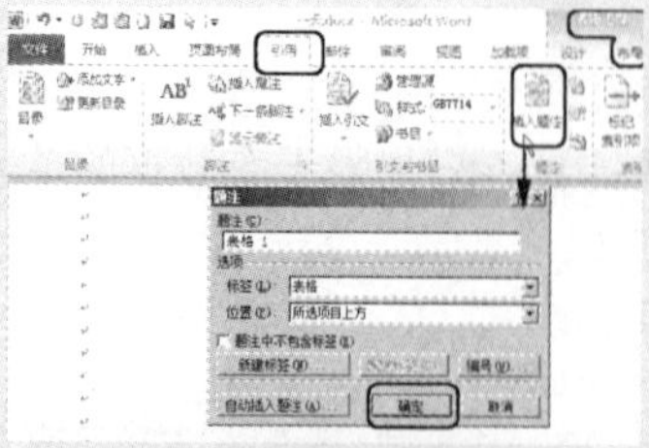

图7-75 【题注】对话框

2 单击【自动插入题注】按钮，打开【自动插入题注】对话框。在该对话框的【插入时添加题注】列表框中，选择要插入题注的项目，如【Microsoft Word表格】选项，如图7-76所示。

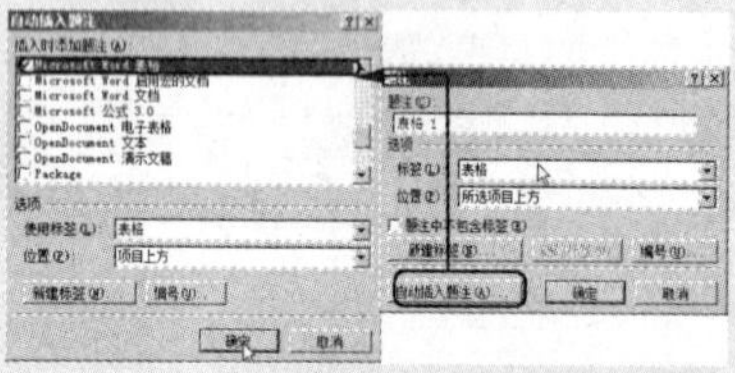

图7-76 【自动插入题注】对话框

3 在【使用标签】下拉列表框中，选择需要添加题注的标签。在这里没有合适的项目，所以要单击【新建标签】按钮，新建一个要使用标签的名称，如图7-77所示。定义完名称后单击【确定】按钮。

4 返回到【自动插入题注】对话框，然后在【位置】下拉列表框中，选择标签相对于所选项目的位置。两个选择分别为【项目上方】和【项目下方】，这里应选择【项目上方】选项。因为表的序号一般都是排放在表格的上方，而图的序号一般是排放在项目的下方。

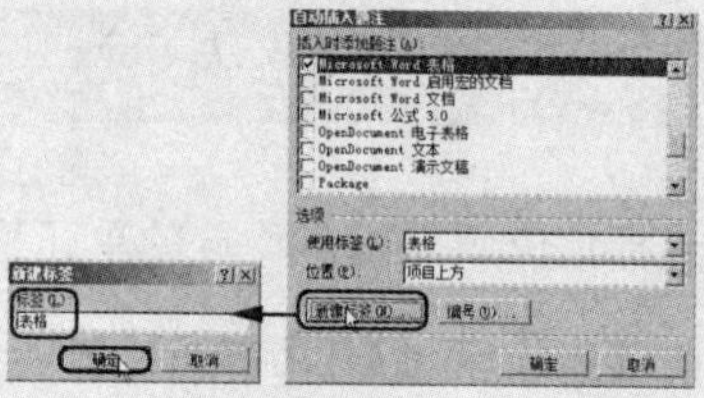

图7-77 新建标签

5 单击【编号】按钮，打开【题注编号】对话框，在【格式】下拉列表框中选择编号的数字格式，如图7-78所示。

6 单击【确定】按钮。设置完成后，只要用户在文档中插入表格后，表题就会自动插入表格的上方。按照更新题注的方法，可以自动更新文档中的表题。

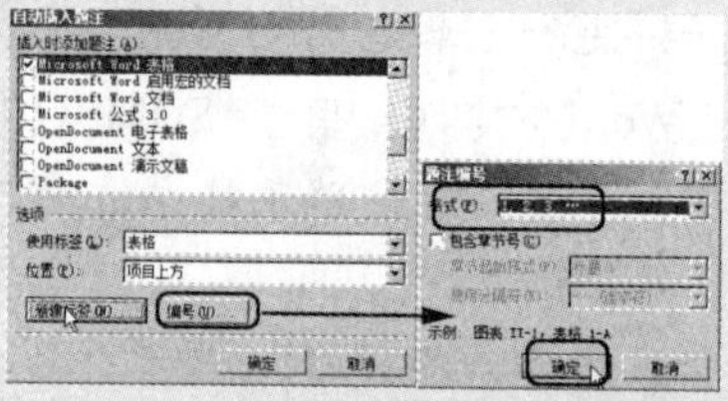

图7-78 【题注编号】对话框

此后，如果在Word中插入表格，表格的上面就会马上出现一个题注，也就是表的序号。当在文档中插入了20个表格，在第20个表格的上方同样会出现“表20”的序号。然而当把前面的5张删除掉，只要重新更新一下域，那么这个序号也会跟着按顺序更新。另外，如果需要在另一个文档中使用，只需更改或新建题注标签就可以了，而且也可以为插入的图片自动添加题注。

7.12 上机练习——制作课程表

本例介绍课程表的制作，效果如图7-79所示。本例知识点为插入表格、插入形状、设置表格布局、设置文字方向。

图7-79 课程表效果

实战演练144——制作课程表

最终文件	dir\最终文件\cha07\制作课程表.docx
视频文件	Movie\07-04.avi

1 首先运行Word 2010，单击【文件】按钮并选择【新建】，创建一个空白文档，然后单击【页面布局】选项卡【负面设置】组|【页边距】|【上次的自定义设置】。

2 选择【插入】选项卡，在【插图】选项组中单击【形状】按钮，在【基本形状】栏中选择【矩形】，并将矩形绘制到文档中，如图7-80所示。

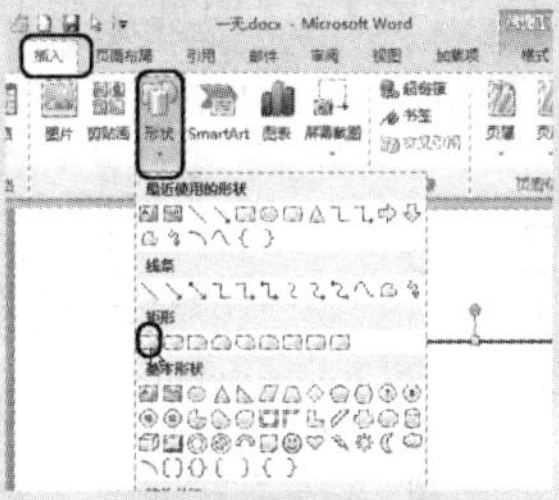

图7-80 插入矩形

3 选择【插入】选项卡，在【表格】选项组中单击【表格】按钮，在弹出的下拉面板中选择【插入表格】命令，在弹出的【插入表格】对话框中输入表格的列数为9和行数为8，如图7-81所示。

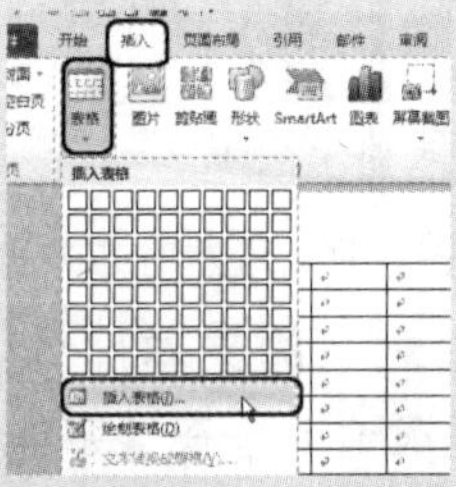

图7-81 插入表格

4 选择插入的表格，设置【表格工具】|【布局】选项卡|【单元格大小】选项组中的【高度】为2.4厘米，如图7-82所示。

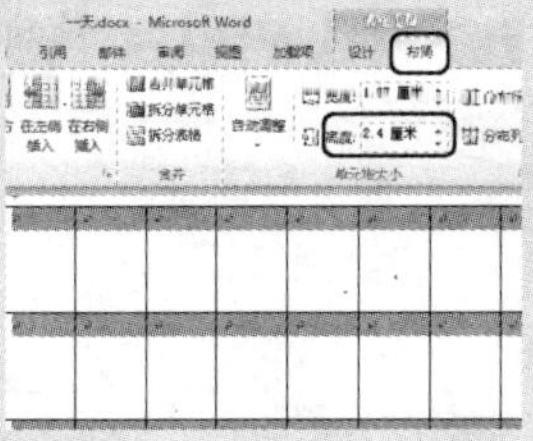

图7-82 设置表格的高度

5 选择需要合并的表格，然后单击【表格工具】|【布局】选项卡|【合并】选项组中的【合并单元格】按钮，将需要合并的单元格进行合并，如图7-83所示。

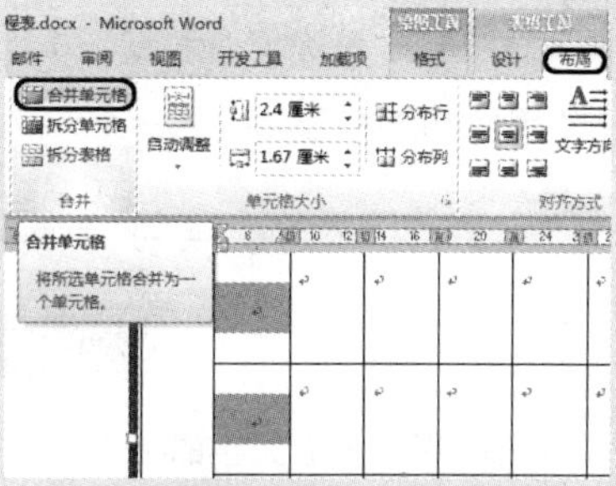

图7-83 合并单元格

提示

选择需要合并的表格，使用鼠标右键单击，在弹出的快捷菜单中选择【合并单元格】命令。

6 选择表格后按Ctrl+X键将表格剪切，然后在绘制的矩形上单击鼠标右键，在弹出的快捷菜单中选择【添加文字】命令，再按Ctrl+V键将表格插入到所绘制的矩形中，选择【绘图工具】|【格式】选项卡，在【形状样式】选项组中单击【形状轮廓】按钮，在弹出的下拉面板中选择【粗细】为6磅，如图7-84所示。

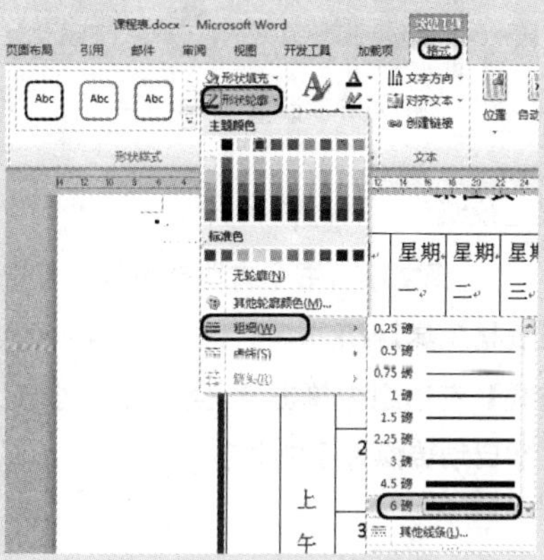

图7-84 设置轮廓的粗细

7 输入课程表中所需要的文字，然后选中“课程表”，单击【开始】选项卡，在【字体】选项组中将【字体】设置为“华文琥珀”，将【字号】设置为“小一”，单击按钮，如图7-85所示。

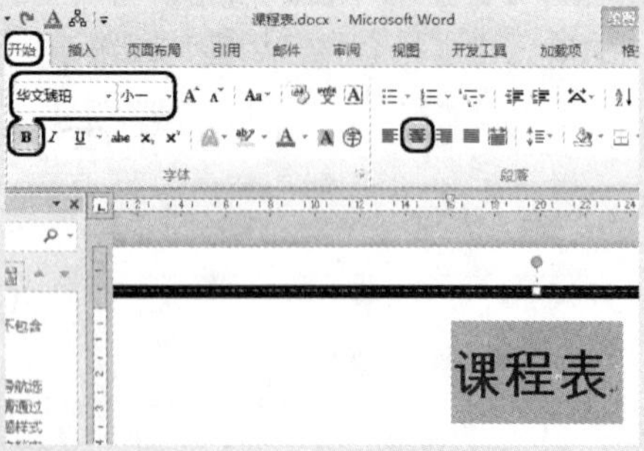

图7-85　设置文字的格式

8 选择文字“书山有路勤为径”，单击鼠标右键，在弹出的快捷菜单中选择【文字方向】命令，在弹出的【文字方向】对话框中，选择竖排文字方向，单击【确定】按钮，如图7-86所示。

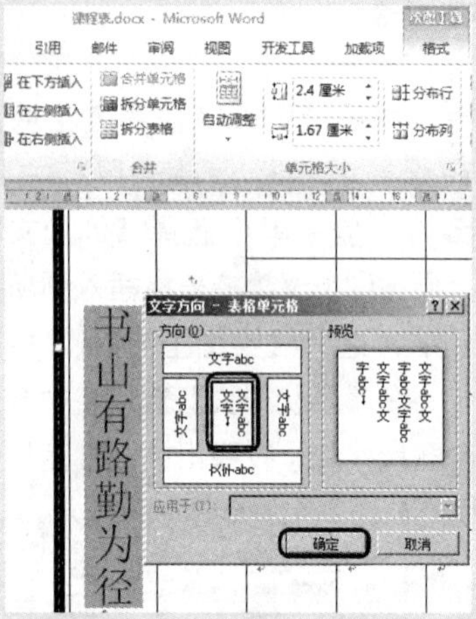

图7-86　设置文字方向

提示

选择文字“书山有路勤为径”，选择【表格工具】|【布局】选项卡，在【对齐方式】选项组中单击【文字方向】按钮，文字自动转换为竖排文字。

提示

选中表格，选择【表格工具】|【格式】选项卡，在【对齐方式】选项组中单击【水平居中】按钮。

9 单击【开始】选项卡，在【字体】选项组中将【字体】设置为“宋体”、将【字号】设置为“二号”，然后单击鼠标右键，在弹出的快捷菜单中选择【单元格对齐方式】|【中部居中】命令，如图7-87所示。

图7-87　设置对齐方式

10 选中剩下的文本部分，单击【开始】选项卡，在【字体】选项组中将【字体】设置为“宋体”、将【字号】设置为“小二”并居中对齐。

11 单击【文件】按钮，在弹出的列表框中单击【保存】，将制作的文档进行保存。

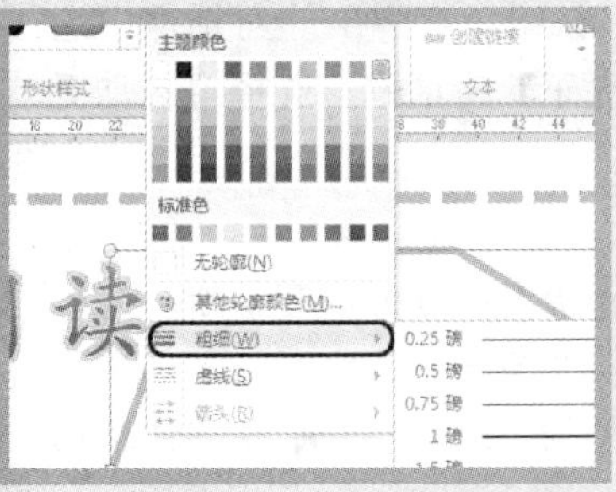

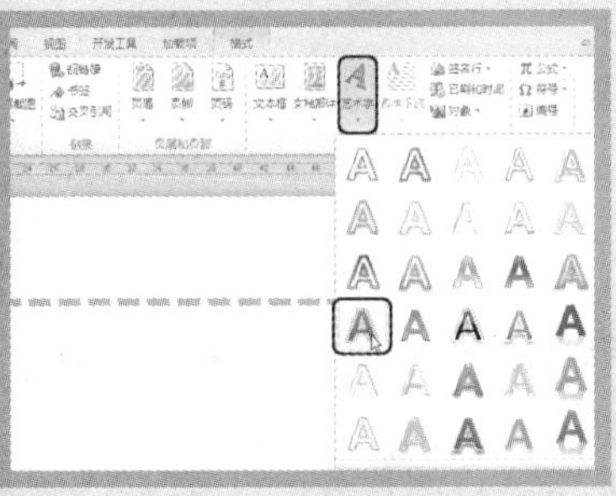

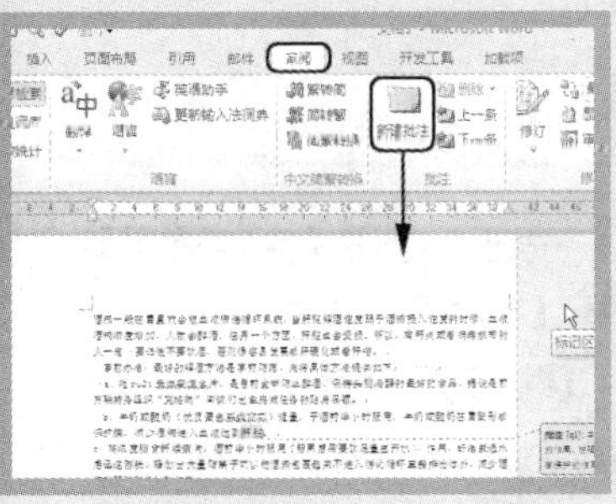

第8章 使用Word的高级自动功能

Word是功能极强的文字处理和版式编排软件，它具有简单易学、界面友好、智能化程度高、兼容性好等特点。比起同类排版软件，就更体现了其即见即所得的功能。除此之外，Word还有很强的高级自动功能。

前面介绍了Word的基本功能，本章将介绍Word的高级自动功能。通过本章的学习，可以掌握一些自动功能，包括自动更正、创建窗体、项目符号、自动编号、修订和批注等。此外还将介绍Word的精髓和核心技术等，也就是宏和域的使用。

通过本章的学习，可以掌握以下知识点：

- 设置自动更正的方法及技巧
- 添加项目符号和编号
- 修订和批注的使用
- 字数统计
- 宏的使用
- 认识域

8.1 设置自动更改

自动更正就是自动修改用户输入文字或符号时的错误。通过设置一些选项，Word就会自动监视用户的输入，并修改一些特定的错误。

8.1.1 【自动更正】选项

设置【自动更正】功能选项的方法是单击【文件】|【选项】按钮，在弹出的对话框中选择【校对】命令，然后单击【自动更正选项】按钮，打开【自动更正】对话框，选择【自动更正】选项卡，根据需要可以设置各选项的功能。

各选项的功能介绍如下。

- 【更正前两个字母连续大写】复选框：可以自动更正第二个大写字母为小写字母。
- 【句首字母大写】复选框：可以将每句的第一个英文字母设置为大写。
- 【英文日期第一个字母大写】复选框：自动将每句的首字母大写。例如，将单词wednesday自动更正为Wednesday。
- 【更正意外使用大写锁定键产生的大小写错误】复选框：如果在Caps Lock键打开的情况下键入了单词，那么Word会自动更改键入单词的大小写，同时并关闭Caps Lock键，例如，可将OPEN自动更正为Open。
- 【表格单元格的首字母大写】复选框：可以自动将在表格中输入单词的第一个字母大写，例如word自动更改为Word。
- 【键入时自动替换】复选框：可以自动替换键入的内容。如图8-1所示，可以设置要替换的内容。
- 【显示“自动更正选项”按钮】复选框：可以自动显示【自动更正选项】按钮。

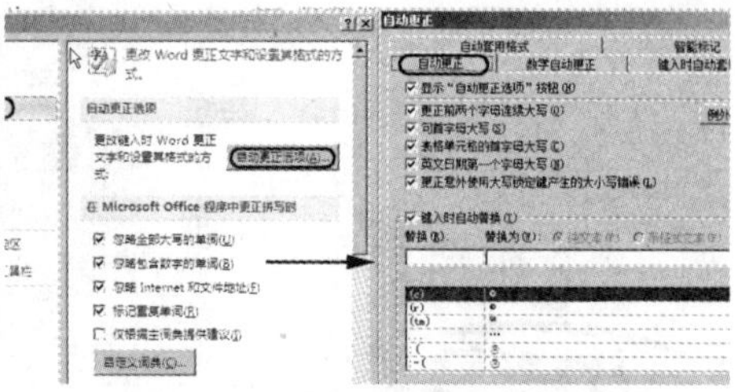

图8-1 设置【自动更正】选项

8.1.2 创建自动更正词条

在输入字符时，经常会有一些又长又容易出错的单词或者词组，如果将这些词条定义为自动更正词条，在输入时就会即省时又省力。

Word不但可以自动替换为词条，还可以替换为图片。若在以后插入该图片时，只需输入这几个简单的字符即可。

实战演练145——创建自动更正词条

1 选中需创建为自动更正的词条。例如，带有图形和文字的【注意：】。

2 单击【文件】|【选项】按钮，在弹出的对话框中选择【校对】命令，然后单击【自动更正选项】按钮，打开【自动更正】对话框，选择【自动更正】选项卡。

3 确认已经选中【键入时自动替换】复选框和【带格式文本】单选按钮，这样在替换时还会把该文字的格式也替换进来。因为图案是带格式的，所以【带格式文本】单选按钮会自动选中，但一定不要另外选中【纯文本】，否则将替换为*。

4 在【替换】文本框中，输入被替换的词条，如【注意】，如图8-2所示。

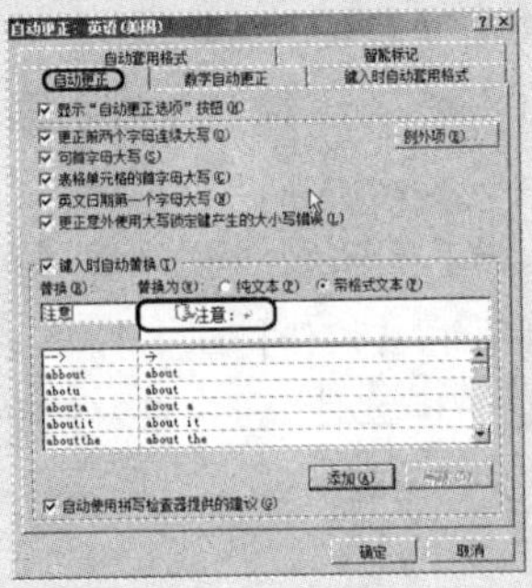

图8-2 创建自动更正词条

5 单击【添加】按钮，这样选中的词条就成为了自动更正词条，此后如果在文档中输入【注意】字样，就会自动更正为【注意：】了。

提示

如果要修改和删除自动更正词条，可以再次打开【自动更正】选项卡，然后在【键入时自动替换】列表框中，选择需要修改的自动更正词条，接着在【替换】文本框中输入新的自动更正词条名。此时，【替换】按钮被激活，单击它就会将原词条替换为新的自动更正词条。如果单击【删除】按钮，则该词条被删除。

8.2 窗体的创建和使用

窗体就是使用了一个或多个内容控件的文档，使用户能方便地输入数据。可以在创建模板时，创建带有内容控件和说明文本的窗体，也可以将该窗体发送给其他人。在高级方案中，添加到窗体中的任何内容控件还可以链接到数据。

可以从示例模板开始创建窗体。Microsoft Office Online 网站上提供了很多示例模板。

可以打印使用Word中内容控件所创建的窗体，但内容控件周围的框不会被打印出来。

提示

Word提供的模板中，包括很多内容控件，有很多就是使用窗体设计的，如“平衡传真”、“平衡简历”等。

8.2.1 创建窗体

实战演练146——创建窗体

1 对Word进行窗体的设置。

- 单击【文件】|【选项】按钮，弹出【Word选项】对话框。切换到【自定义功能区】设置窗口。

- 勾选【开发工具】复选框，然后单击【确定】按钮，在功能区上显示【开发工具】选项卡。

2 打开一个模板或文档，以便以此为基础创建窗体。

- 单击【文件】|【新建】按钮，弹出右侧对话框。
- 在【可用模板】栏下，选择【我的模板】选项。
- 单击【空白文档】图标，然后在【新建】选项组中选中【模板】或【文档】单选按钮，单击【确定】按钮，打开一个空白模板或空白文档。
- 单击【文件】|【另存为】按钮，弹出【另存为】对话框。
- 在【另存为】对话框中，为新模板或新文档命名，然后单击【保存】按钮。

3 向窗体中添加内容控件。

通过先草拟版式来设计窗体或使用现有窗体作为指导。在窗体中可以添加内容控件、表格及其他图形元素。要插入控件，首先单击【开发工具】选项卡|【控件】组中的按钮，然后在要插入控件的位置单击鼠标左键，插入具体控件。

在窗体中插入文本控件的方法如下。

- 选择【开发工具】选项卡|【控件】组|【格式文本】按钮或【纯文本】按钮，在插入点处出现该控件占位符，单击此处输入文字。
- 选择控件，单击【开发工具】选项卡|【控件】组中的【属性】按钮，弹出【内容控件属性】对话框，如图8-3所示。

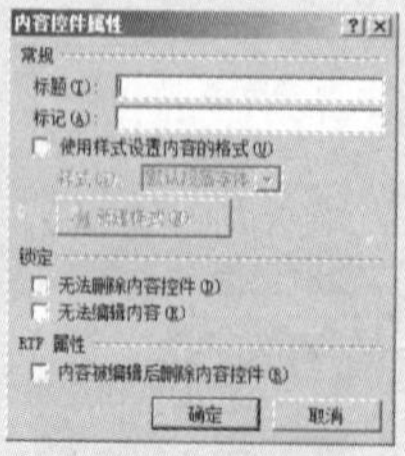

图8-3 【内容控件属性】对话框

- 填入“标题”和“标记”。如果选中【无法删除内容控件】复选框，则该控件内容不能被删除；如果选中【无法编辑内容】复选框，则该控件内容不能被编辑。
- 单击【确定】按钮。

在窗体中插入下拉列表控件的方法如下。

- 单击【开发工具】选项卡|【控件】组中的按钮，在插入点处出现下拉列表控件占位符。
- 选择下拉列表控件，单击【开发工具】选项卡|【控件】组中的按钮，打开【内容控件属性】对话框，如图8-4所示。

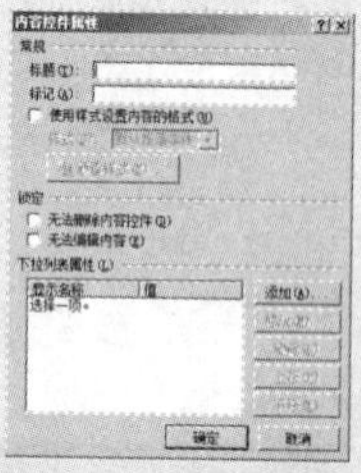

图8-4 【内容控件属性】对话框

- 若要创建选项列表，在【下拉列表属性】栏下单击【添加】按钮。
- 在【添加选项】对话框中键入一个“显示名称”。重复该步骤，直到将全部选项都添加到下拉列表中为止。

4 设置或更改内容控件的属性。

每个内容控件都拥有可以设置或更改的属性。例如，日期选取器控件提供用于显示日期的格式选项。

- 右键单击要更改的内容控件。
- 在弹出的快捷菜单中选择【属性】命令，弹出【内容控件属性】对话框，单击【修改】按钮，更改所需的属性。

5 向窗体中添加说明文本。

提示

说明文本可以增强所创建和分发的窗体的可用性。可以更改内容控件中默认的说明文本。

实战演练147——为窗体用户自定义默认说明文体

1 单击【开发工具】选项卡|【控件】组中的按钮。

2 在要修改占位符说明文本的内容控件处单击。编辑占位符文本，并将其设置为任何需要的格式。

3 在键入内容时，如果要让内容控件消失，单击【控件】组中的按钮，选中【内容被编辑后删除内容控件】复选框。

4 单击【开发工具】选项卡|【控件】组中的按钮，以关闭设计功能并保存说明文本。

提示

如果要让窗体的用户可以用所需的文本替换说明文本，则取消选中【无法编辑内容】复选框。

8.2.2 保护窗体

可以在模板中保护个别内容控件，以防止某人删除或编辑特定的内容控件或控件组；也可以使用密码来保护所有的模板内容。

提示

如果需要，可以在分发窗体前对其进行测试。打开窗体，模仿用户填写窗体，然后在所需的位置保存一个副本。

实战演练148——保护窗体

1 打开要保护的窗体。

2 选择要限制对其进行更改的内容控件或控件组。

提示

要组合若干个控件，按住Shift键选要组合的每个控件。选择【开发工具】选项卡|【控件】组|【组合】|【组合】命令。

3 单击【开发工具】选项卡|【控件】组中的按钮，打开【内容控件属性】对话框。

4 在【内容控件属性】对话框的【锁定】栏下，执行以下操作之一：

- 选中【无法删除内容控件】复选框，则该选项允许编辑控件内容，但无法将控件本身从模板或基于该模板的文档中删除。
- 选中【无法编辑内容】复选框，则该选项允许删除控件，但不允许编辑控件中的内容。

提示

并非所有控件都能使用以上两个选项。

实战演练149——保护窗体所有内容

1 打开要保护的窗体。

2 选择【开发工具】选项卡|【保护】组|【限制编辑】命令，弹出【限制格式和编辑】任务窗格，如图8-5所示。

3 在任务窗格的【编辑限制】栏下选中【仅允许在文档中进行此类编辑】复选框。

4 在其下方的编辑限制列表中选中【填写窗体】。

5 在【启动强制保护】栏下，单击【是，启动强制保护】按钮。

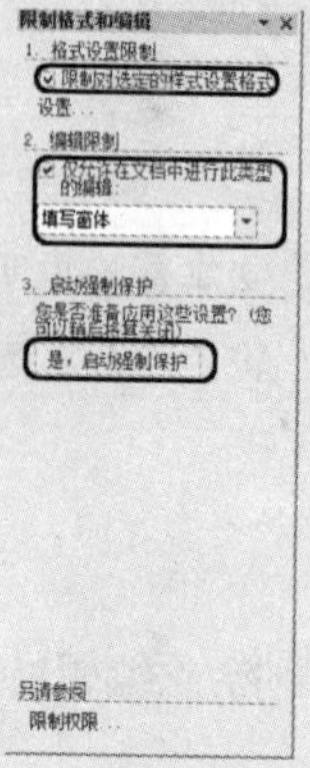

图8-5 【限制格式和编辑】任务窗口

6 要为文档指定密码，以便只有知道该密码的审阅者才能够取消保护。在【启动强制保护】对话框中输入密码，然后确认此密码，如图8-6所示。

图8-6 【启动强制保护】对话框

提示

如果选择不使用密码，则任何人都可以更改你的编辑限制。记住密码很重要。如果忘记了密码，Microsoft将无法找回。最好将密码记录下来，保存在一个安全的地方，这个地方应该尽量远离密码所要保护的信息。

8.3 项目符号列表和自动编号列表

使用Word可以快速给列表添加项目符号，使文档易于阅读和理解，可以在输入时自动产生带项目的列表，也可以在输入文本之后再进行编号。

8.3.1 添加和定义项目符号

1. 添加项目符号

可以在不同的情况下或用不同的方法使用项目符号。

- 如果在句首输入📖、☞或✍等符号，后面输入文字、空格或者制表位，按Enter键也可自动实现项目符号列表。
- 如果在【自动更正】对话框的【键入时自动套用格式】选项卡中选中了【自动项目符号列表】，那么单击【段落】组中的☰按钮，即可在该段落实现项目符号列表。并在按Enter键后，下一段落自动实现项目符号列表。如果要取消项目符号列表，按两次Enter键即可。
- 如果要是对已经输入的文本进行项目符号列表，只需选中该文本，单击【段落】组中的☰按钮，即可添加最近使用过的项目符号，或以当前默认的符号作为项目符号。若再次单击按钮，可以取消当前段落的项目符号。

- 若要更改项目符号，可以单击按钮右侧的小三角按钮，在弹出的下拉面板中选择【定义新项目符号】命令，打开【定义新项目符号】对话框，单击【符号】按钮，打开【符号】对话框，然后选中相应的符号，单击【确定】按钮，即可更改为新的符号。

2. 自定义项目符号

如果预置的项目符号不满意，可以自定义项目符号列表。

实战演练150——自定义项目符号

1 单击【开始】选项卡|【段落】组中的按钮右侧的小三角按钮，在弹出的下拉面板中选择【定义新项目符号】命令，打开【定义新项目符号】对话框，如图8-7所示。

图8-7 【项目符号和编号】对话框

2 在项目符号字符中选择满意的符号，也可以单击【符号】按钮，在【符号】窗口里选择新的字符作为项目符号。选定满意的符号后，单击【确定】按钮，该符号可替换在【自定义项目符号列表】对话框中选中的符号。

3 单击【字体】按钮，可以设置该符号的字号大小和字体颜色。

4 单击【图片】按钮可以浏览用于此文档的图片项目符号库。

8.3.2 自动编号列表

在句首输入类似“1.”、“1）”、“（1）”、“一”、“第一”、“a）”等编号格式符号时，如果后跟一个以上的空格或者制表位，按Enter键后，Word就会自动对其进行编号列表。

1. 使用自动编号列表

如果要对段落进行编号，也可以选中要编号的文本，单击【段落】组中的按钮。也可以单击按钮后，再输入要编号的文字，然后按Enter键，在下一行段落开头就会出现相同按顺序的编号列表。如要取消自动编号，可以再次单击【段落】组中的按钮。

2. 自定义编号列表

单击【开始】选项卡|【段落】组中的按钮右侧的小三角按钮，在弹出的下拉面板中选择【定义新编号格式】命令，打开【定义新编号格式】对话框，如图8-8所示。

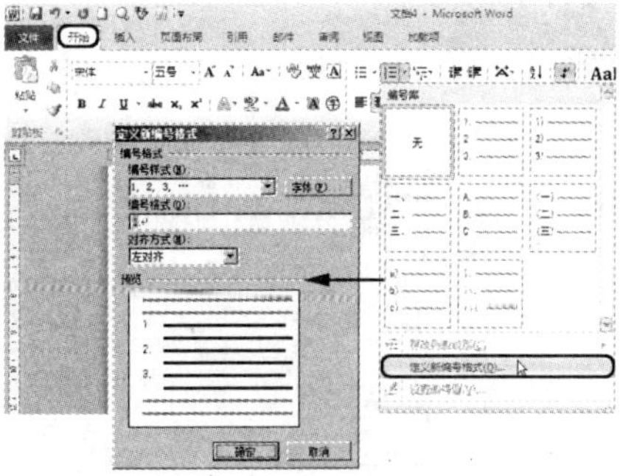

图8-8 【自定义编号格式】对话框

- 在编号格式中可以选择编号的具体格式，如在编号后面加3个右括号，也可以直接把1改成其他编号样式。
- 单击【字体】按钮可以选择编号的字体及其大小。
- 在【编号样式】中可以选择编号的具体样式。
- 在编号位置选择编号是右对齐、左对齐或居中。

3. 使用多级列表

有时候，一级列表是不够的，因此要使用多级列表。比如在编写一本新书时，首先要写出该书的三级目录，这个时候，使用多级列表就很容易完成了。

要使用多级列表，单击【开始】选项卡|【段落】组中的按钮右侧的小三角按钮，在弹出的列表库中选择列表类型即可。

8.4 上机练习——自动设置标题

本例介绍自动设置标题，效果如图8-9所示。本例知识点为设置字体、创建新样式、设置段落、设置格式。

图8-9 设置标题效果

实战演练151——自动设置标题

最终文件	dir\最终文件\cha08\自动设置标题.docx
视频文件	Movie\08-01.avi

1 首先运行Word 2010，单击【文件】按钮并选择【新建】，创建一个空白文档，然后单击【页面布局】选项卡|【页面设置】组|【页边距】|【上次的自定义设置】。

2 输入文档内容，如图8-10所示。

图8-10 输入文档内容

3 选择【开始】选项卡，在【样式】选项组中单击按钮，然后在弹出的对话框中单击【新建样式】按钮，如图8-11所示。

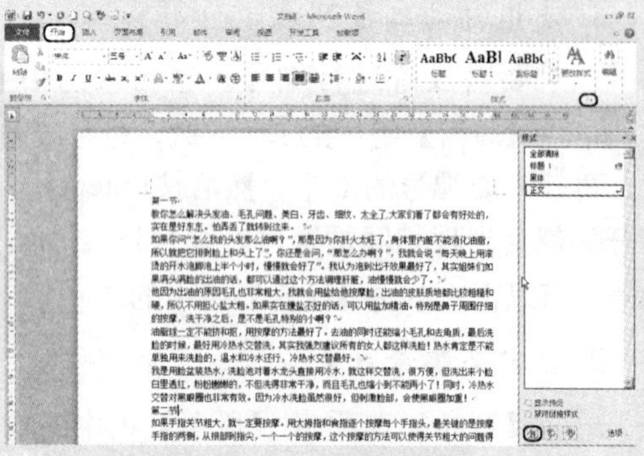

图8-11 新建样式

4 此时弹出【根据格式设置创建新样式】对话框，将【名称】修改为“章”。

将【样式基准】修改为“无样式”，将【后续段落样式】修改为“正文”，然后单击【格式】按钮，在下拉菜单中选择【段落】命令，如图8-12所示。

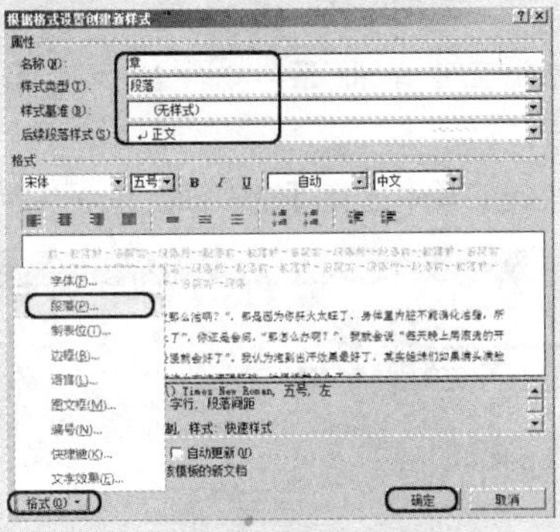

图8-12 修改样式

5 在【段落】对话框中，将【缩进和间距】选项卡下【间距】选项组中的【段前】和【段后】设置为16磅，将【行距】设置为“最小值”，【设置值】设置为16磅，单击【确定】按钮，如图8-13所示。

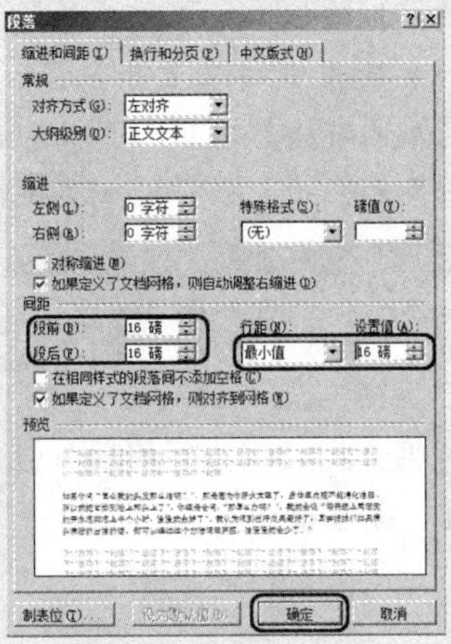

图8-13 设置段落格式

8.5 修订和批注

修订和批注可以便于联机审阅，这样就可以看到多个审阅者在文档中修改或批注。修订和批注可以保护文档，当不同的审阅者在文档中进行修改时，就会显示各个审阅者不同的标记元素，而格式则显示在批注框中。

8.5.1 修订

所谓修订，就是让审阅者修改文档，会突出显示所有修改之处，以便作者跟踪修订。

选择【审阅】选项卡，在其下方会出现【审阅】功能区，如图8-14所示。此时在文档中进行的每一个操作，Word都会作相应的标记。

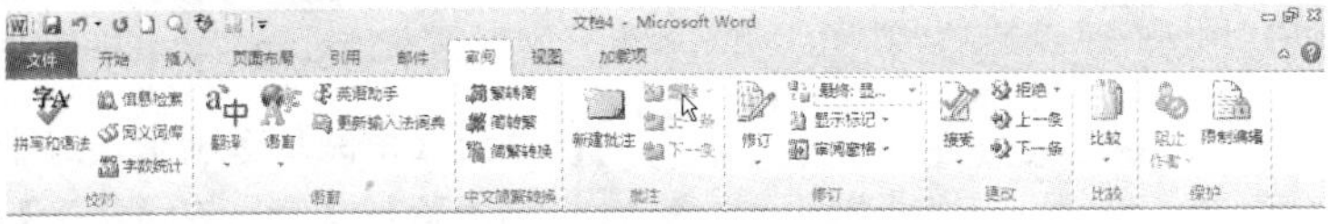

图8-14 【审阅】工具栏

当要决定是否接受所进行的修订时，可以在【审阅】功能区上单击【下一条修订或批注】按钮 下一条 和【上一条修订或批注】按钮 上一条 来逐个查找所作的修订，接着单击【接受】按钮或【拒绝】按钮，来接受或拒绝所作的修订。

8.5.2 批注文档

批注是指作者或审阅者为文档添加的注释。在文档中添加了批注后，会在文档的页边距或审阅窗口中显示。

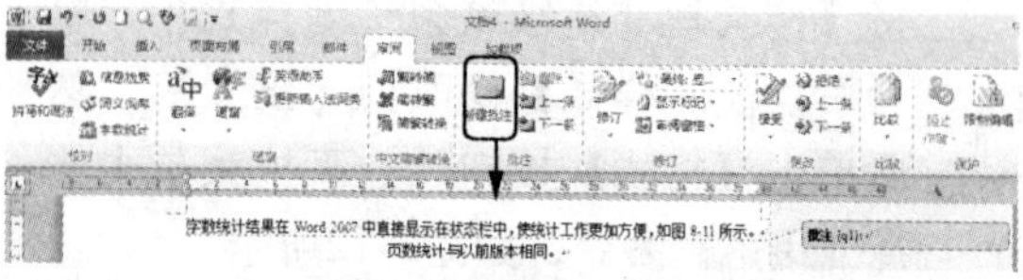
图8-15 插入批注

- 插入批注的方法是，单击【审阅】功能区中的【新建批注】按钮，文档右边页边距中就会出现一个批注的文本框，如图8-15所示。
- 如要使用窗口来显示批注，可以在【审阅】功能区中单击 审阅窗格 按钮；再次单击【审阅窗格】按钮，可以取消显示审阅窗格。
- 如要删除批注，可用鼠标右击批注，然后在弹出的快捷菜单中选择【删除批注】命令即可。

8.6 上机练习——批阅

本例将介绍如何进行批阅，如图8-16所示。本例知识点为设置字体、新建批注。

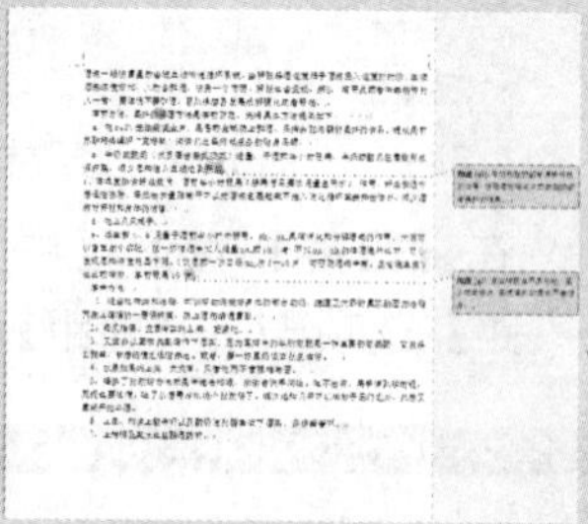
图8-16 批阅效果

实战演练152——批阅

最终文件	dir\最终文件\cha08\批阅.docx
视频文件	Movie\08-02.avi

1 首先运行Word 2010，单击【文件】按钮并选择【新建】菜单，创建一个空白文档，然后单击【页面布局】选项卡|【页面设置】组|【页边距】|【上次的自定义设置】。

2 输入需要进行批阅的文字，如图8-17所示。

图8-17 输入文字

3 选中文字，选择【开始】选项卡，在【字体】选项组中单击【字体】和【字号】按钮，将【字体】设置为“宋体”，将【字号】设置为“五号”，如图8-18所示。

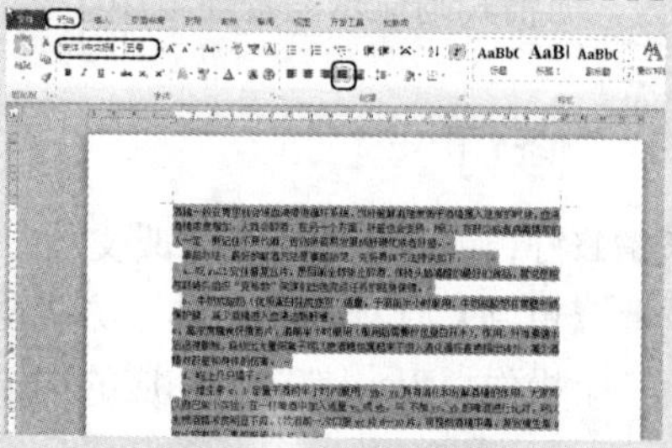
图8-18 设置文字样式

4 单击【审阅】选项卡，选中需要进行批注的段落或文字，在【批注】选项组中单击【新建批注】按钮，如图8-19所示。

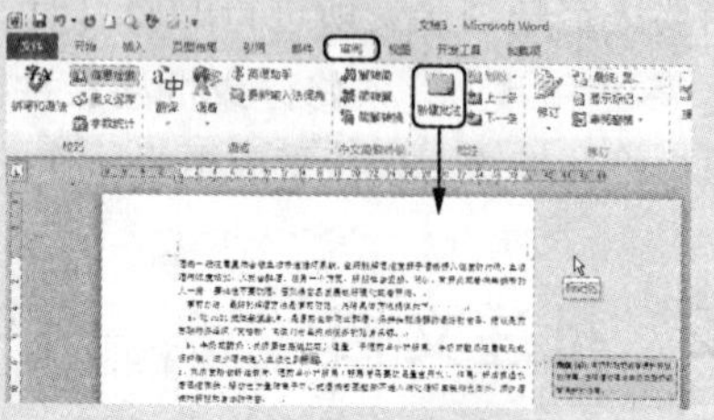
图8-19 新建批注

5 在批注中输入文字，选中输入的文字，选择【开始】选项卡，在【字体】选项组中分别单击【字体】和【字号】按钮，将【字体】设置为“宋体”，【字号】设置为“五号”，再单击【段落】选项组中的【文本左对齐】按钮，如图8-20所示。

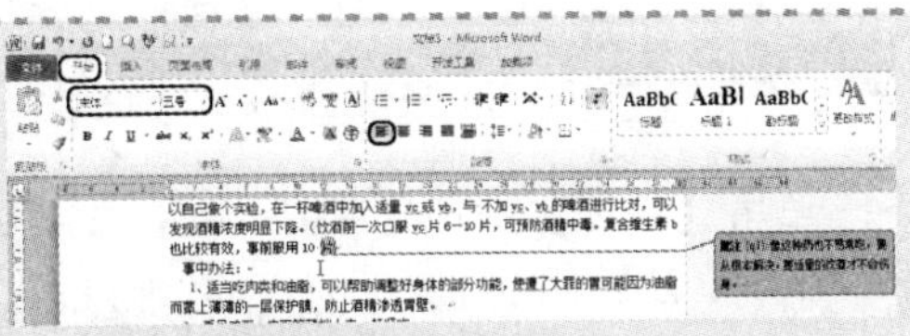

图8-20 设置文字格式

6 将文档进行保存。

8.7 字数统计

字数统计结果直接显示在Word的状态栏中，使统计工作更加方便，如图8-21所示。页数统计与以前版本相同，也是直接在状态栏中显示出来。

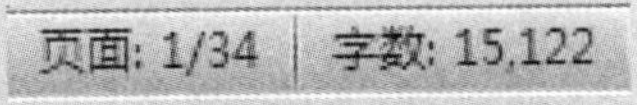

图8-21 状态栏中的字数统计

在Word中选择【审阅】选项卡，单击【校对】组中的字数统计按钮，打开【字数统计】对话框，如图8-22所示。

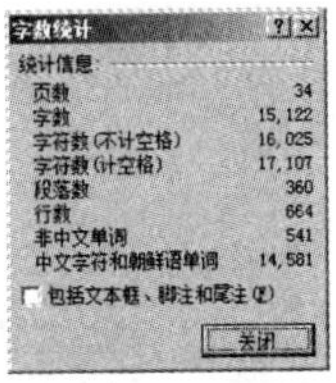

图8-22 【字数统计】对话框

- 页数：表示当前文档的总页数。
- 字数：表示中文字符数。
- 字符数（不计空格）：表示中文、英文、数字的总计。

8.8 宏的使用

样式、模板、域和宏被称作Word的四大核心技术。在这四大核心技术里面，感到最奇妙的似乎是宏。宏是将一系列的Word命令和指令组合在一起，形成一个批处理命令，以实现任务执行的自动化。

8.8.1 录制宏

如果在Word中重复进行某项工作，用户可以创建并执行一个宏，使用其自动执行以替代人工进行一系列费时而重复的Word操作。

事实上，宏是一个自定义命令，用来完成所需任务，在文档编辑过程中，经常有某项工作要多次重复，这时可以利用Word的宏功能来使其自动执行，以提高效率。

Word提供了两种创建宏的方法：宏录制器和Visual Basic编辑器。宏录制器可帮助用户快速创建宏，而在Visual Basic编辑器中可以打开已录制的宏，修改其中的指令。也可以直接用Visual Basic编辑器创建新宏，这时可以包括输入一些无法录制的指令。

实战演练153——录制宏

1 单击【视图】选项卡|【宏】组中的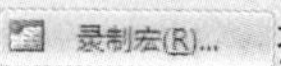

按钮，打开【录制宏】对话框，如图8-23所示。

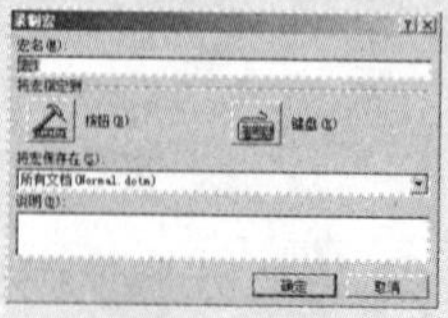

图8-23 【录制宏】对话框

2 在“宏名”文本框中，输入宏名称。

提示

如果输入的新宏的名称与Word中内置的宏名称相同，则新宏将替换内置宏。若要查看内置宏列表，选择【开发工具】选项卡|【代码】|【宏】命令，打开【宏】对话框。在“宏位置”下拉列表框中选择【命令】选项。

3 在【将宏保存在】下拉菜单中选择要将宏保存在哪个模板或文档中。

4 在【说明】文本框中键入对该宏的描述。

5 执行以下操作之一：

- 若要开始录制宏而不将其指定到快速访问工具栏上，则单击【确定】按钮，进入宏录制状态，鼠标上跟随着一个宏录制图标。当录制结束时，单击【停止录制】按钮。
- 将宏指定到快速访问工具栏。其具体的操作方法见“实践演练154”。
- 将宏指定到键盘快捷键。其具体的操作方法见“实践演练155”。

实战演练154——将宏指定到快速访问工具栏

1 在【录制宏】对话框中，单击工具栏按钮图标，弹出选项对话框。

2 在快速访问工具栏列表框中，选择要为其将宏添加到快速访问工具栏的文档（或所有文档）。

3 在【从下列位置选择命令】下拉列表框中，选择要录制的宏，然后单击【添加】按钮。

4 单击【确定】按钮，开始录制宏。

实战演练155——将宏指定到键盘快捷键

1 在【录制宏】对话框中，单击【键盘】图标，弹出【自定义键盘】对话框。

2 在【命令】列表框中，选择所录制的宏。

3 在【请按新快捷键】文本框中，键入所需的键序列，然后单击【指定】按钮。

4 单击【关闭】按钮，开始录制宏。

5 执行要包含在宏中的操作。

提示

在录制宏时，可以用鼠标单击命令和选项，但不能选择文本，必须使用键盘来选择文本。

6 若要停止录制操作，在【宏】下拉菜单中选择【停止录制】命令。

8.8.2 运行宏

实战演练156——运行宏

1 选择【开发工具】选项卡|【代码】组|【宏】命令，打开【宏】对话框，如图8-24所示。

2 在【宏的位置】下拉列表框中，选择宏所在的文档；在【宏名】列表框中，选择要执行的宏的名称。

3 单击【运行】按钮，即可在光标所在位置执行前面录制宏时的操作。如果定义了快捷键，则只需按下该快捷键即可执行该操作。

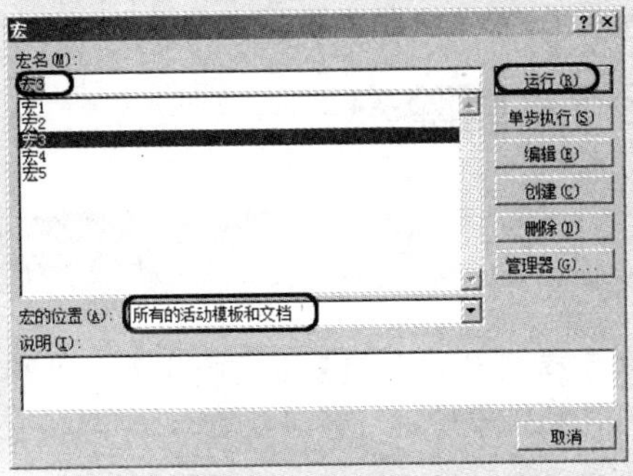

图8-24 【宏】对话框

8.8.3 编辑宏

可以自行编写宏或对已录制的宏进行编辑。

实战演练157——编辑宏

1 选择【开发工具】选项卡|【代码】组|【宏】命令，打开【宏】对话框。

2 在【宏】列表框中，选择要编辑的宏。

3 单击【编辑】按钮，进入【宏编辑】窗口进行编辑。

8.8.4 复制宏

所谓复制宏是指将宏复制到另一文档或模板中，以便在其他文档中也能使用该宏。

实战演练158——复制宏

1 选择【开发工具】选项卡|【代码】组|【宏】命令，打开【宏】对话框。

2 单击【管理器】按钮，弹出【管理器】对话框，如图8-25所示。

3 单击右边的【关闭文件】按钮。此时，按钮将变为【打开文件】。然后单击该按钮，弹出【打开】对话框，从中选择文档或模板。

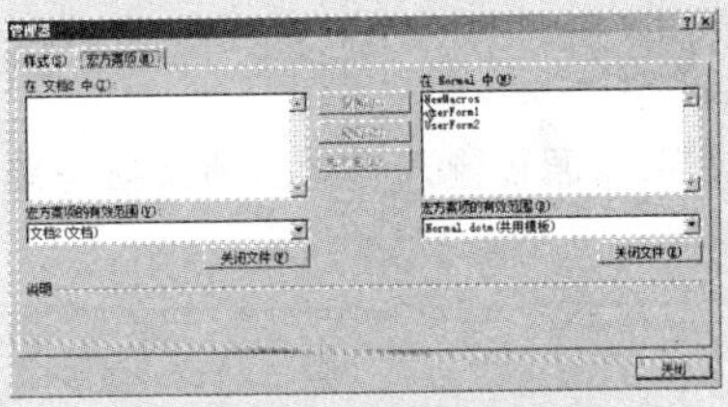

图8-25 【管理器】对话框

4 选择要复制的宏，单击【复制】按钮。

5 如果要复制到的文档或模板中已含有该宏，将弹出一个【警告】对话框。

6 单击右边的【关闭文件】按钮。此时，按钮将变为【打开文件】。然后单击该按钮，弹出【打开】对话框，从中选择文档或模板。单击【是】按钮或【全是】按钮，覆盖已经存在的宏。

8.8.5 删除宏

实战演练159——删除宏

1 选择【开发工具】选项卡|【代码】组|【宏】命令，打开【宏】对话框。

2 在【宏】列表框中，选择要删除的宏。

3 单击【删除】按钮，在确认对话框中单击【是】按钮即可将宏删除。

8.9 认识域

域是Word的精髓，它的应用是非常广泛的。域的最大优点是可以根据文档的改动或其他有关因素的变化而自动更新。例如，生成目录后，目录中页码会随着页面的增减而产生变化，这时可通过更新域来自动修改页码。

8.9.1 域的用途

所有的域中都显示的是动态信息。如可插入域，加、减或执行其他计算，在邮件合并中使用文档。

在其他情况下，更简单的做法是使用Word中提供的内置命令和选项来添加所需要的信息。例如，选择【插入】选项卡|【链接】组中的链接内置命令来代替手工插入HYPERLINK域。如果要使用AUTHOR域或TITLE域插入有关文档的信息，更简单的方法是选择【插入】选项卡|【文本】组|【文档部件】中的【文档属性】命令，选择插入有关内容控件来实现。

提示

不能通过输入键盘上的大括号来插入域代码括号。若要插入域代码括号，按Ctrl+F9键即可。

8.9.2 插入域

插入域与在Word文档中插入其他内容相似。

实战演练160——插入域

1 在要插入域的位置单击。

2 单击【插入】选项卡|【文本】组中的 文档部件 按钮，在弹出的下拉菜单中选择【域】命令。

3 打开【域】对话框，在【类别】下拉列表框中选择类别。在【域名】列表框中选择域名，如图8-26所示。

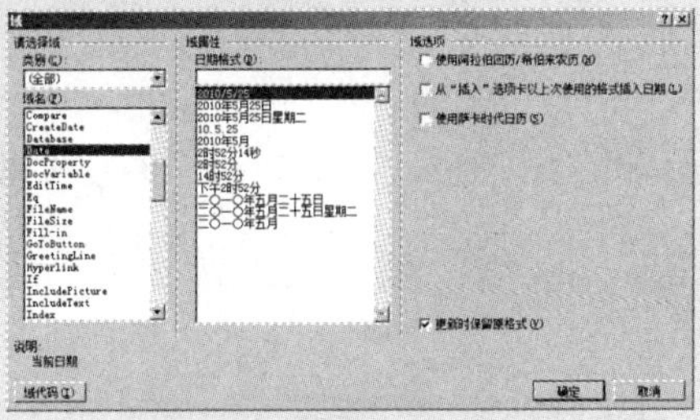

图8-26 选择插入域

4 选择所需的任何属性或选项，单击【域代码】按钮，显示其代码。

5 单击【确定】按钮，则在当前位置插入域，如图8-27所示。

图8-27 在文档中插入域

8.9.3 查看域

默认情况下，Word将域结果与文档内容无缝地显示出来，以便阅读文档的人不会觉察到内容的一部分在域中。不过有时可能需要检查哪些域在工作，或想编辑它们（许多域是可以更改的，例如更改不显示信息的格式等），因此，可以将域与带有底纹的背景一起显示，使域在文档中更明显。

要查看文档中的域，可按Alt+F9键打开文档中的所有域，再按Alt+F9键又可以关闭所有域而显示出信息。

要单独显示一个域，将插入点放入其内，按Alt+F9键，或单击鼠标右键，从弹出的快捷菜单中选择【切换域代码】命令。

8.9.4 更新域

默认情况下，当打开文档时，Word会自动更新域。这样，信息将保持处于最新状态。但是，有时可能不希望出现这种情况。例如，可能希望页眉中的日期反映某个特定的日期，而每次打开文档时该日期自动更新当前的日期，这时可锁定域，使其在文档被打开时不更新域。

- 若要锁定域，使其不更新域结果，单击域，按Ctrl+F11键。
- 若要取消域锁定，单击域，按Ctrl+Shift+F11键。

若要更新域，可以使用以下方法。

- 要更新单独一个域，单击域并按F9键。
- 要一次更新几个域，选中包含要更新域的文档区并按F9键。

- 要更新文档中的所有域，选择【开始】选项卡|【编辑】|【选择】|【全选】命令，或按Ctrl+A键，将文档全部选中，然后按F9键。

8.9.5 编辑和格式化域

实战演练161——编辑域

1 在域中单击鼠标右键，在弹出的快捷菜单中选择【编辑域】命令，弹出【域】对话框。

2 更改域属性和选项。有关特定域可用的属性和选项信息，可在【Word帮助】中搜索域名。

提示

对于某些域，必须显示域代码才能编辑域。要这样做，先单击域，再按Shift+F9键。或者按Alt+F9键，显示文档中的所有域代码。

实战演练162——将文本格式启用到域

1 选择要设置格式的域。

2 在【开始】选项卡|【字体】组中，选择命令应用格式，例如，要为AUTHOR域插入的姓名加下划线，选择包括括号在内的整个域代码（或者选择整个域结果），然后选择【开始】选项卡|【字体】组|【下划线】命令。

提示

如果要更新域，应用到域结果的所有格式可能会丢失。若要保留格式，在域代码中包括/*MERGEFORMAT开关。使用【域】对话框插入域时，默认包括/*MERGEFORMAT开关。

实战演练163——将格式开关添加到域代码

1 用鼠标右键单击域，在弹出的快捷菜单中选择【编辑域】命令，弹出【域】对话框。

2 执行以下操作之一：

- 如果显示【域属性】和【域选项】栏，且可用，则选择所需的格式选项。
- 如果只显示域代码，则单击【选项】按钮，在对话框中再选择所需要的格式选项。

如果【选项】按钮呈灰色，则其他格式选项不能使用。

8.10 上机练习——制作课外阅读

本例介绍课外阅读的制作，效果如图8-28所示。本例的知识点为页面颜色的设置、边框的设置以及插入图片、设置字体颜色等。

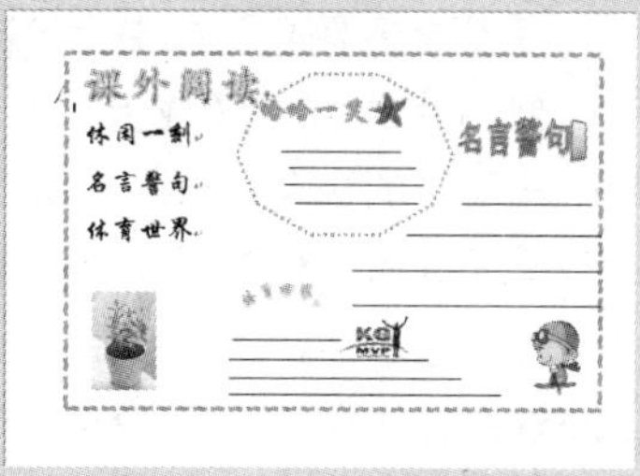

图8-28　课外阅读效果

实战演练164——制作课外阅读

最终文件	dir\最终文件\cha08\制作课外阅读.docx
视频文件	Movie\08-03.avi

1 首先运行Word2000，单击【文件】按钮并选择【新建】菜单，创建一个空白文档，然后单击【页面布局】选项卡|【页面设置】组|【页边距】|【上次的自定义设置】。

2 选择【页面布局】选项卡，在【页面设置】组中单击【纸张方向】按钮，在弹出的下拉菜单中选择【横向】，如图8-29所示。

图8-29　设置纸张方向

3 选择【插入】选项卡，在【插入】选项卡|【插图】组中单击【形状】按钮，在弹出的下拉面板中选择【矩形】栏中的矩形形状，然后拖曳鼠标在文档中插入矩形，如图8-30所示。

图8-30　插入矩形

4 选中矩形，然后选择【绘图工具】|【格式】选项卡，在【形状样式】组中单击【形状轮廓】按钮，在弹出的下拉面板中选择【粗细】为6磅，如图8-31所示。

5 选中矩形，然后选择【绘图工具】|【格式】选项卡，在【形状样式】组中单击【形状轮廓】按钮，在弹出的下拉面板中选择【虚线】类型为如图8-32所示的虚线。

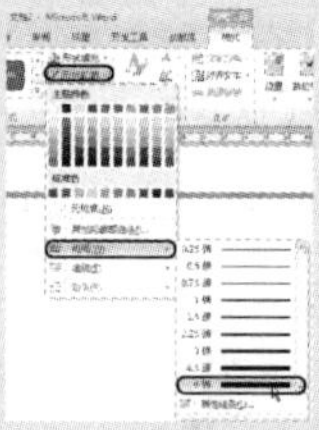

图8-31　设置矩形框粗细

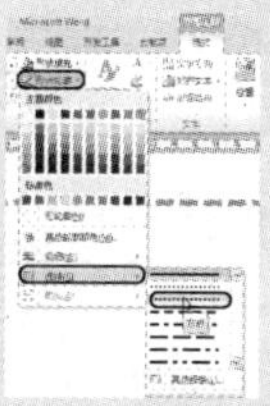

图8-32　设置轮廓

6 选择【插入】选项卡，在【插图】组中单击【图片】按钮，在弹出的【插入图片】对话框中选择一张需要的图片，然后将图片插入到文档中。

7 选中插入到文档中的图片，然后选择【图片工具】|【格式】选项卡，在【排列】组中单击【自动换行】按钮，在弹出的下拉面板中单击【浮于文字上方】按钮，将图片的环绕方式设置为“浮于文字上方”，调整图片大小如图8-33所示。

图8-33　插入图片

8 选中图片，然后选择【图片工具】|【格式】选项卡，在【调整】组中单击【颜色】按钮，在弹出的下拉面板中单击【设置透明色】按钮，然后将鼠标移动到图片的白色区域上，并单击图片，这样图片的白色部分便设置为透明色。

9 选择【插入】选项卡，在【文本】组中单击【艺术字】按钮，在弹出的下拉面板中选择样式为“艺术字样式16”的艺术字，如图8-34所示。在弹出的【编辑艺术字文字】对话框中，在【文本】栏中输入文字“课外阅读”，设置【字体】为“华文行楷”，【字号】为54，如图8-35所示。

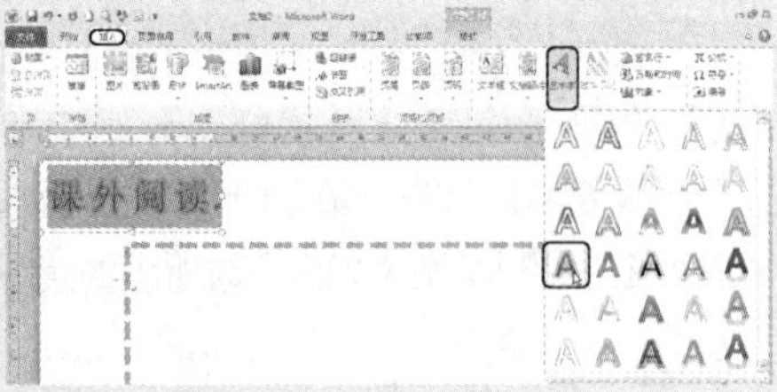

图8-34 设置图片的样式

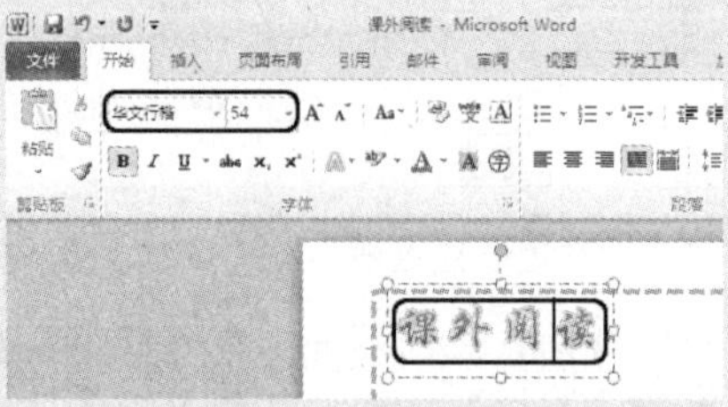

图8-35 设置字体

10 选择【文本框工具】|【格式】选项卡，在【文本框样式】组中单击【形状轮廓】按钮，在弹出的下拉面板中单击【无轮廓】按钮，如图8-36所示。

图8-36 设置轮廓为无轮廓

11 选择【插入】选项卡，在【插图】组中单击【形状】按钮，在弹出的下拉面板中选择【基本形状】栏中的“十边形”，然后拖曳鼠标在文档中插入十边形，如图8-37所示。

图8-37 插入十边形

12 选中插入的十边形，然后选择【绘图工具】|【格式】选项卡，在【形状样式】组中单击【形状轮廓】按钮，在弹出的下拉面板中选择【粗细】为4.5磅，如图8-38所示。

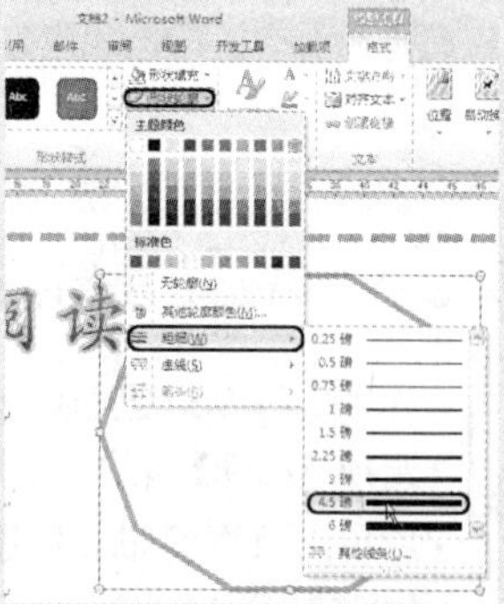

图8-38 设置轮廓粗细

13 选择【绘图工具】|【格式】选项卡，在【形状样式】组中单击【形状轮廓】按钮，在弹出的下拉面板中选择【虚线】类型为如图8-39所示的虚线。

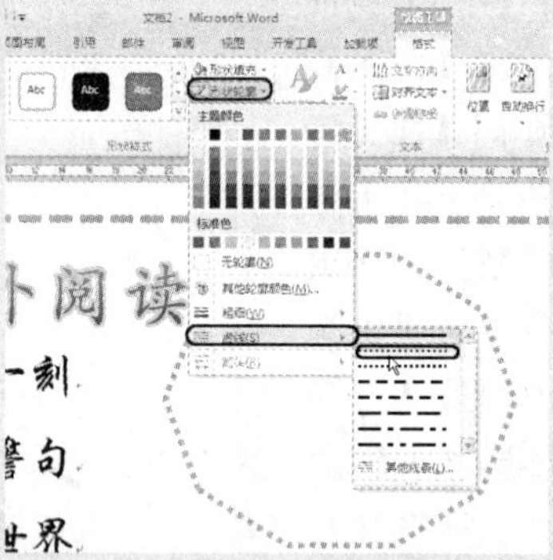

图8-39 设置虚线

14 返回到步骤5的操作，将其他的图片和艺术字插入到文档中，然后插入文本框，设置图片的位置，使整个文档看起来更加美观。

15 使用上述方法完成对本例效果的制作。

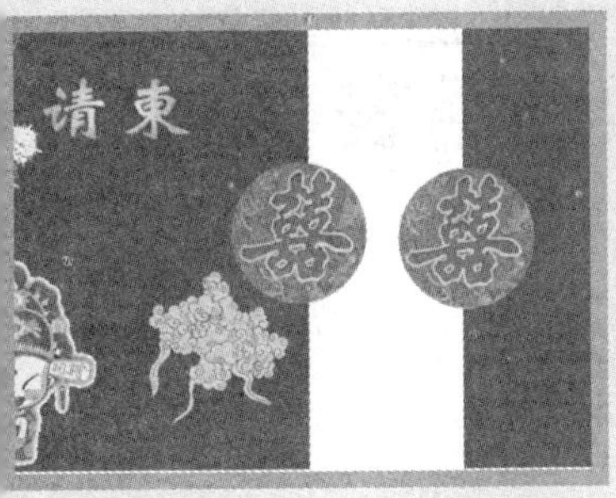

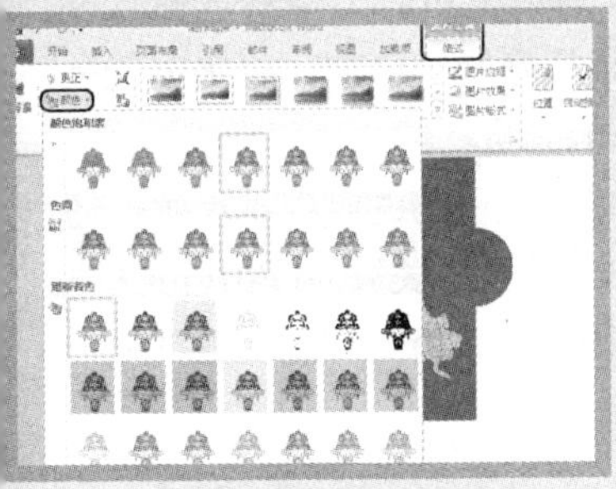
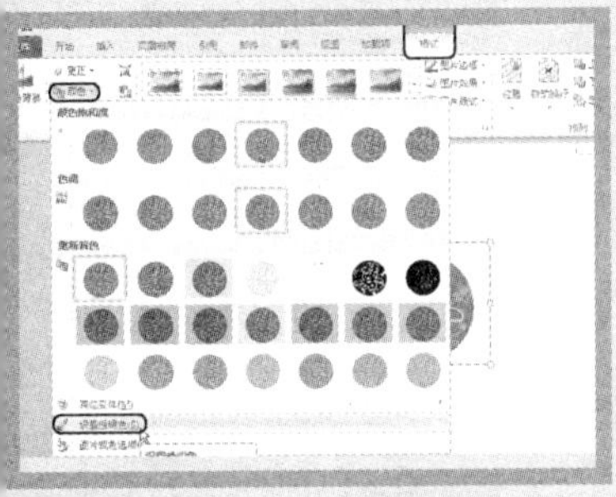

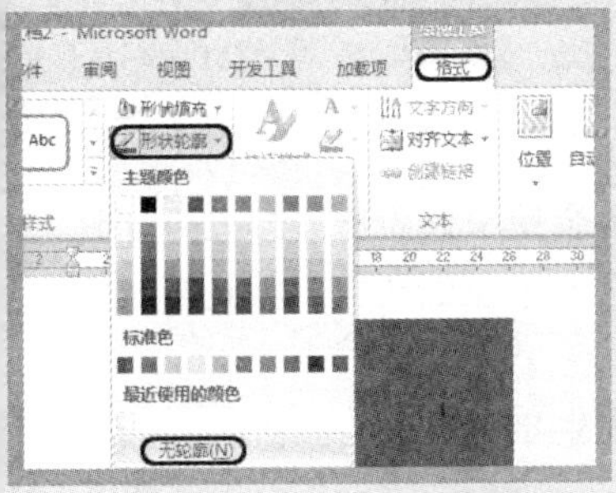

第9章 Word 2010综合练习

Microsoft Word 2010是Office 2010中重要的一员，也是最常用到的文档处理工具软件之一。但是，用户是否真正了解了Word，对于Word的使用是否只是局限于用它来编写文本呢？如果真是这样，那就大材小用了。

如果用户是一个初学者，可以按照本章中的练习循序渐进地学习，从文本、表格等最基本的操作学起，将前期所介绍的知识融入到练习中，理论结合实际，这样可以使用户更加快速地掌握Word的使用。

通过本章的学习，可以掌握以下知识点：

- 制作个人简历
- 家庭日常费用分析、管理图表
- 制作财务图表
- 制作用户反馈表
- 制作请柬

9.1 个人简历及家庭日常费用表

本节将利用Word 2010制作个人简历及家庭日常费用表。通过对本节的学习，用户可以学会个人简历的制作以及家庭日常费用表的制作。

9.1.1 制作个人简历

为了在当今这个激烈的人才竞争中占有一席之地，个人自身的素质和能力当然是最重要的。但如何让其他人知道，或者了解你的能力呢？个人简历无疑是最好的一扇窗。这扇窗就是你留给别人的第一印象，所以不夸张地说，这扇窗的好坏将直接影响到自己的命运。

本实例将重点讲述使用Word 2010制作个人简历的方法。在讲述个人简历的制作过程中，还将讲解与其相关的知识要点。从制作个人简历的过程中，不仅能够学习到有关Word 2010的基本操作，而且还可以通过本实例掌握一些制作技巧，使用户对Word 2010有一个更直观、更具体的感性认识。

实例说明

图9-1所示是一份制作好的个人简历，这份个人简历不仅包括标题、正文、页眉、页脚和页码等要素，还有字体和字号的变化等。观看这份个人简历的目的是让用户对制作个人简历有一个最直观地了解和认识。

图9-1 个人简历效果

操作步骤

下面将介绍个人简历的制作步骤。

1. 输入文字撰写简历

1 打开Windows操作系统后，选择【开始】|【程序】|【Microsoft Office】|【Microsoft Office Word 2010】命令，启动Word 2010，如图9-2所示。

2 在Word 2010工作窗口的编辑区中进行文字的输入，输入姓名、性别、年龄、联系方式、学历情况等，所输入的内容根据自己的情况来定。

图9-2 启动Word 2010

2. 合理安排段落使简历布局合理

输入完成文字后，便要考虑安排段落的问题了。合理安排段落会使个人简历看起来更加具有条理性。如图9-3所示的简历相信无论是谁看了这样的简历都不会有很深的印象，因此要对其进行一些必要的调整。

根据简历中现有的内容进行分类，将“姓名、性别、年龄、出生年月、政治面貌、民族、籍贯”分为一类；将联系方式分为一类；将学历情况分为一类；将个人爱好分为一类……整理划分段落之后的简历如图9-4所示。

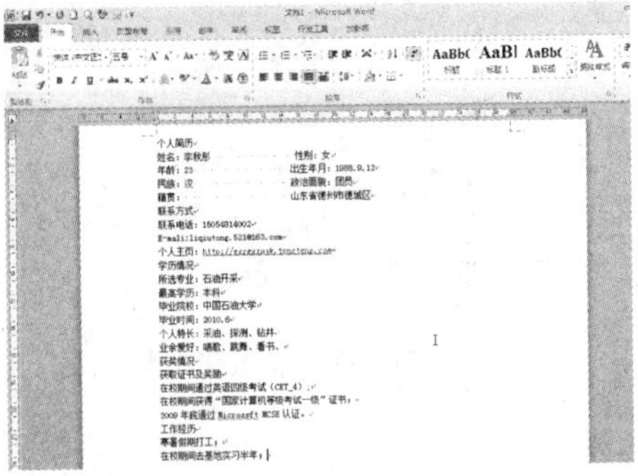

图9-3　输入完成文字后的简历

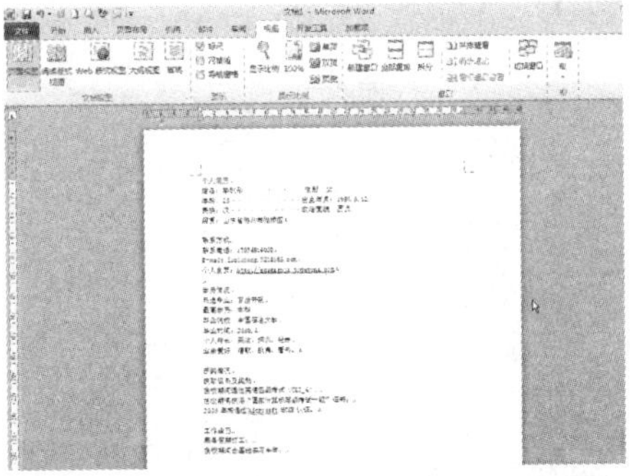

图9-4　整理后的个人简历

段落的安排可以根据个人喜好和审美观来安排，安排之后的简历会给人一种整洁、清晰、有条理的感觉，使他人很容易对简历中人物的情况有一个大概的认识。

在输入文字和划分段落的时候，会遇到换行问题。一般情况下都会使用Enter键进行操作，在本例的制作中应用到了另一种换行方式——用Shift+Enter键。这种换行的换行符显示为↓，而直接使用Enter键的换行符显示为↵。这两种换行方式的区别在于，直接使用Enter键换行，上一行和下一行之间并没有连带关系，可以认为是并列的关系。而使用Shift+Enter键换行之后，其上一行和下一行之间存在一定的连带关系。

3. 为简历添加表格

1 选择【插入】选项卡|【表格】组|【表格】|【插入表格】命令，弹出【插入表格】对话框，在该对话框中将【表格尺寸】选项组中的【列数】和【行数】分别设置为2和13，设置完成后单击【确定】按钮，如图9-5所示。

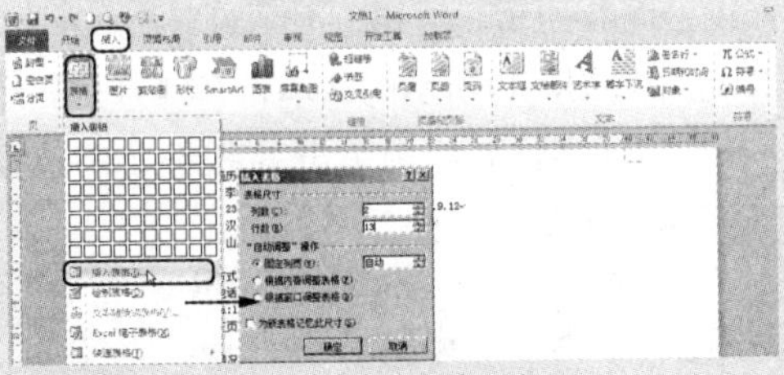

图9-5　设置列数和行数

2 添加完表格后的效果如图9-6所示。

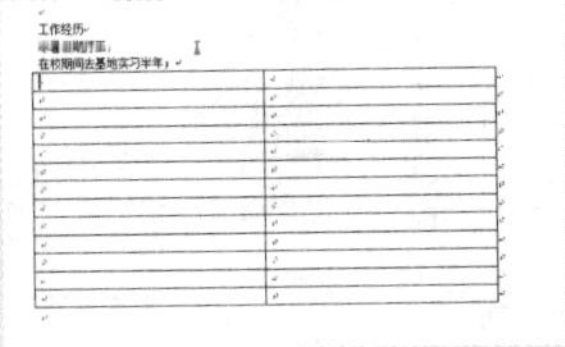

图9-6　绘制表格后的效果

3 添加完表格后将文字内容添加到表格中，完成后的效果如图9-7所示。

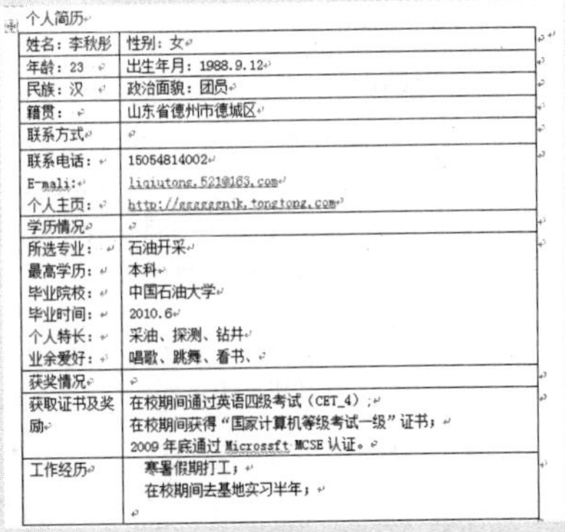

个人简历

姓名：李秋彤	性别：女
年龄：23	出生年月：1988.9.12
民族：汉	政治面貌：团员
籍贯：	山东省德州市德城区
联系方式	
联系电话：	15054814002
E-mail：	liqiutong.5210163.com
个人主页：	http://zzzzzznik.tongtong.com
学历情况	
所选专业：	石油开采
最高学历：	本科
毕业院校：	中国石油大学
毕业时间：	2010.6
个人特长：	采油、探测、钻井
业余爱好：	唱歌、跳舞、看书、
获奖情况	
获取证书及奖励	在校期间通过英语四级考试（CET_4）； 在校期间获得“国家计算机等级考试一级”证书； 2009年底通过Microsft MCSE认证。
工作经历	寒暑假期打工； 在校期间去基地实习半年；

图9-7　将内容放置到表格中

4 在个人简历中选择第一个表格对象，单击鼠标右键，在弹出的快捷菜单中选择【拆分单元格】命令，弹出【拆分单元格】对话框，在该对话框中将【列数】和【行数】分别设置为2和1，设置完成后单击【确定】按钮，将选择的单元格进行拆分，如图9-8所示。

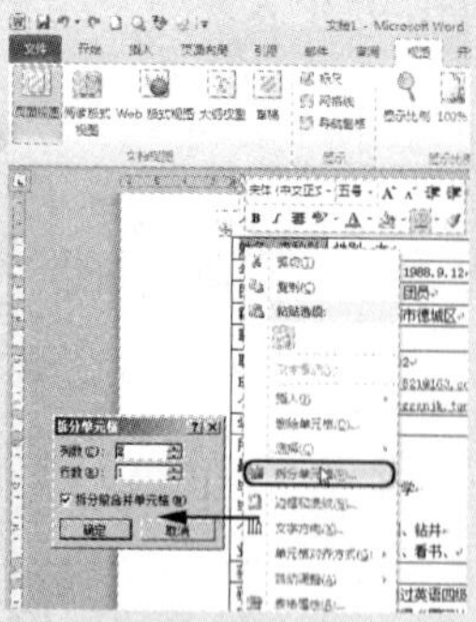

图9-8　将选择的单元格拆分

5 使用同样的方法对其他表格进行拆分和合并，然后适当调整简历的内容，制作后的效果如图9-9所示。

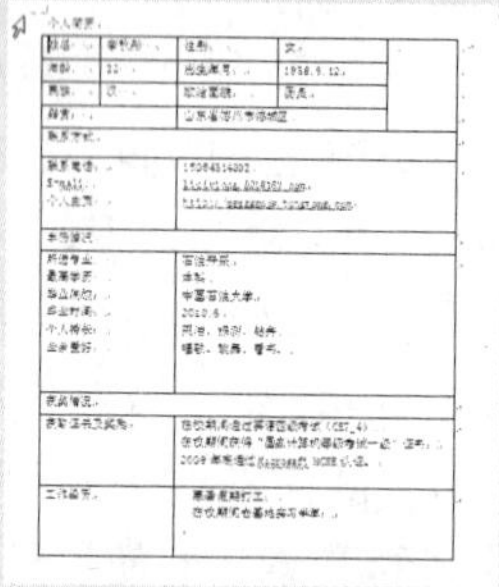

图9-9　拆分、合并其他单元格

6 在个人简历中选择如图9-10所示的对象，单击【开始】选项卡|【段落】组中的≡按钮，将选择的对象居中对齐。

图9-10　将选择的对象居中对齐

7 选择表格对象，并单击鼠标右键，在弹出的快捷菜单中选择【边框和底纹】命令，弹出【边框和底纹】对话框，选择【边框】选项卡，在【样式】选项组中选择一种样式，如图9-11所示。设置完成后单击【确定】按钮。设置完成边框样式后的效果如图9-12所示。

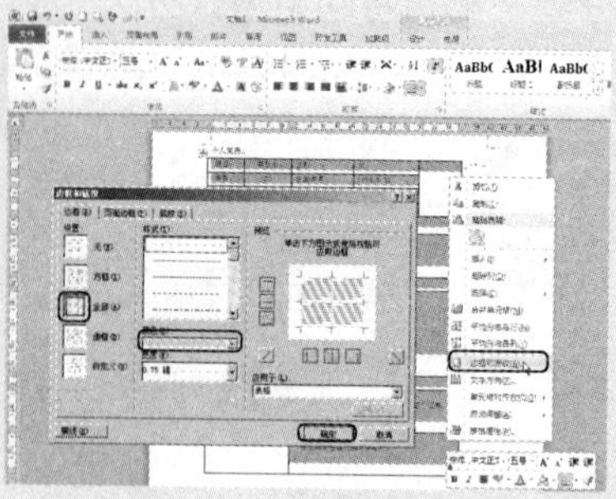

图9-11　设置边框样式

图9-12　设置完成边框样式后的效果

8 选择文本“个人简历”，将【字体】设置为“华文中宋”，将【字号】设置为“小四”，单击B按钮和≡按钮，将选择的文本加粗并居中对齐。然后选择表格对象，单击【开始】选项卡|【段落】组中的≡按钮，将表格对象居中对齐，如图9-13所示。

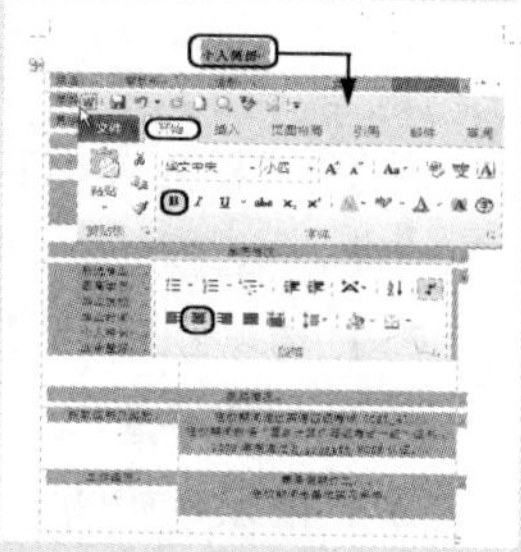

图9-13　设置文本和表格

9 选择如图9-14所示的文本，在【开始】选项卡|【字体】组中单击B按钮，将选择的文本加粗。

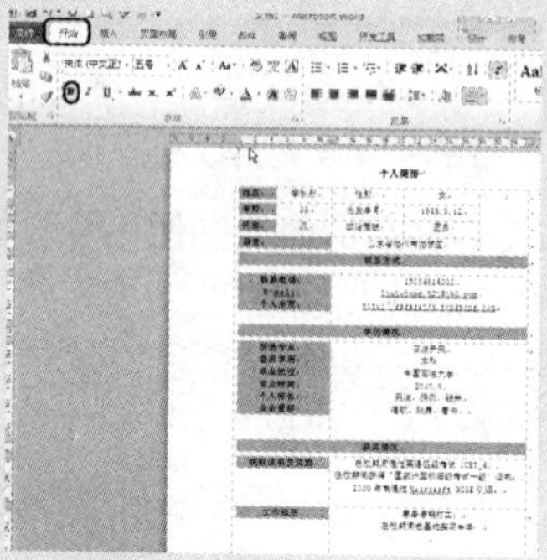

图9-14　将选择的文本加粗

4. 为个人简历添加底纹

1 在个人简历中选择如图9-15所示的表格，单击鼠标右键，在弹出的快捷菜单中选择【边框和底纹】命令，弹出【边框和底纹】对话框，选择【底纹】选项卡，在【填充】选项组中单击▼按钮，在弹出的下拉菜单中选择【其他颜色】，弹出【颜色】对话框，选择【自定义】选项卡，并将【红色】、【绿色】和【蓝色】的值分别设置为238、249、246。设置完成后单击【确定】按钮，为选择的单元格添加底纹，如图9-16所示。

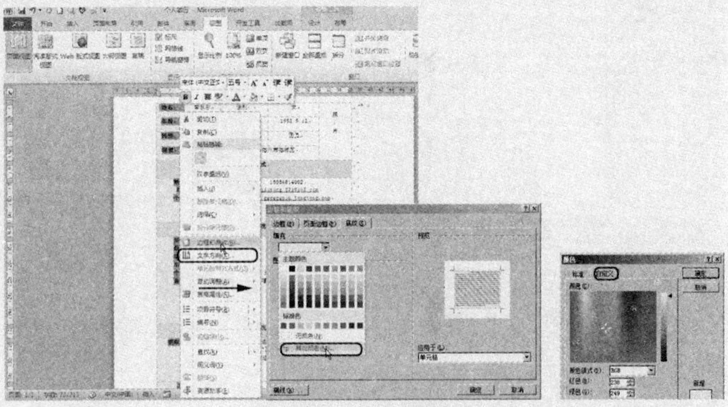
图9-15 设置底纹颜色

2 在个人简历中选择“联系方式”、“学历情况”、“获奖情况”单元格，单击鼠标右键，在弹出的快捷菜单中选择【边框和底纹】命令，弹出【边框和底纹】对话框，选择【底纹】选项卡，在【填充】选项组中单击▼按钮，在弹出的下拉菜单中选择【其他颜色】，弹出【颜色】对话框，选择【自定义】选项卡，并将【红色】、【绿色】和【蓝色】的值分别设置为228、235、242。设置完成后单击【确定】按钮，为选择的单元格添加底纹，如图9-17所示。

图9-16 设置完成底纹后的效果

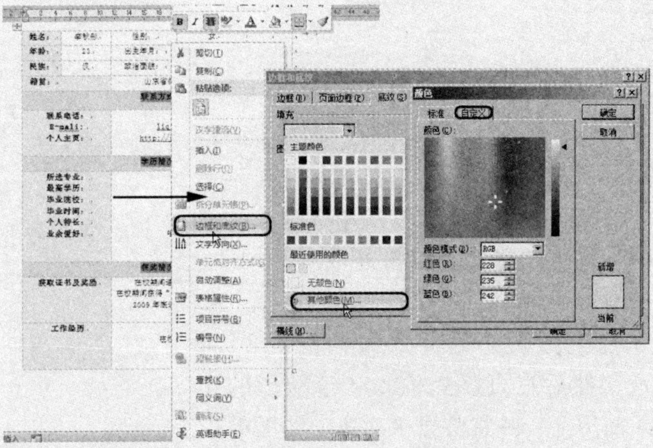
图9-17 设置底纹颜色

5. 为个人简历添加页眉、页脚及页码

在平时看书、看杂志的时候，或许会注意到这些书籍和杂志的每一页上都有页眉、页脚，可以在页眉、页脚中放入一些有用的信息，例如页码、时间等。

下面将为个人简历添加页码，具体操作步骤如下。

1 在个人简历中双击页眉区域，在页眉处输入“个人简历的制作”，如图9-18所示。

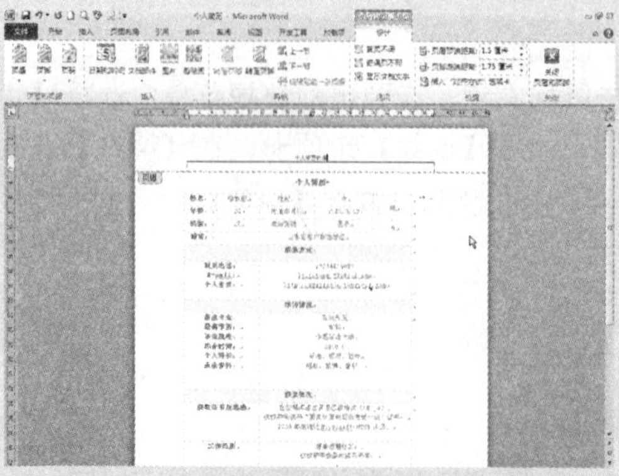

图9-18　添加页眉

2 输入完成后，选择【页眉和页脚工具】|【设计】选项卡|【关闭】组|【关闭页眉和页脚】命令，将页眉关闭，制作完成页眉后的效果如图9-19所示。

图9-19　添加页眉后的效果

3 选择【插入】选项卡|【页眉和页脚】组|【页码】|【页面底端】命令，在弹出的下拉菜单中，打开内置页码库，从中选择一种类型（这里选择的是“普通数字3”），如图9-20所示。

4 添加完成页码后的效果如图9-21所示。然后在页脚处输入“李秋彤的个人简历”，并将其居中对齐，如图9-22所示。

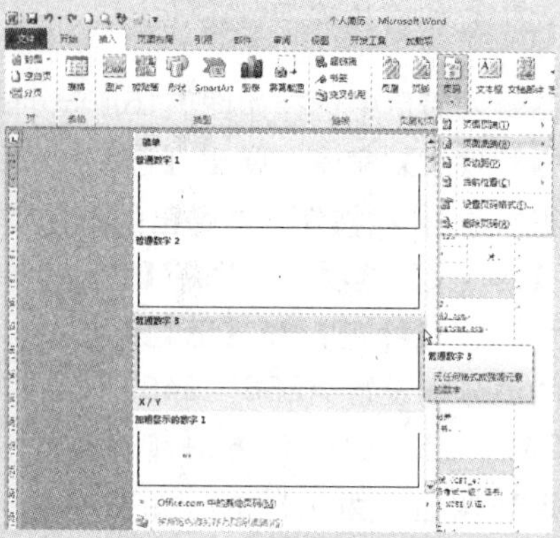

图9-20　选择页码类型

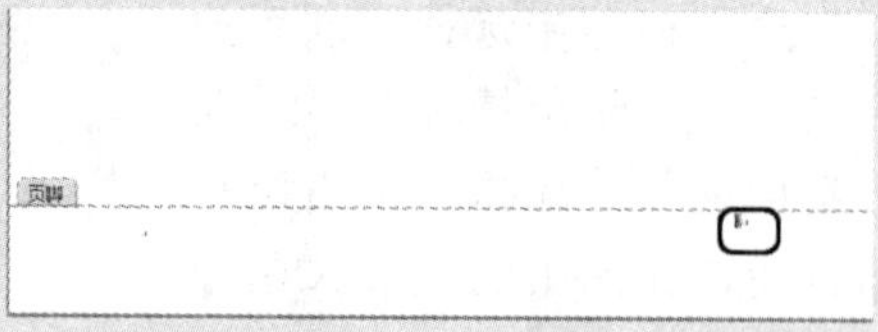

图9-21　添加完成页码后的效果

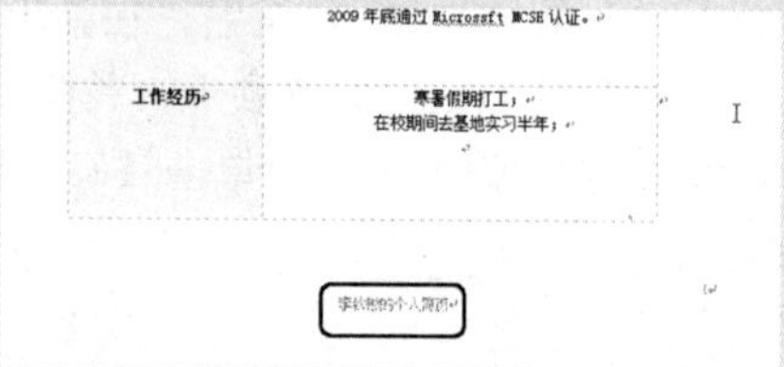

图9-22　添加页脚

5 输入完成页码和页脚后，选择【页眉和页脚工具】|【设计】选项卡|【关闭】组|【关闭页眉和页脚】命令，如图9-23所示。

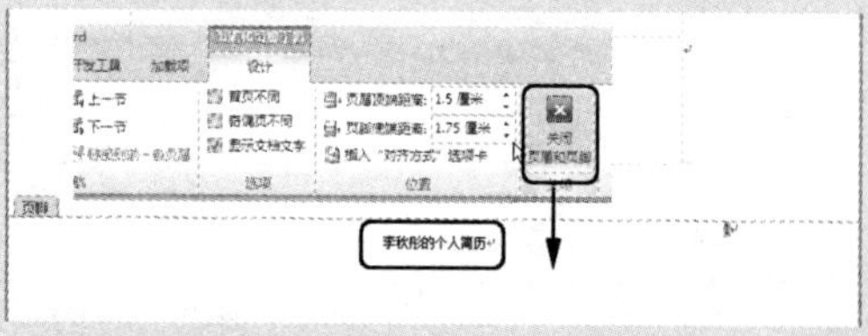

图9-23　输入完成页码和页脚后的效果

6. 设置打印

经过一番辛勤的劳动之后，一份精美的个人简历终于制作完成了。下面将制作完成后的简历打印出来，具体操作步骤如下。

1 安装好打印机。

2 在打印之前可以先预览一下，确定效果是否满意。

3 选择【文件】|【打印】|【打印预览】命令，执行完该命令后可以弹出如图9-24所示的打印预览界面。

9.1.2 家庭日常费用分析、管理图表

本例将利用Word 2010制作家庭日常费用管理表。用户是否为家庭开支混乱而感到烦恼呢？制作一份家庭日常费用管理表来帮助你理财吧！它可以将日常生活中每天购买的东西，分门别类地记录下来，这样每月的开支就一目了然了。下面将介绍家庭日常费用分析、管理图表的制作。

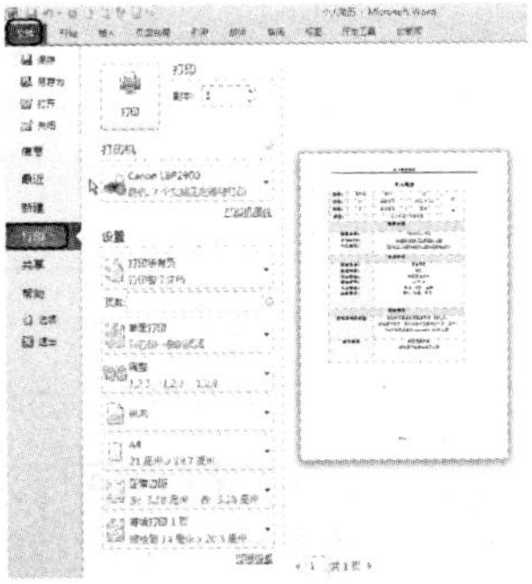

图9-24 打印预览效果

实例说明

本例将介绍家庭日常费用管理表的制作，在制作之前首先创建表格，并对表格进行修改，然后在表格中填充内容，并为表格添加边框和底纹效果，最后使用公式命令，计算出支出总计和余额。制作完成表格后的效果如图9-25所示。

家庭开支计划表

日期	收入		支出				支出总计	余额
	金额	来源	水电费	三餐	买衣服	其他		
2010.1	1500	工资	203	380	85	532	1200	300
2010.2	1500	工资	192	400	0	544	1136	364
2010.3	1500	工资	195	405	70	496	1166	334
2010.4	1500	工资	180	396	0	503	1079	421
2010.5	2000	工资+奖金	260	498	260	788	1806	194

图9-25 家庭日常费用管理表

1. 用Word表格制作开支计划表

用Word表格制作开支计划表，可以按照以下操作步骤进行。

1 首先新建一个Word文档，按Ctrl+S键将新建的文档保存，在弹出的【另存为】对话框中选择相应的路径，为文件命名，然后单击【保存】按钮，如图9-26所示。

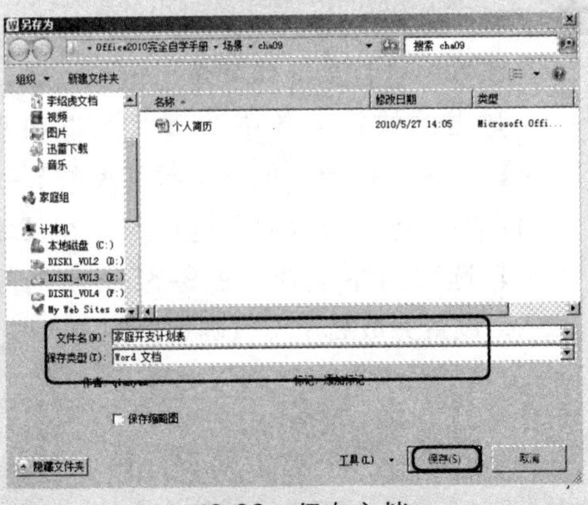

图9-26 保存文档

2 选择【插入】选项卡|【表格】组|【表格】命令，在弹出的下拉面板中选择插入表格的栅格区域，在栅格区域中移动鼠标指针，选择“9×7表格”，单击鼠标左键将表格插入到文档中，如图9-27所示。

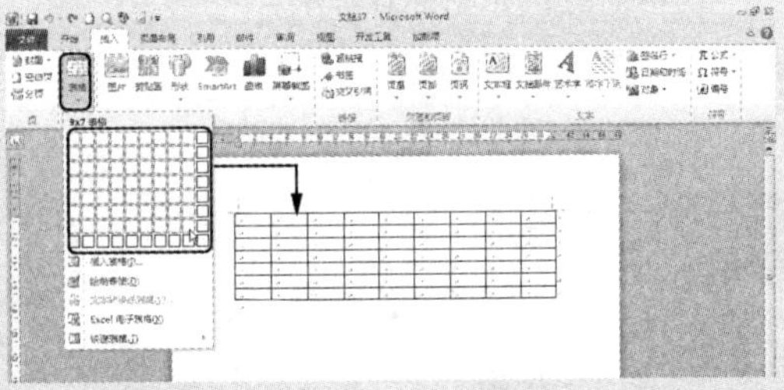

图9-27 插入表格

3 选择【表格工具】|【设计】选项卡|【绘图边框】组|【绘制表格】命令，将第一行的第2～3列的单元格进行拆分，如图9-28所示。

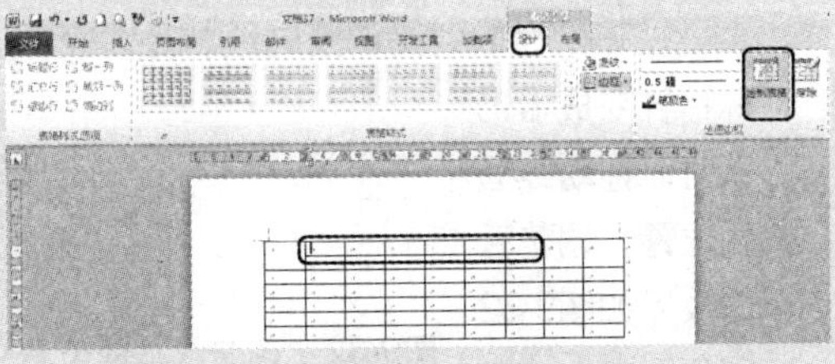

图9-28 拆分单元格

4 选择【表格工具】|【设计】选项卡|【绘图边框】组|【擦除】命令，对表格进行修改，将部分单元格进行合并，完成后的效果如图9-29所示。

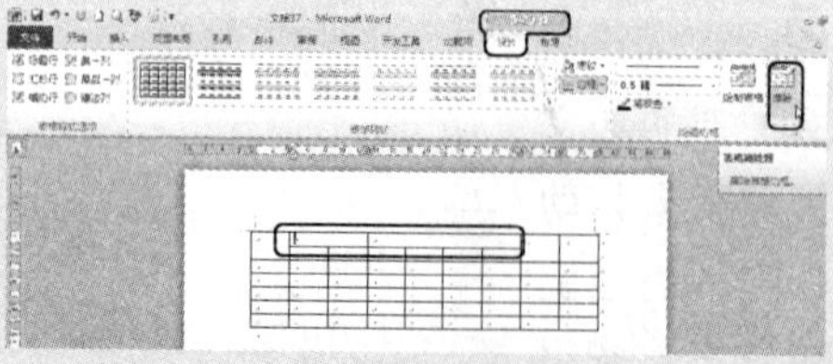

图9-29　合并单元格

5 修改完成表格后就可以为表格添加内容了。这里将表格分成了日期、收入、支出、支出总计、余额五大部分，用户可以根据自己的实际情况进行添加或删除内容，为表格添加完内容后的效果如图9-30所示。

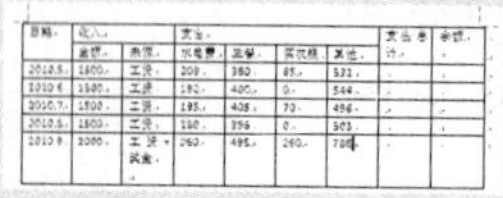

图9-30　为表格填充内容

6 在场景中选择表格对象，在表格的任意处单击鼠标右键，在弹出的快捷菜单中单击【单元格对其方式】中的按钮，将表格中的内容居中对齐，如图9-31所示。

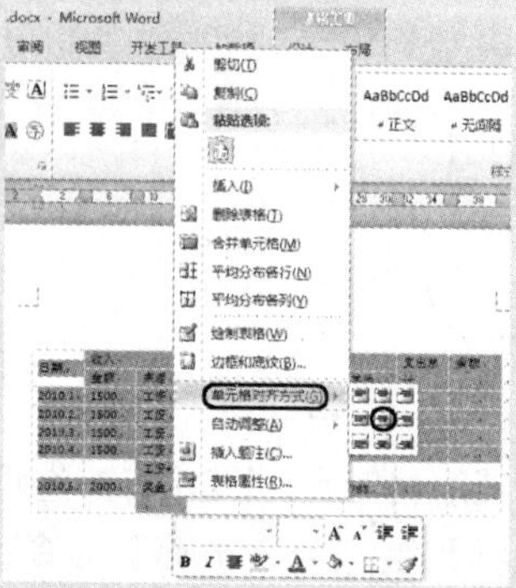

图9-31　将表格中的内容居中对齐

7 调整完表格中的内容后，再来调整表格的大小，将鼠标放到要调整的线框上，至鼠标指针变成形状时，拖动线框的位置，调整后的效果如图9-32所示。

图9-32　调整线框的位置

8 在场景中选择整个表格，在表格的任意处单击鼠标右键，在弹出的快捷菜单中选择【边框和底纹】命令，弹出【边框和底纹】对话框，选择【边框】选项卡，在【样式】选项组中选择如图9-33所示的边框样式，将【颜色】定义为“深蓝，文字2，淡色40%”，将【宽度】设置为0.25磅，设置完成后单击【确定】按钮。设置完成样式后的效果如图9-34所示。

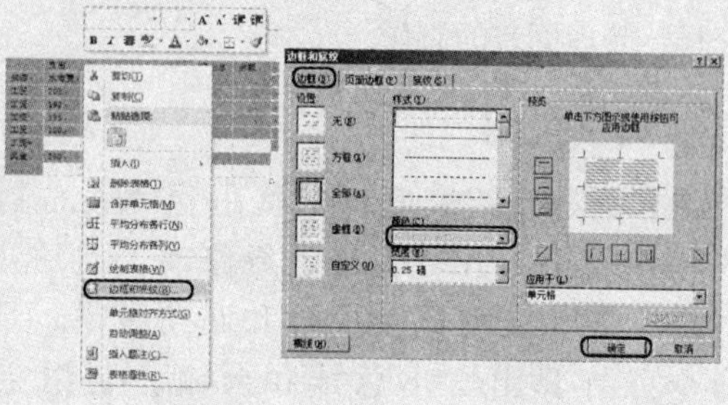

图9-33　设置边框样式

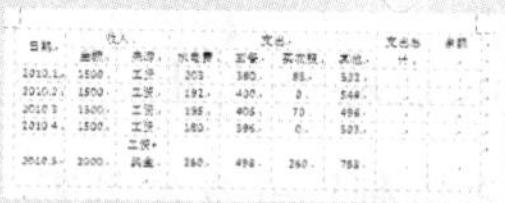

图9-34　设置完成边框样式后的效果

注意

设置表格的边框时，经常会遇到设置完表格样式后在场景中表格的边框无变化，怎样解决这一问题呢？可以通过在【预览】选项组中单击相应的按钮将边框显示出来。

9 在场景中选择单元格并单击鼠标右键，在弹出的快捷菜单中选择【边框和底纹】命令，在弹出的【边框和底纹】对话框中，选择【底纹】选项卡，在【填充】选项组中选择如图9-35所示的颜色，设置完成后单击【确定】按钮。

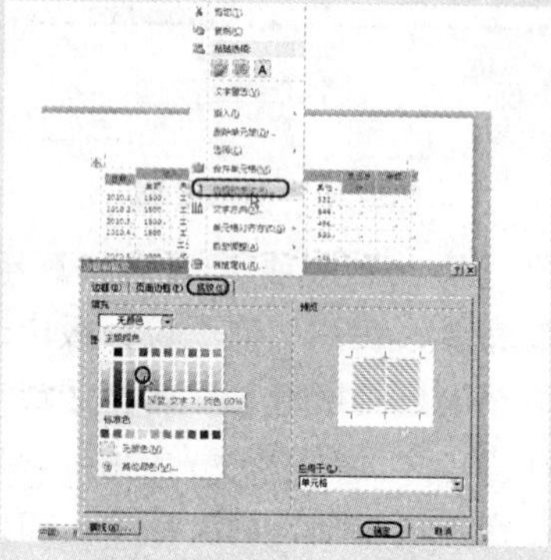

图9-35　设置底纹颜色

10 在场景中选择如图9-36所示的单元格并单击鼠标右键，在弹出的快捷菜单中选择【边框和底纹】命令，在弹出的【边框和底纹】对话框中，选择【底纹】选项卡，在【填充】选项组中选择如图9-36所示的颜色，设置完成后单击【确定】按钮。完成后的底纹效果如图9-37所示。

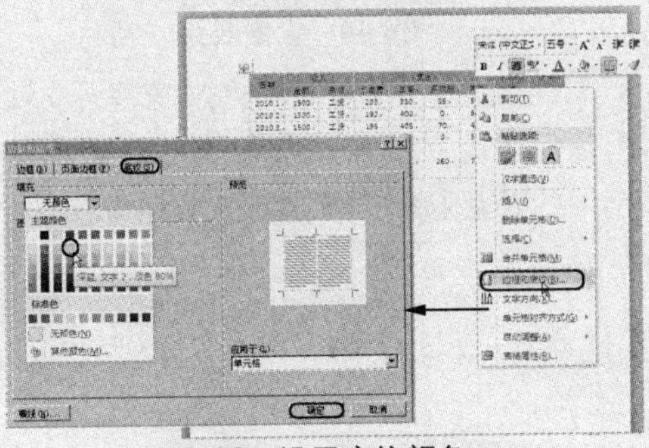

图9-36 设置底纹颜色

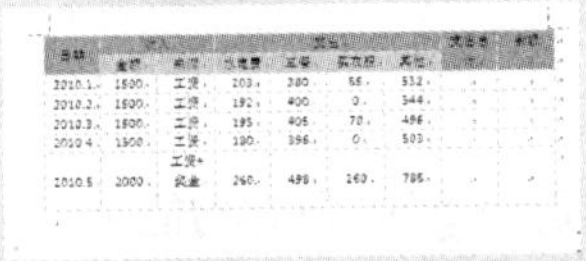

图9-37 设置完成底纹后的效果

11 在表格中将光标放置到2010年1月份的【支出总计】单元格中，选择【表格工具】|【布局】选项卡|【数据】组|【公式】命令，弹出【公式】对话框，在【公式】文本框中输入计算公式“=SUM（LEFT）”，设置完成后单击【确定】按钮，这样数据就自动计算出来了，如图9-38所示。

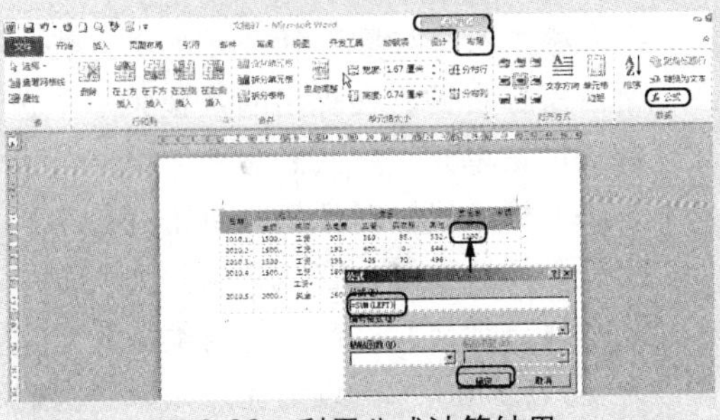

图9-38 利用公式计算结果

12 使用同样的方法计算出其他月份的【支出总计】，完成后的效果如图9-39所示。

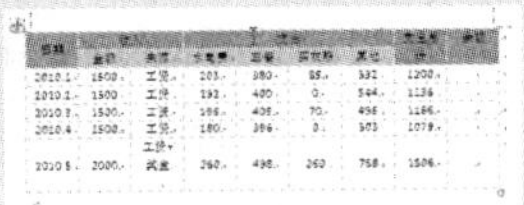

图9-39 计算其它月份的支出总计

13 在表格中将光标放置到2010年1月份的【余额】单元格中，选择【表格工具】|【布局】选项卡|【数据】组|【公式】命令，弹出【公式】对话框，在【公式】文本框中输入计算公式“=1500-1200”，设置完成后单击【确定】按钮，这样数据就自动计算出来了，如图9-40所示。

图9-40 计算1月份的余额

14 在表格中将光标放置到2010年2月份的【余额】单元格中，选择【表格工具】|【布局】选项卡|【数据】组|【公式】命令，弹出【公式】对话框，在【公式】文本框中输入计算公式“=1500-1136”，设置完成后单击【确定】按钮，这样数据就自动计算出来了，如图9-41所示

图9-41 计算2月份的余额

15 使用同样的方法计算出其他月份的余额，其套用公式的方法是一样的，就是将本月的月工资减去支出总计，即可计算出各月的余额，如图9-42所示。

图9-42　计算其他月份的余额

16 至此，表格中的数据就计算完成了。在表格的上方输入“家庭开支计划表”，作为该表格的表头，如图9-43所示。

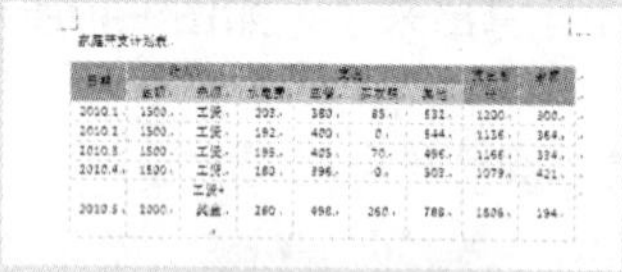

图9-43　输入表头

17 在场景中选择表头对象，将【字体】设置为“华文中宋”，将【字号】设置为“小四”，并单击B按钮和≡按钮，将表头加粗、居中，如图9-44所示。

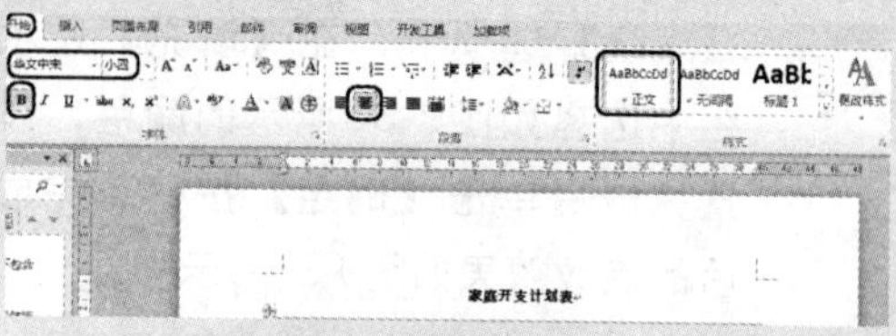

图9-44　设置表头

18 至此，用Word表格制作家庭开支计划表就完成了，效果如图9-45所示。然后按Ctrl+S键将该文档保存。

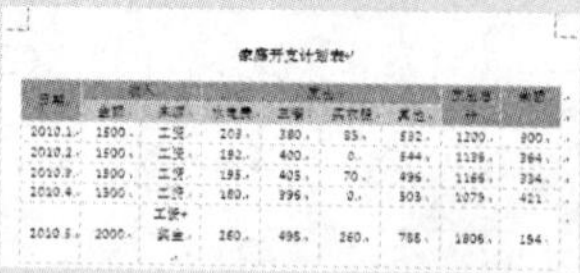

图9-45　家庭日常费用管理表

2. 在Word中插入Excel表格

提到表格和数据计算，用户会很自然地想到Excel，借助Excel的强大功能可以很容易地对数据进行处理。在Word中一样可以使用Excel表格来进行计算。下面将介绍如何在Word中使用Excel表格。

1 首先新建一个Word文档，按Ctrl+S键将新建的文档保存，在弹出的【另存为】对话框中选择相应的路径，为文件命名，然后单击【保存】按钮，如图9-46所示。

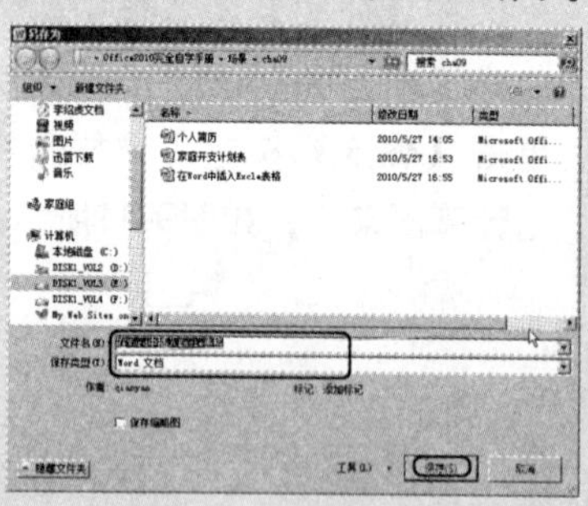

图9-46　保存文档

2 选择【插入】选项卡|【表格】组|【表格】命令，在弹出的下拉面板中选择【Excel电子表格】命令，系统会自动插入Excel表格，如图9-47所示。

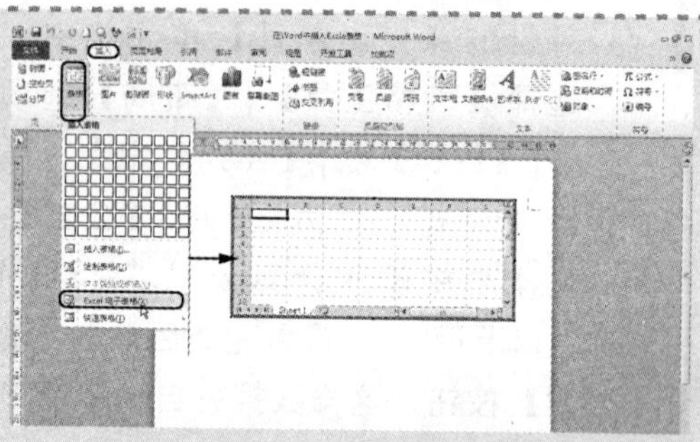

图9-47　插入Excel表格

3 在表格中选择如图9-48所示的单元格，单击鼠标右键，在弹出的快捷菜单中选择【设置单元格格式】命令，弹出【设置单元格格式】对话框，单击【数字】标签激活选项卡，在【分类】列表框中选择【自定义】，然后将【类型】定义为“yyyy/m/d”，设置完成后单击【确定】按钮。

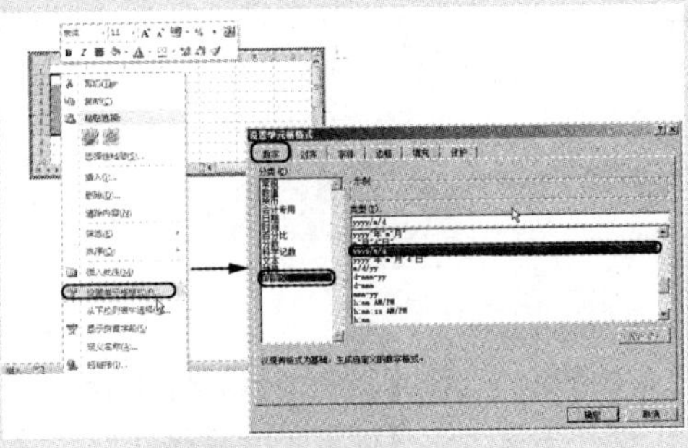

图9-48 设置自定义

4 在表格中选择如图9-49所示的单元格，选择【开始】选项卡|【对齐方式】组|【合并单元格】下拉按钮，在弹出的下拉菜单中将选择的单元格进行合并。

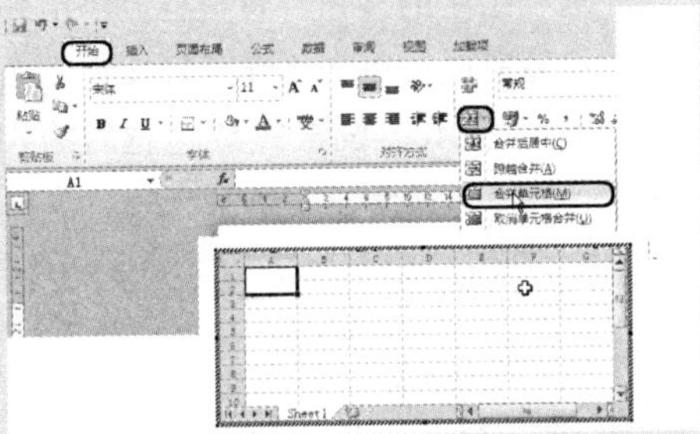

图9-49 将选择的单元格进行合并

5 使用同样的方法对其他表格进行合并，如图9-50所示。

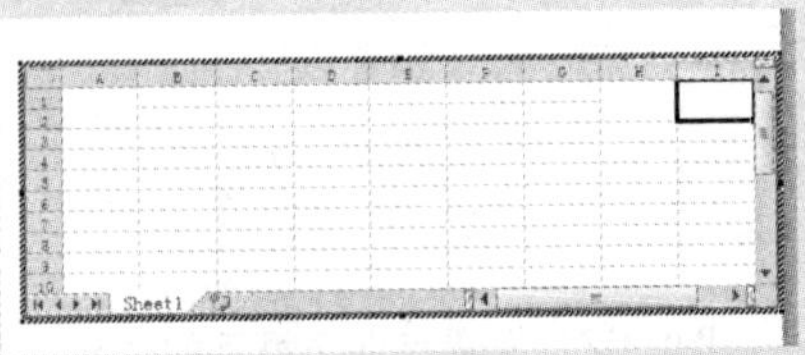

图9-50 合并其他表格

6 表格修改完成后，再在表格中填写内容，用户可以根据自己的实际情况进行填写，填写完表格内容后的效果如图9-51所示。

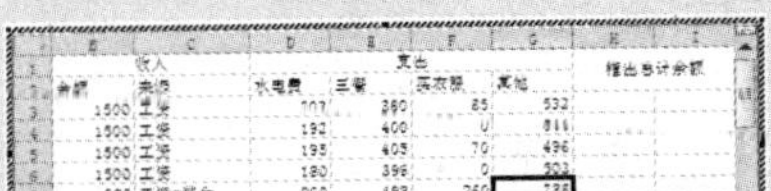

图9-51 填写表格

7 在表格中选择如图9-52所示的单元格，选择【公式】选项卡|【函数库】组|【自动求和】命令，在弹出的下拉面板中选择【求和】命令，在H3单元格中会自动填写总支出，如图9-53所示。

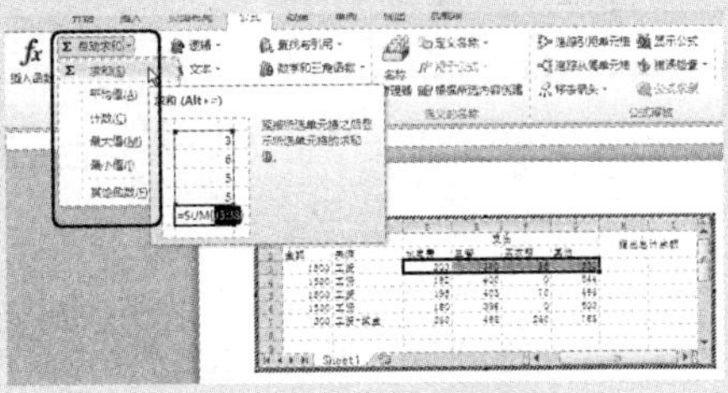

图9-52 求和计算

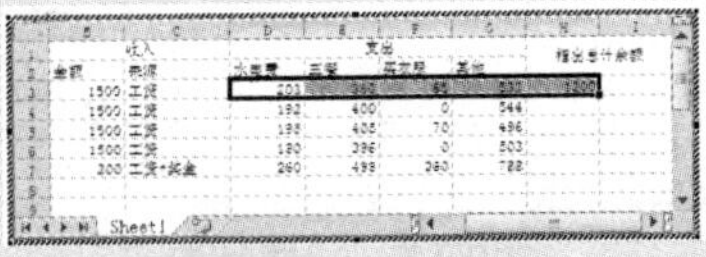

图9-53 自动填写

8 计算完成H3单元格的结果后，可以利用数据的自动填充功能，完成H列余下的单元格计算。选中H3单元格，将鼠标移到选定的单元格的右下方，使鼠标指针变为黑色加号（如图9-54所示），按住鼠标左键向下拖曳到没有数据的单元格，释放鼠标左键，H列的值就都会自动填写好，计算也自动完成了，如图9-55所示。

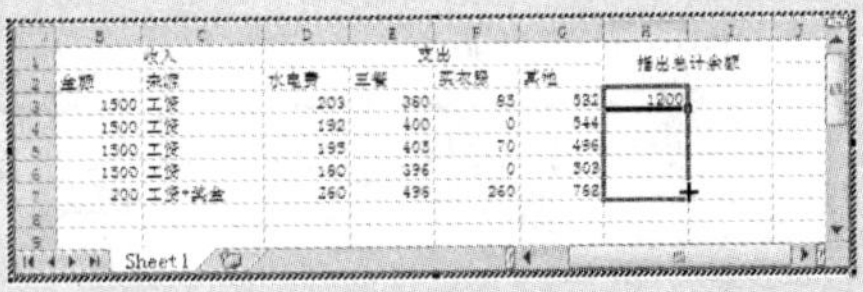

图9-54 自动计算

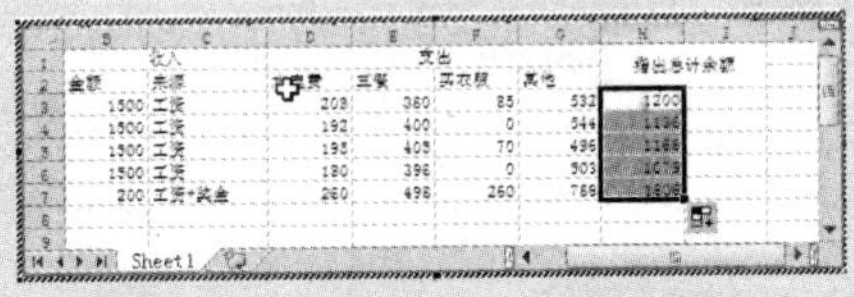

图9-55 自动计算后的效果

9 有了B列和H列的数据之后，就可以计算出I列的剩余金额了。下面将使用公式进行计算，将光标定位到I3单元格中，首先在该单元格中输入“=”，接着用鼠标单击B3单元格，再在I3单元格中输入“-”，然后单击H3单元格，这样在I3单元格中会出现一个公式，如图9-56所示。

10 输入完成公式后，按Enter键即可计算出结果，完成后的效果如图9-57所示。

图9-56　输入公式

图9-57　计算结果

11 计算完成I3单元格的结果后，可以利用数据的自动填充功能，完成I列余下的单元格计算。选中I3单元格，将鼠标移到选定的单元格的右下方，使鼠标指针变为黑色加号（如图9-58所示），按住鼠标左键向下拖曳到没有数据的单元格，释放鼠标左键，I列的值就都会自动填写好，计算也自动完成了，如图9-59所示。

图9-58　自动计算

图9-59　自动计算后的效果

12 在场景中选择整个表格，选择【开始】选项卡|【单元格】组|【格式】命令，在弹出的下拉菜单中选择【设置单元格格式】命令，如图9-60所示。

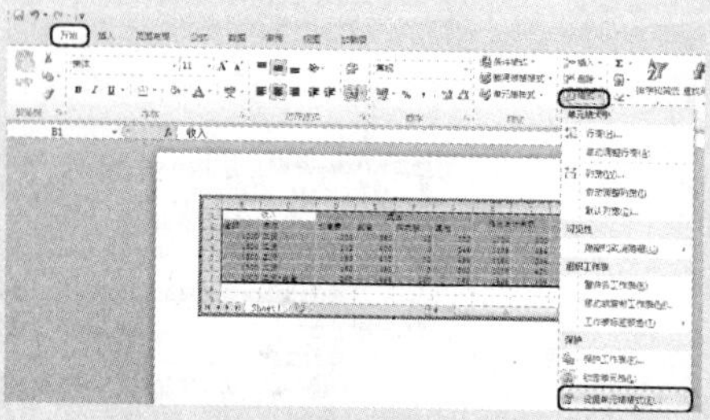

图9-60　选择【设置单元格格式】命令

13 在弹出的【设置单元格格式】对话框中，选择【边框】选项卡，在【线条】选项组中将【样式】设置为“双线”，将颜色设置为“深蓝，文字2，淡色40%”，然后单击【边框】选项组中的按钮，将边框显示出来，设置完成后单击【确定】按钮，如图9-61所示。设置完成边框后的效果如图9-62所示。

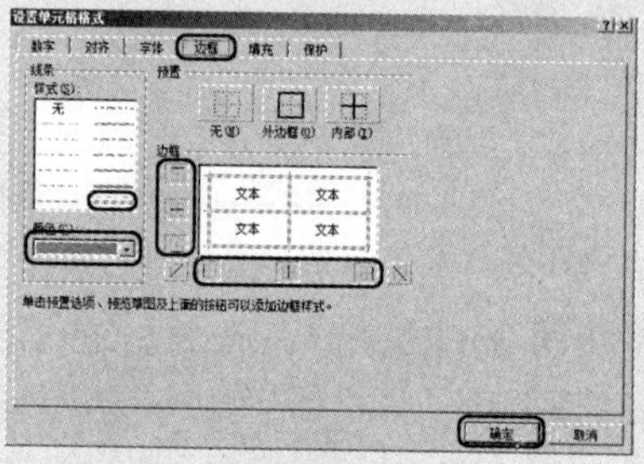

图9-61　设置边框样式

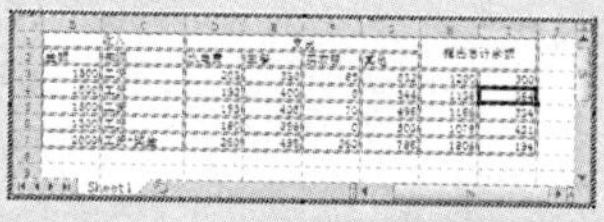

图9-62　设置完成边框后的效果

14 确定场景中的表格处于选择状态，选择【开始】选项卡|【对齐方式】中的☰按钮，将表格中的内容居中对齐，如图9-63所示。

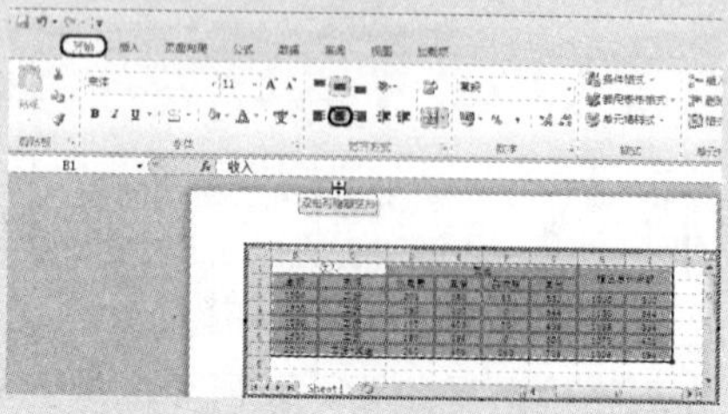

图9-63　将表格中的内容居中对齐

15 在场景中选择如图9-64所示的单元格，单击鼠标右键，在弹出的快捷菜单中选择【设置单元格格式】命令，弹出【设置单元格格式】对话框，在该对话框中选择【填充】选项卡，然后选择如图9-64所示的颜色，设置完成后单击【确定】按钮，为选择的单元格添加底纹，如图9-64所示。

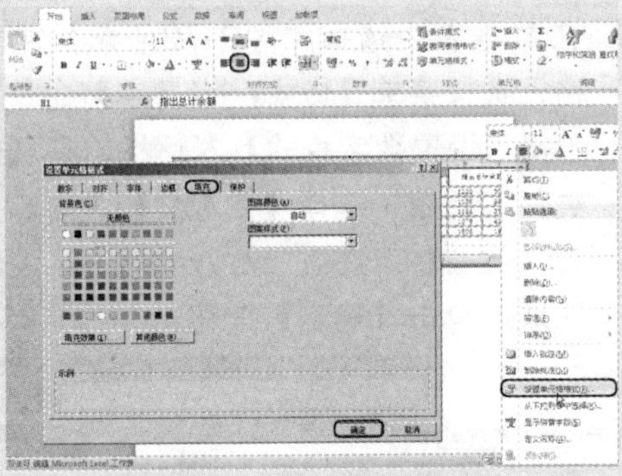

图9-64　设置单元格底纹

16 在场景中选择如图9-65所示的单元格，单击鼠标右键，在弹出的快捷菜单中选择【设置单元格格式】命令，弹出【设置单元格格式】对话框，在该对话框中选择【填充】选项卡，然后选择如图9-65所示的颜色，设置完成后单击【确定】按钮，为选择的单元格添加底纹，添加完成底纹后的效果如图9-66所示。

17 这样表格就制作完成了，下面再来为其添加表头。在表格的上方输入“家庭开支计划表”，将【字体】设置为“华文中宋”，将【字号】设置为“小四”，然后单击B按钮和≡按钮，将表头对象加粗并居中对齐，如图9-67所示。

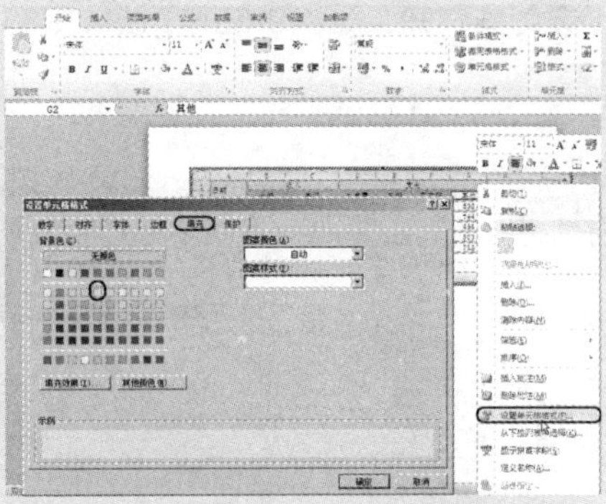

图9-65　设置单元格底纹

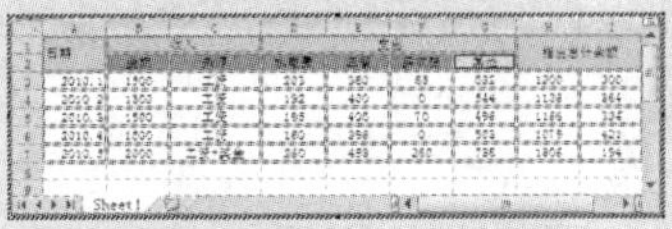

图9-66　设置完成底纹后的效果

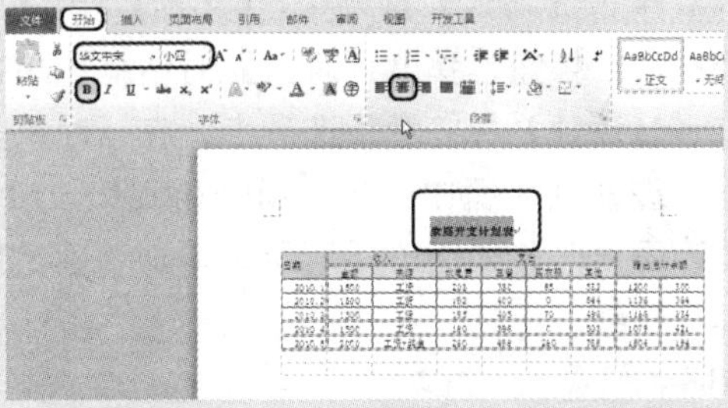

图9-67　为表格添加表头

18 至此，在Word中插入Excel表格就制作完成了。按Ctrl+S键将制作完成后的表格进行存储。

3. 创建家庭日常费用统计图

之前所作的工作不论是Word表格还是Excel表格，它们都是将数据展现在用户面前，数字是很有说服力的。但是太多的数字看起来难免使人头疼，下面将分别介绍在Word表格和Excel表格中创建图形的方法。图9-68所示为在Excel中插入的图表。

（1）为Word表格创建统计图

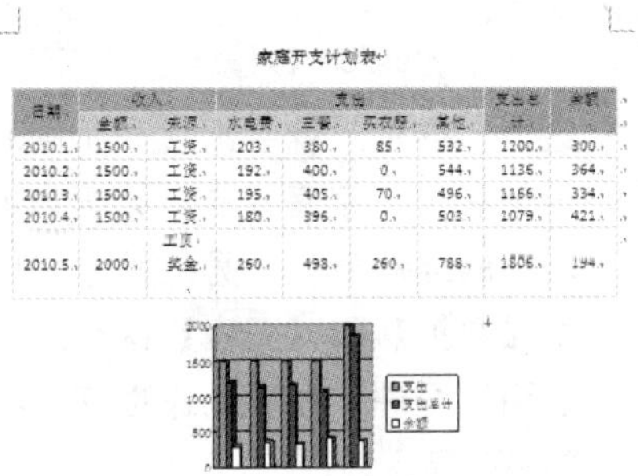

图9-68　创建完图表后的效果

1 在制作统计图之前，首先将前面制作的Word表格打开，选择【文件】|【打开】命令，或按Ctrl+O键，打开【打开】对话框，在该对话框中选择“家庭开支计划表”，单击【打开】按钮，将该文档打开，如图9-69所示。

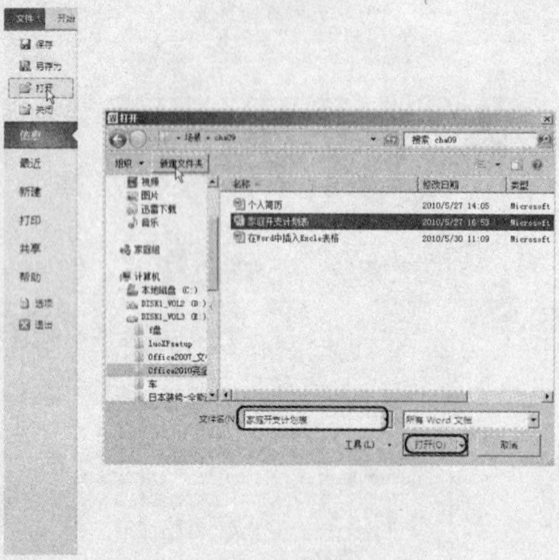

图9-69　选择打开的文档

2 单击【插入】选项卡|【文本】组|【对象】按钮，弹出【对象】对话框，单击【新建】标签激活选项卡，在【对象类型】列表框中选择“Microsoft Graph图表”，如图9-70所示，单击【确定】按钮。

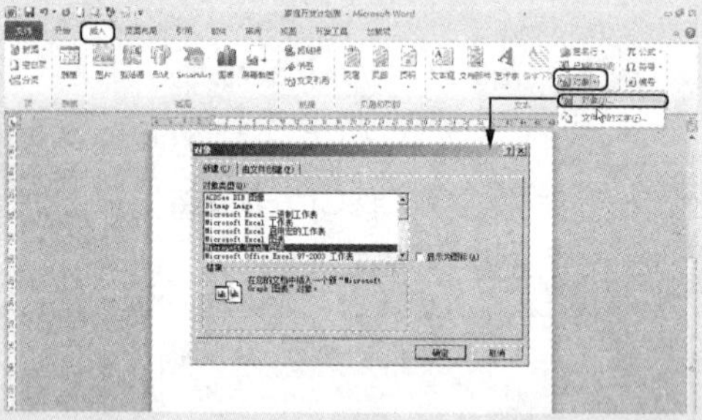

图9-70　【对象】对话框

3 这时，屏幕上就会出现一个图表对象和一个名为“家庭开支计划表.docx-数据表”的浮动窗口，另外菜单栏中也出现了【数据】和【图表】两个新项目，这表明已经进入图表制作程序的界面，如图9-71所示。

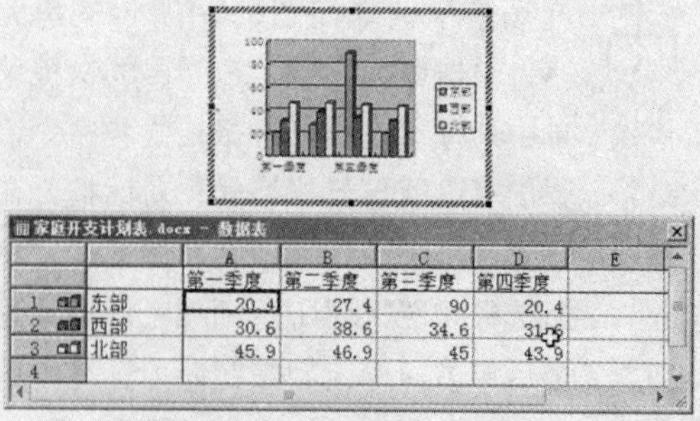

图9-71　图表制作程序界面

4 在数据表中选择如图9-72所示的单元格，选择菜单【格式】|【数字】命令，弹出【设置数字格式】对话框，在【分类】选项组中选择【自定义】选项，并将【类型】定义为“yyyy/m/d”，设置完成后单击【确定】按钮。

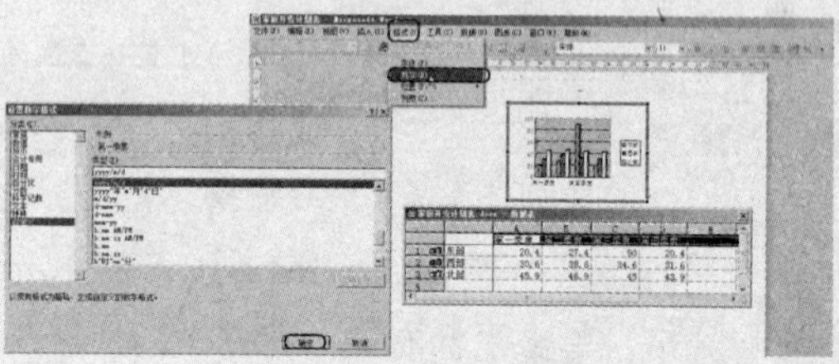

图9-72　设置单元格类型

5 然后将“支出”、“支出总计”、“余额”以及“日期”输入到相应的单元格中，在表格中相应的单元格中输入金额数据。随着数据内容的变更，图表也在更新。图9-73所示为输入完全部数据后的图表。

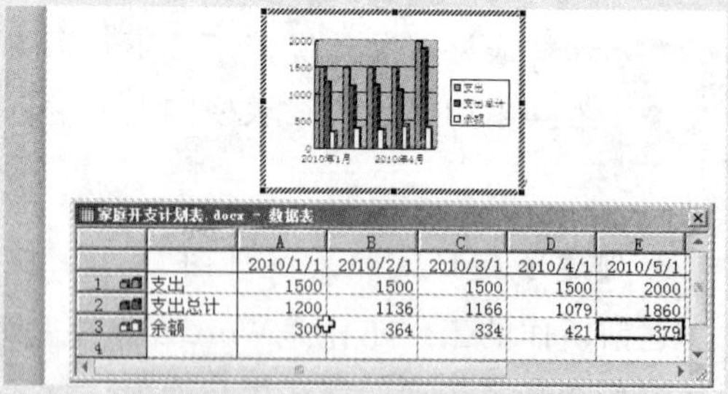

图9-73　更新后的数据和图表

6 单击数据表和图表区域之外的任意一点，结束图表编辑状态，回到Word窗口。此时，窗口中的数据表不见了，页面上只留下创建的图表。

7 至此，家庭日常费用统计图就制作完成了。下面将制作完成后的文档进行存储，选择【文件】|【另存为】命令，打开【另存为】对话框，在该对话框中将文件名命名为“创建家庭日常费用统计图”，然后单击【保存】按钮，将该文档另存，如图9-74所示。

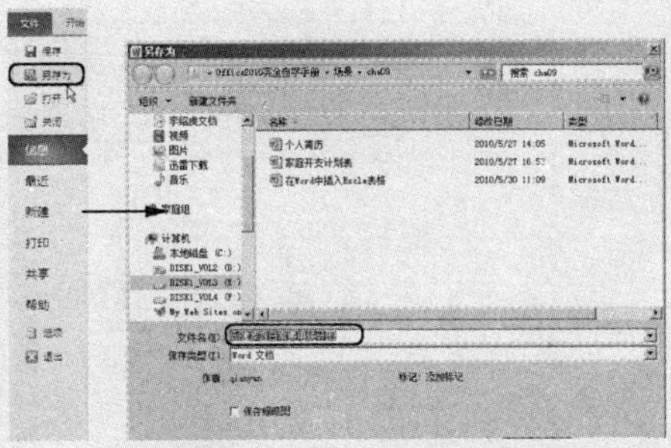
图9-74 将文档另存

（2）在Excel中创建图表

下面学习在Excel中创建图表的方法，制作完成后的效果如图9-75所示。

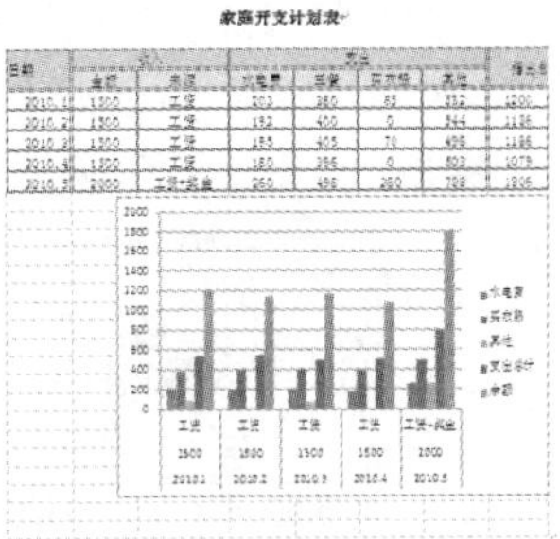
图9-75 在Excel中创建图表效果

1 在创建图表之前先制作一个Excel表格，这里就不再重新制作了。按Ctrl+O键，打开【打开】对话框，在该对话框中选择前面制作的“在Word中插入Excel表格.docx”文档，单击【打开】按钮，将该文档打开，如图9-76所示。

2 在表格中单击鼠标右键，在弹出的快捷菜单中选择【“工作表”对象】|【编辑】命令，如图9-77所示。这样表格就进入到了编辑状态，如图9-78所示。

3 在表格中选择如图9-79所示的单元格，然后单击【插入】选项卡|【图表】组|【柱形图】按钮，在弹出的下拉面板中选择【二维柱形】栏下的柱形，如图9-79所示。

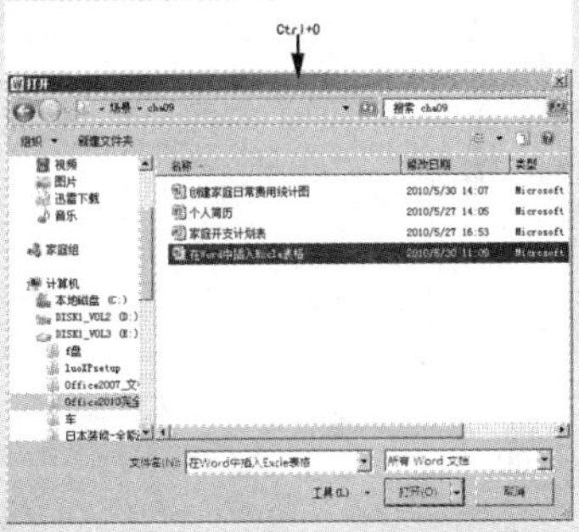
图9-76 选择打开的文档

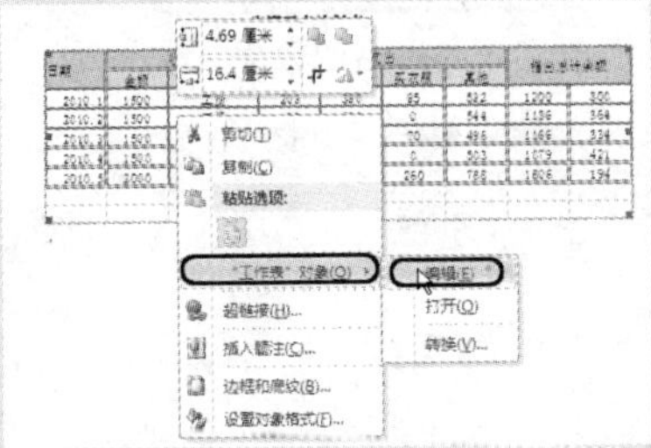
图9-77 选择【编辑】命令

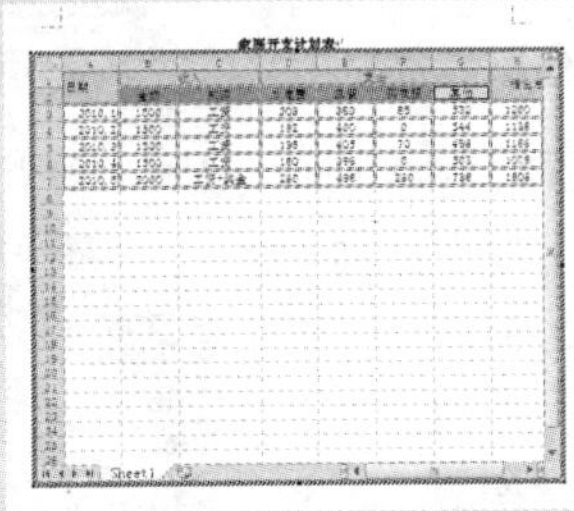
图9-78 进入编辑状态

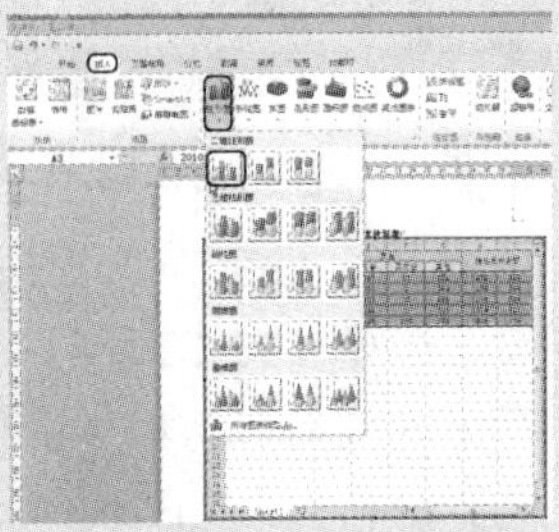
图9-79 选择柱形图

4 选择完插入的形状后，即可创建一个Excel图表。完成后的图表效果如图9-80所示。

5 参照Excel中的名称来修改图表中的名称，在图表中双击“系列1”，使其处于选择状态，然后单击鼠标右键，在弹出的快捷菜单中选择【选择数据】命令，如图9-81所示。

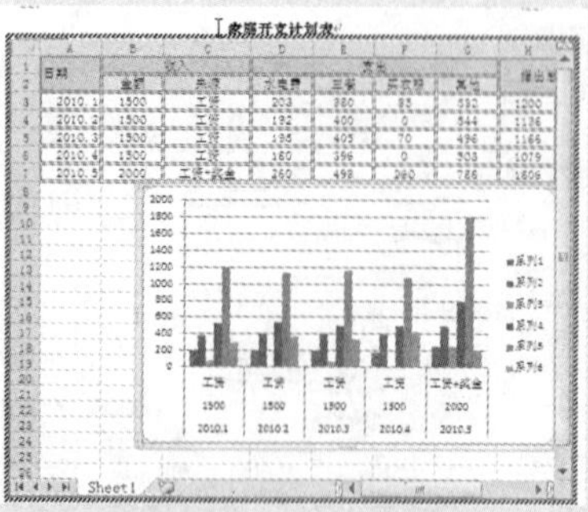

图9-80　添加柱形图后的效果

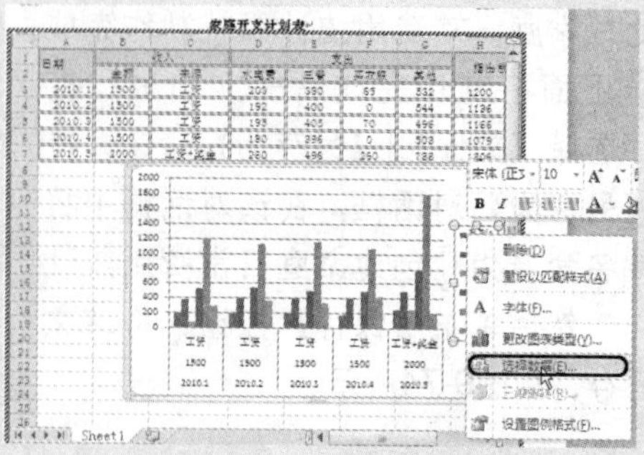

图9-81　选择【选择数据】命令

6 在弹出的【选择数据源】对话框中选择“系列1”，然后单击【编辑】按钮，在弹出的【编辑数据系列】对话框中，将【系列名称】重命名为“水电费”，修改完成后单击【确定】按钮，如图9-82所示。即可将系列名称改正过来，修改完成后的效果如图9-83所示。

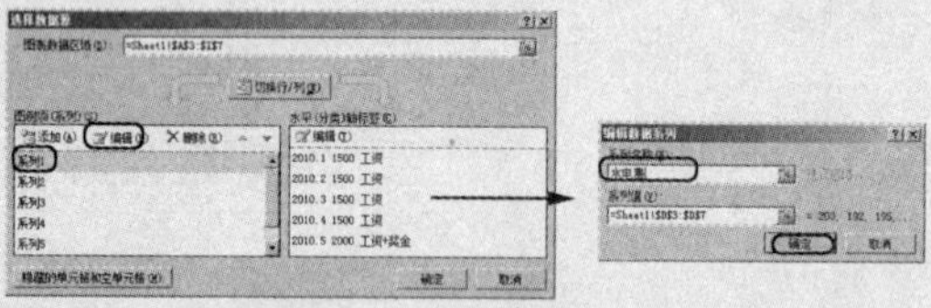

图9-82　更改系列1的名称

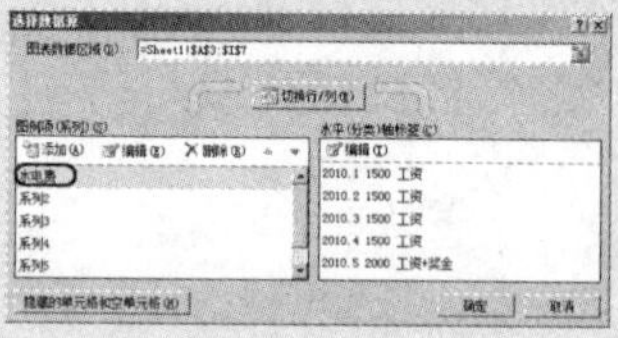

图9-83　更改完名称后的效果

7 使用同样的方法修改其他系列的名称，在修改名称时，为了防止出现错误，可以对照表格中的数据进行命名。命名后的效果如图9-84所示。

8 系列名称修改完成后单击【确定】按钮，这样图表中的名称就更改过来了，如图9-85所示。

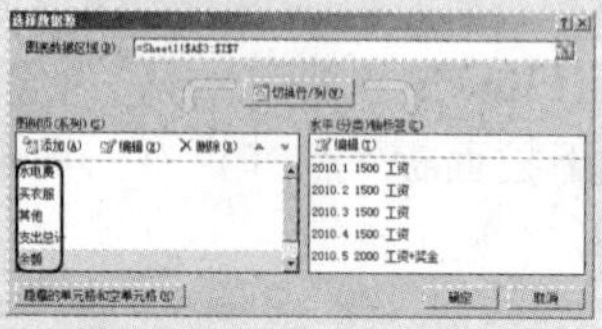

图9-84　更改其他系列名称

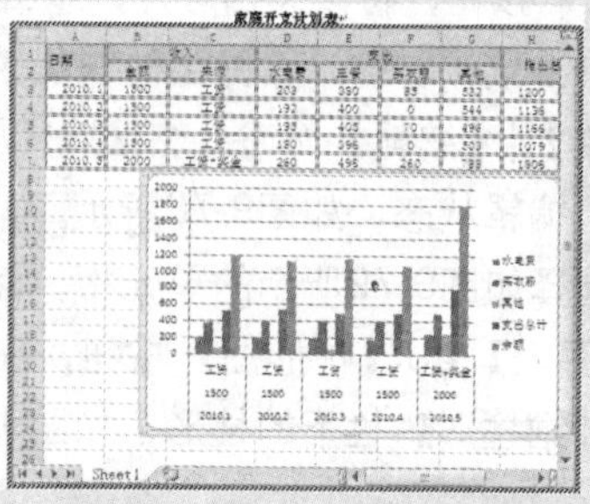

图9-85　更改完成名称后的效果

9 至此，在Excel中创建图表就制作完成了。下面将制作完成后的文档进行存储，选择【文件】|【另存为】命令，在弹出的【另存为】对话框中，将【文件名】命名为“在Excel中创建图表”，然后单击【保存】按钮，将该文档另存，如图9-86所示。

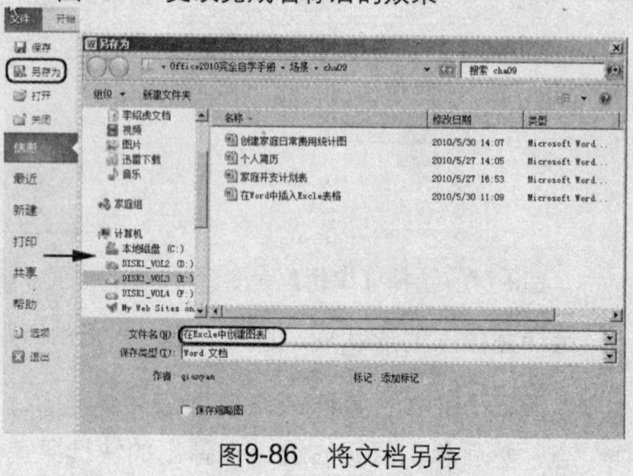

图9-86　将文档另存

9.2 常用表单的制作

本节将利用Word 2010制作财务图表及用户反馈表。通过对本节的学习，用户可以学会财务图表的制作以及用户反馈表的制作。

9.2.1 财务图表

在一些统计报表中，经常见到如表9-1所示的数据表格。

表9-1 森德尔公司2010年电动车销售统计表

地区 数量 月份	新湖市	阳河市	沙丘市	京古市	东原市
5月	36500	45320	11000	32000	54400
6月	42000	48750	24801	36200	48600
7月	51200	59330	35200	25301	63000
8月	48302	36000	23110	28600	52000
9月	29600	32208	18200	31221	36400
合计	207602	221608	112311	153322	254400

虽然是以数据说话，但数据的意义显示的比较隐晦，不能直接看出数据之间的联系和对比。若是能以更加形象的图表说话，含义的说明就清楚了许多。

1. 制作表格

首先参照表9-1所示表格的样式把表格制作出来。下面将介绍插入表格的方法。

1 新建一个Word文档，单击【插入】选项卡|【表格】组|【表格】按钮，在弹出的下拉面板中选择插入表格的栅格区域，在栅格区域中移动鼠标指针选择“6×7表格”，单击鼠标将表格插入文档中，如图9-87所示。

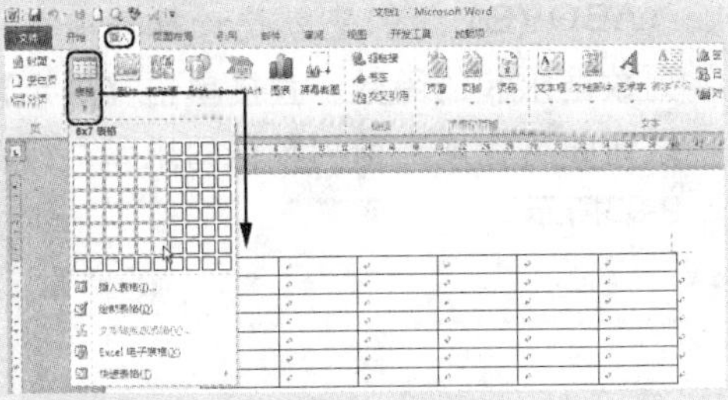

图9-87 插入表格

2 在表格的上方输入“森德尔公司2010年电动车销售统计表”，将【字体】设置为“华文中宋”，将【字号】设置为“四号”，并单击 **B** 、 *I* 和 ≡ 按钮，将新输入的文本加粗、倾斜并居中显示，如图9-88所示。

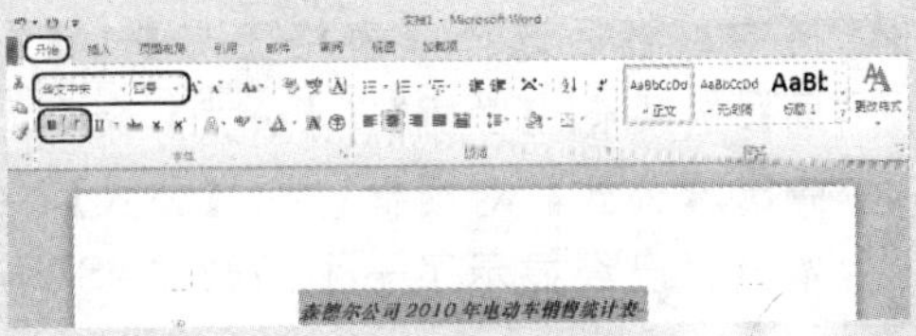

图9-88 输入并设置表头

2. 插入斜线

在表格中经常会用斜线把单元格进行分解。下面将介绍在单元格中插入斜线表头的操作步骤。

1 选择【插入】选项卡|【插图】组|【形状】|【直线】命令，如图9-89所示。在【绘图工具】|【格式】|【形状样式】选项卡中选择第一种样式，插入完成后的效果如图9-90所示。

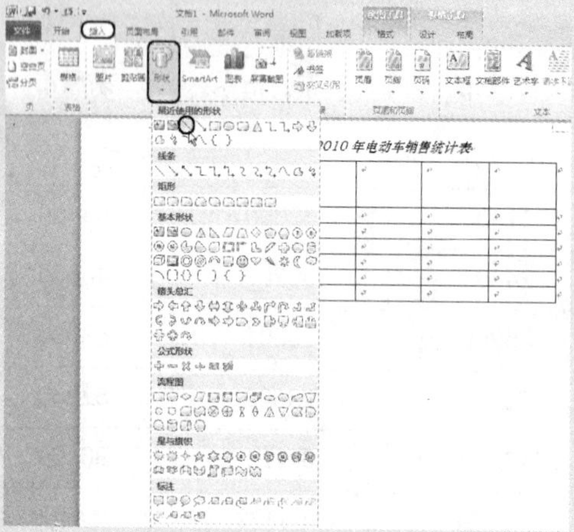

图9-89 设置表头样式

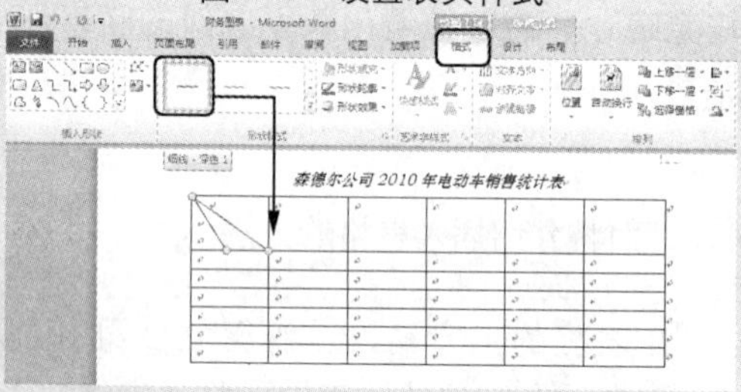

图9-90 插入表头后的效果

2 这样表格就制作完成了，下面再为完成后的表格制作文字。图9-91所示为输入完文字后的效果，用户可根据实际情况进行填写。

森德尔公司2010年电动车销售统计表

地区/数量/月份	新湖市	阳河市	沙丘市	京古市	东原市
6月	42000	48750	24801	36200	48600
7月	51200	59330	35200	25301	63000
8月	48302	36000	23110	28600	52000
9月	29600	32208	18200	31221	36400

图9-91 为表格填写文字

3 在场景中选择整个表格，在任一表格单击鼠标右键，在弹出的快捷菜单中单击【单元格对齐方式】中的按钮，将表格中的内容居中对齐，如图9-92所示。

图9-92 将表格中的内容居中对齐

3. 计算表格数据

1 将鼠标定义到“新湖市”的合计单元格中，然后选择【表格工具】|【布局】选项卡|【数据】|【公式】命令，弹出【公式】对话框，在【公式】文本框中已经显示了一个函数“=SUM（ABOVE）”，它就是计算当前表格列数据求和的函数，直接单击【确定】按钮即可完成当前列数据的求和，如图9-93所示。

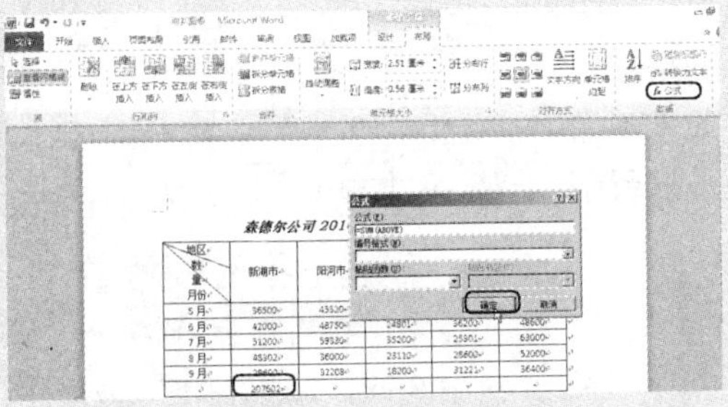

图9-93　利用公式计算总和

2 使用同样的方法依次将光标定位到【合计】行的其他单元格，把各市5个月份的销售总和统计出来，完成表格的制作，如图9-94所示。

森德尔公司2010年电动车销售统计表

地区 数量 月份	新湖市	阳河市	沙丘市	京古市	东原市
5月	36500	45320	11000	32000	54400
6月	42000	48750	24801	36200	48600
7月	51200	59330	35200	25301	63000
8月	48302	36000	23110	28600	52000
9月	29600	52208	18200	31221	36400
	207602	221608	112311	153322	254400

图9-94　完成的表格

提示

Word表格中计算与Excel中的相同。一般的计算公式可引用单元格的形式，如“=（A2+B2）*3”即表示第一列的第二行加第二列的第二行再乘以3，表格中的列数可用A、B、C、D等表示，行数用1、2、3、4等表示。利用函数可使公式更为简单，如“=SUM（A2：A80）”即表示求出从第一列第二行到第一列第八十行之间的数值总和。对于简单的求和计算，Word会自动进行。

4. 从表格数据建立图表

1 选中表格中需要用来制作图表的数据，这里选择的是整个表格，如图9-95所示。

森德尔公司2010年电动车销售统计表

地区 数量 月份	新湖市	阳河市	沙丘市	京古市	东原市
5月	36500	45320	11000	32000	54400
6月	42000	48750	24801	36200	48600
7月	51200	59330	35200	25901	63000
8月	48302	36000	23110	28600	52000
9月	29600	52208	18200	31221	36400
	207602	221608	112311	153322	254400

图9-95　选择表格对象

2 选择【插入】选项卡|【文本】组|【对象】|【对象】命令，打开【对象】对话框，在【对象类型】列表框中选择“Microsoft Graph 图表”选项，单击【确定】按钮，如图9-96所示。

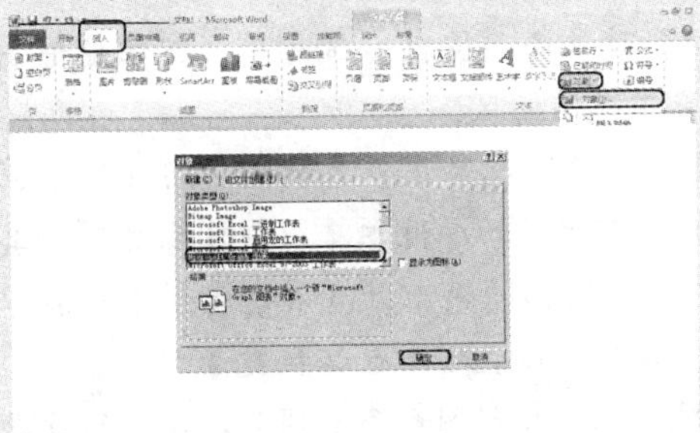

图9-96　插入图表

3 随即Microsoft Graph启动，进入图表视图，一张按默认选项制成的图表出现在视图上，如图9-97所示。

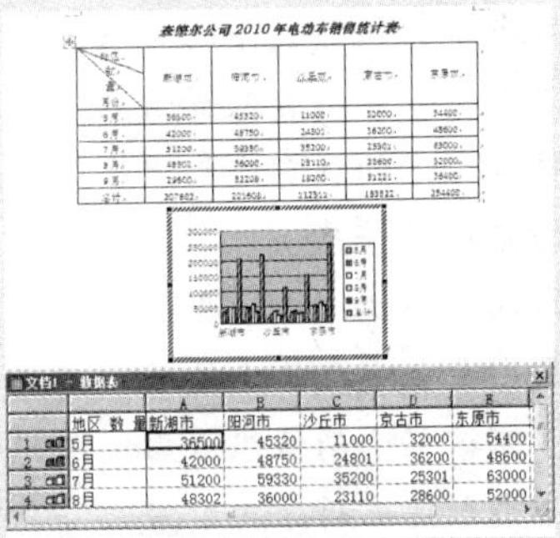

图9-97　进入图表视图

4 移动鼠标指针到生成图表的右下角的控制点上，按住鼠标左键不放将图表向右拖曳，使内容完成显示，如图9-98所示。

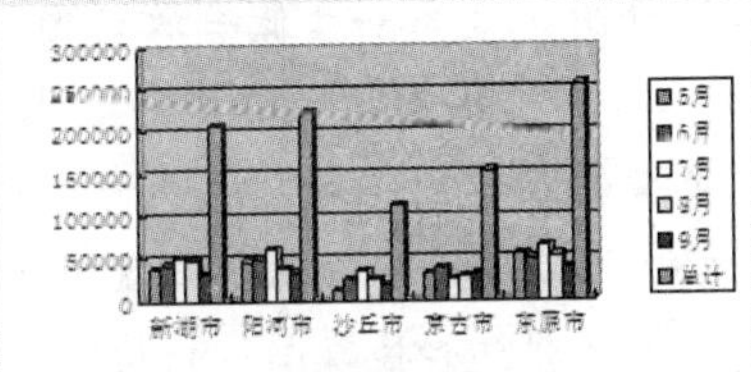

图9-98　调整图表

图表视图包含3个方面的内容，即原表格、由原表格生成的图表和由原表格生成的Excel样式的数据表。如果需要调整表格数据，可在Excel样式的数据表中进行；如果不需要改变数据，鼠标在图表外单击，图表视图消失，只留下图表，并返回Word文档，如图9-99所示。

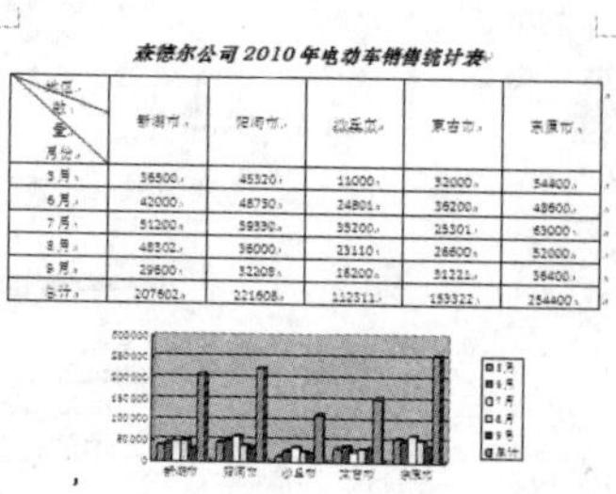

森德尔公司2010年电动车销售统计表

地区 数量 月份	新湖市	阳河市	沙县市	东吉市	东康市
5月	36500	45320	11000	32000	54400
6月	42000	48730	24801	36200	48600
7月	51200	59330	35200	25301	63000
8月	48302	36000	23110	28600	52000
9月	29600	32208	18200	31221	36400
合计	207602	221608	112311	153322	254400

图9-99　完成后的图表效果

提示

以后若需要重新编辑图表，只需在Word中双击图表，Microsoft Graph视图会再次打开，供用户编辑。

5. 编辑图表

图表的类型、图表的各个元素、图表的大小可根据需要更改。首先在图表区双击启动Microsoft Graph视图。

（1）类型选择

图表的类型有柱形图（默认）、条形图、折线图、饼图等14种。

选择图表类型不是根据美观来选择，而要根据所需体现的数据意义来选择。下面是几种常用标准类型特点的简要说明。

- 柱形图：用于显示某一段时间内数据的变化，或比较各数据项之间的差异。分类在水平方向组织，而数值在垂直方向组织，以强调相对于时间的变化。其中堆积柱形图显示了单个数据项与整体的关系，三维透视的柱形图可比较两个坐标轴上的数据点。
- 条形图：显示各数据项之间的比较。分类在垂直方向组织，而数值在水平方向组织，以使观察者的注意力集中在数值的比较上，而不在时间上。堆积条形图显示了单个数据项与整体的关系。
- 饼图：显示组成数据系列的各数据项与数据项总和的比例。饼图只有一个数据系列，并且用于强调整体中的某一重要元素时，饼图将十分有效。如果要使小扇区更容易查看，可将这些小扇区组织为饼图中的一个数据项，然后将该数据项在主图表旁边的小饼图或小条形图中拆分显示。
- XY散点图：既可显示若干数据系列中数字值的关系，也可将两组数字分别当作单个系列的X坐标和Y坐标进行绘制，常用于科技数据。安排数据时，将X坐标值置于某一行或列内，然后将相应的Y值输入到紧邻的行或列中。
- 曲面图：当希望找出两组数据之间的最佳组合时，曲面图就非常有用。就像地形图一样，曲面图中的各种颜色和图案表明了不同数值范围的区域。
- 股价图：盘高一盘低一收盘图常用于演示股票价格。此类图表也能用于科技数据，例如，“-”用于指示温度的变化。必须将数据按正确的顺序组织，以创建本类型或其他类型的股价图。计入成交量的股价图有两个数值轴，即用于计量成交量和用于股票价格，可在盘高一盘低一收盘图或开盘一盘高一盘低一收盘图中包括成交量。
- 圆锥、圆柱和棱锥图：利用它的数据标记可赋予三维柱形图和条形图引人注目的效果。

改变图表类型的操作步骤如下。

1 首先进入图表编辑状态，在图表中单击鼠标右键，在弹出的快捷菜单中选择【“图表”对象】|【编辑】命令，进入图表编辑状态，如图9-100所示。

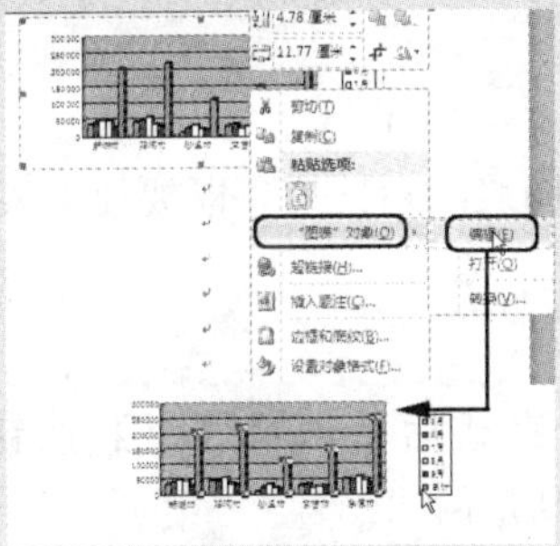

图9-100 进入图表编辑状态

2 在图表区柱形图上单击鼠标右键，在弹出的快捷菜单中选择【图表类型】命令，如图9-101所示。

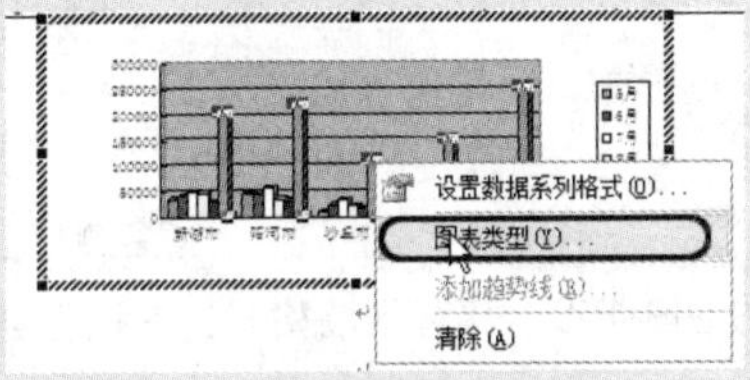

图9-101 选择【图表类型】命令

3 随即打开【图表类型】对话框，在【标准类型】选项卡的【图表类型】列表框中选择一种类型，再在【子图表类型】中选择一种类型，用户可根据自己的喜好进行选择，然后单击【确定】按钮，如图9-102所示。定义完新类型后的效果如图9-103所示。

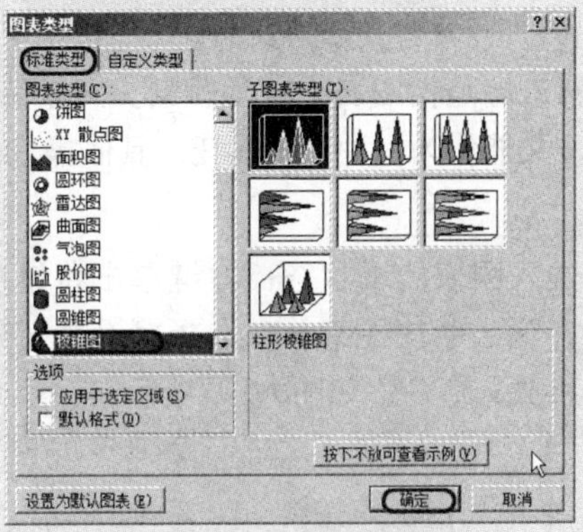

图9-102 选择一种类型

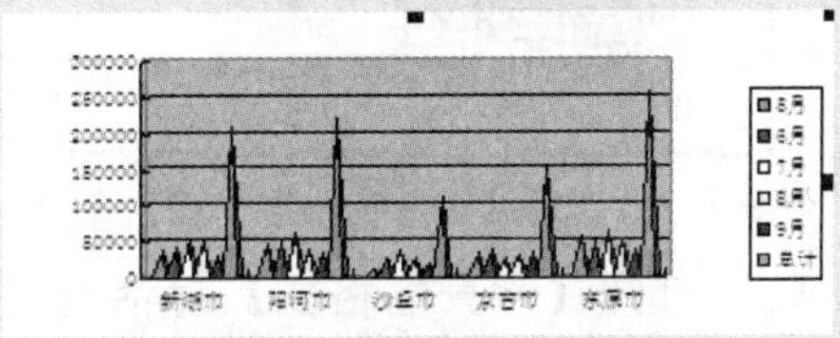

图9-103 定义完类型后的效果

4 在图表外空白处单击，返回Word页面视图。

（2）图表元素

组成图表的元素，如图表标题、坐标轴、网格线、数据标签等用户均可添加或重新设置。添加标题的操作步骤如下。

1 首先进入图表编辑状态，在图表区域空白处单击鼠标右键，在弹出的快捷菜单中选择【图表选项】命令，如图9-104所示。

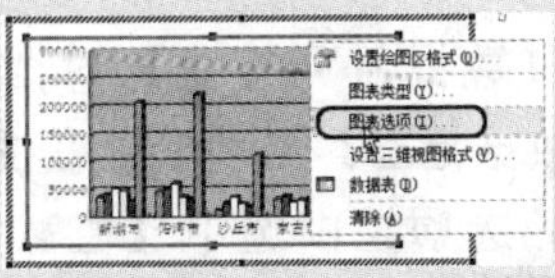

图9-104 选择【图表选项】命令

2 打开【图表选项】对话框，切换到【标题】选项卡，在【图表标题】文本框中输入图表标题，然后单击【确定】按钮，如图9-105所示。

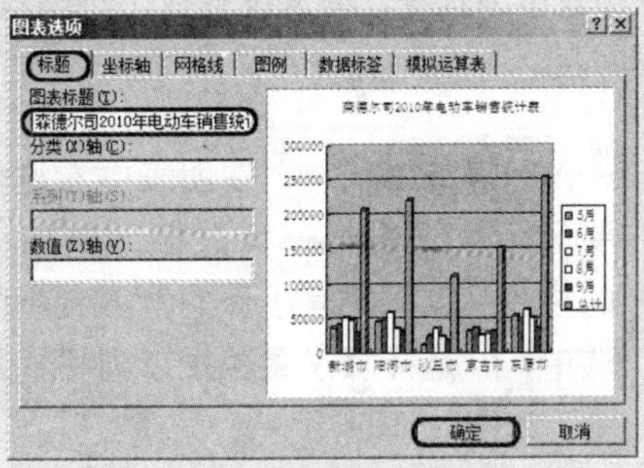

图9-105 输入图表标题

3 在图表外空白处单击，返回Word页面视图，如图9-106所示。

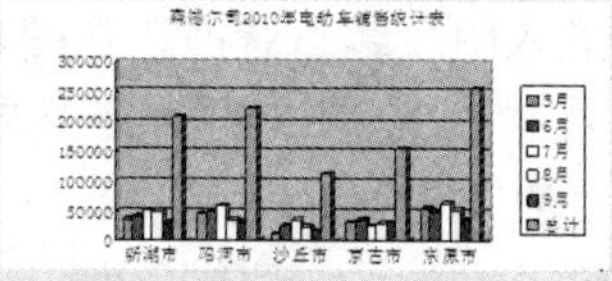

图9-106 添加完成标题后的效果

（3）设置背景墙格式

背景墙是指图表的显示背景。背景墙的设置要考虑与图表的对比度，既要使图表能够清晰显示，又能作为一种背景烘托。具体操作步骤如下。

1 进入图表编辑状态，右键单击背景墙，在弹出的快捷菜单中选择【设置背景墙格式】命令，如图9-107所示。

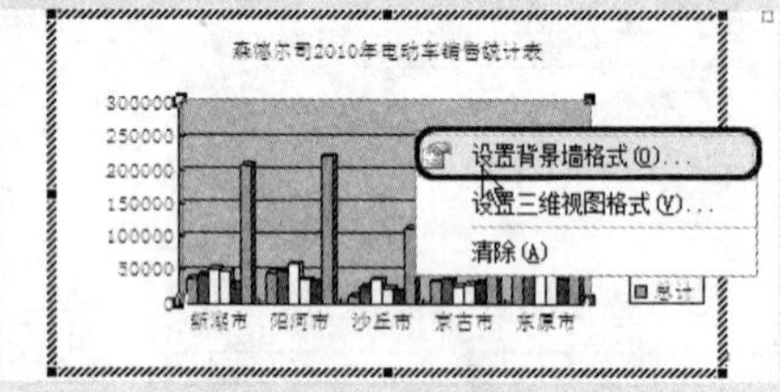

图9-107 选择【设置背景墙格式】命令

2 随即打开【背景墙格式】对话框，如图9-108所示。在【区域】选项组中，【无】表示不显示背景。在【边框】选项组中，【样式】用来设置背景墙边框的线条样式是实线还是虚线等，【颜色】即线条的颜色，【粗细】即边框的粗细。一般设置背景墙使用实线、细线，背景颜色以一种淡淡的颜色为宜。本例中将背景墙颜色设置为“黄色”，设置完成后单击【确定】按钮，如图9-109所示。

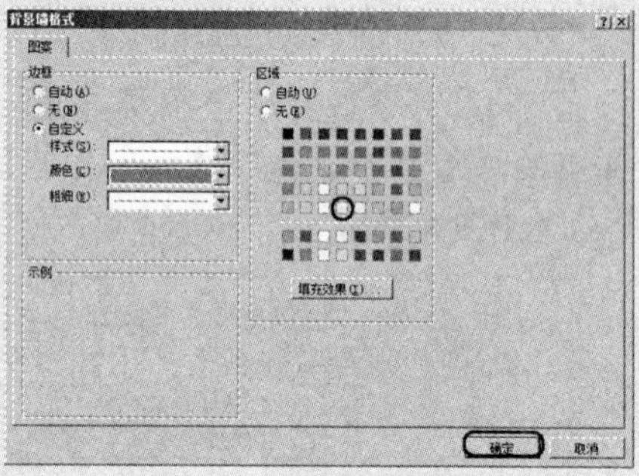

图9-108 【背景墙格式】对话框

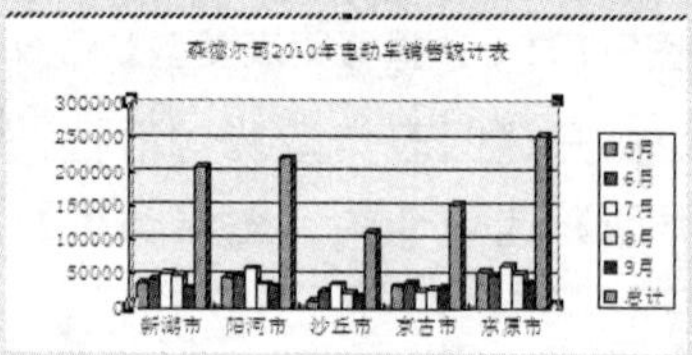

图9-109 设置完背景墙颜色后的效果

3 在图表外空白处单击，返回Word页面视图。

（4）在图表中显示数值

图表虽然直观，如果没有数字辅助就无法量化，所以使用图表时，经常会同时加上数字来说明问题。

1 进入图表编辑状态，在图表中右键单击要显示数据的某一类数据，例如小计的柱图（这时所有小计的柱图会被同时选中），选择【设置数据系列格式】命令，如图9-110所示。

2 打开【数据系列格式】对话框，切换到【数据标签】选项卡，在【数据标签包括】选项组中选中【值】复选框，然后单击【确定】按钮，如图9-111所示。

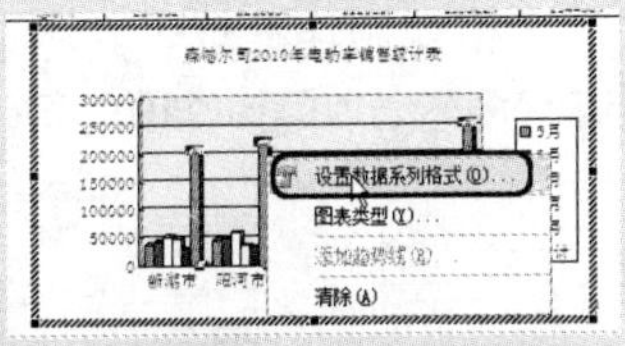

图9-110　选择【设置数据系列格式】命令

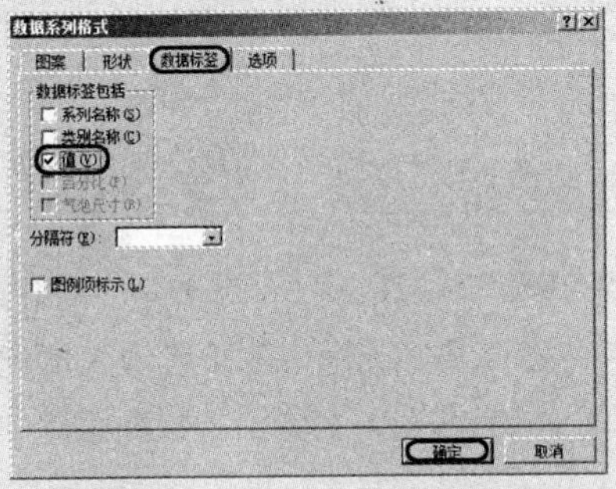

图9-111　选中【值】复选框

3 在图表外空白处单击，返回Word页面视图，会看到小计的柱图上已标记出对应的表格中的数据，如图9-112所示。

4 至此，财务图表效果就制作完成了。下面将完成后的效果进行存储，按Ctrl+S键，在弹出的【另存为】对话框中为文件命名，然后单击【保存】按钮，将文档进行存储，如图9-113所示。

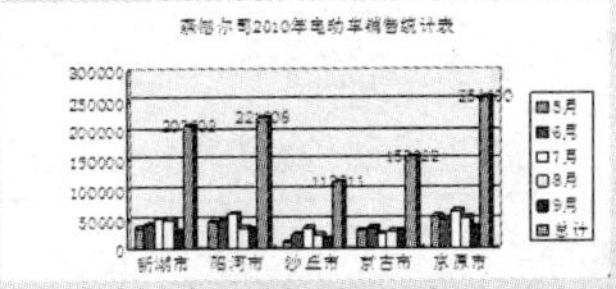

图9-112　设置完成值后的效果

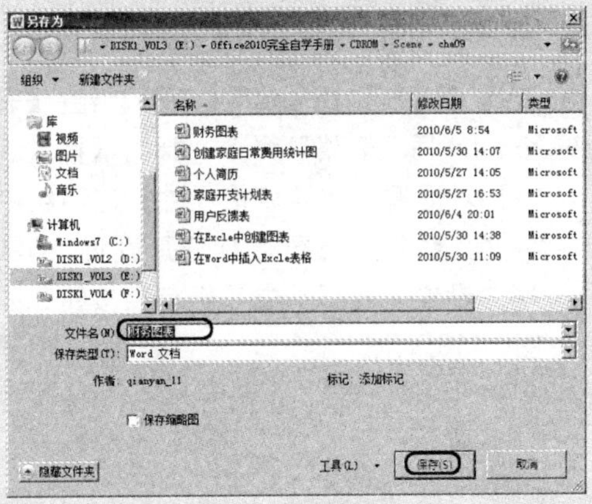

图9-113　保存文档

9.2.2　用户反馈表

表格的应用是十分广泛的，升学、就业时都会填写一些表单，公司管理员工也需要表单，售出的商品也需要顾客填写一些表单，以便于售后服务，就算是买本杂志也会有读者调查表。所以说，表单在日常生活中很常见，学会表单制作也是非常有用处的。

实例说明

本例将介绍游客监督员意见反馈表的制作。该例的制作非常简单，首先创建一个足够大的表格，并对表格进行合并和拆分，然后在表格中填写想要调查的内容，并为部分单元格添加底纹效果。图9-114所示为制作完成后的反馈表效果。

图9-114　用户反馈表效果

操作步骤

下面将介绍用户反馈表的制作方法。

1 在制作之前，首先新建一个Word文档，然后按Ctrl+S键将新建的文档进行存储，在弹出的对话框中将【文件名】命名为“用户反馈表”，单击【保存】按钮，如图9-115所示。

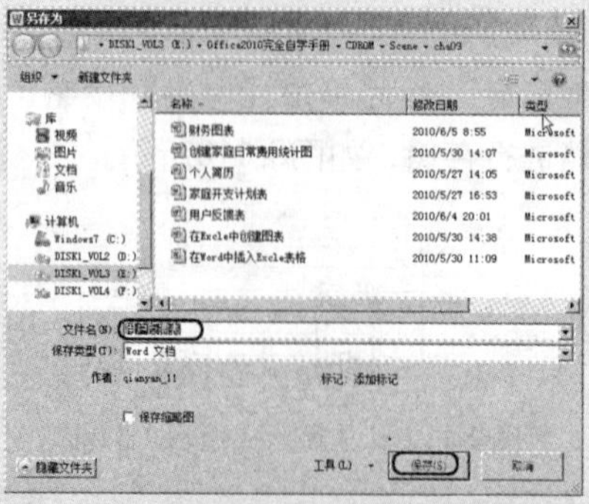

图9-115　保存文档

2 选择【插入】选项卡|【表格】组|【表格】|【插入表格】命令，弹出【插入表格】对话框，在【表格尺寸】选项组中将【列数】和【行数】分别设置为5和14，设置完成后单击【确定】按钮，如图9-116所示。

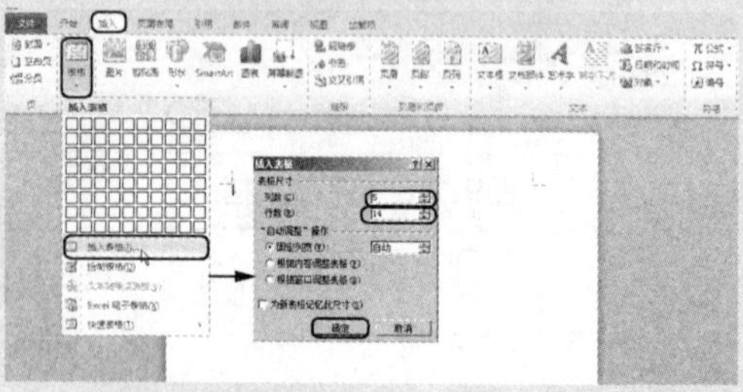

图9-116　插入表格

3 在场景中选择第一行表格，单击鼠标右键，在弹出的快捷菜单中选择【合并单元格】命令，将选择的单元格进行合并，如图9-117所示。

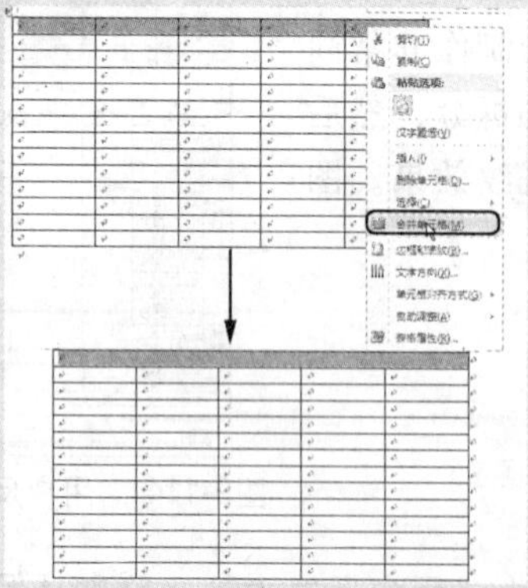

图9-117　合并单元格

4 然后对其他单元格进行合并和拆分，调整表格后的效果如图9-118所示。

5 至此，表格就制作完成了。下面再在表格中填写内容，如图9-119所示。

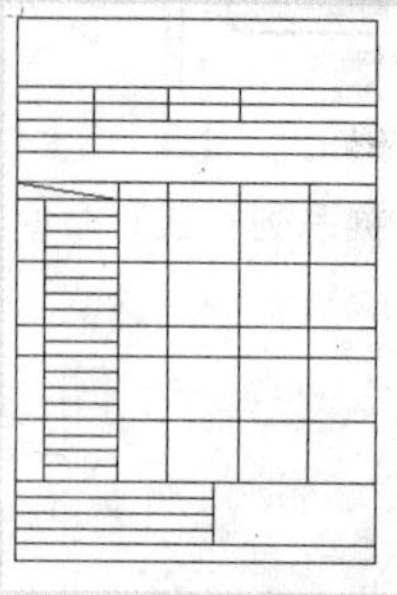

图9-118　调整表格

图9-119　填写内容

6 在场景中选择如图9-120所示的单元格，单击鼠标右键，在弹出的快捷菜单中单击【单元格对齐方式】中的按钮，将选择的单元格内容居中对齐，如图9-120所示。

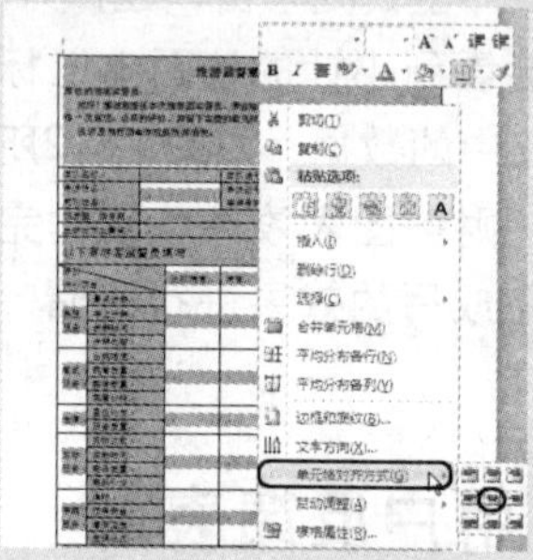

图9-120　将选择的内容居中对齐

7 在表格中选择“以下由游客监督员填写”单元格，将【字号】设置为“四号”，并配合空格键对文字的距离进行调整，如图9-121所示。

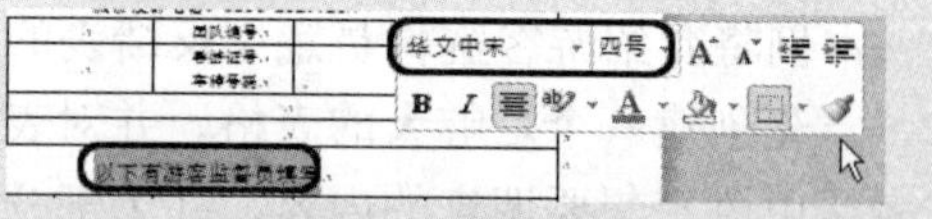

图9-121　设置文本字体

8 在场景中选择如图9-122所示的单元格，单击 **B** 按钮，将选择的文本加粗。

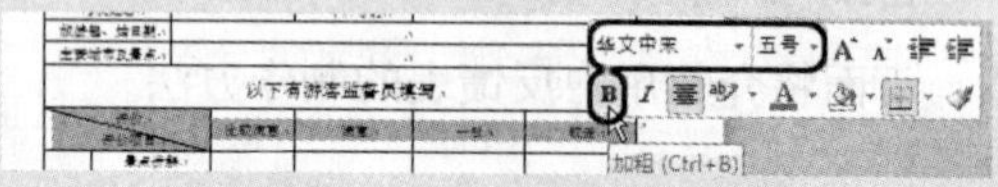

图9-122　将选择的文本加粗

9 确定加粗后的文本单元格处于选择状态，单击鼠标右键，在弹出的快捷菜单中选择【边框和底纹】命令，弹出【边框和底纹】对话框，选择【底纹】选项卡，在【填充】选项组中将颜色定义为如图9-123所示的颜色，设置完成后单击【确定】按钮。

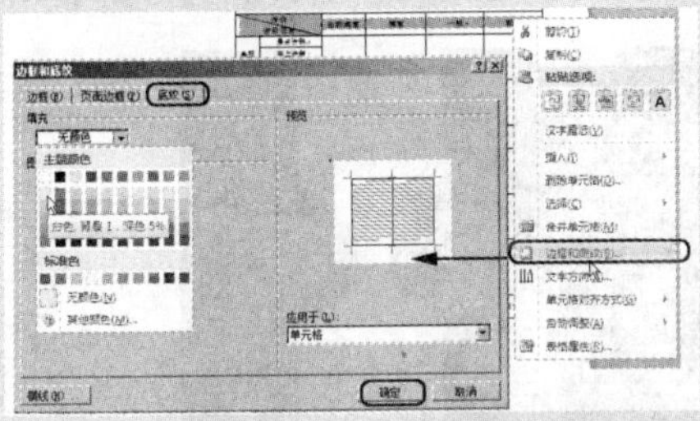

图9-123　为选择的单元格填充底纹

10 设置完单元格底纹后的效果如图9-124所示。

图9-124　填充底纹后的效果

11 在场景中选择如图9-125所示的单元格，单击鼠标右键，在弹出的快捷菜单中选择【边框和底纹】命令，弹出【边框和底纹】对话框，选择【底纹】选项卡，在【填充】选项组中将颜色定义为如图9-125所示的颜色，设置完成后单击【确定】按钮，即可为选中的单元格添加底纹效果，如图9-126所示。

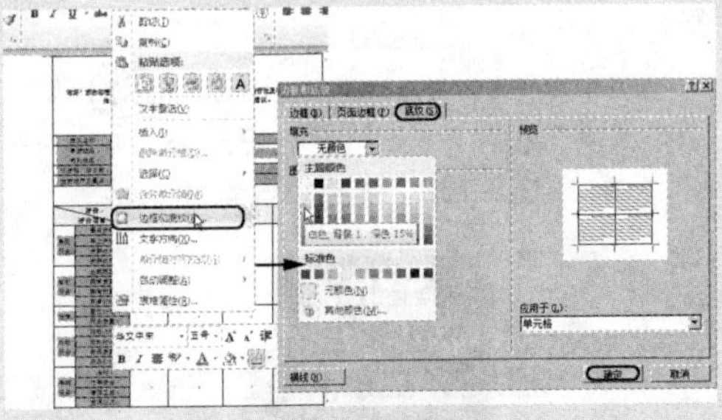

图9-125　设置底纹颜色

图9-126　填充底纹后的效果

12 接下来再调整表格下方单元格的大小，调整后的效果如图9-127所示。

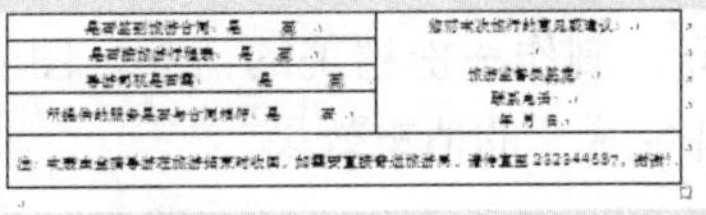

图9-127　调整下方单元格的大小

13 将光标定位到如图9-128所示的位置处，选择【插入】选项卡|【符号】组|【符号】命令，在弹出的下拉面板中单击□按钮，将该符号插入到光标位置处，如图9-129所示。

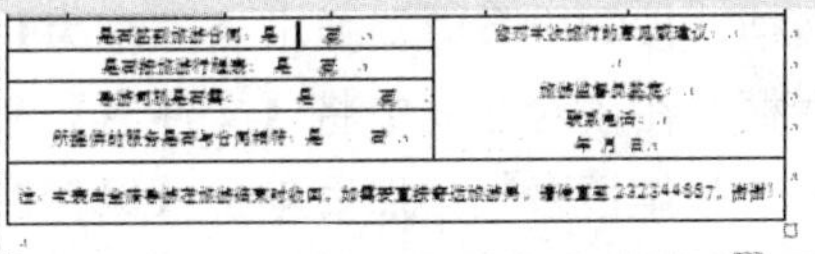

图9-128　插入光标

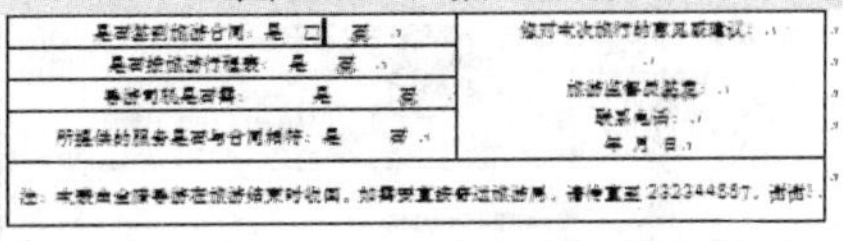

图9-129　添加符号

14 使用同样的方法在其他单元格中插入符号，完成后的效果如图9-130所示。

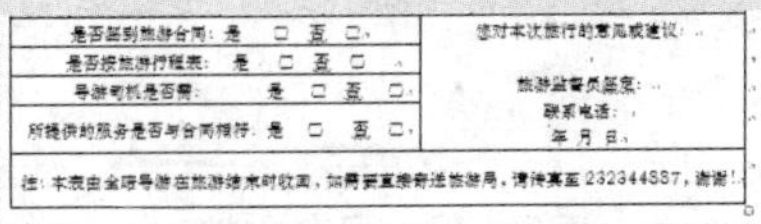

图9-130　插入符号

9.3　制作请柬

计算机发展到今天，已普及到了千家万户。家庭使用计算机已不仅仅是听音乐、看VCD或是写篇文章什么的，它还可以做很多事情，比如上网、工作、玩游戏等。

本节将从办公与家庭实用方面入手，讲解如何利用Word 2010制作请柬。希望用户在轻松愉快的制作过程中熟练掌握Word 2010的使用方法和技巧。

实例说明

在日常生活中请柬的用途是非常广泛的，如生日聚会、结婚典礼、节日庆典等都会用到。这些请柬在书店、文化用品商店都是可以买到的，但是购买的请柬在设计上比较大众化，比较简单，无论在样式上，还是文字的安排上都会与用户的想法有些距离。想找到称心如意的请柬，就要跑许多家商店才行，与其到各个商店去找，还不如打开计算机，尽情发挥自己的想象空间，制作一份精美的请柬。图9-131所示为制作完成后的请柬效果。

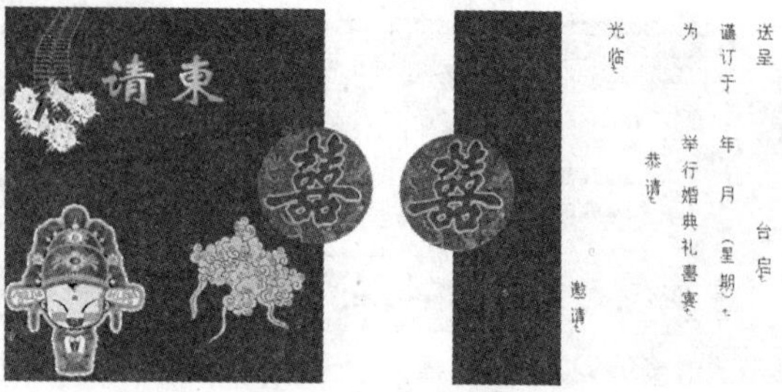

图9-131　请柬效果

操作步骤

下面将介绍请柬的制作方法。

9.3.1 制作请柬的封面

1 在制作请柬之前，首先新建一个Word文档，按Ctrl+S键，弹出【另存为】对话框，在该对话框中将【文件名】命名为“制作请柬”，然后单击【保存】按钮，如图9-132所示。

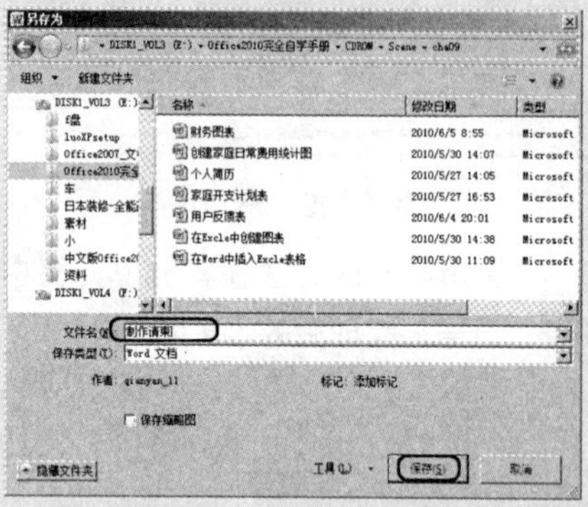

图9-132　保存文档

2 单击【插入】选项卡|【插图】组|【图片】命令，弹出【插入图片】对话框，选择随书光盘中的“dir\素材\Cha09\请柬背景.Tif”素材文件，然后单击【插入】按钮后面的小三角按钮，在弹出的下拉菜单中选择【插入和链接】命令，如图9-133所示。将该素材插入到文档中，完成后的效果如图9-134所示。

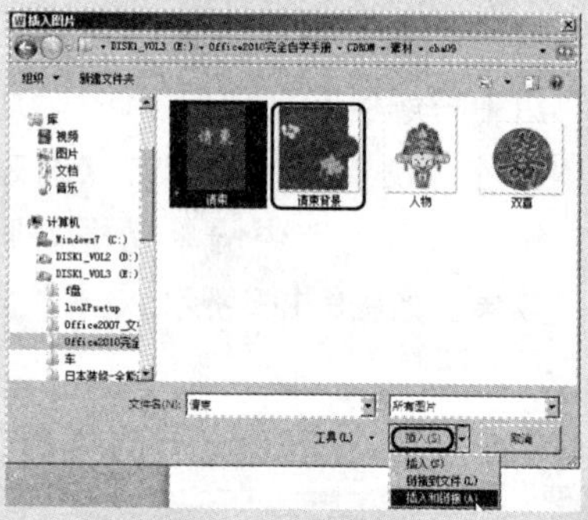

图9-133　选择背景素材

图9-134　插入素材后的效果

3 在请柬背景上单击鼠标右键，在弹出的快捷菜单中选择【自动换行】|【其他布局选项】命令，如图9-135所示。

提示

系统默认的Ctrl+D键是打开【字体】对话框，作者在制作过程中为了操作方便，将Ctrl+D指定为插入图片的快捷键，自定义快捷键的操作方法可参见本书第3章相关内容。

图9-135　选择【其他布局选项】命令

4 在弹出的【布局】对话框中选择【文字环绕】选项卡，在【环绕方式】选项组中选择【衬于文字下方】，然后单击【确定】按钮，如图9-136所示。

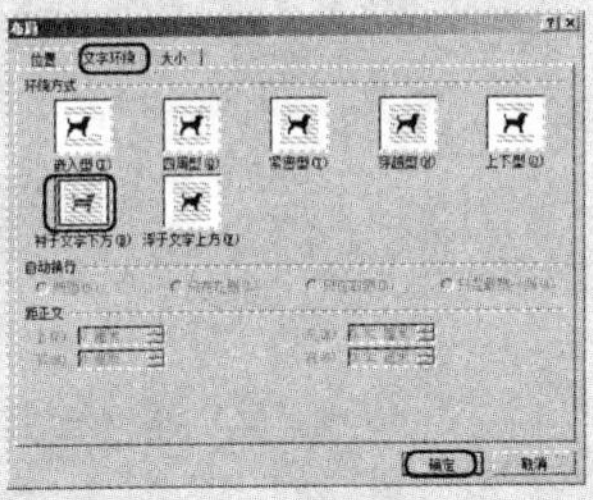

图9-136　选择环绕方式

5 单击【插入】选项卡|【插图】组|【图片】命令，弹出【插入图片】对话框，选择随书光盘中的“dir\素材\Cha09\人物.jpg”素材文件，然后单击【插入】按钮后面的小三角按钮，在弹出的下拉菜单中选择【插入和链接】命令，如图9-137所示，将该素材插入到文档中。

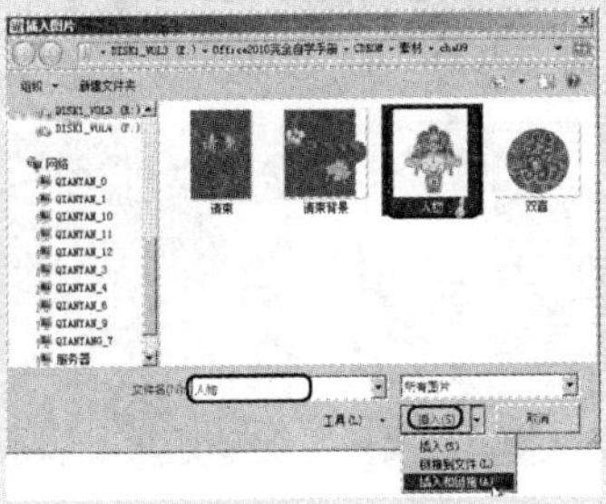

图9-137　选择人物素材

6 在人物素材上单击鼠标右键，在弹出的快捷菜单中选择【自动换行】|【其他布局选项】命令，在弹出的【布局】对话框中选择【文字环绕】选项卡，在【环绕方式】选项组中选择【衬于文字下方】，然后单击【确定】按钮，如图9-138所示。

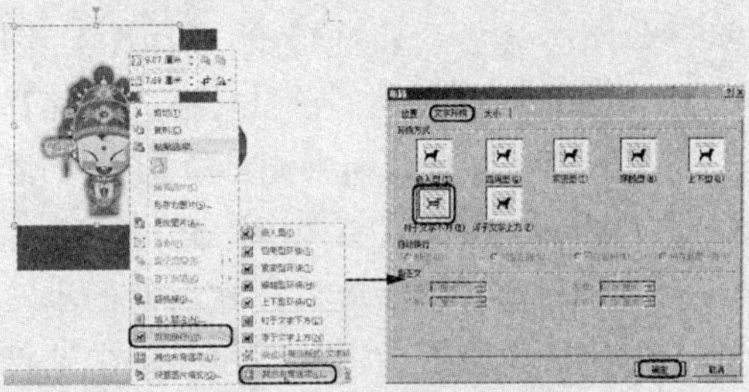

图9-138　选择环绕方式

7 配合Shift键调整人物素材的大小，然后将其放置到如图9-139所示的位置。

图9-139　调整图片的位置

8 确定人物素材处于选择状态，选择【格式】选项卡|【调整】组|【颜色】命令，在弹出的下拉面板中选择【设置透明色】命令，如图9-140所示。

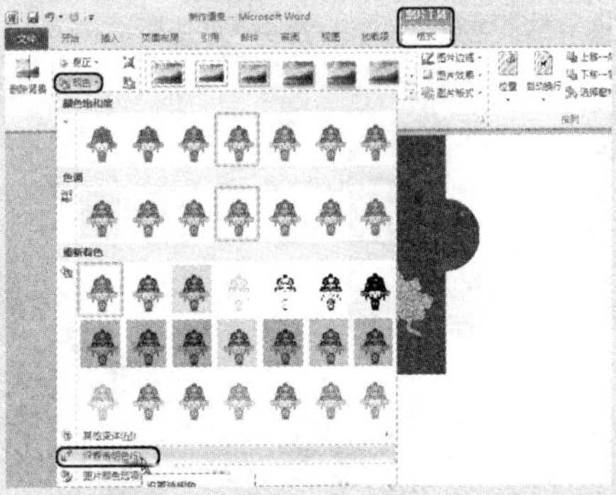

图9-140　选择【设置透明色】命令

9 在场景中选择人物素材的背景，将背景设为透明色，设置前后的对比效果如图9-141所示。

图9-141　设置图片的透明色

10 单击【插入】选项卡|【插图】组|【图片】命令，弹出【插入图片】对话框，选择随书光盘中的“dir\素材\Cha09\双喜.jpg”素材文件，然后单击【插入】按钮后面的小三角按钮，在弹出的下拉菜单中选择【插入和链接】命令，如图9-142所示，将该素材插入到文档中。

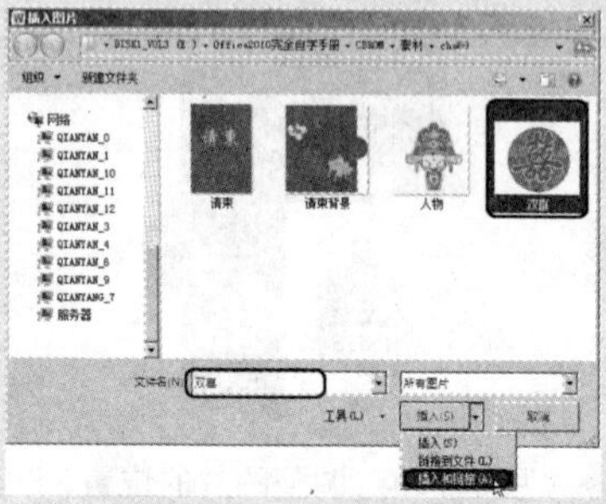

图9-142　选择双喜素材

11 在双喜素材上单击鼠标右键，在弹出的快捷菜单中选择【自动换行】|【其他布局选项】命令，如图9-143所示。

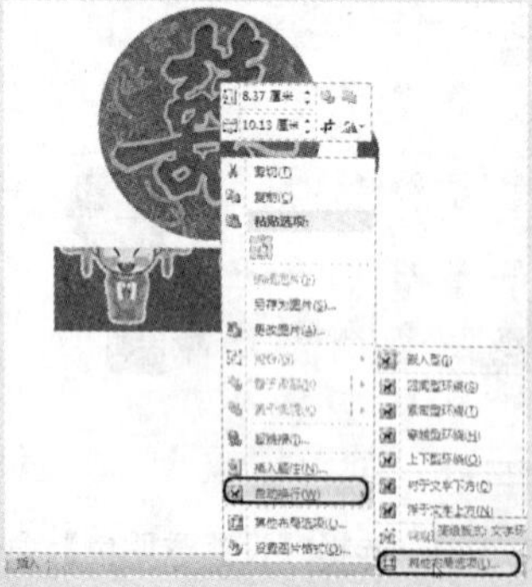

图9-143　选择【其他布局选项】命令

12 在弹出的【布局】对话框中选择【文字环绕】选项卡，在【环绕方式】选项组中选择【衬于文字下方】，然后单击【确定】按钮，如图9-144所示。

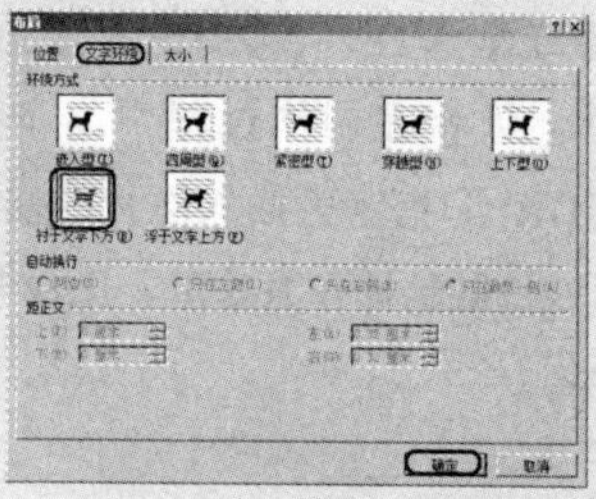

图9-144　选择环绕类型

13 将双喜素材放置到请柬背景素材的上方，如图9-145所示。

图9-145　调整双喜的位置

14 确定双喜素材处于选择状态，选择【格式】选项卡|【调整】组|【颜色】命令，在弹出的下拉面板中选择【设置透明色】命令，如图9-146所示。

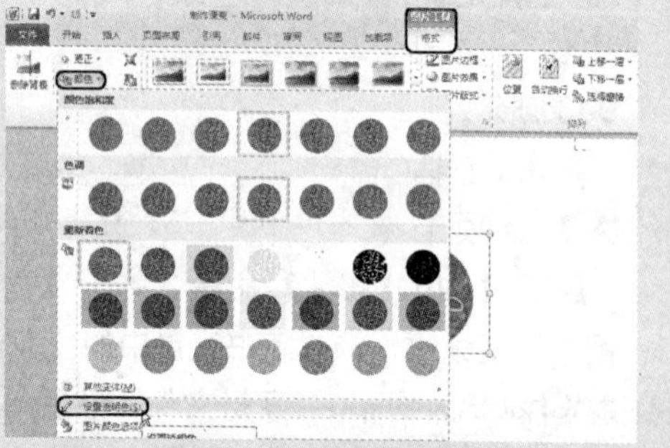

图9-146　选择【设置透明色】命令

15 在文档中选择双喜素材的背景，将背景设为透明色，设置前后的对比效果如图9-147所示。

图9-147　设置透明背景前后的对比效果

16 设置完成透明背景后，配合Shift键调整双喜素材的大小，如图9-148所示。

图9-148 调整双喜素材的大小和位置

17 单击【插入】选项卡|【插图】组|【图片】命令，弹出【插入图片】对话框，选择随书光盘中的“dir\素材\Cha09\请柬.Tif”素材文件，然后单击【插入】按钮后面的小三角按钮，在弹出的下拉菜单中选择【插入和链接】命令，如图9-149所示，将该素材插入到场景中。

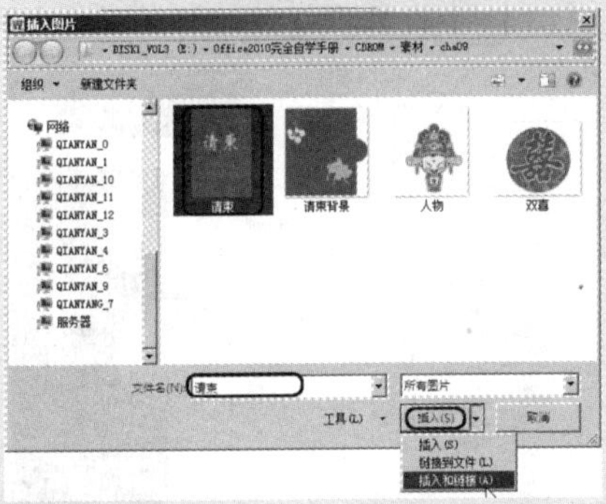

图9-149 选择请柬素材

18 在请柬素材上单击鼠标右键，在弹出的快捷菜单中选择【自动换行】|【其他布局选项】命令，弹出【布局】对话框，选择【文字环绕】选项卡，在【环绕方式】选项组中选择【衬于文字下方】，然后单击【确定】按钮，如图9-150所示。

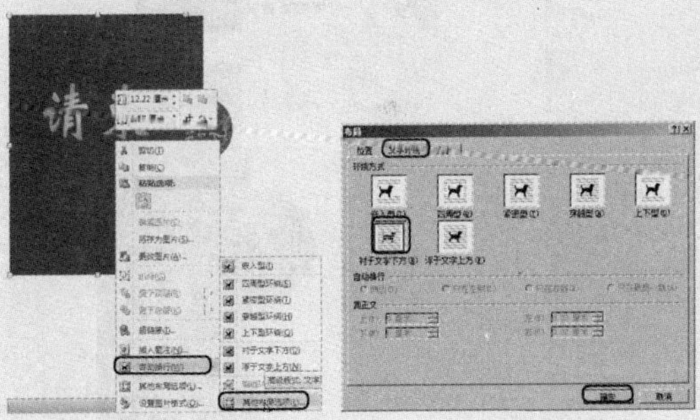

图9-150 选择环绕方式

19 将请柬素材调整到请柬背景素材的上方，如图9-151所示。

图9-151 调整请柬素材的位置

20 确定请柬素材处于选择状态，选择【格式】选项卡|【调整】组|【颜色】命令，在弹出的下拉面板中选择【设置透明色】命令，如图9-152所示。

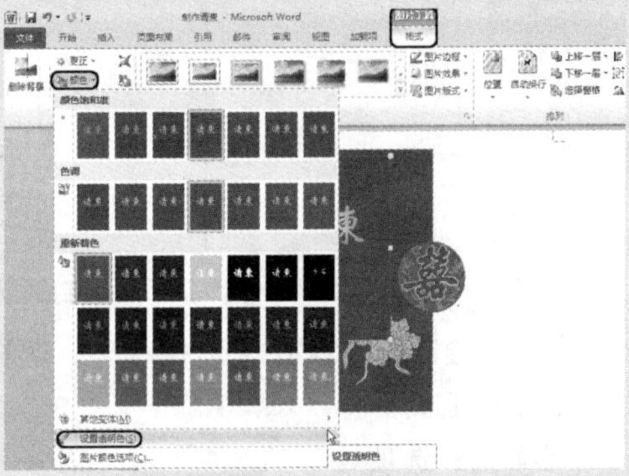

图9-152 选择【设置透明色】命令

21 调整背景前后的效果如图9-153所示。

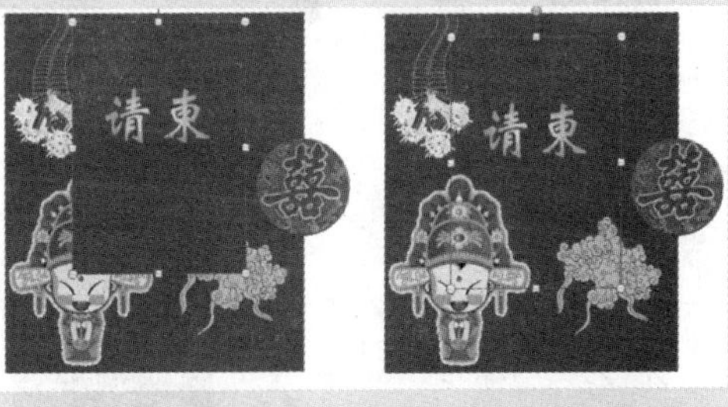

图9-153 设置透明背景前后的对比效果

22 在文档中选择请柬素材，然后将其调整至如图9-154所示的位置。至此，请柬的封面效果就制作完成了。

图9-154 调整请柬素材的位置

9.3.2 制作请柬的内容

1 选择【插入】选项卡|【插图】组|【形状】命令，在弹出的下拉面板中选择【基本形状】栏下的▢形状，如图9-155所示。

2 选择完形状后，在场景中绘制长方形，绘制后的效果如图9-156所示。

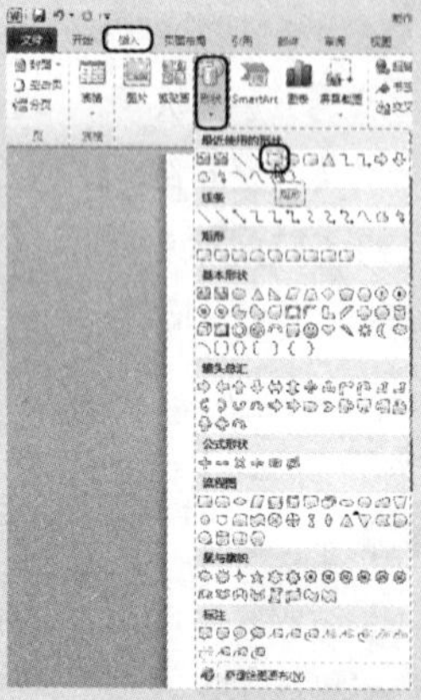

图9-155 选择形状

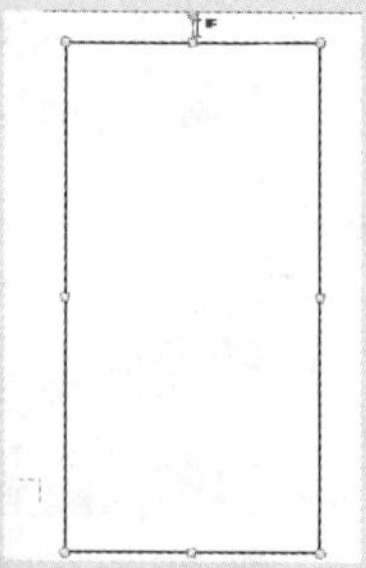

图9-156 绘制形状

3 确定新绘制的形状处于选择状态，选择【绘图工具】|【格式】选项卡|【形状样式】组|【形状填充】命令，在弹出的下拉面板中选择【标准色】栏中的“深红色”，将形状区域填充为“深红色”，如图9-157所示。

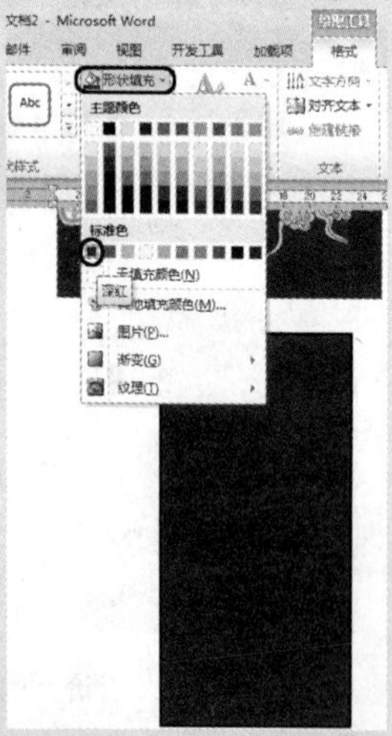

图9-157 为形状填充颜色

4 确定新绘制的形状处于选择状态，选择【绘图工具】|【格式】选项卡|【形状样式】组|【形状轮廓】命令，在弹出的下拉面板中选择【标准色】栏中的“深红色”，将形状轮廓填充为“深红色”，如图9-158所示。

5 选择【插入】选项卡|【插图】组|【形状】命令，在弹出的下拉面板中选择◯形状，配合Alt+Shift键在文档中绘制正圆，如图9-159所示。

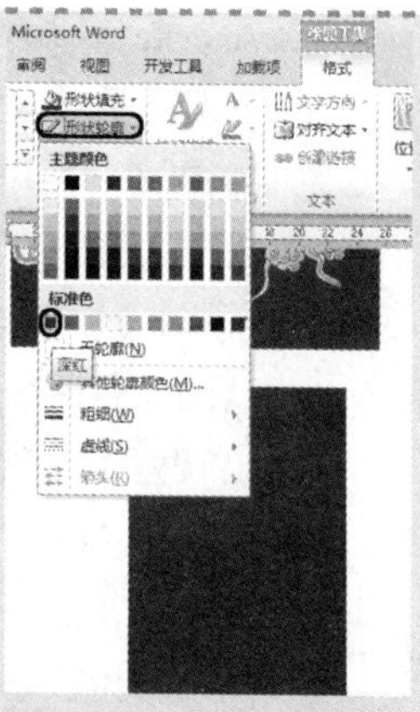

图9-158 选择轮廓颜色

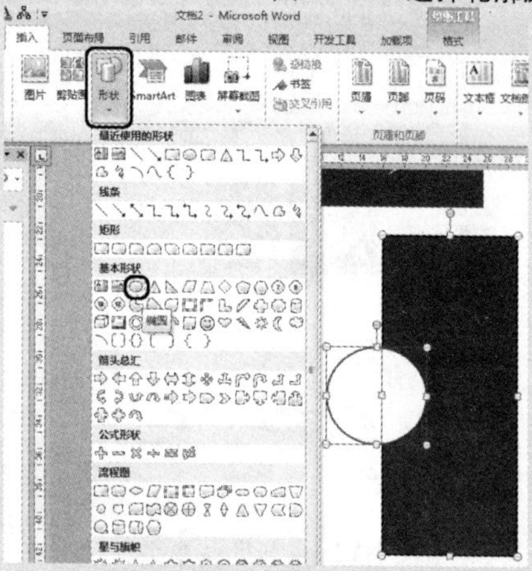

图9-159 绘制正圆

6 绘制完正圆后将其填充为“深红色”，并取消轮廓线的填充，如图9-160所示。

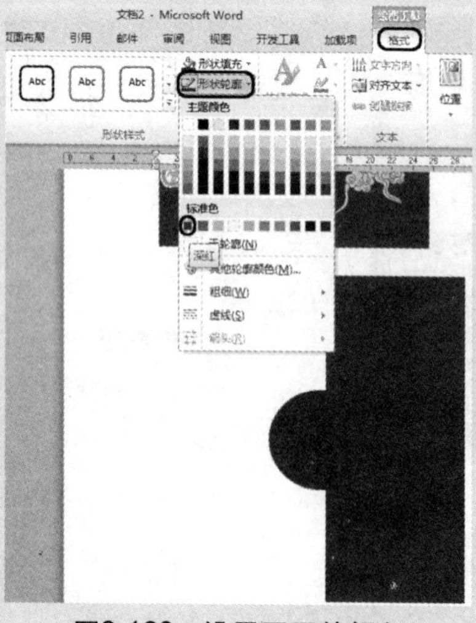

图9-160 设置正圆的颜色

7 选择【插入】选项卡|【插图】组|【形状】命令，在弹出的下拉面板中选择【基本形状】栏中的□形状，如图9-161所示。然后在红色矩形的右侧绘制矩形，如图9-162所示。

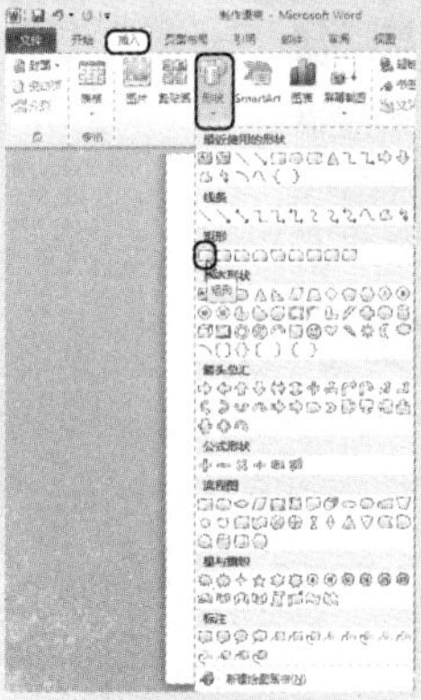

图9-161 选择形状

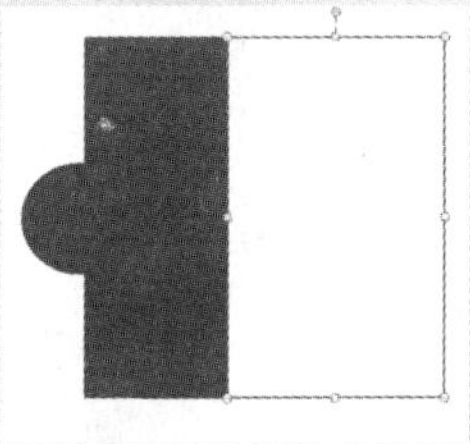

图9-162 绘制形状

8 确定新绘制的形状处于选择状态，选择【绘图工具】|【格式】选项卡|【形状样式】组|【形状填充】命令，在弹出的下拉面板中选择【其他填充颜色】命令，弹出【颜色】对话框，在该对话框中选择【自定义】选项卡，将【红色】、【绿色】和【黄色】的参数分别设置为251、252、208，设置完成后单击【确定】按钮，如图9-163所示。

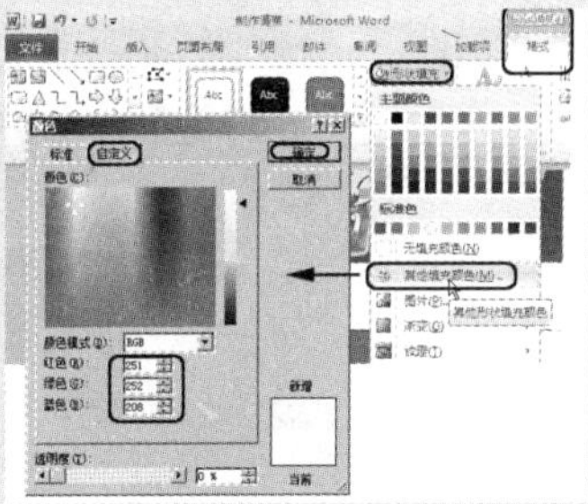

图9-163 设置填充色

9 再次选择【形状轮廓】命令，在弹出的下拉面板中选择【无轮廓】命令，如图9-164所示。填充完颜色后的矩形效果如图9-165所示。

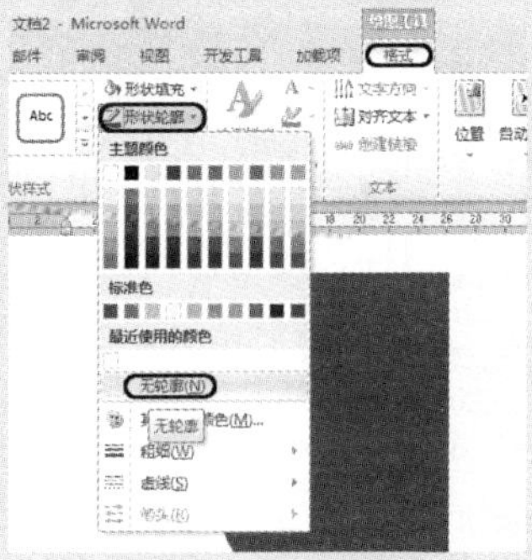

图9-164 取消轮廓的填充

10 在场景中选择请柬封面中的“双喜”素材，按Ctrl+C键复制，再按Ctrl+V键粘贴，如图9-166所示。

图9-165 填充后的效果

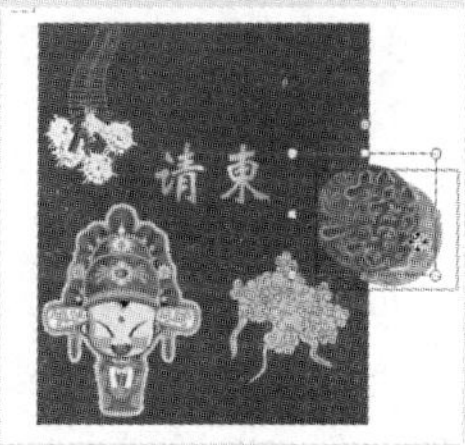

图9-166 复制双喜素材

11 在场景中移动复制的双喜素材，单击鼠标右键，在弹出的快捷菜单中选择【置于顶层】|【浮于文字上方】命令，然后调整该素材的位置，如图9-167所示。

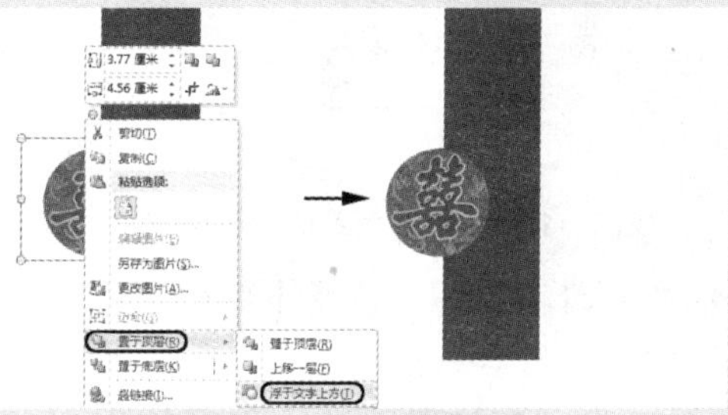

图9-167 调整双喜素材的位置

12 单击【绘图工具】|【格式】选项卡|【插入形状】组中的按钮，在黄色矩形上绘制文本框，如图9-168所示。

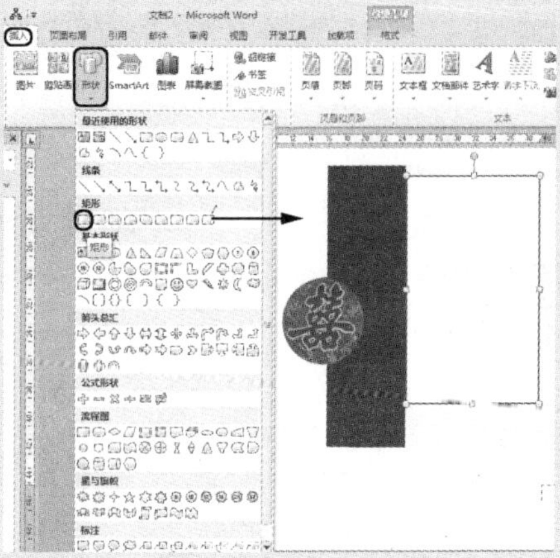

图9-168 绘制文本框

13 绘制完文本框后并在文本框中输入内容，将【字体】设置为“宋体”，将字号设置为“四号”，将【字体颜色】设置为红色，如图9-169所示。

图9-169 输入文字并进行设置

14 确定文本框处于选择状态，选择【文本框工具】|【格式】选项卡|【形状样式】组|【形状填充】命令，在弹出的下拉面板中选择“无填充颜色”命令，如图9-170所示。

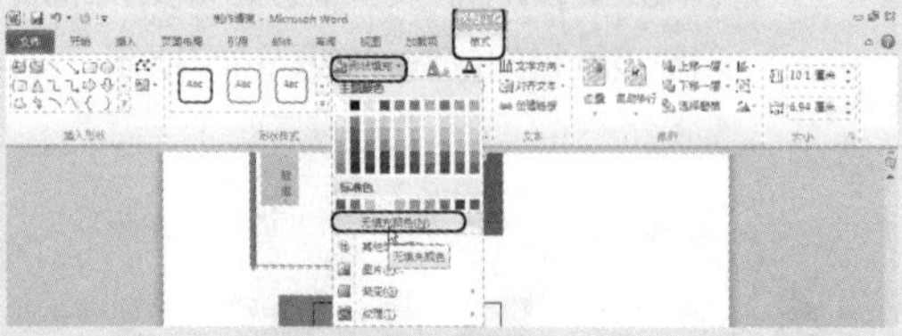

图9-170 取消文本框颜色的填充

15 选择【绘图工具】|【格式】选项卡|【形状样式】组|【形状轮廓】命令，在弹出的下拉面板中选择“无轮廓”命令，如图9-171所示。

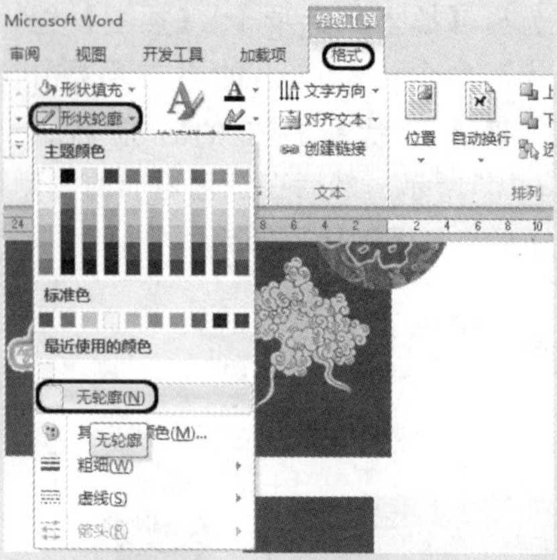

图9-171 取消文本框轮廓的填充

16 调整完文本框后的效果如图9-172所示。

图9-172 处理完文本框后的效果

至此，请柬效果就制作完成了。按Ctrl+S键将制作完成后的场景文档进行保存。

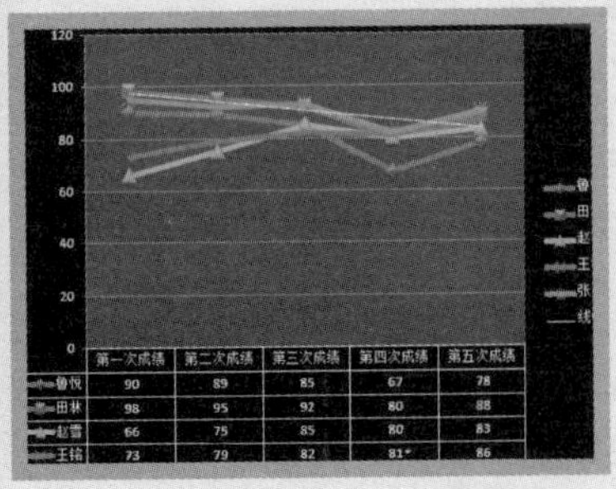

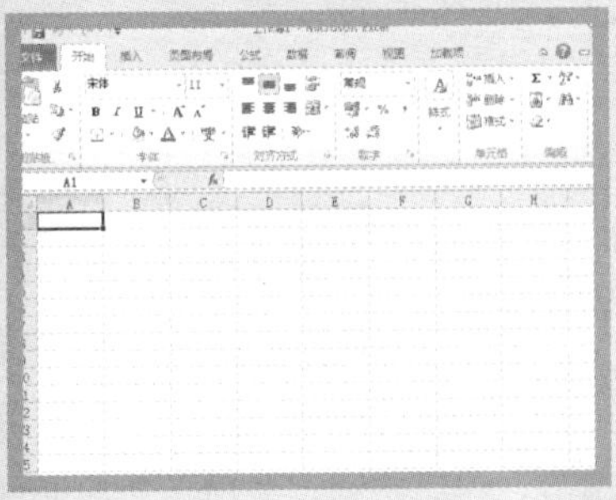

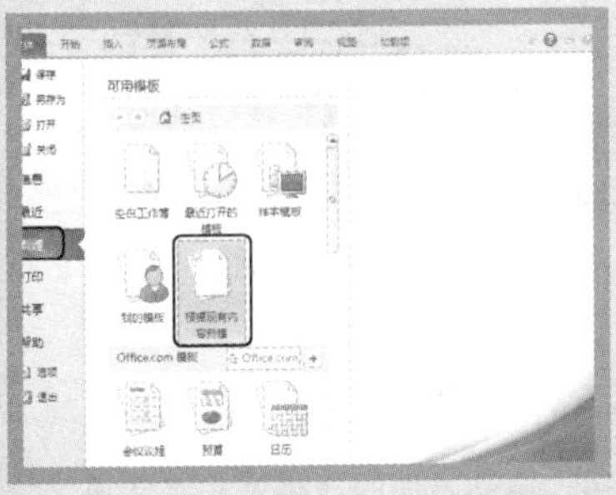

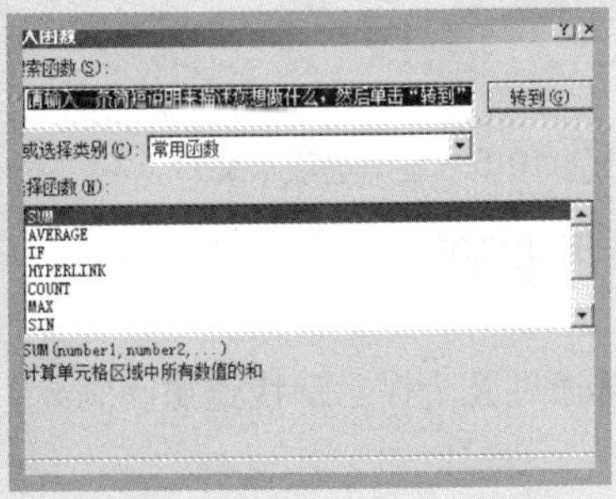

第10章 使用Excel 2010

Excel 2010除了在界面上采取了Office 2010系列的一致风格外，在功能上也有了进一步增强，可以处理更多的数据和工作表。本章将着重介绍Excel的基本使用，并通过几个实例使用户快速熟悉Excel 2010。

通过本章的学习，可以掌握以下知识点：

- 熟悉Excel 2010新特性
- 文件的管理
- 管理工作簿
- 在Excel中输入和编辑数据
- 移动和复制
- 使用公式和函数

10.1 熟悉Excel 2010 新特性

与其他Office 2010程序一样，Excel 2010采用了较以前版本不一样的界面风格，可以使用户更快捷地完成工作需要。下面认识一下Excel 2010界面中包括的多种内容，如图10-1所示。

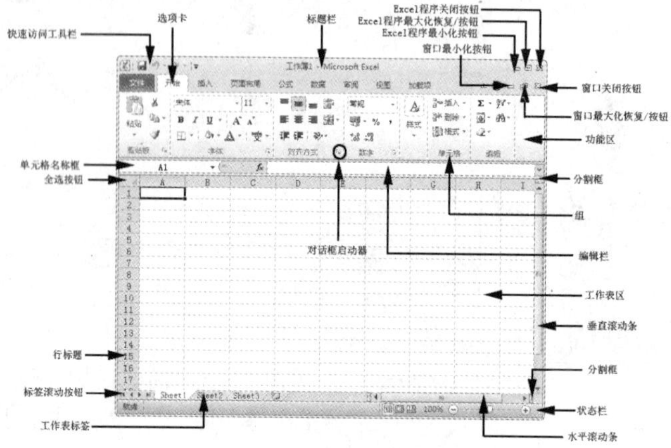

图10-1 Excel 2010 界面

下面将主要介绍功能区的操作及内容。

10.1.1 使用功能区

Excel 2010与其他的Office 2010程序一样，用户界面的功能区代替了早期版本中的菜单栏、工具栏等区域，如图10-2所示。

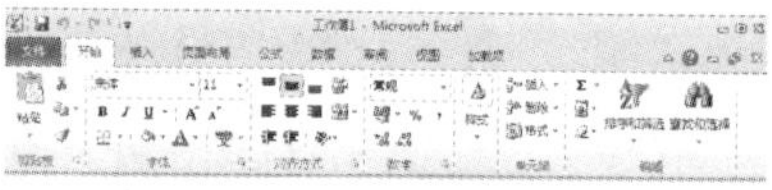

图10-2 功能区

所有命令都被收集到组中，组集中分配到不同的选项卡下，每个选项卡都与一种操作类型相关，有些选项卡只有在选中的情况下，如在Excel中插入图片，并选中图片，如图10-3所示。此时在功能区域中会显示【图片工具】|【格式】选项卡，如图10-4所示。

图10-3 插入图片

图10-4 自动出现的【格式】选项卡

如果使用功能区中的选项卡或命令，可以在要使用的选项卡上单击选中，如【开始】选项卡，此时在下面会显示出该选项卡的命令，如图10-5所示。

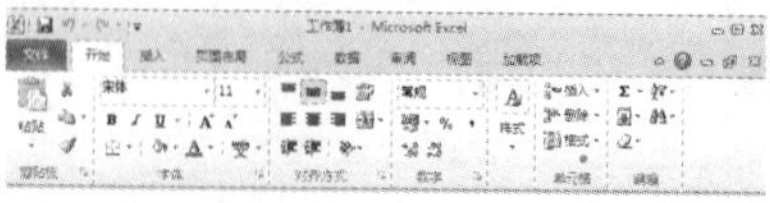

图10-5 显示选项卡命令

10.1.2 使用键盘操作功能区

在Excel 2010中为功能区命令提供了快捷方式，使用户在操作时更加快捷。与早期版本的Excel相比较，有些快捷键发生了改变。

按住Alt键，在功能区会显示键提示，如图10-6所示。这样可以通过几个提示键快速访问到相应的命令。

在功能区上方键提示显示的情况下，在键盘上按下相应选项卡上的键提示，会显示出该选项卡区域下的命令键提示，如单击【开始】选项卡的键提示H，如图10-7所示，此时显示了该选项卡下的命令键提示。

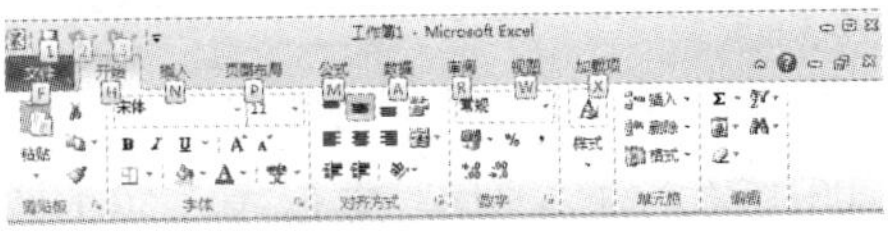

图10-6　显示键提示图

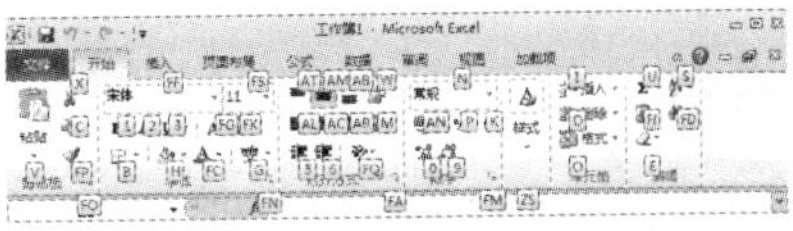

图10-7　按H键所显示的键提示

提示

Alt键结合功能区上方的字母会直接打开相应区域下的命令键提示，如按Alt+N键，直接将【插入】选项卡下所有命令的键提示显示出来。

在使用功能区选项卡下的一个命令时，首先按住Alt键，按下与选项卡标签相对应的提示键，然后再按下相对应的命令提示键，就可以进行操作了。如果按下了某一组相对应的提示键，想要撤销该操作，那么按Esc键即可返回到键提示的状态。下面将使用【插入】选项卡下【插图】组中的【图片】命令为例进行操作。

实战演练165——使用【图片】命令

1 按住Alt键将键提示显示出来，然后再按【插入】选项卡相对应的提示键N，如图10-8所示。

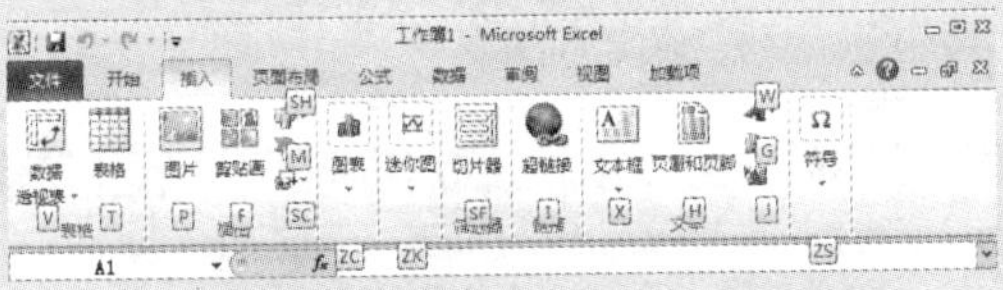

图10-8　显示【插入】选项卡下的键提示

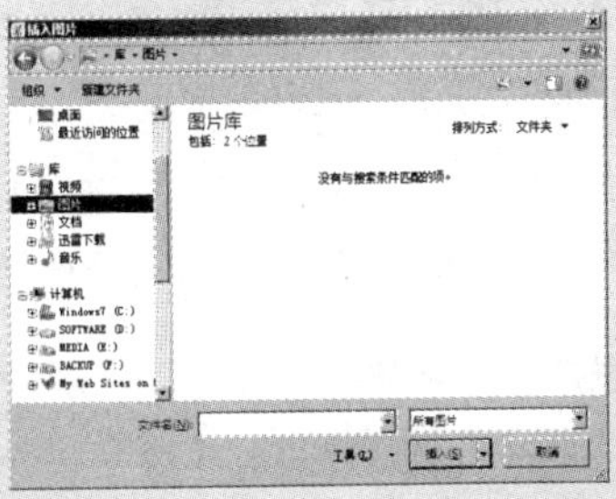

图10-9　打开【插入图片】命令

2 然后按【图片】命令相对应的P键，此时会打开【插入图片】对话框，如图10-9所示。

3 如果想撤销这一步操作，可以按Esc键，返回到键提示的状态，然后按照上步选择命令的方法，继续操作。

在Excel 2010中保留了常用快捷键，例如Ctrl+C复制、Ctrl+X剪切、Ctrl+V粘贴、Ctrl+Z撤销等操作。

10.1.3　功能区布局

在新版本中，功能区是菜单和工具栏的主要替代控件。功能区包括若干个特定的选项卡，每个选项卡可以分为几个组，每个组中包含丰富的命令，如图10-10所示。

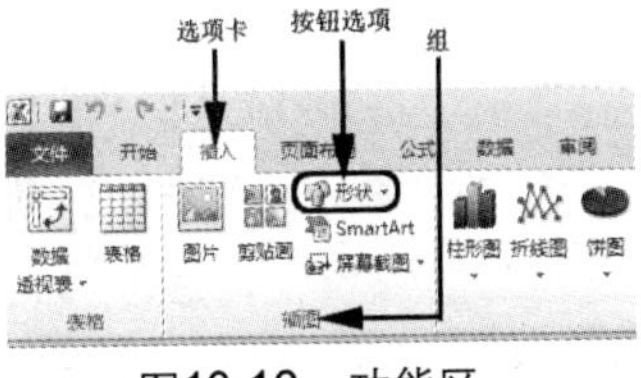

图10-10　功能区

10.1.4 菜单、工具栏和其他元素

除了选项卡、组和命令之外，在Excel 2010中还使用其他的元素，这些元素类似于早期版本中的菜单和工具栏。

提示

Excel 2010 中的【文件】选项卡取代了Excel 2007版本中的“Office”按钮，如图10-11所示。

使用快速访问工具栏可以开始访问频繁使用的工具，如图10-12所示。

对话框启动器是某些组中的小图标，单击小图标会弹出相关的对话框或任务窗格，如图10-13所示，提供更多的相关设置选项。

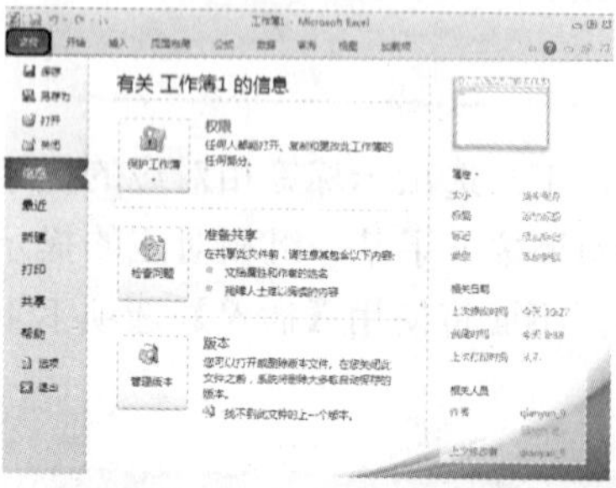

图10-11 【文件】选项卡

图10-12 快速访问工具栏

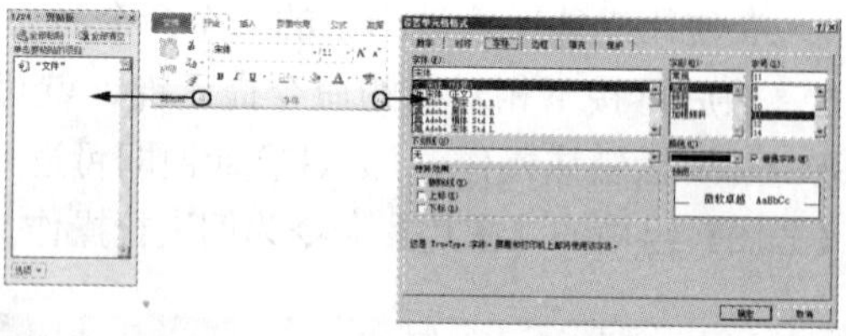

图10-13 相应的任务窗格和对话框

10.1.5 将命令添加到快速访问工具栏

快速访问工具栏是可以自定义的工具栏，它包含一组独立于当前所显示的选项卡命令。某些Excel 2003命令只能从【Excel 选项】对话框的所有命令列表中访问。若要在Excel 2010中使用这些命令，可以先将它们添加到快速访问工具栏，其中包含3种操作方法。

实战演练166——将命令添加到快速访问工具栏1

1 选择【文件】选项卡|【选项】命令，如图10-14所示。

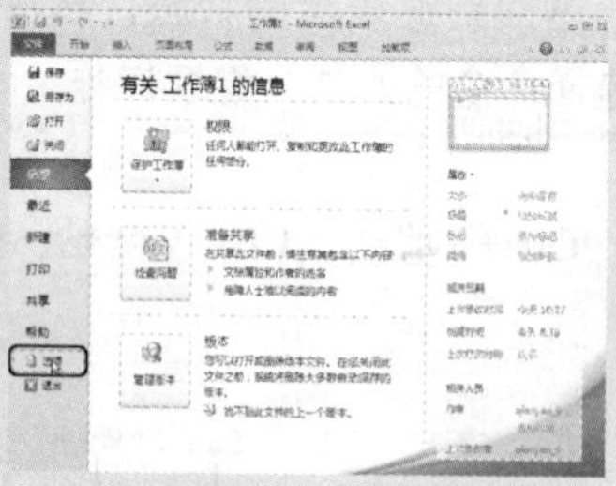

图10-14 选择【选项】命令

2 打开【Excel 选项】对话框，在左侧的选项列表中，选择【自定义功能区】选项，然后在右侧区域中，从【从下列位置选择命令】下方的下拉列表框中选择一个特定文档，这里选择的是“常用命令”，在下方选项中选择要添加的命令，这里选择的是“打开”，然后再单击【添加】按钮，如图10-15所示。

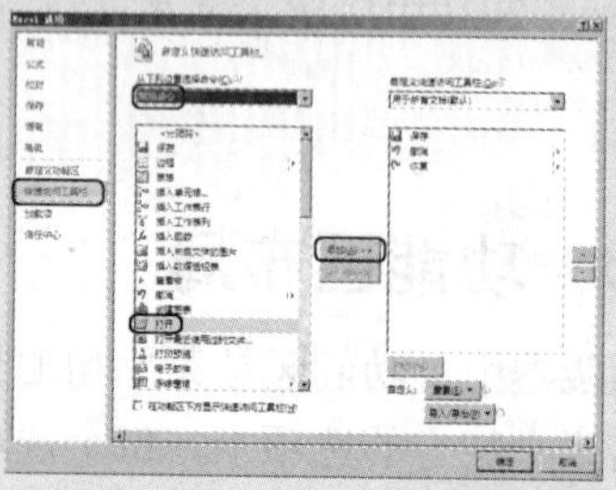

图10-15 添加快速访问命令

3 可以添加多个命令，然后单击[▲]或[▼]按钮，对添加后的命令调整其在快速访问工具栏上的排列顺序。

实战演练167——将命令添加到快速访问工具栏2

1 单击快速访问工具栏右侧的▾按钮，在弹出的下拉菜单中选择【其他命令】命令，如图10-16所示。

2 此时会打开【Excel 选项】对话框，添加操作与“实战演练166”中操作方法的设置一样，这里就不重复介绍了。

图10-16　选择【其他命令】命令

实战演练168——将命令添加到快速访问工具栏3

1 在功能区上，选择相应选项卡或组中显示的命令，这里选择【插入】选项卡|【插图】组|【图片】命令。

2 然后在该命令上单击鼠标右键，在弹出的快捷菜单中选择【添加到快速访问工具栏】命令，如图10-17所示。此时在快速访问工具栏中显示【图片】按钮，如图10-18所示。

图10-17　选择【添加到快速访问工具栏】命令

图10-18　添加后的工具栏

10.1.6　新文件扩展名和开放XML格式

Microsoft Office System 2010引入了基于XML的Microsoft Office开放XML新文件格式，它适用于Microsoft Office的其他程序。本节将主要介绍新文件的扩展名。

一般情况下，在Office 2010发布版中创建文档、工作表、演示文稿，将以XML格式保存。新的文件扩展名是在熟悉的文件扩展名后添加“x”或“m”。其中“x”表示是不含宏的XML文件，而“m”表示含有宏的XML文件，例如在保存文档时，默认的文件扩展名是“.xlsx”，如图10-19所示。

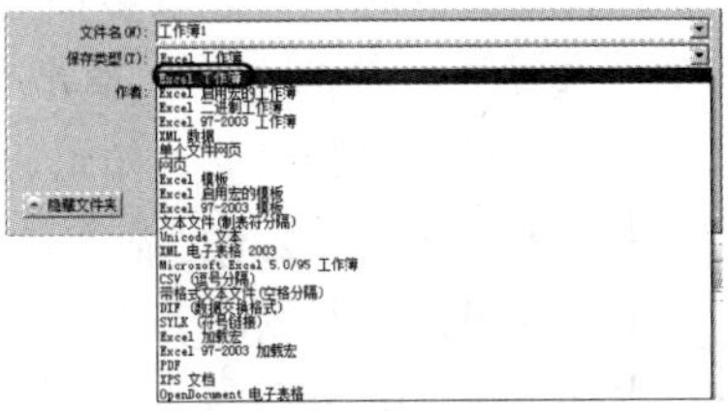

图10-19　默认文件扩展名

表10-1列出了新版本中的默认文件扩展名。

表10-1　默认文件扩展名

XML 文件类型	扩展名	XML 文件类型	扩展名
工作簿	.xlsx	启用了宏的模板	.xltm
启用了宏的工作簿	.xlsm	非 XML 二进制工作簿	.xlsb
模板	.xltx	启用了宏的加载项	.xlam

Office 2010发布版不仅允许文件以新的 Office XML Formats 保存，也允许以早期版本的 Office 中的二进制文件格式保存文件。Office 2010发布版带有兼容性检查器和文件转换器以便于在不同版本的Office之间共享文件。

10.2 文件管理

本节将介绍在Excel 2010中怎样对文件进行管理。

10.2.1 打开文件

在Excel 2010中有多种打开文件的方式，用户可以打开需要编辑的原始文件。

实战演练169——打开文件

1 选择【文件】选项卡|【打开】命令，或按Ctrl+O键。

2 此时会弹出【打开】对话框，在【查找范围】右侧的列表框中查找要打开的文件所在位置，选中要打开的文件，然后单击【打开】按钮，如图10-20所示。

3 打开的文件如图10-21所示。

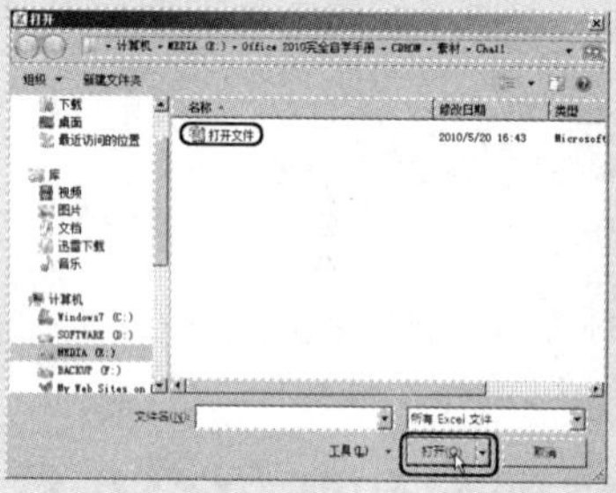

图10-20　选择要打开的文件

图10-21　打开后的文件

在打开文件时，可以以多种方式打开，可以以副本的形式打开原始文件。在【打开】对话框中，选择要打开的文件，单击【打开】按钮右侧的小三角按钮，在弹出的下拉菜单中选择【以副本方式打开】命令，如图10-22所示。此时打开的文件就是原始文件的副本，默认情况下在文件的名称开头处会有“副本(1)”。这样可以保留原始文件，只对副本进行编辑修改。

文件还可以以只读的方式打开，这种打开方式不能对文件进行编辑修改，如果对只读文件进行保存，按Ctrl+S键，此时会弹出错误提示框，如图10-23所示。

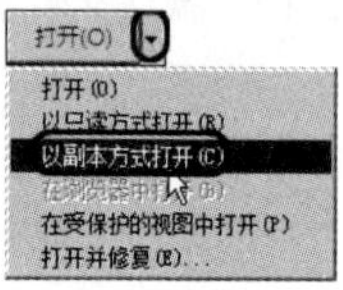

图10-22　打开文件副本

图10-23　错误提示框

10.2.2 复制文件

复制文件是在另一个位置创建该文件的副本文件，该位置可以是网络位置、磁盘、CD、桌面等，有两种操作方法。

实战演练170——复制文件1

1 在计算机中找到需要复制的文件。

2 选中文件，单击鼠标右键，在弹出的快捷菜单中选择【复制】命令，如图10-24所示。

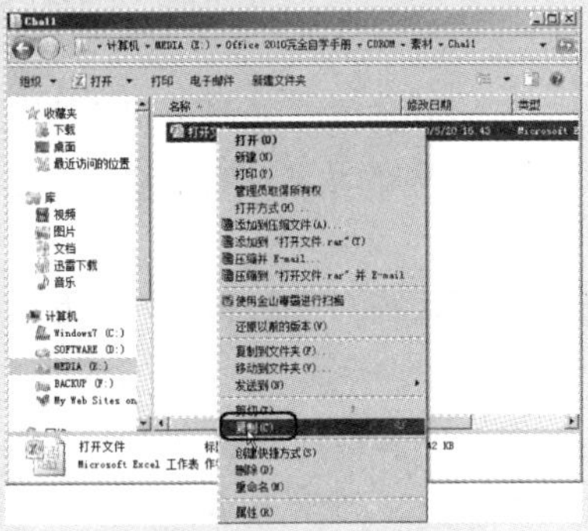

图10-24 复制文件

提示

选择文件时，可以一次选择多个需要自制的文件，如果要选择多个不相邻的文件，则先选择一个文件后，按住Ctrl键，然后逐一选择其他的文件；如果选择多个相邻的文件，可以选中一个文件后，按住Shift键，选择最后一个文件。

3 然后再找到需要粘贴的位置，在空白的位置按下鼠标右键，在弹出的快捷菜单中选择【粘贴】命令，这样就可以复制文件副本。

实战演练171——复制文件2

1 选择【文件】选项卡|【打开】命令，或按Ctrl+O键，弹出【打开】对话框，在【查找范围】列表框中找到需要复制的文件位置，然后单击鼠标右键，在弹出的快捷菜单中选择【复制】命令，如图10-25所示。

2 然后在【查找范围】列表框中找到需要粘贴的文件位置，单击鼠标右键，在弹出的快捷菜单中选择【粘贴】命令，这样就可以将该文件粘贴。

图10-25 选择【复制】命令

提示

在复制时可以按Ctrl+C键进行复制，按Ctrl+V键进行粘贴。

10.2.3 查看或更改Office文档属性

1. 了解文档属性信息

文档属性又称为元数据，主要描述或标识文件的详细信息。文档属性包括标识文档或内空的详细信息，如标题、作者姓名等。

为了轻松组织和标识文档，可以为文档的属性字段指定相关值。此外，还可以通过文档属性搜索文档。在Office 2010的其他程序中，使用“文档信息面板”对文档内容进行操作时，可以轻松地对文档属性进行查看或编辑。

2. 文档属性类型

- 标准属性：一般情况下，Office文档与标准属性相关，如作者、标题、主题等。为更容易的组织和标识文档可以为这些属性指定自己的文本值。例如，在Word中可以使用“关键字”属性向销售文档添加关键字客户。
- 自动更新属性：这些属性包括文档系统属性（文档大小、创建日期、上次更改日期）和Office程序为维护统计信息（例如文档中的字数或字符数）。但不能指定或更改自动更新属性。
- 自定义属性：可以为 Office 文档附加自定义属性。可以向自定义属性分配文本、时间或数值，也可以向这些属性分配值“是”或“否”。可以从推荐名称列表中进行选择，也可以定义自己的属性。
- 组织属性：如果组织自定义了“文档信息面板”，则这些与文档相关的文档属性可能是特定于组织的。
- 文档库属性：这些属性与网站或公共文件夹的文档库（文档库是指在其中共享文件集合的文件夹，这些文件通常使用同一个模板。库中的每个文件都与用户定义的信息相关联，这些信息显示在为该库列出的内容中。）中的文档相关。当创建一个新文档库时，可以定义一个或多个文档库属性并对这些属性值设置规则。在用户向文档库中添加文档时，系统会提示它们为其中每个属性指定相应的值。例如，一个收集产品意见的文档库可能会提示用户为“提交者”、“日期”、“类别”和“说明”等属性输入相应的值。当打开 Office Word 2010、Office Excel 2010 或 Office PowerPoint 2010 的文档库中的文档时，可以在“文档信息面板”中编辑和更新这些文档库属性。

3. 查看当前文档属性

在Excel 2010中，用户可以在【打开】对话框或【另存为】对话框中查看文档的属性。

实战演练172——查看当前文档属性

1 选择【文件】选项卡|【打开】命令或单击【另存为】按钮，在弹出的【打开】对话框或【另存为】对话框中，选中要查看属性的文件。

2 在【打开】或【另存为】对话框中，单击对话框右上方的按钮，在弹出的下拉菜单中选择【内容】命令，此时对话框发生了变化，在右侧的面板中显示了选中文件的属性，例如大小、修改时间，如图10-26所示。

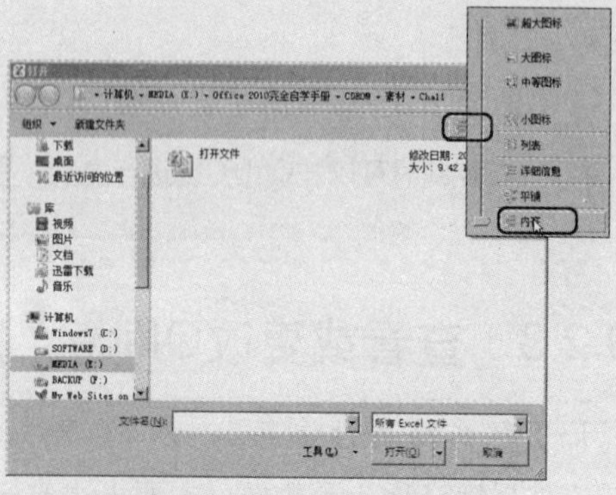

图10-26 查看所选文件的内容

如果想查看所有文件的属性，可以在弹出的下拉列表框中选择【详细信息】选项，此时就可以看到所有文件的属性。

实战演练173——查看或更改文档属性

1 选择【文件】选项卡|【信息】命令，此时会显示其【属性】面板，如图10-27所示。

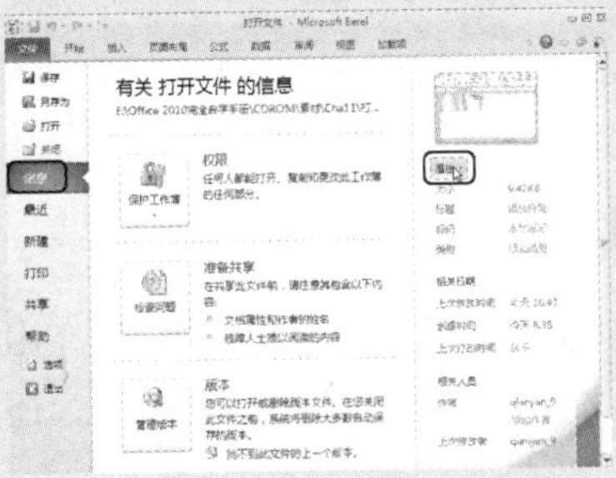

图10-27　显示【属性】面板

2 单击该面板中的【属性】按钮右侧的小三角按钮，在弹出的下拉菜单中选择【高级属性】命令，如图10-28所示。

3 此时会弹出当前打开文档属性的对话框，如图10-29所示。

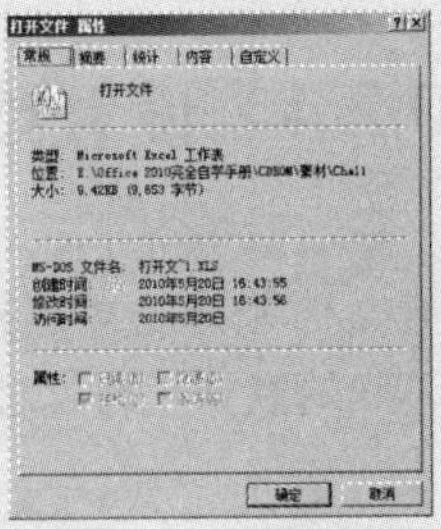

图10-28　文档属性面板　图10-29　当前文档属性

在计算机中找到需要查看属性的文件，选中并单击鼠标右键，在弹出的快捷菜单中选择【属性】命令，此时会弹出类似于图10-29所示的对话框，里面记录文档的属性。

4. 更改当前文档属性

在Excel 2010中，可以使用“文档信息面板”更改文档属性。

实战演练174——更改文档属性

1 选择【文件】选项卡|【信息】命令，打开文档信息面板。

2 在该面板中单击【属性】按钮右侧的小三角按钮，在弹出的下拉菜单中选择要更改的一组属性（例如，高级属性）。

3 在文档信息面板的每个属性字段框中输入所需要的信息。

提示

标有红色感叹号的属性字段都是必填字段，需要在保存文档前填充这些字段。

5. 为文档创建自定义属性

自定义属性是为Excel文档定义的属性，用户可以对名称、时间或数据值等属性进行自定义设置。

实战演练175——为文档创建自定义属性

1 选择【文件】选项卡|【信息】命令，打开文档信息面板。

2 在该面板中单击【属性】按钮右侧的小三角按钮，在弹出的下拉菜单中选择【高级属性】命令。

3 在打开的当前文档属性面板中，选择【自定义】选项卡，在【名称】右侧输入一个名称；在【类型】右侧选择一个类型，这里设置的是“日期”；在【取值】右侧输入相关的值，这里要与【类型】所选择的类型匹配，例如在【类型】中选择的是“日期”，在【取值】右侧就要输入一个日期，这里输入的是“2010-05-20”，然后单击【添加】按钮，如图10-30所示。

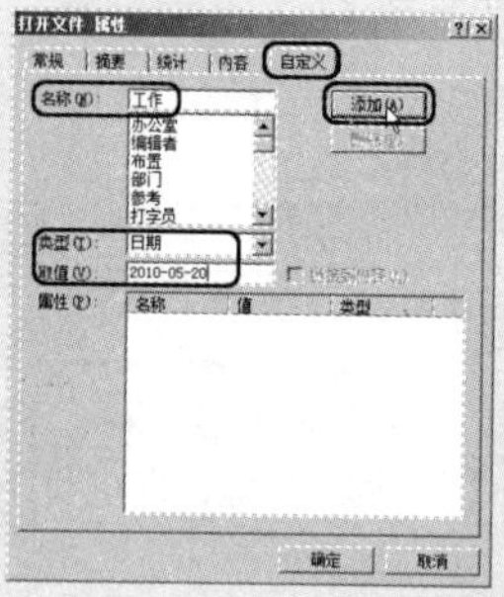

图10-30　自定义文档属性

10.2.4　设置或重命名默认工作文件夹

在一般情况下，“我的文档”文件位于驱动器C盘的根目录下，它是在Office程序中创建的所有文档和其他文档的默认工作文件夹。“我的文档”文件夹的名称是可以更改的，还可以选择不同的默认工作文件夹。

1. 更改“我的文档”文件夹名称

实战演练176——更改文件夹名称

1 选择【文件】选项卡|【另存为】命令。

2 在打开的【另存为】对话框中的左侧选择【桌面】选项，此时在右侧会显示桌面上的文件，如图10-31所示。

3 选中“我的文档”文件夹，然后再单击一次，此时就可以为其进行重命名。

提示

在对文件进行重命名时，可以按F2键。

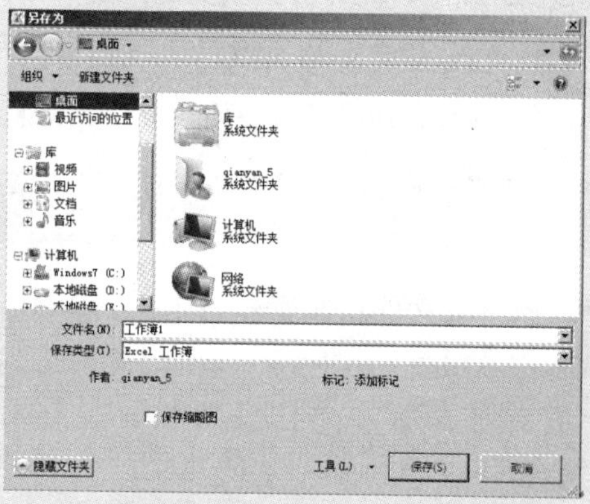

图10-31　【另存为】对话框

2. 设置不同的默认文件夹

实战演练177——设置不同的默认文件夹

1 选择【文件】选项卡|【选项】命令。

2 在打开的【Excel 选项】对话框中，选择左侧列表框中的【保存】选项，在右侧的【默认文件位置】文本框中输入路径，如图10-32所示，然后单击【确定】按钮。

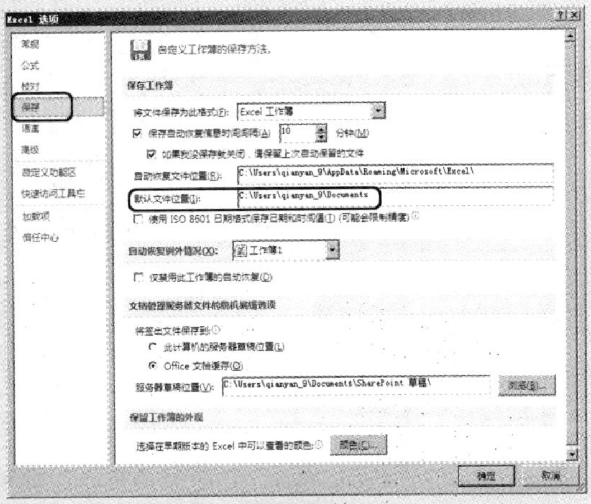

图10-32　选择默认文件位置

10.3　上机练习——证券管理

证券管理条目通常包括结算日、交易日、证券收益、持续期、带息证券价格等，这些数据相互关联，计算烦琐，在手工操作下很容易出错，使用Excel可以方便的完成这些工作。本例将介绍固定收入证券的制作，制作完成后的效果如图10-33所示。本例知识点为运用【插入函数】快速得到结果。

计算固定收入证券	
结算日	2009/2/15
发行日	2008/10/5
到期日	2015/3/16
利息	6.00%
价格	103.8
年收入	3.20%
价格（每百元证券可兑换人民币）	
上次付息日与结算日之间的天数	152
付息分期的天数	181
下次付息日与结算日之间的天数	29
下次付息日日期	2009/3/16
结算日之前的最后付息日日期	2008/9/16
带息收益	5.26%
带息证券价格	115.3563084
持续期	5.145040215

图10-33　证券管理

实战演练178——证券管理

最终文件	dir\最终文件\cha10\证券管理.xlsx
视频文件	Movie\10-01.avi

1 启动Excel 2010软件，新建工作簿，为工作表命名，如图10-34所示。

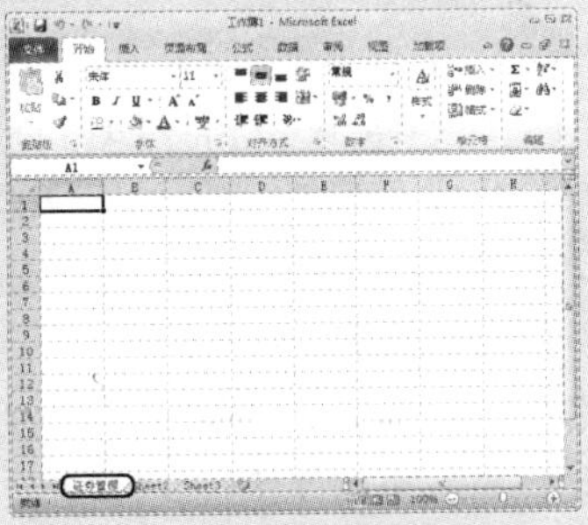

图10-34　命名工作表

2 在工作表B2区域中输入表头“计算固定收入证券”，在工作表中B4~B9区域的单元格内输入函数输入部分“结算日”、“发行日”、“到期日”、“利息”、“价格”、“年收益”，如图10-35所示。

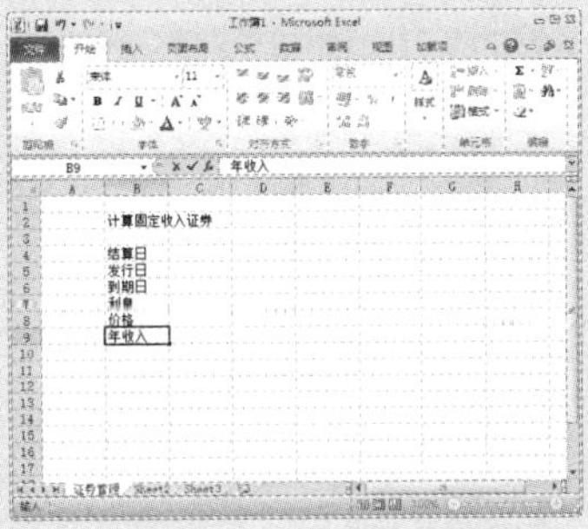

图10-35　输入函数输入部分

3 分别对D4~D9区域的单元格格式进行设置，并输入所对应数据内容，如图10-36所示。

图10-36 输入数据

4 在B11单元格中输入文字“价格（每百元证券可兑换人民币）”，然后制作输出部分，在B13~B20单元格中输入如图10-37所示内容，并修改相对应的D13~D20区域的单元格格式。

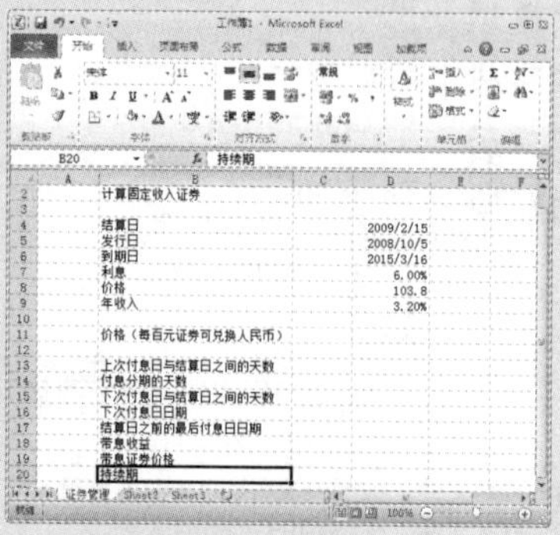

图10-37 制作输出部分

5 下面为单元格插入函数。选择D13单元格，在【公式】选项卡|【函数库】组中单击【插入函数】按钮，如图10-38所示。

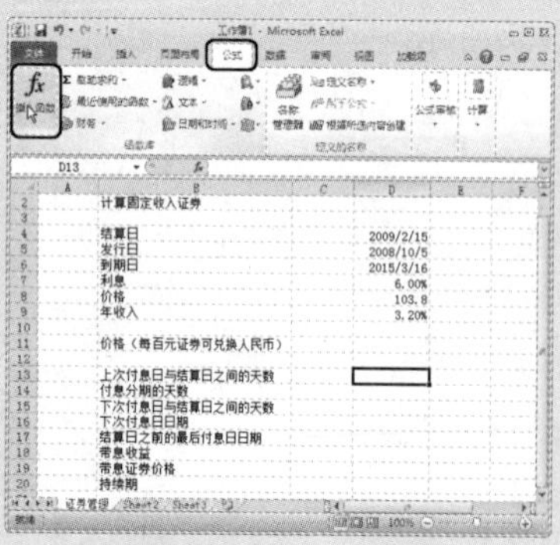

图10-38 插入函数

6 打开【插入函数】对话框，选择【类别】为“财务”，选择函数为“COUPDAYBS”，如图10-39所示。

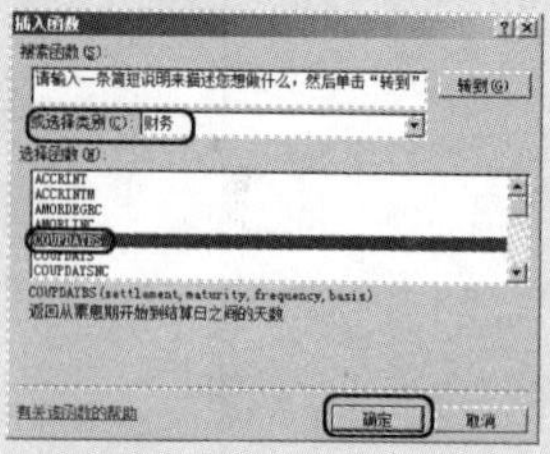

图10-39 【插入函数】对话框

7 单击【确定】按钮，打开【函数参数】对话框，在4个单元格引用框中分别选择（输入）D4、D6、2、1，如图10-40所示。

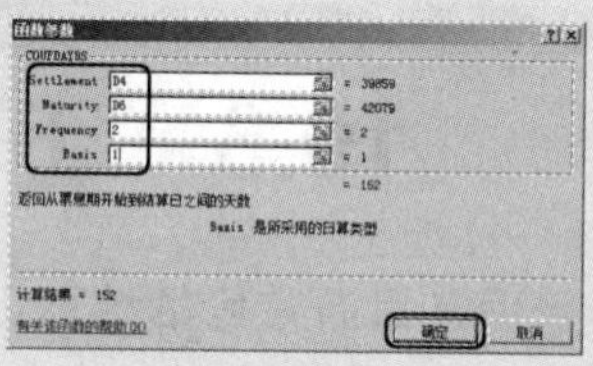

图10-40 【函数参数】对话框

8 单击【确定】按钮，在D13单元格中计算出上次付息日到结算日之间的天数，如图10-41所示。

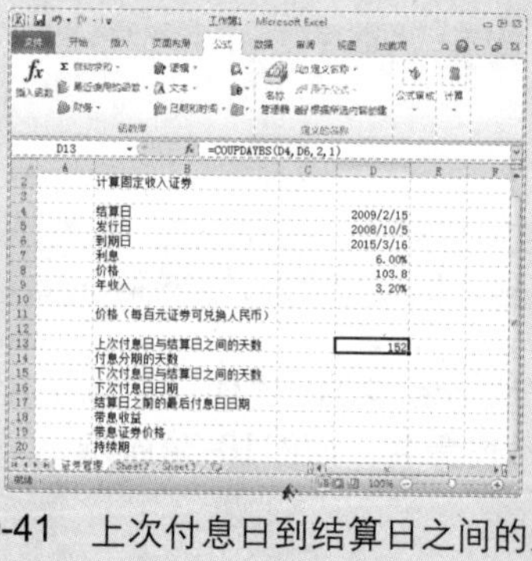

图10-41 上次付息日到结算日之间的天数

9 使用同样方法依次为D14、D15区域的单元格插入函数“COUPDAYS”、“COUPDAYSNC”，设置它的函数参数引用与COUPDAYBS相同，在D16单元格中，插入函数“SUM”，设置它的函数参数引用为D15、D4，在D17单元格中插入函数“COUPPCD”，设置它的函数参数引用与COUPDAYBS相同，插入函数后所得的结果如图10-42所示。

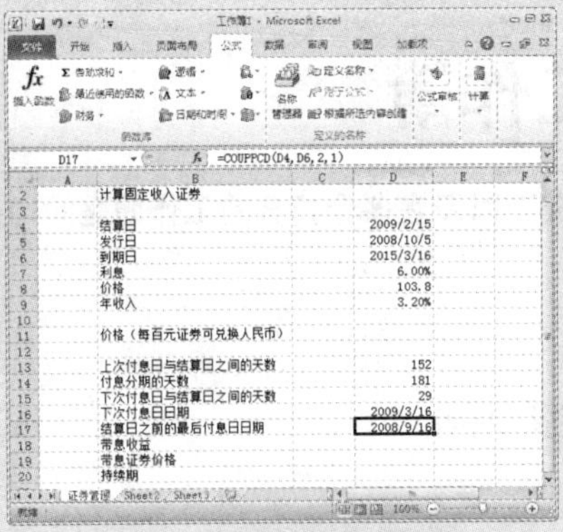

图10-42　插入函数

10 选择D18单元格，单击【插入函数】按钮，打开【插入函数】对话框，选择函数为“YIELD”，如图10-43所示。

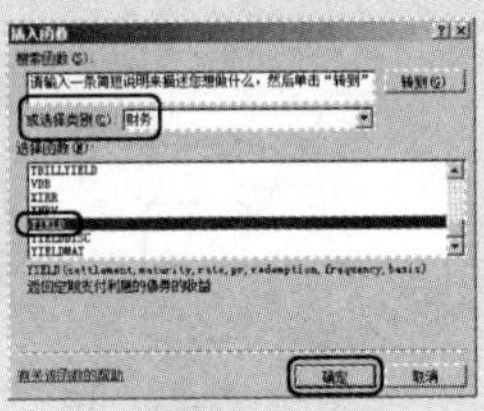

图10-43　【插入函数】对话框

11 打开【函数参数】对话框，在引用框中分别选择（输入）D4、D6、D7、D8、100、2、1，如图10-44所示。

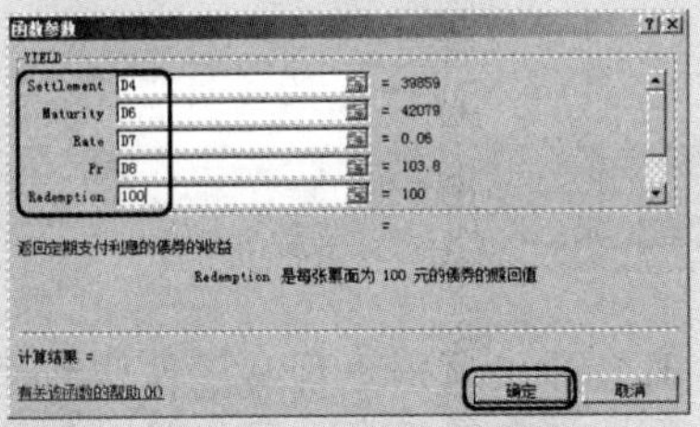

图10-44　【函数参数】对话框

12 单击【确定】按钮，在D18单元格中便会计算出带息收益，选择该单元格，在【开始】选项卡|【数字】组中，将单元格格式定义为“%”，如图10-45所示。

13 使用同样方法在D19单元格中插入函数“PRICE”，设置它的函数参数引用为D4、D6、D7、D9、100、2、1，插入函数后所得的结果如图10-46所示。

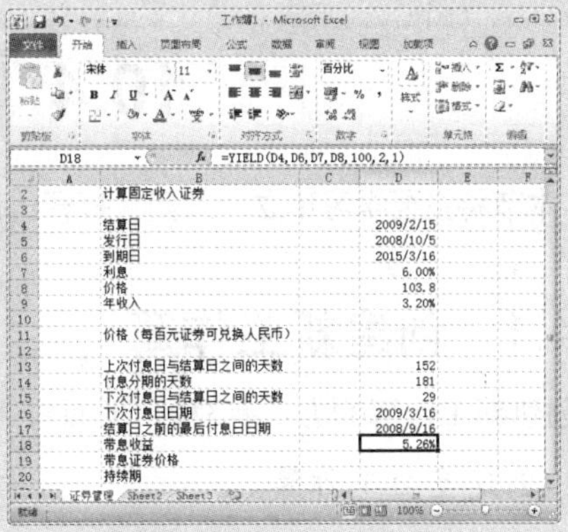

图10-45　带息收益

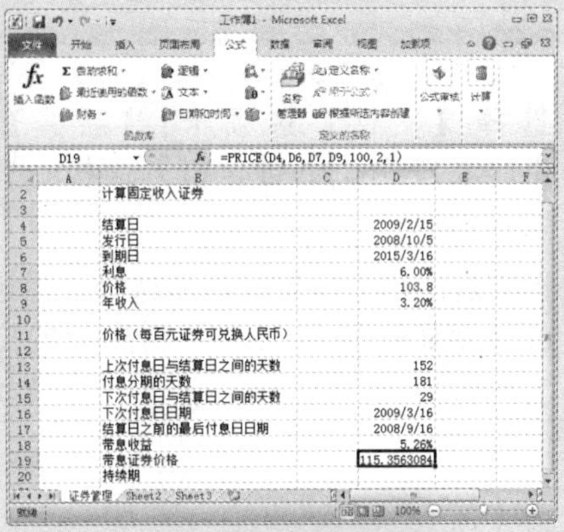

图10-46　插入函数

14 在D20单元格中插入函数“DURATION”，设置它的函数参数引用为D4、D6、D7、D9、2、1，插入函数后所得的结果如图10-47所示。

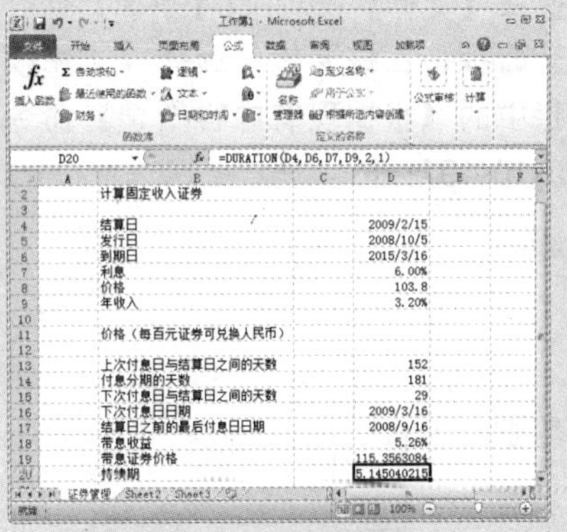

图10-47　插入函数

15 至此，证券管理效果就制作完成了，将文档进行保存。

10.4　管理工作簿

本节将主要学习建立、关闭、打开、保存工作簿文档，以及在多个打开的工作簿之间切换。

10.4.1　创建新工作簿

创建新工作簿的方式有3种，下面将通过操作步骤进行说明。

1. 创建空白工作簿

实战演练179——创建空白工作薄

1 选择【文件】选项卡|【新建】命令，或按Ctrl+N键，打开面板，如图10-48所示。

2 在该对话框中使用默认的选择，然后单击【创建】按钮，即可创建新的空白工作簿。

图10-48　创建空白工作簿

2. 基于现有工作簿创建新工作簿

实战演练180——基于现有工作薄创建新工作薄

1 选择【文件】选项卡|【新建】命令，打开面板，在该面板中选择【可用模板】栏中的【根据现有内容新建】命令，如图10-49所示。

图10-49　选择【根据现有内容新建】命令

2 此时会弹出【根据现有工作簿新建】对话框，选择要打开的工作簿，然后单击【新建】按钮，如图10-50所示。

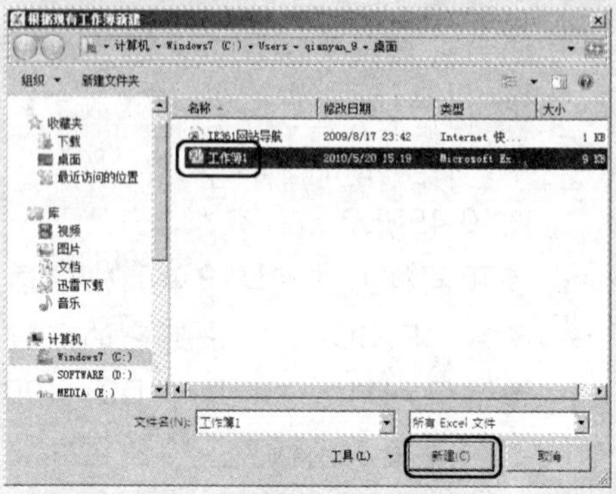

图10-50　选择要打开的文档

3. 基于另一个模板创建新工作簿

实战演练181——基于另一个模板创建新工作簿

1 选择【文件】选项卡|【新建】命令，打开面板，在该面板的左侧单击【我的模板】按钮，如图10-51所示。

2 如果有保存过模板，那么在打开的【新建】对话框中会显示模板，如图10-52所示。

图10-51 单击【我的模板】按钮

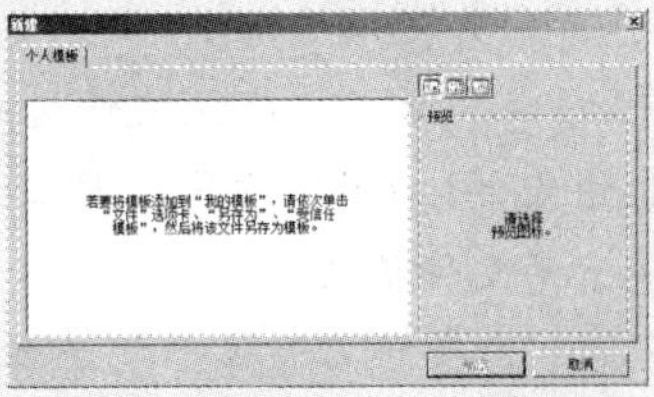

图10-52 新建模板

提示

确定自定义的模板已经保存在“Templates”文件夹中，通常具体的位置是“C:\Documents and Settings\user_name\Application Data\Microsoft\Templates”，在【我的模板】选项卡中才会显示。

10.4.2 保存和命名工作簿

在工作簿中输入的内容只保存在计算机的内存中，如果这时发生意外，数据将丢失，因此定期保存工作簿文件是很重要的。

实战演练182——第一次保存工作簿

1 选择【文件】选项卡|【保存】命令，此时会弹出【另存为】对话框，如图10-53所示。

2 在【文件名】右侧文本框中输入工作簿名，在【保存位置】右侧选择要保存的位置，在【保存类型】右侧选择保存文件的格式。

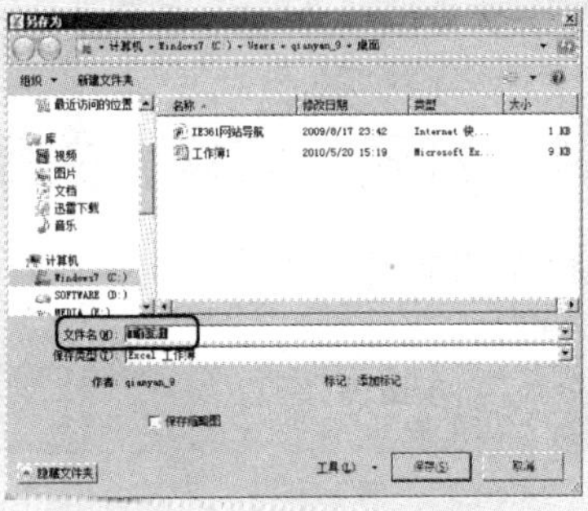

图10-53 【另存为】对话框

下面要介绍的是已经保存过的文件，只需要单击快速访问工具栏上的按钮，或者直接按Ctrl+S键，或者选择【文件】选项卡|【保存】命令，这样可以将修改或编辑过的文件按原来的

路径名称保存。

如果想将修改或编辑过的文件另存一份工作簿，可以选择【文件】选项卡|【另存为】命令，会弹出【另存为】对话框，这样可以重新选择要保存的路径，对文件名进行重新命名，也可更改其格式，如图10-54所示。

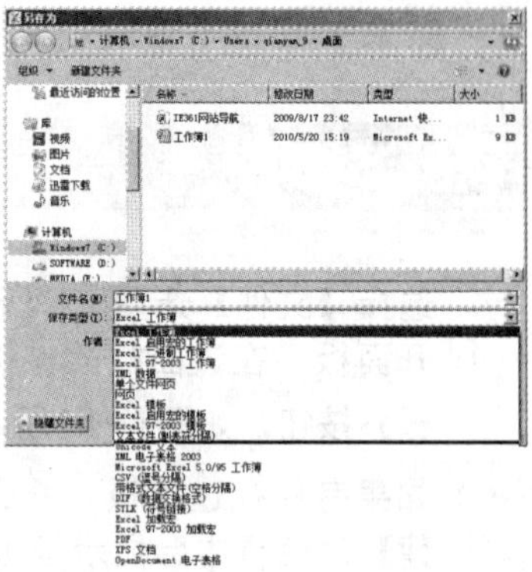

图10-54　另存为文件的格式

- Excel 工作簿：以默认文件格式保存工作簿。
- 启用宏的Excel工作簿：将工作簿保存为基于XML且启用宏的文件格式。
- Excel 二进制工作簿：将工作簿保存为优化的二进制文件格式以提高加载和保存速度。
- Excel 2010工作簿：保存一个与Excel 2010完全兼容的工作簿副本。
- 其他格式：在【另存为】对话框的【文件类型】下拉列表框中列出所有支持的文件格式，例如网页、Excel模板等。

10.4.3　保存为网页形式

在Excel 2010中可以将Excel文件保存为网页形式。

实战演练183——保存为网页形式

1 选择【文件】选项卡|【另存为】命令，此时会弹出【另存为】对话框。

2 在【保存类型】下拉列表框中选择【网页】格式，在【保存】右侧有【整个工作簿】和【选择：工作表】两个选项，如图10-55所示。然后在【文件名】右侧的文件框中输入文件名，如果单击【发布】按钮，直接发布到网页上；如果单击【保存】按钮，文件将以“.htm”扩展名被保存。

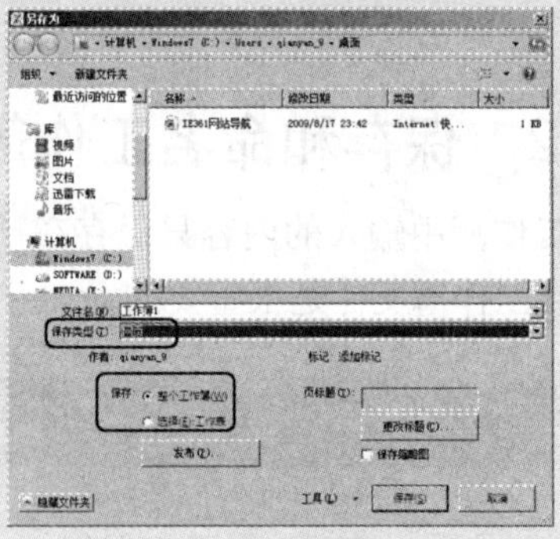

图10-55　保存为网页格式

10.4.4　打开、切换、关闭工作簿

1. 打开已有的工作簿

实战演练184——打开已有的工作薄

1 选择【文件】选项卡|【打开】命令，此时会弹出【打开】对话框。

2 找到要打开的文件位置，然后将其选中，然后单击【打开】按钮。

提示

如果要快速打开一个工作簿，可以按Ctrl+O键，弹出【打开】对话框。

2. 在打开的工作簿之间移动

在Excel 2010中可以同时打开多个工作簿，有几种方式可以在打开的工作簿之间移动。

- 如果需要的工作簿窗口是可见的，可以直接单击它。
- 按Ctrl+F6键，在工作簿窗口中进行切换。
- 在Windows任务栏中，单击工作簿文件名称。
- 按Alt+Tab键，对它们进行切换。

3. 关闭工作簿

如果打开多个工作簿，可以在关闭工作簿前选择将其激活，然后才能关闭。关闭工作簿有以下3种方法。

- 单击窗口右上角的⊠按钮，可以迅速关闭一个工作簿。
- 选择【文件】选项卡|【关闭】命令，此时会关闭一个工作簿。
- 按Ctrl+F4键，可以将整个程序关闭。

10.5 上机练习——投资管理

本例将介绍如何通过Excel来创建一个股票投资收支账目表，这样可以动态了解投资情况，帮助理财。本例知识点为单元格的对齐方式、【函数库】的使用、隐藏网格线。制作效果如图10-56所示。

日期	股票名称	股票代码	买入价（元）	数量（股）	买入金额（元）	卖出价（元）	卖出金额（元）	盈亏（元）	卖出日期
2010/3/8	股票1	30281	6.4	1000	6455	8.5	8570.75	2115.75	2010/4/5
2010/3/15	股票2	20185	12.5	800	10082	12	9679	-403	2010/4/18
2010/4/5	股票3	63287	8.3	1200	10041.7	10	12097	2055.3	2010/5/2
2010/4/15	股票4	12840	9	1200	10888	11.5	13910.5	3022.5	2010/5/12
			总计		37466.7		44257.25	6790.55	

日期	股票名称	股票代码	买入价（元）	数量（股）	买入金额（元）	今日价（元）	面值（元）	盈亏（元）
2010/3/8	股票1	30281	6.4	1000	6455	7.6	7664	1209
2010/3/15	股票2	20185	12.5	800	10082	11.2	9034.2	-1047.8
2010/4/5	股票3	63287	8.3	1200	10041.7	9	10888	846.3
2010/4/15	股票4	12840	9	1200	10888	10.5	12701.5	1813.5
			总计		37466.7		40287.7	2821

图10-56 投资管理

实战演练185——投资管理

最终文件	dir\最终文件\cha10\投资管理.xlsx
视频文件	Movie\10-02.avi

1 启动Excel 2010软件，系统自动新建工作簿，如图10-57所示。

2 在工作表的下方为表格命名，选中A2-J2、A7-J7区域的单元格，调整其行高，在“投资管理”工作表中输入所对应的数据，如图10-58所示。

3 选中A2-J6区域的单元格，在【开始】选项卡|【对齐方式】组中单击【文本右对齐】按钮，如图10-59所示。

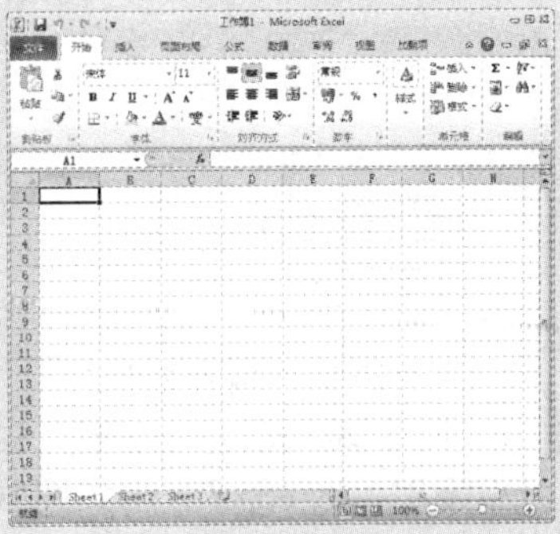

图10-57 新建工作簿

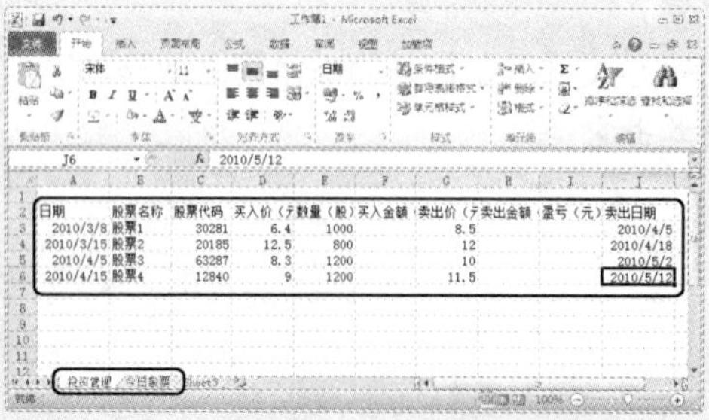

图10-58　输入数据

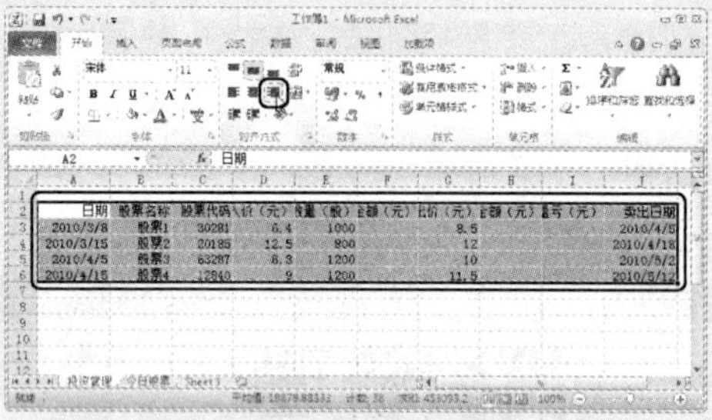

图10-59　文本右对齐

4 选中C7-E7区域的单元格，在【开始】选项卡|【对齐方式】组中单击【合并后居中】按钮，如图10-60所示。

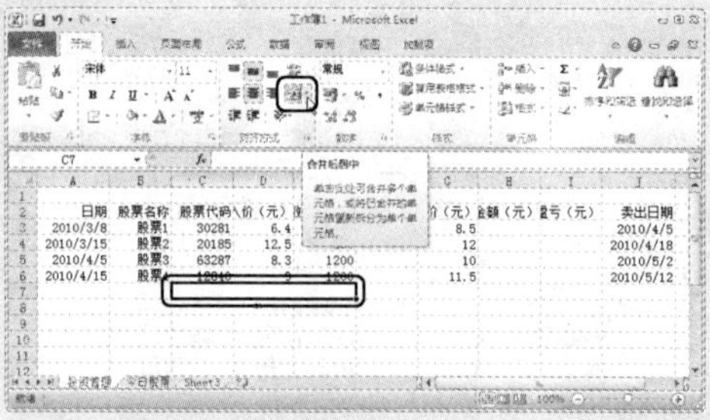

图10-60　合并后居中

5 在合并后的单元格中输入文字，效果如图10-61所示。

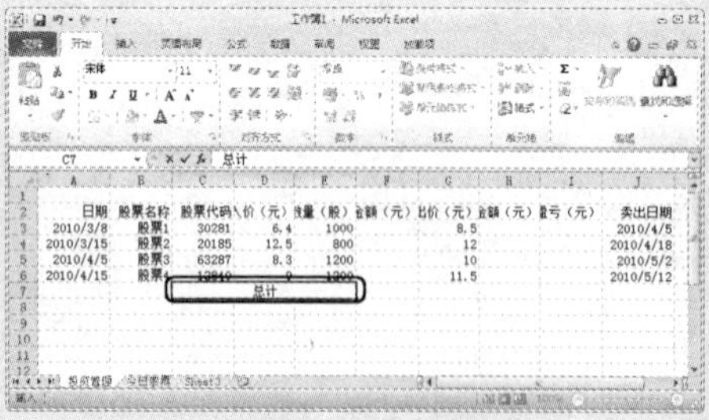

图10-61　输入文字

6 选择F3单元格，输入函数“=D3*E3*1.0075+7”，如图10-62所示。然后按Enter键求值。

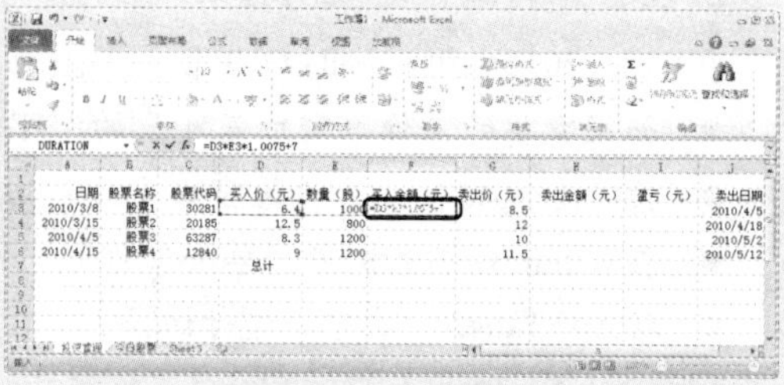

图10-62　输入函数

7 选择F4单元格，输入函数“=D4*E4*1.0075+7”，如图10-63所示。然后按Enter键求值。

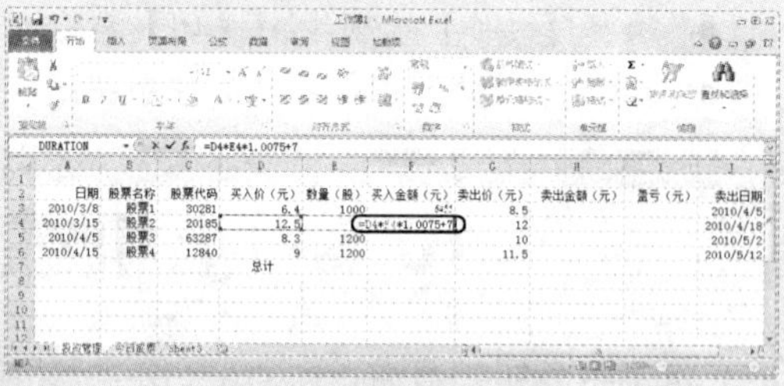

图10-63　输入函数

8 利用上述方法求出F5、F6单元格的值，如图10-64所示。

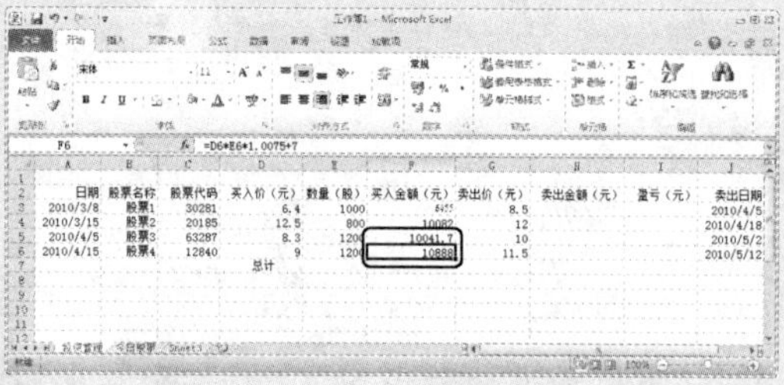

图10-64　求F5、F6单元格的值

9 选择H3单元格，输入函数“=E3*G3*1.0075+7”，如图10-65所示。然后按Enter键求值。

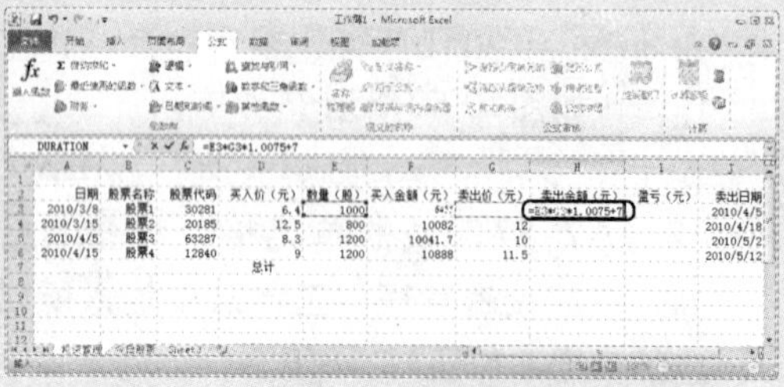

图10-65　输入函数

10 利用上述方法求出H4、H5、H6单元格的值，如图10-66所示。

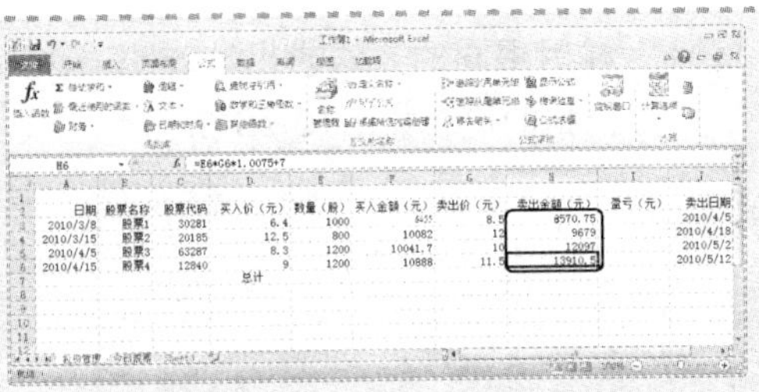

图10-66　求H4、H5、H6单元格的值

11　选择I3单元格，输入函数“=H3-F3”，如图10-67所示。然后按Enter键求值。

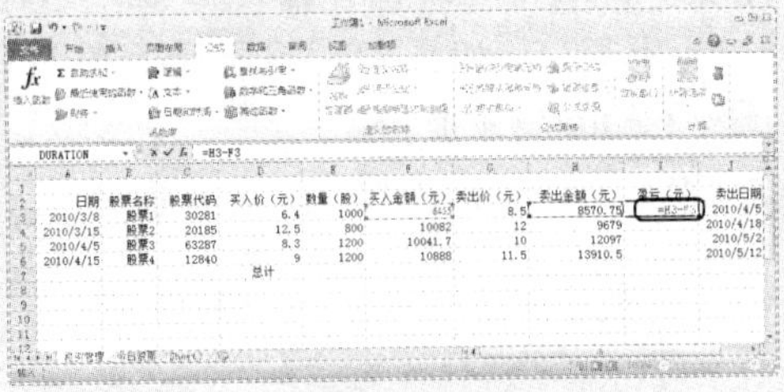

图10-67　输入函数

12　利用相同的方法求出I4、I5、I6单元格的值，如图10-68所示。

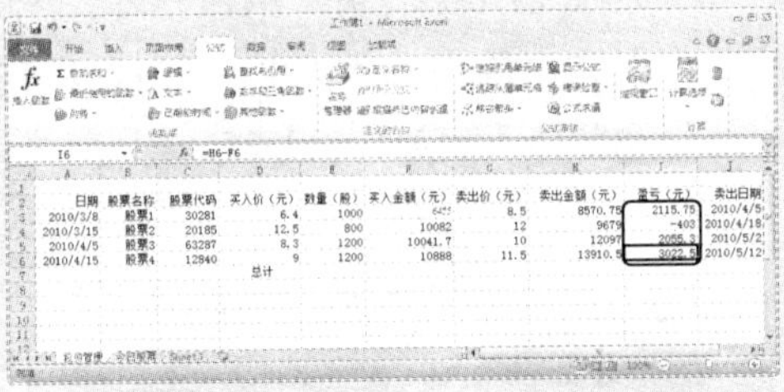

图10-68　求I4、I5、I6单元格的值

13　选中F7单元格，在【公式】选项卡|【函数库】组中单击【自动求和】按钮，在弹出的下拉菜单中选择【求和】命令，如图10-69所示。然后工作表则自动生成求和函数，按Enter键求出函数值，如图10-70所示。

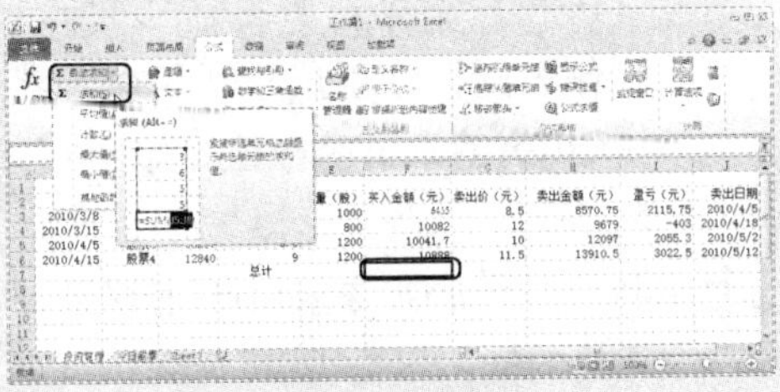

图10-69　自动求和

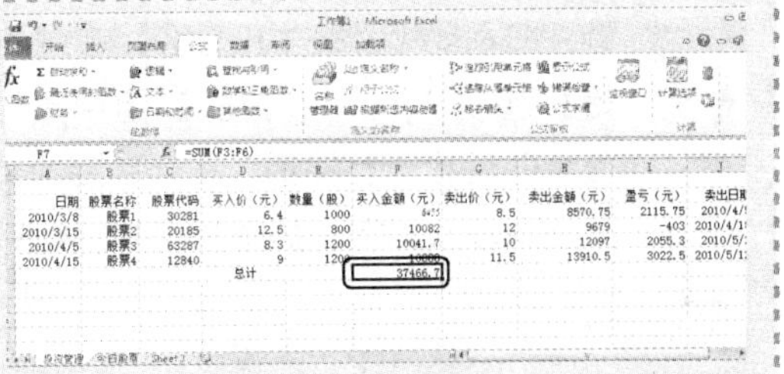

图10-70　求和函数

14　利用相同的方法求出H7、I7单元格的值，如图10-71所示。

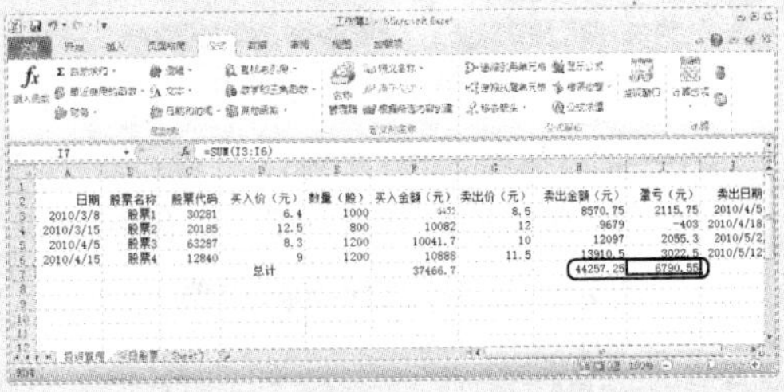

图10-71　求H7、I7单元格的值

15　选择“今日股票”工作表，在工作表中输入所对应的数据，如图10-72所示。

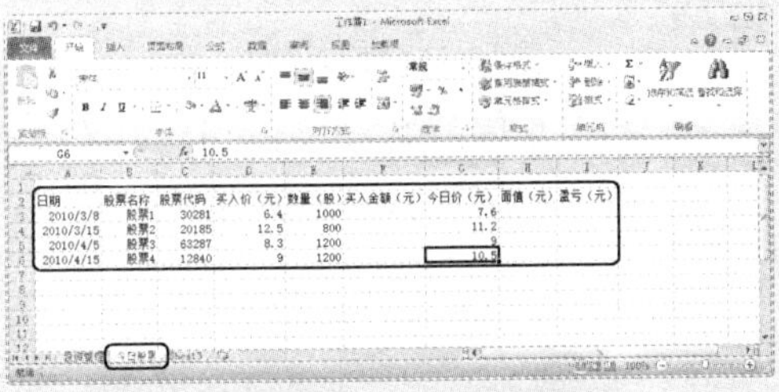

图10-72　输入数据

16　在“今日股票”工作表中选中A2-I6区域的单元格，在【开始】选项卡|【对齐方式】组中单击【文本右对齐】按钮，如图10-73所示。

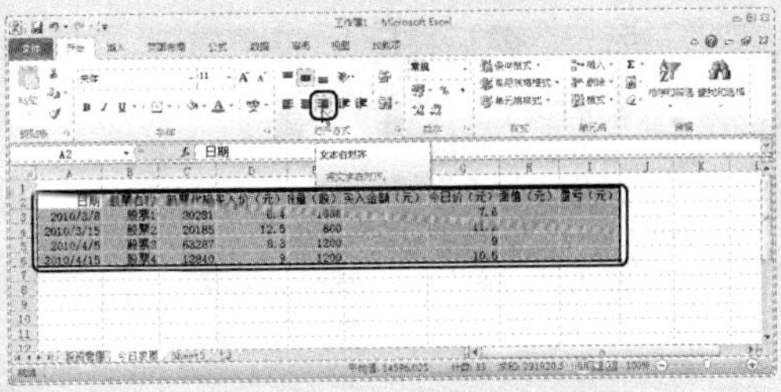

图10-73　文本右对齐

17 选中C7-E7区域的单元格，在【开始】选项卡|【对齐方式】组中单击【合并后居中】按钮。在合并后的单元格中输入文字，如图10-74所示。

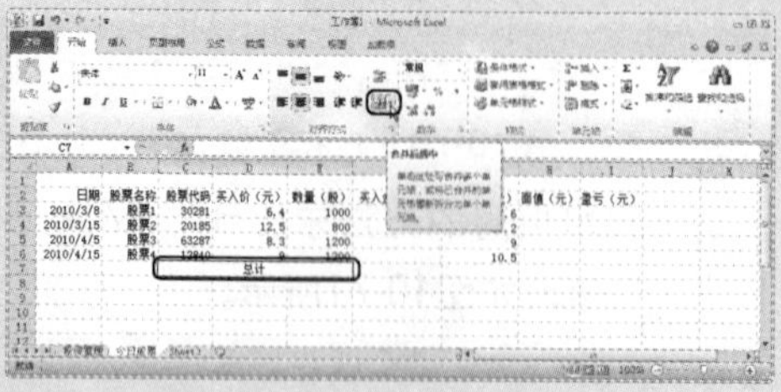

图10-74　合并后居中

18 选择F3单元格，输入函数“=D3*E3*1.0075+7”，如图10-75所示。然后按Enter键求值。

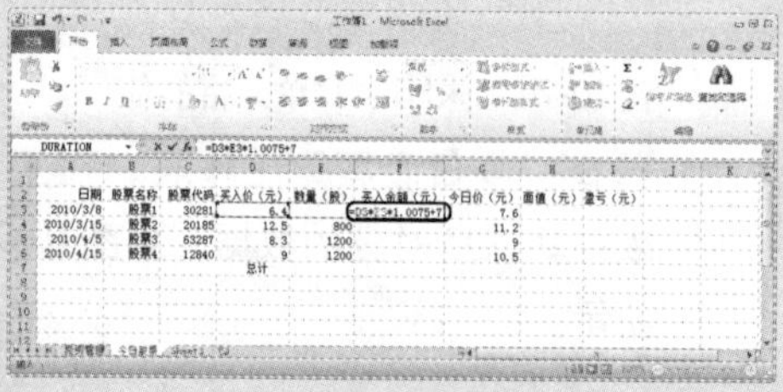

图10-75　输入函数

19 利用相同的方法求出F4~F6区域的值，求值后的单元格如图10-76所示。

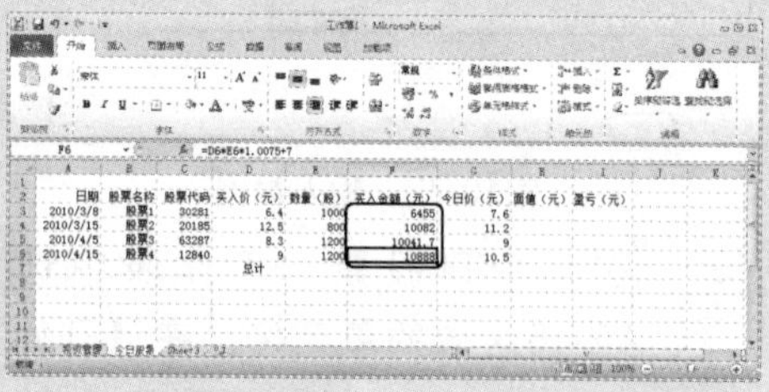

图10-76　求出函数值

20 选择H3单元格，输入函数“=E3*G3*1.0075+7”，如图11-77所示。然后按Enter键求值。

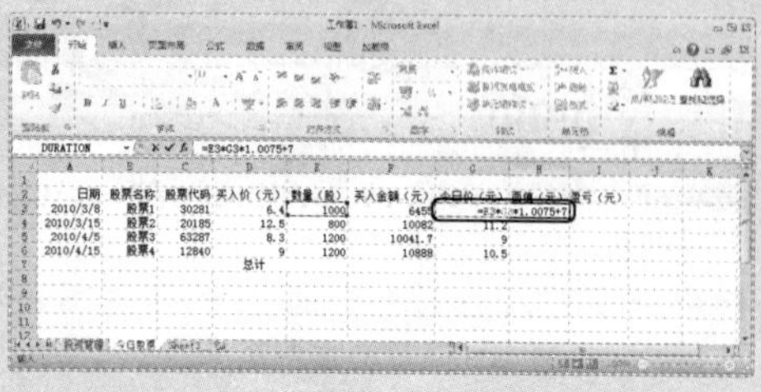

图10-77　输入函数

21 利用相同的方法求出H4~H6区域单元格的值，如图10-78所示。

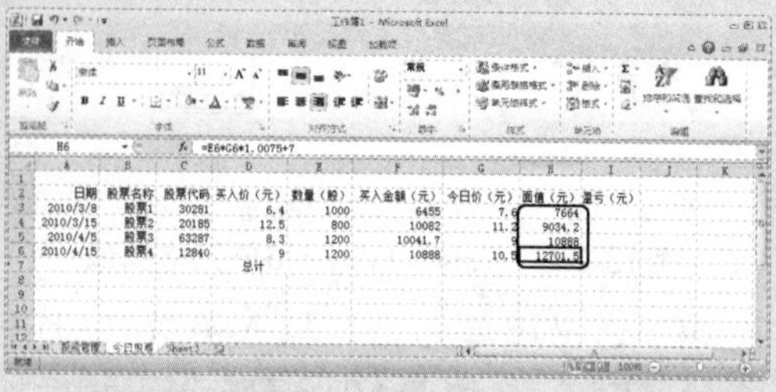

图10-78　求出函数值

22 选择I3单元格，输入函数“=H3-F3”，如图10-79所示。然后按Enter键求值。

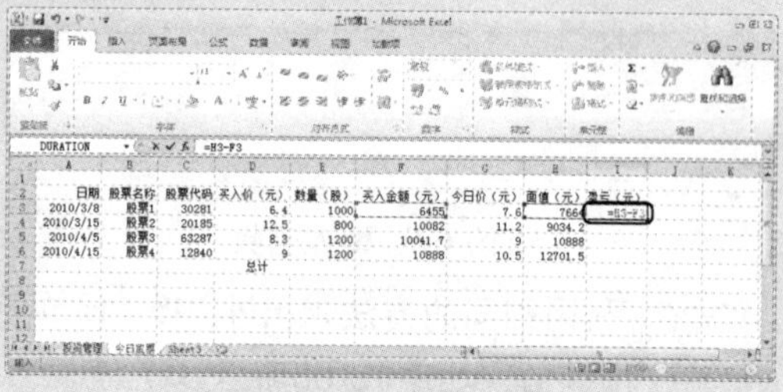

图10-79　输入函数

23 利用相同的方法求出I4~I6区域单元格的值，如图10-80所示。

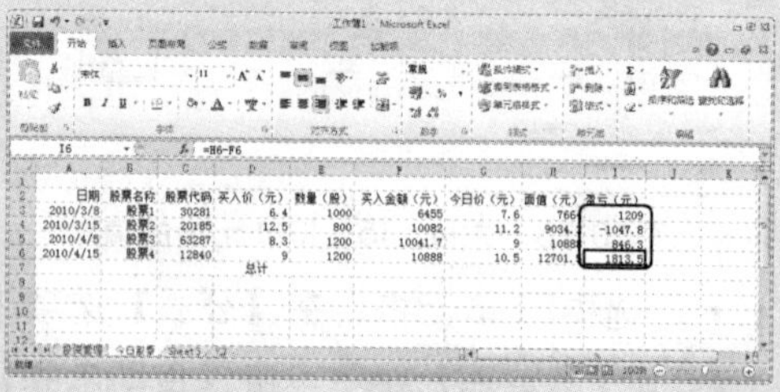

图10-80　求出函数值

24 选中F7单元格，在【公式】选项卡|【函数库】组中单击【自动求和】按钮，在弹出的下拉菜单中选择【求和】命令，如图10-81所示，工作表则自动生成求和函数，然后按Enter键求出函数值，如图10-82所示。

25 利用同样的方法求出H7和I7区域单元格的值，如图10-83所示。

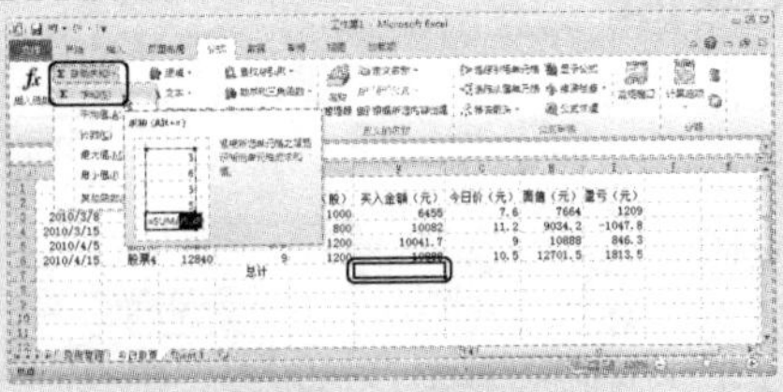

图10-81　自动求和

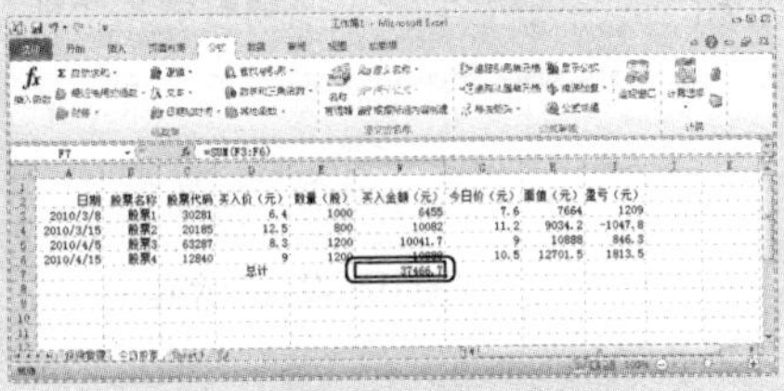

图10-82　求出函数值

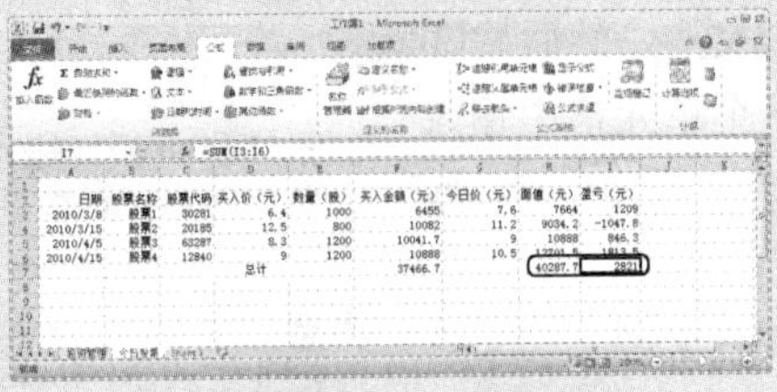

图10-83　.求出函数值

26 选择“投资管理”工作表，选中A2~J7区域的单元格，单击鼠标右键，在弹出的快捷菜单中选择【设置单元格格式】命令，如图10-84所示。在弹出的【设置单元格格式】对话框中选择【填充】选项，选择需要的颜色，单击【确定】按钮，如图10-85所示。

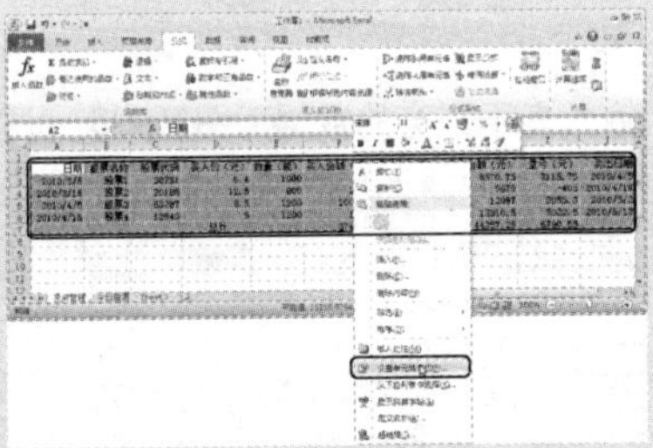

图10-84　设置单元格格式

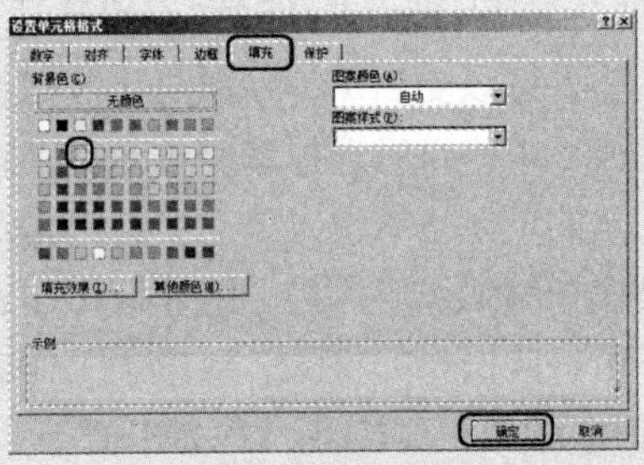

图10-85　【设置单元格格式】对话框

27 在【视图】选项卡|【显示/隐藏】组中取消勾选【网格线】复选框，使网格线隐藏，如图10-86所示。

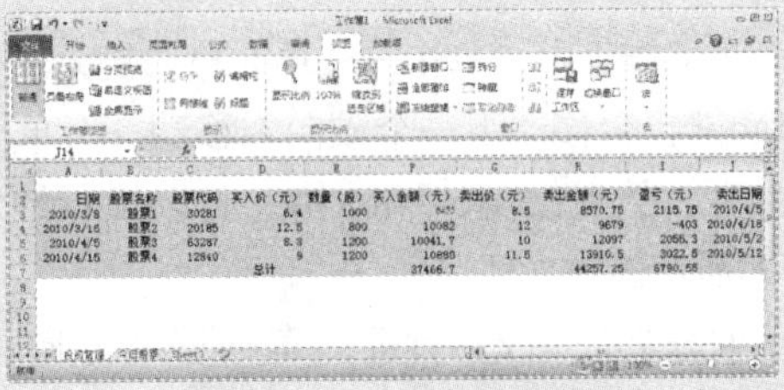

图10-86　隐藏网格线

28 选择“今日股票”工作表，利用相同的方法为表格设置参数，设置好的效果如图10-87所示。

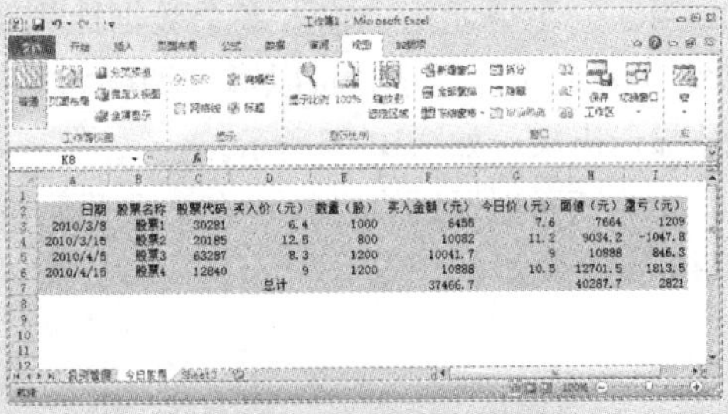

图10-87　设置后的效果

29 至此，就完成了对表格的制作，将其进行保存。

10.6　输入和编辑数据

用户可以在一个单元格中、同时在多个单元格中或在多个工作表中输入数字、文本、日期或时间。

10.6.1 在工作表单元格中手动输入数据

工作表可以受到保护，以防止数据意外更改。在受保护的工作表中，可以选择多个单元格来查看数据，但是不能在锁定的单元格中键入信息。在大多数情况下，不应撤销对受保护的工作表保护，除非该工作表的创建者对他人授予了执行此操作的权限。要撤销工作表保存，单击【审阅】选项卡|【更改】组|【保护并共享工作簿】按钮，如果在工作表保存时设置了密码，必须键入密码才能撤销工作表保存，如图10-88所示。单击【确定】按钮，此时会弹出一个提示框，如图10-89所示，然后再单击【是】按钮。

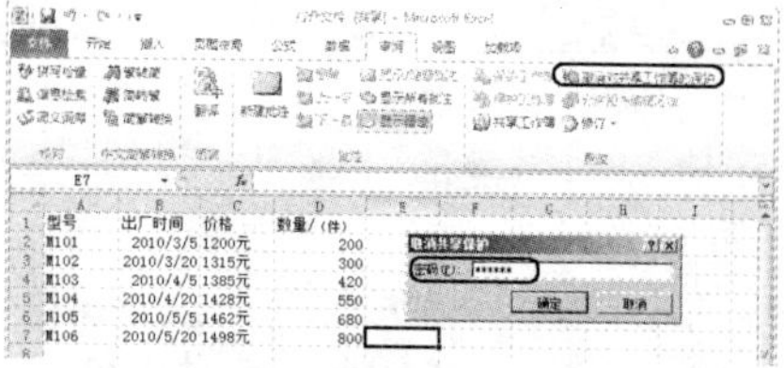

图10-88　撤销工作表保存

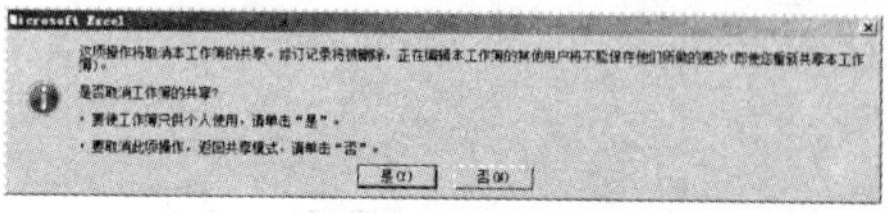

图10-89 提示框

1. 输入数字或文本

在工作表中，单击一个单元格，键入所需的数字或文本，然后按Enter或Tab键，会移动下一个或向右移动一个单元格，在一个单元格中输入一行文字，然后按Alt+Enter键，可以换行继续输入文字，如图10-90所示。

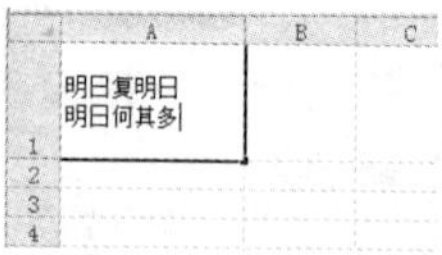

图11-90　换行输入文字

如果要更改Enter键回车的移动方向，选择【文件】选项卡|【选项】命令，在打开的对话框中左侧选择【高级】选项。在右侧的【编辑选项】下选中【按Enter键后移动所选的内容】复选框，然后在【方向】右侧选择所需的方向，如图10-91所示。

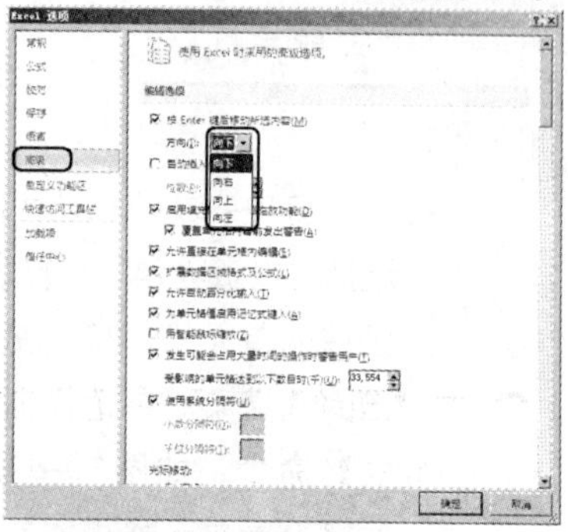

图10-91　选择回车键的方向

当在一个单元格中输入多个数据比列宽更宽时，它会呈如图10-92所示的显示，可以通过调整列宽度，将第二列的单元格显示出来，如图10-93所示。

用户还可以通过自动换行在一个单元格中显示多个文本。

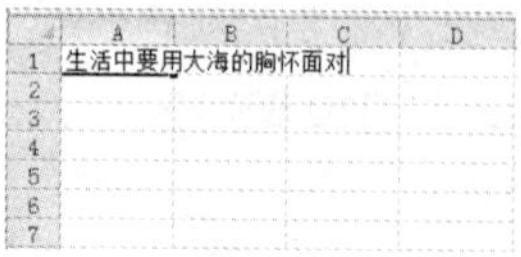

图10-92　输入多于列宽的数据

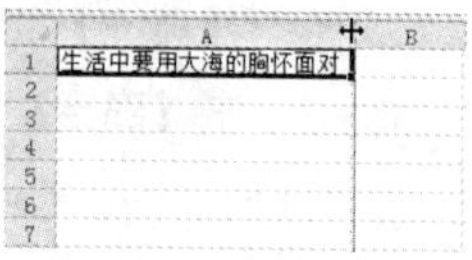

图10-93　调整列宽

实战演练186——在一个单元格中显示多个文本

1 选中要自动换行的单元格。

2 单击【开始】选项卡|【单元格】组|【格式】命令，在弹出的下拉菜单中选择【设置单元格格式】命令，如图10-94所示。

3 弹出【设置单元格格式】对话框，选择【对齐】选项卡，在【文本控制】选项组中勾选【自动换行】复选框，如图10-95所示，单击【确定】按钮。

4 然后再在单元格中输入数据时，将会自动换行。

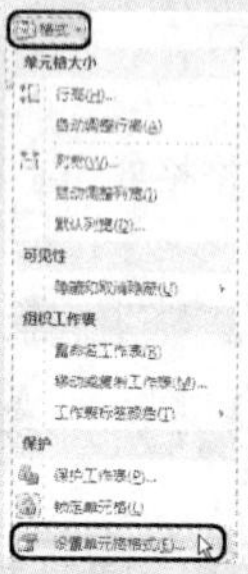

图10-94　选择【设置单元格格式】命令

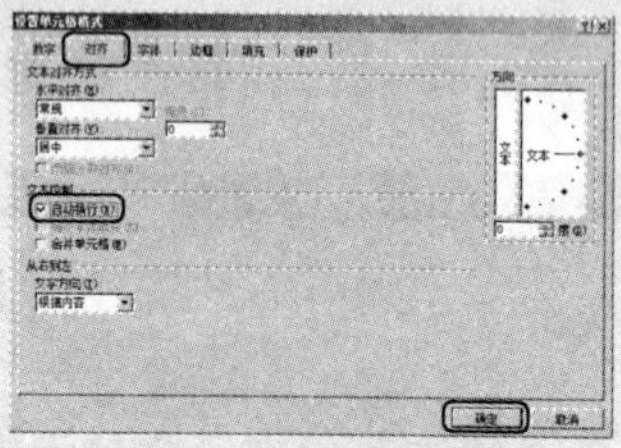

图10-95　选中【自动换行】复选框

如果文本是一个长单词，则这些字符不会换行。此时可以加大列宽或缩小字号来显示所有文本。如果在自动换行后并没有显示所有文本，则需要调整行高。

实战演练187——调整行高

1 选中需要调整行高的单元格，选择【开始】选项卡|【单元格】组|【格式】命令，在弹出的下拉菜单中选择【行高】命令，如图10-96所示。

2 在弹出的【行高】对话框中，设置【行高】的值如图10-97所示，单击【确定】按钮。

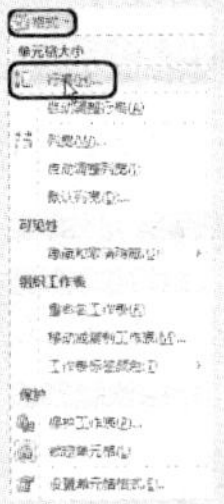

图10-96 选择【行高】命令

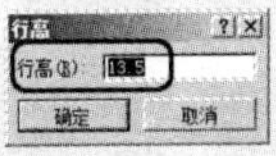

图10-97 设置【行高】的值

在Excel的单元格中输入数字后，可以更改它们的显示格式。

实战演练188——更改显示格式

1 选中包含要设置格式的数字单元格。

2 在【开始】选项卡|【数字】组中单击【常规】右侧的小三角按钮，在弹出的下拉列表框中选择一种格式，如图10-98所示。或在下拉列表框中选择【其它数字格式】命令，然后再进行选择。

图10-98 选择数字显式格式

将数字设置为文本的格式，可以选中一个空单元格后，选择【开始】选项卡|【数字】组|【常规】下拉列表框中的【文本】选项即可，这样在该单元格中输入数字时就是文本格式。

2. 输入具有自动设置小数点的数字

实战演练189——输入具有自动设置小数点的数字

1 选择【文件】选项卡|【选项】命令，在弹出的对话框中选择【高级】选项。

2 在【编辑选项】下选中【自动插入小数点】复选框，然后在【位数】右侧输入小数点位数。例如，如果输入的是“3”，如图10-99所示，在单元格中输入2356，则显示为2.356；如果在【位数】框中输入一个负数，例如“-3”，然后在单元格中输入 2356，则显示为2356000。

3. 输入日期或时间

在工作表中选中一个单元格，可以有如下几种日期或时间输入方式。

- 对于日期，可以使用斜线或连字符分隔日期的各部分，例如，在单元格中输入9/5/2010或6/Feb/2008。要输入当前日期，则按Ctrl+；键，就会在单元格中显示出当前日期。
- 对于12小时制的时间，输入一个空格，然后在时间之后键入a或p，如8:00p。否则，程序将以am形式输入时间。如果要输入当前时间，则按Ctrl+Shift+；键。

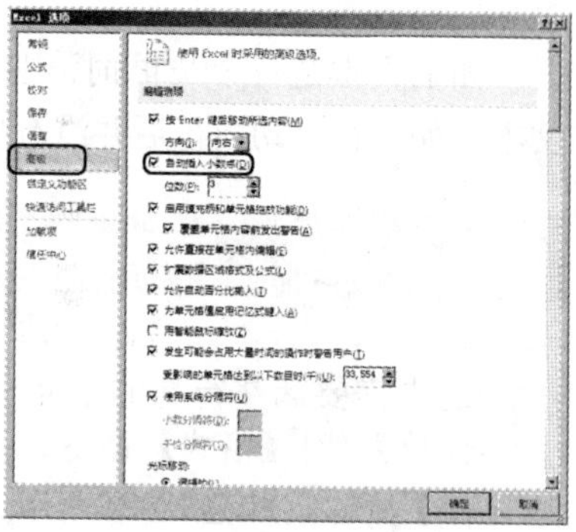

图10-99 设置小数点位数

4. 同时在多个单元格中输入相同的数据

实战演练190——在多行中输入相同的数据

1 在Excel 2010中选中一个单元格，然后按住Ctrl键，再选择多个不相邻的单元格，同时也可以是连续的多个单元格，如图10-100所示。

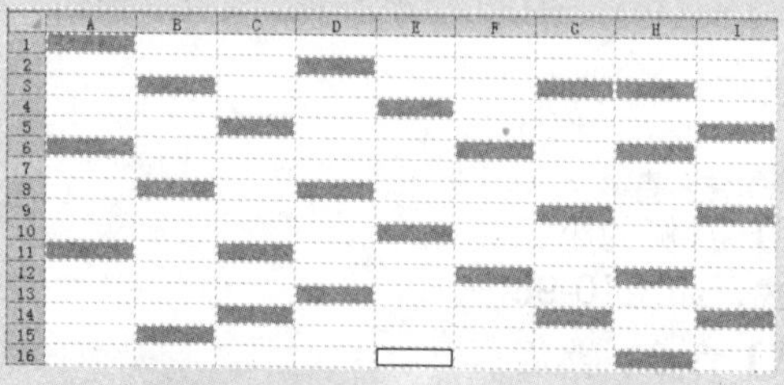

图10-100 显示为同一个数字

2 在最后选中的一个单元格中输入数据，然后按Ctrl+Enter键，这时在选中的单元格中出现相同的数据，如图10-101所示。

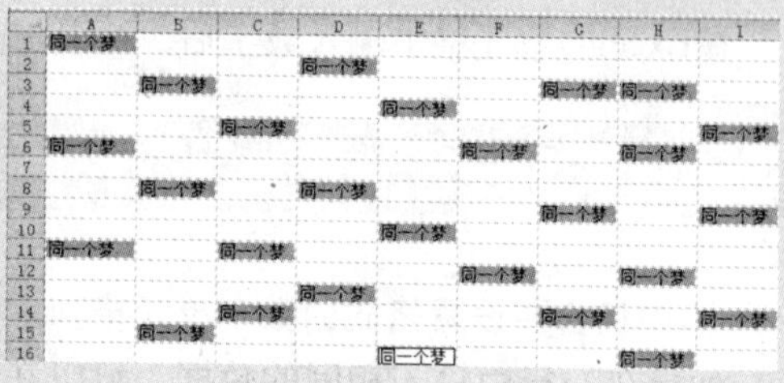

图10-101 同时显示多个相同数据

提示

如果选中了多个单元格，直接输入数据即可，不用再双击鼠标。

5. 同时查看多个工作表

如果想对两个文件进行对比查看，可以将打开的多份文件并排查看。

实战演练191——同时查看多个工作表

1 在【视图】选项卡|【窗口】组中单击【新建窗口】按钮，如图10-102所示。

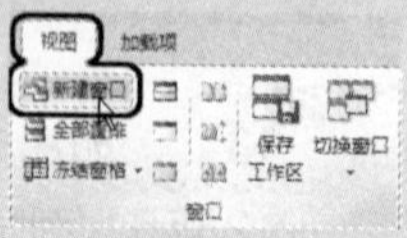

图10-102 单击【新建窗口】按钮

2 然后在【视图】选项卡|【窗口】组中单击【全部重排】按钮，此时打开【重排窗口】对话框，选择【垂直并排】选项，如图10-103所示。然后单击【确定】按钮，如图10-104所示。

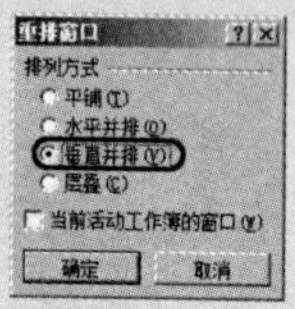

图10-103 选择【垂直并排】选项

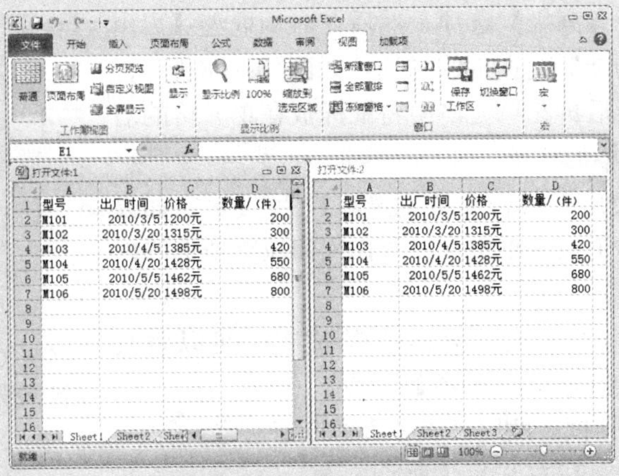

图10-104 显示后的效果

10.6.2 智能输入

输入数据时，Excel还提供了很多可以快速输入数据的方法。例如，序列填充、公式计算等。如果在输入数据时，熟悉使用各种技巧，会提高工作效率。

1. 自动完成输入

当一列单元格中只有几种特定的数据，或者一行中连续几个单元格都是相同的数据，这种情况下，Excel程序会自动完成一部分输入。

如果在一行中输入相同的数据，可以在一个单元格中输入一个数据，然后在下方的单元格中输入上一个数据的一个字，此时会自动显示出整个数据，如图10-105所示。例如，先在单元格中输入“劳动节”，在下方的单元格中输入一个“劳”字，后面的“动节”就会自动显示出来。

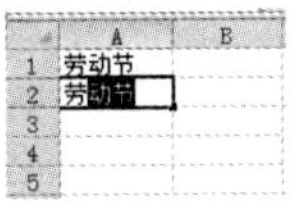

图10-105 自动完成输入

2. 填充范围

如果连续在多个相邻的单元格中输入多个相同数据，也可以使用填充范围的方法。

实战演练192——填充范围

1 在一个单元格中输入数据，然后将鼠标移至该单元格的右下方，当鼠标呈✚形状时，如图10-106所示。

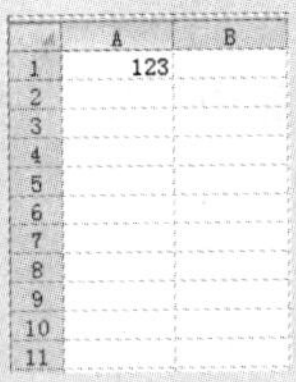

图10-106 输入数据

2 按住鼠标左键并向下或向右的方向拖曳，释放鼠标，此时就在拖过的单元格中显示相同的数据，如图10-107所示。

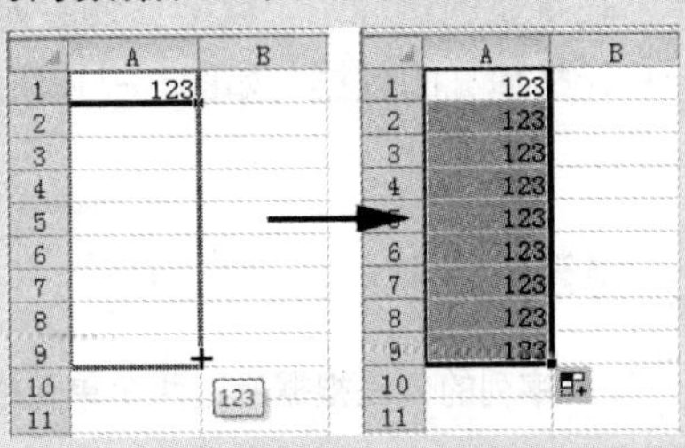

图10-107 拖曳后得到多个相同数据

这种自动填充范围的功能可以取消使用，这就需要选择【文件】选项卡|【选项】命令，然

后在对话框的左侧选择【高级】选项，然后在右侧取消【启用填充柄和单元格拖放功能】复选框的勾选，如图10-108所示，单击【确定】按钮。然后再在单元格中将鼠标放在单元格的右下方，此时就不会变为╋形状了。

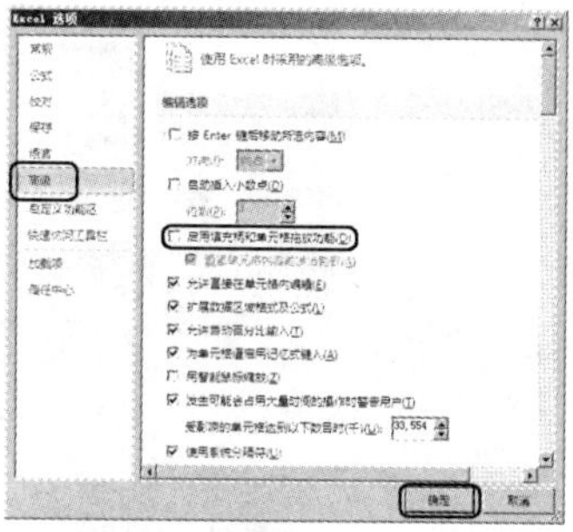

图10-108 取消自动填充功能

拖动填充完成后会出现【自动填充选项】按钮，如果单击该按钮，在弹出的下拉菜单中可以选择如何填充所选的内容，如图10-109所示。

如果不希望每次拖动填充后会显示按钮，可以将其关闭。选择【文件】选项卡|【选项】命令，打开【Excel选项】对话框，然后在该对话框的左侧选择【高级】选项，在右侧的【剪切、复制和粘贴】下取消【粘贴内容时显示粘贴选项按钮】复选框的勾选，如图10-110所示。

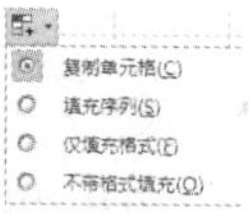

图10-109 选择填充格式

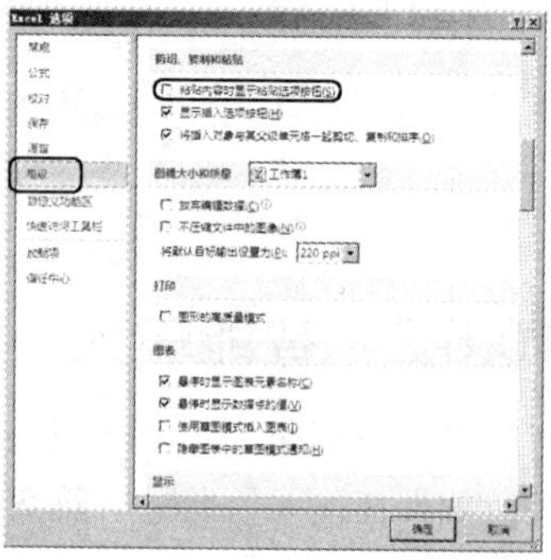

图10-110 取消【粘贴内容时显示粘贴选项按钮】复选框的勾选

3. 建立序列

在Excel 2010中可以建立等差、等比、日期、自动填充序列。

（1）等差序列填充

在工作表中需要输入等差的数据，使用下面的方法可以省很多的输入时间。

实战演练193——等差序列填充

1 在相邻单元格中输入两个等差的数据，如图10-111所示。

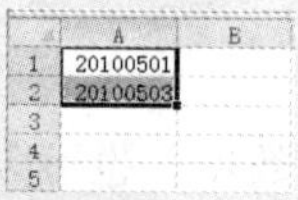

图10-111 输入等差数据

2 选中两个填充了等差数据的单元格，将鼠标放在选中单元格的右下方，当鼠标变为╋形状时，向下拖曳鼠标，在拖曳的过程中，鼠标右侧会显示每个单元格填充的数据，如图10-112所示。

3 然后释放鼠标，如图10-113所示。

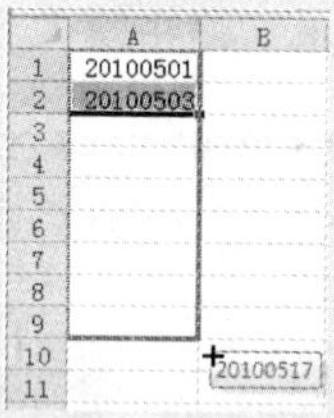

图10-112 拖曳鼠标

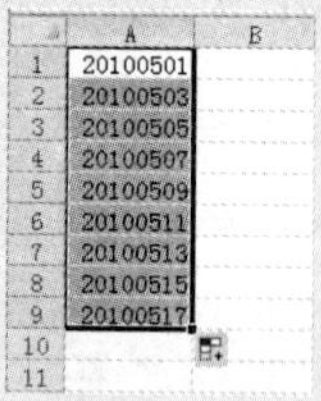

图10-113 填充序列数值

提示

等差序列的公差根据所选两个单元格之间的差值来建立等差序列。

（2）等比序列填充

等比序列的填充方法与等差序列的填充方法相似。

实战演练194——等比序列填充

1 在单元格中输入等比数据，例如输入3，然后将需要填充的单元格选中，如图10-114所示。

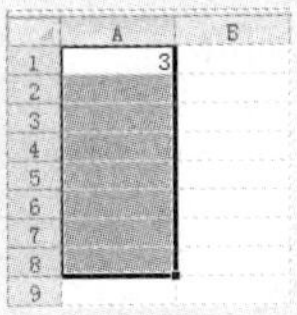

图10-114 选中填充单元格

2 单击【开始】选项卡|【编辑】组中的按钮，在弹出的下拉菜单中选择【系列】命令，在打开的【序列】对话框中将【序列产生在】定义为【列】选项，在【类型】选项组中选中【等比序列】单选按钮，将【步长值】设置为3，然后单击【确定】按钮，如图10-115所示。

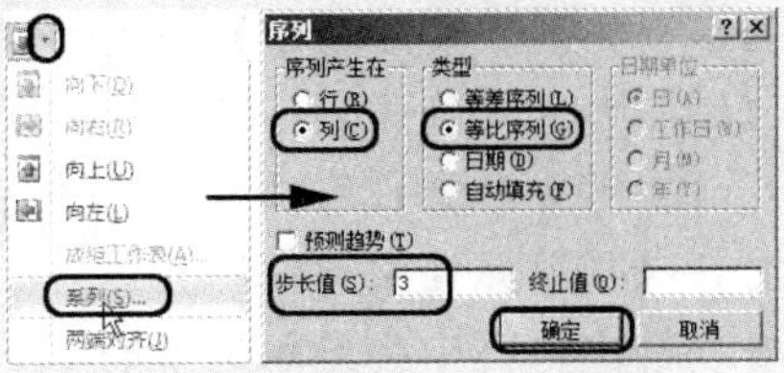

图10-115 设置【序列】对话框

3 设置后的单元格会自动填充等比序列数据，如图10-116所示。

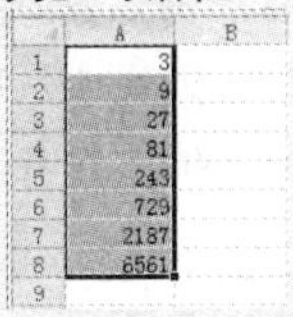

图10-116 填充等比数据

（3）自动填充日期序列

实战演练195——自动填充日期序列

1 在一个单元格中输入日期，如：2010/5/5，如图10-117所示。

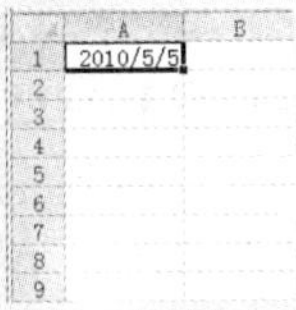

图10-117 输入日期

2 当鼠标变为+形状时，向下拖曳鼠标，拖到相应的位置释放鼠标后的单元格如图10-118所示。

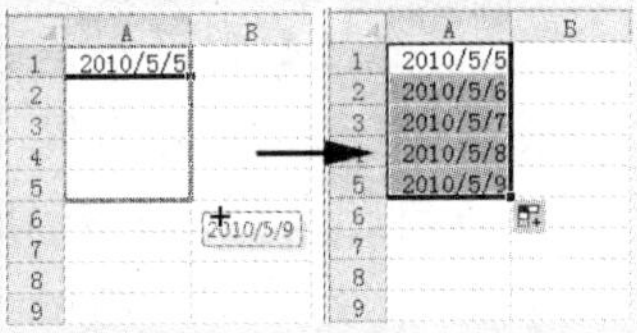

图10-118 拖曳后产生的日期

（4）使用自定义填充序列填充数据

为了更轻松地输入特定的数据序列，用户可以创建自定义填充序列。自定义填充序列可以基于工作表中已有项目的列表，也可以从头开始键入列表。不能编辑或删除内置填充序列（如月和日的填充序列），但是可以编辑或删除自定义填充序列。

提示

自定义列表只可以包含文字或混合数字的文本。对于包含数字的自定义列表，必须创建一个设置为文本格式的数字列表。

实战演练196——使用基于现有项目列表的自定义填充序列

1 在工作表中，选择需要填充到【自定义序列】对话框中的项目列表。

2 选择【文件】选项卡|【选项】命令，打开【Excel 选项】对话框，选择【高级】选项，单击该对话框右侧【常规】下的【编辑自定义列表】按钮，打开【自定义序列】对话框，此时在【从单元格中导入序列】右侧的文本框中会显示选中的单元格，然后单击【导入】按钮，如图10-119所示。单击两次【确定】按钮。

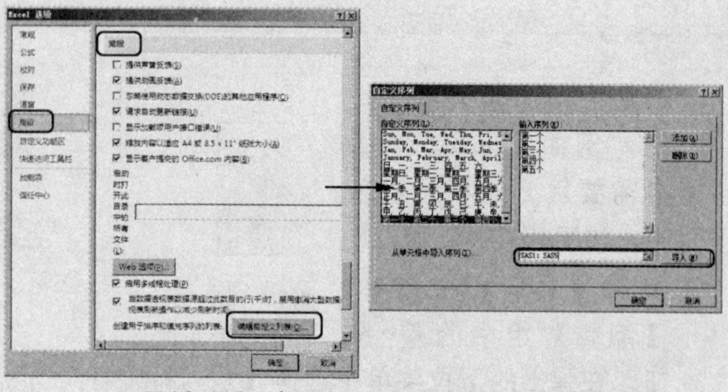

图10-119　打开【自定义序列】对话框

3 在工作表中，选中一个单元格，然后输入自定义项目的第一个数据，然后对填充的单元格进行拖动，如图10-120所示。

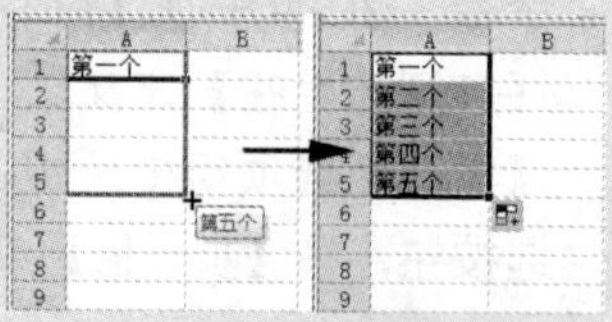

图10-120　填充单元格

实战演练197——使用基于新项目列表的自定义填充序列

1 选择【文件】选项卡|【选项】命令，打开【Excel 选项】对话框，选择【高级】选项，单击该对话框右侧【常规】下的【编辑自定义列表】按钮，打开【自定义序列】对话框，确定【自定义序列】列表框中【新列表】选项选中的情况下，在右侧的【输入序列】列表框中输入第一个项目开始，在输入每一项后按Enter键换行，继续输入，输入完成后单击【添加】按钮，如图10-121所示。

2 单击两次【确定】按钮，返回到工作表中，在单元格中输入第一个自定义的序列项目，然后拖曳鼠标进行填充，如图10-122所示。

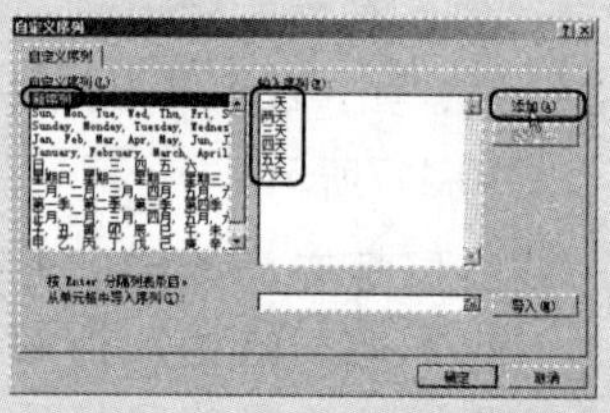

图10-121　输入自定义项目

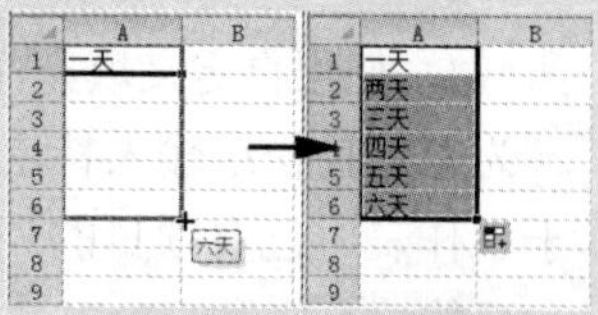

图10-122　拖曳鼠标

如果要编辑或删除自定义序列，可以直接在【自定义序列】对话框中进行操作。

要编辑填充序列，在【自定义序列】列表框中选中要编辑的项目，然后在【输入序列】列表框中进行编辑修改，然后单击【添加】按钮，这样会将原来的项目覆盖。

如果要删除填充序列中的项目，可以在【自定义序列】列表框中选中要删除的项目，单击【删除】按钮即可。

10.7 上机练习——学生成绩误差分析表

学生成绩管理是每个教师特别是班主任最为头疼的事情，利用Excel的折线图和误差线技术可以大大简化这一工作。通过使用Excel，自动绘制出每个同学的成绩曲线和上下波动程度，可以掌握每个同学的基本情况。本例将介绍学生成绩误差分析表的制作，效果如图10-123所示。本例知识点为插入图表、图表样式的设定、【标签】的使用。

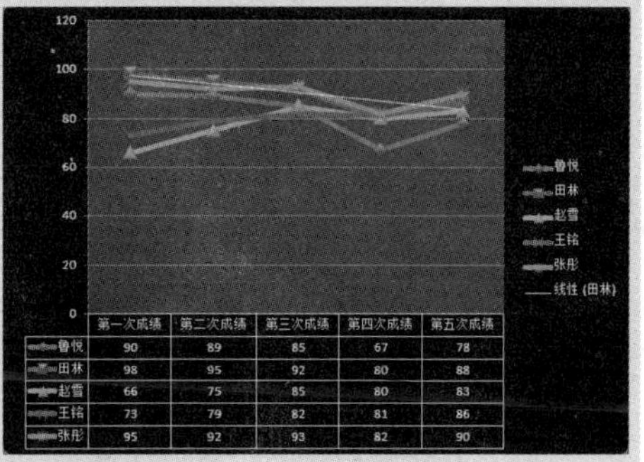

图10-123 学生成绩误差分析表

实战演练198——学生成绩误差分析表

最终文件	dir\最终文件\cha10\学生成绩误差分析表.xlsx
视频文件	Movie\10-03.avi

1 启动Excel 2010软件，选择A1~F1单元格，在【对齐方式】选项组中单击【合并后居中】按钮，将其单元格进行合并，然后在【字体】选项组中设置【字体】为“华文隶书”，设置【字号】为16，然后在合并后的单元格中输入“几何历次考试成绩”文字，如图10-124所示。

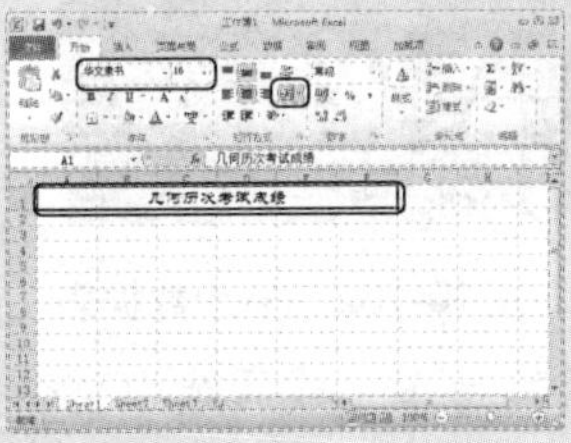

图10-124 输入并设置文字

2 选择A2~F2区域中的单元格，并在其单元格中输入文字，输入完后全部选中，在【字体】选项卡中设置【字体】为“宋体”，【字号】为11，如图10-125所示。

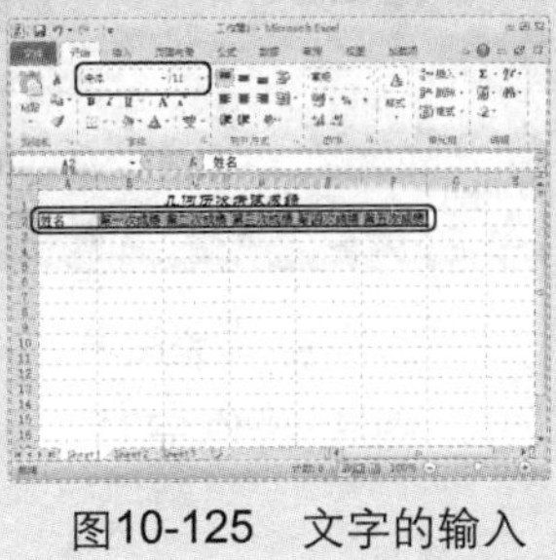

图10-125 文字的输入

3 选择A3~F7区域中的单元格，然后在单元格中输入数据，如图10-126所示。

图10-126 输入数据

4 在【插入】选项卡｜【图表】组中单击【折线图】按钮，在弹出的下拉菜单中选择【二维折线图】栏中的“带数据标记的折线图”，然后表格中自动生成折线图，如图10-127所示。

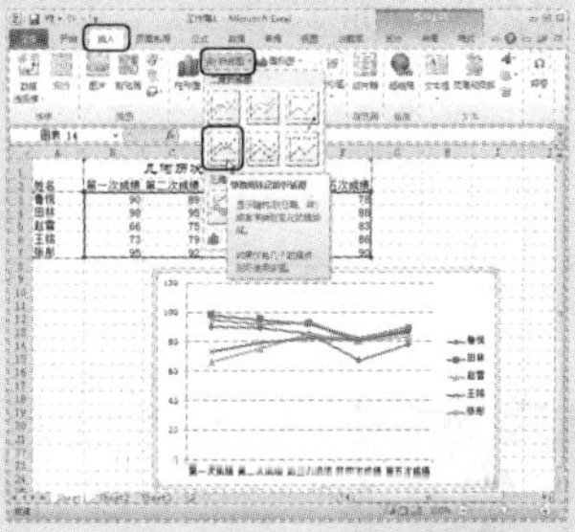

图10-127 插入折线图

5 选择【图表工具】|【设计】选项卡，然后在【图表样式】组中选择“样式

42”，可以在单元格中看到图表的变化，如图10-128所示。

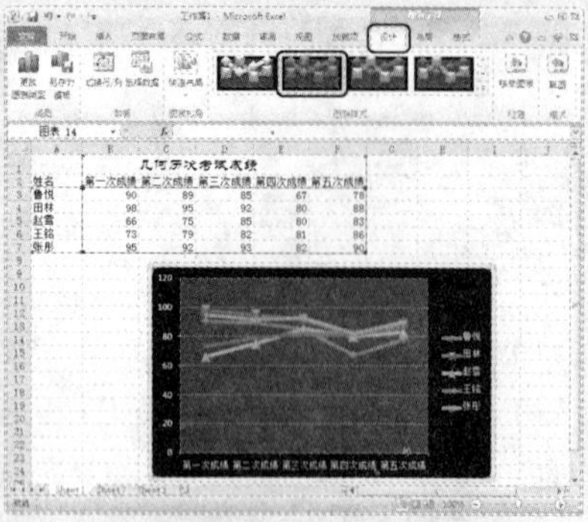

图10-128 图表样式

6 在图表绘图区中为“田林”添加趋势线。首先在图标绘图区中将“田林”成绩的红色趋势线选中，然后对其单击鼠标右键，在弹出的快捷菜单中选择【添加趋势线】命令，如图10-129所示。

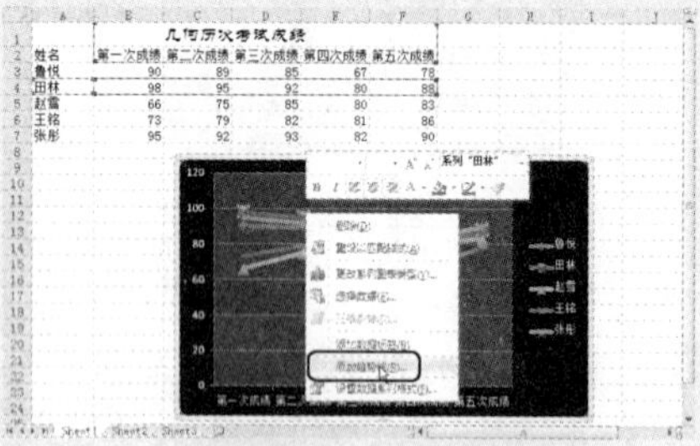

图10-129 添加趋势线

7 在弹出的【设置趋势线格式】对话框中，选择【线型】选项，并对其中的数值进行设置，然后单击【关闭】按钮，如图10-130所示（同时我们也可以看到图表中的变化）。

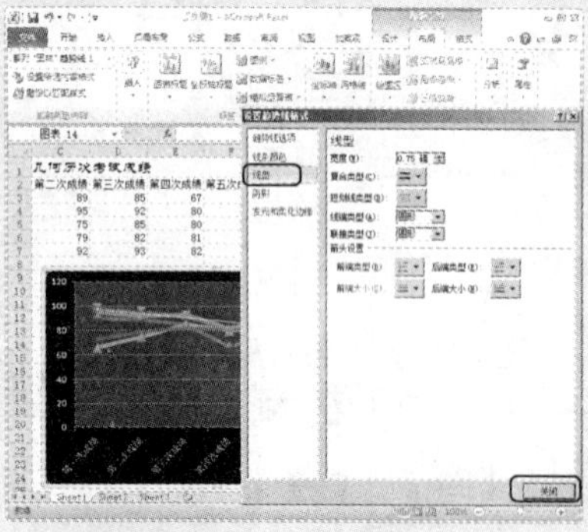

图10-130 设置趋势线格式

8 在图表中显示数据表。选择【布局】选项卡，然后在【图表工具】|【标签】组中单击【模拟运算表】按钮，在弹出的下拉菜单中选择【显示模拟运算表和图例项标示】命令，如图10-131所示。

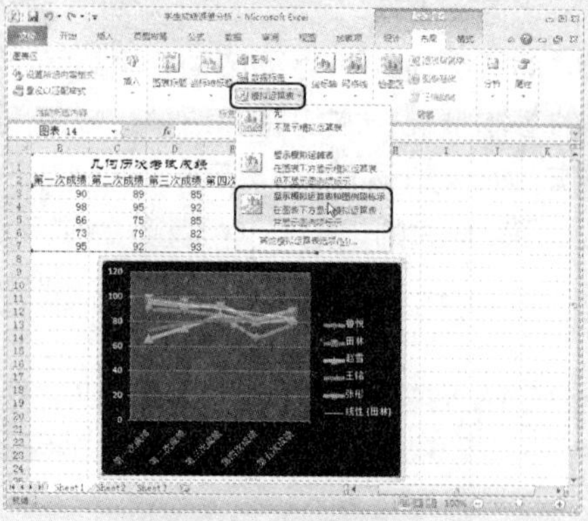

图10-131 显示数据表

9 通过上面的操作，图表中也显示了数据表图，如图10-132所示。

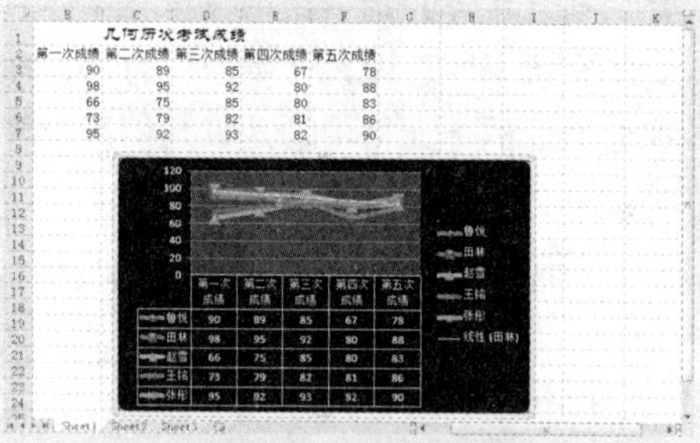

图10-132 显示数据表

10 图表制作完成后选中整个图表，然后调整图表的大小，如图10-133所示。

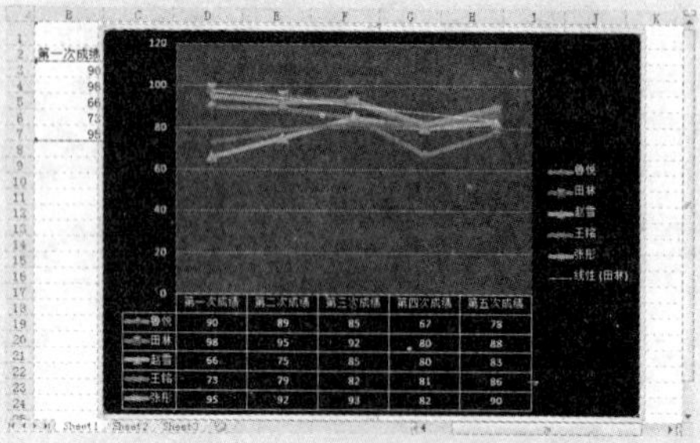

图10-133 调整图表

11 至此，图表制作完成，将其进行保存。

10.8 移动和复制

本节将介绍行和列及单元格内容的移动或复制操作，这样可以节省大量的输入时间。

10.8.1 移动或复制行和列

当移动或复制行和列时，Excel会移动或复制其中包含的所有数据，包括公式及其结果值、批注、单元格格式和隐藏的单元格。

可以使用【剪切】命令或【复制】命令来移动复制选定的行和列，具体操作有两种方法。

1. 使用菜单命令移动或复制行和列

实战演练199——使用菜单命令移动或复制行和列

1 选择要移动或复制的行和列。

2 移动或复制的操作方法如下。

- 要移动行或列，在【开始】选项卡|【剪贴板】组中单击按钮，或按Ctrl+X键。
- 要复制行或列，在【开始】选项卡|【剪贴板】组中单击按钮，或按Ctrl+C键。

3 移动或复制的行和列会有虚线出现，将鼠标放在要移动或复制的位置下方或右侧的行和列，单击鼠标右键，然后执行以下操作步骤。

- 当移动行或列时，在弹出的快捷菜单中选择【插入已剪切的单元格】命令，如图10-134所示。
- 当移动行或列时，在弹出的快捷菜单中选择【插入复制的单元格】命令，如图10-135所示。

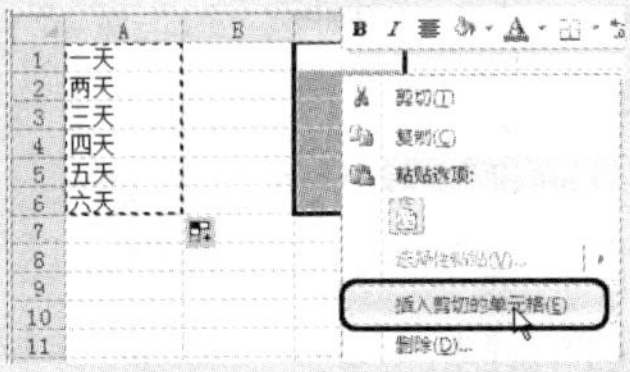

图10-134 选择【插入已剪切的单元格】命令

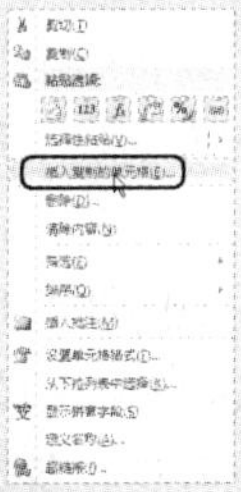

图10-135 选择【插入复制的单元格】命令

2. 使用鼠标移动或复制行和列

实战演练200——使用鼠标移动或复制行和列

1 选中要移动或复制的单元格。

2 移动或复制的鼠标操作如下。

- 将鼠标放在所选行或列的边框，当鼠标指针变为形状时，按住鼠标并拖曳到另一个位置，释放鼠标即可。
- 按住Ctrl键，将鼠标移动到所选行或列的边框上，当鼠标指针变为形状时，按住鼠标左键并拖曳到另一个位置处，释放鼠标即可。

提示

在使用鼠标复制行或列时，操作过程中必须按住Ctrl键，如果在拖曳过程中释放了Ctrl键，就成为移动行或列，而不是复制行或列了。

10.8.2 移动或复制单元格内容

通过前面的操作，在复制或移动时是操作的整个行或列的单元格，但也可以只对单元格内的特定内容或属性进行复制。

1. 移动或复制单元格

移动或复制单元格时，包括单元格中的公式及其结果值、单元格格式和批注。

实战演练201——移动或复制单元格

1 选择要移动、复制的单元格。

2 移动或复制的操作步骤如下。

- 若要移动所选单元格，单击【开始】选项卡|【剪贴板】组中的按钮，或按Ctrl+X键。
- 若要复制所选单元格，单击【开始】选项卡|【剪贴板】组中的按钮，或按Ctrl+C键。

3 使用鼠标选中另一个位置，单击【开始】选项卡|【剪贴板】组中的按钮，或按Ctrl+V键。

在粘贴单元格时，可以单击按钮下方的小三角按钮，在弹出的下拉面板中选择粘贴选项，例如“选择性粘贴”、“粘贴为图片”，如图10-136所示。

对单元格粘贴后，会出现【粘贴选项】(Ctrl)按钮，在粘贴单元格时提供特殊的选项，如图10-137所示。如果不想在每次粘贴单元格时显示(Ctrl)按钮，打开【Excel 选项】对话框，选择【高级】选项，取消【剪切、复制和粘贴】栏下的【显示粘贴选项按钮】复选框的勾选。

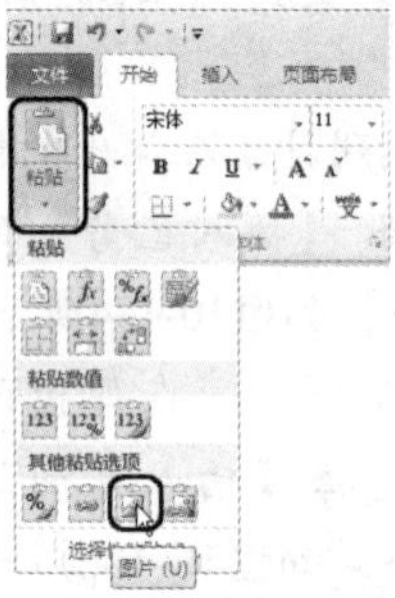

图10-136 粘贴选项

图10-137 粘贴选项

2. 只复制可见单元格

如果工作表中有隐藏的单元格、行或列没显示，可以复制所有的单元格或只复制可见单元格。如可以复制分级显示工作表中当前正在显示的汇总数据。

实战演练202——只复制可见单元格

1 选择需要复制的单元格。

2 在【开始】选项卡|【编辑】组中单击按钮，在弹出的下拉菜单中选择【定位条件】命令，如图10-138所示。在弹出的【定位条件】对话框中选中【可见单元格】单选按钮，如图10-139所示。

3 在【开始】选项卡|【剪贴板】组中单击按钮。

4 选择另一个位置，然后按Ctrl+V键。

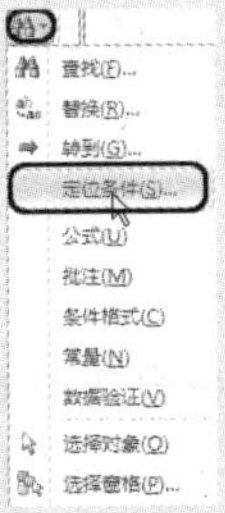

图10-138 选择【定位条件】命令

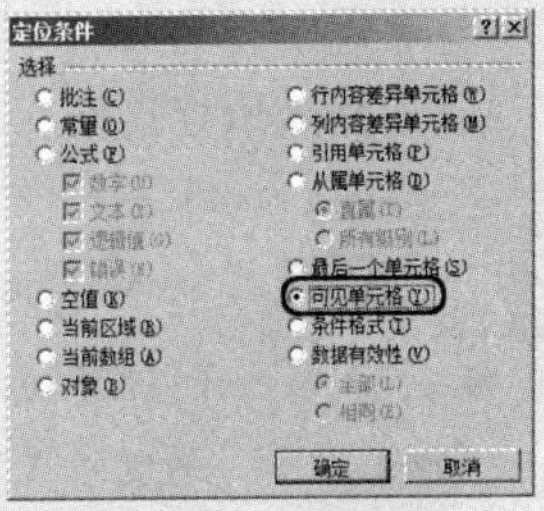

图10-139 设置【定位条件】对话框

如果想只移动或复制单元格内的内容，可以先选择要移动或复制的字符，然后按Ctrl+X键或Ctrl+C键进行剪切或复制。选中一个单元格，双击或按F2键插入光标，按Ctrl+V键粘贴。

10.9 上机练习——创建营养最优配置表

当今社会的人们越来越开始注重营养搭配以及合理饮食。本例将介绍如何通过Excel来创建一个营养最优配置表，如图10-140所示。本例知识点为正确使用规划求解命令、设置单元格格式。

营养品配方表				
食品	大豆	花生	芝麻	成品
%蛋白质	16.32	14.21	12.36	
%维生素	7.63	6.84	8.36	
每公斤价格	8.6	9.64	20.68	
成品中所占质量百分比	46.91942	53.08058	0	100
每公斤成品中的价格	4.03507	5.116968	0	9.152038
成品中的蛋白质含量	7.657249	7.542751	0	15.2
成品中的维生素含量	3.579952	3.630712	0	7.210663

图10-140 营养最优配置

实战演练203——创建营养最优配置表

最终文件	dir\最终文件\cha10\创建营养最优配置表.xlsx
视频文件	Movie\10-04.avi

1 启动Excel 2010软件，新建工作簿，为工作表命名。在表格中建立字段、输入数字，命名表名为“营养品配方表”，如图10-141所示。本例需要找出符合条件的最佳配置，即营养达到要求，价格降到最低。

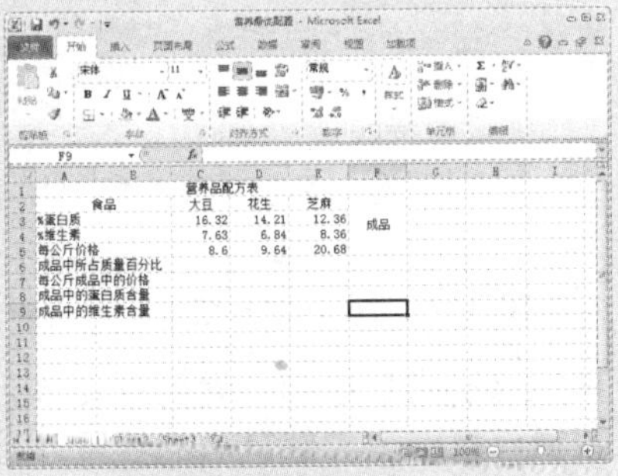

图10-141 输入表格内容

2 选择单元格F6，输入函数“=Sum（C6：E6）”，在C7单元格中输入“=C5*C6/100”，在C8单元格中输入“=C3*C6/100”，在C9单元格中输入“=C4*C6/100”，复制F6单元格中内容至F7、F8、F9单元格中，复制C7单元格中内容至D7、E7单元格中，复制C8单元格中内容至D8、E8单元格中，复制C9单元格中内容至D9、E9中，如图10-142所示。

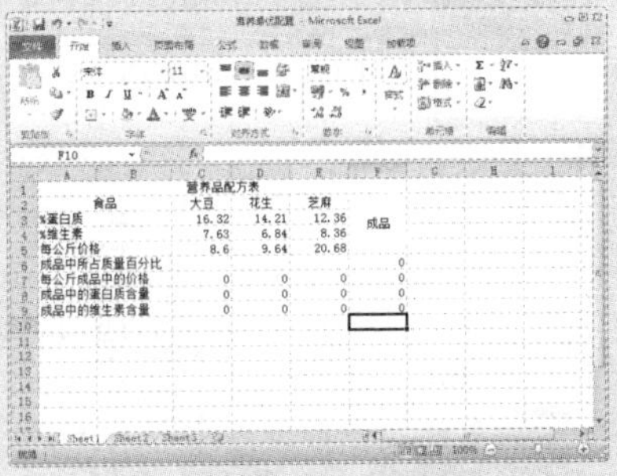

图10-142 输入函数

3 本例要求营养品成品中各种成分如下：蛋白质含量必须在14.6%~15.2%之间，维生素含量必须在7%~8%之间。对这项任务的要求是：找到一种配方，使得这种营养品在满足各种成分要求的情况下，成本价格最低。

提示

如果在【数据】选项卡中没有【规划求解】命令，请选择【文件】选项卡|【选项】命令，在【Excel选项】对话框中选择【加载项】选项，然后单击【管理】右侧的【转到】按钮，在弹出的【加载宏】对话框中将【分析工具库】、【分析工具库-VBA】和【规划求解加载项】选项勾选，然后单击【确定】按钮，完成加载。

4 选择【数据】|【分析】|【规划求解】命令，如图10-143所示。打开【规划求解参数】对话框，设置目标单元格为F7，选择【最小值】选项，如图10-144所示。

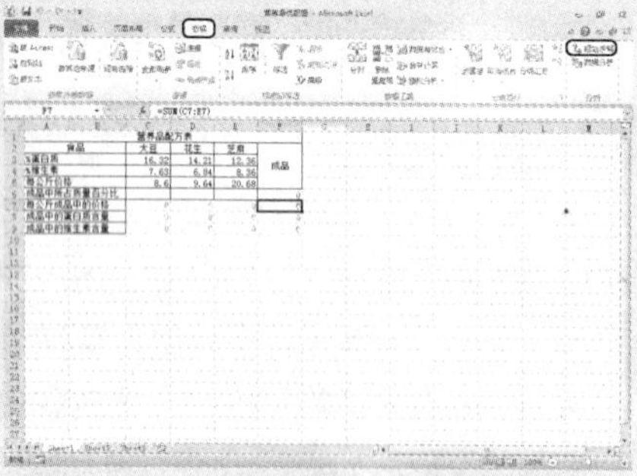

图10-143 选择【规划求解】命令

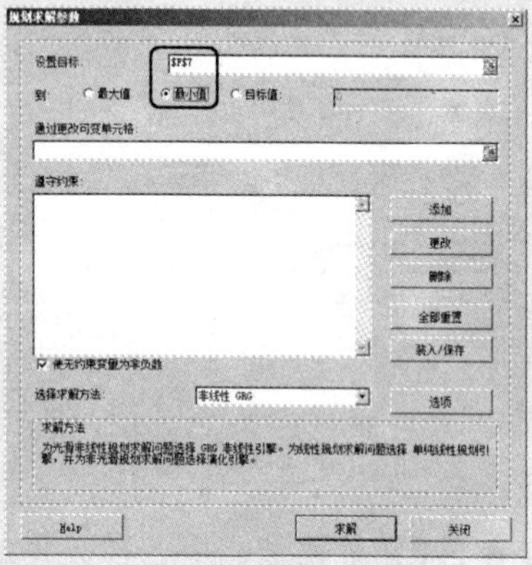

图10-144 【规划求解参数】对话框

5 将光标放置在【可变单元格】文本框中，用鼠标选择C6~E6区域单元格，单击【添加】按钮，弹出【添加约束】对话框，选择【单元格引用】为F6，选择【运算符】为“=”，在【约束】文本框中输入100，如图10-145所示。单击【确定】按钮。使用同样方法根据要求继续添加约束条件，如图10-146所示。

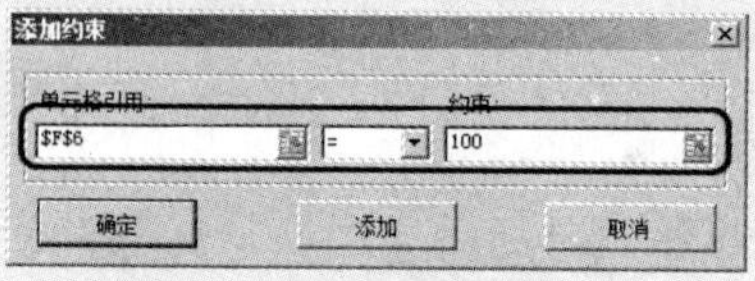

图10-145 【添加参数】对话框

图10-146 【规划求解参数】对话框

6 单击【求解】按钮，开始求解，当找到答案后，就会弹出【规划求解结果】对话框，如图10-147所示。

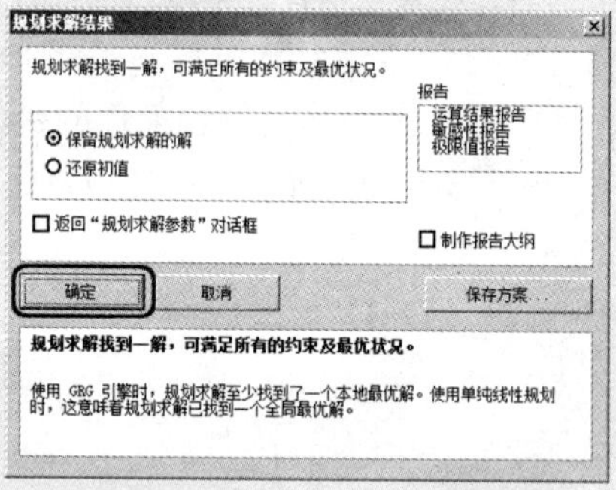

图10-147 【规划求解结果】对话框

7 单击【确定】按钮，看到可变单元格的数据已经改变为解算后的答案，符合所提出的一切条件，如图10-148所示。

8 选中A1~F9区域的单元格，选择【开始】选项卡|【单元格】组|【格式】命令，在弹出的下拉菜单中选择【设置单元格格式】命令，如图10-149所示。

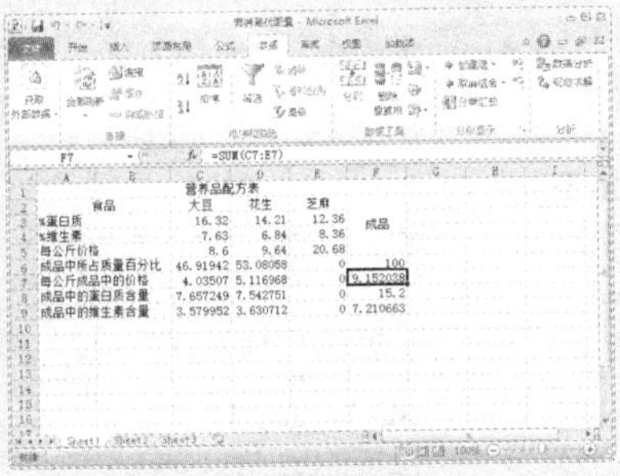

图10-148 规划求解结果

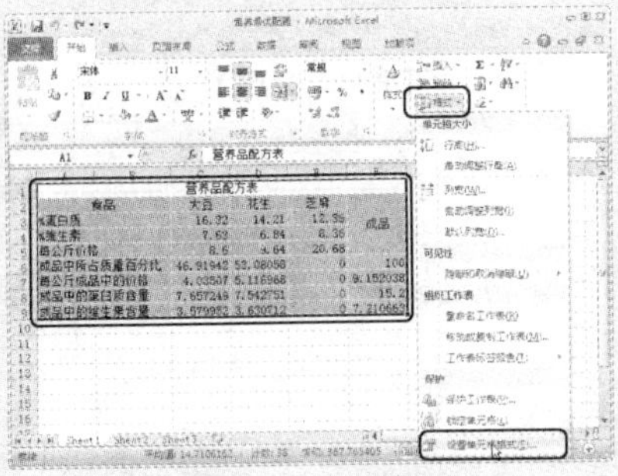

图10-149 设置单元格格式

9 在弹出的【设置单元格格式】对话框中设置其边框，单击【确定】按钮，如图10-150所示。选择【视图】选项卡|【显示】组中选择网格线复选框，将网格线隐藏，加边框后的表格如图10-151所示。

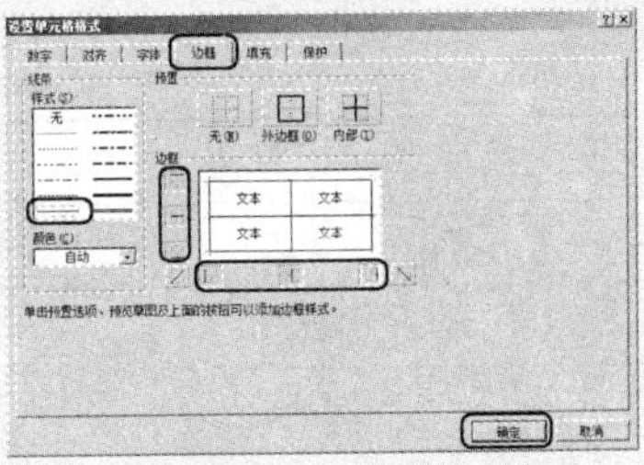

图10-150 设置边框

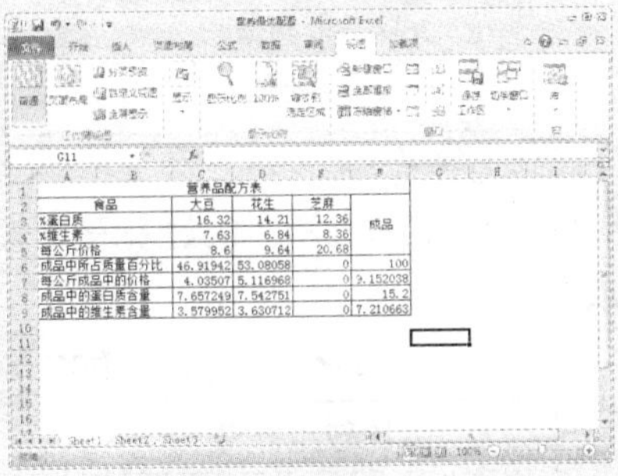

图10-151 设置边框效果

10 至此，营养最优配置效果就制作完成了，将其进行保存。

10.10 使用公式和函数

公式是在工作表中对数据进行分析处理的等式，它可以对工作表数值进行各种运算。公式中的信息还可以引用同一工作表中的其他单元格、同一工作簿不同工作表的单元格或其他工作簿的工作表中的单元格信息。函数是一些预定义的公式，通过使用一些称为参数的特定数值来按特定的顺序或结构执行计算。

10.10.1 在公式中使用常量

常量是不用计算的值，例如日期、数字或文本“季度收入”都是常量。表达式或由表达式得出的结果不是常量。如果在公式中使用常量而不是对单元格的引用，则只有自己更改公式时其结果才会更改。

10.10.2 在公式中使用计算运算符

运算符是对公式中的元素进行特定类型的运算符号。

1. 运算符类型

运算符分为4种不同的类型，即算术、比较、文本连接和引用。

1）算术运算符

若要完成基本的数学运算（加法、减法或乘法）、合并数字以及生成数值结果，使用如表10-2所示。

表10-2　算术运算符及其含义

算术运算符	含义（示例）
+（加法）	加法（3+3+6）
-（减法）	减法（8-2-1）或负数（-2）
*（星号）	乘法（6*3）
/（正斜杠）	除法（6/2）
%（百分号）	百分比（20%）
^（脱字号）	乘方（6^2）

2）比较运算符

可以使用如表10-3所示的运算符比较两个值。当用运算符比较两个值时，结果为逻辑值：TRUE或FALSE。

表10-3　比较运算符及其含义

比较运算符	含义（示例）
=（等号）	等于（A1=B1）
>（大于号）	大于（A1>B1）
<（小于号）	小于（A1<B1）
>=（大于等于号）	大于或等于（A1>=B1）
<=（小于等于号）	小于或等于（A1<=B1）
<>（不等号）	不等于（A1<>B1）

3）文本连接运算符

可以使用与号(&)连接，连接一个或多个文本字符串，以生成一段文本。

&：将两个值连接或串起来产生一个连续的文本值，例如“North”&“wind”。

4）引用运算符

可以使用冒号、逗号、空格对单元格区域进行合并计算，如表10-4所示。

表10-4　引用运算符及其含义

引用运算符	含　义
：（冒号）	区域运算符，生成对两个引用之间的所有单元格的引用，包括这两个引用（B5:B15）
，（逗号）	联合运算符，将多个引用合并为一个引用SUM(B5:B15,D5:D15)
空格	交叉运算符，生成对两个引用共同的单元格的引用（B1:D7 C6:C8）

2. Excel执行公式运算的次序

在一些情况下，执行的计算会影响公式的返回值，因此，了解如何确定计算次序以及如何更改次序以获得所需结果非常重要。

（1）计算次序

公式按特定次序计算值。Excel中的公式始终以等号（=）开头，这个等号告诉Excel随后的字符组成一个公式。等号后面是要计算的元素，各操作数之间由运算符分隔。Excel 按照公式中每个运算符的特定次序从左到右计算公式。

（2）运算符优先级

如果一个公式中有若干个运算符，Excel将按表10-5所示中的次序进行计算。如查一个公式中的若干个运算具有相同的优先顺序，如果一个公式既有乘号又有除号，Excel将从左到右进行计算。

表10-5　运算符优先级

引用运算符	含　义
：（冒号）、（单个空格）、，（逗号）	引用运算符
-	负数（如-1）
%	百分比
^	乘方
* 和 /	乘和除
+ 和 -	加和减
&	连接两个文本字符串（串连）
= < > <= >= <>	比较运算符

（3）使用括号

若要更改求值的顺序，将公式中要先计算的部分用括号括起来。例如，“=8+5*2”公式的结果是18，因为Excel先进行乘法运算后进行加法运算。将5与2相乘，然后再加上8，即得到结果。

但是，如果用括号对该语法进行更改，那么就是“=(8+5)*2”，这样Excel将先求出8加5之和，再用结果乘以2得26。

在“=(B4+24)/SUM（D5:F5）”示例中，公式中第一部的括号强制Excel先计算B4+24，然后再除以单元格D5、E5、F5中值的和。

10.10.3　在公式中使用函数

函数是预定义的公式，通过使用一些参数按照特定的顺序或结构执行计算。函数可用于执行简单或复杂的计算。

例如，求单元格A1:D1中数字之和，输入函数=SUM（A1:D1）即可。在单元格中输入“=SUM（”时会出现提示语法，如图10-152所示，然后再输入“A1:D1）”，在输入A1时该单元格会出现蓝色边框，如图10-153所示。

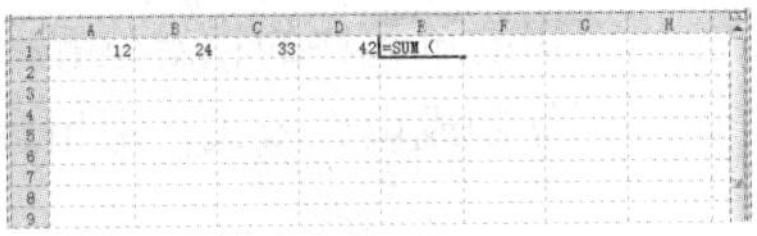

图10-152　出现提示语法

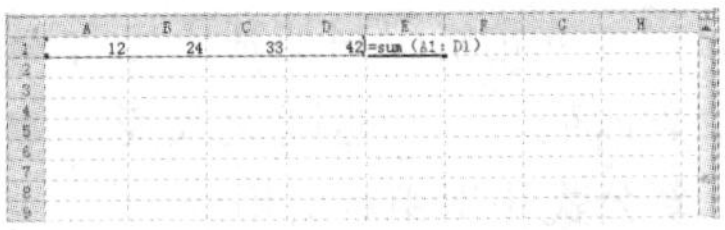

图10-153　输入完函数

每个函数都由以下3部分构成。

- =：表示后面跟着函数（公式）。函数的结构以等号开始，后面紧跟函数名称和左括号，然后以逗号分隔输入该函数的参数，最后是右括号。
- 函数名：表示将执行的操作。如果要查看可用函数的列表，可单击一个单元格并按Shift+F3键。
- 参数：参数可以是数字、文本、TRUE或FALSE等逻辑值、数组、错误值、常量、公式或其他函数。

此外，还有参数工具提示，在键入函数时，会出现一个带有语法和参数的工具提示。例如，在单元格中键入“=SUM”时，工具提示就会出现，如图10-154所示。工具提示只在使用内置函数时才出现。可以在单元格中直接输入函数的名称，也可以使用函数向导输入函数。

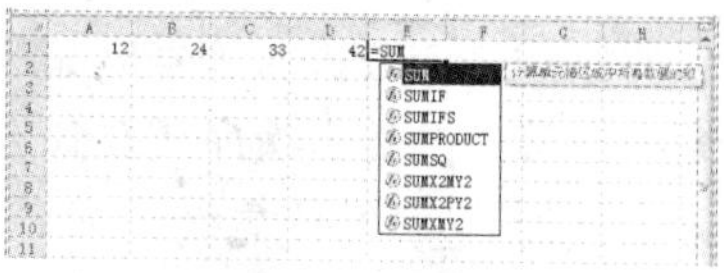

图10-154　工具提示

10.10.4　在公式中使用引用

引用的作用在于标识工作表上的单元格或单元格区域，并告知Excel在何处查找公式中所使用的数值或数据。通过引用，可以在一个公式中使用工作表不同部分中包含的数据，或者在多个公式中使用同一个单元格的数值，还可以引用同一个工作簿中其他工作表上的单元格和其他工作簿中的数据。

引用其他的工作簿中的单元格被称为链接或外部引用。外部引用是指对其他Excel工作簿单元格或区域的引用，或对其他工作簿中的定义名称的引用。

1. 引用样式

默认情况下，Excel使用A1引用样式，此样式引用字母标识列（从A到XFD，共有16384列）以及数字标识行（1到1048576）。这些字母被称为行号和列标。若要引用某个单元格，输入后紧跟行号的列标。例如，B2引用列B和行2交叉处的单元格。表10-6所示给出了更多的引用样式示例。

表10-6　默认引用样式示例

若要引用	使　用
列A和行10交叉处的单元格	A10
在列A和行10到行20之间的单元格区域	A10:A20
在行15和列B到列E之间的单元格区域	B15:E15
行5中的全部单元格	5:5
行5到行10之间的全部单元格	5:10
列H中的全部单元格	H:H
列H到列J之间的全部单元格	H:J
列A到列E和行10到行20之间的单元格区域	A10:E20

2. 相对引用、绝对引用和混合引用之间的区别

（1）相对引用

公式中的相对单元格引用是基于包含公式和单元格引用的单元格的相对位置。如果公式所在单元格的位置改变，引用也随之改变。如果多行或多列复制或填充公式，引用会自动调整。默认情况下，新公式使用相对引用。

（2）绝对引用

公式中的绝对单元格引用总是在特定位置引用单元格。如果公式所在单元格的位置改变，绝对引用将保持不变。如果多行或多列的复制或填充公式，绝对引用将不作调整。默认情况下，新公式使用相对引用，可需要将它们转换为绝对引用。

（3）混合引用

混合引用具有绝对列和相对行或绝对行和相对列。绝对引用列采用$A1、$B1等形式。绝对引用行采用A$1、B$1等形式。如果公式所在单元格的位置改变，则相对引用将改变，而绝对引

用将不变。如果多行或多列的复制或填充公式，相对引用将自动调整，而绝对引用不作调理。

（4）三维引用

三维引用便于引用多个工作表，如需要分析同一工作簿中多个工作表上相同单元格或单元格区域中的数据，可以使用三维引用。三维引用包含单元格或区域引用，前面加上工作表名称的范围。Excel 使用存储在引用开始名和结束名之间的任何工作表。

（5）改变引用的类型

通过在适当的位置使用$符，可以输入非相对引用；或者，使用F4键，当输入一个单元格的引用，反复按F4键就可以在几种引用类型中循环选择。

例如：在单元格中输入=B10，按一次F4键，单元格引用变为=$B$10，再按一次F4键，转换为=B$10，再按一次F4键，转换为=$B10，最后按一次，又回到了开始的=B10。不断的按F4键，直到Excel显示所需要的引用类型。

（6）引用当前工作表外的单元格

使用公式时，也可以引用同一个工作簿不同工作表中的单元格，或引用不同工作簿的工作单元格。Excel使用一种感叹号（!）来处理这种类型的引用。

（7）在三维引用中移动、复制、插入或删除工作表时出现的情况

以下示例说明在移动、复制、插入或删除三维引用中包括工作表时出现的情况。该示例使用公式“=SUM（Sheet2:Sheet6!A2:A5）”对从Sheet2到Sheet6的每个工作表中的A2到A5单元格的和。

- 插入或复制：如果说在Sheet2和Sheet6之间插入或复制工作表，Excel将在计算中包含添加的工作表中的单元格A2到A5的所有数值。
- 删除：如果删除了Sheet2和Sheet6之间的工作表，Excel将删除计算中相应的值。
- 移动：如果将Sheet2和Sheet6之间的工作表移动到引用工作表区域之外的位置，Excel将删除计算中相应的值。
- 移动起止工作表：如果将Sheet2或Sheet6移动同一工作簿中的其他位置，Excel将删除计算中相应的值。
- 删除起止工作表：如果删除了Sheet2或Sheet6，Excel将对计算进行调整以包含它们之间的工作表区域。

10.10.5 创建或删除公式

1. 创建包含常量和计算运算符的简单公式

表10-7所示中的公式包含运算符（运算符是一个标记或符号，指定表达式内执行的计算的类型，有数学、比较、逻辑和引用运算符等）和常量。

表10-7 包含运算符和常量的公式示例

示例公式	执行计算
=128+365	128加上365
=5^3	5的立方

单击需输入公式的单元格，键入=（等号），输入公式内容，最后按Enter键。

2. 创建包含函数的公式

表10-8所示给出了几个包含函数的公式示例。

表10-8　包含函数的公式示例

示例公式	执行的计算
=SUM（A:A）	将A列的所有数字相加
=AVERAGE（A1:B4）	计算区域中所有数字的平均值

实战演练204——创建包含函数的公式

1 单击需输入公式的单元格。

2 若要使用公式以函数开始，单击【公式】选项卡|【函数库】组中的按钮。

3 打开【插入函数】对话框，在【搜索函数】文本框中输入对需要解决的问题的说明，或浏览【或选择类别】下拉列表框中的分类，在【选择函数】列表框中选择函数类型，如图10-155所示。

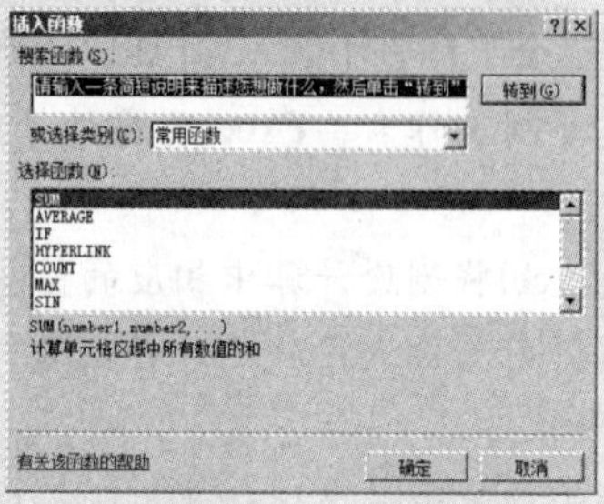

图10-155　选择函数

4 单击【确定】按钮，进入到【函数参数】对话框，单击按钮，如图10-156所示，将对话框暂时隐藏，在工作表中选择单元格，如图10-157所示，然后单击按钮，将对话框展开，完成后单击【确定】按钮，此时在选中的单元格中出现结果，如图10-158所示。

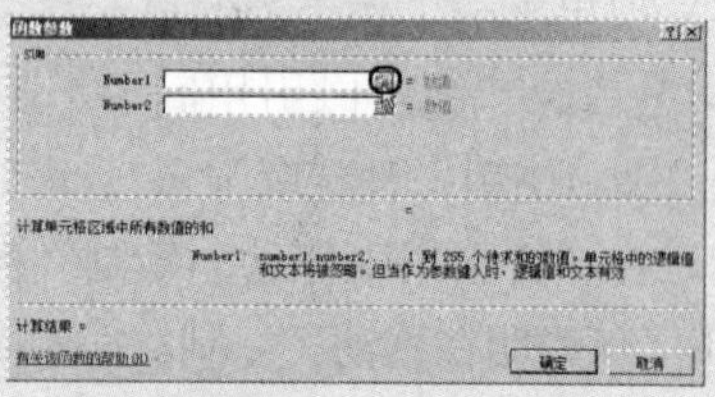

图10-156　隐藏对话框

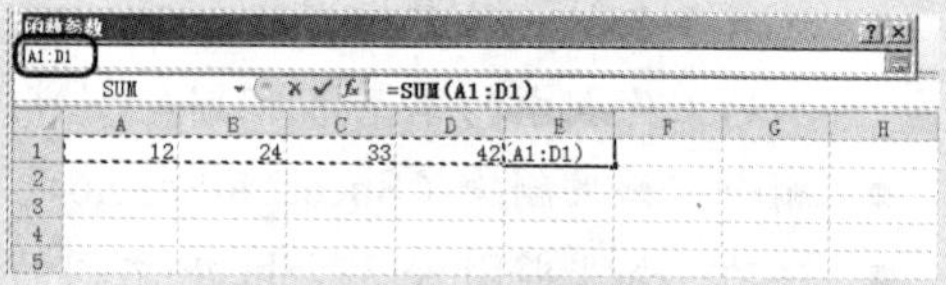

图10-157　选择单元格

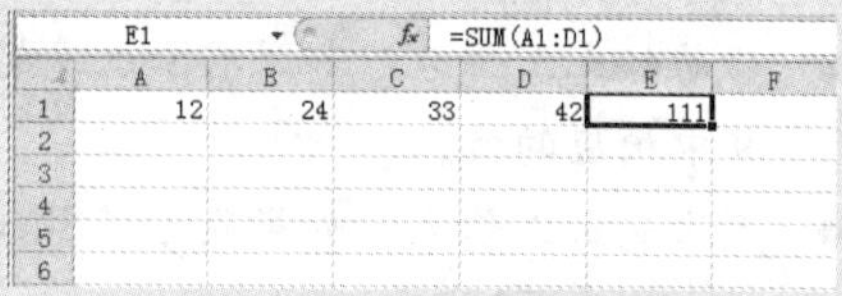

图10-158　得出结果

3. 创建包含引用和名称的公式

表10-9所示中的公式包含对其他单元格的相对引用以及这些单元格的名称。包含公式的单元格称为从属单元格，因为其结果值将依赖于其他单元格的值。

表10-9　包含引用和名称的公式示例

示例公式	执行的计算
=C2	使用单元格C2中的值
=Sheet2!B2	使用Sheet2上单元格B2中的值
=资产-债务	名为“资产”的单元格减去名为“债务”的单元格

单击需输入公式的单元格，在编辑栏中输入“=”，若要创建引用，选择一个单元格、单元格区域、另一个工作表或工作簿中的位置。然后拖动所选单元格的边框图来移动单元格或拖动边框上的角来扩展单元格区域，如图10-159所示。

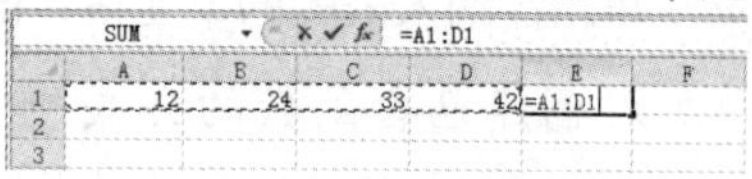

图10-159　拖动扩展单元格

若要输入一个对命名区域的引用，按F3键，在“粘贴名称”框中选择名称，然后单击【确定】按钮，最后按Enter键即可。

4. 创建计算单个结果的数组公式

可用数组公式执行多个计算而生成单个结果。通过单个数组公式代替多个不同数组公式可简化工作表模型。

实战演练205——创建计算单个结果的数组公式

1 单击需输入数组公式的单元格。

2 键入数据公式。例如，计算一批货物的总价值，而不是使用一行单元格来计算总价值，如图10-160所示。

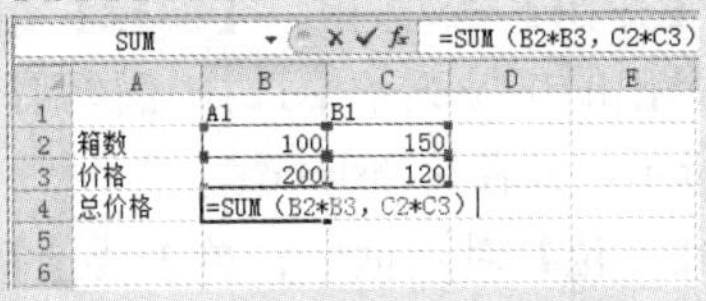

图10-160　产生单个结果的数组公式

当将公式{=SUM（B2* B3,C2*C3）}作为数组公式输入时，该公式将每种的“箱数”和“价格”相乘，然后再将这些计算结果相加，所得到的总计算值为38000。

5. 删除公式

单击含有公式的单元格，直接按Delete键即可。

10.10.6　使用区域命名创建公式

Excel 2010还有一个新增功能叫“区域命名”。对于一个经常调用的数据区域，通过进行命名标识，在公式录入时就可方便调用，就不需要再重新选择区域，而且还提供了管理器，哪个区域对应哪个名字。

1. 新建命名区域

实战演练206——新建命名区域

1 在工作表中，选择需要命名的区域，右键该区域，弹出如图10-161所示的快捷菜单。

图10-161　新建定义名称

2 选择【定义名称】命令，打开如图10-162所示的【新建名称】对话框，在【名称】文本框中输入该区域的名称，单击【确定】按钮。

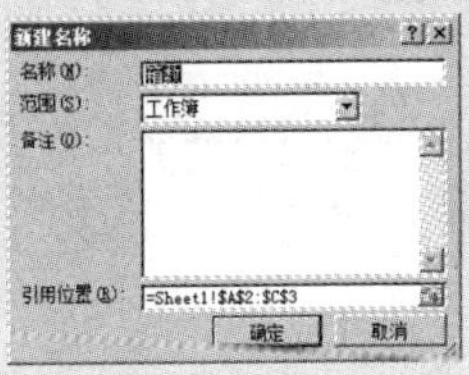

图10-162　定义名称

2. 使用“名称”框选择区域

在位于编辑栏最左侧的“名称”框中，执行以下操作之一：

- 要选择命名的单元格或区域，键入它的名称，然后按Enter键，或者单击“名称”框旁边的箭头，然后单击所需的名称。

- 要选择两个或更多的命名单元格，单击“名称”框旁边的箭头，然后单击要选择的第一个单元格引用或区域的名称，然后按住Ctrl键，同时单击“名称”框中其他单元格或区域的名称。
- 要选择一个未命名的单元格引用或区域，键入要选择的单元格或区域的单元格引用，然后按Enter键。

例如，键入B3选择该单元格，或键入B1:B3选择包含3个单元格的区域。

3. 使用【定位】命令选择区域

在【开始】选项卡｜【编辑】组中单击按钮，在弹出的下拉菜单中选择【转到】命令，如图10-163所示，或者按Ctrl+G键。

在【定位】对话框中，单击要选择的单元格或区域的命名，或在【引用位置】文本框中键入单元格引用，如图10-164所示。

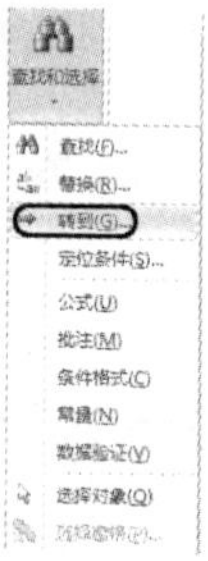

图10-163　选择【转到】命令

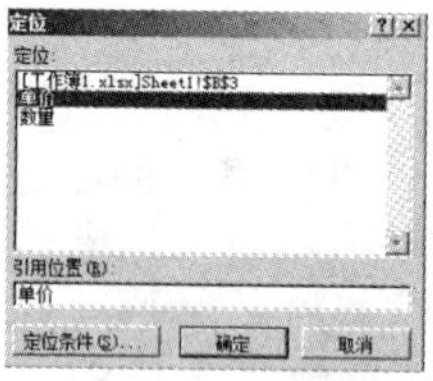

图10-164　选择定位的区域

例如，在【引用位置】文本框中键入B3，单击【确定】按钮后，在工作表中就会选中该单元格，可以键入B1:B3选择包含3个单元格的区域。

10.11　上机练习——用Excel函数自动填充

本例将介绍如何通过Excel函数自动填充，如图10-165所示。本例知识点为运用自动填充功能、使用公式进行运算。

姓名	成绩						
刘雪	90	90199	98198	2	韩旭	98	1
韩旭	98	98198	91195	5	董菲	91	2
唐磊	66	66197	90199	1	刘雪	90	3
俞静	73	73196	73196	4	俞静	73	4
董菲	91	91195	66197	3	唐磊	66	5

图10-165　用Excel函数自动排名次

实战演练207——用Excel函数自动填充

最终文件	dir\最终文件\cha10\用Excel函数自动填充.xlsx
视频文件	Movie\10-05.avi

1 启动Excel 2010软件，系统自动新建工作簿，如图10-166所示。

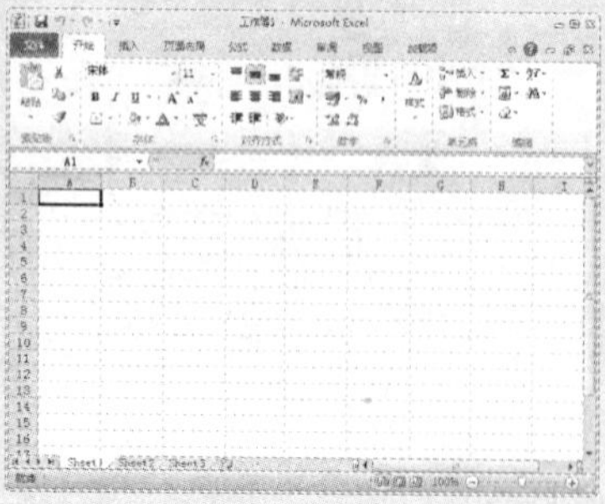

图10-166　新建工作簿

2 在A1~B6区域的单元格中建立字段、输入数字，如图10-167所示。

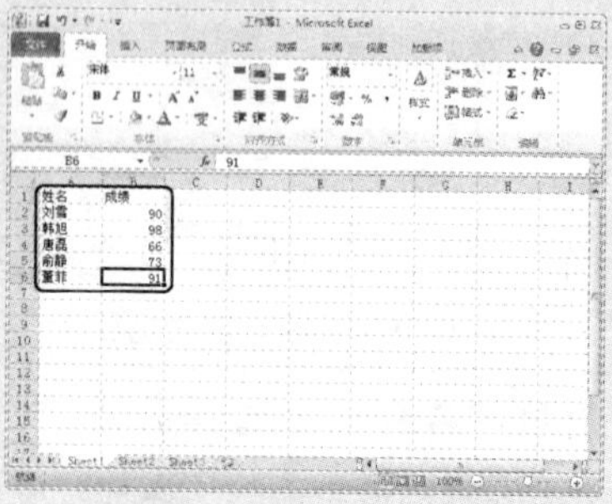

图10-167　输入表格内容

3 选择C2单元格，在单元格中输入函数“=IF(A2=0,0,INT(CONCATENATE(INT(B2),200-ROW(A1))))”,如图10-168所示。

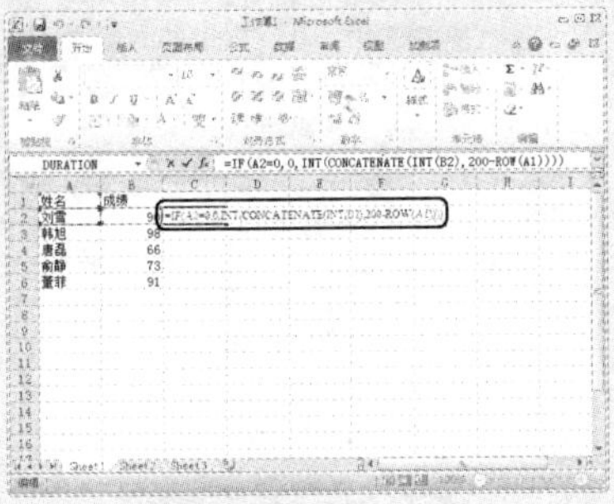

图10-168 输入函数

4 单击Enter键结束输入公式，求得函数值，如图10-169所示。

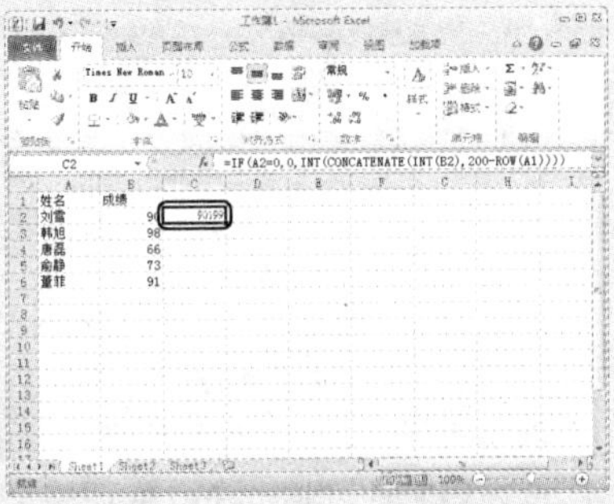

图10-169 求得函数值

5 将光标移动到C2单元格的右下方，出现一个黑色的手柄，如图10-170所示。拖动手柄至C6单元格，系统将自动填充单元格C3~C6区域的函数值。

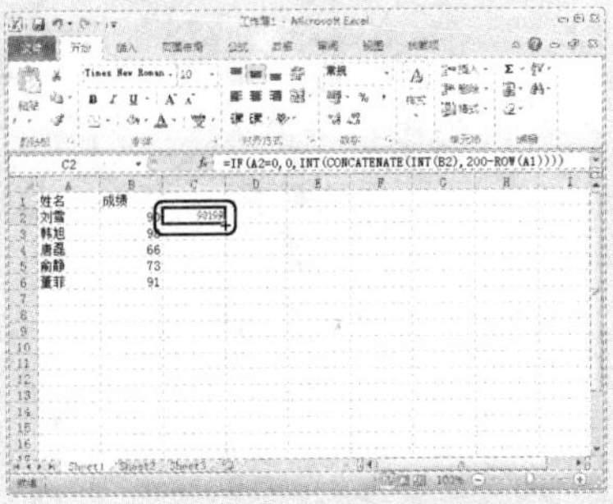

图10-170 拖动手柄

6 在D2单元格中输入函数“=LARGE(C:C,ROW(A1))”，如图10-171所示。按Enter键结束输入公式，求得函数值。

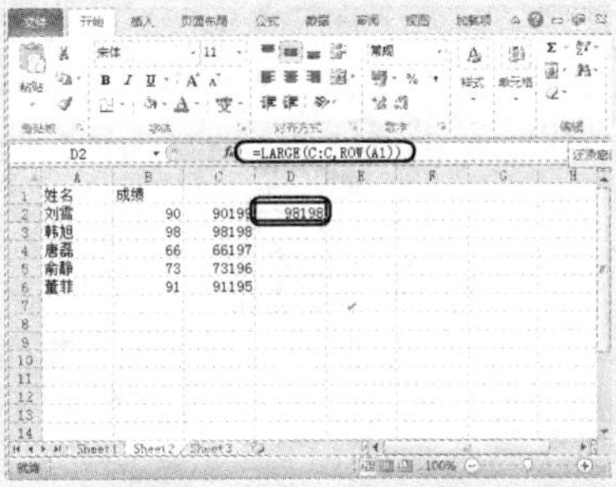

图10-171 输入函数

7 将光标移动到D2单元格的右下方，出现一个黑色的手柄，拖动手柄至单元格D6，系统将自动填充单元格D3~D6区域的函数值，如图10-172所示。

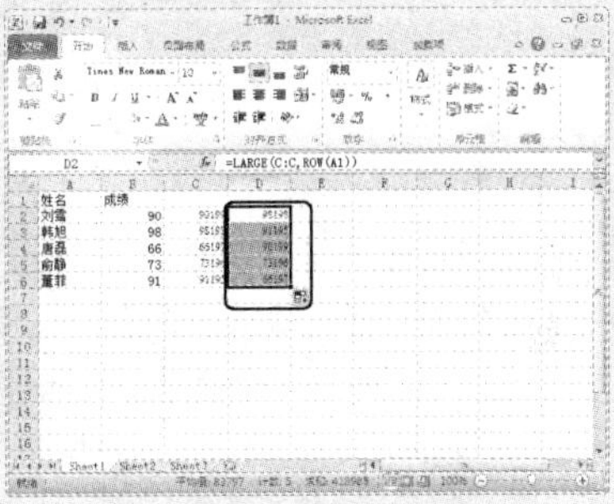

图10-172 自动填充

8 在E2单元格中输入函数“=IF(D2=0,0,200-RIGHT(D2,3))”，如图10-173所示。单击Enter键结束输入公式，求得函数值。

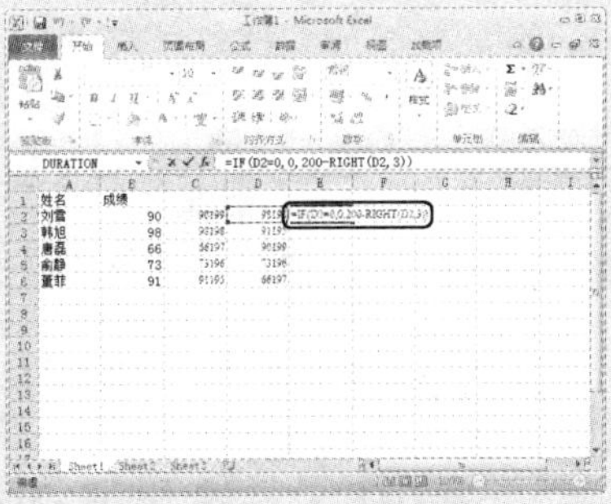

图10-173 输入函数

9 利用上述方法求得E3~E6区域单元格的函数值，如图10-174所示。

10 在F2单元格中输入函数“=IF($E2=0,0,INDEX($A$2:$B$15,$E2,COLUMN(A1)))”，如图10-175所示。按Enter键结束输入公式，求得函数值。

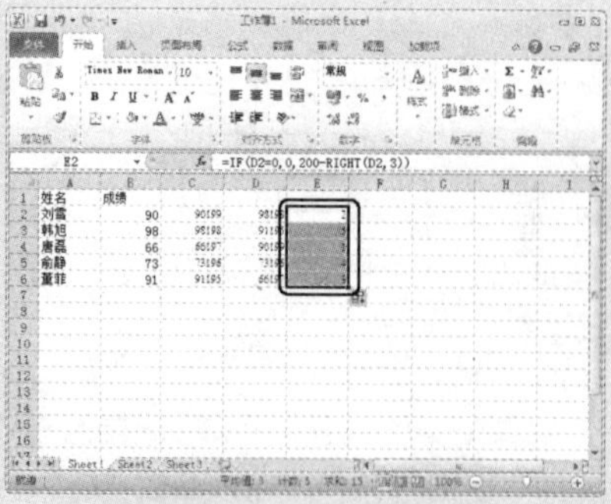

图10-174　自动填充

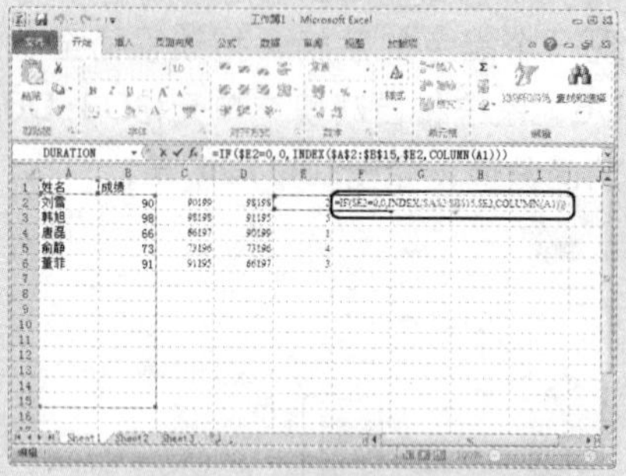

图10-175　输入函数值

11 利用上述方法求得F3~F6区域单元格的函数值。

12 在G2单元格中输入函数“=IF($E2=0,0,INDEX($A$2:$B$15,$E2,COLUMN(B1)))”，如图10-176所示。按Enter键结束输入公式，求得函数值。

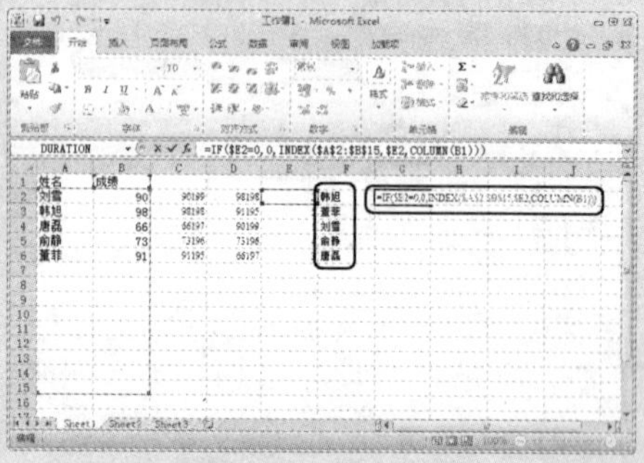

图10-176　输入函数

13 利用上述方法求得G3~G6区域单元格的函数值。

14 在H2和H3单元格中分别输入数字“1”和“2”，如图10-177所示。将光标移动到H3单元格的右下方，出现一个黑色的手柄。拖动手柄至单元格H6，系统将自动填充单元格H4~H6区域为3~5的自然数，如图10-178所示。

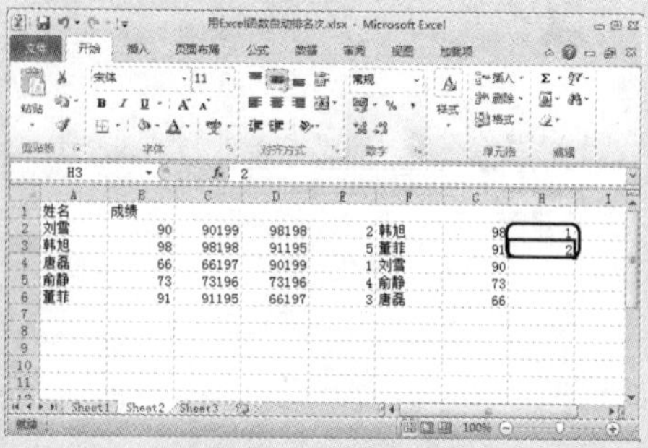

图10-177　输入数字

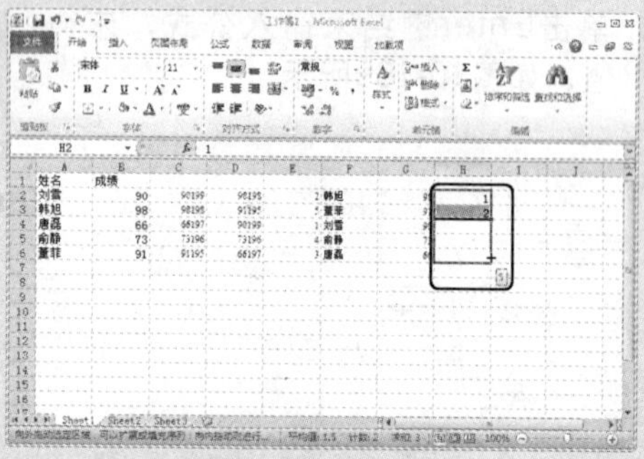

图10-178　自动填充

15 选中C1~H1区域的单元格，选择【开始】选项卡，在【对齐方式】组中单击【合并后居中】选项后的按钮，在弹出的下拉菜单中选择【合并单元格】命令，如图10-179所示。

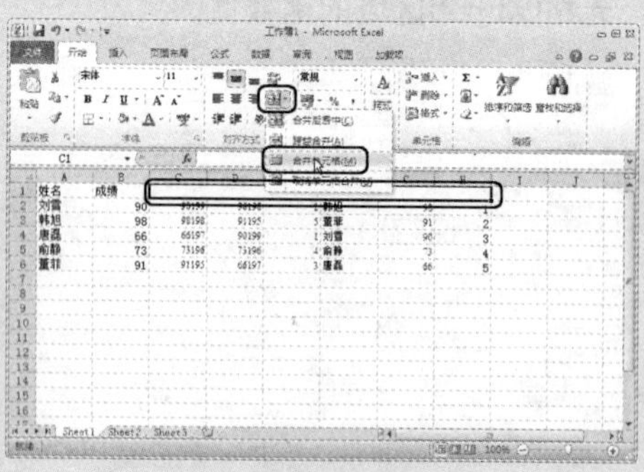

图10-179　合并单元格

16 选中A1~H6区域的单元格，单击鼠标右键，在弹出的快捷菜单中选择【设置单元格格式】命令，如图10-180所示。

图10-180 选择【设置单元格格式】命令

17 在弹出的【设置单元格格式】对话框中设置其边框，单击【确定】按钮，如图10-181所示。加边框后的表格如图10-182所示。

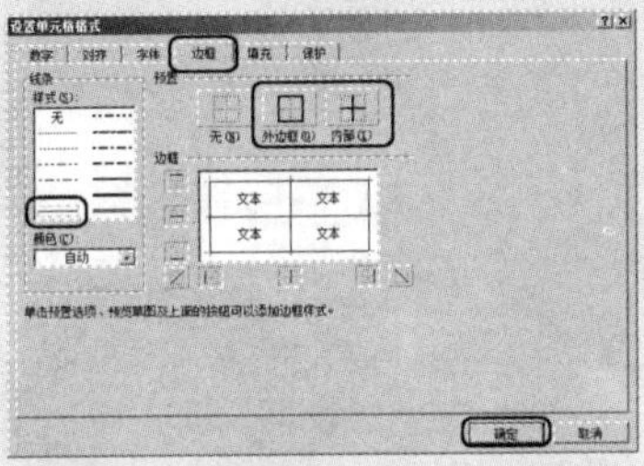

图10-181 【设置单元格格式】对话框

18 选择【视图】选项卡，在【显示/隐藏】组中选中【网格线】复选框，使网格线隐藏，如图10-183所示。

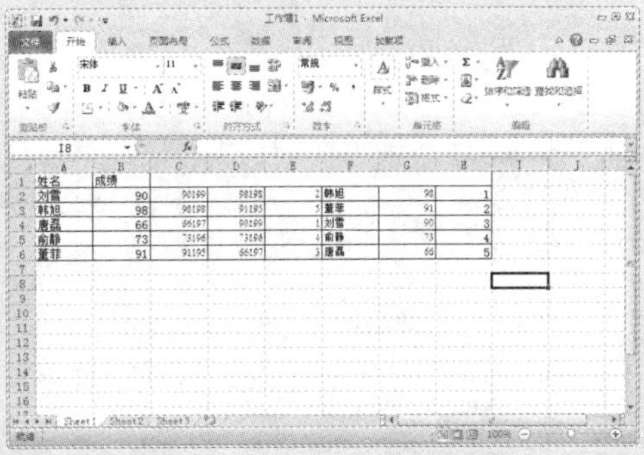

图10-182 加边框后的表格

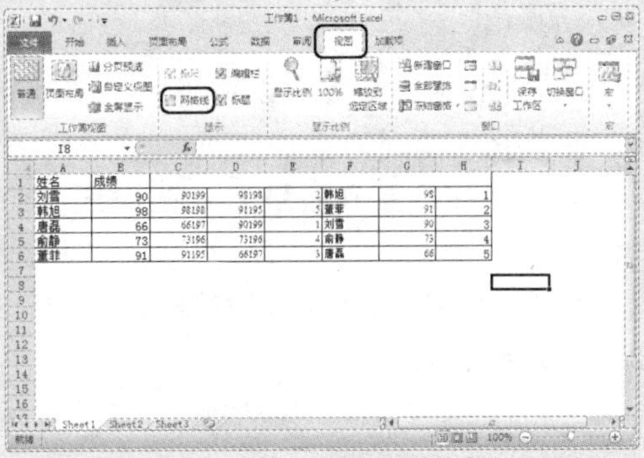

图10-183 隐藏网格线

19 至此，就完成了对表格“用Excel函数自动排名次”的制作，最后对文档进行保存。

10.12 打印工作簿

要在打印前预览页面，可以选择【文件】选项卡|【打印】|【打印预览】命令。单击工具栏或功能区上的按钮可以在打印前预览页面或进行更改。

要打印文件，选择【文件】选项卡|【打印】|【打印】命令，或按Ctrl+P键，打开【打印】对话框，选择所需的选项，如页数或要打印页码。

第11章

工作表的格式化操作与打印

建立工作表后，还可以对单元格及数据进行格式化设置，使单元格看起来更加美观、排列整齐、重点突出，从而使最终作品具有吸引力；同时还介绍工作表的打印设置。

通过本章的学习，可以掌握以下知识点：

- 单元格的格式化设置
- 单元格行高与列宽的调整
- 隐藏单元格或工作表
- 设置单元格的底纹与图案
- 设置数据的有效性
- 打印设置
- 打印工作簿

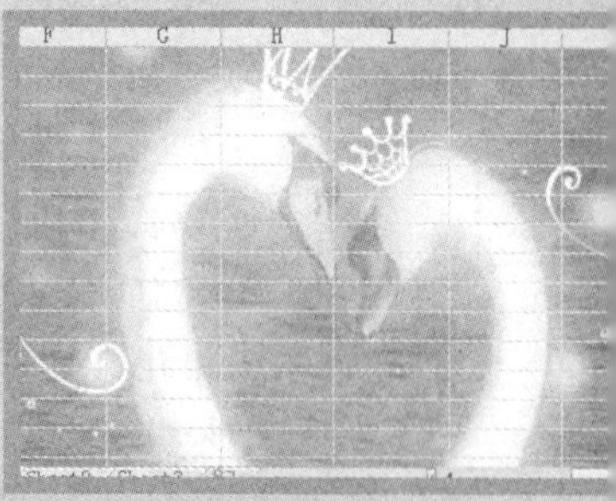

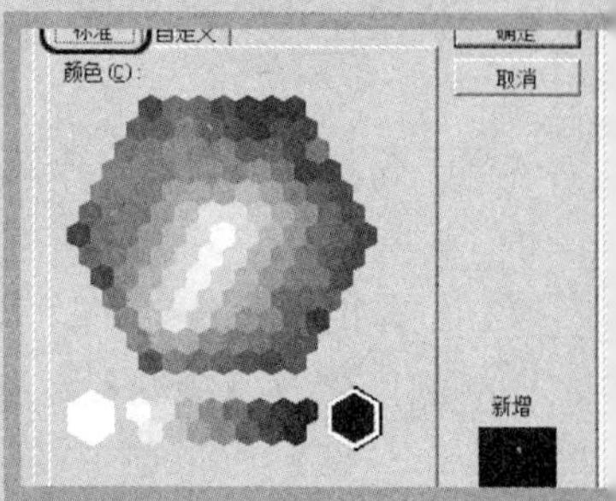

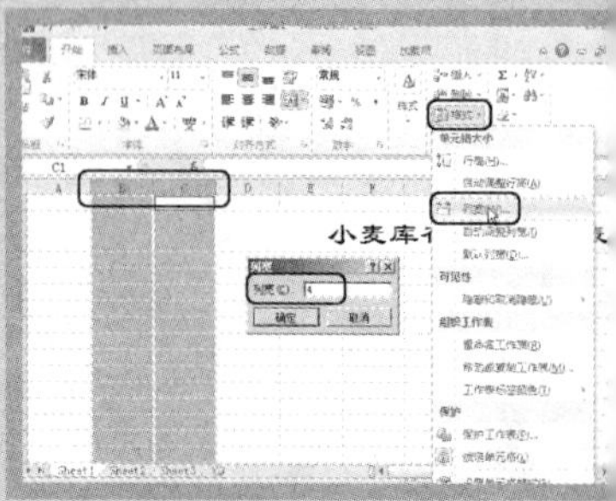

11.1 单元格的格式化设置

格式化有6个方面的内容，即数据格式、对齐格式、字体、边框线、图案和列宽行高的设置。Excel提供了自动设置格式功能，多数情况下，由用户根据自己的实际情况来设置完成。

格式化过程中，首先选择要进行格式化的单元格，然后使用格式化命令。格式化单元格并不改变其中的数据和公式，只是改变其外观。

在默认情况下，Excel使用的是“G/通用格式”，即数值右对齐、公式以值方式显示，以及当数值长度超出单元格长度时，采用科学计数法显示。数值格式包括整数、定点小数及逗号等格式。0表示以整数方式显示；0.00表示以两位小数方式显示；#,#0.00表示小数部分保留两位，整数部分每千位用逗号隔开；“红色”表示当数据值为负数时，用红色显示。

11.1.1 格式化工具

Excel中格式化工具主要为【开始】选项卡|【字体】组、【对齐方式】组、【数字】组、【样式】组和【单元格】组，如图11-1所示。

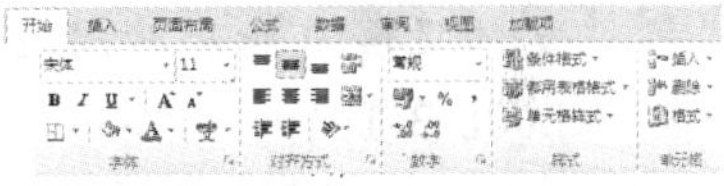

图11-1 格式化工具

- 【字体】组：设置字体的大小、颜色、加粗和倾斜等，与Word中的【字体】组功能极为相似。
- 【对齐方式】组：设置文本的各种对齐方式，如左对齐、右对齐、居中等，这些与Word中的【字体】组功能极为相似，另外可设置其自动换行功能。
- 【数字】组：设置数字格式。
- 【样式】组：设置条件格式、套用表格格式、单元格样式等。
- 【单元格】组：设置单元格格式。

还可以在单元格中单击鼠标右键，在弹出的快捷菜单中选择【设置单元格格式】命令，弹出【设置单元格格式】对话框，如图11-2所示。

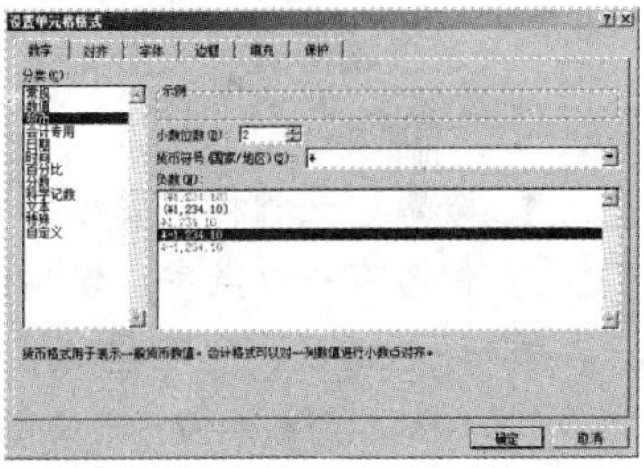

图11-2 【设置单元格格式】对话框

11.1.2 数字格式设置

本节学习如何格式化数字，即改变数字的外观。通过应用不同的数字格式，可以更改数字的外观不会更改数字。数字格式并不影响Excel用于执行计算的实际单元格值。实际值显示在编辑栏中，如图11-3所示。

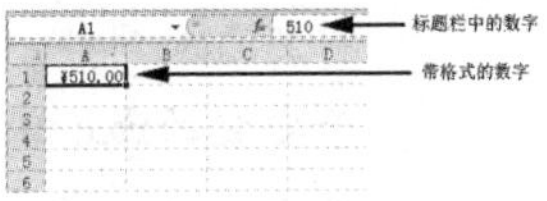

图11-3 数字格式

1. Excel中有哪些数字格式

数字值通常不只是数字，它还表示美元值、日期、百分数或某个其他值。Excel提供了以下许多数字格式。

- 常规：这是键入数字时Excel的默认数字格式。大多数情况下，“常规”格式的数字以键入的方式显示。然而，如果单元格的宽度不够显示整个数字时，“常规”格式会用小数点对数字进行四舍五入。“常规”数字格式还对较大的数字使用科学计数法表示，如10.6、$462,103.00。
- 数值：这种格式用于数字的一般表示。可以指定要使用的小数位数、是否使用千位分隔符及如何显示负数。默认数值格式有两位小数位。负数可以以红色出现，或放在括号中，或前面有减号且为红色，如3400.10、-3400.10。
- 货币：此格式用于一般货币值并显示带有数字的默认货币符号。可以指定要使用的小数位数、是否使用千位分隔符及如何显示负数。默认货币格式有两个小数位和一个人民币符。负数以红色显示，且放在括号中，如￥3521.30。
- 会计专用：这种格式也用于货币值，但它会在一列中对齐货币符号和数字的小数点。使用这个格式在列中对齐美元和小数点。默认的会计格式有两个小数位和一个美元符，如Y3400.00、$3562.1。
- 日期：这种格式会根据指定的类型和区域设置（国家/地区），将日期和时间系列数值显示为日期值。以星号（*）开头的日期格式响应在Windows控制面板中指定的区域日期和时间设置的更改。不带星号的格式不受控制面板设置的影响，如2006-3-19。
- 时间：这种格式会根据指定的类型和区域设置，将日期和时间系列数显示为时间值。以星号（*）开头的时间格式响应在Windows控制面板中指定的区域日期和时间设置的更改。不带星号的格式不受控制面板设置的影响。默认时间格式是冒号分开的小时和分，但是可以选择是秒、AM或PM，如10:00。
- 百分比：这种格式以百分数形式显示单元格的值。可以指定要使用的小数位数。默认百分数格式有两个小数位，Excel把单元格中的值乘以100，并在结果中显示百分号，如30.03%。
- 分数：这种格式会根据指定的分类类型以分数形式显示数字。默认分类格式是在斜线两侧各有一位数字。使用这个格式显示在斜线两端的位数和分数类型，如1/2。
- 科学记数：这种格式以指数表示法显示数字，用“E+n”替代数字的一部分，其中用10的n次幂乘以E前面的数字。例如，两位小数的科学计数格式将12345678901显示为1.23E+10，即用1.23乘10的10次幂。可以指定要使用的小数位数。默认科学计数格式有两个小数位。使用这个格式以科学计数法显示数字，如3.40E+03。
- 文本：使用文本格式把单元格中的文本和数字都显示为文本，与输入时的一样，如135RV90。
- 特殊：这个格式特别用于显示邮政代码、电话号码、身份证号码等，不必输入任何特殊字符，如02110。
- 自定义：这种格式允许修改现有数字格式代码的副本。它会创建一个自定义数字格式并将其添加到数字格式代码的列表中。可以添200~250个自定义格式数字格式，具体取决于安装的Excel的语言版本。在【类型】列表框中选择任何格式代码，然后对这些代码进行修改。“#”代表数字占位符，“0”代表0占位符，如00.0%。

2. 设置数字格式

实战演练208——设置数字格式

1 选择需要设置数字格式的单元格。

2 在【开始】选项卡|【数字】组中，单击该组右下方的按钮，打开【设置单元格格式】对话框（或者在单元格上单击鼠标右键，在弹出的快捷菜单中选择【设置单元格格式】命令）。

3 选择【数字】选项卡，在分类列表框中选择【数字】格式类型，右侧“示例”栏下显示其默认格式，对格式进行必要的调整。

4 单击【确定】按钮，或按Enter键。

或者在【数字】组中单击常规右侧的小三角按钮，在弹出的下拉列表框中选择一种数字格式。

注意

如果想取消数字格式，选择该单元格，在【开始】选项卡|【编辑】组中单击【清除】按钮，在弹出的下拉菜单中选择【清除格式】命令，如图11-4所示。

3. 使用格式按钮

在【开始】选项卡|【数字】组中有5个按钮可以用来选择数字格式。

- ：会计数字格式，如￥2310.03。
- %：百分比样式，如20.01%。
- ,：千位分隔样式，如12,254.00。
- ：增加小数点的位数。
- ：减少小数点的位数。

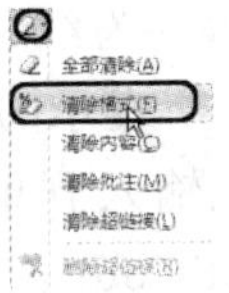

图11-4 选择【清除格式】命令

选择需要格式化的单元格，然后单击【数字】组中的这些按钮即可。

4. 建立定制格式

如果需要输入特殊的数字，如账号，可能要建立自己的数字格式，并使用它格式化账号。例如，假设账号为12 20350 302。

可以为其建立如下的样式：

###

这样在输入数字时，Excel将对其进行格式化，在需要的位置增加连字符，如10-20350-302。

注意

混合格式中不能对含有文本和数字的值对应一个格式。

实战演练209——建立定制的格式

1 在【开始】选项卡|【单元格】组中单击格式按钮，在弹出的下拉菜单中选择【设置单元格格式】命令，如图11-5所示。

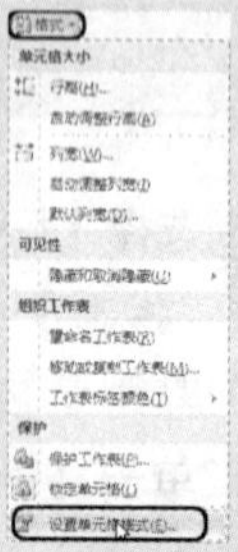

图11-5 设置单元格式

2 在弹出的【设置单元格格式】对话框中，选择【数字】选项卡，然后在【分类】列表框中选择【自定义】选项，在对话框的右侧【类型】文本框中输入定制格式，如图11-6所示，单击【确定】按钮。

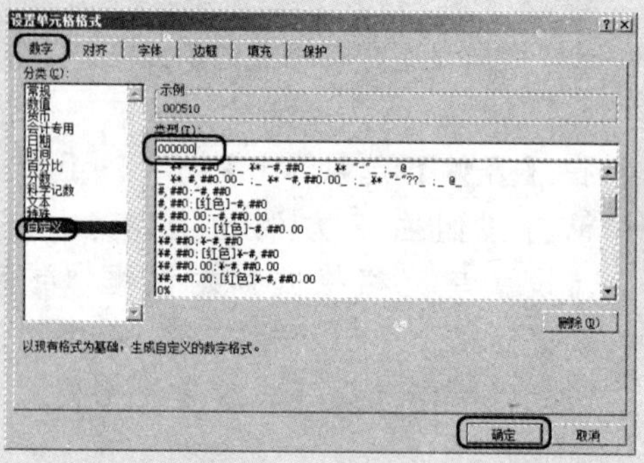

图11-6 设置数字

输入格式时，使用“#”，表示显示数字；使用“0”，表示在需要补充数的长度时加零；使用“?”，表示在需要的地方加空格对齐小数点。

可以设置如何显示正数和负数，以及零值和文本，并输入格式。简单地用一个分号（；）分开这些格式，如：

##.#0【红色】 ##.#0【绿色】 0.00;@

在这个格式例中，表示输入到单元格中的正数带两个小数位显示；负数带前置页号显示，为红色；零值显示的0.00，以绿色显示。在这些单元格中允许文本，正如最后“@”所表示的。如果不包括文本格式，输入到单元格中的任何文本都不会显示出来。如果想在输入到单元格的所有文本前面加上特定的单词，则在双引号中包括这些单词，如“Acct.Code：”@。

11.1.3 文本格式化

默认情况下，单元格中的字体通常为“宋体”，如果想特别突出某些文字，可以把它们设置为不同的字体，并且可以设置字号。

1. 使用【格式】工具栏设置字符格式

粗体和倾斜是两种常用的文字样式，粗体文字可以加强某些文字的强调效果，对于重要的数据可以使用粗体。在单元格中输入文字，将其选中，将鼠标上移，此时在上面会出现浮动工具栏，如图11-7所示，可以在浮动工具栏中设置。

同时还可以在【开始】选项卡|【字体】组中对单元格中的文字进行设置，如图11-8所示。

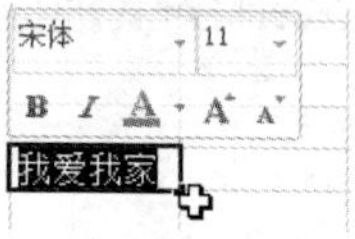

图11-7 浮动工具栏

图11-8 设置【字体】组

实战演练210——使用【字体】组设置字符格式

1 选择要改变字体的单元格。

2 在【开始】选项卡|【字体】组中单击 宋体 右侧的小三角按钮，在弹出的下拉列表框中选择字体，如图11-9所示。

3 要改变字号，与设置文字字体的方法相同，在【字体】组中单击 11 右侧的小三角按钮，在弹出的下拉列表框中选择字号，如图11-10所示。

图11-9 选择字体

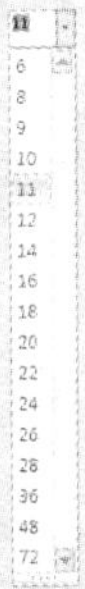

图11-10 选择字号

4 在【字体】组中，可以单击 B I U 按钮，使字体产生粗体、倾斜、下划线效果，可以单击下划线右侧的小三角按钮选择双下划线效果，如图11-11所示。

要想为文字改变字体颜色，可以在【字体】组中单击 A 右侧的小三角按钮，在弹出的下拉面板中选择一种颜色，如图11-12所示。如果在这里没有想要的颜色，可以单击下拉面板中的【其他颜色】命令，在弹出的【颜色】对话框的【标准】和【自定义】两个选项卡中进行选择，如图11-13所示。

图11-11 设置下划线

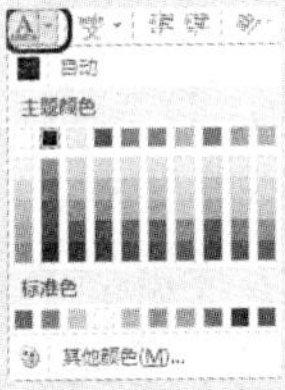

图11-12 设置字体颜色

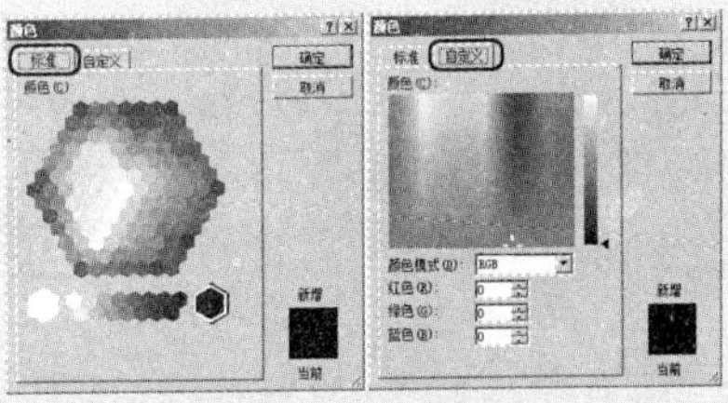

图11-13 自定义颜色

2. 使用【设置单元格格式】对话框

在进行设置时，可以通过【设置单元格格式】对话框对字体、字号、字形、颜色进行设置。

实战演练211——使用【设置单元格格式】对话框

1 选择要设置的单元格文字。

2 在【开始】选项卡|【字体】组中单击右下方的 按钮，打开【设置单元格格式】对话框。

3 在【字体】选项卡中对单元格中的文字进行设置，如图11-14所示。

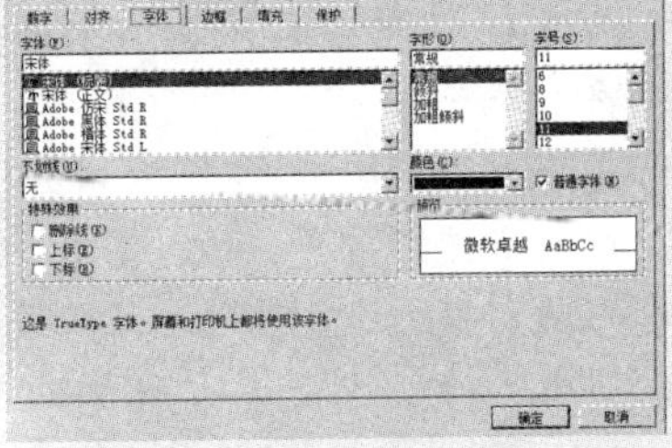

图11-14 设置【字体】选项卡

提示

如果要为单元格的某些文字设置格式，而不是为整个工作表的文字设置格式，那么只需选择单元格中设置格式的文字即可，然后对选中的文字进行设置。

3. 对齐单元格中的文本

在把数据输入Excel工作表中时，数据自动对齐。文本和数字一开始都设置在单元格的底部，但是，可以改变单元格中数据的垂直对齐和水平对齐。

实战演练212——使用【设置单元格格式】对话框

1 选择需要对齐的单元格。

2 在【开始】选项卡|【单元格】组中单击 格式 按钮，在弹出的下拉菜单中选择【设置单元格格式】命令，或按Ctrl+1键，打开【设置单元格格式】对话框，选择【对齐】选项卡，如图11-15所示。

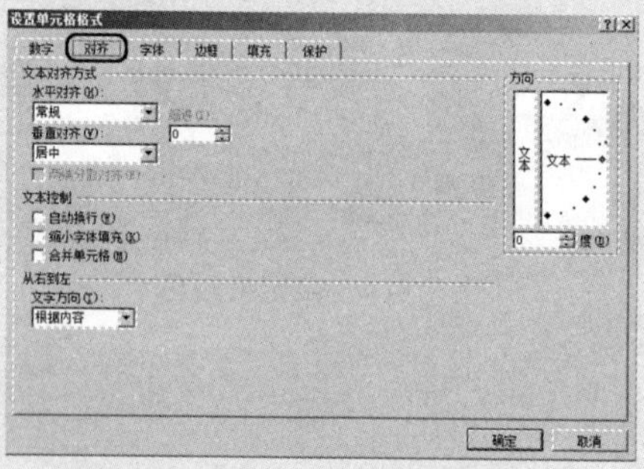

图11-15 选择【对齐】选项卡

其中的各选项含义介绍如下。

- 靠左（缩进）：将文字与指定单元格的左边界对齐。
- 居中：将文字在指定单元格中水平居中显示。
- 靠右（缩进）：将文字与指定单元格的右边界对齐。
- 填充：将文字重复的单元格填满。
- 两端对齐：将文字在指定单元格中水平方向上按照两边对齐。
- 跨列居中：将文字在指定单元格中居中显示，其超过本单元格的内容将跨左右两列显示。
- 分散对齐：将文字在指定单元格中水平方向上靠左右两边对齐。
- 垂直对齐：对齐文本，使其在单元格中上下居中。
- 靠上：将文字与指定的单元格上边界对齐。
- 居中：文字在指定单元格中垂直居中显示。
- 靠下：将文字与指定的单元格下边界对齐。
- 两端对齐：将文字在指定单元格中垂直方向上按照两边对齐。
- 分散对齐：将文字在指定单元格中垂直方向上靠上下两边对齐。
- 自动换行：在单元格中的文本自动折行，而不改变单元格的宽度。
- 缩小字体填充：将字体缩小以填充单元格。
- 合并单元格：把几个单元格合并成一个单元格，并将单元格内居中显示。

3 设置完成后单击【确定】按钮。

提示

对齐文本和数字的快速方法是使用【开始】选项卡|【对齐方式】组中的对齐按钮，其中包括：文本左对齐、居中、文本右对齐、合并后居中等按钮。如果文本太长，单元格中放不下，则单击按钮，文本将自动换行，全部显示在单元格中，但这时单元格将会变高。

4. 缩进单元格中的文本

在表格中，常常要对某些文本进行缩进操作。缩进单元格中文本的操作方法如下：

- 在【设置单元格格式】对话框中的【对齐】选项卡中设置缩进值。
- 根据单元格的左边界增加或减少缩进文本。

首先介绍一下使用【对齐】选项卡缩进。选择要缩进的单元格或单元格区域，然后打开【设置单元格格式】对话框，选择【对齐】选项卡，设置缩进方式。

也可以根据单元格的左边界增加或减少缩进文本。首先选中需要缩进的单元格，然后单击【开始】选项卡|【对齐方式】组下的按钮或按钮。

11.1.4 单元格合并居中

通常在设计表格时，标题放在整个数据的中间，最为简单的方法就是使用单元格合并和居中。

实战演练213——单元格合并居中

1 选择需要合并的多个单元格，如图11-16所示。

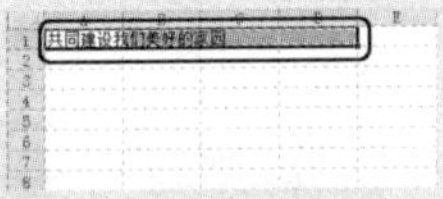

图11-16 选择多个单元格

2 在【开始】选项卡|【对齐方式】组中单击【合并后居中】按钮，此时合并后的单元格内容会居中显示，如图11-17所示。

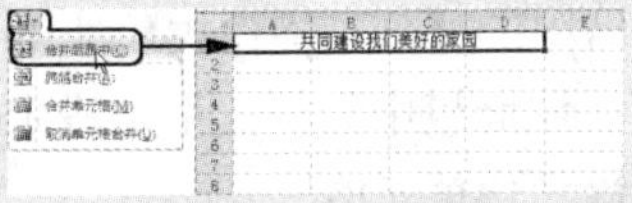

图11-17 单击【合并后居中】按钮

在【合并后居中】按钮下有多个合并方式，可以供用户使用。

下面将介绍一下如何将合并后的单元格拆分为多个单元格。

实战演练214——将合并后的单元格拆分

1 在工作表中选择合并后的单元格。

2 在【开始】选项卡|【对齐方式】组中单击【合并后居中】或【取消合并单元格合并】按钮。

11.1.5 使用样式

图11-18 样式组

在Excel中提供了多种样式。要设置工作表的样式，使用【开始】选项卡|【样式】组，如图11-18所示。

在【样式】组中包含【条件格式】、【套用表格格式】、【单元格样式】3组命令，【套用表格格式】命令是针对Excel表所进行的格式设置，在后面的章节中进行介绍。本节重点介绍【条件格式】和【单元格样式】命令。

1. 使用条件格式

图11-19 【条件格式】下拉菜单

如果想强调工作表中的特定值，可以使用条件格式化。例如，如果想强调在特定值下的所有销售值，可以运用条件红色阴影来表示。当单击【样式】组中的【条件格式】按钮时，出现下拉菜单，如图11-19所示，在【突出显示单元格规则】菜单中选择一个条件，这里选择的是【大于】，弹出【大于】对话框，如图11-20所示。

在【为小于以下值的单元格设置格式】文本框中输入值或通过单击按钮，选择某个单元格的值，再从【设置为】下拉列表框中选择一种设置方案，单击【确定】按钮，则将工作表中凡是小于指定值的值全部应用指定方案进行显示。

图11-20 【大于】对话框

提示

在【条件格式】下拉菜单中包含了多种命令，当选择一个条件时，会弹出一个对话框。各种对话框根据不同的条件，稍有差别，但设置思路与上面基本相同。

2. 使用单元格样式

单元格样式预先定义了多种样式，单击【开始】选项卡|【样式】组中的【单元格样式】按钮，会弹出如图11-21所示的下拉面板。该面板中的样式都是设定好的，可以直接选择某种样式即可格式化单元格。

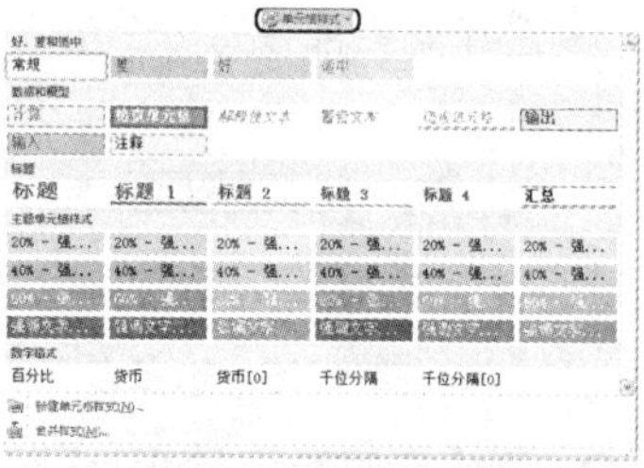

图11-21 选择单元格样式

11.2 上机练习——制作材料采购明细账

本例介绍材料采购明细账的制作，效果如图11-22所示。本例知识点为表格的制作、单元格格式设置、设置数据有效性及公式的输入。

小麦库存情况明细表

数量单位：千克

2010年		摘要	收入			发出			结存		
月	日		数量	单价	金额	数量	单价	金额	数量	单价	金额
5	1	上月结余							1500	¥ 5.20	¥ 7,800.00
5	3	购入	1000	¥ 5.20	¥ 5,200.00		¥ 5.20		2500	¥ 5.20	¥13,000.00
5	5	支出			¥ -	1500	¥ 5.17	¥ 7,755.00	1000	¥ 5.20	¥ 5,200.00
5	7	购入	1000	¥ 5.40	¥ 5,400.00		¥ 5.17	¥ -	2000	¥ 5.30	¥10,600.00
5	9	购入	800	¥ 5.10	¥ 4,080.00		¥ 5.26	¥ -	2800	¥ 5.24	¥14,680.00
5	11	支出			¥ -	1200	¥ 5.25	¥ 6,300.00	1600	¥ 5.24	¥ 8,388.57

图11-22 材料采购明细账效果

实战演练215——制作材料采购明细账

最终文件	dir\最终文件\cha11\制作材料采购明细账.xlsx
视频文件	Movie\11-01.avi

1 启动Excel 2010软件，系统会自动新建一个Excel文档。

2 选择B2~M2区域中的单元格，在【对齐方式】组中单击【合并后居中】按钮，在【字体】组中设置【字体】为“隶书”，设置【字号】为26，然后在合并后的单元格中输入文本，如图11-23所示。

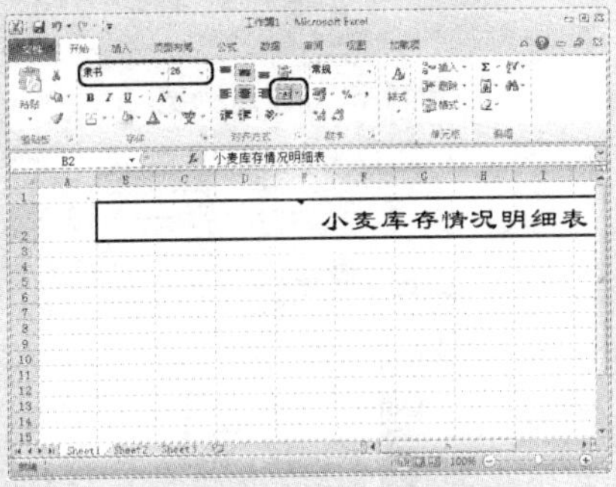

图11-23　设置并输入文本

3 按住Ctrl键选择B、C列所有单元格区域，单击【单元格】组中的【格式】按钮，在弹出的下拉菜单中选择【列宽】命令，在弹出的【列宽】对话框中设置【列宽】为4，单击【确定】按钮，如图11-24所示。

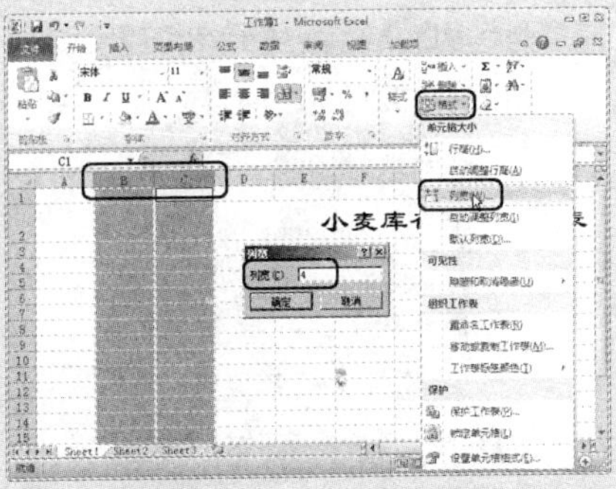

图11-24　设置列宽

4 选择B4~D4区域中的单元格，在【对齐方式】组中单击【合并后居中】按钮右侧的小三角按钮，在弹出的下拉菜单中选择【合并单元格】命令，然后在【字体】组中设置【字号】为12，设置完成后在合并的单元格中输入文本，如图11-25所示。

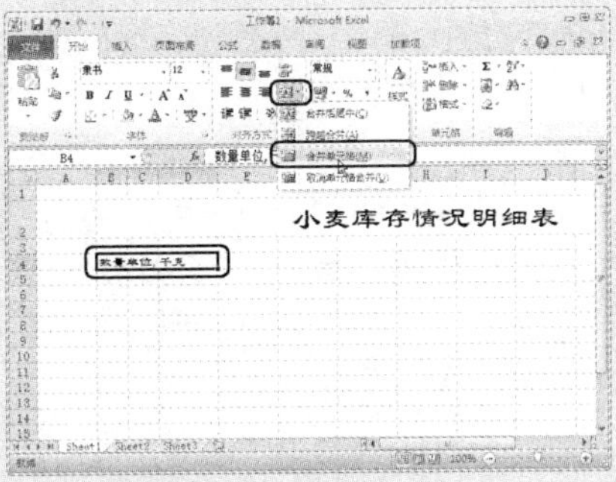

图11-25　设置并输入文本

5 选择B5~C5区域中的单元格，在【对齐方式】组中单击【合并后居中】按钮，在【字体】组中设置【字体】为“Adobe楷体 Std R”，设置【字号】为13，然后在该单元格中输入文本，如图11-26所示。

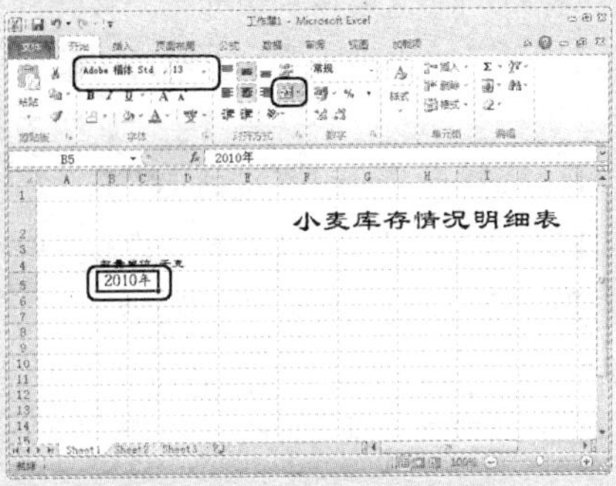

图11-26　设置并输入文本

6 在B6和C6单元格中输入文本，然后将输入的文本选中，在【字体】组中设置【字号】为10.5，然后单击【加粗】按钮。确定该文本仍然处于选择的状态下单击【对齐方式】组中的【居中】按钮，如图11-27所示。

7 按住Ctrl键并选择D5~D6、E5~G5、H5~J5、K5~M5区域中的单元格，在【对齐方式】组中单击【合并后居中】按钮，在【字体】组中设置【字号】为14，并单击【加粗】按钮，然后在合并后的单元格中输入文本，如图11-28所示。

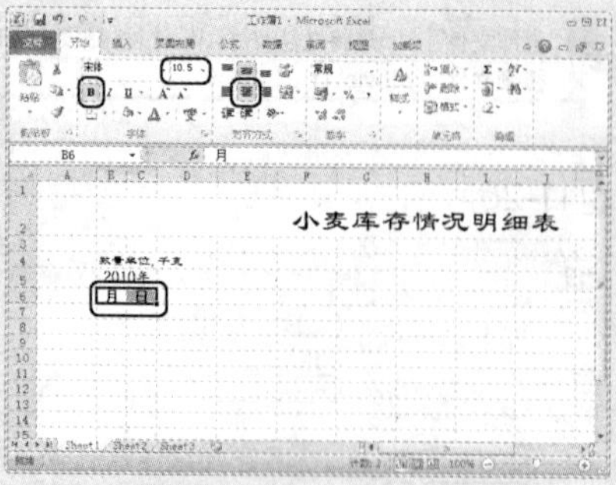

图11-27　输入并设置文本

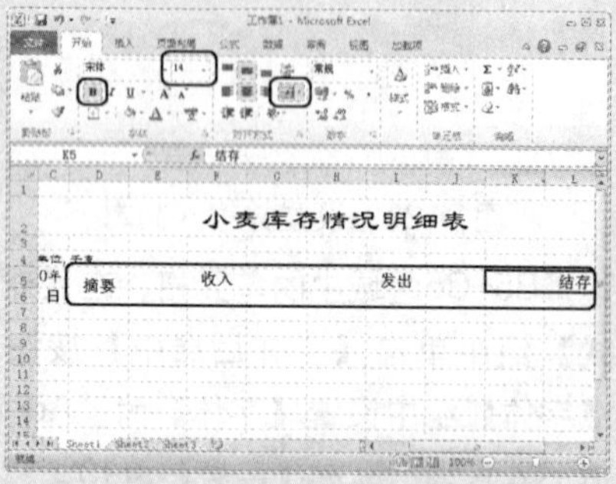

图11-28　设置并输入文本

8 选择E6~M6区域中的单元格，并分别在该区域单元格中输入文本，然后将输入的文本进行全部的选中，在【字体】组中设置【字体】为“Adobe 楷体 Std R”，设置【字号】为13，在【对齐方式】组中单击【居中】按钮，如图11-29所示。

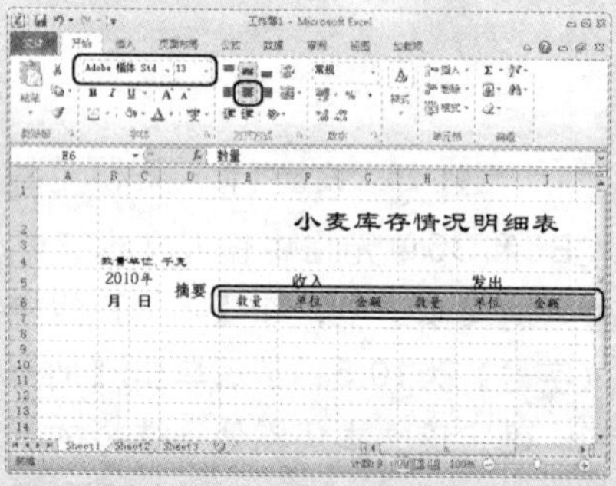

图11-29　输入并设置文本

9 按住Ctrl键选择E、H、K列，在【单元格】组中单击【格式】按钮，在弹出的下拉菜单中选择【列宽】命令，在弹出的【列宽】对话框中设置【列宽】为5，单击【确定】按钮，如图11-30所示。

10 选择F8~F23区域中的单元格，然后选择【数据】选项卡，在【数据工具】组中单击【数据有效性】按钮，在弹出的下拉菜单中选择【数据有效性】命令，如图11-31所示。

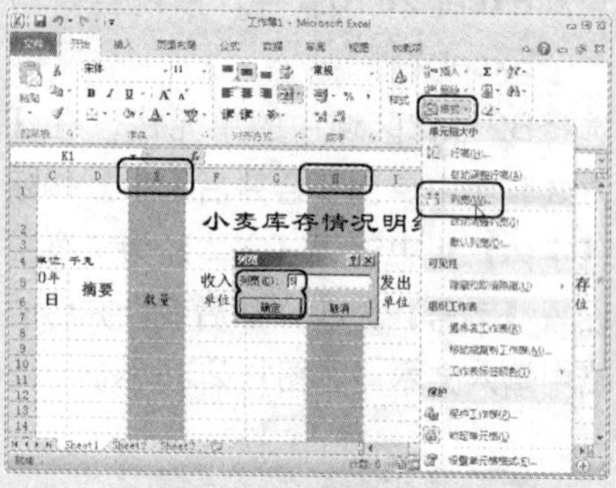

图11-30　设置列宽

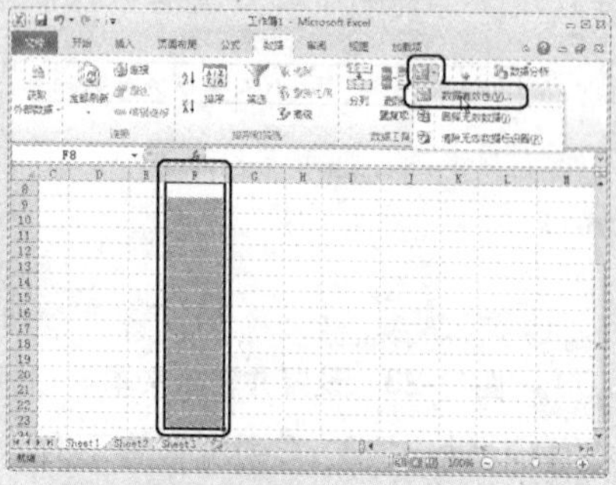

图11-31　选择【数据有效性】命令

11 在弹出的【数据有效性】对话框中选择【设置】选项卡，设置【允许】为“小数”，设置【最小值】为5.00，设置【最大值】为5.50，如图11-32所示。

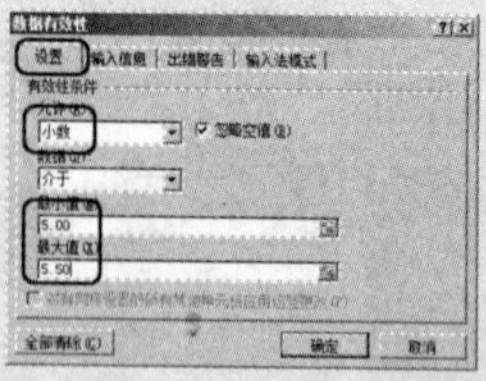

图11-32　【数据有效性】对话框

12 选择【输入信息】选项卡，设置【标题】为“注意”，设置【输入信息】为“采购小麦的单价必须在5.00至5.50元之间！”。设置完成后单击【确定】按钮，如图11-33所示。

13 选择F、I、L、M列的所有单元格，然后对其单击鼠标右键，在弹出的快捷菜单中选择【设置单元格格式】命令，如图11-34所示。

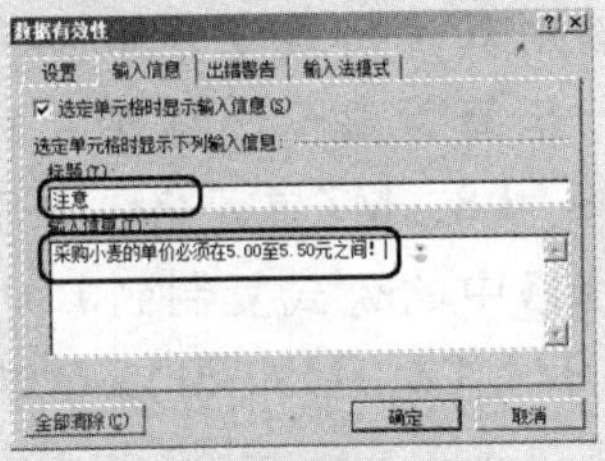

图11-33 【输入信息】选项卡

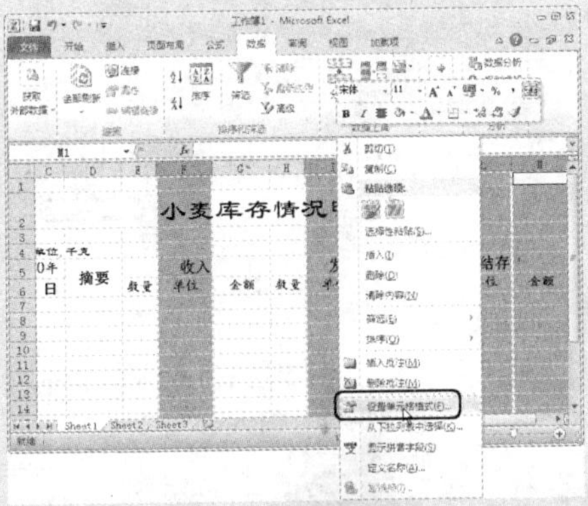

图11-34 选择【设置单元格格式】命令

14 在弹出的【设置单元格格式】对话框中，选择【数字】选项卡，在【分类】列表框中选择【会计专用】选项，设置【小数位数】为2，设置【货币符号（国家/地区）】为“￥”，设置完成后单击【确定】按钮，如图11-35所示。

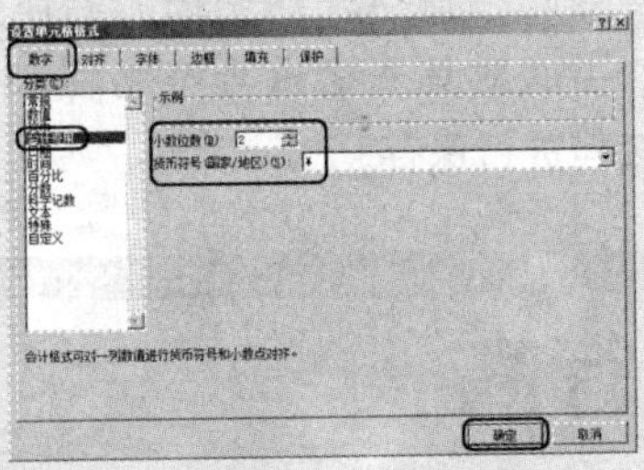

图11-35 【设置单元格格式】对话框

15 选择B7~L12区域中的单元格，并分别在该区域的单元格中输入相应的数据，如图11-36所示。

16 选择M7单元格，在该单元格中输入“=K7*L7”公式，如图11-37所示。输入完成后按Enter键对其进行确定，系统将自动进行运算并显示出结果。

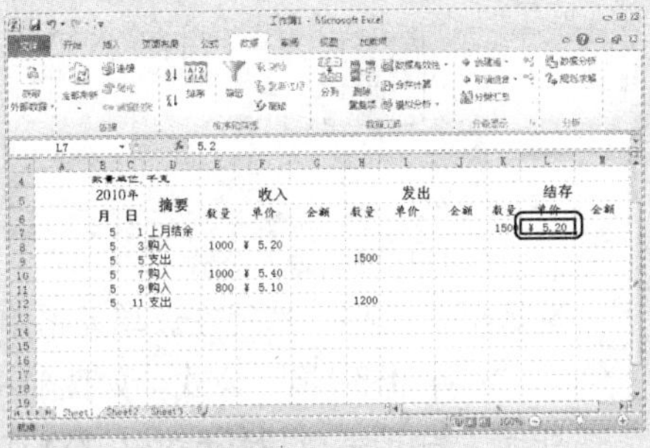

图11-36 输入相应数据

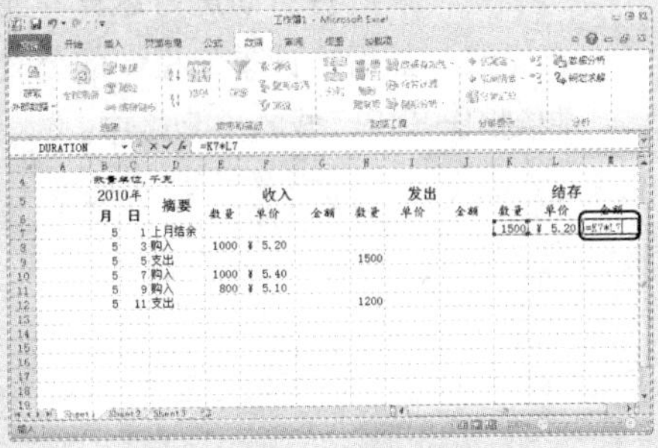

图11-37 输入公式

17 在G8单元格中输入“=E8*F8”公式，如图11-38所示。输入完成后按Enter键对其进行确定，系统将自动进行运算并显示出结果。

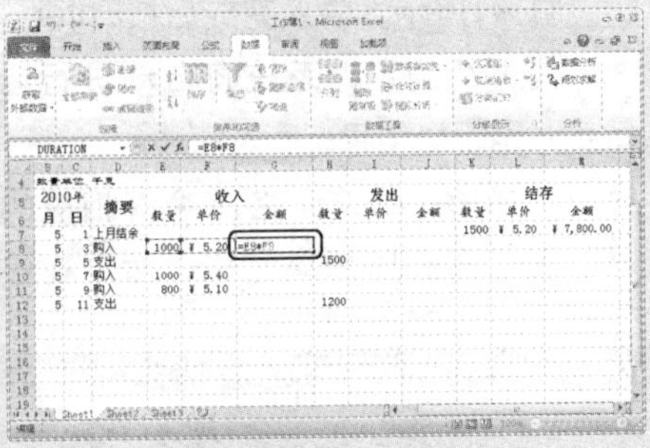

图11-38 输入公式

18 选择G8单元格，将鼠标移至该单元格右下方时，鼠标会变为+形状，按住鼠标左键并向下拖曳至G12单元格后释放鼠标左键，相应的数值将会自动填充单元格，如图11-39所示。

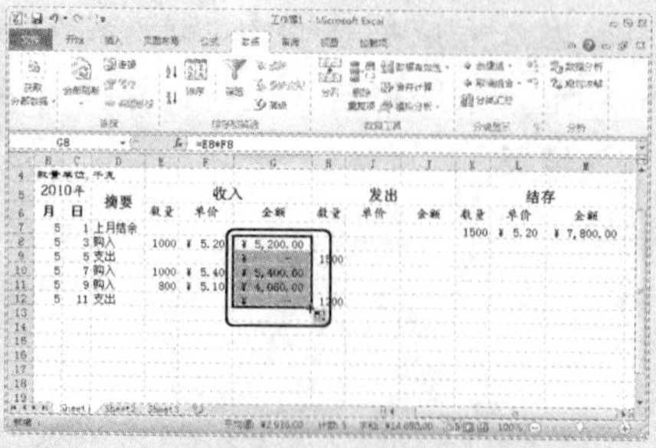

图11-39 输入公式

19 选择K8单元格，然后在该单元格中输入“=K7+E8-H8”公式，如图11-40所示。输入完成后按Enter键对其进行确定，系统将自动进行运算并显示出结果。然后将该单元格中的公式复制到K9~K12区域的单元格中。

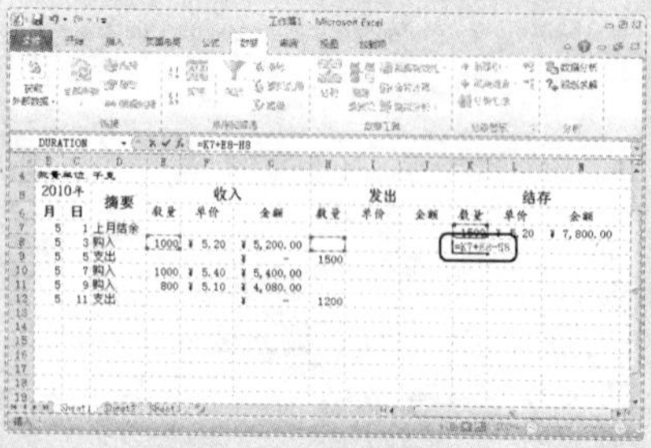

图11-40 输入公式

20 选择L8单元格，在该单元格中输入“=(M7+G8)/(K7+E8)”公式，如图11-41所示。输入完成后按Enter键对其进行确定，系统将自动进行运算并显示出结果。

21 选择I8-I12单元格，输入相应的数据，再选择J9单元格，然后在该单元格中输入“=H9*I9”公式，如图11-42所示。输入完成后按Enter键对其进行确定，系统将自动进行运算并显示出结果。然后选择J9、L8、M7单元格，分别将其单元格中的公式复制到J10~J12、L9~L12、M7~M12区域的单元格中。

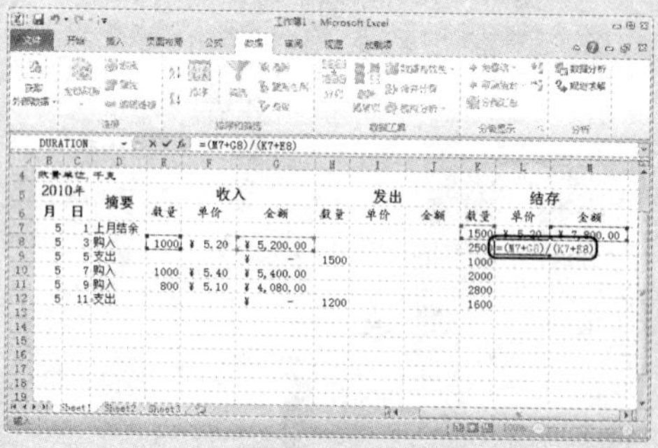

图11-41 输入公式

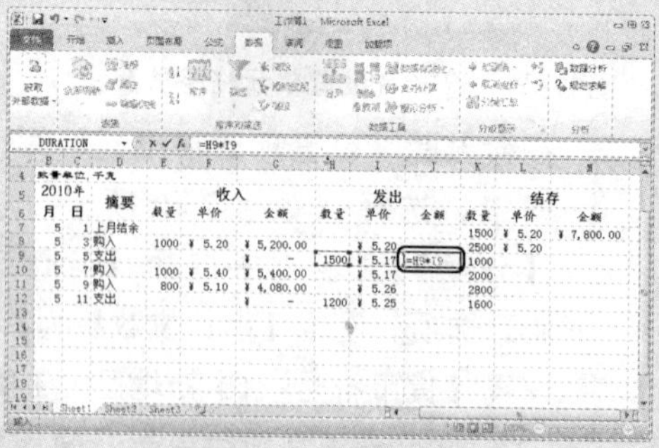

图11-42 输入公式

22 至此，材料采购明细账制作完成，再次对其表格进行美化后，将其文档进行保存。

11.3 列宽与行高

在本节中将学习如何调整行高、列宽，以便于最好的利用页面空间。可以使用鼠标拖动或在对话框中设置行高或列宽。

11.3.1 使用对话框调整列宽与行高

在默认情况下，单元格以一个默认的数值作为列宽，如果觉得不满意，可以对其列宽进行调整。

实战演练216——使用对话框调整列宽与行高

1 在【开始】选项卡|【单元格】组中单击 格式 按钮，在弹出的下拉菜单中选择【列宽】命令，在打开的【列宽】对话框中设置【列宽】的值，如图11-43所示。

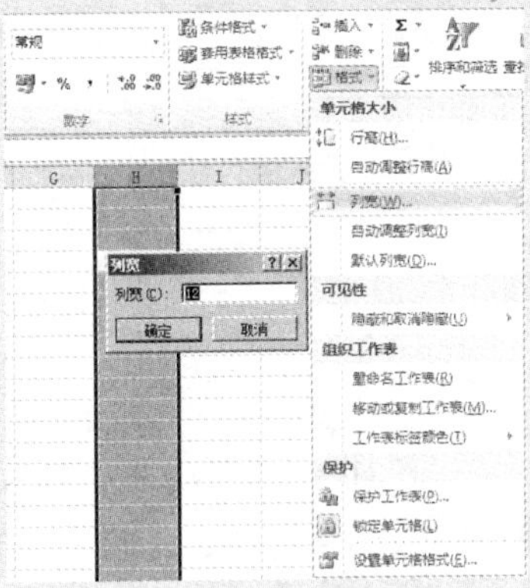

图11-43 选择设置列宽的命令

2 然后单击【确定】按钮，效果如图11-44所示。

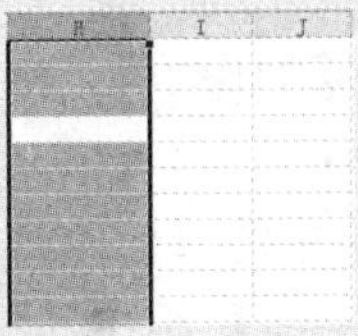

图11-44 列宽效果

提示

使用【列宽】命令对列宽进行调整时，只是对选中的单元格起作用；如果使用【默认列宽】命令，则是对整个工作表的单元格进行调整。

如果调整任意一个单元格的行高，在【单元格】组中单击 格式 按钮，在弹出的下拉菜单中选择【行高】命令，在打开的【行高】对话框中设置【行高】的值。

11.3.2 使用鼠标调整列宽或行高

实战演练217——使用鼠标调整列宽或行高

1 要改变单行或单列的行高或列宽，直接将鼠标放在行或列边界处。

2 当鼠标变为 ∓ 形状时，向上、向下或向左、向右拖曳会发现行高或列宽被改变，如图11-45所示。

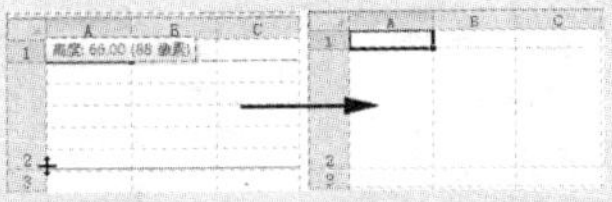

图11-45 设置行高

11.4 上机练习——制作损益表

本例制作的损益表是期内损益表，它较细致地反映出了期内的损益情况，如图11-46所示。本例知识点为运用函数求值、插入图表、【编辑数据系列】的使用。

图11-46 损益表效果

实战演练218——制作损益表

最终文件	dir\最终文件\cha11\制作损益表.xlsx
视频文件	Movie\11-02.avi

1 启动Excel 2010软件，系统自动新建文档。选择A1~F1单元格，然后单击【对齐方式】组中的【合并后居中】按钮。然后在【字体】组中设置【字号】为16，在选中的单元格中输入文本，如图11-47所示。

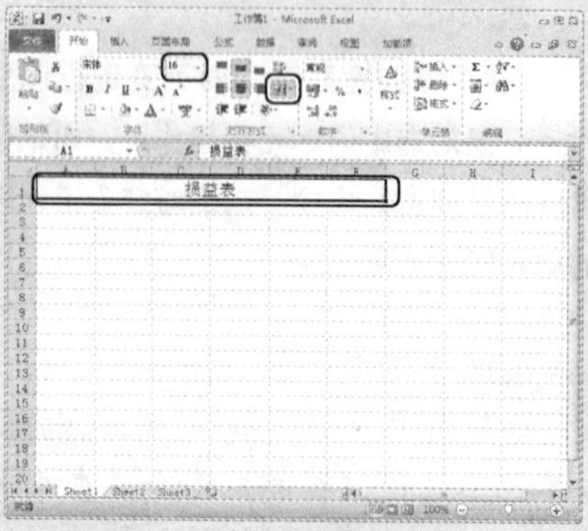

图11-47　设置并输入文本

2 选择A2~F2单元格，然后在【单元格】组中单击【格式】按钮，在弹出的下拉菜单中选择【行高】命令，在弹出的【行高】对话框中设置【行高】为17，单击【确定】按钮，如图11-48所示。

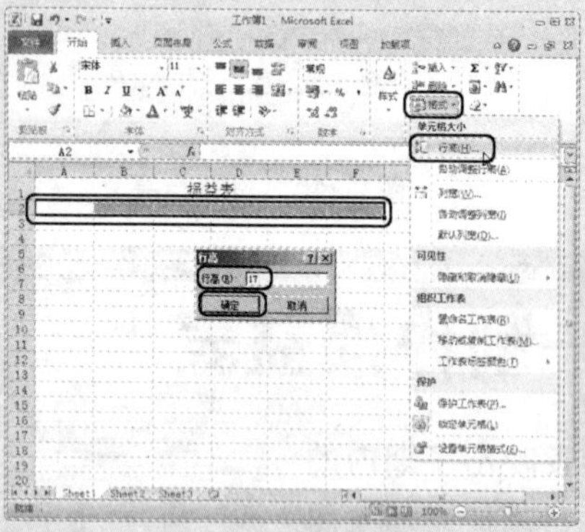

图11-48　设置行高

3 在A2~F2单元格中分别输入“项目”、“4-6月”、“7-9月”、“10-12月”、“1-3月”和“总计”文本。输入完成后，选中A2~F2单元格，单击【对齐方式】组中【居中】按钮，如图11-49所示。

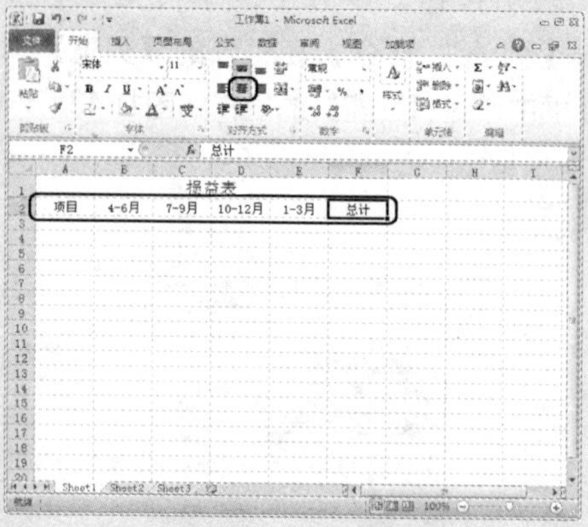

图11-49　输入文本

4 选择A3~A13单元格，然后在单元格中分别输入文本，如图11-50所示。

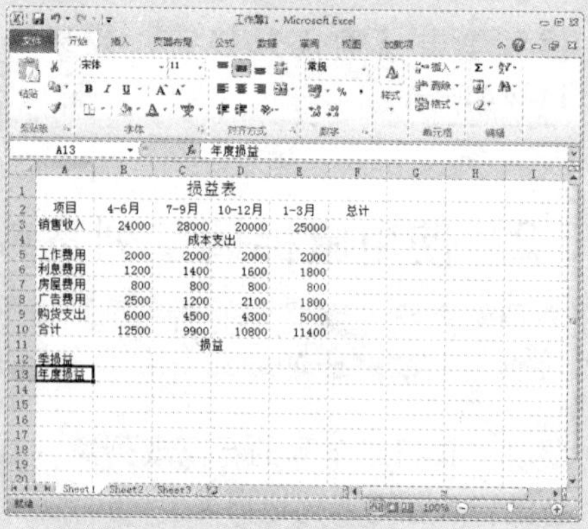

图11-50　输入文本

5 选择A4~F4单元格和A11~F11单元格，然后在【对齐方式】组中单击【合并后居中】按钮，如图11-51所示。确定其仍然处于选中的状态下，然后单击【单元格】组中的【格式】按钮，在弹出的下拉菜单中选择【行高】命令，在弹出的【行高】对话框中设置【行高】为15，单击【确定】按钮。

6 选择F3单元格，单击【编辑】组中的Σ（求和）按钮，然后将弹出的蓝框选择B3~E3单元格，按Enter键对其进行确定，如图11-52所示。

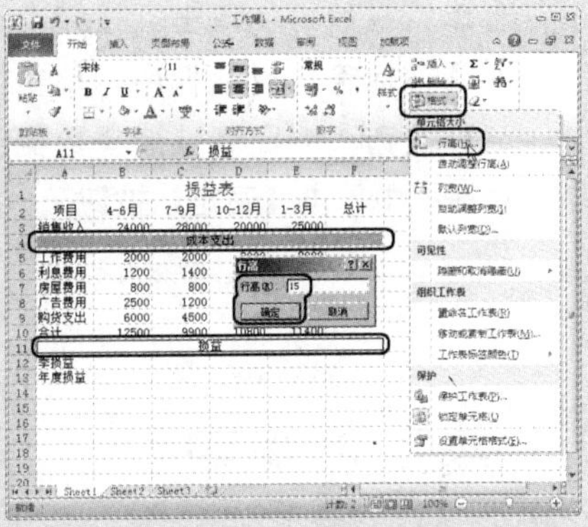

图11-51　设置行高

图11-52　求和

7 将鼠标放在F3单元格上，然后按Ctrl+C键对其进行移动。然后向下移动到F5~F10区域，按Ctrl+V键，进行复制公式，如图11-53所示。

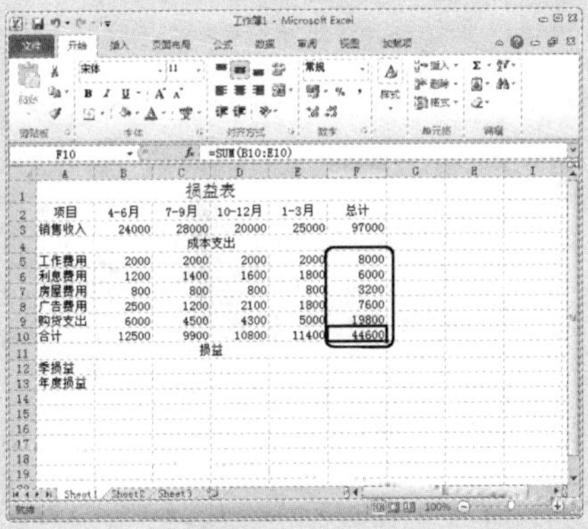

图11-53　复制公式

下面来介绍如何求季损益和年度损益的方法。

8 选择B12单元格，然后在该单元格中输入“=”号，在弹出的蓝框中将其移动到B3中，在B12单元格中输入“-”号，然后再次将绿框移动到B10单元格中，如图11-54所示。然后按Enter键，将其公式复制到C12~E12单元格中。

图11-54　输入公式

9 选择“年度损益”单元格，然后选择B13单元格，输入“=B12”文本。

10 选择C13单元格，然后输入“=”号，将蓝框选择C12单元格，在C13单元格中输入“+”号后，然后单击B13单元格，如图11-55所示。

图11-55　输入公式

11 使用以上所提到的方法，分别计算季损益和年度损益的总计。

下面来介绍一下如何为其制作“销售收入—支出合计–季损益”折线图。

12 选择【插入】选项卡，然后在【图表】组中单击【折线图】按钮，在弹出的下拉面板中选择一种折线图，如图11-56所示。

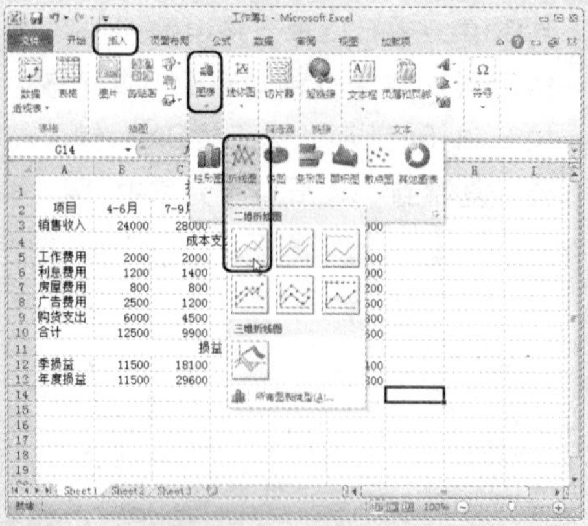

图11-56　选择一种折线图

13 在【图表工具】|【设计】选项卡中，单击【数据】组中的【选择数据】按钮，在弹出的【选择数据源】对话框中单击【添加】按钮，在弹出的【编辑数据系列】对话框中设置【系列名称】为“销售收入”，单击【图表数据区域】文本框后的按钮。然后选择B3~F3单元格中的数据，再次单击按钮。选择数据源后的对话框如图11-57所示。

14 选择数据后，如果想要再次添加数据源，可单击【添加】按钮，在弹出的【编辑数据系列】对话框中设置【系列名称】为“支出合计”，再次单击按钮，然后选择B10~F10单元格中数据。选择完成后的【编辑数据系列】对话框如图11-58所示。

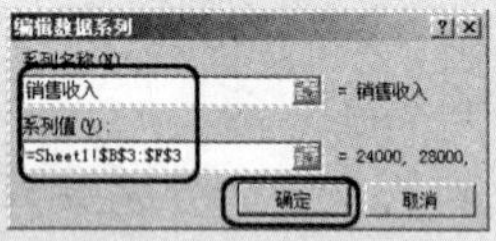

图11-57　添加销售收入

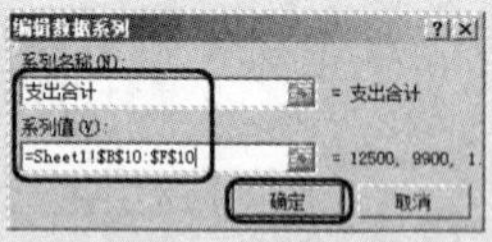

图11-58　添加支出合计

15 使用同样的方法再次添加【季损益】数据，系列值为b12~f12。

16 选择【水平（分类）轴标签】，单击【编辑】按钮，在弹出的【轴标签】对话框中单击按钮，选择B2~F2中的数据，如图11-59所示。选择完成后再次单击按钮，返回到【轴标签】对话框中，单击【确定】按钮。返回到【选择数据源】对话框中单击【确定】按钮。

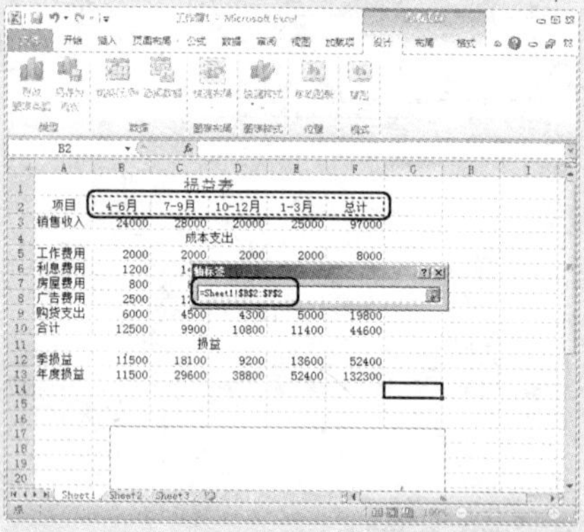

图11-59　选择数据

17 在【图表布局】组中单击【快速布局】按钮，在弹出的下拉面板中选择“布局5”，如图11-60所示。然后将图表中的【坐标轴标题】选中，按Delete键将其删除。删除后的效果如图11-61所示。

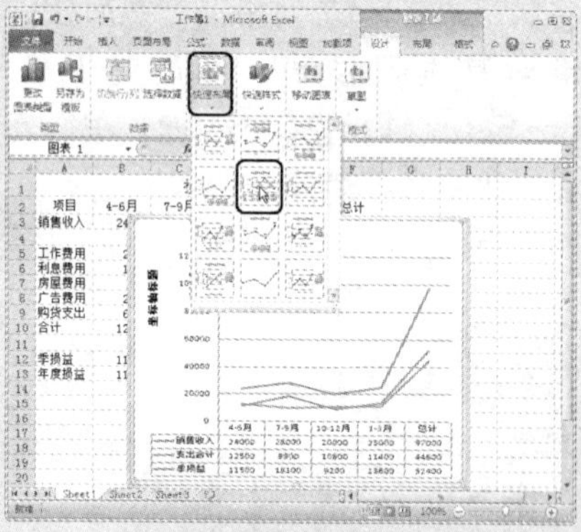

图11-60　设置布局效果

图11-61　删除标题效果

18 至此，完成损益表的制作，将其文档进行保存。

11.5 隐藏单元格或工作表

如果为了保密需要，可以将保密的一行或列进行隐藏。

11.5.1 隐藏行或列单元格

实战演练219——隐藏行或列表单元格

1 选择需要隐藏的行或列单元格。

2 在【开始】选项卡|【单元格】组中单击 格式 右侧的小三角按钮，在弹出的下拉菜单中选择【隐藏和取消隐藏】|【隐藏行】或【隐藏列】命令，如图11-62所示。

3 此时在隐藏的行或列处，会有一条黑粗线，如图11-63所示。

如果想取消行或列的隐藏，在工作表中选中被隐藏行或列的上一行和下一行，然后在【单元格】组中选择【隐藏和取消隐藏】|【取消隐藏行】或【取消隐藏列】命令，如图11-64所示。

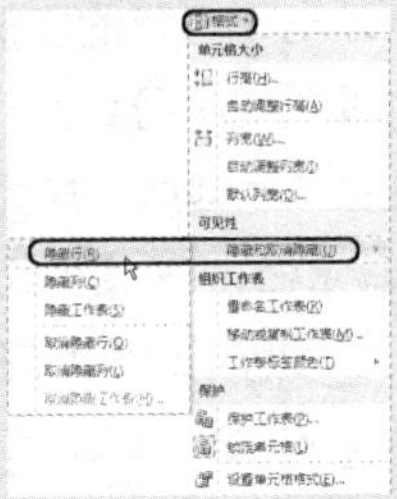

图11-62 选择隐藏行、列命令

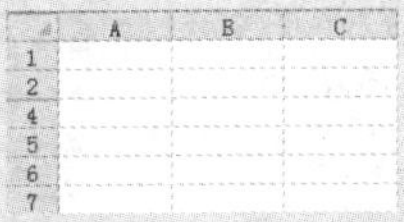

图11-63 隐藏后的黑线

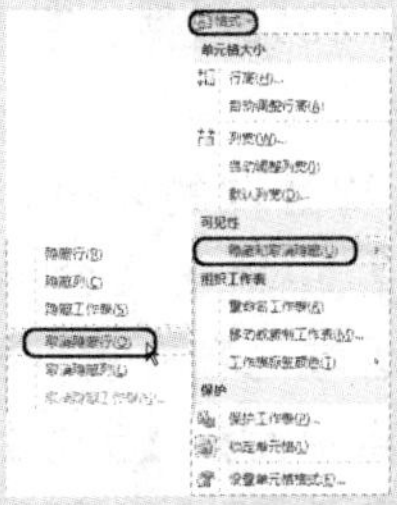

图11-64 选择取消隐藏行或列

11.5.2 隐藏工作表

除了隐藏一行或一列单元格外，也可以隐藏一个工作表。

实战演练220——隐藏工作表

1 选择要隐藏的工作表的标签，使之成为当前活动工作表。

2 在【开始】选项卡|【单元格】组中单击 格式 右侧的小三角按钮，在弹出的下拉菜单中选择【隐藏和取消隐藏】|【隐藏工作表】命令，如图11-65所示。

3 如果想取消工作表的隐藏，可以在【开始】选项卡|【单元格】组中单击 格式 右侧的小三角按钮，在弹出的下拉菜单中选择

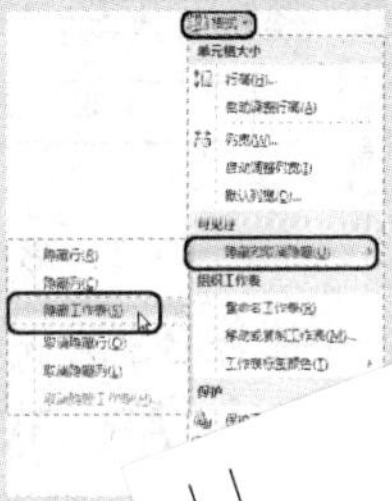

图11-65

【隐藏和取消隐藏】|【取消隐藏工作表】命令，会弹出【取消隐藏】对话框，在【取消隐藏工作表】列表框中选择需要取消隐藏的工作表，如图11-66所示，单击【确定】按钮。

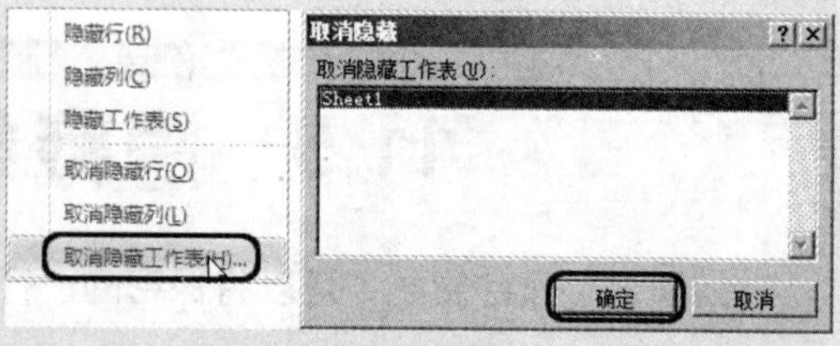

图11-66　取消隐藏工作表

11.6　上机练习——创建日记账

本例介绍日记账的建立方法，如图11-67所示。本例知识点为绘制边框、形状填充、插入形状、冻结窗格。

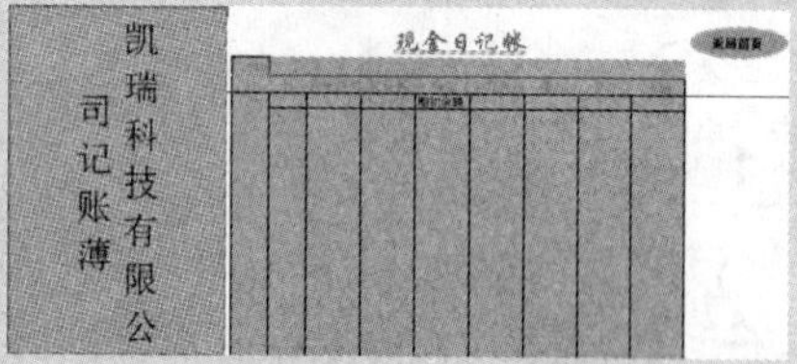

图11-67　日记帐效果

实战演练221——创建日记帐

最终文件	dir\最终文件\cha11\创建日记帐.xlsx
视频文件	Movie\11-03.avi

1 启动Excel 2010软件，系统会自动新建表格文档。

2 选择B2~J2区域的表格，然后在【对齐方式】组中单击【合并后居中】按钮，将该区域的表格进行居中，然后在【字体】组中设置【字体】为“华文行楷”，设置【字号】为26，单击U·（下划线）按钮右侧的·按钮，在弹出的下拉菜单中选择【双下划线】命令，然后设置【字体颜色】为“红色”，在合并后的单元格中输入文本，如图11-68所示。

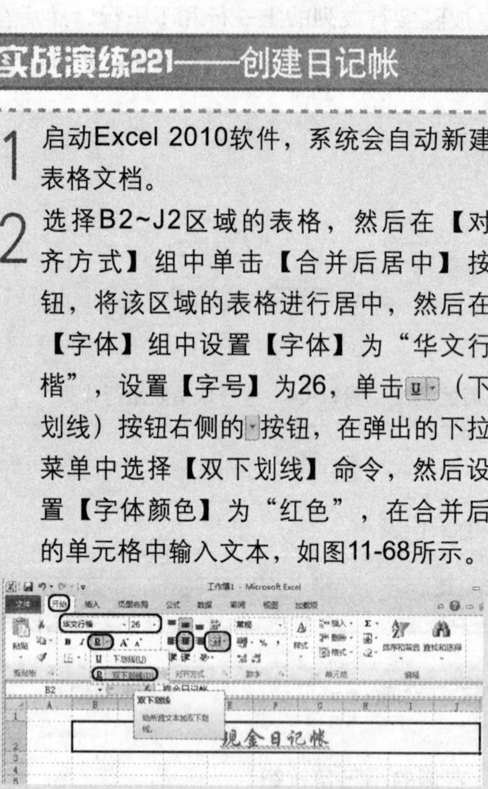

图11-68　设置并输入文本

3 选择B3单元格，在该单元格中输入“=YEAR（TODAY（））”，输入完成后按Enter键进行确定。完成后该单元格中就会自动出现当年的年份。然后在【字体】组中设置【字号】为13，并设置其为加粗，设置【字体颜色】为“浅蓝”。

4 选择B3单元格，在【单元格】组中单击【格式】按钮，在弹出的下拉菜单中选择【行高】命令，在弹出的【行高】对话框中设置【行高】为18，设置完成后单击【确定】按钮，如图11-69所示。

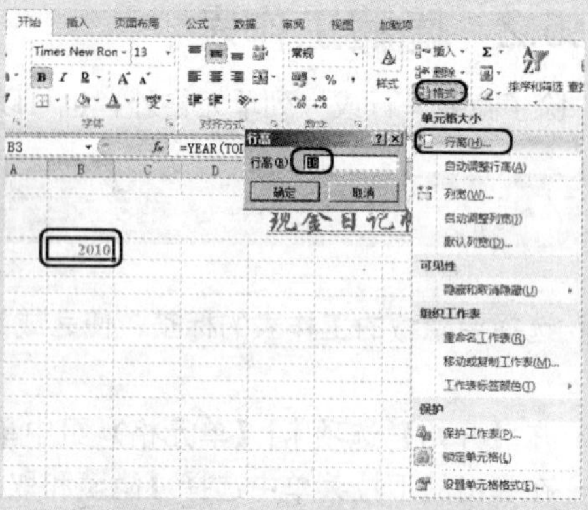

图11-69　输入并设置文本设置行高

5 选择B4~J4区域中的单元格，然后在该区域的单元格中分别输入“月”、

“日”、“凭证类型”、“凭证号”、“摘要”、“对方科目”、“借方”、“贷方”和“余额”，输入完成后，将其区域的单元格进行选中，然后在【字体】组中设置【字号】为13，设置【字体颜色】为“浅蓝”，并对其进行加粗设置。在【对齐方式】组中单击【居中】按钮，如图11-70所示。

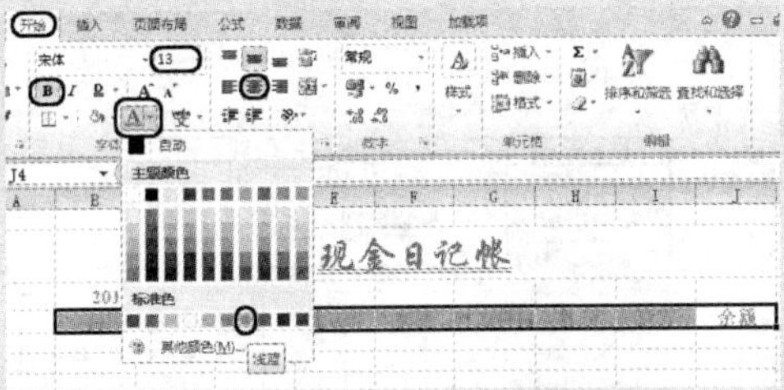

图11-70　输入并设置文本

6 确定B4~J4区域的单元格仍然处于选中的情况下，在【字体】文本框中单击▦（下框线）按钮右側的▾按钮，在弹出的下拉菜单中选择【线型】下的如图11-71所示的线型。

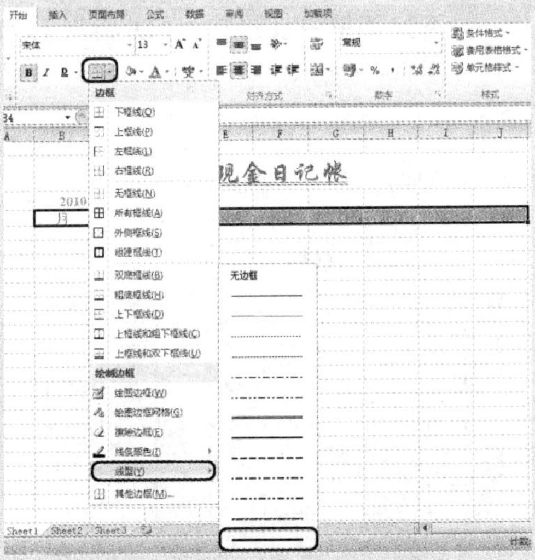

图11-71　选择线型

7 设置完线型后，再次单击▦（下框线）按钮右侧的▾按钮，在弹出的下拉菜单中选择【线条颜色】下的“蓝色”，如图11-72所示。如果没有该颜色，单击选择【其他颜色】命令，在弹出的【颜色】对话框中设置其颜色。

图11-72　设置线条颜色

8 设置完线条颜色后，再次单击▦（下框线）按钮右侧的▾按钮，在弹出的下拉菜单中选择【上框线】命令，这样就完成了为表格添加上框线，添加后的效果如图11-73所示。

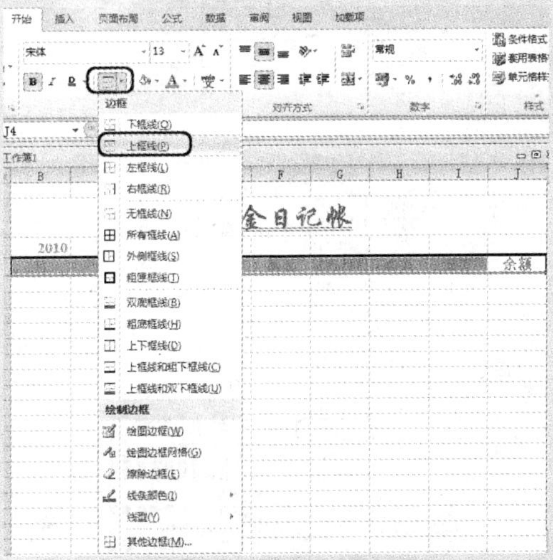

图11-73　添加上边框和下边框

9 选择F5单元格，在该单元格中输入“期初余额”文本。然后选择C5~J5区域中的单元格，在【文本】组中单击▦（下框线）按钮右侧的▾按钮，在弹出的下拉菜单中选择【线型】下的线型。如图11-74所示的。

图11-74　设置线型

10 再次单击 （下框线）按钮右侧的 按钮，在弹出的下拉菜单中选择【线条颜色】下的颜色为“黑色 文字1”，如图11-75所示。

图11-75　设置线条颜色

11 设置完成后可以使用以上提到的方法创建下框线，或者光标会变为一个铅笔的形状，这样对C5~J5区域的单元格直接画出其下框线。

12 创建完下框线后，根据需要选择表格区域，然后为其区域添加表格框线。添加框线后，选择B列和C列单元格，然后在【单元格】组中单击【格式】按钮，在弹出的下拉菜单中选择【列宽】命令，在弹出的【列宽】对话框中设置【列宽】为5.5，设置完成后单击【确定】按钮，如图11-76所示。

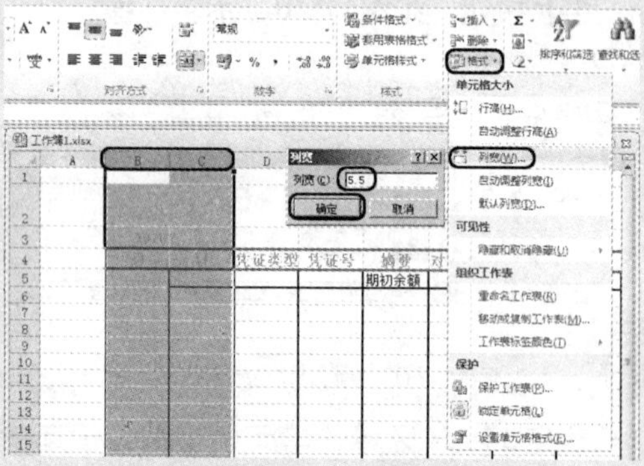

图11-76　设置列宽

13 设置完列宽后，选择除标题以外的绘制区域，然后在【字体】组中单击 （填充颜色）按钮，在弹出的下拉菜单中设置其为“浅绿”，如图11-77所示。

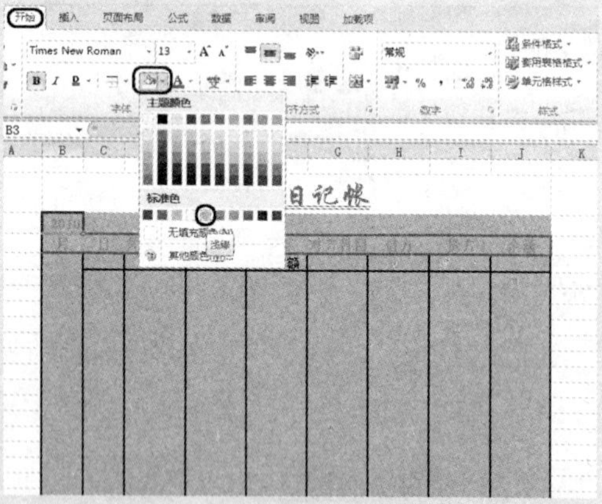

图11-77　选择填充颜色

14 选择【插入】选项卡，在该选项卡中单击【插图】组中的【形状】按钮，在弹出的下拉菜单中选择一种形状，在K2和L2单元格中创建该形状，如图11-78所示。

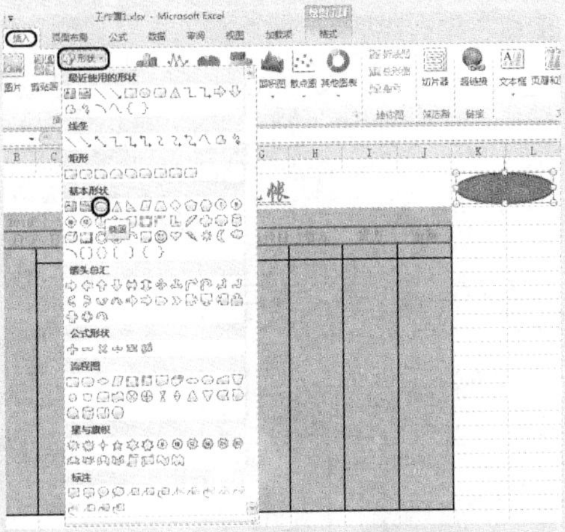

图11-78 选择并创建形状

15 选择【绘图工具】|【格式】选项卡，在【形状样式】组中设置【形状填充】为“深蓝，强调文字颜色2，淡色60%”，设置【形状轮廓】为“红色，强调文字颜色2，淡色60%”。设置完成后的效果如图11-79所示。

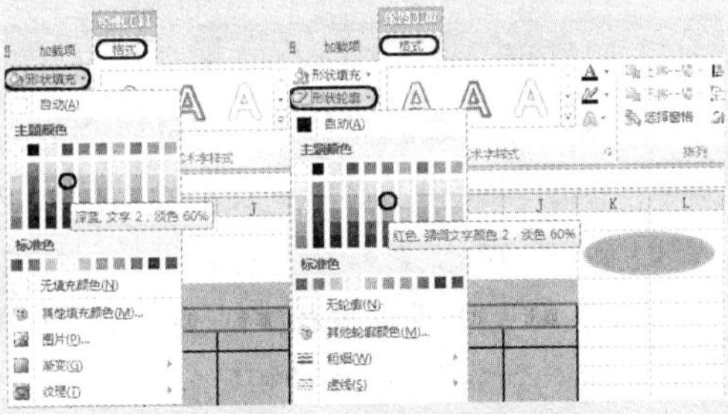

图11-79 设置形状的填充色和轮廓色

16 选择【插入】选项卡，在【文本】组中单击【文本框】按钮，在弹出的下拉菜单中选择【横排文本框】命令，然后在创建的形状中创建横排文本框，并在创建的文本框中输入“返回首页”文本。

17 确定文本框处于选择的状态下，在【字体】组中设置【字号】为12，然后再对进行设置加粗。设置完成后对其单击鼠标右键，在弹出的快捷菜单中选择【设置形状格式】命令，如图11-80所示。

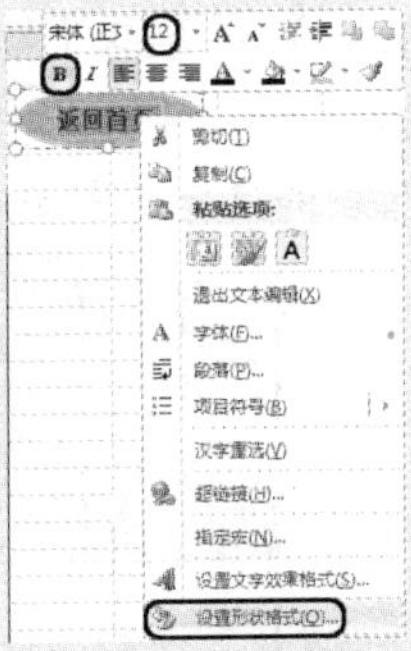

图11-80 创建文本框并输入文本

18 在弹出的【设置形状格式】对话框中，设置【填充】为“无填充”，然后选择【线条颜色】选项，设置其为“无线条”，单击【关闭】按钮，设置完成后效果如图11-81所示。

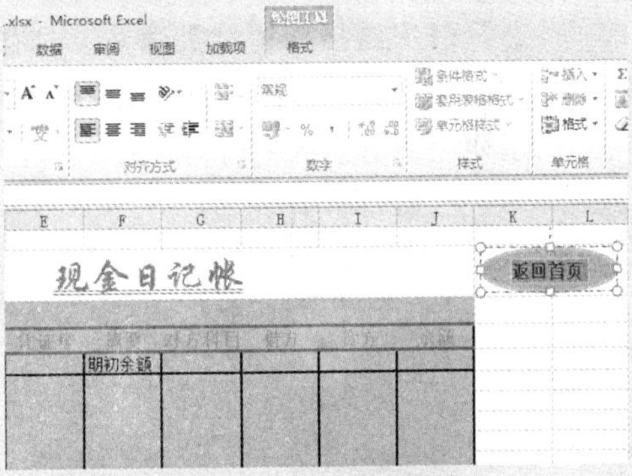

图11-81 设置完成后的效果

19 在该文档下方的状态栏处对“Sheet1”工作标签进行双击并将名称改为“现金日记账”，然后使用同样的方法将“Sheet2”工作标签改为“首页”，如图11-82所示。

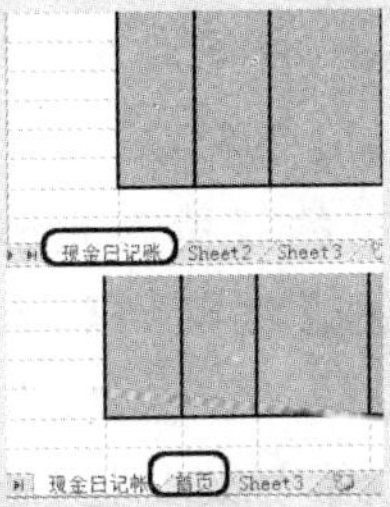

图11-82 重新命名工作表

20 选择“现金日记账”工作表并单击，当光标处出现一个空白文档的图标时，将其拖曳到“首页”工作表的后面，如图11-83所示。使这两个工作表的文档进行交换位置。

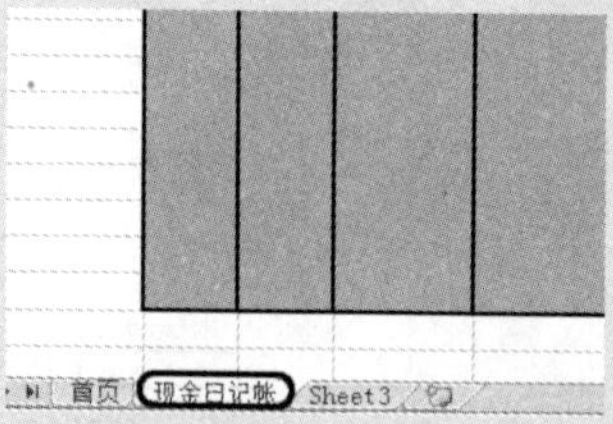

图11-83 移动工作表的位置

21 选择“现金日记账”工作表，在该工作表中选择A5单元格，然后选择【视图】选项卡，在该选项卡中单击【窗口】组中的【冻结窗格】按钮，在弹出的下拉菜单中选择【冻结拆分窗格】命令，如图11-84所示。这样就将其表格分为了两个部分。

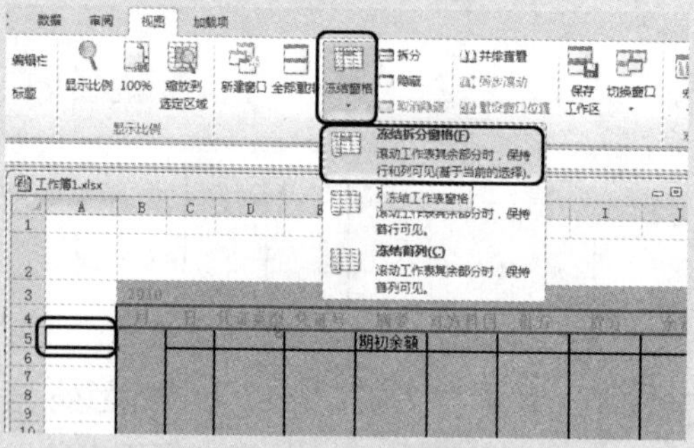

图11-84 选择冻结窗格

22 按住Shift键选择创建的形状和文本框，对其单击鼠标右键，在弹出的快捷菜单中选择【组合】命令，将其组合，然后再选择【超链接】命令，如图11-85所示。

23 在弹出的【插入超链接】对话框中设置【链接到】为“本文档中的位置”，在“或在此文档中选择一个位置”文本框中选择“首页”选项，设置完成后单击【确定】按钮，如图11-86所示。这样就完成了对其设置超链接。

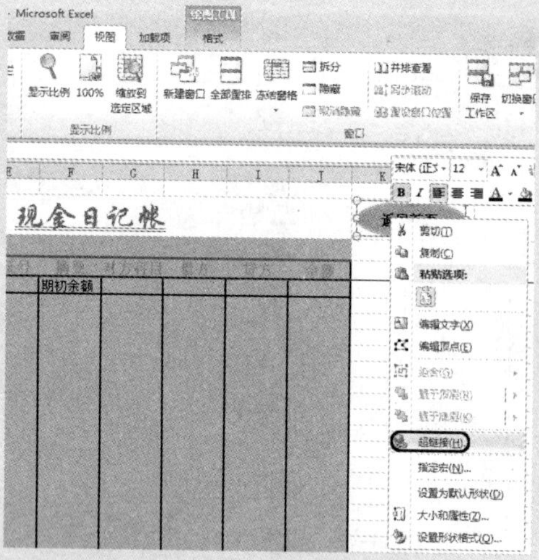

图11-85 选择超链接

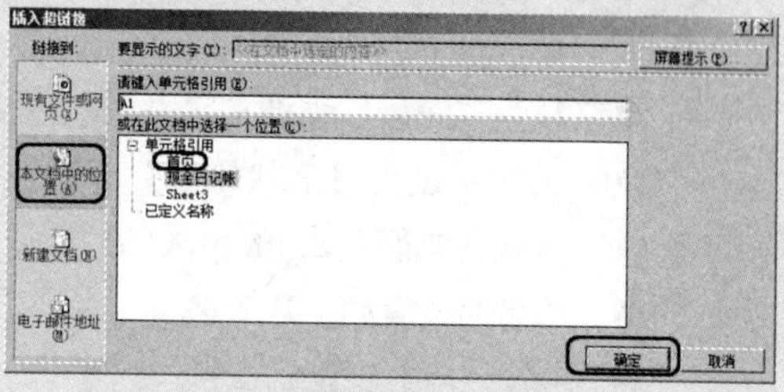

图11-86 【插入超链接】对话框

24 选择【首页】工作表，选择M~Y列的所有单元格，然后在【单元格】组中单击【格式】按钮，在弹出的下拉菜单中选择【隐藏和取消隐藏】|【隐藏列】命令，如图11-87所示。

图11-87 选择【隐藏列】命令

25 选择E5~H29区域中的单元格，然后在【对齐方式】组中单击【合并后居中】按钮，然后在【字体】组中设置其为“汉仪魏碑简”，设置

【字号】为36，设置【字体颜色】为“黑色”，并对其进行加粗设置。设置完成后在该单元格中输入文本，如图11-88所示。

图11-88　设置并输入文本

26 确定该合并后的单元格仍然处于选择状态下，单击【对齐方式】组右下方的按钮，在弹出的【设置单元格格式】对话框中选择【对齐】选项卡，然后在【文本控制】选项组中勾选【自动换行】复选框，在【方向】处设置其为“竖排”方向，如图11-89所示。

27 选择【边框】选项卡，设置其线条【样式】为“粗框线”，设置【颜色】为“蓝色”，然后在【预置】处单击【外边框】，如图11-90所示。

28 选择【填充】选项卡，设置【图案颜色】为“蓝色”，设置【图案样式】为“对角线 剖面线”，设置完成后单击【确定】按钮，如图11-91所示。

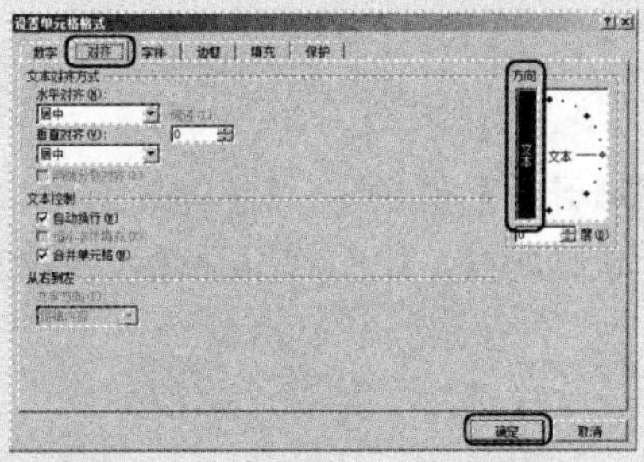

图11-89　设置【对齐】选项卡

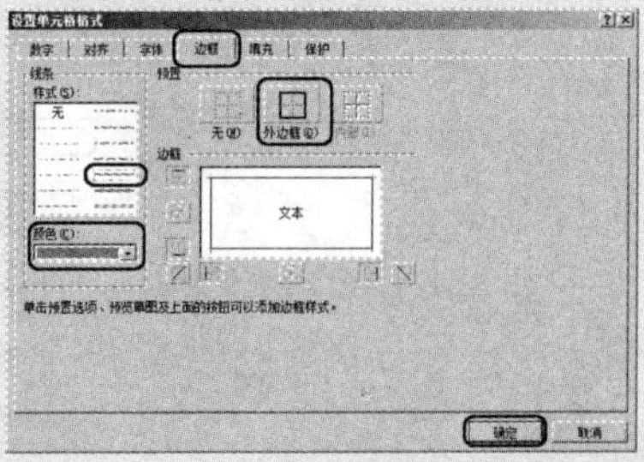

图11-90　设置【边框】选项卡

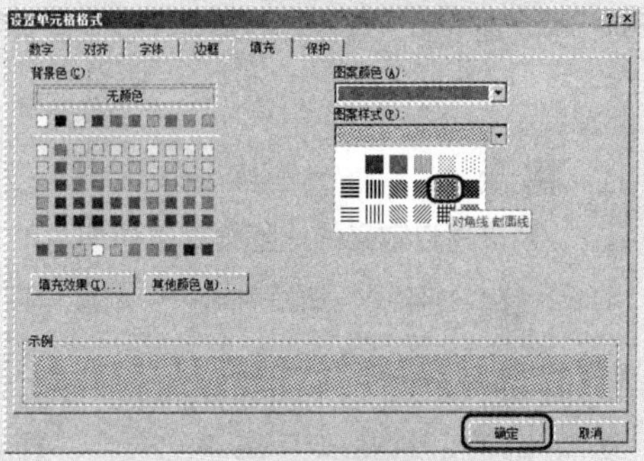

图11-91　设置【填充】选项卡

29 至此，现金日记账制作完成，在其表格中输入数据即可。

11.7　设置单元格的底纹和图案

为了突出单元格的内容，可以通过以下几种方式对单元格进行美化。

11.7.1　设置单元格的边框

通过使用预定义的边框样式，可以在单元格或单元格区域的周围快速添加边框。

1. 直接添加边框样式

实战演练222——直接添加边框样式

1 在工作表中选择要添加边框的单元格或单元格区域，如图11-92所示。

2 在【开始】选项卡|【字体】组中单击右侧的小三角按钮，在弹出的下拉菜单中选择一个边框样式，如图11-93所示。添加后的单元格如图11-94所示。

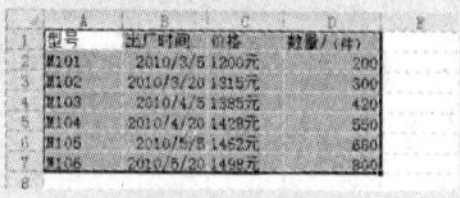

图11-92 选中添加边框的单元格

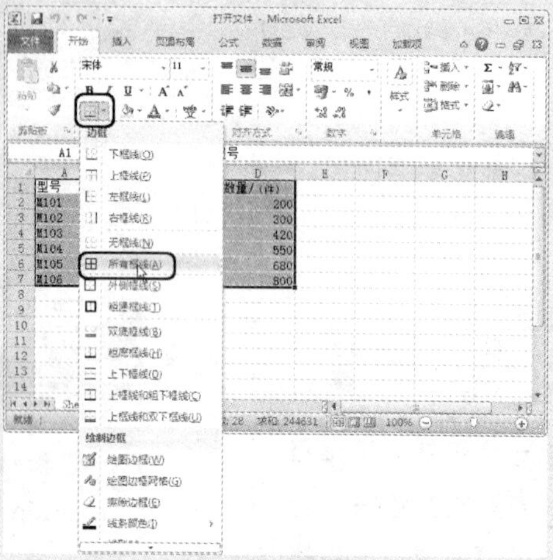

图11-93 选择边框样式

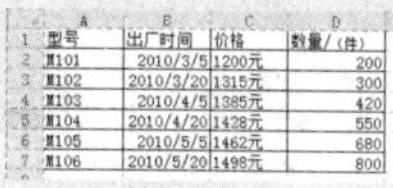

图11-94 添加边框后的效果

提示

要应用自定义的边框样式或斜向边框，选择【其他边框】命令，在【线条】下面单击所需的线条样式和颜色，然后单击一个或多个按钮以指明边框的位置。

2. 设置单元格格式

实战演练223——设置单元格格式

1 选中需要添加边框的单元格。

2 单击鼠标右键，在弹出的快捷菜单中选择【设置单元格格式】命令，如图11-95所示。

3 在弹出的【设置单元格格式】对话框中，选择【边框】选项卡，然后在【边框】下面选择边框样式按钮，如图11-96所示。

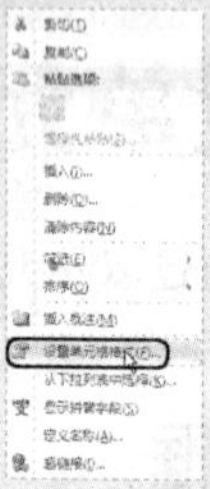

图11-95 选择命令

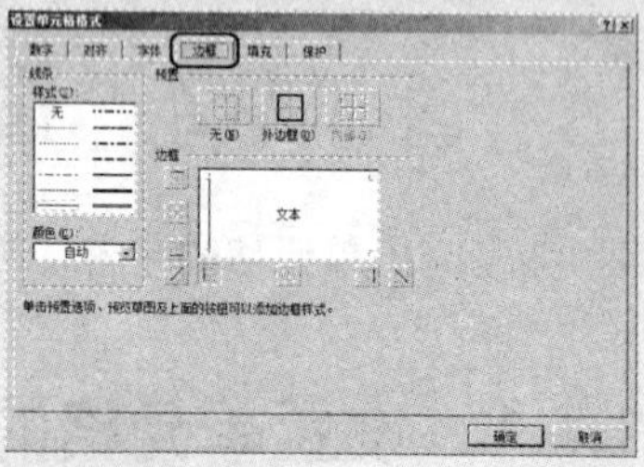

图11-96 选择边框样式

3. 设置边框线型、颜色

实战演练224——设置边框线型、颜色

1 选中单元格并添加了边框。

2 在【开始】选项卡|【字体】组中单击右侧的小三角按钮，在弹出的下拉菜单中选择【线条颜色】命令，在弹出的面板中选择一种颜色块，如图11-97所示。当鼠标变为形状时，可以在单元格中单击需要填充颜色的线条。

3 单击右侧的小三角按钮，在弹出的下拉菜单中选择【线型】下的如图11-98所示的一种线型。

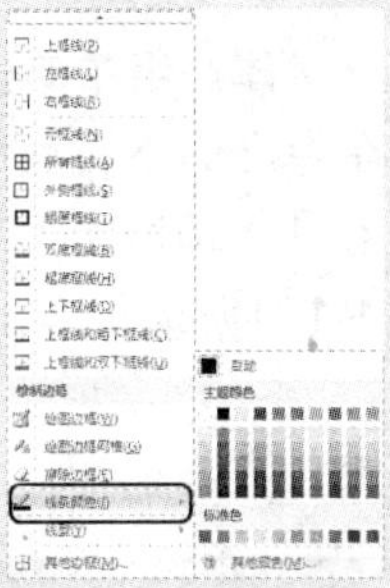

图11-97 设置线条颜色

图11-98 设置线型

提示

在【设置单元格格式】对话框中，也可以设置“颜色”和“线型”。

4. 删除边框样式

在【开始】选项卡|【字体】组中单击右侧的小三角按钮，在弹出的下拉菜单中单击按钮。

打开【设置单元格格式】对话框，单击按钮，如图11-99所示，即可删除边框样式。

如果要在分页符分隔的单元格上打印同样的边框，但让边框只显示在一页上，可以应用内部框。这样，可以在一页的最后一行的底部打印边框，并在下一页第一行的顶部使用相同的边框。

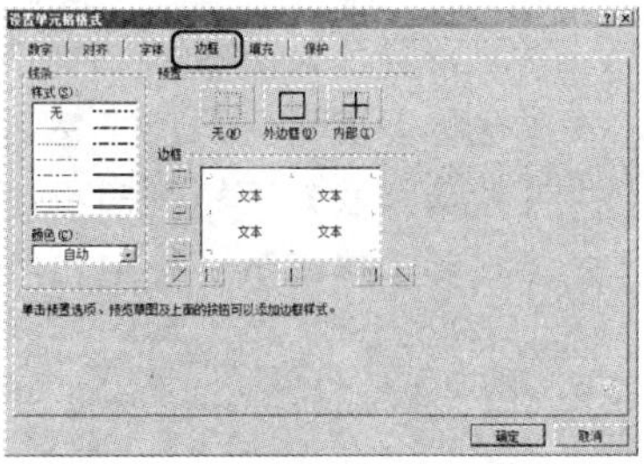

图11-99 【设置单元格格式】对话框

实战演练225——打印同样的边框

1 选择分页符两边的行。

2 在【开始】选项卡|【字体】组中，单击右侧的小三角按钮，在弹出的下拉菜单中选择【其他边框】命令。

3 在打开的【设置单元格格式】对话框中单击【预置】选项组中的按钮。

11.7.2 设置表格的底纹和图案

可以通过使用纯色或特定的图案填充单元格来为单元格添加底纹。如果不再需要单元格底纹或图案，可以将其删除。

1. 为单元格填充纯色

实战演练226——为单元格填充纯色

1 选择要填充底纹的单元格。

2 在【开始】选项卡|【字体】组中单击右侧的小三角按钮，在弹出的下拉面板中选择一种颜色块，如图11-100所示。填充底纹后的单元格如图11-101所示。

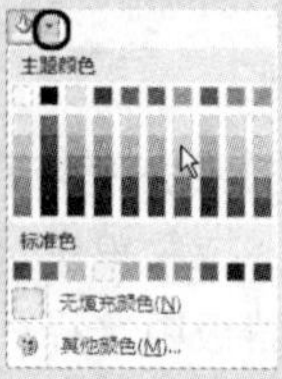

图11-100 设置颜色

	A	B	C	D
1	型号	出厂时间	价格	数量/（件）
2	M101	2010/3/5	1200元	200
3	M102	2010/3/20	1315元	300
4	M103	2010/4/5	1385元	420
5	M104	2010/4/20	1428元	550
6	M105	2010/5/5	1462元	680
7	M106	2010/5/20	1498元	800

图11-101 填充后的效果

2. 为单元格填充图案

实战演练227——为单元格填充图案

1 选择要填充图案的单元格。

2 在【开始】选项卡|【字体】组中单击右下方的按钮，打开【设置单元格格式】对话框，然后选择【填充】选项卡，如图11-102所示。在【图案颜色】下拉列表框中选择一种图案背景颜色，然后在【图案样式】下拉列表框中选择一种图案颜色，如图11-103所示。

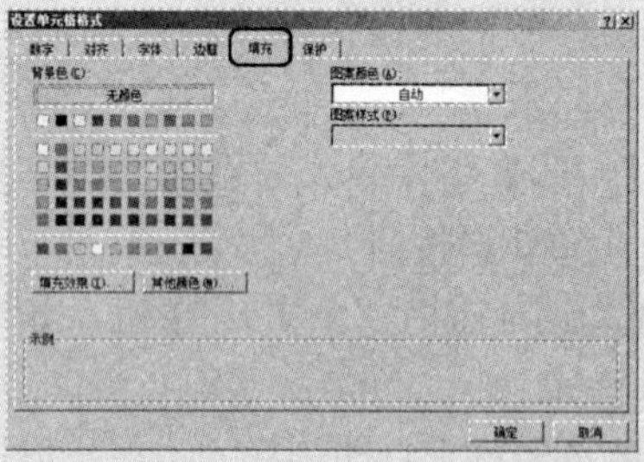

图11-102 选择【填充】选项卡

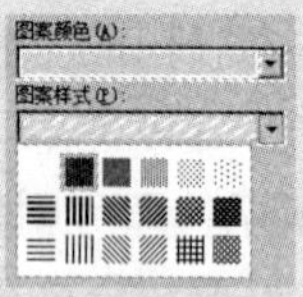

图11-103 设置图案样式

实战演练228——为单元格填充渐变颜色图案

1 打开【设置单元格格式】对话框，单击【填充效果】按钮。

2 在【渐变】选项卡中，将【颜色】选项组中的【颜色1】设置为一种渐变颜色，将【颜色2】设置为一种渐变颜色；在【底纹样式】选项组中选择一种渐变底纹样式，如图11-104所示。填充后的效果如图11-105所示。

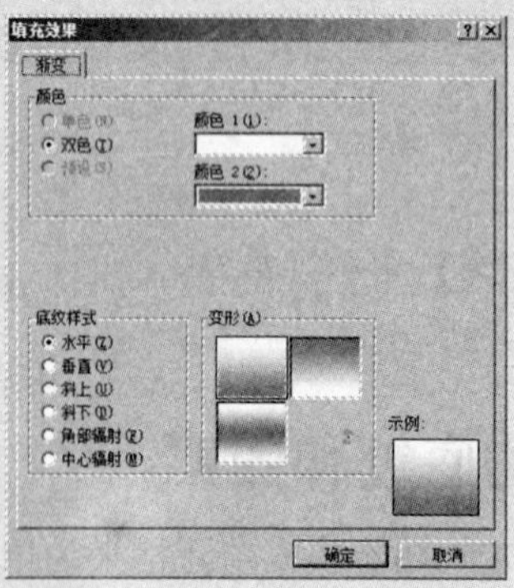

图11-104 设置填充效果

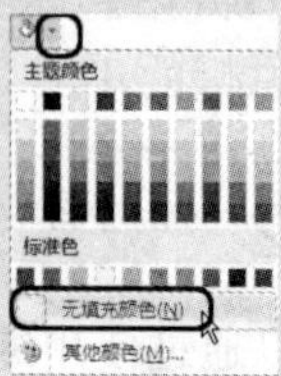

图11-105 填充后的单元格

3. 删除单元格底纹

如果要删除单元格的底纹，选择含有填充颜色或填充图案的单元格，在【开始】选项卡|【字体】组中单击按钮，在弹出的下拉面板中选择【无填充颜色】命令，如图11-106所示。

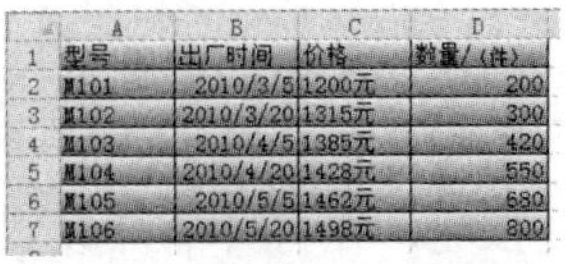

图11-106 选择【无填充颜色】命令

11.7.3 设置工作表的背景图案

在Excel中可以将图片用作仅供显示的工作表背景。单元格背景不会被打印，也不会保留在单个工作表中或保留在另存为网页的项目中。

由于不会打印工作表背景，因此不能将其用作水印。但是，通过在页眉或页脚中插入图形，可以创造出水印效果。

1. 添加工作表背景

实战演练229——添加工作表背景

1 单击选中要为其显示工作表背景的工作表。

2 在【页面布局】选项卡|【页面设置】组中单击按钮。

3 打开【工作表背景】对话框，在该对话框中选择图片，单击【插入】按钮，如图11-107所示。插入后的效果如图11-108所示。

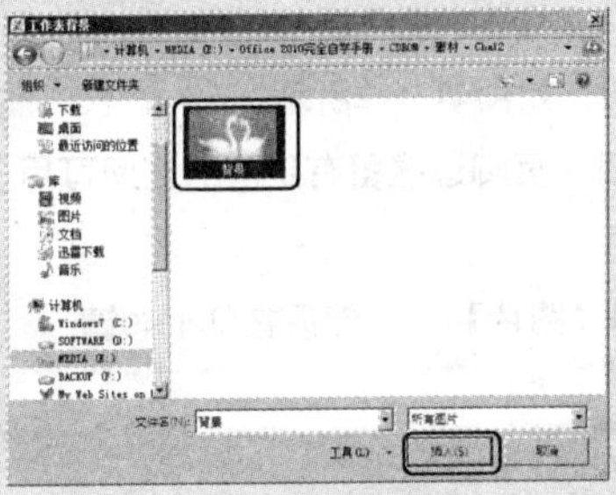

图11-107 选择背景图片

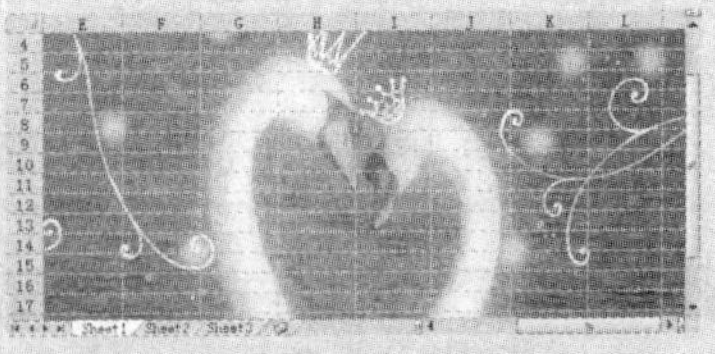

图11-108 插入背景的工作表

2. 删除工作表背景

单击有工作表背景的工作表，在【页面布局】选项卡|【页面设置】组中单击【删除背景】按钮，如图11-109所示。

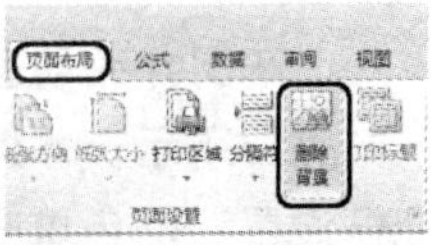

图11-109 删除背景

3. 在Excel中创造水印效果

在Excel中无法使用水印功能。如果在每张打印的页面上显示图形，可以在页眉或页脚中插入图形。这样，图形将从每页的顶部或底部开始显示文本背景。也可以调整图形大小或缩放图形以填充页面。

实战演练230——在Excel中创造水印效果

1 选中一个与水印一起显示的工作表。

2 在【插入】选项卡|【文本】组中单击【页眉和页脚】按钮，在工作表的上方有“左”、“中”、“右”框。

3 在【页眉和页脚工具】|【设计】|【页眉和页脚元素】组中单击按钮，在打开的【插入图片】对话框中查找要插入的图形，如图11-110所示，单击【插入】按钮。

4 图形太大要调整图形大小或缩放图形。单击【页眉和页脚工具】|【设计】|【页眉和页脚元素】组中的 设置图片格式 按钮，在打开的【设置图片格式】对话框中，选择【大小】选项卡，设置【大小和转角】选项组中的【高度】和【宽度】值，如图11-111所示，单击【确定】按钮。

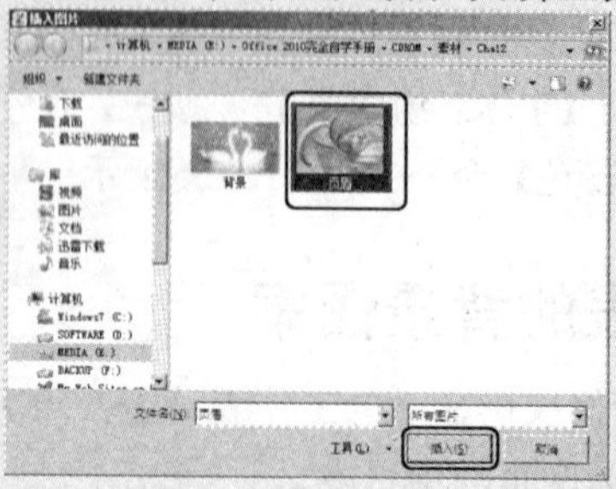

图11-110　选择图片

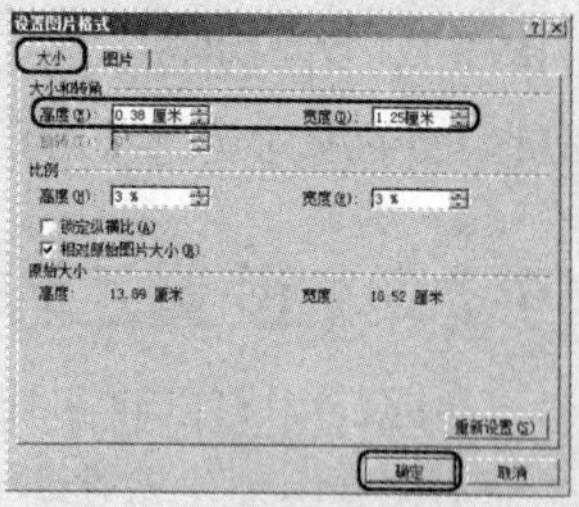

图11-111　调整图片的大小

提示

对于设置的工作表背景图案，需注意以下几点：

1）对图形或图形格式所做的更改将会立即生效，并且不能撤销。

2）如果要在图形上面或下面增加空间，在“&【图片】”之前或之后单击，然后按Enter键开始新的一行。

3）若要更换图形，选择“&【图片】”，单击 图片 按钮，然后在弹出的提示框中单击【替换】按钮，如图11-112所示。

图11-112　提示框

4）在打印之前，确保页眉或页脚边缘留有足够的空间可用于自定义的页眉或页脚。

5）要删除图形，选择“&【图片】”，然后按Delete键。

11.8　上机练习——制作动态日历表

本例介绍动态日历表的制作，效果如图11-113所示。本例知识点为插入艺术字、边框设置、颜色填充、单元格格式设置及冻结拆分窗格。

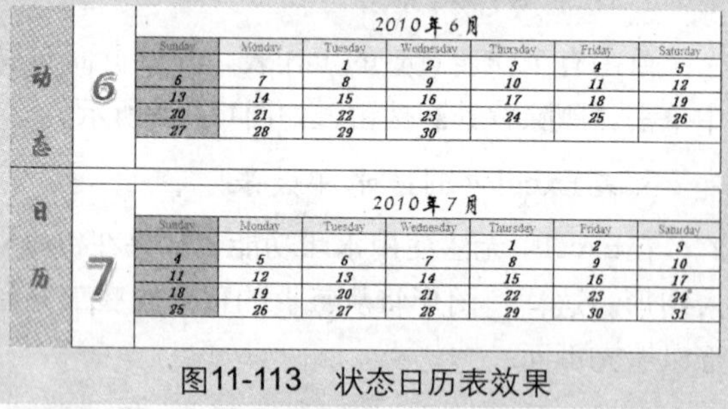

图11-113　状态日历表效果

实战演练231——制作动态日历表

最终文件	dir\最终文件\cha11\制作动态日历表.xlsx
视频文件	Movie\11-04.avi

1 启动Excel 2010软件，系统自动新建文档。

2 选择A1~A18区域的单元格，在【开始】选项卡|【对齐方式】组中单击【合并后居中】按钮。在【字体】组中设置【字体】为“迷你简雪君”，设置【字号】为23点，设置

【字体颜色】为“紫色”，设置完成后并对其进行加粗设置，然后输入文本，如图11-114所示。

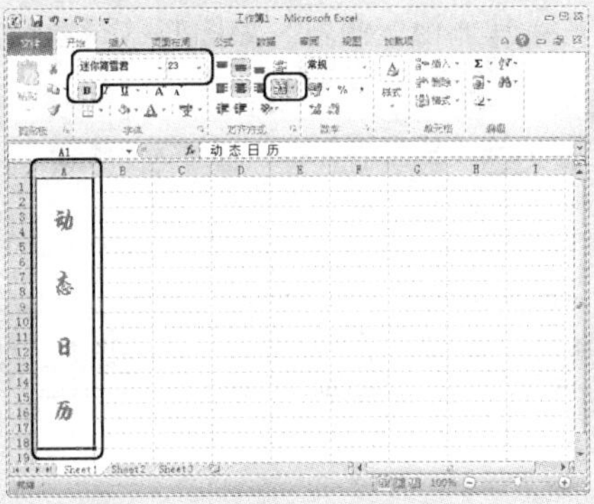

图11-114 设置并输入文本

3 确定该单元格仍然处于编辑状态下，单击鼠标右键，在弹出的快捷菜单中选择【设置单元格格式】命令，或者在【开始】选项卡｜【单元格】组中单击【格式】按钮，在弹出的下拉菜单中选择【设置单元格格式】命令。

4 在弹出的【设置单元格格式】对话框中选择【填充】选项卡，设置【背景色】为“浅蓝”，设置【图案样式】为“50%灰色”，如图11-115所示。设置完成后单击【确定】按钮。

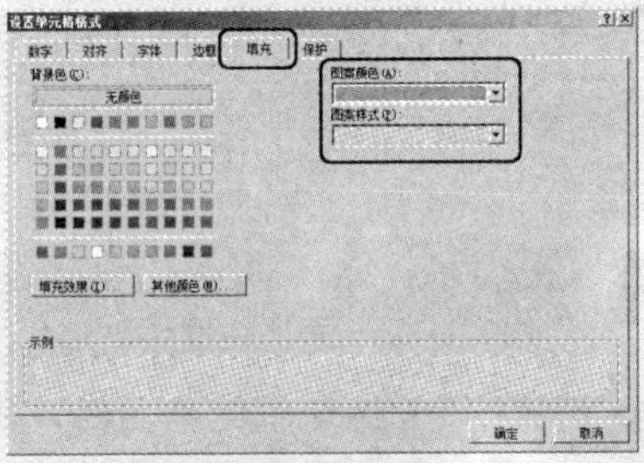

图11-115 【填充】选项卡

5 选择B1~B8区域中的单元格，在【开始】选项卡｜【对齐方式】组中单击【合并后居中】按钮。然后在【插入】选项卡｜【文本】选项组中单击【艺术字】按钮，在弹出的下拉面板中选择“渐变填充-强调文字颜色1，轮廓-白色”样式，如图11-116所示。

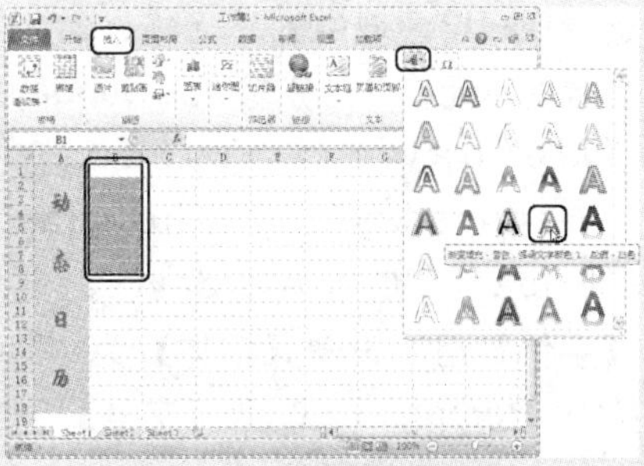

图11-116 选择艺术字样式

6 在弹出的文本框中输入数字“6”并将其选中。然后进入【开始】选项卡的【字体】组中，设置【字体】为“Verdana”，设置【字号】为34点，并对其进行加粗、倾斜设置。完成后将其移动到合适的位置，如图11-117所示。

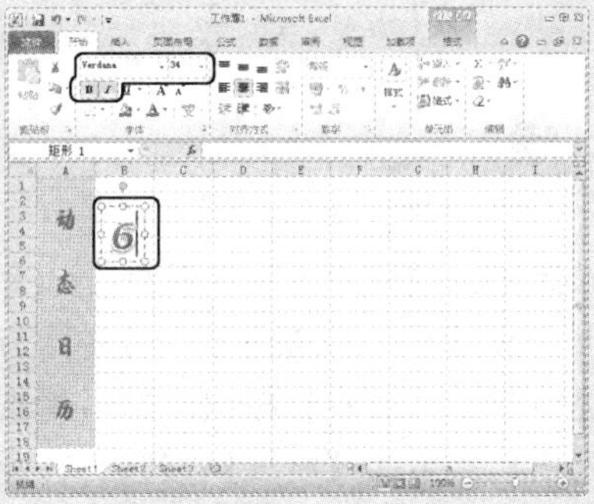

图11-117 输入并设置艺术字

7 选择C1~I1区域中的单元格，在【开始】选项卡｜【对齐方式】组中单击【合并后居中】按钮，然后在该单元格中输入“2010年6月”文本，在【字体】组中设置【字体】为“汉仪行楷简”，设置【字号】为22点，如图11-118所示。

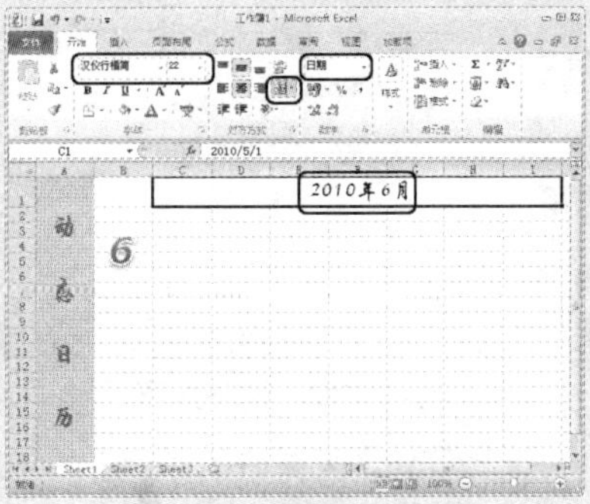

图11-118 输入并设置文本

8 选择C2~I2区域中的单元格，然后在该区域的单元格中分别输入“Sunday”、“Monday”、“Tuesday”、“Wednesday”、“Thursday”、“Friday”和“Saturday”，然后在【字体】组中设置【字体】为“Times New Roman”，设置【字号】为10.5点，如图11-119所示。

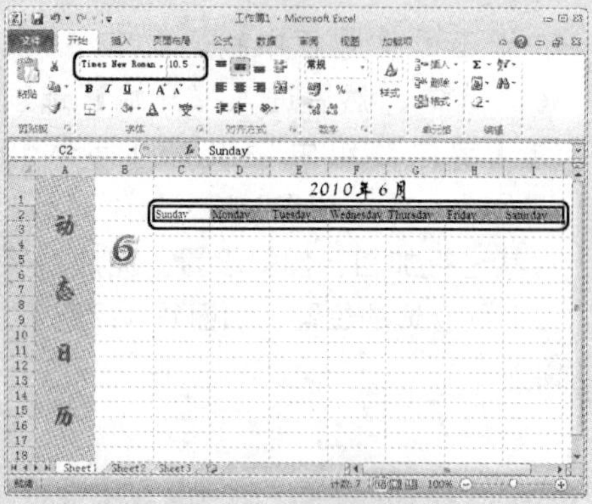

图11-119　输入并设置其他文本

9 确定该区域的单元格仍然处于选择状态下，在【开始】选项卡｜【对齐方式】组中单击【居中】按钮，然后单击【单元格】组中的【格式】按钮，在弹出的下拉菜单中选择【列宽】命令，然后在弹出的【列宽】对话框中设置【列宽】为11.5，设置完成后单击【确定】按钮，如图11-120所示。

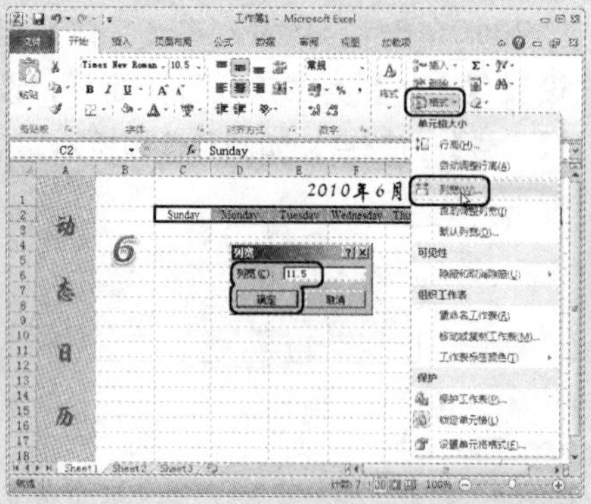

图11-120　设置列宽

10 选择C3~I7区域中的单元格，在该区域中输入数字并将其选中。在【开始】选项卡｜【对齐方式】组中单击【居中】按钮，然后在【字体】组中设置【字号】为12点，并设置其加粗、倾斜，如图11-121所示。

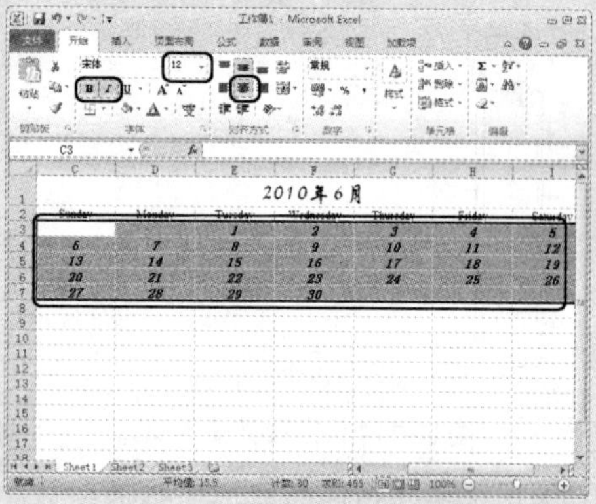

图11-121　输入并设置文本

11 选择C8~I8单元格，在【开始】选项卡｜【对齐方式】组中单击【合并后居中】按钮。然后选择B1~I8区域中的单元格，为其添加所有线框，如图11-122所示。

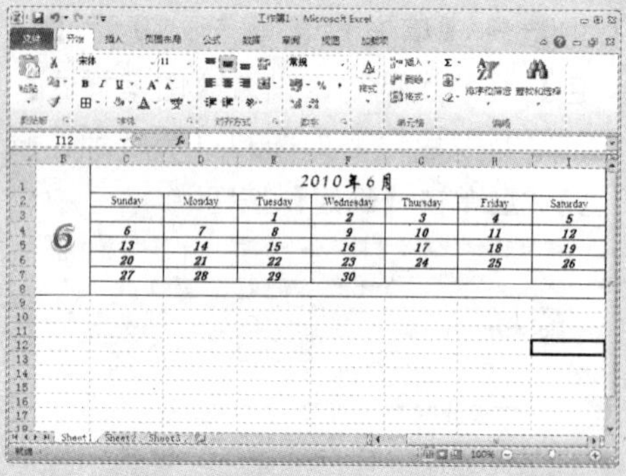

图11-122　添加线框效果

12 选择C2~I2区域中的单元格，在【开始】选项卡｜【字体】组中设置【填充颜色】为“橄榄绿，强调文字颜色3，淡色80%”，设置【字体颜色】为“紫色”。选中C2~C7区域中的单元格，在【开始】选项卡｜【字体】组中设置【填充颜色】为“淡紫”，设置后的效果如图11-123所示。

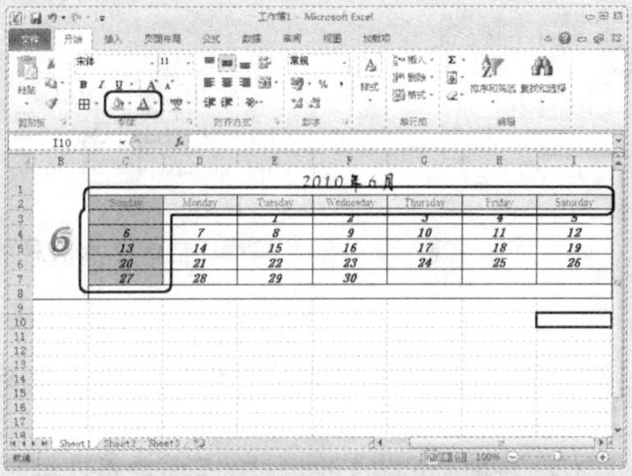

图11-123　设置填充颜色后的效果

13 使用同样的方法在B9~I19区域的单元格中设置7月份的日历。美化调整后的效果如图11-124所示。

14 设置完成7月份的日历后，选择单元格，在【视图】选项卡｜【窗口】组中单击【冻结窗格】按钮，在弹出的下拉菜单中选择【冻结拆分窗格】命令，如图11-125所示。

图11-124　日历调整后的效果

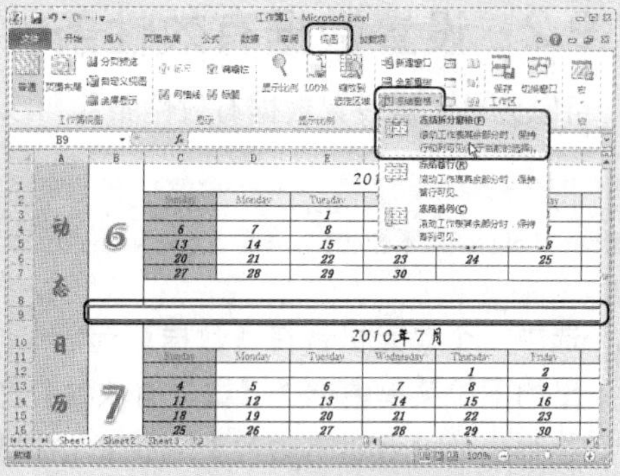

图11-125　选择【冻结拆分窗格】命令

15 至此，动态日历制作完成。可以再次对表格进行美化后，将其进行保存。

11.9　设置数据的有效性

在数据发生错误时，Excel会做出标记。但是，Excel毕竟只能检查出一般性的错误，如果某一单元格或者某一列数据的数值范围没有限制，Excel就检查不出来了。为了避免犯此类错误，可以给单元格定义数据限制，并在数据输入前做出提示。

11.9.1　设置提示信息

实战演练232——设置提示信息

1 首先选中要设置提示信息的单元格或列。

2 在【数据】选项卡|【数据工具】组中单击【数据有效性】按钮，在弹出的下拉菜单中选择【数据有效性】命令，如图11-126所示。

3 弹出【数据有效性】对话框，选择【输入信息】选项卡，在【输入信息】列表框中输入文本，如图11-127所示，然后单击【确定】按钮。

4 如果单击设置提示信息的单元格时，会出现提示信息，如图11-128所示。

图11-126 选择【数据有效性】命令

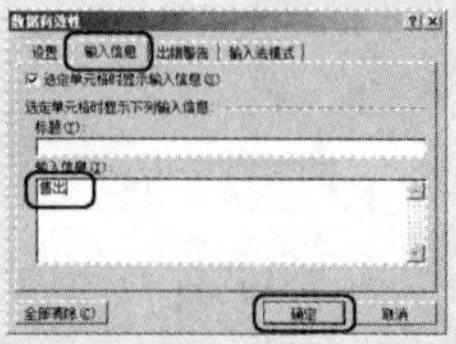

图11-127 设置提示信息

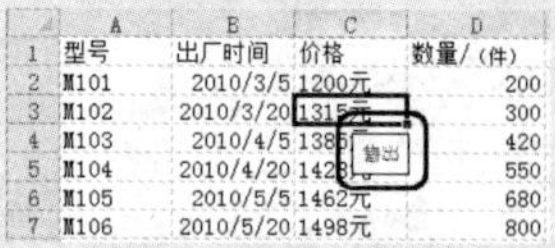

图11-128 显示提示信息

11.9.2 设置数据有效性条件

可以为单元格设置数据有效性条件，以便在输入不符合规则的数据时，出现提示对话框。

实战演练233——设置数据有效性条件

1 选中一个单元格，在【数据】选项卡|【数据工具】组中单击【数据有效性】按钮，在弹出的下拉菜单中选择【数据有效性】命令。

2 在弹出的【数据有效性】对话框中选择【设置】选项卡，将【允许】设置为“日期”，将【数据】设置为“介于”，在【开始日期】和【结束日期】文本框中输入两个日期，如图11-129所示，单击【确定】按钮。

3 在设置后的单元格中输入一个超出设置日期，此时会弹出提示对话框，如图11-130所示。

4 单击【重试】按钮，可以更改数据。如果单击【取消】按钮，则取消该数据的输入。

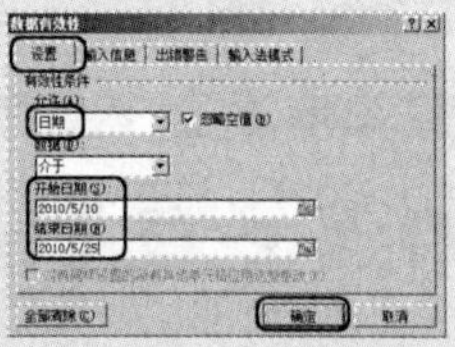

图11-129 设置开始结束日期

图11-130 弹出提示对话框

11.9.3 设置出错警告

在数据输入不符合规则时，会弹出一个提示对话框。如果觉得对话框不满意，也可以自己定义一个比较友好的出错警告对话框。

实战演练234——设置出错警告

1 选择一列单元格，在【数据】选项卡|【数据工具】组中单击【数据有效性】按钮，在弹出的下拉菜单中选择【数据有效性】命令。

2 在弹出的【数据有效性】对话框中选择【设置】选项卡，输入数据的条件，如图11-131所示。

3 切换到【出错警告】选项卡，其中【样式】默认的选项是“停止”，可以对其进行设置，然后在右侧的【标题】文本框中输入标题，在【错误信息】文本框中输入信息内容，如图11-132所示，单击【确定】按钮。

4 在单元格中输入一个超出设置的日期，此时会弹出如图11-133所示的对话框。

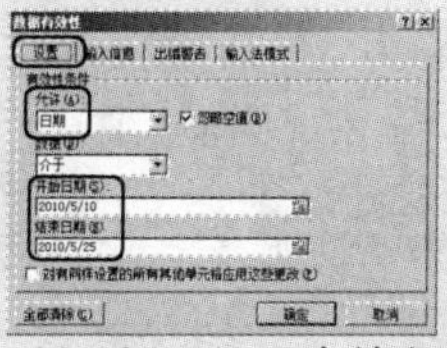
图11-131 设置有效条件

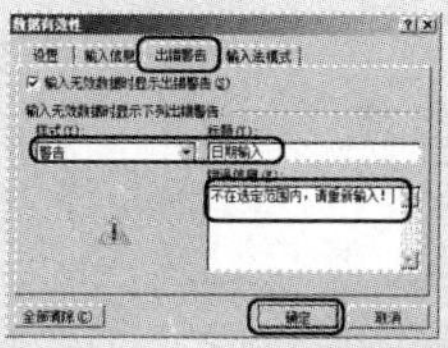
图11-132 设置错误信息

图11-133 弹出错误信息

11.10 上机练习——制作固定资产台账表

本例制作固定资产台账表，效果如图11-134所示。本例知识点为数据有效性的设置。

前沿设备台账

设置名称	型号	单价	数量	起用时间	停用时间	生产厂家	购买日期
螺旋泵	t32	20000	4	2000/12/1	2009/12/20	天麟水泵厂	2000/1/20
手动碟阀	D3A41	3000	7	2000/12/1	2009/12/20	四方阀厂	2000/1/20
离心泵	S125	12000	8	2005/12/1	2009/12/20	天麟水泵厂	2004/1/10
格栅机	X150	8000	9	2005/12/1	2009/12/20	炫鬱机械厂	2004/1/10
起动机	C120	17800	1	2006/3/1	2015/11/10	炫鬱机械厂	2006/1/10
叉车	Dx	8800	2	2007/5/1	2015/12/20	炫鬱机械厂	2007/1/1
吊车	D1	10000	1	2008/3/1	2015/10/30	炫鬱机械厂	2007/1/1
流量计	1D-19	6500	15	2009/8/1	2015/12/20	炫鬱机械厂	2010/1/1
止回阀	HT66	3200	8	2009/8/1	2015/12/30	明晖阀门厂	2010/1/1
电动阀	D941X	4800	5	2010/5/1	2016/5/10	四方阀厂	2010/2/10
手动碟阀	D3A41	3000	7	2010/12/25	2020/1/10	四方阀厂	2010/8/10
螺旋泵	t32	20000	2	2010/12/25	2020/1/10	天麟水泵厂	2010/8/10
离心泵	S125	12000	2	2010/12/25	2020/1/10	天麟水泵厂	2010/8/10
格栅机	X150	8000	4	2010/12/25	2020/1/10	炫鬱机械厂	2010/8/10
起吊机	C120	12800	1	2010/12/25	2020/1/10	炫鬱机械厂	2010/8/10

图11-134 固定资产台账表效果

实战演练235——制作固定资产台账表

最终文件	dir\最终文件\cha11\制作固定资产台账表.xlsx
视频文件	Movie\11-05.avi

1 启动Excel 2010软件，系统自动新建文档。选择A1~H1单元格，在【开始】选项卡|【对齐方式】组中单击【合并后居中】按钮，然后在【单元格】组中单击【格式】按钮，在弹出的下拉菜单中选择【行高】命令，在弹出的【行高】对话框中设置【行高】为30，单击【确定】按钮，如图11-135所示。

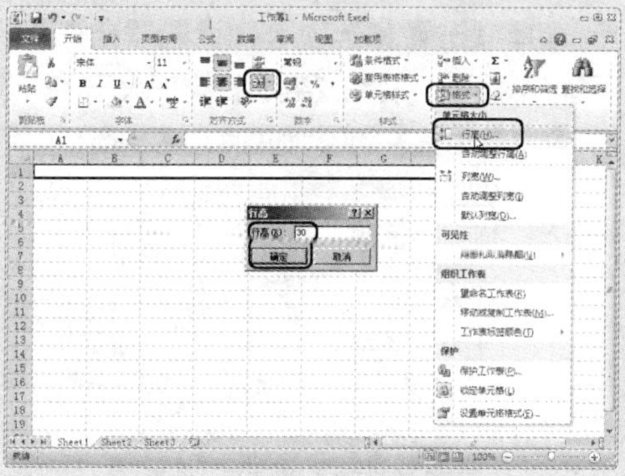
图11-135 设置行高

2 确定合并后的单元格仍然处于选择状态下，在【开始】选项卡|【字体】组中设置【字号】为16，单击 **B** 按钮，然后在该单元格中输入文本，如图11-136所示。

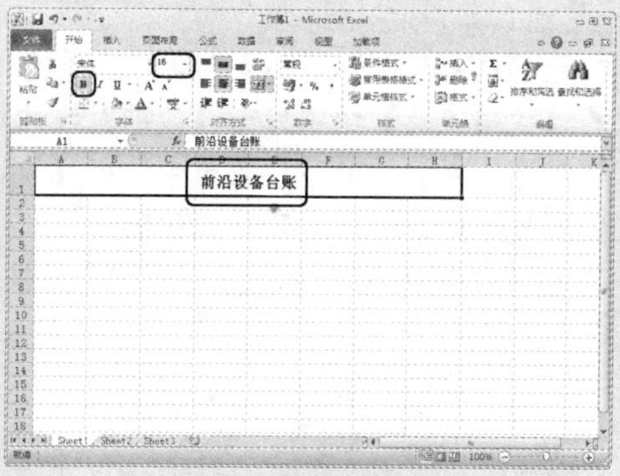
图11-136 输入文本

3 选择A2单元格，在【开始】选项卡|【单元格】组中单击【格式】按钮，在弹出的下拉菜单中选择【行高】命令，在弹出的【行高】对话框中设置【行

高】为17，设置完成后单击【确定】按钮，如图11-137所示。

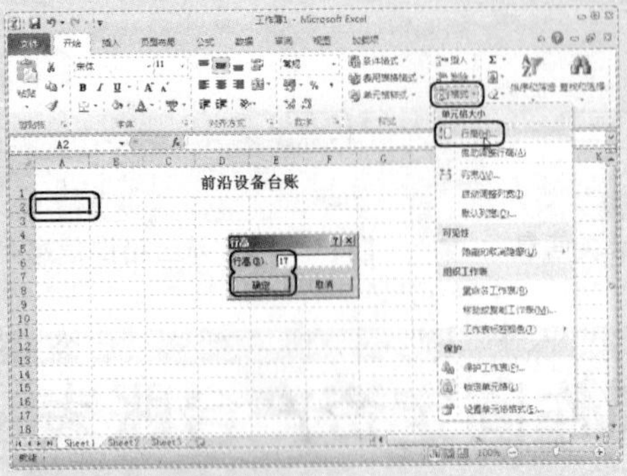

图11-137　设置行高

4 选择A2~H2单元格，并在单元格中输入“设置名称”、“型号”、“单价”、“数量”、“起用时间”、“停用时间”、“生产厂家”和“购买日期”，如图11-138所示。

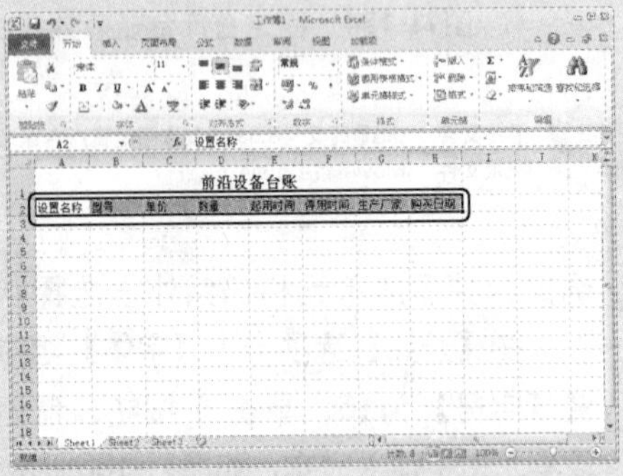

图11-138　输入文本

5 选择A3单元格，在【数据】选项卡|【数据工具】组中单击【数据有效性】按钮，在弹出的下拉菜单中选择【数据有效性】命令，如图11-139所示。

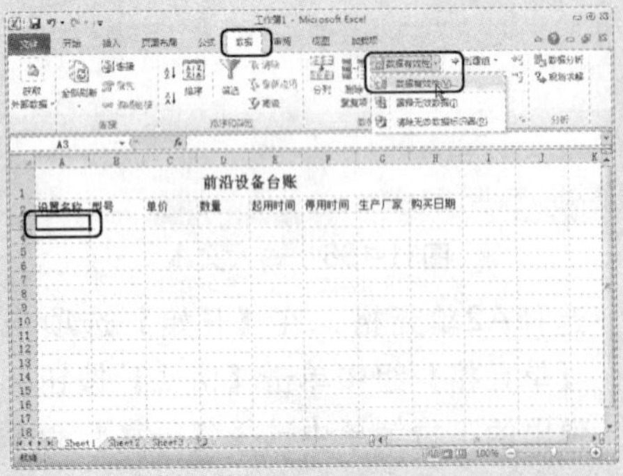

图11-139　选择数据有效性

6 在弹出的【数据有效性】对话框中选择【输入法模式】选项卡，设置【输入法】选项组中的【模式】为“打开”，如图11-140所示。设置完成后单击【确定】按钮。

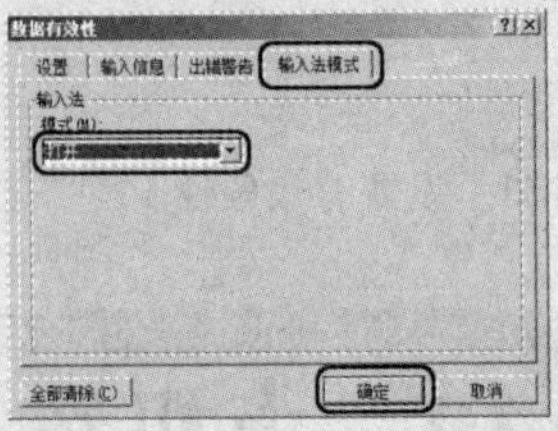

图11-140　【输入法模式】选项卡

7 选择B3单元格，在【数据】选项卡|【数据工具】组中单击【数据有效性】按钮，在弹出的下拉菜单中选择【数据有效性】命令，在弹出的【数据有效性】对话框中选择【输入法模式】选项卡，设置【模式】为“关闭（英文模式）”。设置完成后单击【确定】按钮，如图11-141所示。

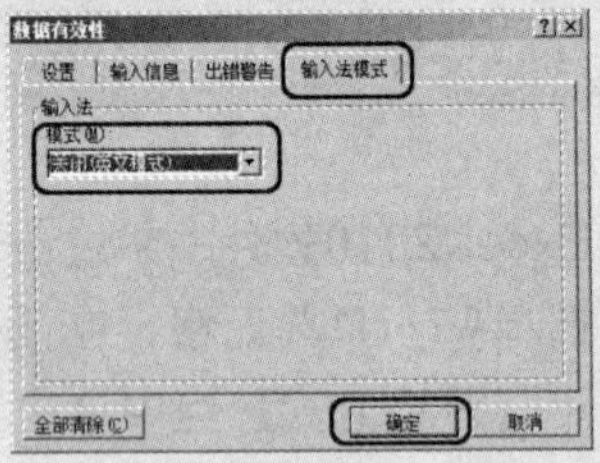

图11-141　设置数据有效性

8 选择C3单元格，在【数据】选项卡|【数据工具】组中单击【数据有效性】按钮，在弹出的下拉菜单中选择【数据有效性】命令，在弹出的【数据有效性】对话框中选择【设置】选项卡，设置【允许】为“小数”，设置【数据】为“大于”，设置【最小值】为0，如图11-142所示。

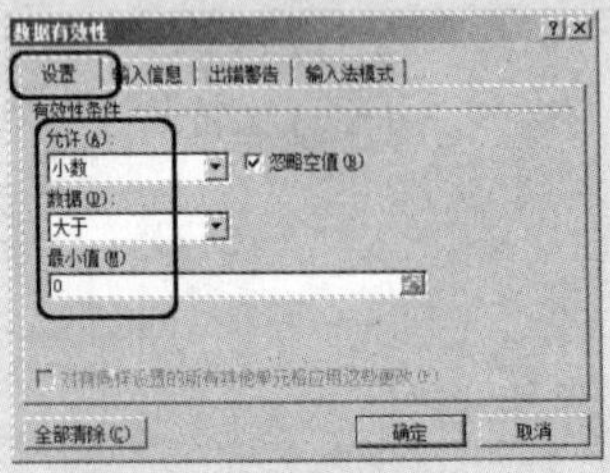

图11-142　【设置】选项卡

9 选择【输入信息】选项卡，设置【输入信息】为“请输入大于零的单价数值！”，如图11-143所示。

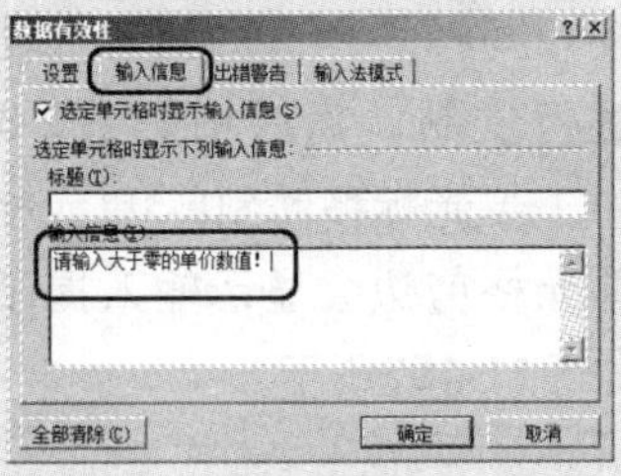

图11-143 【输入信息】选项卡

10 选择【出错警告】选项卡，设置【标题】为“错误”，设置【错误信息】为“请输入大于零的单价数值！”，如图11-144所示。

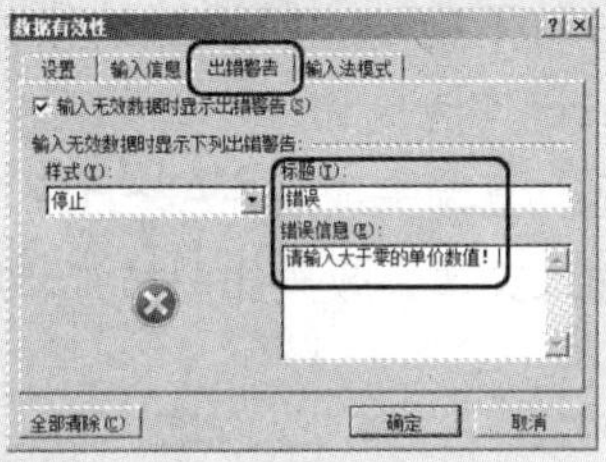

图11-144 【出错警告】选项卡

11 选择【输入法模式】选项卡，设置【模式】为“关闭（英文模式）”，设置完成后单击【确定】按钮，如图11-145所示。

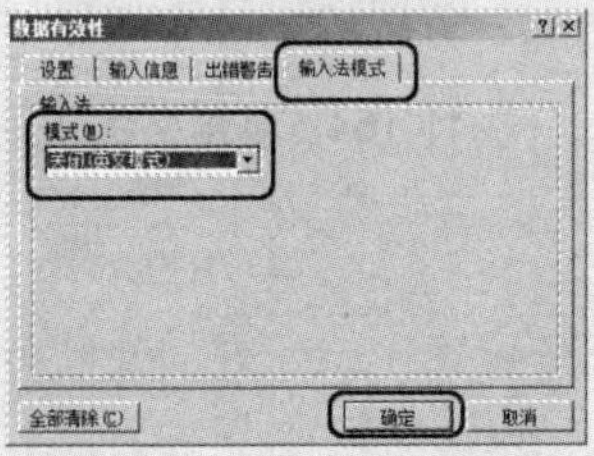

图11-145 【输入法模式】选项卡

12 选择D3单元格，在【数据】选项卡｜【数据工具】组中单击【数据有效性】按钮，在弹出的下拉菜单中选择【数据有效性】命令，在弹出的【数据有效性】对话框中选择【设置】选项卡，设置【允许】为“整数”，设置【数据】为“大于”，设置【最小值】为0，如图11-146所示。

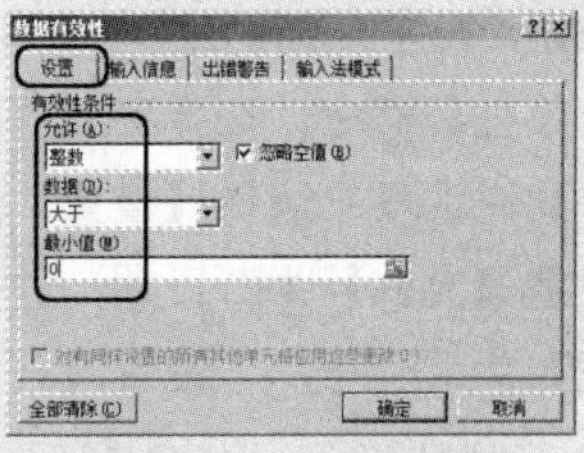

图11-146 【设置】选项卡

13 选择【输入信息】选项卡，设置【输入信息】为“请输入大于零的整数！”，如图11-147所示。

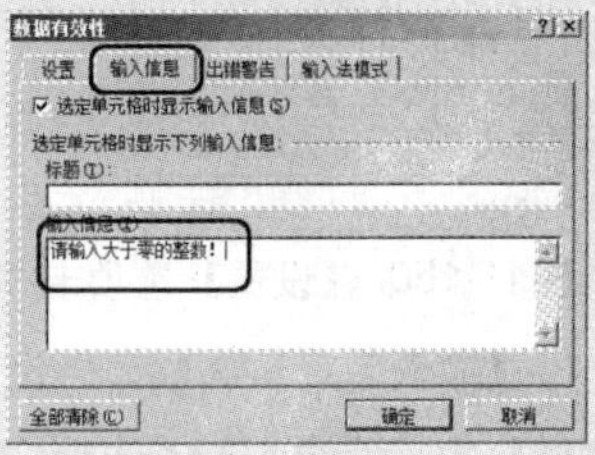

图11-147 【输入信息】选项卡

14 选择【出错警告】选项卡，设置【标题】为“错误”，设置【错误信息】为“请输入大于零的整数！”，如图11-148所示。再次选择【输入法模式】选项卡，设置【模式】为“关闭（英文模式）”。设置完成后单击【确定】按钮，如图11-149所示。

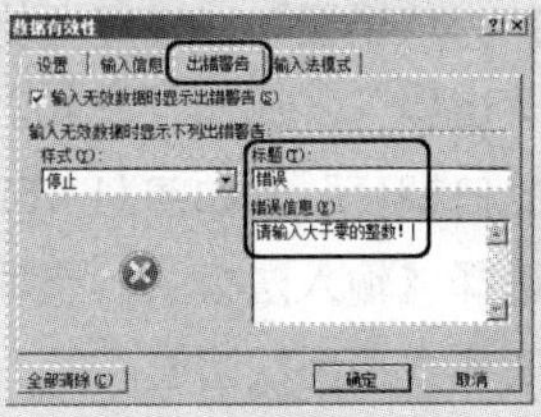

图11-148 【出错警告】选项卡

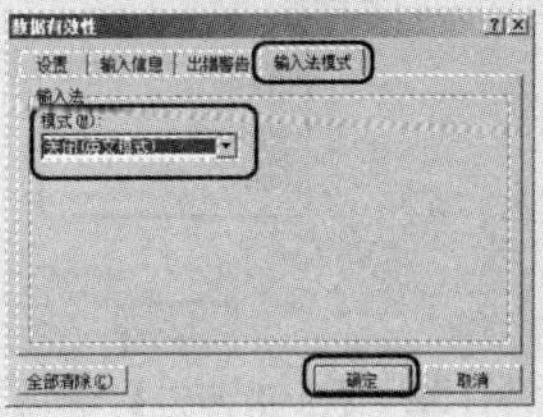

图11-149 【输入法模式】选项卡

15 选择E3单元格，在【数据】选项卡|【数据工具】组中单击【数据有效性】按钮，在弹出的下拉菜单中选择【数据有效性】命令，在弹出的【数据有效性】对话框中选择【设置】选项卡，设置【允许】为“日期”，设置【数据】为“介于”，设置【开始日期】为“2000/1/1”，设置【结束日期】为“2022/12/31”，如图11-150所示。

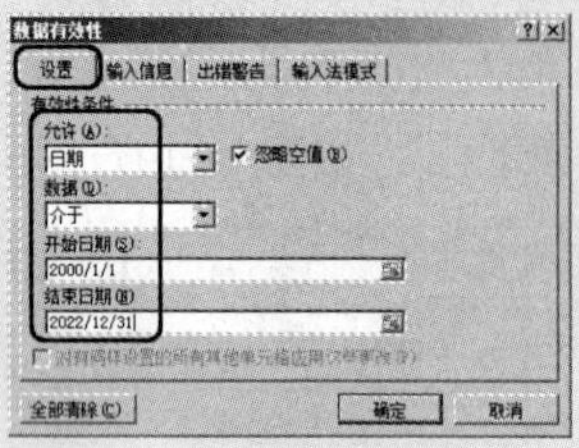

图11-150 【设置】选项卡

16 选择【输入信息】选项卡，设置【输入信息】为“请输入2000/1/1至2022/12/31之间的日期！”，如图11-151所示。

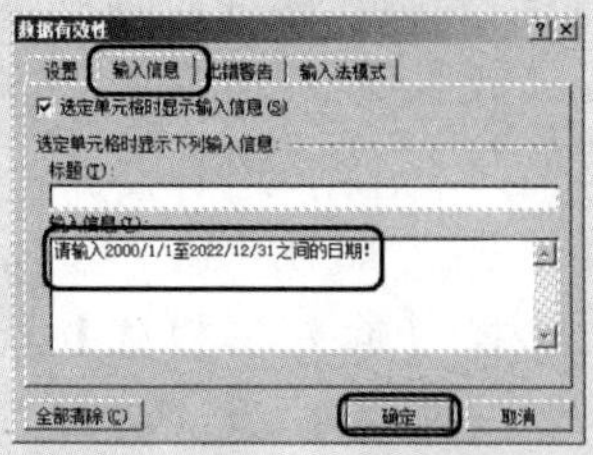

图11-151 【输入信息】选选项卡

17 选择【出错警告】选项卡，设置【标题】为“错误”，设置【错误信息】为“请输入2000/1/1至2022/12/31之间的日期！”，如图11-152所示。然后选择【输入法模式】选项卡，其输入法模式采用默认值。

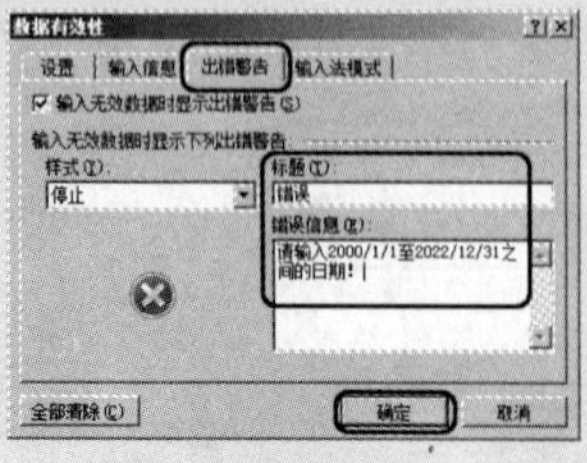

图11-152 【出错警告】选项卡

18 将E3单元格选中并按Ctrl+C键进行复制该单元格的格式，然后按Ctrl+V键将其粘贴到F3和H3单元格中。

19 使用同样的方法将A3单元格的格式进行复制，然后粘贴到G3单元格中。当光标移动到E3单元格内时，单元格旁边会显示输入提示信息，如图11-153所示。

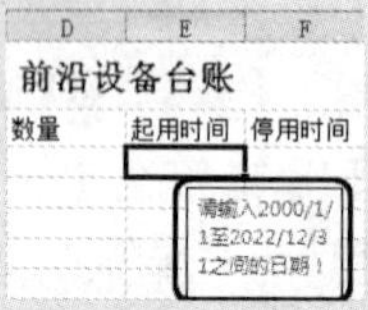

图11-153 显示提示信息

20 设置完成后选择A3~H3单元格，然后向下拖动，将设置的格式进行复制到其他单元格中，如图11-154所示。复制完成后在A3~H17单元格中输入文本，效果如图11-155所示。

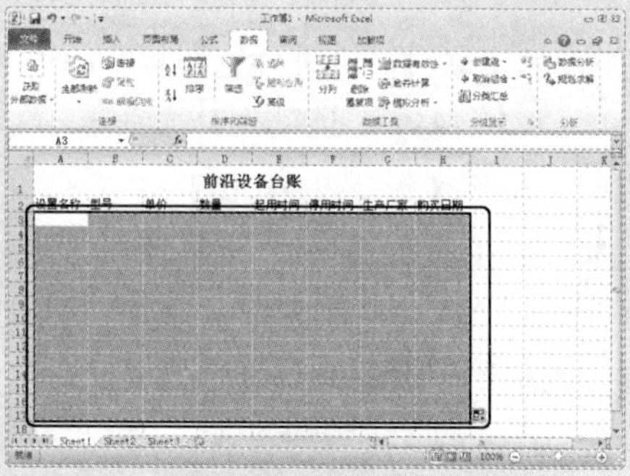

图11-154 复制格式

图11-155 输入文本后效果

21 至此，固定资产台账表已经制作完成，将其进行保存。

11.11 打印设置

设置完成工作表，还要对其进行打印，首先要对页面、页边距、页眉/页脚进行设置。

11.11.1 页面设置

在使用Excel打印之前，为了得到满意的打印输出效果，最好先检查页面设置是否合适，或者在创建工作表之前，将页面设置首先设置好，再创建工作表。

工作簿是许多工作表的集合，就像笔记本中的许多页面一样。一次可以打印整个笔记本或者一次打印一页或多页。

在打印工作表之前，应正确设置页面。【页面设置】对话框是进行页面设置的重要工具，启动【页面设置】对话框的方法有以下几种。

- 单击【页面布局】选项卡|【页面设置】组中右下方的按钮，打开【页面设置】对话框，如图11-156所示。
- 单击【页面布局】选项卡|【调整为合适大小】组中右下方的按钮，打开【页面设置】对话框。
- 单击【页面布局】选项卡|【工作表选项】组中右下方的按钮，打开【页面设置】对话框。
- 单击【页面布局】选项卡|【页面设置】组中的【页边距】按钮，在弹出的下拉菜单中选择【自定义边距】命令，如图11-157所示，打开【页面设置】对话框。

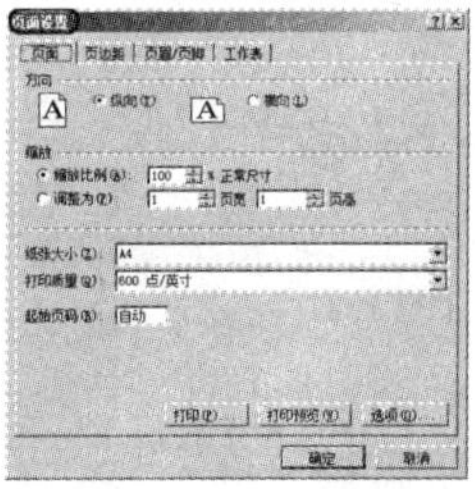

图11-156 【页面设置】对话框

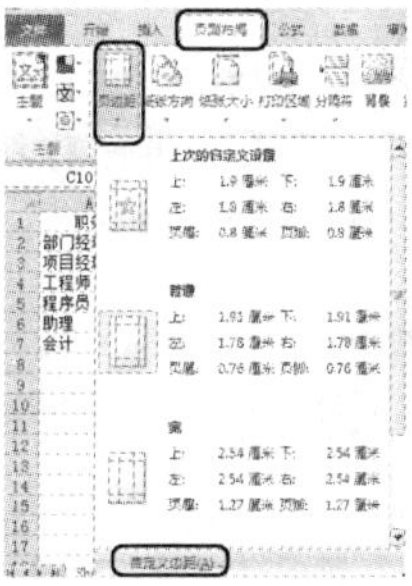

图11-157 选择【自定义边距】命令

在打开的【页面设置】对话框中可以进行选项设置，其中各选项含义介绍如下。

1.【页面】选项卡

- 方向：可以选择打印的方向为纵向、横向。
- 缩放：缩小或放大工作簿，或强制它适合特定的页面大小。
- 纸张大小：默认的纸张大小为A4，但是可以从它的下拉列表框中选择不同的纸张。
- 打印质量：可以用草稿输出来打印电子表格，打印速度更快，并减少打印机的磨损；或者以更高的质量打印最终的副本。打印质量以dpi为度量单位，此值越大，打印效果越好。
- 起始页码：可以设置起始页号为除1之外的数字。【自动】选项的起始页码号为1，或者以下一个顺序号设置第一个页号。

2.【页边距】选项卡

- 上、下、左、右：设置上、下、左、右页边距的大小。
- 页眉、页脚：指定页眉或页脚距离页边界多远。
- 居中方式：可以在左右页边距之间和上下页边距之间居中工作簿数据。

3.【页眉/页脚】选项卡

- 页眉、页脚：增加在每一页顶部重复的页眉，或在每一页底部重复的页脚。
- 自定义页眉、页脚：使用自定义页眉或自定义页脚按钮建立插入时间、日期、工作表选项卡名和工作簿文件名的页眉与页脚不同。
- 奇偶页不同：奇数页和偶数页的页眉与页脚不同。
- 首页不同：第一页的页眉和页脚与其他页不同。
- 随文档自动缩放：页眉和页脚跟随文档的调整自动放大或缩小。
- 与页边距对齐：页眉和页脚与页边距对齐。

4.【工作表】选项卡

- 打印区域：通过输入要打印的单元格范围，可以打印工作簿或工作表的一部分。可以输入范围，或者单击文本框右端的折叠按钮把【页面设置】对话框移开，在想要的单元格上拖曳鼠标。如果不选择打印区域，Excel根据在【页面】选项卡中设置的选项打印工作表或工作簿。
- 打开标题：打印的工作表的每一页中都打印相同的行或列作为标题。要以特定的行作为每一页的水平方向标题，则选择顶端标题行，要以特定的列作为每一页的垂直方向标题，则选择左端标题列。
- 打印：告诉Excel如何打印工作簿的某些方面。例如，可以选择打印网格线，也可以选择按单色打印、草稿品质、行号列标打印。
- 打印顺序：指示工作表中的数据如何阅读和打印，从上向下还是从左向右。

实战演练236——设置打印区域

1 在工作簿中选择要打印的单元格。

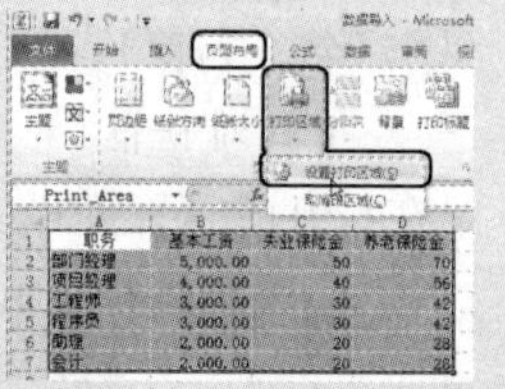

图11-158　设置打印区域

2 在【页面布局】选项卡|【页面设置】组中单击【打印区域】按钮，在弹出的下拉菜单中选择【设置打印区域】命令，此时选择的区域四周出现虚线，表明该区域被选中打印，如图11-158所示。取消打印区域的方法是在【页面布局】选项卡|【页面设置】组中单击【打印区域】按钮，在弹出的下拉菜单中选择【取消打印区域】命令，则选定的打印区域四周的虚线框消失，此时可以重新设置打印区域，或是打印整个工作簿。

11.11.2　使用页面布局视图查看打印效果

在页面布局视图中，可以查看文档的打印外观。使用此视图可以看到页面的起始位置，并可以查看页眉、页脚。

选择【视图】选项卡|【工作簿视图】组中的【页面布局】命令，如图11-159所示。

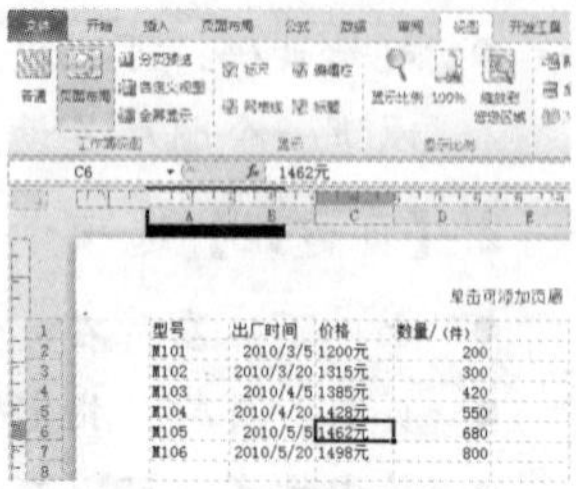

图11-159　页面布局

从页面布局视图中可以清晰地看出打印效果，还可以在工作表的上部单击鼠标来添加页眉等。

11.11.3 快速打印

用户想快速打印出一份工作表，可选择【文件】选项卡|【打印】|【快速打印】命令，使用所有默认设置，直接将文件送到打印机打印。默认设置如下：

- 打印当前工作表，包括嵌入的图表或图片。
- 打印一份。
- 按照纸张的纵向进行打印。
- 不对打印输出进行缩放。
- 上下页边距为1.9厘米，左右页边距为1.8厘米。
- 打印的文件没有页眉和页脚。
- 对于较宽的工作表，打印顺序为从上到下，再从左到右。

打印工作表时，Excel只打印激活的区域，不会打印所有的单元格，而且是只打印那些有数据的单元格。如果工作表含有图表或图片，也会打印出来。

提示

要快速确认工作表的区域，按Ctrl+End键可以移动到工作表的最后一个活动单元格。激活区域为单元格A1和最后一个活动单元格之间的区域，如果删除了一些行，按Ctrl+End键就可以定位到删除的最后一行，但当打印工作表时，当前区域被复位，不会打印空行。同时快速打印不会出现任何设置。

11.12 打印工作簿

在设置页面并预览满意后，就可以进行打印了。可以打印选择的数据、选择的工作表或整个工作簿。

实战演练237——打印工作簿

1 如果打印工作表中的一部分，选择想打印的区域。如果想打印工作簿中的一个或多个，按住Ctrl键，单击要打印的工作表标签选中工作表。

2 选择【文件】选项卡|【打印】|【打印】命令，弹出【打印内容】对话框。

3 在对话框中进行如下设置。

- 打印机：选择与计算机相连接的打印机。
- 打印范围：打印一页或多页。
- 打印内容：选择打印整个工作簿、工作表或选定的某个区域。
- 份数：可以打印多份选定的范围、工作表或工作簿。

4 单击【确定】按钮或按Enter键。

在打印的同时，用户可以继续在Excel中工作。如果打印机正在处理用户之前发送的另一个内容，Windows将保存该作业，直到打印机打印它。

11.12.1 选择打印区域

使用打印区域选项告诉Excel要打印工作表的哪一部分，这个选项允许把一个区域分成一页，然后打印这一页。如果该区域太大，在一页上放不下，Excel把它分成几页。如果不选择打印区域，Excel打印整个工作表，或整个工作簿，这与【打印内容】对话框中的设置选项有关。

在决定为打印区域选择哪些单元格时，在打印区域中一定不要包括标题、副标题，以及列标题和行标题，否则将打印这些标题两次。

实战演练238——选择打印的区域打印工作表

1 单击【页面布局】选项卡|【页面设置】组中右下方的按钮，打开【页面设置】对话框。

2 选择【工作表】选项卡，如图11-160所示。

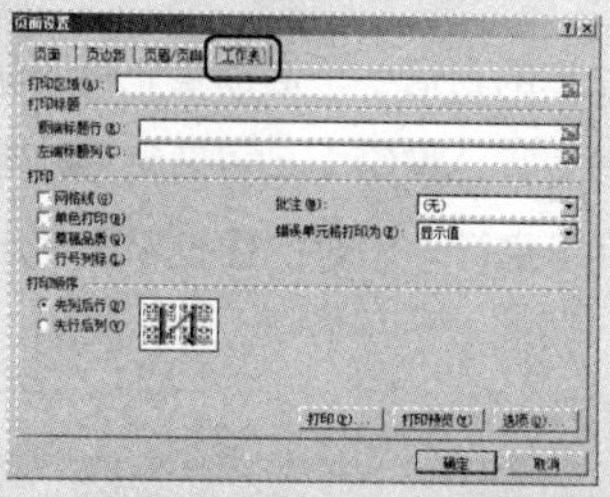

图11-160 选择【工作表】选项卡

3 单击【打印区域】文本框右侧的按钮，【页面设置】对话框被折叠，如图11-161所示。

4 在单元格中按住鼠标并拖曳，选择要打印的单元格区域，此时选项卡中的区域会有虚线，如图11-162所示。

图11-161 折叠对话框

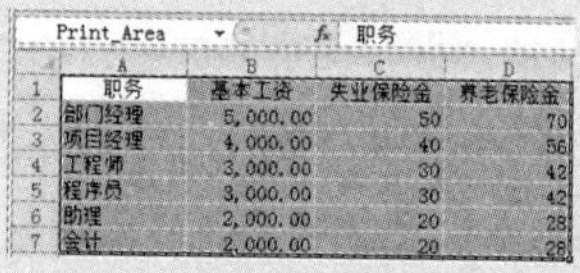

图11-162 选择中的区域

5 单击按钮，返回到【页面设置】对话框，单击【确定】按钮，返回到【打印内容】对话框，再单击【确定】按钮。

还可以先选择区域，在【页面设置】组中单击【打印区域】按钮，再在弹出的下拉菜单中选择【设置打印区域】命令。如果想取消，可选择【取消打印区域】命令。

11.12.2 调整分页

打印工作簿时，会根据纸张大小和页边距设置，以及选择的打印区域来确定分页。为了使页面更好看，而且在逻辑位置分页，用户可以自己调整分页。然而，在进行分页前，注意以下几个选项：

- 调整各个列的宽度，最好地利用空间。
- 考虑横向打印工作簿。
- 把上、下、左、右页边距改为更小值。

如果要离开分页预览回到常规工作表视图中，在【视图】选项卡|【工作簿视图】组中单击【普通】按钮。

11.12.3 打印行和列标题

Excel提供一种方法让用户选择在工作表顶端和左边加上标题，并在打印输出的每一页上打印它们。当工作表太宽，一页打印不下时，此选项是非常有用的。如果不使用这个选项，放不下的项将在后续页上打印，但没有任何行和列标题。

实战演练239——打印行和列标题

1 打开【页面设置】对话框，选择【工作表】选项卡。

2 要重复显示工作表行标题，单击【顶端标题行】文本框右侧的按钮，Excel缩小【页面设置】对话框。

3 按住鼠标拖过要在每一页上打印的行，如图11-163所示。在选择区域的四周出现虚线框，带$符的绝对单元格引用出现在【顶端标题行】文本框中。

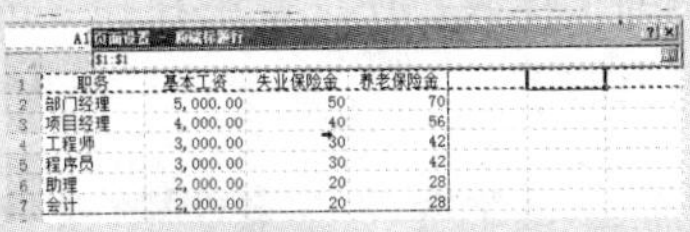

图11-163 选择打印行

4 单击按钮，返回到【页面设置】对话框。要重复显示在工作表左端的列标题，单击【左端标题列】文本右侧的按钮，Excel缩小【页面设置】对话框，选择想要重复的列。

5 单击按钮，返回到【页面设置】对话框。要打印工作表，单击【打印】按钮，出现【打印内容】对话框，单击【确定】按钮。

11.12.4 设置页眉和页脚

Excel可以添加页眉和页脚，在打印输出的每页顶端和底部都有打印信息。这个信息可以包括任何文字及页码、当前的日期和时间、工作簿文件名，以及工作表标签名称。可以选择Excel建议的页眉和页脚，或者包括用户想要的任何其他文字。也可以使用特殊的命令控制页眉或页脚的外观。例如，可以对页眉和页脚的文字运用粗体、倾斜或添加下划线等，也可以左对齐、右对齐、居中页眉和页脚中的文字。

实战演练240——增加页眉和页脚

1 打开【页面设置】对话框，切换到【页眉/页脚】选项卡，如图11-164所示。

2 要设置页眉，单击【页眉】下拉按钮，显示页眉的信息列表。滚动该列表，选择页眉。

3 要设置页脚，单击【页脚】下拉按钮，显示页脚信息的列表。滚动该列表，选择想要的页脚。

4 单击【确定】按钮，关闭【页面设置】对话框，回到工作表。

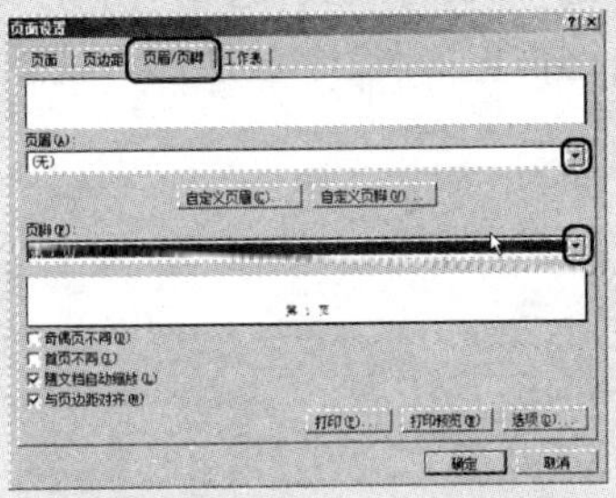

图11-164 设置页眉和页脚

5 如查看打印，则单击【打印】按钮，打开【打印内容】对话框，单击【确定】按钮，打印工作表。

提示

如果提示的页眉或页脚不符合需要，单击【自定义页眉】和【自定义页脚】按钮，并输入想要的内容。要删除页眉或页脚，在页眉或页脚的下拉列表框中选择“无”。

11.12.5　按页面调整工作表

如果在改变了方向和页边距后，工作表太大，不能在一页上打印，可以考虑使用缩放选项压缩工作表，使之能够在指定的页数上打印工作表。执行以下步骤调整工作表，使之能够在一页上放下。

实战演练241——按页面调整工作表

1 选择【页面布局】选项卡|【调整为合适大小】组，如图11-165所示。

图11-165　【调整为合适大小】组

- 宽度：收缩打印输出的宽度，使之适合最多页数。单击右侧的小三角按钮，在其中选择打印输出工作表时的最多页数，Excel按照此页数进行压缩，默认为【自动】选项，自动分配页数。
- 高度：收缩打印输出的高度，使之适合最多页数。单击此下拉按钮，在其中选择打印输出工作表中的最多页数，Excel按照此页数进行压缩，默认为【自动】选项，自动分配到页数。
- 缩放比例：按照实际大小的百分比拉伸或压缩打印输出。若要使用此功能，必须将【宽度】和【高度】设置为【自动】。

2 单击【宽度】和【高度】下拉按钮，选择要Excel打印数据的页数。

11.12.6　打印网格线

默认情况下，不打印网格线。但是，如果在【页面设置】对话框中选中【工作表】选项卡下的【打印】选项组中的【网格线】复选框，如图11-166所示，就能打印出网格线。

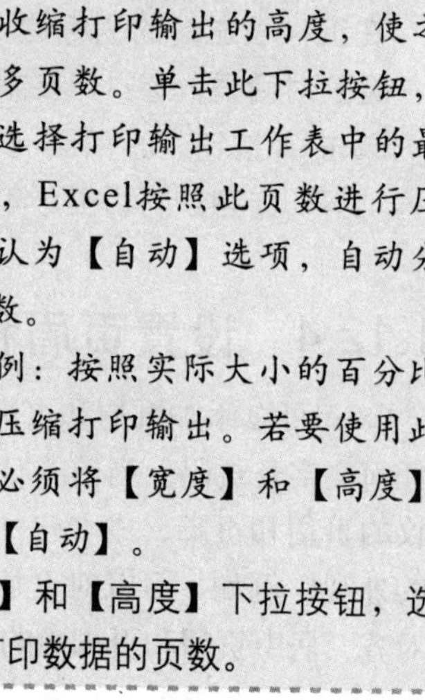

图11-166　选中【网格线】复选框

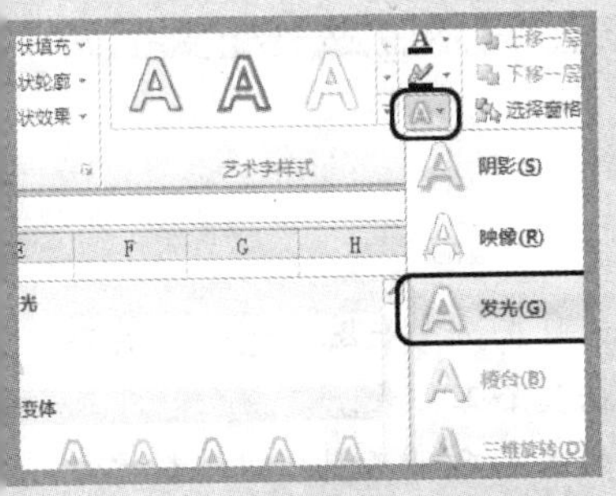

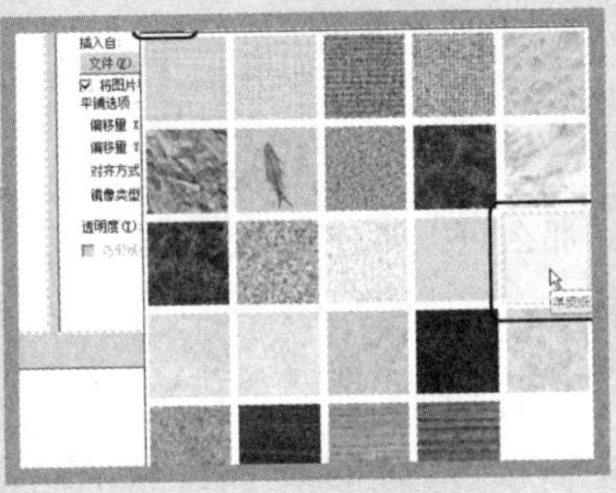

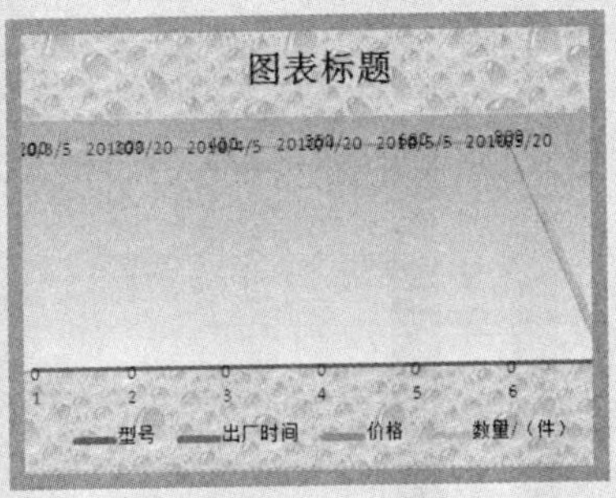

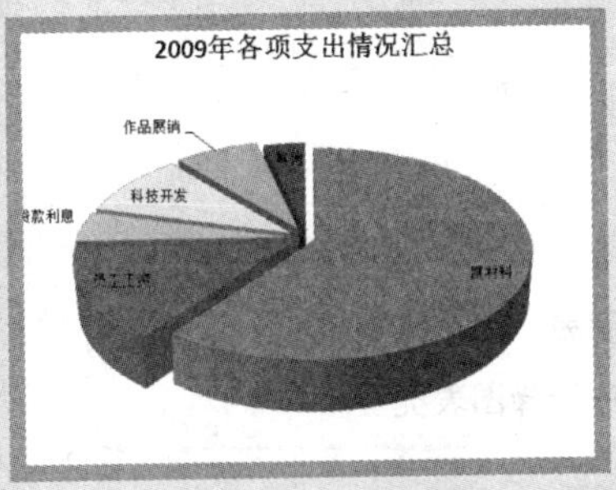

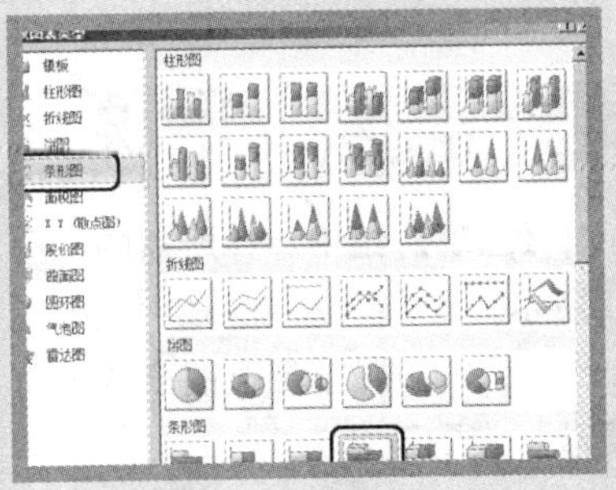

第12章

图表的编辑应用与技巧

图表功能是Excel的重要组成部分，根据工作表中的数据，可以创建直观、形象的图表。

Excel提供了数十种图表类型，可以选择恰当的方式表达数据信息，并且可以自定义图表、设置图表各部分的格式。通过本章学习，掌握利用工作表中的数据创建出需要的图表，以及对图表进行修改和设置图表中的选项。

通过本章的学习，可以掌握以下知识点：

- 如何创建图表
- 怎样修改图表
- 设置图表选项的方法

12.1 创建图表

创建图表前，首先认识一下图表的分类。

- Excel中的图表按照插入的位置可以分为内嵌图表和工作表图表。内嵌图表一般与其数据源一起出现，而工作表图表就是与数据源分离，图表占据整个工作表。
- 按照表示数据的图形来区分，图表分为柱形图、饼图、曲线图等多种类型。同一数据源可以使用不同图表类型创建的图表。

12.1.1 创建图表

如果不想对图表作任何特殊的设置，也就是使用默认的设置，那么可以不使用图表向导生成图表，而使用快捷键和工具栏快速创建图表。

1. 使用快捷键创建图表

选中作为图表数据源的单元格范围，按F11键，就会在工作簿中插入一个新的工作表，如图12-1所示。

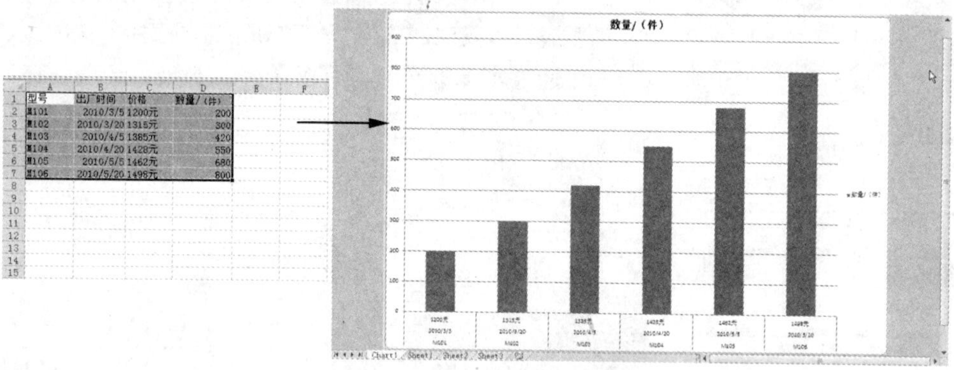

图12-1　使用快捷键创建图表

提示

在使用快捷键创建图表时，会自动使用默认的图表类型来创建图表，那么如何更改默认的图表类型呢？方法是激活一个图表，在【设计】选项卡|【图表样式】组中选择图表类型。

2. 使用功能区创建图表

实战演练242——使用功能区创建图表

1 选中要作为图表数据源的单元格范围，然后在【插入】选项卡|【图表】组中选择所需的图表类型，然后再在其下拉面板中选择相应的图表，如图12-2所示。

2 此时就会在当前工作表中插入一个内嵌图表，如图12-3所示。此后，如果要更改图表的类型，可以在功能区中对其类型、布局、样式、位置等进行更改，直到满意为止。

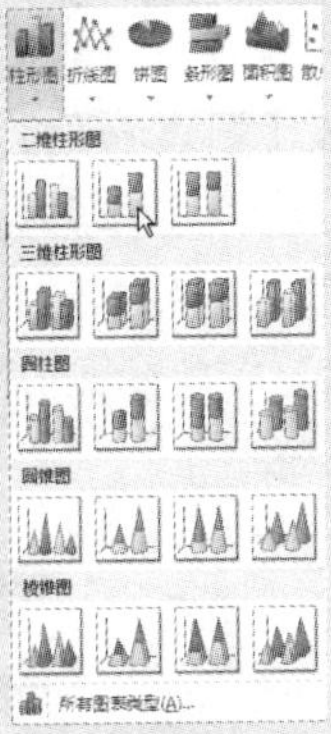

图12-2 设置图表类型

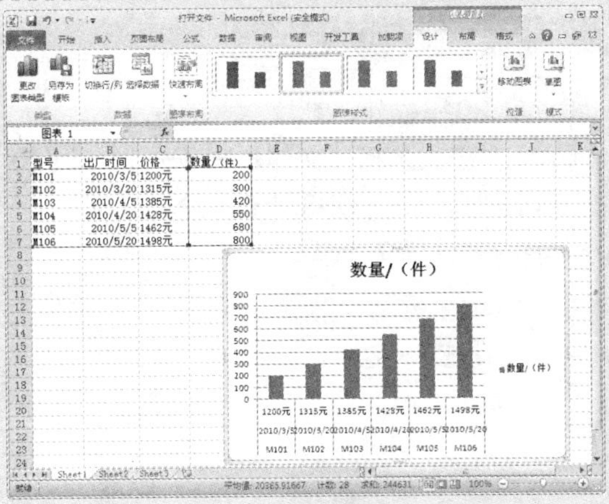

图12-3 使用工具栏创建的图表

12.1.2 设置艺术字标题

要使图表更加完美化，就为图表添加一个标题。单击选中【图表标题】文本框，清除原来的文字，输入图表的标题“2010年1～10月份6连锁店销售汇总表”。

可以对图表标题应用艺术效果。选择图表标题，切换到【格式】选项卡，在【艺术字样式】组中单击其他按钮，选择一种艺术字样式，如图12-4所示。

要改变艺术字标题文本轮廓或给文本填色，可单击【文本填充】按钮或【文本轮廓】按钮进行设置；要使艺术字产生发光效果，单击【文本效果】按钮，在弹出的下拉菜单中选择一种发光效果，如图12-5所示。完成后的效果如图12-6所示。

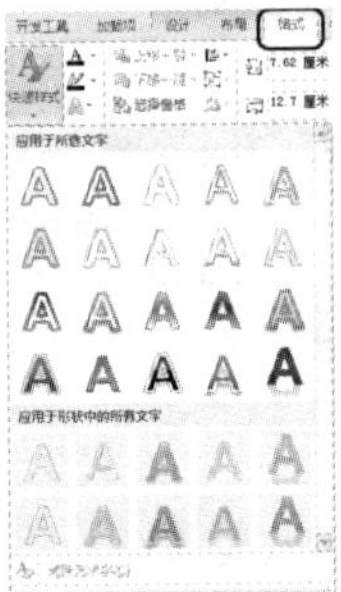

图12-4 选择艺术字样式

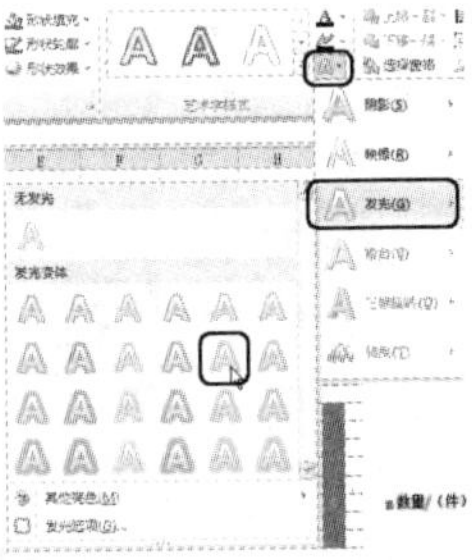

图12-5 为文本添加发光效果

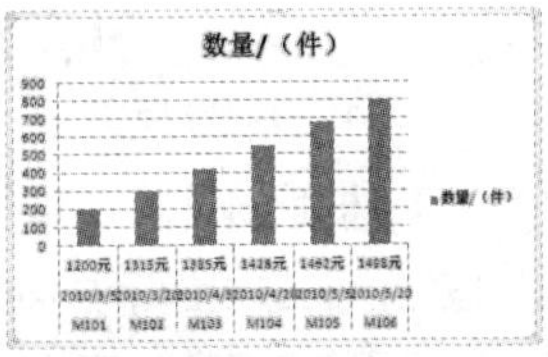

图12-6 完成后的效果

12.2 上机练习——制作家庭支出表

本例介绍家庭支出表的制作，效果如图12-7所示。本例知识点为插入图表、设置图例格式、设置绘图区格式。

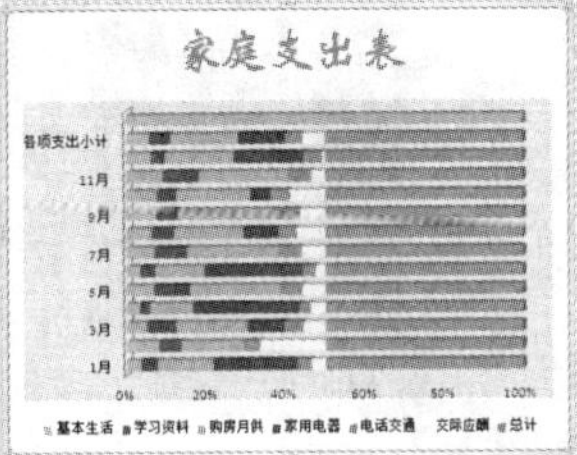

图12-7 家庭支出表效果

实战演练243——制作家庭支出表

最终文件	dir\最终文件\cha12\制作家庭支出表.xlsx
视频文件	Movie\12-01.avi

1 启动Excel 2010软件，系统会自动新建一个Excel文档。选择【文件】选项卡|【打开】命令，如图12-8所示。或者按Ctrl+O键执行【打开】命令。

图12-8　选择【打开】命令

2 在弹出的【打开】对话框中选择所需的文档，单击【打开】按钮，如图12-9所示。

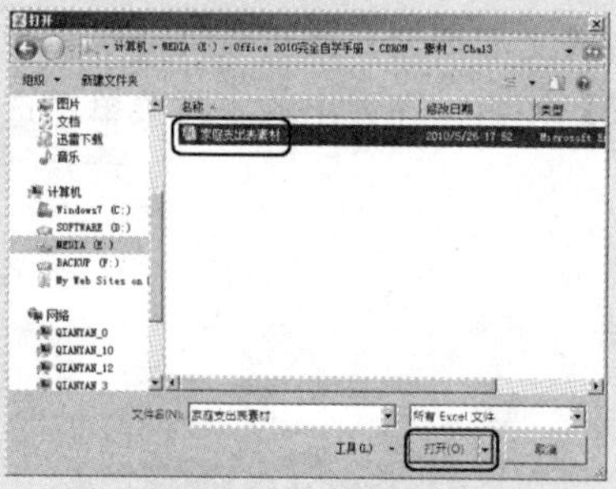

图12-9　选择文档

3 在【插入】选项卡|【图表】组中单击【条形图】按钮，在弹出的下拉面板中选择“三维百分比堆积条形图”，如图12-10所示。

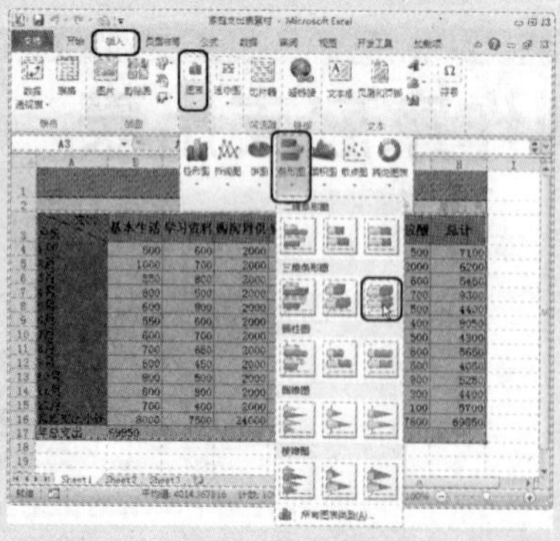

图12-10　选择图表

4 选择【图标工具】|【设计】选项卡，然后单击【图表布局】组中单击【快速布局】按钮，在弹出的下拉面板中选择“布局3”，如图12-11所示。

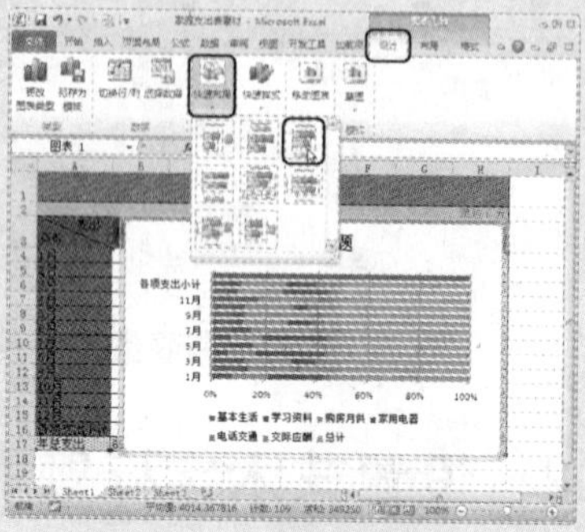

图12-11　设置布局

5 选择【图表工具】|【布局】选项卡，然后单击【坐标轴】组中的【网格线】按钮，在弹出的下拉菜单中选择【主要纵网格线】|【无】命令，如图12-12所示。然后调整该图表的大小，如图12-13所示。

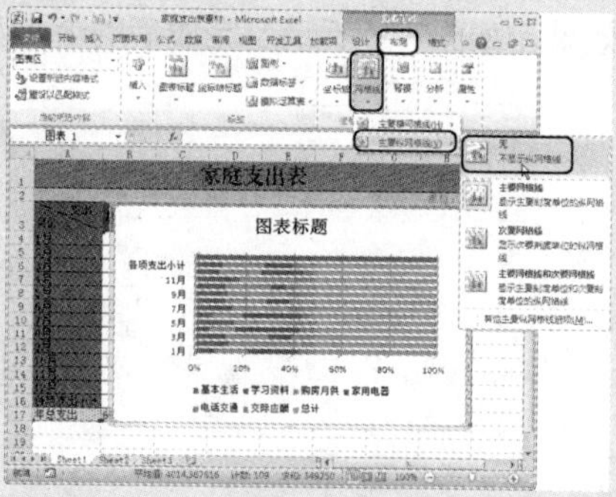

图12-12　设置【主要纵网格线】

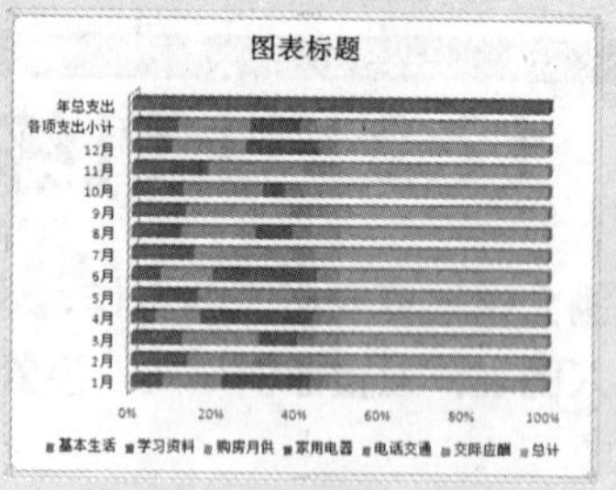

图12-13　调整后的效果

6 选择并对图表中的“图表标题”进行单击，然后进行修改标题为“家庭支出表”。

7 将输入的标题进行选中，然后选择【开始】选项卡，在【字体】组中设置【字体】为“汉仪魏碑简”，设置【字号】为32，设置【字体颜色】为“浅蓝”，如图12-14所示。

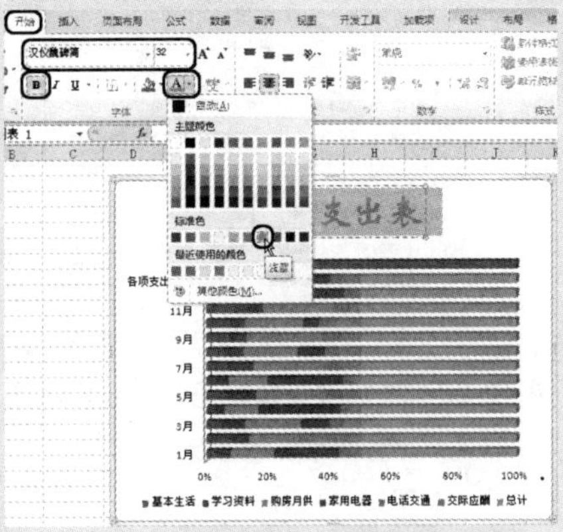

图12-14 设置字体

8 选择【图例项】中的“基本生活”图例，然后对其单击鼠标右键，在弹出的快捷菜单中选择【设置图例项格式】命令，如图12-15所示。

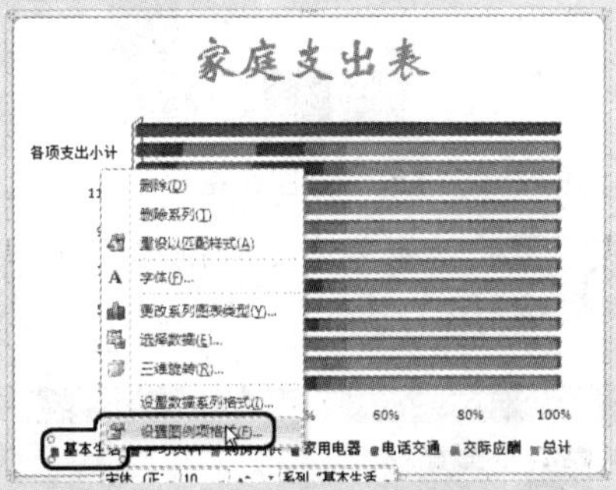

图12-15 选择【设置图例项格式】命令

9 在弹出的【设置图例项格式】对话框中选中【填充】选项中的【纯色填充】单选按钮，然后设置【颜色】为“水绿色，强调文字颜色5，淡色40%”，单击【关闭】按钮，如图12-16所示。

10 选择【图例项】中的“购房月供”图例，然后对其单击鼠标右键，在弹出的快捷菜单中选择【设置图例项格式】命令，在弹出的【设置图例项格式】对话框中选中【填充】选项中的【纯色填充】单选按钮，然后设置【颜色】为“浅绿”，单击【关闭】按钮，如图12-17所示。

图12-16 设置“基本生活”图例

图12-17 设置“购房月供”图例

11 选择【图例项】中的“电话交通”图例，然后对其单击鼠标右键，在弹出的快捷菜单中选择【设置图例项格式】命令，在弹出的【设置图例项格式】对话框中选中【填充】选项中的【纯色填充】单选按钮，然后设置【颜色】为“浅蓝”，单击【关闭】按钮，如图12-18所示。

12 选择【图例项】中的“交际应酬”图例，然后对其单击鼠标右键，在弹出的快捷菜单中选择【设置图例项格式】命令，在弹出的【设置图例项格式】对话框中选中【填充】选项中的【纯色填充】单选按钮，然后设置【颜色】为“黄色”，单击【关闭】按钮，如图12-19所示。

图12-18 设置“电话交通”图例

图12-19 设置“交际应酬”图例

13 选择【绘图区】，然后单击鼠标右键，在弹出的快捷菜单中选择【设置绘图区格式】命令，如图12-20所示。

14 在弹出的【设置绘图区格式】对话框中选中【填充】选项中的【图片或纹理填充】单选按钮，然后单击（纹理）按钮，在弹出的下拉面板中选择“羊皮纸”，如图12-21所示。然后设置【透明度】为60%。

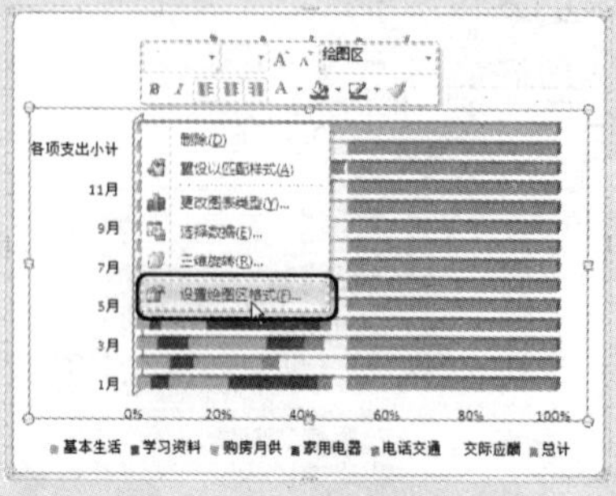

图12-20 选择【设置绘图区格式】命令

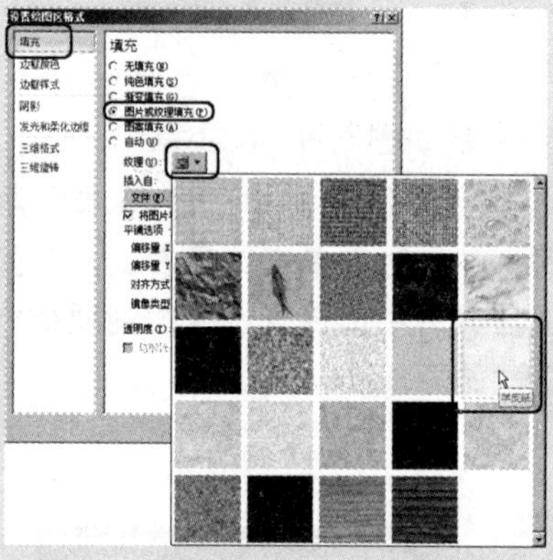

图12-21 【设置绘图区格式】对话框

15 至此，家庭支出表制作完成，将其进行保存。

12.3 修改图表

对于已经创建好的图表也可能有许多地方需要调整，例如修改图表类型、移动或删除图表的组成元素等。

12.3.1 如何选中图表的各个部分

在介绍如何修改图表的组成部分之前，先介绍一下如何正确地选中要修改的部分。前面章节中介绍的只要单击就可以选中图表中的各部分的方法不够精确。下面介绍一种准确选中图表各部分的方法。

激活图表后，从【布局】选项卡|【当前所选内容】组中可以看到该图表中的各个组成部分，从这里可以精确选择图表的各个组成部分，如图12-22所示。

图12-22 选中图表的各个部分

12.3.2 改变图表类型

对于同样的数据源，选择不同的图表类型可表现不同的数据内涵。

实战演练244——以折线图介绍创建图表

1 选择工作表中的图表，单击【图表工具】|【设计】按钮，如图12-23所示。

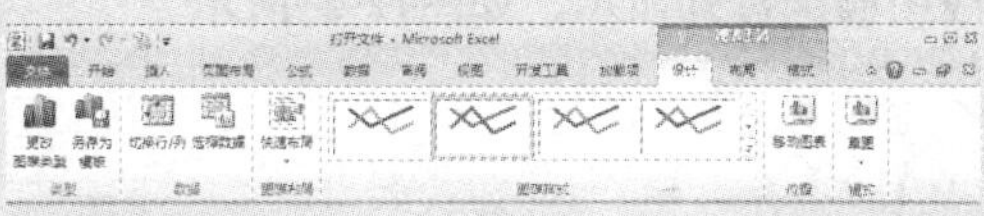

图12-23 显示图表工具按钮

2 在【类型】组中单击【更改图表类型】按钮，打开【更改图表类型】对话框。

3 选择【条形图】选项，在条形图列表框中单击所需要的形状，如图12-24所示。返回到工作表，即可看到如图12-25所示的条形图。

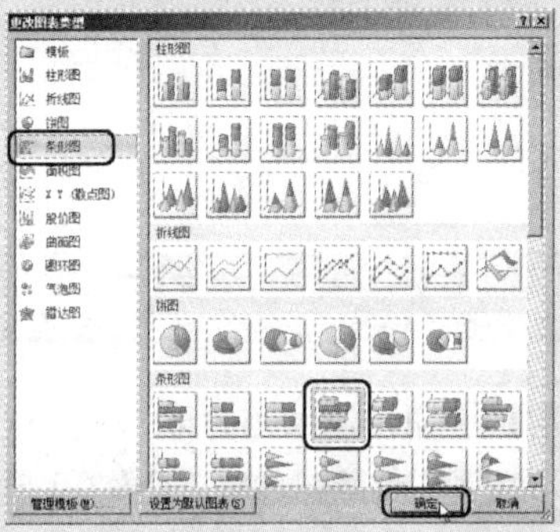

图12-24 【更改图表类型】对话框

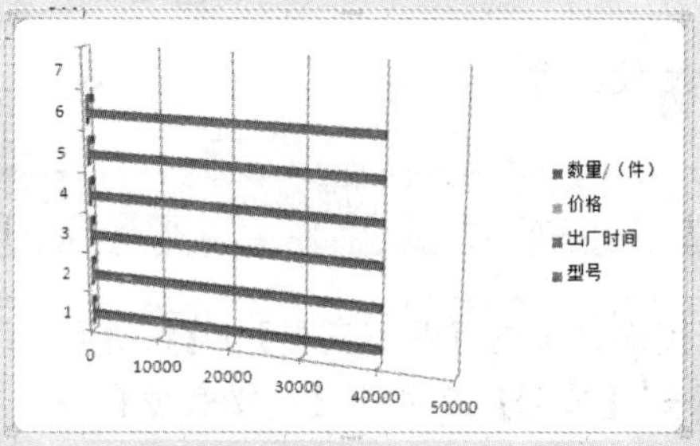

图12-25 更改为条形图效果

12.3.3 移动或删除图表的组成元素

移动或删除图表中的组成元素，和移动或改变图表大小的方法相似，单击要移动的元素，该元素就会出现控制点，拖动控制点就可以改变大小或者移动，如图12-26所示。

按Delete键可以删除选中的元素，删除其中一组元素后，图表将显示余下的元素。

图表生成后，可以对其进行编辑，例如制作图表标题、向图表中添加文本、设置图表选项、删除数据系列、移动和复制图表等。

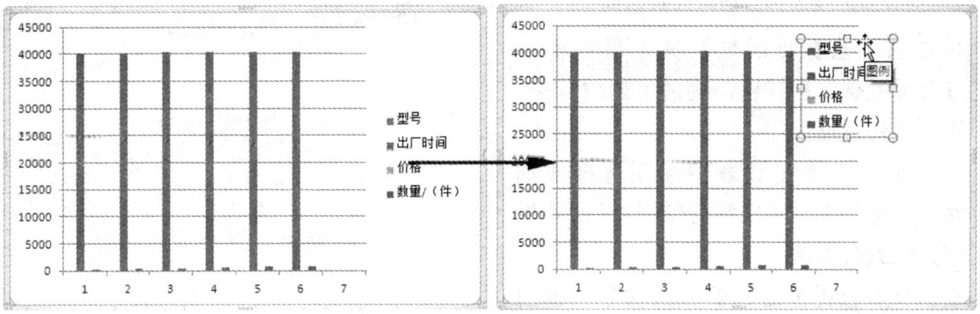

图12-26 移动图表中的元素

12.3.4 修改和美化图表

在Excel 2010中，修改和美化图表有比以前版本更多的选项。

1. 切换行列

Excel 2010允许对图表切换行列，这样有利于从另一个角度观察数据折线图所显示的内涵。在上一节制作的折线图中，选择图表，单击【图表工具】|【设计】选项卡|【数据】组中的【切换行/列】按钮，即可使折线图颠倒行列显示，如图12-27所示。

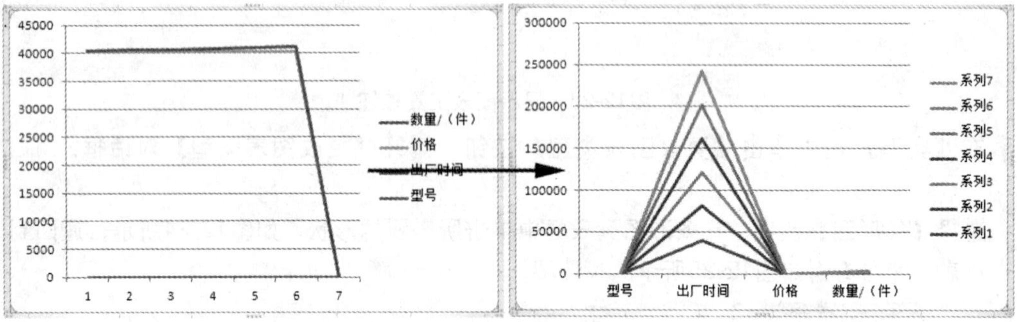

图12-27 切换图表行列

2. 修改数据源

实战演练245——修改数据源

1 选择图表，单击【图表工具】|【设计】选项卡|【数据】组中的【选择数据】按钮，打开【选择数据源】对话框，如图12-28所示。

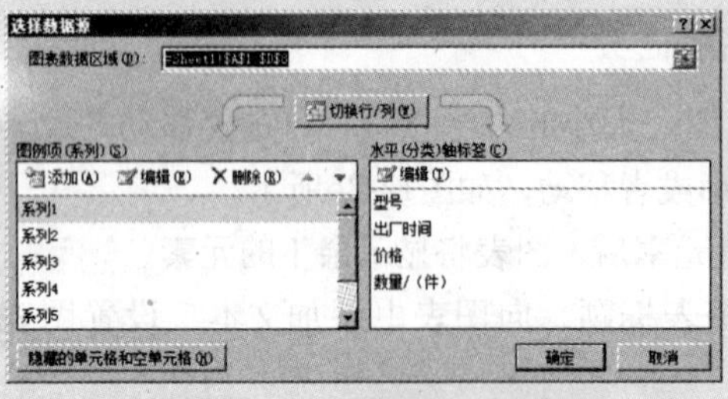

图12-28 【选择数据源】对话框

2 单击【图表数据区域】文本框右侧的【选择数据源】按钮，切换为如图12-29所示的对话框。

3 拖曳鼠标，在工作表中重新选择数据源。如果需要，可以配合Ctrl键选择不相邻区域的数据源。

4 重新选择数据源后，单击按钮，返回到如图12-30所示的对话框，单击【确定】按钮，返回工作表。

图12-29 切换【选择数据源】对话框

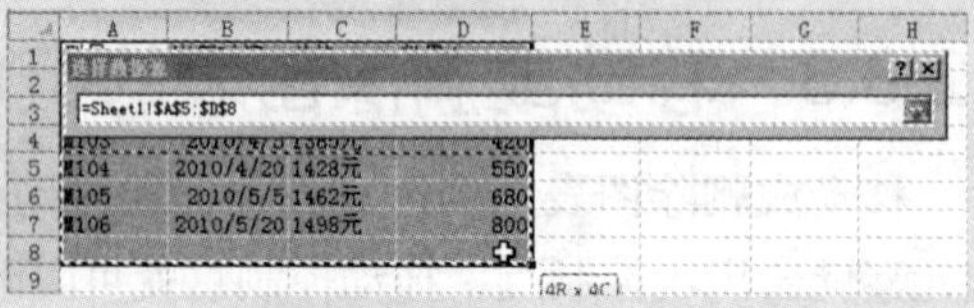

图12-30 选择数据源

5 此时，图表折线图已经根据数据所选择的数据源重新生成了，如图12-31所示。

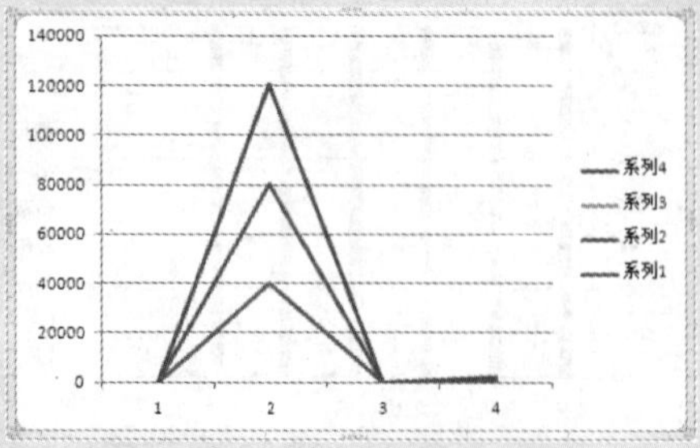

图12-31 重新生成的折线图

提示

在【选择数据源】对话框中，可以给【添加】、【编辑】和【删除】按钮更改数据源，不过没有直接选取直观。

3. 更改图表布局

创建图表后，用户可以根据个人审美和图表表达需要更改它的外观。在Excel 2010中，可以快速将一个预定义布局和样式应用到图表，而无需手动添加和更改图表元素后设置图表格式。Excel 2010提供了多种有用的预定义布局和样式，用户可以从中选择；但是如果需要，也可以通过手动更改单个图表元素的布局和样式来进一步自定义布局或样式。

自定义布局或样式不能保存，但是如果希望再次使用相同的布局或样式，可以将图表另存为图表模板。

实战演练246——改变图表布局

1 单击要设置格式的图表。

2 在【图表工具】|【设计】选项卡|【图表布局】组中单击要使用的图表布局。如果单击其他按钮可查看更多图表布局，效果如图12-32所示。

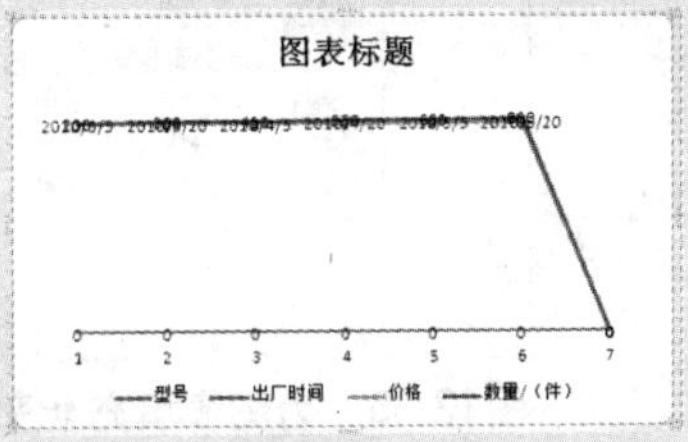

图12-32 使用图表布局后的效果

4. 使用预定义图表样式

像前面介绍的表格样式一样，Excel 2010提供了很多预设的图表样式，丰富图表的表现力。

实战演练247——使用预定义图表样式

1 单击要设置格式的图表。

2 在【图表工具】|【设计】选项卡|【图表样式】组中单击要使用的图表样式。如果单击其他按钮可查看更多图表样式，如图12-33所示。

3 定义图表样式后的效果如图12-34所示。

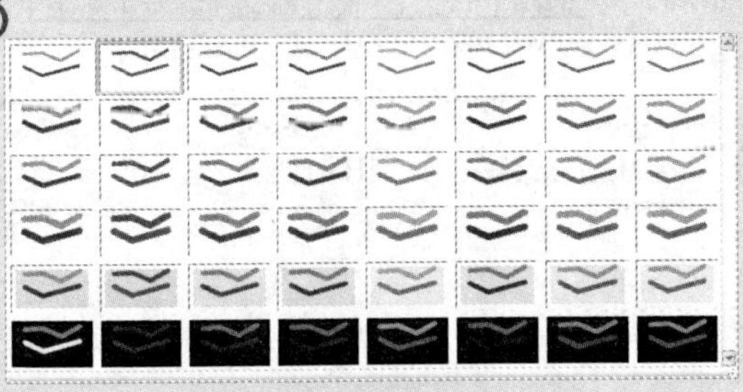

图12-33 图表样式

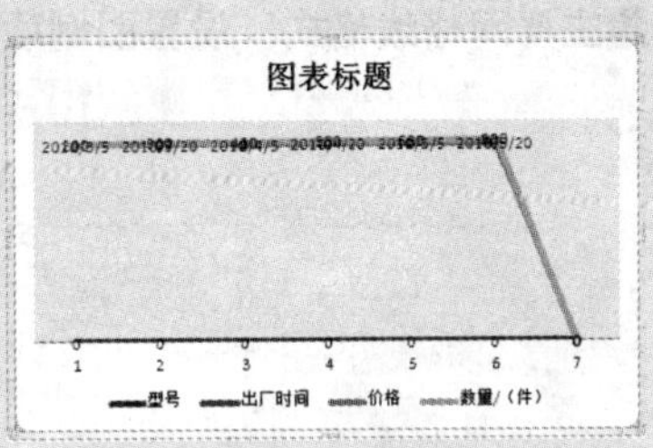

图12-34 添加图表样式后的效果

5. 设置图表背景

实战演练248——设置图表背景

1 在绘图区（鼠标停留会有提示）的空白处单击鼠标右键，在弹出的快捷菜单中选择【设置绘图区格式】命令，打开【设置绘图区格式】对话框。

2 在【填充】选项卡的【填充】选项组中选中【渐变填充】单选按钮，可设置渐变填充背景，如图12-35所示。

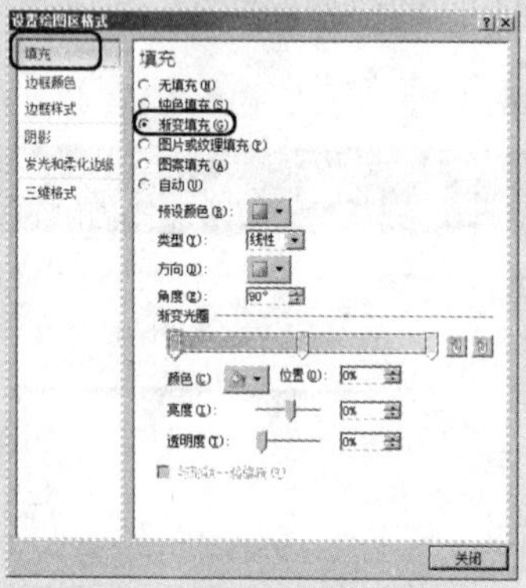

图12-35　为图表填充渐变颜色

3 在图表区空白处单击鼠标右键，在弹出的快捷菜单中选择【设置图表区域格式】命令，打开【设置图表格式】对话框。

4 在【填充】选项卡的【填充】选项组中选中【图片或纹理填充】单选按钮，并设置一种纹理样式，如图12-36所示。

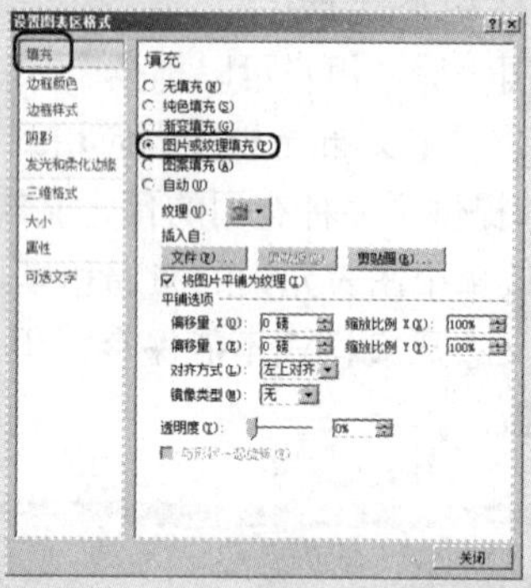

图12-36　为图表填充图片或纹理

5 单击【关闭】按钮，返回到图表，即可看到设置的效果，如图12-37所示。

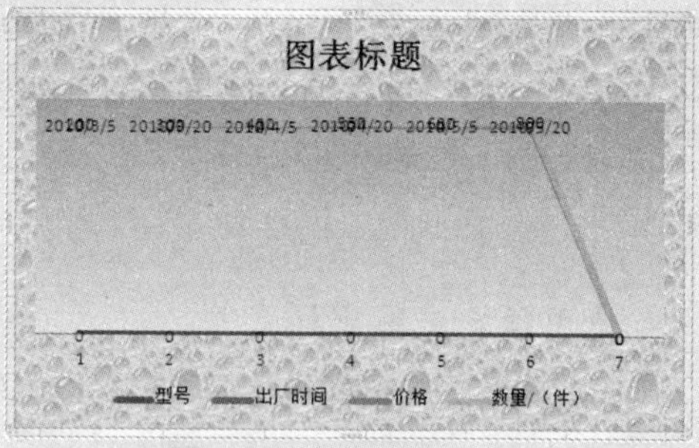

图12-37　完成后的效果

12.4　上机练习——用雷达图预测国民生产总值

本例介绍用雷达图来表达预测国民生产总值，效果如图12-38所示。本例知识点为设置快速布局、设置主要网格线格式、设置图例项格式等。

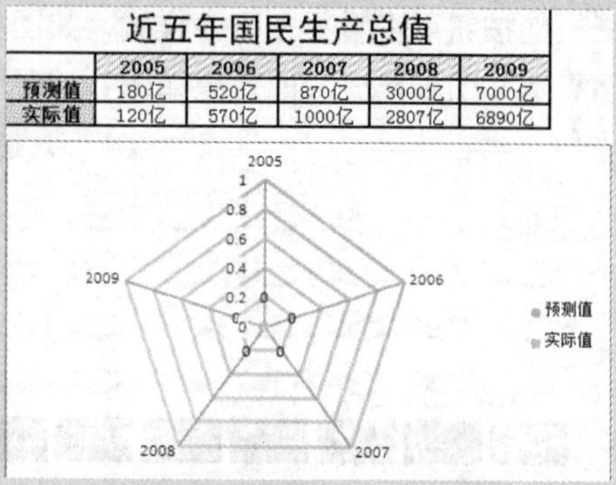

图12-38　国民生产总值效果

实战演练249——用雷达图预测国民生产总值

最终文件	dir\最终文件\cha12\用雷达图预测国民生产总值.xlsx
视频文件	Movie\12-02.avi

1 启动Excel 2010软件，系统会自动新建一个Excel空白工作表。

2 选择A1~F4区域中的单元格，选择【开始】选项卡，单击【字体】组中右下方的按钮，弹出【设置单元格格式】对话框，在【边框】选项卡中设置【线条】选项组中的【样式】为▬▬，在【预置】选项组中单击【外边框】和【内部】按钮，在【边框】选项组中显示出设置的效果，单击【确定】按钮，如图12-39所示。

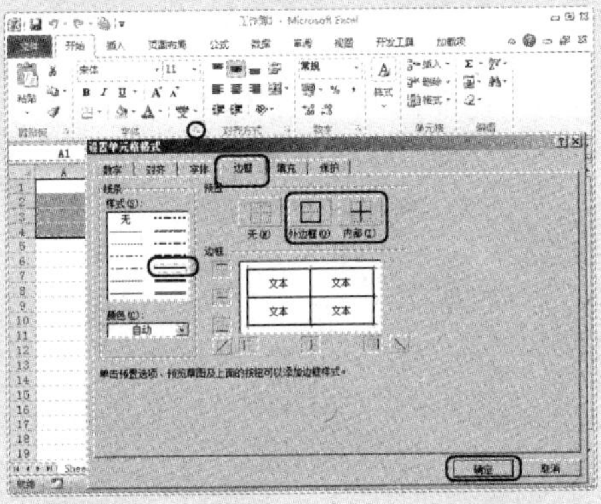

图12-39 【设置单元格格式】对话框

3 选择A1~F1区域中的单元格，在【开始】选项卡|【对齐方式】组中单击【合并后居中】按钮。在【字体】组中设置【字体】为“Adobe黑体 Std R”，设置【字号】为20点，设置完成后在该单元格中输入文字，如图12-40所示。

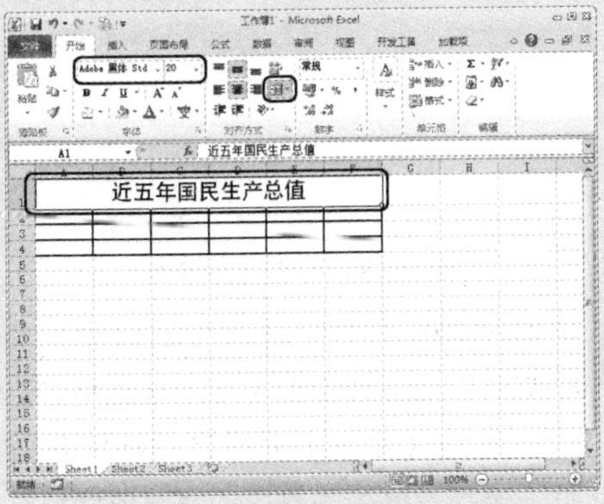

图12-40 设置单元格并输入文字

4 在工作表中的其他单元格内输入如图12-41所示的数据，并给不同的单元格区域填充相应颜色（前面的实例中讲过很多，做法相同，在这里就不作详细解说）。

近五年国民生产总值					
	2005	2006	2007	2008	2009
预测值	180亿	520亿	870亿	3000亿	7000亿
实际值	120亿	570亿	1000亿	2807亿	6890亿

图12-41 输入数据并填充颜色

5 选中A2~F4单元格区域，单击【插入】选项卡|【图表】组中的【柱形图】按钮，在弹出的下拉面板中选择【所有图表类型】命令，如图12-42所示。弹出【插入图表】对话框，在左侧列表框中选择【雷达图】选项，在右侧列表框中选择【带数据标记的雷达图】图标，如图12-43所示。

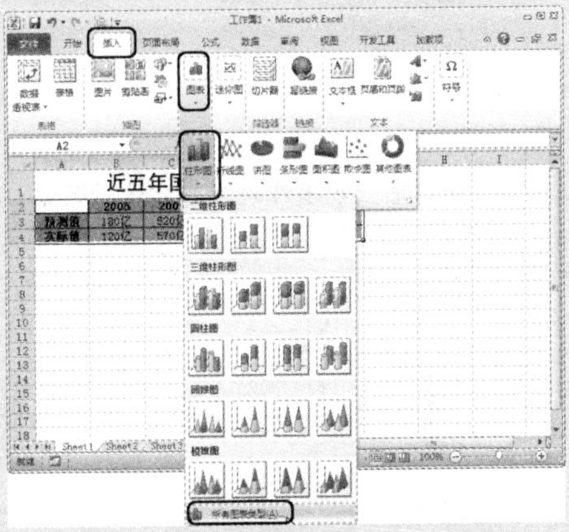

图12-42 选择【所有图表类型】命令

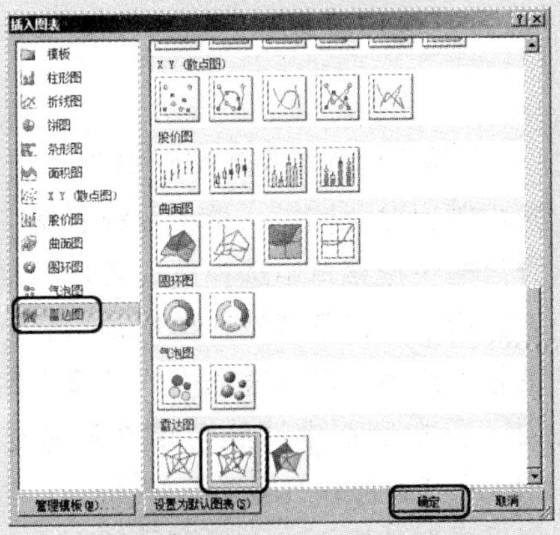

图12-43 选择【带数据标记的雷达图】图标

提示

单击【插入】选项卡|【图表】组中右下方的按钮，可以直接弹出【插入图表】对话框。

6 单击【确定】按钮后则在当前工作表中插入了一张雷达图图表，拖动图表的4个角来调整其大小，效果如图12-44所示。选中图表，选择【图表工具】|【布局】选项卡，在【标签】组中单击【数据标签】按钮，在弹出的下拉菜单中选择【显示】命令，如图12-45所示。

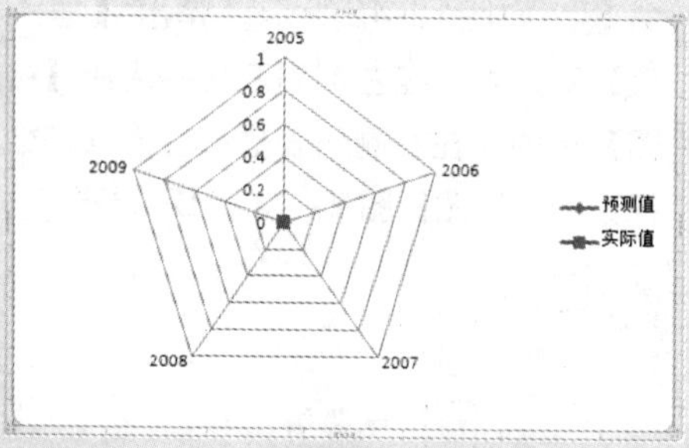

图12-44　插入到工作表中的雷达图效果

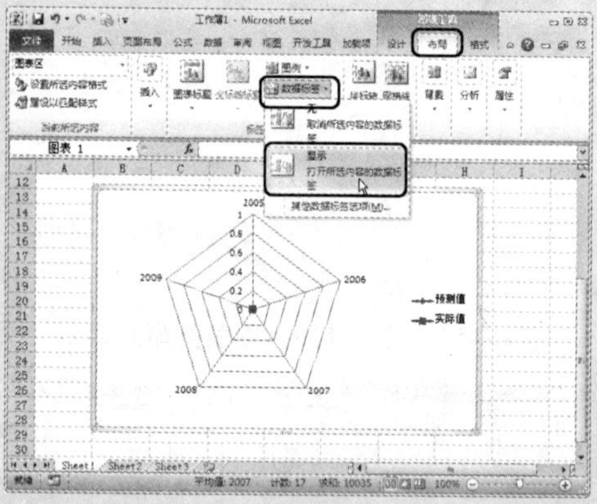

图12-45　显示数据标签的效果

7 选中雷达轴（值），单击鼠标右键，在弹出的快捷菜单中选择【设置坐标轴格式】命令，打开【设置坐标轴格式】对话框，选择左侧列表框中的【填充】选项，在右侧选中【纯色填充】单选按钮，在【颜色】右侧单击按钮，将颜色设置为“黄色”，如图12-46所示。在【线条颜色】选项中选中【实线】单选按钮，在【颜色】右侧单击按钮，将颜色设置为“橙色，强调文字颜色6”，如图12-47所示。选择左侧列表框中的【线型】选项，在右侧将【宽度】设置为2磅，然后单击【关闭】按钮，如图12-48所示。

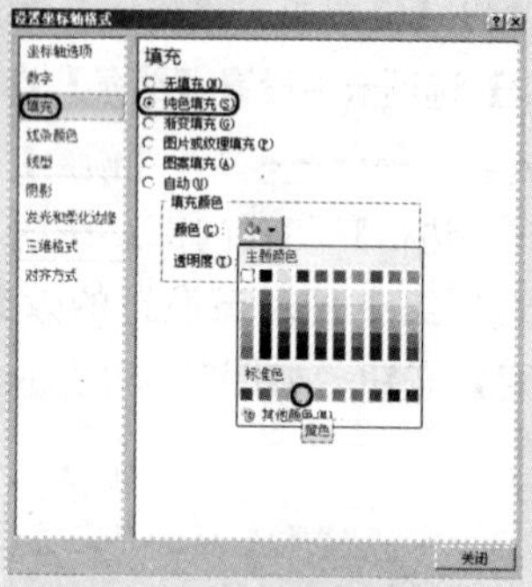

图12-46　设置填充颜色

图12-47　设置线条颜色中实线

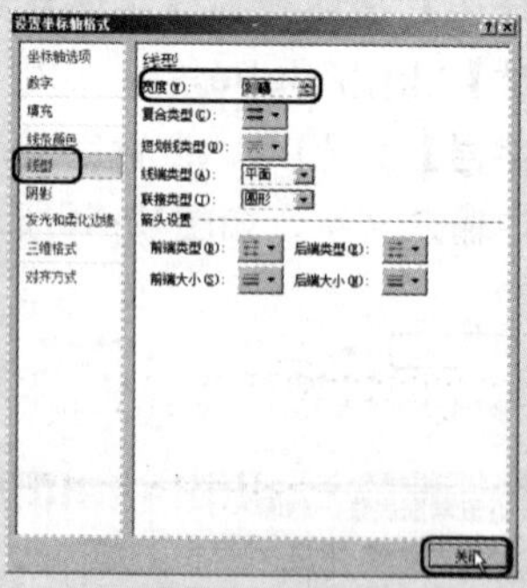

图12-48　设置线型宽度

8 选中网格线，单击鼠标右键，在弹出的快捷菜单中选择【设置主要网格线格式】命令，打开【设置主要网格线格式】对话框，选择左侧列表框中的【线条颜色】选项，在右侧选中【渐变线】单选按钮，设置【类型】为“线性”，设置【角度】为130°，如图12-49所示。选择左侧列表框中的【线型】选项，在右侧将【宽度】设置为2磅，然后单击【关闭】按钮，如图12-50所示。

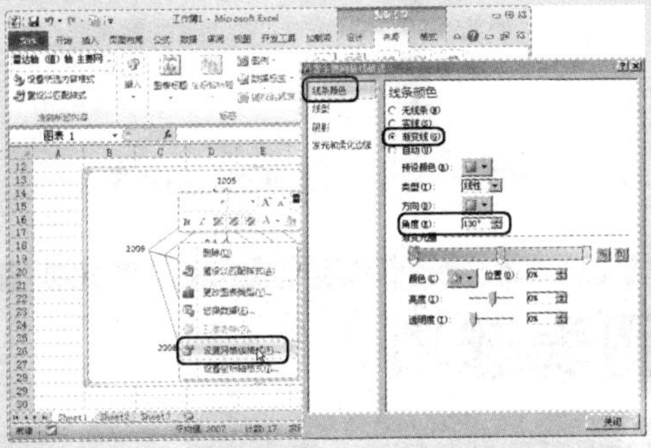

图12-49 【设置主要网格线格式】对话框

图12-50 设置线型宽度

9 选中系列“预测值”图例项，单击鼠标右键，在弹出的快捷菜单中选择【设置数据系列格式】命令，打开【设置数据系列格式】对话框，选择左侧列表框中的【数据标记选项】选项，选中右侧【内置】单选按钮，设置【类型】为■，设置【大小】为5，如图12-51所示。选择左侧列表框中的【数据标记填充】选项，选中右侧【纯色填充】单选按钮，单击【颜色】右侧的按钮，将颜色设置为“浅绿”,如图12-52所示。选中【线条颜色】选项下的【无线条】单选按钮，如图12-53所示。选中【标记线颜色】选项下的【无线条】单选按钮，然后单击【关闭】按钮，如图12-54所示。

10 按照步骤9相同的设置方法，将系列“实际值”图例项设置完成。全部设置完成后的效果如图12-55所示。

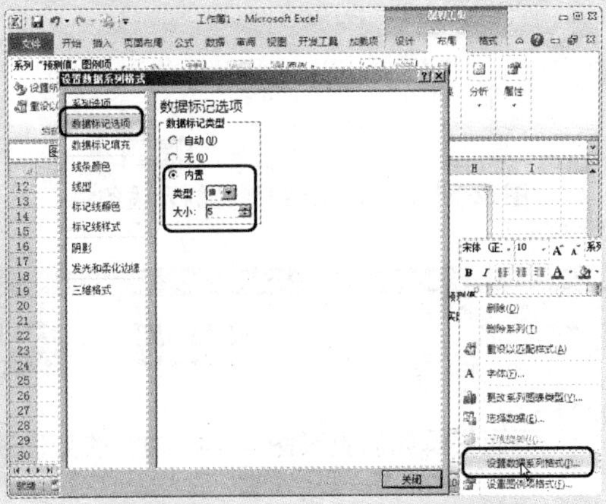

图12-51 【设置数据系列格式】对话框

图12-52 设置线条颜色的渐变线

图12-53 设置线条颜色的无线条

11 至此，完成对“用雷达图预测国民生产总值”的制作，将其进行保存。

图12-54　设置标记线颜色的无线条

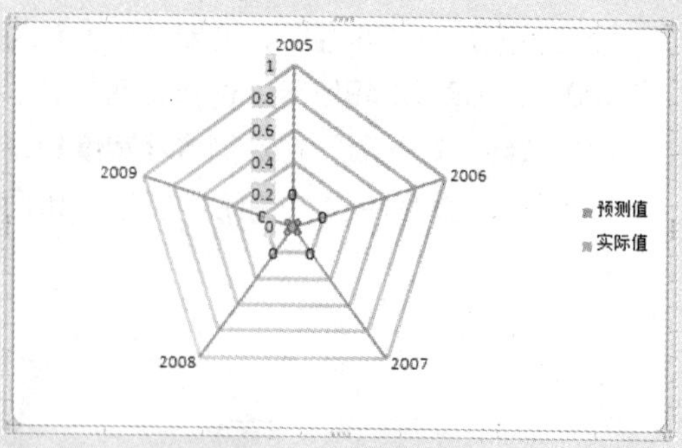

图12-55　全部设置完后的效果

12.5　设置图表选项

下面讲解如何更改图表坐标轴、改变图表网格线以及复制、删除、格式化图表。

12.5.1　更改图表中坐标轴的刻度

图表中坐标轴表示不同的含义，但用户可以更改坐标轴的刻度。

1. 更改图表中水平（类别）轴的刻度

由于水平（类别）轴显示文本标签而不显示数字间隔，因此可以更改的刻度选项比垂直（值）轴少。不过，可以更改要在刻度线之间显示的分类数、显示分类的次序以及两个坐标轴的交叉位置。

实战演练250——更改图表中水平（类别）轴的刻度

1 单击图表，此操作将显示【图表工具】，其中包含【设计】、【布局】和【格式】选项卡。

2 选择【格式】选项卡|【当前所选内容】组|【图表元素】中的【水平（类别）轴】。

提示

上述步骤1和步骤2可以用在图表中单击要更改的水平（类别）轴来代替。

3 选择【格式】选项卡|【当前所选内容】组|【设置所选内容格式】命令，弹出【设置坐标轴格式】对话框，如图12-56所示。

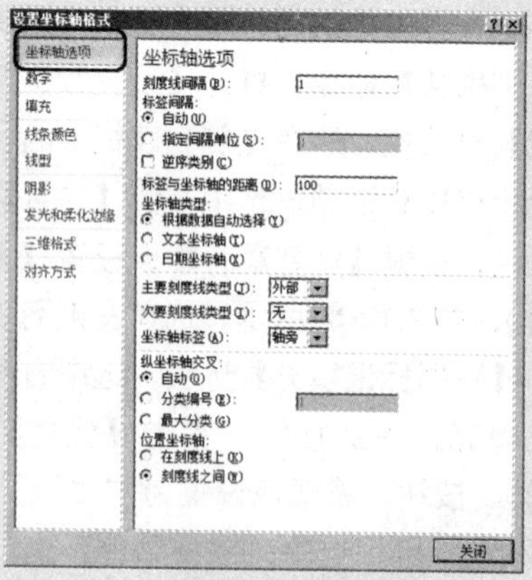

图12-56　【设置坐标轴格式】对话框

4 选择【坐标轴选项】选项卡，然后在其中进行下列一项或多项的设置。

提示

下列刻度选项仅在选定水平（类别）轴时才可用。“坐标轴选项”为垂直（值）轴时提供了不同选项。

- 要更改刻度线之间的间隔，在【刻度线间隔】数值框中输入所需的数字。输入的数字决定在刻度线之间显示的分类数。
- 要更改轴标签之间的间隔，在【标签间隔】选项组中选中【指定间隔单位】单选按钮，然后在其后面的数值框中输入所需的数值。输入“1”可为每个分类显示一个标签；键入“2”可每隔一个分类显示一个标签，以此类推。
- 要更改轴标签的位置，在【标签域坐标轴的距离】数值框中输入所需的数字。输入较小的数字可使标签靠近坐标轴；反之，则标签远离坐标轴。
- 要颠倒分类的次序，选中【逆序类别】复选框。
- 要将坐标轴类型更改为文本或日期坐标轴，在【坐标轴类型】选项组中选中【文本坐标轴】或【日期坐标轴】单选按钮。文本和数据点均匀分布在文本坐标轴上。而日期坐标轴会按照时间顺序以特定的间隔或基本单位（如天、月、年）显示日期，即使工作表上的日期没有按顺序或者相同的基本单位显示。默认情况下，“根据数据自动选择”处于选中状态，该选项可确定最适合用户的数据类型的坐标轴类型。
- 要更改轴刻度线和标签的位置，在【主要刻度线类型】、【次要刻度线类型】和【坐标轴标签】下拉列表框中选择所需的选项。
- 要更改垂直（值）轴与水平（类别）轴的交叉位置，在【纵坐标轴交叉】选项组中选中【分类编号】单选按钮，然后在其后面输入所需的数字，也可以选择【最大分类】来指定在X轴上最后分类后垂直（值）轴与水平（类别）轴交叉。

2. 更改图表中垂直（值）轴的刻度

默认情况下，Excel确定图表中垂直（值）轴的最小和最大刻度值。但是，用户也可以自定义刻度以满足自己的需要。当在图表中绘制的数字涵盖范围非常大时，可以将垂直（值）轴更改为对数刻度。操作步骤就像更改图表中水平（类别）轴的刻度的前两步一样，选择要更改的垂直（值）轴，再打开【设置坐标轴格式】对话框，选择【坐标轴选项】选项，如图12-57所示。然后执行下列一项或多项操作。

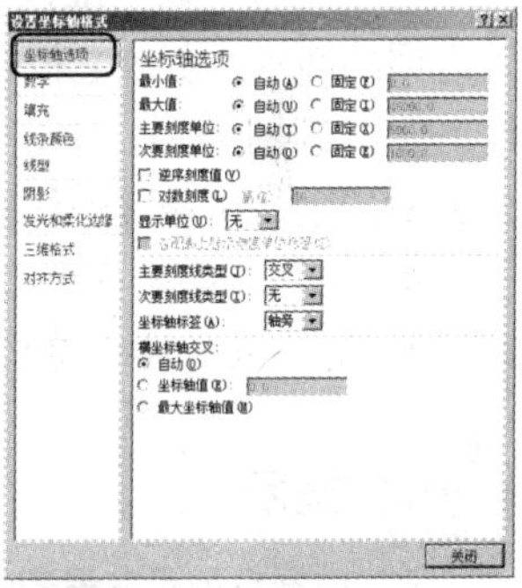

图12-57 设置坐标轴选项

- 要更改垂直（值）轴开始或结束的数值，在【最小值】或【最大值】选项组中选中【固定】单选按钮，然后输入其他数值。
- 要更改刻度线和图表网格线的间距，在【主要刻度单位】或【次要刻度单位】选项组中选中【固定】单选按钮，然后输入其他数值。
- 要颠倒数值的次序，选中【逆序刻度值】复选框。

提示

上下颠倒垂直（值）轴上数值的次序时，水平（分类）轴上的分类标签将从图表的底部翻转到顶部。类似地，左右颠倒分类次序时，数值标签将从图表的左侧翻转到右侧。

- 要将数值轴更改为对数，选中【对数刻度】复选框。对数刻度不能用于负值或0。
- 要更改数值轴的显示单位，在【显示单位】下拉列表框中选择所需的单位。要显示描述单位的标签，选中【在图表上显示刻度单位标签】复选框。

提示

当图表数值很大，而希望其在更短且更具有可读性时，更改显示单位很有用。例如，可以将1000000~50000000的图表数值在轴上显示为1~50，并显示一个标签，指示单位以百万表示。

- 要更改轴刻度线和标签的位置，在【主要刻度线类型】、【次要刻度线类型】和【坐标轴标签】下拉列表框中选择所需的选项。
- 要更改水平（分类）轴与垂直（值）轴的交叉位置，在【基底交叉点】选项组中选中【坐标轴值】单选按钮，然后输入所需的数字，或选中【最大坐标轴值】单选按钮来指定水平（分类）轴与垂直（值）轴在轴上最高值处交叉。选中【最大坐标轴值】单选按钮时，分类标签将会移到图表的另一侧。

提示

XY散点图和气泡图在水平（分类）轴和垂直（值）轴显示数值，而折线图仅在垂直（值）轴显示数值。这一区别使确定需要使用那一类图表的重要因素。因为折线图的分类轴可不像XY散点图中使用的数值轴刻度那样可以更改，所以在需要更改该坐标轴比例后想输入显示为对数刻度时，应考虑使用XY散点图而不使用折线图。

3. 更改图表中竖（系列）坐标轴的刻度

三维图表（如三维柱形图）有可以更改的竖（系列）坐标轴，可以指定刻度线和坐标轴标签之间的间隔，更改它们在坐标轴上的位置，并且可以反转系列的显示顺序。

在三维图表中，单击要更改的竖（系列）坐标轴，再像上面一样，打开【设置坐标轴格式】对话框，选择【坐标轴选项】选项卡，然后执行以下一项或多项操作。

- 要更改刻度线之间的间隔，在【刻度线间隔】数值框中输入所需的数字。输入的数字决定在刻度线之间显示多项数据系列。

提示

数据系列是在图表中绘制的相关数据点，这些数据来自数据表的行或列。图表中的每个数据系列具有唯一的颜色或图案，并且在图表的图例中表示。可以在图表中绘制一个或多个数据系列。饼图只有一个数据系列。

- 要更改坐标轴标签之间的间隔，在【标签间隔】选项组中选中【指定间隔单位】单选按钮，然后在其后面的数值框中输入所需的数字。输入“1”可为每个分类显示一个标签；输入“2”可每隔一个分类显示一个标签，以此类推。
- 要反转系列的顺序，选中【系列次序反转】复选框。这会反转数据系列沿竖坐标轴的显示顺序。

- 要更改坐标轴刻度线和标签的位置，在【主要刻度线类型】、【次要刻度线类型】和【轴标签】下拉列表框中选择所需的选项。

12.5.2 改变图表网格线

为了方便阅读图表中的数据，可以在图表的绘图区中显示从任何水平轴和垂直轴延伸出的水平和垂直网格线。在三维图表中还可以显示竖网格线。可以为主要和次要刻度单位显示网格线，并且将它们与坐标轴上显示的主要和次要刻度线对齐。

实战演练251——添加网格线

1 单击要向其中添加网格线的图表。

2 选择【布局】选项卡|【坐标轴】组|【网格线】命令，执行下列操作。

- 要向图表中添加横（或纵）网格线，指向【主要横网格线】（或【主要纵网格线】），然后选择所需的命令。如果图表有次要水平轴（或次要垂直轴），还可以选择【次要网格线】命令。
- 要将竖网格线添加到三维图表中，指向【竖网格线】，然后选择所需的命令。它仅在所选图表是真正的三维图表时才可用。
- 要隐藏图表网格线，选择【主要横网格线】、【主要纵网格线】（三维图表上）下的【无】命令。如果图表有次要坐标轴，选择【次要横网格线】或【次要纵网格线】下的【无】命令。
- 要快速删除图表网格线，先选中网格线，再按Delete键，或右击网格线，在弹出的快捷菜单中选择【删除】命令。

12.5.3 复制、删除、格式化图表

用户在创建了图表之后，可以在许多方面对图表进行修改，包括复制图表、删除图表、格式图表等。

1. 复制图表

如果要把已经建立好的图表复制，或将其复制到另外的工作表中，可以按照任何复制操作的步骤进行。首先选择图表，然后使用【复制】命令或按Ctrl+C键，将图表复制到剪贴板中，之后选择要放置图表的位置，使用【粘贴】命令或按Ctrl+V键，即可复制一张新的图表。

2. 删除图表和图表元素

如果要把已经建立好的嵌入式图表删除，先单击图表，按Delete键；对于图表工作表，右键单击工作表标签，在快捷菜单中选择【删除】命令。如果不想删除图表，使用Ctrl+Z键，将刚才删除的图表恢复。

要删除图表元素的方法也是首先选择图表元素，按Delete键。这样将仅删除图表数据，而工作表中的数据不被删除。如果按Delete键删除工作表中的数据时，则图表中的数据将自动被删除。

3. 格式化图表

对于图表中的各种元素，都可以进行格式化操作，格式化主要使用以下两个工具。

- 【是在所选内容格式】对话框：当激活要设置格式的图表元素后，【图表工具】及其3个选项卡显示出来。在【布局】选项卡|【当前所选内容】组中单击【现在所选内容格式】按钮，就会出现相应图表元素设置格式对话框，在该对话框中设置所选元素的格式。
- 【格式】选项卡：当图表元素被选定之后，会出现【图表工具】|【格式】选项卡。使用【格式】选项卡设置图表元素的格式与在Word中设置文档格式非常相似，在这里就不再详细介绍了。

12.6 上机练习——制作销售预测表

本例介绍销售预测表的制作，效果如图12-58所示。本例知识点为设置趋势线格式、填充颜色、外框线。

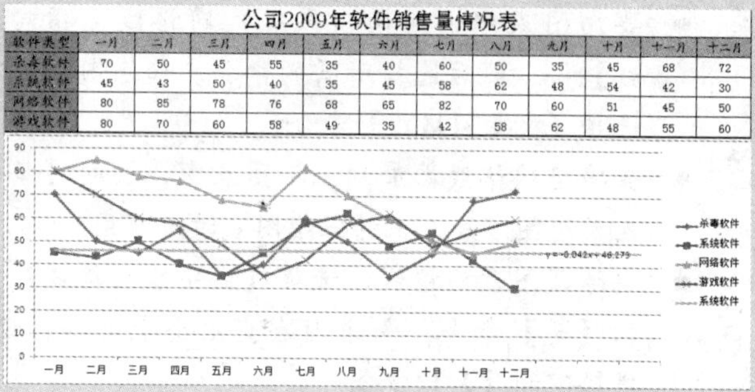

公司2009年软件销售量情况表

软件类型	一月	二月	三月	四月	五月	六月	七月	八月	九月	十月	十一月	十二月
杀毒软件	70	50	45	55	35	40	60	50	35	45	68	72
系统软件	45	43	50	40	35	45	58	62	48	54	42	30
网络软件	80	85	78	76	68	65	82	70	60	51	45	50
游戏软件	80	70	60	58	49	35	42	58	62	48	55	60

图12-58 销售预测表效果图

实战演练252——制作销售预测表

最终文件	dir\最终文件\cha12\制作销售预测表.xlsx
视频文件	Movie\12-03.avi

1 启动Excel 2010软件，系统会自动新建一个Excel文档。

2 选择A1~M1区域中的单元格，在【开始】|【对齐方式】组中单击【合并后居中】按钮，然后在【字体】组中设置【字体】为“方正宋黑简体”，设置【字号】为20，并单击【加粗】按钮，设置完成后在该单元格中输入文本，如图12-59所示。

3 选择A2~A6区域中的单元格，然后在该区域的单元格中分别输入“软件类型”、“杀毒软件”、“系统软件”、“网络软件”和“游戏软件”。然后将输入的文本全部选中，在【字体】组中设置【字体】为“Adobe楷体Std R”，设置【字号】为14，单击【加粗】按钮，对其进行加粗。然后调整其【列宽】为11.25，效果如图12-60所示。

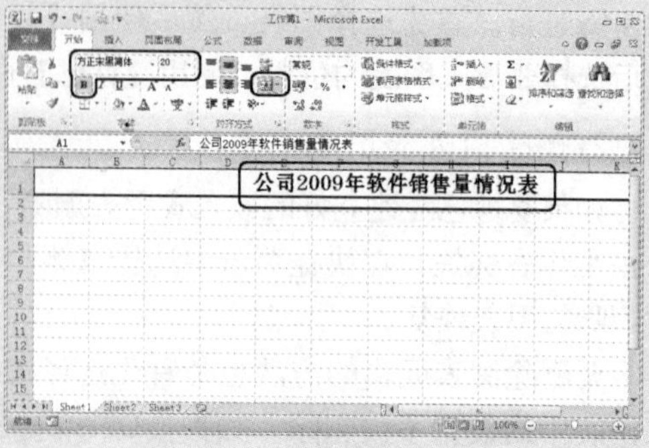

图12-59 设置并输入文本

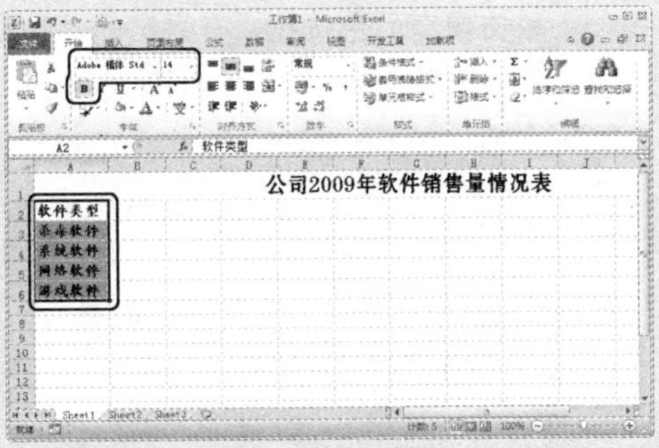

图12-60　输入并设置文本

4 选择B2~M2区域中的单元格，然后在该单元格中分别输入文本。输入完成后将输入的文本进行全部选中，在【对齐方式】组中单击【居中】按钮。在【字体】组中设置【字体】为“Adobe楷体Std R”，设置【字号】为12，如图12-61所示。

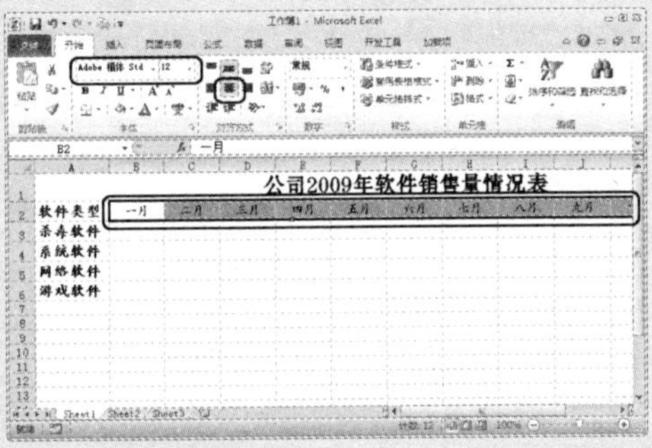

图12-61　输入并设置文本

5 选择B3~M6区域中的单元格，然后在该区域的单元格中分别输入数据。然后将单元格中输入的数据选中，单击【对齐方式】组中的【居中】按钮，如图12-62所示。

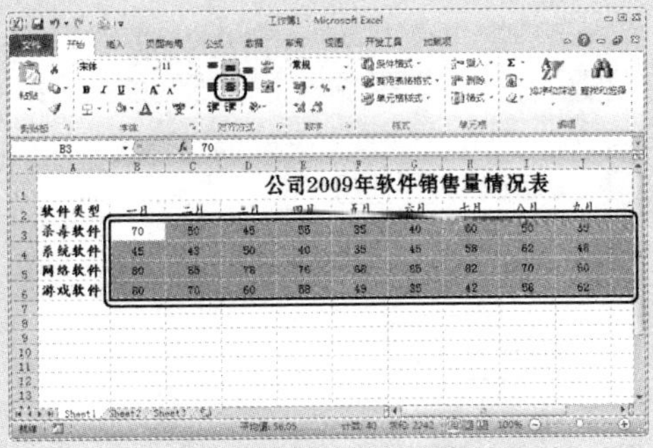

图12-62　输入并设置数据

6 将A2~M6区域中的单元格数据选中，然后选择【插入】选项卡，在【图表】组中单击【折线图】按钮，在弹出的下拉面板中选择【带数据标记的折线图】，如图12-63所示。

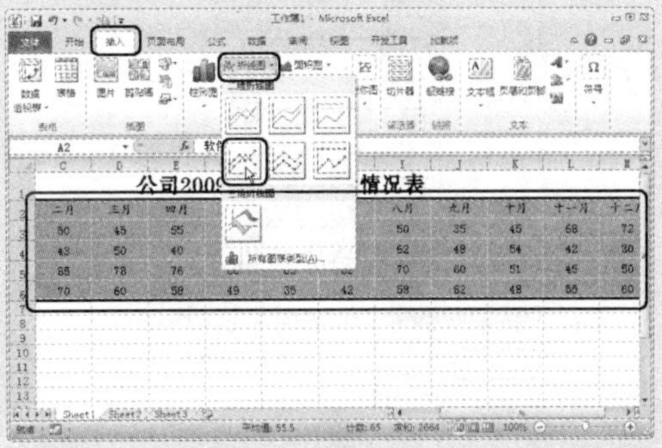

图12-63　选择【带数据标记的折线图】图标

7 选择【设计】选项卡，在折线图中选择表示【系统软件】的折线，然后对其单击鼠标右键，在弹出的快捷菜单中选择【添加趋势线】命令，如图12-64所示。

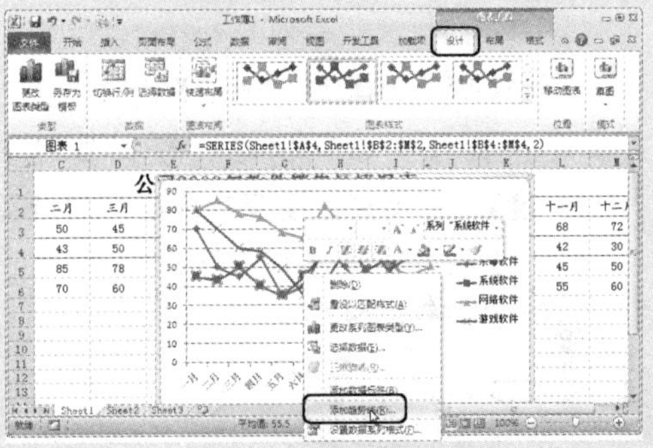

图12-64　选择【添加趋势线】命令

8 在弹出的【设置趋势线格式】对话框中，设置【趋势预测/回归分析类型】为“线性”，在【趋势线名称】选项组中选中【自定义】单选按钮，在其【自定义】选项后的文本框中输入“系统软件”，在【趋势预测】选项组中设置【前推】为3周期，选中【显示公式】复选框，如图12-65所示。

9 选择【线条颜色】选项，然后选中【实线】单选按钮，设置【颜色】为“水绿色”，如图12-66所示。

图12-65 【设置趋势线格式】对话框

图12-66 选择【线条颜色】选项

10 选择【线型】选项，设置其【宽度】为2.5磅，设置完成后单击【关闭】按钮，如图12-67所示。

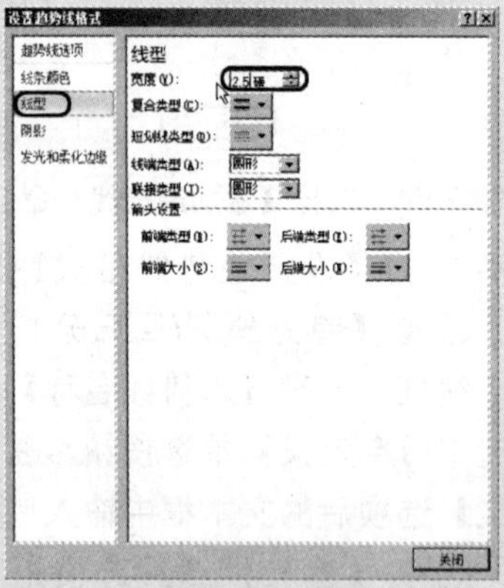

图12-67 设置线型

11 将图表设置完成后，选择A2~A6区域中的单元格，单击鼠标右键，在弹出的快捷菜单中选择【设置单元格格式】按钮，然后在【填充】选项卡中单击填充颜色按钮，在弹出的下拉面板中选择“绿色”，如图12-68所示。

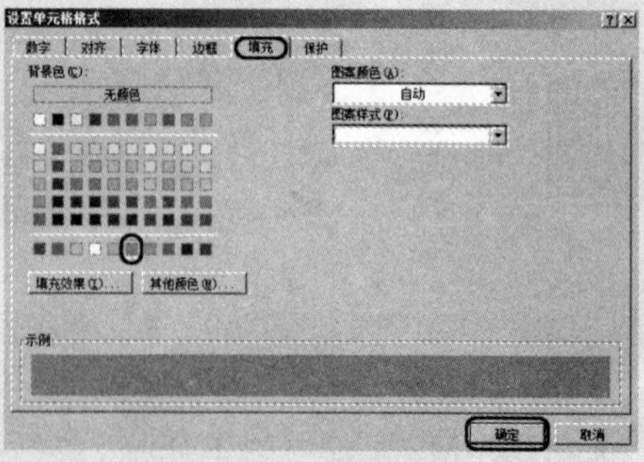

图12-68 设置填充颜色

12 选择工作表中的B2~M2区域中的单元格，然后单击“开始”|【字体】组中的【填充颜色】按钮，在弹出的下拉面板中选择“浅绿”，如图12-69所示。

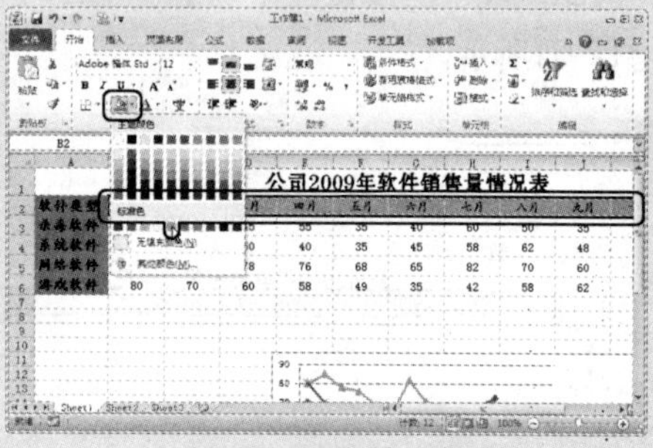

图12-69 设置填充颜色

13 选择A2~M6区域中的单元格，在【开始】|【字体】组中单击【下框线】按钮，在弹出的下拉菜单中选择【线型】命令，选择一种细框线，如图12-70所示。

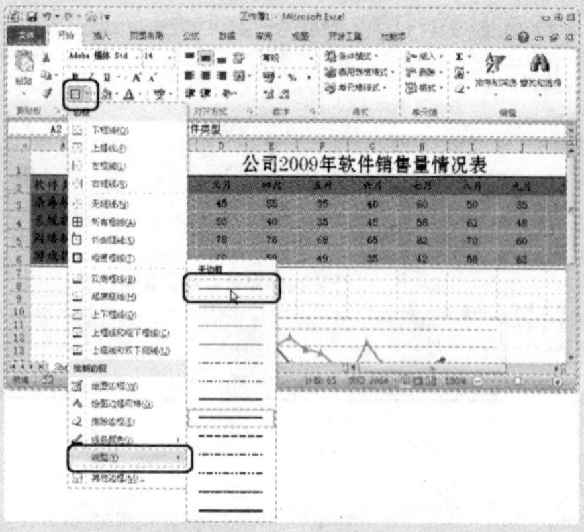

图12-70 设置线型

14 在【开始】|【字体】组中单击【下框线】按钮右侧的按钮，在弹出的下拉菜单中选择【所有框线】命令，如图12-71所示。

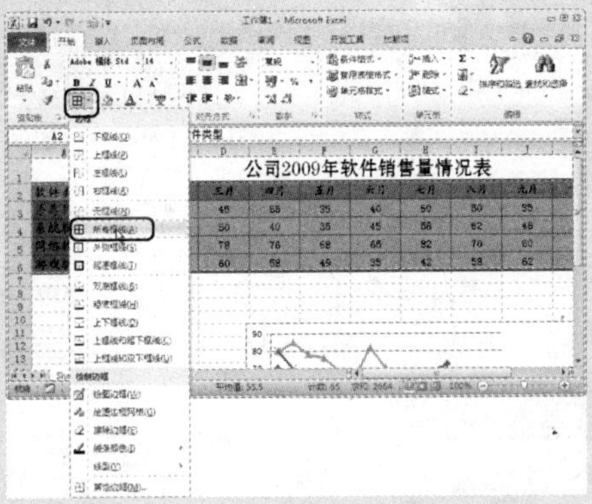

图12-71　选择【所有框线】命令

15 选择A1~M6区域中的单元格，单击【开始】|【字体】组中【所有框线】按钮右侧的按钮，在弹出的下拉菜单中选择【线型】命令，选择一种粗框线，如图12-72所示。

16 在【开始】|【字体】组中单击【所有框线】按钮右侧的按钮，在弹出的下拉菜单中选择【外侧框线】命令，如图12-73所示。

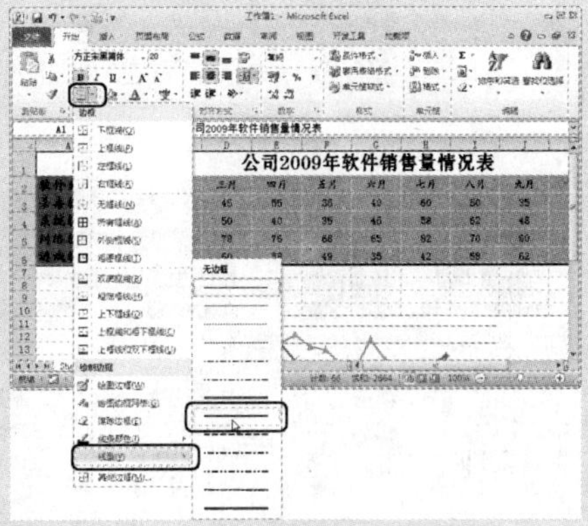

图12-72　设置线型

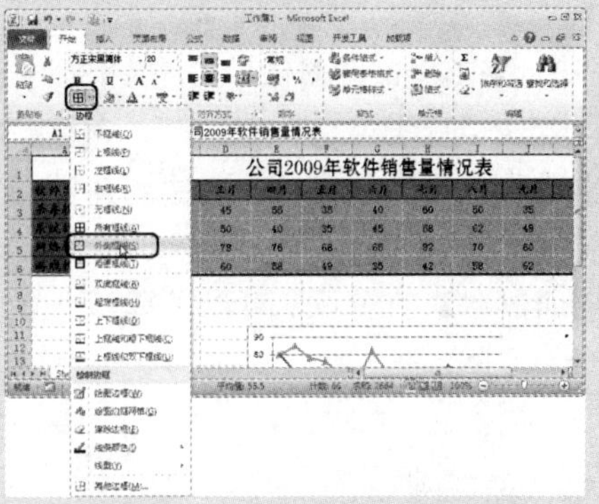

图12-73　选择【外侧框线】命令

17 设置完成线型后，将表格中剩余的框线绘制完成。至此，销售量预测表制作完成，对其文档进行保存。

第13章

数据管理的高级操作

Excel不仅可以制作一般的表格，并对数据清单进行排序、筛选、分类汇总等，还可以根据数据清单分析数据，得出其他有用的信息。这就是创建数据透视表和数据透视图管理数据的高级操作。

通过本章的学习，可以掌握以下知识点：

- 排序数据
- 筛选数据
- 数据透视表
- 数据透视图

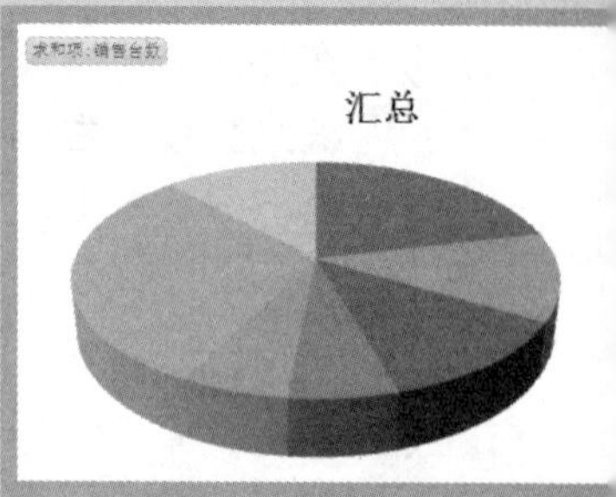

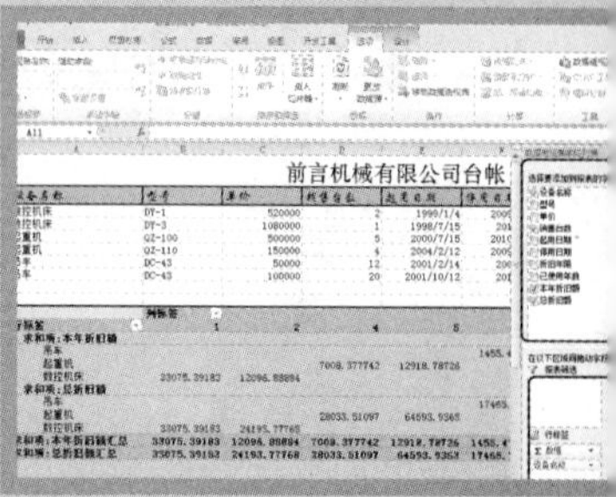

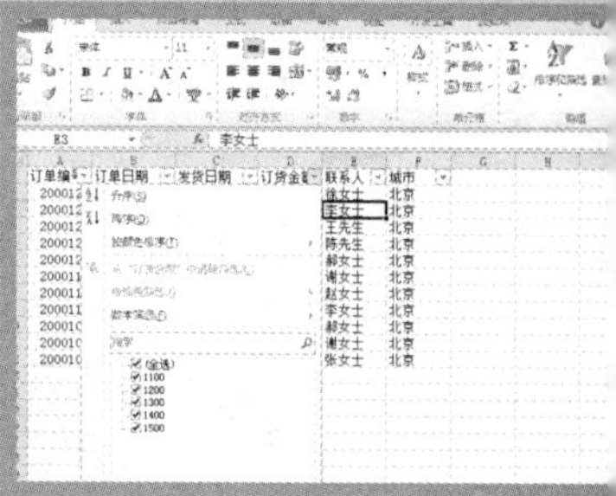

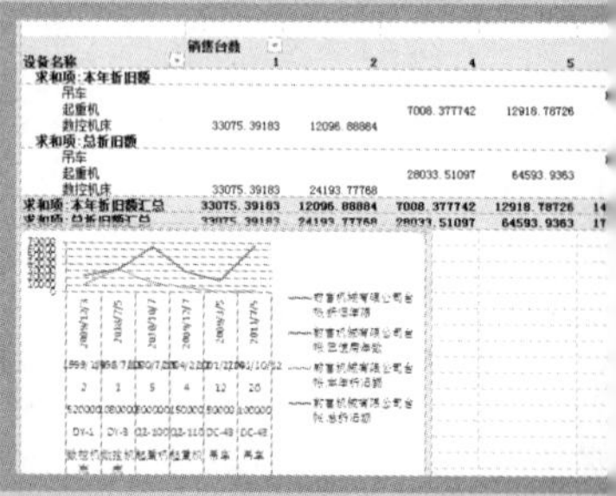

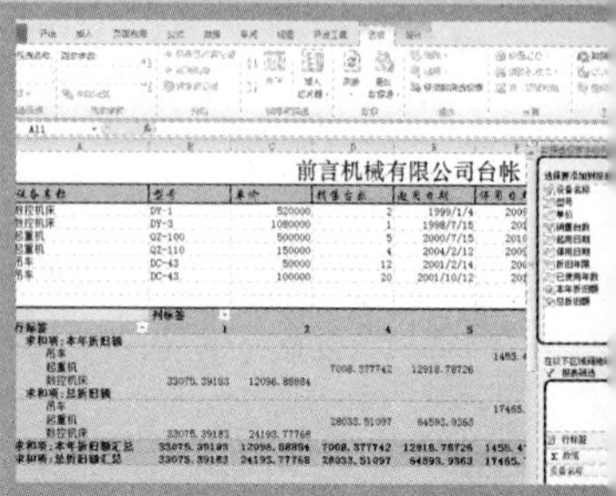

13.1 排序数据

对数据进行排序是数据分析不可缺少的组成部分。在分析工作表中的数据时，可能需要执行将名称列表按字母顺序排列，按从高到低的顺序编制产品存货水平列表，按颜色或图标对行进行排序等操作。对数据进行排序有助于直观的显示数据并更好的理解数据，有助于组织并查找所需数据，有助于最终做出更有效的决策。

可以对一列或多列中的数据按文本、数字及日期和时间进行排序。还可以按自定义排序或按格式进行排序。大多数排序操作都是对列进行的，但也可以针对行进行。

Excel可以对以下两种情况进行排序。

- 对工作表的单元格数据区域排序。
- 对Excel表中的数据排序。

对于Excel标准的数据排序，与对单元格区域排序的概念一样，针对单元格区域的排序规则在这里都适合。

所不同的是，对Excel表，除了采用对工作表中单元格数据区域排序的方法外，因为在其标题行中的每一个字段中都带有筛选器下拉列表，所以可以单击筛选器，在弹出的下拉菜单中选择【升序】或【降序】命令，以便对列字段进行排序，这种方法更简单。

提示

为了后面叙述问题方便，不再区分是对单元格区域的数据列排序，还是对Excel表的数据列（字段）排序，通称为对数据列和字段排序。在后面一节的筛选中，也同样采用这种说法。

13.1.1 默认的排序次序

Excel可以对英文字母、数值、日期排序，其中有两种排序方式，即升序和降序。

- 升序：按字母从前到后、数字由小到大、日期从早到晚的顺序对插入点所在列中选定项目排序。
- 降序：按字母从后到前、数字由大到小、日期从晚到早的顺序对插入点所在列中的选定项目排序。

提示

Excel使用特定的排序次序，是根据单元格中的数值而不是格式。

13.1.2 使用简单排序

按照某一数据列的内容排序，这是一种最简单的排序。

实战演练253——使用简单排序

1 在待排序的数据列中单击任意一个单元格。

2 选择【开始】选项卡|【编辑】组|【排序和筛选】命令，在弹出的下拉菜单中选择【升序】或【降序】命令；或选择【数据】选项卡|【排列和筛选】组|【升序】或【降序】命令。

提示

对稍微复杂一些的排序，可以选择【数据】选项卡|【筛选和排序】组|【排序】命令，利用【排序】对话框实现。

13.1.3 使用复杂排序

对于复杂的排序，如对两个数据列或两个以上的数据列进行排序时，就要使用【排序】对话框，用来指定排序的主要关键字、次要关键字等。主要关键字只有一个，而次要关键字可以有多个。

实战演练254——使用复杂排序

1 在需要排序的数据清单中单击任意一个单元格。

2 选择【数据】选项卡|【排序和筛选】组|【排序】命令，或选择【开始】选项卡|【编辑】组|【排序和筛选】|【自定义排序】命令，弹出【排序】对话框，如图13-1所示。

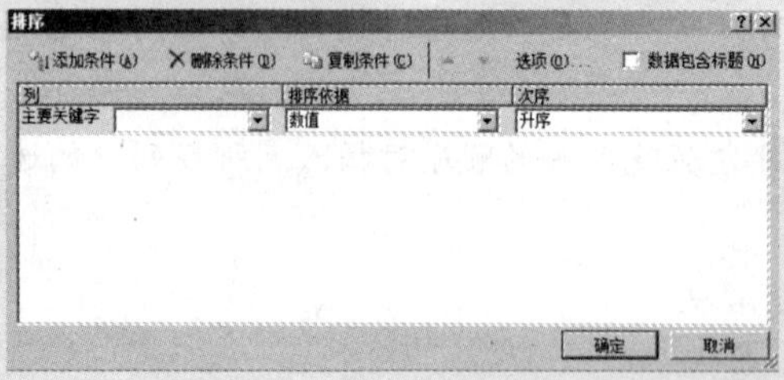

图13-1 【排序】对话框

3 如果只按照一列进行排序，在【主要关键字】下拉列表框中选择数据列，在【排序依据】下拉列表框中选择【数值】、【单元格颜色】、【字体颜色】或【单元格图标】选项，在【次序】下拉列表框中选择【升序】、【降序】或【自定义序列】选项。

4 如果除了按照第一列排序外，还要按照第二列排序，则单击【添加条件】按钮，在【排序】对话框中，出现【次要关键字】行，需要选择的项与【主要关键字】一样。类似地，可以继续添加次要关键字，如图13-2所示。

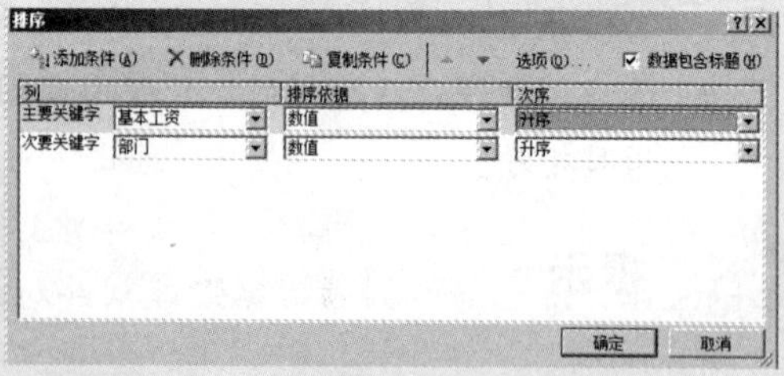

图13-2 按照两个关键字进行排序

5 单击【确定】按钮。在【排序】对话框中，如果要删除排序条件，单击【删除条件】按钮即可。

注意

如果在【主要关键字】下拉列表框指定的数据列中含有重复的内容，可以通过【次要关键字】下拉列表框指定另一列数据做进一步的排序。如果还有相同的内容，可以通过下一个【次要关键字】下拉列表框指定。

实战演练255——根据行数据对数据列排序

1 在所要排序的数据清单中单击任意单元格。

2 选择【开始】选项卡|【编辑】组|【排序和筛选】|【自定义排序】命令，在【排序】对话框中，单击【选项】按钮，弹出【排序选项】对话框，如图13-3所示。

3 在【方向】选项组中选中【按列排序】单选按钮，单击【确定】按钮，返回【排序】对话框。

4 单击【确定】按钮，即可完成对数据列的排序。

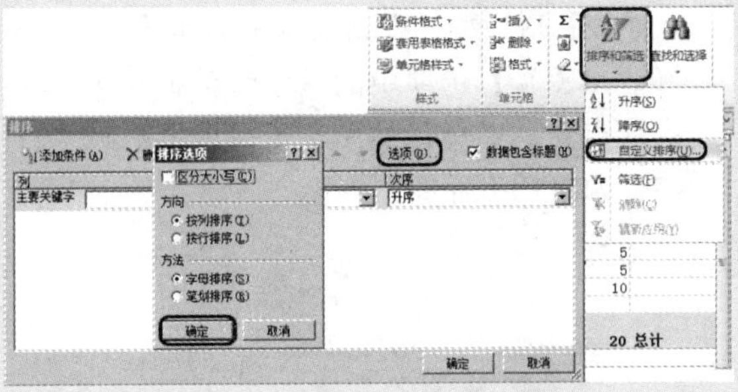

图13-3 【排序选项】对话框

提示

自定义排序能按照星期、月、季度等排序。另外，还可以在【排序选项】对话框中，按照笔画排序。如果系统定义的自定义序列不够，还可以添加自定义序列。

13.2 上机练习——实验数据的处理

实验是大多数学生、教师以及科研工作者经常从事的工作，那么好的实验数据处理软件对这些人员来说就显得尤为重要。本例就以绘制实验数据曲线为例，介绍应用图表功能进行实验数据处理的操作过程，效果如图13-4所示。本例知识点为图表工具的使用、添加误差、线性趋势线。

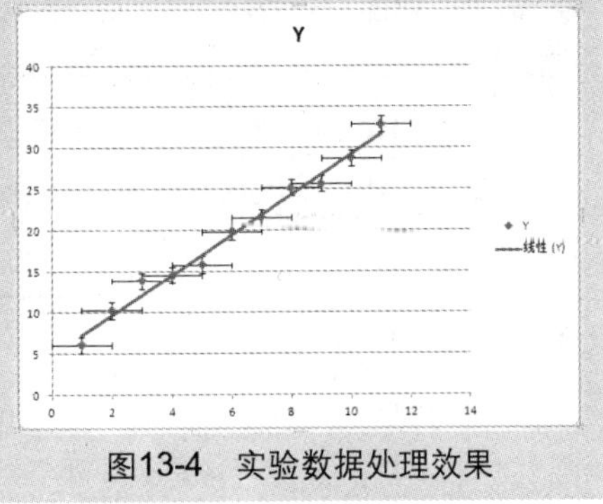

图13-4 实验数据处理效果

实战演练256——实验数据的处理

最终文件	dir\最终文件\cha13\实验数据的处理.xlsx
视频文件	Movie\13-01.avi

1 启动Excel 2010软件，并在系统自动新建的空白工作表中输入如图13-5所示的实验数据。

	A	B	C	D	E	F	G	H	I	J	K	L
1	X	1	2	3	4	5	6	7	8	9	10	11
2	Y	6	10.2	13.8	14.5	15.8	19.8	21.5	25.1	25.6	28.7	32.8
3												
4												

图13-5　实验数据

2 选择A2单元格，选择【插入】选项卡|【图表】组右下方的按钮，弹出【插入图表】对话框，在列表框中选择【X Y（散点图）】选项中的【仅带数据标记的散点图】图标，然后单击【确定】按钮，如图13-6所示。

图13-6　插入散点图

3 下面给数据Y添加误差线。单击图13-7所示图表的任意一个数据点（当工作表编辑栏中出现公式“=SERIES（Sheet1!$A$2,Sheet 1!$B$1:$L$1,Sheet 1!$B$2:$L$2,1）”时表示已经选中），然后选择【图表工具】|【布局】选项卡，在【分析】组中单击【误差线】按钮，在弹出的下拉菜单中选择【其他误差线选项】命令，如图13-7所示。

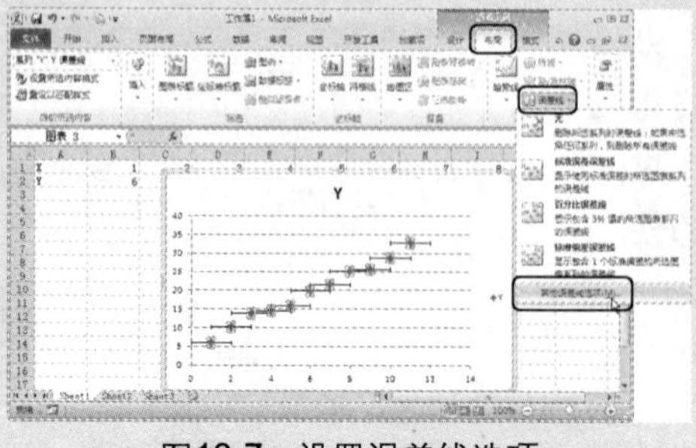

图13-7　设置误差线选项

4 弹出【设置误差线格式】对话框，在【垂直误差线】选项中选中【正负偏差】单选按钮，然后单击【关闭】按钮，如图13-8所示。执行结果如图13-9所示，完成误差线的插入操作。

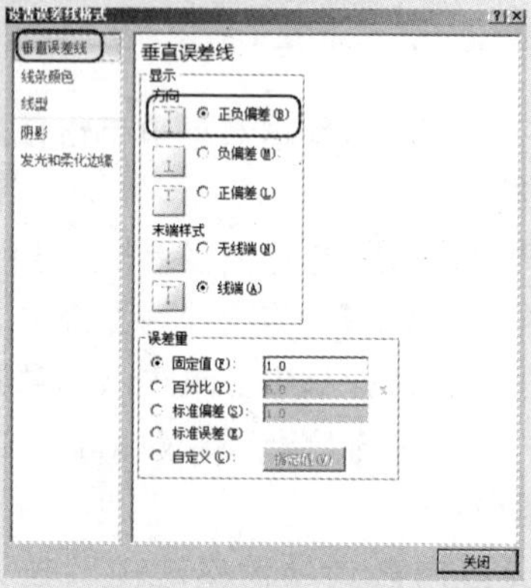

图13-8　设置误差线的正负偏差

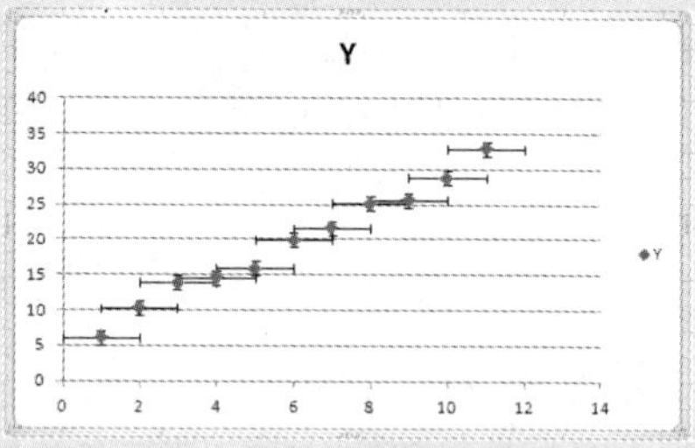

图13-9　执行误差线的结果

5 给图表添加趋势线。单击图表空白区域以选中该图表，然后选择【图表工具】|【布局】选项卡，在【分析】组中单击【趋势线】按钮，在弹出的下拉菜单中选择【线性趋势线】命令，如图13-10所示。

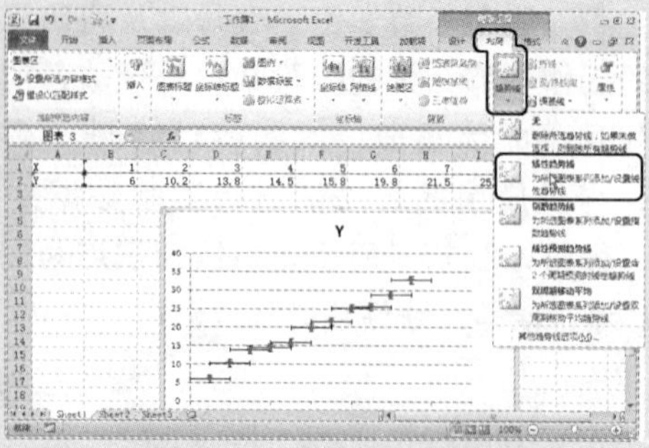

图13-10　添加线性趋势线

6 选中趋势线，单击鼠标右键，在弹出的快捷菜单中选择【设置趋势线格式】命令，弹出【设置趋势线格式】对话框，选中【线条颜色】选项中的【实线】单选按钮，单击【颜色】右侧的按钮，选择【标准色】为“红色”，如图13-11所示，将趋势线线条设置为红色。在【线型】选项中设置线型【宽度】为2.5磅，然后单击【关闭】按钮，如图13-12所示。

7 至此，完成对“实验数据处理”的制作，将其进行保存。

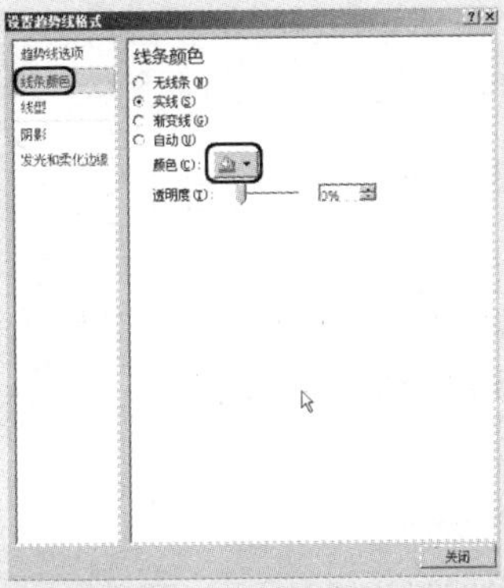

图13-11 设置趋势线的线条颜色

图13-12 设置趋势线的线型

13.3 筛选数据

Excel筛选数据是指显示所有符合用户指定条件的行，而隐藏除此之外其他所有的行。筛选在Excel中是非常有用的操作。

Excel提供了两种筛选记录的方法，即自动筛选和高级筛选。

Excel可以对以下两种情况进行筛选。

- 对工作表中的单元格数据区域进行筛选。
- 对Excel表中的数据进行筛选。

对上述两种数据表进行筛选不同之处是，如果对工作表中的单元格数据区域进行筛选，则首先选择要筛选的数据列后，选择【开始】选项卡|【编辑】组|【排序和筛选】命令，在弹出的下拉列表框中选择【筛选】命令，或者选择【数据】选项卡|【排序和筛选】组|【筛选】命令，都会在数据列中增加筛选器；而对于Excel表，在每个数据列（字段）中，已经有了筛选器，不必再使用【筛选】命令来添加筛选器。

除了这一点二者不同外，在使用筛选功能的其他方面都是一样的，因此在本节的后面就不再区分，简称对数据列（字段）进行筛选。

提示

一次只能对工作表中的一个数据列使用筛选命令。

13.3.1 使用自动筛选

使用自动筛选来筛选数据，可以快速而又方便地查找和使用单元格区域或Excel表列中数据的子集。

1. 使用【自动筛选】菜单

Excel的自动筛选功能，主要是使用【自动筛选】菜单来实现的。

实战演练257——使用【自动筛选】菜单

1 选择要筛选的数据表中的任意一个单元格。

2 单击【开始】选项卡|【编辑】组|【排序与筛选】按钮，在弹出的下拉菜单中选择【筛选】命令，在标签行中出现筛选器下拉按钮。

提示

在使用筛选功能时建议数据列要加上标题（字段名），这样在筛选过程中，筛选器放到标题行，否则，筛选器将被放到数据记录上，不利于观看数据。如果是对Excel表进行筛选，可以省略步骤1和步骤2，直接转到步骤3。

3 单击要进行数据列中的筛选器，弹出【自动筛选】菜单，该菜单会根据数据列所定义的数字格式（文本、数字、日期等）带有不同的菜单项，如图13-13所示。在【自动筛选】菜单中，底部的列表框显示出该数据列中所有的记录，前面有对勾标记的，表示该条记录被筛选出来，在屏幕上显示，否则记录被隐藏，不在屏幕上显示。如果选中【全选】复选框，则表示显示所有记录。

图13-13　显示【自动筛选】菜单

实战演练258——使用【全选】命令

1 单击需要显示的数值，则工作表中显示筛选出的值，如图13-14所示中【联系人】选择“谢女士”，则筛选后将“联系人”为“谢女士”的订单显示出来。

2 要取消筛选，再单击筛选器，在【自动筛选】菜单中选择【全选】命令，显示全部记录，但仍然保留筛选器下拉按钮，或者选择【数据】选项卡|【排序与筛选】组|【筛选】命令，去掉所有的筛选功能。

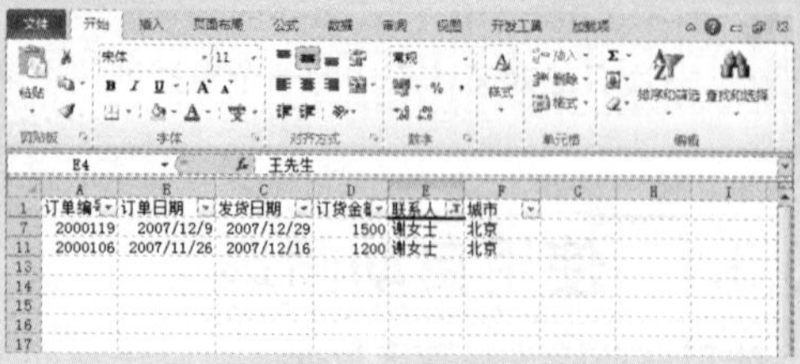

图13-14　显示记录

2. 对多列使用自动筛选

有时候需要对多个列中的值进行数据筛选，图13-15所示中显示了由多个字段组成的表。如果想筛选关于北京订货金额在1200的客户，就选用对两个数据列进行筛选，除了“订货金额”在1200，还要选择城市是北京。

实战演练259——对多列使用自动筛选

1 选择数据表的任意一个单元格，进入筛选模式。

2 单击【订货金额】字段的筛选器，指向【数字筛选】，选择【等于】命令，弹出【自定义自动筛选方式】对话框，在【订货金额】中选择“等于”，在后面的下拉列表框中选择“1200”，单击【确定】按钮，则显示出订货金额是“1200”的客户记录。

3 单击【城市】字段的筛选器，指向【文本筛选】，选择【等于】命令，弹出【自定义自动筛选方式】对话框，在【城市】中选择“等于”，并选择“北京”，单击【确定】按钮，则显示出城市为北京、订货金额在1200的客户记录，如图13-15所示。

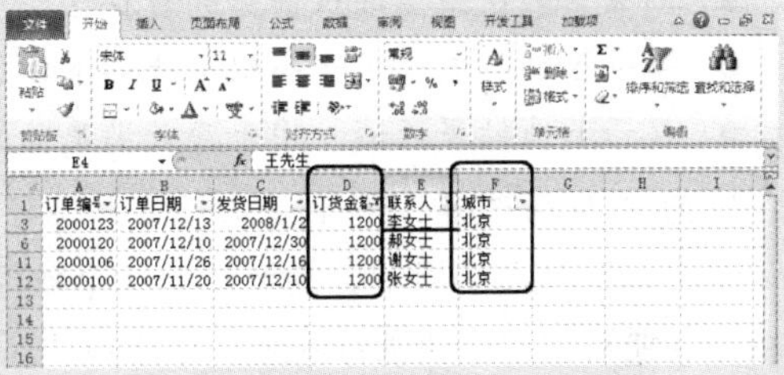

图13-15 筛选两个数据列

用户可以使用任意数量的列来筛选数据表。Excel通过给筛选器加上“漏斗”标志来说明已经应用了筛选功能。

3. 使用自定义自动筛选

在筛选列表中，会针对不同数据列的数字格式显示不同的菜单项，如图13-16所示为【文本筛选】选项。

子菜单中列出了各种筛选条件，这些筛选条件是“等于”、“不等于”、“开头是”、“结尾是”、“包含”、“不包含”，另外还包括“自定义筛选”。选择某一种条件，就会出现相应的【自定义自动筛选方式】对话框，如图13-17所示。在该对话框中，用户可以获得筛选的最大灵活性，通过若干个途径进行数据的筛选。

图13-16 【文本筛选】子菜单

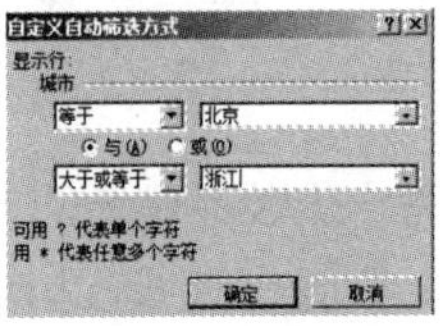

图13-17 【自定义筛选方式】对话框

4. 复制和删除筛选数据

一些常用的工作表中的操作不同于筛选列表。例如，在一般的工作表中将数据行隐藏，如果接着复制了包含这些隐藏行的区域，所有的数据都将被隐藏。但是，当复制自动筛选列表中的数据时，只有可见的行被复制。同样也可以选择并删除表中可见的行，自动筛选被隐藏的行将不受影响。

13.3.2 使用高级筛选

上面介绍的自动筛选功能虽然能完成大部分筛选工作，但具有局限性。例如，通过筛选只想显示某个字段中的3个数值，如果是这样，就不能通过自动筛选来完成。但是，这种筛选任务能够由高级筛选来完成。高级筛选比自动筛选更灵活。高级筛选能完成以下的功能。

- 可以指定更复杂的筛选条件。
- 可以指定将公式的计算结果作为筛选条件。
- 可以只显示不重复的记录。

在使用高级选项功能时，需要以下3个区域。

- 列表区域：需要进行筛选的数据区域或Excel列表。
- 条件区域：创建用于高级筛选的条件区域。
- 显示筛选结果区域：用于存放满足筛选条件的结果。

1. 为高级筛选建立条件区域

使用高级筛选功能前，需要建立一个条件区域，提出进行筛选的条件，将这些条件放到该区域，以便对数据区域进行筛选。建立条件区域，需要遵守如下规则。

- 至少由两行组成，在第一行中必须包含数据表中的一些或全部列标签（字段名称），当将公式结果用于条件时，公式条件可以使用空的列标签（空的字段名称），或者重新定义列标签，不能使用原来在数据表中定义的列标签。
- 条件区域的其他行必须由筛选条件组成。

提示

理论上讲，可以将筛选条件放到工作表中的任意区域，但是，建议不要这样做，因为在筛选数据表时，Excel会隐藏部分行，在筛选后这些条件区域也可能看不见了。因此，通常将这些区域放到数据表的上面或下面。

如果不是利用公式的计算结果作为筛选条件，条件区域必须要有列标签。

这里以“化妆品销售订单”为例，使用高级筛选的功能进行操作。

实战演练260——使用高级筛选

1 本例“化妆品销售订单”如图13-18所示，在表中选择A1单元格，单击【开始】选项卡的【单元格】组中的【插入】按钮，在其下拉菜单中选择【插入工作表行】命令，连续单击3次，用于创建高级筛选的条件区域。

2 在插入的3行工作表中建立条件标签内容，如图13-19所示。

3 将光标放置在A5单元格中，单击【数据】选项卡|【排序和筛选】组|【高级】按钮，弹出【高级筛选】对话框。

A	B	C	D	E	F
化妆品销售订单					
订单编号	订单日期	发货日期	订货金额	联系人	城市
2000124	2007/12/14	2008/1/3	1400	徐女士	北京
2000123	2007/12/13	2008/1/2	1200	李女士	北京
2000122	2007/12/12	2008/1/1	1500	王先生	北京
2000121	2007/12/11	2007/12/31	1100	陈先生	北京
2000120	2007/12/10	2007/12/30	1200	郝女士	北京
2000119	2007/12/9	2007/12/29	1500	谢女士	北京
2000118	2007/12/8	2007/12/28	1400	赵女士	上海
2000110	2007/11/30	2007/12/20	1300	李女士	天津
2000107	2007/11/27	2007/12/17	1500	郝女士	北京
2000106	2007/11/26	2007/12/16	1200	谢女士	北京
2000100	2007/11/20	2007/12/10	1200	张女士	南京

图13-18 化妆品销售订单

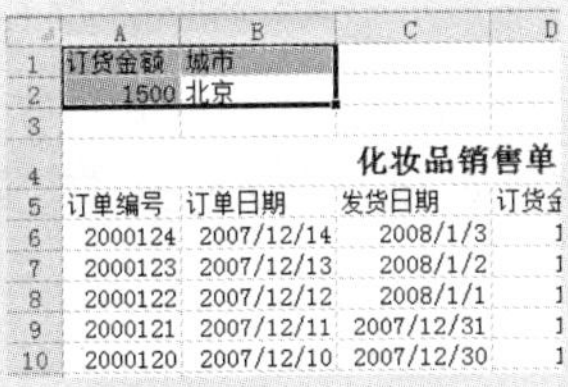

图13-19　建立条件

4 在【列表区域】右侧文本框中会自动选择列表区域，选中【在原有区域显示筛选结果】单选按钮，如图13-20所示。

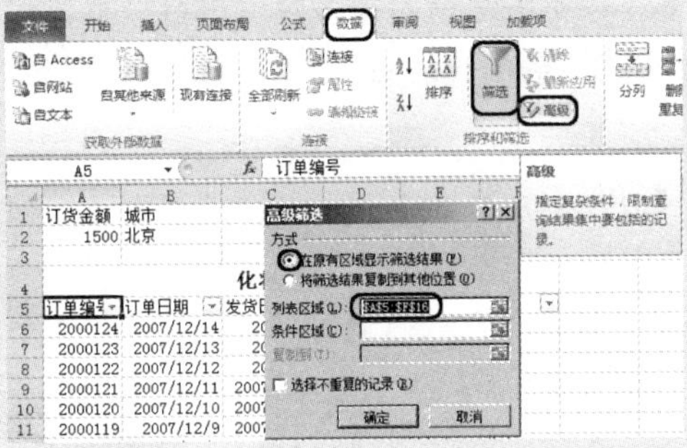

图13-20　打开【高级筛选】对话框

5 单击【条件区域】右侧的按钮，在工作表中选择条件区域A1：B2单元格，如图13-21所示。然后单击按钮，返回到【高级筛选】对话框。

图13-21　选择条件区域

6 单击【确定】按钮，筛选结果如图13-22所示。

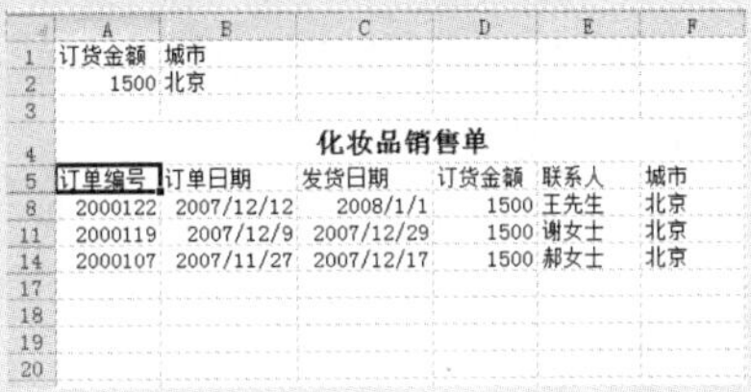

图13-22　筛选后的效果

如果将筛选后的数据行并复制到其他位置，可以先将所需的行标签输入到相应的单元格中，然后再通过【高级筛选】对话框进行筛选并复制到相应的单元格中。

实战演练261——通过【高级筛选】对话筛选框

1 保持筛选条件不变。

2 在【数据】选项卡中的【排序和筛选】组中单击【高级】按钮，在打开的【高级筛选】对话框中选中【将筛选结果复制到其他位置】单选按钮，然后单击【复制到】文本框中右侧的按钮，在工作表中选择A18单元格，如图13-23所示。选择完成后单击按钮，返回到【高级筛选】对话框，单击【确定】按钮，得到的效果如图13-24所示。

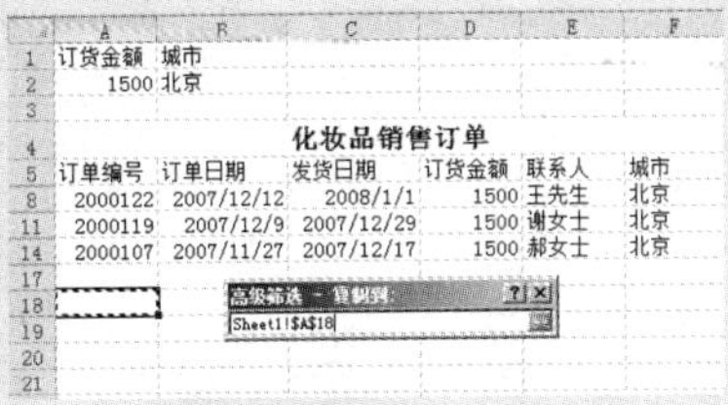

图13-23　选择复制到的单元格区域

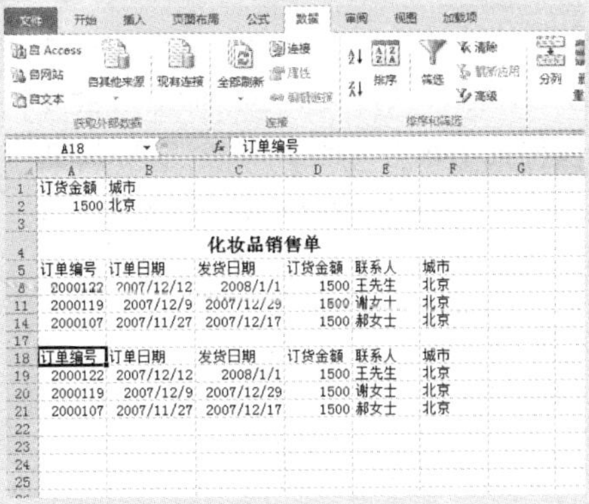

图13-24　筛选后的效果

2. 筛选条件类型

筛选条件包括以下两种类型。

- 文字或值条件：将文字和数值作为条件，同时将比较也包括到文字和数值。使用操作符号，例如“=”、“>”、“<”、“≠”等。
- 计算条件：这种类型包含许多计算公式。

13.3.3 分类汇总

Excel的创建自动分类汇总的功能在实际应用中非常有用，对于大批量的数据，使用自动分类汇总功能，能为用户节省很多时间，提高工作效率。分类汇总就是很多数据进行分类，将同类别的数据放在一起，然后再作数据求和、计数、求平均数等汇总运算。

1. 创建分类汇总

通过使用【数据】选项卡|【分级显示】组中的【分类汇总】命令，可以自动计算数据列表中的分类汇总和总计。

- 分类汇总：分类汇总，是通过SUBTOTAL函数利用汇总函数（例如“求和”和“求平均数”）计算得到的。可以为每列显示多个汇总函数类型。

注意

汇总函数是一种计算类型的函数，用于在数据透视表或合并计算表中合并源数据，或在列表和数据库中插入自动分类汇总。汇总函数的例子有SUM、COUNT和AVERAGE。

- 总计：总计是从明细数据派生的，而不是从分类汇总中的值派生的。例如，如果使用“平均数”汇总函数，则总计行将显示列表中所有明细行的平均值，而不是分类汇总行中值的平均值。

提示

明细数据在自动分类汇总和工作表分级显示中，由汇总数据汇总的分类汇总行和列。明细数据通常与汇总数据相邻，并位于其上方或左侧。

如果将工作簿设置为自动计算公式，则在编辑明细数据时，【分类汇总】命令将自动重新计算分类汇总和总计值。【分类汇总】命令还会分级显示列表，以便能够显示和隐藏每个分类汇总的明细行。如图13-25所示为给出的某公司工资表。

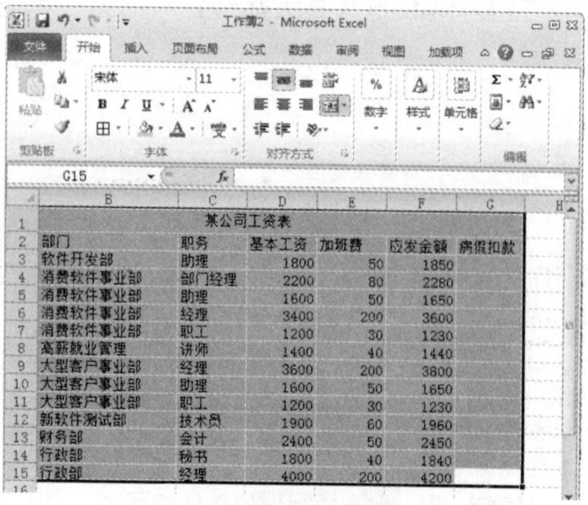

图13-25 原始数据

实战演练262——分类汇总

1 确定每个列在第一行中都有列标签，并且每个列中都包含相似的事实数据，而且该区域没有空行和空列。

2 选择该区域中的某一个单元格，再对构成组的列排序。

3 选择【数据】选项卡|【分级显示】组|【分类汇总】命令，弹出【分类汇总】对话框，如图13-26所示。

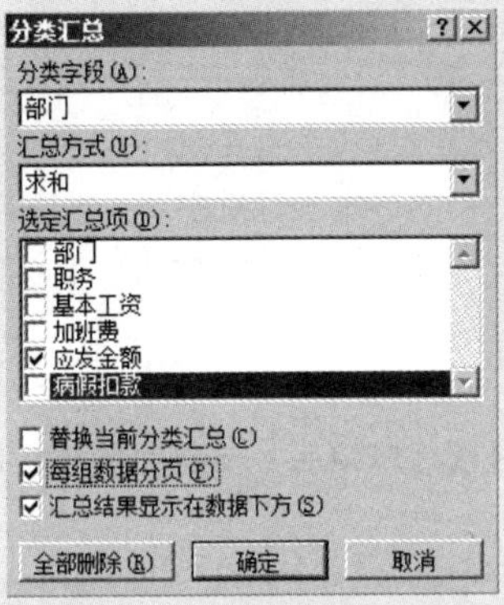

图13-26　选择分类汇总规则

4 在【分类字段】下拉列表框中，选择要计算分类汇总的列，本例选择“部门”。

5 在【汇总方式】下拉列表框中，选择要用来计算分类汇总的汇总函数，本例选择“求和”。

6 在【选定汇总项】列表框中，对于包含要计算分类汇总的值的每个列，选中其复选框。本例选择“应发金额”。

7 如果想按每个分类汇总自动分页，选中【每组数据分页】复选框。

8 若要指定汇总行位于明细行的下面，选中【汇总结果显示在数据下方】复选框。

9 单击【确定】按钮，分类汇总结果如图13-27所示。

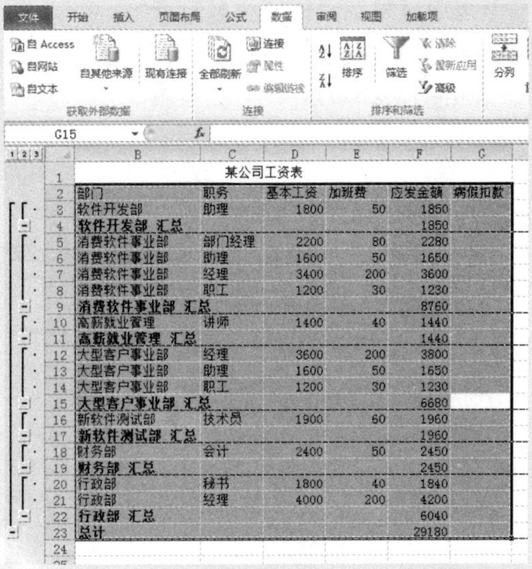

图13-27　按照部门对应发金额进行分类汇总

提示

使用上面的方法，可以再次使用【分类汇总】命令，用不同的汇总函数添加更多分类汇总。若要避免覆盖现有的分类汇总，取消选中【替换当前分类汇总】复选框。

对上述的分类汇总将再一次使用分类汇总，使之在每个部门中汇总出基本工资和应发金额。

实战演练263——再次使用分类汇总

1 选择【数据】选项卡|【分级显示】组|【分类汇总】命令，弹出【分类汇总】对话框。

2 在【分类字段】下拉列表框中，选择要计算分类汇总的列，本例选择“基本工资”。

3 在【汇总方式】下拉列表框中，选择要用来计算分类绘制的汇总函数，本例选择“求和”。

4 在【选定汇总项】列表框中，对于包含要计算分类汇总值的每个列，选中相应复选框，本例选择“应发金额”。

5 如果想按每个分类汇总自动分页，选中【每组数据分页】复选框。

6 单击【确定】按钮，分类汇总结果如图13-28所示。

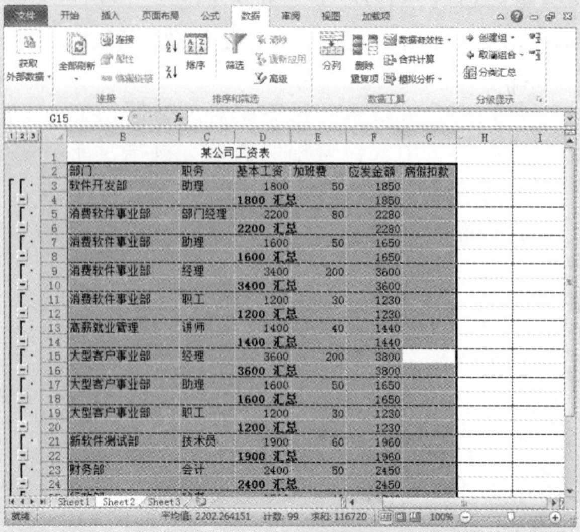

图13-28　按部门中的基本工资对应发金额进行分类汇总

提示

若要只显示分类汇总和总计的汇总，单击行号旁边的分级显示符号。使用加号和减号可以显示或隐藏单个分类汇总的明细行。

2. 删除分类汇总

删除分类汇总时，Excel还将删除与分类汇总一起插入列表中的分级显示和任何分节符。要删除分类汇总，首先单击列表中包含分类汇总的单元格，打开【分类汇总】对话框，在其中单击【全部删除】按钮即可。

13.4　上机练习——固定资产台账的查询

本例介绍固定资产台账的查询，效果如图13-29所示。本例知识点为排序、自动筛选、高级筛选。

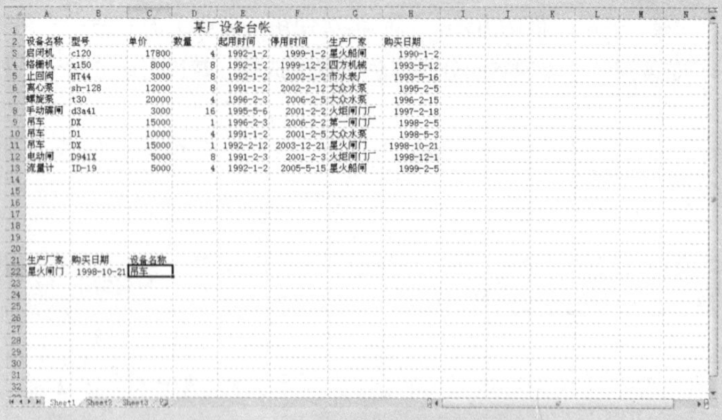

图13-29　固定资产台账的查询效果

实战演练264——固定资产台账的查询

最终文件	dir\最终文件\cha13\固定资产台账的查询.xlsx
视频文件	Movie\13-02.avi

1 启动Excel 2010软件，打开所需的“2.xlsx”文档，如图13-30所示。

图13-30 打开文档

2 选择A2~H2单元格，然后选择【数据】选项卡，在【排序和筛选】组中单击【排序】按钮，在弹出的【排序提醒】对话框中设置【给出排序依据】为“扩展选定区域”，设置完成后单击【排序】按钮，如图13-31所示。

图13-31 【排序提醒】对话框

3 在弹出的【排序】对话框中设置【主要关键字】为“购买日期”，设置【排序依据】为“数值”，设置【次序】为“升序”，如图13-32所示。

4 设置完成【主要关键字】后，单击【添加条件】按钮，在弹出的【次要关键字】中设置其为“生产厂家”，设置【排序依据】和【次序】分别为“数值”和“升序”，如图13-33所示。

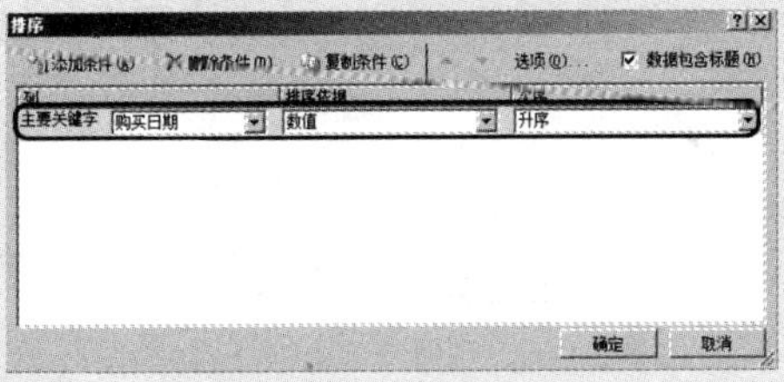

图13-32 设置主要关键字

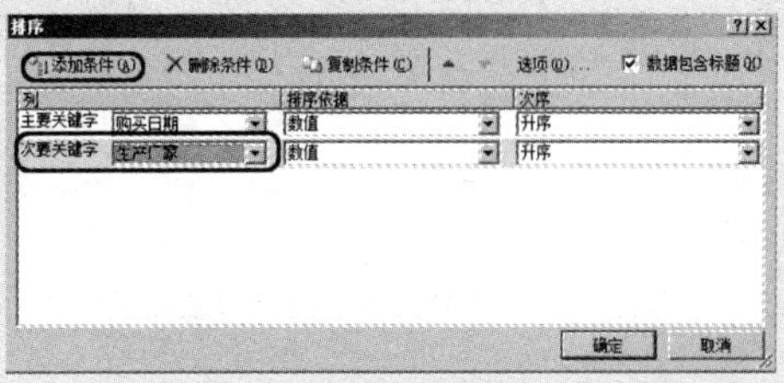

图13-33 添加并设置次要关键字

5 设置完成后，再次单击【添加条件】按钮，在【次要关键字】中设置其为“设备名称”，设置【排序】和【次序】分别为“数值”和“升序”，如图13-34所示。完成设置后单击【确定】按钮，效果如图13-35所示。

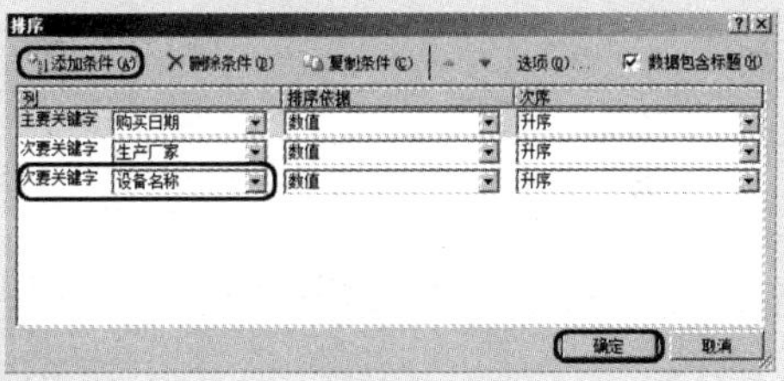

图13-34 再次添加并设置次要关键字

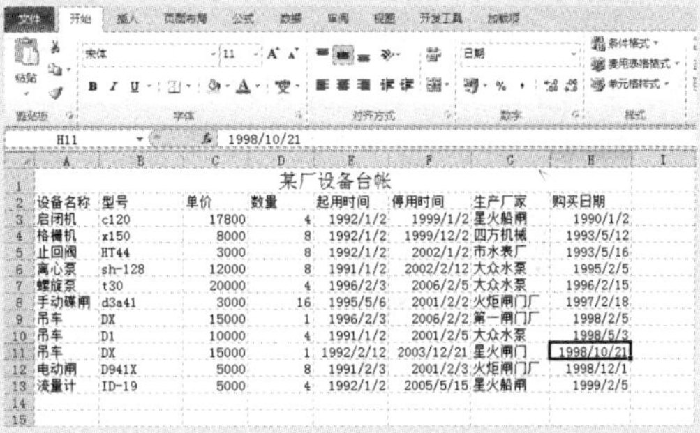

图13-35 设置后的效果

6 在已排序的台账中，首先在“购买日期”列中从上至下找到1998年的记录，共有三项，查看“生产厂家”列，找到“火炬闸门厂”。在此行查看“设备名称”列，发现“设备名称”的记录的确是“电动闸”，查看该条记录的“单价”得出查询结果为5000元，如图13-36所示。

下面介绍一下自动筛选查询和高级查询。

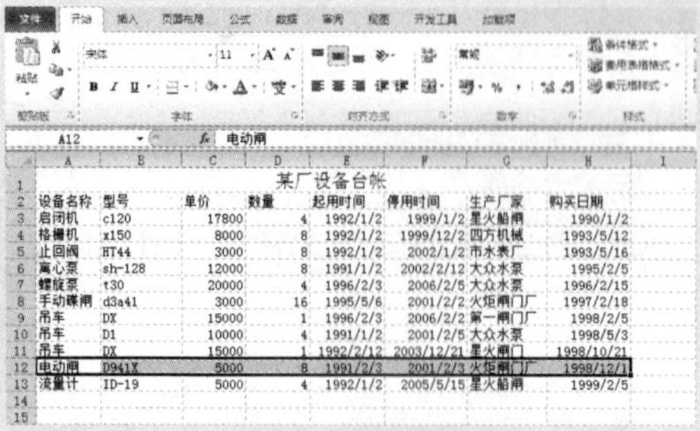

图13-36　查看记录

7 查询1998年购置的所有超过万元的设备。将光标移动到数据区域内的任意单元格，在【排序和筛选】组中单击【筛选】按钮，此时在A2~H2区域中的每个单元名称后出现一个▼按钮，如图13-37所示。

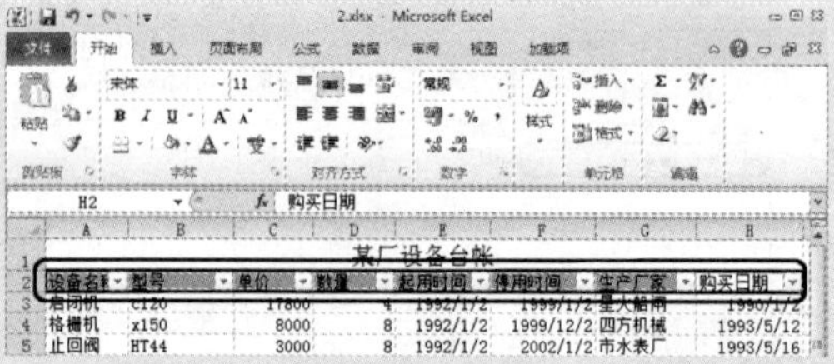

图13-37　筛选

8 选择“购买日期”单元格，在该单元格中单击▼按钮，在弹出的下拉菜单中选择【日期筛选】|【自定义筛选】命令，如图13-38所示。

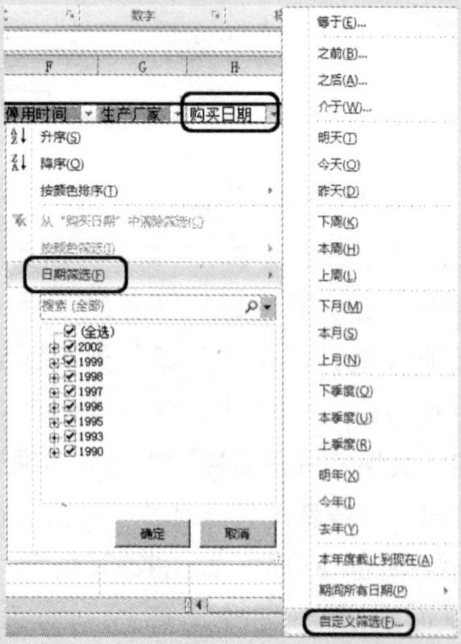

图13-38　选择【自定义筛选】命令

9 在弹出的【自定义自动筛选方式】对话框中设置【购买日期】为“在以下日期之后”，然后在后面的文本框中输入“1998-1-1”，如图13-39所示。

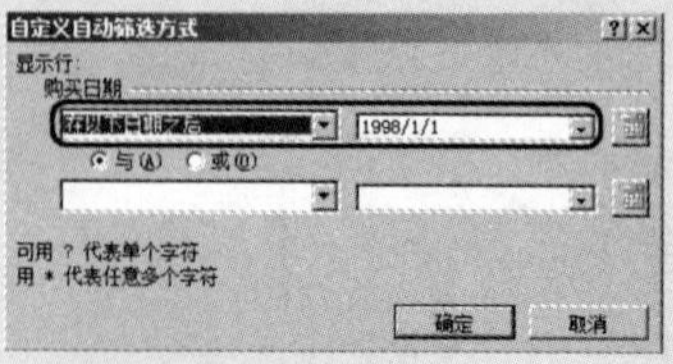

图13-39　【自定义自动筛选方式】对话框

10 在设置【与】选项下方的【购买日期】为“在以下日期之前”，在后面的文本框中输入“1998-12-31”，输入完成后单击【确定】按钮，如图13-40所示。

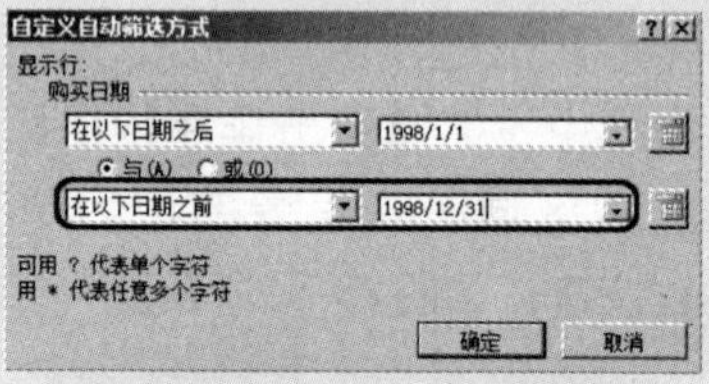

图13-40　输入购买日期

11 设置完【自定义自动筛选方式】后，返回到工作表中，可见，工作表中只显示了1998年的4条符合刚才设置条件的记录，其他记录已被隐藏起来，如图13-41所示。

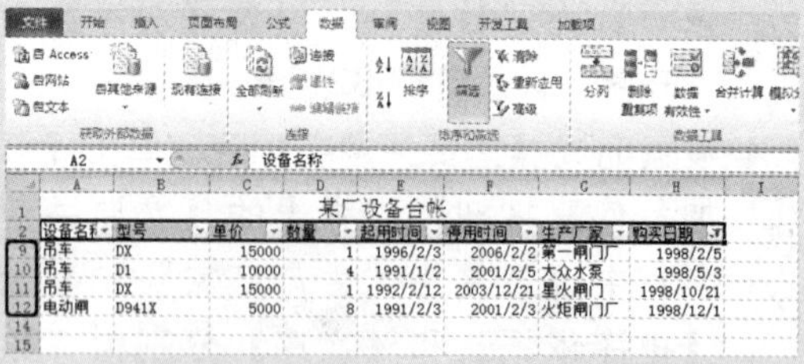

图13-41　被隐藏后的效果

12 选择A21~C22区域的单元格，如图13-42所示。

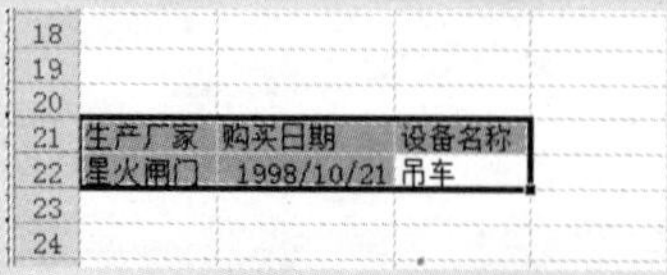

图13-42　输入文本

13 在【数据】选项卡|【排序和筛选】组中单击【高级】按钮，在弹出的【高级筛选】对话框中设置方式为“在原有区域显示筛选结果”。在【列表区域】中使用默认的选项，然后在【条件区域】中单击文本框后的按钮，选择工作表中的A21~C22区域中的单元格，如图13-43所示。再次单击该按钮，返回到【高级筛选】对话框，如图13-44所示。设置完成后单击【确定】按钮。

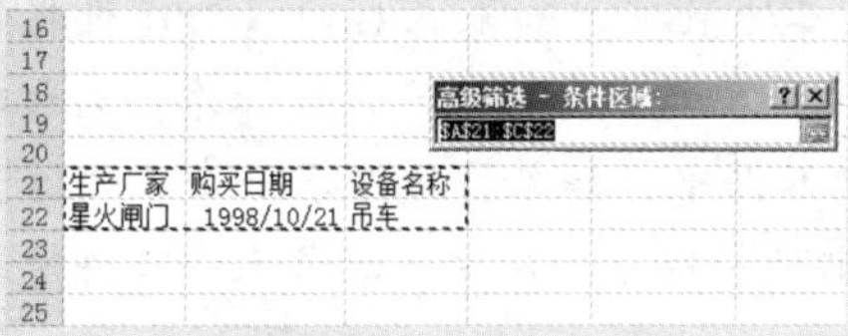

图13-43 选择条件区域

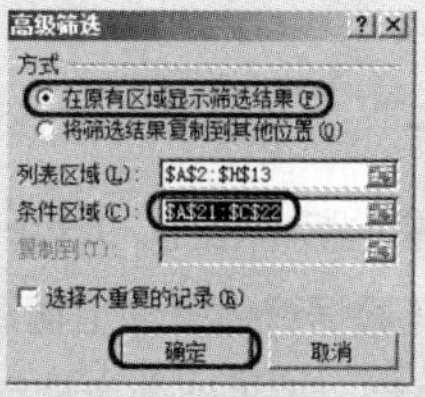

图13-44 【高级筛选】对话框

14 此时工作表中就会显示出符合条件的资料数据，如图13-45所示。

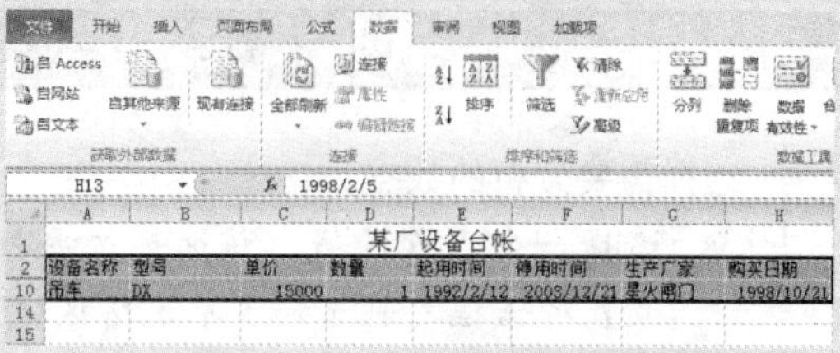

图13-45 显示出的资料数据

15 至此，固定资产台账的查询就完成了。

13.5 数据透视表

数据透视表是交互式报表，可快速合并和比较大量数据。可旋转其行和列以看到源数据的不同汇总，而且可显示感兴趣区域的明细数据。

在建立数据透视表之前，先来认识一下数据透视表的主要组件。数据透视表中，有行、列、数据和页4个字段。建立数据透视表时，必须指定要以清单中的哪些字段作为行、列、数据与页字段，这样Excel才会更改用户的设置，从而产生相应的数据透视表。每个字段中每一个唯一的值称为项目，例如【显存】字段中有64、128和256项目。

13.5.1 创建数据透视表

创建数据透视表，选择【插入】选项卡|【表】组|【数据透视表】|【数据透视表】命令，弹出【创建数据透视表】对话框，如图13-46所示。

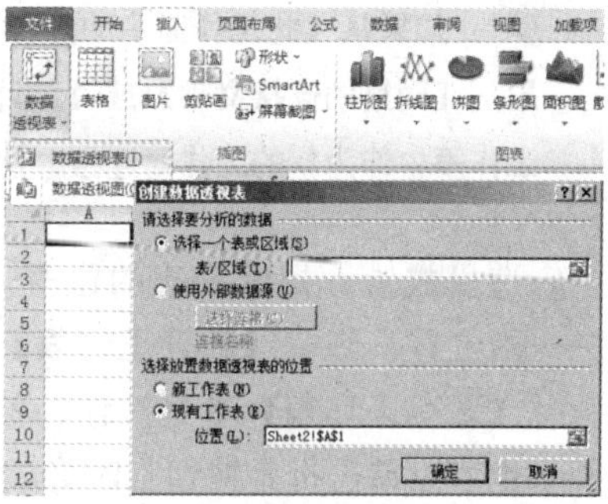

图13-46 【创建数据透视表】对话框

提示

和以前的版本相比，Excel 2010创建数据透视表的方法有了较大的变化。在之前版本中，选择【数据】|【数据透视表和数据透视图】命令，弹出【数据透视表和数据透视图向导】对话框，用户可以按照向导一步步地创建数据透视表或数据透视图。而在Excel 2010中，该功能被精简为【创建数据透视表】对话框。从内容上来说，这两种创建方式之间需要配置的内容是一致的，并没有太大的差别。

实战演练265——创建数据透视表

1 选择需要分析的数据。

- 选择一个表或区域：该选项主要针对的是本地数据，如果在启动【创建数据透视表】对话框之前选定了单元格区域中的一个单元格或者插入点定位标准，则该单元格区域或表名引用将显示在【表/区域】文本框中。如果区域在同一个工作簿上的另一个工作表中或者在另一个工作簿中，则使用以下语法输入工作表和工作簿名称“[workbookname]sheetname! range”。
- 使用外部数据源：数据透视表不光可以连接本地Excel中的数据，还可以对数据库中的数据进行分析，如SQLServer、Oracle、DB2中的数据等。较前一项来说，其设置更为复杂。单击【选择连接】按钮，显示【现有连接】对话框，如图13-47所示。

图13-47 【现有连接】对话框

如果需要创建其他新的连接，可以单击对话框中的【浏览更多】按钮，在出现的对话框中新建连接即可。

提示

如果从【此工作簿中的连接】类别中选择连接，则将重复使用或共享某个现有的连接；如果从【网络的连接文件】或【此计算机的连接文件】类别中选择连接，则该连接文件将被复制到工作簿中作为新的工作簿连接，然后作为数据透视表的新连接使用。

2 选择放置数据透视表的位置。若要将数据透视表放在新工作表中，并以单元格A1为起始位置，选中【新建工作表】单选按钮。若要将数据透视表放在现有的工作表中，选中【现有工作表】单选按钮，然后输入要放置数据透视表的单元格区域的第一个单元格。也可以单击折叠按钮临时隐藏对话框，在工作表窗口上选择单元格。

提示

如果需要连接Oracle数据库，Oracle数据库又不在本机上，最好先安装Oracle提供的数据连接软件，如ODAC，并且配置好本地服务名。在创建新连接时，填写用户配置好的本地服务器名，输入账户、密码，就可以连接上Oracle了。

这里选择数据表中的数据，同时选中【新建工作表】单选按钮，单击【确定】按钮，在新的工作表中出现了一个空的数据透视表，如图13-48所示。

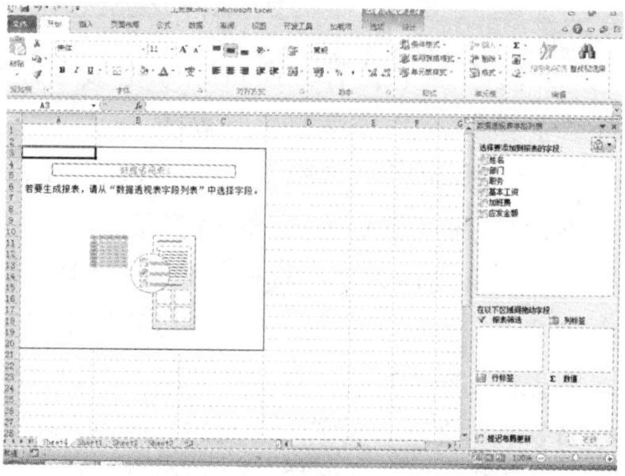

图13-48　空的数据透视表

13.5.2　创建和修改布局

创建数据透视表或数据透视图之后，可以使用【数据透视表字段列表】来添加字段。如果要更改数据透视表或数据透视图，可以使用该字段列表来重新排列和删除字段。默认情况下，【数据透视表字段列表】显示两部分：上方的字段部分用于添加和删除字段；下方的布局部分用于重新排列和重新定位字段。可以将【数据透视表字段列表】停靠在窗口的任意一侧，然后沿水平方向调整其大小。

提示

如果用户看不到【数据透视表字段列表】，一定要单击数据透视表或数据透视图。如果还看不到，那么，对于数据透视表，选择【选项】选项卡|【显示/隐藏】组中的【字段列表】命令；对于数据透视图，选择【分析】选项卡|【显示/隐藏】组中的【字段列表】命令。

【数据视图表字段列表】下部包含以下几个字段。

- 数值：用于显示汇总数值数据。系统默认情况下，对于数值使用SUM函数，对于文本值使用COUNT函数，当然，也可以修改统计内容，如计算平均值、方差等；也可以对同一字段进行不同的统计，如首先计算该字段的总和，然后计算最大值，最后计算平均值。
- 行标签：用于将字段显示为报表侧面的行。位置较低的行嵌套在紧邻它上方的另一列中。
- 报表筛选：用于基于报表筛选中的选定项来筛选整个报表。筛选出的数据只显示符合指定条件的数据子集，并隐藏不想显示的数据。与筛选单元格区域或表格不同，用户不需要重新应用筛选。每次刷新或更新数据透视表时都会自动重新应用筛选。在数据透视表或数据透视图中，筛选是累加式的，也就是说，每次增加筛选都是基于当前筛选的，将进一步减小数据子集。在数据子集中，用户可以同时创建多达3种类型的筛选，即手动筛选、标签或日期筛选和值筛选，并且它们是按照该顺序进行计算的。

用户可以右键单击字段名称，然后选择相应的命令，即【添加到报表筛选】、【添加的列标签】、【添加的行标签】和【添加到值】，以将该字段放置在布局部分中的某个特定区域中。也可以单击某个字段名，按住鼠标不放在字段部分与布局部分中的某个区域之间拖动该字。如果要多次添加某个字段，重复该操作。

提示

默认情况下，非数值字段会被添加到【行标签】区域，数值字段会被添加到【数值】区域，而OLAP日期和时间层次会被添加到【列标签】区域。

字段添加完成后，还可以单击该字段名称，进行“上移”、“下移”、“移至开头”、“移至末尾”、“移动到报表筛选”、“移动到行标签”、“移动的列标签”、“移动到值”、“值字段设置”、“字段设置”等操作。每个区域都可以添加多个字段。在不同区域中，多个字段的顺序不同会得到不同角度的数据透视表。如在“列标签”和“行标签”中添加多个字段，后面字段涉及的数据将会作为前面字段的一个子项出现。如图13-49所示的【数据透视表字段列表】窗口中，在“加班费”字段上单击，在弹出的下拉菜单中选择【值字段设置】命令，弹出【值字段设置】对话框，如图13-50所示。

图13-49　字段设置

【值字段设置】对话框中既可以设置单元格格式，也可以设计为按照某种规则进行统计。

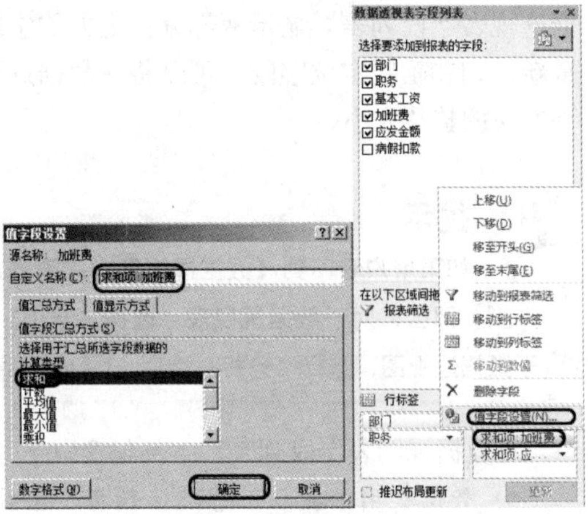

图13-50　【值字段设置】对话框

- 源名称：数据源中字段的名称。
- 自定义名称：显示数据透视表中的当前名称，如果没有自定义名称，则显示源名称。若要更改“自定义名称”，单击该文本框中的文本并编辑名称。但是，新名称不能和源名称重复。
- 【汇总方式】选项卡：在列表框中选择要使用的汇总函数。可以使用的汇总函数包含求和、计数、平均值、最大值、最小值、乘积、数字型数值的个数、总体的标准偏差、总体方差（样本为总体的子集）、总体的方差（其中的总体是指要汇总的所有数值）。
- 【值显示方式】选项卡：在列表框中选择所需的计数。可以使用的自定义计算函数结果包括关闭自定义计算、显示的值为“基本字段”中“基本项”值的差、显示的值为“基本字段”中“基本项”值的百分比、显示的值为“基本字段”中“基本项”值的百分比值、显示的值为“基本字段”中连续项的汇总、显示每一行或每一类别的值相对于该行和该类别总计的百分比、显示每列或系列的所有值相当于列或系列的汇总的百分比、显示的值为报表中所有值或所有数据点的总计的百分比。选择每个计算功能后还要选择比较的对象。
- 【数字格式】按钮：单击该按钮后打开【设置单元格格式】对话框，可以设置显示的格式。

如图13-51所示的是修改完成后的数据透视表，在A3单元格中有一个下拉按钮，单击后可以对这些数据进行过滤，只显示用户想看的信息。

提示

数据透视表创建好后，为了满足使用要求，有时候需要对其进行参数设置，可以在数据透视表上单击鼠标右键，选择【数据透视表选项】命令继续配置。

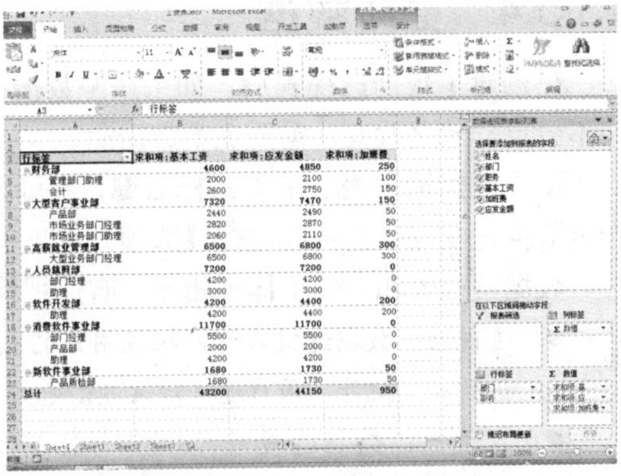

图13-51 数据透视表

13.5.3 设置数据透视表格式

与其他工作表一样，数据透视表也可以设置格式，达到美化修饰数据透视表的目的。

在【数据透视表选项】对话框中包括一些对格式的基本设置。用户可以像操作其他工作表一样选中数据透视表，当作表格进行设置，如设置背景颜色等。也可以使用Excel提供的套用格式。

实战演练266——使用套用格式

1 单击数据透视表。

2 选择【数据透视表工具】|【设计】选项卡|【数据透视表样式选项】组，若要用较亮和较浅的颜色格式替换每行，选中【镶边行】复选框；若要用较亮和较浅的颜色格式替换每列，选中【镶边列】复选框；若要在镶边样式中包括行标题，选中【行标题】复选框；若要在镶边样式中包括列标题，选中【列标题】复选框。

实战演练267——对数字格式进行修改

1 在数据透视表中，选择要更改其数字格式的字段。

2 选择【选项】选项卡|【活动字段】组|【字段设置】命令。

3 对于标签和报表筛选，将显示【字段设置】对话框；对于值，将显示【值字段设置】对话框，如图13-52所示。

4 单击对话框底部的【数字格式】按钮，将显示【设置单元格格式】对话框，在【分类】列表框中选择所需的格式类别，如图13-53所示。

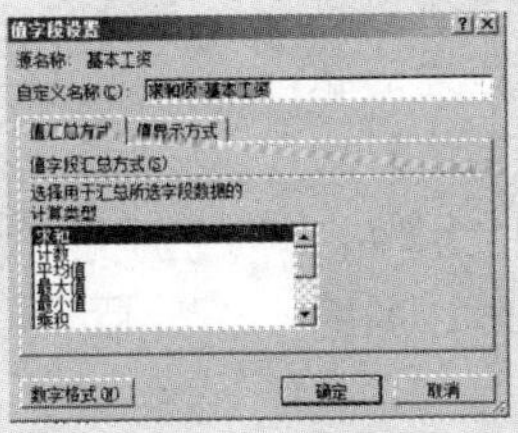

图13-52 打开【字段设置】对话框

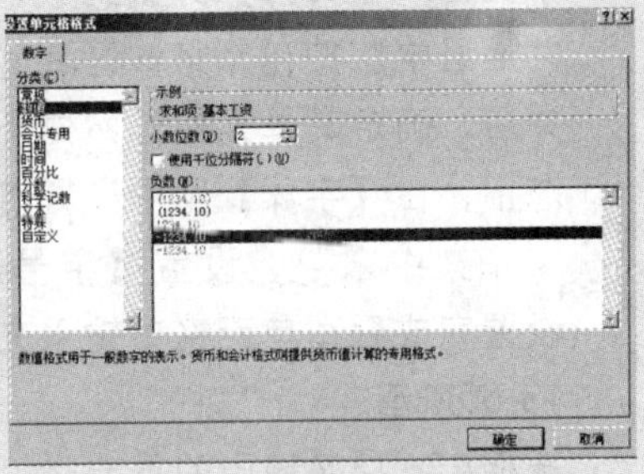

图13-53 设置单元格格式

13.5.4 更新数据

在创建了数据透视表后，如果在源数据中更改了某个数据，基于此数据清单的数据透视表并不会自动随之改变，需要更新数据源。

选中数据透视表，单击鼠标右键，在弹出的快捷菜单中选择【刷新】命令，即可将数据更新至数据透视表；也可以选择【选项】选项卡|【数据】组|【刷新】命令进行更新数据。

数据透视表和一般工作表相比，有透视性和只读性两个特点。

- 透视性：数据透视表可以根据用户的需要，对数据透视表的字段进行不同设置，从多角度分析数据。此外，用户还可以改变汇总方式及显示方式，从而为分析数据提供了极大的方便。
- 只读性：数据透视表可以像一般工作表一样进行修饰或绘制图表，但有时候不能达到“即改即所见”的效果。也就是说，在源数据清单中更改了某个数据后，还必须通过【刷新】命令才能达到更新的目的。

13.6 上机练习——制作固定资产余额递减折旧表

本例介绍固定资产余额递减折旧表的制作，效果如图13-54所示。本例知识点为绘制表格框线、插入函数公式、插入数据透视图。

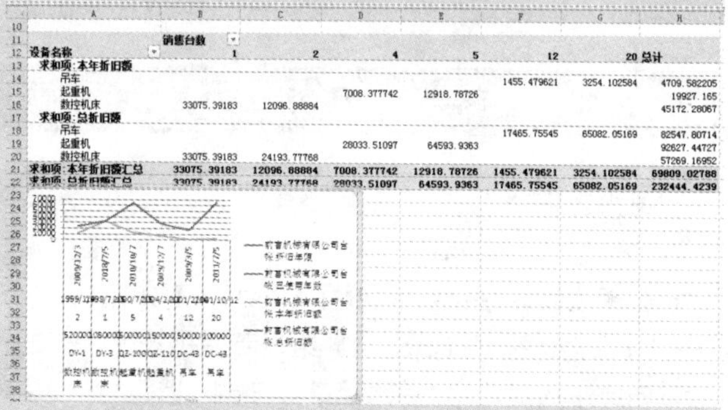

图13-54　固定资产余额递减折旧表效果

实战演练268——制作固定资产余额递减折旧表

最终文件	dir\最终文件\cha13\制作固定资产余额递减折旧表.xlsx
视频文件	Movie\13-03.avi

1 启动Excel 2010软件，系统将自动新建一个工作表。

2 在新建的工作表中选择A1~J1区域中的单元格，在【对齐方式】组中单击【合并后居中】按钮，将该区域的单元格合并后，确定其单元格仍然处于选择的状态下，在【字体】组中设置【字体】为“华文中宋”，设置【字号】为24，设置完成后在单元格中输入文本，如图13-55所示。

3 选择A2~J2区域中的单元格，并分别在该区域的单元格中输入“设备名称”、“型号”、“单价”、“销售台数”、“起用日期”、“停用日期”、“折旧年限”、“已使用年数”、“本年折旧额”和“总折旧额”。

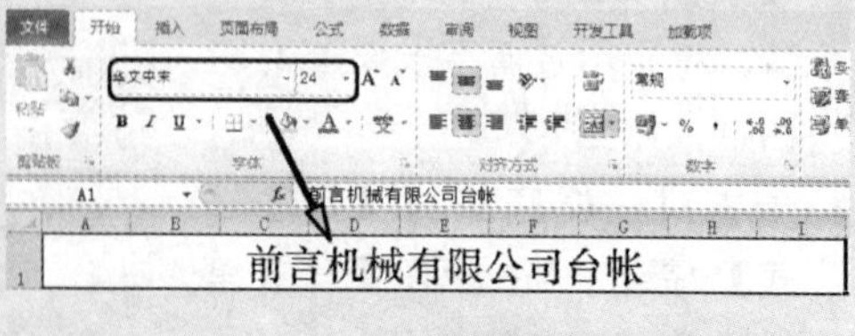

图13-55　设置并输入文本

4 选择A2~J2区域中的单元格，在【字体】组中设置【字体】为“华文行楷”，设置【字号】为14，并设置【填充颜色】为“水绿色，强调文字颜色5，淡色60%”，然后在【单元格】组中单击【格式】按钮，在弹出的下拉菜单中选择【行高】命令，在弹出的【行高】对话框中设置其【行高】为19.5，设置完成后单击【确定】按钮，如图13-56所示。

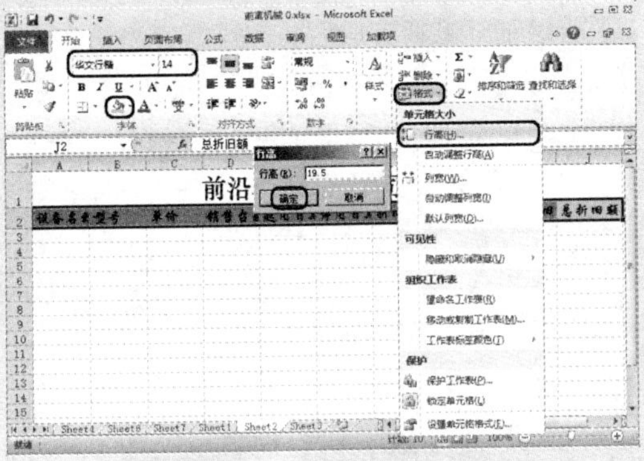

图13-56 设置字体、行高

5 设置行高后，在【字体】组中单击（下框线）按钮右侧的按钮，在弹出的下拉菜单中选择【线型】为如图13-57所示的线型。选择线型后再次单击（下框线）按钮右侧的按钮，在弹出的下拉菜单中选择【所有框线】命令，此时就完成了对该区域单元格中的绘制框线，效果如图13-58所示。

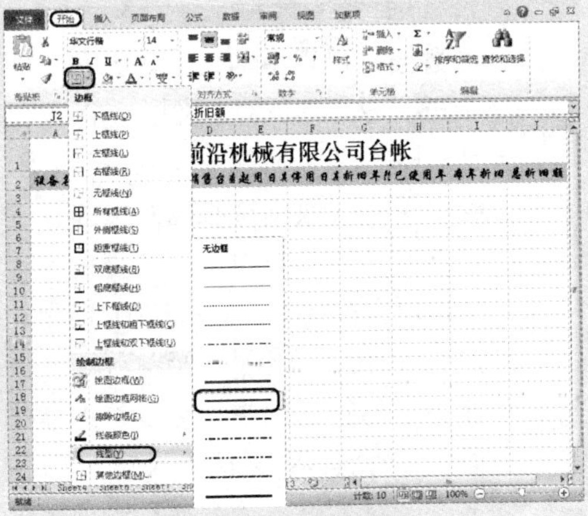

图13-57 选择线型

6 选择A3~G8区域中的单元格，并在该区域的单元格中分别输入数据，如图13-59所示。

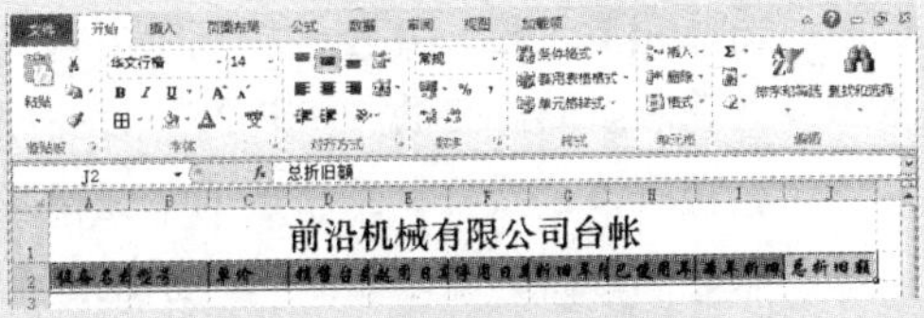

图13-58 绘制框线后的效果

前言机械有限公司台帐

设备名称	型号	单价	销售台数	起用日期	停用日期	折旧年限
数控机床	DY-1	520000	2	1999/1/4	2009/12/3	10
数控机床	DY-3	1080000	1	1998/7/15	2018/7/5	20
起重机	QZ-100	500000	5	2000/7/15	2010/10/7	10
起重机	QZ-110	150000	4	2004/2/12	2009/12/7	5
吊车	DC-43	50000	12	2001/2/14	2009/3/5	5
吊车	DC-43	100000	20	2001/10/12	2011/7/5	10

图13-59 输入数据

7 选择H3单元格，并在该单元格中输入计算“已使用年数”的计算公式“=IF(MONTH(E3)<12,YEAR(TODAY())-YEAR(E3),YEAR(TODAY())-YEAR(E3)-1)”，按Enter键之后，H3单元格显示了计算结果为“11”。

提示

步骤7中输入的公式是基于如下的递减折旧规则：设备使用年数是从使用年开始，但如果是在12月份开始起用，则该年不计折旧。

8 选择H3单元格，并将该单元格中的公式复制到H4~H8区域的单元格中。

9 选择I3单元格输入计算递减折旧金额公式“=IF(H3=0,0,DB(C3,C3*0.1,G3,H3))”，按Enter键后，再将该公式复制到I4~I8区域的单元格中。当公式复制完成后，I3、I6、I7单元格中会出现“#UNM!”，这表示在该公式中，使用了无效的数值。这样当将G3、G6、G7单元格中的折旧年限修改后，I7单元格中的数据就会自动显现出来，如图13-60所示。

停用日期	折旧年限	已使用年数	本年折旧额	总折旧额
2009/12/3	11	11	12096.88884	
2018/7/5	20	12	33075.39183	
2010/10/7	10	10	12918.78726	
2009/12/7	6	6	7008.377742	
2009/3/5	9	9	1455.479621	
2011/7/5	10	9	3254.102584	

图13-60 显现数据

10 选择J3单元格，并在该单元格中输入计算总折旧额公式“=I3*D3”，完成后再将该公式复制到相应的单元格区域，执行后的效果如图13-61所示。

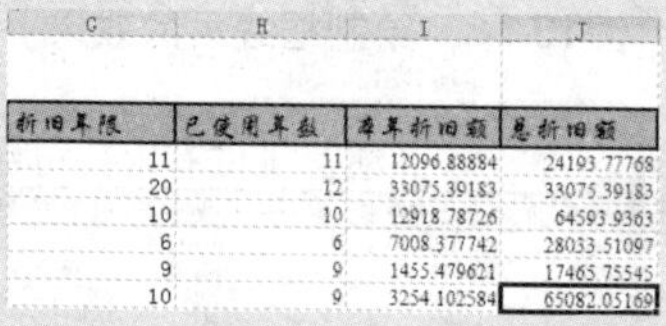

折旧年限	已使用年数	本年折旧额	总折旧额
11	11	12096.88884	24193.77768
20	12	33075.39183	33075.39183
10	10	12918.78726	64593.9363
6	6	7008.377742	28033.51097
9	9	1455.479621	17465.75545
10	9	3254.102584	65082.05169

图13-61　单元格区域效果

提示

固定余额递减法用于计算固定利率下的资产折旧值。函数DB（cost，salvage，life，period，month）即采用固定余额递减法，计算一笔资产在给定期间内的折旧值。其各参数含义如：cost表示折旧期限（有时也称作资产的使用寿命）；period表示需要计算折旧值的期间，它必须使用与life相同的单位；month表示第一年的月份数，如果省略则假设为12。

11 选择【插入】选项卡，在【表格】组中单击【数据透视表】按钮，在弹出的下拉菜单中选择【数据透视表】命令，在弹出的【创建数据透视表】对话框中设置【表/区域】为A2~J8区域数据。在【选择放置数据透视表的位置】选项组中选中【现有工作表】单选按钮，设置其【位置】为该工作中的位置，设置完成后单击【确定】按钮，如图13-62所示。

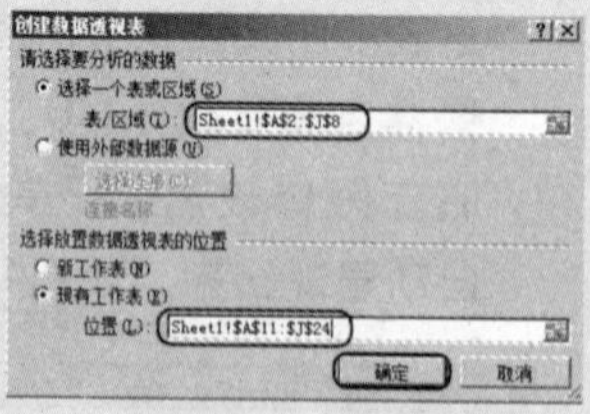

图13-62　【创建数据透视表】对话框

12 在弹出的【数据透视表字段列表】选项框中选中【选择要添加到报表的字段】列表框中的【设备名称】、【销售台数】、【本年折旧额】和【总折旧额】复选框，然后设置【列表签】为“销售台数”，设置【行标签】为“∑数值”和“设备名称”，设置【∑数值】为“求和项：本年折旧额”和“求和项：总折旧额”。如图13-63所示。设置完成后将其进行关闭。

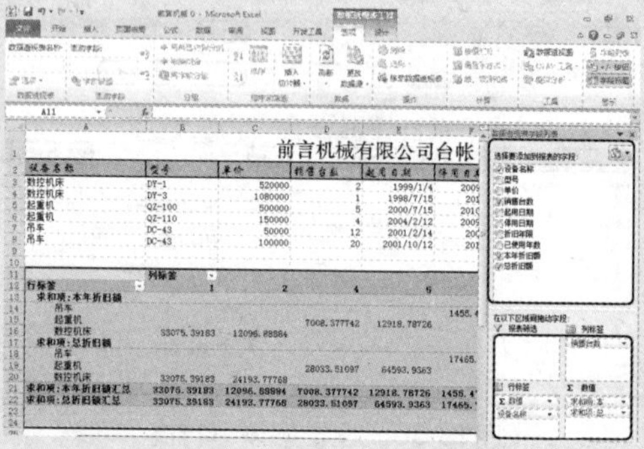

图13-63　设置列、行标签

13 在数据透视表中将【行标签】和【列标签】进行重新命名“设备名称”和“销售台数”，设置完成后的效果如图13-64所示。

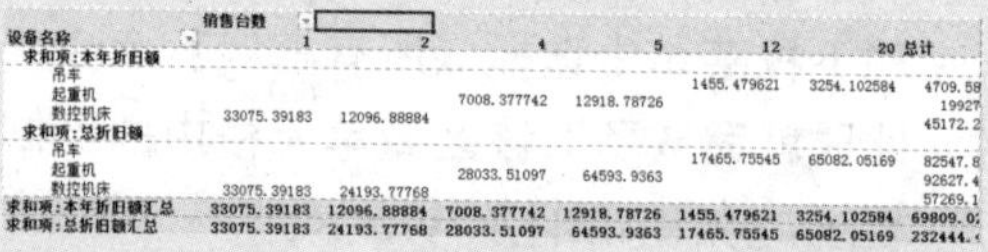

设备名称	1	2	4	5	12	20	总计
求和项：本年折旧额							
吊车					1455.479621	3254.102584	4709.58
起重机			7008.377742	12918.78726			19927
数控机床	33075.39183	12096.88884					45172.2
求和项：总折旧额							
吊车					17465.75545	65082.05169	82547.8
起重机			28033.51097	64593.9363			92627.4
数控机床	33075.39183	24193.77768					57269.1
求和项：本年折旧额汇总	33075.39183	12096.88884	7008.377742	12918.78726	1455.479621	3254.102584	69809.0
求和项：总折旧额汇总	33075.39183	24193.77768	28033.51097	64593.9363	17465.75545	65082.05169	232444.

图13-64　重新命名行、列标签

14 对数据透视表中的任意单元格进行单击，然后选择【数据透视表工具】|【选项】选项卡，在【工具】组中单击【数据透视图】按钮，在弹出的【插入图表】对话框中选择一种堆积折线图，如图13-65所示。插入后的效果如图13-66所示。

15 在弹出的折线图中，可以看到其并不能准确直观地表现数据折旧情况，这时，单击【类型】选项组中的【更改图表类型】按钮，在弹出的【更改图表类型】对话框中再次选择一种折线图，如图13-67所示。选择完成后单击【确定】按钮。更改后的效果如图13-68所示。可以看到此时的折线图比堆积折线图更加可以直观地表现出数据折旧情况。

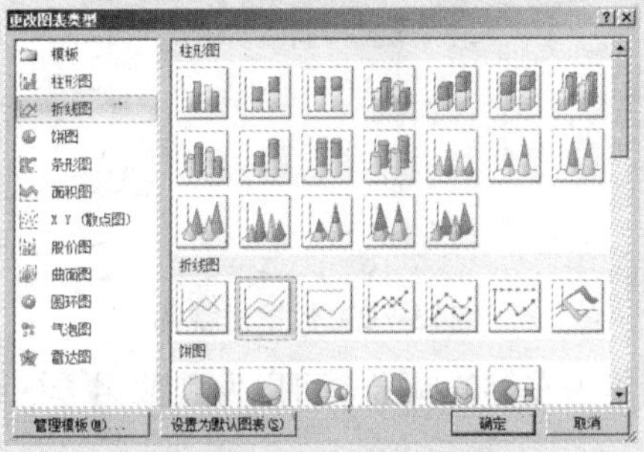

图13-65 【插入图表】对话框

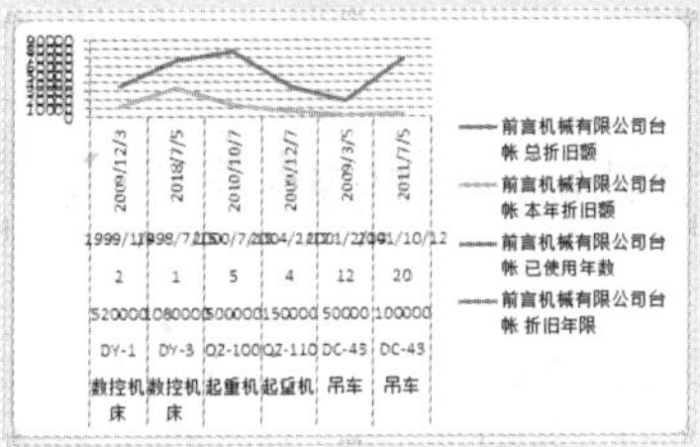

图13-66 插入后的效果

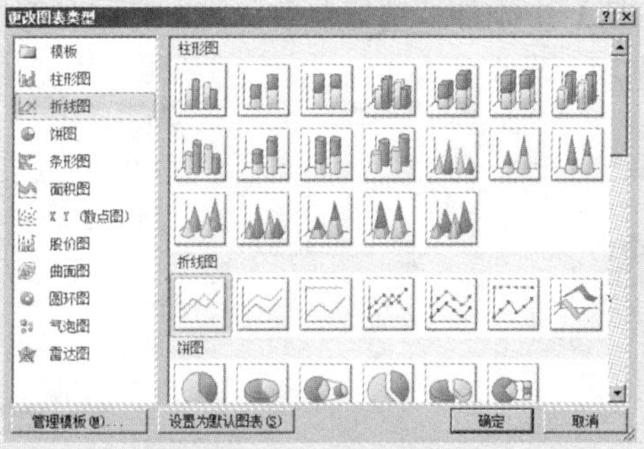

图13-67 【更改图表类型】对话框

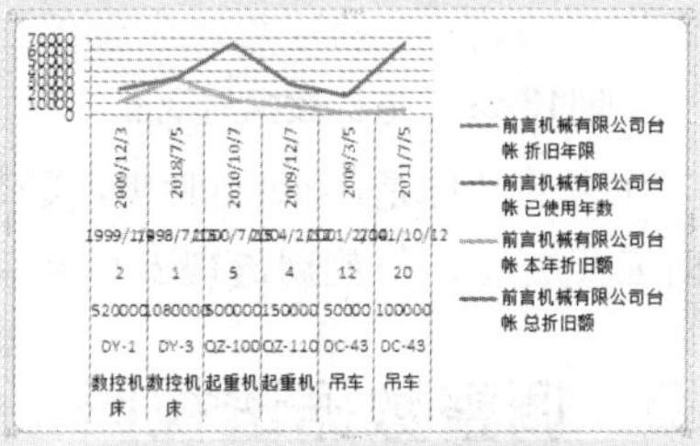

图13-68 更改后的效果

16 至此，完成对固定资产余额递减折旧表的制作。再次对制作完成的表格进行美化就可以对其文档进行保存。

13.7 数据透视图

为了更直观地反映数据透视表的分析结果，可以采用数据透视图绘制统计图形。在绘制数据透视图的过程中，也会自动产生相应的数据透视表，分别存放在不同的工作表中。

13.7.1 创建数据透视图

创建数据透视图的方法有两种：一种是选择【插入】选项卡|【表】组|【数据透视表】下的【数据透视图】命令；另一种是在做好的数据透视表上单击，然后选择【选项】选项卡|【工具】组|【数据透视】命令，打开【插入图表】对话框，选择好图表后单击【确定】按钮，即可生成对应的数据透视图。此处重点介绍如何采用第一种方法生成数据透视图。

空的数据透视图和空的数据透视表很相似，如图13-69所示。数据透视图增加了【数据透视图筛选窗口】浮动栏，其功能和数据透视表中的筛选方法类似，只是表现方式不同。右侧的【数据透视表字段列表】内容略微不同，如“轴字段（分类）”对应的是数据透视表中的“行标签”，用于将字段显示为图表中的轴；“图例字段（分类）”对应的是数据透视表中用于显示图表中图例的字段，其他的都一样。

绘制一个各个销售情况的对比图，在【轴字段】中添加“型号”和“设备名称”字段，在

【数值】中添加“销售台数”字段，这时就出现了做好的数据透视图，如图13-70所示。

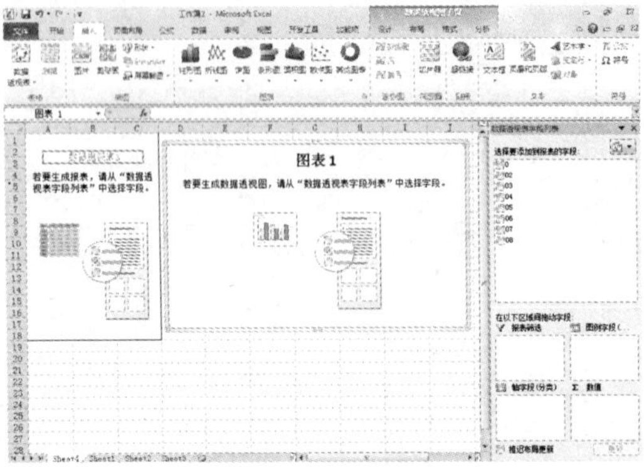

图13-69　空的数据透视图

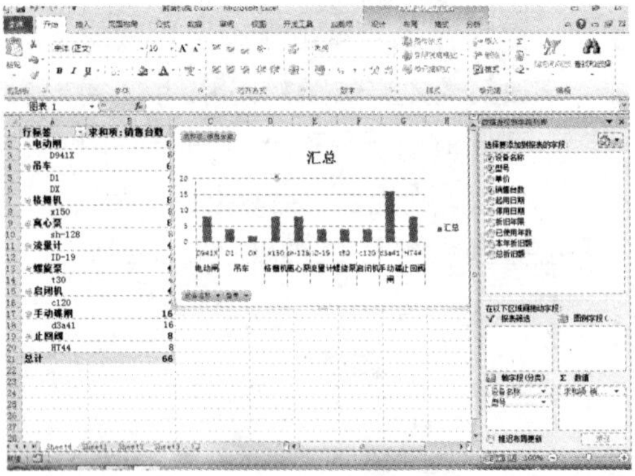

图13-70　数据透视图

在工作表的左侧是Excel同时生成的数据透视表，单击左侧的减号，可以发现数据透视图的显示同时发生变化，与数据透视表时刻保持一致。

13.7.2　调整数据透视图

调整数据透视图包含很多内容，如调整统计内容、过滤信息、更改图表类型，修饰数据透视图等。其中很多内容和图表操作基本一致。

1. 选择性显示分类变量

初始的数据透视图创建成功后，可以像数据透视表一样选取分变量的不同类型。既可以通过数据透视表的过滤功能来实现数据透视图的实时更改，也可以使用【数据透视图筛选窗口】浮动栏来实现。

如果想了解不同设备的销售情况，可以只勾选“销售台数”、“设备名称”，【在以下区域间拖动字段】设置如图13-71所示，在左侧就可以看到不同设备的销售情况了。

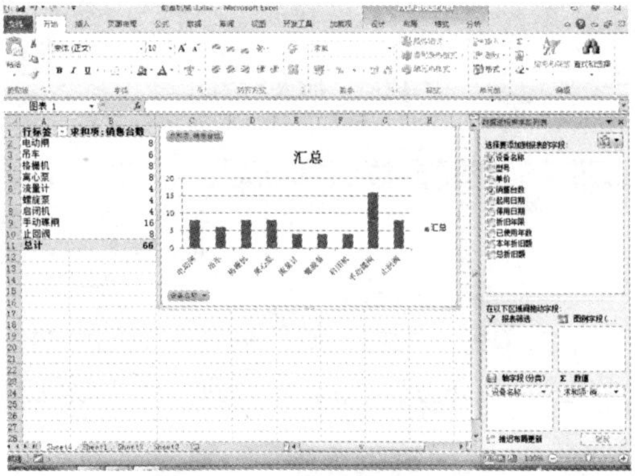

图13-71　筛选后的数据透视图

2. 更改图表类型

数据透视图和其他图表一样，可以任意更改图表类型。不同类型的图表表现方式各有差别，有助于对当前数据有更深的了解。

选中数据透视图后，可以直接单击鼠标右键，打开【更改图表类型】对话框；也可以选择【选项】选项卡|【类型】组|【更改图表类型】命令，打开【更改图表类型】对话框，选择一种饼图，单击【确定】按钮，得到饼图数据透视图，如图13-72所示。

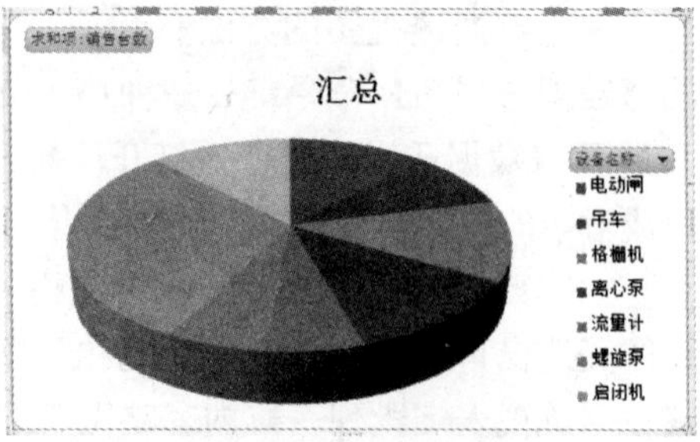

图13-72　饼图数据透视图

如果要在该图中比较其他商品的销售情况，可以通过使用【数据透视图筛选窗口】浮动栏来实现。

13.8 上机练习——规划求解线性方程组

线性方程组在工程技术、经济等领域有着广泛的应用，许多实际问题可以归结为一个线性方程组的解，因此线性方程组的解法已成为广大工程技术人员、经济工作者必须掌握的知识。本例介绍应用规划求解的方法来解线性方程组，效果如图13-73所示。本例知识点为规划求解、方案的应用。

图13-73 规划求解线性方程组效果

本例所求解的线性方程组如下:

x1+x2+2x3+3x4=1

3x1-x2-x3-2x4=-4

2x1+3x2-x3-x4=-6

x1+2x2+3x3-x4=-4

实战演练269——规划求解线性方程组

最终文件	dir\最终文件\cha13\规划求解线性方程组.xlsx
视频文件	Movie\13-04.avi

1 启动Excel 2010软件，系统会自动新建一个Excel工作表。选择Sheet1工作表，将其重新命名为“规划求解”工作表。

2 选择A1~A4区域中的单元格，将其作为预留位置。选择C1~C4区域中的单元格，并分别在该区域的单元格中输入关于线性方程组左边的方程公式“=A2+A1+2*A3+3*A4”、“=3*A1-A2-A3-2*A4”、“=2*A1+3*A2-A3-A4”和“=A1+2*A2+3*A3-A4”文本，输入后的效果如图13-74所示。

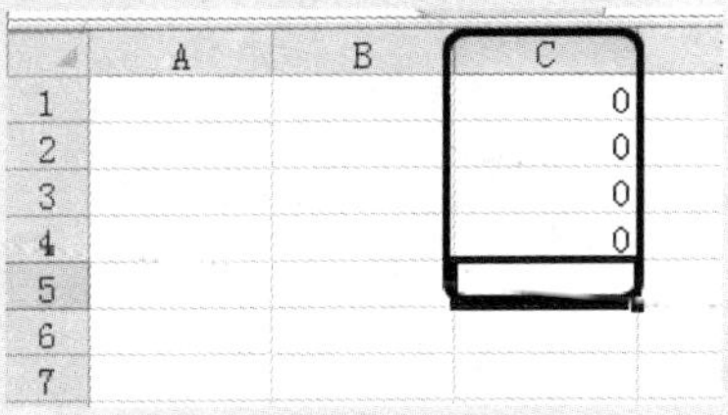

图13-74 输入后的效果

3 选择C1单元格，然后选择【数据】选项卡，在【数据工具】组中单击【模拟分析】按钮，在下拉菜单中选择【单变量求解】，在弹出的【单变量求解】对话框中选择【目标值】选项，在其后的文本框中输入1，在【可变单元格】下的文本框中单击按钮，选择当前工作表中的A1单元格区域，如图13-75所示。

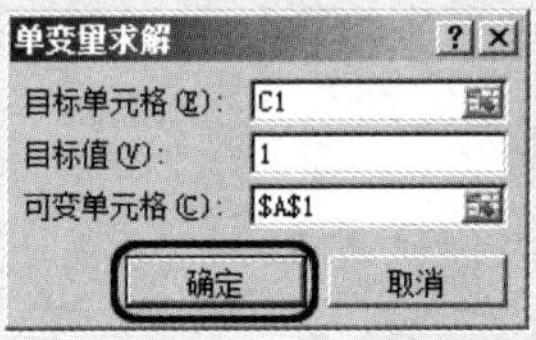

图13-75 【单变量求解】对话框

4 设置完成后单击【确定】按钮，在弹出的【单变量求解状态】对话框中设置【单元格引用位置】为当前工作表中的C2单元格求出一个解，设置完成后单击【确定】按钮，如图13-76所示。

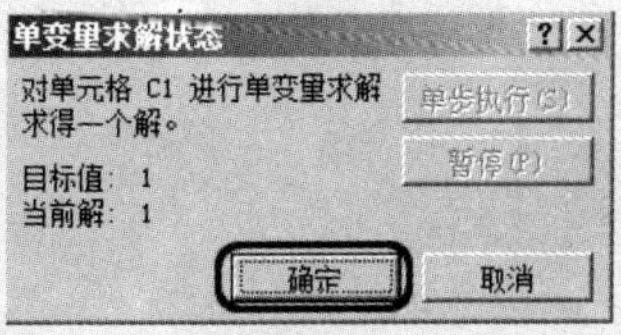

图13-76 【单变量求解状态】对话框

5 再单击C2单元格，在【单变量求解】对话框中继续设置【目标单元格】为当前工作表中的C2单元格，设置【目标值】为1，设置【可变单元格】为A2，设置完成后单击【确定】按钮，如图13-77所示。

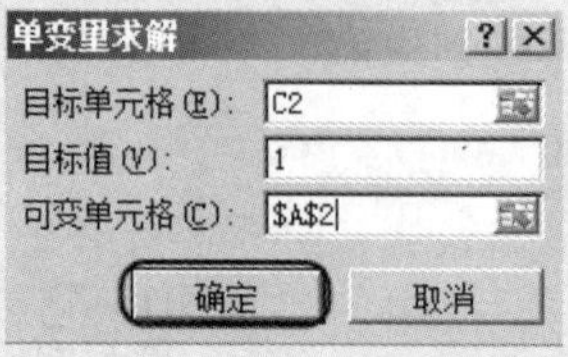

图13-77 【单变量求解】对话框

6 设置完成后，在弹出的【单变量求解状态】对话框中设置【单元格引用位置】为当前工作表中的C2单元格求出一个解，设置完成后单击【确定】按钮，如图13-78所示。

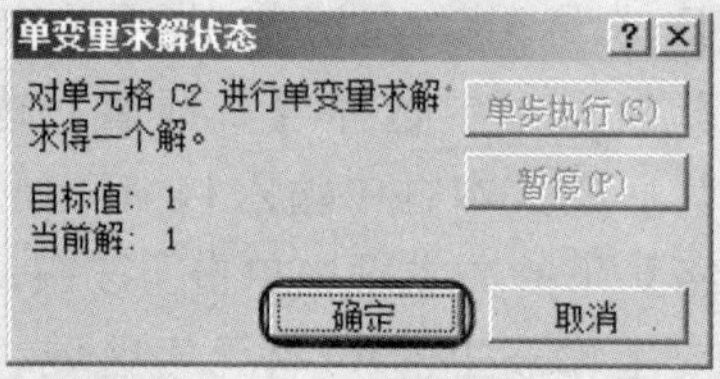

14-78 单变量求解状态

7 再单击C3单元格，在【单变量求解】对话框中继续设置【目标单元格】为当前工作表中的C3单元格，设置【目标值】为1，设置【可变单元格】为A3，设置完成后单击【确定】按钮，如图13-79所示。

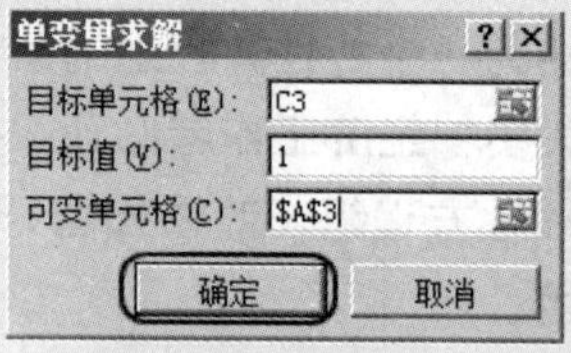

图13-79 单变量求解对话框

8 按照以上步骤做出C4单元格，并在A4输出结果，如图13-80所示。

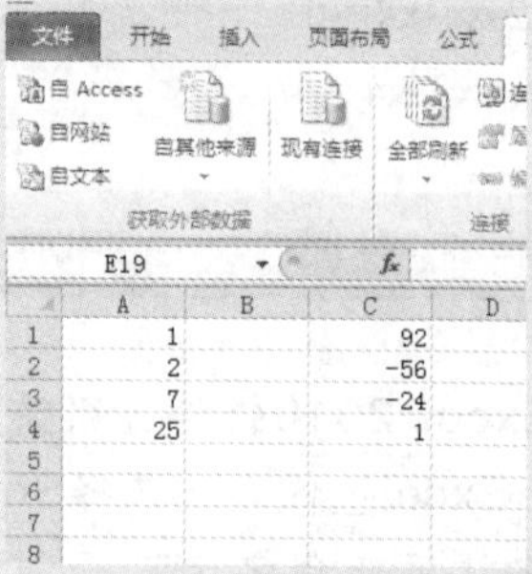

图13-80 求解结果

9 在“单变量求解”工作表中显示了求解结果。

10 至此，应用规划求解的方法来解线性方程组就完成了。

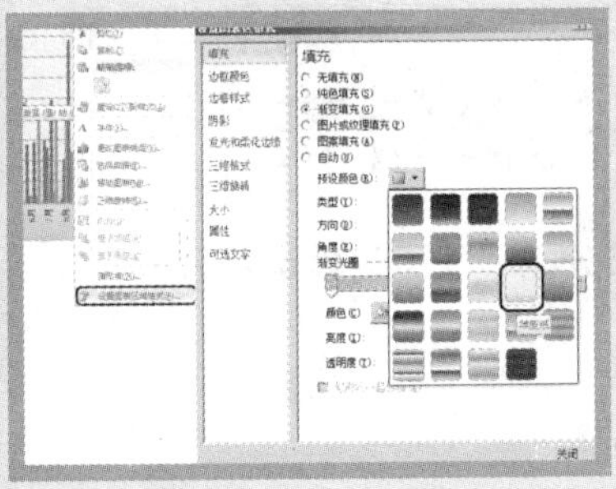

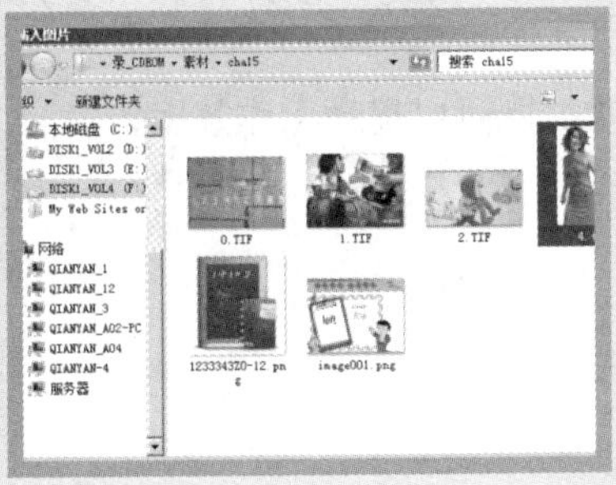

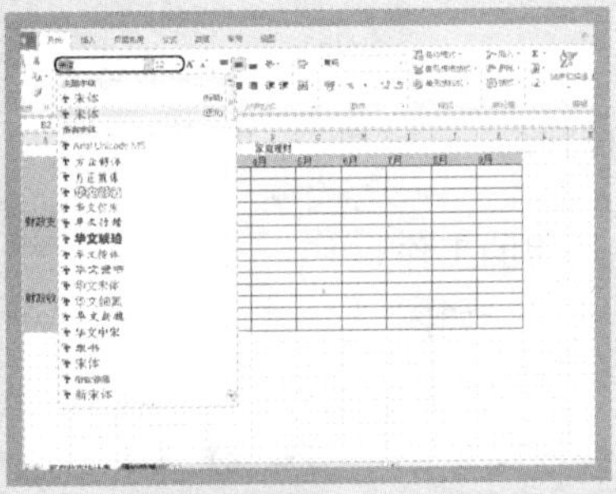

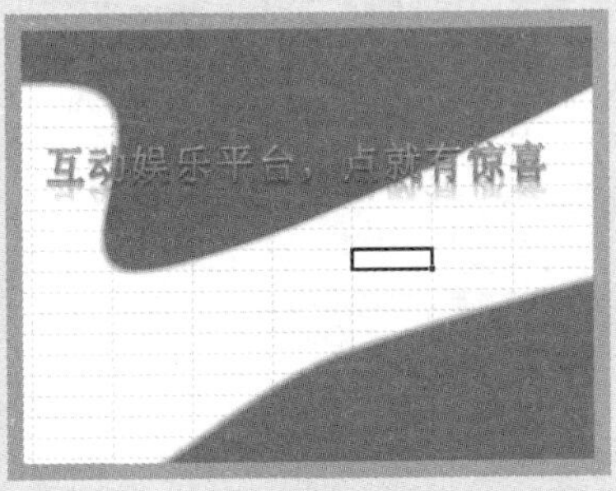

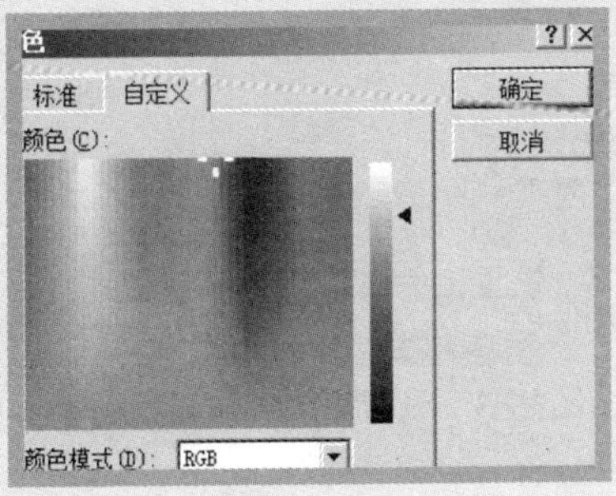

第14章 Excel 2010综合练习

通过前面几章内容的介绍，相信用户对Excel 2010有了一定认识。本章将通过一系列的案例对Excel进一步介绍，其中有对单元格的编辑和美化，还有如何使用函数计算数据。

通过本章的学习，可以掌握以下知识点：

- 制作家庭收支统计表
- 制作销售分析表
- 制作会议日程表
- 制作销售清单
- 制作工资表

14.1 家庭收支统计表及销售分析表

Excel的计算功能很强大，公式与函数是Excel中最重要的部分之一，灵活地运用公式可以使数据计算实现自动化。

14.1.1 制作家庭收支统计表

实例说明

利用计算机对家庭收支情况进行统计，从而取代了用手工记录，既可以提高工作效率，又准确无误，同时在制作过程中应用到公式计算各项金额。

操作步骤

制作家庭收支情况的操作步骤如下。

1. 建立家庭统计表

1 打开Excel 2010软件，此时程序会自动新建一个工作簿。

2 选择【文件】|【保存】命令，选择保存路径，单击【保存】按钮。

3 此时在工作簿中包括3个工作表，本例只用到两个工作表，在不用的工作表标签上单击鼠标右键，在弹出的快捷菜单中选择【删除】命令，如图14-1所示。

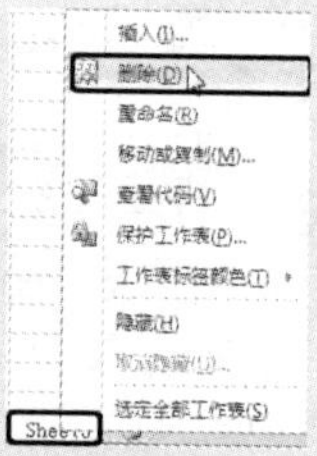

图14-1 选择【删除】命令

4 选中“Sheet1”工作表标签，并单击鼠标右键，在弹出的快捷菜单中选择【重命名】命令，如图14-2所示，重新输入“家庭收支统计表”。

5 在“家庭收支统计表”工作表上单击鼠标右键，在弹出的快捷菜单中选择【工作表标签色】命令，在颜色列表中选择“绿色”，如图14-3所示。

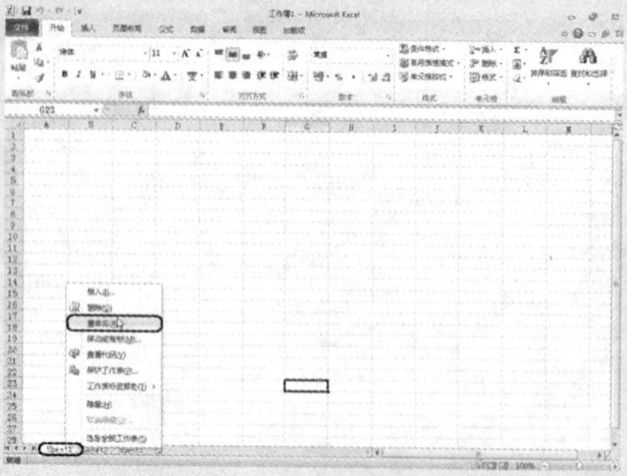

图14-2 对工作表重命名

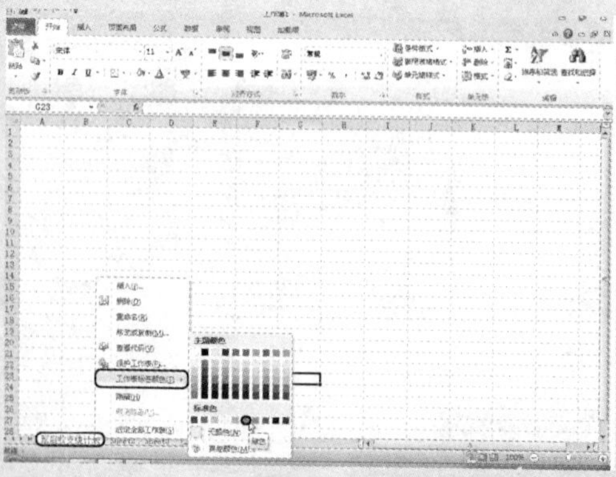

图14-3 设置工作表颜色

6 将“Sheet2”工作表重命为“原始数据”，并将工作表颜色设置为“蓝色”，如图14-4所示。

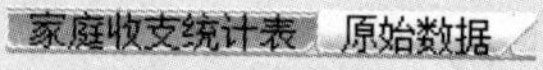

图14-4 设置后的工作表标签

2. 设计“家庭收支统计表”工作表

1 选择“家庭收支统计表”工作表，在A1单元格中输入“家庭理财”，在B2单元格中输入“项目”，然后在C2单元格中输入“1月”，将该单元格选中，将鼠标放置在单元格右下方，当鼠标变为+形状时，按住鼠标向右拖曳至K2单元格，释放鼠标，如图14-5所示。

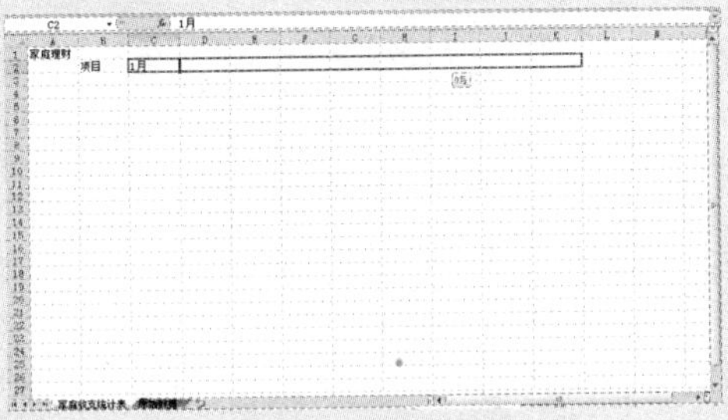

图14-5　自动填充数值

2 然后在B列中输入标题，其中包括：电费、水费、煤气费、交通费、餐饮费、管理费、电话费、购物费、总计、工资、奖金、其它收入、收入小计、余额。然后在A3单元格中，输入“财政支出”。将A3~A11单元格选中，在【开始】选项卡|【对齐方式】组中单击【合并后居中】按钮，如图14-6所示，然后调整A3的行高。

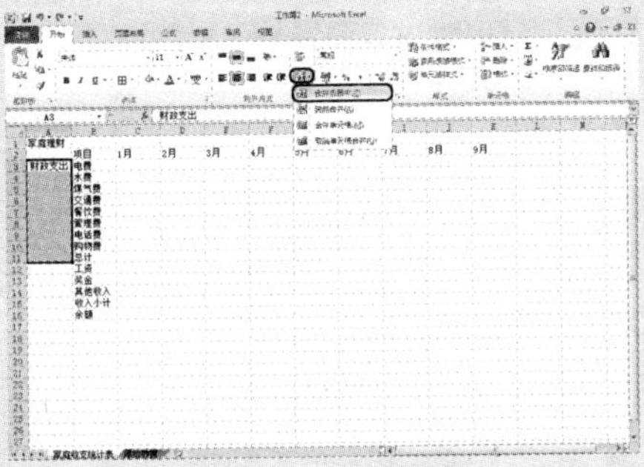

图14-6　合并单元格

技巧

在进行“合并后居中”操作时，先将需要合并的单元格选中，然后单击鼠标右键，在弹出的浮动工具栏中单击按钮，这种操作与上一步的结果相同。

3 使用同样的方法在A12中输入“财政收入”，并将A12到A15的单元格合并，同时将A1到K1单元格选中合并，如图14-7所示。

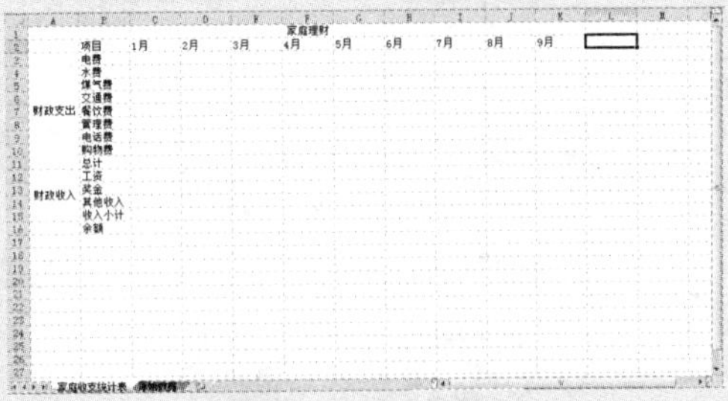

图14-7　设置后的数据

4 选择如图14-8所示的单元格。在【开始】选项卡的【字体】组中，单击按钮，在弹出的下拉列表中选择【所有框线】命令，如图14-9所示。

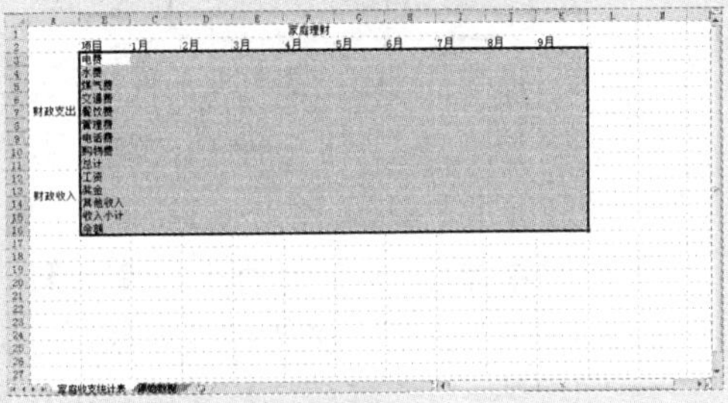

图14-8　选择单元格

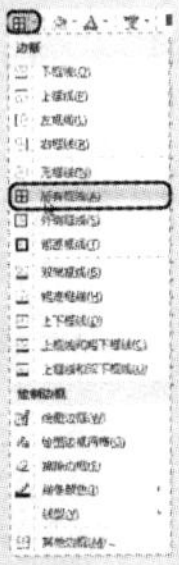

图14-9　选择边框样式

5 然后选中如图14-10所示的单元格。在【开始】选项卡|【字体】组中，单击右侧的箭头，在弹出的下拉列表中选择【其他颜色】命令，在弹出的【颜色】对话框中，选择【自定义】选项卡，将RGB值分别设置为153、204、255，单击【确定】按钮，如图14-11所示。

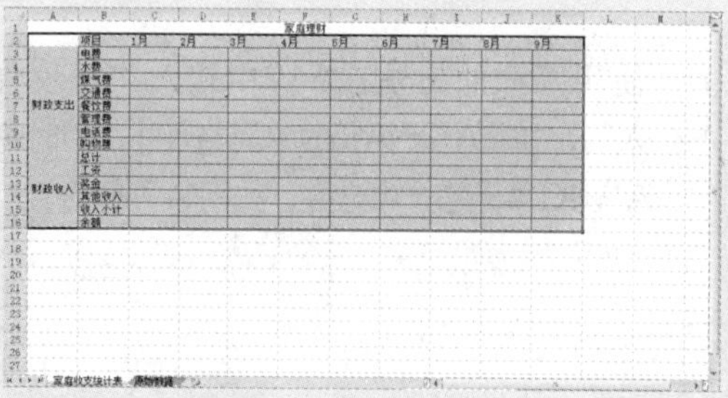

图14-10　选择单元格

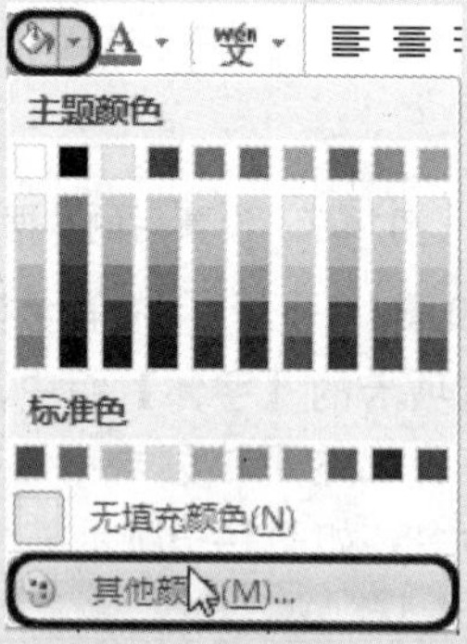

图14-11　【颜色】对话框

6 在工作表中选择B3:B16单元格，如图14-12所示。在【开始】选项卡|【字体】组中单击右侧的小三角按钮，在弹出的下拉菜单中选择【其他颜色】命令，在弹出的【颜色】对话框中选择【自定义】选项卡，将RGB值分别设置为153、254、255，单击【确定】按钮，如图14-13所示。

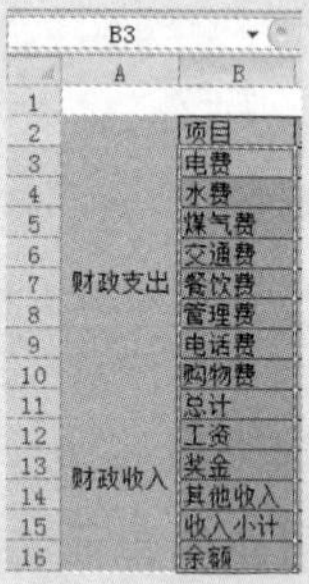

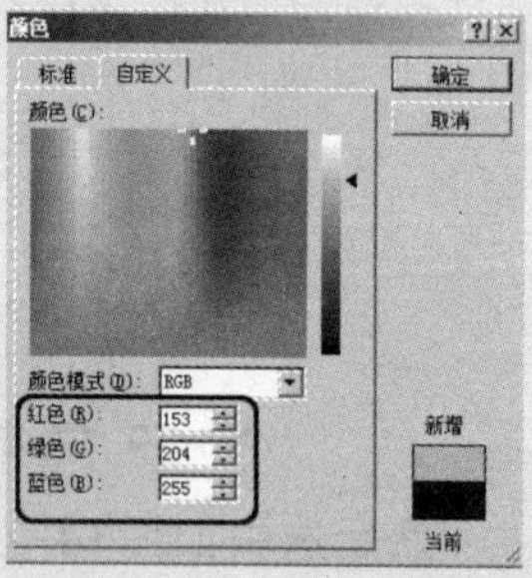

图14-12　选择单元格 图14-13　设置单元格颜色

7 在工作表中选择C3：K16的单元格，如图14-14所示，在【开始】选项卡|【字体】组中单击右侧的小三角按钮，在弹出的下拉面板中选择如图14-15所示的颜色。

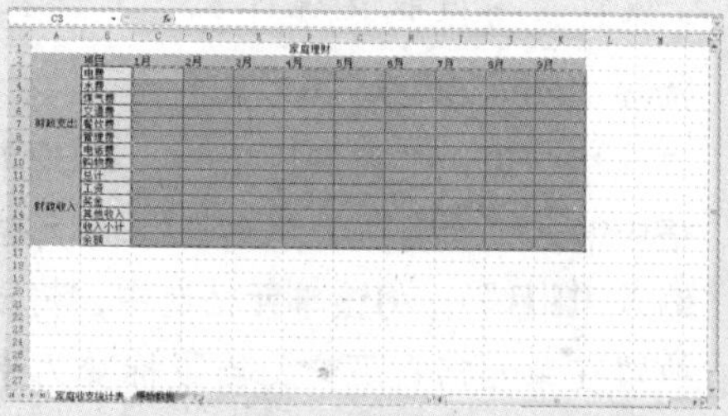

图14-14　选择单元格

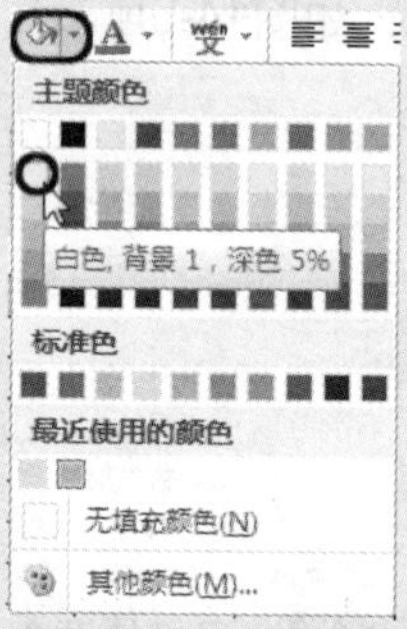

图14-15　选择颜色

8 选择B2到K2，再选中“财政支出”、“财政收入”单元格，在【开始】选项卡|【字体】组中，将【字体】设置为“宋体”，将【字号】设置为12，如图14-16所示。

提示

设置字体、字号后的单元格内容会比较窄，可以拖曳鼠标进行调整行高。

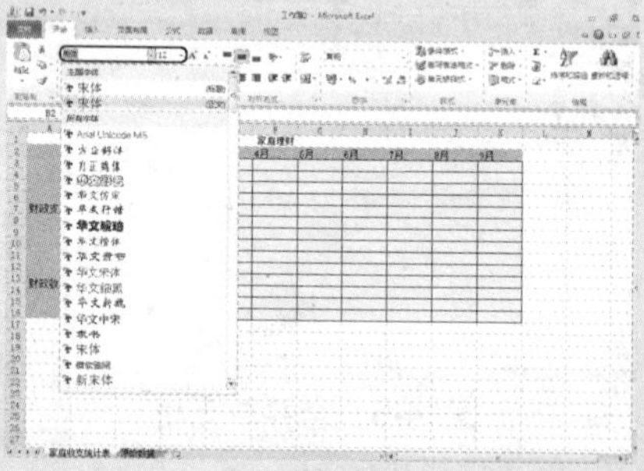

图14-16　设置字体、字号

9 将B3到B16的【字体】设置为“方正舒体”，将【字号】设置为10，将“家庭理财”的【字体】设置为“华文行楷”，将【字号】设置为16，如图14-17所示。

图14-17 设置后的单元格

10 将第三行选中，然后在【视图】选项卡|【窗口】组中单击【冻结窗格】按钮，在弹出的下拉菜单中选择【冻结拆分窗格】命令，如图14-18所示。

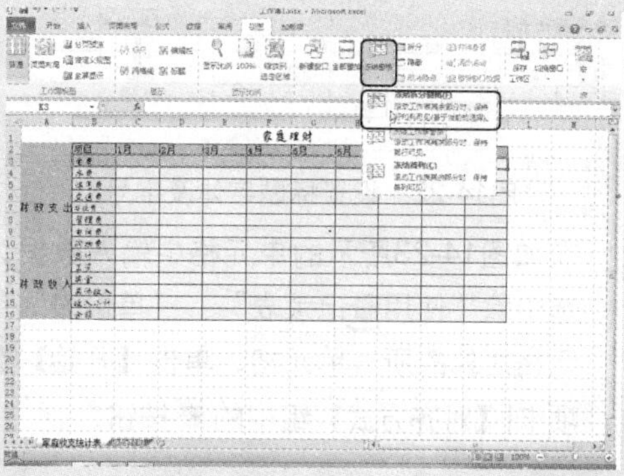

图14-18 冻结拆分窗格

3. 设计“原始数据”工作表

1 选择“原始数据”工作表，在该工作表中输入如图14-19所示的标题。

提示

在输入“M3”时，首先在单元格中输入“M3”，然后选中“3”，单击鼠标右键，在弹出的快捷菜单中选择【设置单元格格式】命令，在打开的对话框中选中【特殊效果】下的【上标】复选框即可。

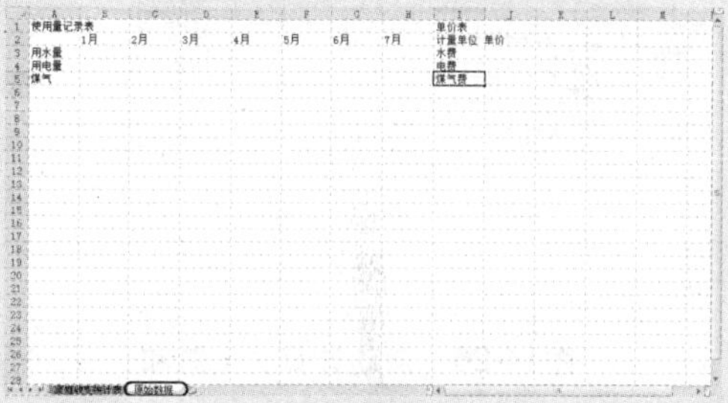

图14-19 设置“原始数据”工作表

2 输入完成后对单元格进行调整，分别选择除“使用量记录表”、“单价表”之外的单元格，为其添加边框，单击鼠标右键，在弹出的快捷菜单中选择【设置单元格格式】命令，在弹出的对话框中选择【边框】选项卡，将【样式】定义为如图14-20所示的线型样式，将【颜色】设置“深蓝”，然后分别单击、、、、、按钮，单击【确定】按钮。

3 在工作表中选择如图14-21所示的单元格，将单元格的底纹填充相应的颜色，在【开始】选项卡|【字体】组中将字体设置为“宋体”。

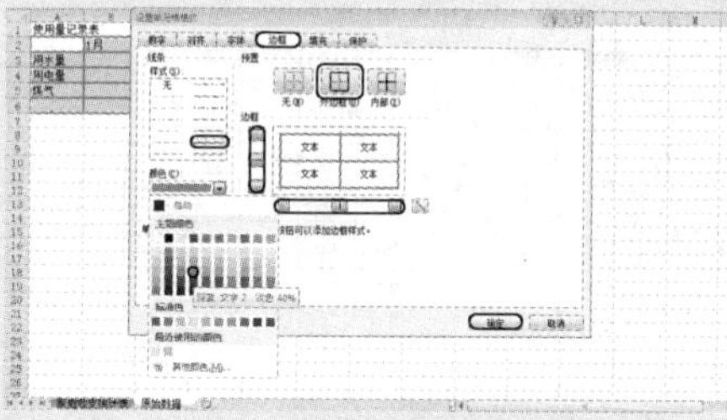

图14-20 添加边框

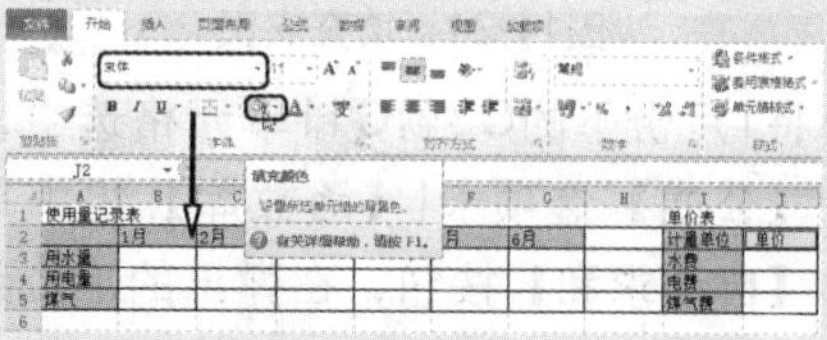

图14-21 设置字体

4 分别选择“使用量记录表”、“单价表”所在的单元格，在【开始】选项卡【字体】组中，将【字体】设置为“华文新巍”，将【字号】设置为18，如图14-22所示。

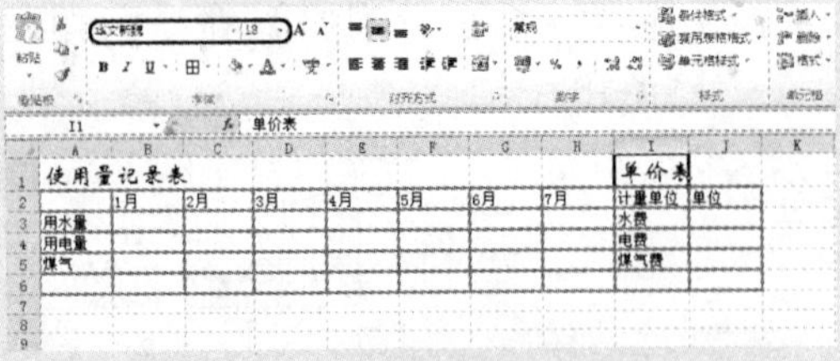

图14-22　设置标题字体及字号

5 在如图14-23所示的单元格中输入数据，选中除“使用量记录表”、“单价表”单元格之外的所有单元格，单击【开始】选项卡|【对齐方式】组中的≡按钮。

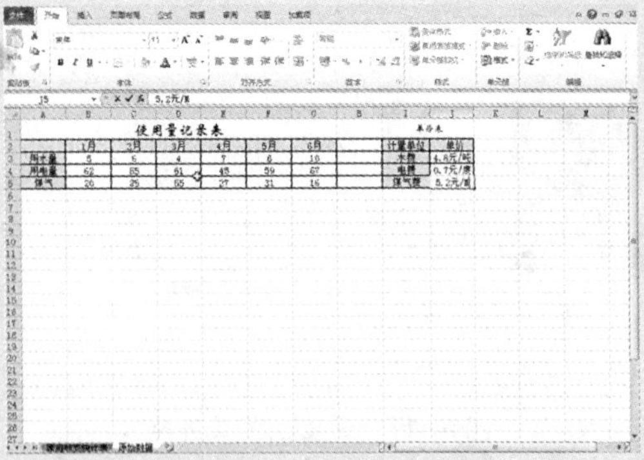

图14-23　设置后的效果

4. 使用公式计算家庭开支

1 设置完成后，选择“家庭收支统计表”工作表，根据“原始数据”工作表中的数据填充“电费、水费、煤气费”，然后填充其他的数据，如图14-24所示。将除“家庭理财”单元格外的所有数据单元格居中。

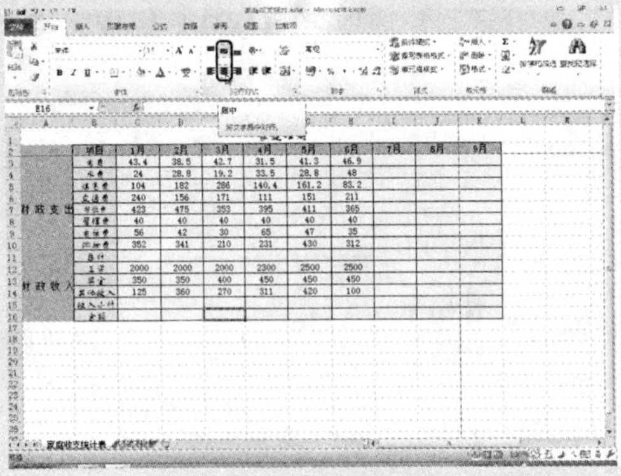

图14-24　填充支出

2 将1月份下的C3到C11单元格选中，在【公式】选项卡|【函数库】组中单击【自动求和】按钮，在弹出的下拉菜单中选择【求和】命令，如图14-25所示，会得到支出的总和。

3 选中C11单元格，将鼠标放置在单元格的右下方，当鼠标变为+形状时，向右拖曳鼠标，此时会得到每个月份的支出总和，如图14-26所示。

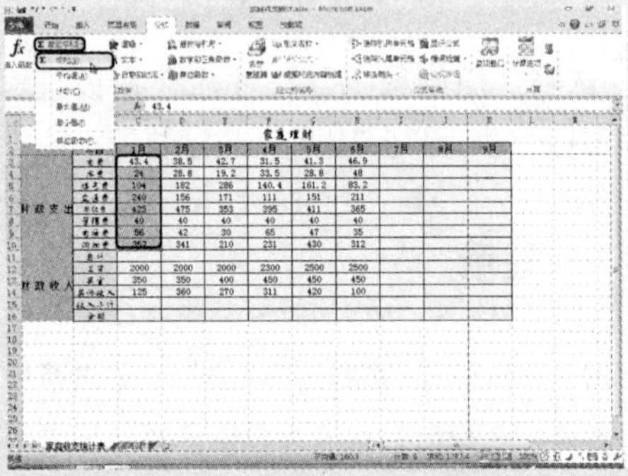

图14-25　计算支出总和

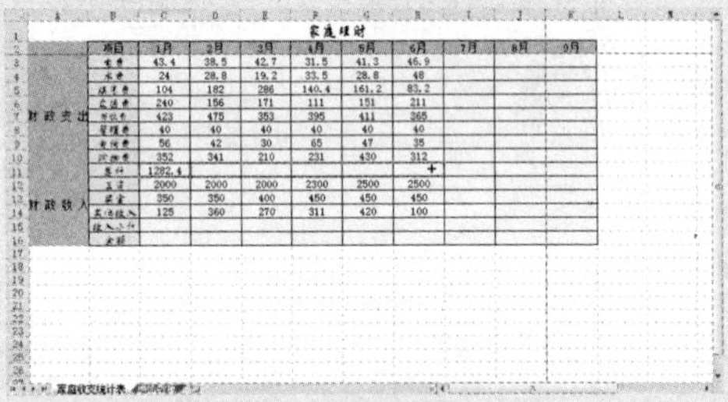

图14-26　自动计算支出总和

4 收入小计就是“工资、奖金、其他收入”的总和，求和的方法与上面的方法一样，如图14-27所示。

5 接下来将计算“余额”。选中1月份的“余额”单元格，输入“=C15-C11”（“余额”=“收入小计”-“总计”），如图14-28所示。然后按Enter键，就会得到结果。

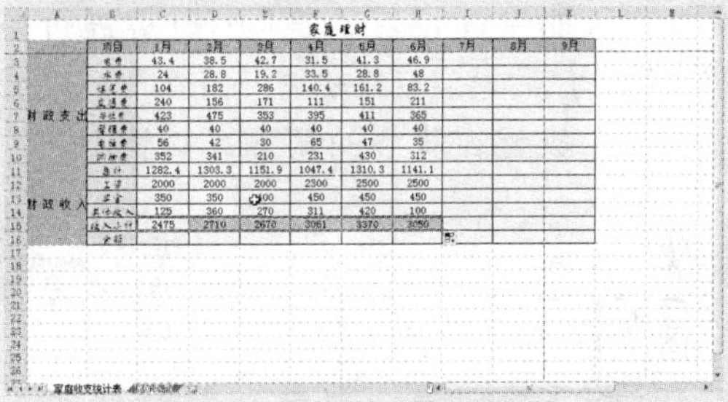

图14-27 计算“收入小计”

图14-28 计算“余额”

6 选中C16单元格，将鼠标放置在单元格的右下方，当鼠标变为✚形状时，向右拖曳鼠标，此时会得到每个月份的余额，如图14-29所示。

图14-29 设置后的工作表

此时，在“家庭收支统计表”中可以清晰地看到1~6月份所有的支出、收入情况，将其进行保存。

14.1.2 制作销售分析表

实例说明

在销售活动中，管理者会根据一段时间的销售记录设计出销售分析图表，然后再通过分析表来捕捉市场反馈信息。

操作步骤

销售汇总分析表的操作步骤如下。

1. 设置基本数据

1 在工作表中输入销售的标题、月份、城市及销售量，然后对它们进行格式化调整，并将输入的文字居中，然后为A2:M8添加边框，如图14-30所示。

2 虽然报表的制作比较简单，但是在A2单元格中绘制斜线比较麻烦，还要将月份、城市分别放在斜线两侧。

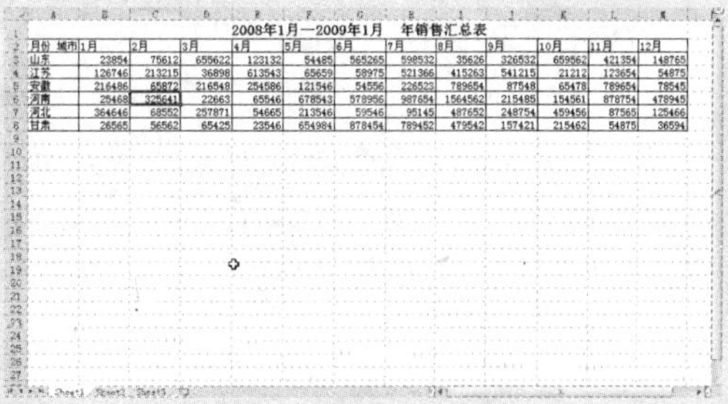

图14-30 设置工作表

3 选择A2单元格，单击鼠标右键，在弹出的快捷菜单中选择【设置单元格格式】命令，在打开的对话框中选择【边框】选项卡，单击【边框】选项组下的◪按钮，如图14-31所示，单击【确定】按钮。

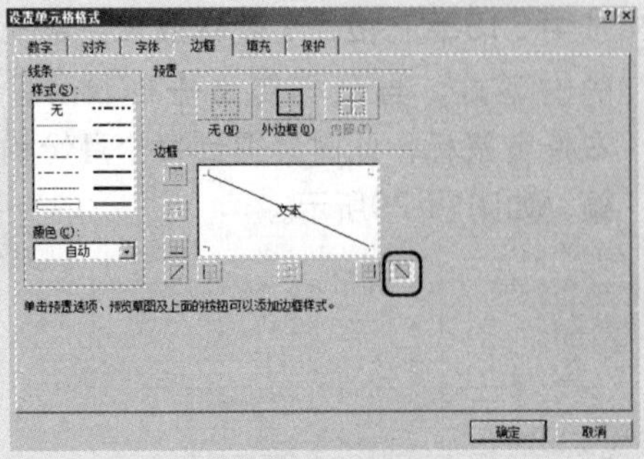

图14-31 添加斜线

4 此时，在A2单元格中就插入了一条斜线，将光标定位在“月份”、“城市”的中间位置，按Enter键进行换行，然后通过空格键将“月份”、“城市”放置在斜线的两侧，如图14-32所示。

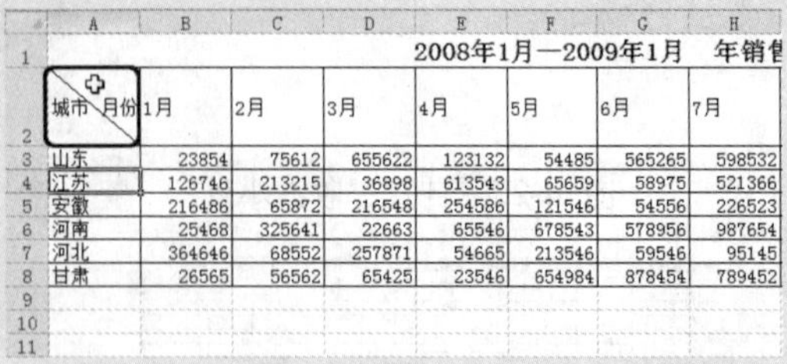

图14-32 设置“月份”、“城市”的位置

2. 插入并设置图表

1 在工作表中选择A2:M8单元格，在【插入】选项卡|【图表】组中，单击【柱形图】按钮，在弹出的下拉列表中选择如图14-33所示的图表。

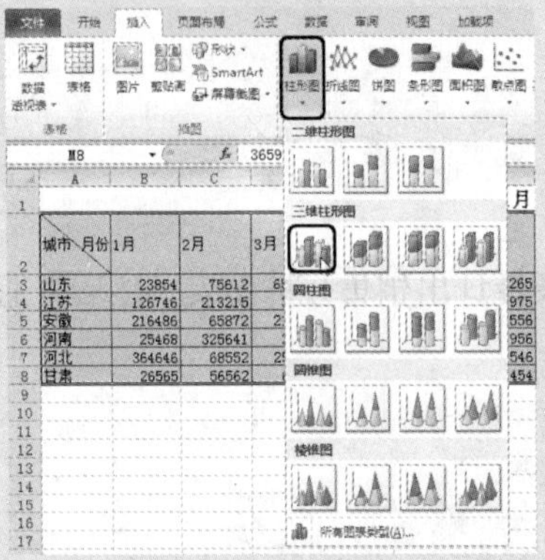

图14-33 选择柱形图表

2 此时在工作表中插入一个柱形图表，然后调整它的位置，如图14-34所示。

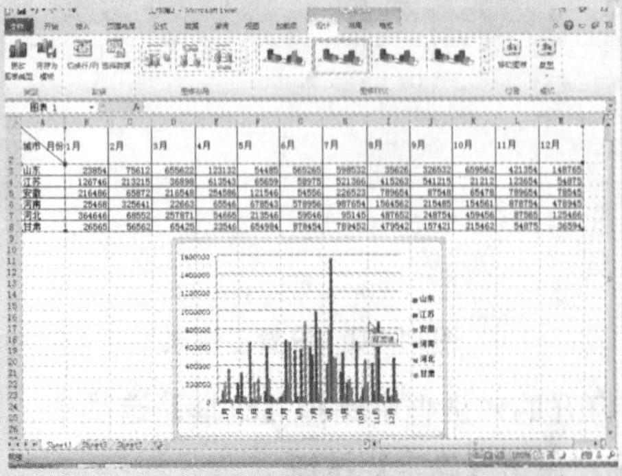

图14-34 调整图表的位置

3 在图表中选择如图14-35所示的位置，单击鼠标右键，在该弹出的快捷菜单中选择【设置绘图区格式】命令，打开【设置绘图区格式】对话框，在该对话框的右侧选择【渐变填充】选项，将【预设颜色】定义为“羊皮纸”，单击【确定】按钮。

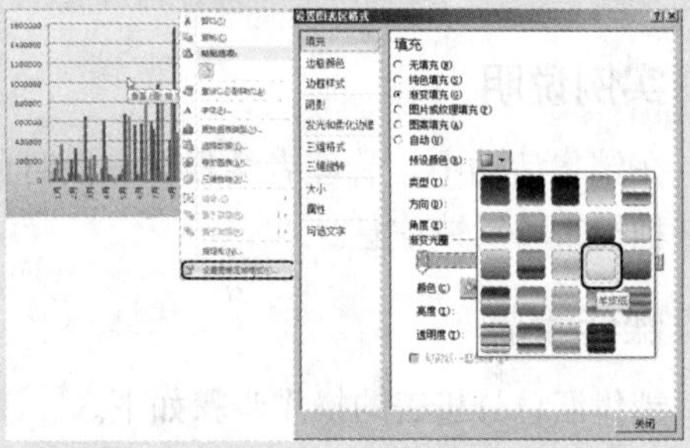

图14-35 设置图表背景

4 选择图表空白处，单击鼠标右键，在弹出的快捷菜单中选择【设置图表区域格式】命令，如图14-36所示。

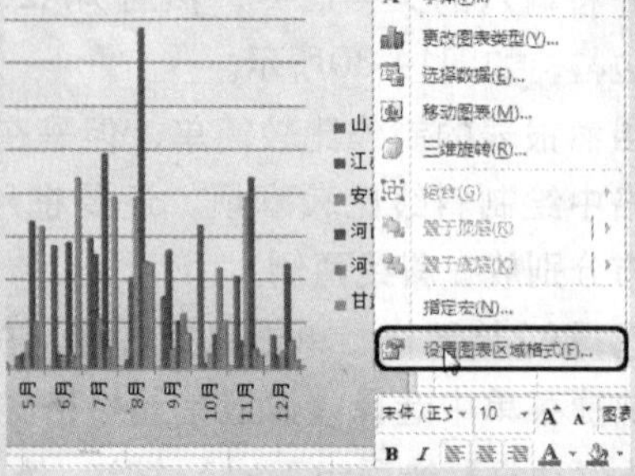

图14-36 选择【设置图表区域格式】命令

5 打开【设置图表区格式】对话框，在该对话框中选择【图片或纹理填充】选项，在【纹理】下拉列表中选择【蓝色面巾纸】，如图14-37所示，单击【确定】按钮。

6 至此，分析表就设置完成，对其进行保存。

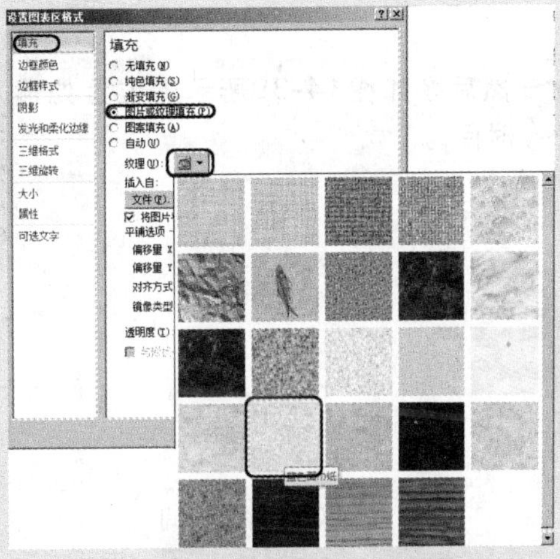

图14-37　设置图表区

14.2　常用数据表单

在日常工作中会遇到一些表单的使用及数据的计算，如工资、销售清单，都会用到Excel。

14.2.1　制作会议日程表

实例说明

会议日程表的作用是使工作人员了解会议内容、时间安排等信息， 这里主要是文字的内容，添加并美化表格只是为烘托文字为主。

操作步骤

制作会议日程表的操作步骤如下。

1 新建工作簿，并将其文档保存为“制作会议日程表”，选择保存路径，单击【保存】按钮。

2 在工作表中输入需要的标题，如图14-38所示。在A1中输入“会议日程表”，然后在第二行中输入日期、时间、地点、主题、主讲人，再在A3中输入“星期一”，然后将A3、A4选中，将鼠标放置在A4右下方，当鼠标变为+形状时，向下拖曳鼠标，拖到A16单元格中。

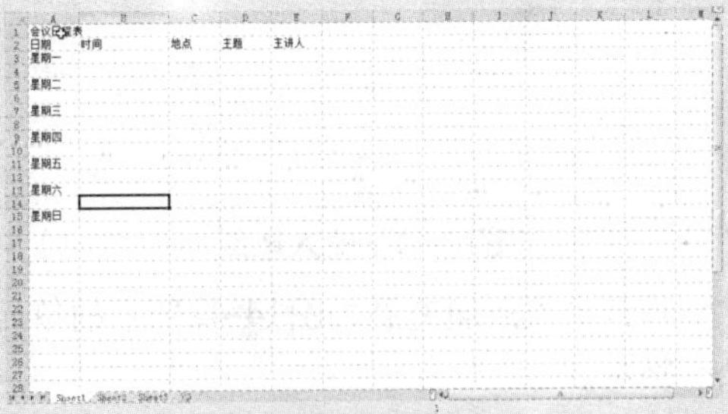
图14-38　输入标题

3 然后在如图14-39所示的位置处输入时间。

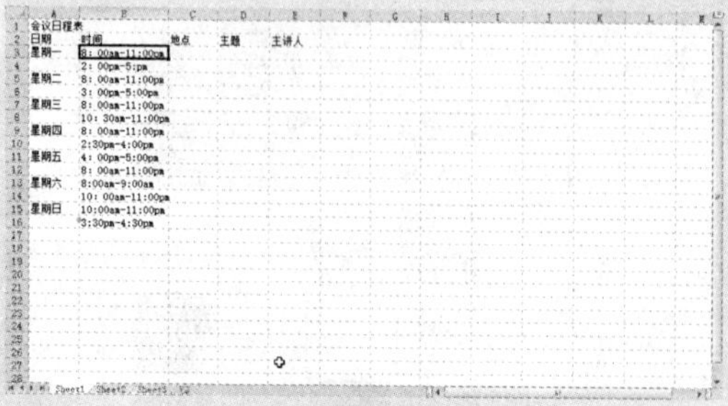

图14-39　输入时间

4 选中B列，在【开始】选项卡|【单元格】组中单击按钮，在弹出的下拉菜单中选择【自动调整列宽】命令，将“时间”列自动调整列宽，如图14-40所示。

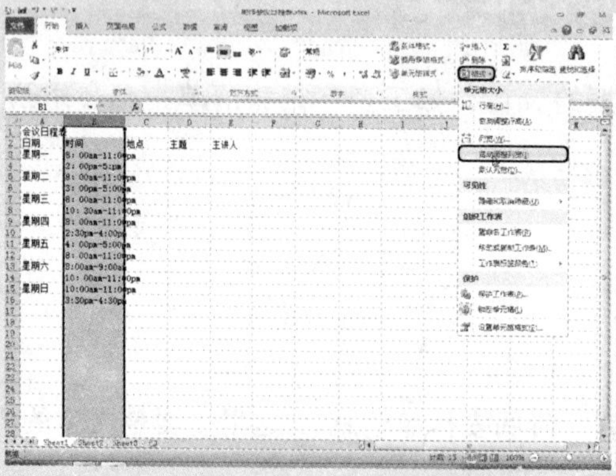

图14-40　自动调整列宽

5 调整列宽后再输入地点，如图14-41所示。

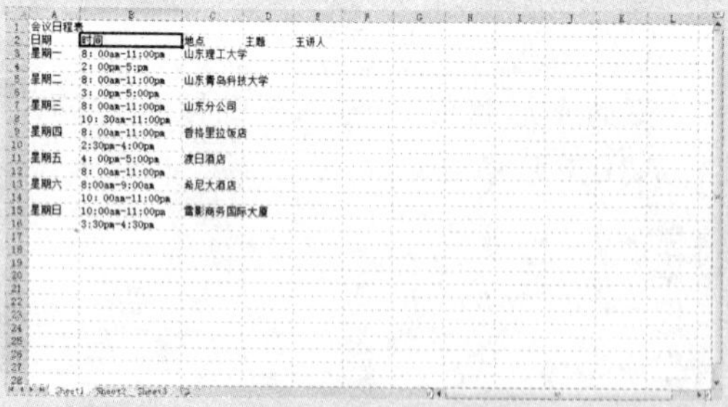

图14-41　输入地点

6 将开会地点填充到如图14-42所示的单元格中。

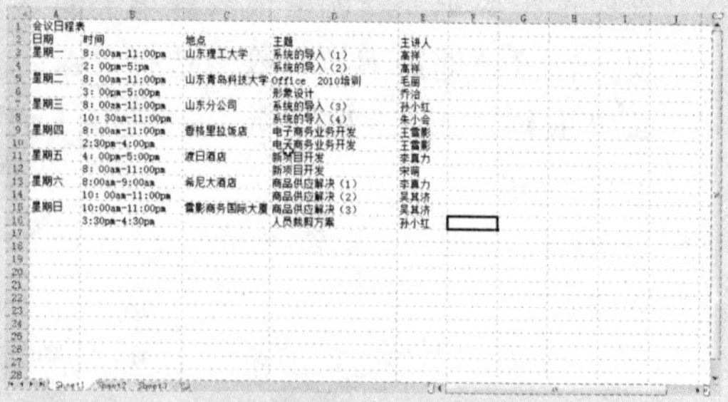

图14-42　填充工作表

7 在工作表中选中第一列，在【开始】选项卡|【单元格】组中单击按钮，在弹出的下拉菜单中选择【行高】命令，在【行高】对话框中将【行高】设置为30，如图14-43所示，单击【确定】按钮。

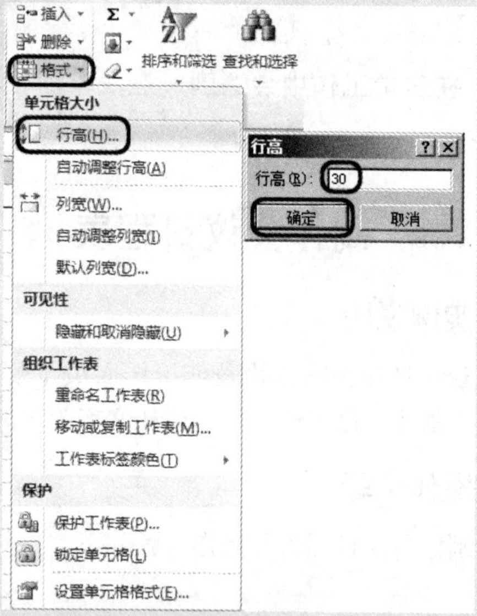

图14-43　设置行高

8 将A1到E1的单元格合并，选中“会议日程表”，在【开始】选项卡|【字体】组中，将【字体】设置为“华文行楷”，将【字号】设置为18，如图14-44所示。

9 对一些单元格进行合并，合并后的工作表如图14-45所示。

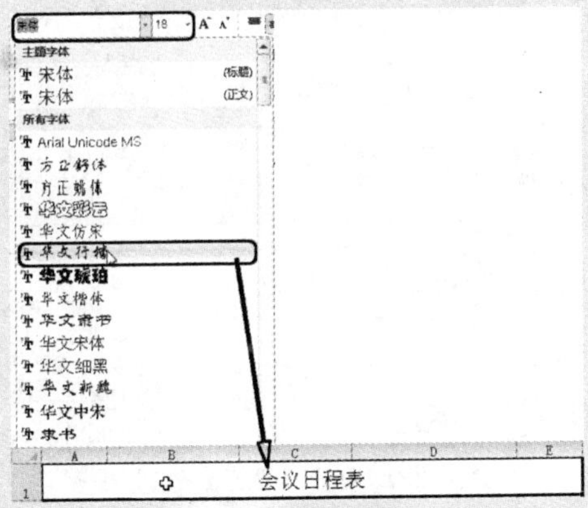

图14-44　设置会议日程表

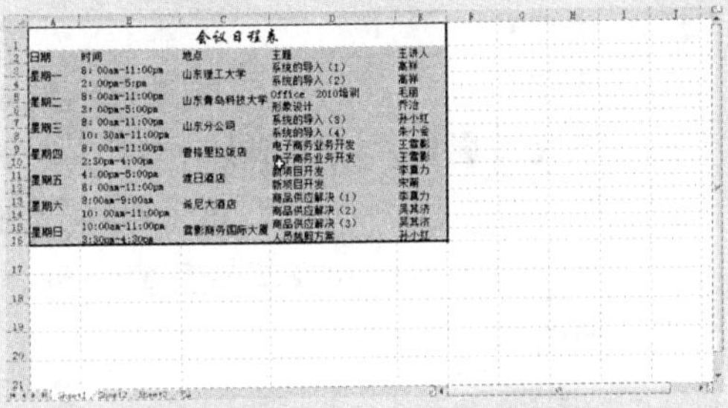

图14-45　设置后的工作表

10 下面将为表格添加边框。选择如图14-46所示的单元格，在【开始】选项卡|【字体】组中单击按钮，在弹出的下拉菜单中选择【粗匣框线】命令。

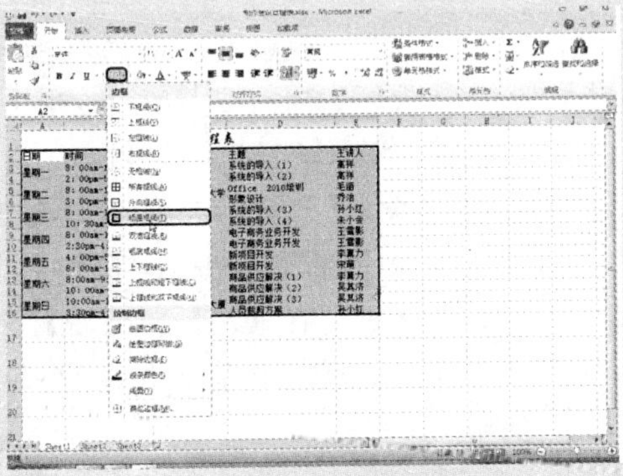

图14-46　添加边框

11 将A2:E2、A3:A16单元格选中，在【开始】选项卡|【字体】组中单击按钮，在弹出的下拉面板中选择如图14-47所示的色块。

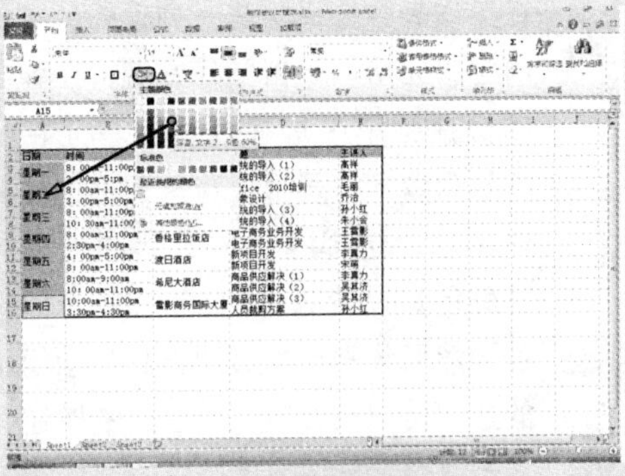

图14-47　设置填充颜色

12 在【字体】组中单击右下方的按钮，打开【设置单元格格式】对话框，选择【边框】选项卡，将【颜色】设置为如图14-48所示的颜色，然后在【边框】选项组下单击、、、、、按钮，然后单击【确定】按钮。

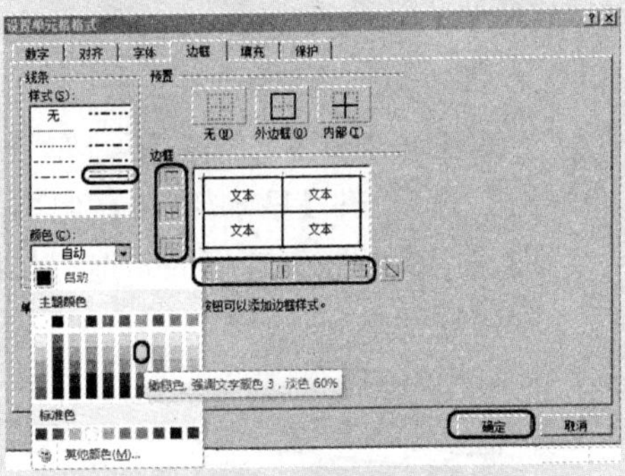

图14-48　设置边框颜色

13 确定步骤11中选中的内容，在【开始】选项卡|【字体】组中将字体设置为“宋体”，如图14-49所示。

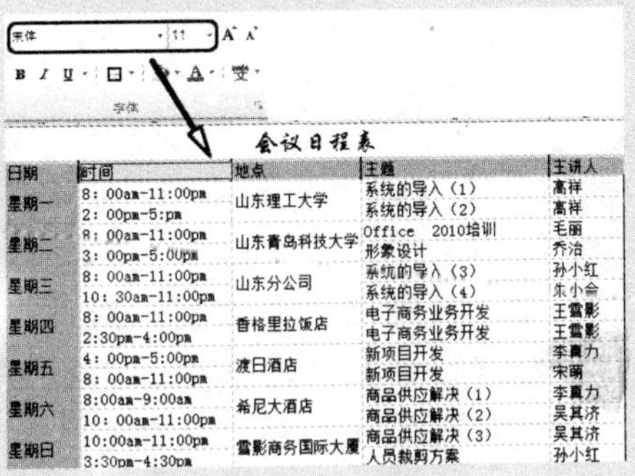

图14-49　设置字体

14 在工作表中选择除第一列之外的其他内容单元格，单击鼠标右键，在弹出的快捷菜单中选择【设置单元格格式】命令，打开【设置单元格格式】对话框，选择【边框】选项卡，将【颜色】设置为如图14-50所示的颜色，然后分别单击【边框】选项组下的、、、、、按钮，单击【确定】按钮。

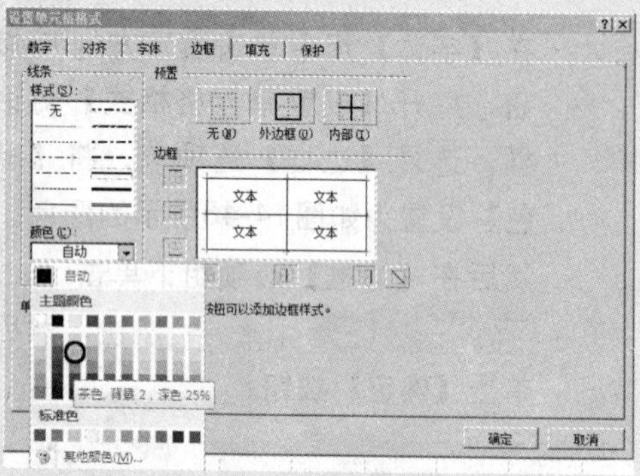

图14-50　设置边框颜色

15 确定工作表选中的情况下，在【视图】选项卡|【显示/隐藏】组中取消【网格线】复选框的勾选，如图14-51所示。

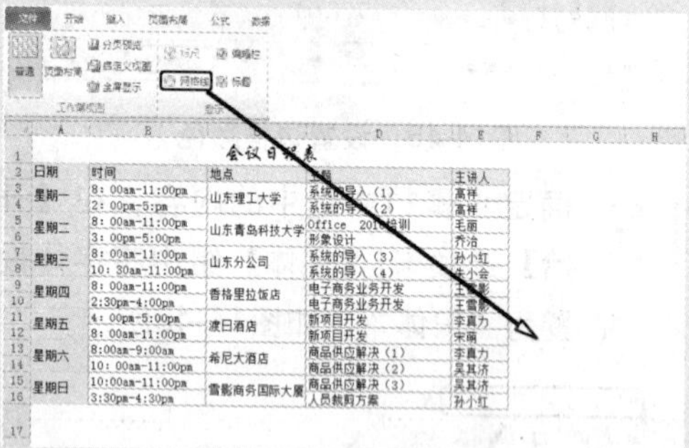

图14-51　隐藏网格线

16 在【页面布局】选项卡|【页面设置】组中单击右下方的按钮，打开【页面设置】对话框，在【页面】选项卡中，选择【方向】选项组中的【横向】，如图14-52所示。

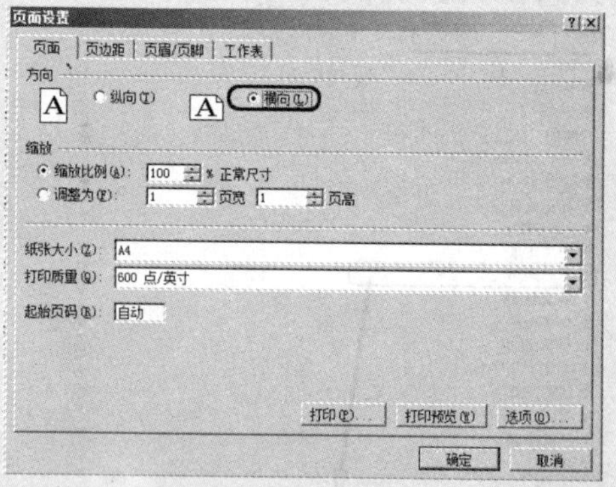

图14-52　设置【页面】选项卡

17 选择【页边距】选项卡，将【上】、【下】分别设置为5，将【左】、【右】分别设置为4.4，将【页眉】、【页脚】分别设置为2.3，在【居中方式】选项组中分别勾选【水平】和【垂直】复选框，如图14-53所示。

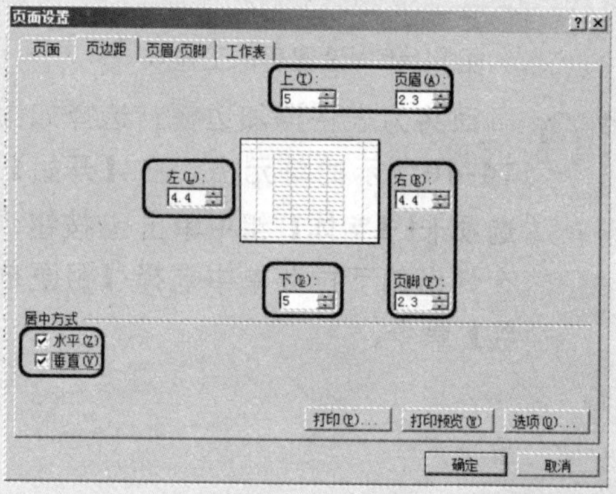

图14-53　设置【页边距】选项卡

18 选择【页眉/页脚】选项卡，单击【自定义页眉】按钮，打开【页眉】对话框，在【左】、【右】文本框中输入信息内容，如图14-54所示。

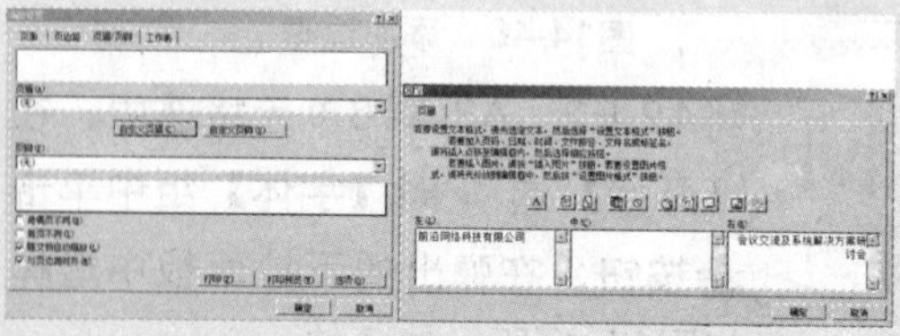

图14-54　设置页眉

19 在【页眉】对话框中，单击A按钮，打开【字体】对话框，将【字体】定义为“宋体”，如图14-55所示，单击两次【确定】按钮，返回到【页眉/页脚】选项卡中。

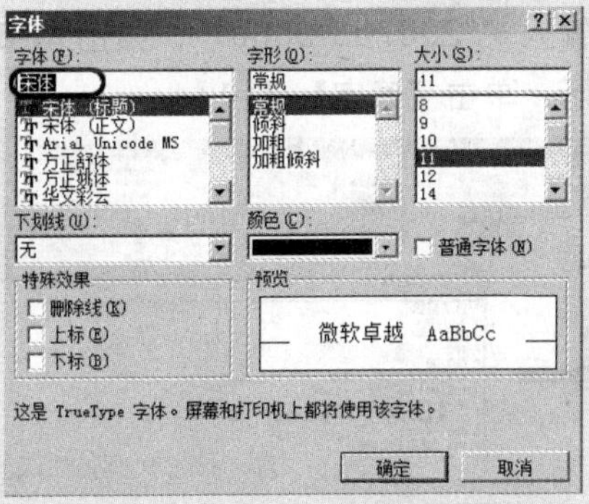

图14-55 设置页眉字体

20 单击【自定义页脚】按钮，打开【页脚】对话框，选择【右】文本框，单击按钮，按下Enter按钮，单击按钮，插入日期和时间如图14-56所示，单击【确定】按钮。

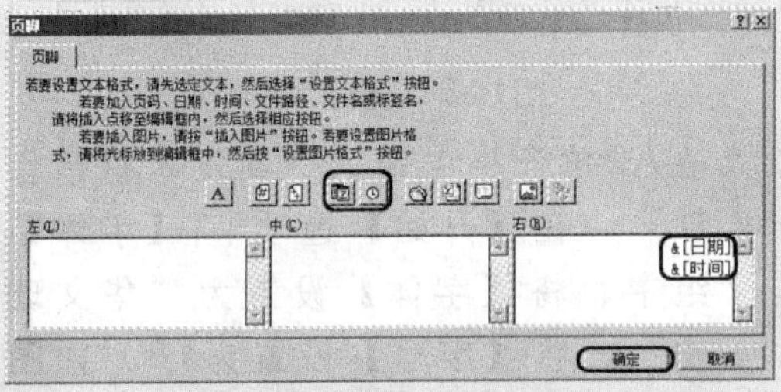

图14-56 设置日期、时间

21 返回到【页眉/页脚】选项卡中，如图14-57所示。单击【打印预览】按钮，进入打印预览窗口中，如图14-58所示。

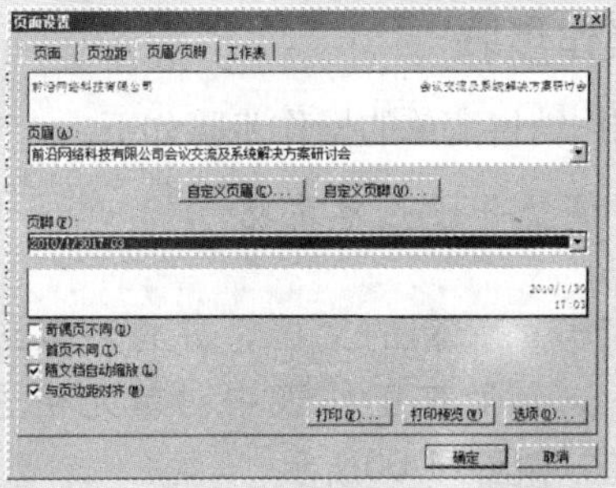

图14-57 设置后的【页眉/页脚】选项卡

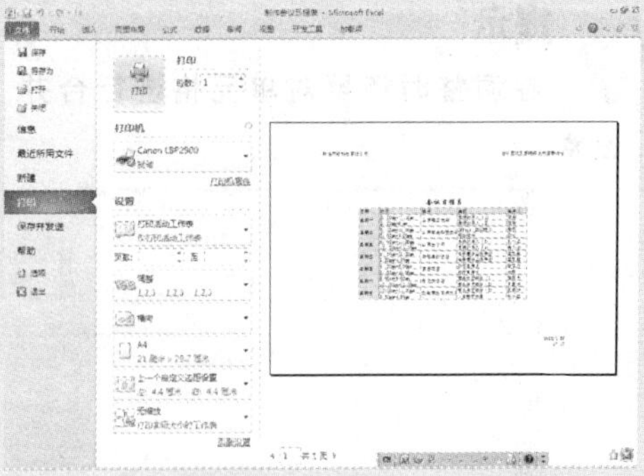

图14-58 打印预览窗口

22 在【打印预览】选项卡|【设置】组中可以对表格的各选项进行设置，如图14-59所示。

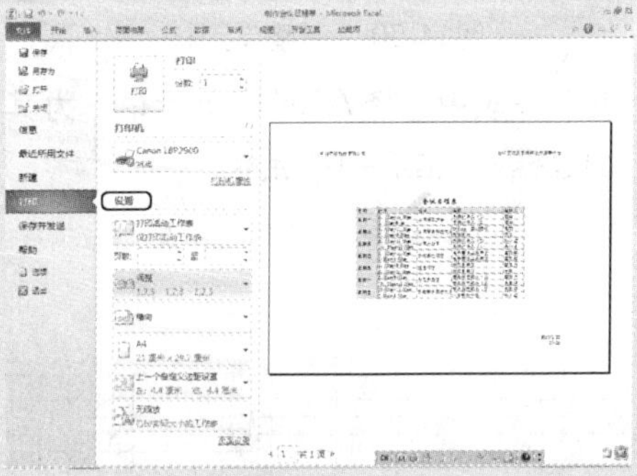

图14-59 设置【打印内容】对话框

23 按Ctrl+S键对其进行保存。

14.2.2 制作销售清单

实例说明

产品销售清单是商家在销售产品时必须制作的技术文档，通常以手工填充数据，然后使用计算器计算，比较麻烦。下面可以通过Excel 2010来解决这些比较麻烦的操作。

操作步骤

制作销售清单的操作步骤如下。

1. 调整并设置单元格

1 打开一个新的文档，并将对其进行保存，然后在工作表中对单元格进行调整，如图14-60所示。

提示

在调整时还要对单元格进行合并设置。

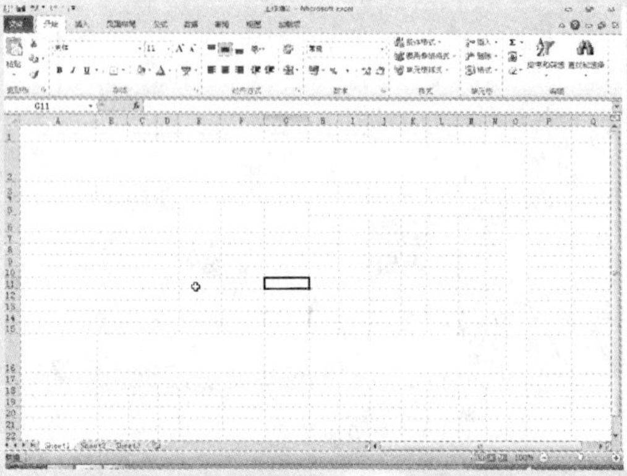

图14-60　调整单元格

2 在工作表中选择A5:N17单元格，为其添加边框如，图14-61所示。

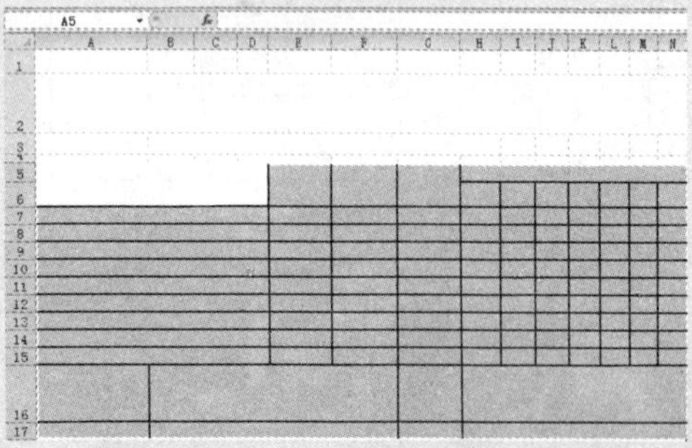

图14-61　选择单元格

3 在I1单元格中输入“编号：”，选择K1单元格，单击鼠标右键，在弹出的快捷菜单中选择【设置单元格格式】命令，在打开的对话框中选择【数字】选项卡，在【分类】列表框中选择【自定义】选项，在右侧的【类型】文本框中输入“"200703"0000”，如图14-62所示，单击【确定】按钮。

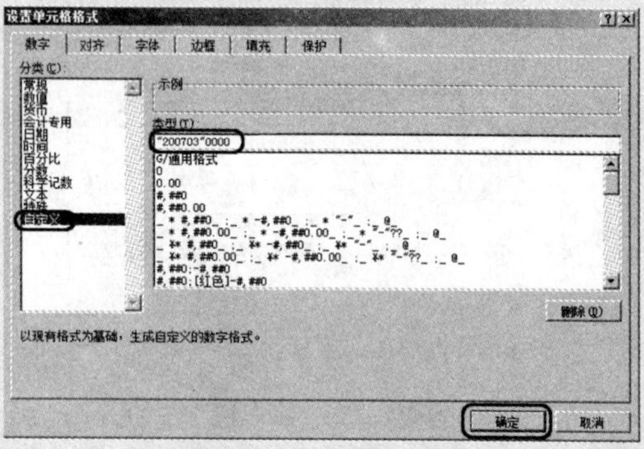

图14-62　设置自定义格式

4 然后在K1单元格中输入“1”，按Enter键，如图14-63所示，就会显示“2007030001”。

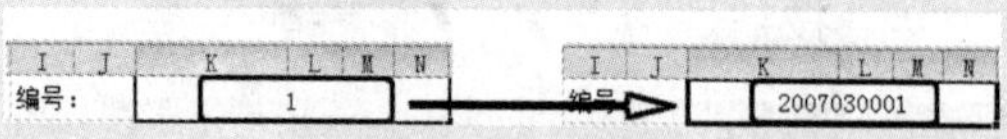

图14-63　输入编号

5 在A2单元格中输入“共发木材销售单”，在【开始】选项卡|【字体】组中，将【字体】设置为“华文琥珀”，将【字号】设置为18，如图14-64所示。

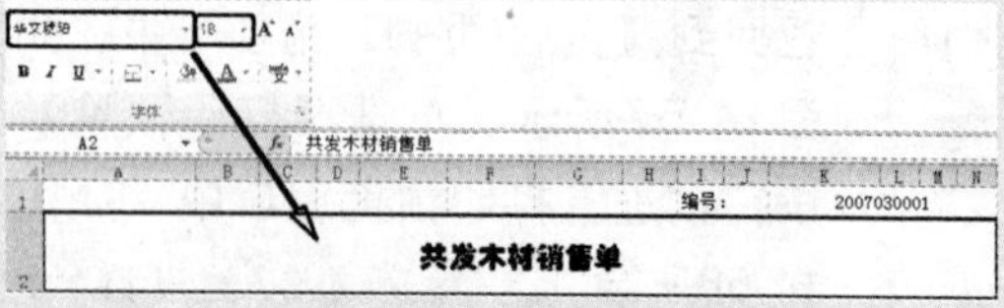

图14-64　设置表格标题

6 在A3单元格中输入“客户名称：”，在I3单元格中输入“日期：”，选择K3单元格，单击鼠标右键，在弹出的快捷菜单中选择【设置单元格格式】命令，在打开的对话框中选择【数字】选项卡，在【分类】列表框中选择【日期】选项，在右侧【类型】下选择一种类型，如图14-65所示，单击【确定】按钮。

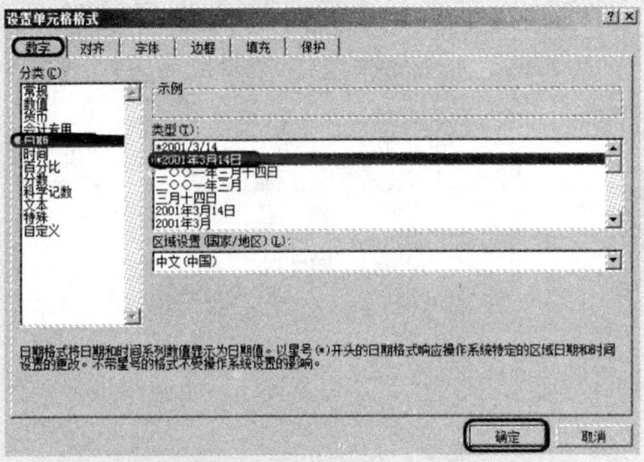

图14-65　设置单元格格式

7 在K3单元格中输入一个日期，如图14-66所示。

图14-66　输入日期

8 在工作表中选择P7:P15单元格，打开【设置单元格格式】对话框，选择【数字】选项卡，在【分类】列表框中选择【数值】选项，设置如图14-67所示。

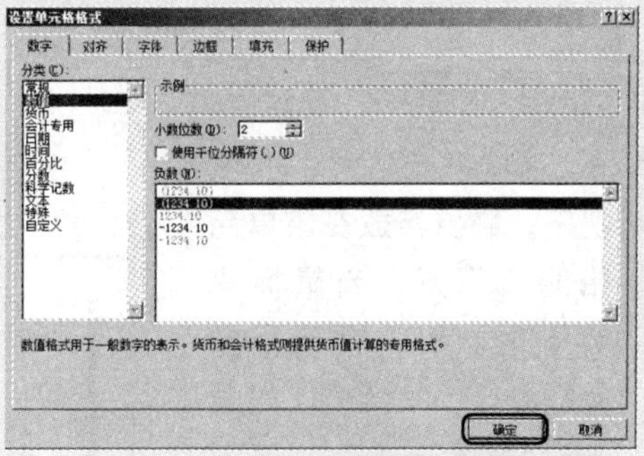

图14-67　设置“数值”格式

2．设置销售金额

1 接下来将计算木材的销售金额根据“销售金额=单价×数量”公式，先将计算的结果显示在P7:P15单元格中，选择P7单元格，输入“=F7*G7”，如图14-68所示，然后按Enter键确认。

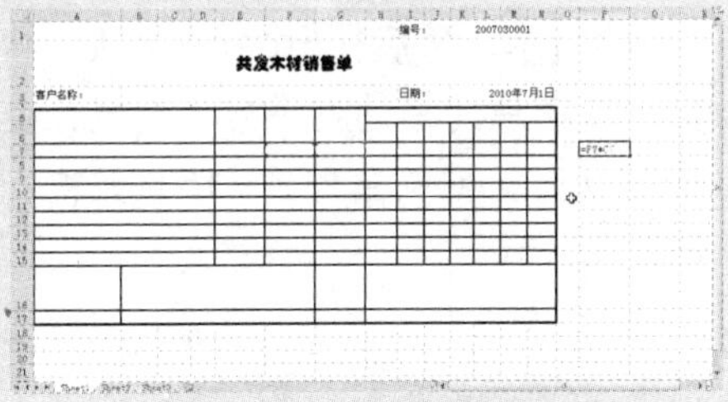

图14-68　设置销售金额

2 计算完成后将鼠标放置在P7单元格的右下方，当鼠标变为➕形状时，向下拖曳鼠标，拖到P15单元格，完成公式的快速复制，如图14-69所示。

3 选择P16单元格，为其设置“数值”格式，在【开始】选项卡|【编辑】组中单击Σ按钮，在弹出的下拉菜单中选择【求和】命令，如图14-70所示。

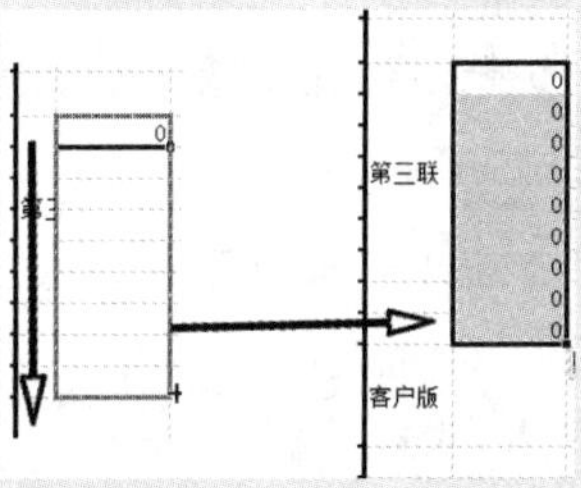

图14-69　拖曳鼠标

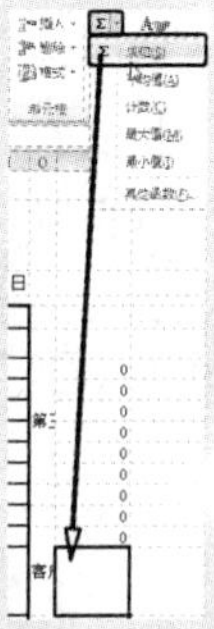

图14-70　选择【求和】命令

4 此时在P16单元格中插入求和公式，然后拖曳鼠标选择P7:P15单元格，如图14-71所示，然后按Enter键确认。

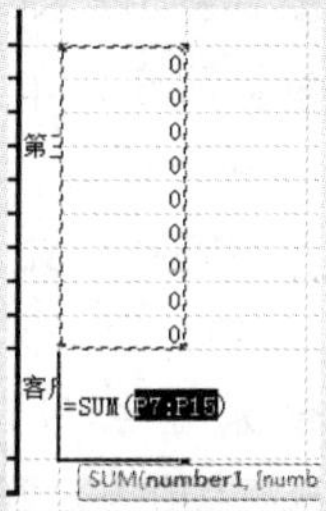

图14-71　设置求和公式

3. 求木材的销售额“万”、“千”等数位

在标准的商品销售清单中，“销售金额”中的万、千、百、十、元、角、分应该是分离的，此功能也可以通过函数来实现，同时要将计算数据放在标准清单外面，因此在Q6:W6单元格中分别输入万、千、百、十、元、角、分。

1 选择Q7单元格，输入“=INT(P7/10000)”，如图14-72所示，然后按Enter键确认。

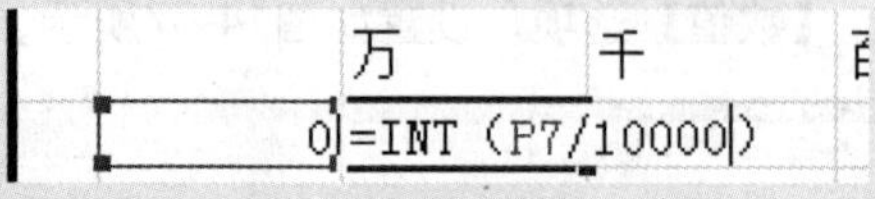

图14-72 设置“万”

2 确定Q7单元格选中的情况下，将鼠标放在该单元格的右下方，当鼠标变为✚形状时，然后拖曳鼠标到Q15单元格，如图14-73所示。

3 接下来求“千”位，选中R7单元格，并在该单元格中输入“=INT(P7/1000)-Q7*10”，如图14-74所示，然后按Enter键确认。将鼠标放在该单元格的右下方，当鼠标变为✚形状时，然后拖曳鼠标到R15单元格，自动复制公式。

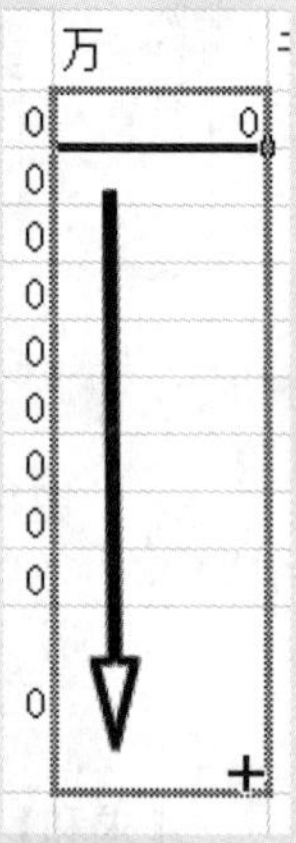

图14-73 拖曳鼠标复制公式

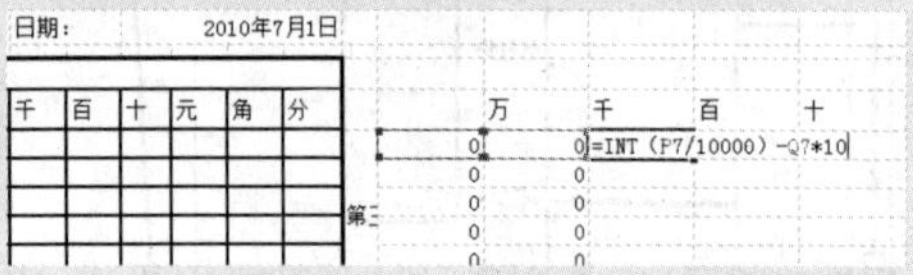

图14-74 设置“千”

4 选中S7单元格，并在该单元格中输入“=INT(P7/100)-Q7*100-R7*10”，如图14-75所示，然后按Enter键确认。将鼠标放在该单元格的右下方，当鼠标变为✚形状时，拖曳鼠标到S15单元格，自动复制公式。

5 选中T7单元格，并在该单元格中输入“=INT(P7/10)-Q7*1000-R7*100-S7*10”，如图14-76所示，然后按Enter键确认。将鼠标放在该单元格的右下方，当鼠标变为✚形状时，拖曳鼠标到T15单元格，自动复制公式。

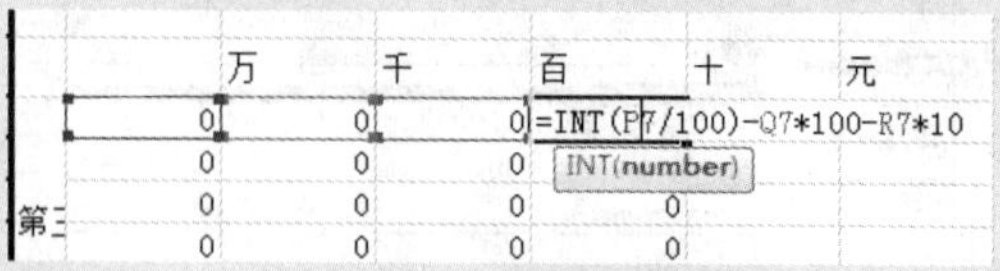

图14-75 设置“百”

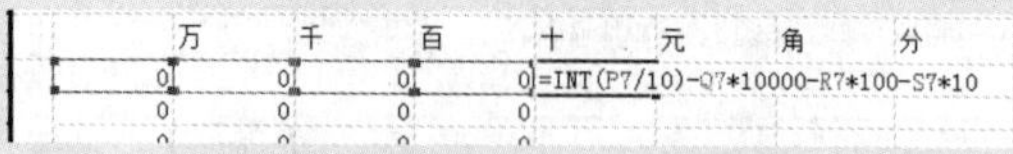

图14-76 设置“十”

6 选中U7单元格，并在该单元格中输入“=INT(P7)-INT(P7/10)*10”，如图14-77所示，然后按Enter键确认。将鼠标放在该单元格的右下方，当鼠标变为✚形状时，拖曳鼠标到U15单元格，自动复制公式。

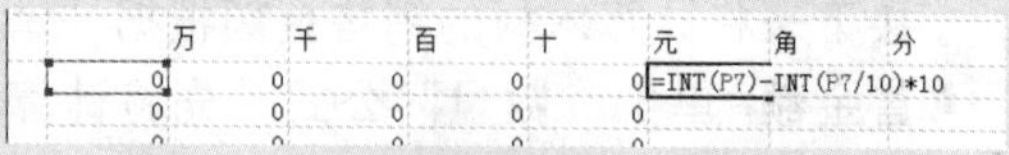

图14-77 设置“元”

7 选中V7单元格，并在该单元格中输入“=INT(P7*10)-INT(P7)*10”，如图14-78所示，然后按Enter键确认。将鼠标放在该单元格的右下方，当鼠标变为✚形状时，拖曳鼠标到V15单元格，自动复制公式。

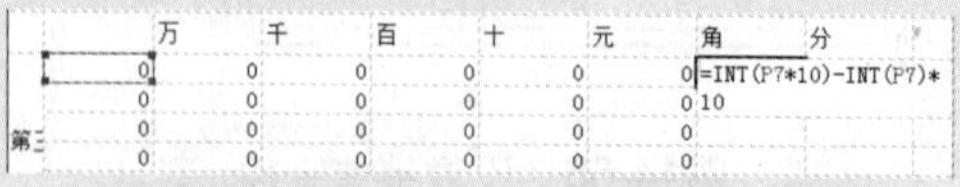

图14-78 设置“角”

8 选中W7单元格，并在该单元格中输入“=INT(P7*100)-INT(P7*10)*10”，如图14-79所示，然后按Enter键确认。将鼠标放在该单元格的右下方，当鼠标变为✚形状时，拖曳鼠标到W15单元格，自动复制公式。

4. 设置销售金额的界面

1 选择H7单元格，在编辑区中输入“=IF(AND(Q7=0),"",Q7)”，如图14-80所示，然后按Enter键确认。将鼠标放在该单元格的右下方，当鼠标变为+形状时，拖曳鼠标到H15单元格，自动复制公式。

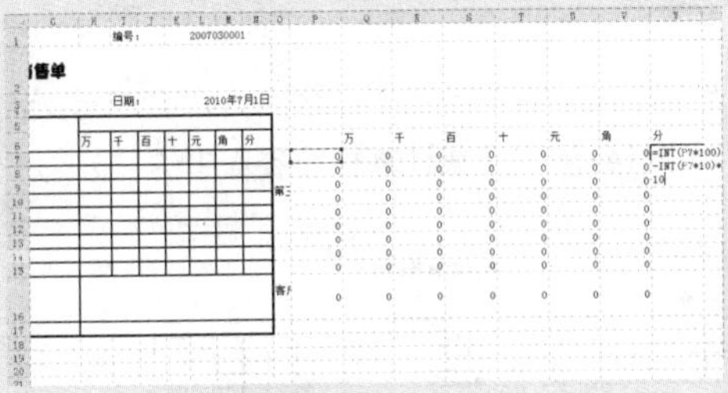

图14-79 设置“分”

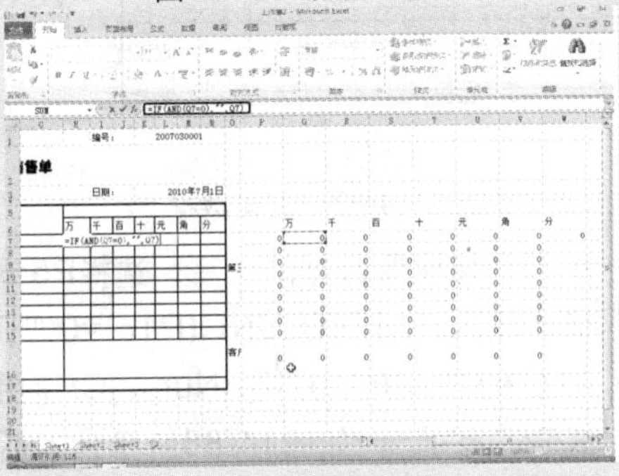

图14-80 计算标准界面中的“万”

2 选择I7单元格，在编辑区中输入“=IF(AND(Q7=0,R7=0),"",R7)”，如图14-81所示，然后按Enter键确认。将鼠标放在该单元格的右下方，当鼠标变为+形状时，拖曳鼠标到I15单元格，自动复制公式。

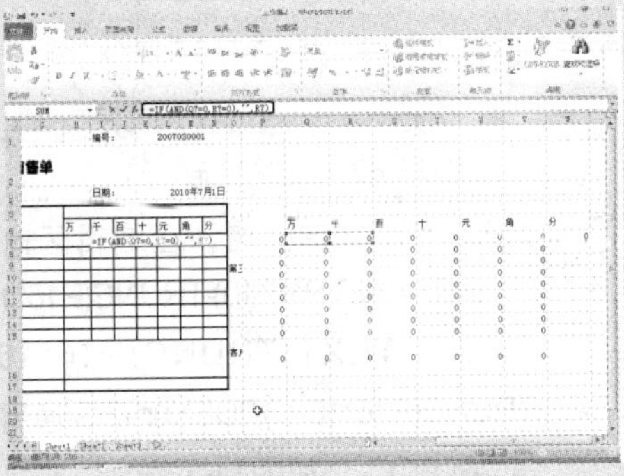

图14-81 设置计算标准界面中的“千”

3 选择J7单元格，在编辑区中输入“=IF(AND(Q7=0,R7=0,S7=0),"",S7)”，如图14-82所示，然后按Enter键确认。将鼠标放在该单元格的右下方，当鼠标变为+形状时，拖曳鼠标到J15单元格，自动复制公式。

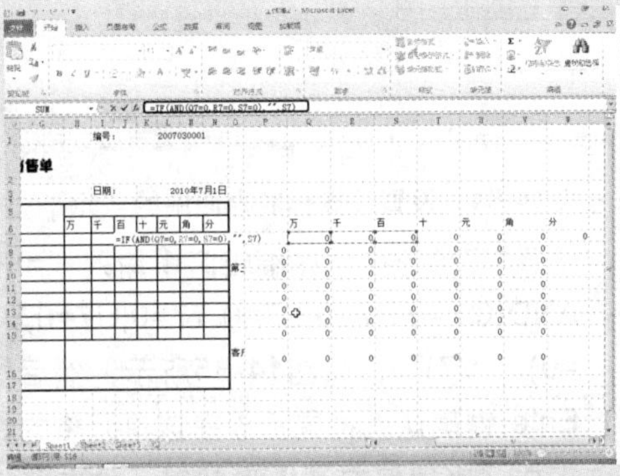

图14-82 设置计算标准界面中的“百”

4 选择K7单元格，在编辑区中输入“=IF(AND(Q7=0,R7=0,S7=0,T7=0),"",T7)”，如图14-83所示，然后按Enter键确认。将鼠标放在该单元格的右下方，当鼠标变为+形状时，拖曳鼠标到K15单元格，自动复制公式。

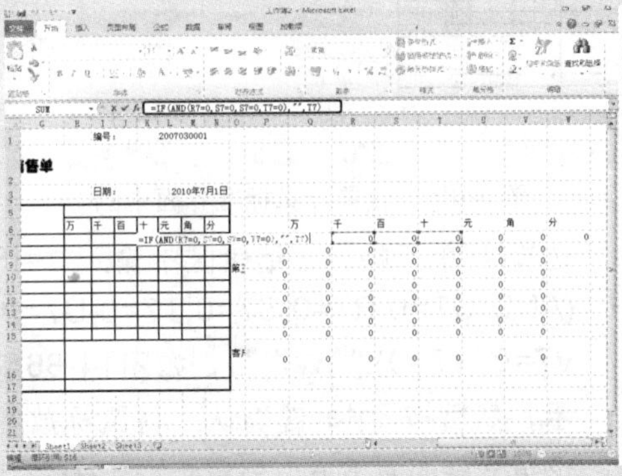

图14-83 设置计算标准界面中的“十”

5 选择L7单元格，在编辑区中输入“=IF(AND(Q7=0,R7=0,S7=0,T7=0,U7=0),"",U7)”，如图14-84所示，然后按Enter键确认。将鼠标放在该单元格的右下方，当鼠标变为✚形状时，拖曳鼠标到L15单元格，自动复制公式。

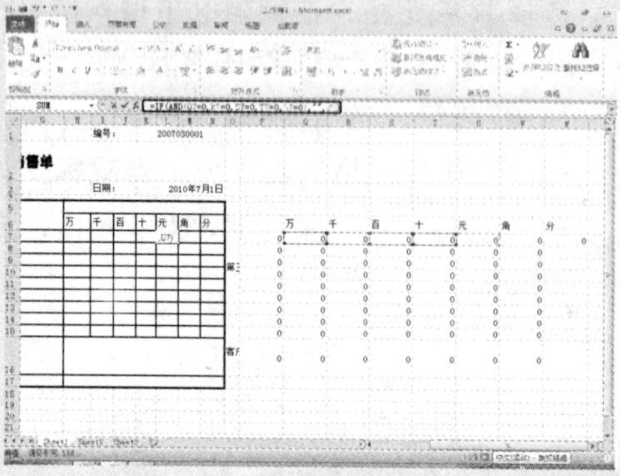

图14-84　设置计算标准界面中的“元”

6 选择M7单元格，在编辑区中输入“=IF(AND(Q7=0,R7=0,S7=0,T7=0,U7=0,V7=0),"",V7)”，如图14-85所示，然后按Enter键确认。将鼠标放在该单元格的右下方，当鼠标变为✚形状时，拖曳鼠标到M15单元格，自动复制公式。

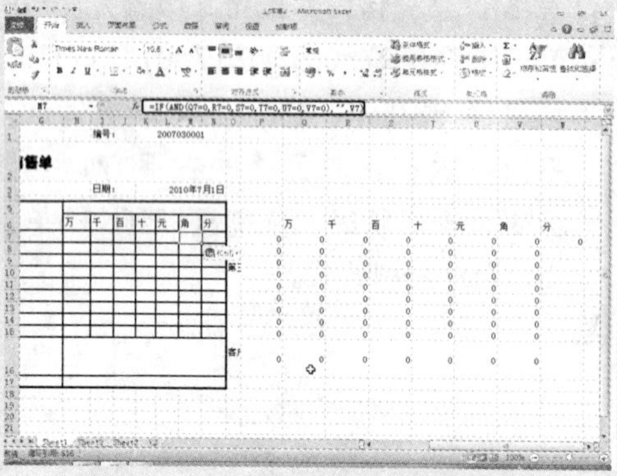

图14-85　设置计算标准界面中的

7 选择N7单元格，在编辑区中输入“=IF(AND(Q7=0,R7=0,S7=0,T7=0,U7=0,V7=0,W7=0),"",W7)”，如图14-86所示，然后按Enter键确认。将鼠标放在该单元格的右下方，当鼠标变为✚形状时，拖曳鼠标到N15单元格，自动复制公式。

8 在“单价”、“数量”单元格中输入数据，在H7:N7单元格中会得到结果，如图14-87所示。

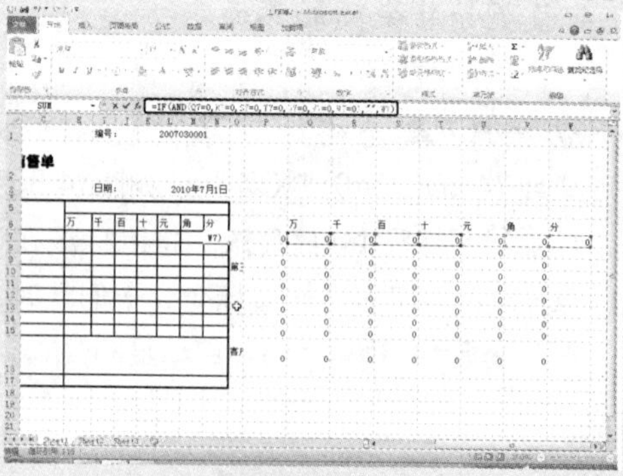

图14-86　设置计算标准界面中的“分”

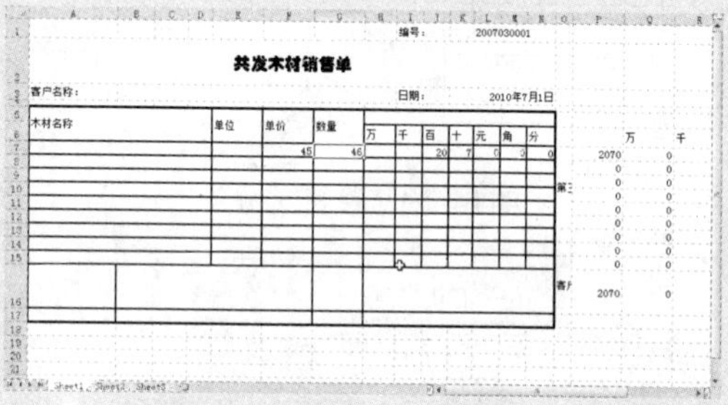

图14-87　设置数据

9 接下来将设置数据的大写。选择P5单元格并输入“=IF(TRUNC(P16)=0,"",TEXT(TRUNC(P16),"[DBNum2]G/通用格式")&"元")”，如图14-88所示，然后按Enter键确认。

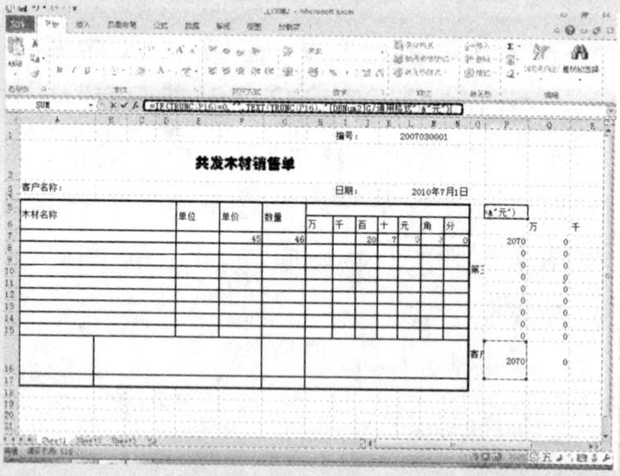

图14-88　设置“元”

10 选择“Q5”单元格，在编辑区输入“=IF(TRUNC(P16*10)-TRUNC(P16*10,-1)=0,"",TEXT(TRUNC(P16*10)-TRUNC(P16*10,-1),"[DBNum2]G/通用格式")&"角")”，如图14-89所示。

图14-89 设置“角”

11 选择“R5”单元格，在编辑区输入“=IF(TRUNC(P16*100)-TRUNC(P16*100,-1)=0,"",TEXT(TRUNC(P16*100)-TRUNC(P16*100,-1),"[DBNum2]G/通用格式")&"分")”，如图14-90所示。

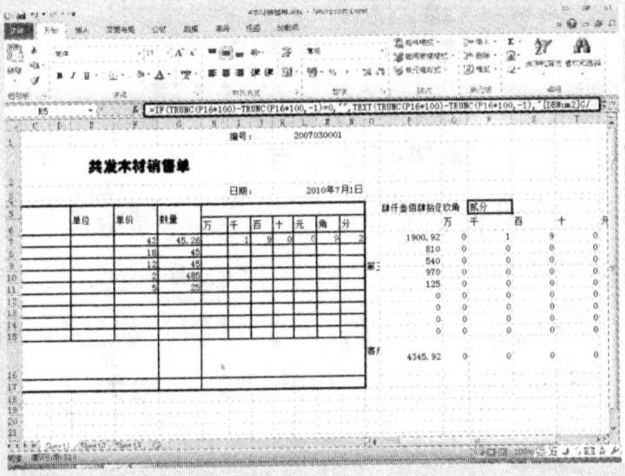

图14-90 设置“分”

12 接下来将大写的数据合并到标准表格中。选中B16单元格，在该单元格中输入“=IF(AND(P5<>"",R5<>"",Q5=""),P5&"零"&R5,IF(AND(P5<>"",Q5<>"",R5=""),P5&"整",P5&Q5&R5))”，如图14-91所示，然后按Enter键确认。

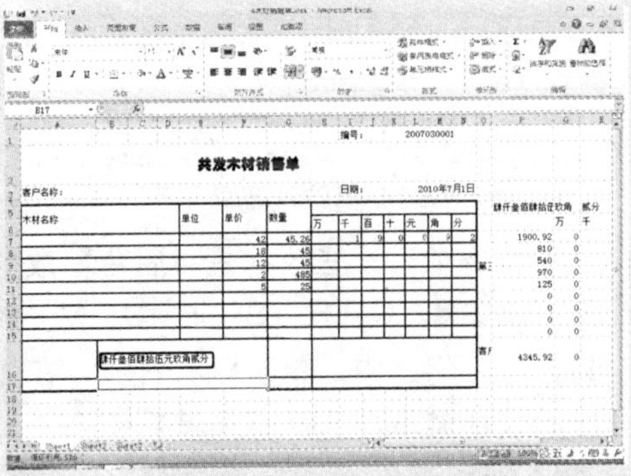

图14-91 合并大写数据

13 下面将小写的数据填充在标准表格中。选中H16单元格，在该单元格中输入“=IF(P16=0,"",P16)”，如图14-92所示，然后按Enter键确认。

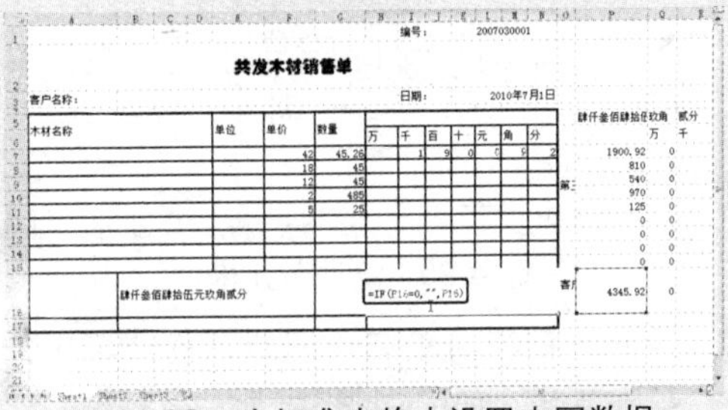

图14-92 在标准表格中设置小写数据

5. 利用公式审核工具查看数据出处

1 在工作表中选择P16单元格，在【公式】选项卡|【公式审核】组中单击【追踪引用单元格】按钮，可以看到P16单元格引用的区域是P7:P15，如图14-93所示。

2 然后单击【追踪从属单元格】按钮，如图14-94所示。

3 对公式审核并确认公式引用的单元格区域正确后，可以单击【移去箭头】按钮。

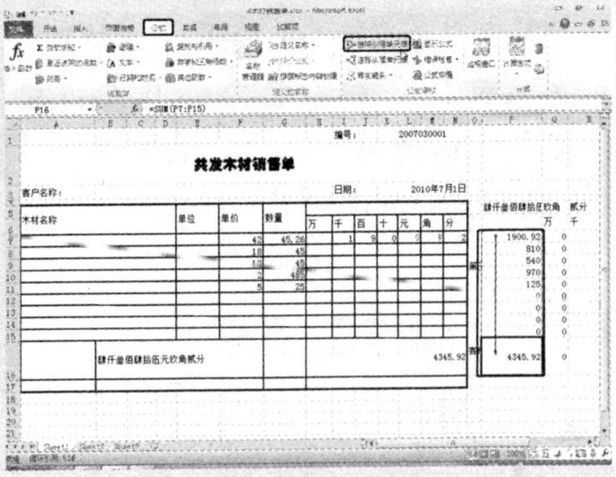

图14-93 追踪引用单元格

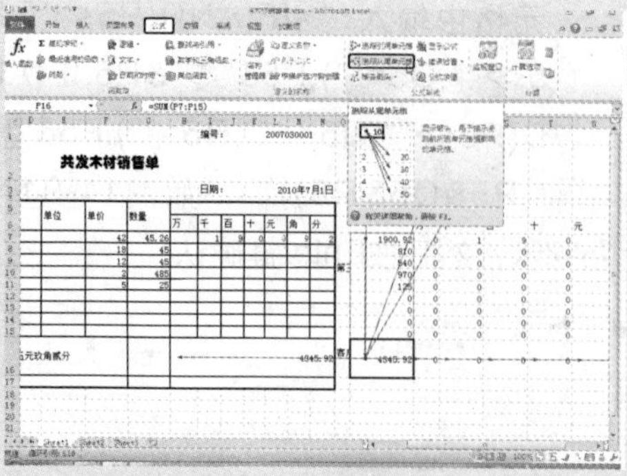

图14-94 追踪从属单元格

4 在工作表中有一些数据是“后台”数据列，例如P、Q、R、S、T、U、V、W列，将它们选中，单击鼠标右键，在弹出的快捷菜单中选择【隐藏】命令，如图14-95所示。

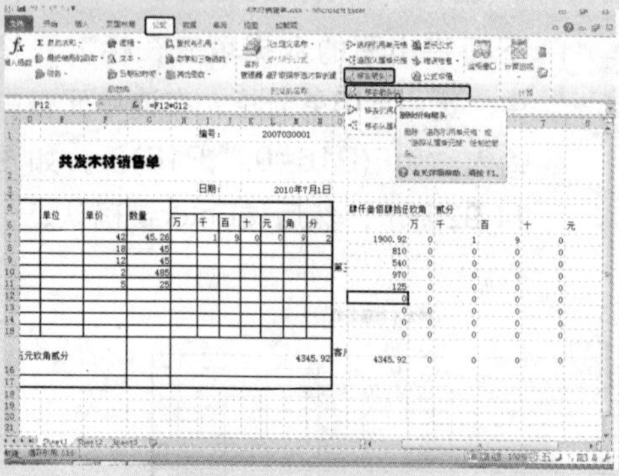

图14-95 隐藏单元格

5 至此，销售清单制作完成，将清单中的数据清除，如图14-96所示。

6 为了方便后期使用，将其保存为模板。选择【Office 按钮】|【另存为】命令，打开【另存为】对话框，将【保存类型】定义为“Excel 模板（*.xltx）”，将【文件名】命名为“制作销售清单”，选择保存路径，然后单击【保存】按钮，如图14-97所示。

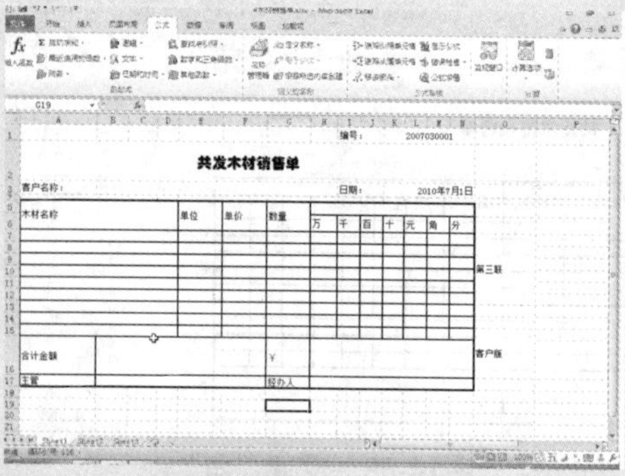

图14-96 清除数据

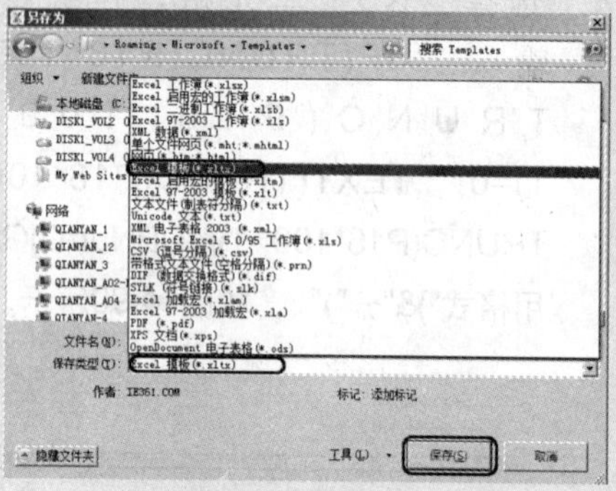

图14-97 保存为模板

7 如果想使用清单可以直接将模板打开。按Ctrl+O键，选择保存模板的路径，选择模板，单击【打开】按钮，如图14-98所示。然后进行设置调整，输入完成后就可以打印预览了。

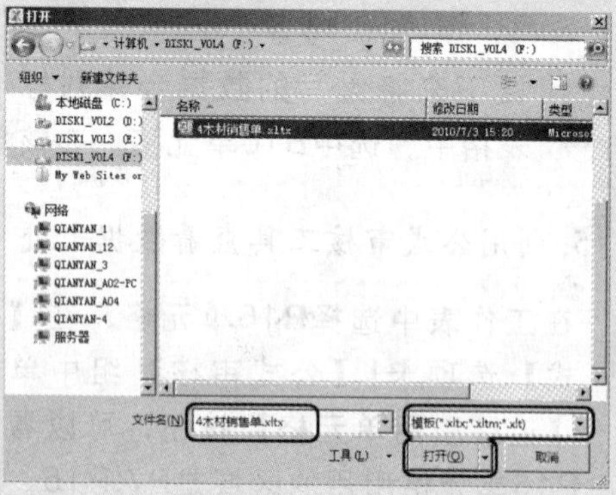

图14-98 打开模板

14.2.3 制作工资表

实例说明

利用Excel 2010可以帮助财务人员解决用手工编制工资发放明细表和汇总。使用Excel既可以减轻工作负担，又可以提高工作效率、避免错误的发生等问题。

操作步骤

制作工资表的操作步骤如下。

1. 设置基本数据

1 打开Excel 2010软件，首先对当前工作簿进行保存。

2 在“Sheet1”工作表中，将A1:N1进行合并，输入表格标题，然后在第二行中输入列标题，分别为姓名、部门、职务、基本工资、加班金额、应发金额、病假扣款、事假扣款、失业保险金、养老保险金、应税所得额、代扣税、扣款合计、实发金额，如图14-99所示。

图14-99　输入标题

3 将表格标题选中，在【开始】选项卡|【字体】组中，将【字体】设置为“华文楷体”，【字号】设置为16，如图14-100所示。

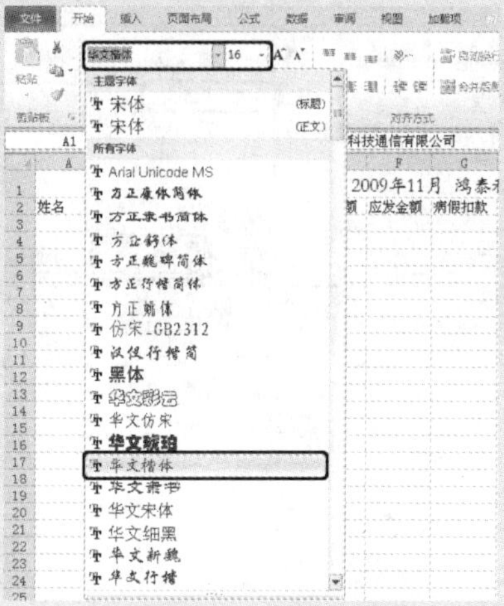

图14-100　选择表格标题

2. 设置数据有效性

1 选中D列，本列是“基本工资”，根据需要下面为该列设置一个有效条件。在【数据】选项卡|【数据工具】组中单击【数据有效性】按钮，在弹出的下拉菜单中选择【数据有效性】命令，打开【数据有效性】对话框，选择【设置】选项卡，将【允许】设置为“整数”，将【数据】设置为“介于”，将【最小值】设置为1000，将【最大值】设置为10000，如图14-101所示。

2 选择【出错警告】选项卡，将【样式】定义为“警告”，在【错误信息】列表框中输入信息“数据出现错误”，如图14-102所示，单击【确定】按钮。当输入的“基本工资”小于1000或大于10000时，会出现警告提示信息。

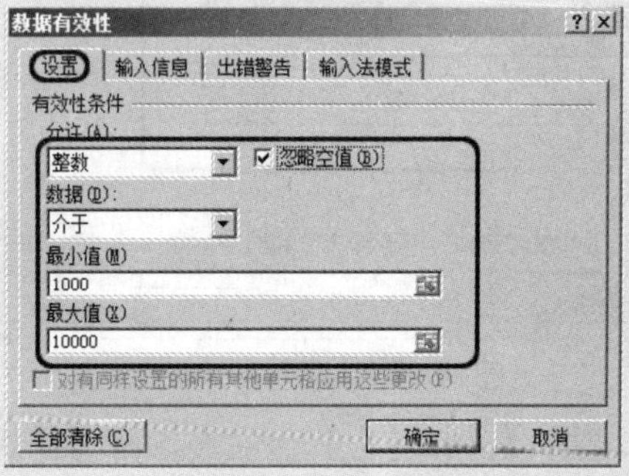

图14-101　设置有效数据

3 在工作表中选择E、G、H列，如图14-103所示。在【数据】选项卡|【数据工具】组中单击【数据有效性】按钮，在弹出的

下拉菜单中选择【数据有效性】命令，打开【数据有效性】对话框，选择【设置】选项卡，将【允许】设置为“小数”，将【数据】设置为“大于或等于”，在【最小值】文本框中输入0，如图14-104所示。

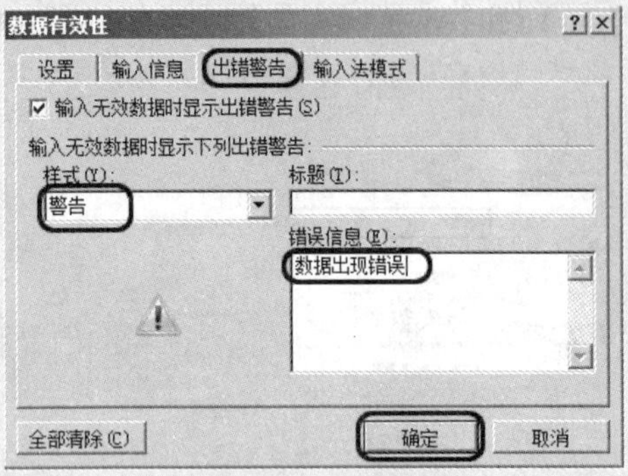

图14-102　设置出错警告

图14-103　选择列数

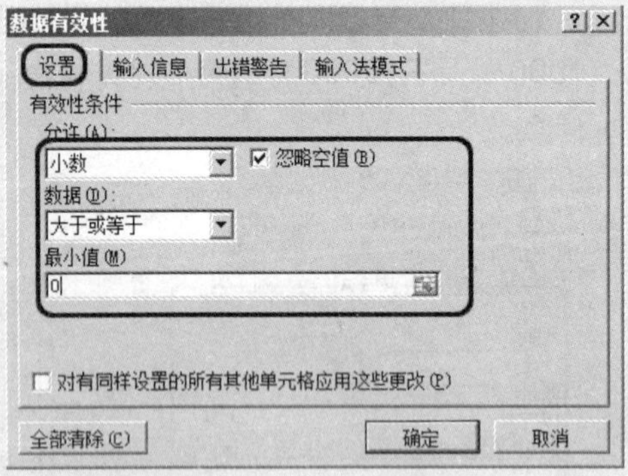

图14-104　设置有效数据

4 选择【出错警告】选项卡，将【样式】设置为“警告”，在【错误信息】文本框中输入信息，如图14-105所示。

5 然后在工作表中填入的内容和数据如图14-106所示。

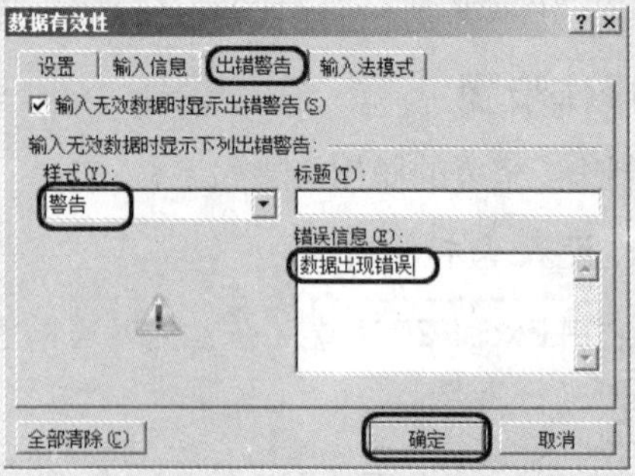

图14-105　设置出错警告

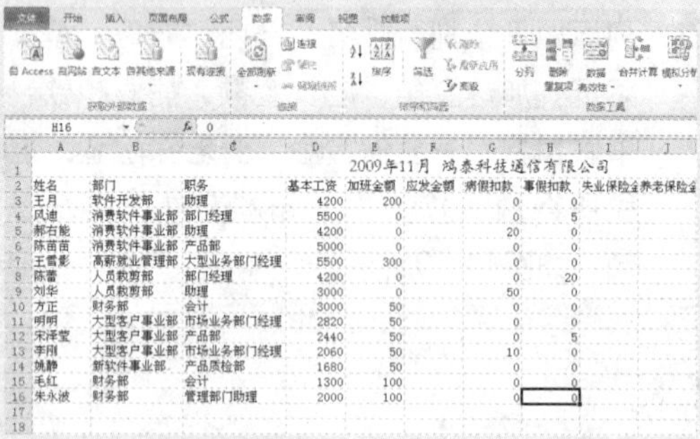

图14-106　填入数据

6 选择A2:N16单元格，单击【开始】选项卡|【字体】组中的▦按钮，在弹出的下拉菜单中选择【所有框线】命令，如图14-107所示。

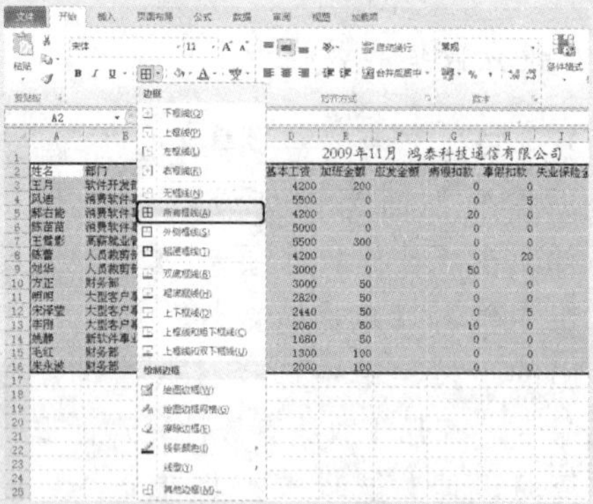

图14-107　设置添加边框

7 选择D3:M16单元格，单击鼠标右键，在弹出的快捷菜单中选择【设置单元格格式】命令，打开【设置单元格格式】对话框，选择【分类】列表框中的【自定义】选项，将右侧的【类型】设置为“0.00”，单击【确定】按钮，如图14-108所示。

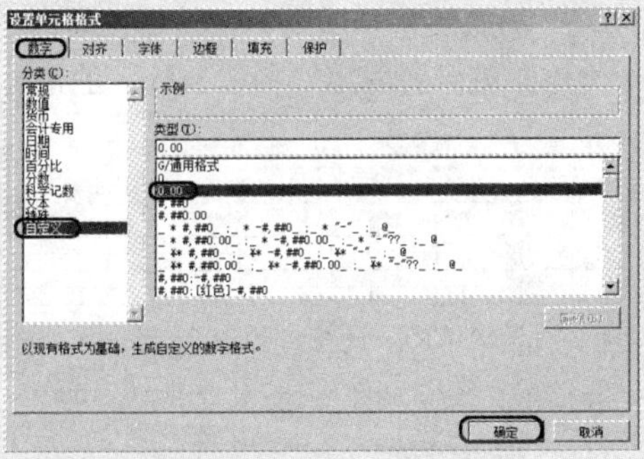

图14-108　自定义格式

8 选择N列单元格，在【开始】选项卡|【数字】组中，将单元格格式定义为“货币”，如图14-109所示。

图14-109　定义货币格式

3. 计算各项金额

1 下面以第一名员工的工资为例进行计算。由于“应发金额”包括“基本工资”和“加班金额”，因此在F3单元格中输入“=SUM(D3:E3)”，如图14-110所示，然后按Enter键确认，就可得到结果。

图14-110　计算“应发金额”

2 “失业保险金”是按照“基本工资”的2%计算的。在I3单元格中输入“=D3*0.02”，如图14-111所示，然后按Enter键确认，就会自动在本月中扣除员工的“失业保险金”为“84.00”。

图14-111　设置“失业保险金”

3 在J3单元格中输入“D3*0.025”，如图14-112所示，然后按Enter键确认。“养老保险金”是按照“基本工资”的2.5%计算的。

图14-112　计算“养老保险金”

4 下面计算“应税所得额”。选中K3单元格，在编辑区中输入“=IF(F3-G3-H3-I3-J3<1000,0,F3-G3-H3-I3-J3-1000)”，如图14-113所示，然后按Enter键确认。

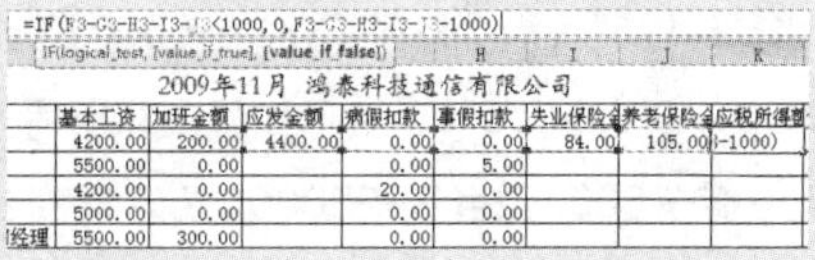

图14-113　计算“应税所得额”

提示

“F3-G3-H3-I3-J3”指的是用“应发金额”减去“病假扣款”、“事假扣款”、“失业保险金”、“养老保险金”，也可以定为“F3-SUM（G3:J3）”，如果该值小于1000，那么公式结果为0，如果该值大于1000，那么公式结果为-1000。

5 计算完“应税所得额”，接下来将计算“代扣税”。选中L3单元格，在编辑区中输入“=IF(K3<500,K3*0.05,(IF(AND(K3>=500,K3<2000),K3*0.1-25,(IF(AND（K3>=2000,K3<5000）,K3*0.15-125,(IF(AND(K3>=5000,K3<20000),K3*0.2-375)))))))”，如图14-114所示，然后按Enter键确认，就会得到结果。

5000,K3<20000),K3*0.2-375)))))))

2009年11月 鸿泰科技通信有限公司

	基本工资	加班金额	应发金额	病假扣款	事假扣款	失业保险金	养老保险金	应税所得额	代扣税
	4200.00	200.00	4400.00	0.00	0.00	84.00	105.00	3211.00	)))))))
	5500.00	0.00		0.00	5.00				
	4200.00	0.00		20.00	0.00				
	5000.00	0.00		0.00	0.00				
经理	5500.00	300.00		0.00	0.00				
	4200.00	0.00		0.00	20.00				

图14-114 计算“代扣税”

提示

该步骤中的公式含义是“IF(K3<500,K3*0.05”，表示如果应税所得额低于500元，需交纳的税金为“应税所得额×5%”；“IF(AND(K3>=500,K3<2000),K3*0.1-25”，表示应税所得额大于等于500元且低于2000元，需交纳的税金为“应税所得额×10%-25”；“(IF(AND（K3>=2000,K3<5000）,K3*0.15-125”表示如果应税所得额大于等于2000元且低于5000元，需要交纳税金为“应税所得额×15%-125”；“IF(AND(K3>=5000,K3<20000),K3*0.2-375”，表示如果应税所得额大于等于5000元且低于20000元，需交纳的税金为“应税所得额×20%-375”。

6 下面将计算“扣款合计”。选中M3单元格，在编辑区中输入“=G3+H3+I3+J3+L3”，如图14-115所示，然后按Enter键确认，就会计算出“扣款合计”的值。

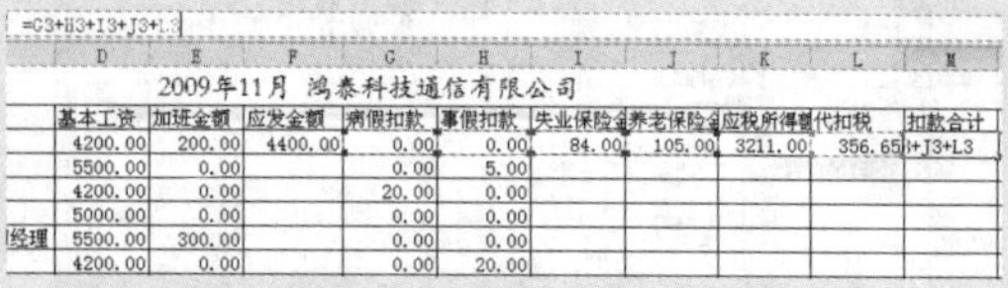
=G3+H3+I3+J3+L3

2009年11月 鸿泰科技通信有限公司

	基本工资	加班金额	应发金额	病假扣款	事假扣款	失业保险金	养老保险金	应税所得额	代扣税	扣款合计
	4200.00	200.00	4400.00	0.00	0.00	84.00	105.00	3211.00	356.65	=I+J3+L3
	5500.00	0.00		0.00	5.00					
	4200.00	0.00		20.00	0.00					
	5000.00	0.00		0.00	0.00					
经理	5500.00	300.00		0.00	0.00					
	4200.00	0.00		0.00	20.00					

图14-115 计算“扣款合计”

7 选中N3单元格，并输入“=F3-M3”，即“应发金额”减去“扣款合计”，如图14-116所示，然后按Enter键确认。

=F3-M3

2009年11月 鸿泰科技通信有限公司

	基本工资	加班金额	应发金额	病假扣款	事假扣款	失业保险金	养老保险金	应税所得额	代扣税	扣款合计	实发金额
	4200.00	200.00	4400.00	0.00	0.00	84.00	105.00	3211.00	356.65	545.65	=F3-M3
	5500.00	0.00		0.00	5.00						
	4200.00	0.00		20.00	0.00						
	5000.00	0.00		0.00	0.00						
经理	5500.00	300.00		0.00	0.00						
	4200.00	0.00		0.00	20.00						

图14-116 计算“实发金额”

8 选择F3单元，将鼠标放在该单元格的右下方，当鼠标变为✚的形状时，拖曳鼠标，会自动填充计算结果。后面的计算方法一样，计算后的结果如图14-117所示。

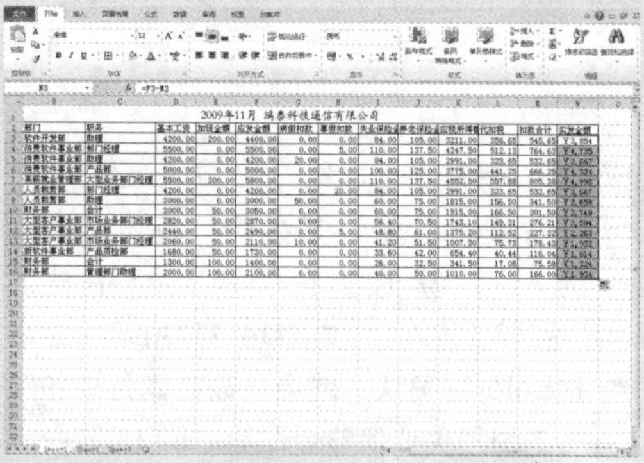

图14-117 自动计算所有的数据

4. 对工资表排序、筛选

1 选中A3:N16单元格，在【数据】选项卡|【排序和筛选】组中单击【排序】按钮，弹出【排序】对话框，将【主要关键字】设置为“部门”，将【次序】设置为“降序”；单击【添加条件】按钮，将【次要关键字】设置为“基本工资”，将【次序】设置为“升序”如图14-118所示，单击【确定】按钮。

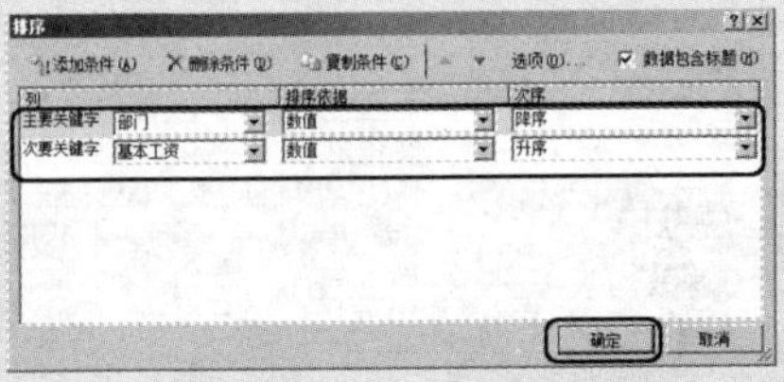

图14-118 【排序】对话框

2 此时，选中的单元格中内容会进行排序，如图14-119所示。

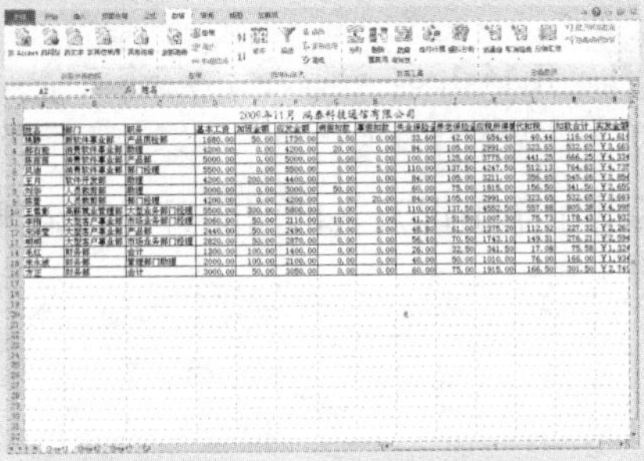

图14-119 对工作表进行排序列

3 选择A2:N2单元格，在【数据】选项卡|【排序和筛选】组中单击【筛选】按钮，如图14-120所示。

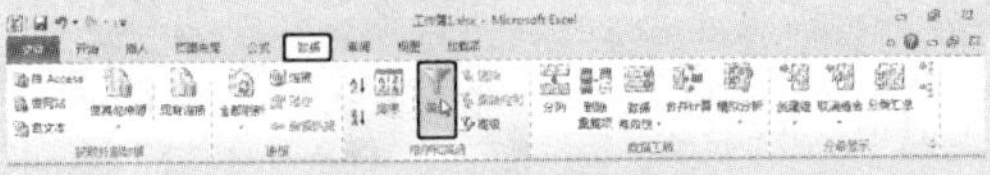

图14-120 设置筛选

4 单击“职务”右侧的小三角按钮，在弹出的下拉面板中取消除“部门经理”、“助理”选项之外其他选项的勾选，如图14-121所示。

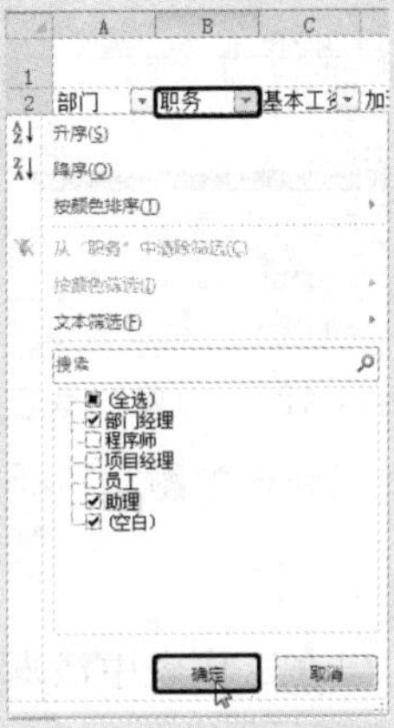

图14-121 进行筛选

5 如图14-122所示为职务筛选的结果。

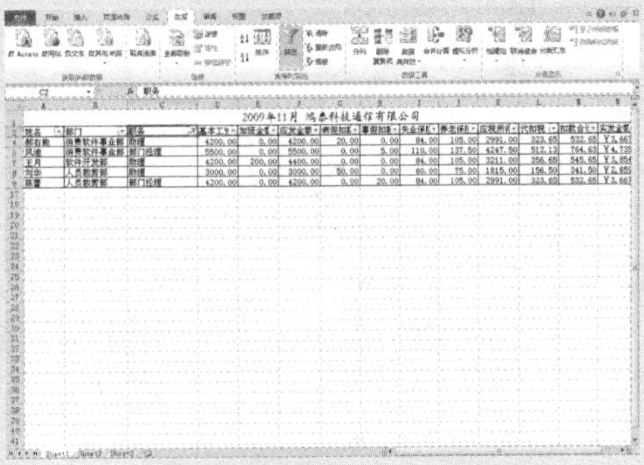

图14-122 筛选结果

5. 设置工资表的分类汇总

1 恢复原来数据显示，选择A3:N16单元格，单击【数据】选项卡|【分级显示】组中的【分类汇总】按钮，在弹出的【分类汇总】对话框中，将【分类字段】设置为“部门”，将【汇总方式】设置为“平均值”，在【选定汇总项】列表框中选中【实发金额】复选框，单击【确定】按钮，如图14-123所示。

2 再次单击【分类汇总】按钮，在【分类汇总】对话框中将【汇总方式】设置为“求和”，在【选定汇总项】列表框中选中【实发金额】复选框，取消【替换当前分类汇总】复选框的勾选，如图14-124所示，单击【确定】按钮。

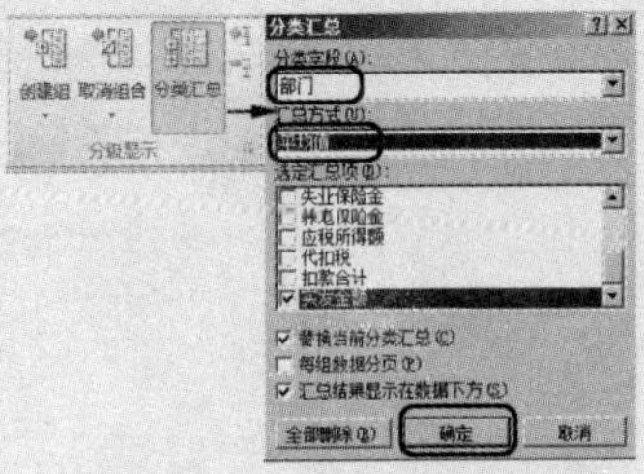

图14-123 设置【分类汇总】

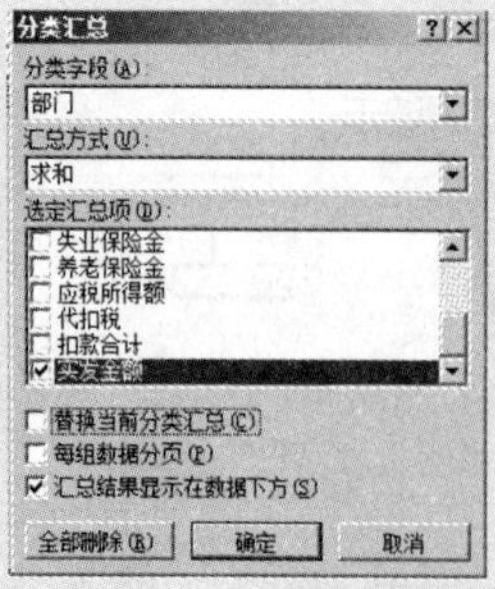

图14-124　设置分类汇总

3 调整好的工作表如图14-125所示。

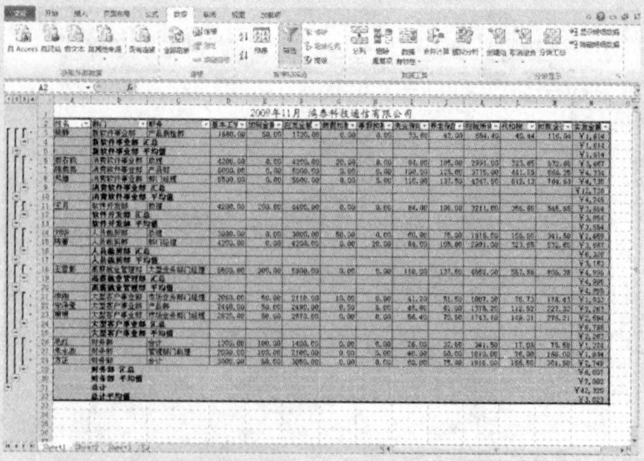

图14-125　设置之后的工资表

这样，可以在工作表中清晰地显示出本月各员工的工资情况及各部门的月平均金额、总和，按Ctrl+S键进行保存。

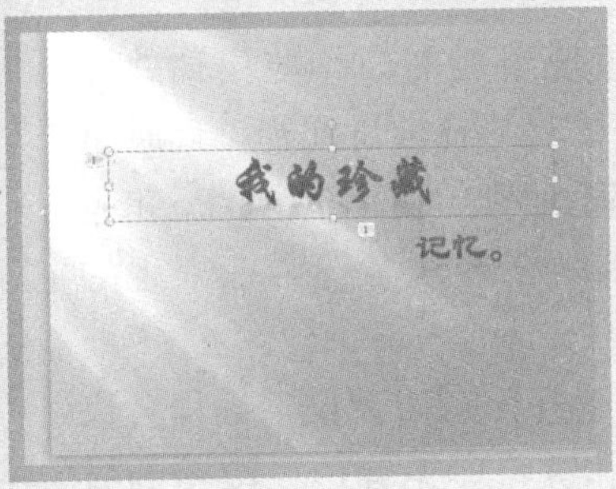

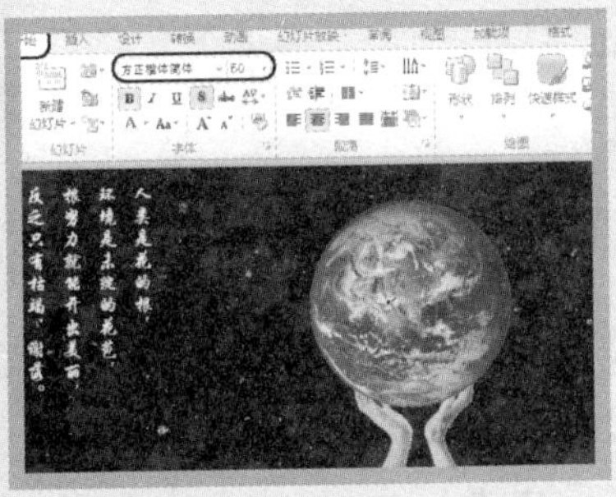

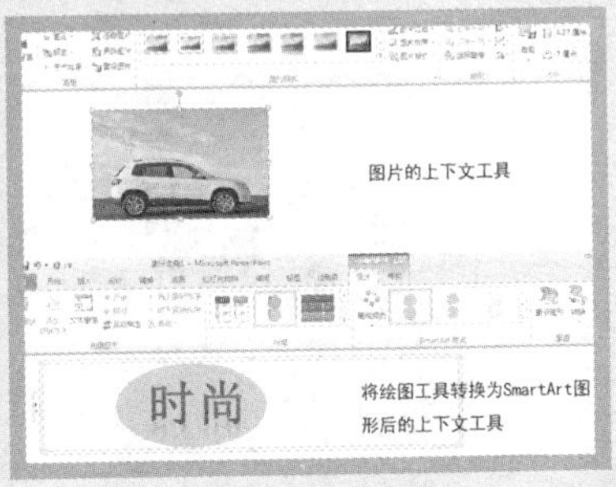

第15章 PowerPoint 2010入门与体验

PowerPoint 2010是Office的升级版本。全新的界面设计，使操作更加简单，制作的演示文稿效果更加出色。本章着重演示该软件给用户带来的全新体验，介绍其常用操作上的一些特色。

通过本章的学习，可以掌握以下知识点：

- PowerPoint 2010简介
- PowerPoint 2010操作概要
- 新文件格式

15.1 PowerPoint 2010简介

如果用户对PowerPoint 有所了解，那么学习PowerPoint 2010就会感到比较容易；而对于初学者可从一个全新的起点来认识PowerPoint 2010。

15.1.1 什么是PowerPoint

PowerPoint是Microsoft Office XP办公套装软件的一个重要组成部分，使用该软件可以很方便地创建演示文稿，该演示文稿包括提纲、发放给观众的材料及演讲注释，同时可以利用多媒体技术创建具有悦耳音响效果和图文并茂的演示文稿。通常，使用PowerPoint也能创建电子教案、专业简报等，因此PowerPoint深受广大教师、学生及各行各业人士的欢迎。

利用PowerPoint不仅可以创建演示文稿，还可以在互联网上召开面对面会议，远程会议或在Web上给观众展示演示文稿。它是企业用户用于展示形象和进行舆论宣传、演示的有力工具。

15.1.2 PowerPoint 2010的变化

Microsoft PowerPoint 2010 是针对视频和图片编辑新增功能和增强功能的重要的发行版本。此版本提供了许多与同事轻松协作使用演示文稿的新增方式。此外，切换效果和动画分别具有单独的选项卡，并且比以往更为平滑和丰富。SmartArt 图形中的某些基于照片的新增功能可能会给用户带来意外的惊喜。现在，此版本提供了多种使用户可以更加轻松地广播和共享演示文稿的方式。

PowerPoint 2010的工作界面和Office 2010其他组件保持了一致的风格。全新设计的界面更便于查找和使用软件的各种功能。用户只需通过“浏览、选取、单击”这样简单的操作就可以完成很多复杂的设计，而无需像以前一样打开对话框并斟酌选项设置。

例如，在全新设计的PowerPoint 2010界面上，可以使用【动画】选项卡向演示文稿中添加动画，这些功能以改进的方式显示，用户在需要时查找更容易，如图15-1所示。

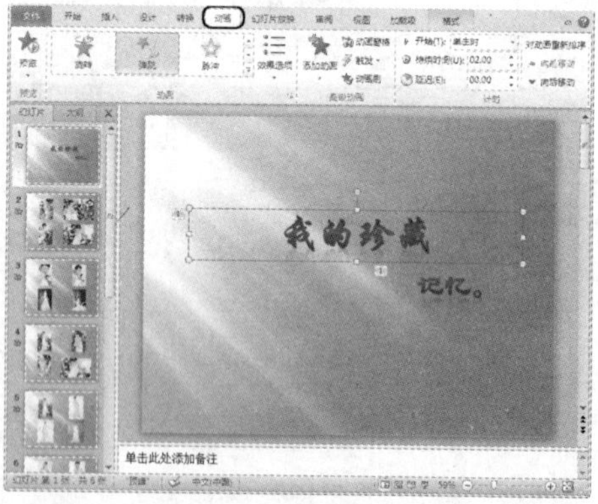

图15-1 【动画】选项卡

可以使用PowerPoint 2010界面上的【幻灯片放映】选项卡来设置演示文稿和创建自定义演示文稿。此选项卡便于用户访问所有PowerPoint演示文稿选项，从而便于新手的入门操作和自定义要演示的内容，如图15-2所示。

图15-2 【幻灯片放映】选项卡

总地来说，PowerPoint 2010较以前版本具有以下更多优点。

● 使用重新设计的用户界面，可以快速获得更好的结果

PowerPoint 2010对用户界面的外观进行了全新设计，使创建、演示和共享演示文稿更简单、更直观。丰富的特性和功能集中在一个经过改进的、整齐有序的工作区中可以最大程度地降低干扰，有助于用户更加快速、轻松地获得所需的结果。

● 创建强大、动态的SmartArt图表

可以在PowerPoint 2010中轻松创建强大的动态关系、工作流程图或层次结构图。甚至可以将项目符号列表转换为图表，或修改和更新现有图表。借助用户界面中上下文相关的SmartArt图表工具的丰富格式，用户可以方便的设置选项。

● 通过PowerPoint 2010幻灯片库轻松重用内容

通过PowerPoint 2010幻灯片库（选项列表），用户可以在Microsoft Office SharePoint Server 2010所支持的网站上将演示文稿存储为单个幻灯片。使用幻灯片库，可以与工作组成员和同事共享演示文稿内容，使任何人都可以轻松重用别人的内容。

● 与使用不同平台和设备的用户进行交流

通过将文件转换为XML Paper Specification（XPS）文件可方便与任何平台上的用户共享，确保能够利用PowerPoint 2010演示文稿进行广泛交流。

● 使用自定义版式更快地创建演示文稿

在PowerPoint 2010中，用户可以定义并保存自己的自定义幻灯片版式，这样便无需将版式剪切并粘贴到新幻灯片中，并无需从具有所需要版式的幻灯片中删除内容，借助PowerPoint幻灯片库，可以轻松与其他人共享这自定义幻灯片，使演示文稿具有专业而一致的外观。

● 加速审阅过程

通过Office SharePoint Server 2010中内置的工作流程服务，可以在PowerPoint 2010 中启动、管理和跟踪审阅及审批过程，使用户可以加速整个组织的审阅周期，而无需被迫学习新工具。

● 使用PowerPoint 2010主题，统一设置演示文稿格式

PowerPoint 2010主题使用户只需一次单击即可更改整个演示文稿的外观。更改演示文稿的主题不仅可以更改背景色，而且可以更改表格、图表和字体的颜色，甚至可以更改演示文稿中任何项目符号的样式。通过应用主题，可以确保整个演示文稿具有专业和一致的外观。

● 使用新工具和效果，显著修改形状、文本和图形

可以通过比以前更多的方式来操作和使用文本、表格、图表和其他演示文稿元素。PowerPoint 2010通过简化的用户界面和上下文选项卡使这些工具触手可及，一般只需几次单击，便可以使作品更具效果。

● 进一步提高PowerPoint 2010演示文稿的安全性

用户可以为PowerPoint 2010演示文稿添加数字签名以确保文件的完整性。还可以将演示文稿标记为“最终版”以防止不经意地更改。这些功能确保只能按照用户需要的方式来修改或共享内容。

● 同时减小文档大小和提高受损文件的恢复能力

全新的Microsoft Office PowerPoint XML压缩格式可使文件大小显著减小，同时由于此格式的体系结构特点，还能够提高受损文件的数据恢复能力。

15.2 上机练习——制作“环境保护”演示文稿

本例介绍“环境保护”演示文稿的制作，效果如图15-3所示。本例知识点为设置背景格式、插入图片、文字和艺术字，以及对它们的修饰。

图15-3　环境保护效果

实战演练270——制作“环境保护”演示文稿

最终文件	dir\最终文件\cha15\制作“环境保护”演示文稿.pptx
视频文件	Movie\15-01.avi

1 启动PowerPoint 2010软件，创建一个新的演示文稿界面，将页面上所有的占位符删除。

技巧

单击占位符的控制点，可以选中占位符，选中后按Delete键即可删除占位符。

2 在空白界面处右击鼠标，在弹出的快捷菜单中选择【设置背景格式】命令，在打开的【设置背景格式】对话框中选择【填充】中的【图片或纹理填充】选项，然后单击【文件】按钮，如图15-4所示。

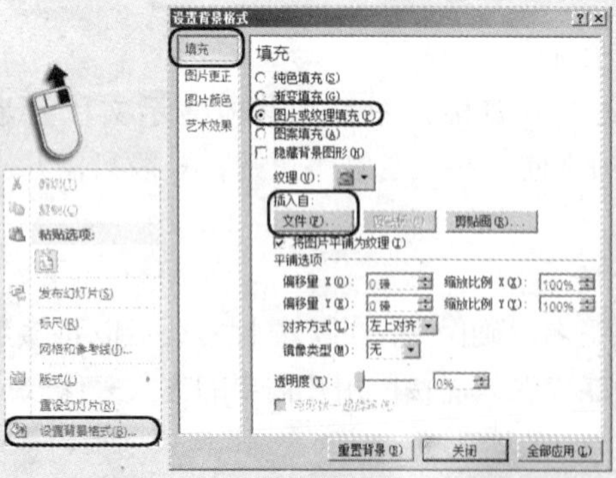

图15-4　【设置背景格式】对话框

3 在弹出的【插入图片】对话框中找到随书光盘中的“dir\素材\Cha15\2.jpg”素材文件，单击【插入】按钮右侧的▾按钮，在弹出的下拉菜单中选择【插入和链接】命令，如图15-5所示。将图片插入到文档中，作为背景图片。

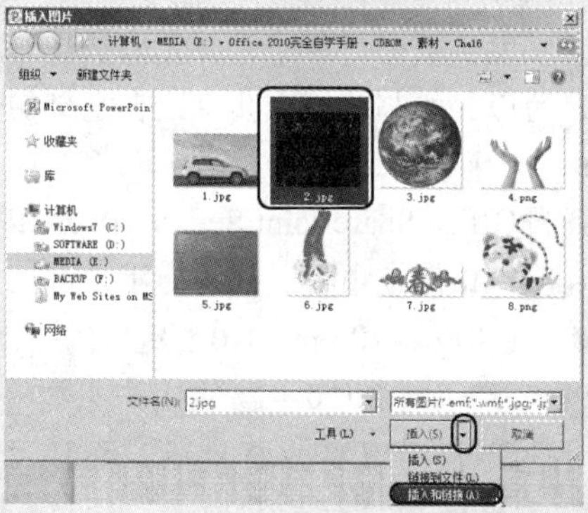

图15-5　【插入图片】对话框

4 在【插入】选项卡|【图像】组中单击【图片】按钮，在弹出的【插入图片】对话框中选择随书光盘中的“dir\素材\Cha15\3.jpg”素材文件，单击【插入】按钮右侧的▾按钮，在弹出的下拉菜单中选择【插入和链接】命令，如图15-6所示，将图片插入到文档中。

5 单击【图片工具】|【格式】选项卡|【调整】组|【颜色】按钮，在弹出的下拉菜单中选择【设置透明色】命令，然后单击插入图片的白色背景，如图15-7所示。

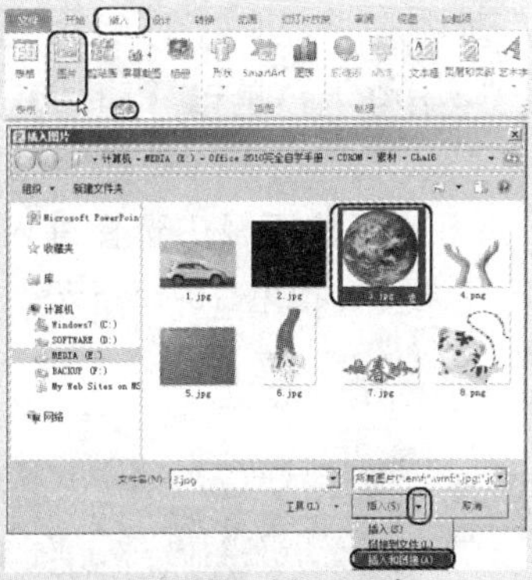

图15-6　插入图片

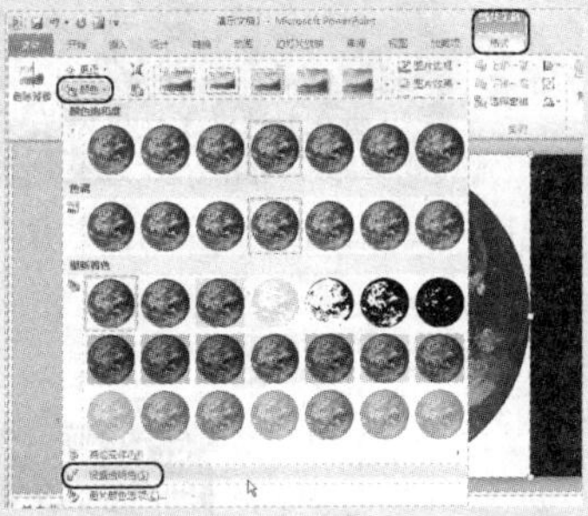

图15-7　设置透明色

6 单击【插入】选项卡|【图像】组|【图片】按钮，在弹出的【插入图片】对话框中选择随书光盘中的“dir\素材\Cha15\4.png”素材文件，单击【插入】按钮右侧的▾按钮，在弹出的下拉菜单中选择【插入和链接】命令，如图15-8所示，将图片插入到文档中。

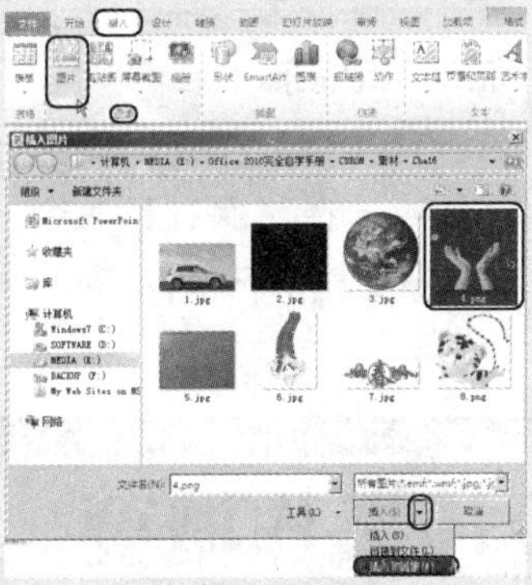

图15-8　插入图片

7 将插入的图片进行大小和位置的调整，然后在图片上单击鼠标右键，在弹出的快捷菜单中选择【置于底层】命令，如图15-9所示。

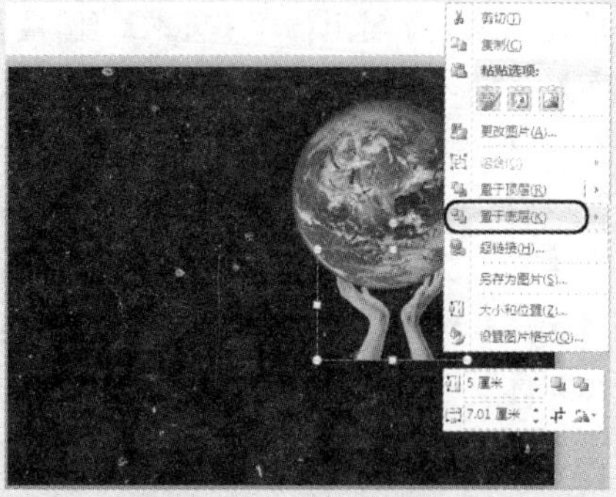

图15-9　调整图片

8 单击【插入】选项卡|【文本】组|【文本框】按钮，在弹出的下拉菜单中选择【垂直文本框】命令，在幻灯片中拖曳绘制文本框，如图15-10所示。将文字输入到文本框中，在【开始】选项卡|【字体】组中，设置【字体】为“华文行楷”，设置【字号】为24，设置【字体颜色】为“橄榄色，强调文字颜色3，淡色80%”，如图15-11所示。然后调整文本框的位置。

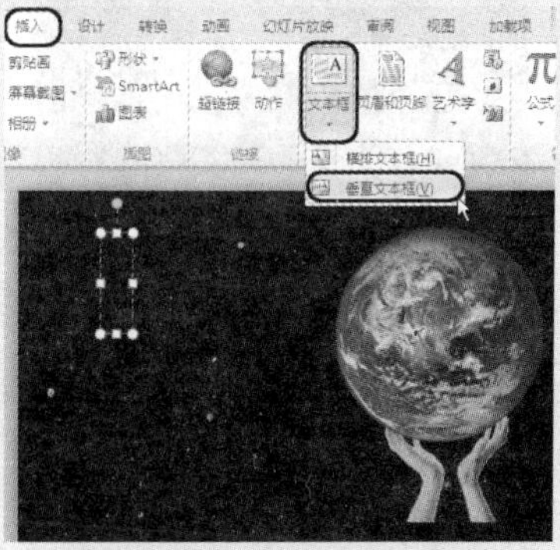

图15-10　插入竖排文本框

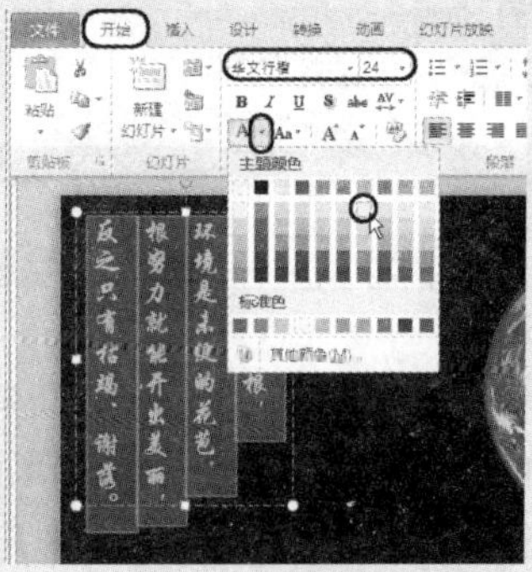

图15-11　设置文本格式

9 单击【插入】选项卡|【文本】组|【艺术字】按钮，在弹出的下拉面板中选择“填充-橄榄色，强调文字颜色3，轮廓-文本2”样式，如图15-12所示。在艺术字文本框中输入文本并选中，在【开始】选项卡|【字体】组中，设置【字体】为“方正楷体简体”，设置【字号】为50，并调整艺术字文本框的位置，如图15-13所示。

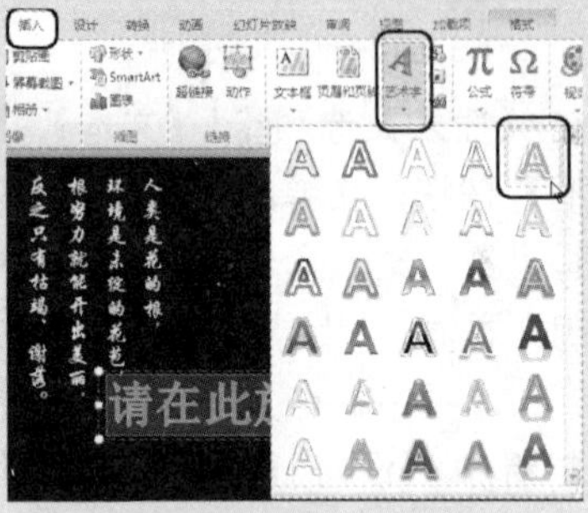

图15-12　插入艺术字

图15-13　设置艺术字格式

10 在【幻灯片】选项卡中选择“幻灯片1”，单击【转换】选项卡|【切换到此幻灯片】组|【分割】按钮，如图15-14所示。

11 选中插入到幻灯片中的图片“3.jpg”，单击【动画】选项卡|【动画】组|▾（其他）按钮，在弹出的下拉面板中选择进入效果为“淡出”，如图15-15所示。

图15-14　设置幻灯片动画效果

图15-15　设置图片进入样式

12 按照步骤11的方法，将图片“4.png”、文字和艺术字的进入效果分别设置为“浮入”、“擦除”和“随机线条”。

13 单击【文件】按钮，在弹出的下拉菜单中选择【保存】命令，将制作的场景文档进行保存。

15.3　PowerPoint 2010操作概要

Office中的 PowerPoint 2010 有一个全新的外观，这是一种新的用户界面（UI），它用一种简单而又显而易见的机制替代了早期版本 PowerPoint 中的菜单、工具栏和大部分任务窗格。这个新的用户界面能帮助用户更高效地使用 PowerPoint、更容易找到完成各种任务的相应功能、发现新功能并且效率更高。

15.3.1 功能区

PowerPoint 2010 中用来替代菜单和工具栏的主要替代对象是功能区。为了便于浏览，功能区包含多个围绕特定方案或对象进行组织的选项卡。每个选项卡上的控件进一步组织成多个组。功能区可比菜单和工具栏承载更加丰富的内容，包括按钮、图片库和对话框内容，如图15-16所示。

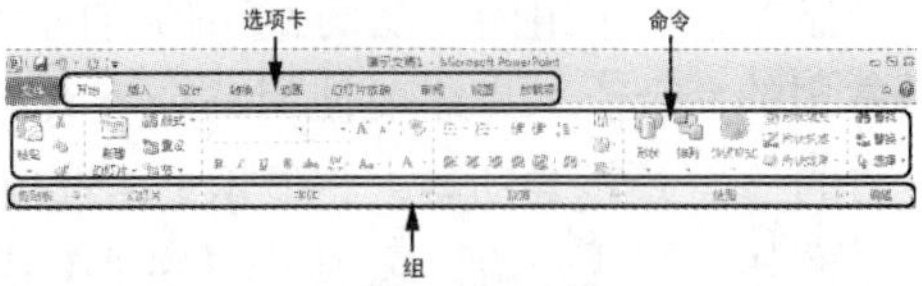

图15-16 功能区

15.3.2 功能区选项

- 选项卡：将一种类型的活动（功能）组织在一起形成选项卡，选项卡下包含若干个选项组。
- 组：将选项卡下完成某一类功能的命令组织在一起形成组。
- 命令按钮：命令被组织到组中，组集中在选项卡下。

除了每次启动PowerPoint 2010 时在功能区上所看到的标准选项卡集之外，还有另外两种选项卡，它们只用于用户当前执行的任务类型时才会出现在界面上。

- 上下文工具：使用户能够操作在页面上选择的对象，如表、图片或绘图。单击对象时，相关的上下文选项卡集以强调文字颜色出现在标准选项卡的旁边，如图15-17所示。

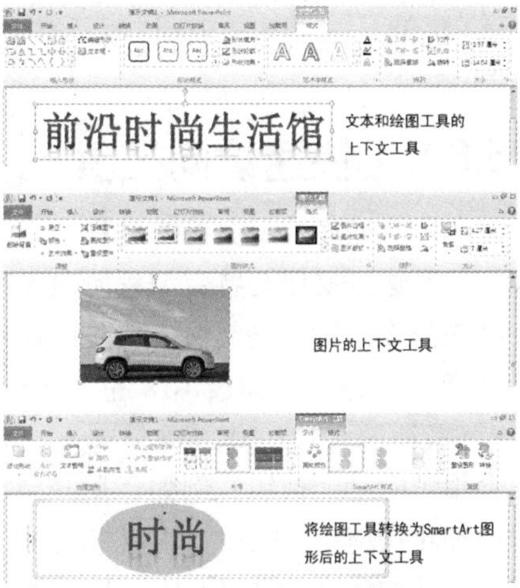

图15-17 上下文工具

实战演练271——选择上下工具

1 选择演示文稿中的某个对象。

2 适用的上下文工具的名称将以强调文字颜色出现，上下文选项卡将出现在标准选项卡的旁边。

3 上下文选项卡提供用于处理所有项目的控制。

15.3.3 显示“库”

对于某些设置，如形状样式、艺术字类型或动画效果。PowerPoint中包括许多选项，但功能区上只显示了少数几个选项。要查看完整的列表，单击按钮，即可显示更多列表选项，如图15-18所示。

要预览应用效果，可将鼠标指针悬停在库缩略图上。如果不喜欢该形状或动画效果，无需执行撤销操作，只需将鼠标悬停在其他缩略图上，然后单击要应用的缩略图即可。

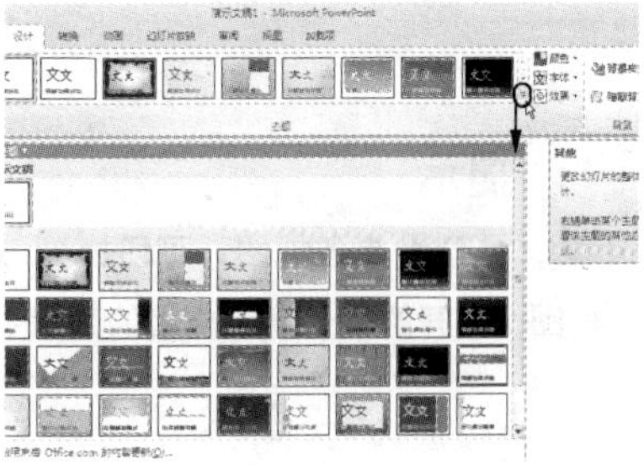

图15-18 显示列表（库）

15.3.4 使用高级选项

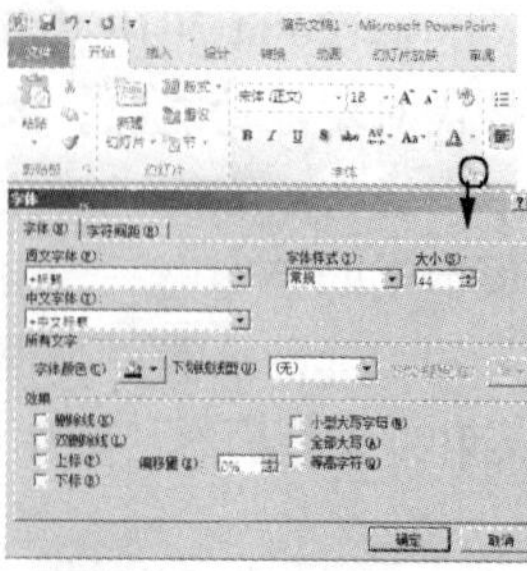

图15-19 显示高级选项

显然，一个组内无法容纳下所有的命令和选项，只能显示一些最常用的命令。如果需要使用一个不太常用的命令，单击位于组右下方的对话框启动器，将显示更多选项。

例如，在【开始】选项卡|【字体】组中显示了字体和字号、加粗、倾斜、颜色等常用的格式设置按钮。如果需要使用其他类型的格式设置功能，如上标，可单击该组内的对话框启动器．打开【字体】对话框，如图15-19所示。

当用户在幻灯片上执行操作，而该操作可能调用某个组内的命令时，该组内将出现箭头。例如，如果在幻灯片上的文本占位符内单击，则【开始】选项卡中包含与处理文本有关命令的每个组内都将出现箭头。

15.3.5 快速访问工具

图15-20 将命令添加到快速访问工具栏中

图15-21 添加到快速访问工具栏中的命令

在用户处理演示文稿的过程中，可能会执行某些常见的或重复性的操作，而这些操作与特定流程阶段无关，例如，保存文件或撤销不需要的某些操作。对于这类情况，可以使用快速访问工具栏。该工具栏位于功能区左上方。由为数不多的一组按钮组成，其中包含（保存）、（撤消键入）、（恢复键入）命令。用户可根据需要添加自己经常会用到的功能按钮。例如，用户经常使用【图片】命令。可按如下步骤添加此快速访问按钮：用鼠标右击【图片】命令按钮，在快捷菜单中选择【添加到快速访问工具栏】命令，如图15-20所示。即可将插入【图片】功能按钮添加到快速访问工具栏，如图15-21所示。

15.3.6 更改视图

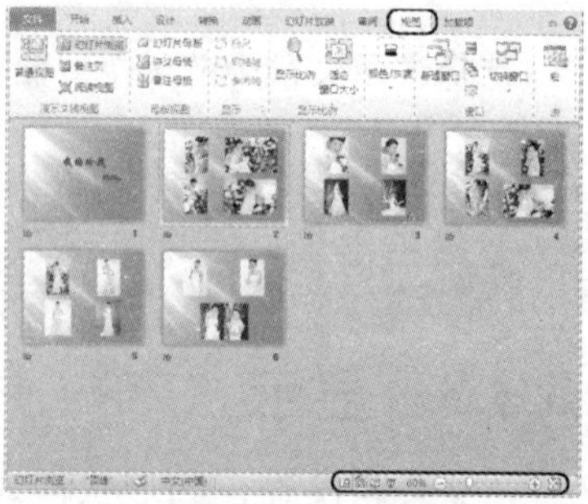

图15-22 幻灯片浏览

在PowerPoint 2010中经常需要更改视图。切换视图常用的（普通视图）按钮、（幻灯片浏览视图）按钮、（阅读视图）按钮和（幻灯片放映视图）按钮位于窗口的右下角。在切换视图按钮后还有缩放滑块以及一个使幻灯片在放大和缩小后重新适应窗口大小的按钮。图15-22所示为单击幻灯片浏览视图按钮时的显示效果。

提示

要查看更多视图，可切换到【视图】选项卡，其中包含了所有的视图，如备注页视图、母版视图、打开的其他演示文稿的列表等。

15.4 上机练习——制作“新年贺卡”演示文稿

本例介绍如何利用PowerPoint来制作“新年贺卡”演示文稿，效果如图15-23所示。本例知识点为插入图片、调整图片透明度、插入艺术字、设置动画效果。

图15-23　新年贺卡效果

实战演练272——制作“新年贺卡”演示文稿

最终文件	dir\最终文件\cha15\制作“新年贺卡”演示文稿.pptx
视频文件	Movie\15-02.avi

1 启动PowerPoint 2010软件，系统自动新建一个演示文稿，如图15-24所示。

图15-24　新建演示文稿

2 在【幻灯片】选项卡中选择“幻灯片1”，并在该幻灯片上单击鼠标右键，在弹出的下拉菜单中选择【版式】中的“空白”选项，如图15-25所示。

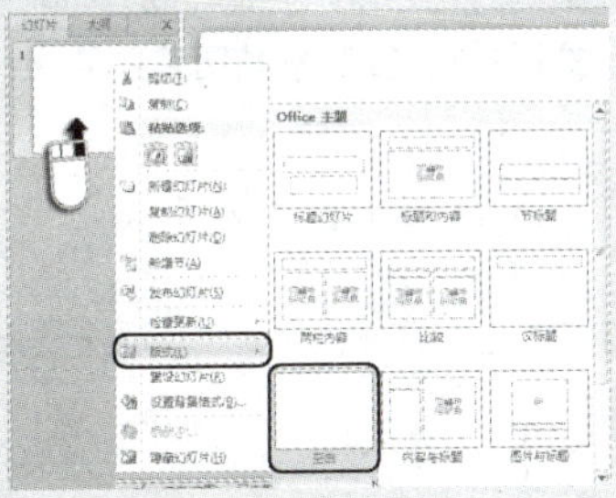

图15-25　设置幻灯片版式

3 单击【插入】选项卡|【图像】组|【图片】按钮，在弹出的【插入图片】对话框中选择随书光盘中的“dir\素材\Cha15\5.jpg”素材文件，单击【插入】右侧的小三角按钮，在弹出的下拉菜单中选择【插入和连接】命令，如图15-26所示。插入后并调整图片的大小和位置，调整后的效果如图15-27所示。

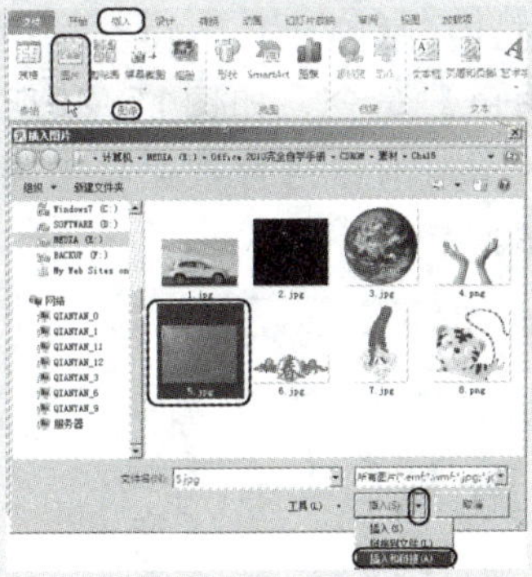

图15-26　插入图片

图15-27　调整后的效果

4 单击【插入】选项卡|【图像】组|【图片】按钮，在弹出的【插入图片】对话框中选择“dir\素材\Cha15\6.jpg”素材文件，单击【插入】按钮右侧的小三角按钮，在弹出的下拉菜单中选择【插入和连接】命令，如图15-28所示。

图15-28　插入图片

5 选中插入的图片，然后选择【图片工具】|【格式】选项卡，在【调整】组中选择【颜色】下拉菜单中【设置透明色】命令，如图15-29所示。在插入图片的白色背景上单击将背景色删除。

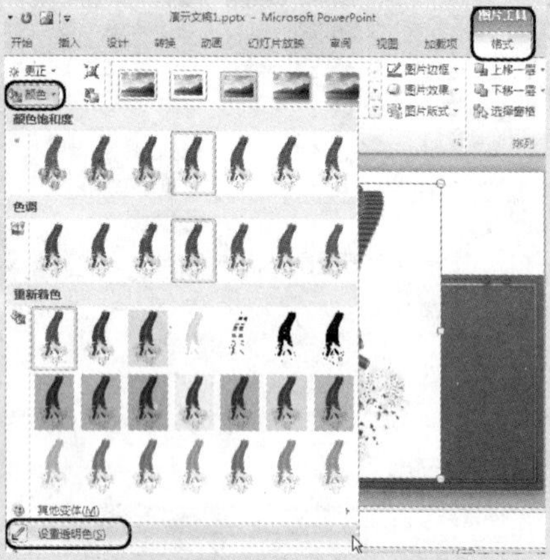

图15-29　选择【设置透明色】命令

6 设置完图片的透明色后，调整图片的位置到幻灯片的右上角，然后选择【图片工具】|【格式】选项卡，在【排列】组中选择【旋转】下拉菜单中的【其他旋转选项】命令，弹出【设置图片格式】对话框，在该对话框中选择【大小】选项卡，在【尺寸和旋转】选项组中设置【旋转】为25°，设置完成后单击【关闭】按钮，如图15-30所示。

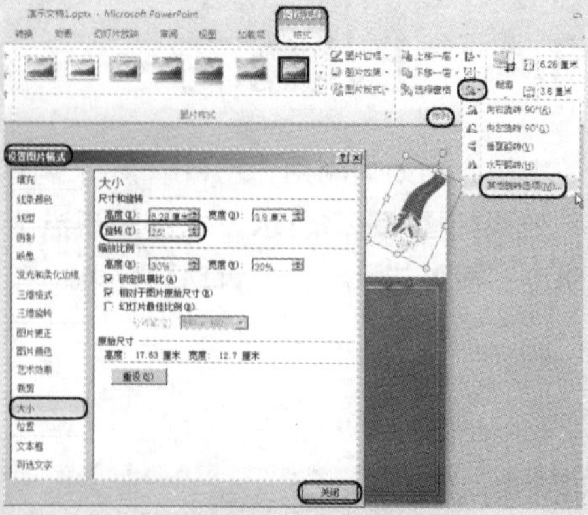

图15-30　设置图片的旋转角度

7 选择调整好的图片，按Ctrl+C键对其进行复制，然后按Ctrl+V键对其进行粘贴，将复制出的图片拖曳到左上角，如图15-31所示。然后选择【图片工具】|【格式】选项卡，在【排列】组中选择【旋转】下拉菜单中的【水平翻转】命令，如图15-32所示，最后对图片进行微调。

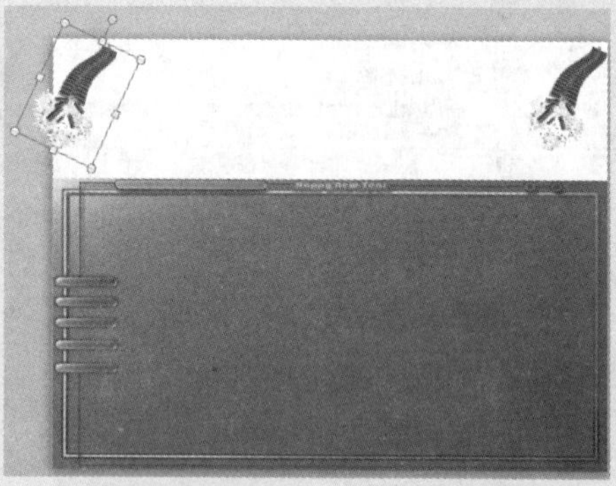

图15-31　复制粘贴图片的效果

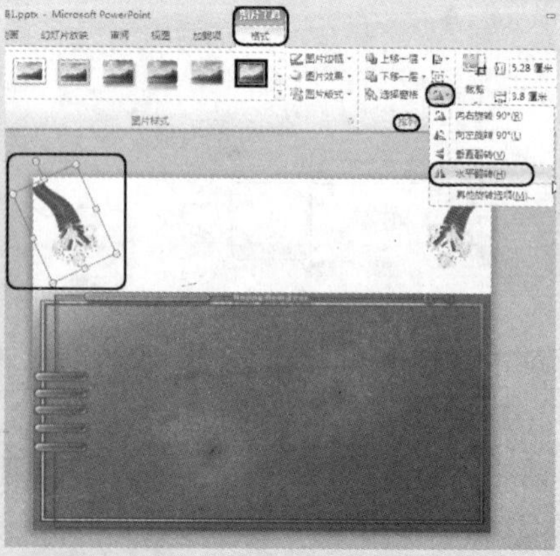

图15-32　设置图片的旋转角度

8 按照步骤4和步骤5的方法将素材图片“7.jpg”插入到幻灯片中，并为图片执行【设置透明色】命令，最后调整图片的大小和位置，效果如图15-33所示。

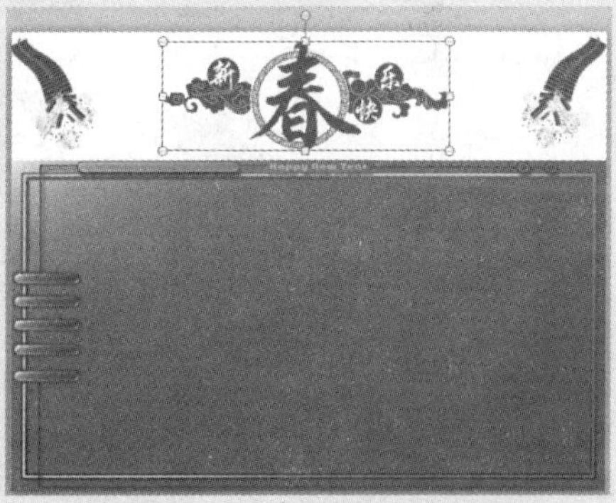

图15-33　插入并调整图片的效果

9 选择【插入】选项卡，在【文本】组中单击【文本框】按钮，在弹出的下拉菜单中选择【垂直文本框】命令，在幻灯片中拖曳绘制文本框，如图15-34所示。

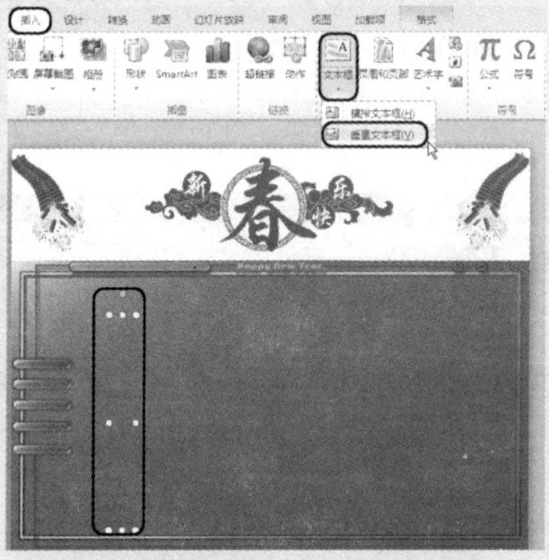

图15-34　插入垂直文本框

10 在文本框中输入文字并选中，在【开始】选项卡|【字体】组中，设置【字体】为“方正行楷简体”，设置【字号】为48，设置【字体颜色】为“黄色”，如图15-35所示。

11 按照步骤9和步骤10的方法插入文本并设置。

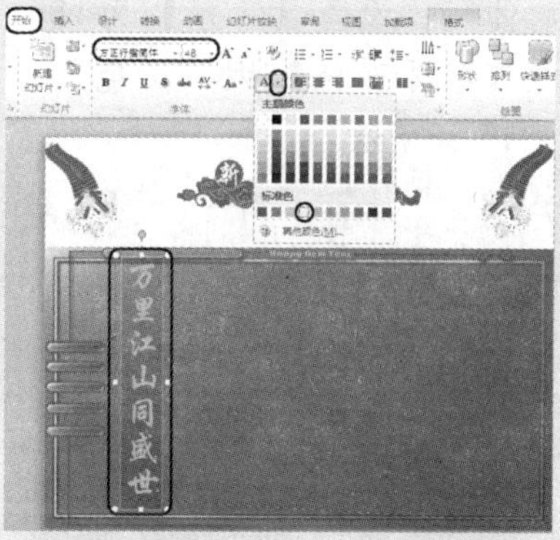

图15-35　设置文本格式

12 选择【插入】选项卡，在【图像】组中单击【图片】按钮，弹出【插入图片】对话框，在该对话框中选择随书光盘中的“dir\素材\Cha15\8.png”素材文件，然后单击【插入】按钮右侧的小三角按钮，在弹出的下拉菜单中选择【插入和连接】命令，如图15-36所示，然后调整图片的大小和位置。

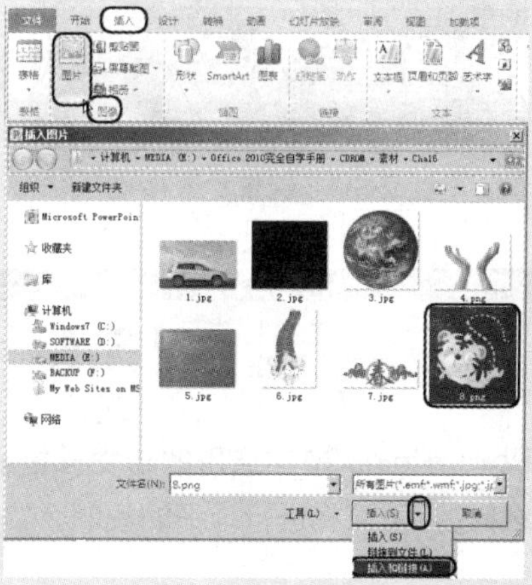

图15-36　插入图片

13 选择【插入】选项卡，在【文本】组中单击【文本框】按钮，在弹出的下拉菜单中选择【横排文本框】命令，在幻灯片中拖曳绘制文本框，如图15-37所示。

14 在文本框中输入文字并选中，选择【开始】选项卡，在【字体】组中设置【字体】为“方正行楷简体”，设置【字号】为48，设置【字体颜色】为“黄色”，如图15-38所示。

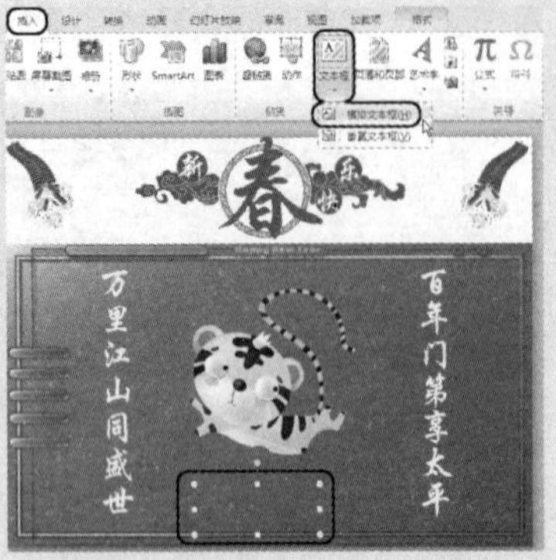

图15-37　插入横排文本框

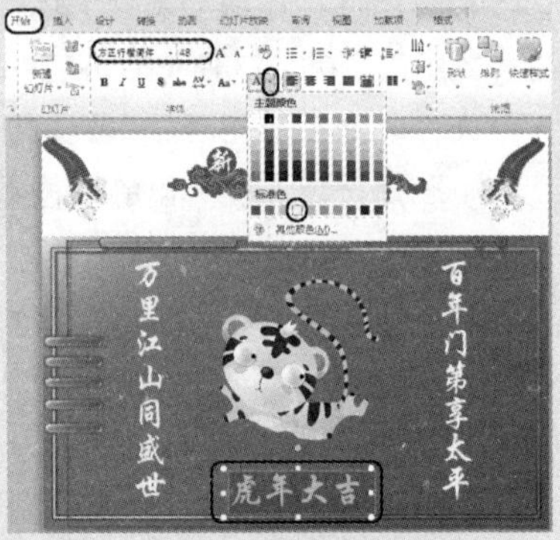

图15-38　设置文本格式

15　选择“图片5.jpg”，单击【动画】选项卡|【动画】组中的▾按钮，在弹出的下拉面板中选择“淡出”方式，如图15-39所示。

图15-39　设置动画效果

16　根据自己的喜好按照步骤15的方法为其他图片和文本框设置动画效果。

17　选择【文件】|【保存】命令，将文档进行保存。至此，完成本实例的制作。

15.5　新文件格式

PowerPoint 2010启用的新文件格式为*.pptx。这种新的文件格式有什么意义呢?需要注意什么问题?下面将进行详细的说明。

15.5.1　新格式的优点

PowerPoint 2010所采取的新文件格式是新增的Microsoft Office Open XML Formats的一部分，基于XML（可扩展标记语言）编程语言。但用户不必深入理解XML，只需知道新格式增强了PowerPoint的功能即可。下面列举了采取新格式的文件所具有的主要优点。

- 演示文稿更加安全：更易于识别和阻止包含不需要代码、宏或控件的演示文稿。
- 减小了文件大小：自动压缩演示文稿。
- 信息安全性提高：更易于删除个人和商业敏感信息。
- 改进了损坏文件的恢复：文件即使有一部分损坏也可以打开。
- 更易于集成：演示文稿内容可以与其他程序共享，并可以在其他程序中打开。

15.5.2 将演示文稿保存为新文件格式

PowerPoint会自动将新演示文稿保存为新格式。用户可以通过查看“另存为”对话框来确定文件是使用什么格式保存的。选择【文件】|【另存为】命令即可显示该对话框，如图15-40所示。

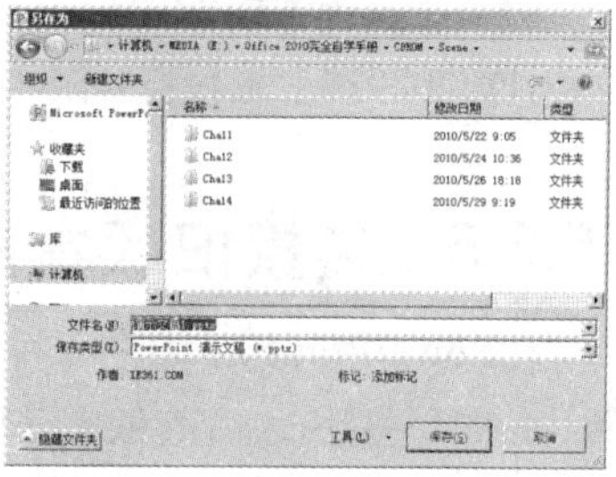

图15-40 【另存为】对话框

在【另存为】对话框的【保存类型】下拉列表框中，默认情况下为新文件格式。该格式称为“PowerPoint演示文稿(*.pptx)”。以新格式保存的、包含文件扩展名的演示文稿名应类似于“年度报告*.pptx”。

提示

如果将Windows设置为隐藏文件扩展名（通过“文件夹选项”对话框），则文件扩展名将被隐藏，如“PowerPoint演示文稿”。

15.5.3 打开早期PowerPoint文档

假如用户刚刚以新格式保存了演示文稿，但有人需要使用它，而这个人使用的是早期版本的PowerPoint，他能否打开这个PowerPoint 2010文件呢?

假如他使用的是PowerPoint 2003，当单击这个演示文稿打开时，如果Office 2003安装包含最新的Service Pack和更新，那么系统将询问是否想要下载可用来打开该演示文稿的转换器，如图15-41所示。反之，如果用户要打开其他用户用PowvrPoint 2003制作的演示文稿，结果会如何呢?

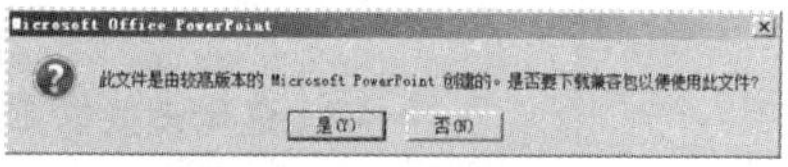

图15-41 更新显示

PowerPoint 2010兼容以前的演示文稿格式，所以可以打开、编辑该演示文稿并以PowerPoint 2010所支持的新格式保存它。

该转换器的正式名称为适用于Word 2010、Excel 2010和PowerPoint 2010文件格式的Microsoft Office兼容包，它由Microsoft公司免费提供。

15.5.4 保存文稿为旧版本格式

如果有用户需要使用PowerPoint 2010文件，但又没有PowerPoint 2010或用于打开PowerPoint 2010文件的兼容包，那么应将其保存为旧版本格式。

如果演示文稿保存为旧版本格式，则只在新版本格式中支持的图形将变为一个对象，类似于一张图片，因此无法编辑。

在PowerPoint 2003中打开此文件的用户将看到具有最佳保真度的PowerPoint 2010图形。可以为图形添加背景填充色，或应用其他图片类型的命令并调整其大小。但无法处理其任何组成部分来更改其布局、文本、形状样式或外观。

如果图形基本上没有被使用旧版PowerPoint的用户改动，则它将保留其所有的PowerPoint

2010属性。因此，当在PowerPoint 2010中重新打开时，它将是完全可编辑的。

如果在旧版本中对图形进行了更改，例如进行了图片修饰，则它将变成一个对象，因而在PowerPoint 2010中重新打开时无法编辑。

15.5.5 转换旧版本格式

在PowerPoint 2010中，将早期演示文稿保存为新版本格式的一种方法是应用【转换】命令，如图15-42所示。其效果是PowerPoint对早期演示文稿执行“就地”替换，将其转换为新版本格式。这样早期格式的文件将不再存在。

要使用【转换】命令，应打开演示文稿，选择【文件】|【转换】命令，在弹出的【另存为】对话框中单击【确定】按钮，如图15-43所示。

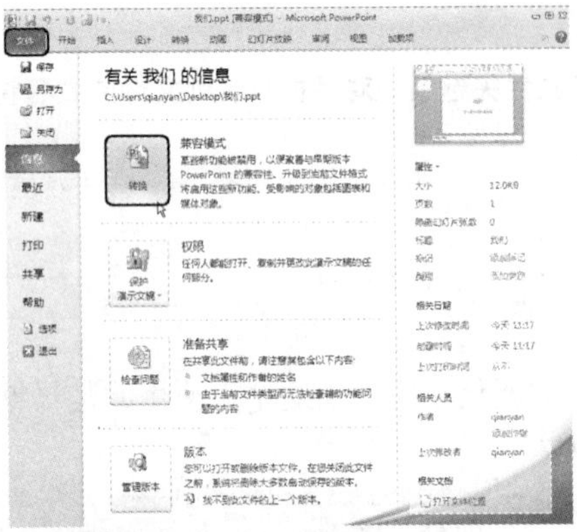

图15-42 选择转换命令

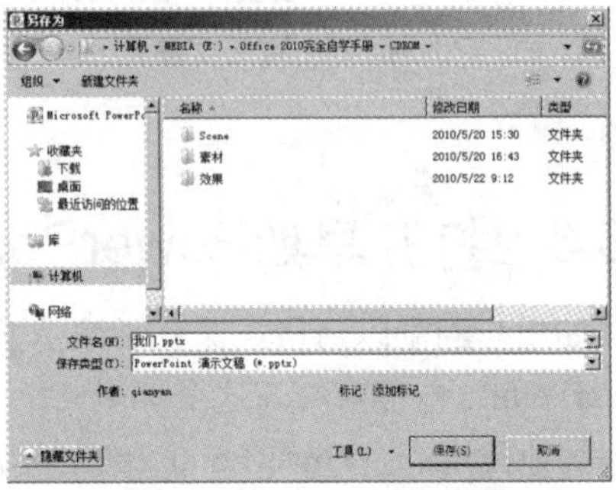

图15-43 【另存为】对话框

15.6 上机练习——制作“工作简报”幻灯片

本例介绍一份简单的“工作简报”幻灯片的制作，效果如图15-44所示。本例知识点为新建幻灯片、设置背景格式、设置项目符号、插入声音。

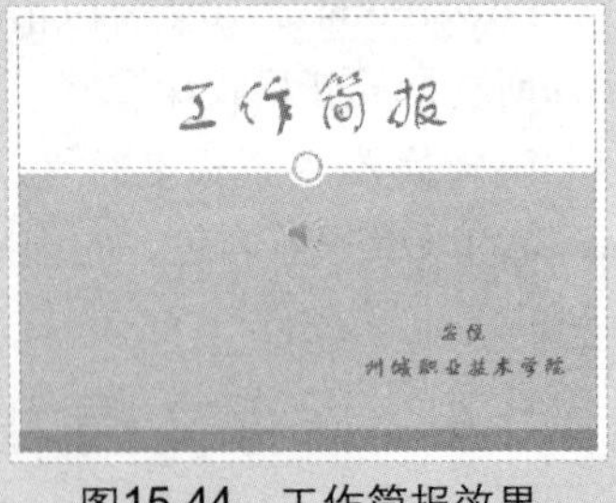

图15-44 工作简报效果

实战演练273——制作“工作简报”幻灯片

最终文件	dir\最终文件\cha15\制作“工作简报”幻灯片.pptx
视频文件	Movie\15-03.avi

1 打开PowerPoint 2010软件，系统会自动生成一个标题幻灯片。

2 选择【设计】选项卡，在【主题】组中单击▾按钮，在弹出的下拉面板中选择“市镇”主题，如图15-45所示。选择主题后的效果如图15-46所示。

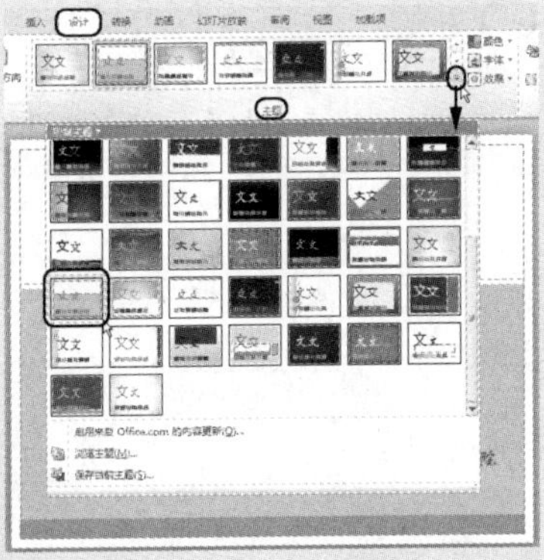

图15-45 设置主题

图15-46 设置主题颜色

3 在“单击此处添加标题”占位符中输入标题“工作简报”，在【开始】选项卡|【字体】组中将【字体】设置为“方正舒体（标题）”，【字号】设置为88，如图15-47所示。

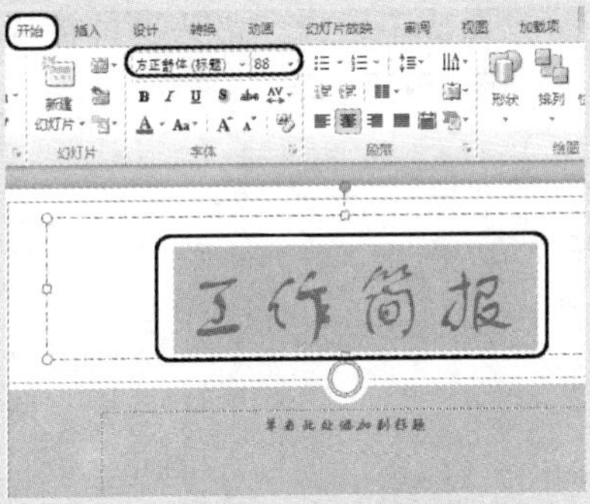

图15-47 设置标题格式

4 在“单击此处添加副标题”占位符中输入文字，选中文字，选择【开始】选项卡，在【字体】组中将【字体】设置为“方正舒体（正文）”，【字号】设置为28，如图15-48所示。

图15-48 设置副标题格式

5 为标题设置动画。选中标题“工作简报”，选择【动画】选项卡，在【动画】组中单击▾按钮，在弹出的下拉面板中选择“飞入”方式，如图15-49所示。

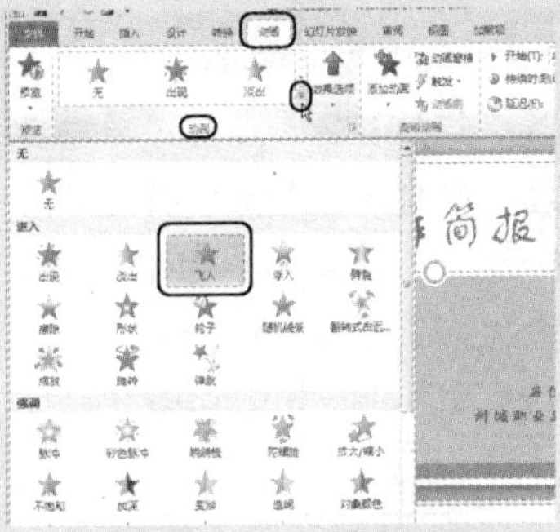

图15-49 设置标题动画

6 选择副标题，选择【动画】选项卡，在【动画】组中单击▾按钮，在弹出的下拉面板中选择“擦除”方式，如图15-50所示。

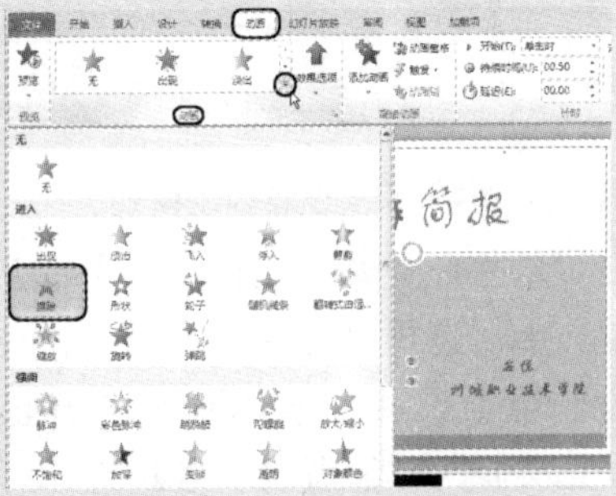

图15-50 设置副标题动画

提示

PowerPoint的动画功能非常丰富，用户可以分别将每种动画效果应用到具体的实例中来试验一下。

7 选择【开始】选项卡，在【幻灯片】组中单击 新建幻灯片 按钮，在弹出的下拉面板中选择“标题幻灯片”，如图15-51所示，新建“幻灯片2”

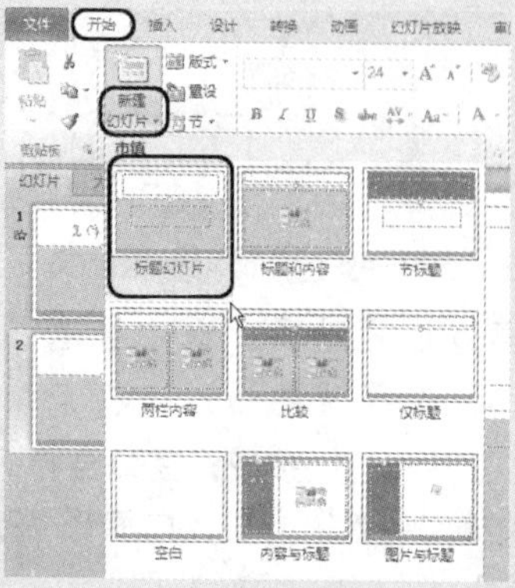

图15-51 新建幻灯片

8 选择“幻灯片2”，在“单击此处添加标题”中输入标题文字并选中，在【开始】选项卡|【字体】组中，将【字体】设置为“方正舒体（标题）”，【字号】设置为66，如图15-52所示。

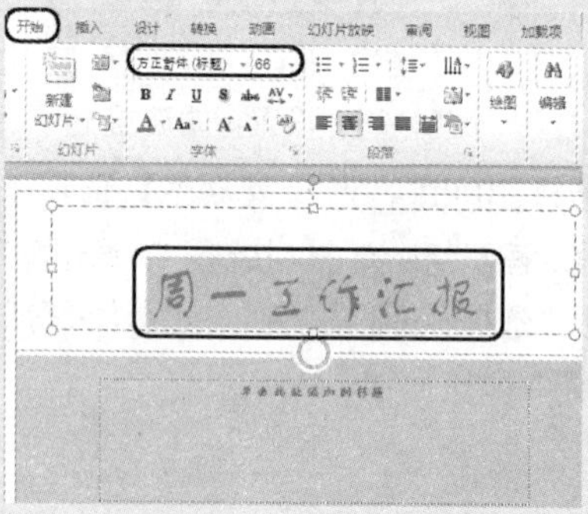

图15-52 设置标题格式

9 在“单击此处添加副标题”中输入文字并选中，选择【开始】选项卡，在【字体】组中设置【字体】为“方正舒体（正文）”，设置【字号】为32，对文本框进行相应调整，如图15-53所示。

10 选择【插入】选项卡，在【文本】组中单击【文本框】按钮，在弹出的下拉菜单中选择【横排文本框】命令，在幻灯片的下方插入文本框，如图15-54所示。

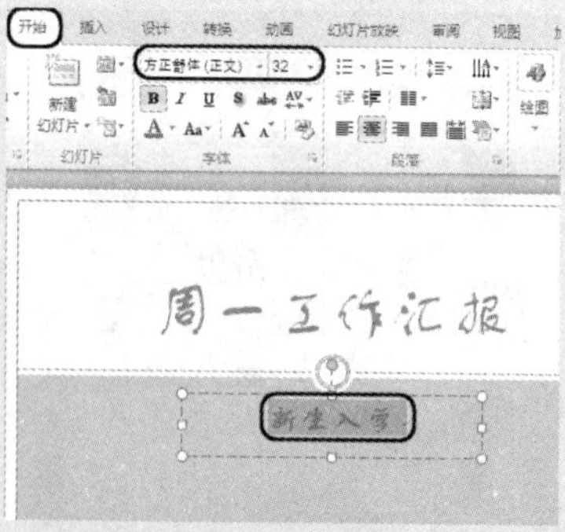

图15-53 设置副标题格式

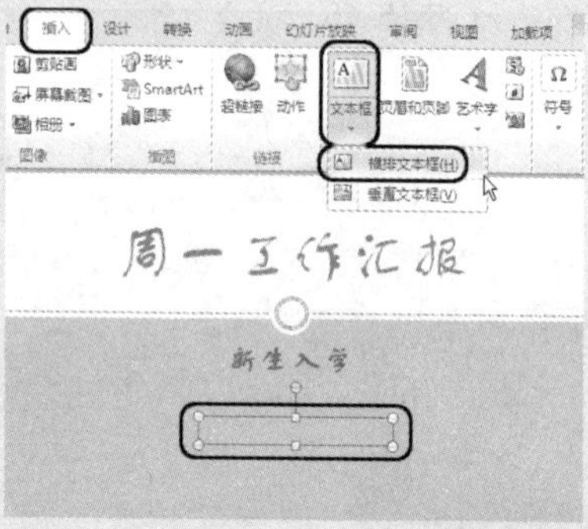

图15-54 插入文本框

11 在文本框中输入文字并选中，在【开始】选项卡|【字体】组中，将【字体】设置为“方正隶书简体”，【字号】设置为28，在【段落】组中单击 按钮，在弹出的下拉面板中选择“箭头项目符号”，如图15-55所示。

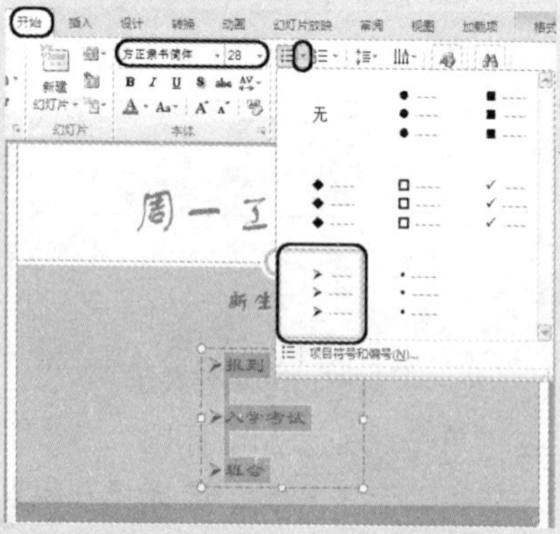

图15-55 设置文本格式

12 为标题设置动画。选中标题，选择【动画】选项卡，在【动画】组中单击按钮，在弹出的下拉面板中选择“形状”方式，如图15-56所示。

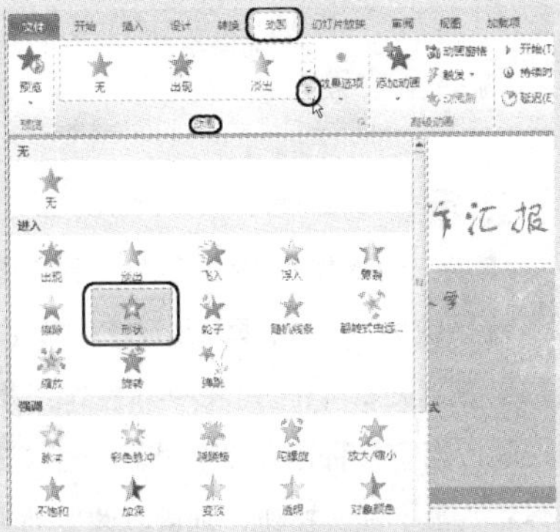

图15-56　设置标题动画

13 选择副标题，选择【动画】选项卡，在【动画】组中单击按钮，在弹出的下拉面板中选择“轮子”方式，如图15-57所示。

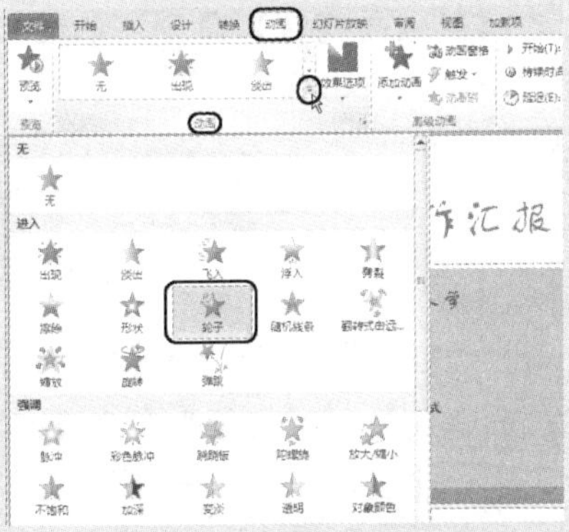

图15-57　设置副标题文字

14 选中文本框，选择【动画】选项卡，在【动画】组中单击按钮，在弹出的下拉面板中选择“随机线条”方式，如图15-58所示。

15 在【幻灯片】选项卡中选择“幻灯片2”，并单击鼠标右键，在弹出的快捷菜单中选择【复制幻灯片】命令，如图15-59所示，复制出“幻灯片3”。

16 选中“幻灯片3”，将标题文字改为“周二工作汇报”，选中文字，在【开始】选项卡|【字体】组中，将【字体】设置为“方正舒体（标题）”，【字号】设置为66，如图15-60所示。

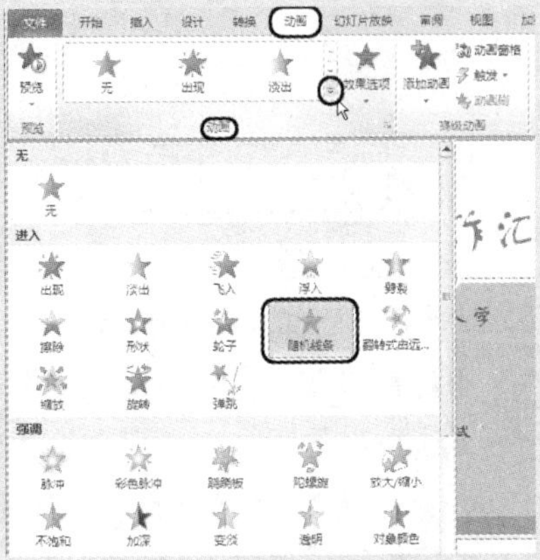

图15-58　设置文本框动画

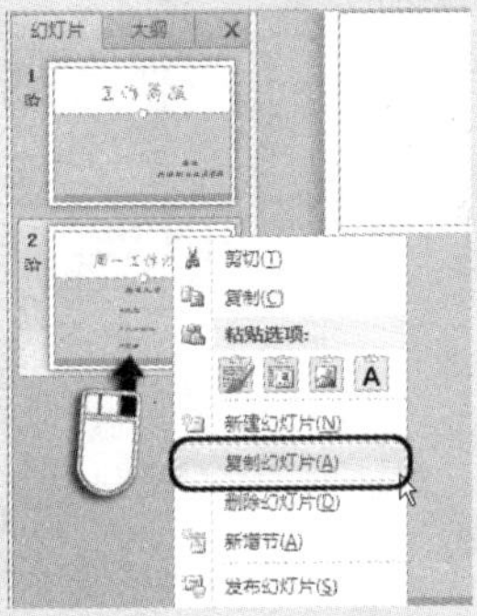

图15-59　复制幻灯片

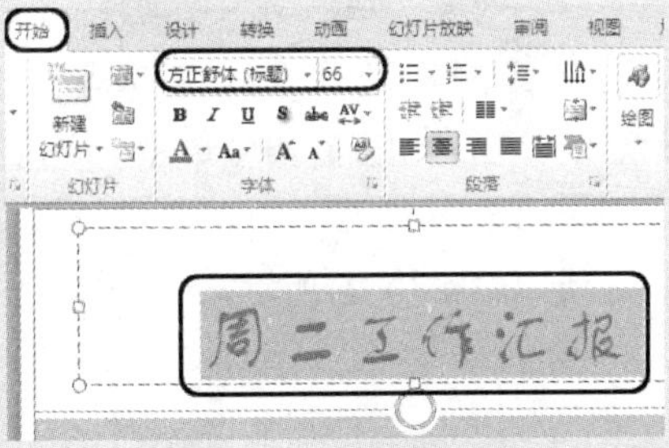

图15-60　设置标题文字格式

17 选择文本框占位符，按Delete键将其删除。将副标题占位符中的文字改为“参加开学典礼”，选中文字，选择【开始】选项卡，在【字体】组中将【字体】设置为“方正舒体（正文）”，【字号】设置为40，并调整文本框位置，如图15-61所示。

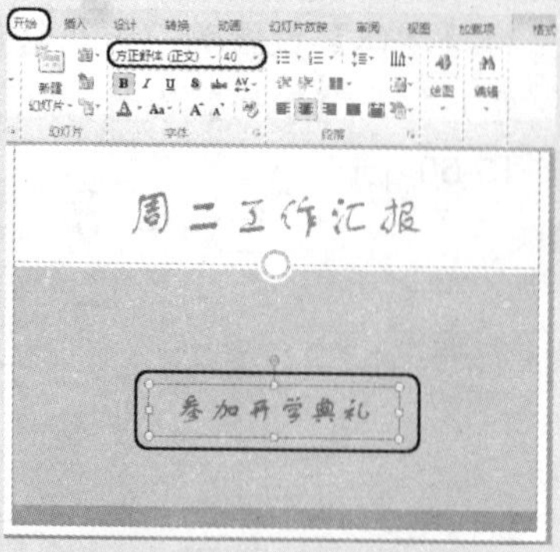

图15-61　设置副标题格式

18 为标题设置动画。选中标题，选择【动画】选项卡，在【动画】组中单击▾按钮，在弹出的下拉面板中选择“翻转式由远及近”方式，如图15-62所示。

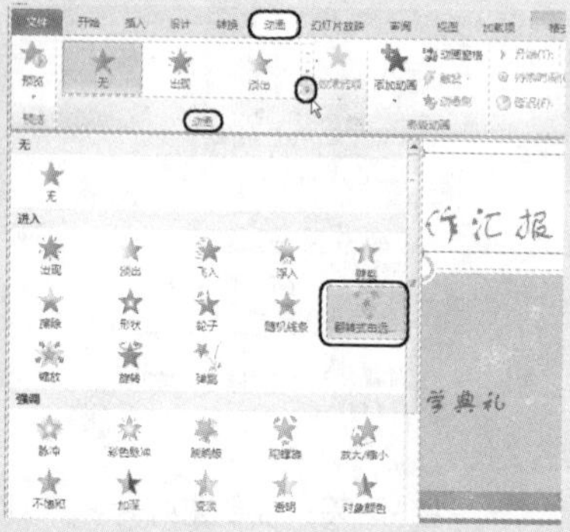

图15-62　设置标题文字动画

19 选择副标题，选择【动画】选项卡，在【动画】组中单击▾按钮，在弹出的下拉面板中选择“弹跳”方式，如图15-63所示。

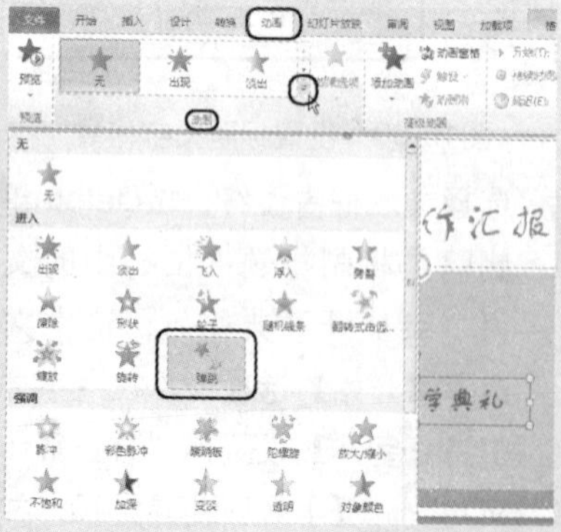

图15-63　设置副标题动画

20 按照上面讲述的方法将“幻灯片3”、“幻灯片4”、“幻灯片5”制作完成，并根据自己的喜好为其设置动画效果。

提示

如果一个幻灯片中为多个元素设置了动画效果或为一个元素设置了多种动画方案，则在自定义动画列表中都会作出相应的说明。当有多种动画效果时，单击【重新排列】的上下箭头按钮，则可以改变动画的顺序。

21 为幻灯片插入声音。选择【插入】选项卡，在【媒体】组中单击【音频】按钮，在弹出的下拉菜单中选择【剪贴画音频】命令，如图15-64所示。

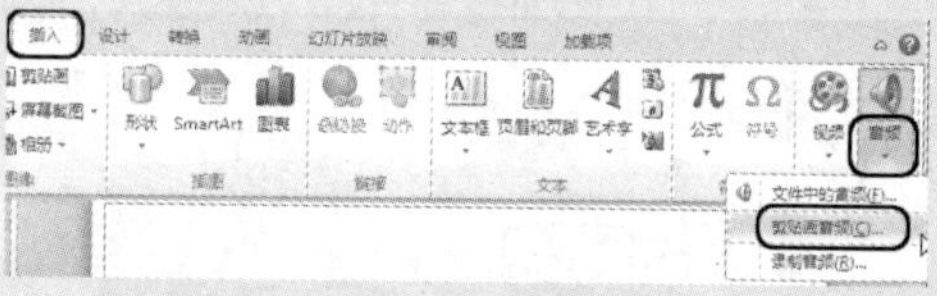

图15-64 选择 【剪贴画音频】命令

22 在弹出的【剪贴画】任务窗格中选择一个音频文件，对其进行单击，将其插入到幻灯片中，如图15-65所示，关闭【剪贴画】任务窗格。

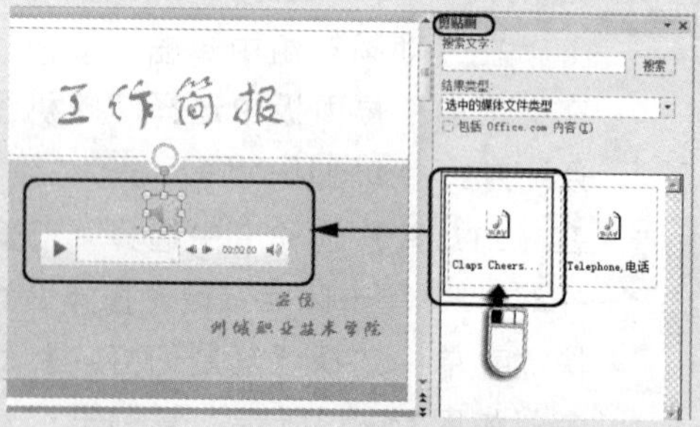

图15-65　选择插入的音频文件

23 选择【动画】选项卡，单击【高级动画】组|【动画窗格】按钮，弹出【动画窗格】任务窗格，在该任务

窗格中单击声音右侧的下拉按钮，在弹出的下拉菜单中选择【效果选项】命令，如图15-66所示。

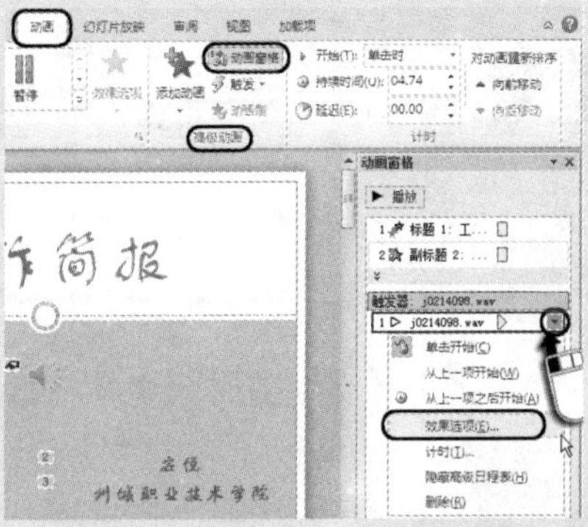

图15-66　选择【效果选项】命令

24 在弹出的【播放音频】对话框中选择【效果】选项卡，勾选【开始播放】选项组|【开始时间】单选按钮，在【停止播放】选项组中勾选【在（F）：】单选按钮，并在其后面的微调框中输入6；选择【计时】选项卡，将【重复】设置为“直到幻灯片末尾”，单击【确定】按钮，如图15-67所示。

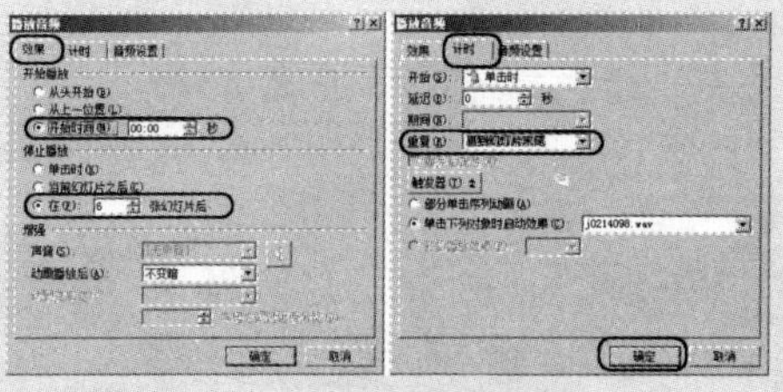

图15-67　设置声音属性

25 在幻灯片中选择声音图标，选择【音频工具】的【播放】选项卡，在【音频选项】组中勾选【放映时隐藏】复选框，如图15-68所示。

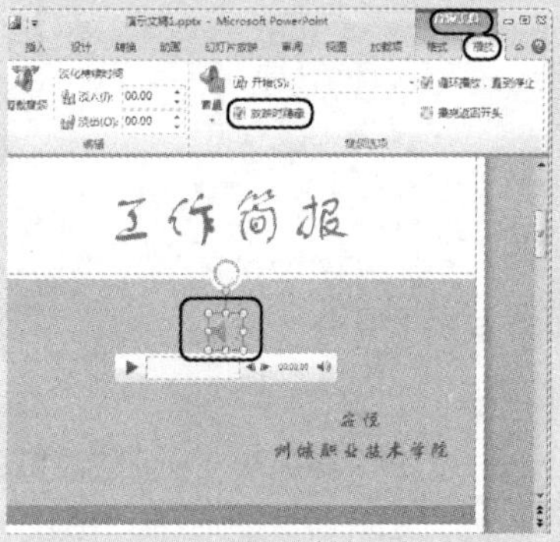

图15-68　设置声音图标隐藏

26 至此，完成幻灯片的制作，将其进行保存。

第16章 PowerPoint 2010基础操作

PowerPoint 2010是Office 2010套装软件的一个重要组件。PowerPoint首先引入了演示文稿（Presentation）这个概念，改变了过去幻灯片零散杂乱的缺点。PowerPoint具有动画效果的功能，例如进入和退出动画、计时控制和动作路径（动画中的项目行走的路径），因此可以使多个文本和对象的动画同时进行。

通过本章的学习，初步了解PowerPoint的基本功能，能够使用多种方法建立一个或一组幻灯片，同时能进行输入文字、编辑文字等基本操作。

通过本章的学习，可以掌握以下知识点：

- 制作演示文稿
- 在演示文稿中输入内容
- 编辑文本

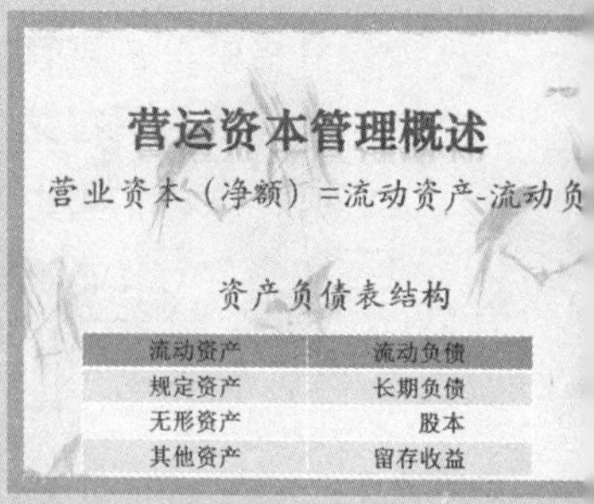

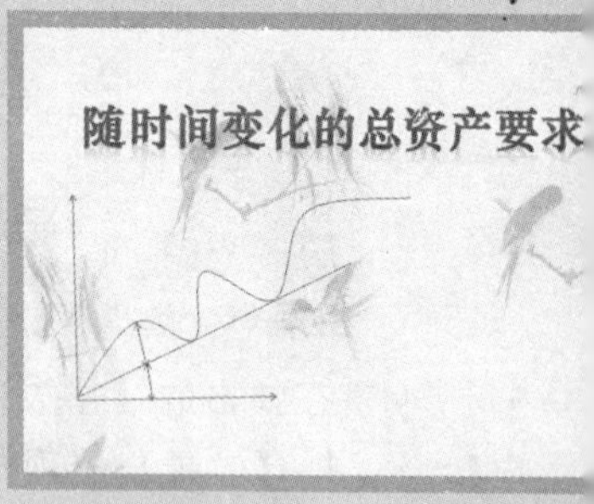

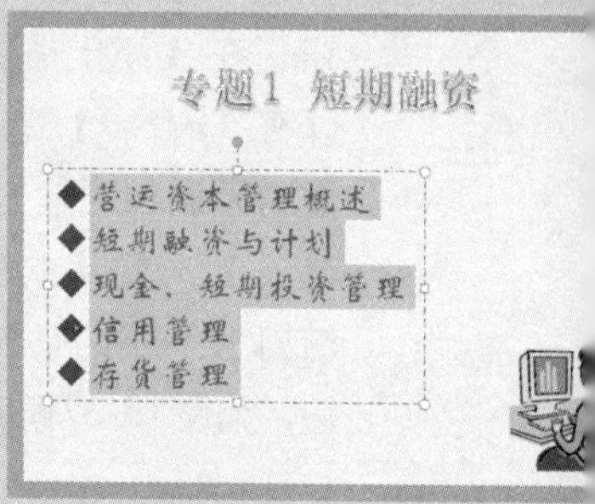

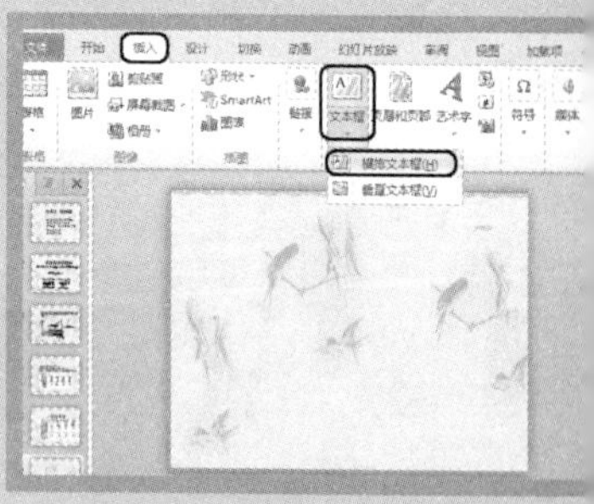

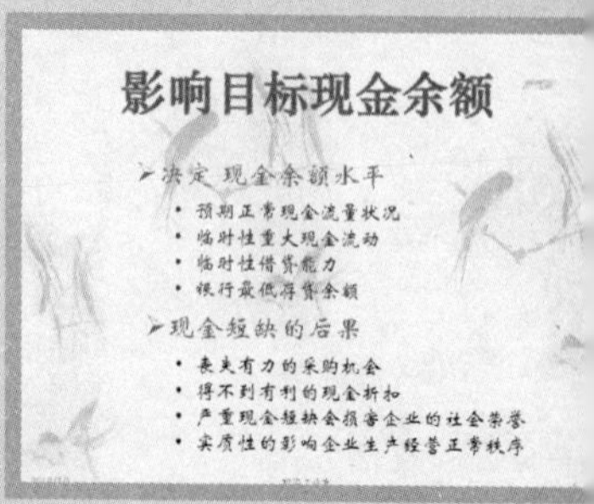

16.1 制作演示文稿

选择【开始】|【所有程序】|【Micrrosoft Offce】|【Microsoft PowerPoint 2010】命令，如图16-1所示。打开PowerPoint 2010软件之后，就默认建立了一个新的空白演示文稿，如图16-2所示。此演示文稿的默认文件名为“演示文稿1”。

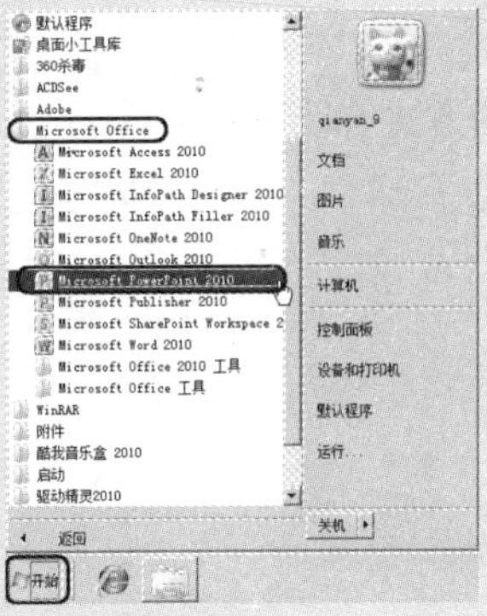

图16-1 选择PowerPoint 2010

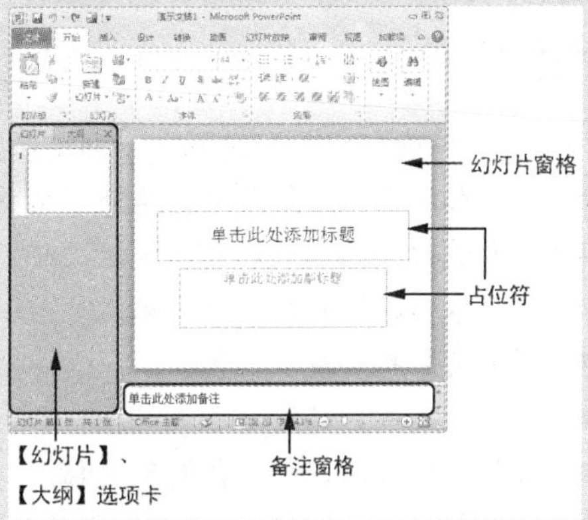

图16-2 运行后的主界面

16.1.1 了解工作区

在图16-2所示中可以看到，中间最大的区域是“幻灯片窗格”，幻灯片的制作就是在这个工作区中进行的。

在幻灯片上具有带线边框的框被称为“占位符”，它是输入文本的位置。占位符也可以包含图片、图标以及其他非文本工具。

在该界面左侧显示的是演示文稿中幻灯片的小版本，也称为缩略图版本，当前正在处理的幻灯片将突出显示，此区域便是【幻灯片】、【大纲】选项卡，在添加其他幻灯片后，通过单击此处的幻灯片缩览图导航至其他幻灯片。

在界面底部区域是备注窗格，可在此输入备注，然后在演示时进行参考。

16.1.2 建立新的演示文稿

新建演示文稿的方法有以下几种。

- 从【开始】菜单中选择【Microsoft PowerPoint 2010】命令，可以创建PowerPoint 2010新的演示文稿。
- 选择【文件】|【新建】命令，弹出【可用模板和主题】面板，如图16-3所示，在该面板中可以选择创建方式。
- 按Ctrl+N键，创建一个空白演示文稿。

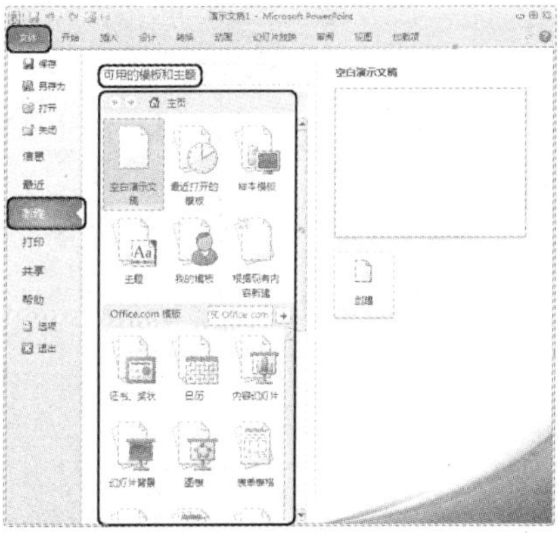

图16-3 选择【新建】命令

提示

Microsoft PowerPoint 2010中未提供【内容提示向导】。可以使用模板（模板：包含有关已完成演示文稿的主题、版式和其他元素的信息的一个或一组文件）快速而轻松地创建自己的演示文稿。PowerPoint 2010模板包括各种主题和版式，用户可以将模板作为起点，快速而轻松地创建自己的演示文稿。可以修改模板的文本和设计，添加公司徽标，添加自己的图像，还可以删除模板的文本或其他内容。

在【可用模板和主题】面板中，创建新演示文稿的方式有以下几种：

- 【空白演示文稿】开始新建演示文稿。
- 【最近打开的模板】新建演示文稿。
- 【样本模板】新建演示文稿。
- 【主题】新建演示文稿。
- 【我的模板】新建演示文稿。
- 【根据现有内容新建】演示文稿。
- 【Office.com模板】上的模板新建演示文稿。

16.1.3 添加新幻灯片

系统默认新建的是【标题幻灯片】，在操作过程中需要继续添加其他幻灯片。

添加新幻灯片最直接的方法是单击【开始】选项卡|【新建幻灯片】按钮，如图16-4所示。

图16-4 选择【新建幻灯片】命令

【新建幻灯片】按钮有以下两种使用方法：

- 如果单击【新建幻灯片】按钮的上部，会立即在【幻灯片】选项卡中当前幻灯片的下面添加一个新的幻灯片，如图16-5所示。
- 如果单击【新建幻灯片】按钮的下部，将打开【Office主题】下拉面板，如图16-6所示。选择一个合适的版式后，将插入该版式的幻灯片。所谓版式就是幻灯片的内容框架，主要包括标题和各种内容的占位符。版式的选择应根据内容需要而定。

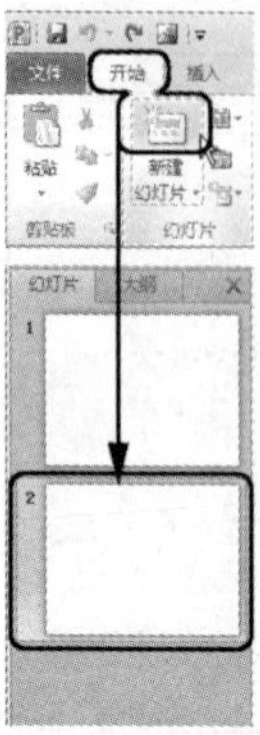

图16-5 新建的幻灯片

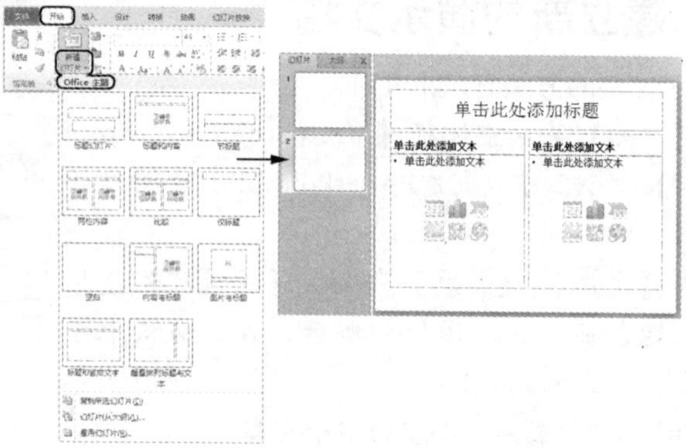

图16-6 选择版式后的新建幻灯片

16.2 上机练习——制作“市场销售份额”幻灯片

本例介绍“市场销售份额”的制作，效果如图16-7所示。本例的知识点为插入饼状图图表、设置图表的格式、内容，设置字体颜色和大小。

图16-7 市场营销份额效果

实战演练274——制作“市场销售份额”幻灯片

最终文件	dir\最终文件\cha16\制作“市场销售份额”幻灯片.pptx
视频文件	Movie\16-01.avi

1 启动PowerPoint 2010软件，删除系统默认创建的幻灯片。

2 选择【开始】选项卡，在【幻灯片】组中单击新建幻灯片按钮，在弹出的下拉面板中选择【Office主题】版式为“标题和内容”，然后将幻灯片插入到文档中，如图16-8所示。

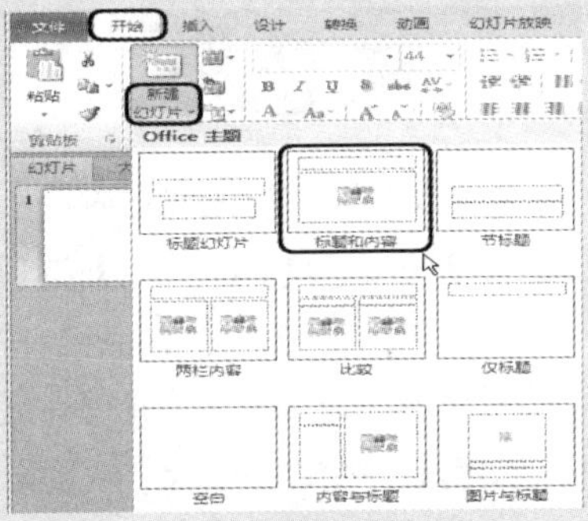

图16-8 插入幻灯片

3 在背景上单击鼠标右键，在弹出的快捷菜单中选择【设置背景格式】命令，打开【设置背景格式】对话框，选中【填充】选项中的【渐变填充】单选按钮，然后单击【预设颜色】按钮，在弹出的下拉面板中选择预设颜色为“薄雾浓云”，在【类型】下拉列表中选择【路径】选项，设置【亮度】值为15%，【透明度】值为15%，单击【关闭】按钮，如图16-9所示，幻灯片的背景设置完成。

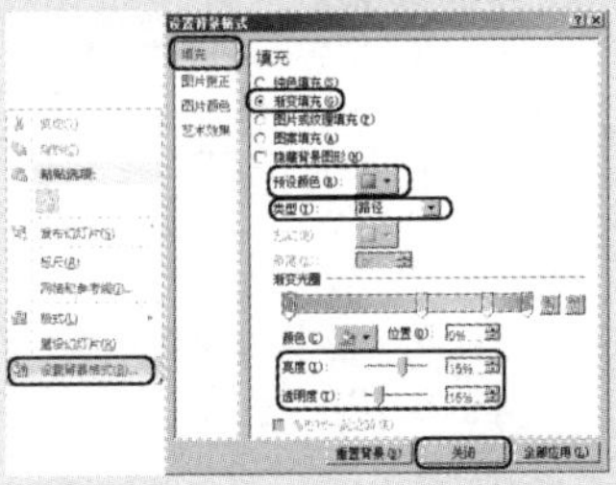

图16-9 设置背景样式

4 在幻灯片的标题处输入标题内容，然后选择【开始】选项卡，在【字体】组中将【字体】设置为“华文行楷”，将【字号】设置为44，如图16-10所示。

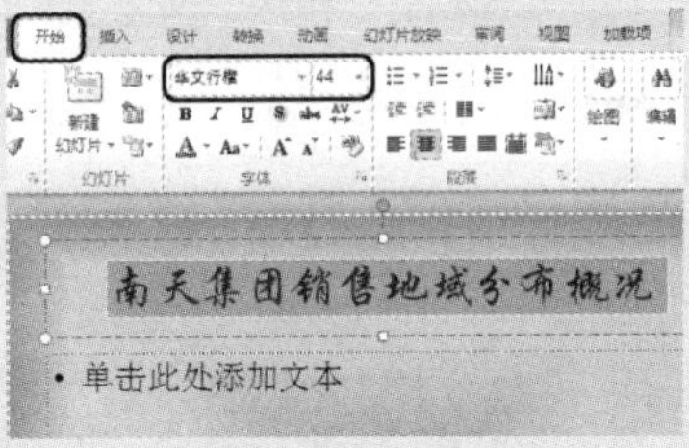

图16-10 设置标题格式

5 在幻灯片的内容框中输入文字并选中，然后选择【开始】选项卡，在【字体】组中将【字体】设置为“宋体（正文）”，将【字号】设置为20，单击B（加粗）按钮，如图16-11所示。

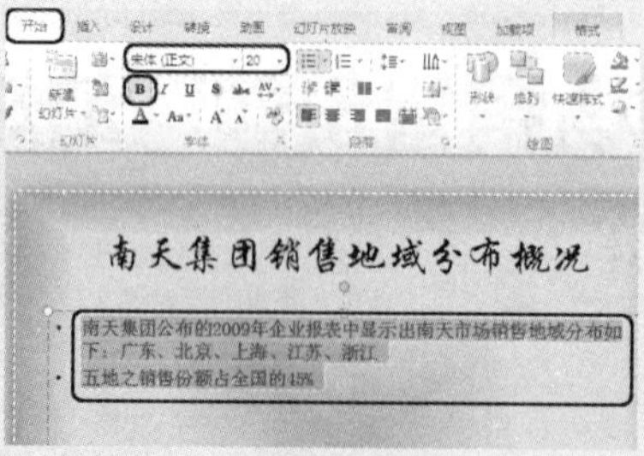

图16-11 设置内容的格式

6 选择【插入】选项卡，在【插图】组中单击【图表】按钮，弹出【插入图表】对话框，在【饼图】栏中选择饼图样式为“三维饼图”，单击【确定】按钮，如图16-12所示。将图表插入到幻灯片上，并且弹出Excel文本框。

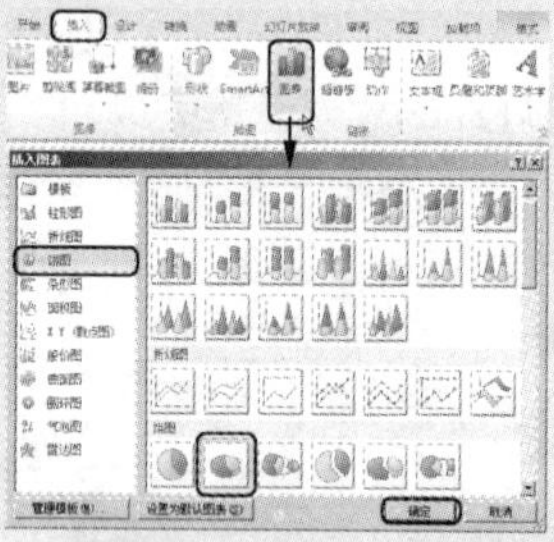

图16-12 插入图表

7 在弹出的Excel文本框中将“第一季度、第二季度、第三季度、第四季度”改写为“上海、北京、江苏、浙江、广东、其他地区”，将销售份额改写为“9.2%、8%、9%、13%、10.40%、50.40%”，如图16-13所示。然后关闭Excel文本框。

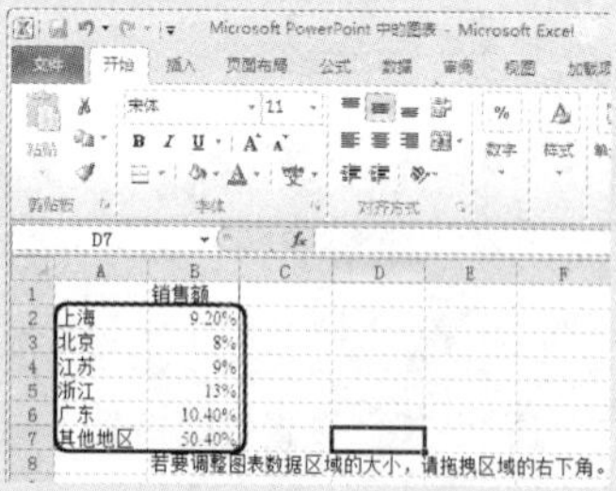

图16-13 设置Excel文本框

8 选择【图表工具】|【布局】选项卡，在【标签】组中单击【图表标题】按钮，在弹出的下拉菜单中选择【图表上方】命令，如图16-14所示。

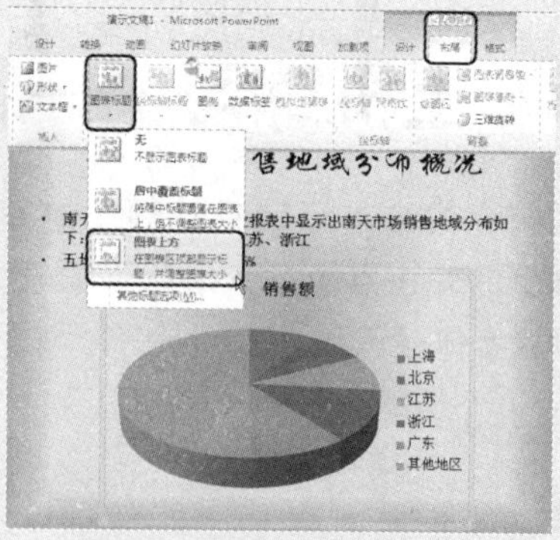

图16-14 插入图表标题

9 在图表标题框中输入标题的内容，然后选择【开始】选项卡，在【字体】组中将【字体】设置为“宋体（标题）”，将【字号】设置为21，单击 **B**（加粗）按钮，如图16-15所示。

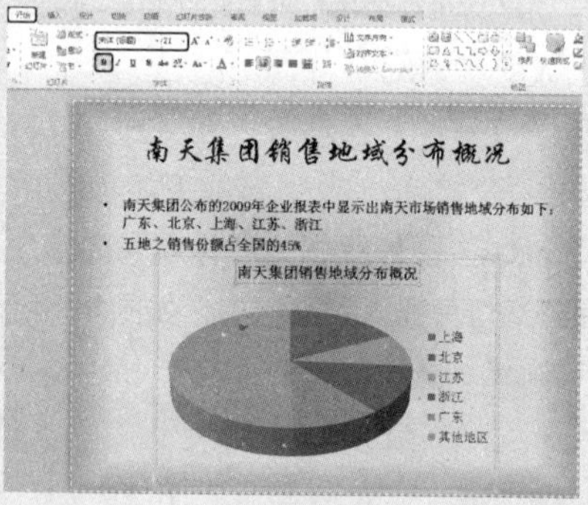

图16-15 设置图表标题的内容

10 选择【图表工具】|【布局】选项卡，在【标签】组中单击【图例】按钮，在弹出的下拉菜单中选择【在底部显示图例】命令，如图16-16所示。

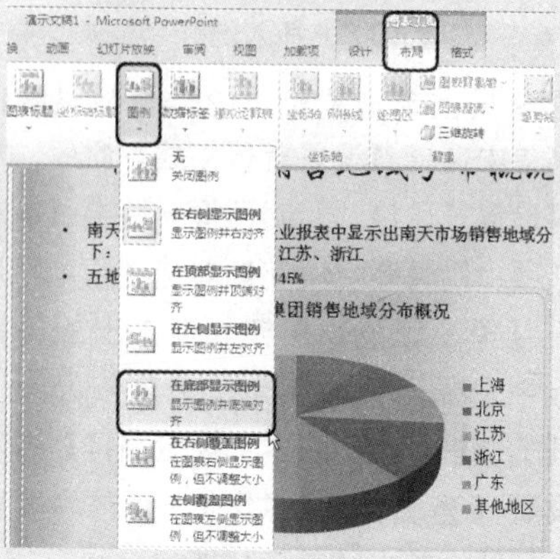

图16-16 设置图例的位置

11 选择【图表工具】|【布局】选项卡，在【标签】组中单击【数据标签】按钮，在弹出的下拉菜单中选择【数据标签内】命令，如图16-17所示。

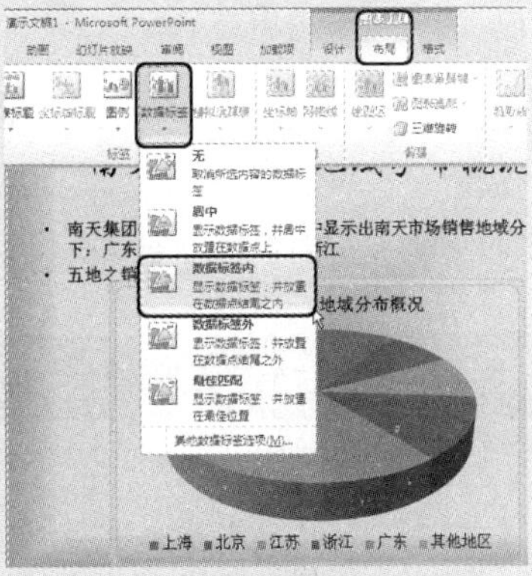

图16-17 设置数据标签的位置

12 选中图例“其他地区”，选择【图表工具】|【格式】选项卡，在【形状样式】组中单击【形状填充】按钮，在弹出的下拉菜单中选择【标准色】中的“黄色”，如图16-18所示。

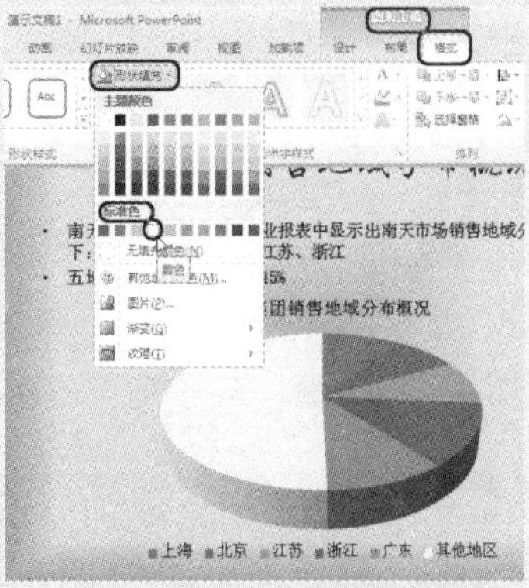

图16-18 设置图例的颜色

13 按照步骤12的方法为其他区域填充颜色。

14 至此，完成本实例的制作。选择【文件】|【保存】命令，将其进行保存。

16.3 在演示文稿中输入内容

在演示文稿中输入内容时，字体颜色与背景之间应有较强的对比以确保可读性。在整篇演示文稿中，可以更改特定幻灯片上的字体类型。例如，在强调时可以使用粗体和斜体，但过多使用则会降低其效果。因此，在同一演示文稿中使用的字体最好不要超过4种。

16.3.1 在【大纲】选项卡中输入文字

在【大纲】选项卡中输入并编辑文字，主要注重文字的条理性。由于幻灯片的篇幅不可能很大，因此在幻灯片中的文字最重要的是简洁、清楚、富有感染力。

实战演练275——设置【大纲】选项卡

1 为了方便操作，首先在演示义稿中新建几个空白的幻灯片，如图16-19所示。

2 切换到【大纲】选项卡，输入标题文字，该标题文字对应在幻灯片中的标题就会出现，如图16-20所示。

3 使用同样的方法给其他幻灯片添加标题，如图16-21所示。

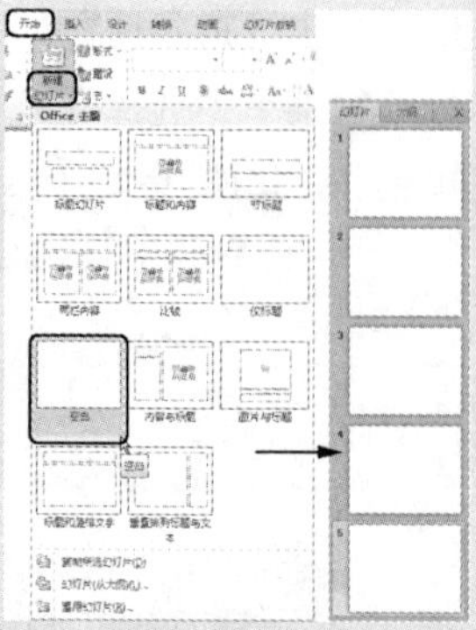

图16-19　新建空白文档

图16-20　输入标题文字

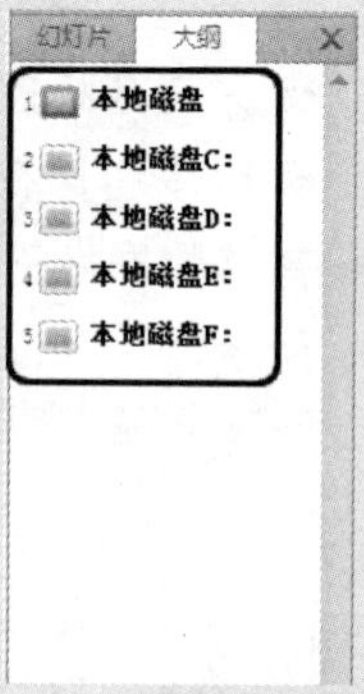

图16-21　命名大纲中的标题

实战演练276——在【大纲】选项卡中添加副标题

1 在【大纲】选项卡中的幻灯片标题后插入光标，按Enter键可新建幻灯片。

2 选中新建的幻灯片，单击【开始】选项卡|【段落】组中的 (提高列表级别)按钮，在标题下弹出一个添加文本占位符，如图16-22所示，单击 (项目符号)按钮，取消使用项目符号。

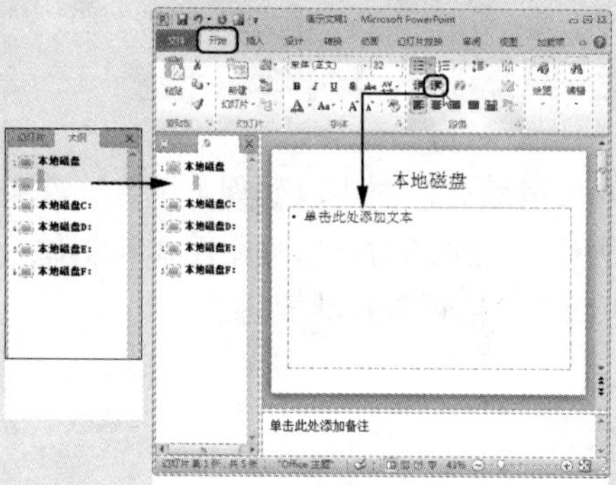

图16-22　使用项目符号

3 在【大纲】选项卡中输入文字“数据统计”并选中文字，鼠标稍微向上移动可出现字体设置组。

4 设置文本后的效果如图16-23所示。

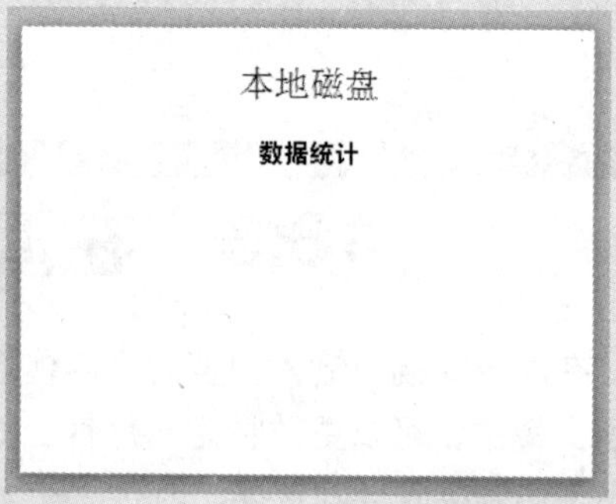

图16-23　设置文本后的效果

16.3.2　在幻灯片中输入文本

在创建演示文稿时，选择版式之后，即可输入内容。本节介绍如何输入内容。

当打开PowerPoint 2010软件后，默认使用“标题幻灯片”版式，如图16-24所示，即可在幻灯片上添加内容了。可以将文本添加到幻灯片的占位符、形状、文本框区域中。

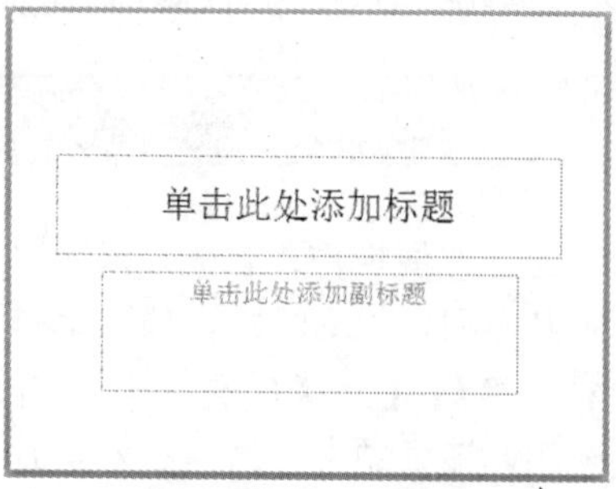

图16-24　默认使用的“标题幻灯片”版式

1. 在占位符中输入文字

用户可以在文本和对象占位符中输入标题、副标题和正文文本。虚线边框表示包含幻灯片标题文本的占位符。要在幻灯片上的占位符中添加正文或标题文本，在文本占位符中单击，然后输入或粘贴文本。如果文本的大小超过占位符的大小，PowerPoint会在输入文本时以递减方式减小字体大小和行间距，以使文本适应占位符的大小。

2. 将文本添加到形状中

正方形、圆形、批注框及箭头总汇等形状可以包含文本。在形状中输入文本时，文本会附加到形状上并随形状一起移动和旋转，也可以覆盖独立于形状并且不会随形状一起移动的文本。

要在形状中添加文本并使之成为形状的组成部分，方法是选择该形状，然后输入或粘贴文本。要添加不会随形状一起移动的文本，在幻灯片空白处添加一个文本框，然后输入或粘贴文本，并将文本框移动到形状的相应位置，如此文本不会随形状一起移动。

3. 将文本添加到文本框中

使用文本框可将文本放置在幻灯片上的任何位置，如文本占位符外部。可以通过创建文本框并将其放置在图片旁边来为图片添加标题。可以在文本框中为文本添加边框、填充、阴影或三维效果。要向文本框中添加文本，首先要选择【插入】选项卡|【文本】组|【文本框】命令，在要插入文本框的位置按住鼠标左键并拖曳，绘制出合适的文本框，之后在文本框内单击鼠标左键，并输入或粘贴文本。

实战演练277——输入文字来创建演示文稿

1 在“单击此处添加标题”处单击鼠标，形成没有文字的虚框，即可输入文字，此框为幻灯片的标题。在此输入“Office 2010系列”。

2 在“单击此处添加副标题”处单击鼠标，同样显示没有文字的虚框，在其中输入“——powerpoint”，如图16-25所示。

图16-25　输入文本

提示

输入每张幻灯片的大标题时，如果一行不够用，不要使用Enter键，而是通过PowerPoint自动换行。如果加入回车符，PowerPoint会将其看成是另外的大标题。同样，在输入小标题时，也不要使用Enter键，否则PowerPoint将其看成是另外的小标题。在输入文字时，标题的等级具有继承性，即在输入完一个标题，按Enter键之后，光标自动移动到与刚才标题对齐的位置，即为同一级。

3 文字的输入过程与Word 2010中文字输入的过程基本上是一样的，而其编辑排版也与其类似，编辑排版主要有改变字号、字体，删除、插入及对齐方式等操作。

提示

在对某一块或某一段文字进行排版之前，必须先选择它。选择的方法是用鼠标双击该段文字的最左边，全部选中，或拖曳鼠标选择某段文字。被选中的文字反白显示。

当输入文字之后，为使其美观，还可以进行编排，例如改变文字的字体、字号等。

实战演练278——编辑演示文稿

1 在大标题上按住鼠标左键并拖曳，选中大标题“Office 2010系列”，此段文字反白显示。

2 在【开始】选项卡|【字体】组中，设置【字体】为“华文楷体”，设置【字号】为“60磅”，单击B（加粗）按钮和S（文字阴影）按钮，添加相应效果，如图16-26所示。

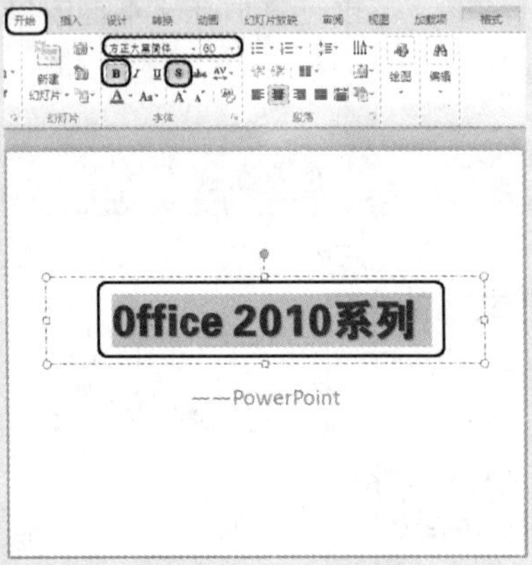

图16-26　设置大标题

3 单击下面的副标题，出现虚框，按住鼠标左键并拖曳，选中小标题，所有文字反白。

4 选择【开始】选项卡|【字体】组，单击B（加粗）按钮，设置后的效果如图16-27所示。

图16-27　设置文本

提示

在幻灯片中可以设置各种效果，如文字颜色、背景颜色、动画效果、切换方式等，在后续的章节中将会逐一介绍。

16.3.3　输入其他内容

在幻灯片中除了可以输入文字外，还可以输入其他的内容，如插入表格、图片、剪贴画、图表、SmartArt图形、对象、艺术字、文本框、日期、时间等。

实战演练279——添加剪贴画

1 选择【插入】选项卡|【插图】组|【剪贴画】命令，打开【剪贴画】任务窗格，单击【搜索】按钮，搜索出计算机上已有的剪贴画，如图16-28所示。

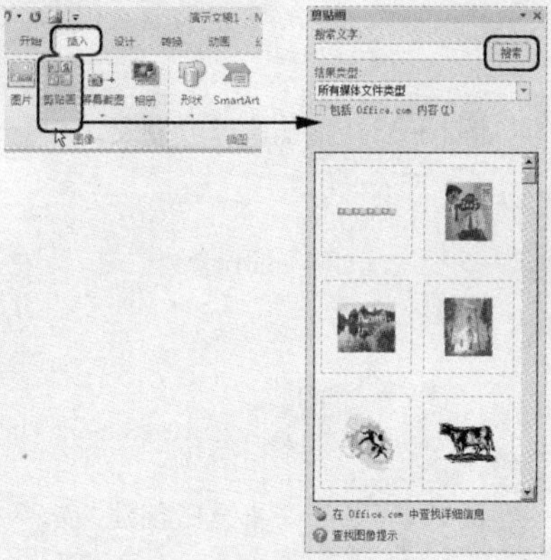

图16-28　打开【剪切画】任务窗格搜索剪切画

2 在【剪贴画】任务窗格中单击选择某个剪贴画，将其插入到幻灯片中，如果剪贴画的位置不合适，则选中剪贴画拖曳其控制柄，将其拖到合适的位置，释放鼠标，效果如图16-29所示。

图16-29　选择调整剪切画的位置

3 将标题设置成艺术字形式。单击幻灯片标题“Office 2010系列”并将其全部选中，单击【绘图工具】|【格式】选项卡|【艺术字样式的】组中按钮，在下拉面板中选择“填充-红色，强调文字颜色2，粗糙棱台”样式，如图16-30所示。最后在幻灯片中插入一张剪贴画，并调整文本和剪贴画的位置，使其看起来更美观，效果如图16-31所示。

图16-30　设置艺术字

图16-31　幻灯片的效果

16.3.4　使用文本框

在PowerPoint 2010中，要插入文字，必须先插入文本框。当所选版式中的文本框不够用，或者要给图片添加标题时，都需要插入文本框。

实战演练280——插入文本框

1 切换到【插入】选项卡，在【文本】组中单击【文本框】按钮，从下拉菜单中选择【横排文本框】或【竖排文本框】命令，如图16-32所示。

图16-32 文本框按钮

2 当鼠标指针显示为十字状时，按住鼠标左键不放，在要插入文本框的位置拖曳，绘制出文本框，如图16-33所示。

3 在文本框中输入内容并设置其格式即可，如图16-34所示。

图16-33 拖曳鼠标绘制文本框

图16-34 在文本框中创建文本

16.4 上机练习——制作“财政管理”幻灯片

本例通过制作一个“财政管理”幻灯片，让用户对PowerPoint的插入功能有更进一步的认识，效果如图16-35所示。本例知识点为设置背景格式、插入表格、插入艺术字、插入【页眉和页脚】、插入项目符号、设置形状轮廓。

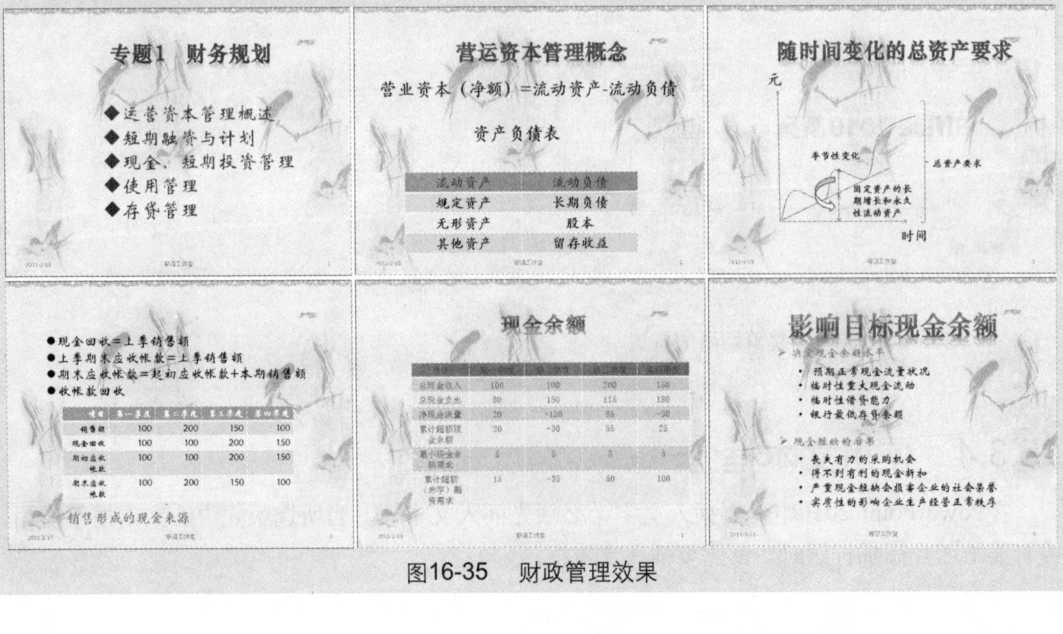

图16-35 财政管理效果

实战演练281——制作“财务管理”幻灯片

最终文件	dir\最终文件\cha16\制作“财务管理”幻灯片.pptx
视频文件	Movie\16-02.avi

1 启动PowerPoint 2010软件，创建一个新的演示文稿界面，将页面上所有的占位符删除。

2 在空白界面处右击鼠标，在弹出的快捷菜单中选择【设置背景格式】命令，在弹出的【设置背景格式】对话框中选择【填充】选项，并选中【图片或纹理填充】单选按钮，如图16-36所示。

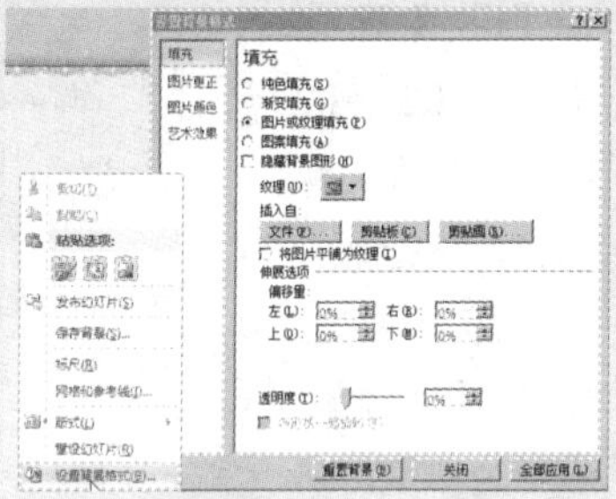

图16-36 设置背景格式

3 单击【文件】按钮，在弹出的【插入图片】对话框中选择“dir\素材\cha16\图片001.Tif”素材文件，单击【插入】按钮右侧的▾按钮，在弹出的下拉菜单中选择【插入和链接】命令，然后单击【关闭】按钮，将图片设置为文档的背景，如图16-37所示。

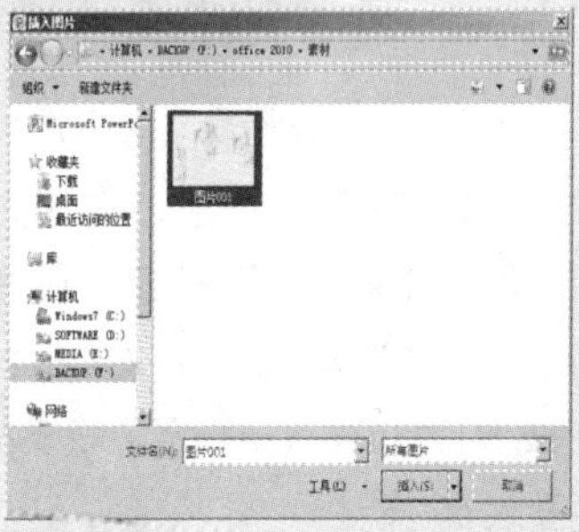

图16-37 【插入图片】对话框

4 单击【插入】选项卡|【文本】组|【艺术字】按钮，在弹出的下拉面板中选择“渐变填充-紫色，强调文字颜色4，映像”，在幻灯片页面中出现艺术字文本框，如图16-38所示。

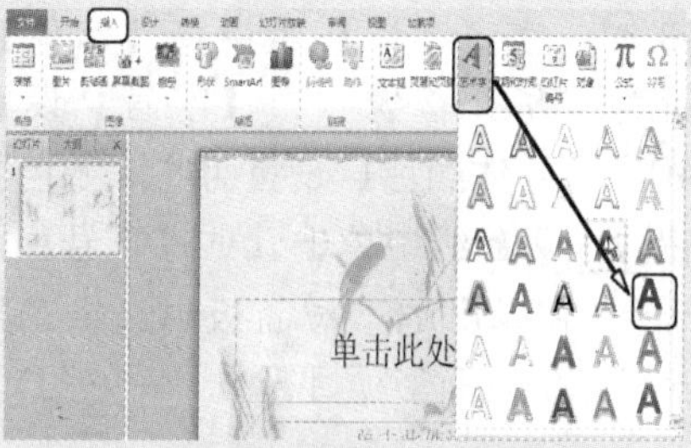

图16-38 插入艺术字

5 选中文本框并输入标题，然后选中文字，选择【开始】选项卡，在【段落】组中单击【居中对齐】按钮；在【字体】组中将【字体】设置为“华文中宋”，【字号】设置为48，如图16-39所示。

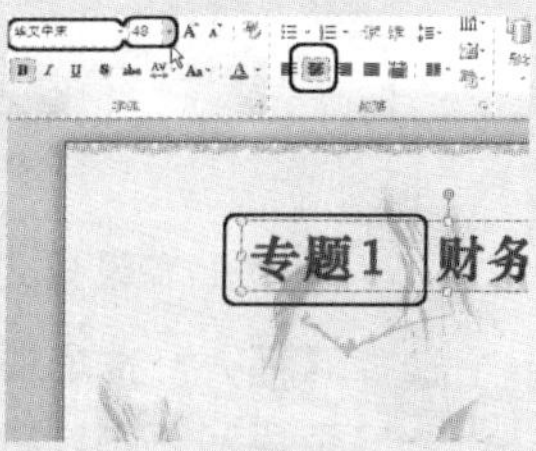

图16-39 设置字体格式

提示

对某一块或某一段文字进行排版时，必须先选择它。选择的方法是用鼠标双击该段文字的最左边，即可将其全部选中，或拖曳鼠标选择某段文字，被选中的文字反白显示。

6 选择【插入】选项卡，在【文本】组中单击【文本框】按钮，在弹出的下拉菜单中选择【横排文本框】命令，在幻灯片页面单击一下，将横排文本框插入到文档中，如图16-40所示。

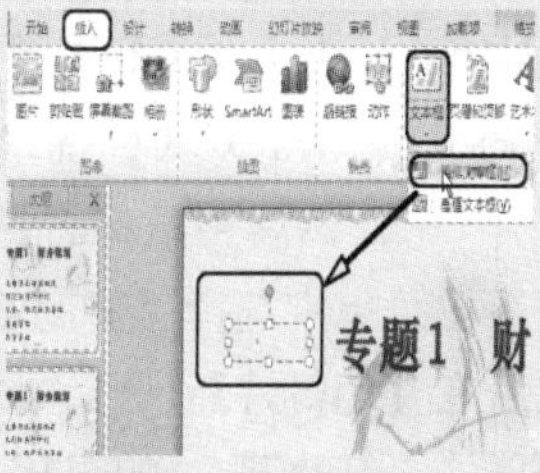

图16-40 插入横排文本框

7 选中输入的文字，选择【开始】选项卡，在【段落】组中单击【左对齐】按钮；在【字体】组中将【字体】设置为“华文新魏”，【字号】设置为40，【字体颜色】设置为“深蓝色”；在【段落】组中单击【项目符号】按钮，在弹出的下拉面板中选择“带填充颜色的钻石形项目符号”，如图16-41所示。

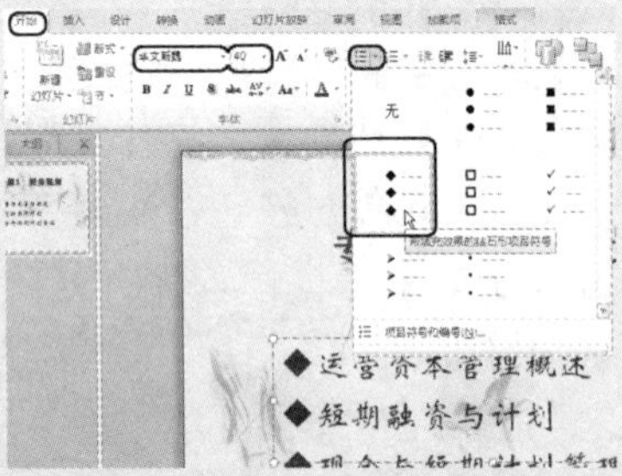

图16-41　设置文字及项目符号

8 选择【插入】选项卡，在【文本】组中单击【页眉和页脚】按钮，弹出【页眉和页脚】对话框，在该对话框中选择【幻灯片】选项卡，在【幻灯片包含内容】选项组中选中【日期和时间】、【幻灯片编号】、【页脚】复选框，将时间、编号、页脚插入到文档中，然后单击【全部应用】按钮，如图16-42所示。

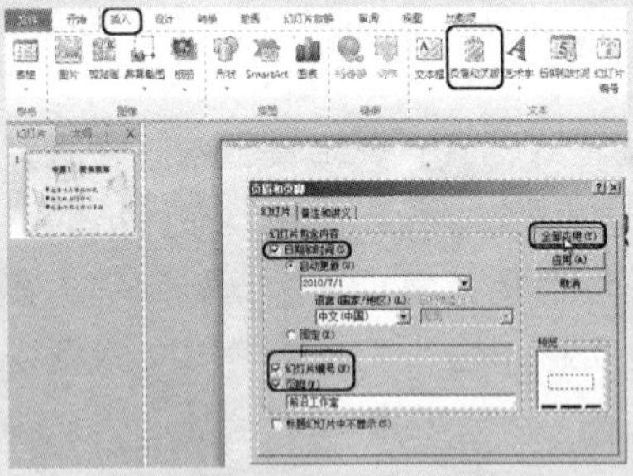
图16-42　插入页眉和页脚

9 在【幻灯片】、【大纲】选项卡中选择“幻灯片1”，然后用鼠标右键单击，在弹出的下拉菜单中选择【复制幻灯片】命令，然后在【幻灯片】、【大纲】选项卡中复制出“幻灯片2”，如图16-43所示。

注意

在【幻灯片】、【大纲】选项卡中选择“幻灯片1”，使用Ctrl+C键对“幻灯片1”进行复制，使用Ctrl+V键粘贴出“幻灯片2”。

10 在【幻灯片】、【大纲】选项卡中选择“幻灯片2”，在右侧的幻灯片页面中选中标题文字并更改标题文字，然后删除其他文本。选中更改后的标题文字，选择【开始】选项卡，在【段落】组中单击【居中对齐】按钮；在【字体】组中将【字体】设置为“华文中宋”，【字号】设置为48，如图16-44所示。

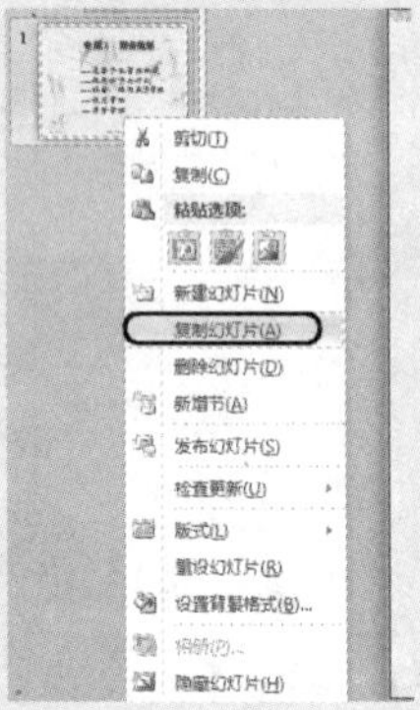
图16-43　复制幻灯片

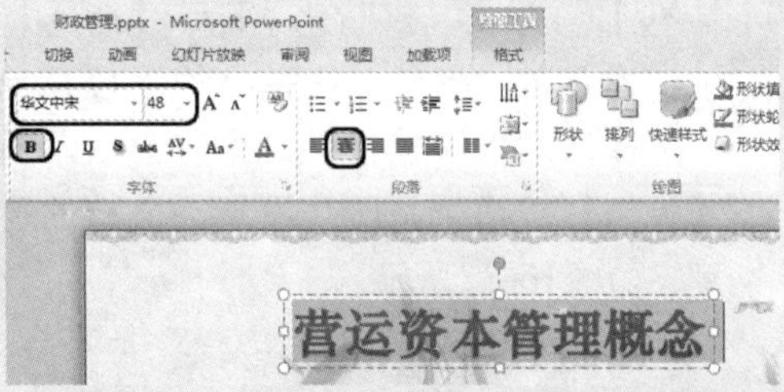

图16-44　设置标题文字格式

11 选择【插入】选项卡，在【文本】组中单击【文本框】按钮，在弹出的下拉菜单中选择【横排文本框】命令，在幻灯片页面单击一下，将横排文本框插入到文档中，如图16-45所示。

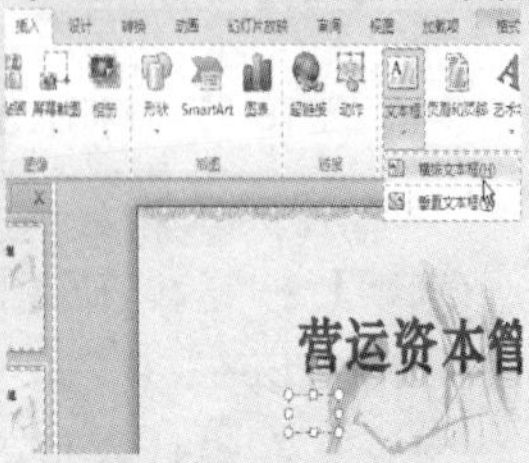
图16-45　插入横排文本框

12 选中输入的文

字，选择【开始】选项卡，在【段落】组中单击【左对齐】按钮；在【字体】组中将【字体】设置为“华文楷体”，【字号】设置为36，单击 B （加粗）按钮，【字体颜色】设置为“黑色”，如图16-46所示。

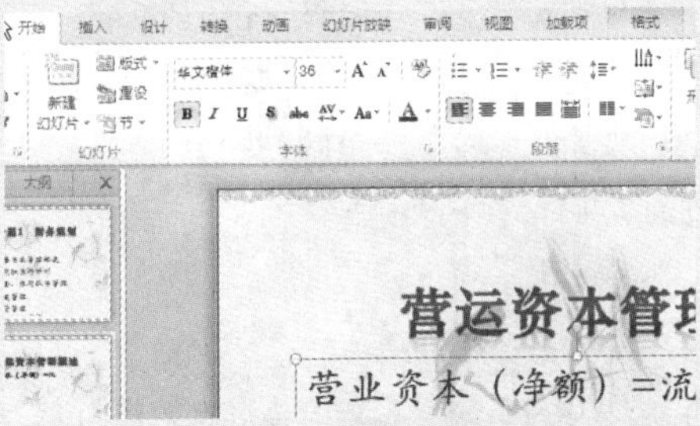

图16-46　设置文字格式

13 按照步骤11和步骤12的操作方法，插入文字“资产负债表”，将【字体】设置为“华文楷体”，【字号】设置为28，单击 B （加粗）按钮，【字体颜色】设置为“黑色”，效果如图16-47所示。

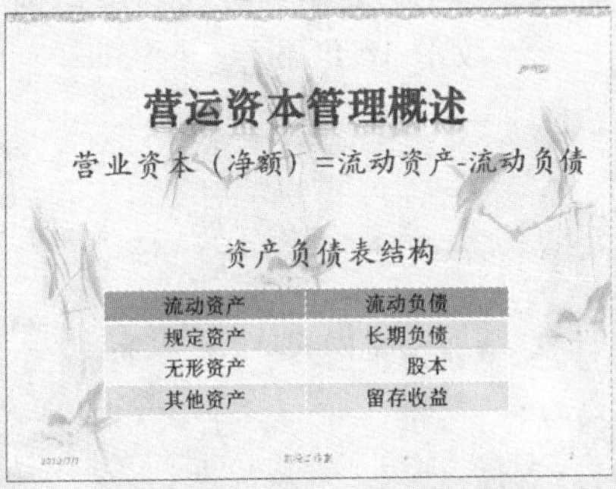

图16-47　插入剩余文字的效果

14 选择【插入】选项卡，在【表格】组中单击【表格】按钮，在弹出的下拉菜单中选择【插入表格】命令，在幻灯片页面弹出一个【插入表格】对话框，在该对话框中将【列数】设置为2，【行数】设置为4，然后单击【确定】按钮，如图16-48所示。

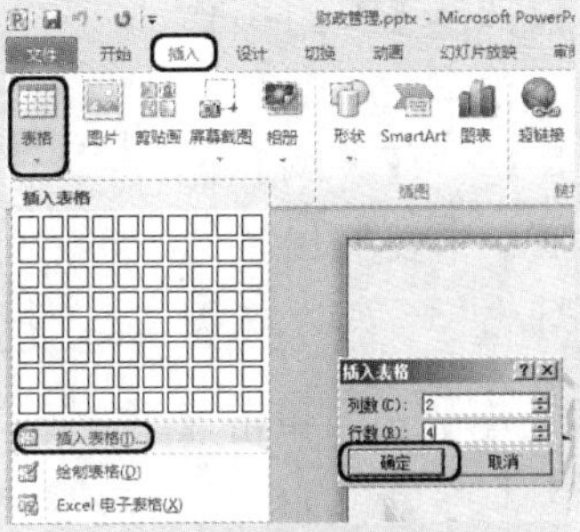

图16-48　插入表格

15 单击【确定】按钮后，表格就插入到幻灯片页面中；选中表格，选择【表格工具】|【设计】选项卡，在【表格样式】组中选择“中度样式2-强调5”，效果如图16-49所示。

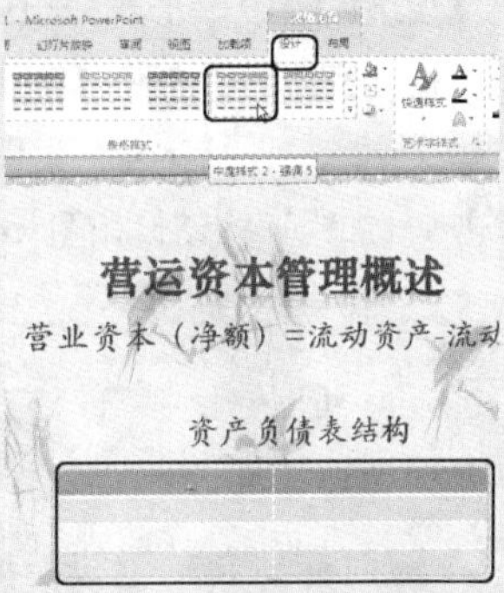

图16-49　设置表格样式

16 在表格中输入文字并选中，选择【开始】选项卡，在【段落】组中单击居中对齐按钮；在【字体】组中将【字体】设置为“宋体（正文）”，【字号】设置为24，单击 B （加粗）按钮，【字体颜色】设置为“黑色”，如图16-50所示。

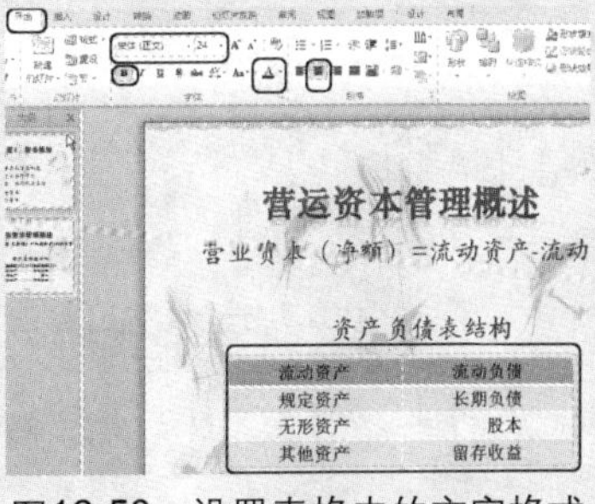

图16-50　设置表格中的文字格式

17 按照步骤9的操作方法，在【幻灯片】、【大纲】选项卡中复制出“幻灯片3”，如图16-51所示。

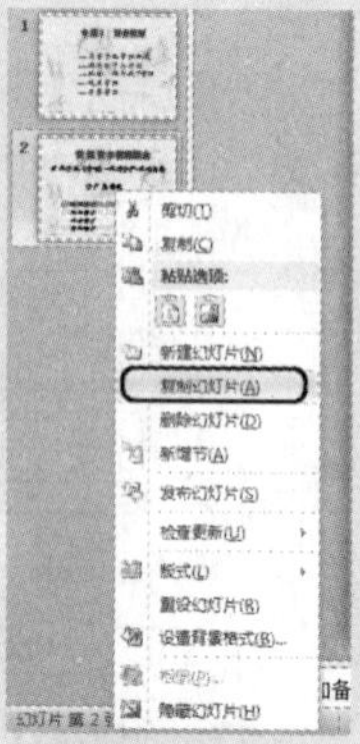

图16-51 【复制幻灯片】

18 在【幻灯片】、【大纲】选项卡中选中“幻灯片3”，在右侧的幻灯片页面中选中标题文字并更改标题文字，然后删除其他文本。选中更改后的标题文字，选择【开始】选项卡，在【段落】组中单击 （居中对齐）按钮；在【字体】组中将【字体】设置为“华文中宋”，【字号】设置为48，并单击 （加粗）按钮，如图16-52所示。

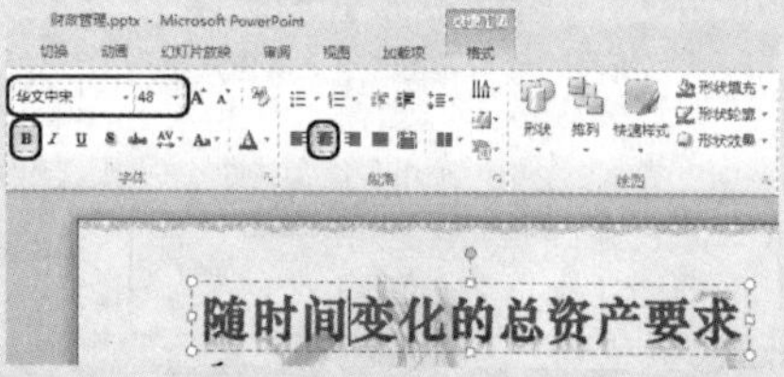

图16-52 设置标题文字格式

19 选择【插入】选项卡，在【插图】组中单击【形状】按钮，在弹出的下拉面板中选择【线条】栏中的“箭头”形状，按住Shift键绘制一条水平箭头插入到文档中，并将箭头放置到相应位置，如图16-53所示。

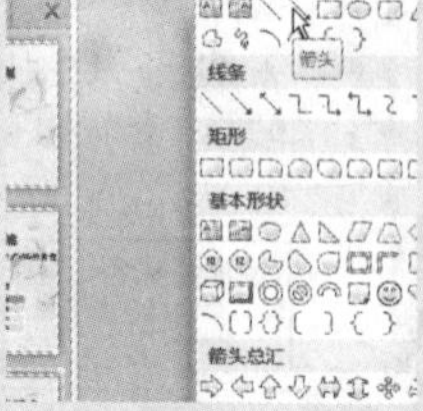

图16-53 插入箭头图形

20 选中箭头，选择【绘图工具】|【格式】选项卡，在【形状样式】组中单击【形状轮廓】按钮，在弹出的下拉面板中将【标准色】设置为“深红”，将箭头轮廓填充颜色为深红色，如图16-54所示。

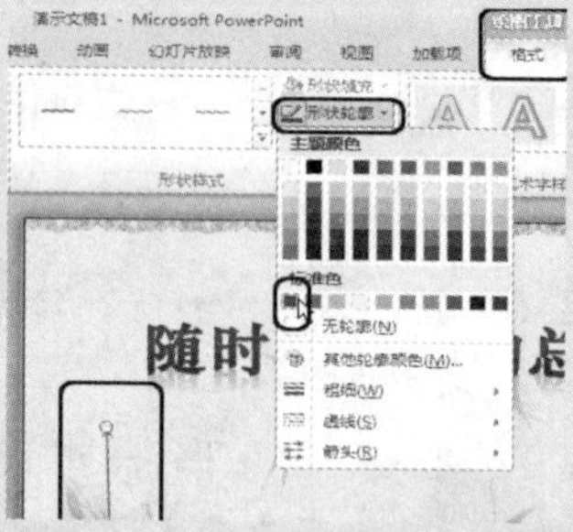

图16-54 设置箭头形状轮廓

21 选中箭头，使用Ctrl+C键将箭头进行复制，然后使用Ctrl+V键将图片粘贴到幻灯片中；选中复制的箭头，选择【绘图工具】|【格式】选项卡，在【排列】组中单击【旋转】按钮，在弹出的下拉菜单中选择【向右旋转90°】命令，将箭头放置在相应位置，如图16-55所示。

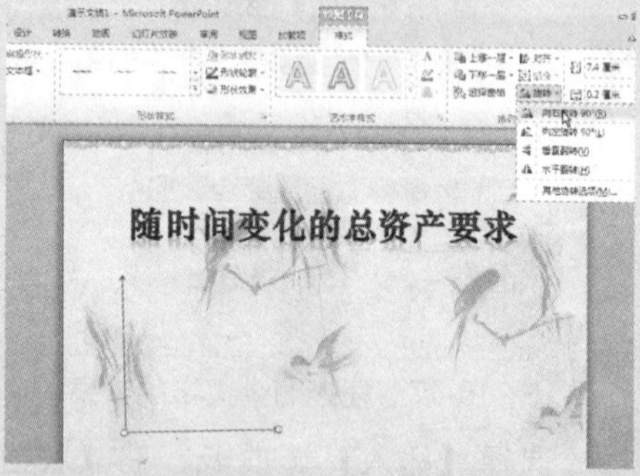

图16-55 设置箭头旋转方向

22 单击【插入】选项卡|【插图】组中的【形状】按钮，在弹出的下拉面板中选择“直线”形状，按住Shift键绘制一条水平直线插入到文档中，并将直线放置在相应位置，如图16-56所示。

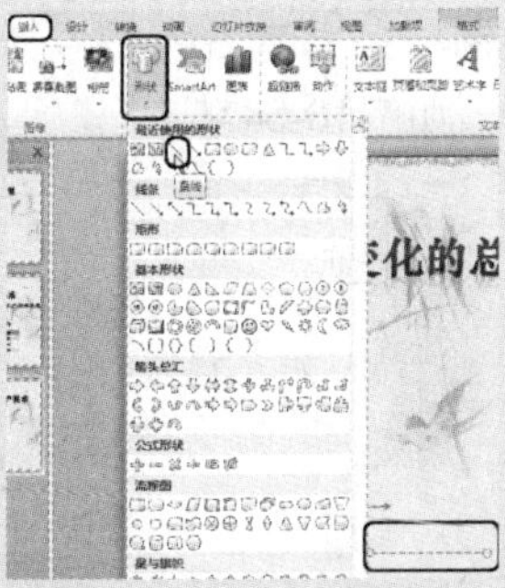

图16-56　插入直线图形

23 选中直线，选择【绘图工具】|【格式】选项卡，在【形状样式】组中单击【形状轮廓】按钮，在弹出的下拉面板中设置【标准色】为“深红”，将直线轮廓填充颜色为深红色，如图16-57所示。

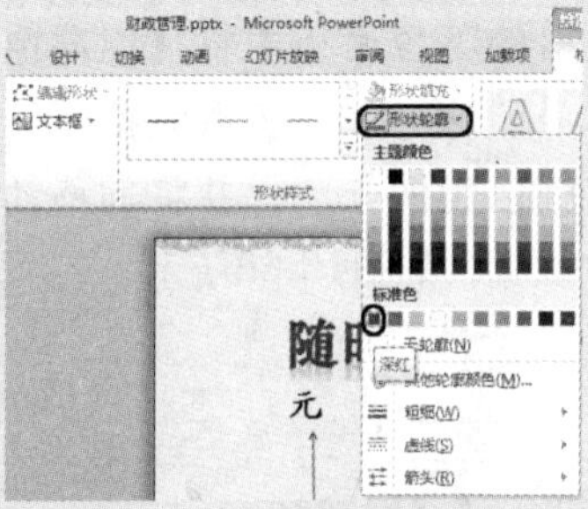

图16-57　设置直线的形状轮廓

24 选中直线，选择【绘图工具】|【格式】选项卡，在【排列】组中单击【旋转】按钮，在弹出的下拉菜单中选择【其他旋转选项】命令，弹出【设置形状格式】对话框，选择【大小】选项，在【尺寸和旋转】选项组中设置【旋转】为-12°，将直线放置在相应位置，如图16-58所示。

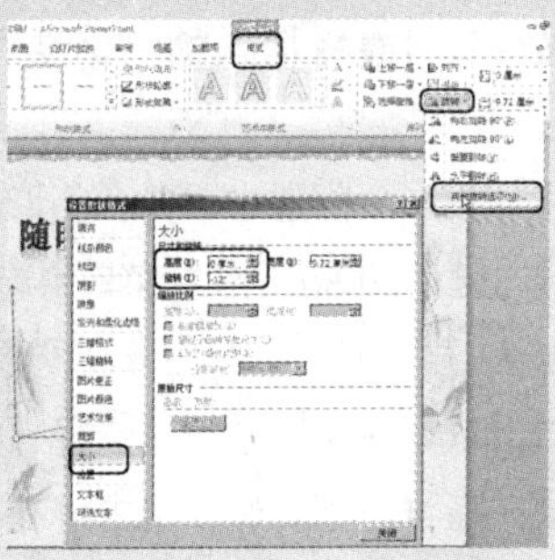

图16-58　设置直线旋转数值

25 单击【插入】选项卡|【插图】组中的【形状】按钮，在弹出的下拉面板中选择“曲线”形状，在文档中绘制一条曲线，在曲线结尾处用鼠标左键连击两下，结束曲线的绘制，如图16-59所示。

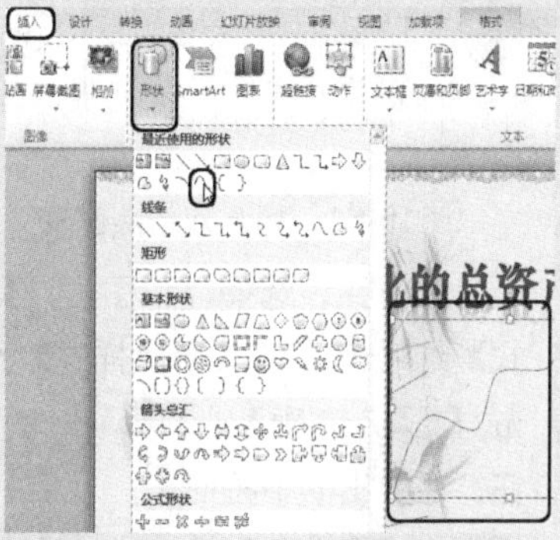

图16-59　插入曲线图形

26 选中曲线，选择【绘图工具】|【格式】选项卡，在【形状样式】组中单击【形状轮廓】按钮，在弹出的下拉面板中将【标准色】设置为“深红”，将直线轮廓填充颜色为深红色，并将曲线插入到相应位置，如图16-60所示。

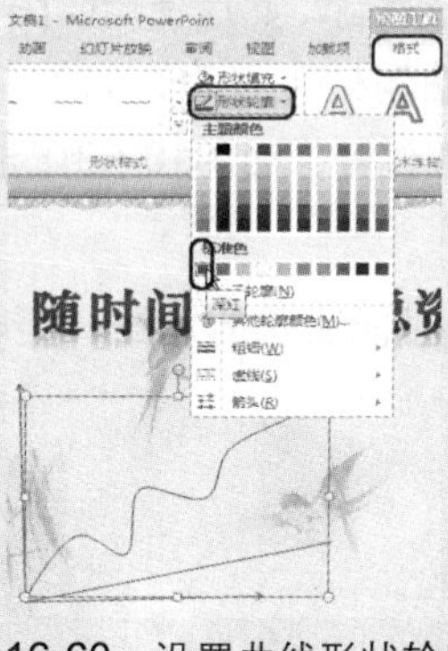

图16-60　设置曲线形状轮廓

27 选择【插入】选项卡，在【插图】组中单击【形状】按钮，在弹出的下拉面板中选择【线条】栏中的“双箭头”形状，按住Shift键绘制一条垂直双箭头插入到文档中，如图16-61所示。

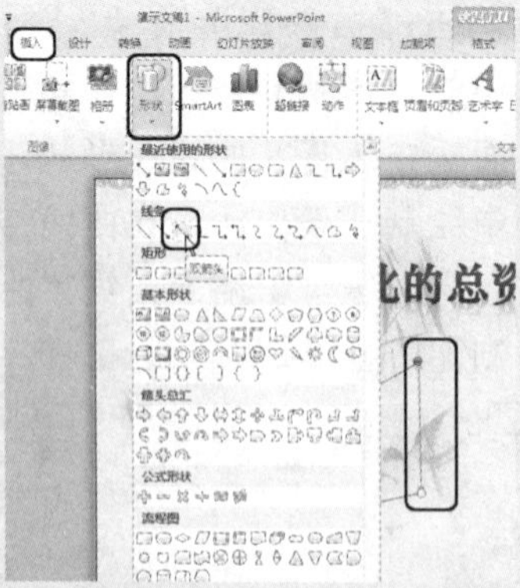

图16-61 插入双箭头图形

28 选中双箭头，选择【绘图工具】|【格式】选项卡，在【形状样式】组中单击【形状轮廓】按钮，在弹出的下拉面板中将【标准色】设置为“深红”，将双箭头轮廓填充颜色为深红色，并将其移动到相应位置，如图16-62所示。

图16-62 设置双箭头形状轮廓

29 选中双箭头，使用Ctrl+C键将双箭头进行复制，然后使用Ctrl+V键将图片粘贴到幻灯片中，将双箭头放置在相应位置，如图16-63所示。

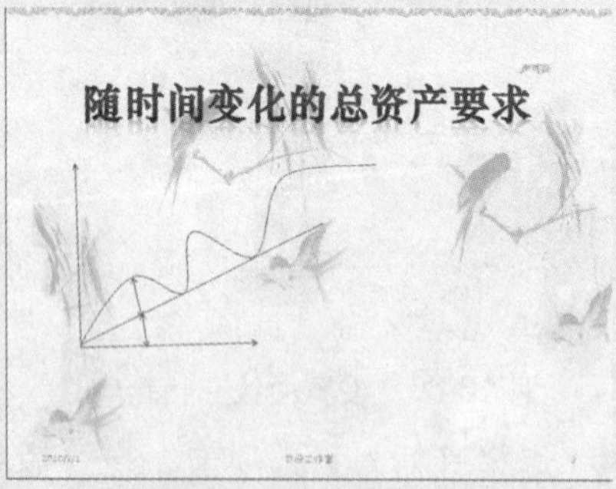

图16-63 复制粘贴双箭头

30 选择【插入】选项卡，在【插图】组中单击【形状】按钮，在弹出的下拉面板中选择【基本形状】栏中的“右大括号”形状，按住Shift键绘制一条垂直右大括号插入到文档中，如图16-64所示。

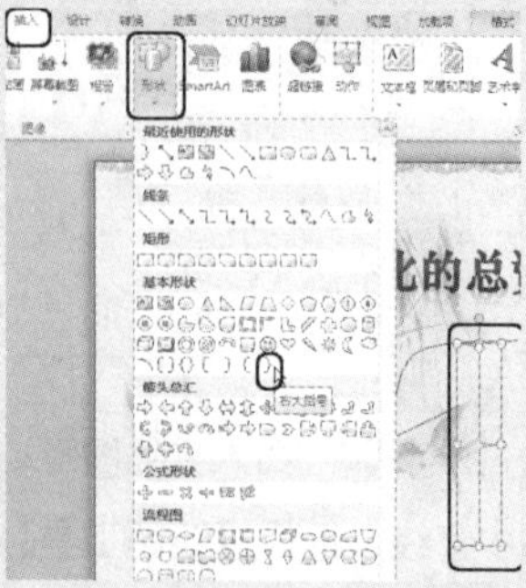

图16-64 插入右大括号图形

31 选中右大括号，选择【绘图工具】|【格式】选项卡，在【形状样式】组中单击【形状轮廓】按钮，在弹出的下拉面板中将【标准色】设置为“深红”，将右大括号轮廓填充颜色为深红色，并将其移动到相应位置，如图16-65所示。

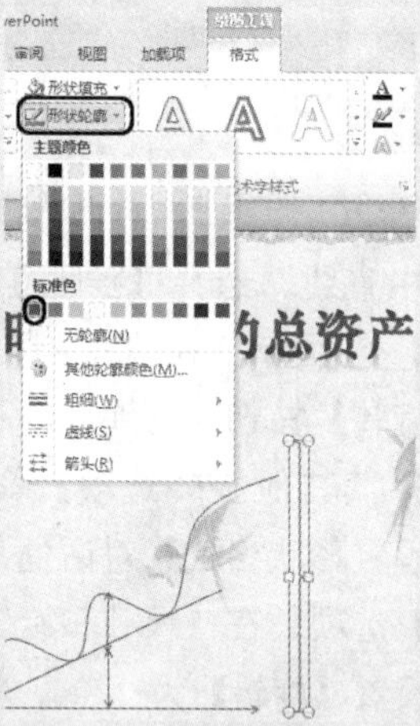

图16-65 设置右大括号形状轮廓

32 按住Ctrl键将插入的“箭头”、“直线”、“曲线”、“双箭头”、“右大括号”图形全部选中，并在图形上单击鼠标右键，在弹出的快捷菜单中选择【设置形状格式】命令，弹出【设置形状格式】对话框，在该对话框中选择【线型】选项，在【线型】选项组中将【宽度】设置为0.75磅，如图16-66所示。

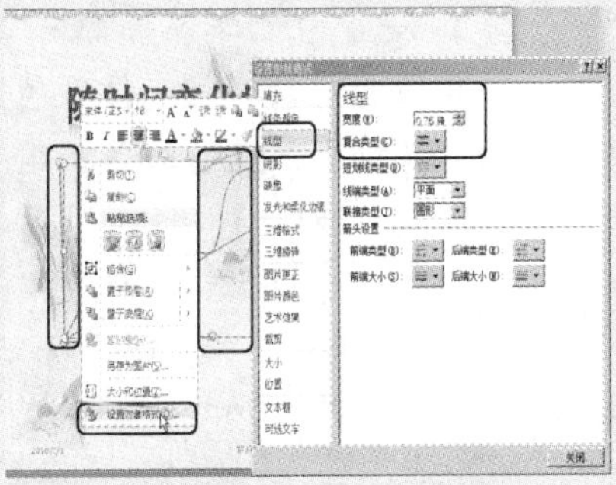

图16-66　设置形状格式

33 选择【插入】选项卡，在【插图】组中单击【形状】按钮，在弹出的下拉面板中选择【箭头总汇】栏中的“左弧形箭头”形状，在文档中单击，将左弧形箭头插入到文档中，如图16-67所示。

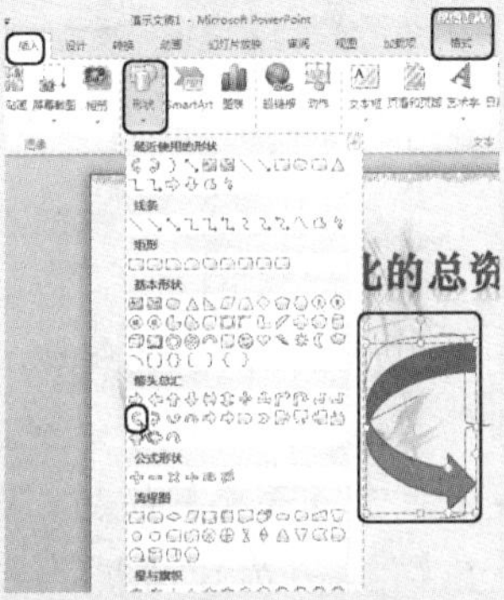

图16-67　插入左弧形箭头

34 选中左弧形箭头，选择【绘图工具】|【格式】选项卡，在【形状样式】组中单击【形状填充】按钮，在弹出的下拉面板中将【标准色】设置为“黄色”，将左弧形箭头填充颜色为黄色，如图16-68所示；单击【形状轮廓】按钮，在弹出的下拉面板中将【标准色】设置为“蓝色”，将左弧形箭头轮廓填充颜色为蓝色，并将其移动到相应位置，如图16-69所示。

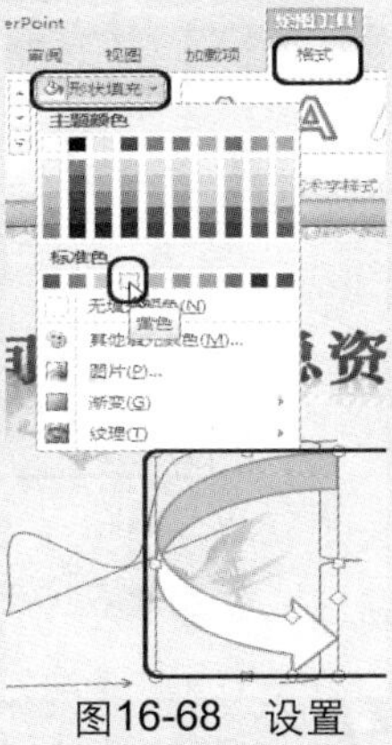

图16-68　设置左弧形箭头颜色

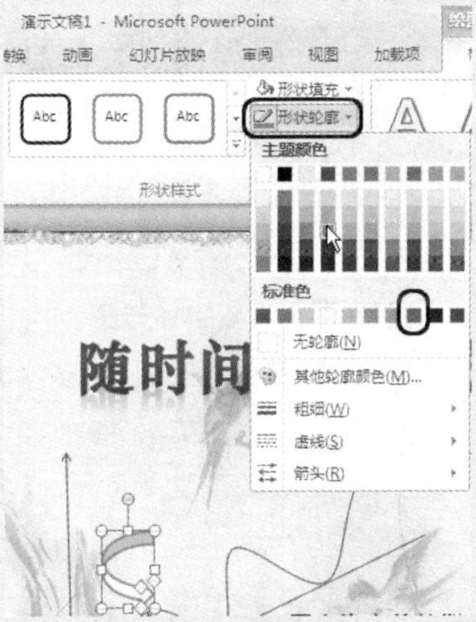

图16-69　设置左弧形箭头形状轮廓

35 选择【插入】选项卡，在【文本】组中单击【文本框】按钮，在弹出的下拉菜单中选择【横排文本框】命令，在幻灯片页面中单击一下，将横排文本框插入到文档中，如图16-70所示。

图16-70　插入横排文本框

36 选中输入的文字，选择【开始】选项卡，在【段落】组中单击 （左对齐）按钮；在【字体】组中将【字体】设置为“宋体（正文）”，【字号】设置为20，单击 **B**（加粗）按钮，【字体颜色】设置为“黑色”，如图16-71所示。

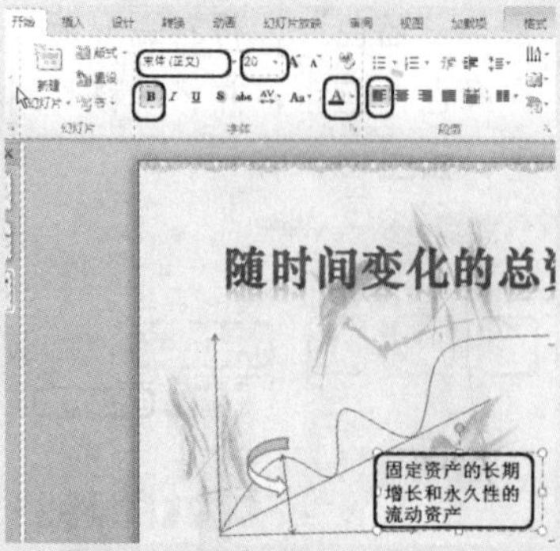

图16-71 设置字体与颜色

37 按照步骤35和步骤36的操作方法，插入其余部分文字，将【字体】设置为“宋体（正文）”，【字号】设置为20，单击 B （加粗）按钮，【字体颜色】设置为“黑色”，效果如图16-72所示。

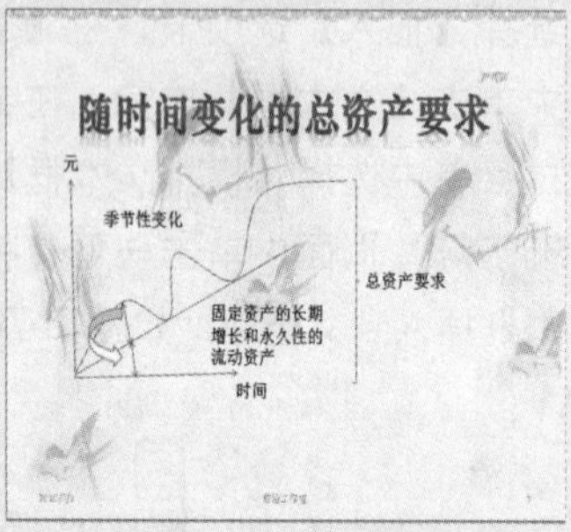

图16-72 插入其余文字的效果

38 按照步骤9的操作方法，在【幻灯片】、【大纲】选项卡中复制出“幻灯片4”。

39 在【幻灯片】、【大纲】选项卡中选中“幻灯片4”，删除幻灯片页面中的全部文本。选择【插入】选项卡，在【文本】组中单击【文本框】按钮，在弹出的下拉菜单中选择【横排文本框】命令，在幻灯片页面单击一下，将横排文本框插入到文档中，如图16-73所示。

40 选中输入的文字，选择【开始】选项卡，在【段落】组中单击 （左对齐）按钮；在【字体】组中将【字体】设置为“华文新魏”，【字号】设置为28，【字体颜色】设置为“黑色”；在【段落】组中单击 （项目符号）按钮，在弹出的下拉面板中选择“带填充效果的大圆形项目符号”，如图16-74所示。

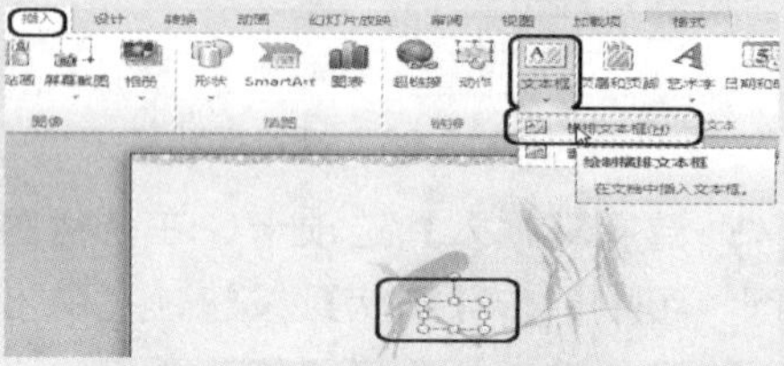

图16-73 插入横排文本框

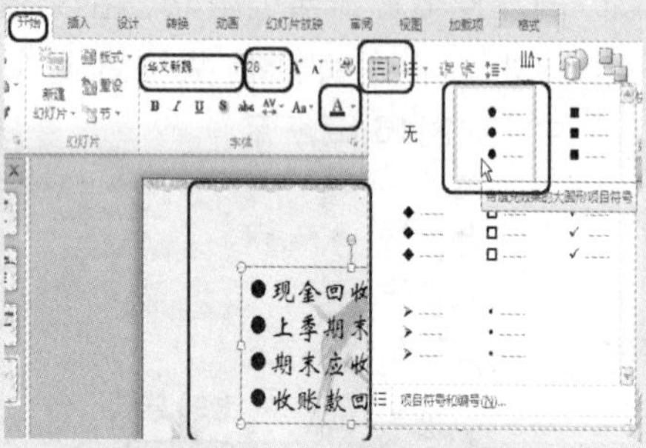

图16-74 设置文字格式

41 选择【插入】选项卡，在【表格】组中单击【表格】按钮，在弹出的下拉面板中选择【插入表格】命令，弹出【插入表格】对话框，在该对话框中将【列数】设置为5，【行数】设置为5，然后单击【确定】按钮，如图16-75所示。

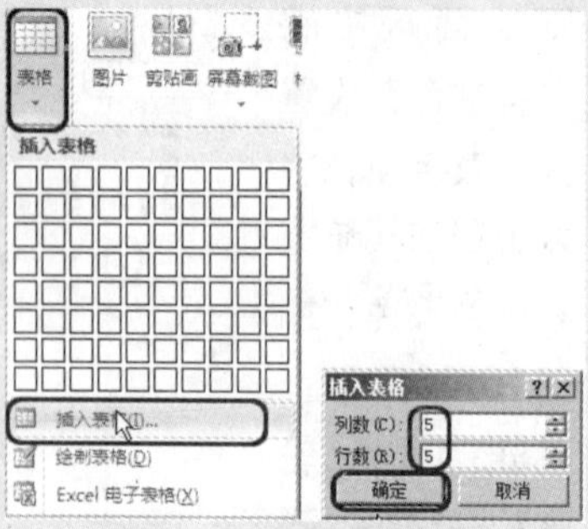

图16-75 插入表格

42 单击【确定】按钮后，表格就插入到幻灯片页面中；选中表格，选择

【表格工具】|【设计】选项卡，在【表格样式】组中选择“中度样式2-强调3”，效果如图16-76所示。

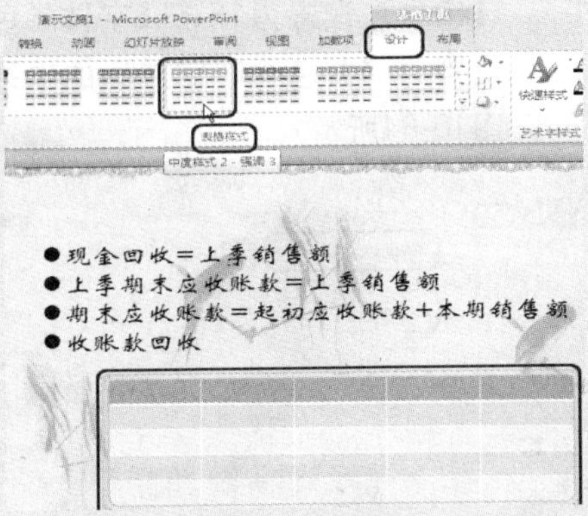

图16-76　设置表格样式

43 在表格中输入文字并选中，选择【开始】选项卡，在【段落】组中单击（居中对齐）按钮；在【字体】组中将【字体】设置为“华文新魏，【字号】设置为18，【字体颜色】设置为“黑色”，如图16-77所示。

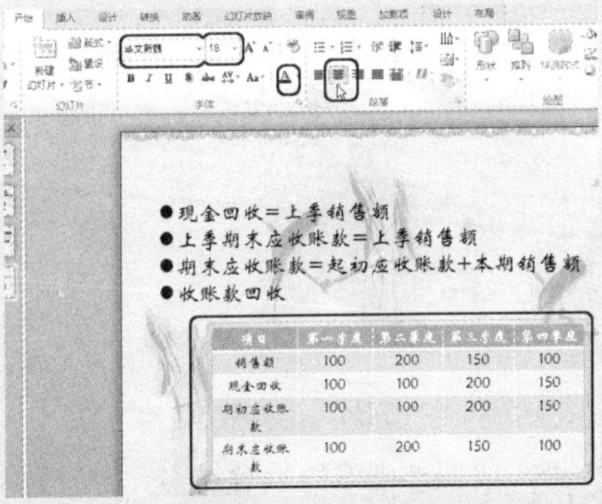

图16-77　设置文字格式

44 选择【插入】选项卡，在【文本】组中单击【文本框】按钮，在弹出的下拉菜单中选择【横排文本框】命令，在幻灯片页面中单击一下，将横排文本框插入到文档中，如图16-78所示。

45 选中输入的文字，选择【开始】选项卡，在【段落】组中单击（居中对齐）按钮；在【字体】组中将【字体】设置为“华文楷体”，【字号】设置为28，单击 B （加粗）按钮，【字体颜色】设置为“红色”，如图16-79所示。

图16-78　插入横排文本框

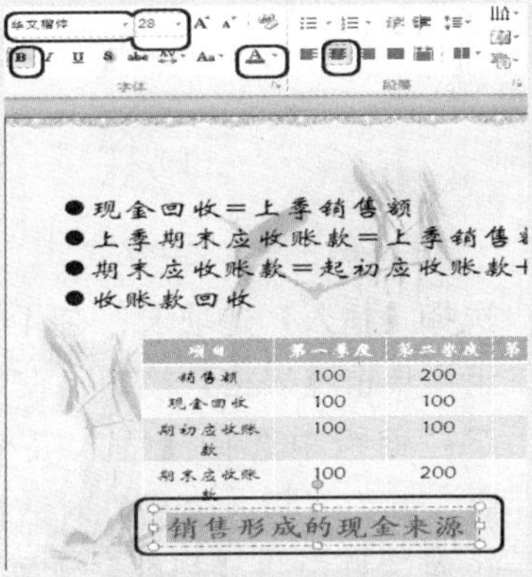

图16-79　设置字体与颜色

46 按照步骤9的操作方法，在【幻灯片】、【大纲】选项卡中复制出“幻灯片5”。选中“幻灯片5”，删除幻灯片页面中的全部文本。选择【插入】选项卡，在【文本】组中单击【艺术字】按钮，在弹出的下拉面板中单击“渐变填充-蓝色 强调文字1”，在幻灯片页面中出现艺术字文本框，如图16-80所示。

47 选中文本框并输入标题，然后选中文字，选择【开始】选项卡，在【段落】组中单击（居中对齐）

按钮；在【字体】组中将【字体】设置为“宋体（正文）”，【字号】设置为54，单击 B （加粗）按钮，如图16-81所示。

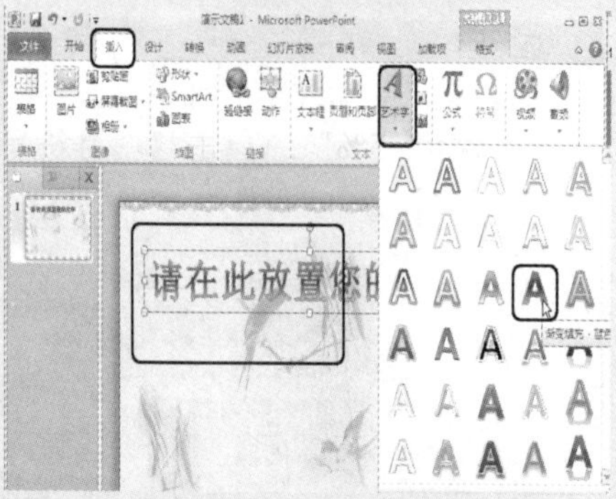

图16-80　插入艺术字

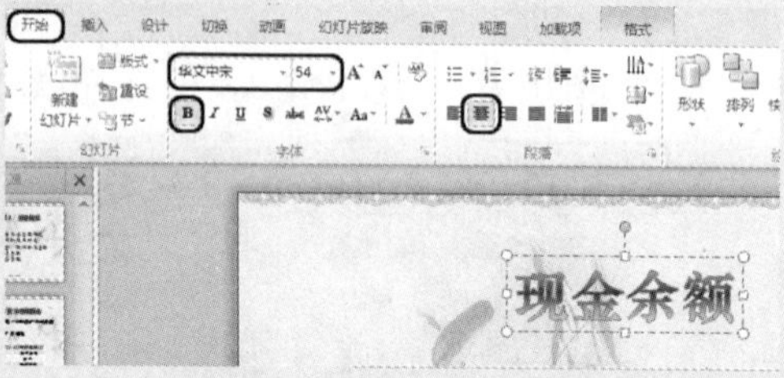

图16-81　设置文字格式

48 选择【插入】选项卡，在【表格】组中单击【表格】按钮，在弹出的下拉面板中选择【插入表格】命令，弹出【插入表格】对话框，在该对话框中将【列数】设置为5，【行数】设置为9，然后单击【确定】按钮，如图16-82所示。

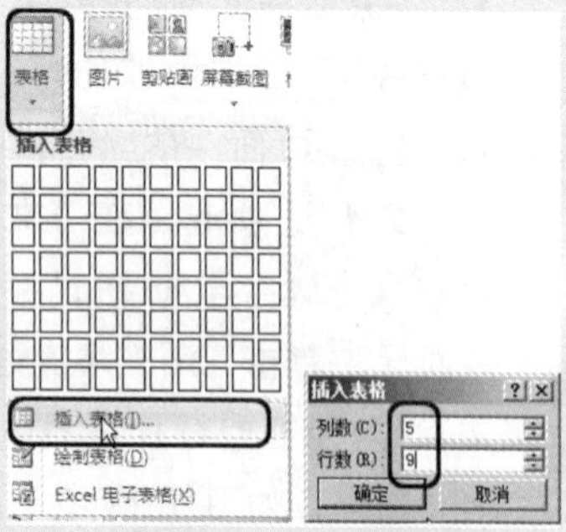

图16-82　插入表格

49 在表格中输入文字并选中，如图16-83所示。选择【开始】选项卡，在【段落】组中单击 ≡ （居中对齐）按钮；在【字体】组中将【字体】设置为“宋体（正文）”，【字号】设置为18，【字体颜色】设置为“紫色”，完成后的效果如图16-84所示。

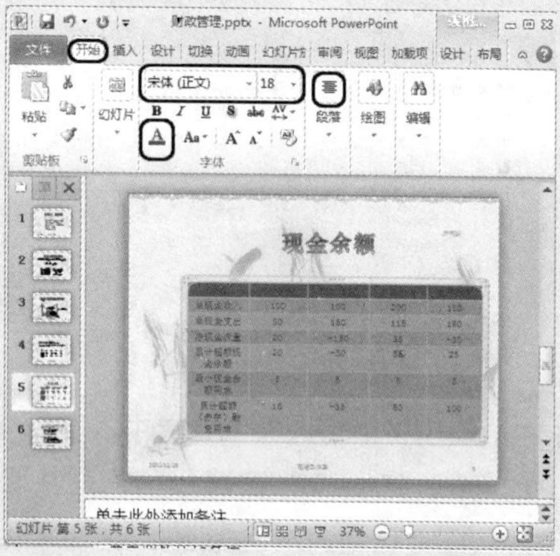

图16-83　设置表格中的文字格式

图16-84　幻灯片5效果

50 按照步骤9的操作方法，在【幻灯片】、【大纲】选项卡中复制出“幻灯片6”。选中“幻灯片6”，删除幻灯片页面中的全部文本。选择【插入】选项卡，在【文本】组中单击【文本框】按钮，在弹出的下拉菜单中选择【横排文本框】命令，在幻灯片页面中单击一下，将横排文本框插入到文档中，如图16-85所示。

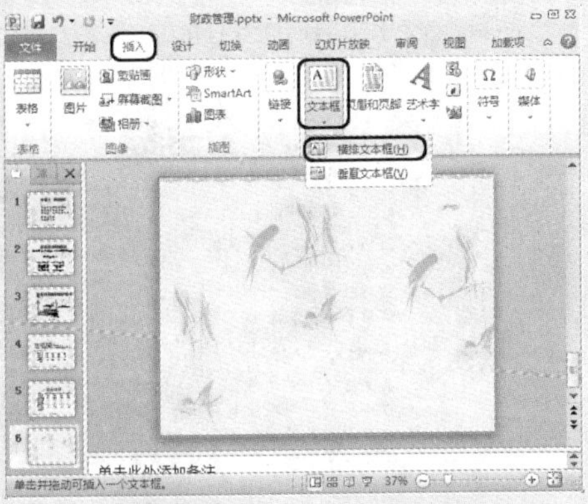

图16-85 插入横排文本框

51 选中输入的标题文字，选择【开始】选项卡，在【段落】组中单击 （居中对齐）按钮；在【字体】组中将【字体】设置为“华文中宋”，【字号】设置为54，单击 （加粗）按钮，【字体颜色】设置为“深蓝”，如图16-86所示。

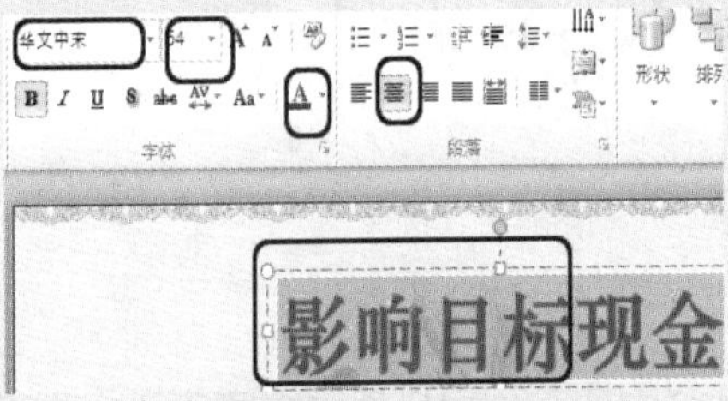

图16-86 设置标题文字格式

52 选择【插入】选项卡，在【文本】选项组中选择【文本框】选项，在弹出的下拉菜单中选择【横排文本框】，在幻灯片页面中单击一下，将【横排文本框】插入到文档中，如图16-87所示。

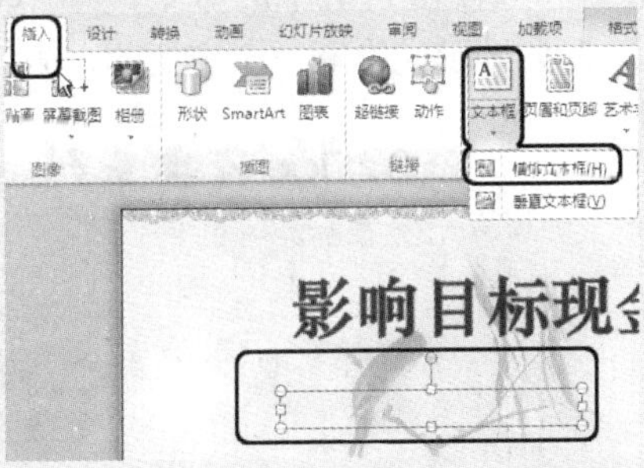

图16-87 插入横排文本框

53 在横排文本框中输入文字并选中，选择【开始】选项卡，在【段落】组中单击 （居中对齐）按钮；在【字体】组中将【字体】设置为“华文新魏”，【字号】设置为32，【字体颜色】设置为“红色，强调文字颜色2，深色25%”，单击【项目符号】按钮，在弹出的下拉面板中选择【箭头项目符号】，如图16-88所示。

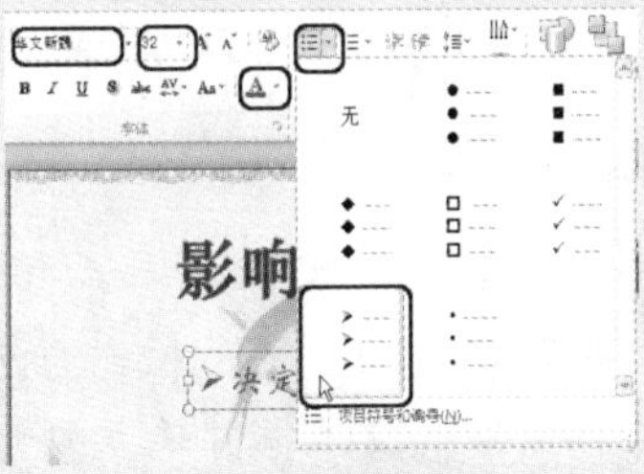

图16-88 设置文字格式

54 选择【插入】选项卡，在【文本】组中单击【文本框】按钮，在弹出的下拉菜单中选择【横排文本框】命令，在幻灯片页面中单击一下，将横排文本框插入到文档中，如图16-89所示。

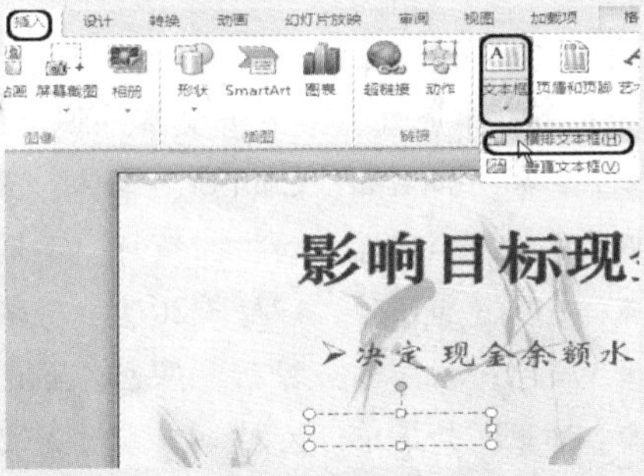

图16-89 插入横排文本框

55 在横排文本框中输入文字并选中，选择【开始】选项卡，在【段落】组中单击 （左对齐）按钮；在【字体】组中将【字体】设置为“华文新魏”，【字号】设置为24，【字体颜色】设置为“黑色，文字1”；在【段落】组中单击

（项目符号）按钮，在弹出的下拉面板中选择【带填充效果的圆形项目符号】，如图16-90所示。

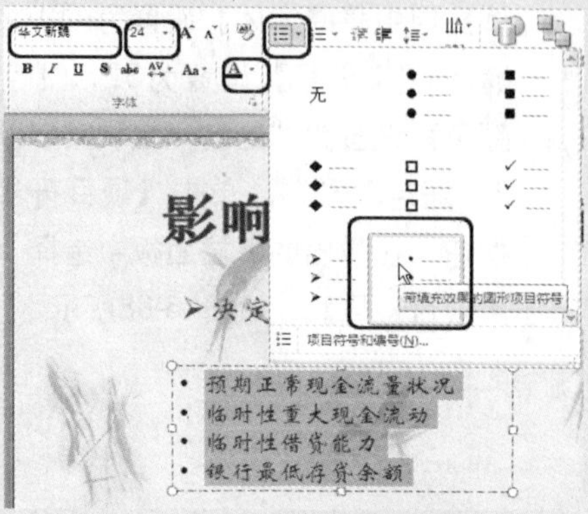

图16-90 设置文字格式

56 按照步骤53～56的操作方法，在文档中插入文本框并输入剩余部分文字，效果如图16-91所示。

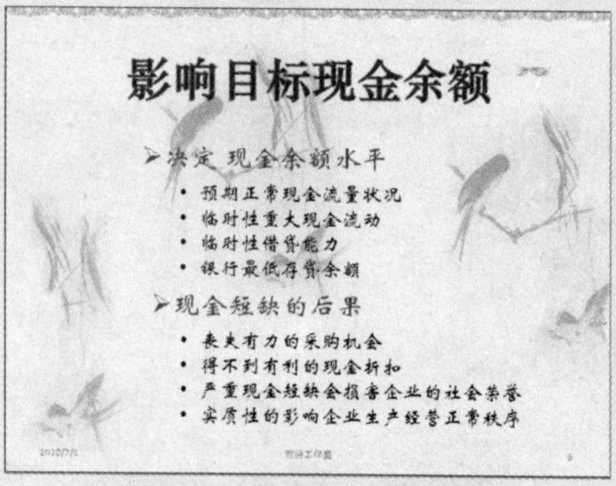

图16-91 插入剩余部分文字效果

57 至此，完成对“财政管理”幻灯片的制作。选择【文件】|【保存】命令，将制作的文档进行保存。

16.5 编辑文本

在幻灯片中输入文本之后，还可以对其进行修改。

16.5.1 改变文本外观

输入文本或数字时，PowerPoint自动选用的字体是“宋体”，这样看起来并非十分美观。可以改变一下文本属性，来改善文本外观，或者把它与其他文本区分开来。

- 字体，如Arial、Courier、宋体、黑体、楷体、隶书、华文新魏等。
- 字形，如常规、加粗、倾斜、下划线、加粗倾斜。
- 字号，如10磅，12磅或20磅（磅值越大，字越大，1英寸大约等于72磅）。
- 颜色，如红色、绿色、黑色、蓝色等。
- 对齐，如居中、左对齐或右对齐文本。

改变文本格式主要使用【开始】选项卡|【字体】组和【段落】组中的命令，PowerPoint 2010与Word 2010以及Excel 2010一样，在选中文本时，都会显示或隐藏一个方便的、微型的、半透明的工具栏，称为浮动工具栏。浮动工具栏帮助用户使用字体、字号、对齐方式、文本颜色、缩进级别以及项目符号等功能，如图16-92所示。

图16-92 浮动工具栏

16.5.2 对齐和排列

对齐对象的方法有很多种，可以对齐对象的侧边、中间、顶端或底端，可以相对于整张幻灯片的位置对齐（例如，幻灯片的顶端或左边缘），可以使用辅助线通过目视对齐对象，可以在绘制或移动对象时使用网格将对象对齐网格上的边角，可以水平、垂直或相对于整张幻灯片等距排列（或分布）每个对象。

1. 对齐对象

对齐对象主要是使用【开始】选项卡|【绘图】组|【排列】命令来实现的。选择【开始】选项卡|【绘图】组|【排列】|【对齐】命令，在其子菜单中选择对象的对齐方式，如图16-93所示。

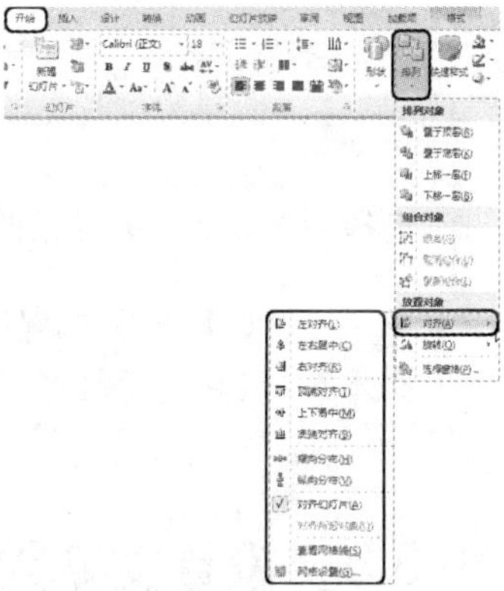

图16-93 对齐方式

- 左对齐：按对象的左边缘对齐对象。
- 左右居中：水平对齐对象的中心。
- 右对齐：按对象的右边缘对齐对象。
- 顶端对齐：按对象的顶端对齐对象。
- 上下居中：按对象的中心垂直地对齐对象。
- 底端对齐：按对象的底部对齐对象。
- 横向分布：按横向等距排列对象。
- 纵向分布：按纵向等距排列对象。

实战演练282——使用【网络线和参考线】对话框

1 选择【开始】选项卡|【绘图】组|【排列】|【对齐】|【网格设置】命令，弹出【网格线和参考线】对话框，如图16-94所示。

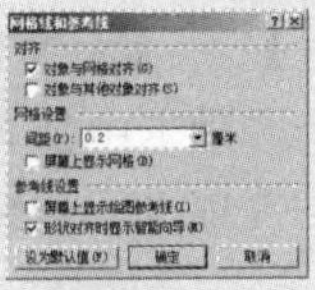

图16-94 【网格线和参考线】对话框

2 在【网格线和参考线】对话框中勾选【屏幕上显示绘图参考线】复选框，单击【确定】按钮，则屏幕上显示出大十字形的虚线（参考线）。

3 拖动参考线，将其定位在要对齐对象的位置。

4 拖动每一个对象靠近参考线，这样对象的中心或边缘会自动对齐参考线。

提示

在【网格线和参考线】对话框中，如选中【对象与其他对象对齐】复选框，可以使对象与其他对象对齐。

2. 使段落对齐、居中或两端对齐

段落是指在末端带有回车的文本，如按回车键时。项目符号或编号列表中的每个项目都是一个段落，标题或副标题也是一个段落。

实战演练283——使段落对齐、居中或两端对齐

1 在幻灯片上选择要对齐、居中或两端对齐的段落。

2 若要选取单个段落，单击该段落；若要选取列表中的段落，可拖动选择所有文本，也可以通过单击占位符中的文本选择占位符，再单击其边框选取所有的文本。

3 若使段落对齐或居中，单击【开始】选项卡|【段落】组中的▤（左对齐）按钮、

(居中对齐)按钮、(右对齐)按钮、(两端对齐)按钮和(分散对齐)按钮。

3. 使文本对齐

实战演练284——使本文对齐

1 选择要更改其对齐效果的文本。

2 单击【开始】选项卡|【段落】组|【对齐文本】按钮，在弹出的下拉菜单中选择某种对齐方式，即【顶端对齐】、【中部对齐】和【底端对齐】。

16.5.3 设置文本效果格式

除了上述介绍的对齐文本的方法外，还可以使用【设置文本效果格式】对话框设置文本的各种格式。打开【设置文本效果格式】对话框的方法是先选择文本，然后选择【开始】选项卡|【段落】组|【对齐文本】|【其他选项】命令，打开【设置文本效果格式】对话框，如图16-95所示。

在该对话框中有【文本填充】、【文本边框】、【大纲样式】、【阴影】、【三维格式】、【三维旋转】和【文本框】选项卡，在每个选项卡中都有若干个可设置的参数，通过设置这些参数，使文本看起来更具感染力。关于每个选项卡中参数的具体含义，在此不再详细介绍，用户可自己尝试练习。

如果要设置文字的方向，先选择文字，然后选择【开始】选项卡|【段落】组|【文字方向】命令，弹出下拉菜单，如图16-96所示，从中选择相应的命令；选择【其他选项】命令，也可以打开【设置文本效果格式】对话框。

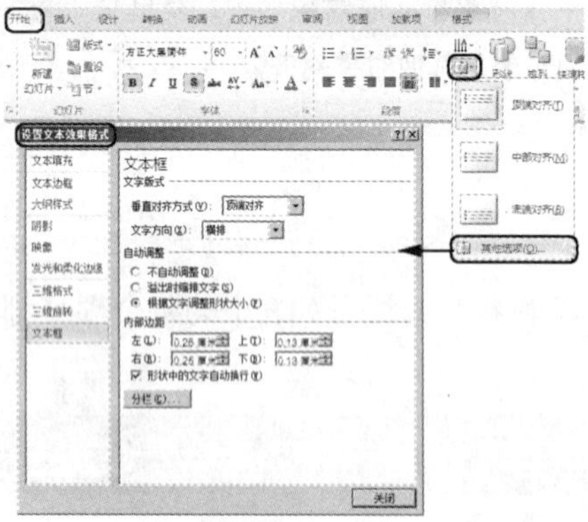

图16-95 【设置文本效果格式】对话框

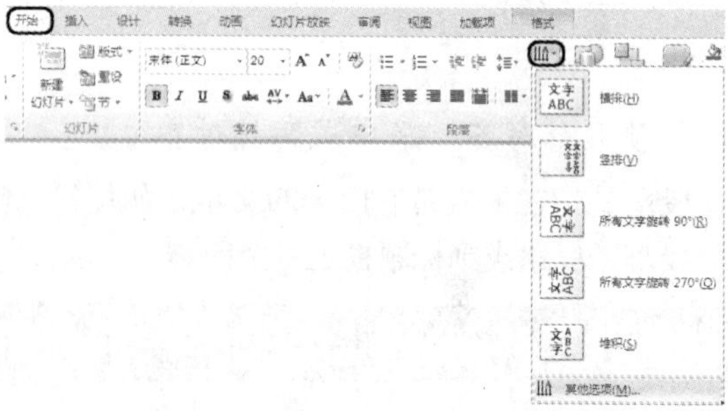

图16-96 【文字方向】下拉菜单

16.5.4 项目符号和编号

实战演练285——为文本添加项目符号和编号

1 选择需要添加项目符号和编号的文本，如图16-97所示。

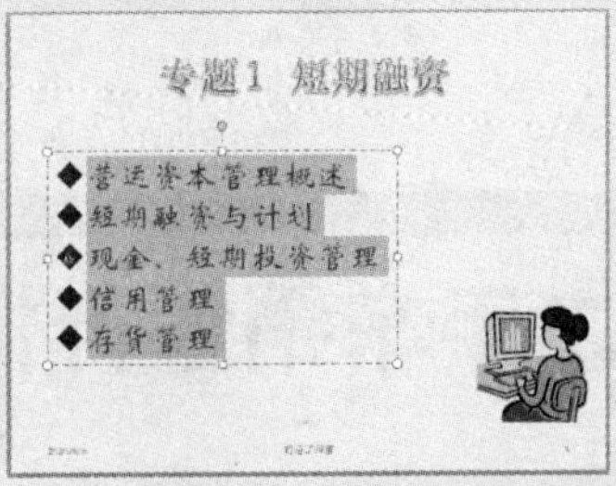

图16-97 选择文本

2 在【开始】选项卡|【段落】组中单击（项目符号）按钮右侧小三角按钮，在弹出的下拉面板中选择【项目符号和编号】命令，如图16-98所示。

3 在弹出的【项目符号和编号】对话框中设置选择需要添加的项目符号或编号，如图16-99所示。在该对话框中也可以设置个性的项目符号。

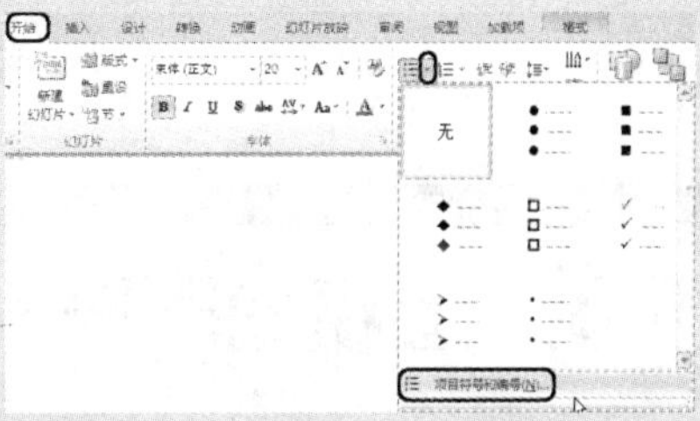

图16-98 选择【项目符号和编号】命令

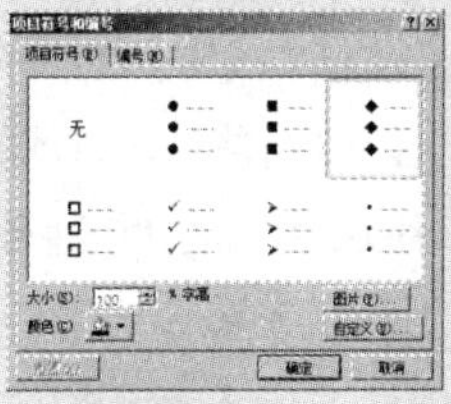

图16-99 【项目符号或编号】对话框

16.5.5 添加特殊符号和批注

1. 特殊符号

特殊符号可以让用户选择所需的中文符号插入到编辑的句子中，特殊符号包括了单位符号、标点符号、数字序号、特殊符号、拼音以及数学符号等6大种类。

在【插入】选项卡|【符号】组|（符号）中显示最为常用的标点符号，而想找到合适的符号该怎么使用呢？在【加载项】选项卡|【菜单命令】组中单击 特殊符号 按钮，弹出【插入特殊符号】对话框，在该对话框中根据自己的需要选择符号，如图16-100所示。

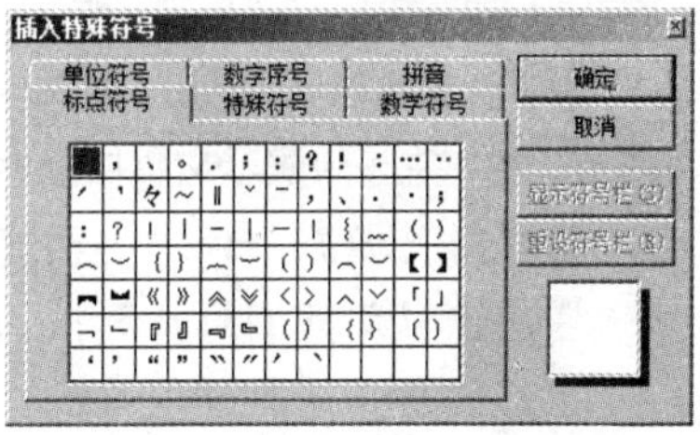

图16-100 【插入特殊符号】对话框

使用【插入特殊符号】对话框可以插入键盘上没有的符号（如©）或特殊字符（如长划线（—）或省略号（…）），还可以插入 Unicode （Unicode：Unicode Consortium 开发的一种字符编码标准。该标准采用多个字节代表每一字符，实现了使用单个字符集代表世界上几乎所有书面语言）字符。

可以插入的符号和字符的类型取决于选择的字体。例如，国际字符（Ç, ë）和国际货币符号（£，¥）。内置的 Symbol 字体包含箭头、项目符号和科学符号。可能还有其他符号字体，如 Wingdings，该字体包含装饰符号。

2. 批注

批注是一个比较简单的使用功能，用户可用在幻灯片的任意位置添加批注，这些批注大多是帮助阅读者或者撰写者，特别是在合作撰写一个演示文稿时便于作者之间相互沟通。而且在放映幻灯片时，批注并不会显示出来。

批注的使用方法非常简单，单击【审阅】选项卡|【批注】组|【新建批注】按钮，即可添加或编辑一个批注，如图16-101所示。

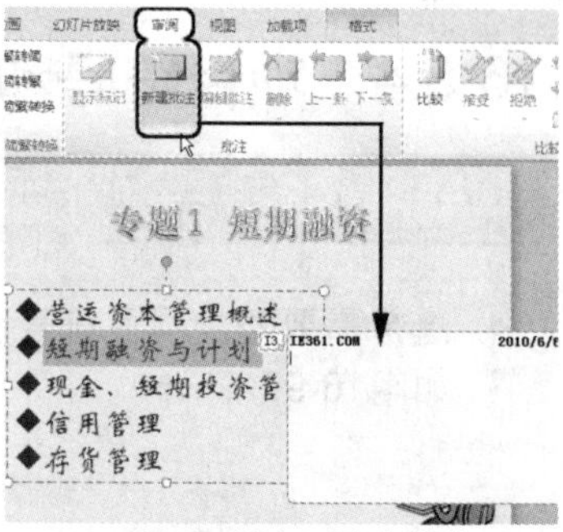

图16-101　新建批注

16.6 上机练习——制作“二手车销售行情”演示文稿

如果想更熟练地操作演示文稿，必须先把演示文稿转化成合适的格式，PowerPoint 2010提供了专门的练习习题，并让用户对PowerPoint 的功能和操作有更进一步地了解。本例将制作一个“二手汽车销售行情”演示文稿，效果如图16-102所示。本例知识点为插入新幻灯片、设置标题文字格式、插入表格、插入页眉和页脚。

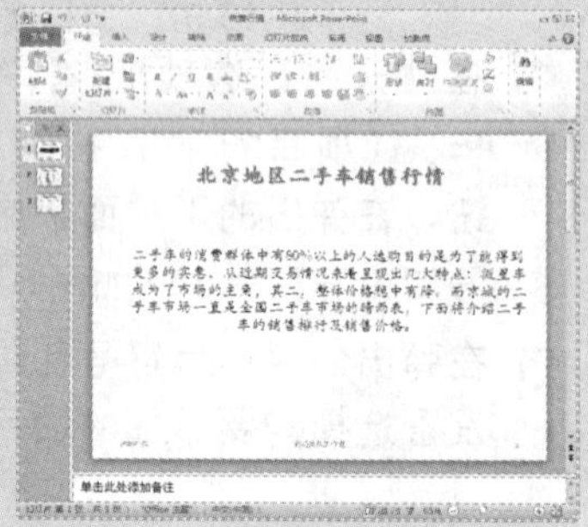

图16-102　“二手车销售行情”部分演示文稿

实战演练286——制作“二手车销售行情”演示文稿

最终文件	dir\最终文件\cha16\制作“二手车销售行情”演示文稿.pptx
视频文件	Movie\16-03.avi

1 启动PowerPoint 2010，新建一个空白演示文稿，并删除演示文稿中所有的占位符。

2 选择【开始】选项卡，在【幻灯片】组中单击【新建幻灯片】按钮，在弹出的下拉面板中选择幻灯片的样式为“两栏内容”，如图16-103所示。然后将幻灯片插入到文档中。

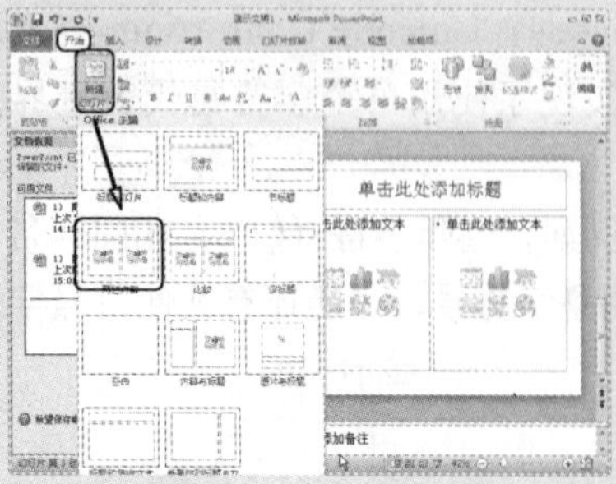

图16-103　插入幻灯片

3 在幻灯片的标题栏中输入内容，选择【开始】选项卡，在【字体】组中将【字体】设置为“华文楷体”，【字号】设置为44，【字体颜色】设置为“红色”，如图16-104所示。

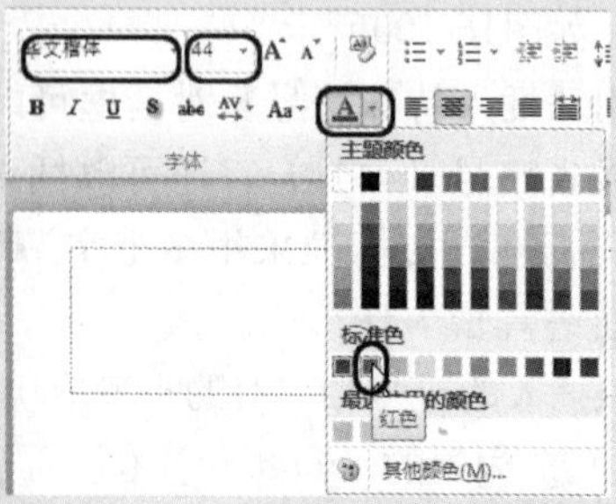

图16-104　设置标题文字的格式

4 在幻灯片的副标题栏中输入内容并选中，选择【开始】选项卡，在【字体】组中将【字体】设置为“华文楷体”，【字号】设置为24，【字体颜色】设置为“黑色”，如图16-105所示。

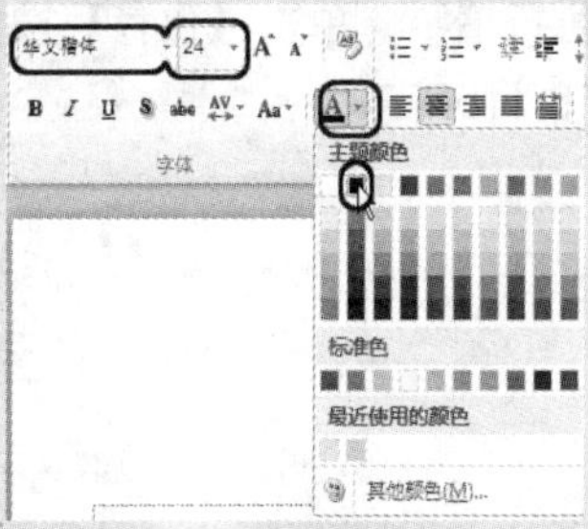

图16-105　设置副标题文字的格式

5 选择【开始】选项卡，在【幻灯片】组中单击【新建幻灯片】按钮，在弹出的下拉面板中选择幻灯片的样式为“标题和内容”，如图16-106所示。然后将幻灯片插入到文档中。

图16-106　插入空白文档

6 在幻灯片的标题处输入内容并选中，选择【开始】选项卡，在【字体】组中将【字体】设置为“华文楷体”，【字号】设置为36，【字体颜色】设置为“红色”；接着选择【插入】选项卡|【表格】|【插入表格】命令，如图16-107所示。

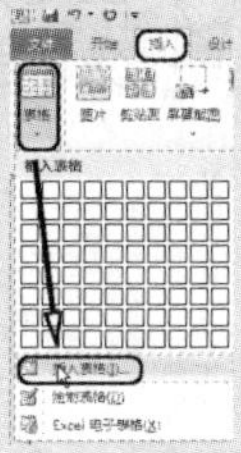

图16-107　设置字体并插入表格

7 在弹出的【插入表格】对话框中将【列数】设置为3，【行数】设置为11，然后单击【确定】按钮，如图16-108所示。插入表格后的效果如图16-109所示。

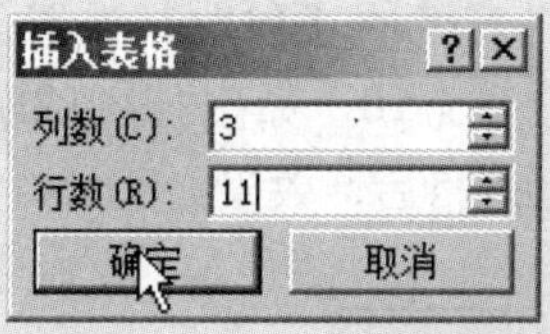

图16-108　设置表格

图16-109　插入表格

8 在插入的表格中输入文本，并且调整表格的宽度，如图16-110所示。

图16-110　输入文本

9 选择【开始】选项卡，在【幻灯片】组中单击【新建幻灯片】按钮，在弹出的下拉面板中选择幻灯片的样式为“标题和内容”，在新建的幻灯片中输入文本，【字体】设置为“华文楷体”，【字号】设置为28，【字体颜色】设置为“红色”，效果如图16-111所示，接着选择【插入】选项卡|【表格】|【插入表格】命令，弹出【插入表格】对话

框，将表格的【列数】设置为8，【行数】设置为10，如图16-112所示。设置并插入表格后，效果如图16-113所示。

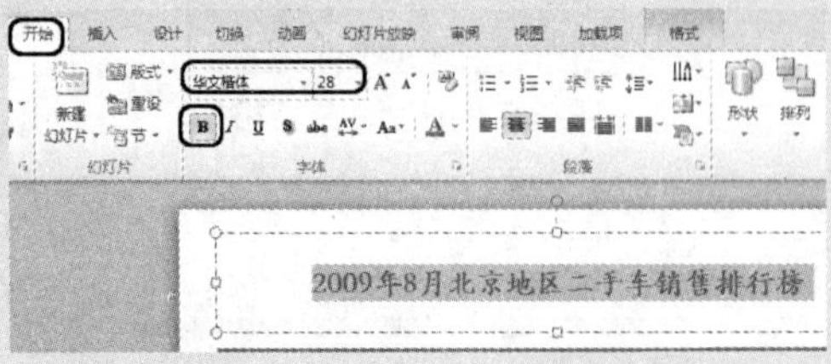

图16-111　输入文本

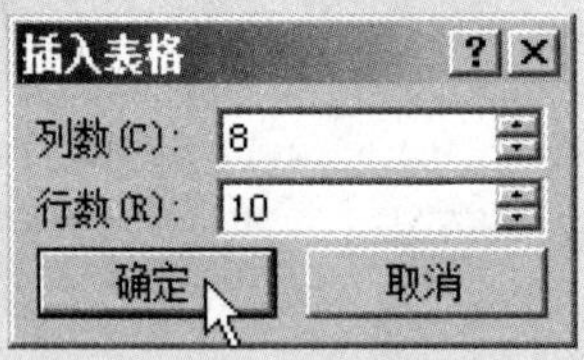

图16-112　设置插入的表格

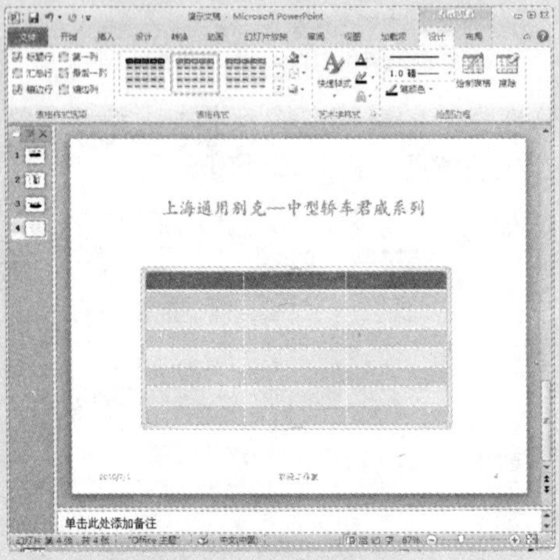

图16-113　插入后的表格

10 在插入的表格中输入文本，并且调整表格的宽度，如图16-114所示。

11 选择【文件】|【另存为】命令，在弹出的【另存为】对话框中可以更改演示文稿的标题，如更改为“销售行情”，单击【保存】按钮，如图16-115所示。

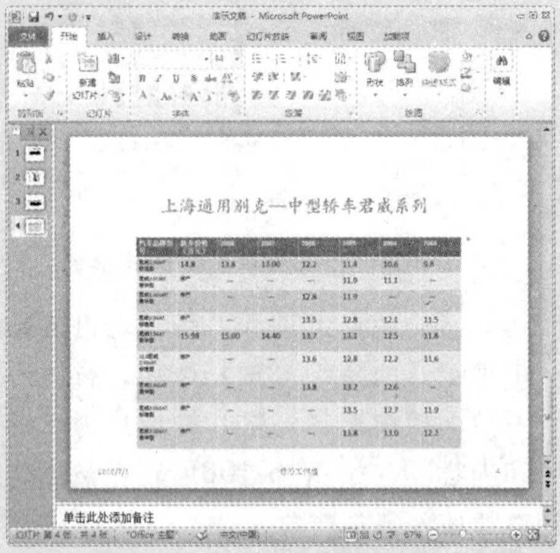

图16-114　输入文本

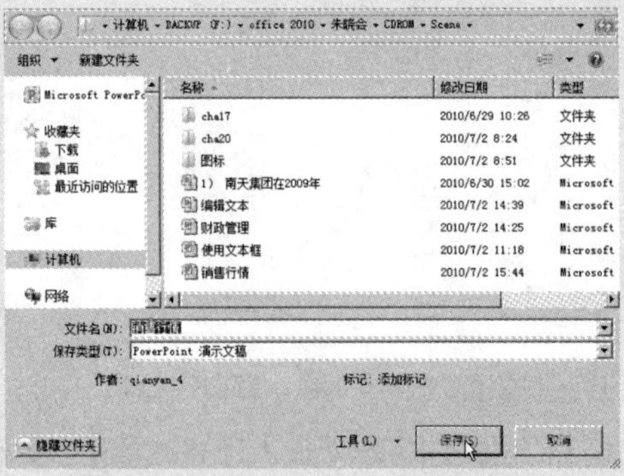

图16-115　保存文件

12 至此，完成对演示文稿的制作。将文档进行保存。

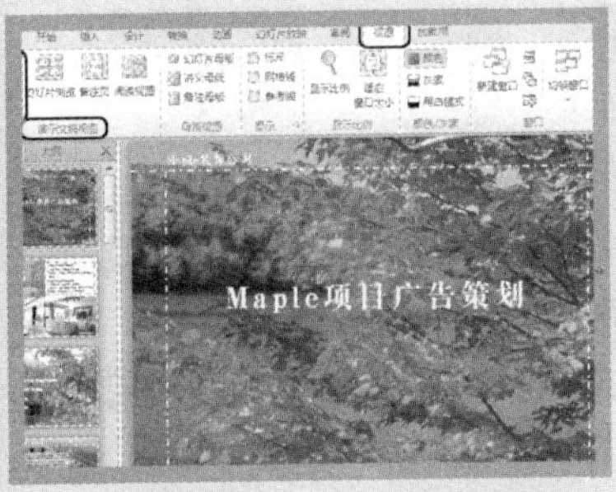

第17章 幻灯片的编辑与设计

通过本章的学习，需掌握如何编辑已创建好的幻灯片，如重新插入幻灯片、复制幻灯片、删除幻灯片、应用幻灯片模板、配色方案、动画方案及自定义动画等，这是设计幻灯片的重要内容，能够让幻灯片“动”起来，是设计幻灯片的真正意义。此外，还要掌握在幻灯片中引入多媒体的方法。

通过本章的学习，可以掌握以下知识点：

- 插入幻灯片
- 应用主题和模板
- 自定义动画
- 在幻灯片中引入多媒体

17.1 编辑幻灯片

在PowerPoint演示文稿中，每张都叫做幻灯片，通常一个演示文稿，可能包含一张或几十张幻灯片。在制作演示文稿中，有时需要对演示文稿进行调整，如插入一张新的幻灯片、删除某张幻灯片、调整幻灯片的播放顺序，经过调整之后确定下来的演示文稿可以使用PowerPoint的播放工具进行播放。

17.1.1 幻灯片的删除

要删除幻灯片，单击【幻灯片】选项卡下的幻灯片编号，按Delete键；或者鼠标右击要删除的幻灯片，在弹出的快捷菜单中选择【删除幻灯片】命令，如图17-1所示。

要删除多个连续的幻灯片，单击第一张幻灯片，然后在按住Shift键的同时单击要选择的最后一张幻灯片，如图17-2所示，按Delete键删除选择的幻灯片；要选择多个不连续的幻灯片，先按住Ctrl键，再单击每个要选择的幻灯片，如图17-3所示，选择幻灯片后删除即可。

图17-1 鼠标右击删除幻灯片 图17-2 删除多个连续的幻灯片 图17-3 删除多个不连续的幻灯片

提示

在当前的演示文稿存储之前，所有的删除都可以恢复，一旦保存文档后，所有删除的幻灯片就不能再恢复了。

要恢复删除的幻灯片，单击快速访问工具栏上的（撤销）按钮，或按Ctrl+Z键，恢复的幻灯片仍然按照建立幻灯片的顺序排列。

17.1.2 调整幻灯片的位置

当演示文稿中每张幻灯片制作完成后，如果发现其顺序不合适，可对其顺序进行调整。切换到【幻灯片浏览视图】状态下，即可实现幻灯片顺序的自由调整和排列。

实战演练287——调整幻灯片的位置1

1 打开需要调整的演示文稿。

2 选择【视图】选项卡|【演示文稿视图】组|【幻灯片浏览】命令，或单击状态栏上的（幻灯片浏览）按钮，此时工作区以幻灯片浏览视图方式显示，如图17-4所示。

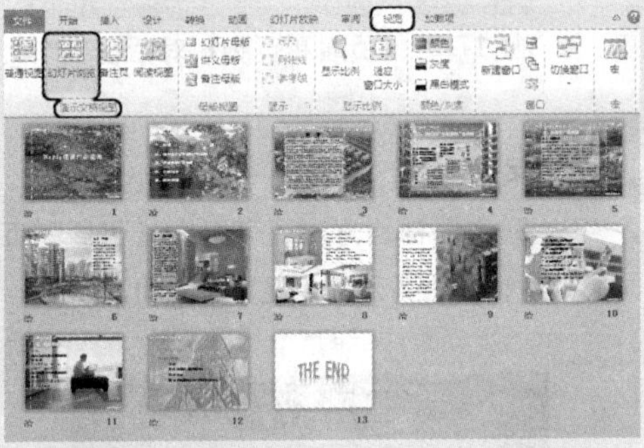

图17-4　演示文稿以幻灯片浏览方式显示

3 选择需要移动位置的幻灯片，按住鼠标不放拖曳，并将其放置到目标位置，释放鼠标，幻灯片的顺序就按照新的顺序排列好了，如图17-5所示。

图17-5　排列幻灯片的位置

4 单击【普通视图】按钮，返回到普通视图，如图17-6所示。

图17-6　返回到普通视图

实战演练288——调整幻灯片位置2

1 在普通视图下，在【幻灯片】选项列表中选择需要移动的幻灯片，并将其拖曳到新的位置。

2 释放鼠标，幻灯片出现在新的位置，如图17-7所示。

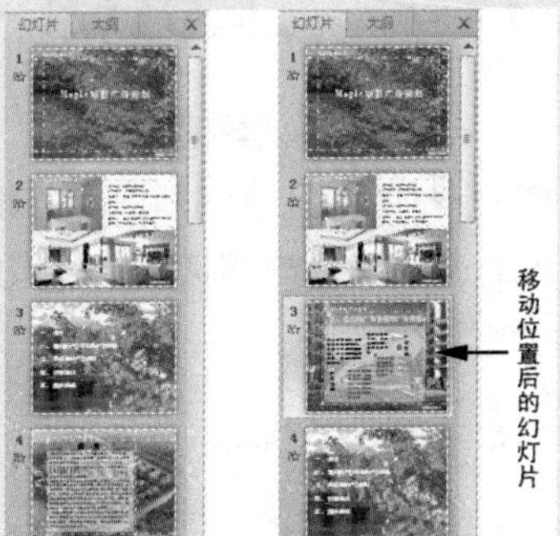

图17-7　移动幻灯片位置

17.1.3 为幻灯片编号

实战演练289——为幻灯片编号

1 在幻灯片上单击要向其中添加幻灯片编号的占位符（占位符：一种带有虚线或阴影线边缘的框，绝大部分幻灯片版式中都有这种框。在这些框内可以放置标题及正文，或者是图表、表格、图片等对象）或文本框（文本框：一种可移动、可调大小的文字或图形容器。使用文本框，可以在一页上放置数个文字块，或使文字按与文档中其他文字不同的方向排列）。

2 在【插入】选项卡|【文本】组中单击【幻灯片编号】按钮，如图17-8所示。

图17-8 选择【幻灯片编号】命令

3 在弹出的【页眉和页脚】对话框中根据自己的需要设置【幻灯片编号】和【页脚】，如图17-9所示。

4 为幻灯片添加编号和页脚，效果如图17-10所示。

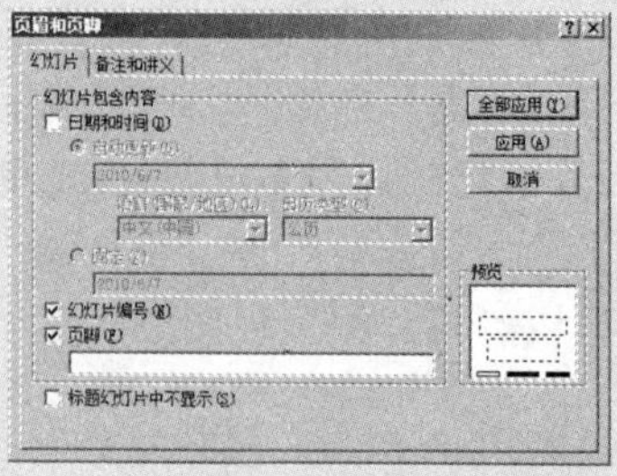

图17-9 【页眉和页脚】对话框

提示

利用同样的方法还可以在【页眉和页脚】对话框中为幻灯片设置时间和日期。

图17-10 幻灯片编号效果

17.2 上机练习——制作“学期报告”幻灯片

本例介绍“学期报告”幻灯片的制作方法，如图17-11所示。本例知识点为设置背景图案和颜色、设置文字的大小和样式以及设置幻灯片编号。

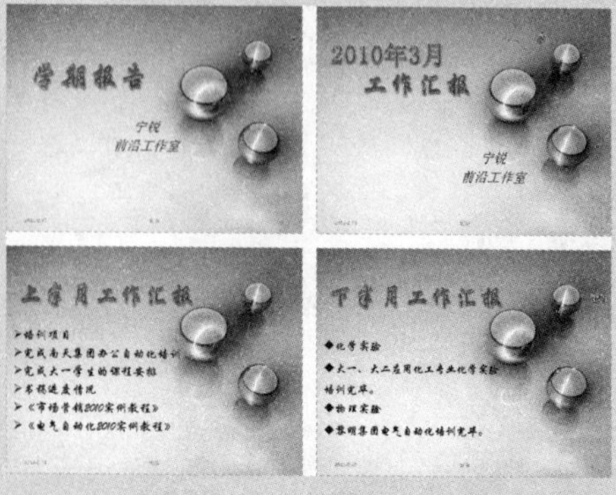

图17-11 学期报告效果

实战演练290——制作“学期报告”幻灯片

最终文件	dir\最终文件\cha17\制作“学期报告”幻灯片.pptx
视频文件	Movie\17-01.avi

1 启动PowerPoint 2010软件，系统自动新建一个演示文稿。

2 在幻灯片界面的空白区域单击鼠标右键，在弹出的快捷菜单中选择【设置格式背景格式】命令，在弹出的【设置背景格式】对话框中选择【填充】选项，选中【图片或纹理填充】单选按钮，单击【文件】按钮，如图17-12所示。

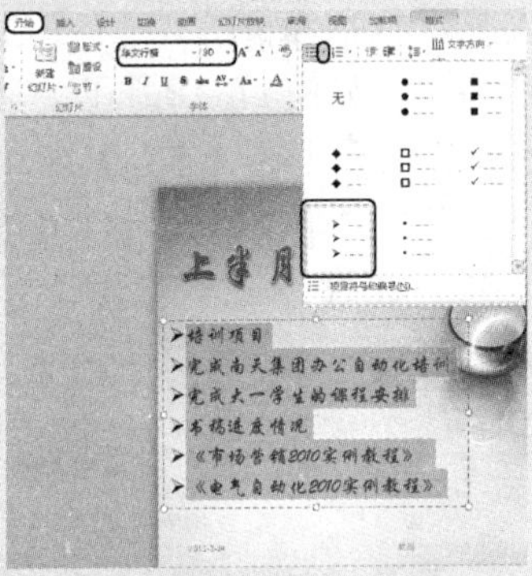

图17-12 【设置背景格式】对话框

3 在弹出的【插入图片】对话框中选择随书光盘“dir\素材\Cha17\1.jpg”素材文件，单击【插入】按钮右侧的小三角按钮，在弹出的下拉菜单中选择【插入和链接】命令，如图17-13所示。返回到【设置背景格式】对话框，单击【全部应用】按钮，将图片设置为文档的背景。

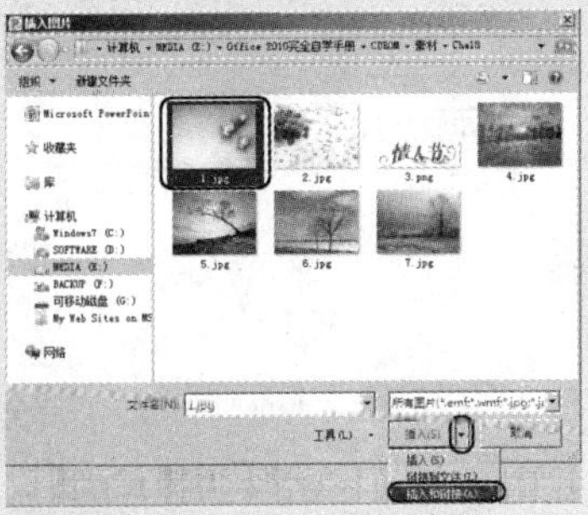

图17-13 插入图片

4 选择【插入】选项卡，在【文本】组中单击【页眉和页脚】按钮，弹出【页眉和页脚】对话框，进入【幻灯片】选项卡中，勾选【日期和时间】、【幻灯片编号】和【页脚】复选框，将时间、编号、页脚插入到文档中，单击【全部应用】按钮，如图17-14所示。

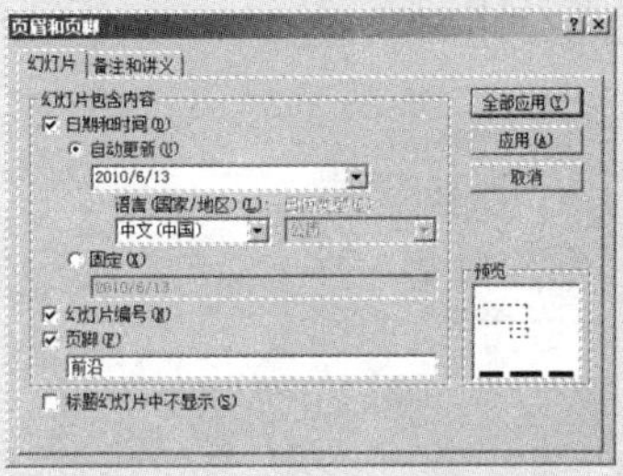

图17-14 插入页眉和页脚

5 在幻灯片页面的标题框处输入主标题“学期报告”，然后选中文字，选择【开始】选项卡，在【段落】组中单击【居中】按钮，在【字体】组中将【字体】设置为“汉仪行楷简”，【字号】设置为72，并拖曳鼠标调整标题框，如图17-15所示。

图17-15 设置标题的格式

6 选择标题文本框，选择【绘图工具】|【格式】选项卡，在【艺术字样式】组中单击按钮，在弹出的下拉面板中选择“填充-红色，强调文字颜色2，粗糙棱台”样式，如图17-16所示。

7 在“单击此处添加副标题”中输入文字并选中，选择【开始】选项卡，在

【段落】组中单击【居中】按钮，在【字体】组中将【字体】设置为“汉仪中楷简”，【字号】设置为20，单击 *I*（倾斜）按钮，并调整标题框，如图17-17所示。

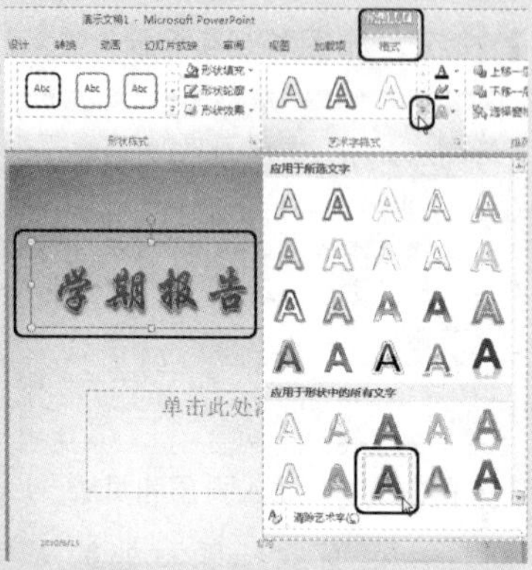

图17-16　设置标题的艺术字样式

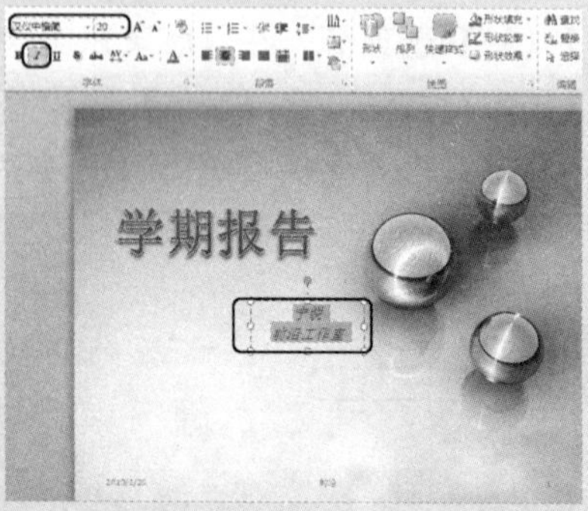

图17-17　设置文本格式

8 选择“幻灯片1”，对其单击鼠标右键，在弹出的快捷菜单中选择【复制幻灯片】命令，将会复制出与该幻灯片相同背景的“幻灯片2”，如图17-18所示。

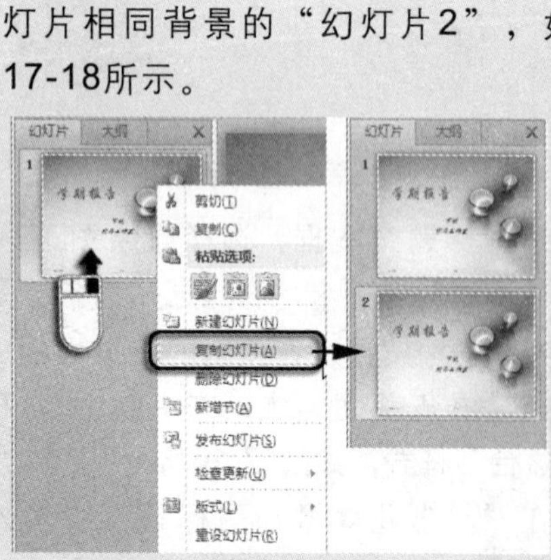

图17-18　复制幻灯片

提示

选择“幻灯片1”，使用Ctrl+C键将“幻灯片1”进行复制，然后使用Ctrl+V键粘贴出“幻灯片2”。

9 选择“幻灯片2”，将标题“学期报告”改为“2010年3月工作汇报”，然后选中“2010年3月”，选择【开始】选项卡，在【字体】组中将【字体】设置为“汉仪中楷简”，【字号】设置为“60”，如图17-19所示。然后选中“工作汇报”，在【字体】组中将【字体】设置为“华文行楷”，【字号】设置为66，将其移动到相应位置，如图17-20所示。

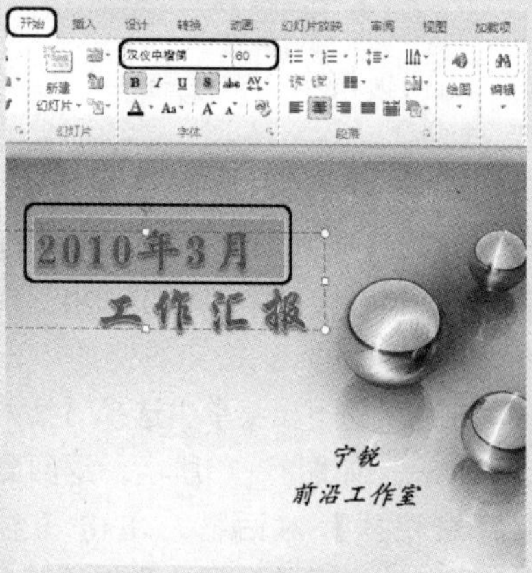

图17-19　设置标题格式

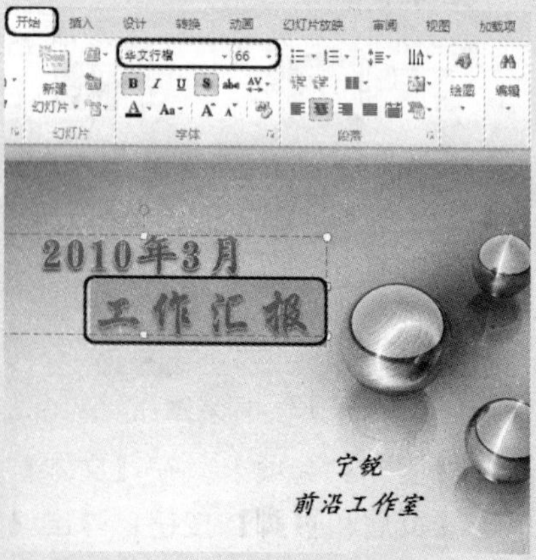

图17-20　设置标题文字格式

10 按照步骤8的操作方法复制出“幻灯片3”。

11 选择“幻灯片3”，将标题“2010年3月工作汇报”改为“上半月工作汇报”，然后选中“上半月工作汇报”，选择【开始】选项卡，在【字体】组中将【字体】设置为“华文行楷”，【字号】设置为60，如图17-21所示。

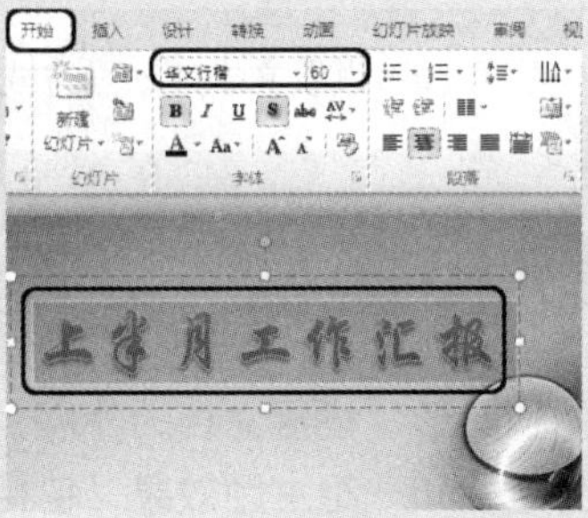

图17-21 设置标题格式

12 选中内容框的文字，将其删除，并输入新的文本。选中文本，选择【开始】选项卡，在【字体】组中将【字体】设置为“华文行楷”，【字号】设置为30；在【段落】组中单击 (文本左对齐）按钮，单击【项目符号】选项的下拉按钮，在弹出的下拉面板中选择“箭头项目符号”，如图17-22所示。

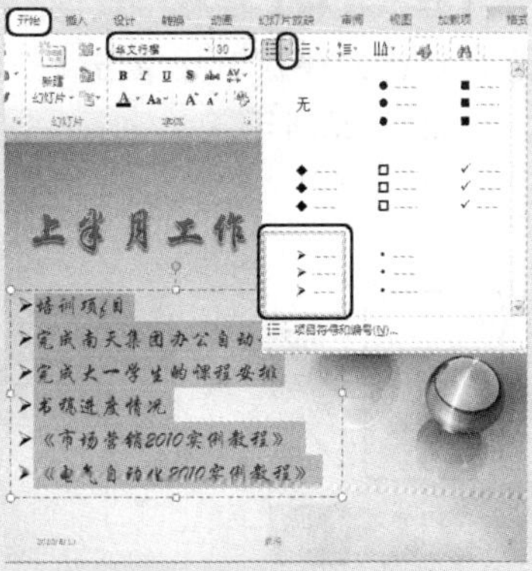

图17-22 设置文本格式

13 按照制作“幻灯片3”的方法制作出“幻灯片4”，效果如图17-23所示。

14 选择“幻灯片1”，选择【切换】选项卡，在【切换到次幻灯片】组中单击按钮，在弹出的下拉面板中选择“溶解”方式，将页面动画设置为“溶解”样式，设置【声音】为“风铃”，单击【全部应用】按钮，将其他幻灯片的动画设置为同样的方式，如图17-24所示。

图17-23 “幻灯片4”效果

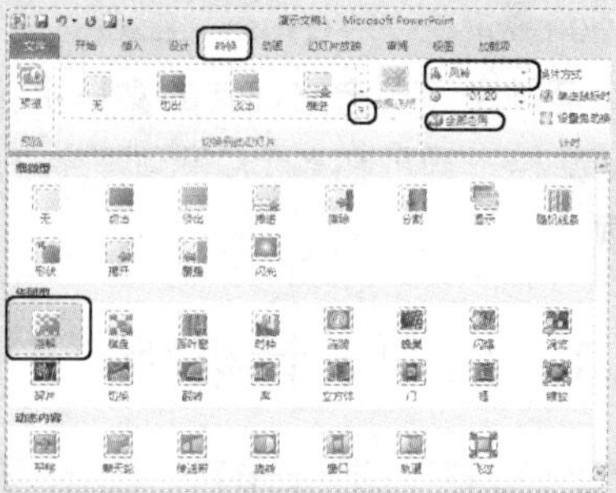

图17-24 设置文档背景的动画方式

15 选中标题文字，选择【动画】选项卡，在【动画】组中选择进入方式为“飞入”，如图17-25所示。

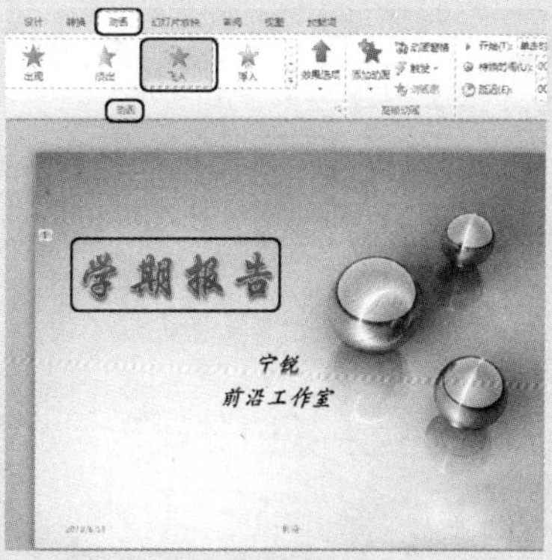

图17-25 设置标题的动画方式

16 选中文本，选择【动画】选项卡，在【动画】组中单击▾按钮，在弹出的下拉面板中选择“擦除”方式，如图17-26所示。

17 按照步骤14和步骤15的操作方法，为其他幻灯片的标题和文本设置动画。

18 至此，完成对“学期报告”的制作。选择【文件】|【保存】命令，将制作的文档进行保存。

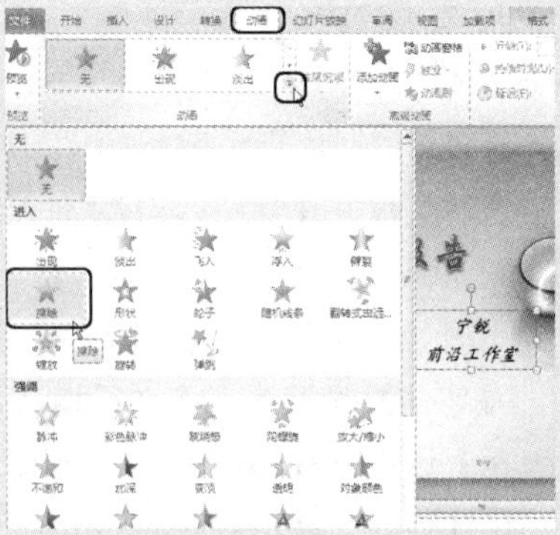

图17-26　设置文本的动画方式

17.3　应用文档主题和模板

主题和模板是一组统一的设计元素，使用颜色、字体和图形，设置文档的外观。主题包括一组主题颜色、一组主题字体（包括标题文字和正文文字）和一组主题效果（包括线和填充效果）。用户可以轻松设置整个文档的格式，赋予它专业时尚的外观。

Microsoft 公司的Word、Excel、PowerPoint 等软件会提供几个预定义的文档主题，但是用户也可以通过自定义现有的文档主题，然后将其另存为自定义文档主题来创建自己的文档主题。文档主题可在各个Office程序之间共享，以便用户的所有Office文档可具有相同、统一的外观。

17.3.1　引用设计模板

实战演练291——添加模板

1 选择【文件】|【新建】命令，弹出【可用模板和主题】面板，选择【样本模板】选项，如图17-27所示。

图17-27　选择【新建】命令

2 展开【样本模板】面板，在该面板中选择适合自己的模板，并单击【创建】按钮，如图17-28所示。

图17-28　创建模板

3 使用的模板如图17-29所示。指定的模板可以对其进行编辑与修改。

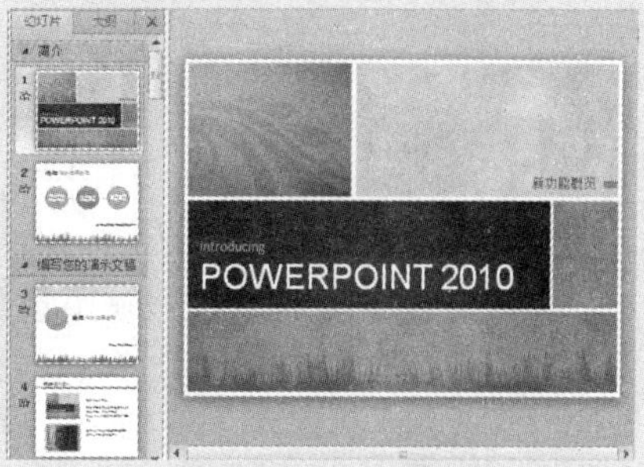

图17-29　使用的模板

17.3.2　应用主题

在PowerPoint 2010中，文档主题位于【设计】选项卡|【主题】组中，如图17-30所示。当单击【主题】组中的▾按钮时，会显示PowerPoint中所有内置的文档主题，如图17-31所示。

图17-30　【主题】组中的文档主题

新建文档，在【主题】组中单击需要应用的主题，这样就为文档添加了主题，效果如图17-32所示。

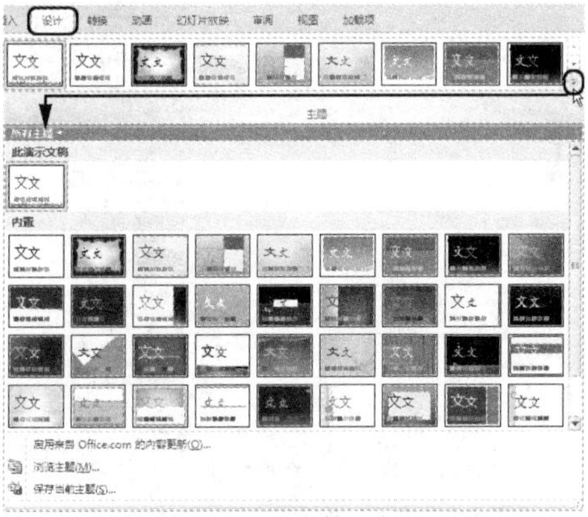

图17-31　显示所有主题

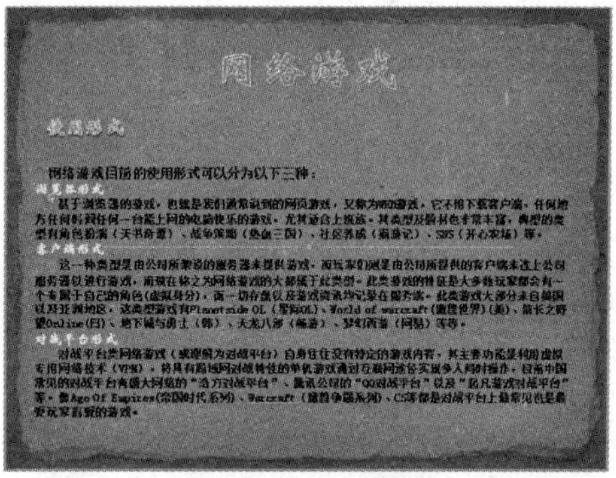

图17-32　应用主题

应用自定义文档主题后，自定义中的各种操作即为可用，如图17-33所示。

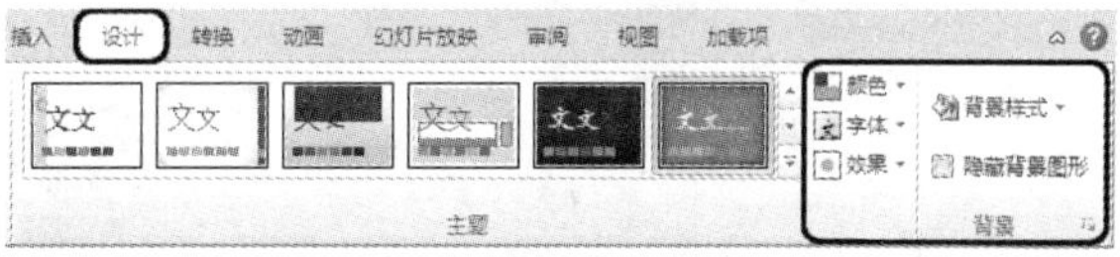

图17-33　自定义主题可用

17.3.3　配色方案的应用

主题颜色包含4种文本和背景颜色、6种强调文字颜色和两种超链接颜色。颜色▾（主题颜色）按钮中的颜色代表当前文本和背景颜色。在单击【主题颜色】按钮后看到的【主题颜色】名称旁边的一组颜色代表该主题的强调文字颜色和超链接颜色。如果用户更改其中任何颜色来创建自己的一组主题颜色，则在【主题颜色】按钮中以及【主题颜色】名称旁边显示的颜色将相应地发生变化。

实战演练292——配色方案的应用

1 应用文档主题后，在【设计】选项卡|【主题】组中单击 颜色 （主题颜色）按钮，在弹出的下拉列表中选择【新建主题颜色】命令，如图17-34所示。

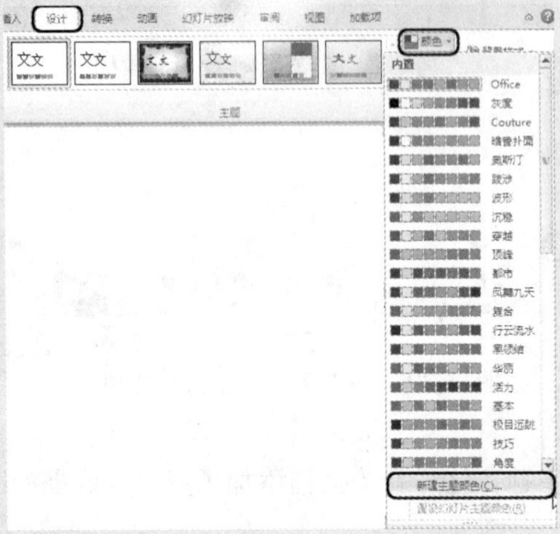

图17-34 选择【新建主题颜色】命令

2 在【新建主题颜色】对话框中的【主题颜色】选项组下单击自己要更改的主题颜色元素对应的按钮，选择自己要使用的颜色，如图17-35所示。

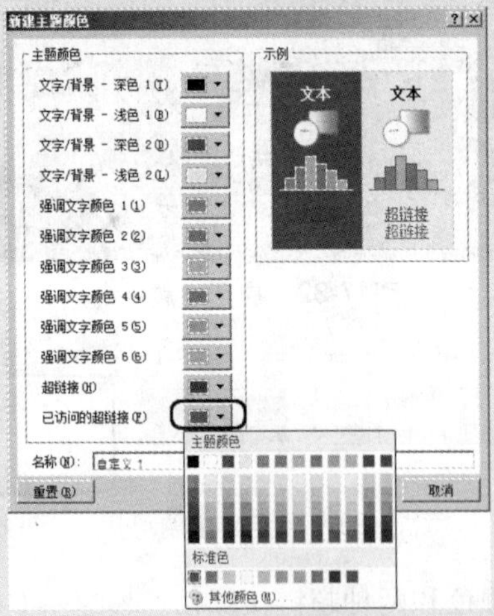

图17-35 设置主题颜色

3 在【名称】文本框中，为新的主题颜色输入一个适当的名称，单击【保存】按钮，如图17-36所示。

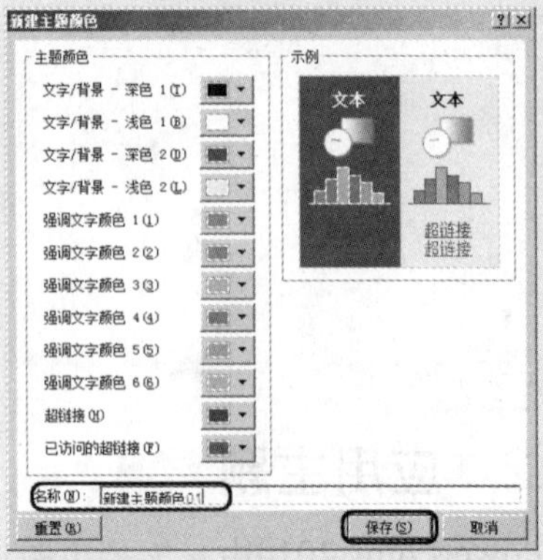

图17-36 保存新建的主题颜色

这样就定义了新的颜色方案，在【主题颜色】下拉列表中出现一个【自定义】栏，在其下面是新定义的主题颜色，如图17-37所示。施加的文档主题如图17-38所示。

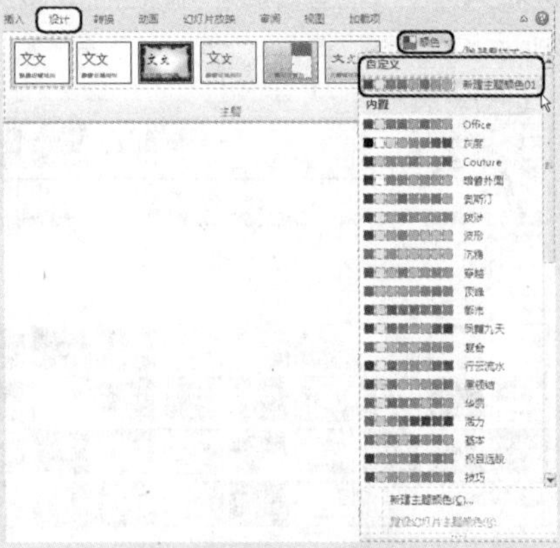

图17-37 新建的主题颜色存储后

图17-38 施加的文档主题

要应用自定义设置的主题颜色，前提是

应用主题后，再为其设置自定义的主题颜色，如图17-39所示。

同样还可用对文字、主题以及背景设置一个合适的效果。

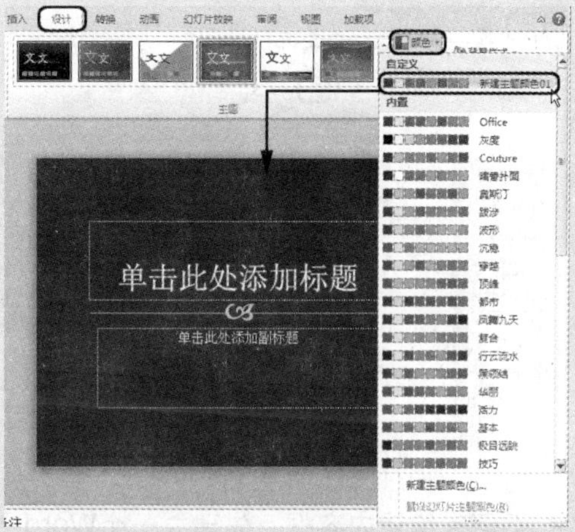

图17-39 应用自定义设置的主题颜色

17.4 上机练习——在PowerPoint中制作个人简历

本例将制作的个人简历（Word文档）插入到幻灯片中，对幻灯片的插入功能有一定的认识，效果如图17-40所示。本例知识点为建立幻灯片、插入Word文档、设置幻灯片主题。

图17-40 个人简历效果

实战演练293——在PowerPoint中制作个人简历

最终文件	dir\最终文件\cha17\在PowerPoint中制作个人简历.pptx
视频文件	Movie\17-02.avi

1 启动PowerPoint 2010软件，系统自动创建一个演示文稿界面，将页面上所有的占位符删除。

2 在【幻灯片】选项卡中选择“幻灯片1”，并单击鼠标右键，在弹出的快捷菜单中选择【版式】下的“标题和内容”版式，如图17-41所示。

3 在幻灯片的标题处输入文字并选中，选择【开始】选项卡，在【字体】组中将【字体】设置为“华文行楷”，【字号】设置为54，单击AV（字符间距）按钮，在弹出的下拉菜单中选择【很松】命令，如图17-42所示。

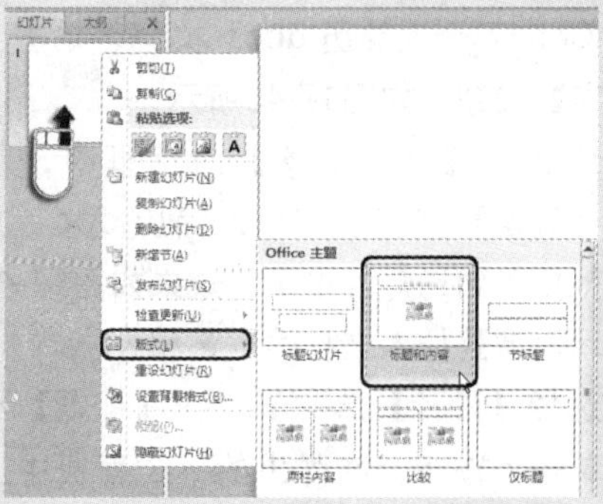

图17-41 设置幻灯片版式

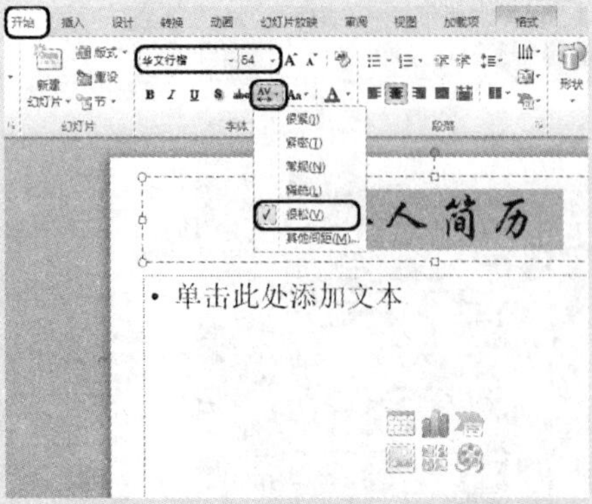

图17-42　设置字体格式

4 下面来编辑内容框。先建立一个Word文档，输入需要的文字，并保存到指定位置（随书光盘中的“dir\素材\Cha17\个人简历.doc”），如图17-43所示。

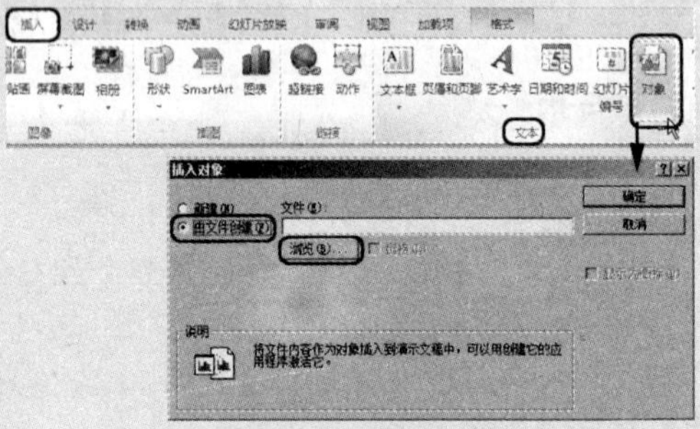

图17-43　建立Word文档

5 选择“单击此处添加文本”占位符，并将其删除。选择【插入】选项卡，在【文本】组中单击【插入对象】按钮，弹出【插入对象】对话框，选中【由文件创建】单选按钮，单击【浏览】按钮，如图17-44所示。在弹出的【浏览】对话框中选择随书光盘中的“dir\素材\Cha17\个人简历.doc”文档，单击【确定】按钮，如图17-45所示。

6 返回到【插入对象】对话框中，单击【确定】按钮，“个人简历.doc”文档就插入到幻灯片中了，效果如图17-46所示。调整插入文档的位置和大小。

7 选择【设计】选项卡，在【主题】组中单击按钮，在弹出的下拉面板中选择“气流”主题，如图17-47所示。

图17-44　【插入对象】对话框

图17-45　【浏览】对话框

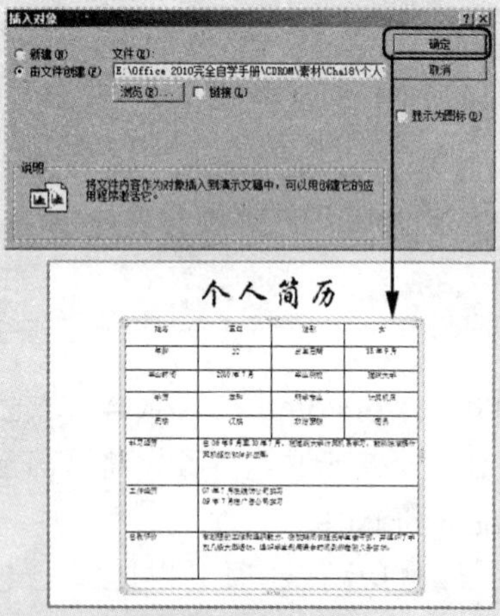

图17-46　插入对象后

8 在【设计】选项卡|【主题】组中单击颜色（主题颜色）按钮，在弹出的下拉列表中选择“奥斯汀”，如图17-48所示。

9 到此，完成个人简历的制作，对其进行保存即可。

图17-47 设置主题

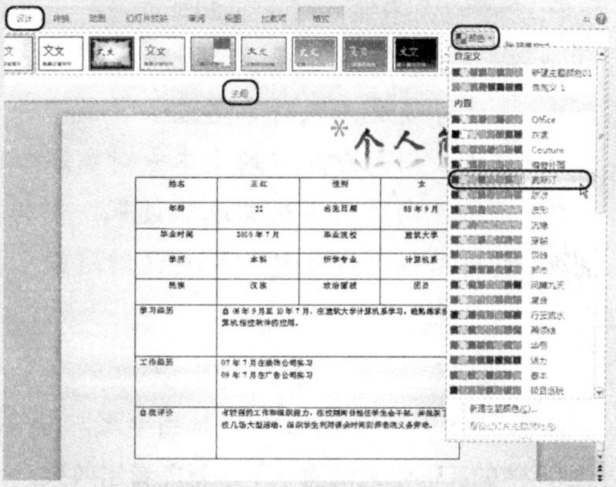

图17-48 设置主题颜色

17.5 应用动画

动画方案是指给幻灯片中的文本添加预设视觉效果。每个方案通常包含幻灯片标题效果和应用于幻灯片的项目符号或段落的效果。例如，幻灯片上的文本、图形、图表和其他对象具有动画效果，这样就可以突出重点、控制信息流，并增加演示文稿的趣味性。

17.5.1 应用动画方案

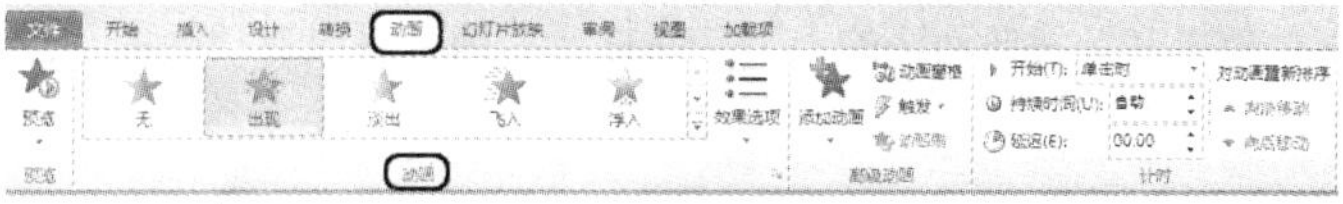

图17-49 应用动画

要应用动画方案时，首先选择要应用动画的幻灯片、幻灯片中要应用动画方案的文本或对象，选择【动画】选项卡|【动画】组，如图17-49所示。在【动画】选项卡|【高级动画】组中单击【添加动画】按钮，在弹出的下拉面板中选择需要的动画方案，如图17-50所示。或者单击【动画】选项卡|【动画】组中的 按钮，在弹出的下拉面板中选择需要的动画方案，如图17-51所示。

图17-50 动画列表

图17-51 动画列表

在动画列表中显示了4种动画效果，上下滑动滚动条就可以看见全部动画效果，如图17-52所示。

- 进入：使文本或对象通过某种效果进入幻灯片放映演示文稿。
- 强调：向幻灯片中的文本或对象添加效果。
- 退出：向文本或对象添加效果，使其在某一时刻离开幻灯片。
- 动作路径：设置动作所走向的路径。

提示

PowerPoint的动画功能相当丰富，用户可分别将每种动画效果应用到具体的实例中来试验一下，就能看出效果。

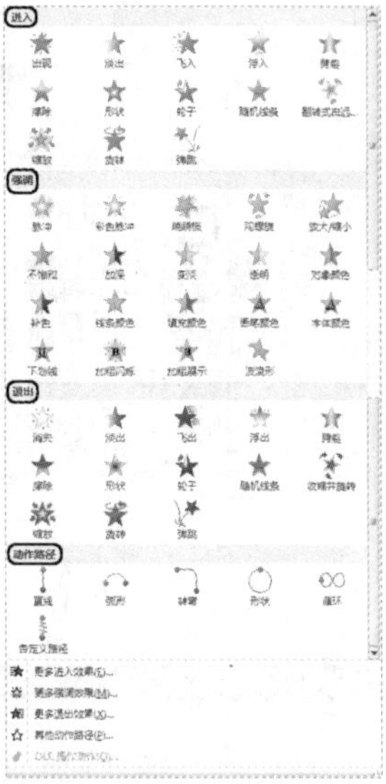

图17-52 动画效果

如图17-53所示为“标题1”设置了【弹跳】的动画方案，单击【动画】选项卡|【高级动画】组中的【动画窗格】按钮，在【动画窗格】中说明了这种动画的信息，单击【动画窗格】中的【播放】按钮，播放动画。

提示

如果一个幻灯片中为多个元素设置了动画效果或为一个元素设置多种动画方案，则在自定义动画列表中都会做出相应的说明。当有多种动画效果时，单击【重新排序】按钮两边的上下箭头按钮，则可以改变动画的顺序。

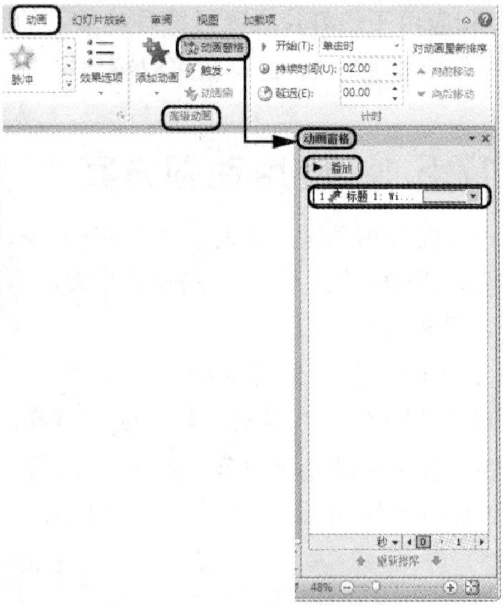

图17-53 动画窗格

17.5.2 设置幻灯片的切换效果

幻灯片切换效果是幻灯片放映视图中从一个幻灯片移到下一个幻灯片时出现的类似动画的效果。可以控制每张幻灯片切换效果的速度，还可以添加声音。

PowerPoint包含很多不同类型的幻灯片切换效果，在【切换】选项卡|【切换到此幻灯片】组中可以找到。若要查看更多的幻灯片切换效果，在【切换到此幻灯片】组中单击▾按钮，则显示出所有的幻灯片效果，如图17-54所示。

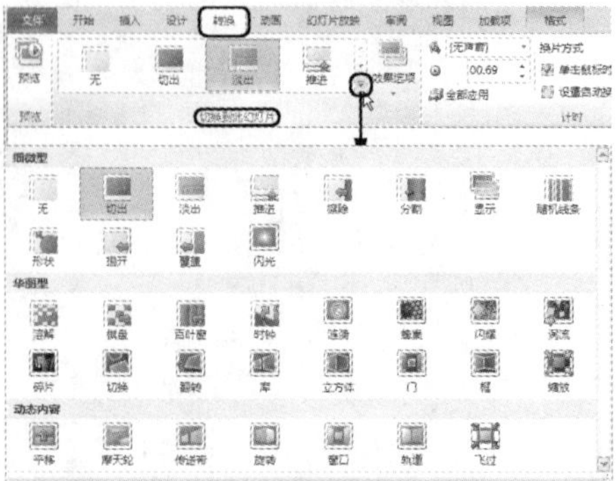

图17-54 幻灯片的切换效果

当鼠标指向某种效果时，会显示出该效果的提示说明。选择某种效果，即将该效果应用到演示文稿中。

为演示文稿添加切换效果有以下几种情况：

- 向演示文稿中的所有幻灯片添加相同的幻灯片切换效果。
- 向演示文稿中的幻灯片添加不同的幻灯片切换效果。
- 向幻灯片中添加切换声音。

实战演练294——向所有幻灯片中添加切换效果

1 在包含【幻灯片】和【大纲】选项卡的窗格中选择【幻灯片】选项卡。

2 单击某个幻灯片的缩略图。

3 选择【切换】选项卡|【切换到此幻灯片】组，选择一个幻灯片切换效果。若要查看更多切换效果，单击▾按钮。

4 在【计时】组中单击【全部应用】按钮。

提示

向演示文稿中的幻灯片添加不同的幻灯片切换效果，其方法是向某一个要添加的切换效果的幻灯片应用一次幻灯片切换效果。步骤与向演示文稿中的所有幻灯片添加相同的幻灯片切换效果相同。

实战演练295——为幻灯片添加切换声音

1 在包含【大纲】和【幻灯片】选项卡的窗格中选择【幻灯片】选项卡。

2 单击某个幻灯片缩略图。

3 选择【切换】选项卡|【计时】组，单击【声音】列表框旁边的小三角按钮，如图17-55所示。然后选择一种需要的声音，或选择【其他声音】命令，打开【添加音频】对话框，查找要添加的声音文件，单击【确定】按钮。

图17-55 切换声音

17.6 上机练习——制作情人节贺卡

本例利用PowerPoint制作一张情人节贺卡，效果如图17-56所示。本例知识点为插入图片、添加框架、调整图片亮度、插入和链接、添加动画效果。

图17-56 情人节贺卡效果

实战演练296——制作情人节贺卡

最终文件	dir\最终文件\cha17\制作情人节贺卡.pptx
视频文件	Movie\17-03.avi

1 启动PowerPonit 2010软件，系统自动新建一个演示文稿，将页面上的全部占位符删除。

2 选择【插入】选项卡，在【图像】组中单击【图片】按钮，在弹出的【插入图片】对话框中选择随书光盘中的“dir\素材\Cha17\2.jpg”素材文件，然后单击【插入】按钮右侧的小三角按钮，在弹出的下拉菜单中选择【插入和链接】命令，如图17-57所示。

图17-57 【插入图片】对话框

3 为图片添加框架，选择【图片工具】的【格式】选项卡，在【图片样式】组中单击▼按钮，在弹出的下拉面板中选择“剪裁对角线，白色”样式，如图17-58所示。

4 为图片添加动画效果。选择【切换】选项卡，在【切换到此幻灯片】组中单击▼按钮，在弹出的下拉面板中选择“涟漪”方式，如图17-59所示。

5 选择【插入】选项卡，在【图像】组中单击【图片】按钮，在弹出的【插入图片】对话框中选择随书光盘中的“dir\素材\Cha17\3.png”素材文件，然后单击【插入】按钮右侧的小三角按钮，在弹出的下拉菜单中选择【插入和链接】命令，如图17-60所示。调整插入图片的大小和位置，如图17-61所示。

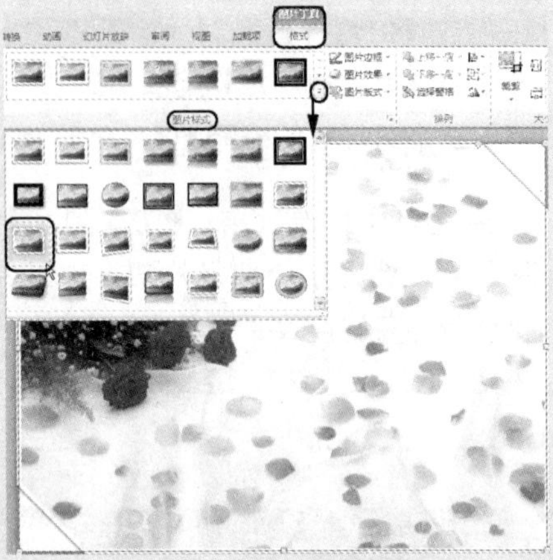

图17-58 设置图片样式

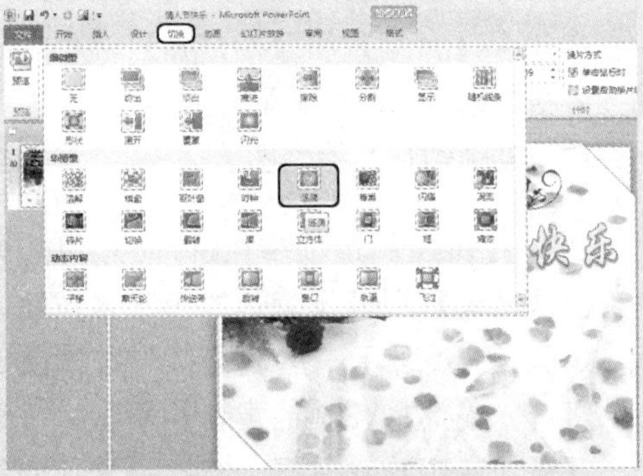

图17-59 设置动画效果

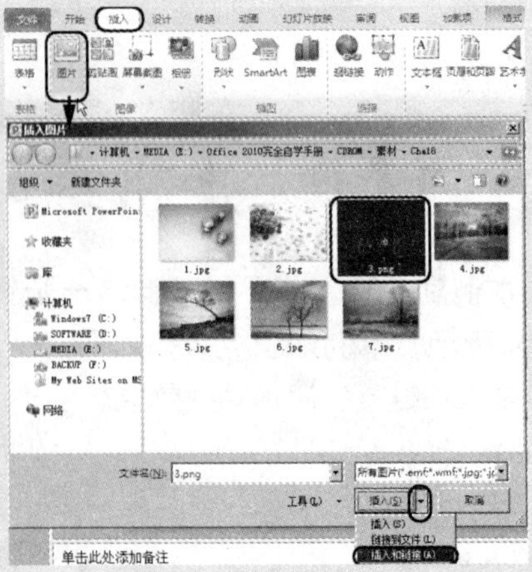

图17-60 【插入图片】对话框

图17-61　调整图片后的效果

6 选择【插入】选项卡，在【文本】组中单击【艺术字】按钮，在弹出的下拉面板中选择“填充-橙色，强调文字颜色6，渐变轮廓-强调文字颜色6”，如图17-62所示。在文本框中输入文字并选中，选择【开始】选项卡，在【字体】组中将【字体】改置为“华文行楷”，【字号】设置为88，如图17-63所示。

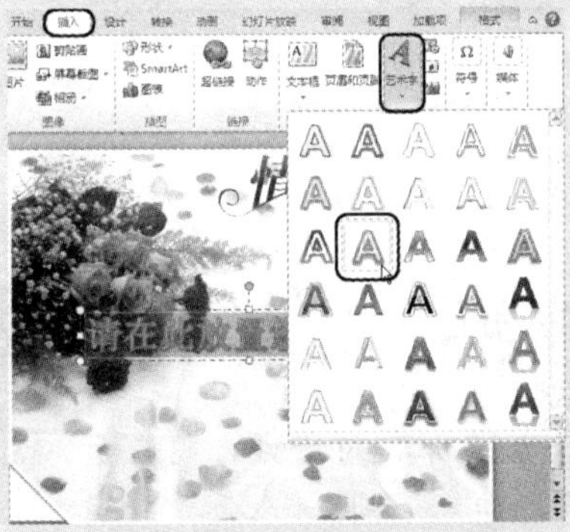

图17-62　插入艺术字

图17-63　设置文字格式

7 选中图片“3.png”和艺术字文本框，选择【动画】选项卡，在【动画】组中单击按钮，在弹出的下拉面板中选择“形状”方式，如图17-64所示。

8 选择【插入】选项卡，在【文本】组中单击【文本框】按钮，在弹出的下拉菜单中选择【横排文本框】命令，在幻灯片中插入文本框，如图17-65所示。

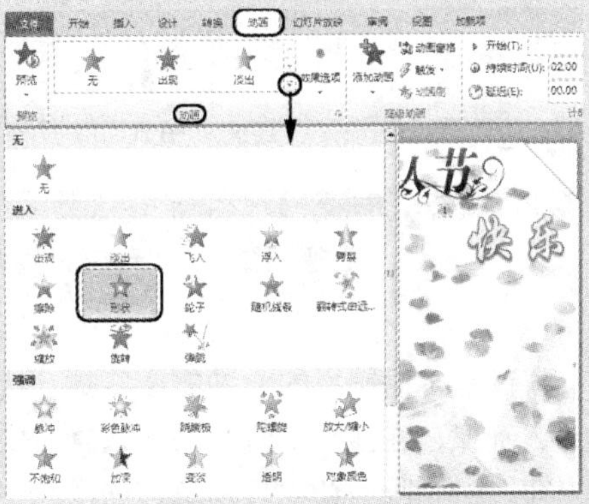

图17-64　添加动画效果

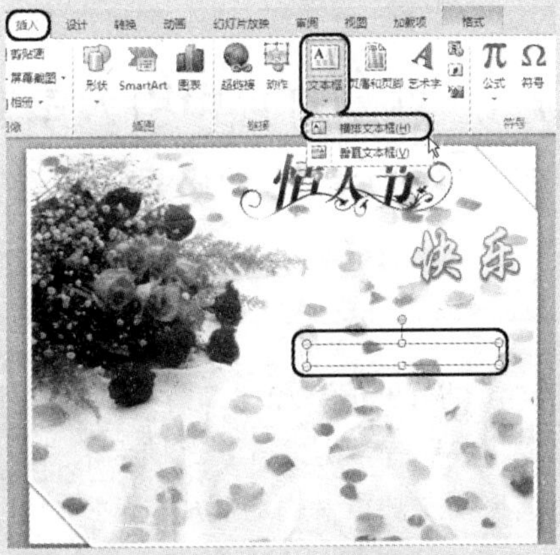

图17-65　插入文本框

9 在文本框中输入文本并选中，选择【开始】选项卡，在【字体】组中设置【字体】为“方正舒体”，设置【字号】为32，如图17-66所示。

10 选中文本框，选择【动画】选项卡，在【动画】组中单击按钮，在弹出的下拉面板中选择“形状”方式，如图17-67所示。

11 通过以上操作，情人节贺卡就制作完成了，将其进行保存即可。

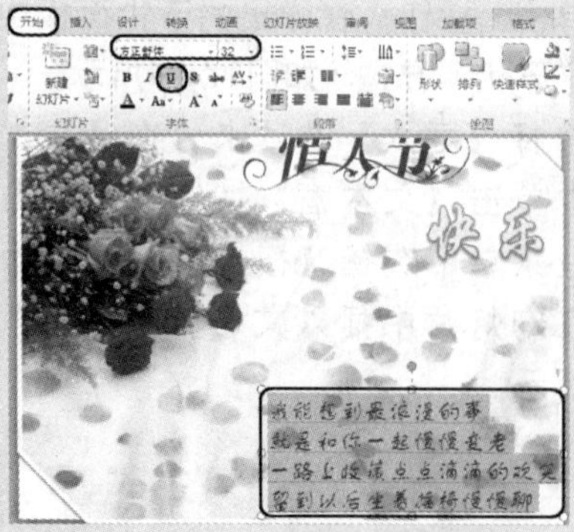

图17-66　设置文本格式

图17-67　添加动画效果

17.7　在幻灯片中引入多媒体

声音是传播信息的一种重要方式，在幻灯片中引入声音可以丰富幻灯片的内容，增强感染力。例如，在演示幻灯片时加入优雅的背景音乐，可使受众放松心情，更加专心观看演示的内容。一个画面如果只是单纯的图片或图像，只能称其为动画。而如果伴着动画的播放，相应的声音一同响起，那么这就是“媒体”。

17.7.1　在幻灯片中引入声音

插入声音时主要使用的是【插入】选项卡|【媒体】组|【音频】命令。

实战演练297——在幻灯片中引入声音

1 在包含【大纲】和【幻灯片】选项卡的窗格中选择【幻灯片】选项卡。

2 选择要添加声音的幻灯片。

3 选择【插入】选项卡|【媒体】组|【音频】|【文件中的音频】命令，如图17-68所示。在弹出的【插入音频】对话框中找到包含所需的文件，单击【插入】按钮右侧的小三角按钮，在弹出的下拉菜单中选择【链接到文件】命令，如图17-69所示。

4 选择【插入】选项卡，单击【媒体】组|【音频】按钮，在弹出的下拉菜单中选择【剪贴画音频】命令，打开【剪贴画】任务窗格，如图17-70所示。单击选择所需的音频，将声音添加到幻灯片中。

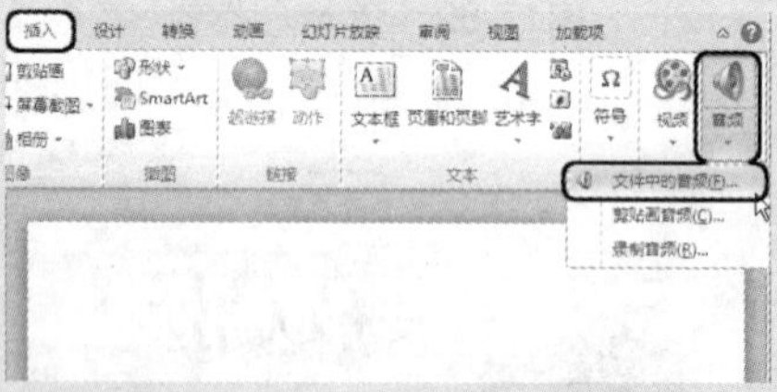

图17-68　选择【文件中的音频】命令

提示

为防止出现的链接问题，最好在添加到演示文稿之前将声音文件复制到演示文稿所在的文件中。

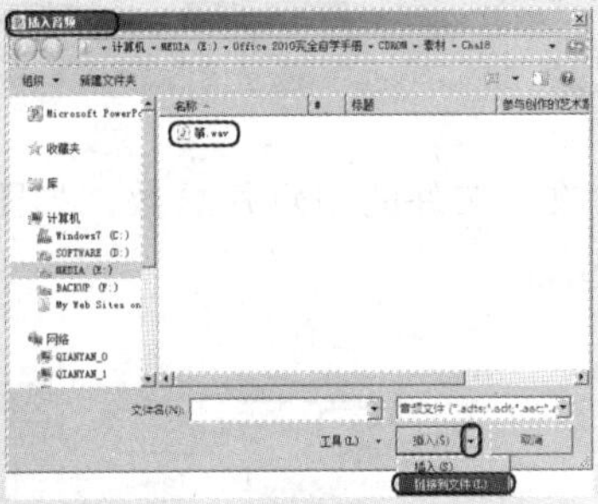

图17-69 【插入音频】对话框

图17-70 选择【剪贴画音频】命令

5 设置声音的播放方式。选择声音图标，选择【音频工具】|【播放】选项卡，在【音频选项】组中的【开始】下拉列表框中有3个选项，即【自动】、【单击时】和【跨幻灯片播放】选项，如图17-71所示。

图17-71 声音的播放方式

- 【自动】方式：放映幻灯片时，如果没有其他媒体效果，会自动播放此声音；如果还有其他效果（如动画），则将在该效果后播放声音。
- 【单击时】方式：插入声音时会添加一种播放触发器效果，该设置之所以被称为触发器，是因为必须单击某一特定区域（与只需单击幻灯片不同）才播放声音。
- 【跨幻灯片播放】：在【播放音频】对话框中，设置在第几张幻灯片处播放，在放映幻灯片时，会自动跳过中间的幻灯片，在该幻灯片处播放声音。

在播放之前可以预览声音，方法是在幻灯片上，选择声音图标，在【音频工具】|【播放】选项卡中单击【预览】组中的【播放】按钮，如图17-72所示。或单击声音图标下方的工具条中的【播放/暂停】按钮，方法是选择声音图标，在其下方自动弹出一个工具条，在工具条上单击【播放/暂停】按钮，此工具条中还包含其他相应设置，如图17-73所示。

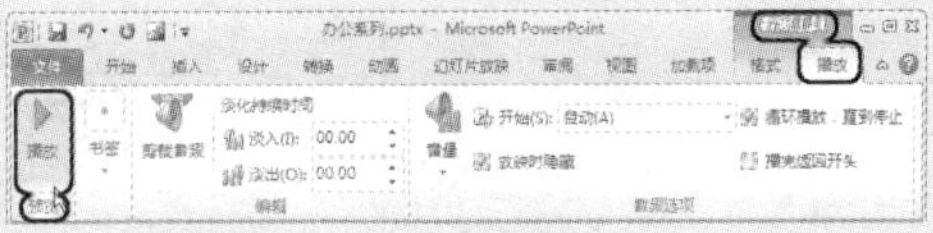

图17-72 预览声音

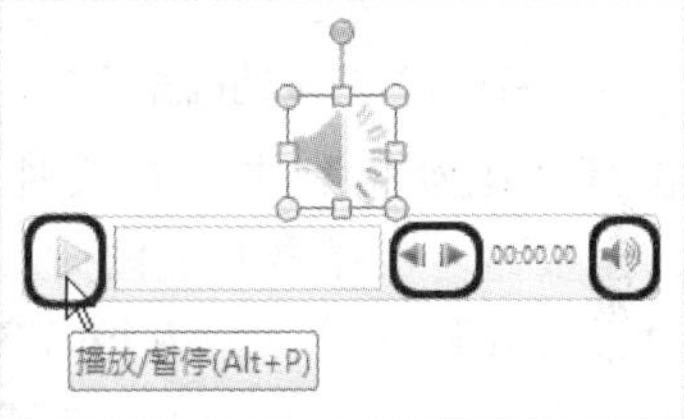

图17-73 播放声音

提示

如果添加了多个声音，则会叠加在一起，并按照顺序一次播放；如果希望每个声音都在单击时播放，在插入声音后拖动声音图标，将它们互相分开即可。

在一张幻灯片放映期间可以连续播放声音，为了美观也可将声音图标隐藏，方法是选择声音图标，选择【音频工具】|【播放】选项卡，在【音频选项】组中勾选【循环播放，直到停止】复选框和【放映时隐藏】复选框，如图17-74所示。播放时，声音将连续播放直到转到下一张幻灯片为止，声音图标也将自动隐藏。

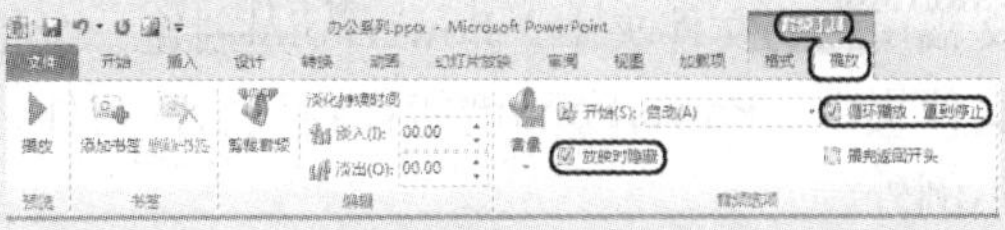

图17-74 设置声音的播放

实战演练298——跨多张幻灯片播放声音

1 选择【动画】选项卡，在【高级动画】组中单击【动画窗格】按钮，弹出【动画窗格】任务窗格，如图17-75所示。

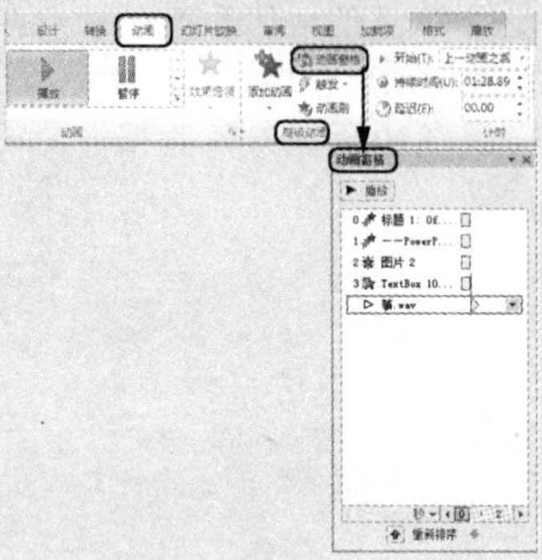

图17-75 打开【动画窗格】

2 单击【动画窗格】中声音文件右侧的小三角按钮，在弹出的下拉列表中选择【效果选项】命令，如图17-76所示。弹出【播放音频】对话框，在【停止播放】选项组中选择【在（F:）】单选按钮，然后在其后的数值框中输入在之前播放该文件的幻灯片总数，如图17-77所示。

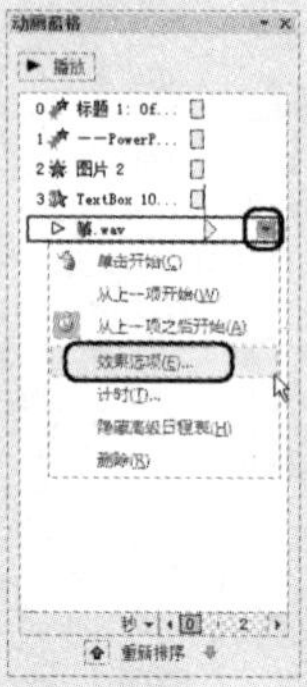

图17-76 选择【效果选项】命令

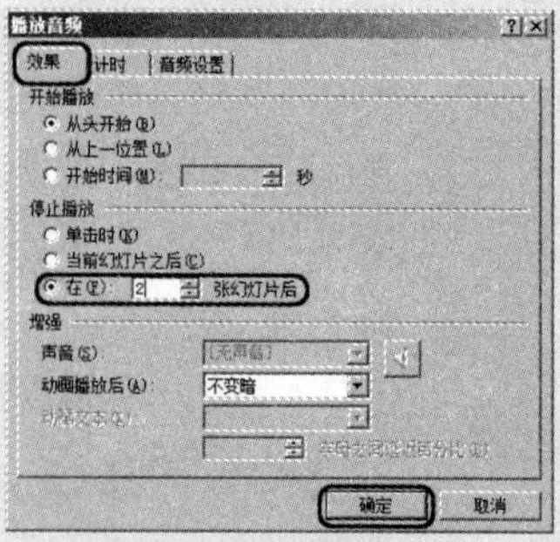

图17-77 设置在第几个幻灯片开始播放

提示

声音文件的长度应等于为幻灯片指定的显示时间。可在【播放声音】对话框的【音频设置】选项卡中查看【信息】选项组下声音文件的长度。

17.7.2 插入视频

影片属于视频文件，其格式包括AVI 或MPEG，文件扩展名有“.avi”、“.mov”、“.mpg”和“.mpeg”。典型的影片可能包含一个演讲者的发言，比如无法亲自参加会议的领导的讲话，可以使用影片开展培训或进行演示。

动态GIF文件包含动画，其文件扩展名为“.gif”。尽管从技术上讲，动态GIF文件不是影片，但它们包含多个图像，按顺序播放图像即可产生动画效果，因此也将其归为影片剪辑一类。可以从文件Microsoft剪辑管理器或网络中向幻灯片添加影片和动态GIF文件，并可以使用多种方式进行播放。

影片文件始终都链接到演示文稿，而不是嵌入到演示文稿中。插入链接影片文件时，PowerPoint会创建一个指向影片文件当前位置的链接。如果之后将该影片文件移动到其他位置，则在需要播放时，PowerPoint会找不到文件。因此，最好在插入影片前将影片复制到演示文稿所在的文件夹中。PowerPoint创建一个指向影片文件的链接，只要影片文件位于演示文稿文件夹中，PowerPoint就能找到该影片文件，即使将该文件夹移动或复制到其他计算机上，也不例外。

提示

确保链接文件位于演示文稿所在文件夹中的另一种方法是使用【打包成CD】功能。此功能可将所有的文件复制到演示文稿所在的位置（CD或文件夹中），并自动更新影片文件的所有链接。当演示文稿包含链接的文件时，如果打算在另一台计算机上进行演示或用电子邮件发送演示文稿，必须将链接的文件和演示文稿一同复制。

为防止可能出现的链接问题，向演示文稿添加影片之前，最好先将影片复制到演示文稿所在的文件夹。

实战演练299——插入视频

1 在普通视图中，单击要添加影片或动态GIF文件的幻灯片。

2 单击【插入】选项卡|【媒体】组|【视频】按钮，在弹出的下拉菜单中选择【文件中的视频】命令，如图17-78所示。

图17-78 选择【文件中的视频】命令

3 在弹出的【插入视频文件】对话框中找到所需的文件，单击【插入】按钮右侧的小三角按钮，在弹出的下拉菜单中选择【链接到文件】命令，如图17-79所示。

图17-79 选择需要插入的影片

4 单击【插入】选项卡|【媒体】组|【视频】按钮，在弹出的下拉菜单中选择【剪贴画视频】命令，打开【剪贴画】任务窗格，如图17-80所示。拖动滚动条以查找所要的剪辑，然后单击该剪辑将其添加到幻灯片中。

图17-80 选择【剪贴画视频】命令

提示

添加到演示文稿之前，可以预览剪辑。在【剪贴画】任务窗格的可用剪辑列表框中，将鼠标指针移到该剪辑的缩略图上，单击其右侧出现的下拉按钮，然后选择【预览/属性】命令。

设置插入的视频。选择视频文件，选择【视频工具】|【播放】选项卡，在此功能区对插入的视频进行相应的设置。同前面所讲的插入声音的设置基本相同，在此就不再详细赘述。

17.8 上机练习——设置声音

本例介绍声音的设置，其画面效果如图17-81所示。本例知识点为主题的应用、插入图片、编辑文本、插入并设置声音。

图17-81　声音设置对应的画面效果

实战演练300——设置声音

最终文件	dir\最终文件\cha17\设置声音.pptx
视频文件	Movie\17-04.avi

1 启动PowerPoint 2010软件，系统自动新建一个演示文稿。选择【设计】选项卡，在【主题】组中单击按钮，在弹出的下拉面板中选择“纸张”主题选项，如图17-82所示。

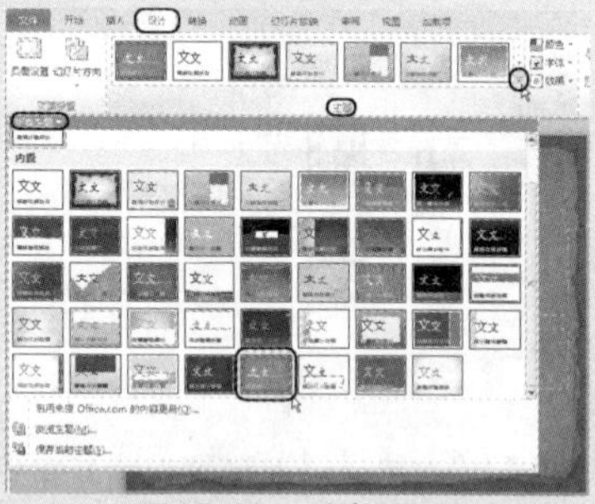

图17-82　选择主题

2 选择【设计】选项卡，在【主题】组中单击 颜色（主题颜色）按钮，在弹出的下拉列表中选择【内置】下的“暗香扑面”主题颜色，如图17-83所示。

图17-83　设置主题颜色

3 选择“单击此处添加标题”占位符，在此输入标题，选中标题，选择【开始】选项卡，在【字体】组中设置【字体】为“方正康体简体”，设置【字号】为60，并调整文本框的位置，如图17-84所示；选中文本框，选择【绘图工具】的【格式】选项卡，在【艺术字样式】组中单击（其他）按钮，在弹出的下拉菜单中选择“渐变填充-深黄，强调文字颜色1，轮廓-白色”，如图17-85所示。

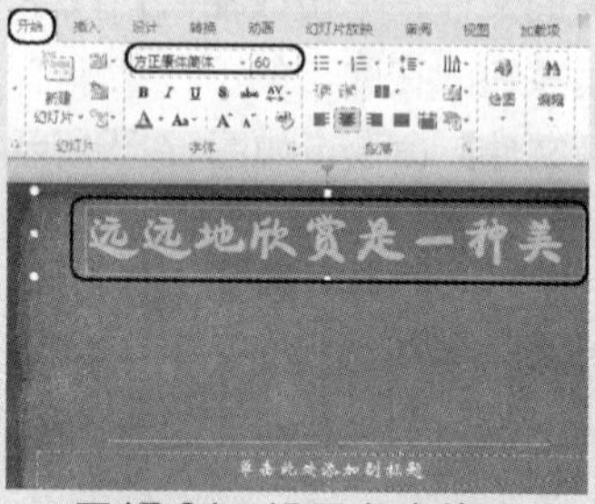

图17-84　设置文本格式

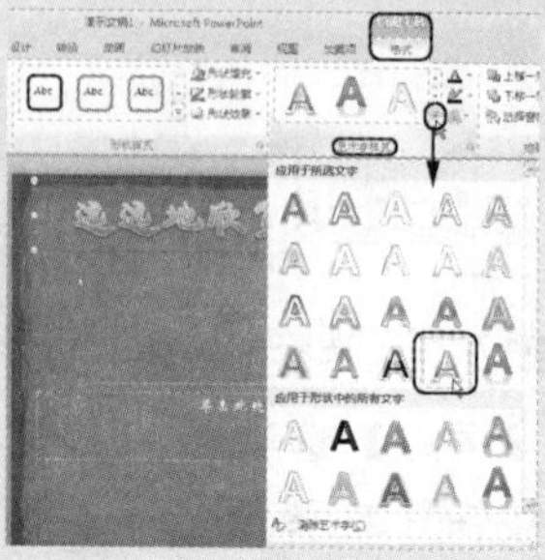

图17-85　设置艺术字样式

4 选择【插入】选项卡，在【图像】组中单击【图片】按钮，在弹出的【插入图片】对话框中选择“dir\素材\Cha17\8.jpg和9.jpg”素材文件，然后单击【插入】按钮右侧的小三角按钮，在弹出的下拉菜单中选择【插入和链接】命令，如图17-86所示。

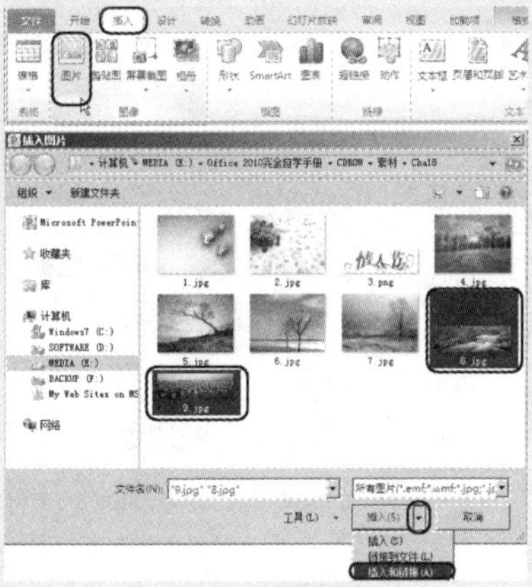

图17-86 插入图片

5 调整所插入图片的位置与大小，然后将其进行全部选中，选择【图片工具】|【格式】选项卡，在【图片样式】组中选择“矩形投影”样式，如图17-87所示。

图17-87 设置图片样式

6 选择“单击此处添加文本”占位符，并添加文本。选中文字，选择【开始】选项卡，在【字体】组中设置【字体】为“方正魏碑简体”，设置【字号】为18，设置【字体颜色】为“白色”，并调整文本框的大小和位置，如图17-88所示。

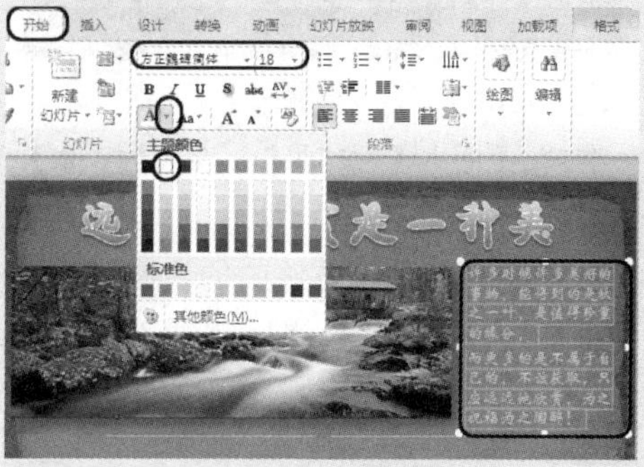

图17-88 设置文本格式

7 选择【插入】选项卡，在【文本】组中单击【文本框】按钮，在弹出的下拉菜单中选择【横排文本框】命令，在幻灯片中插入文本框，如图17-89所示。

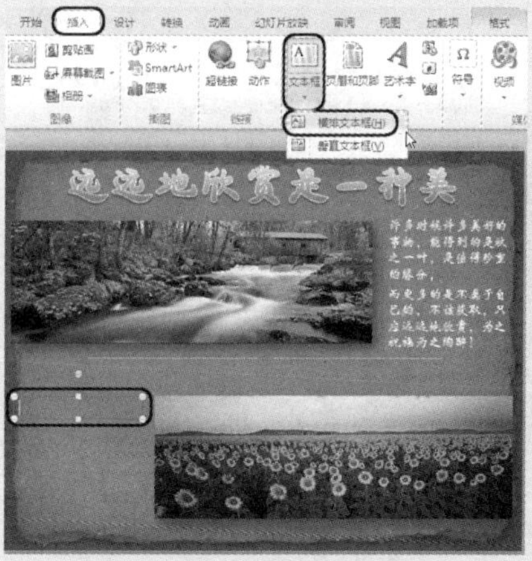

图17-89 插入文本框

8 在文本框中输入文本并选中，选择【开始】选项卡，在【字体】组中设置【字体】为“方正魏碑简体”，设置【字号】为18，设置【字体颜色】为“白色”，并调整文本框的大小和位置，如图17-90所示。

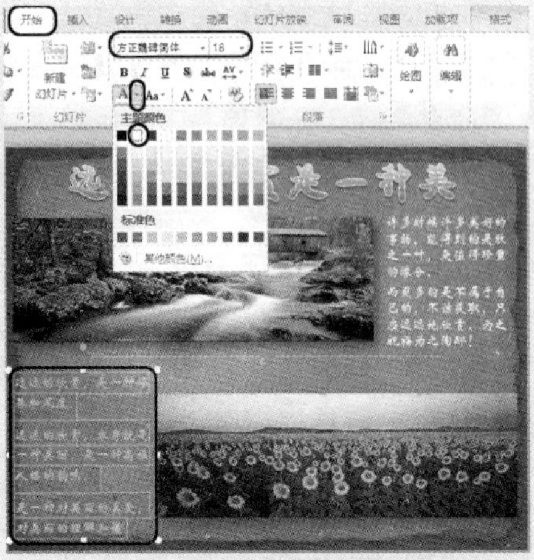

图17-90　设置文本格式

9 选择【插入】选项卡，在【媒体】组中单击 （音频）按钮，在弹出的下拉菜单中选择【文件中的音频】命令，如图17-91所示，弹出【插入音频】对话框。

图17-91　选择【文件中的声音】命令

提示

在【媒体】组中单击 按钮，将直接弹出【插入音频】对话框。

10 在弹出的【插入音频】对话框中选择“dir\素材\Cha17\筝.wav”声音文件，然后单击【插入】按钮右侧的小三角按钮，在弹出的下拉菜单中选择【链接到文件】命令，如图17-92所示。

图17-92　【插入音频】对话框

11 确定声音图标处于选择状态，选择【音频工具】|【播放】选项卡，在【音频选项】组中设置【开始】为“自动”，并勾选【放映时隐藏】和【循环播放，直到停为止】复选框，如图17-93所示。

图17-93　设置音频

12 在【幻灯片】选项卡中选择“幻灯片1”，然后选择【切换】选项卡，在【切换到此幻灯片】组中选择“推进”方式，如图17-94所示。

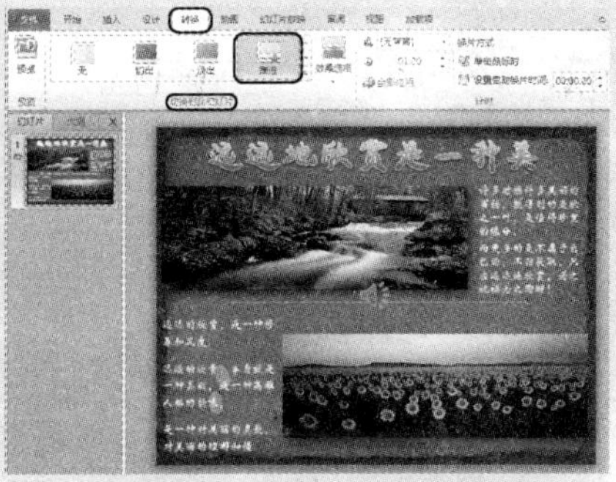

图17-94 设置幻灯片动画

13 选择标题文本框，选择【动画】选项卡，在【动画】组中单击▼按钮，在弹出的下拉列表中选择【进入】方式为“翻转式由远及近”，如图17-95所示。

图17-95 设置标题动画效果

14 选择该幻灯片中插入的素材图片，选择【动画】选项卡，在【动画】组中单击▼按钮，在弹出的下拉列表中选择【进入】方式为“形状”，如图17-96所示。使用同样的方法为幻灯片中的两个文本框添加“随机线条”动画效果。

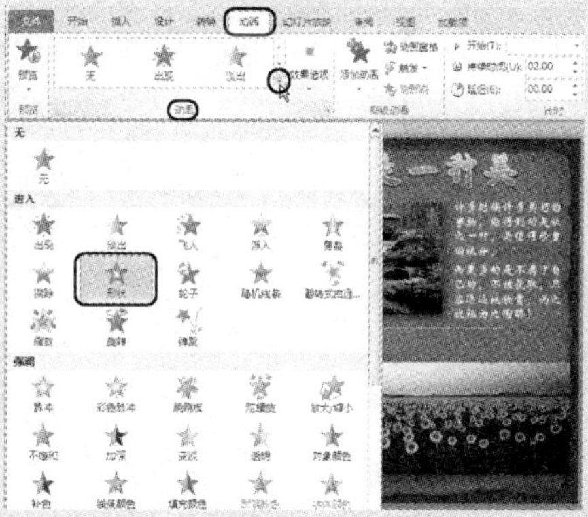

图17-96 设置图片动画效果

15 至此，完成幻灯片的制作。将文档进行保存。

第18章

演示文稿的放映与打印

当一个演示文稿创建完成之后，要通过播放的方式展现给观众。播放演示文稿可采用连续放映幻灯片或自定义幻灯片放映两种方式来实现，同时也可以通过录制旁白，实现演示文稿的自动播放。最后介绍如何打印演示文稿。

通过本章的学习，可以掌握以下知识点：

- 播放演示文稿
- 幻灯片放映的时间设置
- 打印幻灯片

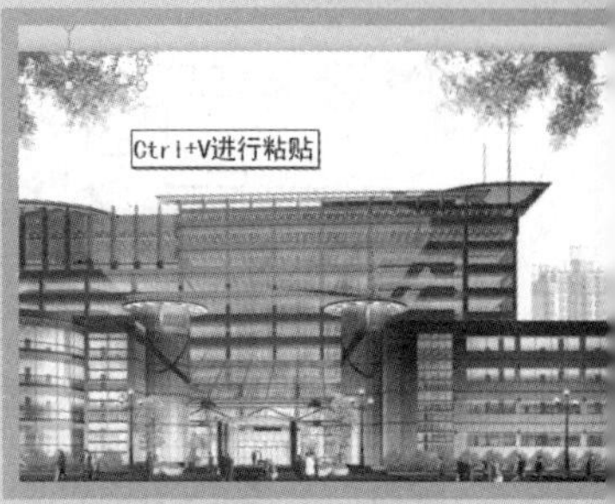

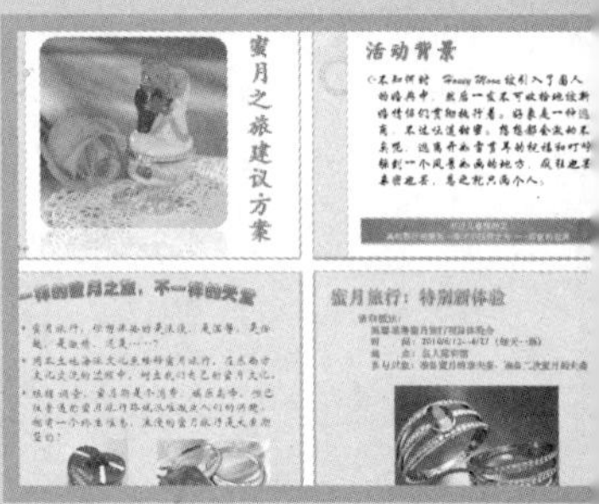

18.1 播放演示文稿

本节学习如何将已经制作好的演示文稿播放，并从播放状态返回到幻灯片状态，即结束放映。

18.1.1 播放幻灯片

播放演示文稿主要使用【幻灯片放映】选项卡中的【开始放映幻灯片】组、【设置】组和【监视器】组来实现，如图18-1所示。

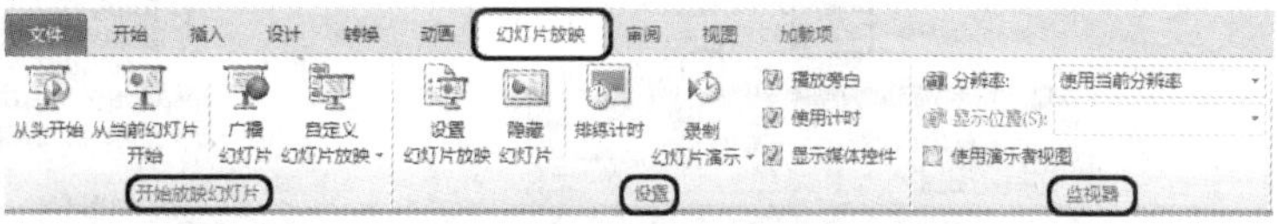

图18-1 使用【幻灯片放映】选项卡来播放幻灯片

使用以下5种方法来放映幻灯片。

- 【从头开始】：从第一张幻灯片开始放映，方法是选择【幻灯片放映】选项卡|【开始放映幻灯片】组|【从头开始】命令，则从第一张幻灯片开始放映。
- 【从当前幻灯片开始】：从当前幻灯片开始放映，方法是选择【幻灯片放映】选项卡|【开始放映幻灯片】组|【从当前幻灯片开始】命令。
- 【自定义幻灯片放映】：创建自定义的播放序列，方法是选择【幻灯片放映】选项卡|【开始放映幻灯片】组|【自定义幻灯片放映】|【自定义放映】命令，弹出【自定义放映】对话框，在该对话框中设置要放映的幻灯片和放映顺序。
- 【设置幻灯片放映】：设置幻灯片放映，方法是选择【幻灯片放映】选项卡|【设置】组|【设置幻灯片放映】命令，弹出【设置放映方式】对话框。此对话框提供了放映的高级选项，如展台浏览等。
- 单击状态栏中的 （幻灯片放映）按钮，即可实现幻灯片放映。

1. 连续放映幻灯片

连续放映幻灯片有两种方法，即手动连续放映和设置演示文稿循环放映。

实战演练301——手动连续放映幻灯片

1 在幻灯片放映视图中，单击鼠标右键，弹出快捷菜单。

2 执行【上一张】或【下一张】命令，则屏幕上显示上一张或下一张幻灯片。

提示

手动连续放映幻灯片的快速方法是在幻灯片放映视图中，单击鼠标左键，则自动播放下一张幻灯片。

要设置演示文稿循环放映，其操作步骤如下。

实战演练302——设置演示文稿循环放映

1 单击【幻灯片放映】选项卡|【设置】组|【设置幻灯片放映】按钮，弹出【设置放映方式】对话框，如图18-2所示。

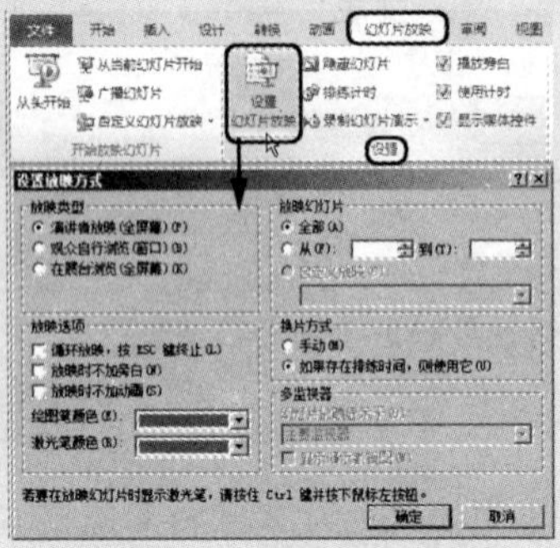

图18-2 单击【设置幻灯片放映】按钮

2 在对话框中勾选【循环放映，按ESC键终止】复选框，单击【确定】按钮，如图18-3所示。

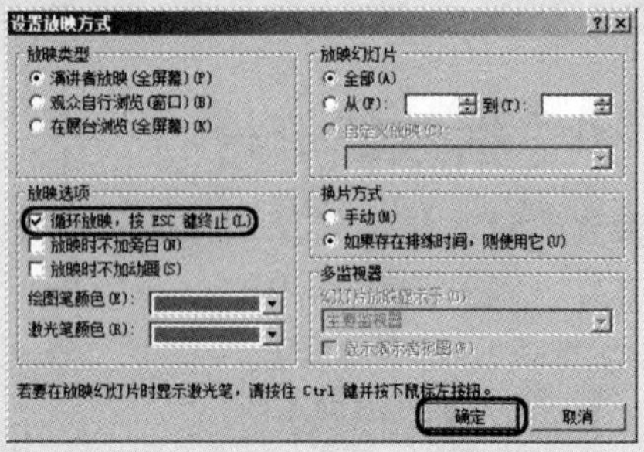

图18-3 【设置放映方式】对话框

如果需要演示文稿自动运行（如在展览会场的展台上），选中【设置放映方式】对话框中的【在展台浏览(全屏幕)】单选按钮，即可使演示文稿循环放映，并防止用户更改演示文稿。

2. 自定义幻灯片放映

实战演练303——自定义幻灯片放映

1 选择【幻灯片放映】选项卡|【开始放映幻灯片】组|【自定义幻灯片放映】|【自定义放映】命令，弹出【自定义放映】对话框，如图18-4所示。

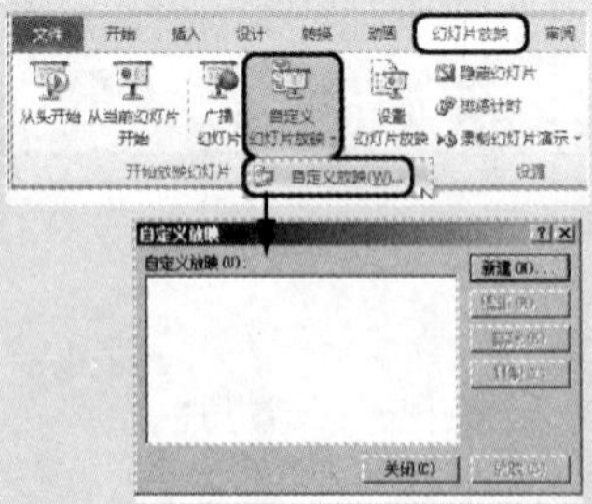

图18-4 打开【自定义放映】对话框

2 单击【新建】按钮，弹出【定义自定义放映】对话框，如图18-5所示。

3 在【幻灯片放映名称】文本框中输入一个定义的名称，如“前沿图像”，在【在演示文稿中的幻灯片】列表框中选择幻灯片的名称，单击【添加】按钮，将其添加到【在自定义放映中的幻灯片】列表框中。如果要删除添加到【在自定义放映中的幻灯片】列表框中的幻灯片，则选择要删除的幻灯片，单击【删除】按钮。

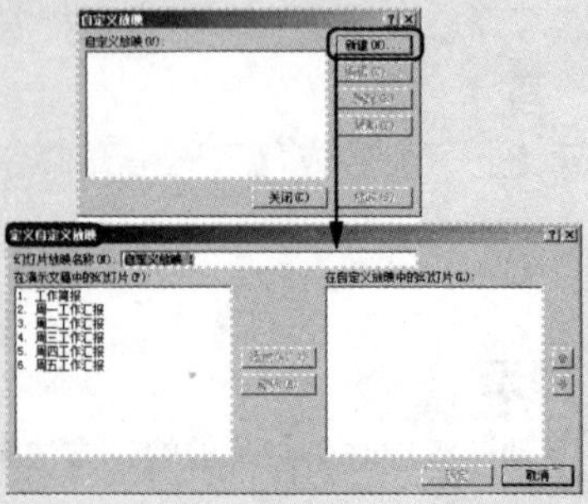

图18-5 【定义自定义放映】对话框

4 单击【确定】按钮，返回到【自定义放映】对话框。

5 单击【放映】按钮，进行放映。

6 单击【关闭】按钮，关闭该对话框。如果要放映自定义的幻灯片，单击【幻灯片放映】选项卡|【开始放映幻灯片】组|【自定义幻灯片放映】按钮，在弹出的下拉菜单中选择自定义幻灯片的名称，如“前沿图像”，开始放映幻灯片，如图18-6所示。

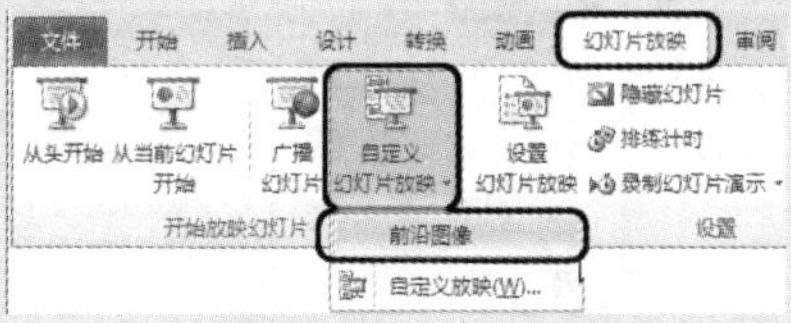

图18-6 播放自定义的幻灯片

提示

使用自定义放映幻灯片，可以将一个演示文稿按照不同的需求，有选择地进行播放。

对于使用【自定义放映】对话框已经创建的自定义幻灯片，还可以进行编辑、删除、复制操作，所有这些都在【自定义放映】对话框中实现。

提示

使用幻灯片放映命令看到的幻灯片效果，就是制作的最后效果。如果满意，将幻灯片存盘，否则返回到普通视图状态，进行重新编辑、修改，再播放。

18.1.2 返回普通视图

在幻灯片放映状态返回到幻灯片普通视图的操作方法有以下3种。

- 在幻灯片放映视图状态下，在最后一张幻灯片中单击鼠标，则返回到普通视图。
- 在幻灯片放映视图状态下，单击鼠标右键，则弹出快捷菜单，选择【结束放映】命令，如图18-7所示，则返回普通视图状态。
- 在幻灯片放映视图状态下，按Esc键，也可返回到普通视图状态。

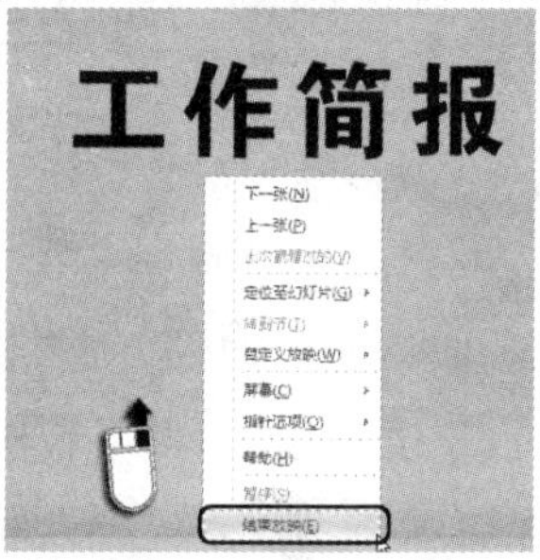

图18-7 右击快捷菜单命令

18.2 上机练习——项目概况

若用户想为不同的观众创建几个相似的幻灯片，可利用PowerPoint中的自定义放映功能，在幻灯片的放映过程中，它会帮助用户创建一个规定哪些幻灯片应为哪位观众进行放映的放映方式。本例以“项目概况”来介绍如何自定义放映，制作后的效果如图18-8所示。本例知识点为设置字体、设置背景格式、插入形状、设置形状格式、设置动画、设置自定义放映。

图18-8 项目概况效果

实战演练304——自定义“项目概况”的放映

最终文件	dir\最终文件\cha18\项目概况.pptx
视频文件	Movie\18-01.avi

1 启动PowerPoint 2010软件，系统将自动新建演示文稿。

2 在演示文稿中，单击“单击此处添加标题”占位符，并在该处输入“Maple项目概况”文本，选中输入的文本，选择【开始】选项卡，在【字体】组中设置【字体】为“汉仪大宋简”，设置【字号】为44，设置【字符间距】为“很松”，设置【字体颜色】为“黑色”，如图18-9所示。

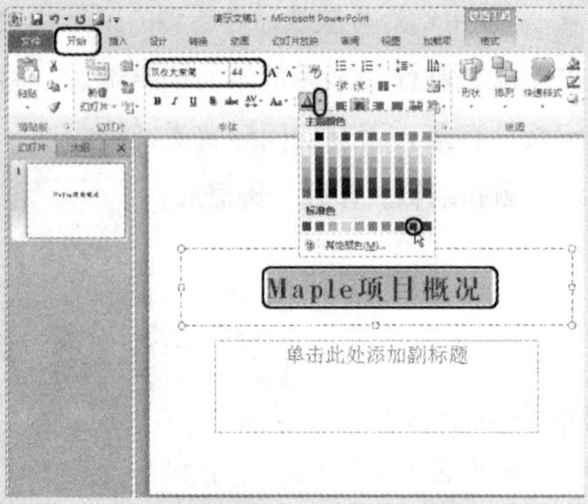

图18-9　输入文本并设置

3 设置完成后将“单击此处添加副标题”占位符选中，按Delete键删除。在空白背景处单击鼠标右键，在弹出的快捷菜单中选择【设置背景格式】命令，弹出【设置背景格式】对话框，选择【填充】选项，并选中【图片或纹理填充】单选按钮，单击【文件】按钮，如图18-10所示。

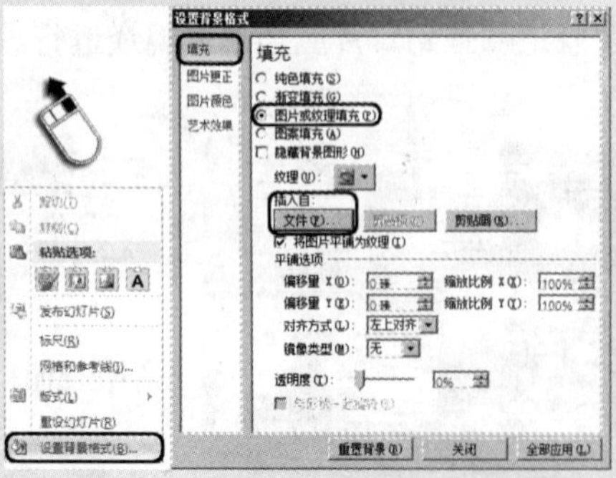

图18-10　【设置背景格式】对话框

4 在弹出的【插入图片】对话框中，选择随书光盘中的“dvi\素材\Cha18\1.jpg”素材文件，然后单击【插入】按钮右侧的小三角按钮，在弹出的下拉菜单中选择【插入和链接】命令，如图18-11所示。

图18-11　【插入图片】对话框

5 选择【插入】选项卡，在【插图】组中单击 形状 按钮，在弹出的下拉面板中单击（直线）按钮，然后在该幻灯片的顶端进行绘制直线，如图18-12所示。

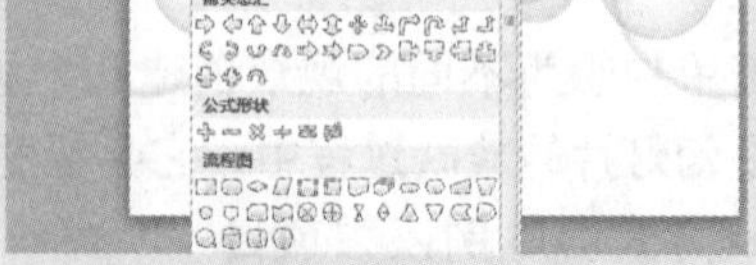

图18-12　选择并绘制直线

6 确定绘制的直线处于被选择的状态下，单击鼠标右键，在弹出的快捷菜单中选择【设置形状格式】命令，弹出【设置形状格式】对话框，选择【线型】选项，设置【宽度】为3磅，设置【复合类型】为“单线”，设置【短划线类型】

为“划线-点”，如图18-13所示。

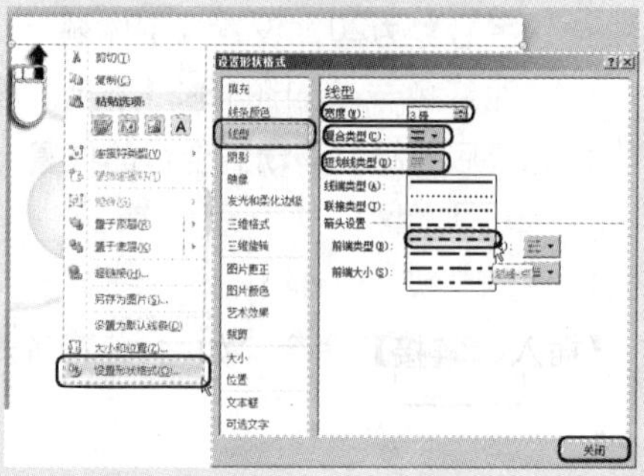

图18-13　设置线型

7 设置完【线型】选项后，选择【线条颜色】选项，选中【实线】单选按钮，在【颜色】选项处设置其为“浅蓝”，设置完成后单击【关闭】按钮，如图18-14所示。

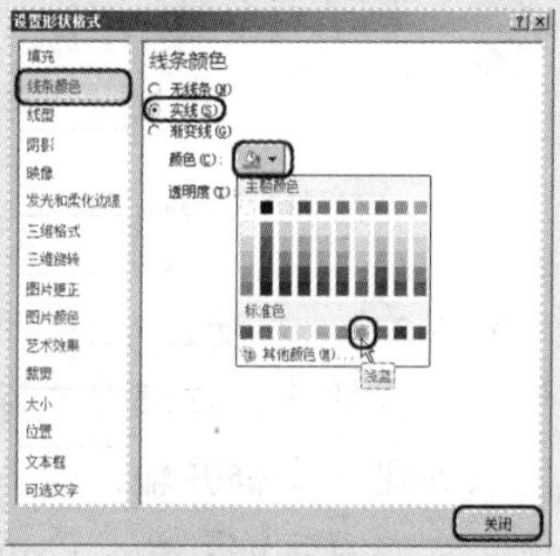

图18-14　设置线条颜色

技巧

选择所绘制的直线，确定其处于被选择的状态下，选择【绘图工具】|【格式】选项卡，在【形状样式】组中单击按钮，弹出【设置形状格式】对话框。

8 确定绘制的直线仍然处于选择的状态下，按Ctrl+C键，对直线进行复制；按Ctrl+V键对其进行粘贴，效果如图18-15所示。

9 确定粘贴后的直线处于选择状态，单击鼠标右键，在弹出的快捷菜单中选择【大小和位置】命令，弹出【设置形状格式】对话框，选择【大小】选项卡，设置【旋转】为90°，设置完成后单击【关闭】按钮，如图18-16所示。对旋转后的直线移动到该幻灯片左侧合适的位置，设置后的直线效果如图18-17所示。

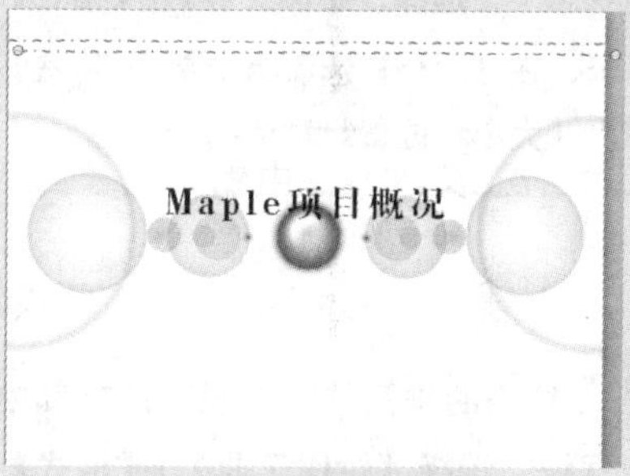

图18-15　复制粘贴直线

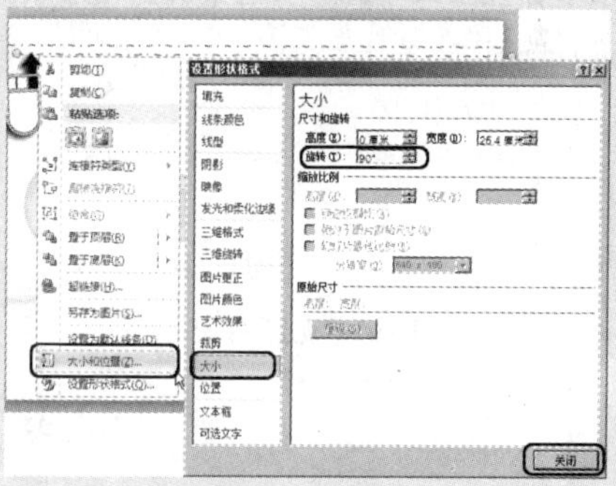

图18-16　【大小和位置】对话框

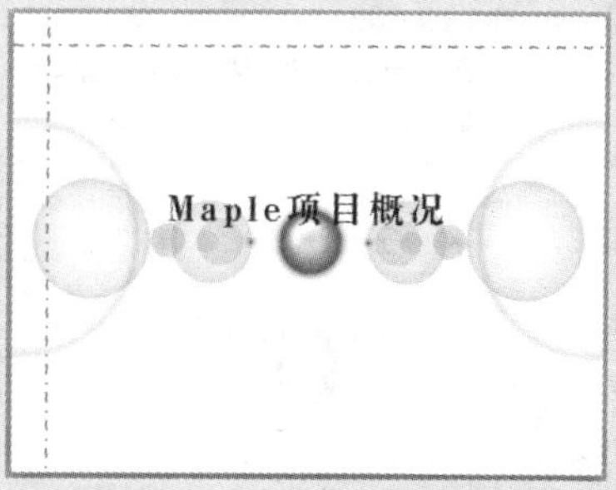

图18-17　设置后的直线效果

10 使用同样的方法将剩余的各条直线进行复制、粘贴和移动，效果如图18-18所示。可以看到线条的排列并不美观，选择其中一条直线，在直线两端出现圆点控制点，选择直线一端的控制点，然后将长的直线进行缩短，这样使用同样的方法对直线分别进行调整，调整后的效果如图18-19所示。

提示

选择其中一条直线，确定其处于选择的状态下，选择【绘图工具】|【格式】选项卡，在【大小】选项组中单击按钮，弹出【大小和位置】对话框。

注意

线条的排列并不美观，选择其中一条直线，选择【绘图工具】|【格式】选项卡，在【大小】选项组中调整【形状宽度】选项。

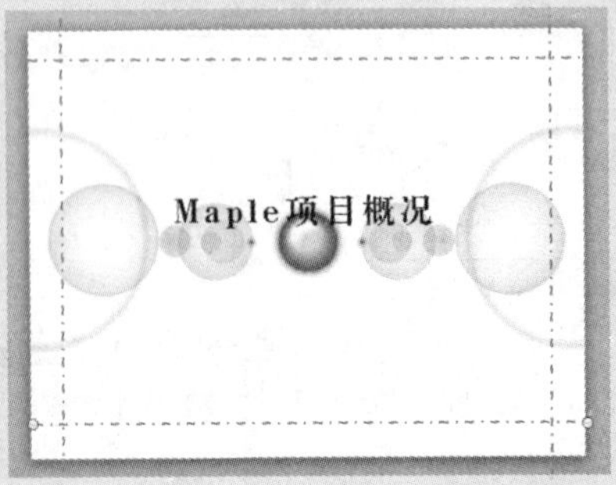

图18-18　复制、粘贴、移动直线

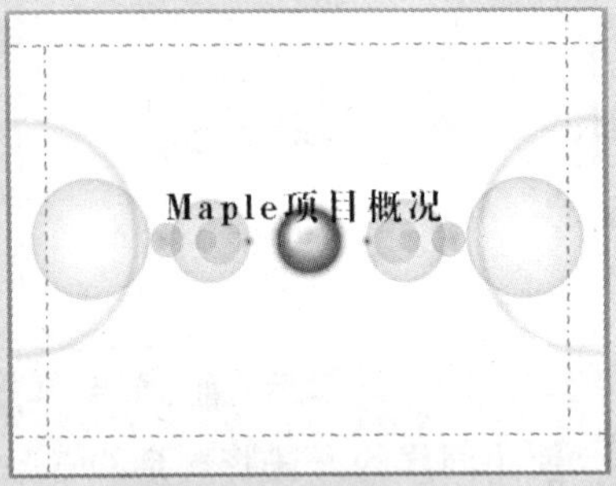

图18-19　调整直线

11 选择【插入】选项卡，在【文本】组中单击（文本框）按钮，在弹出的下拉菜单中选择【横排文本框】命令，然后在幻灯片的左上角绘制横排文本框，如图18-20所示。

12 在该文本框中输入文本并选中，选择【开始】选项卡|【字体】组，设置【字体】为“汉仪中楷简”，设置【字号】为20，设置【字体颜色】为“深红色”，如图18-21所示。设置完成后并将其移动到合适的位置。

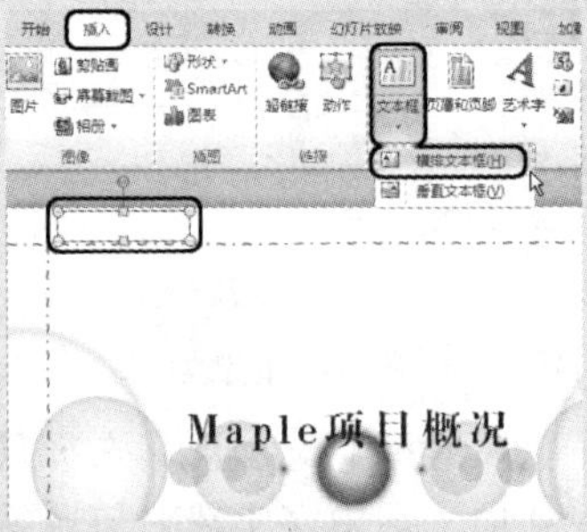

图18-20　选择【横排文本框】命令

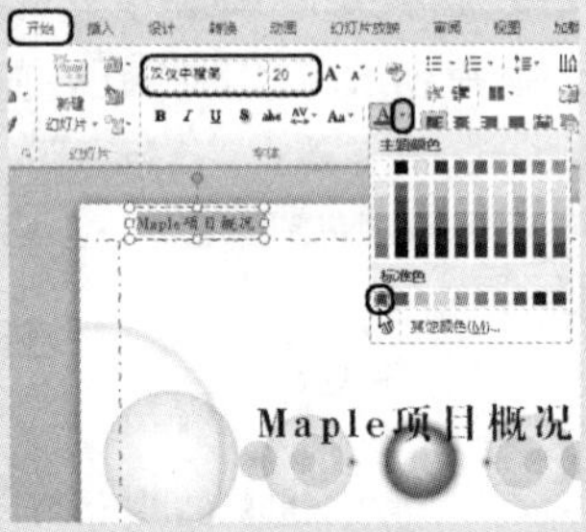

图18-21　输入文本并设置

13 使用同样的方法在演示文稿的右下角处创建文本框并输入文本，设置该文本的【字体】为“Calibri”，【字号】设置为18，单击 B （加粗）按钮，如图18-22所示。

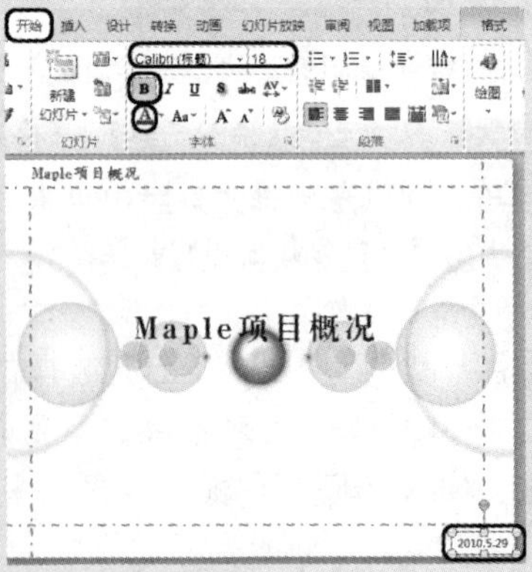

图18-22　设置字体

14 选择【切换】选项卡，在【切换到此幻灯片】组中选择【溶解】切换效果，如图18-23所示。

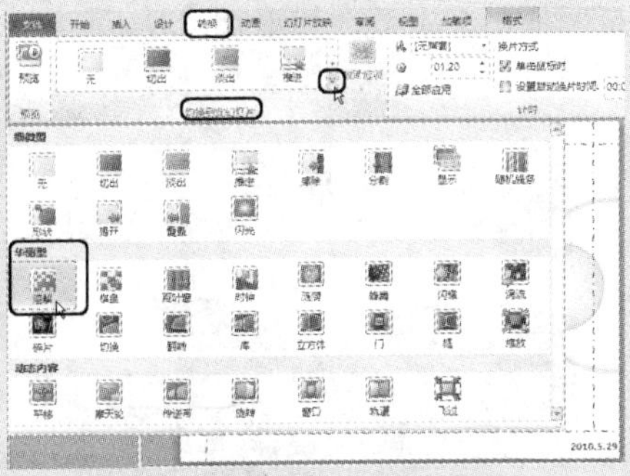

图18-23　设置切换动画

15 选择幻灯片中的标题，确定其处于选择状态下，选择【动画】选项卡，在【动画】组中选择进入方式为“浮入”，如图18-24所示。至此，“幻灯片1”制作完成。

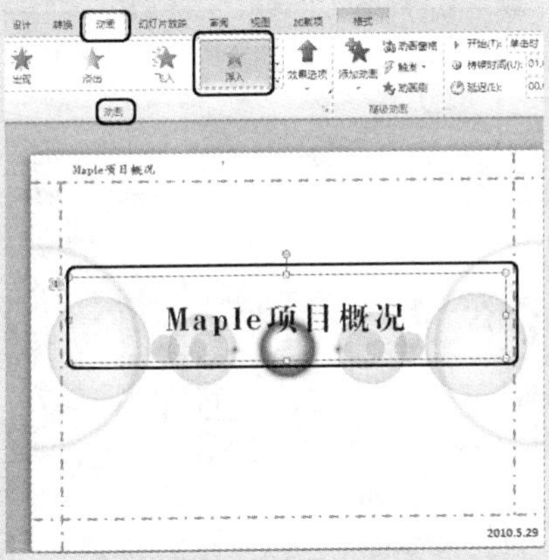

图18-24　设置动画

16 新建“幻灯片2”。选择【开始】选项卡，在【新建幻灯片】组中单击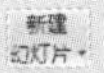（新建幻灯片）按钮，在弹出的下拉面板中选择【版式】为“空白”，如图18-25所示。

17 在空白区域中单击鼠标右键，在弹出的快捷菜单中选择【设置背景格式】命令，弹出【设置背景格式】对话框，选择【填充】选项，勾选【图片或纹理填充】单选按钮，单击【文件】按钮，如图18-26所示。

18 在弹出的【插入图片】对话框中选择随书光盘中的“dir\素材\Cha18\2.jpg”素材文件，然后单击【插入】按钮右侧的小三角按钮，在弹出的下拉菜单中选择【插入和链接】命令，如图18-27所示。

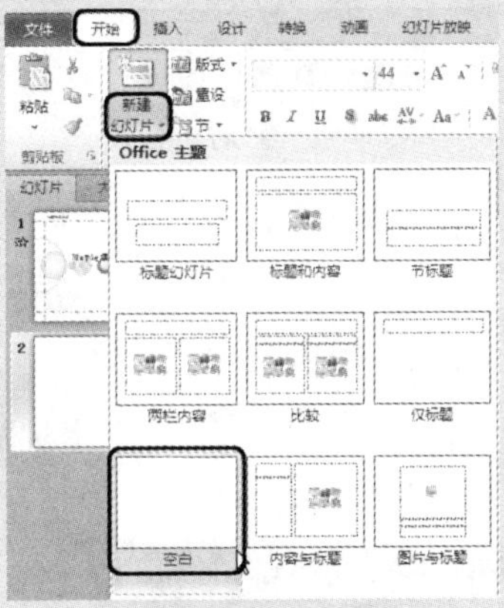

图18-25　新建空白幻灯片

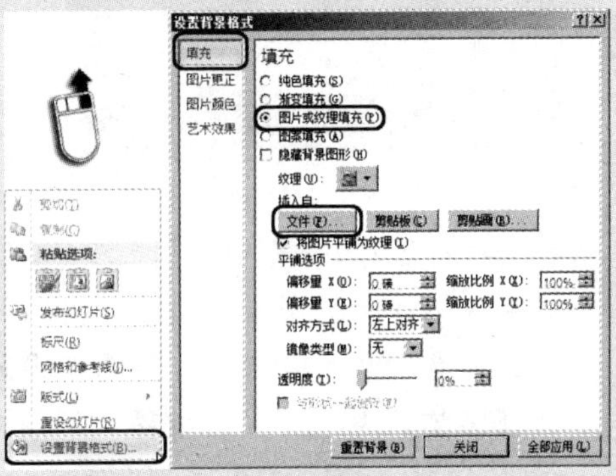

图18-26　【设置背景格式】对话框

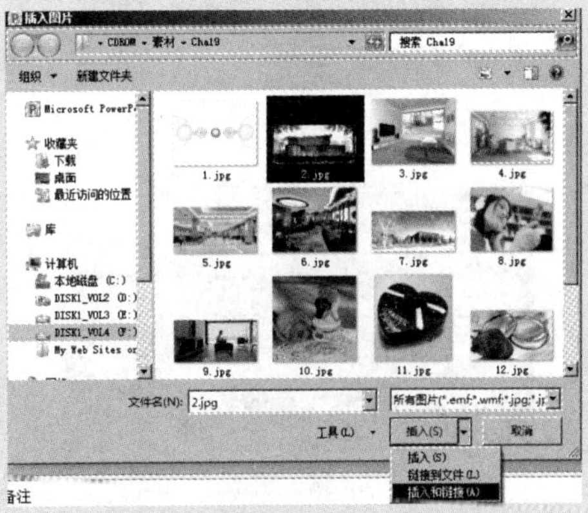

图18-27　【插入图片】对话框

19 选择“幻灯片1”，在该幻灯片中按住Ctrl键选择如图18-28所示的文本框，然后按Ctrl+C键对其进行复制。选择

“幻灯片2”，按Ctrl+V键对其执行粘贴，并调整其位置，如图18-29所示。

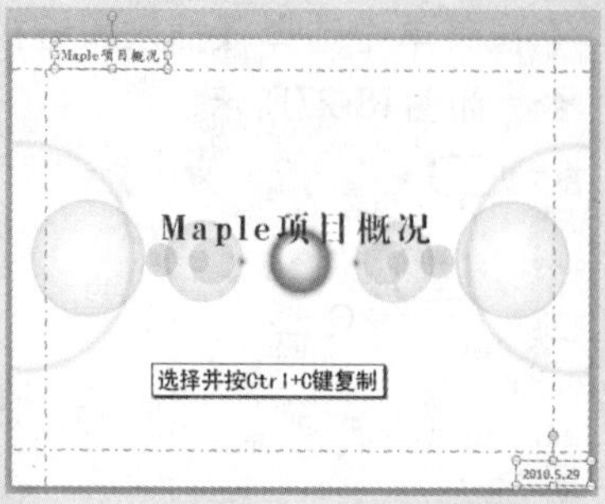

图18-28　选择并复制

图18-29　执行粘贴后的效果

20 选择右下角文本框中的文本，将其删除并输入新的文本，然后选择【开始】选项卡，在【字体】组中设置【字体】为“汉仪中楷简”，设置【字号】为18，如图18-30所示。

图18-30　输入并设置文本

21 选择【插入】选项卡，在【文本】组中单击（文本框）按钮，在弹出的下拉菜单中选择【横排文本框】命令，然后在幻灯片的右上角绘制横排文本框，如图18-31所示。

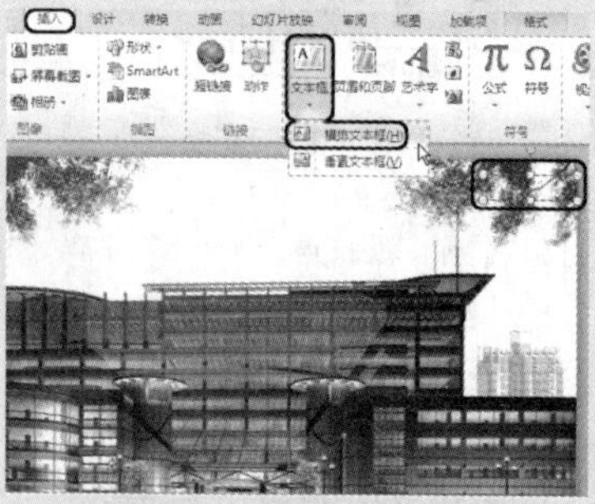

图18-31　绘制横排文本框

22 在文本框中输入文本，选择如图18-32所示的文本，然后选择【开始】选项卡，在【字体】组中设置【字体】为“华文中宋”，设置【字号】为28，单击B（加粗）按钮。

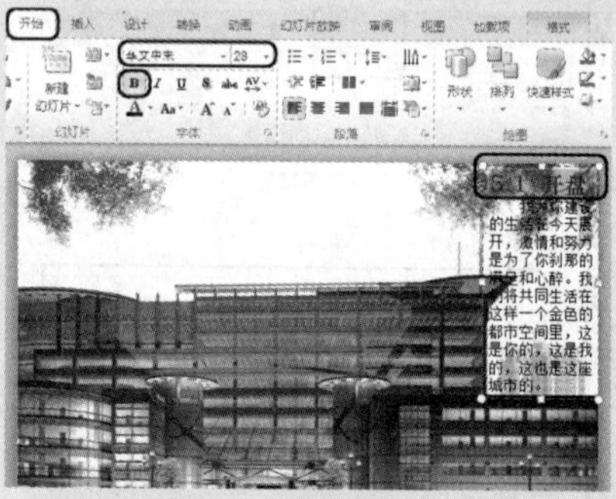

图18-32　选择并设置文本

23 选择如图18-33所示的文本，然后选择【开始】选项卡，在【字体】组中设置【字体】为“华文中宋”，设置【字号】为18。

图18-33　选择并设置文本

24 选择文本框占位符，然后对其单击鼠标右键，在弹出的快捷菜单中选择

【设置形状格式】命令，弹出【设置形状格式】对话框，选择【填充】选项，勾选【纯色填充】单选按钮，设置【填充颜色】下的【颜色】为“白色”，设置【透明度】为5%，单击【关闭】按钮，如图18-34所示。设置完成的效果如图18-35所示。

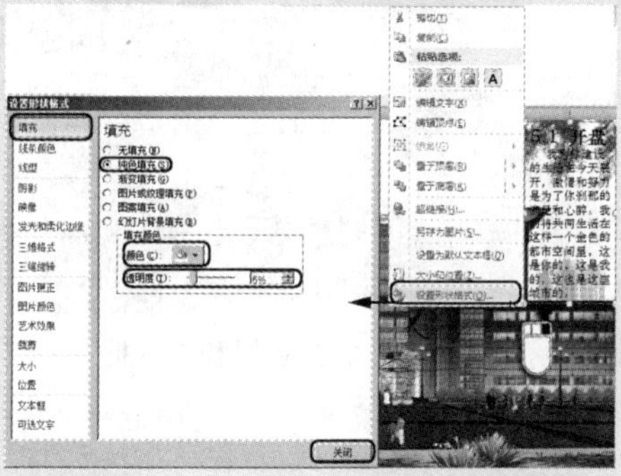

图18-34 【设置形状格式】对话框

图18-35 设置完成的效果

25 在【幻灯片】选项卡中选中“幻灯片2”，然后选择【切换】选项卡，在【切换到此幻灯片】组中设置切换效果为“分割”，如图18-36所示。

图18-36 设置切换效果为“分割”

26 选中文本占位符，使其处于选择状态下，选择【动画】选项卡，在【动画】组中单击按钮，在弹出的下拉菜单中选择进入方式为“翻转式由远及近”，如图18-37所示。

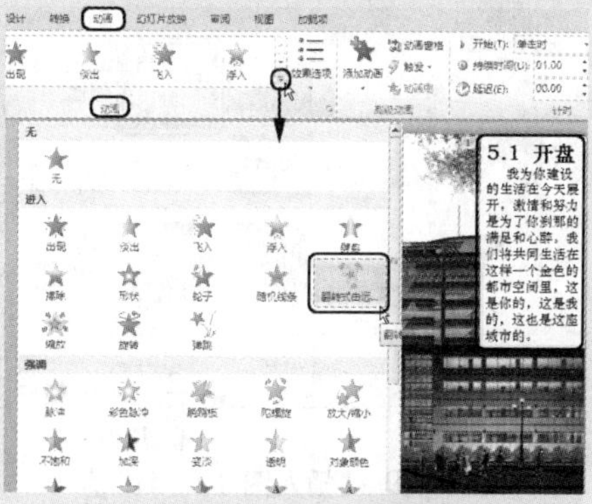

图18-37 添加动画效果

27 新建“空白幻灯片3”。在幻灯片中的背景位置单击鼠标右键，在弹出的快捷菜单中选择【设置背景格式】命令，弹出【设置背景格式】对话框，选择【填充】选项，勾选【图片或纹理填充】单选按钮，单击【文件】按钮，如图18-38所示。

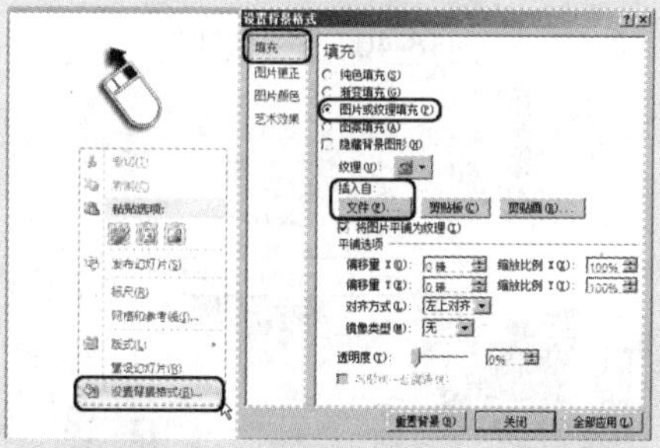

图18-38 【设置背景格式】对话框

28 在弹出的【插入图片】对话框中选择随书光盘中的“dir\素材\Cha18\3.jpg”素材文件，然后单击【插入】按钮右侧的小三角按钮，在弹出的下拉菜单中选择【插入和链接】命令，如图18-39所示。

29 选择“幻灯片1”，按住Ctrl键将两个文本框和4条直线进行选择，按

Ctrl+C键对其进行复制，如图18-40所示。复制完成后返回到“幻灯片3”中，按Ctrl+V键对其执行粘贴。粘贴后的效果如图18-41所示。

图18-39 【插入图片】对话框

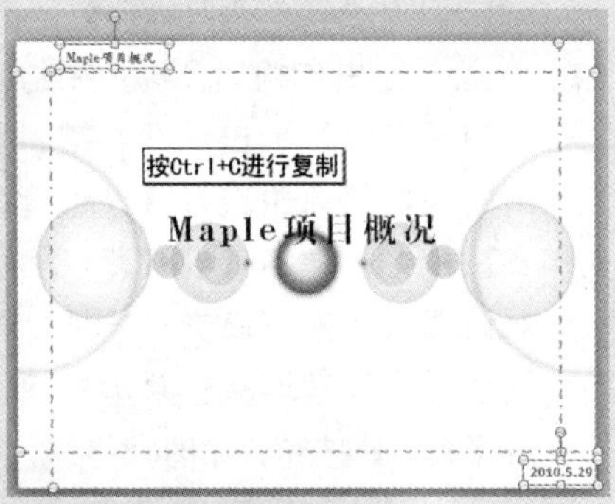

图18-40 复制图形

图18-41 粘贴图形

30 按照如图18-42所示的效果对4条直线分别执行缩放处理，并调整4条直线的位置和文本框的位置，并将左下角文本框中的文本删除，输入新文本“Maple装饰公司”。

31 选择【插入】选项卡，在【文本】组中单击（文本框）按钮，在弹出的下拉菜单中选择【横排文本框】命令，然后在幻灯片的左上角绘制横排文本框，如图18-43所示。

图18-42 调整直线和文本框

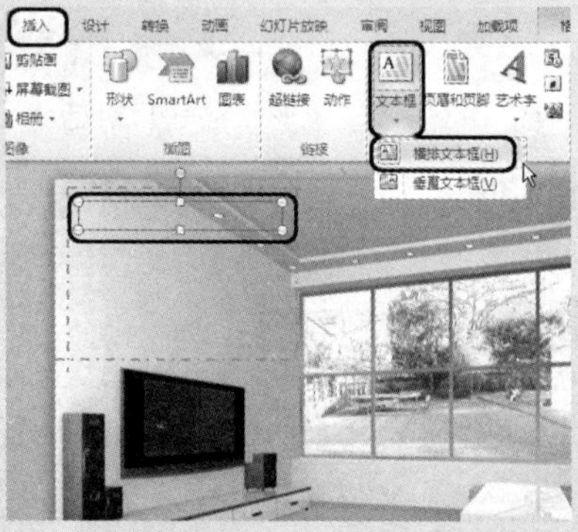

图18-43 绘制文本框

32 在文本框中输入文本，选择如图18-44所示的文本，然后选择【开始】选项卡，在【字体】组中设置【字体】为“华文中宋”，设置【字号】为28，单击 **B**（加粗）按钮。

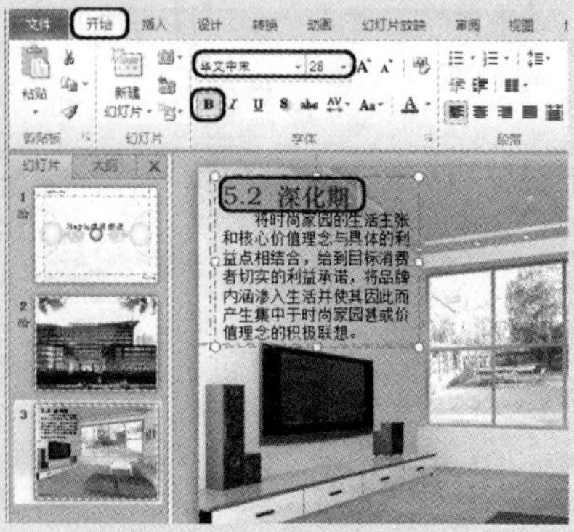

图18-44 选择并设置文本

33 选择如图18-45所示的文本，然后选择【开始】选项卡，在【字体】组中设置【字体】为“华文中宋”，设置【字号】为18。

图18-45 选择并设置文字

34 选择文本框占位符，然后对其单击鼠标右键，在弹出的快捷菜单中选择【设置形状格式】命令，弹出【设置形状格式】对话框，选择【填充】选项，勾选【纯色填充】单选按钮，设置【填充颜色】下的【颜色】为“白色”，设置【透明度】为5%，单击【关闭】按钮，如图18-46所示。设置完成的效果如图18-47所示。

35 在【幻灯片】选项卡中选择“幻灯片3”，选择【切换】选项卡，在【切换到此幻灯片】组中单击按钮，在弹出的下拉面板中选择【华丽型】下的“涟漪”切换方式，如图18-48所示。

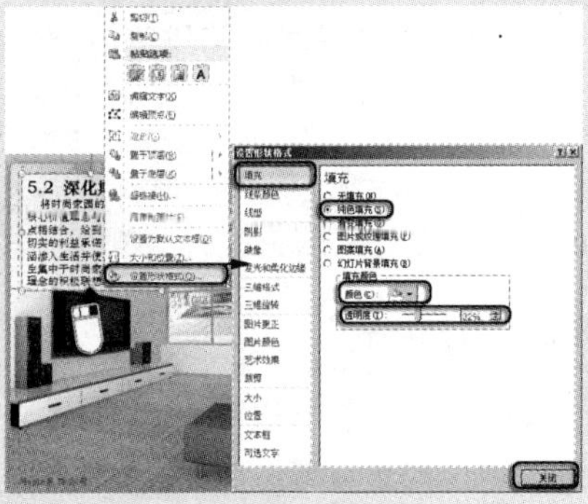

图18-46 【设置形状格式】对话框

图18-47 设置完成后的效果

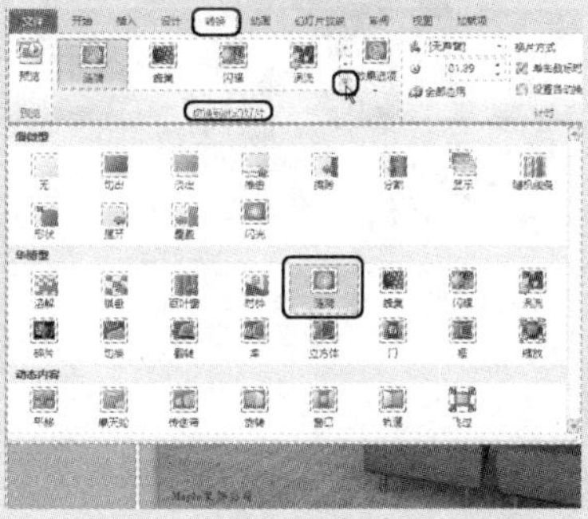

图18-48 设置幻灯片切换效果

36 选中文本占位符，使其处于选择状态下，选择【动画】选项卡，在【动画】组中单击按钮，在弹出的下拉菜单中选择【进入】方式为“劈裂”，如图18-49所示。

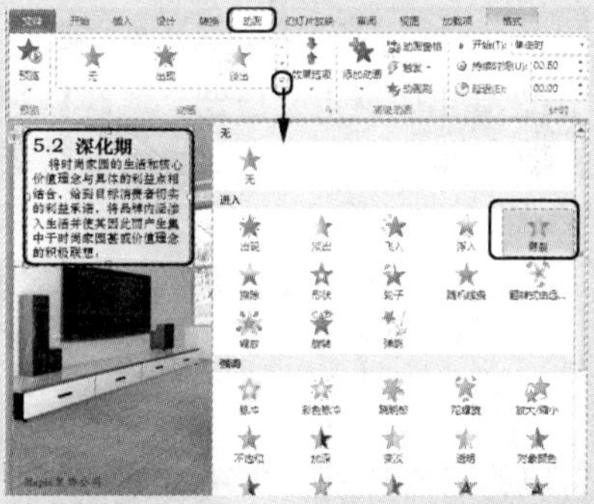

图18-49 设置文本动画效果

根据前三张幻灯片的制作，使用同样的方法制作“幻灯片4~8”，在此就不再叙述了。接下来对创建的幻灯片进行项目处理。

37 单击状态栏中的（幻灯片浏览）按钮，然后选择【幻灯片放映】选项卡，在【开始放映幻灯片】组中单击【自定义幻灯片放映】按钮，在弹出的下拉菜单中选择【自定义放映】命令，如图18-50所示。在弹出的【自定义放映】对话框中，单击【新建】按钮，如图18-51所示。

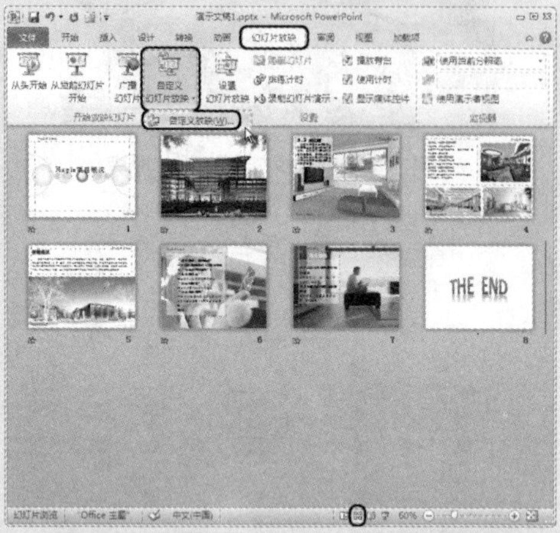

图18-50　选择【自定义放映】命令

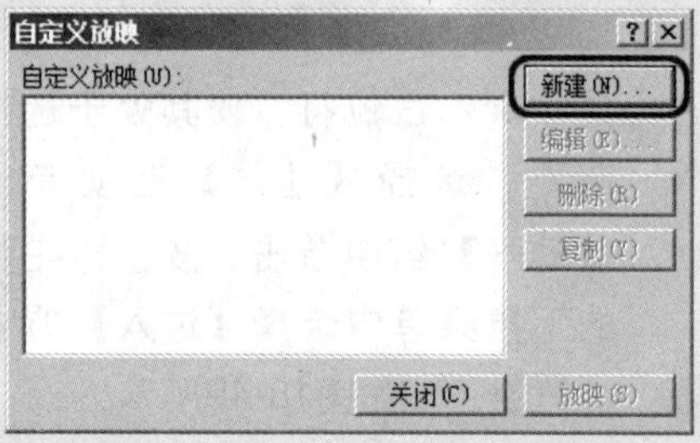

图18-51　【自定义放映】对话框

38 在弹出的【定义自定义放映】对话框中，使用默认的幻灯片放映名称，或者是对其进行重新的命名。在【在演示文稿中的幻灯片】列表框中，按住Ctrl键选择“Maple项目概况”和“幻灯片2”，然后单击【添加】按钮，在【在自定义放映中的幻灯片】列表框中就会出现刚刚添加的两项，如图18-52所示。使用同样的方法继续添加，添加完成后单击【确定】按钮，如图18-53所示。然后在【自定义放映】对话框中单击【放映】按钮，就可以对刚才的设置进行放映。

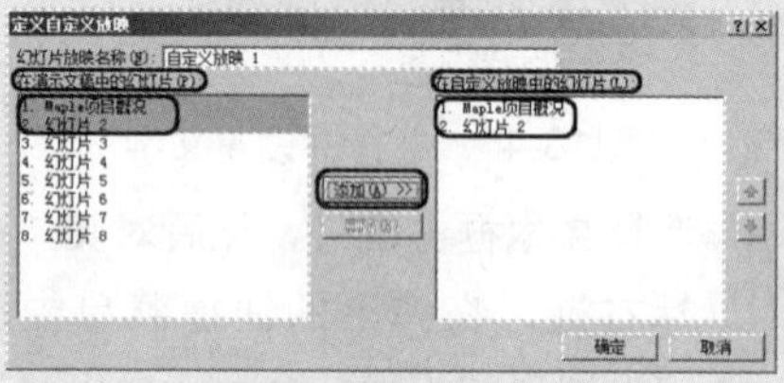

图18-52　添加项目

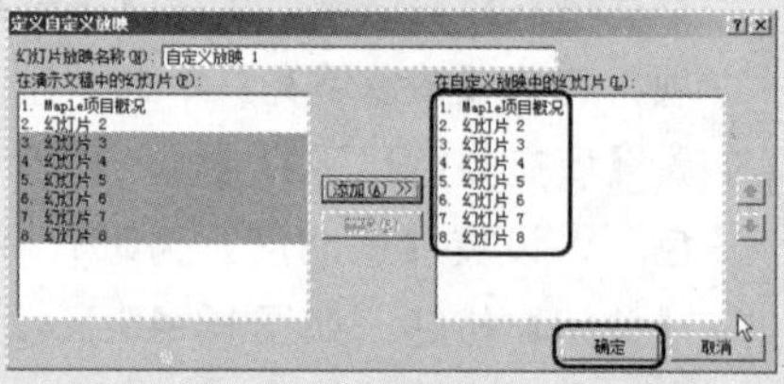

图18-53　完全添加后的效果

39 至此，完成对“项目概况”自定义放映的制作，将其进行保存即可。

18.3　幻灯片放映的时间设置

可以为幻灯片设置放映的时间，其方法有两种，即手动设置排练时间和排练时记录排练时间。

实战演练305——手动设置排练时间

1 在普通视图的【幻灯片】选项卡上，选择需要设置排练时间的幻灯片。

2 选择【切换】选项卡|【计时】组，勾选【设置自动换片时间】复选框，然后输入时间（秒），表示过多少秒自动切换到下一张幻灯片，同时取消勾选【单击鼠标时】复选框。

提示

使用上述方法仅对当前设置的幻灯片有效，不能应用于所有幻灯片。要应用于所有幻灯片，要重复上述步骤。因此，为了方便，最好使用第二种方法，即排练时记录排练时间。

提示

如果希望下一张幻灯片在单击鼠标或时间达到输入的秒数时显示，勾选【单击鼠标时】和【设置自动换片时间】复选框。

可以排练演示文稿，以确保它满足特定的时间框架。进行排练时，可使用幻灯片计时功能记录演示每个幻灯片所需的时间，然后在向受众演示时使用记录的时间自动播放幻灯片。

要在排练时记录排练时间，使用【排练计时】命令。排练计时是指启动全屏幻灯片放映，供排练演示文稿，在每张幻灯片上所用的时间将被记录下来，供以后自动播放使用。

实战演练306——启动排练计时

1 选择【幻灯片放映】选项卡|【设置】组|【排练计时】命令，以激活排练计时方式，出现幻灯片放映视图，同时出现【录制】工具栏，如图18-54所示。

图18-54 预演定时

2 当到达所需要的幻灯片放映时间后，单击鼠标或单击【下一项】按钮，切换到下一张幻灯片，【幻灯片放映时间】数值框中自动从0开始新的计时。如果不需要再记录播放时间，单击【暂停】按钮或【关闭】按钮。

图18-55 保留排列时间提示框

3 到达幻灯片末尾时，出现信息提示框，如图18-55所示。单击【是】按钮，以保留排练时间，下次再播放幻灯片时，则按照记录的时间自动播放幻灯片；单击【否】按钮，重新开始。

18.4 上机练习——设置“培训”幻灯片

本例就以“培训”幻灯片设置为例向用户介绍如何为幻灯片放映计时，效果如图18-56所示。本例知识点为选择主题版式、插入图片、插入艺术字、设置段落格式、设置动画等。

图18-56 “培训”幻灯片效果

实战演练307——设置“培训”幻灯片

最终文件	dir\最终文件\cha18\设置“培训”幻灯片.pptx
视频文件	Movie\18-02.avi

1 启动PowerPoint 2010软件，系统将自动新建演示文稿。选择【设计】选项卡，在【主题】组中单击▼按钮，在弹出的下拉面板中选择【所有主题】|【内置】中的“图钉”主题，如图18-57所示。

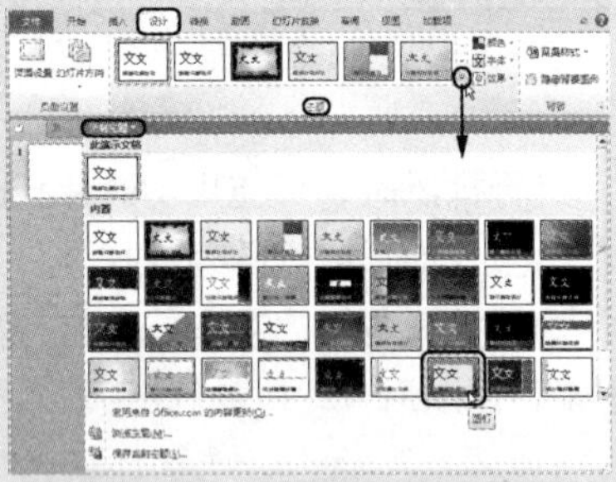

图18-57 设置【主题】版式

2 在“幻灯片1”中选择 “单击此处添加标题”占位符，在该文本框中输入文本，选择【开始】选项卡，在【字体】组中设置【字体】为“汉仪魏碑简”，设置【字号】为54，设置【字体颜色】为“橙色”，单击B（加粗）和S（文字阴影）按钮，如图18-58所示。

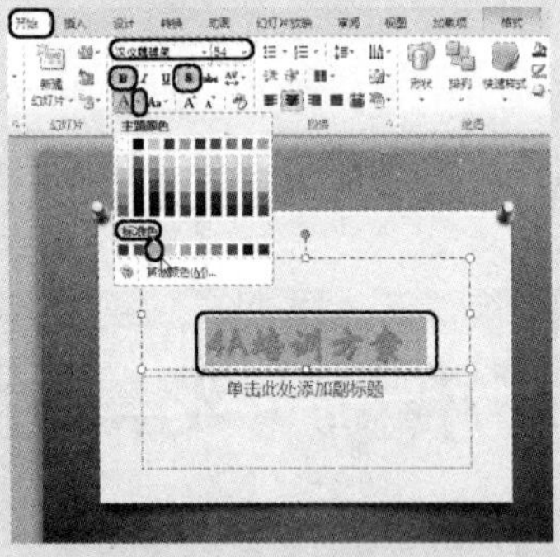

图18-58 添加并设置标题

3 调整文本框的位置，在文本框内选中文本并单击鼠标右键，在弹出的快捷菜单中选择【设置文字效果格式】命令，弹出【设置文本效果格式】对话框，选择【阴影】选项，设置【透明度】为37%，设置【距离】为10磅，单击【关闭】按钮，如图18-59所示。

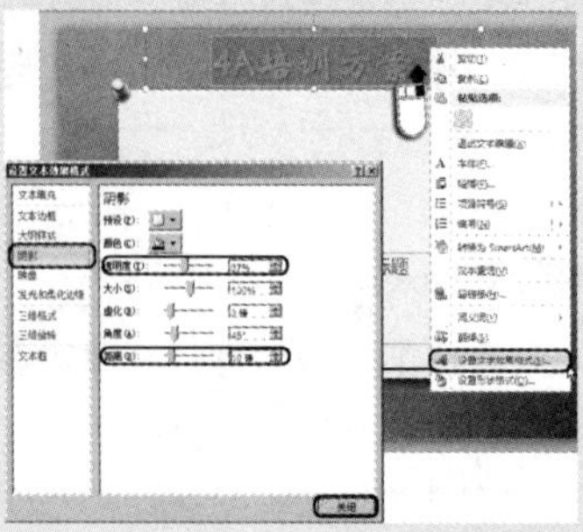

图18-59 【设置文本效果格式】对话框

4 选择“单击此处添加副标题”占位符，在该文本框中输入文本并选中，选择【开始】选项卡，在【字体】组中设置【字体】为“汉仪中楷简”，设置【字号】为28，单击B（加粗）按钮，并对文本框进行相应调整，如图18-60所示。

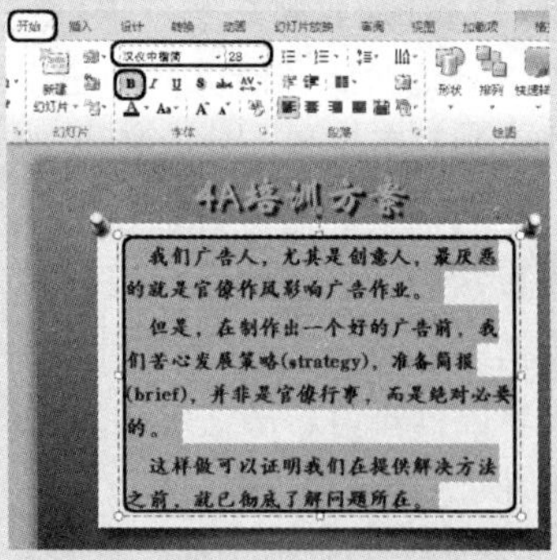

图18-60 添加并设置文本

5 选择【开始】选项卡，在【幻灯片】组中单击新建幻灯片（新建幻灯片）按钮，在弹出的下拉面板中选择“图片与标题”版式，如图18-61所示，新建“幻灯片2”。

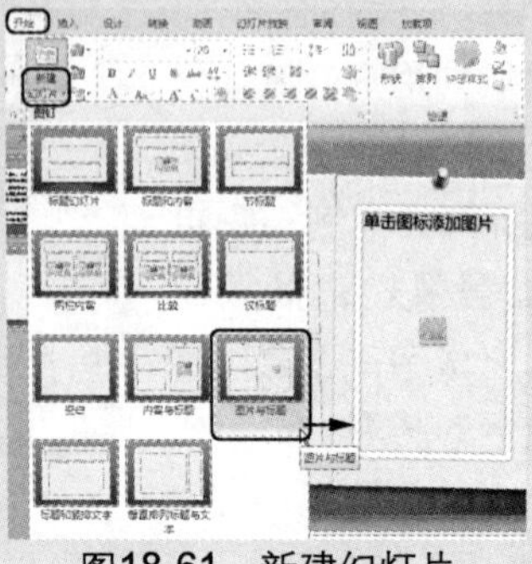

图18-61 新建幻灯片

6 在“单击图标添加图片”中单击按钮，在弹出的【插入图片】对话框中选择“dir\素材\Cha18\13jpg”素材文件，单击【插入】按钮右侧的小三角按钮，在弹出的下拉菜单中选择【插入和链接】命令，如图18-62所示。

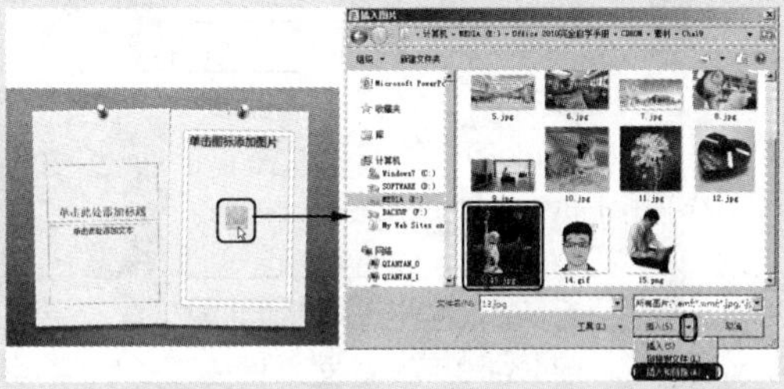

图18-62 【插入图片】对话框

7 在“幻灯片2”中选择“单击此处添加标题”占位符，然后按Delete键将其进行删除，选择“单击此处添加文本”占位符，并输入文本，如图18-63所示。

图18-63 输入文本

8 选择如图18-64所示的文本，选择【开始】选项卡，在【字体】组中设置【字体】为“汉仪中楷简”，设置【字号】为28；在【段落】组中单击（文本左对齐）按钮，再单击（项目符号）按钮右侧的按钮，在弹出的下拉面板中选择“带填充效果的圆形项目符号”。

9 选择如图18-65所示的文本，选择【开始】选项卡，在【字体】组中设置【字体】为“方正魏碑简体”，设置【字号】为28；在【段落】组中单击（文本左对齐）按钮。

10 选择【开始】选项卡，在【幻灯片】组中单击（新建幻灯片）按钮，在弹出的下拉面板中选择“标题与内容”版式，新建“幻灯片3”，如图18-66所示。

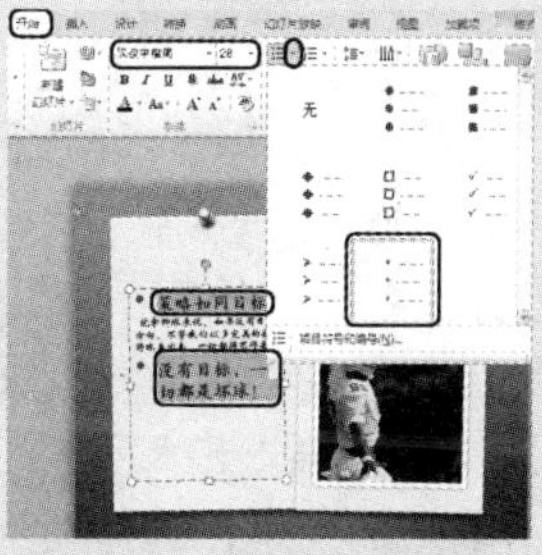

图18-64 选择并设置文本

图18-65 设置文本格式

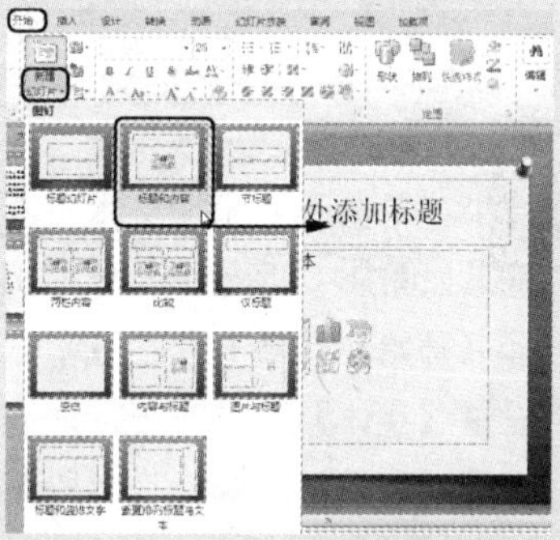

图18-66 新建幻灯片

11 选择“单击此处添加标题”占位符，按Delete键将其删除；选择【插入】选项卡，在【文本】组中单击【艺术字】按钮，在弹出的下拉面板中选择“渐变填充-橙色，强调文字颜色，轮廓-白色，发光-强调文字颜色2”样式，如图18-67所示。然后在文本框中输入“广告作业中的语言”文本。

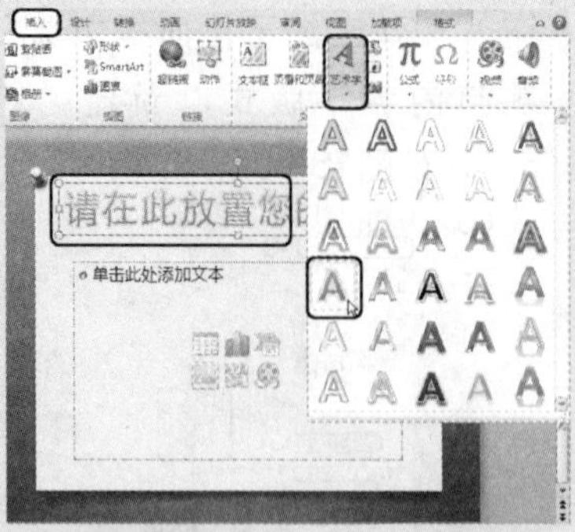

图18-67　插入艺术字样式

12 选中输入的文本，选择【绘图工具】|【格式】选项卡，在【艺术字样式】组中单击【文本效果】按钮，在弹出的下拉菜单中选择【映像】|【半映像，接触】，如图18-68所示。

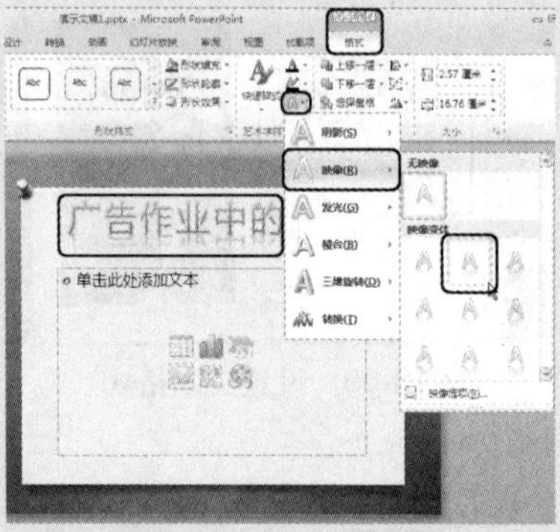

图18-68　设置文本效果

13 选择“单击此处添加文本”占位符，输入如图18-69所示的文本并选中，选择【开始】选项卡，在【字体】组中设置【字体】为“方正楷体简体”，设置【字号】为23；在【段落】组中单击▤（两端对齐）按钮。

14 使用同样的方法新建并设置其他幻灯片，设置完成后对幻灯片进行处理。

15 单击幻灯片右下角的▦（幻灯片浏览）按钮，选择【幻灯片放映】选项卡，在【设置】组中单击【排练计时】按钮，如图18-70所示。

16 设置幻灯片放映时间为“00：00：15”，如图18-71所示。在幻灯片放映结束时，自动弹出一个提示框，单击【是】按钮即可，如图18-72所示。

图18-69　设置文本格式

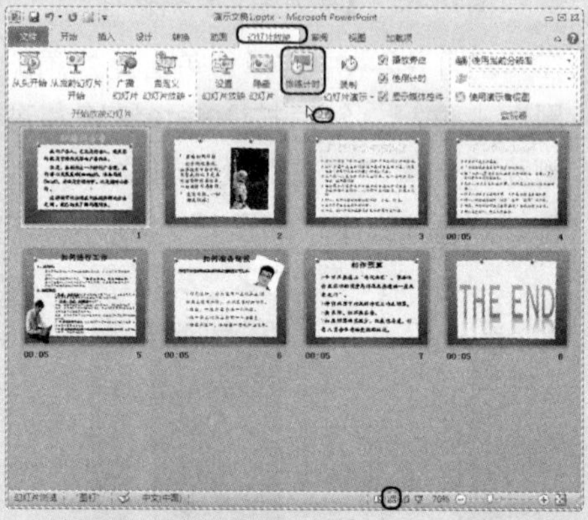

图18-70　单击【排练计时】按钮

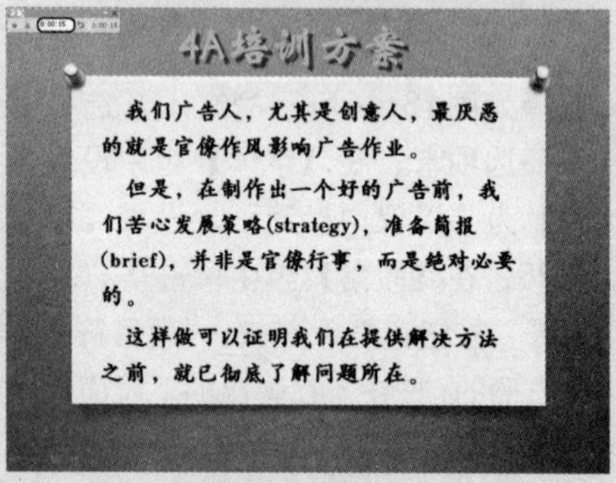

图18-71　预演定时

图18-72　保留排列时间提示框

17 至此，完成对“培训”演示文稿的制作，将其进行保存即可。

18.5 打印幻灯片

多数演示文稿设计均以彩色模式显示，但幻灯片和讲义通常以黑白或灰色阴影模式打印。

以灰度模式打印时，彩色图像将以介于黑色和白色之间的各种灰色色调打印出来。打印幻灯片时，PowerPoint将设置演示文稿的颜色，使其与所选打印机的功能相符。可以调整幻灯片的大小以适合不同的纸张大小（包括信纸和分类账），也可以自定义大小。在PowerPoint中，可以打印演示文稿的其他部分，如讲义、备注页或大纲视图中的演示文稿等。

PowerPoint支持以下3种打印形式。

- 快速打印：已将打印机设置好，直接启动打印机进行快速打印。
- 打印预览：在打印前预览打印效果，如果不符合要求，进行调整之后再打印。
- 打印：启动【打印】对话框，在该对话框中进行各种设置之后再进行打印。

以上3种形式都是通过选择【文件】|【打印】命令执行的。

18.5.1 打印设置

在打印演示文稿前，可进行打印设置，其方法是选择【文件】|【打印】命令，打开【打印】对话框，如图18-73所示。

图18-73 选择【打印】命令

- 打印内容：在其下拉列表中可以选择【幻灯片】、【讲义】、【备注页】、【大纲视图】选项，如图18-74所示。
- 打印范围：在此栏下可以选择打印【全部】和【当前幻灯片】，或选定某几张幻灯片进行打印。
- 颜色/灰度：在其下拉列表中可以选择【颜色】（如果在彩色打印机上打印，则此选项将以彩色打印）、【灰度】（此选项打印的图像包含介于黑色和白色之间的各种灰色色调。背景填充的打印颜色为白色，从而使文本更加清晰，有时灰度的显示效果与“纯黑白”一样）、【纯黑白】（打印不带灰色填充色的讲义）选项，如图18-75所示。

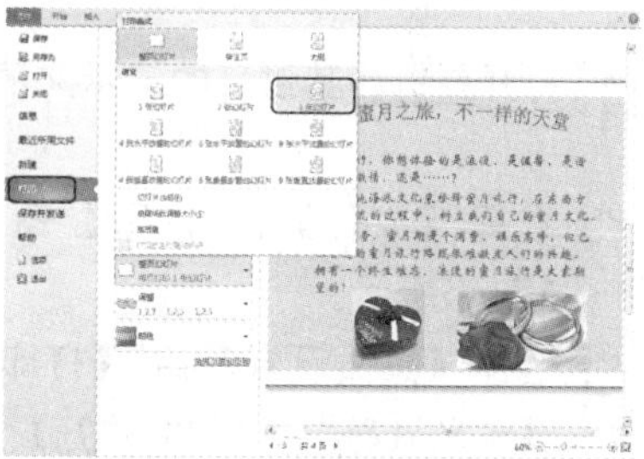

图18-74 设置打印内容

另外，可选中【给幻灯片加框】、【根据纸张调整大小】、【打印隐藏幻灯片】、【高质量】复选框，以及设置【打印份数】等。

完成各种设置后，单击【确定】按钮，开始打印。

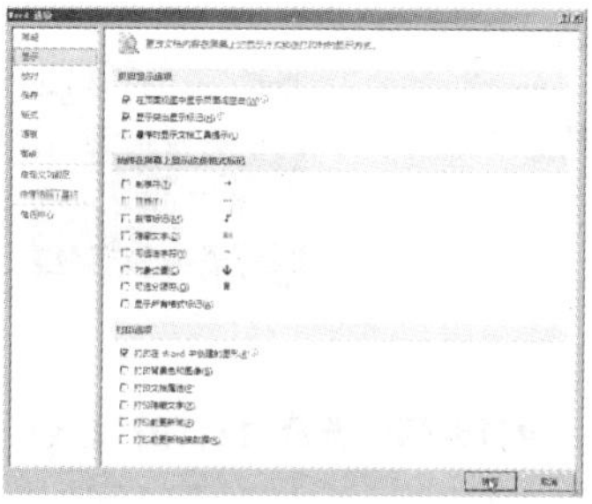

图18-75 设置打印选项

18.5.2 设置幻灯片大小和打印方向

对要打印的演示文稿可设置幻灯片大小和打印方向。

实战演练308——设置幻灯片大小和打印方向

1 单击【设计】选项卡|【页面设置】组|【页面设置】按钮，弹出【页面设置】对话框，如图18-76所示。

2 在【幻灯片大小】下拉列表中选择要打印的纸张大小。如果选择【自定义】选项，则在【宽度】和【高度】数值框中输入或选择所需的尺寸。

3 要为幻灯片设置页面方向，在【方向】选项组下的【幻灯片】选项组中选中【横向】或【纵向】单选按钮。

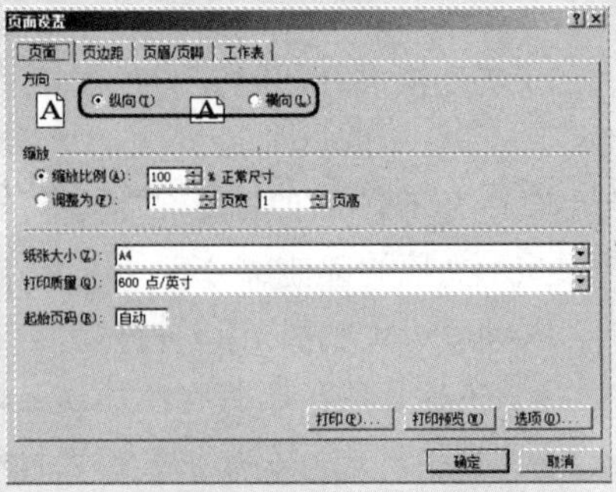

图18-76 【页面设置】对话框

18.5.3 打印讲义、备注页

讲义是指一页演示文稿中有1张、2张、3张、4张、6张或9张幻灯片，这样观众既可以在自己进行演示时观看到相应的文稿，也可以在将来参考该文稿。

对于讲义，首先要安排讲义的内容，可在打印预览中实现。可以指定将页面设置为横向或纵向，指定每页显示的幻灯片数；可以添加、预览和编辑页眉和页脚（如页码）。在每页1张幻灯片的版式中，如果不希望页眉和页脚文本、日期或幻灯片号显示在幻灯片上，可以只将页眉和页脚应用于讲义而不应用于幻灯片。

实战演练309——打印讲义

1 打开要打印其讲义的演示文稿。

2 选择【文件】|【打印】命令，如图18-77所示，弹出【打印预览】选项卡，如图18-78所示。

3 选择【页面设置】组|【打印内容】命令，从下拉菜单中选择需要的讲义版式，如选择【讲义（每页3张幻灯片）】选项，如图18-79所示。

图18-77 选择【打印】命令

图18-78 显示打印预览选项页

图18-79 选择打印内容

18.6 上机练习——设置“建议方案”幻灯片

在演示文稿放映时，由一张幻灯片进入另一张幻灯片的切换方式对演示文稿的放映效果有很大的影响。本例以“建议方案”幻灯片间的切换方式，介绍如何为演示文稿添加切换效果，如图18-80所示。本例知识点为主题的设置、插入和链接图片、占位符的设置。

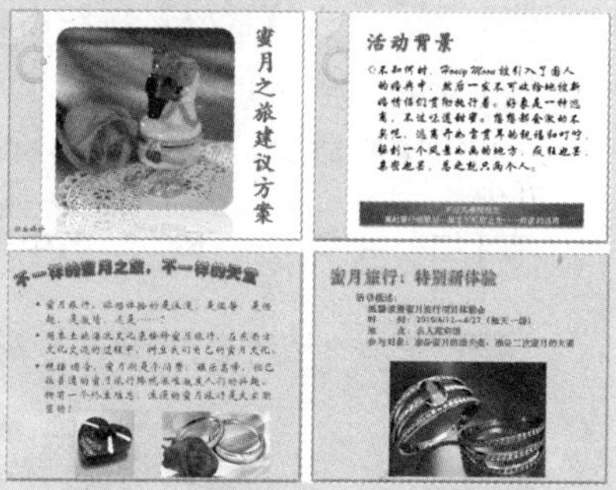

图18-80 “建议方案”幻灯片效果

实战演练310——设置“建议方案”幻灯片

最终文件	dir\最终文件\cha18\设置“建议方案”幻灯片.pptx
视频文件	Movie\18-03.avi

1 启动PowerPoint 2010软件，系统将自动新建演示文稿。选择【设计】选项卡，在【主题】组中单击按钮，在弹出的下拉面板中选择【所有主题】|【内置】中的“夏至”主题，如图18-81所示。在【主题】组中单击颜色（主体颜色）按钮，在弹出的下拉面板中选择【所有主题】|【内置】中的“华丽”，如图18-82所示。

图18-81 设置主题

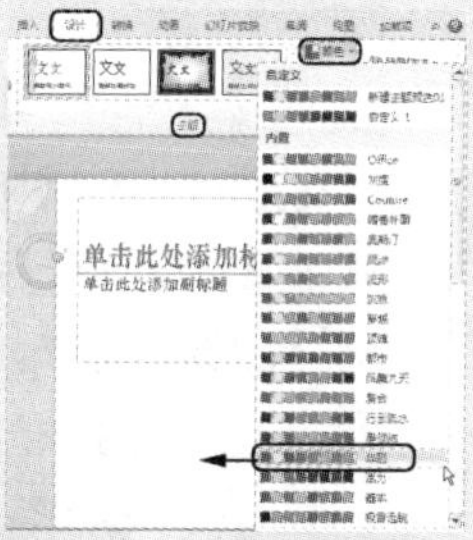

图18-82 设置主体颜色

2 在该幻灯片中选择“单击此处添加标题”并输入文本，选中文本，选择【开始】选项卡，在【字体】组中设置【字体】为“汉仪中楷简”，设置【字号】为54；在【段落】组中单击（居中）按钮，如图18-83所示。

图18-83 输入并设置标题

3 在【段落】组中单击（文字方向）按钮，在弹出的下拉菜单中选择【竖排】命令，调整占位符的大小，将文本框调整到幻灯片的右边，效果如图18-84所示。

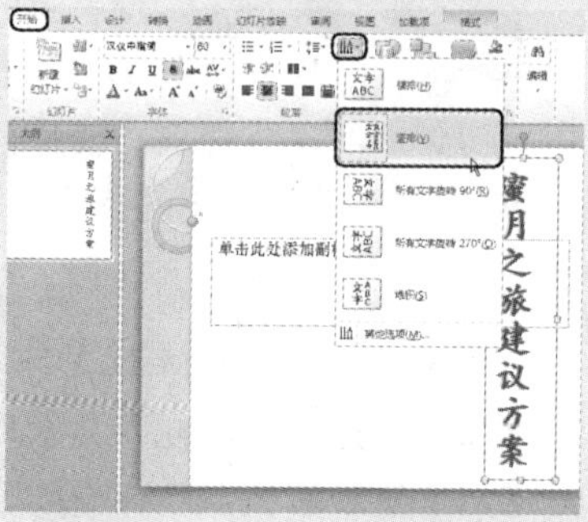

图18-84 调整标题方向

4 选择“单击此处添加副标题”占位符，然后按Delete键将其删除；选择【插入】选项卡，在【图像】组中单击【图片】按钮，在弹出的【插入图片】对话框中选择“dir\素材\Cha18\10.jpg”素材文件，单击【插入】按钮右侧的小三角按钮，在弹出的下拉菜单中选择【插入和链接】命令，如图18-85所示。

图18-85　插入图片

5 在幻灯片中调整图片的大小和位置，然后选择【图片工具】|【格式】选项卡，在【图片样式】组中选择“映像圆角矩形”样式，如图18-86所示。

图18-86　设置图片样式

6 选择【插入】选项卡，在【文本】组中单击【文本框】按钮，在弹出的下拉菜单中选择【横排文本框】命令，在幻灯片的左下方创建横排文本框，如图18-87所示。

图18-87　插入文本框

7 在文本框中输入文本，选中“潮尚婚纱”文本，选择【开始】选项卡，在【字体】组中设置【字体】为“华文新魏”，设置【字号】为18，设置【字体颜色】为“黑色”，如图18-88所示。

图18-88　输入并设置文本

8 在【幻灯片】选项卡中的“幻灯片1”处单击鼠标右键，在弹出的快捷菜单中选择【新建幻灯片】命令，新建“幻灯片2”，如图18-89所示。

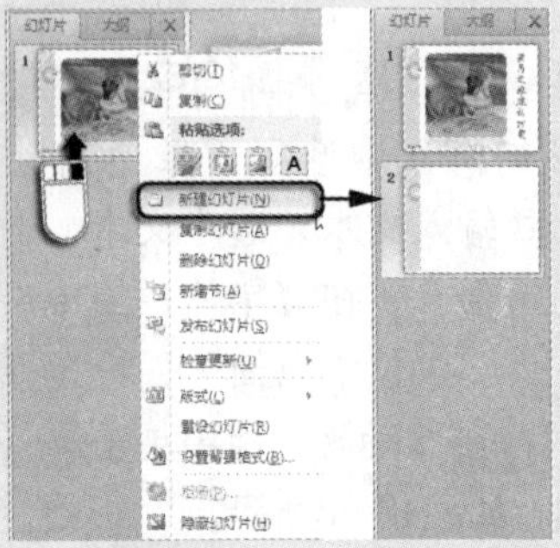

图18-89　新建幻灯片

9 在“单击此处添加标题”占位符中输入标题，选择【开始】选项卡，在【字体】组中设置【字体】为“汉仪中楷简”，设置【字号】为54，如图18-90所示。

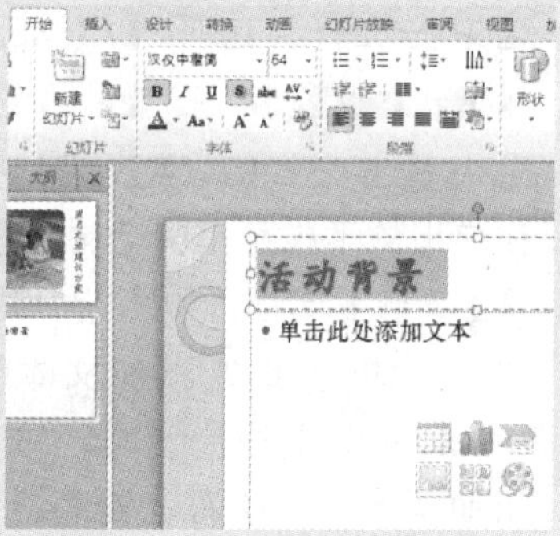

图18-90　输入并设置标题

10 在“单击此处添加文本”占位符中输入文本，选择【开始】选项卡，在【字体】组中设置【字体】为“华文行楷”，设置【字号】为32，然后单击（项目符号）按钮右侧的按钮，在弹出的下拉面板中选择【项目符号和编号】命令，如图18-91所示。

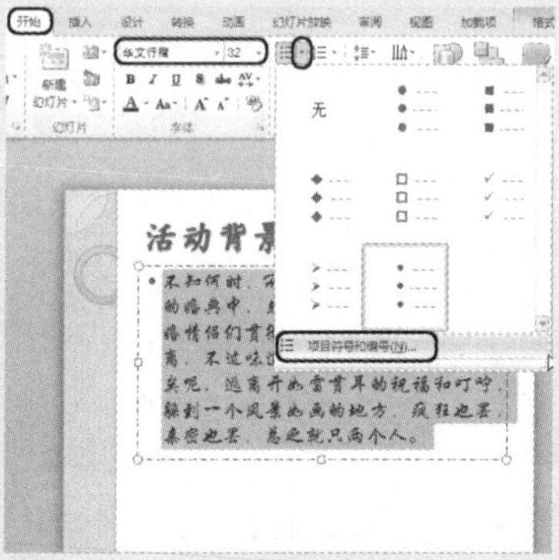

图18-91　选择【项目符号和编号】命令

11 弹出【项目符号和编号】对话框，单击【自定义】按钮，在弹出的【符号】对话框中设置【字体】为“Wingdings”，设置【字符代码】为90，单击【确定】按钮，如图18-92所示。

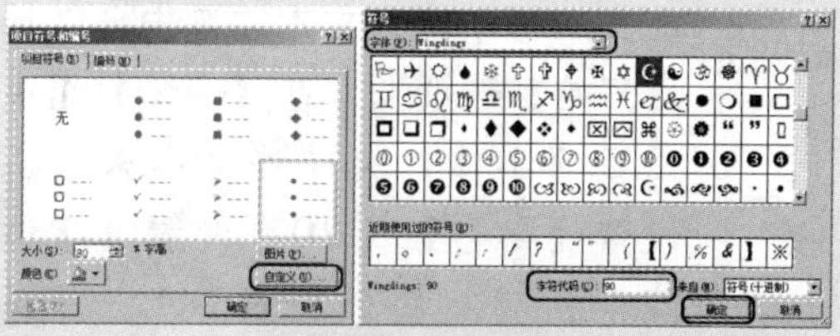

图18-92　设置符号

技巧

选中文本，使其处于选择状态下，单击鼠标右键，在弹出的快捷菜单中选择【项目符号】|【项目符号和编号】命令，可弹出【项目符号和编号】对话框。

12 设置完符号后，在【项目符号和编号】对话框中使用默认的【大小】和【颜色】，然后单击【确定】按钮，如图18-93所示。

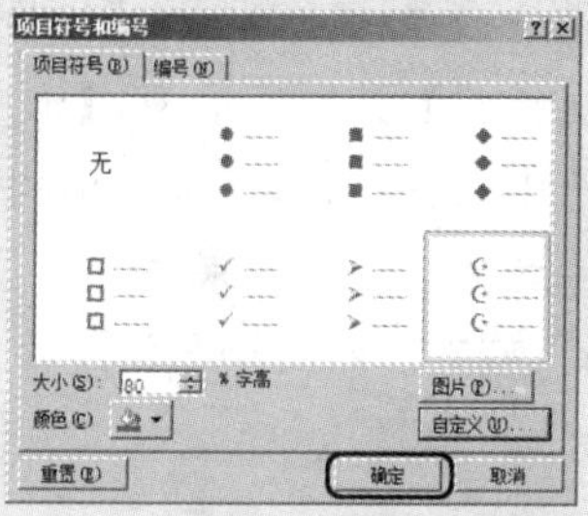

图18-93　【项目符号和编号】对话框

13 选择【插入】选项卡，在【文本】组中单击【文本框】按钮，在弹出的下拉菜单中选择【横排文本框】命令，然后在幻灯片的下方绘制文本框，如图18-94所示。

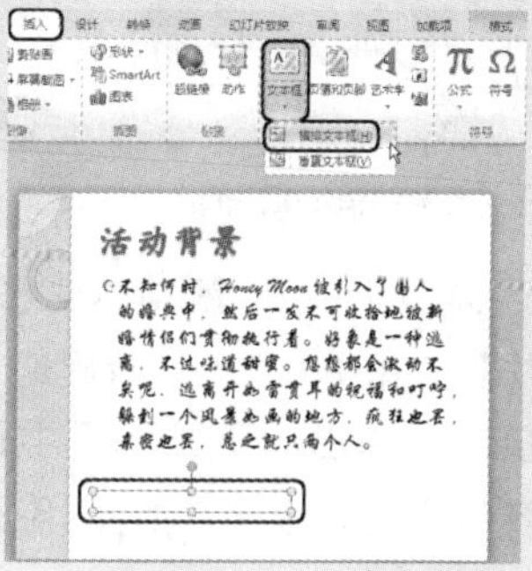

图18-94　插入文本框

14 在文本框中输入文本并选中，选择【开始】选项卡，在【字体】组中设置【字体】为“华文中宋”，设置【字号】为20，设置【字体颜色】为“白色，背景1，深色15%”，如图18-95所示。

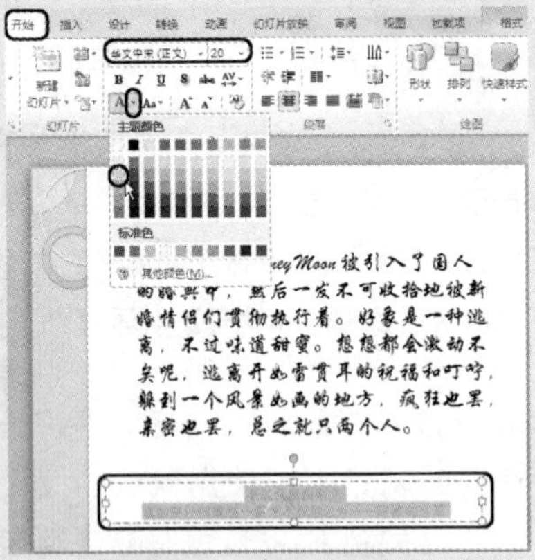

图18-95 设置文本格式

15 选中文本框，选择【绘图工具】|【格式】选项卡，在【形状样式】组中单击按钮，在弹出的下拉面板中选择“强烈效果-紫色，强调颜色2”样式，如图18-96所示。

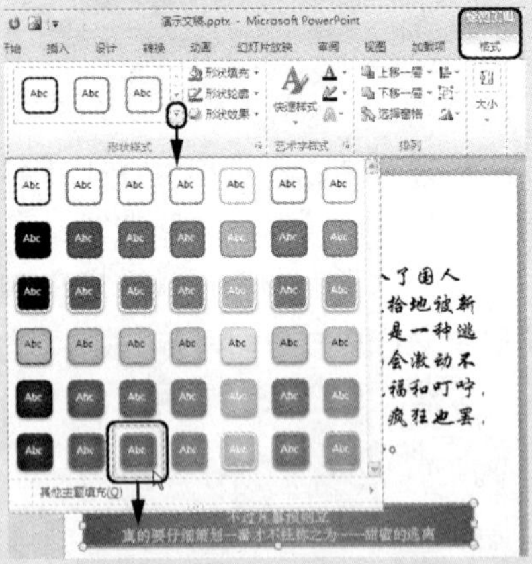

图18-96 设置形状样式

16 选择【开始】选项卡，在【幻灯片】组中单击（新建幻灯片）按钮，在弹出的下拉面板中选择“内容与标题”版式，如图18-97所示，新建“幻灯片3”。

17 在“单击此处添加标题”占位符中输入标题，选中标题，选择【开始】选项卡，在【字体】组中设置【字体】为“汉仪雪峰体简”，设置【字号】为40，如图18-98所示。选中占位符，选择【绘图工具】|【格式】选项卡，在【艺术字样式】组中单击（文字效果）按钮，在弹出的下拉菜单中选择【转换】|【上弯弧】选项，如图18-99所示。

18 选择“单击此处添加文本”，按Delete键将其删除。选择“单击此处添加文本”占位符，对其进行单击并输入文本，选中文本，选择【开始】选项卡，在【字体】组中设置【字体】为“华文新魏”，设置【字号】为28，设置【字体颜色】为“深红”，如图18-100所示。

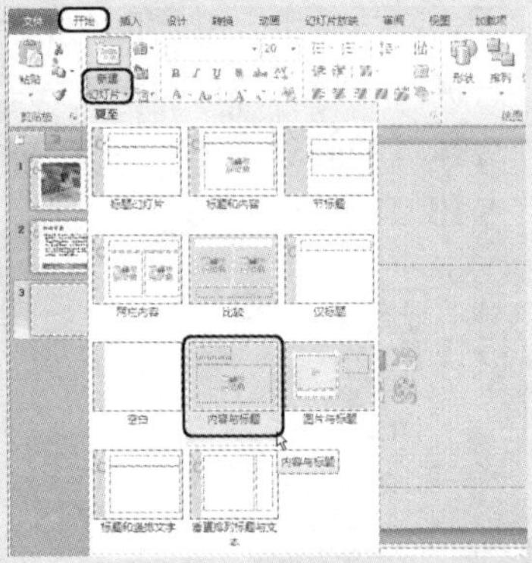

图18-97 新建幻灯片

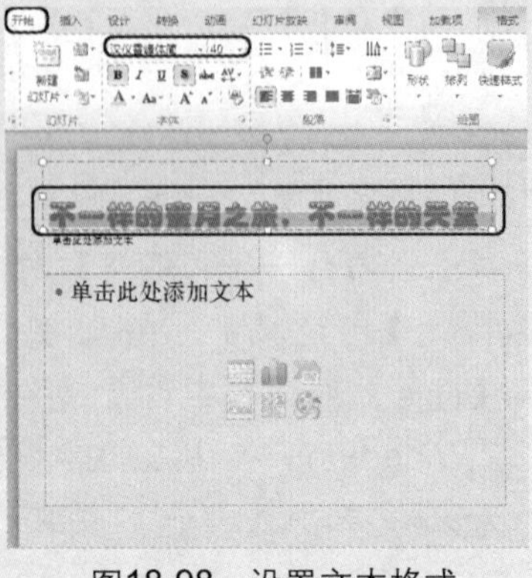

图18-98 设置文本格式

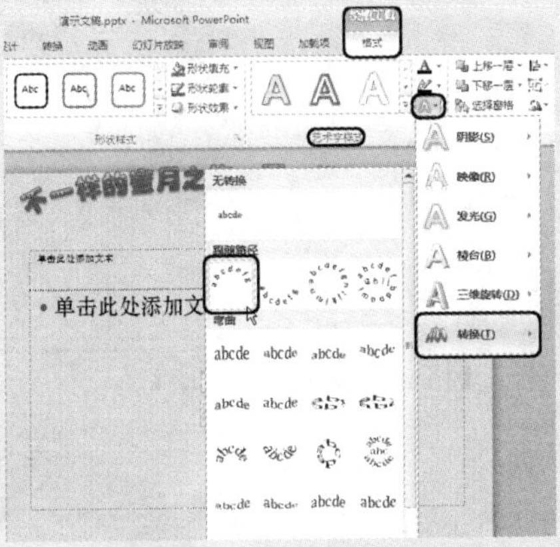

图18-99 设置文字效果

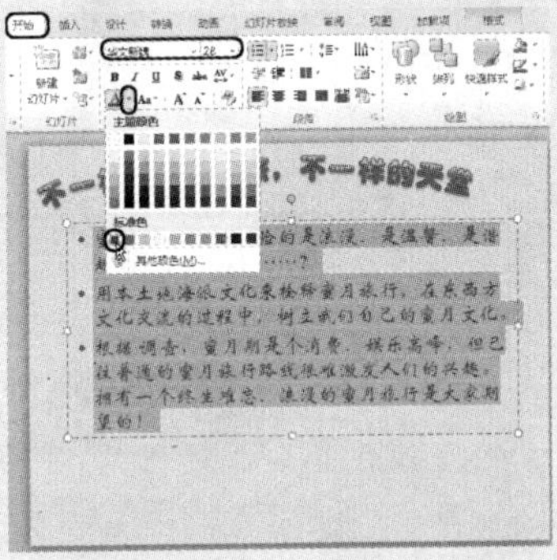

图18-100 输入并设置文本

19 选择【插入】选项卡，在【图像】组中单击【图片】按钮，在弹出的【插入图片】对话框中选择“dir\素材\Cha18\11.jpg和12.jpg”素材文件，单击【插入】按钮右侧的小三角按钮，在弹出的下拉菜单中选择【插入和链接】命令，如图18-101所示。在幻灯片中调整图片的大小和位置。

20 使用以上所讲述的方法，创建并设置“幻灯片4”。选择“幻灯片1”，按住Ctrl键选择该演示文稿中的图片和标题，然后选择【动画】选项卡，在【动画】组中设置进入方式为“淡出”，如图18-102所示。

图18-101 【插入图片】对话框

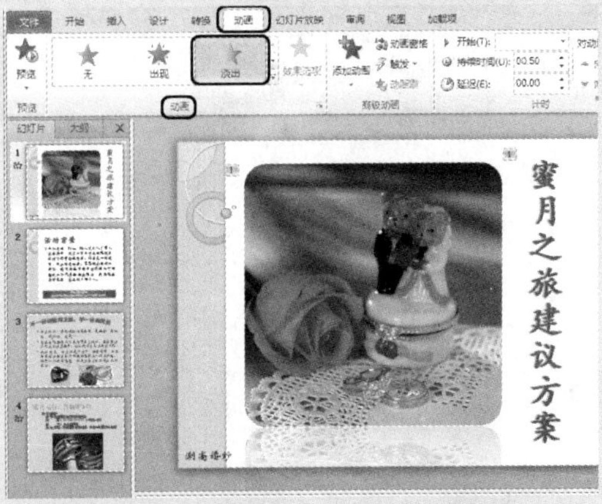

图18-102 设置动画

21 使用同样的方法设置其他的幻灯片的动画效果。至此，完成“建议方案”幻灯片的制作，对其进行保存。

第19章

PowerPoint 2010综合练习

本章的目的就是用最快的方法带领大家进入PowerPoint 2010的设计领域。对于一位已经熟练应用程序的用户来说不存在任何的难点，但对于一位刚刚接触图形化程序的初学者，则必须在所讲实例中学会使用图形化应用程序的基本操作方法，包括如何操作菜单、工具栏、快捷方式，如何输入文字等，它涉及到了一些应用程序的通用技巧，以及PowerPoint的基本操作，比如如何利用PowerPoint工具对演示文稿修饰美化以提高观赏性，如何插入一张新幻灯片，如何放映幻灯片等。

通过本章的学习，可以掌握以下知识点：

- 制作家庭相册
- 制作贺卡
- 制作工作简报
- 制作公司组织结构图
- 制作统计报告

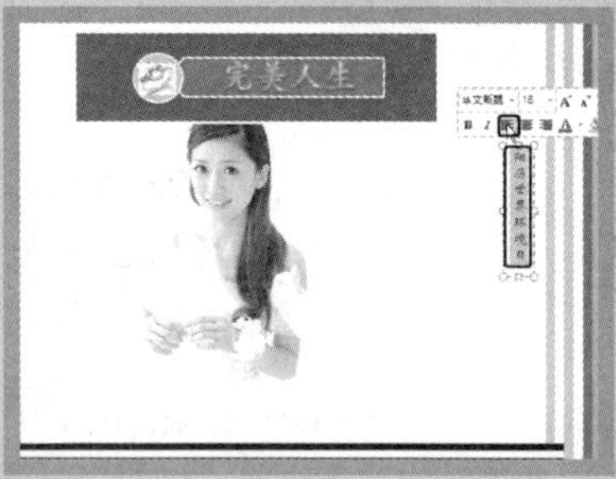

19.1 家庭相册和贺卡的制作

对于多姿多彩的生活中，每个人都会有一些值得自己珍藏的回忆，有值得让自己珍藏的东西，因此可利用PowerPoint制作一本相册集，这样，不但可以将有保存价值的东西做成电子版，进行长久保存，而且还可以提高计算机操作水平，培养生活情趣。

19.1.1 制作家庭相册

实例说明

制作一本相册集，把自己喜欢的照片或图片用扫描仪保存到计算机中，并将照片或图片制作成幻灯片方式共享此相册，效果如图19-1所示。

图19-1 家庭相册效果

操作步骤

下面将介绍制作相册集的基本操作步骤。

1. 制作标题

1 运行PowerPoint 2010软件，打开后呈现如图19-2所示的状态。

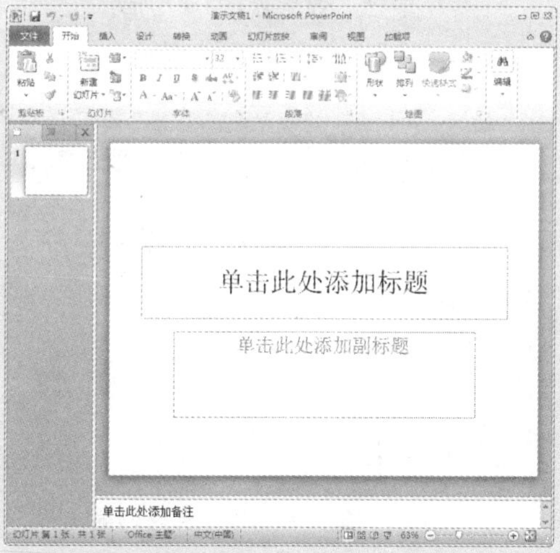

图19-2 PowerPoint 2010界面

2 在【开始】选项卡|【幻灯片】组中单击【板式】按钮，在弹出的【Office主题】中选择“标题和内容”版式，如图19-3所示。

3 在标题占位符中单击鼠标，并输入“完美人生”文字，如图19-4所示。

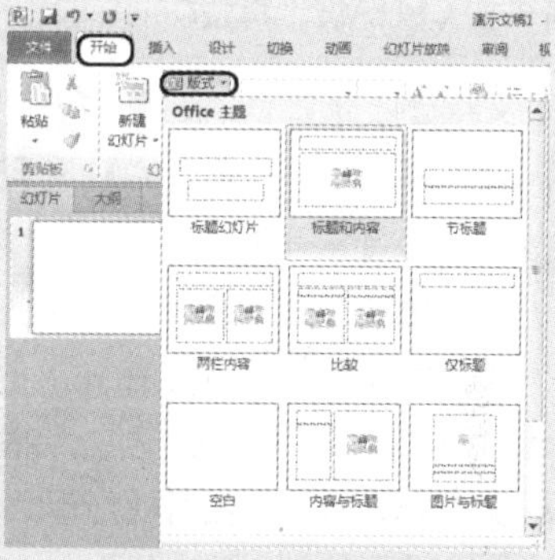

图19-3 替换版式

图19-4 创建标题文本

4 选择文字“完美人生”，在【开始】选项卡|【段落】组中单击SmartArt按钮，在弹出的【选择SmartArt图形】对话框中选择如图19-5所示的形状。

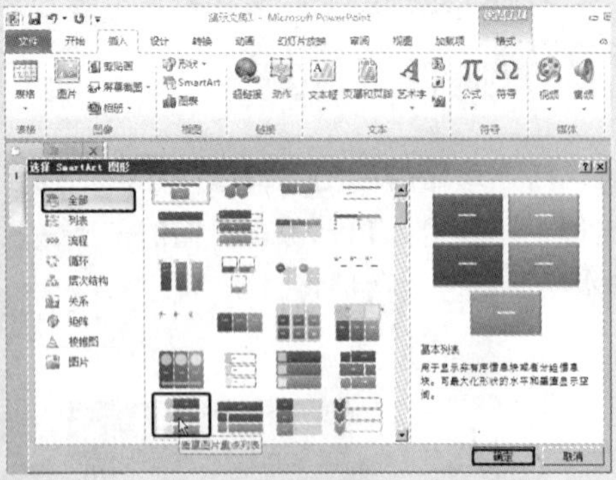

图19-5　将文字转换为SmartArt

提示

如果幻灯片上已经有文字，则可以将文字转换为SmartArt图形。也可以通过添加单个形状、删除形状、移动形状、调整形状大小和设置文字格式等方式自定义SmartArt图形。若要从空白布局开始，请删除“文本”窗格中的所有占位符文本，或者先按 Ctrl+A键，再按Delete键。

5 确定文字处于选择状态，在【开始】选项卡|【字体】组中将【字体】设置为“华文楷体”，【字号】设置为60，单击AV（字符间距）按钮，在弹出的下拉菜单中选择【其他间距】命令，在弹出的对话框中选择【间距】为“加宽”，将【度量值】设置为20磅，如图19-6所示。

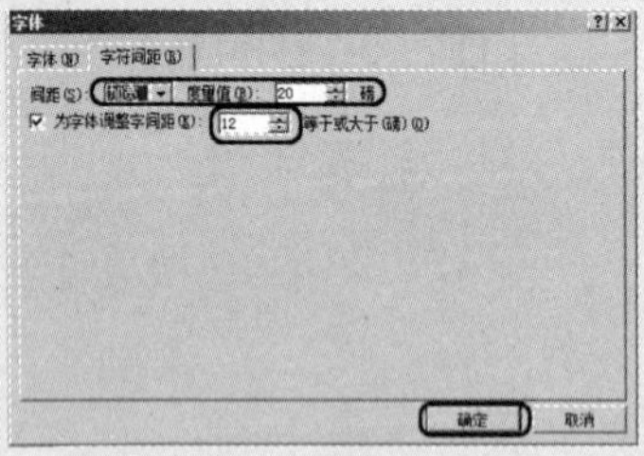

图19-6　设置字间距

6 在【格式】选项卡|【艺术字样式】组中选择一种艺术字，如图19-7所示。

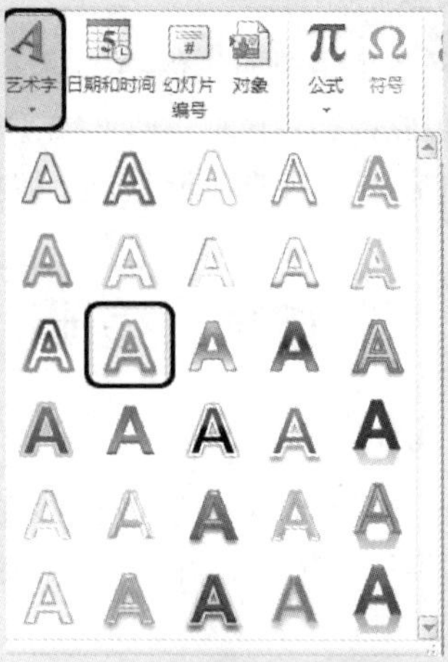

图19-7　设置艺术字样式

7 单击【插入】选项卡|【图像】|【图片】按钮，在弹出的【插入图片】对话框中选择“dir\素材\Cha19\005.jpg”素材文件，单击【插入】按钮右侧的小三角按钮，在弹出的下拉菜单中选择【插入和链接】命令，效果如图19-8所示。

图19-8　插入和链接图片后效果

2. 设置背景

1 在幻灯片的空白处右击鼠标，在弹出的快捷菜单中选择【设置背景格式】命令，如图19-9所示。

2 在弹出的对话框中选择【填充】选项，在【填充】选项组中选中【纯色填充】单选按钮，单击按钮后，在弹出的颜色列表中选择如图19-10所示的颜色，单击【关闭】按钮。

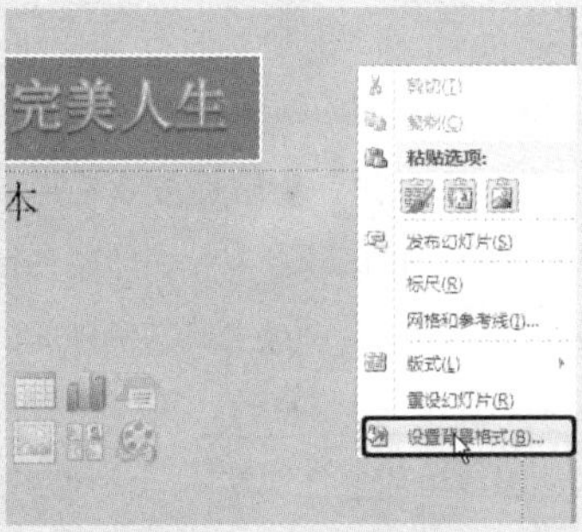

图19-9 选择【设置背景格式】命令

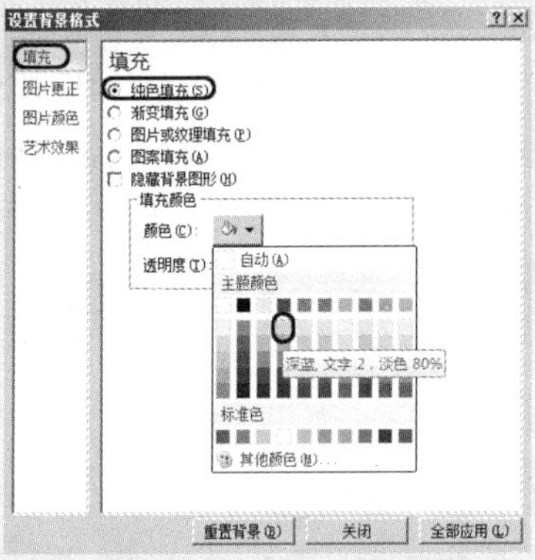

图19-10 设置背景颜色

3 在【插入】选项卡|【插图】组中单击【形状】按钮，在弹出的形状列表中选择如图19-11所示的矩形。

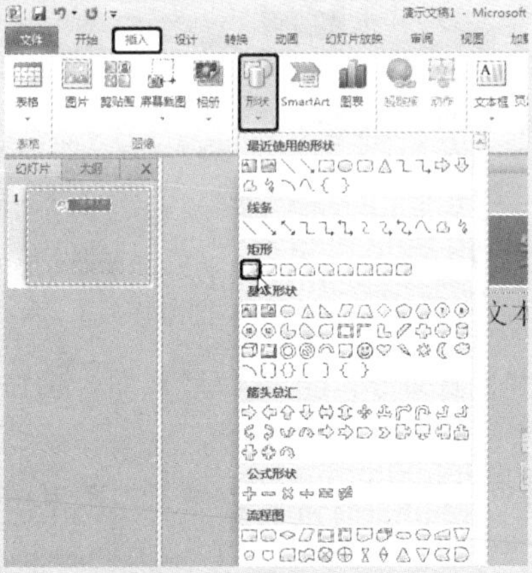

图19-11 使用矩形形状工具

4 使用矩形形状工具在场景中如图19-12所示的位置创建矩形形状。

5 在【绘图工具】|【格式】选项卡|【形状样式】组中单击 形状轮廓 按钮，在弹出的下拉面板中选择【无轮廓】命令，如图19-13所示。

图19-12 创建矩形形状

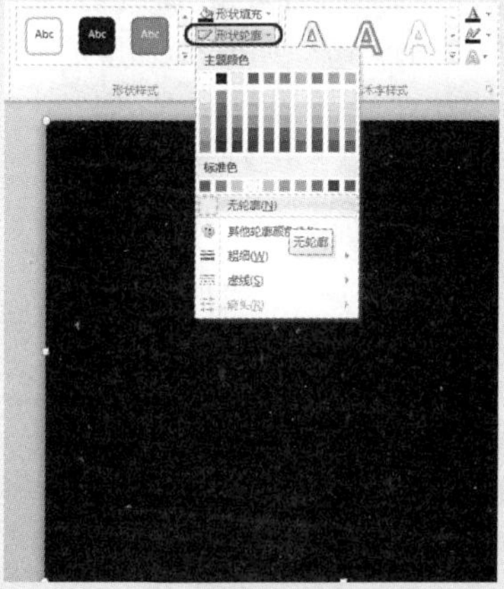

图19-13 设置形状的 【无轮廓】效果

6 再单击 形状填充 按钮，在弹出的颜色列表中选择“黑色”，如图19-14所示。

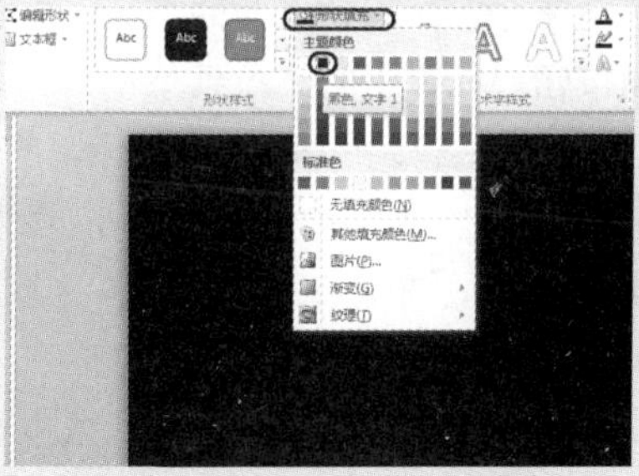

图19-14 设置形状颜色

7 单击【格式】选项卡|【排列】组中的 置于底层 按钮，将形状排列到最底层，如图19-15所示。

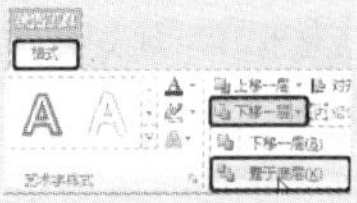

图19-15 设置形状的排列

8 使用同样的方法绘制出如图19-16所示的矩形形状，并设置形状的颜色。

图19-16　创建形状和填充颜色

提示

创建形状后，将鼠标放置在形状上变成形状时，可以移动形状；将鼠标放置在左侧中间的尺寸控制点上或右侧中间的尺寸控制点上变成⟷形状时，可以调整形状的宽度；将鼠标放置在顶端中间的尺寸控制点和底部的尺寸控制点上变成↕形状时，可以调整形状的高度；将鼠标放置在形状的4个角上的尺寸控制点上变成↘形状时，可以随意调整形状大小；当鼠标指向上面的控制点变成形状时，单击拖曳旋转形状，鼠标为形状时说明在旋转形状。

3. 向幻灯片中添加内容

1 在【幻灯片】选项卡中选择幻灯片缩略图，按Ctrl+C键进行复制，连续按Ctrl+V键3次粘贴3个幻灯片，如图19-17所示。

2 选择第一个幻灯片，在【插入】选项卡|【图像】组中单击【图片】按钮，在弹出的【插入图片】对话框选择随书光盘中的“dir\素材\Cha19\完美人生素材\001.jpg”素材文件，选择【插入】按钮右侧的小三角按钮，在弹出的下拉菜单中【插入和链接】命令，如图19-18所示。

图19-17　复制幻灯片

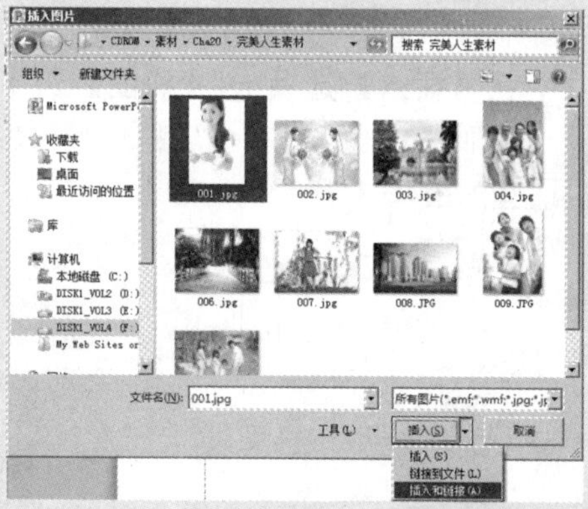

图19-18　插入素材

3 插入照片后调整照片的大小，选择照片，在【格式】选项卡|【图片样式】组中选择如图19-19所示的图片样式。

4 在【插入】选项卡|【文本】组中选择【文本框】下拉按钮，在弹出的下拉菜单中选择【垂直文本】命令，如图19-20所示。

图19-19　设置图片样式

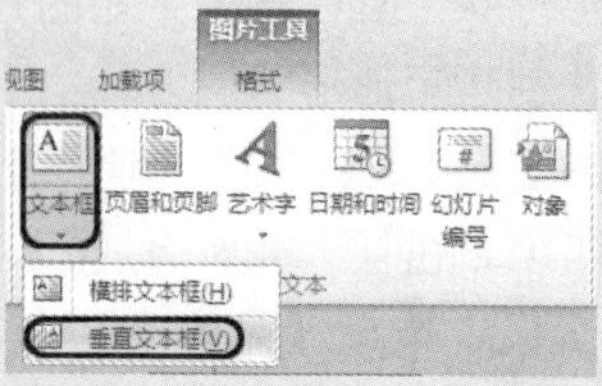

图19-20　选择【垂直文本】命令

5 在场景中创建文字“阳历世界环境日”，设置【字体】为“华文新魏”，设置【字号】为18，如图19-21所示。

图19-21 创建并设置文字

6 为了方便插图，在【插入】选项卡|【插图】组中右击【图片】按钮，在弹出的快捷菜单中选择【添加到快速访问工具栏】命令，如图19-22所示。

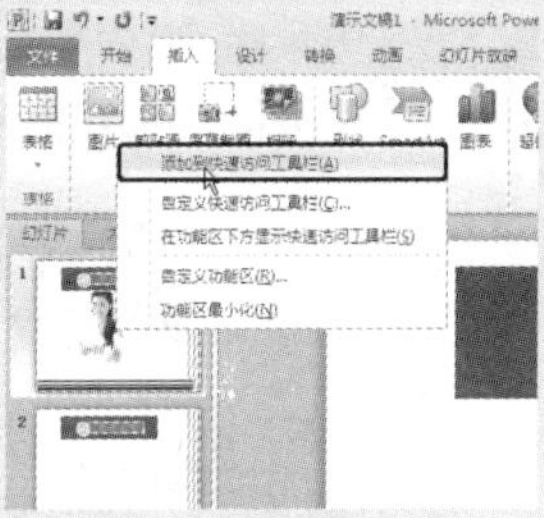

图19-22 添加插入图片工具

7 选择第二张幻灯片，在快速访问工具栏中单击按钮，在弹出的【插入图片】对话框中选择随书光盘中的“dir\素材\Cha19\完美人生素材\002.jpg和007.jpg”素材文件，选择【插入和链接】命令，如图19-23所示。

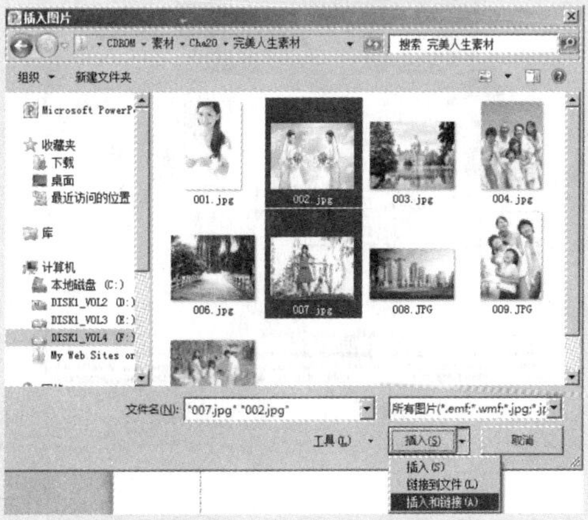

图19-23 选择插入的图片

8 调整插入到幻灯片中的图像大小，并在【格式】|【图片样式】组中设置图片的样式，效果如图19-24所示。

图19-24 设置图片大小

9 选择第三个幻灯片，在快速访问工具栏中选择按钮，在弹出的对话框中选择随书光盘中的“dir\素材\Cha19\完美人生素材\003.jpg、006.jpg和009.jpg”素材文件，选择【插入和链接】命令，如图19-25所示。

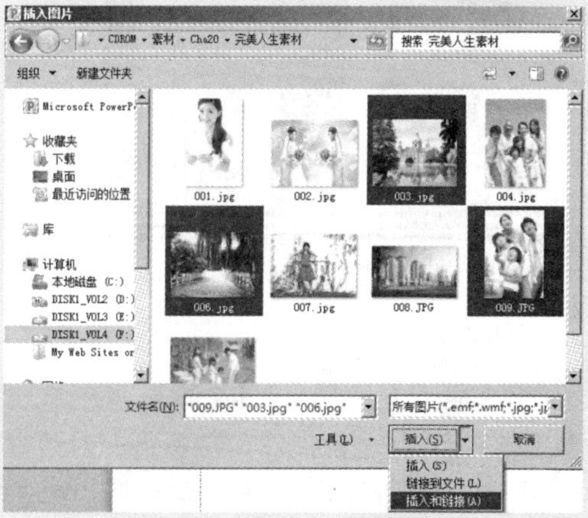

图19-25 插入图片到幻灯片

10 调整插入到幻灯片中的图像的效果，在幻灯片中调整图像的角度，如图19-26和图19-27所示。

图19-26 调整图片的效果

图19-27　旋转图片后的效果

11 选择如图19-28所示的图片，在【格式】选项卡|【排列】组中单击“置于底层”按钮，将其排列到最底端。

图19-28　将图片置于底层

12 使用同样的方法将其他图片排列到幻灯片的最底端，如图19-29所示。

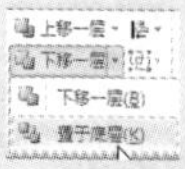

图19-29　调整图片的位置

13 选择第四张幻灯片，并参照第三张幻灯片的制作来添加并设置图片效果。

14 选择图片，在【开始】选项卡|【绘图】组中单击形状按钮，在弹出的列表中选择形状，为照片设置边框，并结合【开始】选项卡|【绘图】组中单击排列按钮，如图19-30所示为设置图片形状后的效果。

图19-30　调整后的效果

4. 插入幻灯片编号

1 在【插入】选项卡|【文本】组中单击【幻灯片编号】按钮，在弹出的对话框中选中【幻灯片编号】复选框，单击【全部应用】按钮，如图19-31所示。

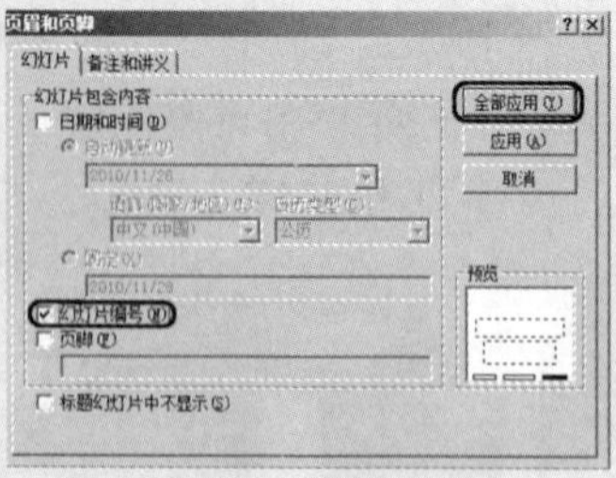

图19-31　设置编号

2 添加编号后的效果如图19-32所示。

图19-32　插入编号

5. 放映幻灯片

1 在【幻灯片放映】选项卡|【设置】组中单击【排练计时】按钮，进入幻灯片放映，播放下一张幻灯片录制计时，如图19-33所示。

2 设置了最后一张幻灯片的时间后，将出现一个消息框，其中显示演示文稿的总时间并提示用户执行下列操作之一：要保存记录的幻灯片计时，请单击【是】按钮；要放弃记录的幻灯片计时，请单击【否】按钮，如图19-34所示。

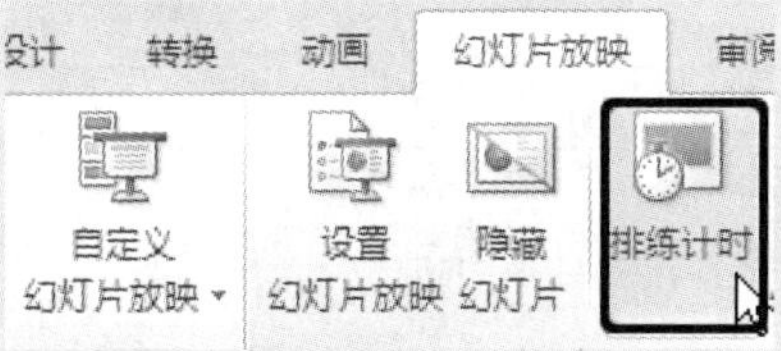

图19-33　单击【排练计时】按钮

图19-34　是否存储排练时间

6. *存储演示文稿并压缩文件*

1 单击【开始】|【保存】按钮，在弹出的对话框中选择一个存储路径，为文件命名，使用默认的保存类型即可，单击【保存】按钮，存储演示文稿，如图19-35所示。

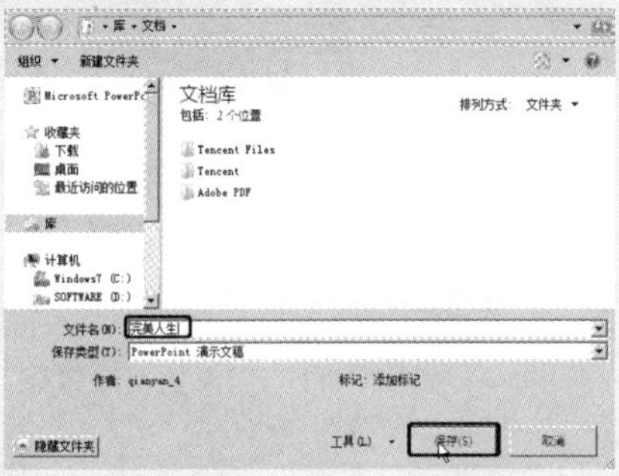

图19-35　存储演示文稿

2 在【我的电脑】中找到存储的演示文稿，单击鼠标右键，在弹出的快捷菜单中选择【属性】命令，在弹出的【属性】对话框中查看大小，如图19-36所示。

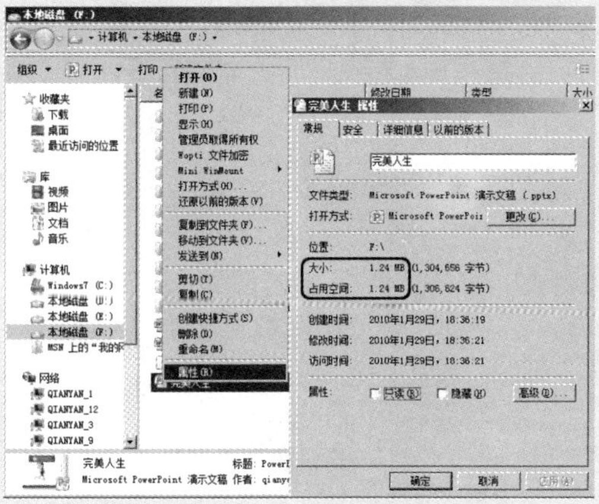

图19-36　选择【属性】查看占用空间

3 再在PowerPoint中打开演示文稿，在幻灯片中选择图片，在【图片工具】|【格式】选项卡|【调整】组中单击【压缩图片】按钮，如图19-37所示。

图19-37　选择【压缩图片】命令

4 在弹出的【压缩图片】对话框中选中【目标输出】选项组中的【屏幕（150ppi）：适用于网页和投影仪】单选按钮，单击【确定】按钮，设置图片的像素，即可对文件进行压缩，如图19-38所示。

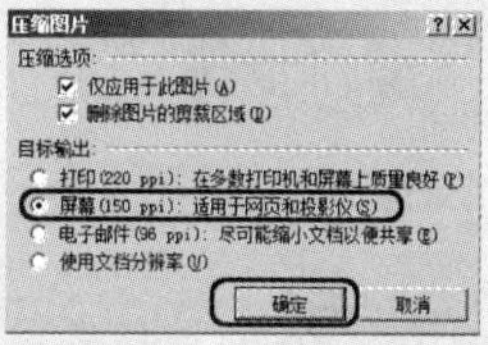

图19-38　设置压缩选项

5 单击【文件】|【另存为】按钮，在弹出的对话框中选择一个存储路径，为文件命名，使用默认的保存类型即可，单击【保存】按钮，存储演示文稿，如图19-39所示。

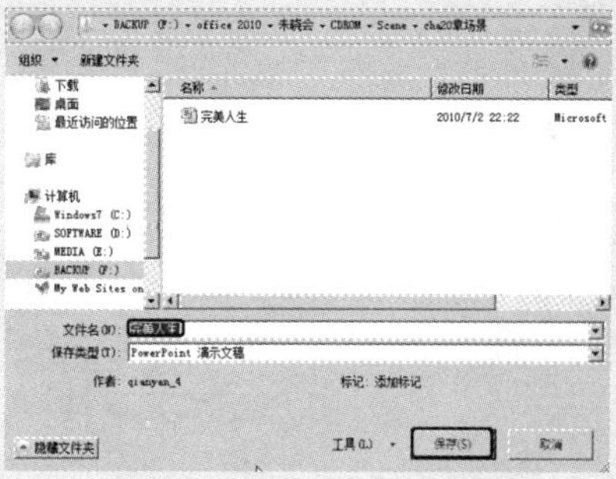

图19-39　存储压缩文件

6 再找到压缩后的演示文稿，查看其属性，可以看到压缩后的演示文稿比未压缩前的演示文稿占用的空间少了许多，如图19-40所示。

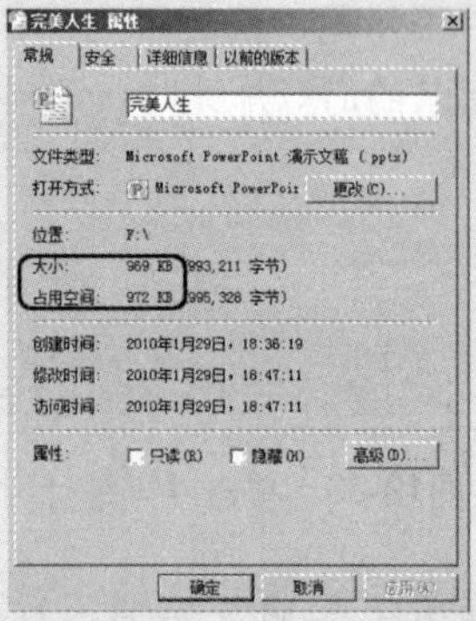

图19-40 查看文件占用空间

19.1.2 制作贺卡

实例说明

一年一度的节日对于平时忙于工作、无暇与亲朋好友沟通感情的您，希望能够用比较新颖的方法给他们一个惊喜。本节实例中包含了“新年卡”、“情人卡”、“圣诞卡”3种不同的贺卡，每张幻灯片就是一张贺卡，在每张幻灯片中用到了不同的动画效果，用来突出主题，为了方便观察，在演示文稿中加入了链接，便于准确找到贺卡，如图19-41所示。

图19-41 贺卡的目录效果

操作步骤

1. 创建目录页

1 运行PowerPoint 2010软件，在【开始】选项卡|【幻灯片】组中单击 版式 按钮，在弹出的下拉面板中选择【空白】版式，如图19-42所示。

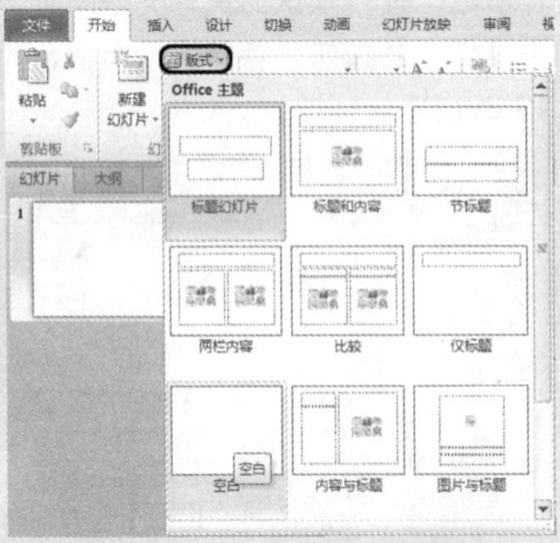

图19-42 设置幻灯片为空白版式

2 接着在【开始】选项卡|【幻灯片】组中单击【新建幻灯片】按钮，在弹出的下拉面板中选择【空白】版式，如图19-43所示。

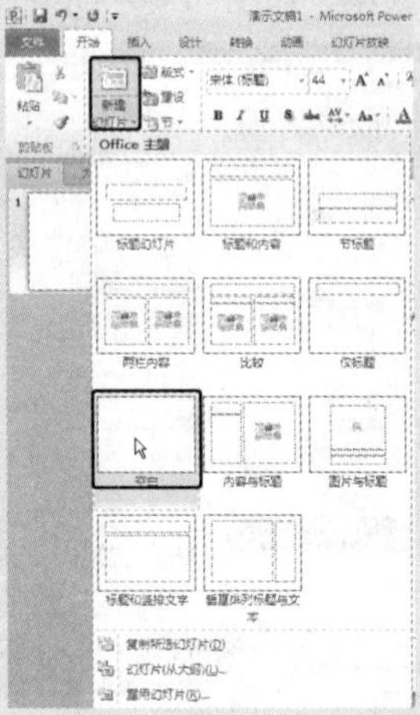

图19-43 新建空白幻灯片

3 新建4个空白幻灯片，在【大纲】选项卡中为幻灯片命名，如图19-44所示。

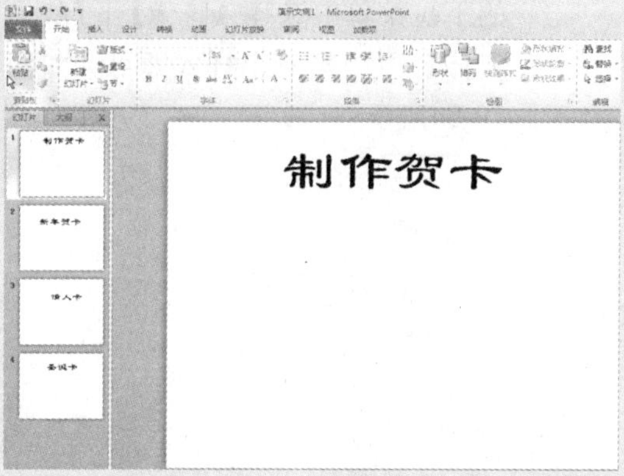

图19-44　命名幻灯片

4 选择“制作贺卡”幻灯片，在幻灯片中选择文字，在【绘图工具】|【格式】选项卡|【艺术字样式】组中选择，红色白边的三维文本样式，如图19-45所示。

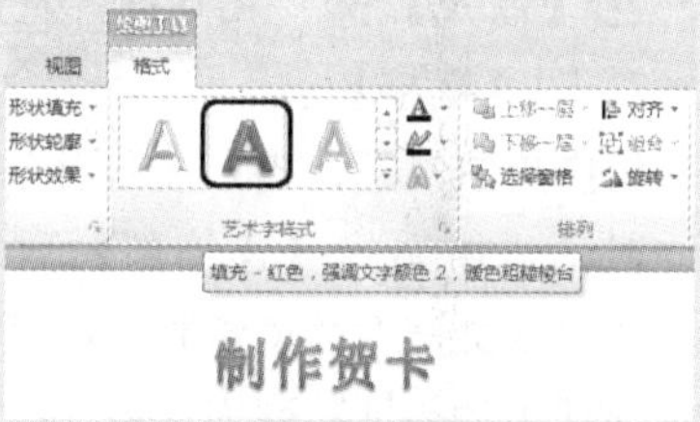

图19-45　设置标题样式

5 在【开始】选项卡|【字体】组中设置【字体】为“隶书”，【字号】设置为88，确定B和S按钮处于激活状态，并确定标题处于≡状态，如图19-46所示。

图19-46　设置标题文字的字体效果

6 单击【插入】选项卡|【SmartArt】按钮，弹出【选择SmartArt图形】对话框，在该对话框中选择如图19-47所示的图形，单击【确定】按钮。

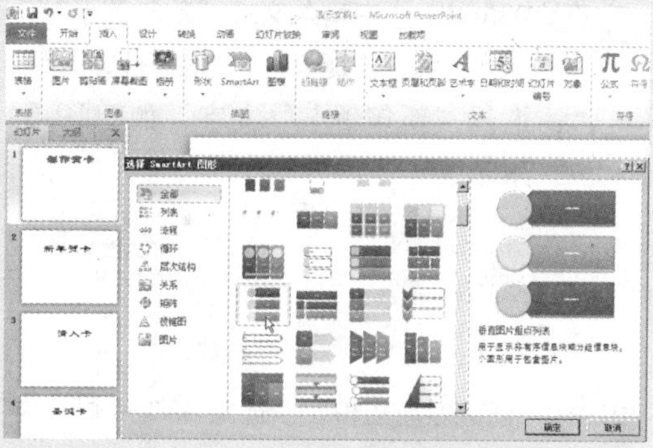

图19-47　插入SmartArt图形

7 插入SmartArt图形后，在幻灯片中调整图形的大小和位置。选择SmartArt图形，在【SmartArt工具】|【设计】选项卡|【SmartArt样式】组中选择卡通样式，如图19-48所示。

图19-48　选择SmartArt图形样式

8 再单击【更改颜色】按钮，在弹出的下拉面板中选择需要的颜色，如图19-49所示。

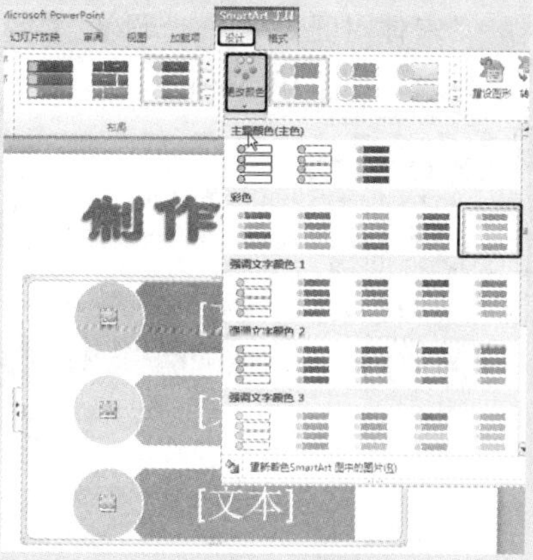

图19-49　设置颜色

9 在SmartArt图形中输入文本“新年贺卡”、“情人卡”和“圣诞卡”，如图19-50所示。

10 选择“新年贺卡”文字，如图19-51所示。

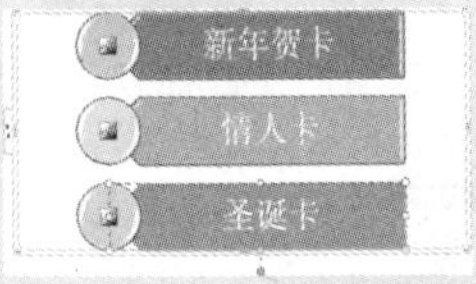

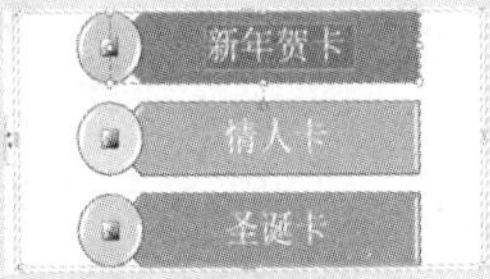

图19-50 创建文字 图19-51 选择“新年贺卡”文字

11 在【插入】选项卡|【链接】组中单击【超链接】按钮，在弹出的对话框中选择【连接到】列表框中的【本文档中的位置】，在【请选择文档中的位置】列表框中选择【幻灯片标题】下的“新年贺卡”，单击【确定】按钮，这样就为文字设置了超链接，如图19-52所示。

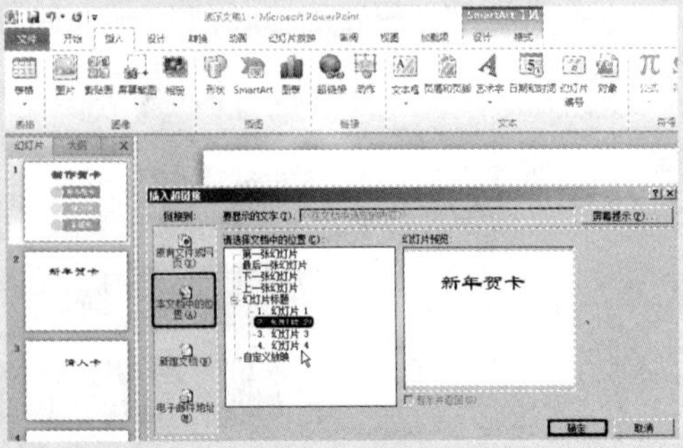

图19-52 链接幻灯片

12 在【开始】选项卡|【字体】组中为“新年贺卡”文字设置【字体】为“宋体（正文）”，设置【字号】为54，如图19-53所示。

图19-53 设置“新年贺卡”字体

13 在【格式】选项卡|【艺术字样式】组中单击 文本效果 按钮，在弹出的下拉菜单中选择【映像】|【映像变体】中的第一个样式即可，如图19-54所示。

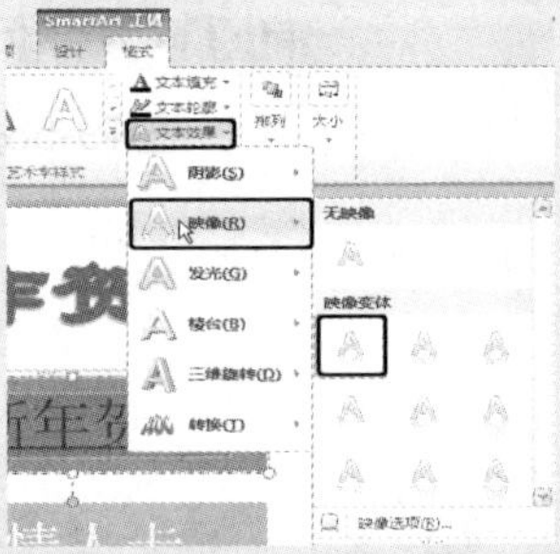

图19-54 设置文字的【映像】

14 接着选择“情人卡”文字，如图19-55所示。

图19-55 选择“情人卡”文字

15 在【插入】选项卡|【链接】组中单击【超链接】按钮，在弹出的对话框中选择【连接到】列表框中的【本文档中的位置】，在【请选择文档中的位置】列表框中选择【幻灯片标题】下的“情人卡”，单击【确定】按钮，如图19-56所示。

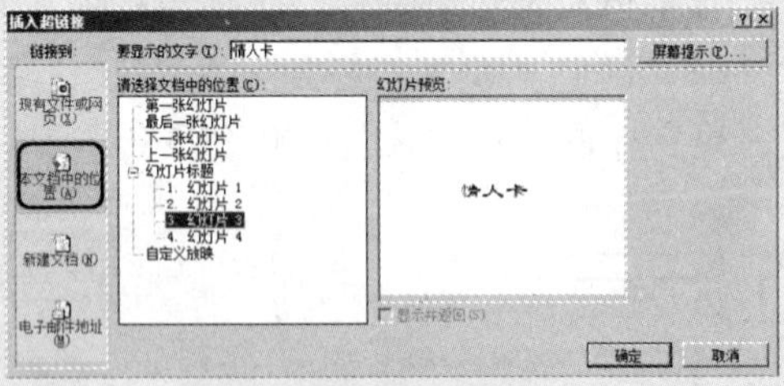

图19-56 设置“情人卡”超链接

16 使用设置“新年贺卡”文字效果的方法来设置“情人卡”字体效果，然后再选择“圣诞卡”文字，如图19-57所示。

图19-57 选择“圣诞卡”文字

17 在【插入】选项卡|【链接】组中单击【超链接】按钮，在弹出的对话框中选择【连接到】列表框中的【本文档中的位置】，在【请选择文档中的位置】列表框中选择【幻灯片标题】下的“圣诞卡”，单击【确定】按钮，如图19-58所示。

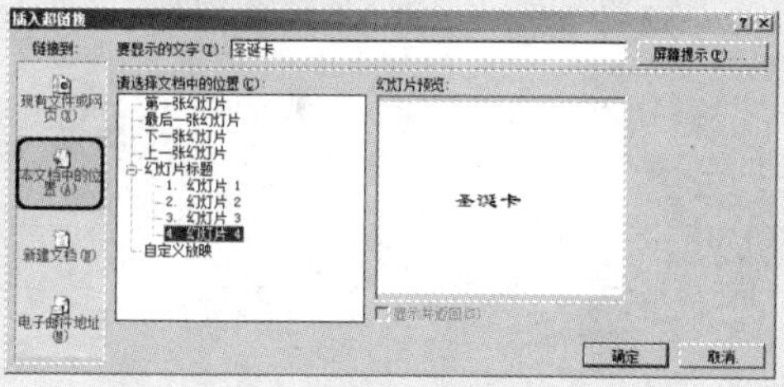

图19-58 设置“圣诞卡”超链接

18 在“新年贺卡”的SmartArt图形前单击按钮，在弹出的对话框中选择随书光盘中的“dir\素材\Cha19\标图001.jpg”素材文件，选择【插入和链接】命令，如图19-59所示。

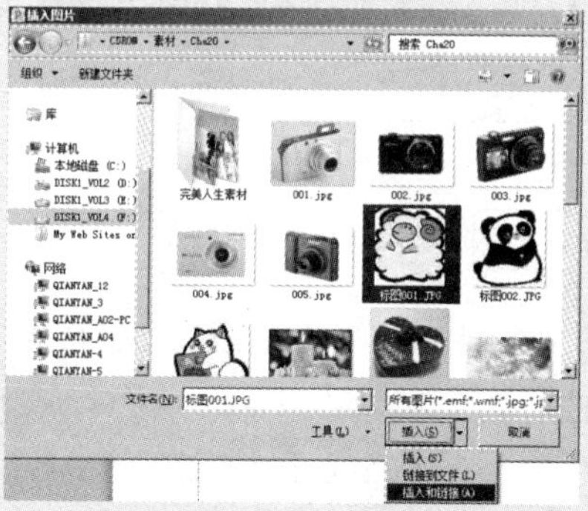

图19-59 插入图片

19 使用同样的方法为“情人卡”和“圣诞卡”添加标题图片，如图19-60所示。

图19-60 添加标题图片

20 在幻灯片空白处单击鼠标右键，在弹出的快捷菜单中选择【设置背景格式】命令，如图19-61所示。

图19-61 选择【设置背景格式】命令

21 在弹出的【设置背景格式】对话框中选择左侧列表框中的【填充】选项，在右侧选中【图片或纹理填充】单选按钮，单击【文件】按钮，在弹出的对话框中选择随书光盘中的“dir\素材\Cha19\标图007.jpg”素材文件，选择【插入和链接】命令，如图19-62所示。

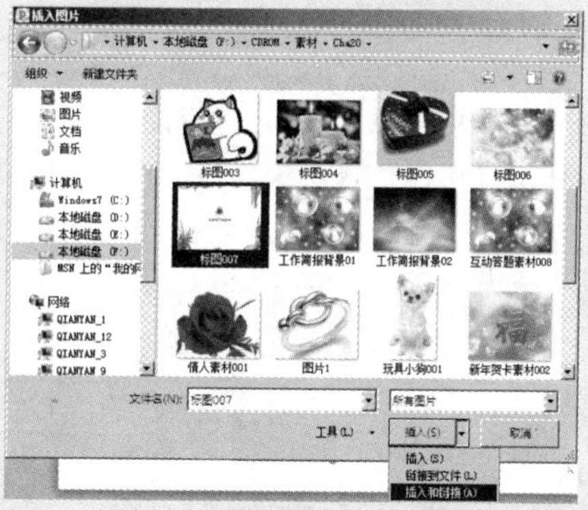

图19-62 选择【插入和链接】命令

22 完成目录页的制作，效果如图19-63所示。

图19-63 完成的目录页效果

2. 新年贺卡

下面介绍第二张幻灯片“新年贺卡”的制作，完成后的效果如图19-64所示。

图19-64　新年贺卡效果

1 选择第二张幻灯片，在快速访问栏中单击按钮，在弹出的对话框中选择随书光盘中的“dir\素材\Cha19\标图006.tif”素材文件，选择【插入和链接】命令，如图19-65所示。

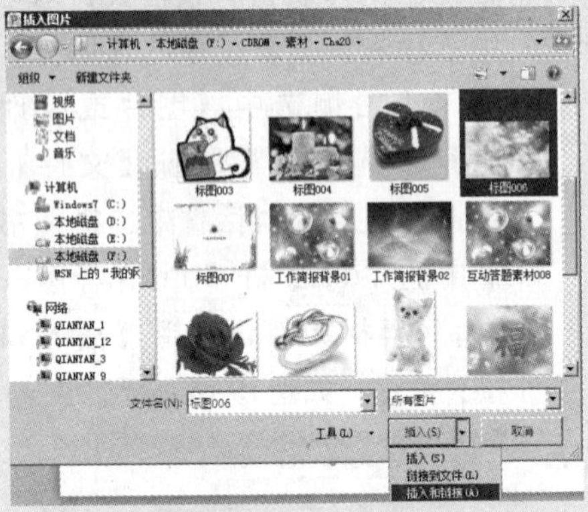

图19-65　选择【插入和链接】命令

2 使用【格式】|【艺术字样式】组中的艺术字填充“过虎年好”，如图19-66所示。

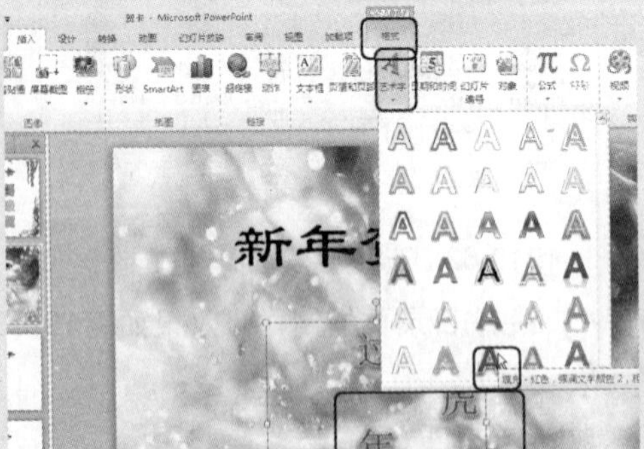

图19-66　插入并填充艺术字“过虎年好”

3 选择随书光盘中的“dir\素材\Cha19\新年贺卡素材002.tif”素材文件，将其插入到幻灯片中，如图19-67所示。

图19-67　插入图片

4 使用同样的方法为“福”字设置透明色，并在幻灯片中旋转“福”字将其倒过来，然后，选择【插入】选项卡|【文本】组|【横排文本框】命令，如图19-68所示。

图19-68　选择【横排文本框】命令

5 在幻灯片中输入“Happy new year”文字并选中，在【开始】选项卡|【字体】组中设置【字体】为“华文彩云”，【字号】设置为24，如图19-69所示。

图19-69　创建文字并设置字体

6 在【格式】选项卡|【艺术字样式】组中选择“填充-强调文字颜色6，暖色粗糙棱台”，如图19-70所示。

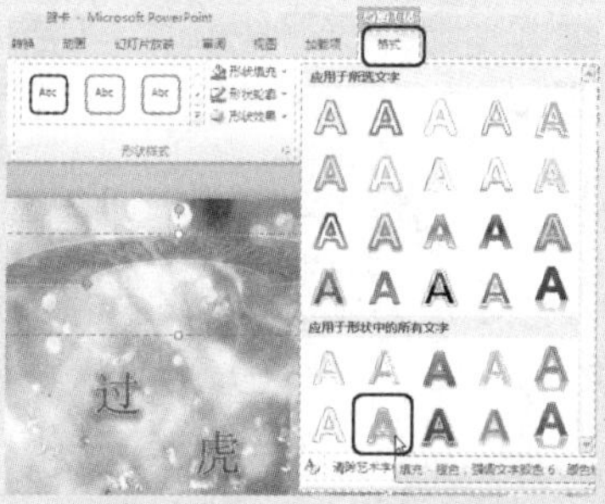

图19-70 设置艺术字样式

7 单击 （文字效果）按钮，在弹出的下拉菜单中选择【转换】|【弯曲】中的“上弯弧”，通过在幻灯片中调整占位符框的大小调整弯曲程度，如图19-71所示。

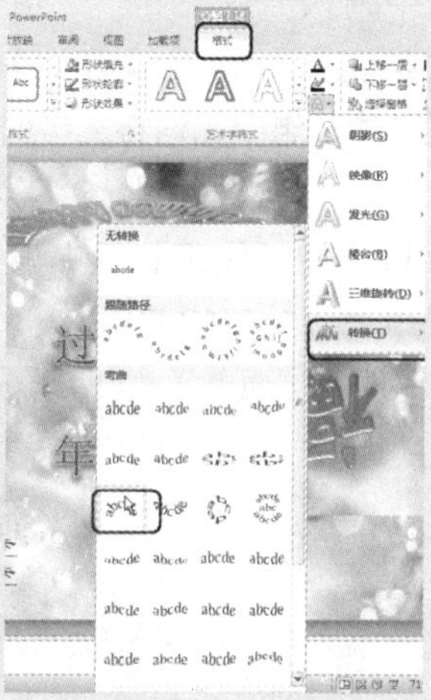

图19-71 设置文字的弯曲

8 接下来为幻灯片插入自己喜欢的图片。选择随书光盘中的“dir\素材\Cha19\新年贺卡素材004.tif”素材文件，并将其设为透明色，在幻灯片中调整素材的大小，如图19-72所示。

图19-72 设置图片的透明色

9 单击【插入】选项卡|【文本】组|【文本框】按钮，在弹出的下拉菜单中选择【横排文本】命令，如图19-73所示。

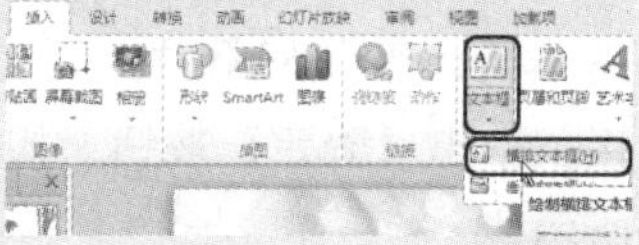

图19-73 选择【横排文本】命令

10 在幻灯片中输入“新年”文字并选中，在【开始】选项卡|【字体】组中设置【字体】为“华文彩云”，设置【字号】为54，如图19-74所示。

图19-74 设置字体

11 在【格式】选项卡|【艺术字样式】组中选择“填充-强调文字颜色6，暖色粗糙棱台”，如图19-75所示。

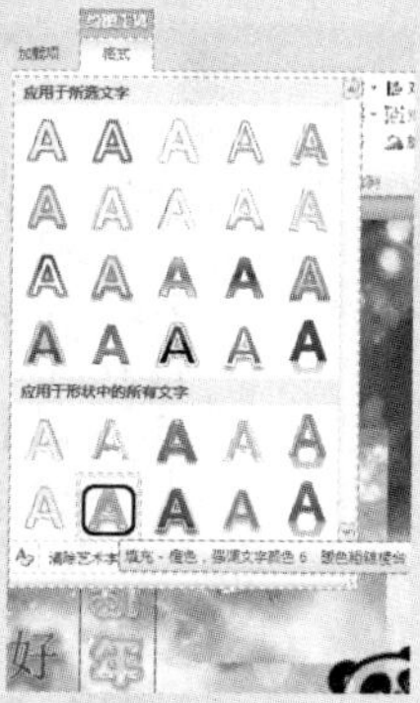

图19-75 设置字体样式

12 选择“新年”文字，按Ctrl+C键进行复制；按Ctrl+V键进行粘贴，将复制的文字修改为“2010”，设置【字体】为“华文彩云”，【字号】为32，调整文字的位置，如图19-76所示。

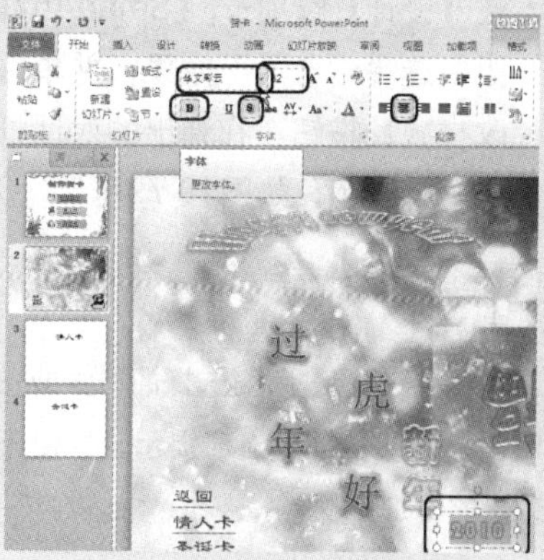

图19-76 复制文字并设置字体

13 单击【插入】选项卡|【SmartArt】按钮，在弹出的对话框中选择如图19-77所示的图形，单击【确定】按钮。

图19-77　插图SmartArt图形

14 将右侧的小文本框删除，如图19-78所示。

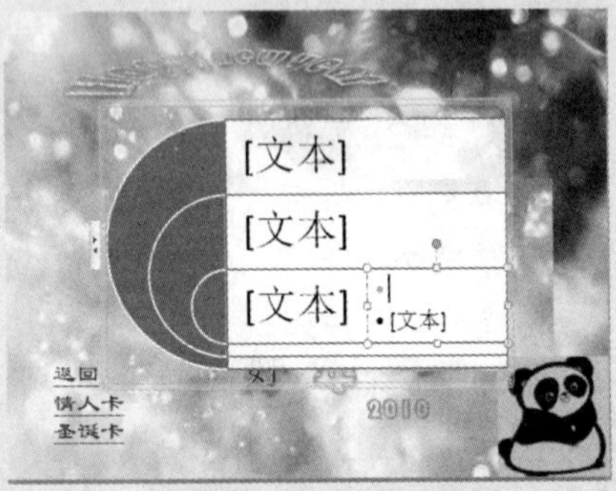

图19-78　删除小文本框

提示

删除SmartArt图形中的文本框，首先选择文本占位符，按Delete键即可。

15 在【设计】选项卡|【SmartArt样式】组中选择“卡通”效果，并单击【更改样式】按钮，在弹出的对话框中选择一种彩色，如图19-79所示。

技巧

将鼠标放置到所要选择的样式或按钮上时，停顿几秒钟会出现提示，这便于图像效果的添加。

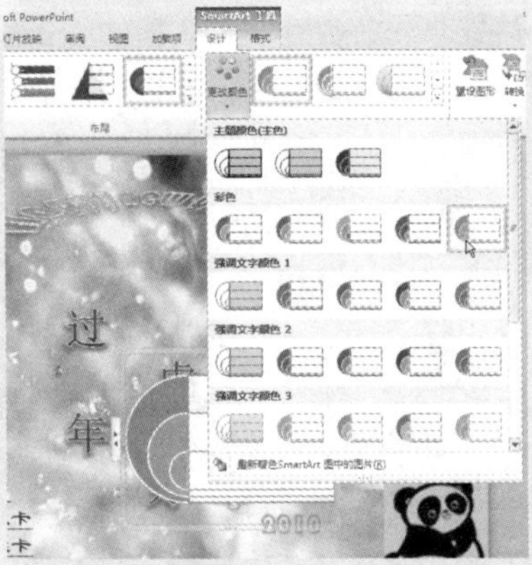

图19-79　设置SmartArt图形的效果

16 调整SmartArt图形的大小，并在占位符中输入“返回”、“情人卡”、“圣诞卡”，在【开始】选项卡|【字体】组中，均将文字的【字体】设置为“华文楷体”，【字号】设置为11，在【段落】组中确定文字为▤状态，如图19-80所示。

图19-80　在SmartArt图形中创建文字

17 选中“返回”文字，在【插入】选项卡|【链接】组中单击【超链接】按钮，在弹出的对话框中选择“制作贺卡”幻灯片，为其进行链接，单击【确定】按钮，如图19-81所示。

18 选中“情人卡”文字，在【插入】选项卡|【链接】组中单击【超链接】按钮，在弹出的对话框中选择“情人卡”幻灯片，为其进行链接，单击【确定】按钮，如图19-82所示。

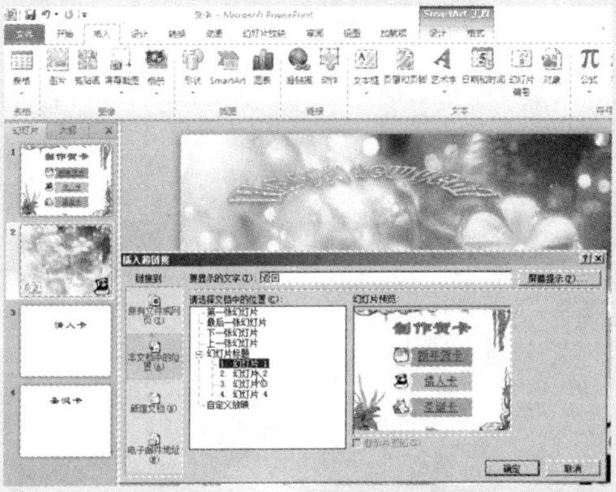

图19-81 链接幻灯片

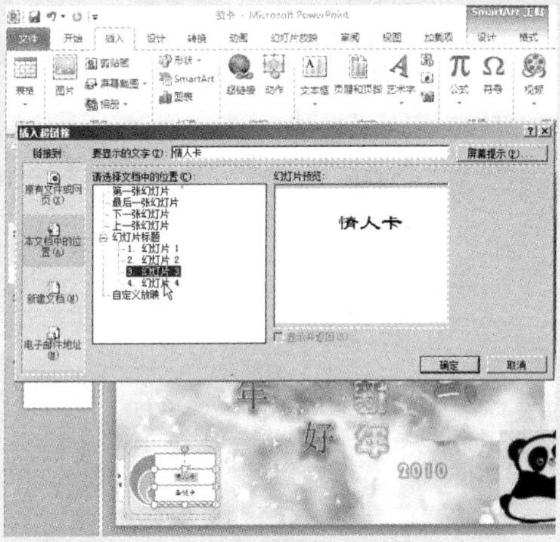

图19-82 设置文字的链接

19 选中“圣诞卡”文字，在【插入】选项卡|【链接】组中单击【超链接】按钮，在弹出的对话框中选择“圣诞卡”幻灯片，为其进行链接，单击【确定】按钮，如图19-83所示。

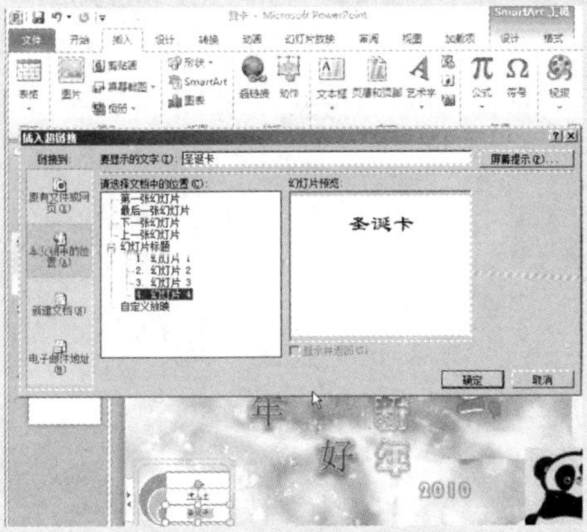

图19-83 设置文字的链接

20 在【插入】选项卡|【插图】组中单击【形状】按钮，在弹出的下拉面板中单击【流程图】栏中的⊗按钮，如图19-84所示。

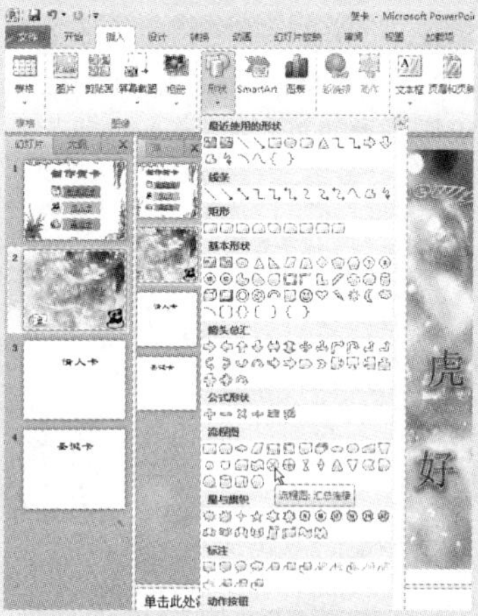

图19-84 插入形状

21 在幻灯片的右上角创建形状，如图19-85所示。

图19-85 在幻灯片中创建形状

22 选择形状，在【绘图工具】|【格式】选项卡|【形状样式】组中选择一种如图19-86所示的形状样式。

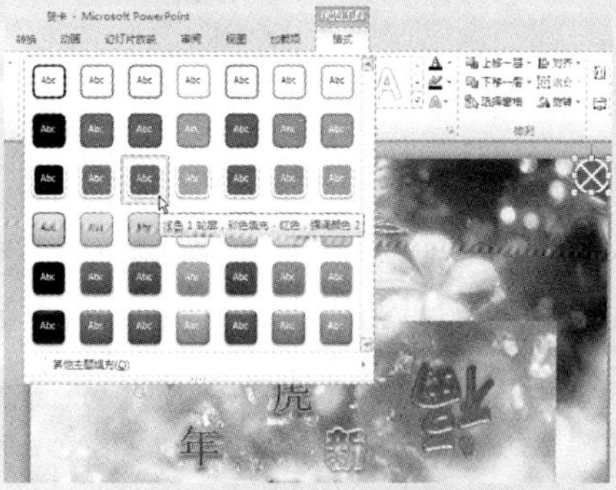

图19-86 设置形状的样式

23 单击【插入】选项卡|【链接】组|【动作】按钮，在弹出的【动作设置】对话框中选中【超链接到】单选按钮，并在其下拉列表中选择【结束放映】选项，说明当鼠标单击这个形状时，将结束放映，如图19-87所示。

图19-87　设置形状的动作

24 下面设置幻灯片的动画。选择幻灯片右下角的图片素材，在【动画】选项卡|【动画】组中单击▾按钮，在弹出的下拉面板中选择【更多进入效果】命令，在弹出的【更改进入效果】对话框中选择【温和性】栏中的“基本缩放”效果，单击【确定】按钮，如图19-88所示。

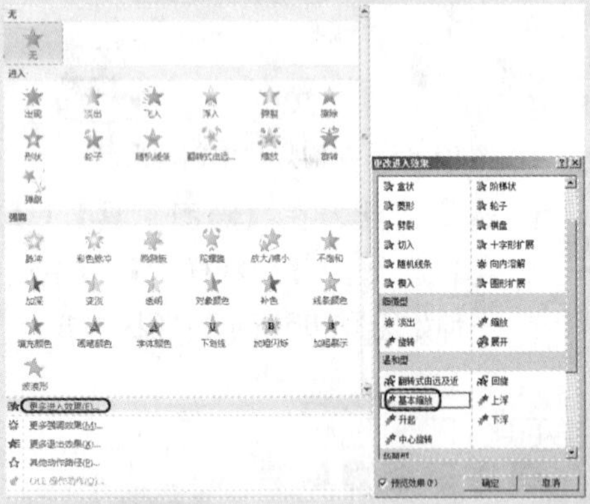

图19-88　设置图片进入动画

25 选中“福”字，在【动画】选项卡|【动画】组中单击▾按钮，在弹出的下拉面板中选择【更改进入效果】命令，在弹出的【添加进入效果】对话框中选择【华丽型】栏中的“玩具风车”效果，单击【确定】按钮，如图19-89所示。

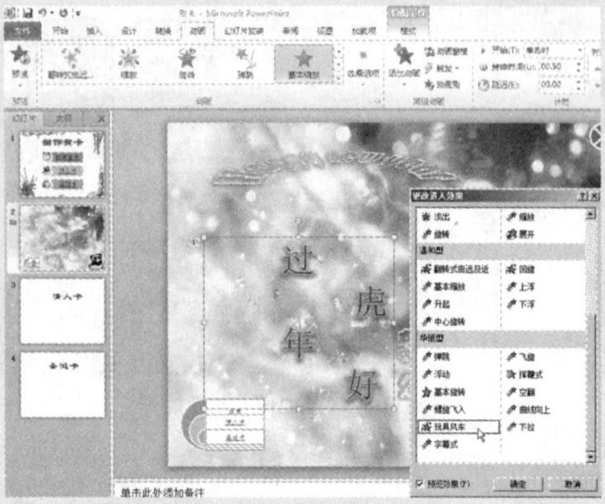

图19-89　设置独自进入的动画效果

26 选中“Happy new year”文字，为其添加进入效果为【华丽型】栏中的“空翻”效果，单击【确定】按钮，如图19-90所示。

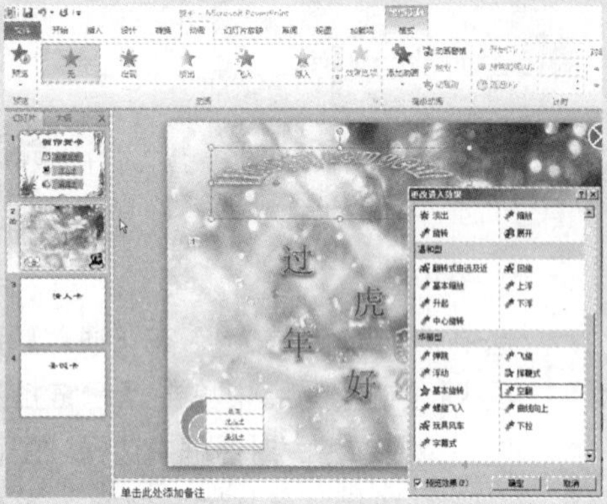

图19-90　设置“Happy new year”文字的进入动画

27 选中“新年”文字，设置进入动画为【华丽型】栏中的“飞旋”效果，单击【确定】按钮，如图19-91所示。

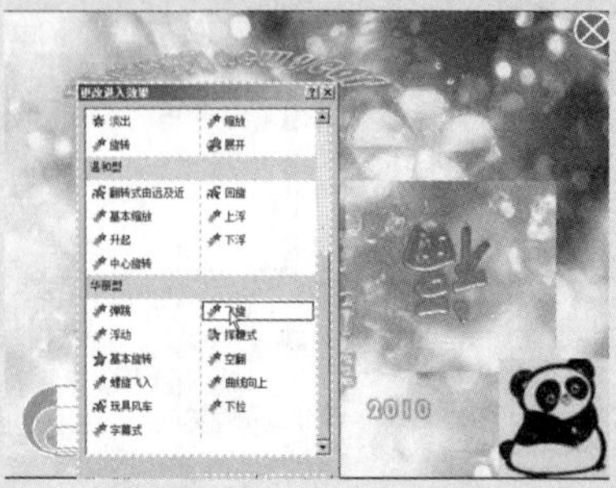

图19-91　设置“新年”文字的进入动画

28 选中“2010”文字，设置进入动画为【细微型】栏中的“淡出”效果，单击【确定】按钮，如图19-92所示。至此，新年贺卡的动画就制作完成。

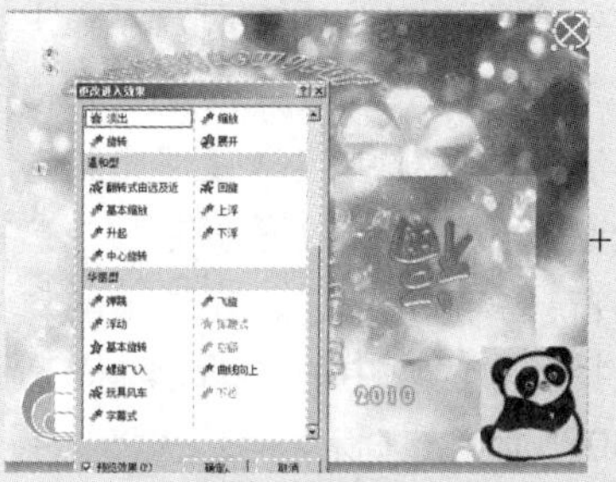

图19-92 设置“2010”文字的进入动画

3. 情人卡

下面介绍第三张幻灯片“情人卡”的制作，效果如图19-93所示。

图19-93 情人卡的效果

1 在第二张幻灯片“新年贺卡”中选择Smart图形和关闭按钮形状，按Ctrl+C键，切换到第三张幻灯片中按Ctrl+V键，粘贴到“情人卡”幻灯片中，如图19-94所示，调整素材的位置。

图19-94 粘贴链接图形到“情人卡”

图19-95 设置“情人卡”字体

2 选择“情人卡”占位符，调整其位置和形状。选中“情人卡”文字，在【开始】选项卡|【字体】组中设置【字体】为“华文隶书”，设置【字号】为66，如图19-95所示。

3 在【格式】选项卡|【字体样式】组中选择一种字体样式为“填充-强调文字颜色2粗糙棱台”，如图19-96所示。

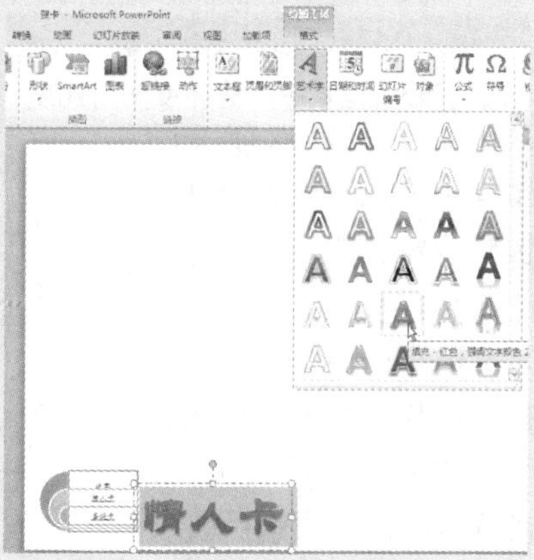

图19-96 设置“情人卡”字体样式

4 在幻灯片的空白处右击，在弹出的快捷菜单中选择【设置背景格式】命令，在弹出的对话框中选择【填充】选项，然后选择【图片或纹理填充】单选按钮，单击【文件】按钮，在弹出的对话框中选择随书光盘中的“dir\素材\Cha19\标图005.jpg”素材文件，选择【插入与链接】命令，如图19-97所示。将【透明度】设置为10%。

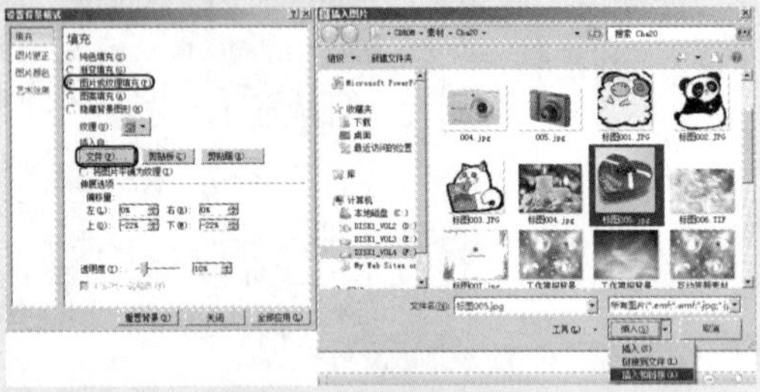

图19-97　设置背景图片

5 选择图片并单击鼠标右键，在弹出的快捷菜单中选择【设置背景格式】命令，在弹出的对话框中选择【图片更正】选项，将【亮度】设置为10%，【对比度】设置为10%，如图19-98所示。

图19-98　设置图片的亮度和对比度

6 单击【插入】选项卡|【插图】组中的【形状】按钮，在弹出的下拉面板中选择♡形状，如图19-99所示。

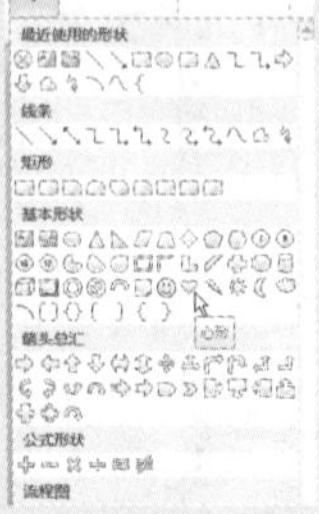

图19-99　选择插图形状

7 在幻灯片中如图19-100所示的位置创建形状，在【格式】选项卡|【形状样式】组中选择“强烈效果-强调颜色2”。

图19-100　设置形状的样式

8 按住Ctrl键移动复制形状，并调整形状的大小，如图19-101所示。

图19-101　复制形状

9 单击【插入】选项卡|【SmartArt】按钮，在弹出的对话框中选择如图19-102所示的图形。

图19-102　选择插图SmartArt图形

10 插入图形后将多余的图形删除，并调整图形的形状，如图19-103所示。

图19-103　将多余的形状删除

11 在SmartArt图形的占位符中单击空格，不添加任何文字，在【设计】选项卡|

【SmartArt】中选择【更改颜色】列表中的一种绿色，如图19-104所示。

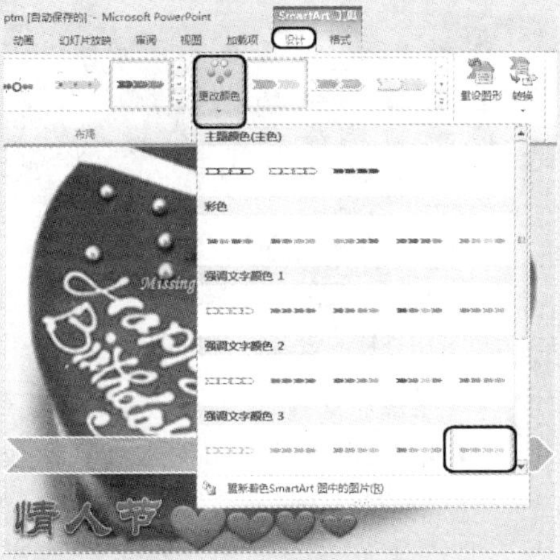

图19-104 更改颜色

12 按住Ctrl键移动复制出另外一个SmartArt图形，如图19-105所示。

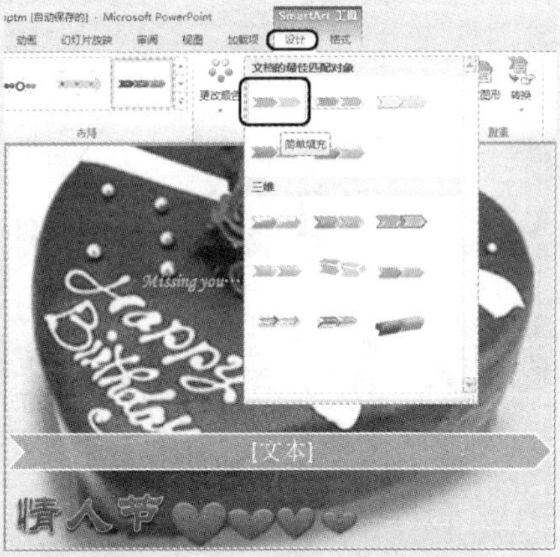

图19-105 复制SmartArt图形

13 选择图形，在【格式】选项卡|【排列】组中单击按钮，在弹出的下拉菜单中选择【向右旋转90°】命令，如图19-106所示，并调整图形的大小。

14 选择【插入】选项卡|【文本】组|【文本框】|【横排文本框】命令，在横向幻灯片上创建文字“Missing you……”，选中文字，在【格式】选项卡|【艺术字样式】组中选择“填充-强调文字颜色6，暖色粗糙棱台”，如图19-107所示。

图19-106 旋转图形后的效果

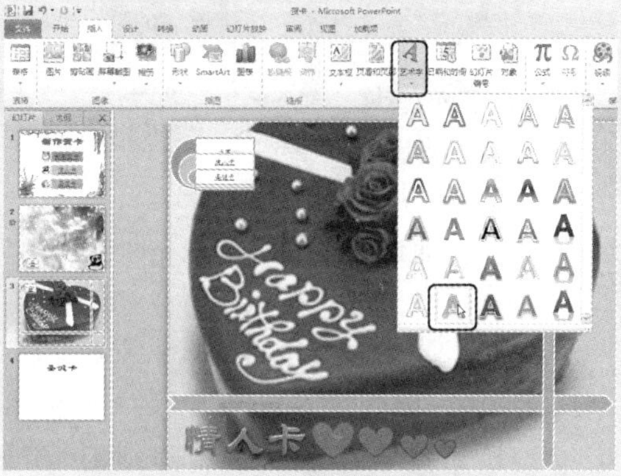

图19-107 设置字体样式

15 在【开始】选项卡|【字体】组中设置【字体】为“华文隶书”，设置【字号】为24，单击按钮，将【间距】|【度量值】设置为8磅，单击【确定】按钮，如图19-108所示。

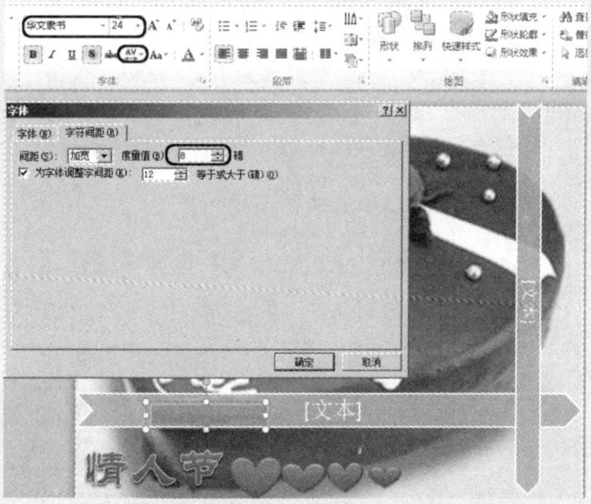

图19-108 设置字体格式

16 选择【插入】选项卡|【文本】组|【文本框】|【垂直文本框】命令，在幻灯片中垂直SmartArt图形上创建文字“This Valentine”，设置与“Missing you……”文字吸纳共同的字体、大小以及文字样式，设置该文字的间距为10磅，如图19-109所示。

图19-109　创建文字

17 在快速访问工具栏中单击按钮，在弹出的对话框中选择随书光盘中的“dir\素材\Cha19\情人素材001.jpg”素材文件，选择【插入和链接】命令，将图像添加到幻灯片中，如图19-110所示。

图19-110　插入图片

18 调整图片的大小和位置，在【格式】选项卡|【调整】组中单击颜色按钮，在弹出的下拉面板中选择【设置透明色】命令，在调入的素材中单击白色的区域，设置白色区域为透明，如图19-111所示。

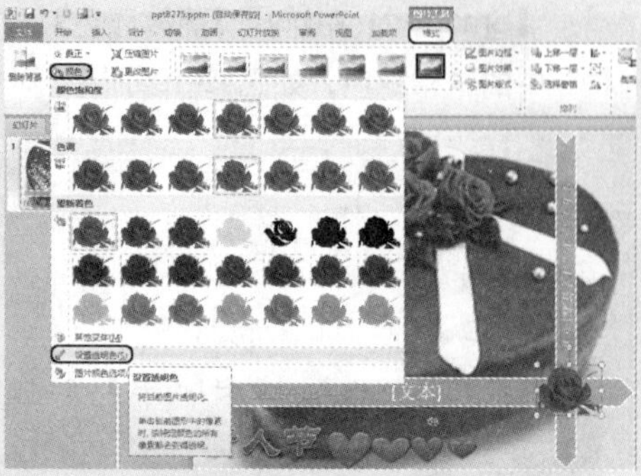

图19-111　设置图片的透明色

19 选择【插入】选项卡|【文本】组|【文本框】|【横排文本框】命令，在幻灯片中创建文字，如图19-112所示。选中文字，在【开始】选项卡|【字体】组中设置【字体】为“华文楷体”，加粗、【字号】为24，字体颜色设为自己喜欢的颜色。

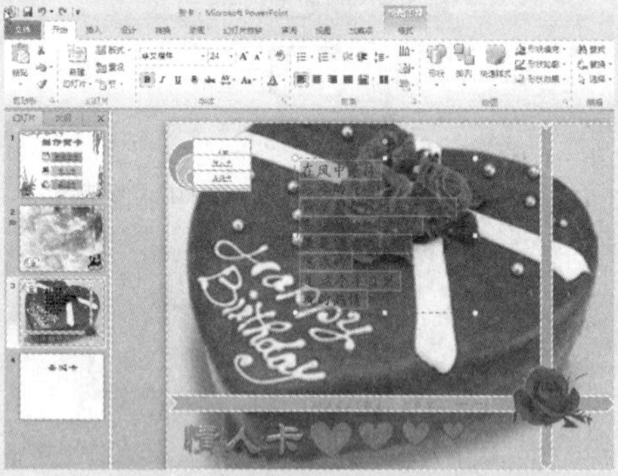

图19-112　创建并设置文字

20 接着在【段落】组中单击按钮，在弹出的下拉菜单中设置行距为【1.5】，如图19-113所示。

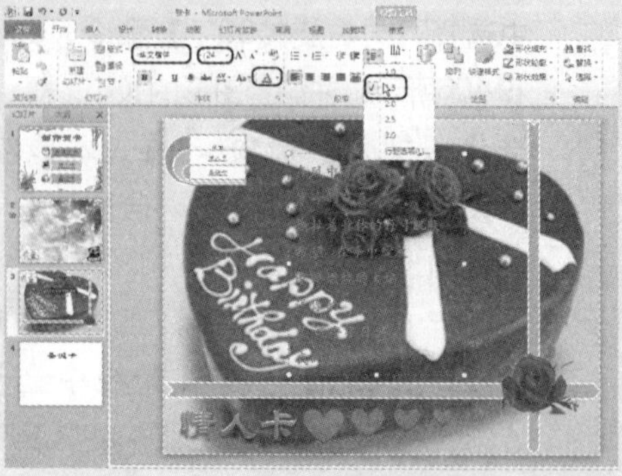

图19-113　设置文字的行距

21 下面为幻灯片设置动画。在幻灯片中选择SmartArt的两个图形和图像上的两个文字，在【动画】选项卡|【动画】组中单击▾按钮，在弹出的下拉面板中选择【更多进入效果】命令，在弹出的【更改进入效果】对话框中选择【华丽型】栏中的“基本旋转”效果，单击【确定】按钮，如图19-114所示。

技巧

为使演示文稿讲义更易于阅读，可以隐藏幻灯片母版版式或自定义版式上的非占位符对象（对象：表、图表、图形、等号或其他形式的信息。例如，在一个应用程序中创建的对象，如果链接或嵌入另一个程序中，就是OLE对象），如形状、图像、图表或SmartArt图形。为此，请单击要隐藏其背景图形的幻灯片，然后在【设计】选项卡|【背景】组中选中【隐藏背景对象】复选框。

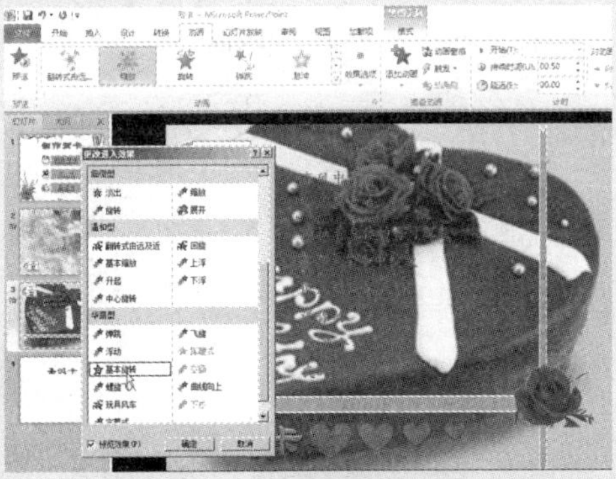

图19-114　设置并调整动画的位置

22 与上一步相同，选择玫瑰花图像，设置进入动画为【华丽型】栏中的“玩具风车”效果，单击【确定】按钮，如图19-115所示。

23 选择标题“情人卡”，设置进入动画为【细微型】栏中的“淡出”效果，如图19-116所示。

图19-115　设置玫瑰花的进入动画

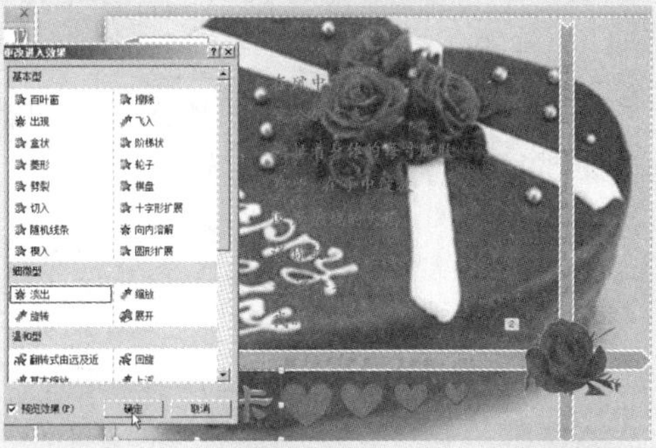

图19-116　设置标题“情人卡”的进入动画

24 选择心型形状，设置进入动画为【基本型】栏中的“楔入”效果，单击【确定】按钮，如图19-117所示。

图19-117　设置心型的动画

25 选择内容文本，设置进入动画为【华丽型】栏中的“空翻”效果，单击【确定】按钮，如图19-118所示。

26 最后，将“情人卡”修改为“新年贺卡”，选中文字，在【插入】选项卡|【链接】组中单击【超链接】按钮，在弹出的对话框中选择【新年贺

卡】幻灯片，单击【确定】按钮，如图19-119所示。至此，情人卡的动画设置完成。

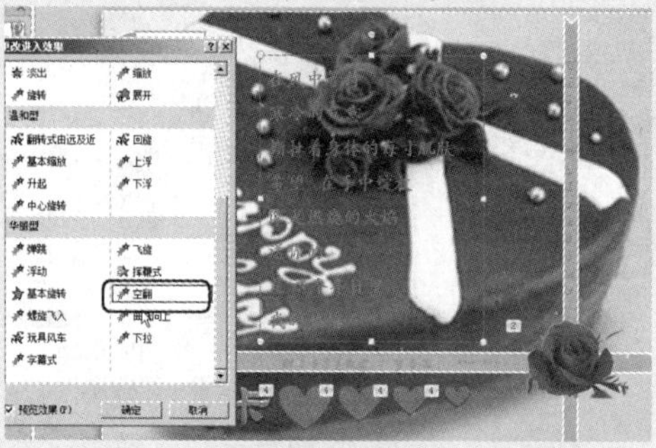

图19-118 设置内容文字的进入动画

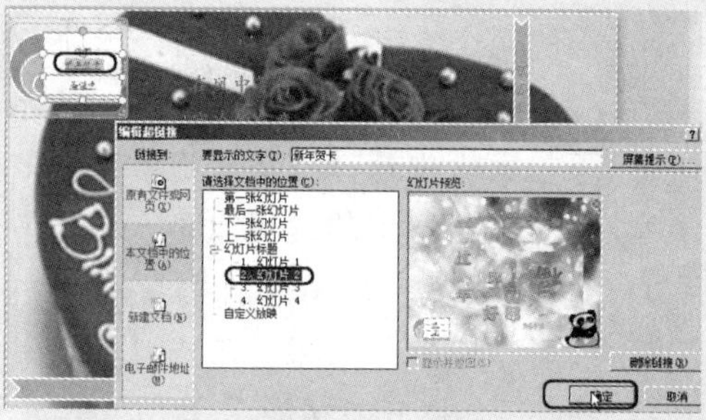

图19-119 设置文字的链接

4. 圣诞卡

下面介绍第四张幻灯片“圣诞卡”的制作，效果如图19-120所示。

图19-120 圣诞卡的效果

1 选择第四张幻灯片，选中“圣诞卡”文字，在【开始】选项卡|【字体】组中设置【字体】为“隶书”，设置【字号】为60，对齐方式“左对齐”单击【确定】按钮，如图19-121所示。

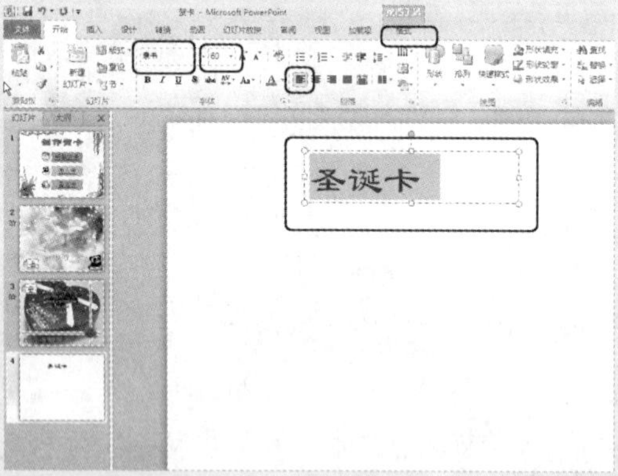

图19-121 设置“圣诞卡”字体

2 在【格式】选项卡|【艺术字样式】组中选择“填充-红色，强调文字颜色2，粗糙棱台”，如图19-122所示。

3 在幻灯片的空白处右击，在弹出的快捷菜单中选择【设置背景格式】命令，在弹出的对话框中选择【填充】选项，然后选择【图片或纹理填充】单选按钮，单击【文件】按钮，在弹出的对话框中选择随书光盘中的“dir\素材\Cha19\标图004.jpg”素材文件，选择【插入和链接】命令，如图19-123所示。

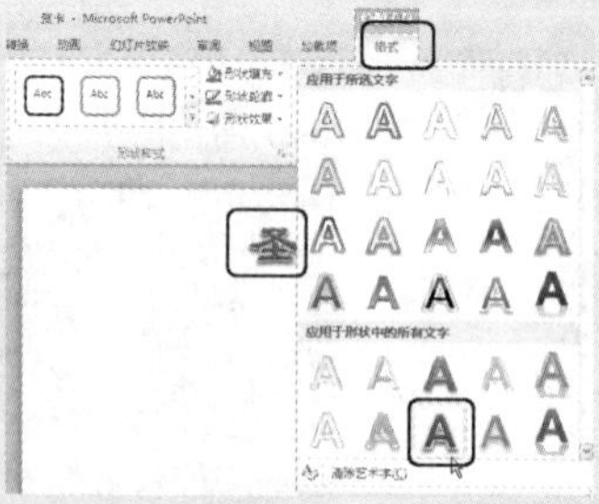

图19-122 设置“圣诞卡”字体样式

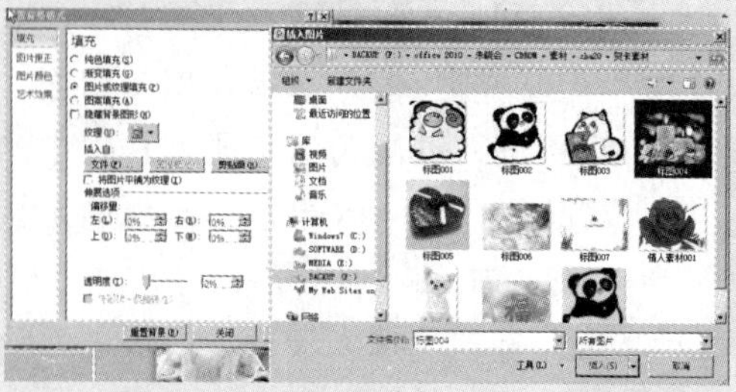

图19-123 插入背景

4 选择【插入】选项卡|【剪贴画】选项，在弹出的对话框中选择系统自带的“carved pumpkins.jpg”和“christmas.jpg”素材文件，如图19-124所示。

图19-124　插入剪切片

5 在幻灯片中分别调整素材的大小和位置，如图19-125所示。

图19-125　调整素材的大小和位置

6 选择插入的图片，单击【格式】选项卡|【调整】组中的颜色按钮，为图片设置透明色，如图19-126所示。

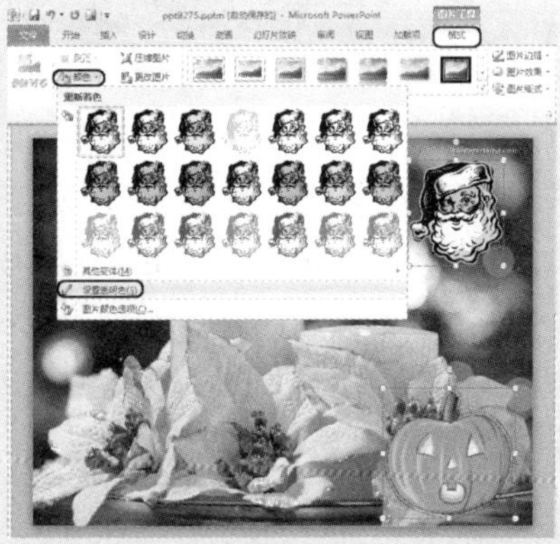
图19-126　选择【设置透明色】命令

7 单击【插入】选项卡|【图像组】组中的【剪贴画】按钮，在打开的【剪贴画】窗格中选择剪贴画，如图19-127所示。

图19-127　插入剪贴画

8 在搜索到的剪贴画列表中选择一个图像，插入到幻灯片中，调整它的位置和大小，按住Ctrl键移动复制图像，如图19-128所示。

图19-128　添加并复制图像

9 接下来为幻灯片设置动画。选择文本“圣诞卡”，在【动画】选项卡|【动画】组中单击按钮，在弹出的下拉面板中选择【强调】栏中的“补色”效果，如图19-129所示。

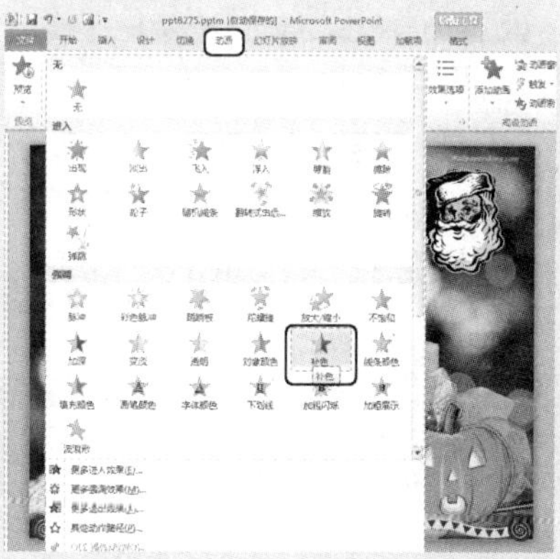
图19-129　添加补色动画

10 选择上步绘制的曲线，在【动画】选项卡|【动画】组中单击按钮，在弹出的下拉面板中选择【其他动

作路径】命令，在弹出的【更改动作路径】对话框中选择【直线和曲线】栏中的“S形曲线1”效果，如图19-130所示。

图19-130　设置曲线动画

11 选择“Merry Christmas”图片，设置进入动画为【细微型】栏中的“旋转”效果，如图19-131所示。

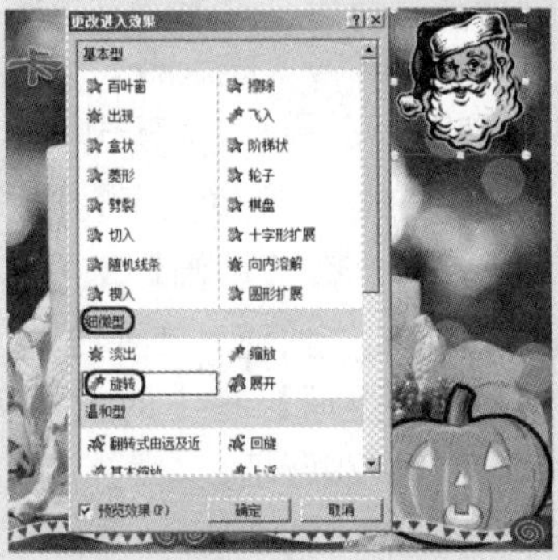

图19-131　设置旋转动画

12 单击【确定】按钮后，单击“旋转”动画可以看到圣诞老人头像在某瞬间的效果，如图19-132所示。

13 完成后的旋转效果，如图19-133所示。

图19-132　旋转效果

图19-133　旋转效果

14 最后，将“圣诞卡”修改为“新年贺卡”，选中文字，在【插入】选项卡【链接】组中单击【超链接】按钮，在弹出的对话框中选择【新年贺卡】幻灯片，单击【确定】按钮，如图19-134所示。

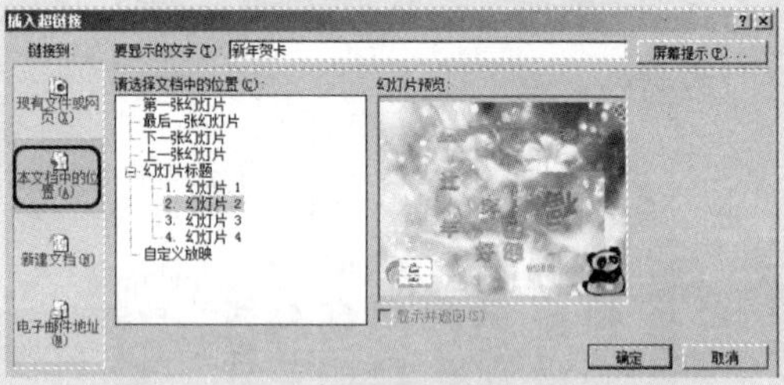

图19-134　修改链接

19.2　工作中常用的幻灯片

在实际工作中，经常会有需要应用演示文稿的时候，而且大多数都是“紧急任务”，用户没有时间去对PowerPoint的各种功能进行深入的研究，那么该怎么办呢？如果您是一位初学者，对PowerPoint还不是很了解，没关系，本章准备了3个非常简单的例子，只要用户按顺序执行操作步骤，就可以很快掌握PowerPoint在工作中应用。

19.2.1 制作工作简报

实例说明

向上级汇报工作，做工作报告是每个人在实际工作中都可能会碰到的事情，如何把这枯燥乏味的工作变得轻松，用一种新颖的方式表现出来，向上级及同事展示自己的才华和创造性，是当前处于信息时代的知识工作者必须考虑的事情。做好这件事情的一种解决方案就是用PowerPoint把平时手写的工作简报电子信息化。

操作步骤

下面开始介绍制作一份简单工作简报的基本操作，效果如图19-135所示。

图19-135 工作简报效果

1. 制作工作简报的主页

1 运行PowerPoint软件，在幻灯片的空白处单击鼠标右键，在弹出的快捷菜单中选择【设置背景格式】命令，在弹出的【设置背景格式】对话框中选择【图片或纹理填充】选项，单击【文件】按钮，在弹出的对话框中选择随书附带光盘中的“dir\素材\Cha19\工作简报背景01.jpg”素材文件，单击【插入和链接】按钮，如图19-136所示。然后单击【关闭】按钮，关闭对话框。

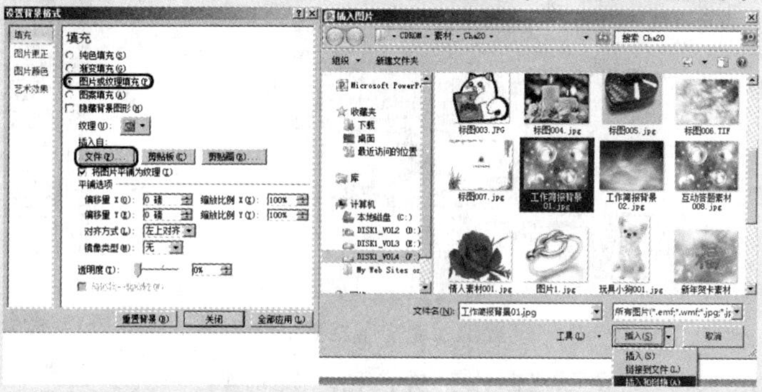

图19-136 选择背景图片

2 在幻灯片中输入标题“2010年3月工作汇报”文字，框选文字，在【开始】选项卡|【字体】组中设置文字的【字体】为“华文楷体”，设置【字号】为54，如图19-137所示。

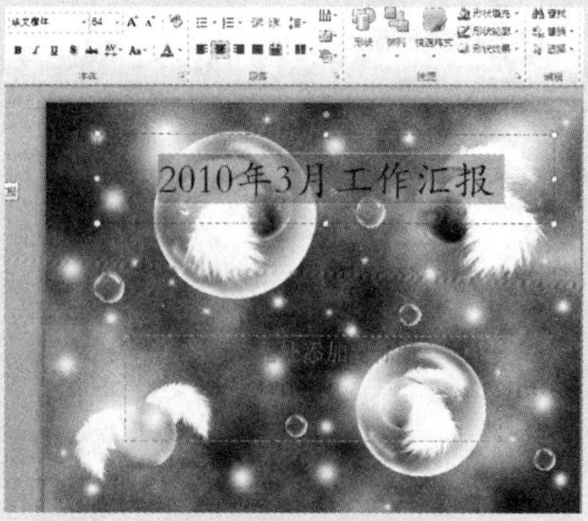

图19-137 设置文本的字体格式

3 在【格式】选项卡|【艺术字样式】组中选择字体样式为“填充-强调文字颜色2，粗糙棱台”，如图19-138所示。

图19-138 设置【艺术字样式】

4 单击A·按钮，在弹出的对话框中选择【映像】|【映像变体】中的第3个即可，如图19-139所示。

5 在副标题占位符中输入“朱晓会（回车）学习事业部”，框选文字，在【开始】选项卡|【字体】组中，设置文字的【字体】为“华文隶书”，【字号】设置为28，单

击按钮，在弹出的列表中设置字体颜色为黄色，单击按钮，在弹出的列表中选择【很松】，如图19-140所示。

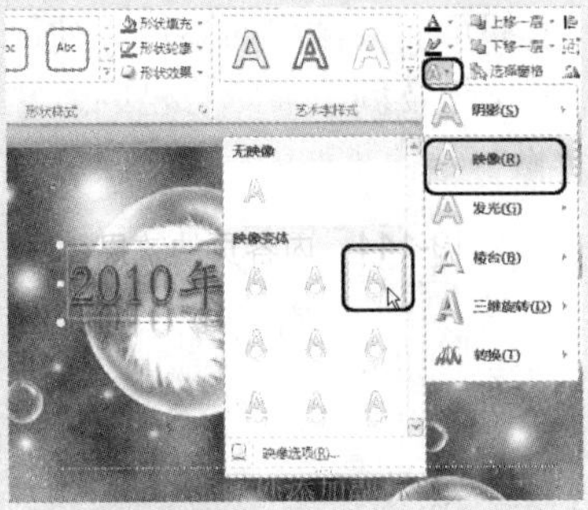

图19-139　设置文字的【映像】

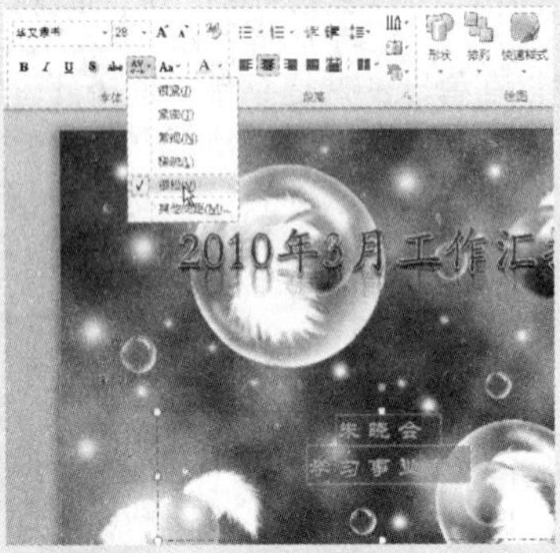

图19-140　设置副标题文字格式

6 这样标题页就制作完成，如图19-141所示。

图19-141　完成的标题页

7 下面为标题页设置动画，选择“2010年3月工作汇报”占位符，选择【动画】选项卡|【动画】组|【自定义动画】命令，打开【自定义动画】窗格，单击按钮，在弹出的列表中选择【其他效果】命令，在弹出的对话框中选择【细微型】|【展开】效果，单击【确定】按钮，如图19-142所示。

提示

单击按钮，在列表中选择动画的一种模式后，会再展开一个列表，在该列表中列出最近或经常使用的效果，如果在步骤中找不到指定的效果可以选择【其他效果】命令，在弹出的对话框中选择需要设置的动画效果。

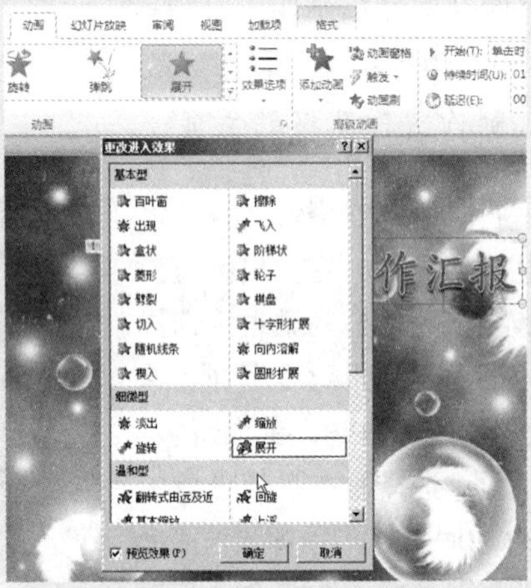

图19-142　设置标题文字的动画

8 选择副标题“朱晓会学习事业部”占位符，在【动画】窗格中单击按钮，在弹出的列表中单击【进入】|【其他效果】命令，在弹出的对话框中选择【基本型】|【切入】效果，单击【确定】按钮，如图19-143所示。

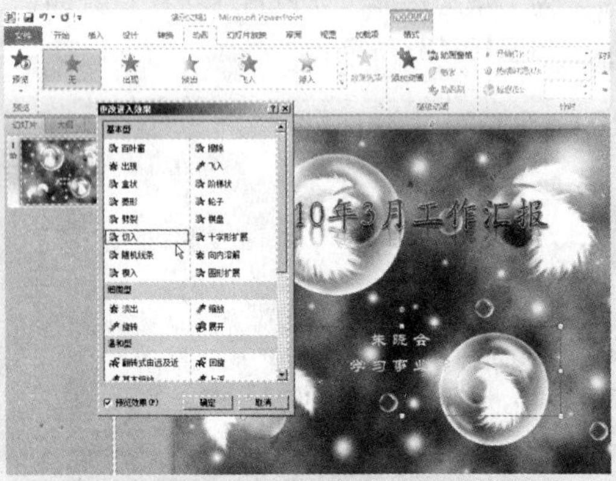

图19-143　设置副标题的进入动画

2. 设置内容页

下面介绍内容页的制作，效果如图19-144所示。

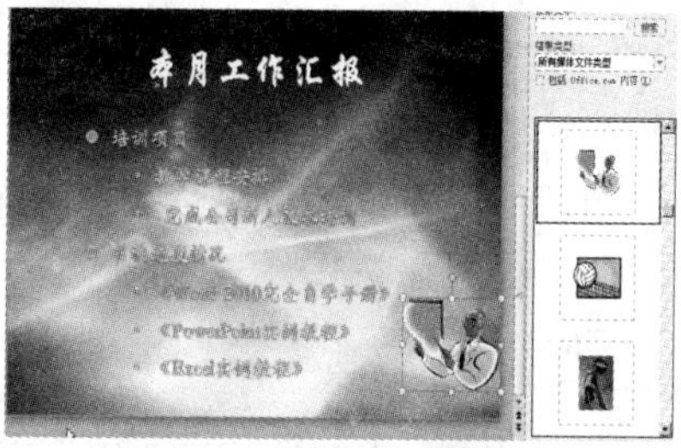

图19-144　内容页的效果

1 在【开始】选项卡|【幻灯片】组中单击【新建幻灯片】按钮，在弹出的对话框中选择【标题幻灯片】，如图19-145所示。

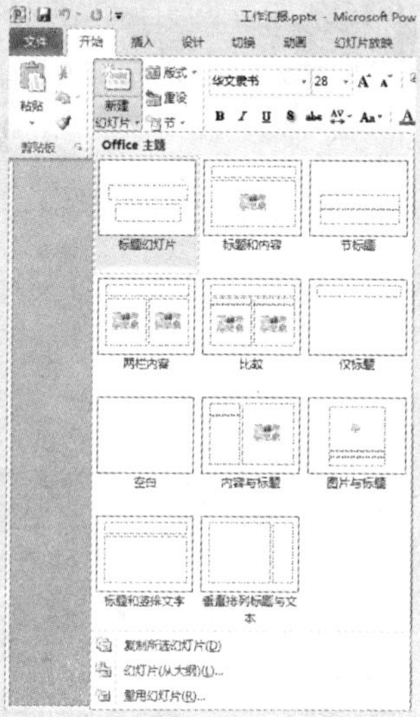

图19-145　新建幻灯片

2 在内容页幻灯片中输入标题“本月工作汇报”文字，选择文字，在【开始】选项卡中设置文字的【字体】为“华文行楷”，设置【字号】为54，单击AV按钮，在弹出的下拉菜单中选择【很松】，如图19-146所示。

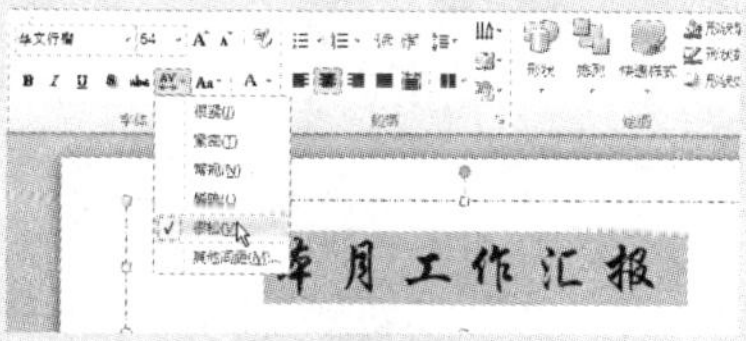

图19-146　设置内容页中的标题

3 在【格式】选线页|【艺术字样式】组中选择“填充-白色，投影”，如图19-147所示。

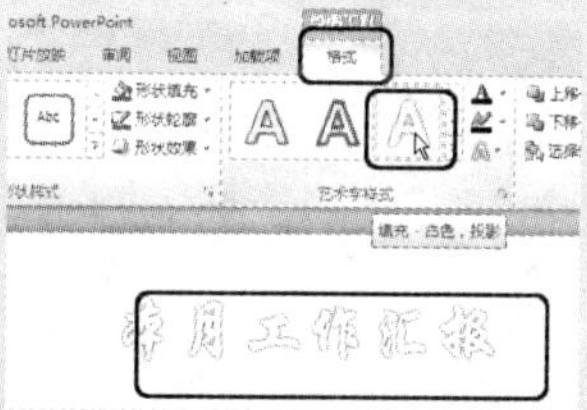

图19-147　设置标题的【艺术字样式】

4 在副标题占位符中输入本月工作事项，如图19-148所示。

图19-148　输入本月事项

5 选择工作事项文字，在【开始】选项卡|【字体】组中设置文字的【字体】为“华文楷体”，【字号】设置为36，在【段落】组中单击按钮，如图19-149所示。

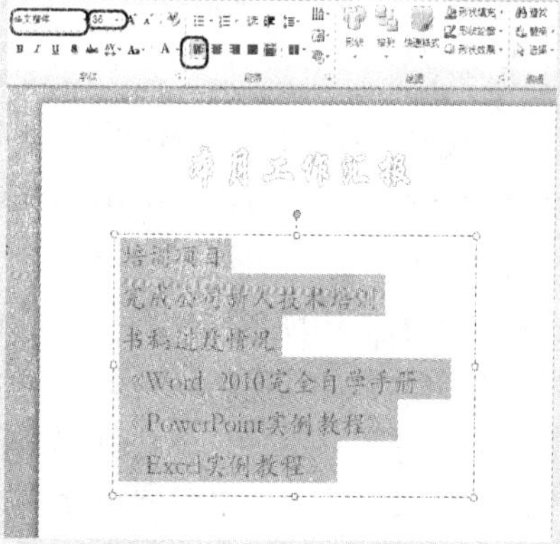

图19-149　设置字体格式

6 选择培训项目下的两项工作，在【段落】组中单击按钮，同样选择书稿进度下的三项工作，在【段落】组中单击按钮，效果如图19-150所示。

图19-150　设置字体的增大缩进级别

7 选择“培训项目”文字，在【段落】组中单击按钮，在弹出的列表中选择“带填充效果的大圆形项目符号”，再为“书稿进度情况”设置同样的项目符号，如图19-151所示。

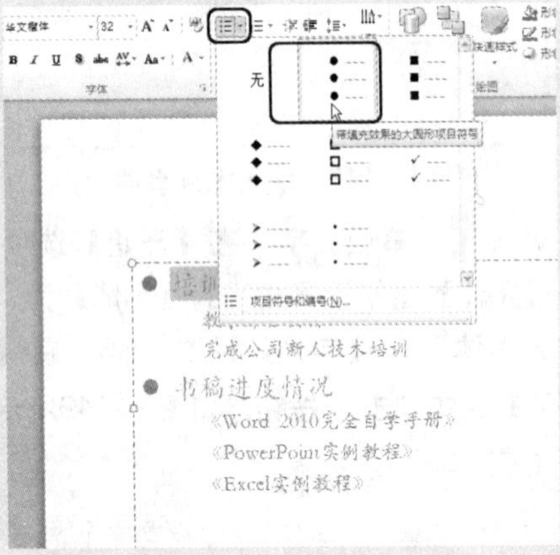

图19-151　设置项目符号

8 接着为次级工作项目设置如图19-152所示的项目符号。

9 选择所有的工作项目文字，在【字体】组中重新设置其【字号】为24，在【段落】组中单击按钮，在弹出的列表中选择行距为1.5，对齐方式为“左对齐”，如图19-153所示。

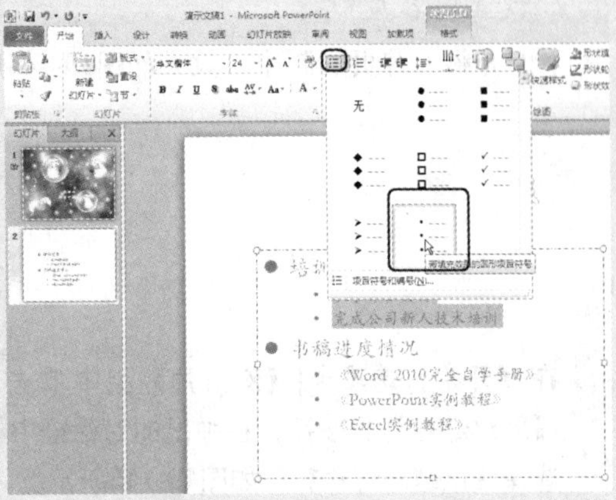

图19-152　设置此项目的项目符号

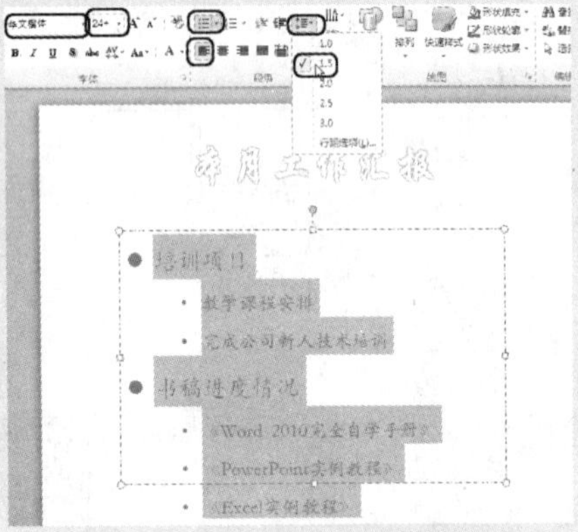

图19-153　设置字体的行距和字体大小

10 在【格式】选项卡|【艺术字样式】组中选择字体样式为“填充-强调文字颜色6暖色粗糙棱台”，如图19-154所示。

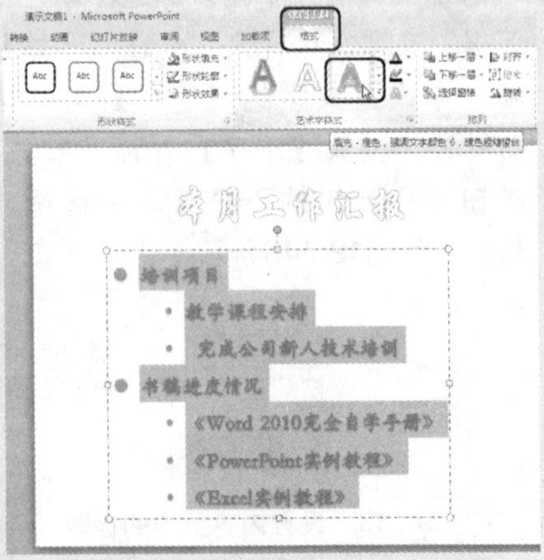

图19-154　设置艺术字样式

11 在幻灯片的空白处单击鼠标右键，在弹出的快捷菜单中选择【设置背景格式】命令，在弹出的对话框中选择【图片或纹理填充】选项，单击【文件】按钮，在弹出的对话框中选择随书光盘中的“工作简报背景02.jig”素材文件，在【拉入】按钮的下拉菜单中选择【插入和链接】命令，如图19-155所示，然后关闭对话框。

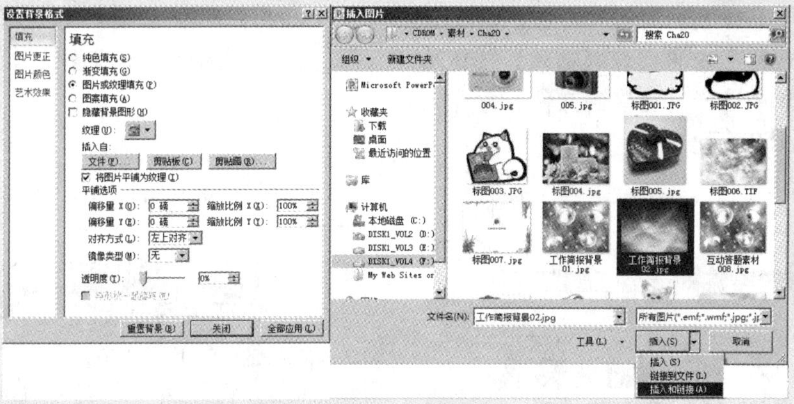

图19-155　插入背景图片

12 在【设置背景格式】对话框中选择【图片】选项卡，将【亮度】设置为10%，单击【关闭】按钮，如图19-156所示。

图19-156　设置背景的亮度

13 选择【插入】选项卡|【剪贴画】按钮，打开【剪贴画】窗格，单击【搜索】按钮，搜索剪贴画，单击需要的剪贴画插入幻灯片中，调整幻灯片的大小，如图19-157所示。

14 选择工作项目占位符，在【动画】选项卡|【动画】组中单击【自定义动画】按钮，打开【自定义窗格】，单击 更多进入效果(E)... 按钮，在弹出的列表中选择【强调】|【气态效果】命令，在弹出的对话框中选择【温和型】|【升起】效果，单击【确定】按钮，如图19-158所示。

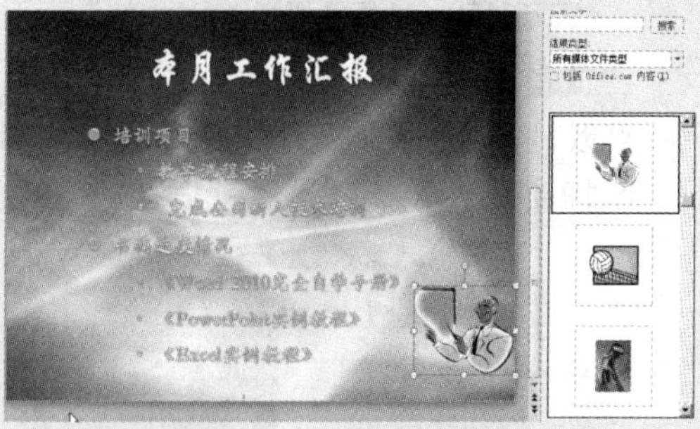

图19-157　插入并调整插画的大小

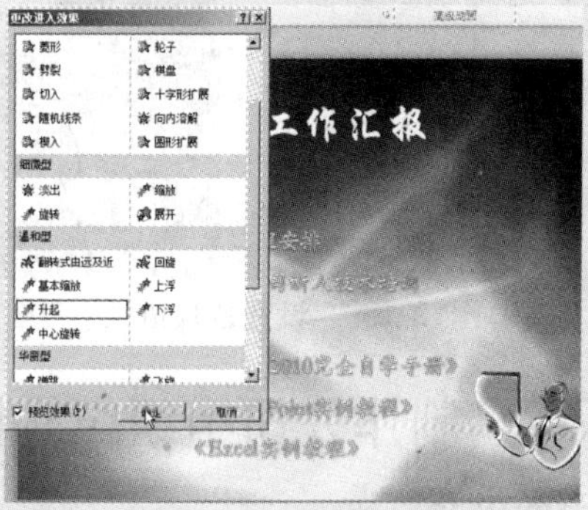

图19-158　设置动画

3. 插入音频

接下来为幻灯片插入媒体。

1 单击【插入】选项卡|【媒体】组|【音频】按钮，在弹出的下拉菜单中选择【文件中的声音】命令，在弹出的对话框中选择随书光盘中的“dir\素材\Cha19\song5.WAV”文件，在【插入】按钮的下拉菜单中选择【链接到文件】命令，如图19-159所示。

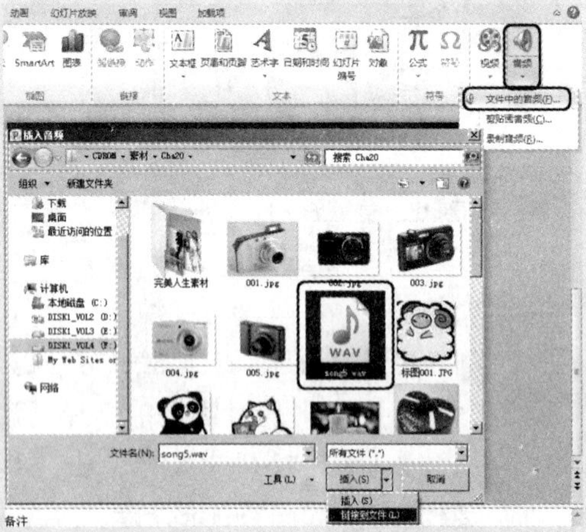

图19-159 选择需要插入的文件

2 在【音频工具】|【格式】选项卡中，可以对音频图标进行艺术效果设置，如图19-160所示。

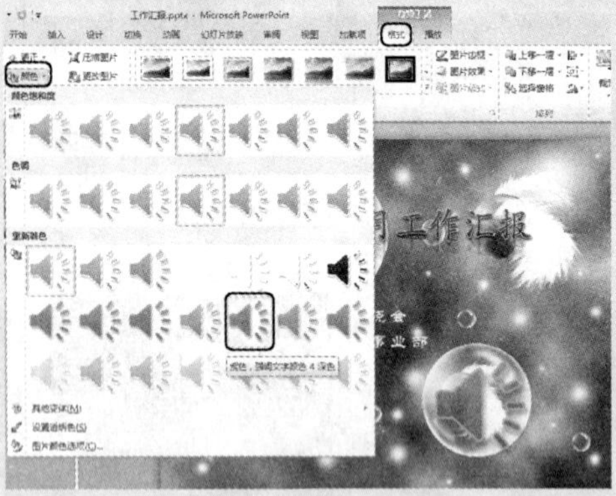

图19-160 设置音频格式

3 在幻灯片中选择音频图标，在【音频工具】|【播放】选项卡|【编辑】组中单击【剪裁音频】按钮，在弹出的【剪裁音频】对话框中可以根据实际情况进行设置，如图19-161所示。

图19-161 【剪裁音频】对话框

4 在【音频工具】|【播放】选项卡|【音频选项】组中单击【音量】按钮，在弹出的下拉列表中选择【低】，如图19-162所示。

图19-162 设置幻灯片播放时的声音音量

19.2.2 制作公司组织结构图

实例说明

在实际工作中，为了让用户能够了解并信任自己的公司，经常需要对公司的整体作一些宣传介绍，而在介绍公司情况的时候，难免会用到组织机构图之类的图标。本例将向用户介绍如何使用PowerPoint 2010内置的专用工具来制作客户要求的各类图示。

操作步骤

下面来制作公司组织结构图，效果如图19-163所示。

1. 公司组织结构图的制作

图19-163　公司组织结构图效果

1 运行PowerPoint 2010软件，在【开始】选项卡|【幻灯片】组中单击 版式 按钮，在弹出的对话框中选择“标题和内容”幻灯片，如图19-164所示。

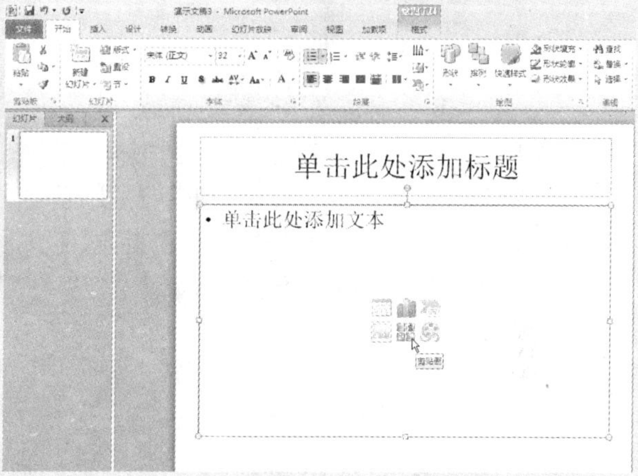

图19-164　新建标题文稿

2 在标题占位符中输入“公司组织结构图”文字，选择文字，在【开始】选项卡|【字体】组中将【字体】设置为“华文隶书”，【字号】设置为44，在【段落】组中单击按钮，如图19-165所示。

3 在【格式】选项卡|【艺术字样式】组中选择“渐变填充-黑色，轮廓-白色，外部阴影”样式，如图19-166所示。

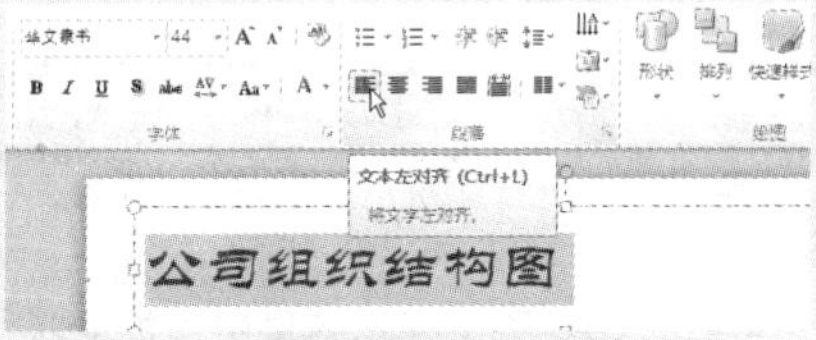

图19-165　定义板式

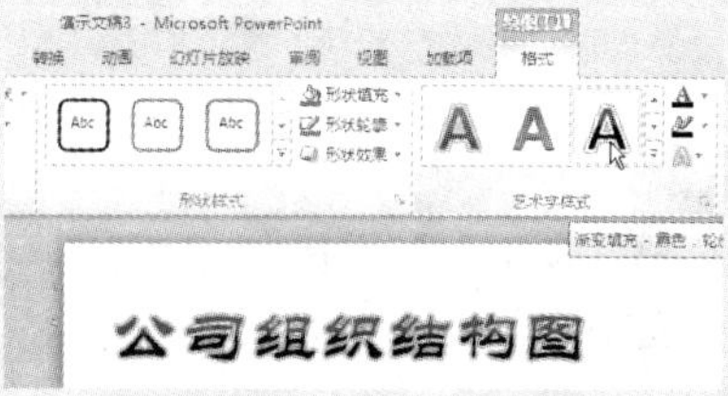

图19-166　设置文字样式

4 在内容占位符中单击（插入SmartArt图形）按钮，在弹出的对话框中选择【层次结构】图形中的如图19-167所示的SmartArt图形，单击【确定】按钮。

5 选择SmartArt图形，在【SmartArt工具】|【设计】选项卡|【SmartArt样式】组中选择“卡通”样式，并单击【更改颜色】，为图形设置一个合适的颜色，如图19-168所示。

图19-167　插入SmartArt图形

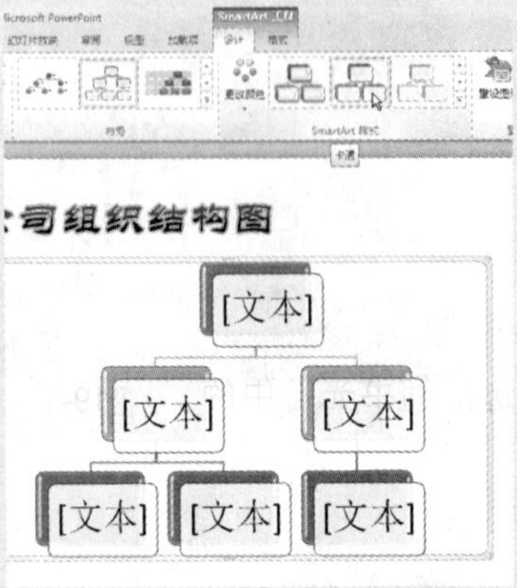

图19-168　设置图形的样式

6 选择最上方的图形，在【设计】选项卡|【创建图形】组中单击【添加形状】按钮，在弹出的下拉菜单中选择【在上方添加形状】命令，如图19-169所示。

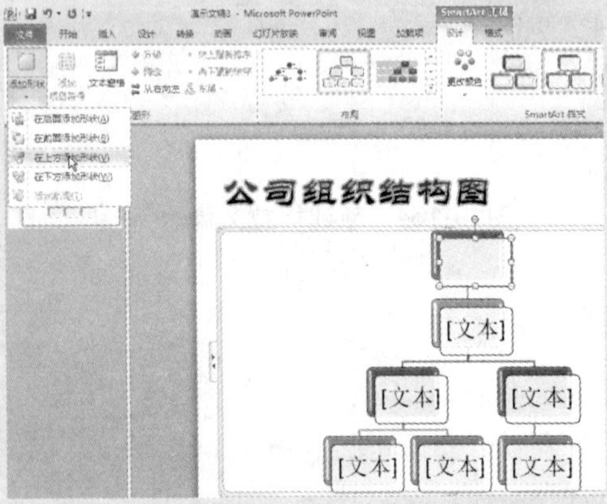

图19-169　添加形状在最上方

7 再选择由上往下的第二个图形，单击【添加形状】按钮，在弹出的下拉菜单中选择【在后面添加形状】命令，如图19-170所示。

图19-170　在第二层的右侧添加形状

8 选择图形，添加并调整图形的位置，如图19-171所示。

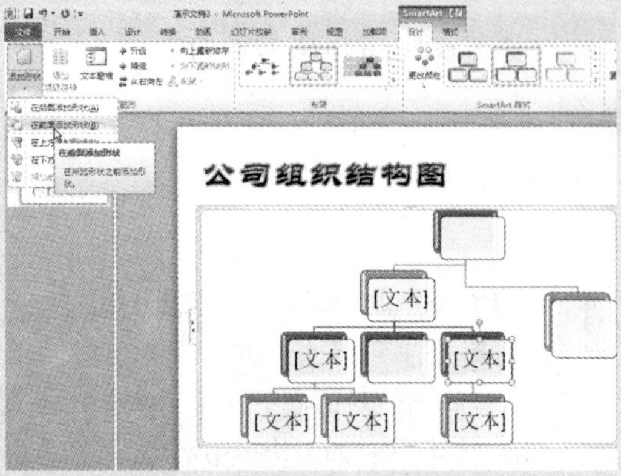

图19-171　调整形状的位置

9 选择第三层的第二个形状，单击【添加形状】按钮，在弹出的下拉菜单中选择【在前面添加形状】命令，如图19-172所示。

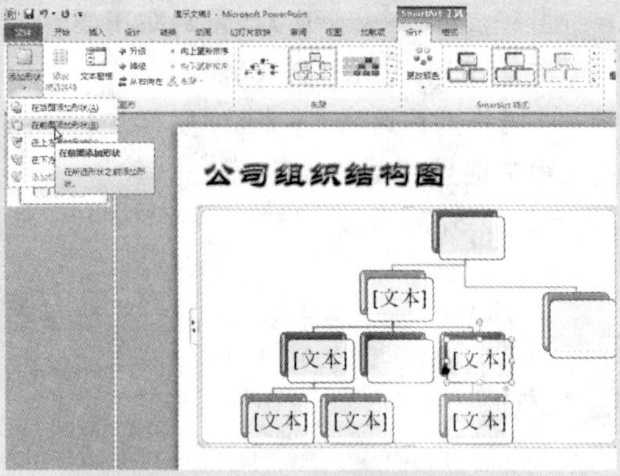

图19-172　在第三层中添加形状

10 使用同样的方法添加第四排的形状，如图19-173所示。

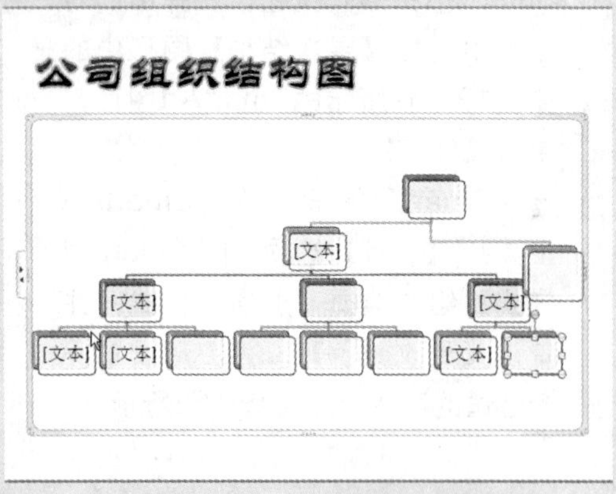

图19-173　添加形状后的效果

11 在没有文本的形状上单击鼠标右键，在弹出的快捷菜单中选择【编辑文字】命令，即可在形状上添加文字，如图19-174所示。

12 在形状中输入文字。

13 在幻灯片的空白处单击鼠标右键，在弹出的快捷菜单中选择【设置背景格式】命令，在弹出的对话框中选择【图片或纹理填充】选项，单击【文件】按钮，在弹出的对话框中选择随书光盘中的“dir\素材\Cha19\008.jpg”素材文件，在【插入】按钮的下拉菜单中选择【插入和链接】命令，如图19-175所示。

图19-174 为形状添加文字

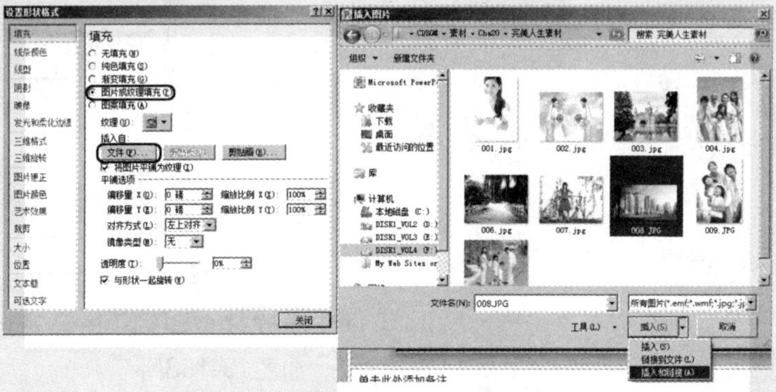

图19-175 插入背景图片

14 在【设计】选项卡|【页面设置】组中单击【页面设置】按钮，在弹出的对话框中设置【宽度】为30厘米，单击【确定】按钮，如图19-176和图19-177所示。

图19-176 设置页面宽度

图19-177 设置页面后的效果

2. 合并幻灯片

1 单击【文件】|【打开】命令，如图19-178所示，在弹出的对话框中选择随书光盘中的“dir\素材\Cha19\公司结构图.pptx”文件，单击【打开】按钮，如图19-179所示。

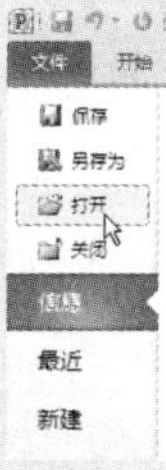

图19-178 选择【打开】命令

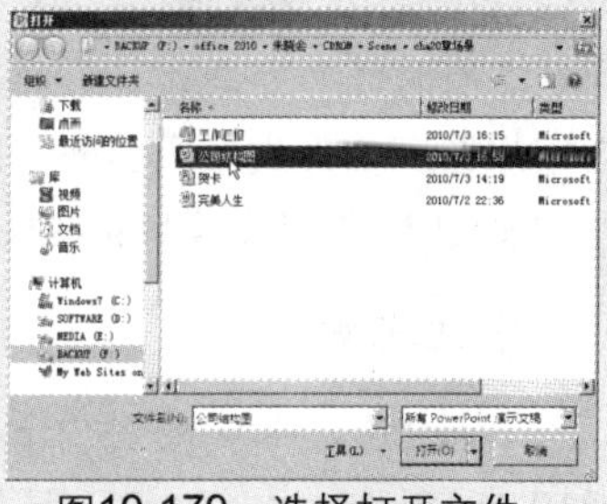

图19-179 选择打开文件

2 分别将两个演示文稿以【视图】选项卡|【演示文稿】视图组中的【幻灯片浏览】显示，并再单击【全部重排】按钮，幻灯片以如图19-180所示的方式显示。

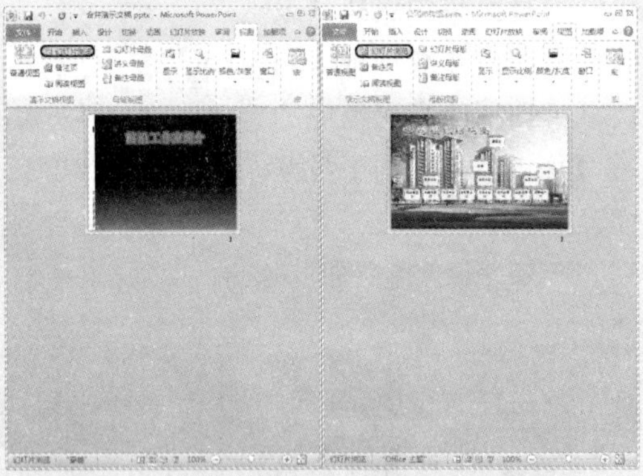

图19-180　排列演示文稿窗口

3 将合并演示文稿中的幻灯片拖曳到公司组织结构图中，如图19-181所示。

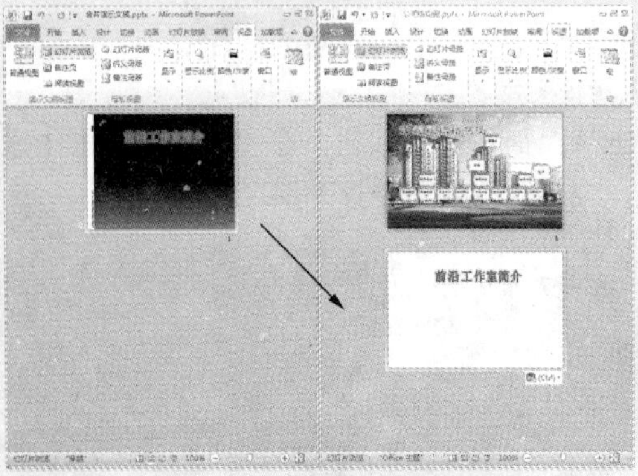

图19-181　合并幻灯片

4 将公司组织结构图以【普通视图】显示，将合并到演示文稿中的幻灯片选中，在【设计】选项卡中选择【主题】，如图19-182所示。

图19-182　设置幻灯片主题

5 更改【主题】后的公司组织结构图效果如图19-183所示。

图19-183　主题后的公司组织结构图

19.2.3　制作统计报告

实例说明

在实际工作中，经常需要做一些数据统计。用户可以直接使用表格加数字的方式将结果显示出来，但是，有时候数字总是比较抽象，如果能将抽象的数字用图表的方式表示出来，比较的结果会一目了然，大大增加演示文稿的说服力，增加观众的兴趣。

操作步骤

下面将介绍不同形式统计报告的制作，效果如图19-184所示。

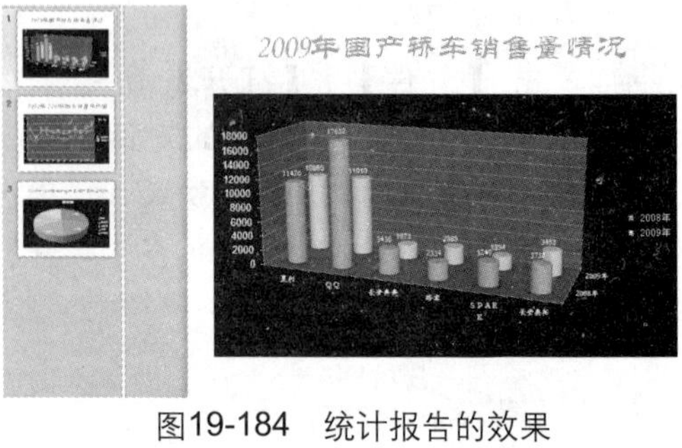

图19-184　统计报告的效果

1. 创建柱形图

1 运行PowerPoint 2010软件，在【开始】选项卡|【幻灯片】组中单击 版式 按钮，在弹出下拉列表中选择【标题和内容】版式，如图19-185示。

图19-185 设置版式

2 在标题占位符中输入文字“2009年12月国产轿车销量情况”，选择文字，在【开始】选项卡|【字体】组中设置【字体】为“华文隶书”，【字号】设置为44，单击 A 按钮，设置文字的颜色为橘红色，如图19-186所示。

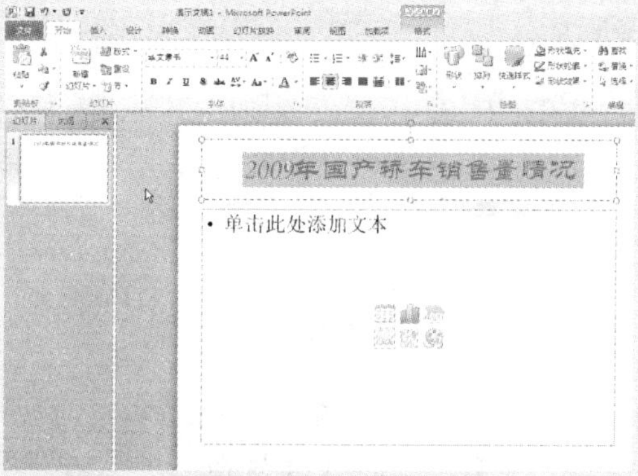

图19-186 设置标题文字

3 在内容占位符中单击 按钮，在弹出的对话框中选择【柱形图】，单击【确定】按钮，如图19-187所示。

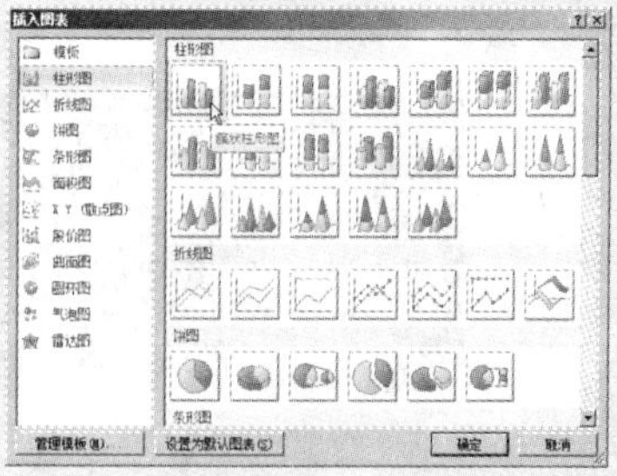

图19-187 选项插入柱形图的样式

4 这样就打开了Excel 2010软件，选择D列内容并右击，在弹出的快捷菜单中选择【删除】|【表列】命令，如图19-188所示。

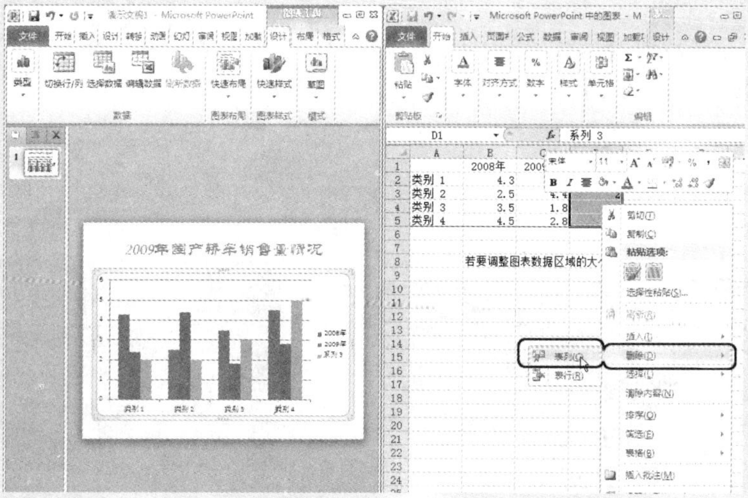

图19-188 删除表列

5 参照图设置数据，如图19-189所示。

6 在Excel中输入的数据直接影响PowerPoint中的柱形形状，如图19-190所示。

	A	B	C
1		2006年	2007年
2	夏利	11420	10865
3	QQ	17652	11019
4	长安奔奔	3436	1973
5	路宝	2334	2389
6	SPARK	3249	1894
7	长安奥拓	3738	3453
8	北斗星	4424	5226
9			

图19-189　创建数据

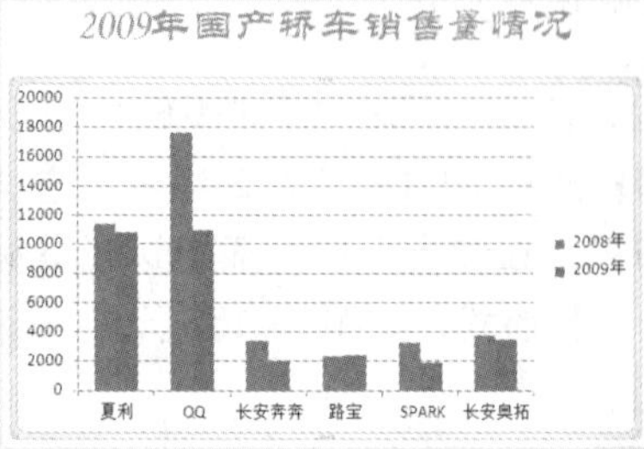

图19-190　数据影响柱形形状

2. 更改柱形图格式

1 选择图表，在【图表工具】|【设计】选项卡|【图标样式】中选择“样式48”，如图19-191所示。

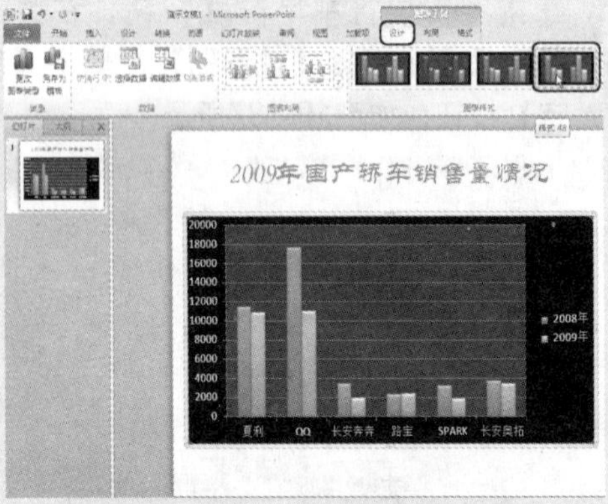

图19-191　设置柱形格式

2 在图标区选择柱形图下方的名称，在【开始】选项卡|【字体】组中设置【字体】为“华文楷体”，设置【字号】为11，单击A按钮，设置【字体颜色】为“黄色”，如图19-192所示。

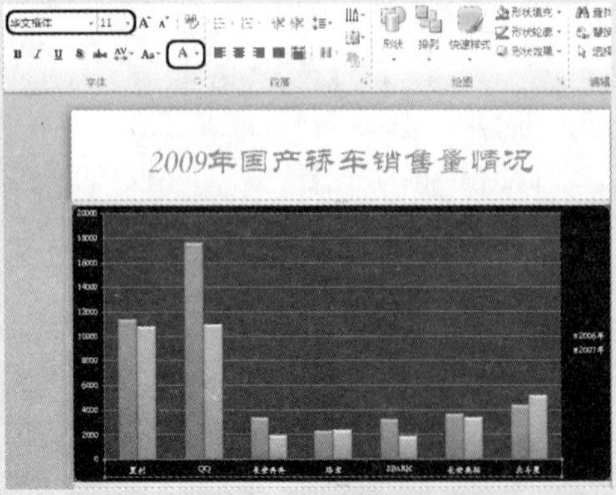

图19-192　设置柱形名称字体

3 选择柱形垂直轴的数据标识，在【开始】选项卡|【字体】组中设置【字体】为“宋体”，【字号】为14，设置【字体颜色】为“黄色”，如图19-193所示。

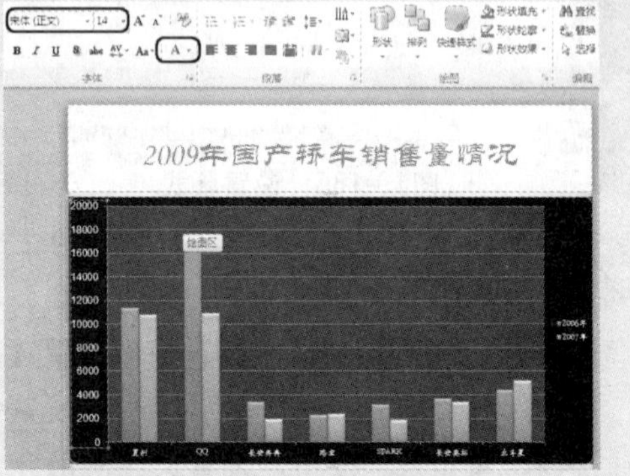

图19-193　设置柱形数据标识

4 选择右侧的年份，在【开始】选项卡|【字体】组中设置【字体】为“宋体”，【字号】为18，设置【字体颜色】为“黄色”，如图19-194所示。

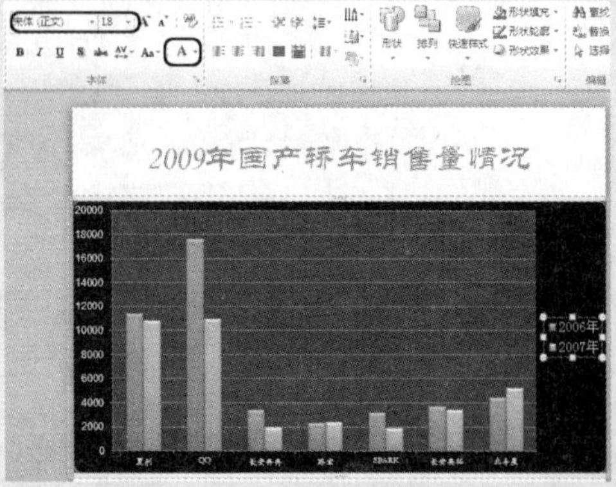

图19-194　设置年份字体

5 选择图表，在【布局】选项卡|【标签】组中单击【数据标签】按钮，在弹出的下拉菜单中选择【数据标签外】命令，如图19-195所示。

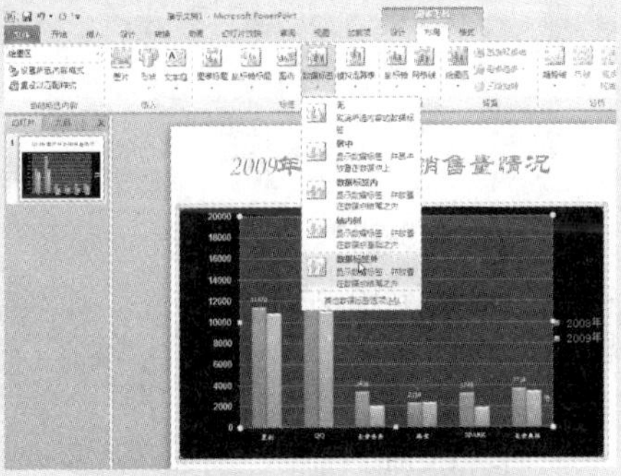

图19-195 显示数据标签

6 再分别选择两个文字组，设置其【字体】为“宋体”，【字号】为10，设置【字体颜色】为“黄色”，如图19-196所示。

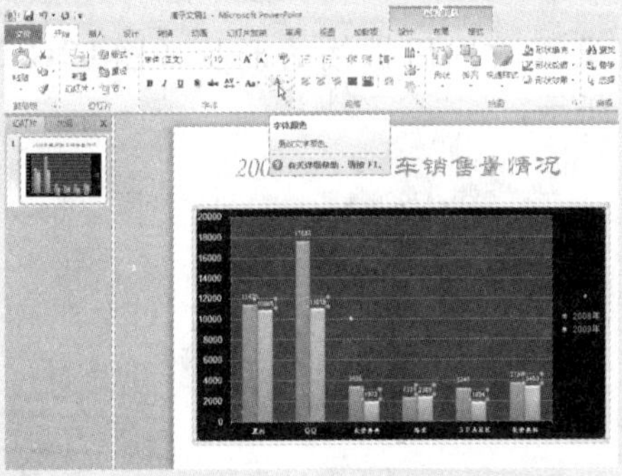

图19-196 设置数据字体

7 在【设计】选项页|【类型】组中单击【更改图表类型】按钮，在弹出的对话框中选择如图19-197所示的柱形图，单击【确定】按钮。

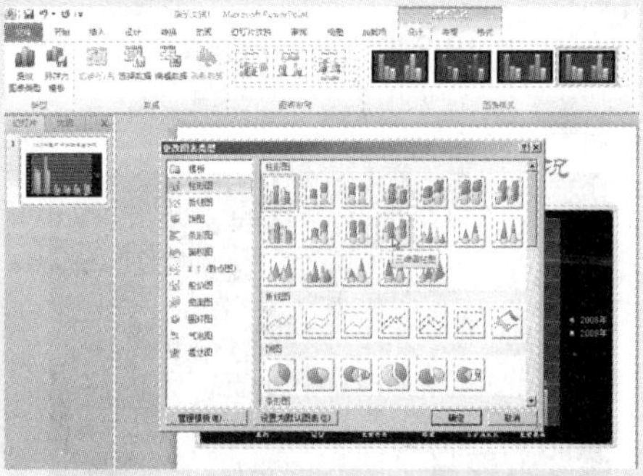

图19-197 更改柱形图

8 更改样式后的柱形图如图19-198所示。

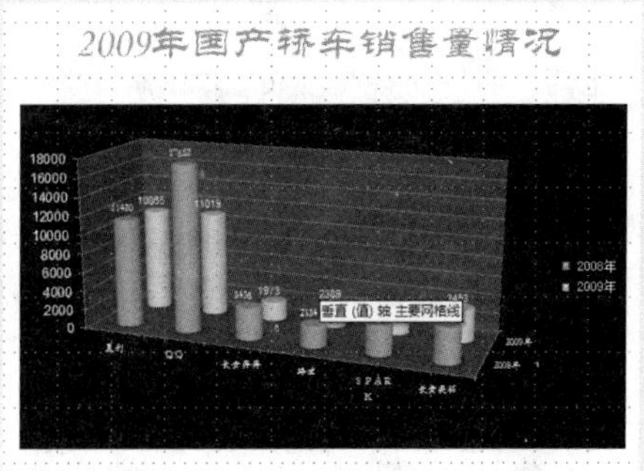

图19-198 更改柱形图后的效果

3. 创建折线图

1 在【开始】选项卡|【幻灯片】组中单击【新建幻灯片】按钮，新建幻灯片，输入标题为“2008-2009年轿车销量走势图”，如图19-199所示。

2 选择标题，在【开始】选项卡|【字体】组中设置文字的【字体】为“华文隶书”，【字号】为44，设置【字体颜色】为“橘红色”，如图19-200所示。

3 在内容占位符中单击按钮，在弹出的对话框中选择折线图，单击【确定】按钮，如图19-201所示。

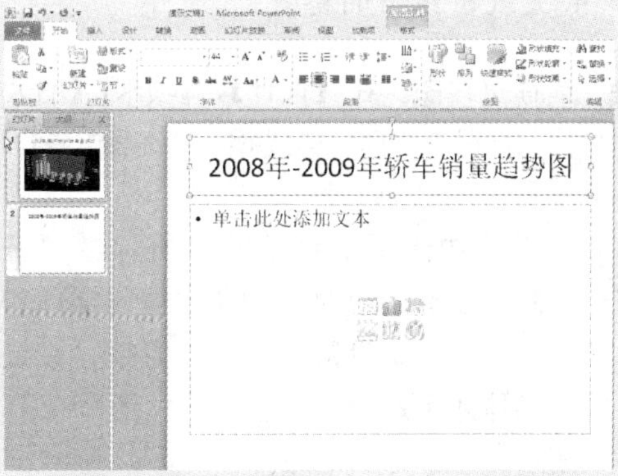

图19-199 新建幻灯片并设置其标题

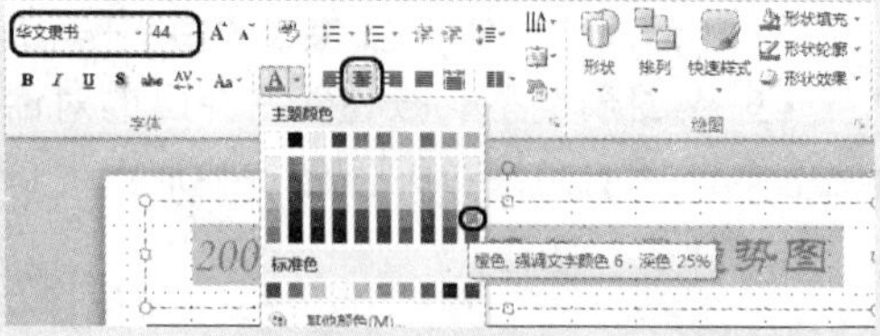

图19-200 设置标题文字

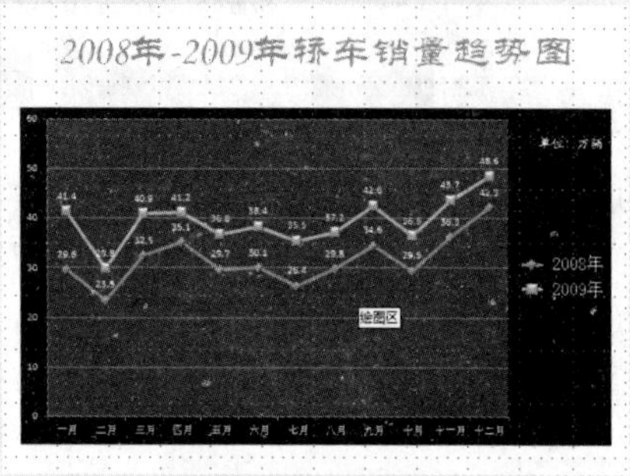

图19-201 创建折线图

4 在打开的Excel中选择D列，如图19-202所示。

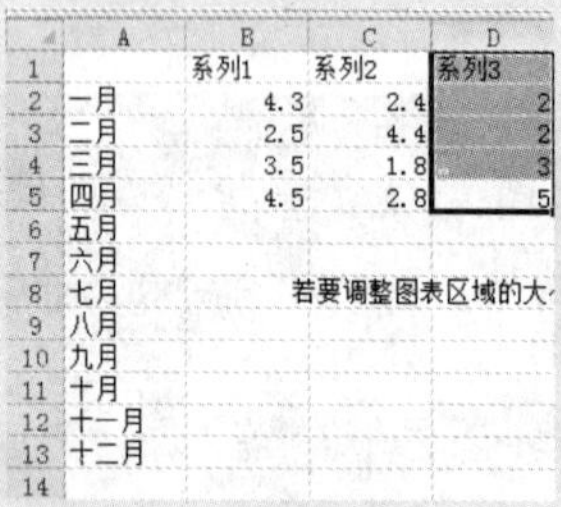

	A	B	C	D
1		系列1	系列2	系列3
2	一月	4.3	2.4	2
3	二月	2.5	4.4	2
4	三月	3.5	1.8	3
5	四月	4.5	2.8	5
6	五月			
7	六月			
8	七月		若要调整图表区域的大	
9	八月			
10	九月			
11	十月			
12	十一月			
13	十二月			
14				

图19-202 选择表列

5 单击鼠标右键，在弹出的快捷菜单中选择【删除】|【表列】命令，如图19-203所示。

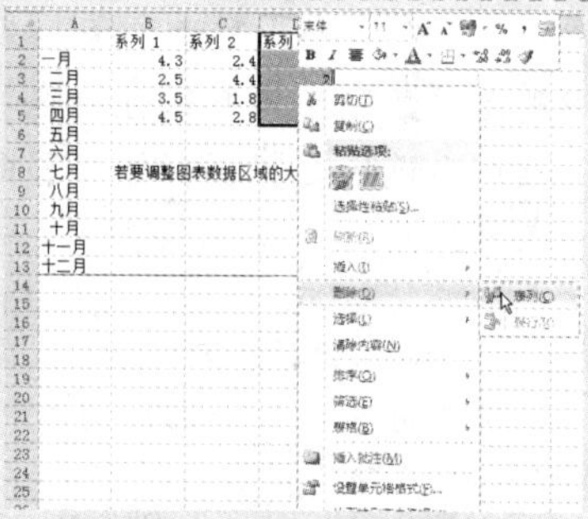

图19-203 删除表列

6 设置数据如图19-204所示。

	A	B	C
1		2006年	2007年
2	一月	29.6	41.4
3	二月	23.5	29.8
4	三月	32.5	40.9
5	四月	35.1	41.2
6	五月	29.7	36.8
7	六月	30.1	38.4
8	七月	26.4	35.5
9	八月	29.8	37.2
10	九月	34.6	42.6
11	十月	29.5	36.5
12	十一月	36.3	43.7
13	十二月	42.3	48.6
14			
15			

图19-204 设置数据

7 设置数据后折线的形状如图19-205所示。

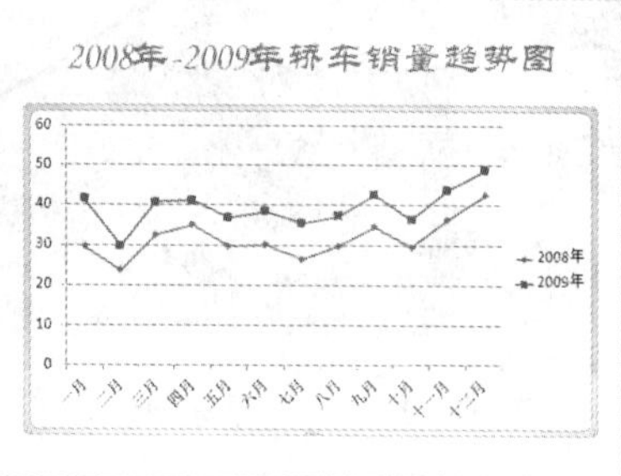

图19-205 设置数据后折线的形状

4. 更改折线图的格式

1 选择折线图，在【设计】选项卡|【图表样式】组中选择“样式48”，如图19-206所示。

2 在图标中选择折线下的月份，在【开始】选项卡|【字体】组中设置【字体】为“宋体”，设置【字号】为12，设置【字体颜色】为“黄色”，如图19-207所示。

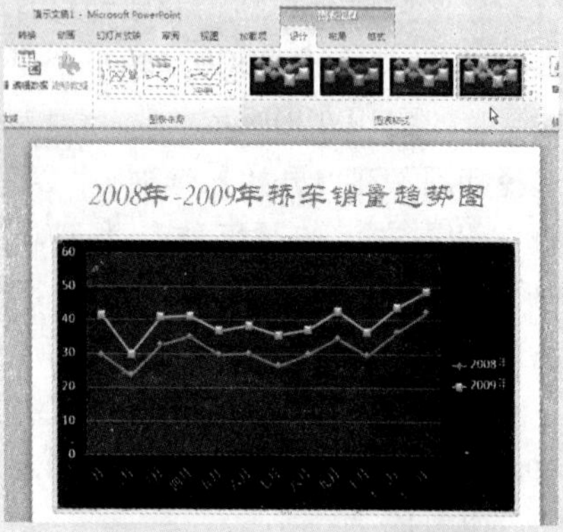

图19-206 转换折图的样式

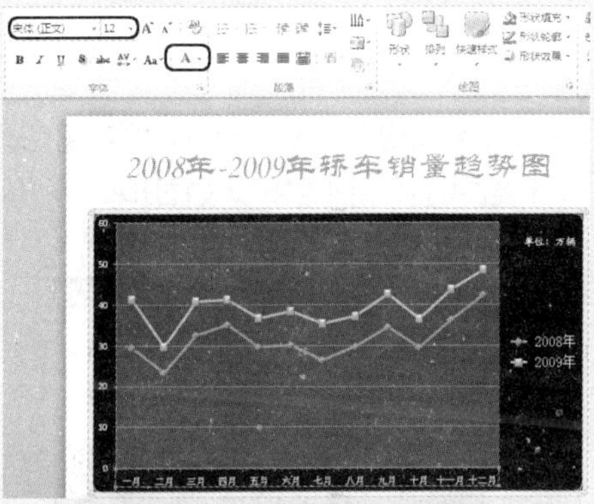

图19-207　设置月份字体

3 选择左侧的参数，在【开始】选项卡|【字体】组中设置【字体】为“宋体”，设置【字号】为12，设置颜色为黄色，如图19-208所示。

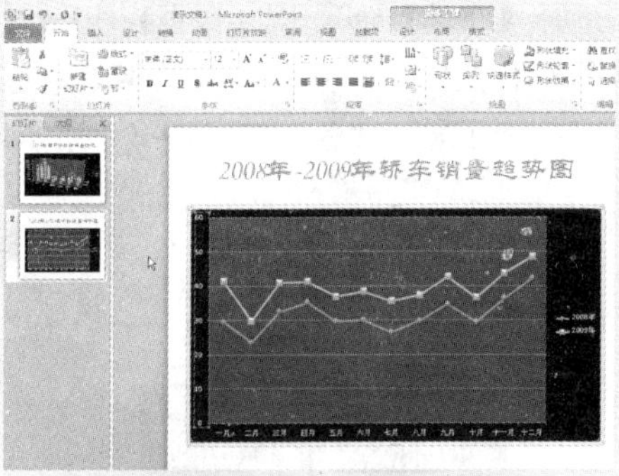

图19-208　设置数字的字体

4 选择年份，在【开始】选项卡|【字体】组中设置【字体】为“宋体”，设置【字号】为18，设置【字体颜色】为“黄色”，如图19-209所示。

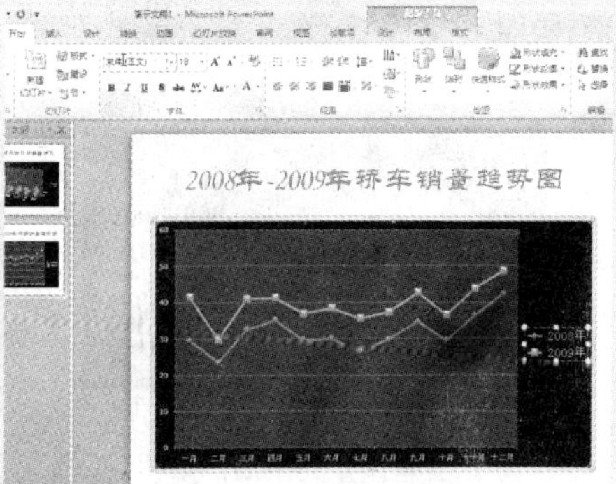

图19-209　设置年份的字体

5 在【布局】选项卡|【标签】组中单击【数据标签】按钮，在弹出的下拉菜单中选择【上方】命令，如图19-210所示。

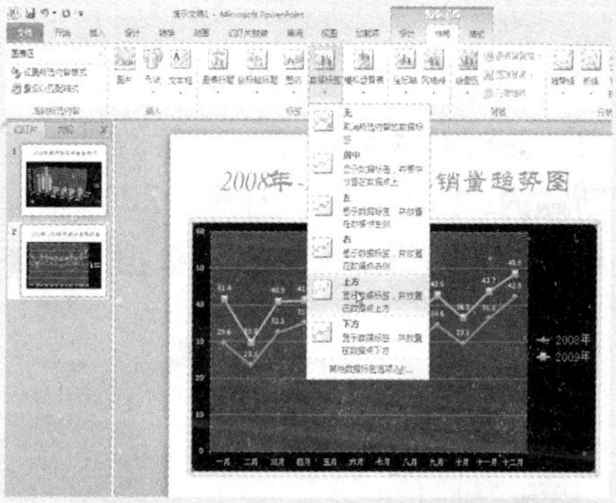

图19-210　选择【上方】命令

6 设置数据【字体】为“宋体”，设置【字号】为11，并分别对字体设置颜色，如图19-211所示。

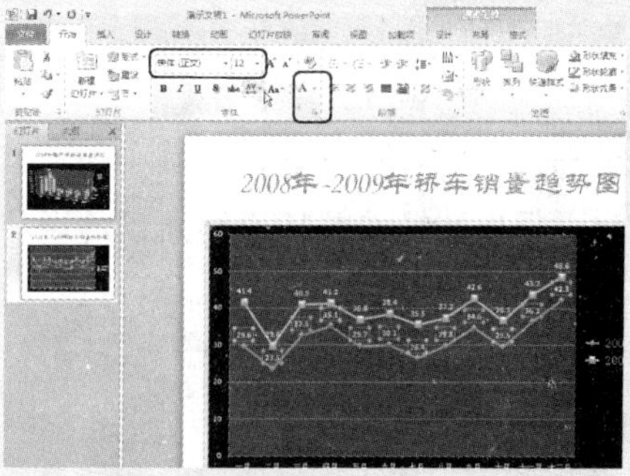

图19-211　设置数据字体

7 在【插入】选项卡|【文本】组中单击【文本框】按钮，在弹出的下拉菜单中选择【横排文本】命令，在幻灯片中输入文字“单位：万辆”，框选文字，在【开始】选项卡|【字体】组中设置【字体】为“华文楷体”，设置【字号】为14，设置【字体颜色】为“白色”，如图19-212所示。这样就完成了折线图的效果。

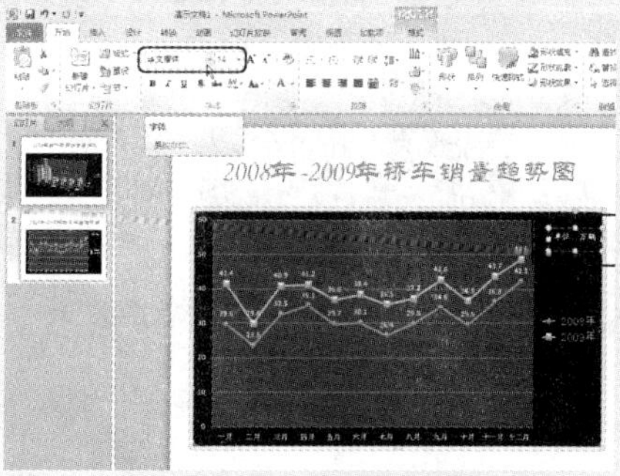

图19-212　折线图效果

5. 饼状图

1 在【开始】选项卡|【幻灯片】组中单击【新建幻灯片】按钮，新建幻灯片。在新建的幻灯片中输入标题“2009年12月轿车销量前五名厂家销量数据”，如图19-213所示。

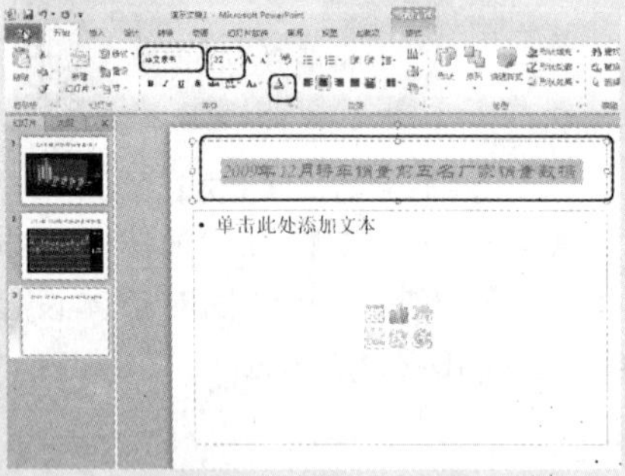

图19-213 创建标题

2 在内容占位符中单击按钮，在弹出的对话框中选择如图19-214所示的饼状，单击【确定】按钮。

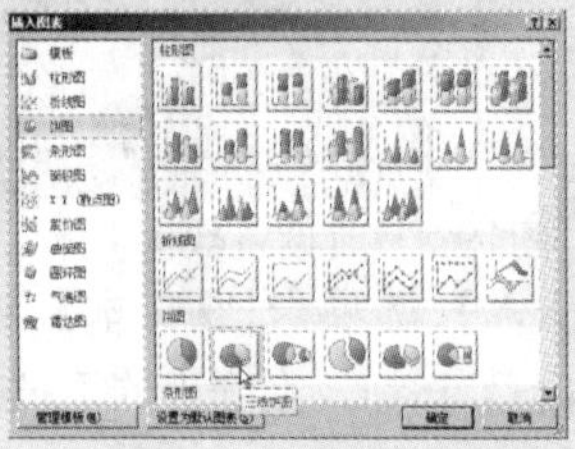

图19-214 创建饼状图

3 在打开的Excel中设置数据，如图19-215所示。

	A	B	C
1		销售额	
2	凯越	24189	
3	凯美瑞	16986	
4	卡罗拉	14893	
5	捷达	14609	
6	伊兰特	14394	
7			
8			
9			

图19-215 设置数据

4 设置数据后的饼状图，如图19-314所示。

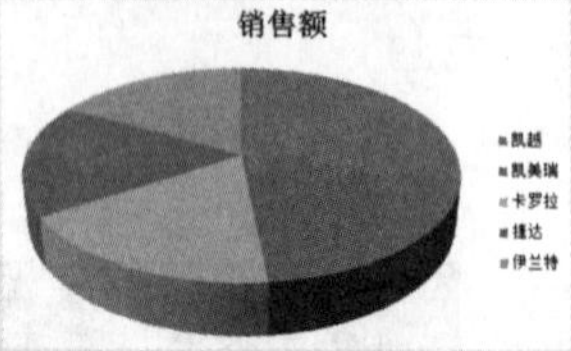

图19-216 设置数据后的饼状图效果

5 选择饼状图形，在【设计】选项卡|【图表样式】组中选择“样式48”，如图19-217所示。

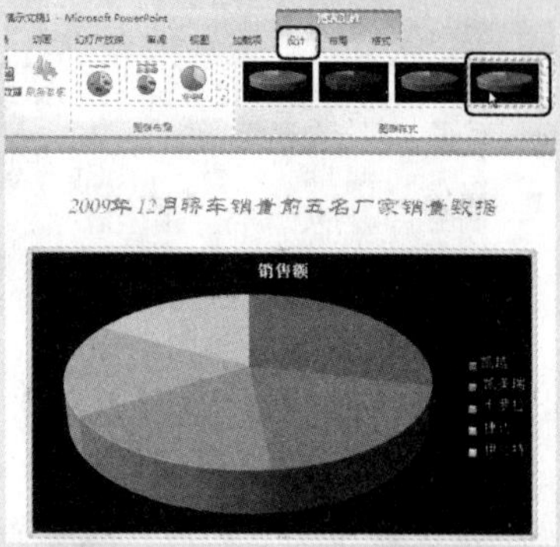

图19-217 设置形状的样式

6 选择【布局】选项卡|【数据】组|【数据标签】按钮，在弹出的下拉菜单中选择【最佳匹配】命令，如图19-218所示。

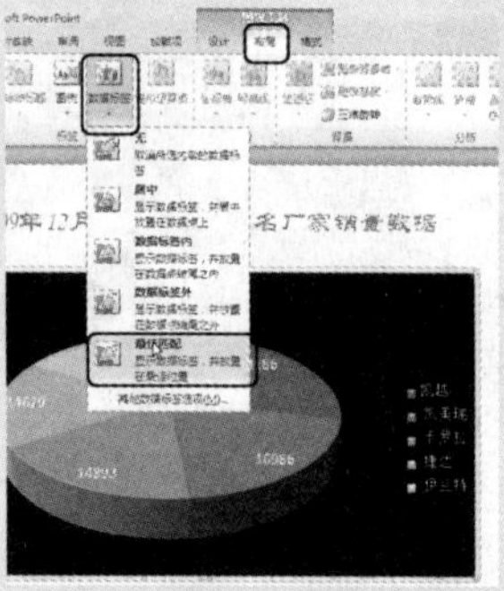

图19-218 选择【最佳匹配】命令

7 使用前面相同方法设置字体的颜色，效果如图19-219所示。

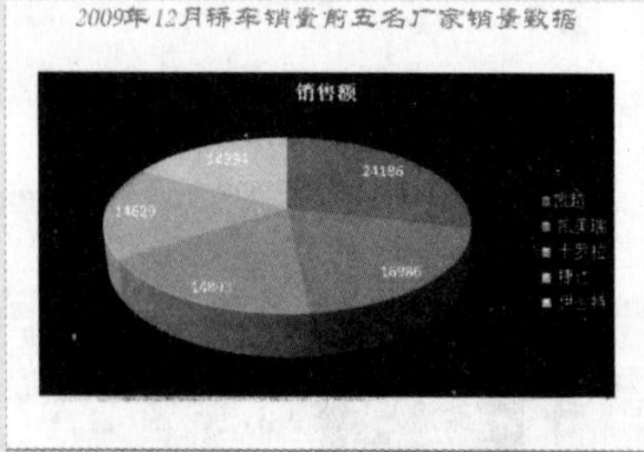

图19-219 完成后的效果